聚合物–无机纳米复合材料

柯扬船 著

Polymer–Inorganic Nanocomposites

化学工业出版社
·北京·

本书是原作的再版，基于作者及其团队近20年主要研究成果，并融合有关国内外合作研究和前沿撰写而成。

本书系统阐述纳米单元与结构、纳米可控分散科学与技术、纳米复合效应与纳米复合材料分类等新颖丰富内容。对这些内容的研究开辟了纳米中间体可控分散与纳米结构组装新领域，创建了层状结构物质的插层化学与原理方法，创建了多功能高性能纳米复合材料体系、纳米结构性能表征及其大尺度规模化体系评价方法，实现了纳米复合材料在化工、矿藏、油气能源、新能源及催化等领域的应用。

本书适于作材料学、化学、化学工艺、能源、油气工程、高分子科学、工程塑料、涂料等领域的参考书，有关科研与培训及图书馆藏书，商业与投资领域的评估评价与检测用参考书。另外，本书第一版是我国多所高校和中科院所有关学科的博士生、硕士生考试指定用书。本书可供高等院校研究生学习参考，也可作为考研重点参考书。

图书在版编目（CIP）数据

聚合物-无机纳米复合材料/柯扬船著. —2版. —北京：化学工业出版社，2017.1
ISBN 978-7-122-28680-2

Ⅰ.①聚… Ⅱ.①柯… Ⅲ.①聚合物-无机材料-纳米材料-复合材料 Ⅳ.①TB383②TB332

中国版本图书馆CIP数据核字（2016）第304913号

责任编辑：高　宁　仇志刚　　文字编辑：向　东
责任校对：宋　夏　　装帧设计：刘丽华

出版发行：化学工业出版社（北京市东城区青年湖南街13号　邮政编码100011）
印　　装：中煤（北京）印务有限公司
787mm×1092mm　1/16　印张25¼　字数696千字　　2017年4月北京第2版第1次印刷

购书咨询：010-64518888（传真：010-64519686）　售后服务：010-64518899
网　　址：http://www.cip.com.cn
凡购买本书，如有缺损质量问题，本社销售中心负责调换。

定　　价：128.00元

第二版前言

FOREWORD

纳米技术自20世纪80年代问世至今，已在概念、基础、试验和应用等诸多方面取得显著进展。纳米技术在芯片、电子、材料、新能源、军事、印刷等前沿高科技领域取得的成就举世瞩目。然而，纳米技术在化工、油气、煤炭、环保、气候等领域，迫切需要取得所期待的显著效应，形成完整高效的技术和产业群体。

当前纳米科技的多样化发展，不同于20世纪40～80年代科技权威林立、新概念与学说常归结于几个大家的状况，这种纳米科技发展呈现知识爆炸、技术多样化和信息不对称及万象形态特征。同一纳米科技概念及理论技术，由众多学者演绎出多样化的内涵。原创性理论技术加速翻新，组合跟踪技术效益也巨大。

纳米科技正由众多科学家衍化发展为多种内涵和解释的科技体系。化学家强调合成纳米结构及100nm或几百纳米尺度物质；物理学家强调限定100nm以内的纳米效应；工程学家强调几纳米至几十纳米的多孔体系；应用科学家提出100nm尺度材料及其应用团聚效应。可见，每一领域的科学家都提出了各自的纳米科技概念。纳米概念向化学、化工与其它工程领域渗透，并未出现统一而是呈现更加分化的态势。

当然，这一局面正在改变之中。纳米技术向能源领域深化顺应了国内外政治、经济、文化发展潮流，将提供越来越多丰富的纳米效应实例，在基础层面上，趋向于提出普遍意义的纳米技术和崭新纳米效应概念。

利用聚合物的可加工、可塑与多功能性，使其作为纳米复合主要载体之一，发展聚合物纳米复合材料，是我们长期在这一国际前沿孜孜以求的目标。聚合物纳米复合材料以有机聚合物为连续相，纳米粒子、纳米中间体或前驱体为分散相，形成复合组装体系。聚合物纳米复合科技已发展为纳米科技重要组成部分，已成为高性能多功能聚合物材料的重要方法之一。迄今，我国纳米科技领域论文和成果已居国际前列，纳米基础研究、纳米芯片、纳米电池与太阳能、量子传输领域处于世界最前沿水平。

基于上述背景，我们在《聚合物-无机纳米复合材料》第一版的基础上，围绕“纳米科技在复杂油气开采的科学技术体系”，进行有关重要内容扩充、增删和修改，对原书进行了修订再版。本次再版书，基于新问题、新方法与新需求，在较大程度上满足不同读者对纳米复合材料技术的深入理解。本书对纳米中间体、插层剥离、纳米可控分散与复合、纳米载负、复合处理剂工艺、纳米结构性能及纳米效应系统详细论述。阐述纳米成核及其诱导固体与液体凝聚行为的内容，突出了纳米体系在聚合物体系的分散复合形态及其界面匹配效应，其为探究纳米复合多相作用和多功能应用效应的窗口。本书许多实例说明，简单掺混纳米复合体系与微米复合体系性能的极大局限性及其根源。

本书特点之一，主要内容基于笔者及合作者的研究工作，只涉及极少的国内外密切关联的前沿与经典理论内容；本书特点之二，就同一个问题提供各自不同观点的纳米科技方案，与国内外最重要成果关联比较，融合于本书的部分实施例中；本书特点之三，采纳成熟连贯的内容，从新的视角和我们最新成果与进展进行结合与阐述，提供读者最新技术状态及新观点。

著者

2016年秋

目录

CONTENTS

第1章 聚合物纳米复合材料总论

第2章 聚合物无机纳米分散复合体系设计

第3章 层状纳米结构插层化学及复合方法

第4章 聚合物无机纳米复合材料设计制备与性能

第5章 纳米结构可控分散及组装复合体系

第6章 纳米复合材料的结构性能及效应表征方法

第7章 聚合物无机纳米复合材料工艺与应用

第1章

聚合物纳米复合材料总论

纳米尺度、纳米结构与纳米材料，发端于20世纪80年代，依循科学技术的规范、传统及历史发展规律，深刻而深远地影响着未来。

然而，当众多纳米材料层出不穷地呈现之时，如何有效地应用纳米材料不仅更加迫切也关乎纳米科技发展的深度、广度和持续性。纳米材料的应用就是由点向线和面扩张和扩展的过程，纳米材料应用技术本质上和总体上都是纳米分散及其控制过程。因此，提出纳米复合材料技术，就是通过复合途径将纳米材料推向各种应用，实现应用效应最大化的最重要途径之一。我们清晰地意识到，有效地应用纳米材料的重要性已远远超出了纳米材料自身的制造，这是本书的出发点。

本章依据全书内容，总览概述了纳米概念及其发展、纳米单元、纳米结构、纳米材料、纳米分散、纳米复合、纳米技术、纳米效应、纳米原料、纳米应用方法与领域、学科交叉与发展展望。

1.1 概述

1.1.1 背景

1.1.1.1 综述

纳米科技发端于从事粉末冶金、胶体化学和碳材料研究者的实践与发现的累积，以及少数诺贝尔奖获得者的思想萌芽和先验性启蒙。纳米科技最初的内涵是材料尺度逐步减小引发结构和属性特征变化，如磁粉、胶粒、碳笼等材料尺度引起的表面和界面功能变化。由此，逐步发展出纳米技术，如纳米材料、纳米加工、纳米器件（如信息存储、太阳能电池）等。

当代材料、生物、能源、信息与环境深刻变化，日新月异。以材料为基础，孜孜以求高性能、多功能、智能化与智慧化新材料及其结构高效演化体系，适应高端领域、极端条件及外太空环境等，是重要发展趋势。

在新的信息时代，信息传输、存储、转化、互联和共享促进了人类的发展，从信息互联中，人类能更好地关注自身发展及人类在宇宙中的地位，这是人类之福，也是挑战。信息存储的高效性、安全性、时效性和功效性，是世所共知和必须面对的长期、巨大的难题。

生物的多样性是自然的发展，也是自然的延续。蛋白质、DNA、RNA分子结构、识别与组装及修饰，创造万千功能，促进了高性能微细胞与微器官及长寿活体发展，改变甚至重塑着人类生命及其功能长久性。以自然为模板，以生物为启发，构建新型仿生学系统，引导着多样性多功能生物新材料体系构筑。

迄今，油气能源的地位与贡献众所周知。能源发展的现实与安全性一再表明，油气能源仍是能源主体，油气峰值论尚不能准确预测其延续多长时间，它仍是发展的重中之重。然而，油气能源身负环境、气候变化重压，根据需求使其转化为可控环保型能源或新能源是一种新趋势。

当前，最关注能源的可持续性。各种新能源，如风能、太阳能、天然气、生物质能、核能等，使我们真正进入能源多元化时代，多种类能源的发展好像中国春秋战国时代的群雄并起。从“清洁、绿色、安全”角度提出的形形色色新能源中，无出氢气能源之右者，然而，要是能形成一种普适性、统一或占绝对统治地位的能源体系，那又是一个美好愿景，是孕育之中的希望。

1.1.1.2 需求

材料、生物、能源、信息及其与环境协调和协同发展，是这个时代组合、集成和大科学发展的基础，需要创建新科技贯穿其中并产生多功能、有效与高效作用。

创建纳米结构与纳米材料科学体系，与生物学、仿生学、化工、油气工程、油气能源、光电学等学科交叉融合与发展，是影响并引导众多科技和实业发展的深远而迫切的重大需求。

1.1.2 纳米尺度自然发展

1.1.2.1 宏观、微观尺度

纵观纳米科技的发端与发展至今的历程，可清晰明确其主要是源于世界科技总体发展，尤其是高性能材料和小型化制备技术发展的必然要求。

在科技发展史中，自哥白尼提出“太阳说”以来，人类在认识宏观大尺度的宇宙过程中，提出了许多描述宇宙的理论（如广义相对论、宇宙大爆炸理论、黑洞理论等），认识到浩瀚宇宙的无穷尽与无限尺度。与此同时，人类在探索极为丰富多彩的微观世界过程中，提出众多学说，成果灿烂而丰富多彩。其中，罗瑟福提出“原子的太阳”说，促进了粒子物理众多的重大发现，如介子、W 粒子等。随着研究的深入，微观粒子尺度越来越小，对其细分越来越困难，而微弱引力、暗物质等的探测，使在微观尺度上也陷入无限。科学家逐步认识到幽深微观世界同样是“无穷无尽”的无限尺度，进而许多著名学者提出了物质起源于“混沌”“无中生有”等复杂的课题。这些现象与问题实际上是“无穷尽宇宙”的一种体现。

在上述两个极端尺度（见图 1-1）之间苦苦追索之时，科学家自然看到了在它们中间，有许多尚未研究的尺度领域，这就是宏观尺度与微观尺度之间的领域。微米尺度就是这一区间的尺度。在微米尺度领域，人类取得了无数重大成果，这些成果涵盖了建筑、陶瓷、涂料、塑料、航天、航空、计算机、电子、信息、金属等几乎各行各业，并且渗透到我们生活的方方面面。微米尺度时代创造的财富，实际已超过了此前年代创造的财富总和。

站在微米尺度时代辉煌的成果之上，沿着微米时代的足迹，人类向更精密化、更细密化方向迈进。为了大幅提高计算机的计算速度及单位信息存储量，科学家在新尺度的层次上展开对“小型化”与“分子组装”等的追求；为了提高单晶硅、多晶硅及非晶硅太阳能电池光电转换效率，我们很自然地在更小尺度上开展探索，已限定硅簇合物在数十纳米尺度。

1.1.2.2 纳米和介观尺度

显然，纳米尺度是介于宏观、微观之间的某一特殊中间尺度，主要是指 100nm 以内的尺度。由此在探索更小尺度中，将 100nm 至介观尺度的范围，表述为 δ 尺度，即 $0.1\text{nm} \leqslant \delta \leqslant 100\text{nm}$，或介于原子和原子簇及其纳米尺度之间的尺度。

通常介观尺度特指小于 2nm 或约 1nm 的尺度，它是探索高效模板、载体与催化剂多孔体系的特定中间尺度。

介观......纳米尺度

−∞　　　　　　　　+∞

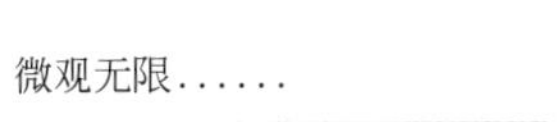

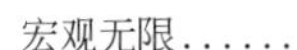

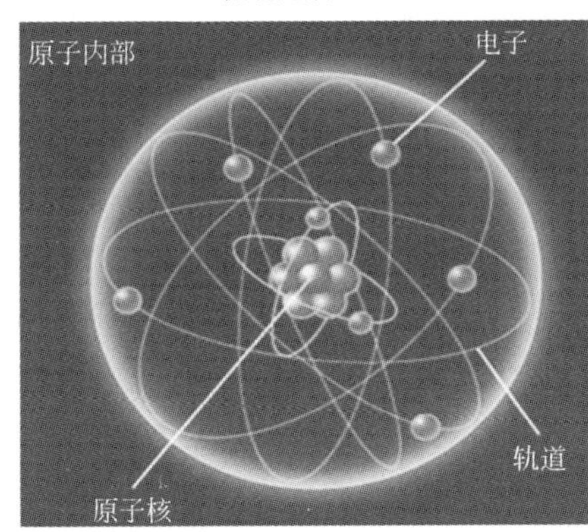

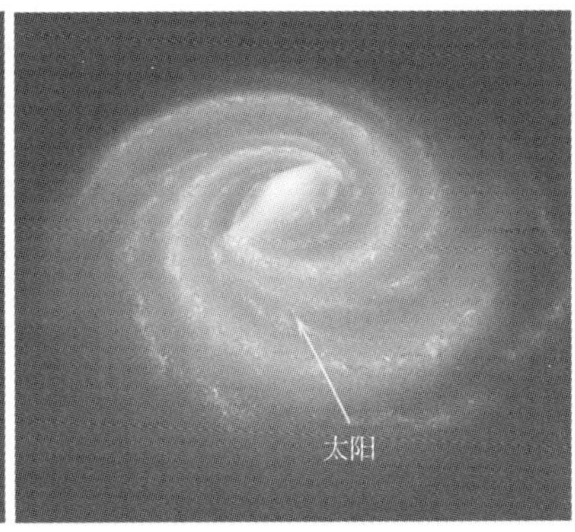

图 1-1　微观、宏观尺度及其无限变化与纳米尺度示意图

1.1.3　天然与人造纳米结构

1.1.3.1　天然纳米结构

自然界中的纳米结构是多取向、多层次的。自然界包含丰富的天然纳米结构材料，例如蒙脱石、伊利石、滑石、凹凸棒石、氟化云母等，其晶体三维尺度都在 100nm 以内，石墨的纳米片层组装结构及几十纳米量级天然高分子链体系等都属于此范围。

自然界中的纳米结构不仅是非生命的，也存在于许多生命体内。人的骨头、牙齿、细胞内部结构及钠离子通道等，自然界的叶子、树的组织等都无不体现纳米结构特征，都特别展现出神奇有序性组装等难以穷尽的有序结构，如常见的荷叶、蕉叶等乳突的纳-微米尺度分布与组装结构，表现出超疏水特性。对 DNA 纳米结构与凝聚态研究，将纳米科技引向基因结构仿生与改造。

1.1.3.2　人造纳米结构

自然的有序性，是人类结构组织、组装及模仿的最佳对象，以有机大分子[1]、生物分子纳米结构及此类有机分子为基体的纳米复合材料[2]，都将产生极重要的新颖特性与性能控制新技术。模仿天然纳米结构达到可控制水平，可为人类生活、工农业和石油化工业的各种应用目的服务。

石油炼制必须采用能裂解的大分子链的原油脂肪链及芳烃分子，这类传统产业已大量使用自然界的廉价纳米结构材料。初始催化剂载体广泛采用蒙脱土制备非均质柱撑结构，并发展耐高温累托石原料，制成纳米多孔催化剂载体，实际上都是人造纳米结构及其纳米科技的成功实践与成果。

在提出纳米结构与纳米科学概念以及普及纳米科技知识后，原先那些在传统领域从事研究开发的科学家和工程技术者，突然一夜之间发现自己就工作在纳米科学领域。石油化工所用催化剂载体，如 ZSM-5、MCM-42、Zeolite 等，都具有特殊纳米孔结构与分布；石油裂化催化剂如 Pd、Pt、Rh 等在载体上的颗粒尺寸都在几十纳米至几个纳米；聚烯烃聚合催化剂如 Ziegler-Natta 催化剂的活性中心也在纳米尺度范围。由载体构造的催化剂或无载体的催化剂，活性中心物质尺度都已确知在 10nm 左右，此类发现被认为是提高化学工业效率和效益的福音。

1.1.3.3 纳米孔尺寸与分布

天然纳米结构经过人工改造，形成可控孔径与分布及实用多功能性纳米材料。国际纯粹与应用化学联合会（IUPAC）对多孔材料尤其是多孔催化剂与载体材料的孔径大小进行了定义与分类，见表 1-1。

表 1-1 IUPAC 对孔的分类

孔的类别	孔径/nm	孔的类别	孔径/nm
微孔	＜2	大孔	＞50
中孔	20～50		

宏观微米催化剂粒子具有小于 100nm 的纳米结构尺度及分布，该催化剂载体的孔径分布宽度为 2～50nm 或 100nm 以上。根据 IUPAC 定义，上述多孔材料可称为纳米孔径材料，具有可控孔径大小和分布，有别于纳米颗粒材料。纳米孔径材料或纳米颗粒材料统称为纳米材料。

1.1.4 纳米概念与发展简史

1.1.4.1 纳米概念演化

纳米科学是研究纳米结构、纳米材料及纳米技术的科学。科学史的发展表明，纳米尺度是一个还没有统一的概念，但却是正在被深入研究的物质尺度，纳米尺度也被科学家认为是“物质之间的相互作用”要比物质本身还要重要的尺度。科技的发展使这个尺度迟早必然被提出。“纳米尺度”的发展历程包括纳米材料与纳米技术，这两者密不可分。1959 年，著名物理学家 Richard Feynman 在美国物理学会年会的讲演中首次提出了“What would happen if we could arrange the atoms one by one the way we want them?”的思想，日本科学家 Kubo[3] 在 1962 年对纳米粒子的量子尺寸效应进行理论研究，早期科学家曾定义纳米微粒是用透射电镜（TEM）能看到的微粒。但直至 20 世纪 80 年代中期，随着介观物理的发展完善和实验观测技术的进步，纳米材料科学才得到迅速发展。我国科学家张立德等研究多种纳米阵列、宏观材料中的纳米结构与自组织特性，发表了专著，成为我国纳米科学与技术领域的探路人和先行者。

通常将纳米体系尺寸范围定义为 1～100nm，处于团簇（尺寸小于 1nm 的原子聚集体）和亚微米级体系之间，其中纳米微粒是该体系的典型代表。由于纳米微粒尺寸小、比表面积大，表面原子数、表面能和表面张力随粒径的下降急剧增大，表现出小尺寸效应、表面效应、量子尺寸效应和宏观量子隧道效应等特点，从而使纳米粒子出现了许多不同于常规固体的新奇特性，展示了广阔的应用前景。同时，它也为常规复合材料的研究增添了新内容，含有纳米单元相的纳米复合材料[4]通常以实际应用为直接目标，是纳米材料工程的重要组成部分，成为纳米材料发展异常活跃的发展方向。其中，高分子纳米复合材料[5~9]由于高分子基体的易加工性、耐腐蚀性等优异特性，及其能抑制纳米单元团聚特性，使该纳米复合体系具有较长效的稳定性，能充分发挥纳米单元的特异性能，尤其受广大研究和工程人员高度重视。

1.1.4.2 纳米概念发展历程简史

纳米材料与技术概念的形成过程，按照年代顺序已在我们发表的有关著作中予以概述[1]。我们连同纳米科技近期的重要发展表述如下。

- 早期，石墨、炭黑中的纳米颗粒。
- 近代（1861 年），胶体化学定义胶体是尺度为 $1\times10^{-9}\sim1\times10^{-6}$m 的悬浮体。
- 1919 年，Mercia 等发现粉体沉淀法硬化 Al 合金。
- 1959 年，Richard Feynman 称“在物质的底部还有很多空间”。

• 20 世纪 70 年代，康乃尔大学 C. G. Granqvist 和 R. A. Buhrman 气相沉积制纳米粉末。

• 20 世纪 80 年代，原西德 Gleiter 首次制备金属纳米材料，提出应用方法。

• 20 世纪 80 年代，日本政府 5 年超细颗粒计划。

• 1981 年，IBM 发明原子力显微镜（AFM）和扫描隧道显微镜（STM），推动纳米科技发展。

• 1986 年，波士顿第一届超细结构粉体会议。

• 1988 年，美国能源部簇合物及其组装会议。

• 1989 年，美国 Argonne 国家实验室成立纳米相技术公司。

• 1990 年，BALTIMO 纳米科技会议（NST）。

• 1992 年，第一本《Nanostructured Materials》杂志创刊，后美国化学会推出《Nanoletter》杂志，影响因子已达 7.0 以上。

• 1992、1994、1996 年，墨西哥 Cancun，德国 Stuttgart，美国 Hawaii 连续三届纳米国际会议。

• 1993 年，北京 STM 国际会议研讨纳米。

• 1996、1998、2000 年，碳纳米管取得连续突破。

• 1996～1998 年，我国聚合物-黏土纳米复合材料迅速兴起，PET/PBT-层状硅酸盐纳米复合材料取得原创性专利。

• 1997 年，美国成立多家纳米材料公司，如 Nanophase Technologies 等。

• 1999 年，Richard Smalley 提出“即将有能力造出其长度尽可能小的东西来。大胆地迈进这个新的领域符合我们国家的最佳利益”。

• 2000 年，美国国家纳米计划（即 NNI）启动。

• 2001 年，我国筹备成立几个国家纳米科技中心；世界范围内对纳米科技的关注。

• 2001 年后及新的千年中，纳米材料在新能源、硅太阳能电池等的应用，在世界主要国家大规模展开。黑硅太阳能电池光电转化效率达 18%、染料敏化纳米太阳能电池的光电转化效率达 11%，将大大降低太阳能电池的使用成本。

• 2006 年以来，纳米存储发展迅猛，从当初 110nm、66nm、33nm，发展到今天的 22nm 及更加致密的存储单元。各种纳米科技杂志如 Small、ACS Nano 和 Nanoletter 等成为世界主流和一流杂志。

总之，纳米材料是产生纳米技术的前提，而后者又推动了纳米材料的发展。纳米科学和技术的新奇性、新颖性、创造性和高效性，使之必将成为下一个信息时代的中心和新技术革命的发源点，必将成为互联时代、电商时代和星际旅游时代的坚固基石，必将带来比传统微米科技自 20 世纪 70 年代早期以来所带来的更深刻更深远的经济社会变革。

在这新的千年里，我国纳米科技整体水平需要立足于国际最前沿、引领关键领域长久持续发展。

1.2 纳米科学与技术体系

1.2.1 纳米科技概念

纳米科技的许多书籍中，对纳米概念有许多不同的表述，这些表述在检索信息中经常混合在一起使用。我们取普遍常用的纳米概念表述如下。

(1) 纳米尺度　英文 nano scale，nanometer，缩写为 nm，是长度单位，即十亿分之一米。

（2）介观尺度　英文 meso scale，它既非微观尺度，也非宏观尺度，而是原子簇尺度与宏观物体尺度交界的过渡区尺度。

（3）纳米粒子　英文 nanoparticle，是一种超微粒，即尺度为 1～100nm 粒子的集合体。

（4）纳米科学　英文 nanoscience，指从原子、分子单元的小尺度构造纳米尺度（称 bottom-up），以及从较大尺度细化构造纳米尺度（称 top-down）及其相互作用的科学。

（5）纳米技术　英文 nanotechnology，指在分子水平上控制单个原子，创造出分子结构完全不同的较大物体的能力。纳米技术涉及的是物质系统，这些物质系统因其结构和组成的大小达到约 1～100nm 范围内而呈现出异常的、显著改善的物理、化学和生物特性、现象及过程。纳米技术的目的在于通过从原子、分子和超分子层面掌握结构和装置来探索这些特性，并学会有效地制造和利用这些装置。

实现纳米技术的两个途径，其一，从原子、分子单元的小尺度构造纳米尺度，即 bottom-up 途径；其二，从较大尺度细化构造纳米尺度，即 top-down 途径。这两种途径路线如图 1-2 所示。

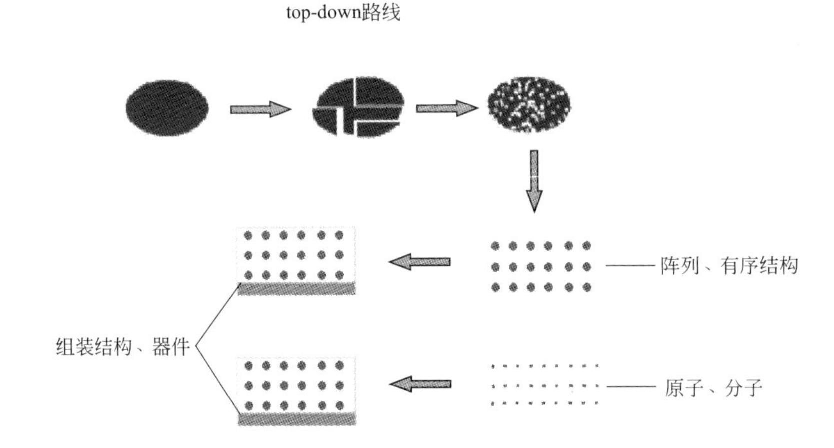

图 1-2　合成纳米结构的 bottom-up 途径和 top-down 途径路线图

1.2.2　纳米结构与纳米材料

（1）纳米材料　英文 nano material，由纳米粒子组成的超微颗粒聚集体材料。它也是各种纳米粉体、纳米颗粒、纳米复合材料的统称。

（2）纳米结构　纳米材料概念的延伸概念，它提供了一种新的材料制造范例，即通过纳米尺度制造任意可控的模块，按次序将较小的模块结构进行组装或者自我组装来创造实体。当前的微尺度或更大尺度的装置都是基于长度大于 100nm 范围的模式。

由于纳米结构，使物质结构之间的作用比其自身意义更加突出。对于科学家而言，这种纳米结构组装和控制方面的任意进展，都对制造新的纳米结构、纳米材料和纳米装置及其组装工作系统产生重大影响。对于产业化，较小尺度材料就能使产品产生巨大的差异，更是机遇和挑战。

1.2.3　纳米复合与纳米效应

1.2.3.1　复合一词的定义

（1）广义的复合涵义　我们注意到在微观领域没有引用复合的概念。现代物理学称电子、光子之间的作用为相互作用，而不是“复合”，说明复合是具有尺度的。复合一词的广义可以理解为微观、介观尺度以上的一切体系的相互作用。

（2）狭义的复合涵义 现代材料科学引用复合的概念主要相对于不同相、不同物质组成体系之间的组合。笔者粗略统计文献中对“复合”一词的使用与理解或解释，见表1-2。

表1-2 “复合”词条中英文涵义的对照

序号	中文	英文	序号	中文	英文
1	填充	filled	5	混融	mixed
2	混合	blending	6	熔合	melting
3	复合(组合)	composite/complex/compound	7	组装	assemble
4	杂化	hybrid	8	自组装	self-assemble

表1-2中，complex是指一组复合物质，如配位化合物、含几个原子的离子或吸附化合物。composite指由各种成分构成的某物。compound指不同元素组成的物质分子如TiO_2、Al_2O_3等。可见，复合一词意义十分广泛，内涵极为丰富。

在表1-2的多种含义中，已难以确切区分各种“复合”的意义。但是，教科书与文献常对此不加区分，出现如此多的“复合”语汇。我们要做的是依据各领域对“复合”一词的传统定义，将这种定义转移或移植到“纳米复合”的各种定义中。

a. 复合材料 在材料领域，复合材料定义为多相体系。根据国际标准化组织(International Organization for Standardization)定义的复合材料：由两种或者两种以上物理和化学性质不同的物质组合而成的一种多相固体材料[10]。

复合材料中，通常有一相为连续相，称为基体；另一相为分散相，称为增强材料。自组装结构通常为分散相，而作为支撑物的膜就是连续相。

b. 纳米复合材料 在复合材料的多相体系中，其相尺寸至少有一维在纳米尺度，就可称为纳米复合材料。

c. 纳米尺度的量度 所述的纳米尺度有多种量度，见图1-3。

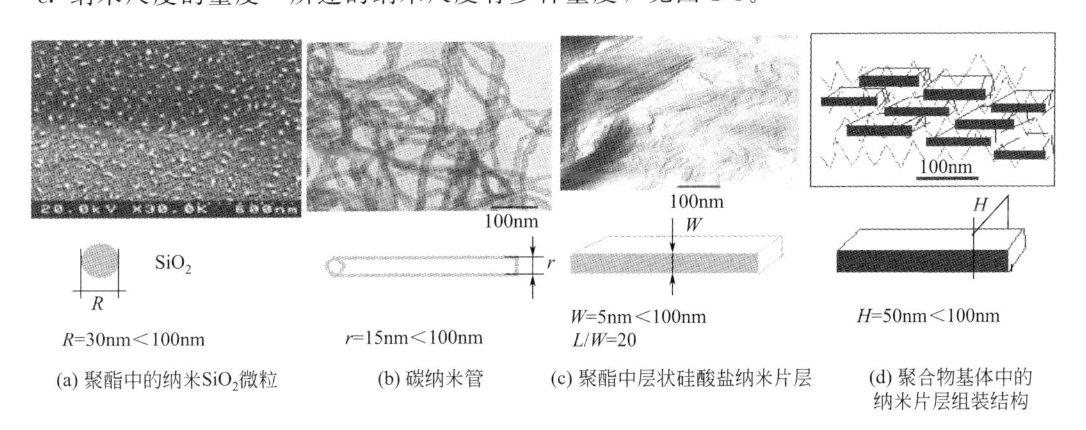

图1-3 纳米复合材料中纳米相尺度的多种量度

显然，球形纳米SiO_2微粒粒径与平均值，碳纳米管的直径，纳米片层的任意一维方向尺寸与平均值，或者聚合物基体中纳米片层组装结构的任意一维尺寸与平均值，都可用于表征和甄别纳米复合材料。

d. 有机-无机纳米复合材料 纳米复合材料是由有机相与无机相两相复合组成或者组装的体系。例如，硫醇表面活性剂/FeOOH纳米复合材料[11]；各种乳液稳定的纳米复合体系；纳米稳定的水包油型（O/W）或者油包水型（W/O）乳液体系，例如，蒙脱土纳米颗粒稳定的乳液体系，可称为纳米复合乳液。

e. 聚合物-无机纳米复合材料　一般是指以有机高分子聚合物为连续相与纳米颗粒进行复合所得到的复合材料。如 BiI_3-尼龙 11 纳米复合材料[2,12]、尼龙-蒙脱土纳米复合材料[13]等，就是其中的二维片状结构以纳米尺度分散到尼龙聚合物基体中形成的纳米复合材料。

1.2.3.2　纳米材料维度和纳米复合材料类型

(1) 纳米材料维度　纳米相的形态和多维形态可分类如下。

a. 零维的纳米粉体、纳米微粒或者颗粒等；

b. 一维的纳米线、丝、管及纳米晶须等；

c. 二维的层状、片状、带状结构纳米材料；

d. 三维的柱体、立体、块体纳米结构材料。

也可将纳米材料分成管状，如碳纳米管等；非管状，如层状、片状、丝状、带状等。显然，上述按照纳米相形态分类的方法被广泛采用。

(2) 纳米复合材料体系类型分类　若将有机聚合物形态分为溶液（记为 1 维）、薄膜（记为 2 维）或者粉体（记为 3 维），当上述各种维数的纳米材料体系与聚合物复合时，参照文献[14] 的分类方法，可以得到 0-0 型、0-1 型、1-3 型、2-3 型等纳米复合材料。

例如，不同纳米粉体复合，得到 0-0 型纳米复合材料；纳米颗粒被纳米分子链聚合物薄膜包裹，得到 0-2 型纳米复合材料；纳米碳管或晶须与聚合物粉体复合得到 1-3 型纳米复合材料；层状硅酸盐的纳米片层与聚合物粉体复合，得到 2-3 型纳米复合材料等。

这种依据纳米相尺寸和形态的纳米复合材料分类，可清晰理解纳米复合概念、融入纳米科学体系，虽然具有重要意义，却未与材料性能直接联系，因此，需要从更深层次、更广视野理解、定义和分类纳米复合材料体系。

1.2.3.3　纳米尺寸和复合效应

(1) 纳米效应　通常，在纳米材料体系中，纳米材料因纳米尺度变化、结构与组织形式变化，所产生的具有传统材料所不具备的奇异或反常的物理、化学特性，称为纳米效应。

以表现形式分类，纳米效应可分为表面效应、小尺寸效应和宏观量子隧道效应，这也是纳米效应最普遍的形式。纳米材料的表面效应特点尤为显著，如表面原子所占比例大、比表面积大、表面能高、表面吸附、表面润湿等。

以纳米分散行为分类，纳米效应可分为均匀纳米分散效应和非均匀纳米分散效应，均匀纳米分散效应，可称为正纳米效应（positive nanoeffect），非均匀纳米分散效应或团聚效应，可称为负纳米效应（negative nanoeffect）。

从纳米技术的最终目的和使命来看，创造纳米效应或正纳米效应，是一切纳米技术实践、有效和高效应用的最高追求，意义最为重大。

(2) 纳米尺寸效应　纳米材料最本质的效应源于其纳米尺寸或尺度。由于材料特性、装置操作的传统模式和理论都涉及基于“临界尺度”的假定，该长度通常大于 100nm。当材料结构至少有一维尺寸小于该临界长度 100nm 时，常会出现传统模式和理论所无法解释的、截然不同的运动过程。这一仅因纳米尺度变化的过程被称为纳米尺度效应。

由此，不同学科和领域的科学家和工程师们制造和分析纳米结构，试图解开介于单个原子、分子和成千上万个分子之间的中间尺度下，所产生的奇特现象，他们提出不同于 100nm 临界尺度的纳米效应，就是自然的了。

实际上，纳米科学概念包括了密不可分的“尺度”与“效应”两个方面。在临界尺度下，材料的性能产生突变或反转，如导体变为绝缘体，铁磁体变为超顺磁体等，这些都是确定的纳米效应。经计算，纳米 Ag 尺度达 14nm 时，变成绝缘体；铁磁性颗粒小磁畴尺寸约为 100nm 时，其矫顽力增大约 1000 倍。本书还将介绍其他纳米效应。

(3) 纳米复合效应　纳米效应是物质的尺度和聚集形态发生变化，导致相应的性能发生显著变化。但是，纳米复合材料中的大部分纳米效应是体系各单独组分都不具有的效应，即两种物质相遇（复合）或经纳米复合与组装后，才产生纳米效应。由于小型化和能源节约的巨大需求，这类复合效应例子极多，我们将在各章对此进行介绍。

【实施例 1-1】 BiI_3-尼龙 11 纳米复合材料[2] BiI_3 与尼龙 11 单独存在时，X 射线照射都不导电，一旦二者熔体复合，BiI_3 达到 50%（质量分数）时的复合材料，在 X 射线照射下就能产生强导电性。作者本人就此在北京大学稀土化学与应用国家重点实验室进行了初步实验验证。

【实施例 1-2】 CdS 纳米修饰复合后的光谱移动 CdS 纳米粒子发射微弱的红光，当与 $Cd(OH)_2$ 等无机物复合（包覆）时，会在吸收光谱起始峰位发出强荧光光谱；当用少量烷基胺时，会导致 CdS 荧光强烈增强并且产生蓝移现象，而烷基胺浓度高时又使 CdS 荧光猝灭。若用脂肪硫醇代替烷基胺有相似的效果。

【实施例 1-3】 ZnO 纳米复合后吸收紫外光的蓝移 ZnO 表面经过不同的表面活性剂改性后，吸收波长都发生了程度不同的蓝移[10~15]，如表 1-3 所示。

表 1-3 ZnO 纳米修饰复合后吸收紫外光的蓝移特性

序号	表面活性剂	粒径/nm	吸收波长/nm	吸收率/%
1	—	4～15	300～380	85
2	Span-80	40～70	220～280	96
3	PEG-400	100～250	250～300/330～400	90
4	PEG-200	100～200	250～290	89

1.3 聚合物纳米复合体系

1.3.1 聚合物多级结构及分类

有机高分子聚合物主要特点是其分子链结构，分子链具有重复单元。P. J. Flory 从 20 世纪 60 年代开始研究高分子溶液的链结构形态，将高分子结构分为三个级别。一级结构为链，如聚乙烯的链结构；二级结构为构象，如等规聚丙烯（*i*-PP）与间规聚丙烯（*s*-PP）的链构象结构；三级结构为凝聚态，如液晶态聚碳酸酯（PC）；半结晶聚醚醚酮（PEEK）等。

高分子聚合物的多级结构模型如图 1-4 所示。

高分子三级结构凝聚态以结晶和无定形态为主，结晶球晶形态如图 1-5 所示。

高分子凝聚态主要包括四种相态，即无定形态、过渡态、液晶态及结晶态。过渡或液晶态以其形成过程复杂难辨和现象奇特而受到科学家的深入研究。结晶态的多晶型（polymorphism）形态长期备受关注。当纳米颗粒与有机高分子复合后，经常会诱导多晶型产生，如尼龙 6-蒙脱土纳米复合材料诱导的 β 晶型。

有机高分子聚合物材料发展至今，给人类生活带来翻天覆地的变化。塑料制品已深入到千家万户，成为替代钢材的首选材料。2001 年统计的全球高聚物塑料总产量达到 2.01 亿吨，塑/钢体积比近 160%。1999 年统计人类一千年的前 100 项重大发明中，塑料名列前茅。高分子材料成为纳米复合的关键材料与重大科技创新的基础，有极广泛的应用前景和重大经济社会意义。

有机高分子聚合物材料规范性分类主要如下。

1.3.1.1 按照材料性质分类

用于纳米复合材料的有机高分子聚合物，可概括地分为塑料、橡胶和纤维。

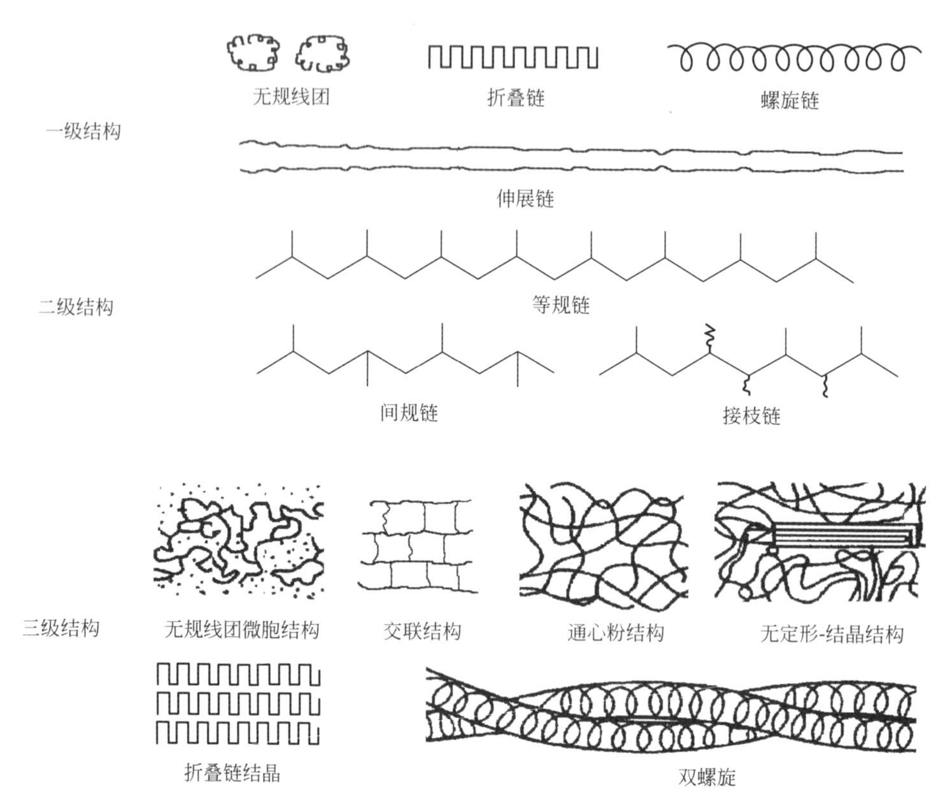

图 1-4 高分子聚合物的一级、二级和三级结构模型示意图

(a) 聚丙烯的球晶偏光显微镜形态

(b) 聚丙烯分级样品的球晶偏光显微镜形态

(c) 聚醚酮熔体的球晶TEM形态

(d) 溶胶结晶的球晶TEM形态

图 1-5 高分子聚合物球晶形态

1.3.1.2 按照主链元素类型分类

高分子按照连接主链的元素类型分为碳链、杂链和元素链。如$\left(\mathrm{O-Si(Me)_2}\right)_n$聚（二甲基）硅氧烷（Me，甲基），其主链由O和Si这两种元素组成。

1.3.1.3 按照应用功能分类

按应用功能分为通用高分子、特殊高分子、功能高分子、生物高分子。

(1) 通用高分子　指生产量大而使用广泛的高分子材料。世界通用高分子占高分子总产量的70%，我国则占80%。通用高分子种类繁多，如聚丙烯（PP)、聚乙烯（PE)、聚氯乙烯（PVC)、聚苯乙烯（PS)、丙烯腈-丁二烯-苯乙烯（ABS）等高分子塑料；涤纶（PET)、尼龙（PA)、腈纶（PAN）和维纶（PVA）等纤维；丁苯橡胶（SBR)、顺丁橡胶（BR)、异戊橡胶（IR）和乙丙橡胶（EPR）等橡胶类高分子。

(2) 特殊高分子　指耐较高温度的特种高分子，包括特种高分子和工程塑料。特种高分子的耐高温能力要在100℃以上。如聚醚酮（PEK）和聚醚砜（PES）的使用温度都在150℃以上。工程塑料的使用温度也在100℃以上，如五大工程塑料——聚甲醛（POM)、聚碳酸酯（PC)、聚酰胺（PA)、聚对苯二甲酸丁二醇酯（PB）和聚苯醚。许多通用高分子经过改性得到工程塑料。通用高分子经过纳米复合也可得到工程塑料。但是，目前聚合物无机纳米复合材料，主要集中在以大品种聚合物为基体的体系之中，如PP、PE、PC、PET等等。

(3) 功能高分子　这类高分子指具有光、声、电、磁等物理功能的高分子材料。

其一，各种感光高分子，如聚乙烯咔唑和聚苯乙炔：

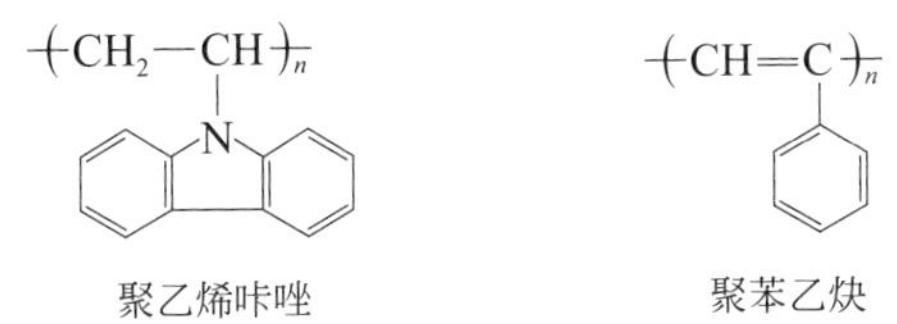

聚乙烯咔唑　　聚苯乙炔

聚乙烯咔唑是紫外光导电聚合物，而聚苯乙炔是高分子半导体，它们对太阳光敏感，其吸附复合在纳米TiO_2表面制成敏化太阳能电池，提高光电转化效率的研究仍然吸引了不少科学家关注。

其二，各种液晶高分子，如溶液型高分子液晶（lyotropic liquid crystal)，PPT [poly(p-phenylene terephthalamide)]，或者热熔型液晶（thermotropic liquid crystal)，聚碳酸酯等。

其三，各种高分子试剂和催化剂，如离子交换试剂，高分子的磺化酰化试剂，磺化聚苯乙烯-二乙烯基苯共聚物催化剂等。

(4) 生物高分子　这类高分子近来发展迅猛，基因谱图的解析导致对生命现象的极大关注。生物高分子包括仿生高分子、高分子药物（胶束）和医用的胶管。仿生高分子已发展成为材料学的一个分支，包括生物体的蛋白质、皮、骨和其他器官的仿制。生物高分子是纳米技术和纳米材料的重要来源，生物高分子链的纳米尺度与多尺度凝聚规律，促进生命现象与生物多样性的解释，形成科技发展的新篇章。

1.3.2 无机纳米材料制备及其体系分类

1.3.2.1 无机纳米材料前驱体

(1) 定义　无机纳米材料前驱体，是指用于直接合成这种无机纳米材料的原材料或中间体，它通常为液相、固相或中间相态物质形态。

(2) 通用纳米前驱体　结构性能优越的前驱体提供了优化无机纳米材料的重要原料基础，选择纳米前驱体系是设计理想纳米材料体系及其可控分散与良好综合性能的关键要素。

金属或非金属醇盐及有机中间体是最常用于制备相应纳米粉体材料的前驱体。利用前驱体合成纳米材料技术已很成熟，常见无机纳米材料及其前驱体见表 1-4。

表 1-4 无机纳米颗粒材料及对应前驱体

纳米颗粒	对应前驱体	反应方式
SiO_2	TEOS	水解、离心分离[16~18]
SiC	SiH_4+CH_4	LICVD[19,20]
Si_3N_4	SiH_4+NH_3	LICVD[19,20]
ZrO_2	$ZrOCl_2+NH_4OH/Zr(OH)_4$	沉淀法[20,21]
Y_2O_3	$YCl_3+NH_4OH/Y(OH)_3$	沉淀法[20,21]
TiO_2	$Ti(OC_2H_5)_4$	金属醇盐法[22]
M_xO_y	$M_x(OC_2H_5)_z$	金属醇盐/共沉淀

层状硅酸盐黏土、层状化合物等层状结构物质，经过处理和结构调控可作为合成纳米材料的前驱体系材料或称为纳米中间体材料（见后章节所述）。

1.3.2.2 主要无机纳米材料前驱体合成方法

醇盐及复合醇盐法已成为一种简便易行的制备纳米前驱体方法，该方法进一步划分为醇氨法和醇钠法。这两种方法的原理简介如下。

（1）醇氨法 金属卤化物与醇反应得到醇合物后，采用 sol-gel 法加入沉淀剂氨水或胺的化合物得到纳米粒子。反应式如下：

$$MCl_3+3C_2H_5OH \longrightarrow M(OC_2H_5)_3+3HCl \tag{1-1}$$

多数金属氯化物与醇反应，仅有部分 Cl^- 与 RO—基团发生置换反应。必须加入 NH_3（或三烷基胺、吡啶、醇钠等），使反应进行到底。$TiCl_4$ 反应如下：

$$TiCl_4+2C_2H_5OH \longrightarrow TiCl_2(OC_2H_5)_2+2HCl \tag{1-2}$$

此反应加入 NH_3 后，变成：

$$TiCl_4+4C_2H_5OH+4NH_3 \longrightarrow Ti(OC_2H_5)_4+4NH_4Cl \tag{1-3}$$

反应产物是絮凝状钛盐。利用该方法已制备多种元素醇合物，如 Pt、Rh、P、B、Ti、Si、Ge、Zr、Hf、Nb、Ta、Fe、Sb、V、Ce、U、Th、Pu 等。若控制后烧结等处理方法或复合方法，可形成光活性纳米体系及复合体系[27,28]。

（2）醇钠法 在金属元素中，活泼金属，如碱金属、碱土金属、镧系等元素与醇直接反应生成金属盐和氢气，这类似于金属 Na 与醇的反应。

$$M+nROH \longrightarrow M(OR)_n+\frac{n}{2}H_2 \tag{1-4}$$

式中，R =—C_2H_5、—C_3H_7、—C_4H_9 等；M 为金属，如 Li、Na、K、Ca、Sr、Ba、Be、Mg、Al、Tl、Sc、Yb、Ga、In、Si、Ge、Sn、As、Sb、Bi、Ti、Th、U、Se、Te、W、La、Pr、Nd、Sm、Er、Gd、Ni、Cr 等。

对于弱正电性元素，如 Be、Mg、Al 等，采用催化剂 I_2、Hg 或 HgI 反应。

1.3.2.3 固态无机纳米中间体

（1）固态纳米中间体及其原料 固态纳米中间体也称为固体状纳米中间体。在数百种层状硅酸盐黏土中，天然蒙脱土、凹凸棒土、海泡石、水滑石及部分合成黏土等，是很适用、普适性的纳米中间体原料，用于制备纳米复合材料。

层状硅酸盐本身的纳米片层结构，是形成纳米结构与分散的本质条件即内因。自然原始形态黏土矿物，经工业分离和纯化工艺制备纯化原材料，再通过后处理技术，如分子插层或离子交换插层反应后，使片层间距扩大到适当水平，形成纳米材料中间体。纯化黏土原料参见有关黏土生产工艺及标准与质量控制。

（2）固态纳米中间体制备 层状硅酸盐原料制备固态纳米中间体或前驱体过程中，先经离子交换插层反应处理，再与有机体反应形成纳米中间体或前驱体材料，即可用于制备各种纳米复合材料。采用阳离子交换插层反应时，采用单核或多核有机阳离子、有机金属络合物及生物阳离子等插层剂，经离子交换与插层反应过程引入层间。所得纳米前驱体与聚合物单体在受限空间内和聚合条件下原位引发聚合，导致黏土层间膨胀、而剥离为片层结构，并以约 1nm 厚片层分散于聚合物基体中。

设计制备固态纳米中间体，需考虑其应用于何种介质基体体系及分散性。

例如，采用乙醇胺和十六烷基季铵盐混合阳离子插层剂，经过阳离子交换反应合成有机黏土前驱体，可与聚酰胺单体形成悬浮体，该单体插入准二维黏土扩大的片层间形成单体复合前驱体，再引发层间单体原位聚合反应，得到聚酰胺/黏土纳米复合材料。

(3) *层状硅酸盐纳米前驱体分散性* 制备纳米中间体或前驱体的最重要目的，是控制它在各种介质与基体（如高分子基体）中的分散行为及分散结构形态。纳米中间体或前驱体的分散行为，相比纳米粒子直接混合等分散方法及其分散效果，有很大相同。

采用纳米粉体直接、机械地分散，很大程度依赖于介质、外力等因素，虽然能形成有序、有效纳米结构组装体系，但是纳米分散不均匀性、聚集体难以避免。

采用纳米前驱体及其优化结构分散过程，纳米单元逐步可控地分散为纳米结构、原位可控分散形成纳米复合材料体系，有效避免已分散纳米单元的再聚集或团聚体。层状硅酸盐纳米前驱体结构与分散形成纳米复合材料过程，见图 1-6。

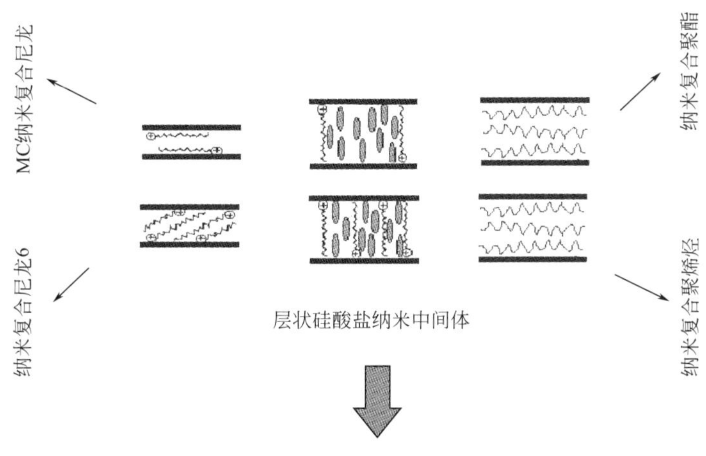

图 1-6 层状硅酸盐（MMT）纳米前驱体分散复合方法

纳米前驱体在溶剂或熔体介质中的分散差别性异常显著，但都可得到分散均匀体系。本书未特殊说明时，纳米前驱体、纳米中间体、纳-微米中间体的意义是相同的。

1.3.2.4 无机纳米材料分类

无机纳米材料主要包括金属、非金属和特殊化合物的纳米材料，金属纳米材料指金属单质经过逐步细化过程，形成的纳米金属粉末、簇合体等，最常见的如纳米铜、银、铁等，纯粹单质金属纳米粉末很少大规模生产。但是，无机纳米材料却常是规模化体系的原材料，无机纳米材料可分为如下几类。

(1) *无机金属氧化物纳米材料* 指金属单质氧化物的纳米材料，包括极广泛存在的天然和人造的金属氧化物、稀土氧化物和陶瓷氧化物等。

(2) *无机非金属氧化物纳米材料* 指非金属元素氧化物的纳米材料，包括最常见的氧化硅、硅酸盐、磷酸盐、硫酸盐等。

(3) *无机层状硅酸盐* 指具有层状结构或层状晶体结构的无机硅铝酸盐材料，包括自然界存在的黏土、水滑石、蒙脱石等。

（4）层状化合物　指具有层状结构的固态化合物，最常见层状硫化物，如二硫化钼、五氧化二磷、五氧化二钒等。这类层状化合物种类极其繁多，不胜枚举。

1.3.3 聚合物无机纳米复合体系与分类

（1）定义　基于有机-无机纳米复合材料，采用聚合物连续相和纳米材料分散相，经过多种分散与复合方法形成二者复合体系，即无机纳米级分散相（1～100nm）微粒体系分散到聚合物基体，经过复合、组装形成的材料称聚合物无机纳米复合材料。

（2）分类　按照分散相种类，聚合物基复合材料分为聚合物/聚合物复合体系和聚合物/无机物复合体系。

聚合物无机纳米复合材料是在宏观复合材料基础上发展起来的，却是发展迅速的一大类最先进的复合材料之一。聚合物无机纳米复合材料分散相包括微细粒子与分子级分散相体系。表 1-5是聚合物纳米分散复合体系分类。

表 1-5　高聚物复合体系的分类

复合体系组合	分散相尺度大小			
	＞1000nm（＞1μm）	100～1000nm（0.1～1μm）	1～100nm（0.001～0.1μm）	0.5～10nm
1. 聚合物/低分子物		低分子增容剂	低分子流变改性剂	外部热塑性聚合物
2. 聚合物/聚合物	宏观相分离型聚合物掺混物	微观相分离型聚合物合金	(1)分子复合物 (2)完全相容型聚合物合金	
3. 聚合物/填充物	聚合物/填充物复合体系	聚合物/填充物复合体系	聚合物/超细粒子填充复合体系	聚合物纳米复合体系

在研究与开发最活跃的聚合物/黏土分散复合体系过程中，黏土被视为分子量巨大的无机聚合物分子，使上述分类并不具有绝对意义。

（3）聚合物无机纳米复合材料独特性和优点

① 复合体系各种物性的显著提高　如热变形温度、结晶速率、力学性能、功能性能等的相对提高。

② 复合体系资源节约特性　主体原料如聚合物、无机黏土等资源丰富。纳米材料仅少量加入，经分散复合就能达到使用性能，资源节约型复合特性显著。

③ 复合体系保持原有工艺路线　聚合物纳米复合可以不改变原有聚合物聚合和加工等工艺路线，通过调节纳米分散复合过程使纳米复合技术获得突破后，易率先获得工业化生产，形成新型或新一代高性能材料。

④ 复合体系功能性增加而应用更广泛　聚合物纳米复合体系可以具有光、声、电、磁和抗摩擦磨损多功能性，因而可更广泛应用。

1.3.4 纳米复合材料制备方法

1.3.4.1 制备方法综述

对于纳米复合材料，首先制备纳米相或纳米粒子材料，再经纳米分散与复合及加工等方法，制成纳米复合材料。

制备单分散纳米级粒子的方法具有特殊性[16～18]，此外，大部分纳米颗粒制备方法可归结如下：

① 湿法，如溶胶-凝胶法、乳液法、离子交换法、插层化学法和CVD法等。

② 固相干法，如研磨法、球磨法、烧结法、气流撞击法等。

③ 气相法，如激光气相沉积法、GVD法等。

④ 其他特殊方法，如沉积法、重力分选法等。

可根据这些技术的成熟度、适用性、经济性及工艺性与试验情况，结合文献报道与评价结果[19~22]，优选出最实用的方法，再经优化和设计，制出所期望的纳米复合材料。

1.3.4.2 溶胶-凝胶法

显然，制备纳米材料与纳米复合材料不是截然分开的过程而是密切相关的过程。采用溶胶-凝胶法制备纳米粒子的同时也可以制备出纳米复合材料，采用其他方法制备纳米粒子时，也可以类似地制备纳米复合材料。

(1) *科学原理* 溶胶-凝胶法的科学原理就是胶体化学方法，就是通过水化溶解的方法，将分散介质转化为溶液胶体，然后再在适当的条件下形成凝胶。形成胶体的颗粒约为10^{-9}～10^{-6}m，经过不同的收集方法，可以制备胶体颗粒。

(2) *溶胶-凝胶（Sol-Gel）制备纳米颗粒方法* 制备溶胶的方法包括溶解大颗粒物质、加入沉淀剂、分选（过滤）未溶的颗粒步骤。在溶解大颗粒物质后，通过加入沉淀剂将一部分或全部组分沉淀出来，经过解凝使原来团聚的颗粒分散成原始颗粒，而将未溶的部分大颗粒分选或者过滤出来，得到较均一的溶胶体系。过滤的过程较为复杂，但是，工业上已有成熟的方法可供选择。但是许多前驱体系可以完全溶解，因此可以避免这些复杂情况。

(3) *实用参考例*

【实施例 1-4】 Sol-Gel法制备SnO_2纳米颗粒[23]。将20g $SnCl_2$溶解于250mL乙醇，搅拌30min后再经过1h回流、2h老化，在室温放置5d，然后在333K的水浴锅中干燥2d，再在373K下烘干，即可得到SnO_2纳米颗粒。

【实施例 1-5】 Sol-Gel法制备TiO_2纳米颗粒[24]。其过程为：在室温288K下，将40mL钛酸四丁酯逐滴滴加到去离子水之中，去离子水加入量可分别为256mL和480mL两种。一边滴加一边搅拌并且控制滴加和搅拌速度，然后经过水解缩聚形成溶胶。再经过超声振荡20min，在红外灯下烘干得到疏松氢氧化钛凝胶。将此凝胶磨细，然后在673K和873K温度下烧结1h，得到TiO_2纳米颗粒。

1.3.4.3 复合醇盐法

复合醇盐法的基本原理就是Sol-Gel原理，为了得到纯粹纳米颗粒，对所有前驱体加入比率及水解速率预先要进行精确计算。如制备$BaTiO_3$纳米颗粒时，要求两种前驱体的水解速率尽可能快，水解产物易烧结成为复合物等。

【实施例 1-6】 $BaTiO_3$纳米颗粒制备[25,26]。第一步，将Ba与适当的醇反应得到Ba的醇盐；第二步，将相同的（或不同的）醇、氨水及四氯化钛反应得到钛的醇盐，同时过滤掉氯化铵。将制备的醇盐在苯溶剂中复合，使Ba∶Ti(摩尔比)=1∶1，再回流约2h，然后在此溶液中加入少量蒸馏水并搅拌，加水分解后得到白色沉淀超微粒子，就是晶态$BaTiO_3$。所得纳米颗粒粒径约为10～15nm。若用醇合物$Ba(OC_3H_7)_2$和$Ti(OC_5H_{11})_4$，则得到的$BaTiO_3$颗粒粒径小于15nm，纯度达99.98%。

1.3.4.4 微乳液法

(1) *微乳液法过程* 微乳液法是Sol-Gel方法的一种衍生方法，前者在制备纳米溶胶体系中增加表面活性剂，表面活性剂将形成的纳米颗粒就地原位包覆，形成核-壳结构胶束，内核为纳米颗粒，壳层为表面活性剂。利用微乳液法制备的纳米颗粒因此具有粒径小、粒径分布窄及比表面积大的特点。微乳液法制备要求是，设计好一种匹配的微乳液体系，选择适当的沉淀体系及合理经济的后处理工艺路线[1~3]。

(2) *油/水微乳液体系组成和制备* 微乳液体系组分包括纳米前驱体（有机试剂，如金属醇合物等）、表面活性剂和助表面活性剂。微乳液体系对有机试剂的增容能力越大，越有利于获得高产率的纳米颗粒。但是，微乳液体系在形成中，会与有机试剂产生化学反应并可导致沉淀物产生，这是选择有机试剂前驱体必须注意的方面。在制备好微乳液体系后，要考虑控制方法获得沉淀物，例如可控制水/表面活性剂的相对比例及控制体系 pH 值等，达到控制颗粒大小的目的。微乳液法获得的纳米颗粒具有核-壳结构，将对后续分散有直接影响。所得乳液包覆颗粒经洗涤、干燥处理后，可得到“假团聚”颗粒体系，称为二次粒子，它具有微米尺度及纳米结构。

实验表明，利用 W/O 微乳液体系易合成粒径 30～70nm 的 SiO_2 颗粒，其稳定性与尺寸分布受水、表面活性剂浓度及其结构特性控制。窄粒径分布 SiO_2 纳米颗粒可用三组分 W/O [29%（质量分数）氨水/环己烷/非离子表面活性剂] 体系水解四乙氧基硅烷（TEOS）得到。非离子表面活性剂聚氧化乙烯壬基苯基醚表面活性剂分子结构为：

$$R\text{-}(Ar-OCH_2CH_2)_x\text{-}OH$$

其中，$R=-C_9H_{19}$、$-C_{12}H_{23}$；Ar=苯基。

当 $R=-C_9H_{19}$ 时，该分子式简写为 NP_x，x=每个表面活性剂分子中氧乙烯的平均数。如 NP_6 非离子表面活性剂，获得平均粒径 40～50nm 分散均匀 SiO_2 纳米颗粒（Yanagi，1986）。采用 NP_5 的 W/O 微乳液体系，得到分散均匀 35～70nm 颗粒体系（Arriagada，Osseo-Asare 等）。

在 W/O 微乳液体系中，水/表面活性剂的摩尔比是粒径重要的控制因素，当水/表面活性剂摩尔比取中间值 1.4 时，所得氧化硅粒径最小、分布最窄。大于或小于该数值，都将使粒径大小及分布变大。此外，当初始水达到溶解度极限（相边界）时，TEOS 水解乙醇副产物会导致反应介质相分离为一种微乳液和一种第二相，会引发新的成核过程。

（3）*微乳液法的实施例* 利用 NP_x 系列表面活性剂的 W/O 微乳液制备 SiO_2 颗粒的实施例如下。

【实施例 1-7】 NP_x 系列表面活性剂微乳液法制备 SiO_2 颗粒[29]。首先准备 NP_4 试剂，TEOS（99.999%纯度，Aldrich Co.），庚烷和氨水（NH_4OH）溶液 [含 71%（质量分数）的水和 29%（质量分数）的氨]。氨水是一种 TEOS 水解的催化剂。其次，将氨水、去离子水一起加入已经混合好的庚烷/NP_4 体系中。将此混合物轻轻振动直到体系透明。然后，将 TEOS 加入到上述微乳液体系之后，TEOS 的水解和纳米颗粒的形成就立即开始。整个反应在聚四氟乙烯塞子密闭的反应器内，在温度 22℃ 下进行。对这一体系最后的粒子表征表明：颗粒大小为 26～43nm；最均匀分布的颗粒最小的 SiO_2 颗粒在水/表面活性剂=1.9 时获得。

【实施例 1-8】 微乳液法制备 SiO_2 载负的 Rh 体系。首先配制微乳液体系（NP_5/环己烷/氯化铑/H_2O 溶液体系），NP_5 非离子表面活性剂在有机相中浓度为 0.5mol/L，氯化铑/H_2O 溶液浓度 0.37mol/L，微乳液中水相体积分数 0.11；其次，在 25℃ 时，将肼（NH_2-NH_2）

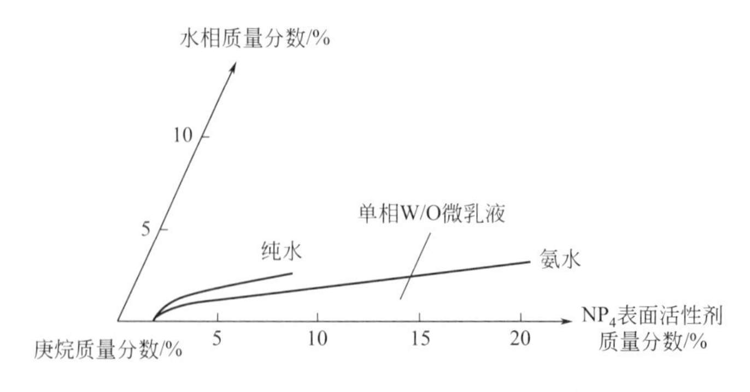

图 1-7 三组分 NP_4 表面活性剂/水相/庚烷体系相图

（水相包括纯水和质量分数为 29%的氨水）

加入到上述微乳液体系中，搅拌后形成铑（Rh）化合物的颗粒；再次，向上述体系中加入稀氨水溶液形成乳浊液；最后，加入正丁醇锆或者正硅酸乙酯的环己烷溶液，并在强烈搅拌下加热到40℃，此时，形成的 ZrO_2 或 SiO_2 吸附铑化合物并以黄色沉淀析出。经过分离后，煅烧及高温氢气还原就可以得到这类氧化物载负的铑催化剂。

利用微乳液法，采用四乙氧基硅烷前驱物，制备 SiO_2 纳米颗粒时，作出反应体系相图可有效指导纳米粒子合成制备。对于 NP_4/纯水/庚烷或者 NP_4/氨水/庚烷的反应体系，其相图如图 1-7 所示。

在相图 1-7 中，未加入 NP_4，或者其加入浓度未达到 1.8%（质量分数）(0.037mol/L) 之前，水与氨水都不溶于庚烷之中。一般地，水在庚烷中的溶解度是氨水的 1.5 倍。随着水解反应的进行，体系中 TEOS、乙醇、水的浓度在不同时间下，可用红外光谱的 $967cm^{-1}$、$1050cm^{-1}$、$1640cm^{-1}$ 带来进行表征[29,30]。如图 1-8 所示。

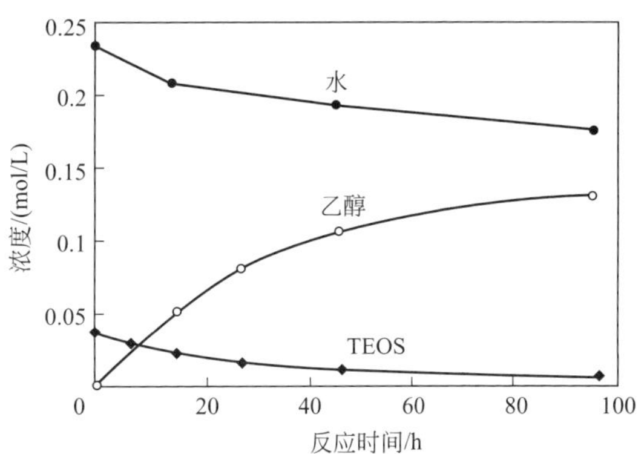

图 1-8 TEOS 体系水解反应中的 TEOS、乙醇和水的浓度变化

(4) 纳米粒子连接和聚合链形态　随着上述反应体系中 TEOS 水解反应时间增加，体系逐步经历氧化硅胚芽（或成核中心）生成、长大、粒度化与形态逐步固定化的显著变化过程。这些变化过程形态采用 TEM 表征，见图 1-9。

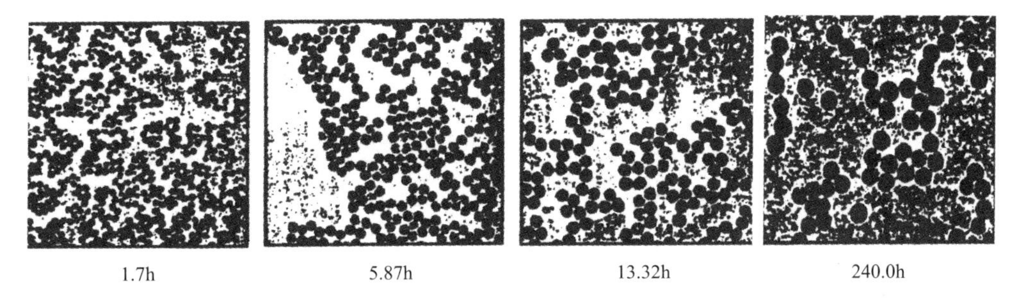

图 1-9 TEM 表征的 TEOS 水解中 SiO_2 纳米颗粒的成核和生长长大形态
（图中比例尺 1cm=100nm）

可见，最初 1.7h 水解反应主要形成聚合物链状结构纳米粒子，然后逐步形成表面圆球状和完美球形的纳米粒子。对该反应各时间段所生成颗粒尺寸 σ 进行数值统计，发现反应时间超过 6h 后，$\sigma=1.7\sim1.9$nm 并几乎保持不变。最后，SiO_2 纳米颗粒的正交标准偏差 $(\sigma/\langle D\rangle)$ 从反应开始后 1.7h 的 10%减小到反应结束的 5%。

1.3.4.5 物理化学沉积与等离子体法

物理化学沉积法包括化学气相沉积法（CVD）和物理气相沉积法（PVD）。采用 CVD、PVD 及等离子体等方法，在绝氧惰性气氛中，将金属纳米粉如 Fe、Co、Ni 等，直接沉积在载体如聚合物或无机物上，制备可替代 Pd 贵金属的催化剂。采用含贵金属的溶液与载体进行电沉积方法，制备 Ni-Fe、Ni-P、Ni-Zn 等催化膜材料。沉积法与等离子体法结合形成混合等离子体法，这种方法包括等离子体蒸发、反应性等离子体蒸发及等离子体 CVD 法等，说明如以下实施例。

【实施例 1-9】 Si_3N_4 大颗粒制备纳米粉体 Si_3N_4　将大颗粒 Si_3N_4 用载气，如 Ar 气一起带入等离子体室，流入速度为 4g/min。同时通入反应性气体 H_2 进行热分解。经过一段时间后，再通入反应性气体 NH_3，反应后生成 Si_3N_4 超微粒子。

1.3.4.6 原位聚合复合法

控制聚合物反应液相尺寸如乳液、胶束、分散相尺寸，可以制备出粒径可控、形态可控的聚合物颗粒体系。有些聚合物如聚苯乙烯乳液聚合，甚至可制备出与单分散 SiO_2 形态类似的 PS 单分散颗粒。聚合物纳米颗粒与无机纳米颗粒 TEM 形态如图 1-10 所示。

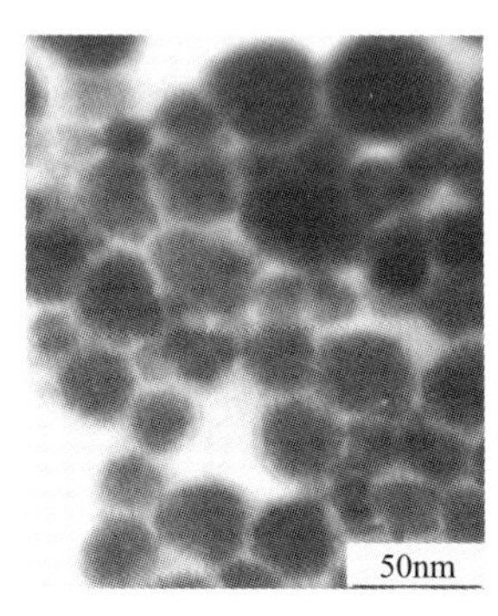

(a) PAN纳米颗粒

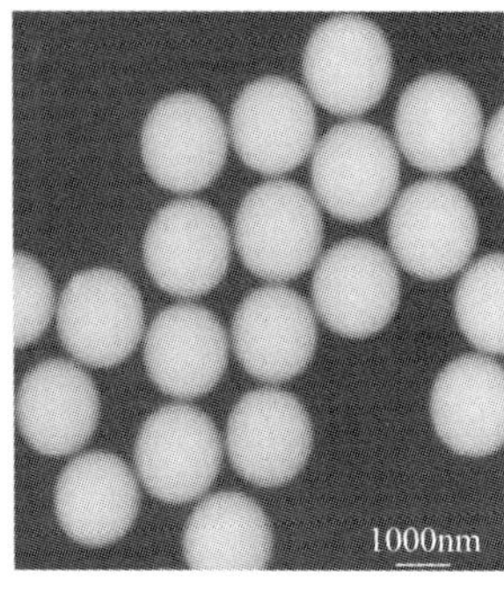

(b) PS单分散纳米颗粒

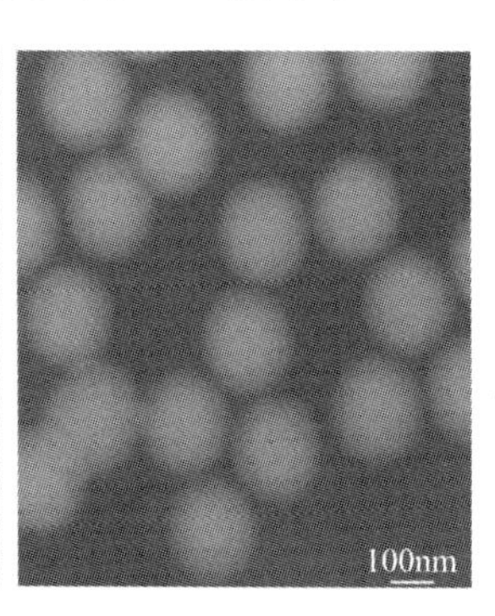

(c) SiO_2单分散纳米颗粒

图 1-10 聚合物纳米颗粒与无机纳米颗粒 TEM 形态比较

1.4 层状硅酸盐与层状化合物

1.4.1 层状硅酸盐黏土矿分类

层状硅酸盐黏土具有独特、天然纳米结构或纳米片层，是制备纳米复合材料的重要无机相，按照层间离子电荷性质将其分为阳离子型、阴离子型和非离子型。

（1）*阳离子型黏土* 这类黏土有天然铝硅酸盐（如高岭土、蒙脱石、伊利石、海泡石、凹凸棒石、绿泥石）及人工合成的层状硅酸盐等。蒙脱石又称膨润土（bentonite），也称斑脱岩、膨土岩、蒙脱土等，是以蒙脱石为主要成分的黏土岩——蒙脱石黏土岩。它已在石油化工、石油工程、环保、建筑、能源、涂料、药物、饲料等领域广泛应用。本书为了统一名称，将用于制备纳米复合材料的蒙脱石黏土的英文简称为 MMT，其他黏土类型在各章节说明。

（2）*阴离子型黏土* 如水滑石、人工合成水滑石、混合氢氧化物等。

（3）*非离子型黏土* 如部分变异高岭土、层状金属氧化物、合成中性层状结构黏土等。

此外，为了与蒙脱土纳米复合材料对应，层状石墨、二硫化钼、二氧化锰、五氧化二钒、α-磷酸锆与磷酸钡等，近来也用于制备纳米复合材料。

1.4.2 层状硅酸盐结构性能表征

1.4.2.1 蒙脱石矿床类型与分布

（1）*蒙脱石类型* 层状硅酸盐中的蒙脱石矿成因，包括火山岩型矿床、火山岩-沉积型矿床、沉积矿床、侵入岩型矿床。工业矿藏类型指蒙脱石、微晶高岭石或胶岭石，是含少量碱及碱土金属的水铝硅酸盐矿物，化学通式有多种，典型通式为：

$$Na_x(H_2O)_4\{(Al_{2-x}Mg_x)[Si_4O_{10}](OH)_2\}$$

基于蒙脱石层间可交换阳离子种类与含量，将蒙脱石分为钠基、钙基和天然漂白土或酸性土三种。钙基蒙脱石包括钙钠基、钙镁基等蒙脱石。钙基蒙脱石和钠基蒙脱石工业类型根据矿石碱性系数划分。碱性系数≥1 的为钠基蒙脱石矿，小于 1 的为钙基蒙脱石矿，天然漂白土则

以交换阳离子 H^+、Al^{3+} 确定。常用 X 射线和差热等方法鉴别蒙脱石矿床。

(2) *蒙脱石的矿产分布* 世界蒙脱石资源极为丰富、分布甚广，据统计世界蒙脱石总储量约 25 亿吨，其中美国、前苏联和中国储量占世界储量的 3/4，其次是意大利、希腊、澳大利亚和德国。蒙脱石资源虽很丰富，但最大用量的优质钠基蒙脱石资源十分短缺，钙基蒙脱石约占 70%～80%，我国 90%为钙基蒙脱石，钠基蒙脱石储量约 5 亿吨。

发现蒙脱石天然纳米结构及其多功能特性后，蒙脱石资源数据不断被改写。2000 年以来，仅我国广西境内就已发现储量 5 亿吨以上的蒙脱石矿藏，新疆也报道类似 5 亿吨矿藏。蒙脱石矿产遍布全国 23 个省，大型矿床 20 多个。大多数矿床集中在东北三省及新疆、甘肃、广西等地。具有工业价值蒙脱石矿的质量，以矿石中蒙脱石含量衡量，要求边界品位≥40%，工业平均品位≥50%。

1.4.2.2 蒙脱石原料质量与化学成分

(1) *蒙脱石矿组成* 自然界中蒙脱石都是成分极复杂的伴生矿物，经选矿和后处理等整套工艺才得到可用性黏土。根据矿物组合及结构构造，划分出黏土状、粉砂状、砂状、角砾状等蒙脱土类型，见表 1-6。

表 1-6 蒙脱土矿石的矿物组成

主要组成	次要组成	颜色
蒙脱石，玻屑，岩屑，硅质岩，凝灰岩，蒙脱石火山岩角砾	晶屑，石英，长石，沸石，陆源碎屑(20%～25%)，霏细岩，斜长石，黑云母玻屑，粉砂，砂，泥，岩屑(硅质岩、凝灰岩、安山岩)，砾石-硅质岩，斜发沸石(<10%)，火山岩	灰色，浅红色白色

(2) *蒙脱土化学成分* 蒙脱土是主要含蒙脱石的黏土矿，蒙脱石类质同象发育，低价阳离子置换高价阳离子产生多余负电荷，层间吸附阳离子以保持电中性。蒙脱石产生多种晶层电荷，含 Mg 少的晶层电荷较低。晶层间可交换阳离子 Na^+ 为主的钠基蒙脱石，各种性能优于 Ca^{2+} 为主的钙基蒙脱石。层间 Li^+ 为主的锂基蒙脱石性能更优。

蒙脱土伴生矿物如石英、玻屑、沸石、黄铁矿等，对蒙脱土矿的化学成分及工艺性能影响较大。多种成因矿物在我国新疆夏子街、辽宁黑山、吉林九台、浙江仇山、河南信阳、浙江平山、安徽新潭、内蒙古高庙子、广西宁明、甘肃红泉、江苏平桥、湖南金沙洲等广泛存在，见表 1-7。

表 1-7 我国部分蒙脱土矿的化学成分 单位：%

产地	SiO_2	Al_2O_3	Fe_2O_3	TiO_2	MgO	CaO	K_2O	Na_2O	烧灼
辽宁省黑山矿十里岗子	73.06	16.17	1.63	0.16	2.72	2.01	0.41	0.39	4.81
辽宁黑山矿下湾子(深部)	71.39	14.41	1.71	1.52	1.20	—	0.44	1.98	5.25
浙江省临安矿平山	70.94	15.26	1.38	0.05	2.26	1.65	1.51	2.00	4.57
浙江省临安矿兰巾	65.14	18.56	3.01	0.52	3.09	2.84	0.88	1.58	4.66
浙江省仇山矿(钠基土)	68.01	15.40	3.94	3.00	2.50	—	—	—	5.90
浙江省仇山矿(钙基土)	70.66	17.58	2.59	0.24	2.54	2.04	0.86	0.30	4.47
四川省三台矿	57.64	16.24	1.60	0.02	3.92	1.99	0.51	0.401	7.76
河北省张家口化工厂	61.14	20.11	3.10	0.62	3.31	2.42	1.63	2.11	5.19
河北省宣化县化工厂	68.18	13.03	1.24	0.25	5.07	3.89	0.44	0.78	6.78
河南信阳矿五图店	72.02	15.76	1.44	0.21	3.27	2.19	0.38	0.22	5.91
甘肃省酒泉矿大草滩	62.50	18.61	5.37	1.86	1.35	2.38	1.25	—	6.31
湖北省襄阳矿厂	50.14	16.17	6.84	0.88	6.24	4.73	1.84	0.19	11.56
四川省渠县膨润土厂	60.47	20.21	2.76	3.80	3.30	1.30	0.40	—	8.25
吉林省双阳矿五家子	71.58	14.56	2.95	0.37	2.72	2.30	0.25	0.37	4.58
福建省连城矿朋口	65.92	20.72	1.70	0.31	2.66	0.14	1.14	0.32	6.70

注：表中数据来自多种地质资料和报道资料的整合。

蒙脱石伴生各种非目的矿物，必须强化纯化工艺，提高蒙脱石质量分数，通过改型、改性方法，强化所需工艺及产品性能。

1.4.3 蒙脱土结构性能与表征

1.4.3.1 蒙脱土分子和晶体结构

（1）分子结构　蒙脱土矿主要成分蒙脱石，是一种含水层状铝硅酸矿物，具有2∶1型层状硅酸盐片层结构，片层厚约1nm，其化学成分具有复杂性尚不能有统一表述，蒙脱石的一种分子式为：$Na_{0.7}(Al_{3.3}Mg_{0.7})Si_8O_{20}(OH)_4 \cdot nH_2O$。如无特殊说明或表征数据，常将蒙脱土结构等同于蒙脱石结构。

（2）晶体层状结构特征　尽管蒙脱石分子结构有许多不同报道，但是蒙脱石晶体层状结构是普遍接受的结构。蒙脱石晶体化学特点是类质同象种类多，化学成分复杂而变化很大。通常的蒙脱石晶体结构，是由二层硅氧四面体晶片与其间的铝氧八面体晶片相形成的晶层，构成2∶1型层状晶体结构。其晶体单元的八面体空隙中的阳离子为Al^{3+}，剩下两个空位，则为二八面体型。

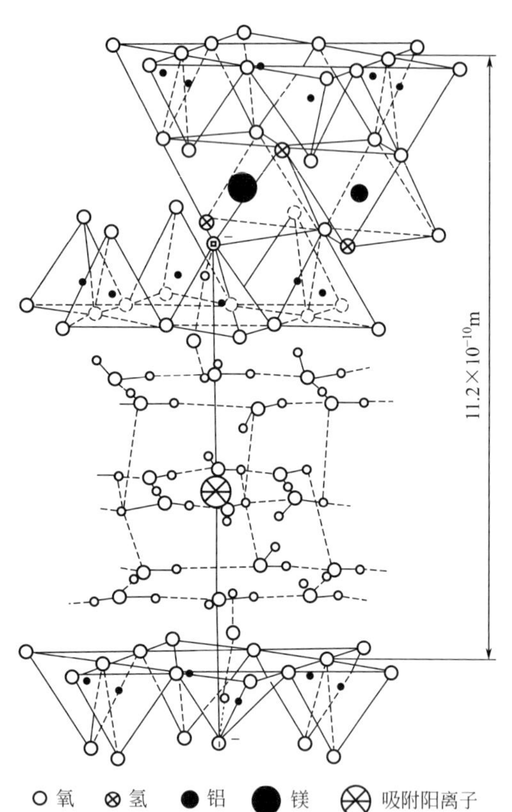

图1-11　蒙脱石晶体结构组成

八面体空隙中的Al^{3+}常被低价的Mg^{2+}、Fe^{2+}置换，四面体空隙中的Si^{4+}被Al^{3+}置换，由于低价阳离子替代高价阳离子，使结构层产生多余负电价。为保持电中性，在晶体结构层之间，除水分子外，存在较大半径的阳离子Na^+、Ca^{2+}、Mg^{2+}等。这些阳离子是可交换的，是使蒙脱石族矿物产生离子交换、吸水、膨胀、触变、黏结、吸附等一系列特性的本源。

蒙脱石晶层包含水分子和可交换性阳离子的常用晶体模型，见图1-11。

1.4.3.2 蒙脱石质量测定与控制方法

评价蒙脱石质量可采用传统吸蓝量、阳离子交换与元素分析方法，以及现代原子吸收光谱、光电子能谱等方法。

（1）吸蓝量　蒙脱石含量可用吸蓝量换算得到，即：

$$M = B/K \times 100 \tag{1-5}$$

式中，M为蒙脱土矿石中蒙脱石相对含量，%；B为吸蓝量，mmol/100g样品；K为换算系数，取150～230。

（2）电荷及层间阳离子　蒙脱土的硅氧四面体的部分Si^{4+}和铝氧八面体的部分Al^{3+}被Mg^{2+}所同晶置换，因此其片层表面产生过剩的负电荷。为了保持电中性，这些过剩的负电荷通过层间吸附阳离子来补偿。蒙脱土片层间通常吸附Na^+、K^+、Ca^{2+}、Mg^{2+}等阳离子，它们很容易与有机或无机阳离子进行离子交换，使层间距发生变化，这正是制备纳米复合材料的技术关键点。

（3）阳离子交换容量　蒙脱土阳离子交换容量的英文为cation exchange aapacity，简称CEC。阳离子交换容量是指pH值为7的条件下，所吸附K^+、Na^+、Ca^{2+}、Mg^{2+}等阳离子的总量，单位为 mmol/100g 土。蒙脱土 CEC 值越大表示其带负电量越大，其水化、膨胀和分散能力越强；反之，其水化、膨胀和分散能力越差。

蒙脱石晶层的阳离子都具有可交换性，不仅 Ca^{2+}、Mg^{2+}、Na^{+}、K^{+} 等可相互交换，而且 H^{+}、多核金属阳离子（如羟基铝十三聚体）、有机阳离子（如二甲基双十八烷基氯化铵）也可交换晶层间的阳离子。

1.4.3.3　有机蒙脱土质量标准

有机蒙脱土是利用有机分子尤其是有机铵盐与蒙脱土进行交换反应后所得到的一种纳米前驱体或纳米中间体。用于特殊领域的有机蒙脱土已建立了相应质量指标，如表 1-8 所示。

表 1-8　涂料、油墨、润滑脂用有机化蒙脱土质量指标

产品名称	水分/%	细度/μm	失重/%	黏度/MPa·s
Bentone-34	＜5	74	15	＞1000
Claytone-40	＜5	74	15	＞800
BT-881(浙江临安)	≤3.0	74		≥1000
BS-IA	≤3.01	10		＞1000
BS-IB(浙江安吉)	≤3.01	10		＞1500
BS-4	≤3.01	20		≥3000
HG/T2248-91(化工行业标准)	≤3.5	76	≤40.0	≥900

注：Bentone-34，怀俄明土，美国 RHEOX 公司；Claytone-40，怀俄明土，美国南方黏土公司。

有机蒙脱土是制备蒙脱土纳米复合材料的主要原材料。

1.4.4　层状结构化合物分类

1.4.4.1　层状结构化合物与分类

（1）*层状结构化合物广义与狭义定义*　广义上，层状结构化合物泛指一切具有宏观或微观尺度的层状结构固态化合物，如大块层状岩石、储层层状岩石、层状结构页岩层及纳米晶体片层结构黏土等。

狭义上，层状结构化合物指具有纳米尺度晶体结构单元，周期性有序化排列的片层堆积的固态化合物。目前，主要发现并使用的是固态层状化合物，如蒙脱土晶体层状结构，由 1nm 片层和约 1nm 宽度层间距构成。但尚未发现液态、气态层状化合物。

（2）*层状结构化合物分类*　总体上，层状化合物分为天然、非天然两大类。前者是自然形成的层状物质体系，后者是人工合成、加工所形成的物质体系。

天然层状化合物包括层状硅酸盐、黏土矿物、金属氧化物、金属硫化物、石墨等。

非天然层状化合物包括合成氧化硅、水滑石、金属氧化物、金属硫化物等。

层状硅酸又可包括数百种体系，如蒙脱土、高岭土、凹凸棒土、云母、蛭石、沸石等材料。云母类硅酸盐，如蒙脱土、蛭石、沸石等都由 Si—O 四面体晶片和 Al—O 八面体晶片构成的层状晶体。这种四面体和八面体的紧密堆积结构使其具有高度有序的晶格排列，具有很高的刚度而层间不易滑移。

1.4.4.2　层状结构化合物分散特性

（1）*层状化合物片层剥离特性*　层状化合物片层间存在天然的较强的电性、氢键和范德华力作用，减弱这种片层间强相互作用可使片层一片一片地剥离，这样得到的剥离片层是纳米片层，片层分散于聚合物体系就得到聚合物纳米复合材料。

采用插层方法得到纳米复合材料，最初是在研究石墨结构时提出的。石墨层状结构片层间可相对滑移，但石墨片层具有完整晶片结构，其他分子尤其是体积大的长链高分子很难插入其片层间。因此，制备聚合物/石墨插层复合物，需采用酸膨胀方法。其他层状化合物如 V_2O_5、

MoS_2 等，通过分子插层法制备纳米复合材料。经过插层处理的层状化合物，在高聚物中分散时，受外在高温和剪切等作用，原位剥离分散形成纳米复合材料。

（2）*层状化合物的剥离分散性* 黏土层状硅酸盐或层状化合物层间吸附 Na^+、K^+、Ca^{2+}、Mg^{2+} 等阳离子，常设计层间插层交换反应减弱其片层间作用力。用于制备纳米复合材料的层状化合物，其层间可交换阳离子数即离子交换容量（CEC）需优化，即 CEC 并非越高越好。许多天然层状化合物（如云母、伊利石）具有类似于蒙脱土的片层结构、带负电性及片层间也吸附阳离子，但不易经插层形成聚合物纳米复合材料，主要缘于 CEC 值太高。蒙脱土的 CEC 在 0.60～1.2mmol/g 时，较适于离子交换反应形成纳米复合材料体系。若无机相 CEC 太高，层间库仑力很高使其片层间作用力过大，不利于大分子链插入；若无机相 CEC 太低，无机相难有效地与聚合物相互作用，不足以保证无机分散及其与聚合物基体的相容性，也同样不能得到纳米复合材料。

（3）*层状化合物逐级剥离分散方法* 然而，层状化合物不论如何进行前处理，实验室有可能基本实现其片层完全剥离与分散，实际规模化操作技术不能一步到位地有效分散纳米片层而得到聚合物纳米复合材料。基于层状化合物合成纳米复合材料实用化的目标使命，创建聚合物层状化合物纳米复合材料工艺，应设法使层状化合物层状结构逐步剥离分散于有机体中。

1.5 聚合物-黏土纳米复合材料

1.5.1 纳米分散定义和表征

1.5.1.1 微粒尺寸分布统计

（1）*微粒尺寸统计计算* 针对通常微粒可采用电镜，如透射电镜（TEM），直接观察并测定颗粒大小。通过所得的电镜形态照片，采集 100～600 个不同粒径（D）的颗粒［如图 1-12（a）所示］，再经过统计，获得体系平均粒径 $\langle D\rangle$，最后计算颗粒尺寸的标准偏差 σ 为：

$$\sigma=[\langle D^2\rangle-\langle D\rangle^2] \tag{1-6}$$

基于 TEM 颗粒形态，采用统计当量粒子尺寸方法再乘以校正因子 k 得到 D。

$$D=k\sum d_i/n \tag{1-7}$$

（2）*熔体中纳米分散尺寸表征计算* 采用熔体复合法制备纳米复合材料，不能像纳米悬浮液那样采用激光光散射仪及粒度仪等方法，直接测定纳米分散尺寸和分布，而需要采用电镜、原子力显微镜等方法，先检测分散粒子尺寸，然后再进行统计计算纳米粒子分布曲线，获得最终的纳米尺寸和分布。

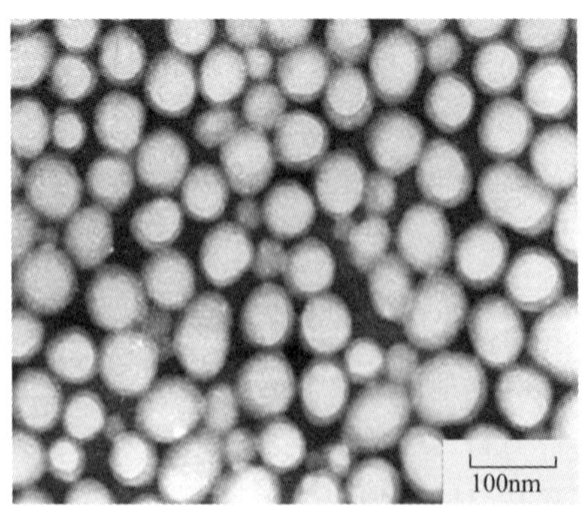

(a) 乳液聚合PMMA颗粒形态

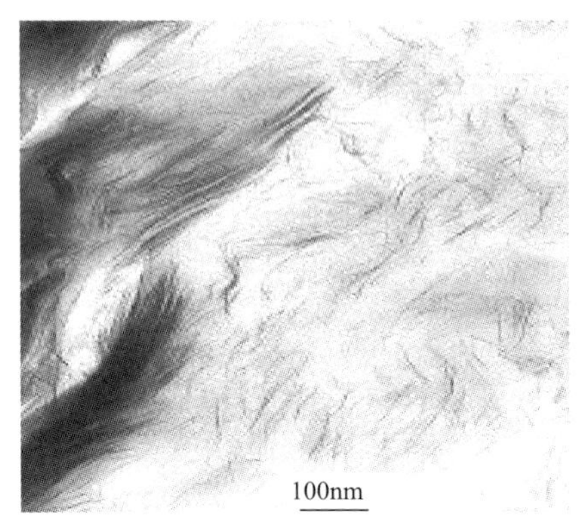

(b) 尼龙6/5.0%黏土纳米复合材料形态

图 1-12 TEM 检测不同分散介质中的纳米分散形态

通常采用透射电镜（TEM）方法测试纳米粒子在熔体中分散时［见图 1-12(b)］，根据实际情形采用校正系数 $k=1.0$ 或者 1.56 代入统计式(1-7) 计算纳米粒子尺寸。

（3）选择适当统计方法　根据需要，针对纳米粒子熔体分散复合体系，可采用现有的重量平均、数量平均、体积平均等统计平均计算方法，表征纳米分散及其尺寸分布。

1.5.1.2　纳米分散定义与含义

（1）纳米微粒分散度定义　胶体或纳米微粒分散度采用分散相微粒平均直径或长度的倒数表示，即

$$D_d=1/a \tag{1-8}$$

式中，D_d 为微粒分散的分散度；a 为微粒平均直径或长度。

a 参数常用当量尺度、平均或者分布尺度表征，这在有关章节详细说明。

（2）纳米微粒分散的含义　所有纳米微粒分散包含了明确的“分裂”和“散开”的含义。实际的纳米微粒分散含义通过如下过程理解。

其一，纳米结构的拆解与剥离过程，如层状硅酸盐片层的剥离，显然该分散过程使体系比表面积增大。

其二，纳米粒子聚集体或者团聚体的稀释过程。

其三，纳米单元向其他基体扩散、运移的过程。

这三种情形，见图 1-13。

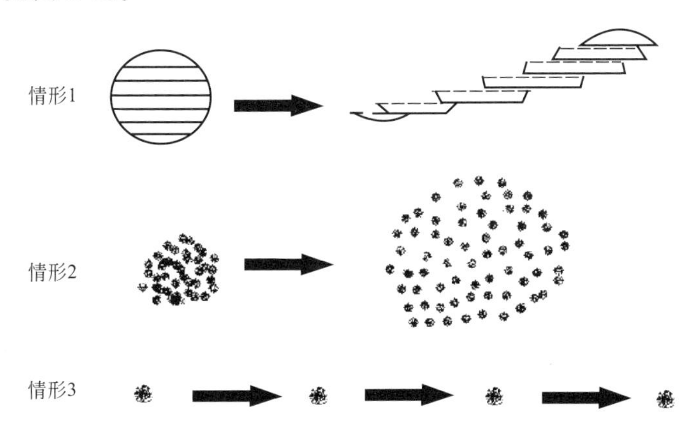

图 1-13　纳米分散最常见的三种情形

在上述三种情形的情形 1 中，大尺度粒子片层逐步剥离，尺寸越来越小，分散度越来越高；情形 2 中，纳米粒子聚集体分散类似于稀释过程，纳米粒子分散前后尺寸可以有少许变化，也可以没有变化，因此分散度可认为不变；情形 3 中，纳米粒子扩散过程可保持尺度不变，即分散度不变。

（3）纳米微粒熔体分散的表征　根据纳米微粒分散的含义，采用 D_d 表征纳米微粒熔体分散形态和尺寸分布（统计 100～600 个粒子），针对粒子是否“分裂”的形态，需再考虑粒子之间距离的因素，即进行粒子本身尺寸分布和粒子间距的统计计算，表征最终的纳米粒子体系分散度。

1.5.1.2　实现纳米分散方法

（1）纳米分散方法总体分类　总体上，纳米分散分为物理机械分散和化学爆炸分散方法。物理机械分散方法遵循“剪切和拉伸”等力学原理实现纳米分散；化学爆炸分散方法遵循“化学反应和爆炸反应”原理实现纳米分散。

（2）纳米粒子表面处理　纳米粒子表面处理是，设计采用另外一种功能分子、离子或者离子分子，在纳米粒子表面产生物理化学作用，形成具有多功能性、反应活性与分散性的纳米粒

子。这种内因改性方法极为普遍，效果很好。

(3) *插层与交换反应处理* 对于层状硅酸盐黏土等体系，设计插层与离子交换反应，如季铵盐型表面活性剂的阳离子交换与插层反应，先得到插层处理的层状硅酸纳米中间体或前驱体。该方法处理后的纳米前驱体可进一步分散于高聚物基体中，在外在因素如温度、压力、剪切等条件下，逐步分散形成聚合物纳米复合材料。

我们建立的纳米前驱体或中间体，再分散而形成纳米复合材料的分散技术[35]，在合成聚合物-层状硅酸盐纳米复合材料体系中，具有普适性。

(4) *机械挤压、剪切与球磨方法* 实际上，利用纳米中间体，可设计其机械挤压、机械剪切与球磨工艺的分散方法，在工业挤出机、注塑机上，经过加热熔融、熔体流动剪切及挤出与成型工艺，大规模合成聚合物纳米复合材料产品、制品。

1.5.2 层状硅酸盐插层复合方法

1.5.2.1 插层复合科学技术

(1) *层状结构物质的插层化学* 采用层状结构物质如层状硅酸盐或层状化合物，设计其层间插层与交换反应，制成新型复合材料，形成了插层化学。所述的层间反应包括有机分子插入层间反应、层间离子交换反应、层间吸附反应和层间配位反应等。

常用于插层反应的层状硅酸盐，其晶体片层间距约 1nm，片层表面主要产生氢键和电荷作用。在外界物质作用下，该片层间距很易扩大而剥离，片层空间是纳米复合材料的天然微反应器。

天然蒙脱石 2∶1 型层状硅酸盐体系，层内表面具有过剩负电荷，层间吸附阳离子如 Ca^{2+}、Mg^{2+}、Na^{+} 等。采用有机或无机阳离子进行层间阳离子交换和插层反应，形成有机层状硅酸盐纳米复合材料或聚合物纳米复合材料。

(2) *插层复合技术定义* 插层复合技术是指利用插层化学原理，设计利用层状化合物进行插层反应，在插层反应的同时，原位形成复合体系的技术。插层复合技术是迄今最广泛采用的制备、生产聚合物纳米复合材料的技术，其中最成功的典型是广泛报道的尼龙黏土纳米复合材料。

(3) *插层复合技术发展* 20 世纪 80 年代采用有机插层剂处理黏土制备尼龙 6 杂化材料（Toyota，Arimitsu Usuki 等[7]）后，插层聚合复合方法研究开始兴起。

利用接枝马来酸酐处理插层黏土，黏土层间距大于 3nm，高分子链有效插入层间，由此制备聚 α-烯烃层状硅酸盐纳米复合材料等，其热稳定和尺寸稳定性均显著提高。2000 年后汽车发动机罩等用纳米复合材料开发成功。而美国密西根大学 T. J. Pinnavaia、康奈尔大学 P. J. Giannelis 等研究黏土催化剂及其复合材料，也有很多报道。

1995 年，王佛松、漆宗能负责尼龙黏土杂化材料的国家自然基金项目（批准号 59543005），在国内首次开展纳米复合材料研发，也是国内聚合物插层复合技术的开端。此后，在各种机构的强大资金资助下，李强、柯扬船等先后率先制备并开发出尼龙、苯乙烯、聚酯等 10 多种黏土纳米复合材料[1,20]。

(4) *插层复合反应过程及因素* 插层复合反应过程为，选择功能或极性有机分子、活性有机单体、聚合物分子等，通过分子间作用和离子交换反应插入层状结构物质的层间，该插层或单体原位引发聚合过程，都伴随片层剥离、纳米单元均匀分散于聚合物基体的过程。利用阳离子交换与插层反应得到纳米前驱体，可设计原位聚合复合过程，制备高效聚合物-无机纳米复合材料。

在不同插层化学中，聚苯乙烯刚性链易插层反应，但不易形成高性能纳米复合材料。在不同介质中采用线型聚乙烯醇（PVA）直接吸附到黏土颗粒表面制备纳米复合材料，但聚合物与黏土片层结合力弱，合成效果和产品性能不好。实际上，黏土层间作用力大及微环境使单体进入层间十分困难，只有很少聚合物分子链插入黏土片层间。因此，需要优化设计插层化学的工艺工程。可以参见具体插层过程实施例1-10。

（5）插层复合实施例

【实施例1-10】 聚苯乙烯黏土纳米复合材料 将去除阻聚剂和处理的苯乙烯单体，在溶剂中浸渍到黏土层间，溶液中低温引发剂引发聚合制备PS/黏土复合材料。抽提实验证明每克蒙脱土以化学键方式接枝1.11g苯乙烯，聚苯乙烯分子量达22000，黏土片层间距2.45nm，分散体系粒径150～400nm。

【实施例1-11】 丁二烯/丙烯腈共聚物（ATBN）纳米复合材料 利用插层化学原理，采用氨基封端的丁二烯/丙烯腈共聚物（ATBN），低温溶剂和低温引发剂引发反应，制备橡胶/黏土纳米复合材料。采用热降解TGA法分析该橡胶纳米复合体系的接枝率为0.6gATBN/1g复合物，黏土片层间距为1.52nm，分散相平均尺寸为60nm。

1.5.2.2 聚合物-层状硅酸盐纳米复合材料

与常规聚合物基复合材料相比，聚合物-层状硅酸盐纳米复合材料（PLSN）具有以下特点。

（1）需要填料质量分数少 只需很少的填料（<5%质量分数）即可使复合材料具有相当高的强度、弹性模量、韧性及阻隔性能。而常规纤维、矿物填充的复合材料则需要比PLSN材料多3～5倍的填充量，并且各项性能指标还不能兼顾。因此，PLSN材料比传统填充体系质量轻，成本也有所下降。

（2）优良的热稳定性及尺寸稳定性 PLSN材料力学性能可优于纤维增强的聚合物复合体系，这是因为层状硅酸盐纤维可在二维方向分散、取向而产生有效增强作用。硅酸盐片层呈平面取向，所形成的膜材会有很高的阻隔性和尺寸稳定性。

（3）高性价比 层状硅酸盐蒙脱土在我国资源丰富且价格低廉。将单体分子或聚合物链插进层状硅酸盐蒙脱土片层间，而使硅酸盐片层结构剥离成厚1nm，长、宽各为100nm的基本单元，并均匀分散于聚合物基体中，产生高分子与层状硅酸盐片层纳米尺度高效复合体系与应用特性，具有显著高性价比。

1.5.2.3 聚合物-层状硅酸盐纳米复合材料合成方法

按照插层复合反应的过程，插层复合方法主要分为两类。

（1）插层聚合复合方法 基于插层化学原理发展出插层化学方法，其过程包括，先将聚合物单体分散，插入层状硅酸盐片层空间，然后原位引发聚合，利用聚合反应时放出的大量热量克服硅酸盐片层间的库仑力、氢键与范德化力等作用，使片层剥离而使纳米尺度硅酸盐片层与聚合物基体以化学键方式复合，该过程称为插层聚合。

（2）插层聚合复合体系分类 按照聚合反应类型，插层聚合又分为缩聚插层反应和加聚插层反应。缩聚插层反应涉及单体分子链中功能基团的反应性，受蒙脱土层间离子等因素影响小，反应可较顺利进行，如制备聚酰胺/蒙脱土纳米复合材料的缩聚反应。单体加聚插层反应涉及自由基的引发、链增长、链转移和链终止等自由基反应历程，自由基活性受蒙脱土层间阳离子、pH值及杂质影响较大。

我们率先创建插层聚合复合法，采用有机黏土前驱体，经插层反应得到剥离分散的复合材料，制备出尼龙6（PET、PBT）-黏土纳米复合材料及ABS（HIPS）-黏土纳米复合材料[33,34]等。

这种插层反应也称为原位插层聚合复合法，所采用的聚合物基体还包括各种聚酰胺，如尼龙6、尼龙66、尼龙11和尼龙12等，以及聚丙烯酰胺、聚酰亚胺、聚氨酯、聚碳酸酯等。

聚对苯二甲酸乙二醇酯（聚酯）缩合聚合反应所得到的最重要聚合物产品品种，是目前单一品种产量最高的聚合物产品品种。实验室和工业生产聚酯的工艺主要采用直接酯化法。利用聚酯直接酯化法中乙二醇单体液相悬浮性，将黏土纳米中间体加入其中进行原位缩合聚合复合反应，得到聚酯纳米复合材料的工艺过程，如图 1-14 所示。

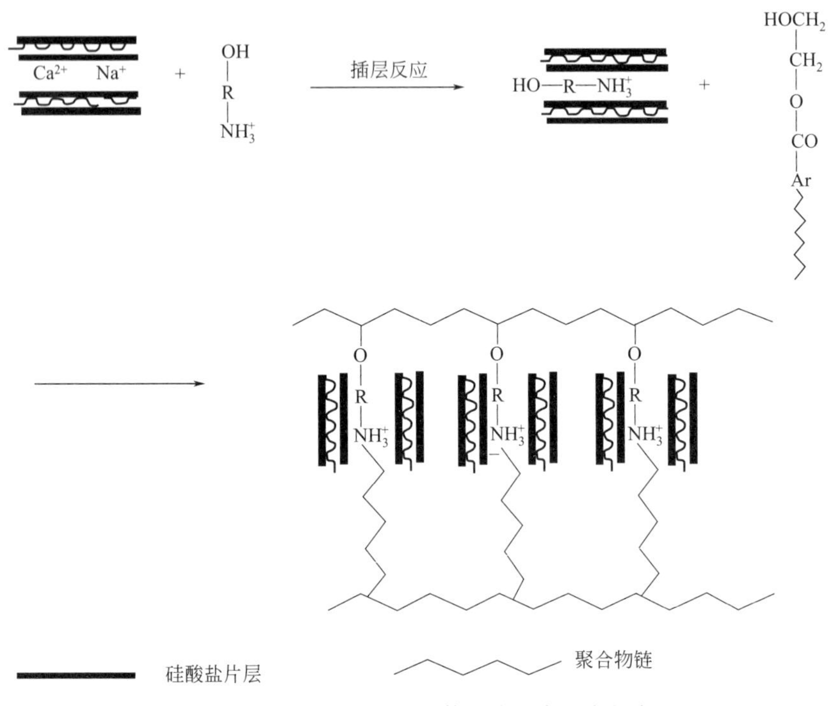

图 1-14 蒙脱土纳米前驱体原位缩合聚合复合制备聚酯纳米复合材料示意图

可见，首先设计插层反应处理黏土体系得到反应活性的纳米中间体或前驱体，再将其加入乙二醇单体液相形成均匀悬浮体系，最后引发原位缩合聚合复合反应，得到聚酯纳米复合材料。

类似地，制备聚合物纳米复合材料的加成聚合复合工艺，包括黏土纳米中间体或前驱体合成，并控制其含水率在极低水平，以载负活性催化剂形成纳米复合催化剂，然后将活化处理的纳米复合催化剂（主要是齐格勒-纳塔催化剂），在聚合工艺条件下原位聚合形成聚合物（主要是聚烯烃）纳米复合材料。

（3）*聚合物插层法* 在某些情况下，聚合物链在蒙脱土中直接插层复合，使黏土层解离成单片层，如 PEO、PS 等就属于原位生成纳米片层单元法制备的纳米复合材料。将聚合物熔体或溶液与层状硅酸盐混合，利用热力学、力化学或溶剂作用，使层状硅酸盐剥离成纳米尺度片层并均匀分散于聚合物基体中。

聚合物插层法分为聚合物溶液插层和聚合物熔融插层两种。聚合物溶液插层是聚合物大分子链在溶液中借助溶剂作用而插入蒙脱土硅酸盐片层空间，然后再引发反应并挥发掉溶剂而得到纳米复合材料。这种插层复合需要选择合适的溶剂来同时溶解聚合物并分散蒙脱土颗粒，大量的溶剂不易回收不利于环境保护。聚合物熔融插层是聚合物在高于其熔点或软化温度下加热，在静止条件或剪切力作用下直接插入蒙脱石硅酸盐片层间。

聚合物熔融插层、聚合物溶液插层和单体聚合插层方法，制得的纳米复合材料都具有片层分散结构与分布形态。

聚合物熔体插层复合技术是制备纳米复合材料的有效方法。P. J. Giannelis 等分析聚合物熔体插层的热力学，认为该过程是焓驱动的，应改善聚合物与黏土间的相互作用以补偿整个体系熵值减少[31,32]。以此理论为推动力，以聚合物熔体插层法制备出PS/黏土、PEO/黏土纳米复合材料[33]。T. J. Pinnavaia[8]等分别采用熔体插层方法制备出聚苯乙烯及尼龙6/黏土纳米复合材料。熔体插层方法制备纳米复合材料的性能与聚合插层方法制得的材料基本相同，说明聚合物熔体插层具有广泛的适用性。插层复合机理即插层复合动力学过程，指出纳米复合材料的形成主要取决于聚合物进入蒙脱土层间的传质速率，而与聚合物在层间的扩散速率无关。可利用与通常复合物相同的工艺条件如熔融挤出工艺进行加工，不需要附加的反应时间。由于聚合物熔融插层不用溶剂，工艺简单，并且减少对环境的污染，因而在制备工业化材料产品上具有更大的应用前景。

1.5.2.4 聚合物纳米分散复合性能综合评价

(1) 纳米前驱体分散性综合评价　无论采用上述何种分散方式，纳米分散体系及其再聚集具有不可避免性。常规合成和功能化的层状硅酸盐黏土纳米前驱体，经过不同分散工艺，可形成剥离纳米片层、少量或微量团聚体，团聚体尺度约200nm，占整个纳米粒子总数3%左右。

(2) 硬软团聚体　纳米分散中主要形成硬团聚体和软团聚体。硬团聚是分散的粒子在分散后又重新结合恢复到原来的块体状态，所形成的团聚体不能再次分散，称为硬团聚体。软团聚是一种“假”团聚，是纳米粒子相互接触的状态，可再次分散，称为软团聚体。软团聚在纳米颗粒制备和分散过程中经常发生，而硬团聚在聚合复合反应制备纳米复合材料过程中经常发生。

实践表明软团聚体可以转化为硬团聚形态，并调控纳米复合材料性能。但是，硬团聚体一旦形成，几乎不可能转化为软团聚体。

(3) 防止产生硬团聚的方法　为了有效避免纳米分散中的硬团聚现象，需要对纳米颗粒表面进行处理及其外部因素进行优化。提出的有关优化、选择的表面处理与分散技术如下。

a. 选择合适的溶剂或溶液制得高度润湿性粉末。

b. 设计机械精密分散器件及可控剪切与分散性。

采用超声振动、密炼、辊轧、球磨、气磨技术，辅助分散剂提高分散效果。

c. 设计优化分散剂　采用离子、表面活性剂及高分子稳定技术等，合成多官能团分散剂，满足纳米分散单元高活性稳定特性。

d. 强化复合体系变形方法　采用拉伸、稀释、振动剪切及其耦合方法，强化聚合物纳米复合体系中纳米粒子稀释、运移和扩散，有效避免团聚现象。

1.5.3 层状化合物插层热力学与动力学

1.5.3.1 层状化合物插层热力学

(1) 插层热力学基本内涵　聚合物能否在有机蒙脱土中插层产生层间膨胀，取决于该过程中自由能的变化（ΔG）是否小于零。即若 $\Delta G<0$，则此过程能自发进行。对于等温过程：

$$\Delta G=\Delta H-T\Delta S \tag{1-9}$$

要使 $\Delta G<0$，则需

$$\Delta H<T\Delta S \tag{1-10}$$

式中，焓变 ΔH 主要由单体或聚合物分子与有机蒙脱土之间相互作用的程度所决定，而熵变 ΔS 则与单体分子及聚合物分子链的约束状态有关。综合分析聚合物纳米复合材料制备过程的焓变和熵变，以及外界影响条件，才能针对性地选择最佳制备方法和最有利途径。

以单体插层原位自由基聚合制备聚合物纳米复合材料为例，可分两个步骤。其一，单体插层及原位聚合，单体插入蒙脱土片层间，受片层约束并使层间距增大，整个体系熵变为负值。

其二，为满足 $\Delta G<0$，必须满足 $\Delta H<T\Delta S<0$，就是说，聚合物单体与蒙脱土之间应有强烈相互作用，放出的热量足以补偿体系熵值减少。对于原位聚合过程，单体聚合成高分子，同时由于聚合物在蒙脱土层间受限，整个体系熵值减少。即同样必须满足 $\Delta H<T\Delta S<0$（其中，ΔH 包括聚合热、高分子链与蒙脱土的相互作用及蒙脱土的晶格能）。可见，聚合物单体及分子链与硅酸盐片层之间的相互作用越强，则越易形成聚合物纳米复合材料。

（2）*插层热力学效应表征* 层状化合物插层化学过程伴随着无机相层间距扩大、体积膨胀及层间作用力降低与剥离分散的过程。

层状化合物层间距的扩大，可采用 X 射线的 d_{001} 特征峰准确表征、原位表征或及时表征。体积膨胀采用密度计表征，层间作用力则采用原子力显微镜表征。

1.5.3.2 层状化合物插层动力学

（1）*插层动力学内涵* 层状化合物插层动力学主要研究插层过程的速度和程度，具体包括插层吸附、分散复合及复合体系聚集态等。

（2）*层状化合物插层吸附动力学* 层状化合物如蒙脱石吸附有机物主要通过离子交换吸附和疏水键吸附途径。当有机阳离子量小于或等于蒙脱石 CEC 值时，该有机阳离子都通过离子交换吸附于蒙脱石中。这种有机阳离子吸附体系即使在高离子强度盐溶液中也很难置换出来。但是当有机阳离子量大于蒙脱石 CEC 值时，已存在于蒙脱石层间的有机物通过疏水键吸附溶液中的有机物，这种吸附动力学过程是新颖的插层吸附过程，可以采用平衡吸附、Langmuir 吸附模型，建立其吸附动力学方程。

实际制备有机蒙脱石，对表面活性剂吸附应限于离子交换，即有机阳离子量不超过蒙脱石 CEC 值。过多表面活性剂反而会降低有机蒙脱石的结构稳定性。

（3）*聚合物纳米复合吸附剂的吸附行为* 天然黏土矿物大量可交换的亲水性阳离子，使表面吸附一层薄水膜而层间距逐步扩大，进而不断吸附周围物质形成絮凝复合物。利用这种特性制备的阳离子插层聚合物复合剂如聚丙烯酰胺复合吸附剂，具有独特的吸附性，建立其吸附动力学具有重要实际意义。首先，采用不同插层剂改变片层表面亲-憎性，合成有效吸附有机污染物的吸附剂；其次，采用特殊有机阳离子，通过离子交换反应获得疏水性有机黏土吸附剂，可大大提高黏土矿物从水中去除疏水性有机污染物的能力，由此，合成阳离子型聚丙烯酰胺纳米复合吸附剂。

1.5.3.3 插层剂插层反应动力学

（1）*插层剂结构特征* 合成聚合物黏土纳米复合材料，所使用的插层剂应具有如下特征。

a. 有机活性分子，如表面活性剂等，设计分子碳链长度应适当。

常采用有机阳离子插层剂时，插层剂一般为链长在 6 个碳原子以上的有机季铵盐，如十六烷基三甲基氯化铵。

b. 与聚合物单体及高分子链之间有强相互作用。

不仅有利于插层反应进行，而且可加强两相界面黏结，提高复合材料性能。

c. 插层剂具有离子端基和可参与聚合的基团。

插层剂分子应具有阳离子或阴离子端基，插层剂阳离子端基可与层间阳离子产生交换反应；通过插层剂端基与基团，将硅酸盐片层和聚合物链相连接，增加两相相容性。

d. 插层剂可以是商品的，也可按需要合成。

（2）*插层剂插层反应动力学* 研究插层剂在层状化合物中的插层反应动力学，首先包括插层剂链长、端基及支化结构与组合物因素，其次包括这些因素对层间距、层间作用力和剥离的作用程度及作用速率。

采用有机阳离子插层剂，如季铵盐阳离子小分子、高分子、低聚物及表面活性剂。阳离子表面活性剂如 $[(CH_3)_3NR]^+$ 或 $[(CH_3)_2NR_2]^+$，其中 R 代表烷基或芳基。这类有机阳离子含有不随 pH 值变化的永久正电荷，拥有链长不等的 R 基团，用于制备不同表面特性的有机蒙脱土。

有机阳离子与蒙脱土的阳离子交换反应，改变蒙脱土片层极性，降低硅酸盐片层的表面能。插层剂在改变蒙脱土层间微环境的同时，以季铵盐形式进入层间而扩大层间距并削弱层间作用力，有利于插层反应进行。以此设计蒙脱土表面极性满足高聚物极性匹配，增强无机相-有机相的相容性或亲和性。

1.5.3.4　聚合级层状硅酸盐

（1）定义　高性能层状硅酸盐纳米复合材料，取决于层状硅酸盐纯度、阳离子交换容量及层间性质，由此提出聚合级层状硅酸盐或聚合级蒙脱土的崭新概念。聚合级层状硅酸盐是指经纯化处理的层状硅酸盐，其阳离子容量达到特定值并经过插层剂插层后，可与聚合物单体或者熔体进行原位复合。

（2）聚合级有机蒙脱土合成方法　采用有机或无机阳离子与蒙脱石层间阳离子进行离子交换反应，蒙脱土阳离子交换容量应在一个合理范围，如 0.1mmol/g 土。基于钙蒙脱土原料，经钠化处理，即外加钠离子与钙基蒙脱土进行阳离子交换反应除去钙离子及杂质，得到聚合级蒙脱土。聚合物级蒙脱土悬浮液中加入有机阳离子进行交换反应，制成有机蒙脱土。有机阳离子与蒙脱石水溶液中的离子进行交换反应，得到聚合级有机蒙脱土或聚合级有机层状硅酸盐。

近来，工业提纯蒙脱土过程中，设计蒙脱土传送干燥途中喷淋有机处理剂水溶液处理蒙脱土，这是原位制备聚合级有机层状硅酸盐的方法。所得有机处理剂处理黏土体系经机械研磨制成聚合级有机蒙脱土；此外，提出有机物加热熔化，再插入蒙脱石制备有机蒙脱土的方法。而用于催化剂载负的蒙脱土需进行更严格纯化。

聚合级有机蒙脱土通过精细纯化和造粒设备工艺生产满足实用要求的产品，可参照本章提供的质量技术标准评价。实际制定了聚合级蒙脱土程序化处理制备方法及其复合工艺。

1.5.4　聚合物-层状硅酸盐复合材料分类及加工成型

1.5.4.1　聚合物-层状硅酸盐复合材料分类

按高聚物-层状硅酸盐复合物材料中层状结构无机相分散与分布形态，研究纳米复合材料微观结构即硅酸盐片层的剥离、层间插进高聚物分子链的纳米片层形态，可提出该纳米复合材料的 4 类模型，即层状结构物质的高分子插层态、高分子插层态和片层剥离态共存态、片层完全剥离态及物理共混态。

这几类模型见图 1-15。

在图（a）类复合模型中，层状结构物质如蒙脱土颗粒层间插入高分子链形成插层态复合体系；在图（b）类复合模型中，聚合物分子链插入层状结构物质如蒙脱土颗粒层间并产生部分片层剥离与隔离分散形态，这种状态比图（a）的分散性更加充分、均匀及相容；在图（c）类复合模型中，高分子理想插层复合过程，使片层完全剥离、隔离开并均匀分散于高分子基体中，该状态下的片层间距将明显扩大，几乎再无保留原始片层平行有序形态，实际在层状硅酸盐插层复合体系中，片层完全被聚合物链扰动而打乱，片层无规分散并分布于高分子聚合物基体中，形成理想形态和高性能聚合物纳米复合材料；图（d）类聚合物复合模型中，层状结构物质和高分子简单共混合体系中，高分子聚合物链与蒙脱土仅限于表面吸附而未插入层间及产生片层剥离态，因此，无机相仍保持原始片层平行有序结构态。

在聚合物层状硅酸盐纳米复合材料中，层状结构的插层与剥离态，是形成高性能、多功能聚合物纳米复合材料所特别需求的结构形态。有关插层与剥离态的透射电镜形态见图 1-16。

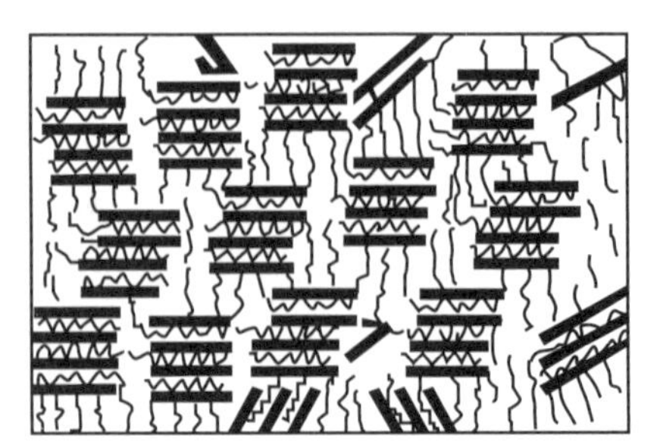

(a) 高分子插层态

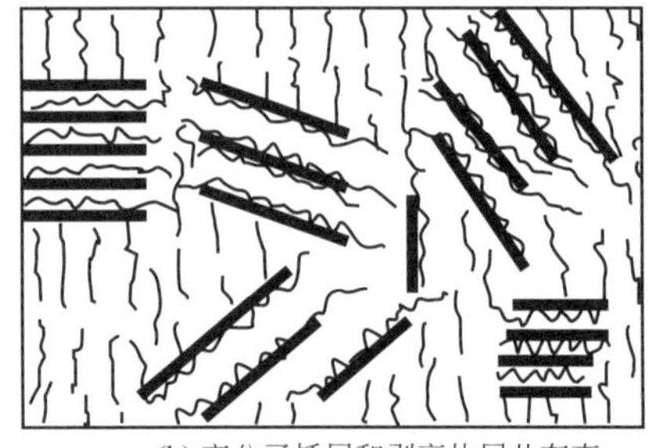

(b) 高分子插层和剥离片层共存态

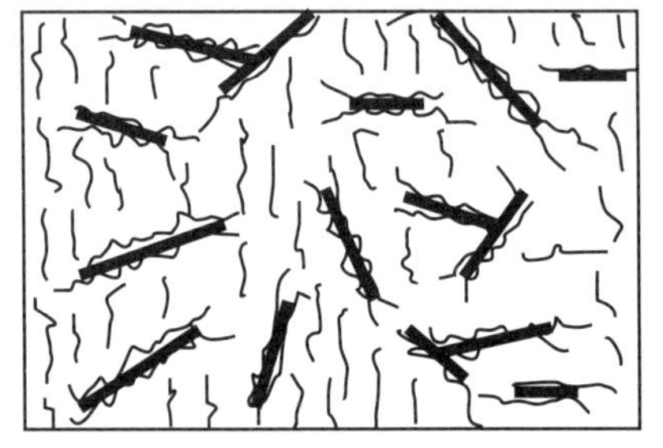

(c) 剥离片层态

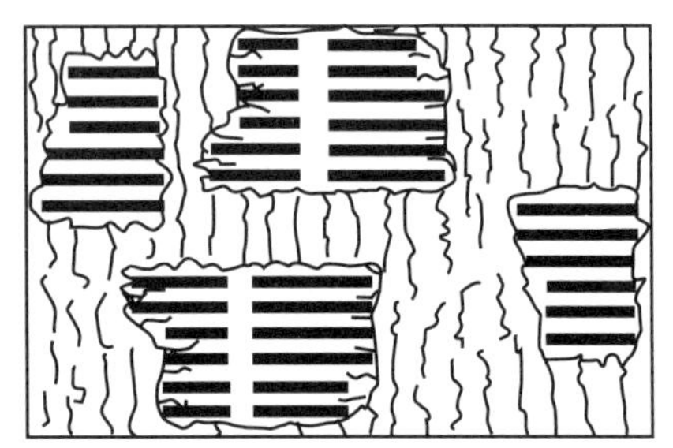

(d) 共混态

片层　剥离片层　高分子插层　高分子

图 1-15　高分子聚合物层状硅酸盐纳米复合材料形态模型

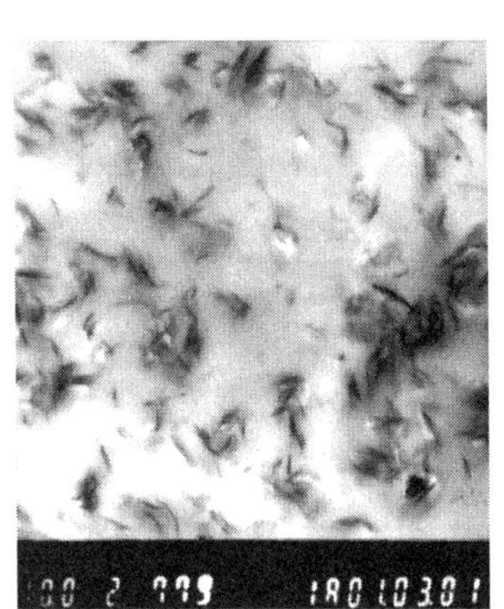

(a) 片层插层形态高倍像

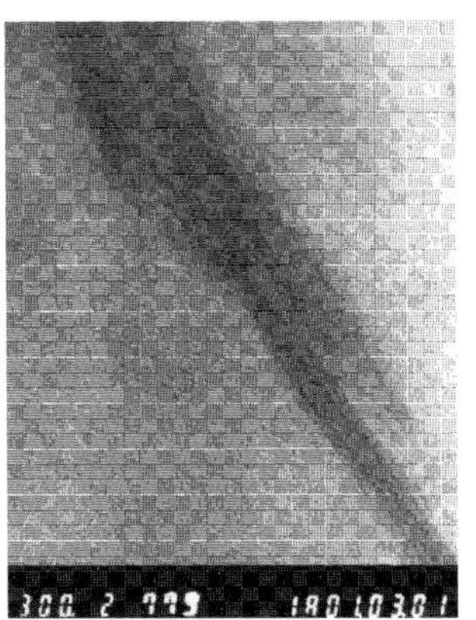

(b) 片层插层的高倍像

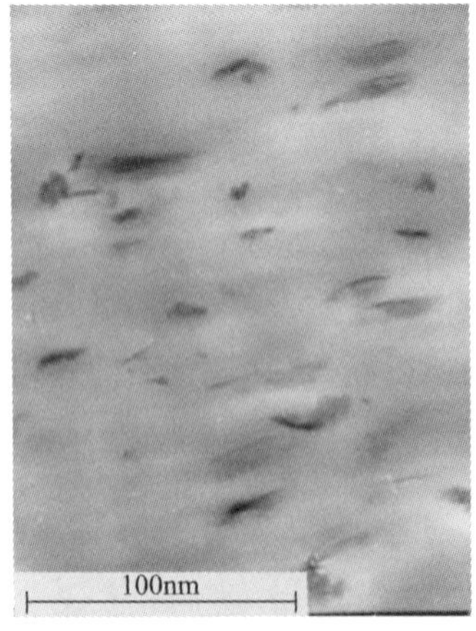

(c) 层单片剥离高倍像

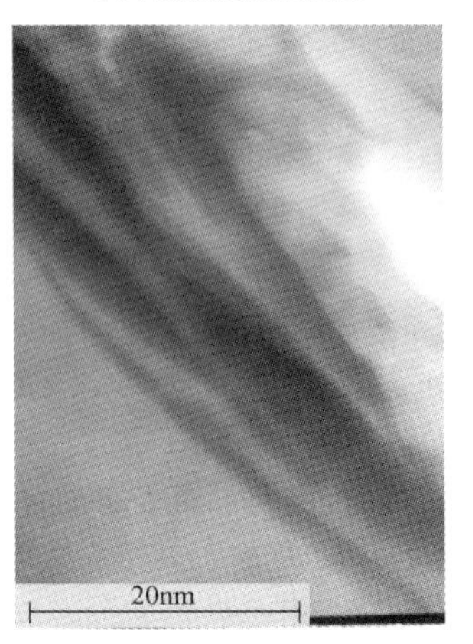

(d) 剥离片层层间结构高倍像

图 1-16　聚酯-层状硅酸盐纳米复合材料纳米分散 TEM 形态

剥离或插层型纳米复合材料在高分子凝聚态物理中有独特研究价值，它提供了聚合物链高度受限于二维空间和“聚合物刷子”的理想模型。这类复合材料结构及其静态、动态性能的深入研究，将推动高分子凝聚态受限链行为研究的发展。

1.5.4.2 纳米复合材料加工与成型方法

（1）纳米复合材料加工 插层聚合、溶液插层、熔体插层等方法得到初级纳米复合材料，必须经过加工才能得到纳米复合材料产品。纳米复合材料的加工工艺特征，是在不改变原有有机材料加工工艺条件下，仅将处理后的纳米材料在原有加工工艺的适当阶段加入有机体，然后原位加工得到纳米复合材料及其产品。我们通常所说的聚合物纳米复合材料加工方法主要是指热挤出、热注塑和特殊加工工艺过程。

（2）纳米复合材料成型 材料成型方法众多，就聚合物纳米复合材料而言，其成型可分为压制成型、固化成型、挤出成型和注塑成型。

压制成型 有些层状化合物与有机基体混合，经热压即可得到纳米复合材料。如 BiI_3-尼龙 6 复合材料体系，是将 BiI_3 与尼龙 6 混合后，在尼龙 6 的熔点熔融并在 Al 箔片上压制，得到三碘化铋以几十个纳米分散于有机基体中的纳米复合材料。

固化成型 指纳米粒子在有机体固化工艺与条件下，经过优化工艺条件得到纳米复合材料。将处理蒙脱土在液体环氧树脂基体（如 Epoxy828）中混合均匀，再经热固化形成环氧树脂 Epoxy828-蒙脱土（MMT）复合材料。将液态硅橡胶与蒙脱土混合均匀并在固化剂月桂二丁基锡作用下，于一定温度下热固化得到硅橡胶-MMT[36]纳米复合材料。

挤出成型 聚合物［如聚苯乙烯（PS）］与有机化处理 MMT 粉体，在挤出机内热熔于压力条件下经过熔体复合，得到聚合物（如 PS-MMT）纳米复合材料，称为熔体插层纳米复合材料。

注塑成型 许多聚合物纳米复合材料产品，可以像纯聚合物一样，在注塑机中加工，原位直接产生纳米分散粒子分布体系，并成型为纳米复合制品。如聚酯纳米复合材料，可在注塑机和吹塑机上制成塑料瓶成型产品。

1.6 聚合物-无机纳米复合材料

1.6.1 有机-无机纳米复合材料体系概述

1.6.1.1 有机-无机纳米复合体系特性

（1）定义 如前所述，纳米复合材料是指其中任一相的任一维尺寸在 100nm 以下的多相复合材料。以有机分子为连续相，纳米粒子为分散相，经过力学、物理与化学作用过程形成有机-无机纳米复合材料。

基于聚合物基体的聚合物-无机纳米复合材料，兼具有机材料的可加工性和无机材料的结构稳定性与功能性。

除了层状硅酸盐，尚有大量其他无机相可作为纳米分散相，生产显著高性能的聚合物-无机纳米复合材料，聚合物-蒙脱土纳米复合材料是其中重要的一种。

（2）有机-无机纳米复合材料结构与功能体系 有机-无机纳米复合材料是结构复合材料中的主体。在有机-无机纳米复合材料中，结构性纳米复合材料，是专门设计用于工程或常用的结构件的复合材料，也称工程纳米复合材料，如棒、杆、管等结构件的专用纳米复合材料，这些耐高温和耐低温结构件的纳米复合材料实际最受关注。

聚合物-无机纳米复合材料中，很大部分的纳米材料具有光、电、声、磁等多功能性。如聚苯乙烯-黏土纳米复合材料的纳米粒子诱导液晶行为[37]；α-FeOOH 在聚合物 LB 膜中的成核组装与磁性等。

(3) 有机-无机纳米复合材料的取向与表界面特性 聚合物-无机纳米复合材料还产生定向性，在复合材料各向异性体系设计中，可利用纳米分散方向性特性，包括耦合、取向性等。基于各向异性和耦合特性，可根据结构受力特点和使用功能需要，对铺层方向和铺层次序进行设计和剪裁。纳米晶须、纳米棒、纳米线和纳米束分散相，不但提供了定向增强性，同时保持了宏观粒子填充增强时的加工便利性。

纳米复合材料界面相具有亲憎双重性，调整多相界面亲憎性，可使纳米材料更均匀地分散于基体中。利用聚合物-无机纳米复合材料的不同界面特性，可设计产生协同作用效应。通过适当改性或匹配性处理，纳米复合多相表界面，可产生表界面有效协同效应，如纳米相与基体形成共价键、氢键、分子间作用力等作用效应，将使纳米分散相最大限度地均匀分散。在设计具有催化效应的纳米复合材料中，利用多相表/界面效应，可提高表/界面作用强度或其多孔结构形态的催化反应速度。

1.6.1.2 纳米复合材料体系中的相互作用

纳米粉体间的相互作用力，使之极易团聚成大颗粒。这种不均匀性是绝对的，但是纳米复合材料的高效应用需要将团聚体尽可能分散于基体中，设法阻断团聚倾向，以保持纳米尺寸分散状态，发挥纳米效应。

若不采用层状硅酸盐为纳米前驱体制备纳米复合材料，则通常是将制备的纳米粉体颗粒分散于高聚物基体中。在这种分散过程中，除了颗粒与基体间的作用外，还有纳米颗粒之间的强相互作用，直接造成团聚现象。因此，这类纳米复合材料中存在复杂效应，即纳米材料本身的纳米效应、与基体场效应、协同效应及团聚效应。有机-无机分子间的基团强相互作用设计与组装，促进了结构和功能两方面性能兼备的新材料形成及广泛应用。

1.6.1.3 聚合物-无机纳米复合材料分类

(1) 按分散相形态分类 聚合物-无机纳米复合材料按照分散相形态分为：一维纳米复合材料，如纳米线、纳米管分散相的复合体系；二维纳米复合材料，如层状硅酸盐、纳米带等的复合体系；三维纳米复合材料，如纳米柱状体、纳米球体等的复合体系。

(2) 按分散相相互间均匀性分类 纳米粒子在高分子基体中可以均匀分散，也可以非均匀分散；可能有序排布，也可能无序排布，甚至粒子聚集体形成分形结构。这类纳米复合材料体系的主要几何参数，包括纳米单元的自身几何参数、空间分布参数和体积分数。

按照纳米相分散后，聚合物-纳米粒子复合材料体系中的各相相互间均匀性分类：若纳米复合是完全均相体系，则为 H-H 类复合（H 为 homogeneous 的缩写）；若纳米复合是部分相分离体系，则是 H-S 类（S 即 separation 的缩写）；若纳米复合各相完全分离或多相分离，则称为 S-S 类复合。

利用多嵌段共聚物的分子链段结晶和聚集能力差异性，控制热处理和结晶条件等，已很容易得到相分离共聚材料。因此，设计嵌段共聚物具有不同结晶能力的分子链段而产生微相分离，得到可控形态纳米结构，在该嵌段共聚物中分散纳米粒子，就会使纳米粒子在相分离作用下产生相分离结构。

1.6.2 聚合物-无机纳米复合功能体系

1.6.2.1 可控形态有机-无机纳米复合体系

(1) 定义 通过物理化学与机械方法，控制纳米复合材料中各相的分散和相互形态，得到多功能纳米复合材料体系。

通过控制有机相的形态如晶体、液晶、中间相、相分离与无定形形态，或者控制无机相形态如多晶型、无定形或粒子形态，得到一大类具有有序图案的性能奇特的纳米复合材料。

（2）有机-无机纳米复合体系形态可控方法　模板法是利用一些分子膜、液晶等作为模板，形成具有一定结构的纳米复合材料。在模板合成纳米材料[38]中，利用非离子表面活性剂为稳定的预组织模板可合成中孔、微孔二氧化硅。我们利用单分散纳米 SiO_2 与聚酯 PET 复合[39]后，再除去模板的方法，得到纳米孔洞材料。

不同晶型的物质性能有差异，在结构设计时要考虑晶型控制。如，金红石型纳米 TiO_2 耐候性、热稳定性均优于锐钛型。后者则具有较好的颜色色相，对印染浆料、色母粒及某些涂料特别适用。作为光催化剂使用的 TiO_2 则需有特定的晶体结构和形态，纳米 TiO_2 作为染料敏化电池使用时，需具有金红石相以提高其对太阳光的吸收转化能力。纳米材料用于润滑时，需要制备具有球形或圆柱状的纳米粒子，以确保形成滚动摩擦。

1.6.2.2　共价型有机-无机纳米复合材料

（1）定义　采用溶胶-凝胶法制备纳米复合材料（见 1.3 节），选择适当的前驱体或纳米中间体，经过溶胶和凝胶反应工艺过程，使多相复合体系的相-相间形成共价键体系，形成的这类纳米复合材料称为共价型有机-无机纳米复合材料。

共价型纳米复合材料是相对耐高温的稳定性体系，有机-无机相间形成确切稳定的共价键是关键。这需要通过设计在无机纳米表面接枝官能团，可与有机分子或有机高分子的相应官能团产生化学反应，形成共价键。

（2）特点　在共价型有机-无机纳米复合材料中，两相或多相体系的尺度可达分子级分散水平，由此赋予这种纳米复合材料优异的性能、多功能性及灵活与广泛应用特性。这种共价型纳米复合材料具有工艺简单而应用很广泛的特点。

（3）应用　在有机-无机纳米复合材料中，设计官能团间化学反应形成共价键结构，是实现高度稳定纳米复合体系的重要原理、方法和技术，可以认为是所有纳米复合体系的最重要原理性目标。例如，选择适当无机纳米前驱体（如四乙氧基硅烷、钛酸四丁酯）和有机硅烷（如有机环硅氧烷），经溶胶-凝胶工艺过程合成有机环硅氧烷/SiO_2（TiO_2）纳米复合材料，通过硅烷羟基-纳米粒子表面羟基反应形成共价键，调控其产生优越的透光度和透气性，适于制造功能隐形眼镜；又如，采用类似方法，合成聚苯胺/SiO_2 复合体系，调控其产生良好的导电性与热性能。

1.6.2.3　配位型有机-无机纳米复合材料

（1）定义　采用溶剂聚合复合法制备纳米复合材料（见 1.3 节），优选无机功能前驱物和有机分子通过配位键合过程，形成具有配位键的有机-无机纳米复合材料，称为配位型有机-无机纳米复合材料。

无机功能材料，如稀土纳米相分散于高聚物基体中形成聚合物纳米复合材料，聚合物大大降低了无机材料介电常数，产生多功能性体系，提高无机相的可加工性。

（2）特点　配位型有机-无机纳米复合材料表现出多功能性，如纳米尺寸效应、量子效应和隧道效应及一系列崭新物理非线性特征。例如，聚丙烯酰胺纳米复合材料，其溶液采用有机锆金属化合物交联，产生配位键合的高黏度交联体系。

（3）应用　配位型有机-无机纳米复合材料，通常是交联、网络状或电性配位作用的纳米复合体系。

例如，质子化聚苯胺分子插入蒙脱土层间结构，实际是季铵盐阳离子和片层间阳离子交换后所形成的配位体系，这是一种电荷配位中间体的复合体系，可产生高效导电及抗静电性质，是很重要的高性能抗静电剂。

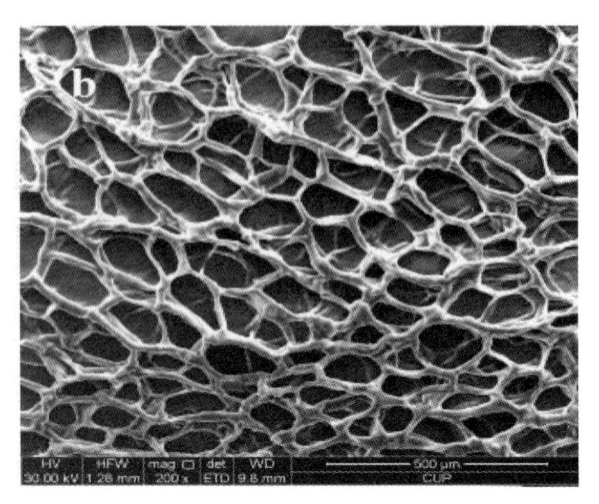

图 1-17 共聚物纳米复合稠化剂和羟丙基胍胶溶液经锆离子交联产生网状结构（90%工业 PAMs 纳米复合材料和 10%工业羟丙基胍胶）

例如，采用共聚物纳米复合材料作为稠化剂，和工业羟丙基胍胶形成共混溶液体系，采用锆离子交联剂将其交联，产生金属配位交联的网状结构体系，该网络状结构可以通过有机相相对比例和交联剂体系及加量进行有效控制。

共聚物纳米复合稠化剂和羟丙基胍胶混合溶液的配位交联体系，其网络状结构形态见图 1-17。

1.6.2.4 离子型有机-无机纳米复合材料

（1）定义　用带离子端基的有机分子或者有机高分子和层状结构物质的层间离子产生离子交换过程，而形成的一维线状或二维层状无机相的离子富集纳米复合材料体系，称为离子型有机-无机纳米复合材料。

（2）特点　离子型有机-无机纳米复合材料能表现出特殊结构、离子交换与导电功能及优良多功能性。层状结构物质，如过渡金属氧化物 MoO_3、V_2O_5 等，或者过渡金属二硫化物 TiS_2 或 MoS_2，以及磷酸盐、层状氢氧化物和石墨等，都是合成离子型有机-无机纳米复合材料的重要无机相。

采用电子导电或离子导电聚合物如聚苯胺高分子，与 MoO_3、V_2O_3、TiO_2 等无机相进行插层聚合，可制成导电功能纳米复合材料。其中，聚苯胺/MoO_3 纳米复合材料室温下的电导率达 $5.5\times10^{-4}S\cdot cm^{-1}$，比 MoO_3 电导率 $5.5\times10^{-11}S\cdot cm^{-1}$ 提高 7 个数量级，因此它已成为重要的电池材料。

经过离子交换形成尼龙 6/蒙脱土复合膜，其冷冻、真空、蒸煮、耐油脂和阻隔氧气等性能，比普通尼龙膜有大幅度改善。

1.6.3 纳米复合材料多功能体系

1.6.3.1 纳米复合材料多功能性设计

（1）纳米复合材料多功能体系　首先，功能高分子材料是指具有光、声、电、磁、生物等功能性的高分子材料。通过功能单体共聚、掺杂无机物或调控无机粒子在高分子基体中的形态等方法，制得功能高分子复合材料。

聚合物材料如塑料、纤维、橡胶、树脂等本身不具有功能高分子特征，但通过与功能纳米材料复合可具有一种或多功能特性，兼具有机与无机相特性。如，聚苯胺和聚吡咯电活性聚合物嵌入黏土层间形成的金属绝缘体纳米复合材料，具有各向异性导电性，膜平面内导电性为垂直于膜方向的 $10^3\sim10^5$ 倍[39]。

在聚合物高分子材料中，共轭聚合物具有光、电、声、色、化学、力学等独特性能，其结晶度高、加工难度大和脆性大，设计其与绝缘性、柔性易成型或低成本材料复合体系，通过调控使无机分散相中的一相分散相尺寸达到纳米级，且形成有应用特性形态时，可使共轭聚合物功能性达到或接近最大化程度。

此外，采用纳米原位聚合分散方法，经过溶液、乳液等聚合方法，可制得水溶性功能高分子纳米复合材料[39]，产生增黏、抑制、稠化、封堵等多功能性。

(2) 多功能纳米复合材料设计 依据材料的结构、形态与功能之间的密切关系，设计多功能纳米复合材料，充分利用高分子结构特征、结构匹配及其功能化的转变特性。从纳米复合结构入手，优化其功能转化设计，常可得到功能性和综合性能良好的复合材料。

为此，先要了解纳米复合材料功能性特点和应用要求。如航空业需要质量轻、耐摩擦且能承受一定压力的功能材料，设计采用碳纤维、玻璃纤维等复合材料，既减轻了重量又满足承载力要求。在纳米复合材料中添加特殊功能纳米颗粒或表面涂覆，产生耐高温、吸波等作用。

在设计催化剂时，掺杂离子可提高催化活性，并代替某些贵金属，如纳米 Fe、Ni 与 γ-Fe_2O_3 混合轻烧结体，可代替贵金属作为汽车尾气净化催化剂。含 20%纳米钴粉的金属陶瓷可作为火箭喷气口的耐高温材料[40]；在 PTC 陶瓷材料中加入纳米 $BaTiO_3$ 能产生良好湿敏性、低温合成及无须加热清洗等特性。

纳米光学复合材料的研究更多集中于纳米半导体材料。纳米半导体材料具有特殊量子效应、光催化、非线形光学性质以及光导现象[41]。目前，Ⅲ-Ⅵ族元素及其化合物纳米半导体复合材料，采用纳米半导体量子线、量子管和量子点分散相，将电子传送限制在一维或二维空间，量子限域效应导致新的光学现象，借此探索光电子装置应用，如光数据存储器、高速光传输器。纳米光学复合材料可用于吸波，改性碳纤维并与某些金属化合物复合，提高吸波特性。而纳米氧化镁在紫外光下发生蓝移，而在红外光下吸收红移，稀土金属氧化物产生特殊荧光效应等。

1.6.3.2 纳米复合敏感材料

(1) 定义 采用纳米分散复合方法，所形成的具有气敏、湿敏、压敏等敏感特性的纳米复合材料，称为纳米复合敏感材料。

研究设计敏感性陶瓷材料，已经开辟了基于陶瓷的纳米复合敏感器件新领域。在研究开发氧化锌半导体陶瓷气敏性体系及材料与电子学迅速发展基础上（清山哲朗，1962），现在已开发新一代敏感材料与传感器件，并向元件微型化、集成化、多功能与快速响应性功能发展。

各类功能纳米晶材料，具有比表面积大、表面活性高、粒径微小及特殊物理化学性质特点，成为创造新一代敏感元件的重要物质基础。

(2) 特性 纳米复合敏感材料的敏感度及敏感选择性进一步得到提高。卤代物如氯化甲烷/乙烷、三氯乙烯、滴滴涕、六六六、多氯联苯等是最难降解的有机污染物，长期存在于水和土壤中，传统技术对这些污染物的治理无能为力或敏感性极差，而利用纳米铁的高表面和高活性及其降解该污染物的能力，合成 120μg/L 零价铁纳米颗粒（60nm，50m^2/g），可在几十小时内清除含氯有机污染物[42]，清除效率高达 97%，敏感度极高。

采用浸渍法在氧化锌纳米粒子上浸渍 Ru 得到 Ru-ZnO 复合敏感材料及氧化铝基催化剂[42]，Ru 掺杂提高氧化锌气体敏感度，改善 Ru-ZnO 对汽油、乙醇、丁烷的气敏选择性。

在含氧化锌压敏电阻中，4μm 粒径氧化锌非线性阈值电压为 100V/cm，如添加少量纳米材料可调制其阈值电压，在 100V～30kV 根据需要设计不同阈值的新型纳米氧化锌压敏电阻，用于更精细敏感性电极固定。

1.6.3.3 纳米复合载负及电极与传感材料

(1) 二氧化锰载负功能体系 二氧化锰层状结构由八面体单元连接而成，其中，[MnO_6]层板八面体存在类质同象离子交换，而使它带负电荷，并使其层状结构电荷和吸附性质产生多样化。二氧化锰层状结构模型，见图 1-18。

二氧化锰层间的离子电性、缺陷和超结构，适于固定生物酶形成复合器件、电极。采用层状结构 MnO_2 片层固定葡萄糖氧化酶方法，形成固定离子敏感场效应晶体管技术，用于制备高稳定高效场效应晶体管葡萄糖生物传感器器件。

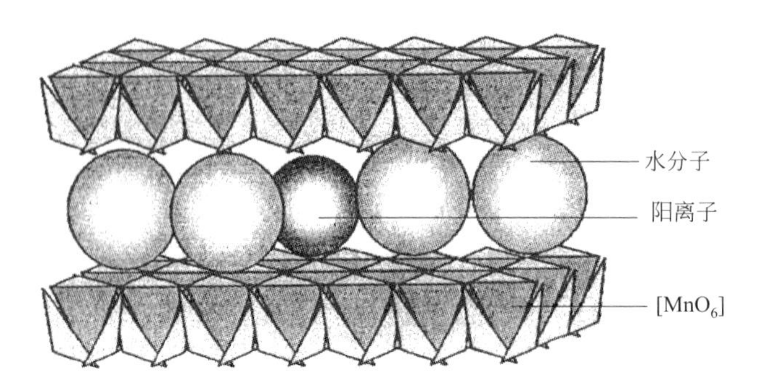

图 1-18 合成二氧化锰的负电性层板结构及其层间吸附阳离子

（2）黏土复合电极材料 黏土胶体层状结构可沉积到电极表面形成薄膜，该薄膜可载负固定各种电极酶材料，并在电极表面固定。黏土片层载负酶如葡萄糖氧化酶，与金溶胶修饰碳糊电极。黏土片层用于细胞色素、辣根过氧化酶与多酚氧化酶活性物质等，吸附固定到电极表面，这种电极在前期报道中不能解决酶的缓慢泄漏问题而使用寿命短。但是，采用加入交联剂如牛血清蛋白、戊二醛方法，使酶-黏土复合膜交联提高阻隔性，不仅可包埋更多酶，还可用于铂碳电极、微型电极和 pH 计电极等，而使用寿命大幅度提高[42]。

（3）层状磷酸锆复合电极 在玻碳电极表面，以片层磷酸锆沉积固定肌红蛋白（Mb）[35]，这种组装双层结构超薄膜的交流阻抗测试效果差异很大。与空白玻碳电极比较，片层磷酸锆载负 Mb 并固定在玻碳电极后，在 pH=7 的磷酸盐缓冲溶液中测试循环伏-安曲线，产生一对几乎可逆的氧化还原峰。但是，若直接在磷酸锆钠米粒子而不是磷酸锆片层中加入血红蛋白 Hb，则不能观察到上述直接电化学行为，这是层状纳米粒子效应与片层效应不同的重要实例。

（4）层状磷酸锆传感器 以四甲基氢氧化铵进行层状磷酸锆溶液插层反应，从悬浮液的上清液中分离剥离片层，以该片层固定载负辣根过氧化酶，制备第三代过氧化氢传感器。

1.6.3.4 纳米磁性复合材料

（1）主要磁性材料分类 现有的主要磁性材料，可分为铁磁性材料、铁氧体磁性材料、亚铁磁性材料、永磁材料、软磁材料等。

铁氧体磁性材料指氧化铁和其他金属氧化物复合氧化物。具有亚铁磁性，电阻率远比金属高（如 $1\sim10^{12}\,\Omega/cm$），涡流损耗和趋肤效应小，用于高频，居里温度较低。与铁氧体相比，金属软磁材料具有高饱和磁感应强度和低矫顽力，如铁铝、铁钴和铁镍合金等。

铁磁性材料指具有铁磁特性的磁性材料。如铁镍钴及其合金、稀土元素合金等，在居里温度以下，加外磁时材料具有较大的磁化强度。

亚铁磁性材料指具有亚铁磁性的磁性材料，如各种铁氧体，在奈尔温度以下，加外磁时材料具有较大的磁化强度。

永磁材料指被磁化后去除外磁场仍有较强磁性，矫顽力高和磁能积大的磁性材料。如常见的铷铁硼、钡铁氧体、锶铁氧体、塑料等。

软磁材料指易磁化和退磁的磁性材料。如锰锌铁氧体软磁材料。

（2）纳米铁磁材料 磁性材料中的铁磁性记录材料和合金型铁磁性复合材料最受关注。如不同温度下退火的 $Fe_{40}Ni_{38}Mo_4B_{18}$ 纳米复合材料中，在 740K 退火的纳米合金材料具有最高初始磁导率、最小矫磁力和饱和磁致伸缩，为研究合金磁性材料提供基础数据。

磁性材料的磁性与熔解温度关系揭示了纳米磁性复合材料 $Fe_{73.5}CuNb_3Si_{13.5}B_9$ 的结构与性能的关联。发现天然永磁体后，研究人员提出了制备非天然永磁体材料的设想，如钡铁氧体永磁体材料体系。而锶铁氧体性能全面优于钡铁氧体，组成均匀的锶铁氧体纳米粒子合成开发趋于实用。改进有机树脂法合成的 Sr-La 铁氧体纳米颗粒[43]，用 La 置换晶胞中的铁元素，获得优异性能永磁体，这种高矫顽力（H_c）和高比饱和磁化强度（σ_s）粉末经压实烧结后，用于电动机磁芯、磁分离等领域。

磁性复合材料中添加纳米材料大幅度提高 H_c 和 σ_s 的研究日益深化。

1.6.4　生物有机-无机纳米复合材料体系

1.6.4.1　生物无机纳米复合材料结构性能

（1）生物纳米材料　生物纳米技术是发展迅速的国际前沿科学技术，是纳米科学技术发展的重要主流之一。天然或人工合成的适于生物应用的部分材料体系，见表 1-9。

表 1-9　天然与人工合成生物材料的力学性能

材料	拉伸模量/GPa	弯曲模量/MPa	断裂功/(J/m²)
Al_2O_3	350	100～1000	7
熔融 Si	72		9
ABS①/短玻纤复合	9.8	110	
珍珠层	64	130	600～1240
牙釉质	45	76	200
骨	16	270	1700

① ABS，即丙烯腈-丁二烯-苯乙烯三嵌段共聚物。

天然生物结构材料也有很高的韧性，天然珍珠层的断裂功比氧化铝还要高两个数量级。羟基磷灰石为骨材料代用品，可将其制成纳米粉体再加工成型得到与人体配伍的活性骨材料。在分析生物体微组装结构基础上，可设计制备与之结构性能匹配的材料。

为了提高材料的加工性与韧性，可将无机材料与有机高分子如超高分子量聚乙烯（UHMWPE）复合，利用 UHMWPE 的超高韧性，得到高性能纳米复合材料。由此，仿珍珠层与竹材料，以及高分子模板沉积无机晶体技术逐步建立。

（2）核-壳生物纳米颗粒技术　核-壳生物纳米颗粒技术，是在纳米尺度上开展单细胞、单分子理论研究基础上发展起来的功能颗粒技术，由此研制出可用于单细胞活体检测的极微小高灵敏光学生物化学传感探针。

核-壳生物纳米颗粒技术关键技术组成如下：

a. 成核技术　研制大小均匀，直径可小至几个纳米的荧光物质、磁性物质、药物、生物分子等核材料；

b. 包覆技术　在核层包上几纳米厚的透明无机分子和可降解的有机高分子外壳；

c. 生物表面修饰技术　在如此细小的纳米包壳外层上，再接上各种多功能性生物大分子。

利用这些技术制备的特异功能生物纳米颗粒材料，广泛用于医疗，如基于荧光纳米颗粒的早期诊断白血病、红斑狼疮和某些癌症的试剂。该试剂诊断比现有试剂的灵敏度高数千倍。

此外，生物领域已开发磁性纳米颗粒及选择性快速分离 DNA 技术。

1.6.4.2　纳米复合与组装方法

原位形成纳米结构是有效纳米复合与组装的方法。在特定分子量及其分布的聚乳酸中原位形成羟基磷酸钙和甲壳素（chitin 或 chitosan）纳米复合材料，可制备生物医药相容性好、能生物降解、强度足够高的人造骨材料。同样，采用层状晶体结构材料无机相，也可形成类似生物功能纳米复合材料。

生物高分子，包括蛋白质、多糖等，可采用原位复合与组装方法，设计制备其无机纳米复合材料的结构、功能与特性。这些设计方法有：嵌入法、模板法、包覆法、控制晶型法。

嵌入法是利用层状化合物的层间域或纳米空隙，在其中填充另一些物质，如 Ruiz-Hitzky 等[44]将聚环氧乙烷（PEO）与不同交换性阳离子蒙脱石溶液混合搅拌，合成新的二维结构有机-无机复合材料。该材料经不同溶剂处理后，显示出极好的稳定性，该类复合材料可以用于新型人造牙齿材料。X 射线衍射显示，这类 PEO-蒙脱石（MMT）复合材料中，MMT 的层间距达 1.72nm，即层间距净扩大约 0.8nm，相当于层间聚合物分子层的厚度。

模板法是利用分子膜、液晶等作为模板，在膜内形成纳米结构的纳米复合材料。分子印迹技术（molecular imprinting）所涉及微观尺度在几个至几十纳米级，原指采用特定印迹物来制备高分子聚合物的特异性微型模槽，以反映其表面特征的技术。它是一种可用于固体样品前处理的技术，如分子印迹固相萃取、分子印迹固相微萃取及分子印迹膜分离技术。

基因组印记（genomic imprinting）就是指配子发生过程中基因的选择性差异表达，它定义为父母本源基因的表达现象，这种基因表达取决于父母一方中谁传授了该基因，例如，若某种染色体 15 号有一段缺失，从父亲遗传给孩子就会产生一种紊乱，而若同样的缺失从母亲遗传给孩子时，则产生另一种紊乱。

在研究生物高分子时，还可采用多孔纳米材料分离的方法，对其分级研究。可利用非离子表面活性剂为稳定的预组织模板，合成中孔、微孔二氧化硅[37]，作为多孔分离材料的载体。

包覆法是在某纳米结构材料上包覆另一种材料的方法，这种方法具有通用性。如纳米级 TiO_2 用 Al_2O_3 纳米颗粒外包覆 TiO_2[45]得到核-壳颗粒及其组装结构，不仅具备纳米 TiO_2 性能而且稳定性、经济性更好，用于各种骨骼、牙齿和组织修补或修饰。

当然，纳米复合 TiO_2 可依据其不同晶型及性能差异，对其晶型进行控制而有更广泛应用。如金红石型纳米 TiO_2 耐候性、热稳定性均优于锐钛型，后者则具有较好的颜色色相，特别适用于印染浆料、色母粒及某些涂料。特定膜结构纳米 TiO_2 形态具有高效光催化作用。在润滑材料中，纳米 TiO_2 制成球形或圆柱状，以确保滚动摩擦结构形成。对 TiO_2 纳米颗粒修饰赋予其吸收紫外线特性，可用于制备绿色化妆品以及抗光漂白、永不褪色的涂料等。

1.6.5 纳米复合材料性能比较

1.6.5.1 纳米复合材料优异性

各种制备纳米复合材料的方法赋予其多功能、高性能和多样化。在合成制备方法不断改进、结构性能研究水平与表征技术不断提高的情形下，一批实用性和有工业前景的纳米复合材料逐步走向产业化。

有关纳米科技体系研究论文、专著及技术报道集中出现于 20 世纪 90 年代初。结合我们的实践及理论技术研究，总结聚合物纳米复合材料的结构与性能，由此评估其优缺点和实用性，将指明新的研发方向。

聚合物纳米复合材料主要结构性能综合比较，归纳于表 1-10。

表 1-10 聚合物纳米复合材料结构性能综合比较

性能项目	变化趋势	比原聚合物提高程度
Ⅰ. 力学性能、热性能		
拉伸强度	提高	约提高 20%(也有降低情况)
断裂伸长	明显减少	可由 100%减少到<10%
弯曲强度	提高	约提高 50%(也有降低情况)
弹性模量(拉伸/弯曲)	提高	约提高 1.5～3 倍
冲击强度	略减少	一般减少 20%(可提高 20%)
拉伸蠕变	提高	尼龙 6 提高幅度很大
摩擦系数	减少	尼龙 66 约减少一半(需再确认)
磨耗性	提高	尼龙 66 磨耗量减少一半(需再确认)
热变形温度	升高	非晶聚合物 10～20℃;结晶聚合物 80～90℃
热膨胀系数	减少	减少 40%(需数据确认)

续表

性能项目	变化趋势	比原聚合物提高程度
Ⅱ.功能性		
水蒸气透过性	减少	变成1/5～1/2
气体透过性	减少	变成1/5～1/2
燃烧性	提高	放热速度/热传导明显变慢(需再确认)
耐候性	不明确	有提高和降低两种数据
生物分解性	不明确	
Ⅲ.成型性		
熔融时流动性	提高	熔条流动长度等增加
成型收缩率	不变或降低	从同等程度到降低20%
熔接强度	略降低	需试验再确认
Ⅳ.其他		
密度	几乎不变	几乎不变或增加1%～2%
透明性	提高	尼龙6透明性增加10%～40%(其他聚合物降低)
吸水性、尺寸稳定性	提高	吸水速度减少①;尺寸变化率1/4～1/3

① 平衡吸水率相同。

纳米复合材料的力学性能、热性能、功能性、成型性等综合比较发现，纳米复合使大多数材料的性能比原聚合物有不同程度提高。一般地，力学与热性能明显提高，阻隔性、阻燃性和耐候性等功能有大幅度提高。但仅采用单纯纳米复合方法制备的纳米复合材料体系中，复合体系冲击强度一般会下降。纳米复合技术与水平可能还未达到使纳米颗粒形成超强界面，迫切需要建立纳米复合理论如界面理论，以解决大规模纳米复合中界面效应不显著的现实问题。

1.6.5.2 纳米复合材料存在的问题

纳米粉体与聚合物混合常得不到真正的有序组装与纳米结构，这类高聚物-无机纳米复合材料制备与应用中常产生无机相团聚体，如图1-19所示，主要问题如下。

(1) *无机相分散与分布问题* 若层状硅酸盐处理方法不当及选择分散的方法也不当时，则分散体不仅不能重现自然界“纳米结构”组装或自组装有序性，而且会产生严重团聚体系。

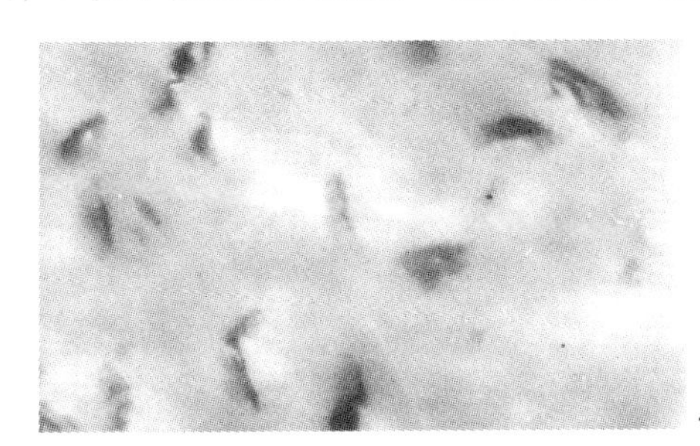

(a) PET-MMT纳米复合材料团聚体

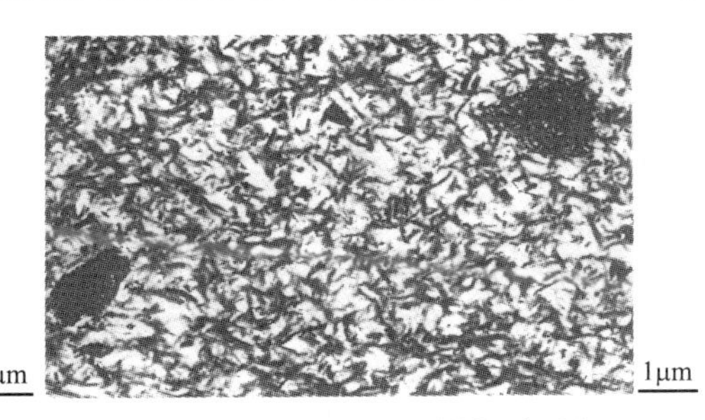

(b) 尼龙6-MMT纳米复合材料团聚形态

图1-19 聚合物层状硅酸盐纳米复合材料的纳米团聚效应

(2) *无机相无规形态* 难以调控无机纳米颗粒粒度与形态，难以制备成分准确、粒度均匀的高质量超微粒子，纳米粒子粒径越小，表面越粗糙、缺陷越多、形态越难以控制；纳米粉体难以收集与储存。

(3) *界面问题* 纳米粒子表面具有高活性、不稳定性及可变性，表面改性涉及几个原子层界面与性质精确控制。纳米粒子与有机相的有机结合，形成相容性界面结构，分布及其可控性是一切有机-无机纳米复合材料的共性本质，是理论技术探索的重要切入点。

(4) *分散方法创新* 无机颗粒传统分散方法，如机械分散和表面处理分散方法，很适用于微米或更大尺度的无机颗粒体系高效分散。但该分散方法很难控制纳米粒子在聚合物基体的分散效果，因此必须创建有效、适合的、实用的纳米分散方法。

为此，提出创建纳米前驱物、中间体分散方法，如核-壳结构颗粒中间体分散法，就是制备高性能纳米复合材料的常用分散方法，这类方法综述如下。

a. 交联核-壳结构粒子分散法　采用反应交联、辐射交联方法，形成极性相容性纳米微粒表面。

b. 液态与固态化前驱物分散法　采用液态、固态纳米中间体，设计进行反应性分散。

c. 层状结构物质中间体、前驱体分散法　层状结构物质通过离子交换与插层工艺过程，调控层间作用及其片层剥离分散性。

d. 特殊分散技术　可设计采用超声、辐照、气泡等特殊分散方法等。

通常将无机纳米前驱体或中间体，与聚合物单体混合，采用分散聚合、乳液聚合或原位聚合复合方法，制备纳米复合材料，可形成理想纳米分散形态体系。

图 1-20 为高聚物-无机相分散复合的纳米复合材料 TEM 形态。

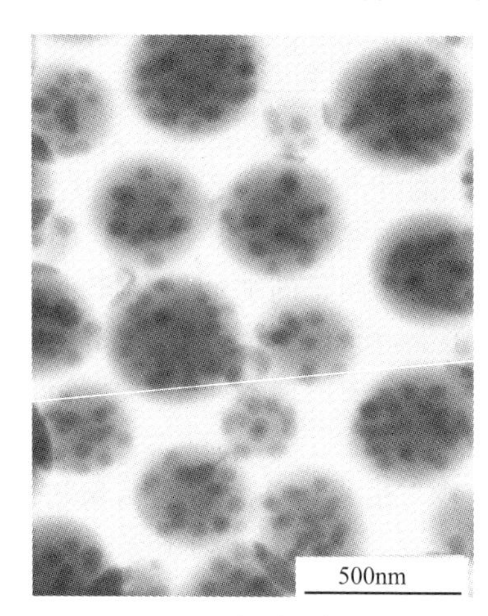

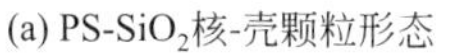

(a) PS-SiO_2核-壳颗粒形态　　(b) PP-MMT层状硅酸盐前驱物分散形态

图 1-20　高聚物-无机相分散复合的纳米复合材料 TEM 形态

1.7 多样化纳米复合体系及其应用

1.7.1 聚合物多尺度凝聚态纳米复合材料特性

（1）聚合物高分子链多尺度聚集态　有机聚合物原料的油气炼制和天然来源及其巨大产量与广泛适用性，使其成为聚合物纳米复合材料广泛应用的物质基础。

聚合物高分子链结构聚集产生结晶、无定形凝聚形态与多尺度分布，成为设计纳米分散复合的出发点。以聚丙烯凝聚态为例，其球晶尺寸[48]可达几十微米，但组成球晶的枝晶、片晶呈多尺度纳米形态，该球晶的片晶具有周期性分布。

球晶被拉伸变形，片晶扭曲破裂，片晶尺寸以十纳米量级分布，片晶长周期一般也为十到几十纳米尺度，如图 1-21 所示。

（2）聚合物分子纳-微米多尺度凝聚体系　高分子嵌段共聚物分子链段长度都在纳米尺度。如聚 L-丙交酯（PLLA）/聚乙二醇（PEG）核-壳结构共聚物，聚 L-丙交酯憎水段为核，亲水聚乙二醇段为壳。

$$H\!\left(O-\underset{\underset{CH_3}{|}}{CH}\overset{\overset{O}{\|}}{C}\right)_m\!\left(OCH_2CH_2\right)_n OMe$$

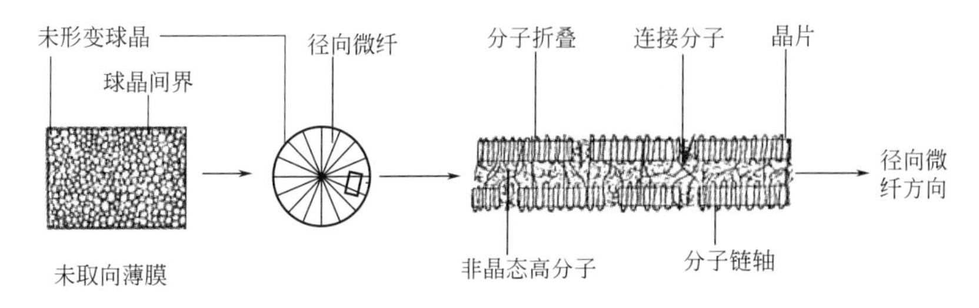

图 1-21 *i*-PP 多层次凝聚态结构及片晶示意图

这两种链段的嵌段共聚物链尺度为 80～200nm。将这种共聚物热涂在云母片上，可看到“带状”纳米结构，用 AFM 测试其尺寸为 10nm 宽，2nm 厚，约 1000nm 长。这种共聚物带状结构中，PLLA 段的六面体型单晶尺寸在 0.27～1.63nm。

(3) 聚合物多尺度凝聚态复合材料　设计物理化学复合工艺，获得多分散性纳米粒子材料与聚合物材料的纳米复合材料复合，调控纳米粒子尺寸与分散性，产生可控纳米成核效应，改变聚合物分子的球晶形态。这种纳米有效成核可形成尺寸更小而分布更均匀的晶体，即多尺度晶体体系，将提供光学、热学、力学性能更优异的复合材料体系，满足不同的、应用需求。

(4) 聚合物层状硅酸盐纳米复合材料特性与应用　聚合物层状硅酸盐纳米复合材料，实现了无机相与聚合物基体在纳米尺度的复合、强界面黏结的纳米效应，产生了优异的力学、耐热及多功能特性，如阻隔与耐候性等[46,47]。

聚合物层状硅酸盐纳米复合材料还具有高气体阻隔性、低膨胀系数和密度变化小等特点，其密度仅为一般填充复合材料的 65%～75%，作为高性能工程塑料广泛用于航空、汽车、家电、电子等行业。

纳米尺度分散的聚合物层状硅酸盐纳米复合材料，可以成膜、吹瓶和纺丝。在成膜和吹瓶过程中，硅酸盐片层平面取向形成阻挡层可用于高性能包装和保鲜膜，是开发新一代啤酒瓶及饮料瓶的理想材料。

层状硅酸盐有很高的远红外反射系数 R（$R>85\%$，$\lambda=5000\sim230000$nm），含 5%MMT 的尼龙 6、PP 和 PET 纤维的远红外反射系数 $R>75\%$，比市售“红外发射纤维保健用品”性能好得多，而成本则低得多。

1.7.2 纳米组装载体与催化剂

1.7.2.1 纳米组装载体体系

(1) 纳米组装载体定义　用于载负其他活性物质或活性中心物质的材料中，具有纳米孔结构和纳米粒子尺度的载体可称为纳米结构载体或载体。纳米结构载体通过模板法造孔或通过原位聚合法造粒所形成的载体，可称为纳米组装载体。通常，硅酸盐载体 ZSM-4/5 及 SAPO 等的孔径是规则组装体系，具有阵列结构。晶体材料孔径刚好 1nm 的 MCM-41 用于催化剂载体已是化学工业的重要基础。

(2) 纳米组装载体结构调控特性　各种纳米组装载体孔径，可在合成、造粒和后处理阶段进行调控，可在 1～50nm 内调控孔结构及其阵列式。非均质孔结构可控制载负催化剂活性中心。这类载体正试图取代聚烯烃催化剂载体，如 $MgCl_2$、沸石（VPI-5）、淀粉、环糊精和聚二乙烯苯等。

对片层带正电荷的水滑石层状硅酸盐载体，可采用插层或离子交换方式，导入所需活性催化成分。可制备固定活性中心金属的聚烯烃催化剂或负载型催化剂固定化酶。其特点是载体在反应后，以纳米形态分散并提高聚合物性能。该技术将解决传统催化剂载负的活性组分脱离、不牢固、不均匀及载负活性下降问题。

1.7.2.2 可控形态和活性纳米催化剂及其设计方法

(1) 可控形态的纳米催化剂 传统催化剂活性组分尺度实际上几乎都在纳米尺度，只是这些活性组分尺寸并未经控制，纳米技术可使类似纳米尺度活性组分处于可控水平。由调控纳米载体和活性中心关系入手，探索设计高活性纳米催化剂体系。

天然气转化实验使用的 Ni-Mo 或 Ni-W 薄膜催化剂活性组分，可载负于各种孔隙尺度可控纳米级硅酸盐载体上。为了提高催化效率和节约成本，薄膜催化材料本身尺度控制在几十纳米以下。美国加州大学戴维斯和加州伯克利分校科学家，采用该催化剂实现天然气向液态羰基化合物等转化。类似天然纳米结构载体采用沸石、黏土等原料，制备孔径可控模板载负或生长纳米活性组分[49]，达到控制活性颗粒尺度及分散性的目的，有效控制传统催化剂的活性。

(2) 可控活性的纳米催化剂及其制备 然而，纳米催化剂活性像传统催化剂一样没有固定控制方法可循。依据纳米技术，能够做的是将纳米活性物质尺度尽可能控制在较小水平，而组装阵列结构更稳定更高效。

【实施例 1-12】 溶胶-凝胶方法制备 Rh 催化剂 先将 Rh 金属醇化得到醇合物，再将载体也醇化，制备成如 $Rh(OCH_2CH_2O)_x$ 和载体 $Si(OC_2H_5)_4$ 的醇化物，然后将二者一起在溶剂中复合制备溶胶，再凝胶化与焙烧，得到 n-Rh/SiO_2 或者类似的 n-Ni/SiO_2 催化体系。

【实施例 1-13】 阳离子交换制备催化剂体系 将载体先做表面离子交换处理，如将沸石（SiO_2 或硅酸盐）表面酸化、盐化处理使表面附着 H^+、Na^+ 等离子，然后在溶液中与金属复合阳离子如 $Rh(NH_3)_5Cl^{2+}$ 一起进行交换反应，得到纳米粒子附着在载体表面上的 n-Rh/沸石（SiO_2 或硅酸盐）体系。

贵金属纳米粒子在加氢反应、脱硫、裂解反应中具有高活性与选择性特点。Rh(Pd,Pt)/Al_2O_3(C，SiO_2）体系，开始应用于有机合成、石油化工与环保汽车。Rh 在不同聚合物/醇混合溶液中的活性考核表明，粒子越小氢化速度越快。

【实施例 1-14】 模板合成制备贵金属活性中心催化剂 经水热合成的孔径 1nm 以下的硅酸盐载体 ZSM-4（5）或 SAPO，也是贵金属纳米化的极好模板。如将 2nm 的 Rh 分散到溶剂中，硅酸盐也浸入该溶剂中，就可以使纳米金属以均匀尺寸沉积在模板载体表面。

【实施例 1-15】 金属先行羰基化制备纳米贵金属或其他金属催化剂 先制备 $Co(CO)_8$、$Ni(CO)_4$ 及 $Rh_6(CO)_{16}$ 前驱体，然后与载体在溶剂中复合，经热分解和还原处理，在载体上形成 1nm 左右的金属纳米颗粒如 n-Co/SiO_2、n-Rh/SiO_2（Al_2O_3）等。以 $Fe_3(CO)_{12}$ 制备的 2nm n-Fe/Al_2O_3 催化剂，用于（$CO+H_2$）制备丙烯，可大大提高收率。

(3) 纳米催化剂取代传统催化剂 纳米粒子表面断键和不平整原子台阶，增大其与反应物或活性中心接触，5nm n-Ni/SiO_2 催化剂，大大提高丙醛加氢制备正丙醇的选择性。纳米催化剂正取代贵重金属催化剂如钌、铑、钯，成为缓解贵金属短缺的主要手段。但是，纳米催化剂高度不稳定性与高成本是其规模化应用的障碍。

1.7.3 通用和多功能纳米添加剂技术

1.7.3.1 通用纳米添加剂

(1) 纳米添加剂及其普遍适用性 通用纳米添加剂指具有可控多功能性及广泛应用特性纳米材料体系。纳米 Ag、ZnO 或 TiO_2 粒子添加剂，作为纳米抗菌剂分散于聚合物中制备抗菌聚合物材料，可载负于层状硅酸盐纳米前驱体表面，得到兼具自洁表面与保鲜性催化剂。这些纳米粒子添加剂，可用于日用消费品、化妆品、食品中，提高护肤、抗紫外线作用，还可用于日常磷酸盐玻璃、氧化硅玻璃、有机改性溶胶-凝胶玻璃及聚合材料中，提高无机聚合物多功能性。

（2）通用纳米添加剂的纳米效应　通用纳米添加剂在不同使用环境和条件下，产生不同的实用效果即纳米效应。相对于传统毫米、微米尺度添加剂，纳米添加剂产生更强的界面效应、成核细化晶粒尺寸效应、“分子水平”的理想复合效应，及突破高分子基体介电阈值与黏弹性行为等。

纳米添加剂对传统助剂中的成核剂、稳定剂、防腐剂、润滑剂、阻断剂等的改进或替代，会产生大量多功能高分子材料新牌号，促进传统产业升级。

（3）通用高分子纳米复合体系　设计利用层状硅酸盐纳米前驱体或氧化硅纳米中间体，直接地或者载负现有山梨糖醇成核剂，形成新型纳米成核剂。而利用该纳米载体载负齐格勒-纳塔催化剂、茂金属催化剂等，形成纳米复合催化剂。通过这些纳米复合技术，用于改性聚丙烯复合材料的系列商品；聚酯纳米 ZnO 高阻燃性材料，聚酯纳米 Sb_2O_3 复合材料兼具阻燃与细化晶粒作用。

（4）多功能纳米添加剂　通过调节纳米添加剂加量、加入方式与组装，控制纳米添加剂及其复合功能材料的多功能性，如“X 射线开关”、蓝光传感、光导电、电致光等效应。

纳米添加剂复合体系，如纳米复合有机硅聚合物、共轭聚合物、聚苯乙烯、导电聚合物[50]、聚碳酸酯、手性塑料、聚合物波导材料、聚酰亚胺、聚合物光纤及液晶等，形成系列化多功能体系。

基于纳米金属、纳米复合和纳米陶瓷材料，开发抗静电、抗菌、除臭功能性纳米纤维与纳米涂料[51]。聚酯纳米 ZnO 与 SiO_2 等复合纤维，产生消毒、抗紫外线及高透明性等特性。纳米改性防水卷材及密封材料，已开始用于防渗气、防霉变、防细菌、防紫外线等。ABS 纳米复合抗菌专用料用于冰箱、冷柜、洗衣机内筒、空调室外机及汽车防擦条等。此外，聚合物纳米黏土、$CaCO_3$、SnO_2 及 SiO_2 等复合材料，代替轮胎炭黑发展环保型、耐磨损轮胎生产新技术。

此外，可设计稀土铒、镨、钇、镱等纳米掺杂添加剂，稀土掺杂的钡与钛膜、铬掺杂的晶体调试激光器，等。纳米陶瓷 Si_3N_4 及 SiC 可调整陶瓷裂纹生长和晶界脆性导致的高温力学性能变坏，提高气流透平和航空发动机寿命等。

纳米添加剂技术将或正在根本改变高分子材料科技体系，使之应用更广泛。

1.7.3.2 多功能纳米涂料

（1）纳米涂料　纳米涂料是指将纳米材料有效分散于传统涂料悬浮体或溶剂中所形成的纳米复合体系。纳米涂料具备色彩牢固、环保性（重金属总量低及有机溶剂少）、耐多种辐射线和功能性等特点，还具有远红外反射率高、耐微生物侵蚀等特性。

纳米粉末涂料指，将纳米粉末分散于溶剂形成的悬浮液涂料中，或者直接用于热喷涂的粉末体系。纳米粉末涂料除了具有纳米涂料性能外，还具有耐盐雾、耐紫外线、耐热、表面光洁及自洁等特性。

（2）纳米涂料功能性与应用　层状硅酸盐、$CaCO_3$、TiO_2、SiO_2 及 ZrO_2 等纳米粉体是纳米涂料原材料，纳米粉体与传统涂料的纳米复合涂料，并不从根本上改变传统工艺。高性能纳米涂料广泛用于集成电路印刷线路板、隐形、吸波、隔声、阻隔、光纤等产业。

TiO_2、Sb_2O_3 和 ZrO_2 等纳米粉体涂料可用于热喷涂工艺。高温喷涂工艺使纳米粉体熔化，而涂层保持纳米结构。

纳米涂料的悬浮性、粘接性、功能性、耐老化性及环保性等明显优于传统涂料，促进了涂料行业发展。纳米涂料“效应”及其使用效果的检验和确认等的规范标准等将不断完善。

1.7.4 传统能源和新能源纳米技术与应用

1.7.4.1 传统能源纳米技术

（1）传统油气能源开采环境　油气能源是最重要的传统能源，是有一定可持续性的相对洁净能源。然而，常规油气资源开采认为越过了峰值期，继之而来的是非常规、复杂储层油气和重质油的开采。

这些油气资源开采面向深层、超深层和海底储层等环境，面对高温、高压、高盐等极端条件，开采难度和技术复杂性大幅度增加。特别是，非常规、低渗透复杂储层的油气开采环境，主要是纳-微米尺度多孔[52]、裂缝分布，极易受油气工程的工作液侵蚀和损害而影响最终效率。为了提高油气工程与开采效率，提高油气产量，设计利用纳米成像、传感、渗透与修饰功能效应，考虑环境与可持续发展的油气能源开发技术。

（2）油气工程纳米处理剂　油气工程的纳米处理剂指，以聚合物高分子（主要为水溶性功能高分子）等为基体，经物理化学复合方法形成的聚合物纳米复合材料，用于调制油气工程工作液的处理剂。该纳米复合处理剂具有很多种类，其主要品种有纳米复合增黏剂、纳米复合抑制剂、纳米复合封堵剂、纳米复合堵漏剂、纳米复合驱油剂、纳米复合稠化剂、纳米复合润滑剂等[53]。这类纳米复合处理剂构成传统油气能源工程技术的核心。

（3）油气工程纳米复合流体　纳米复合处理剂分散于溶液或溶剂中，形成纳米复合悬浮液及油气工程适用的工作液，产生黏性流动、携带、抑制与驱替等功能性流体，即油气工程纳米复合流体。油气工程纳米复合流体种类更多，主要包括纳米复合钻井液、纳米复合完井液、纳米复合驱替液、纳米复合压裂液、纳米复合增注液、纳米复合修井液等流体[39,54]。

1.7.4.2 新能源纳米技术

纳米技术用于提高风能、太阳能、生物质能和核能等及其广泛普及应用，对能源和环境协调发展意义深远。

（1）风能纳米材料技术　指风能主要器件如风桨叶、连接器件和线路等所涉及材料的纳米技术。纳米复合材料主要用于提高风能器件的耐环境性、抗摩擦磨损、抗疲劳特性及减少机械运动损耗与电耗等。

（2）太阳能纳米技术　指太阳能组装体系所涉及的纳米技术。实际上，太阳能器件整体产生实际功效的约 90%，可以认为来源于纳米材料技术。铜铟镓硒纳米薄膜太阳能电池、硅基光伏太阳能电池、燃料敏化太阳能电池等，都主要是纳米技术集成和实效性的体现。对太阳能硅片表面纳米沉积处理，提高捕获光线而减少其反射损失，从而提高光电转化效率[55]。

（3）生物质能和其他新能源纳米技术　生物质能指利用生物质液化、转化为燃料或电能的总称。生物质能所涉及的纳米技术，主要包括实现生物质高效转化的纳米催化剂、生物质自身的纳米化及相关的工艺过程等。如利用玉米芯高速破碎纳-微米粒子，经酶催化高效转化为乙醇等液体燃料体系。

在潮汐发电中，更强调所用材料的耐腐蚀性和耐环境性，可设计选用合适的、耐蚀力高、耐环境性好的纳米复合材料。而风能发电的叶片，还需耐环境和抗摩擦磨损性，为此设计采用尼龙纳米复合材料自润滑抗磨材料[40]。

在核能工厂，如何防护辐射及周边安全是核能发展的重要的因素，采用纳米粒子吸收辐射线具有特别重要的意义。采用 TiO_2 及 ZnO 纳米材料与聚醚酮、聚酯等复合，再经熔融压片、纺丝得到阻隔辐射的膜材和纤维，产生防辐射应用效应。

1.7.5 生物、仿生及信息与能源纳米技术应用

1.7.5.1 纳米材料生物领域应用

（1）生物纳米应用技术　在生物医学领域，纳米技术的广阔应用前景包括，用于多种疑难疾病的早期诊断与治疗；研究借助最小纳米粒子在病变细胞扩散之前摧毁肿瘤组织；在治疗心血管疾病方面，医生们通过一个纳米探测器诊断病情；纳米技术研制 DNA 计算机时代正在

到来。

(2) 纳米材料生物结构性能相容性与表征技术 发展纳米材料和纳米结构调控技术及其调制生物相容体系与生物活性体系技术，开发纳米材料制备新工艺和关键设备，同时，发展相应的检测、表征及多重耦合解析技术，确保纳米材料在生物领域应用的安全、高效和持效性。

(3) 纳米机械器件 设计数十或数百个原子长度纳米潜艇，用于医学的血液穿行，利用组装器件极性和识别功能寻找患病细胞就地扼杀。原子组装的功能纳米机器人，依据地下 pH 值和盐类电荷作用，直接探索岩石孔道结构、含油或水饱和度及渗透性。设计功能分子组件纳米机械并引入活细胞中——探寻蛋白质或 RNA 分子集合体、细胞器多样性和复杂性结构。仿照人类机械设计细胞分子机械，如设计细菌细胞电动机，细菌细胞膜上的旋转马达驱动。细胞中细胞器的制造过程是一种包含分子自装配的高效大分子合成过程，一个 RNA 和蛋白质分子组合核糖体，如同工厂流水线制造蛋白质生物纳米机械。特别是，终极自我复制生物系统的细胞，是今后重点发展的纳米科技，包括突破纳米生物与医药技术难关，推出纳米给药新制剂、纳米分子传感器、检测诊断和纳米生物材料等。

(4) 纳米机械技术发展 纳米机械将成为新型装配工，它与宏观物体无相似性。这种超微小型装置通过原子尺度的“抓取和放置”实现功能化，如纳米尺度钳子从环境中抓取单个原子，再放到适当位置。微型机械将不断改变世界，大幅度提高电视机或电脑生产效率，成本或接近于零，节约化特征显著。

生物学家开展纳米机械研究，起于美国加州大学伯克利分校的纳米机械倡议，如今这一领域的发展，见于生物医药报道。

1.7.5.2 纳米组装仿生技术

(1) 纳米组装仿生技术定义 依据自然界生物和植物属性，通过纳米粒子分散形成纳米结构，模仿重新自然属性的技术，称为纳米组装仿生技术。

(2) 荷叶效应 荷叶表面水珠聚集而不侵蚀和浸润到其内部，是自然性质与现象，如图 1-22所示。

图 1-22 荷叶表面水珠聚集的超疏水现象

通过仔细分析荷叶表面和内部微观结构，发现荷叶微观尺度的乳突结构。再进一步细化这些乳突结构发现，乳突是许多更小纳米和微米结构组装的粗糙结构体系，这些粗糙结构空隙中存在空气，足以托起水滴并阻止水滴侵蚀到其内部毛细结构，这种荷叶微观结构导致的疏水现象，称为荷叶效应。

(3) 超疏水性定义 荷叶表面深层次的纳-微米组装结构，是其产生疏水性的根源，根据现有研究荷叶效应的报道[56]和我们研究表面润湿性的成果[57]，将这种由纳-微米组装的粗糙结构所产生的疏水性，定义为超疏水性。

通常认为超疏水材料接触角大于 150°，滚动角（或前进接触角）小于 10°。

(4) 纳米组装仿生方法　采用纳米单元、纳米粒子组装超疏水结构，需要将其可控分散于目标基体中。纳米组装仿生方法可通过溶液、熔体分散、刻印或压印等多种途径实施。具体方法将在以后各章相关部分详细说明。采用偶联剂 KH570 处理纳米 SiO_2，再经过熔体分散和挤压成膜方法，得到纳米均匀分布的粗糙结构，见图 1-23。

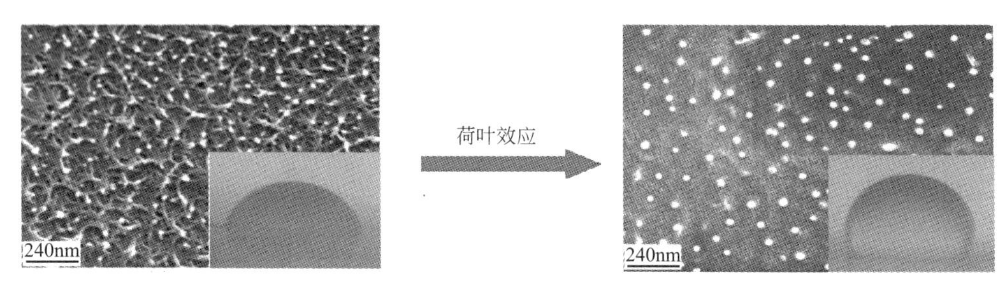

图 1-23　纳米 SiO_2 粒子熔体分散聚酯 PET 复合膜粗糙结构疏水表面

纳米 SiO_2 粒子熔体分散于工业聚酯 PET 熔体形成的粗糙结构表面[57]，其本身接触角可达 126°，而稍涂覆低能氟化物，即很易得到超疏表面。

1.7.5.3 纳米信息与能源应用技术发展

(1) 纳米电子学与器件　开发纳米存储器和非硅集成电路、写入斑（空间）小于 10nm 存储技术、纳米量子电子学与集成技术、纳米传感器[55]、纳米管膜场发射平面显示器件等。这包括扫描探针显微镜显示的纳米导线。纳米磁粉矫顽力很高，经“组装”为永磁材料及聚合物磁体，用于信息通信领域。

(2) 新能源纳米科技发展　21 世纪是生命科学、信息、能源和纳米技术的世纪。纳米技术和纳米复合材料新体系，必将在传统石油化工、汽车、建筑、制造、电子、信息、涂料、助剂、催化剂产业领域等产生重大革新，带来巨大经济社会效益。在此基础上，纳米技术促进多元化新能源的统一、持续和环保的发展，是更重要的使命。

参考文献

[1] (a) Goldacker T, Abetz V, Stadler R, et al. Erukhimovich. L Leibler. Nature, 1999, 398: 137; (b) 柯扬船，皮特斯壮．聚合物-无机纳米复合材料．北京：化学工业出版社，2003：1-15.

[2] (a) 柯扬船. 全国聚合物纳米复合材料产业化研讨会. 北京：中国塑料加工协会，大会报告，2004，5；(b) Wang Y, Herron N. Science, 1996, 273: 632.

[3] Kubo R, Kawabata A, Kobayashi S. Annu Rev Mater Sci, 1984, 14: 49.

[4] Thompson R B, Ginzburg V V, Matsen M W, et al. Science, 2001, 292 (5526): 2469.

[5] Choi H J, Kim S G, Hyun Y H, et al. Macromol Rapid Commun, 2001, 22: 320-325.

[6] Solomon M J, Almusallam A S, Seefeldt K F, et al. Macromolecules, 2001, 34: 1864.

[7] Kawasumi M K, Hasegawa N, Kato M, et al. Macromolecules, 1997, 34 (30): 6333.

[8] Lan T, Pinnavaia T J. Chem Mater, 1994, 6: 2216.

[9] Vaia R A, Issi H, Giannelis E P. Chem Mater, 1993, 5: 1694.

[10] 张立德，牟季美. 纳米材料学. 沈阳：辽宁科技出版社，1994：1-5.

[11] Sprinke J, Liley M, Schmitt F J, et al. J Chem Phys, 1993, 99: 7012.

[12] 柯扬船. 聚酯层状硅酸盐纳米复合材料及其工业化研制. 北京：中国科学院化学所，1998：1-80.

[13] 李强. 尼龙 6/粘土纳米复合材料制备与性能研究. 北京：中国科学院化学所，1996：1-50.

[14] 张立德，生瑜，朱德钦，等. 高分子通报，2001 (4)：9.

[15] 刘雪宁，杨治中. 物理化学学报，2000，16 (8)：746.

[16] (a) 吴天斌，柯扬船. 高分子学报，2005，2 (2)：289；(b) Ke Y C, Wu T B, Xia Y F. Polymer, 2007, 48: 3324.

[17] (a) Wu T B, Ke Y C. Thin Solid Films, 2007, 515 (13): 5220；(b) 赵瑞玉，董鹏，梁文杰. 物理化学学报，1995，11 (7)：612.

[18] 吴天斌. 单分散微纳米 SiO_2 成核及其聚酯复合材料结构性能研究. 北京：中国石油大学，2006.

[19] 加腾昭夫，森满由纪子. 日化，1984，800.
[20] Ke Y C，Stroeve P. Polymer-layered silicate and silica nanocomposite. Amsterdam：Elsevier，2006：1-15.
[21] Johnson D W. Am Ceram Soc Bull，1981，60：221.
[22] Mazdiyaski K S. Ceramic International，1982，8（2）：42.
[23] Blendell J E，Bowen H K，Coble R L. Am Cerma Soc Bull，1984，63（6）：797.
[24] 鲍新努，等. 全国第八届纳米固体学术讨论会论文集，1991.
[25] 苏品书. 超微粒子材料. 台南：复汉出版社，1989.
[26] Kiss K，Magder J，Vukasovich M S，et al. J Am Ceram Soc，1955，49：91.
[27] Kim E J，Hahn H. Materials Sci & Eng Part A，2001，303：24.
[28] 徐国财，张立德. 纳米复合材料. 北京：化学工业出版社，2002：2-9.
[29] Chang C L，Fogler H S. AIChE Journal，1996，42（11）：3153.
[30] Colthup N P，Daly L H，Wiberley S E. Introduction to Infrared and Raman Spectroscopy. 3rd ed. San Diego：Academic Press，1990.
[31] Messersmith P B，Giannelis E P. J Polym Sci A：Polym Chem，1995，33：1047.
[32] Lan T，Kaviratna P D，Pinnaviaia T J. Chem Mater，1995，7：2144.
[33] Lv J K，Ke Y C，Yi X S，et al. J Polym Sci Part B：Polym Phys，2001，39：115.
[34] （a）漆宗能，柯扬船，李强，等. 一种聚酯/层状硅酸盐纳米复合材料及其制备方法：中国专利，97104055. 9. 2000-11；（b）漆宗能，柯扬船，丁佑康，等. 聚酯粘土纳米复合材料的合成. 中国，97104194. 6. 2003-6.
[35] （a）柯扬船. 一种纳米前驱物复合材料及其制备方法：中国专利 02157993. 2003-11；（b）Luo X L，Xu J J，Zhao W，et al. Biosensor Bioelectron. 2004，19：1295-1300；（c）杨秀双. 基于无机纳米层状材料的新型电化学生物传感器的研究. 北京：北京化工大学，2008.
[36] 漆宗能，王胜杰，李强，等. 硅橡胶/蒙脱土插层复合材料及其制备方法：中国，97103917. 8. 1997-10.
[37] Chen G，Liu S，Zhang S，et al. Macromol Rapid Commun，2000，21：746.
[38] Attard G S，Glyde J C，Goltner C G. Nature，1995，378：366.
[39] （a）夏岩峰. 阻隔性聚酯纳米复合材料的研究. 北京：中国石油大学 2007；（b）柯扬船，魏光耀. 一种聚丙烯酰胺无机纳米复合材料钻井液助剂及其制备方法：中国发明专利，ZL 2009，10300646. 0. 2013-5-22；（c）魏光耀. 聚丙烯酰胺纳米复合材料制备及其钻井液性能研究. 北京：中国石油大学，2009；（d）曾清华，王栋知，王淀佐. 化工进展，1998，2：13.
[40] （a）柯扬船. 聚合物纳米复合材料. 北京：科学出版社，2009：176-195；（b）都有为. 化工进展，1993，4：21.
[41] Leon R，Petroff P M，Leonard D，et al. Science，1995，267：1966.
[42] （a）张立德. 个人相互通讯资料，2008；（b）徐甲强，胡平，秦建华，等. 功能材料，1998，29（3）：281；（c）Poyard S，Jaffrezic-Renault N，Martelet C，et al. Anal Chim Acta，1998，364：165-172；（d）Senillou A，Jaffrezic-Renault N，Martelet C，et al. Ana ChimActa，1999，401：117-124.
[43] （a）周铭. 涂料工业，1996，26（4）：36；（b）周铭. 涂料工业. 1996，1：18.
[44] Ruiz-Hitzky E，Aranda P，Casal B，et al. Advanced Materials，1995，7（2）：180.
[45] Van Bruggen M P B. Langmuir，1998，14：2245.
[46] Ozin G A. Advanced Materials，1992，4（10）：612.
[47] Giannelis E P. Adveanced Materials，1996，8（1）：29.
[48] 柯扬船，何平笙. 高分子物理教程. 北京：化学工业出版社，2006.
[49] Pinnavaia T J，Beall G W. Polymer-Clay Nanocomposites. UK：John Wiley & Sons Ltd，Chichester，2000（0-471-6300-9）.
[50] 吴秋菊，薛志坚，漆宗能，等. 高分子学报，1999，5：551.
[51] （a）漆宗能，尚文宇. 聚合物/层状硅酸盐纳米复合材料理论与实践. 北京：化学工业出版社，2002；（b）张立德. 个人通讯资料. 2005-2008；（c）Ozkan D，Kerman K，Meric B，et al. Chem Mater，2002，14：1755.
[52] Xu J S，Ke Y C，Zhou Q，et al. Composite interface，2013，20（3）：165-176.
[53] Yang L Y，Ke Y C，et al. High Performance Polymers，2014，26（8）：900-905.
[54] （a）柯扬船，肖海斌. 一种聚丙烯超短纤维组合物及其制备方法：中国发明专利，ZL 200910302864. 8. 2013-5-22；（b）柯扬船，杨莉. 一种聚丙烯酰胺复合驱油剂及其制备方法：中国发明专利，ZL 2009103034812. 2009-6-21；（c）柯扬船. 一种石油工程储层保护的钻井完井液组合物及其制备方法：中国，ZL 200910304480. X. 2009-7-17.
[55] He J，Ke Y C. Polymer Research Journal，2014，9（1）.
[56] Feng L，Jiang L. Advanced Materials，2002，14，857-1860.
[57] Ke Y C，Wu T B，Xia Y F. Polymer，2007，48，3324-3336.

第2章

聚合物无机纳米分散复合体系设计

大量分子聚集体存在分子内及分子间相互作用，各分子不能完全自由地改变自身形态，而在空间形成各种排列方式，这些方式称为聚集态或凝聚态。根据聚集态分子热运动与力学性能特征划分物质状态。聚合物分子包含不同层次结构的规律性排列和堆砌，通过多种聚集过程形成纳米等多尺度晶体[1]、液晶[2]、亚稳态和无定形等形态[3~12]，并伴随各种晶型和多晶型形成。

高分子链进入晶体被冻结的过程是结晶过程，依据高分子链成核理论，分子链一个一个进入聚合物晶体，然后经历成核与长大过程，形成单链单晶体或多链单晶体、多晶体或球晶体，即高分子链均相成核过程。高分子晶体呈多层次多样化特征[8]，可用纳米复合方法改变其结晶过程，这就是纳米异相成核原理。纳米可控分散体系诱导高分子链凝聚态变化，导致复杂结构性能变化过程。设计聚合物纳米复合体系，包括明晰高分子链形态及多尺度多层次凝聚特性、纳米分散复合与成核效应及其评价过程。

本章基于聚合物高分子凝聚形态，利用氧化物和层状化合物纳米中间体或纳米材料，实施纳米可控分散、复合与形态调控方法，揭示单分散、多分散或多尺度纳米结构体系与高分子链多尺度聚集态和多级凝聚结构形态之间的复杂作用，提出了重要的纳米成核模型、纳米粒子可控分散复合技术。

重点研究了特大品种聚酯和聚烯烃及功能高分子聚丙烯酰胺的纳米复合材料体系，阐述了这些纳米复合材料产生多种新颖纳米效应的现象、本质与过程，建立了设计新型高效与多功能高分子纳米复合材料的原理，提供了纳米复合体系有效高效应用的工艺基础与方法。

2.1 聚合物凝聚态纳米结构

2.1.1 聚合物高分子凝聚态

2.1.1.1 高分子结晶

（1）高分子结晶态描述　晶体是由原子、离子或分子在三维空间周期性排列构成的固体物质。可结晶聚合物高分子在一定条件下聚集而结晶时，随结晶条件改变会形成不同形态晶体，形成结晶体遵循成核和晶体长大过程，即由几根分子链先生成有序晶体胚芽，然后分子链逐步聚集长大。

(2) 高分子晶体形态　所形成的主要结晶形态有折叠链晶体、伸展链晶体、纤维状晶体等。晶体形态演化主要遵循折叠链模型，由此生成单晶、纤维晶、多尺度晶、多面体晶及球晶等。

2.1.1.2　高分子结晶形态分类说明

(1) 折叠链晶　高分子链在大多数情况下，以折叠链片晶形态构成高分子晶体。

(2) 高分子单晶　被一个空间点阵贯穿始终的固体称为单晶体，单晶体是聚合物结晶中形成的独立致密微区，具有特定形状和尺寸的单一成分，许多不同尺度和性质的小单晶体按不同取向聚集而成的固体称多晶体。

高聚物在常压下从不同浓度溶液或熔体中结晶，可生成单晶（或球晶）等晶体。具有一定几何外形的薄片状单晶体，常从极稀高聚物溶液（浓度<0.01%）中以极慢速度结晶而成。单晶有多种形状，如聚乙烯单晶为菱形晶片，聚甲醛是六角形晶片。一般晶片厚度为10nm左右，且晶片厚与分子量无关，仅随结晶温度和热处理条件而改变；常压下，晶片最厚不超过50nm。

(3) 高分子多晶体和球晶　绝大多数情况下，结晶聚合物均为多晶体或多晶型晶体。数学物理描述晶体为：晶体＝点阵＋结构基元，或为点阵和结构基元相互作用。

高聚物从浓液中析出或熔体冷却结晶时，形成的球形晶体，称为球晶。球晶形成时，以晶核为中心，向四周生长出许多扭曲的长晶片，称为球晶纤维。球晶纤维之间为纤维束状半晶区和非晶区。在电子显微镜下可观察其基本结构仍是折叠链片晶，由许多径向发射的长条扭曲的单晶片组成。球晶尺寸大小因高聚物种类和结晶条件不同而有很大差别，小的为10μm量级，大的达100μm量级。球晶在正交偏光显微镜（POM）下呈现特有的黑十字消光图［图2-1(a)、(b)］。

三维立体照片把PE球晶的球状形貌表现得特别逼真，比一般球晶黑十字消光图案更形象。

当结晶程度较低时，球晶分散于连续的非晶区中，随着结晶度提高，球晶相互接触甚至遍及整个高聚物。若小心腐蚀本体聚乙烯表面可把PE非晶部分剥蚀掉，留下PE球晶形态[9]。用扫描电子显微镜在并不太高的放大倍数下就能观察到非常清晰的球晶照片［图2-1(c)］，聚乙烯球形晶体很形象，比传统的消光黑十字照片更直观、更能说明球晶形态。

(4) 伸展链晶体　伸展链晶体是完全伸展的分子链规整排列而组成的片状晶体，晶体中分子链与晶面方向平行，晶片厚度与伸展链的长度相当。晶片厚度与分子量有关，如聚乙烯分子量大于10^6时，晶片厚度可超过10μm。高聚物高温、高压下结晶时，可得到完全伸展链晶体。聚乙烯在高压下或超延伸纤维中，都可得到分子链完全伸展的伸展链晶体。聚乙烯伸展链晶体条件，如226℃，4.87×10^8Pa结晶8h，得到的晶体密度为0.9938g/cm^3，伸直分子链长度可达3μm。

(5) 纤维晶　高聚物取向时，在剪切或应变应力作用下形成的伸直链纤维晶，是自成核晶体。通常将一种分子量相对较高的高聚物分子加入分子量相对较低的体系中共混，再取向后能观察到纤维晶。将PP中分子量较高的组分加入分子量较低的组分中混合，然后取向可得到纤维晶。高分子量组分在剪切过程中对纤维晶的形成起主要成核作用，一旦纤维晶核形成，较低分子量组分可在这些核上生长出更多的纤维晶。因此，认为高分子量组分是聚合物熔体剪切过程中柱状晶形成的主要来源，柱状晶对材料有显著增强作用。但是，单纯高分子量聚合物却常常不会产生显著的纤维晶。由这些晶体共同构成高分子的球晶形态，球晶在POM下观察的消光花样是马耳他十字形（Maltese）消光。球晶实际上是多晶体的混合体，即结晶性高聚物，也称多晶高聚物。

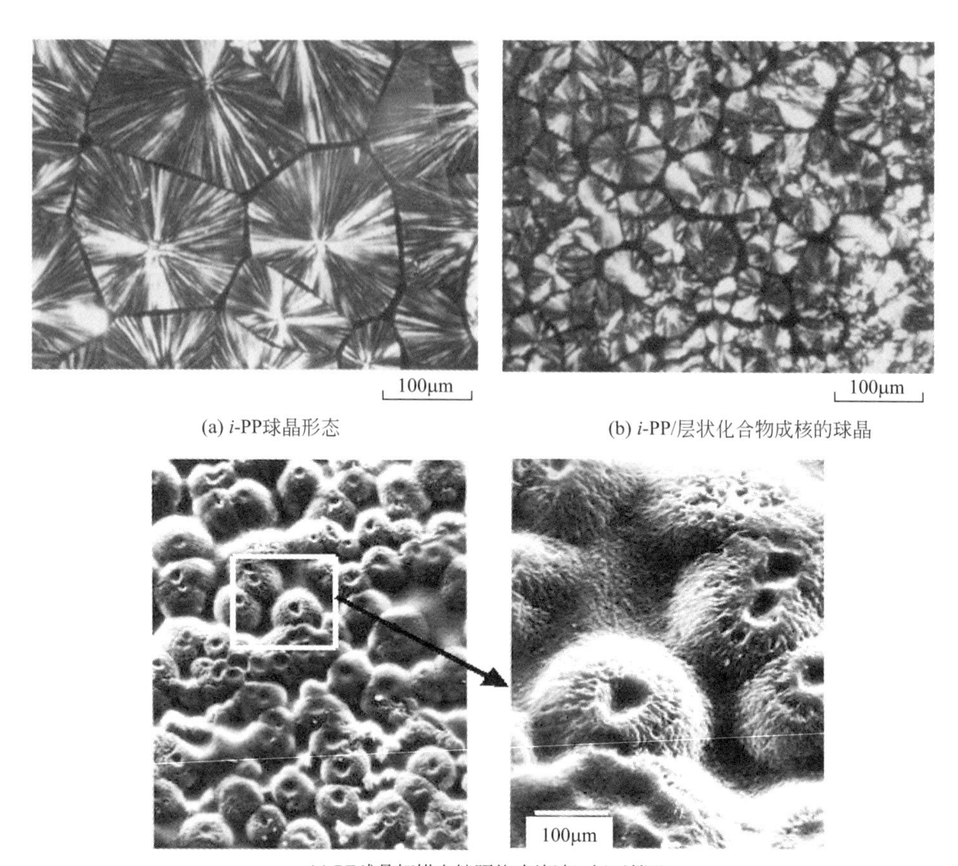

(a) *i*-PP球晶形态　(b) *i*-PP/层状化合物成核的球晶

(c) PE球晶扫描电镜照片(柯扬船，何平笙[9])

图 2-1　PP 球晶的 POM 黑十字消光及其成核形态

（PE 是聚乙烯；PP 是聚丙烯；*i*-PP 是等规聚丙烯）

2.1.1.3　高分子重要聚集态模型

（1）非晶-结晶两相体系　定性说明聚丙烯结构特征。聚丙烯的碳-碳主链并不居于一个平面内，而是在三维空间形成螺旋构象。全同立构聚丙烯分子呈 3_1 螺旋构象。就是说它每三个链节构成一个基本螺圈，第四个链节又在空间重复 3_1 螺旋，由于这种螺旋构象，突出的甲基、CH 基团、主链赤道［(C—C) 赤道］键以及 CH_2 基团均与螺旋轴成大约 72°的角。当这些螺旋链的熔体冷却时，一些分子结晶成折叠链片晶，而另一些则不结晶，这样就形成晶区-非晶区两相体系。

（2）折叠链模型及邻近折叠链模型　折叠链晶体-非晶区模型中，晶区由各个晶粒组成。晶粒是由分子链自身重复折叠形成的[10]。各单晶体晶片通过连接分子互相联系起来，协同地承受应变。

邻近折叠链模型也是常用模型，该模型认为一块高聚物晶片是由许多伸展的高分子链聚成链束，链束能自发折叠成带，带再堆积成晶片。晶片形成过程如图 2-2 所示。即认为高分子链冻结为结晶体片晶后，片晶中的分子链呈一种波浪形的带状结构。如果从片晶中的晶胞观察分子链，则分子链沿 *c* 轴方向平行排列并填充在晶胞周围。由片晶聚集起来构成较厚的晶片，再形成更大的球晶。

2.1.1.4　高聚物结晶过程

高聚物结晶都可分为晶核形成和晶粒生长两个阶段。高聚物在适当条件下从不同浓度的溶液或熔融体中生成不同形状的晶体，通常形成球晶得到结晶性高聚物。结晶是高分子链从无序

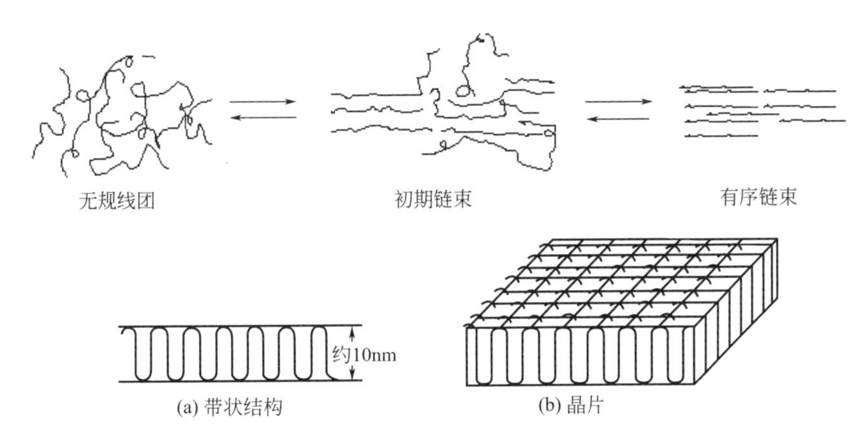

图 2-2　折叠链结构示意图

转变成有序的过程，其特点如下。

(1) 在适合的温度范围内结晶　高分子链首先规整排列形成稳定晶核，分子链再聚集在晶核表面使晶粒生长而结晶。温度只有在 $T_g \sim T_m$ 温度范围内才能结晶，温度高于 T_m，链段热运动过于剧烈，不易形成晶核；温度低于 T_g，体系黏度大，分子链运动被冻结，链规整排列困难，晶粒难以生长。必须指出，即使在适合温度范围内结晶速率也会随结晶温度不同而产生差别，且在某一温度出现极大值。例如，聚丙烯在 120℃时结晶速率最大。

(2) 结晶速度　结晶过程与分子链运动有关，影响分子链柔性的因素均影响结晶速度。分子量愈大，结晶速率愈慢；支化度愈低或等规度愈高，结晶速率愈快。高聚物结晶速度用 $t_{1/2}$ 表示，即在最适宜结晶温度下，高聚物至最大结晶度的一半所需时间 $t_{1/2}$ 越大，结晶速率越慢，见表 2-1。一般认为，聚合物的热扩散系数约 $1\times10^{-3}\,cm^2/s$，聚合物球晶生长速度为 $1\times10^{-6}\sim1\times10^{-4}\,cm^2/s$。

表 2-1　几种高聚物的结晶速度

高聚物	结晶速度 $t_{1/2}$/s	高聚物	结晶速度 $t_{1/2}$/s
PA66	0.42	PET	42.0
i-PP	1.25	*i*-PS	185
PA6	5.0	天然橡胶	5×10^3

注：PA66 和 PA6 分别为尼龙 66 和尼龙 6，PET 为聚对苯二甲酸乙二醇酯，*i*-PS 为等规聚苯乙烯。

(3) 结晶分子链规整性与分子间作用力　结晶分子链趋向形成紧密堆砌结构，化学结构愈简单，链节对称性愈高，取代基愈小，愈易结晶，如聚乙烯、聚酯、聚酰胺等化学结构既规则又对称，是结晶性高的聚合物。分子链间作用力大的高分子通常柔性都较差，不利于链进行规则排列，即柔性差不利于结晶。但是，分子间作用力大有利于分子敛集紧密，所以一旦结晶，其结晶结构则比较稳定。例如，具有较强极性基团的聚酰胺、聚酯等结晶度较高。高分子链内原子以共价键连接，分子链间范德华力或氢键相互作用，使其结晶时自由运动受阻，妨碍规整堆砌排列，只能部分结晶并产生许多畸变晶格及缺陷——导致结晶不完善。

(4) 结晶温度和成核结晶　温度对结晶过程的影响十分明显，温度相差 1℃，其结晶速率常数 K_s 相差 1000 倍。结晶成核是提高结晶速率的最主要外在手段，分为均相成核和异向成核。高分子链自身聚集产生有序化、附生长大及结晶体成核与长大过程，称为均相结晶过成。

各种成核剂可在聚合物内部形成许多成核中心，诱导其快速定向地结晶，即异相成核。纳米粒子在聚合物中产生诱导结晶效应[11]。聚合物自身球晶尺寸很大，特别是外表光滑的球晶之间联结力弱，受力时易在晶面处断裂。若球晶尺寸与可见光波长相当，则对光发生散射而使制品不透明。聚合物中加入纳米粒子形成成核中心，纳米成核剂不仅加速结晶过程，还会显著细化减小球晶尺寸，提高产品透明度和强度。但是聚合物中的杂质会产生阻碍结晶和促进结晶两种效应。

（5）熔程　结晶高聚物因多分散性而无固定熔点，只有熔融温度范围，也称熔程。结晶温度与熔程有关。当结晶温度低时，高分子链活动能力差，形成的晶体不完善，并且各晶粒完善程度差别大且熔点低而熔程宽；相反，如果结晶温度高，则熔点高熔程窄。

2.1.2 聚合物高分子凝聚态结构性能

2.1.2.1 聚集态结构-力学性能

结晶高聚物与非晶态高聚物的不同是，结晶高聚物一般不出现高弹态区，它受热下的力学转化主要包括玻璃化转变和熔融转变，它们分别用两个特征温度（玻璃化温度 T_g 和熔融温度 T_m）表示。高聚物在低温时，由于受晶格能的影响，即便温度高于非晶区的 T_g，链段也不能运动，而一直到熔点以前形变都很小；达到熔点时，由于热运动能量大于晶格能，高聚物进入黏流态，因此 T_m 又是黏流温度。当高聚物分子量较大时，即使温度达到 T_m，仍不能使整分子链发生流动，只能使其链段运动，相当于进入高弹态，直到温度达 T_f 时才进入黏流态。高聚物纳米复合材料的结晶行为表明，纳米颗粒主要影响晶体形态，对结晶度影响很小。

（1）收缩行为　非晶态未取向 PET 受热拉伸时，将发生非晶态分子链取向以及结晶过程。若将拉伸纤维在更高温度下处理，又会发生非晶态分子链取向降低和晶体增厚这两个过程。退火温度和介质对拉伸 PET 纤维收缩产生影响。高温时，在油浴中退火的纤维比在空气中退火的有更大的收缩性。收缩比 S 为：

$$S=(\text{初始长度}-\text{最终长度})/\text{初始长度} \tag{2-1}$$

将 PET 样品收缩比 S 对退火后非晶态取向 $(1-\beta)f_{am}$ 作图（β 为两相分数，f_{am} 为无定形相取向度），则非晶态链取向度随温度增加后所下降的量与其收缩呈正比。PET 在空气中收缩小仅仅是因为该介质传热差造成的。因此，最初拉伸过程中形成的结构与以后在退火时产生的结构变化直接相关。特定拉伸样品的非晶态取向样品，当松弛到无规状态（$f_{am}=0$）时，则取向控制的长周期会出现最大值 L_{max}。对于拉伸 3 倍的样品，L_{max} 在 $S=0.67$ 时出现，拉伸 5 倍的样品，L_{max} 在 $S=0.80$ 时出现。

若将各种收缩系列的 S 值与长周期 L 之间的直线关系，外延到相应于样品原长度的 S 值，便可确定该系列样品松弛控制的长周期最大值 L_{max}。对于拉伸 3 倍的样品，240℃达到最大收缩时，$L_{max}=19.2$nm，拉伸 5 倍的样品在油浴中退火后，$L_{max}=20.0$nm，同样温度下在空气中退火的样品，$L_{max}=21.1$nm，产生很大差距是因为空气传热太慢。

（2）热变形性　大多数结晶高聚物的结晶度在 50%左右，只有少数在 80%以上，结晶度对高聚物热性能如热变形有很大影响。结晶度增大，高聚物耐热变形性和硬度都会提高。当聚乙烯结晶度由 65%增至 95%时，维卡热变形温度（耐热变形性的一种指标）由 77～98℃增至 121～124℃，硬度也增加。

当需要影响高聚物长周期和热变形行为时，约 20nm 的纳米均匀分散到高聚物基体中将产生所期待的纳米效应。

2.1.2.2 球晶受力作用的形变

（1）取向形变　描述一种高聚物材料的最重要结构参数是晶区和非晶区各占多少，以及晶区和非晶区内分子平均各向异性排列即取向，这种分析可从几十纳米至几十微米的多尺度球晶开始。分析球晶形变是重要方法。球晶在形变开始阶段整体发生仿射形变，这时晶体改变取向，宛如它们被包在一个弹性球里，随后将在形变的球晶内发生晶体和非晶区重新取向的缓慢过程。该重新取向的特征取决于晶片相对于形变应力方向所处的位置。

随着球晶继续形变，晶体重排通过晶片的滑移、取向和分离过程不断进行，直到球晶各部分的晶片都排列成以其 c 轴（螺旋轴）方向几乎平行于形变方向。随着大量晶粒高度取向，晶体取向变得极为困难，以致进一步的形变必须通过晶体解离才能发生。球晶生长过程中，晶体 a 轴总是平行于径向微纤轴排列。因此，沿“球晶车轮”的每一根“辐条”上的所有晶体，相对于该球晶内同一“辐条”乃至其他“辐条”（径向微纤）上的晶体都形成一定的排列。

球晶的非晶区由不能进入晶格的分子组成，它们排列生长在晶体周围。球晶生长中及球晶生长到最大尺寸后，径向微纤之间都有二次结晶过程发生，这造成径向微纤之间的晶体杂乱生长而无长程有序性，所以球晶径向微纤之间的中间层也是由晶态和非晶态高聚物组成的。晶体成核过程在结晶熔体内随机发生。因此，球晶中心在本体样品内呈无规分布。纳米颗粒会抑制球晶长得很大，但可促进球晶快速长成，这就可能避免在径向微纤之间的二次结晶过程的发生。

（2）取向结晶中的力学变化　对结晶 i-PP 膜施以拉伸应力 σ 后，就会产生对应的应变 ε。随着应变的继续，结晶形态发生各种形式的突变，这些突变反映体系的凝聚态和分子结构的复杂变化。该应力-应变过程用图 2-3 表示。

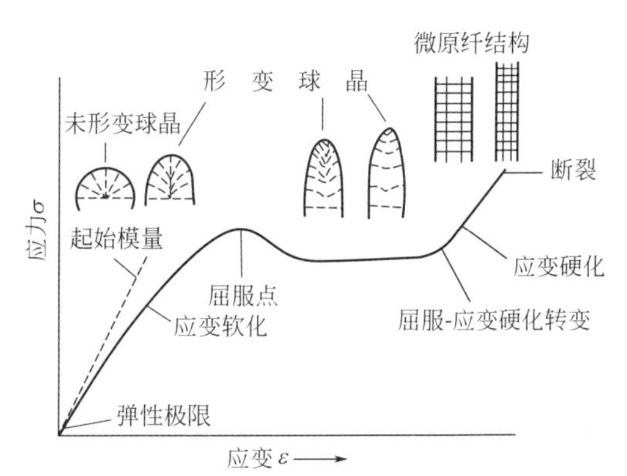

图 2-3　结晶聚合物薄膜应力-应变曲线不同区域发生的结构变化示意

取向结晶中，球晶的生长伴随应力-应变过程。取向最初阶段，样品应力随应变迅速增加并呈直线关系，产生图 2-3 中的起始模量。这一阶段形变很小，球晶整体发生弹性形变。随着应力增加，应力-应变曲线的斜率会下降弯曲向应变轴或者趋向屈服点。这一过程是应变软化区，形变过程是在球晶中心区沿着形变方向的半径方向上产生少量不可恢复性的晶体破裂。

继续形变达到屈服点后，随着应变的增加应力下降到某一个极限值，再随应变增加保持这个极限值为常数达到很大的应变范围。这时样品中间部位常产生截面积缩小，也称为缩颈现象。缩颈处常能观察到发白现象，也称应力发白现象。

在屈服点处，球晶内的剪切应力占优势。超过屈服点后应变继续增加会使球晶被拉开。一旦全部球晶转变为微原纤，继续增加应变将引起应力继续增加直至样品断裂，这对应图 2-3 中的应变硬化区。这一区域可以表征为原纤形变区。

结晶高聚物紧密敛集使分子间作用力增强，导致高聚物的强度、硬度、密度、耐热性、抗溶剂性、耐气体渗透性等提高；分子链运动受更大限制，造成高聚物的弹性、断裂伸长、抗冲击强度等降低。结晶高聚物密度比非晶态高聚物大，且随结晶度增加而增大。如无定形聚乙烯密度为 0.85g/cm^3，结晶聚乙烯密度达 1.00g/cm^3。随着结晶度增大，高聚物的溶解性和透气性减小。晶相结构愈紧密，分子间空隙愈少，透气性愈差。由于分子间作用力加大，溶解性变差，结晶高聚物的溶解性比非晶态高聚物差。

2.1.2.3　高分子非晶与液晶态

（1）高分子非晶态、力学三态及转变　结晶聚合物在熔点温度以下是晶相、固体，而在熔点温度以上进入黏流态，是液体或液相。非晶态聚合物存在力学三态——玻璃态、高弹态和黏流态。玻璃态、高弹态、黏流态的分子排列都是无序的，都属于液相。

线型非晶态聚合物具有链段和整个分子链的两种运动单元，测定聚合物形变大小与温度的关系，可表征各运动单元的运动。在等速升温条件下，对线型非晶态高聚物试样施加一恒定的力（通常力的作用时间为 10s），观测试样发生的形变与温度的关系，得到形变随温度变化的曲线，该曲线称为聚合物材料的温度-形变曲线或热机械曲线。

处于玻璃态的高聚物[12]受外力作用时，由于键长的微小伸缩和键角的微小变动而产生微小的形变，去掉外力后，立刻恢复原状。这在力学上叫作普弹形变，即应力与形变成正比，其比例系数称为弹性模数。普弹形变只与键长、键角或者只与原子有关，而与整个大分子无关。处于玻璃态的高聚物虽然较硬，但并不是很脆，因而仍可以广泛用作高分子材料。在玻璃化区域中，高聚物形变很小，只有 0.01%～0.1%，模量为 10^5～10^6 N/cm^2，类似于刚硬玻璃体，该力学状态称为玻璃态。

当温度高于 T_g 时，体系进入高弹态区，热运动能量还不足以克服分子间的作用力使整个大分子链产生相对位移，但是链段能较自由地旋转，可以改变分子链的构象，该状态称高弹态。此时，高聚物形变或模量迅速变化产生转变区。转变区的模量比玻璃态小约三个数量级，该转变区通常称为皮革态。将这种受力后还能产生可回复的大形变的力学性质称为高弹性。高弹形变只与链段位移有关，它比普弹态大得多，是普弹态的 10～100 倍。

当温度继续上升，出现高弹态向黏流态的转变区。在这一转变区，高聚物还有弹性但已有明显流动，可称为半固态，或者称为似橡胶流动态。

当外界温度高于 T_f 时，热运动加剧不仅使链段运动加剧，而且使整个分子链发生相对位移，即两种运动单元都能运动。这种状态称为黏流态，温度 T_f 称为黏流温度。黏流态高聚物受外力作用时，分子链不仅充分伸展，而且分子链间还能相互滑移产生永久形变。去掉外力后，形变不能消失，这种形变称为黏流形变或称塑性形变，是一种不可逆形变。当温度升高到 T_d 时，高聚物发生分解，T_d 称为高聚物的分解温度。在降解温度附近，高聚物分子结构转化极为复杂，同时伴随分子链交联、分子量迅速变大的过程。

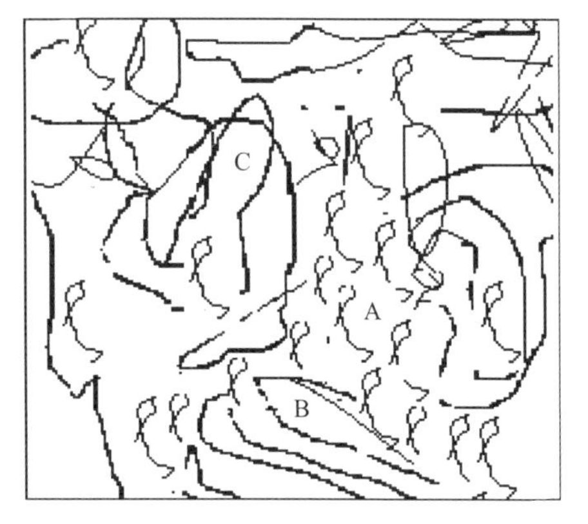

图 2-4　非晶态的局部有序模型

（2）*非晶态的局部有序模型*　对于非晶态高分子是否存在有序区域的问题，实际仍然存在不同科学见解。为了使我们对此有全面了解，介绍其中提出的一种局部有序化的分子结构模型。该模型认为，高分子无定形部分由分子链的 3 种不同形态构成，包括高分子链折叠组成的粒子相，其中分子链互相平行排列组成有序区域 B，尺寸约为 2～4nm；在有序区周围是 1～2nm 的粒界区 A，它由折叠链所组成；最后这些粒子之间形成粒子间相 C 区，它是完全无规的，由分子量较低的分子链、分子链末端和连接链组成，尺寸大小约为 1～5nm（见图 2-4）。

2.1.2.4　高分子液晶

（1）*液晶分子结构特征*　液晶是介于三维有序固体晶态和无序液态之间的一个物理状态，也称为介晶态（mesophase）。液晶分子基本结构特征是，不同结构单元按照一定的连接方式形成分子。通式为：液晶小分子/高分子＝刚性介晶单元＋柔性间隔基团（其中，柔性间隔基团按照相间或者交替等方式连接组成液晶分子链结构）。液晶基元（mesogenic unit）是高分子液晶中具有一定长径比的结构单元[13]，包括棒状和盘状 2-D 或 3-D 形状，或兼而有之。液晶高分子由小分子液晶基元键合而成。高分子液晶基元在高分子主链有两种连接方式，据此连接方式将高分子液晶分为主链型液晶高分子（液晶基元在主链内）和侧链型液晶高分子（液晶基元为支链悬挂于主链上，而主链较柔顺、刚性低）。

聚硅氧烷和聚烯烃液晶侧基结构见图 2-5。

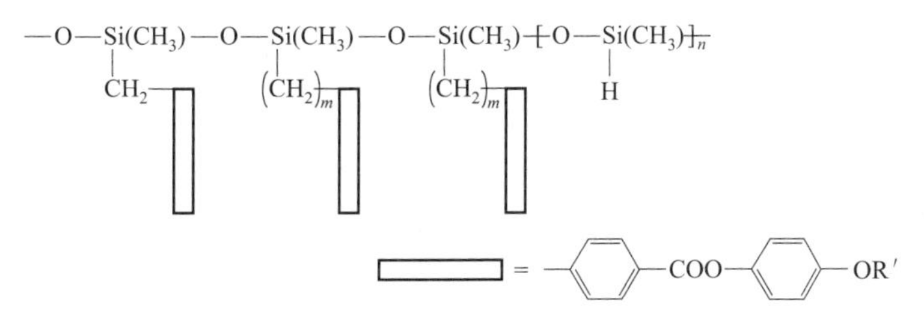

图 2-5　高分子链结构的液晶侧基结构（R′是不同碳原子烷基）

（2）高分子液晶态条带织构装饰的向错形态　高分子液晶向列相的向错在 POM 下呈现各种纹影织构，是其分子指向矢量取向排列方式的一种光学效应。主链型高分子液晶薄层在 POM 正交偏振片下呈现纹影织构，是液晶态中固有向错结构的一种光学效应。当向列微区增大到一定尺寸时，将其淬火冻结，可得到呈现围绕向错点有规则排列成一定形状的条带织构，这些条带织构的取向排列形式正好展现出液晶态中各种向错的形态。条带尺寸可达微米级。

2.1.3　聚合物纳米复合凝聚态特性

2.1.3.1　纳米粒子诱导聚合物聚集形态

（1）纳米粒子诱导聚合物分子链聚集　聚合物高分子链具有多尺度和多分散分布以及极化的极性链段分布，进入聚合物基体的纳米粒子，通过电性和极性吸附高分子链的方式，使聚合物分子链聚集于纳米粒子表面形成纳米复合体系。这种由纳米粒子表面活性吸附高分子链聚集的现象，称为纳米诱导聚合物分子链聚集态或凝聚态。

（2）纳米粒子细化晶体效应　纳米粒子分散于聚合物基体中，诱导聚合物分子链聚集体系，直接影响或调控聚集分子链的取向和有序化进程。将纳米粒子分散于聚合物高分子基体中调控原始态聚合物的纳米、微米甚至毫米级晶体生长时，纳米粒子吸附不同极性和分子量的高分子链，阻止聚合物分子链自发聚集长大，这一过程抑制了聚合物球晶单一长大路线，而使聚合物分子链转向在纳米粒子表面吸附、取向和结晶。

显然，纳米粒子模板表面结晶体微尺度，相比原始聚合物大分子结晶宏观尺度，必将大幅度减小，这就是聚合物纳米复合材料中的纳米粒子细化晶体效应。

然而，实际采用单纯纳米粒子模板细化结晶方式，不能得到纳米尺度聚合物晶体，通常得到纳米、微米或纳-微米尺度聚合物晶体。

（3）纳米粒子加速结晶效应　纳米粒子抑制聚合物分子结晶长大过程中，却加快其结晶速率。采用层状硅酸盐与聚对苯二甲酸乙二醇酯（PET）单体原位聚合复合合成聚酯纳米复合材料，其热结晶速率比纯 PET 结晶速率至少提高 3 倍[14]。在聚合物大分子中，大量分布的纳米粒子吸附分子链聚集体系，在各自局部小区域内更易结晶而结晶长大过程无限短，这就是纳米粒子加速结晶效应。

2.1.3.2　纳米粒子分散组装和取向形态

（1）纳米粒子运移诱导聚酯表面组装形态　不同形态和表面特性纳米粒子，对聚合物分子凝聚态产生不同影响。采用单分散纳米氧化硅与苯乙烯原位聚合复合，制成聚苯乙烯核-壳颗粒，然后在熔融条件下分散于 PET 基体中。纳米 SiO_2 颗粒熔融分散于聚酯基体中，样品冷却过程中，纳米粒子向表面渗透迁移。利用熔融压膜方法得到聚酯纳米复合薄膜材料，薄膜表面纳米渗透运移产生差异显著的表面分散组装形态（如图 2-6 所示）。

纳米颗粒分散于聚合物基体诱导出纤维和纤维连接纳米孔洞的形态。这些形态是复合材料或薄膜的韧性和表面润湿性的来源。由此，采用亲水聚合物，设计控制其纳米分散构建不同粗糙度的表面，调控产生亲水、疏水和超疏水性。

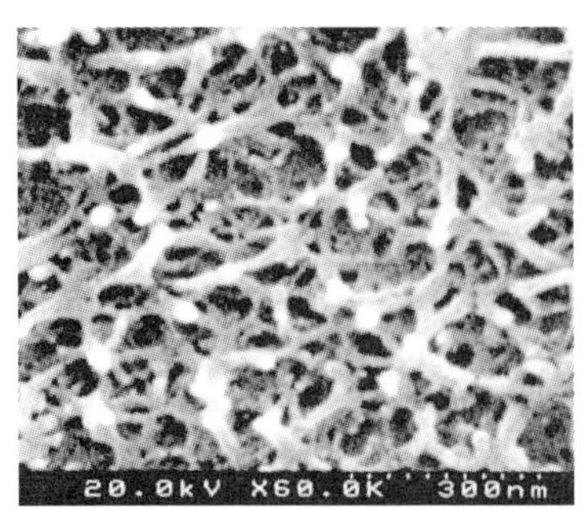

(a) 纯基体表面形态

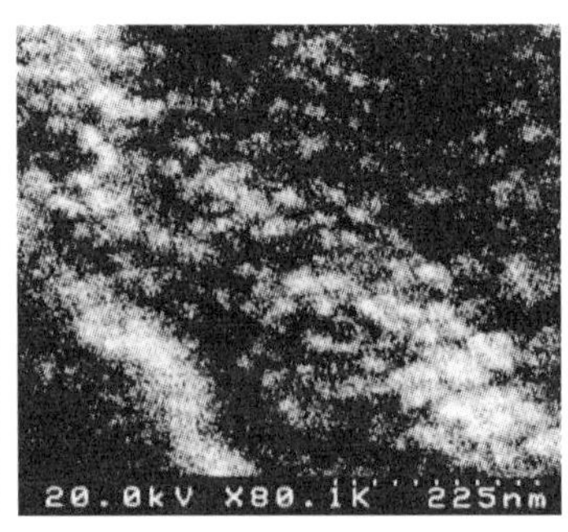

(b) 2.0%(质量分数)的35.0nm SiO_2 聚苯乙烯-SiO_2纳米复合膜表面

(c) 4.0%(质量分数)核-壳颗粒无定形聚酯纳米复合膜断面形态

图 2-6 无定形和结晶态聚酯纳米复合材料（SNPET）薄膜的 SEM 形态

（2）聚苯乙烯纳米复合体系取向形态 利用长链插层剂处理蒙脱土与苯乙烯（St）单体，在溶剂作用下原位聚合形成聚苯乙烯蒙脱土纳米复合材料（PS-MMT）。该样品在温度场和外力剪切作用下，形成一种液晶织构形态。MMT 加量为 2%～3%时，聚苯乙烯纳米复合原始态样品、注塑样品的 DSC 曲线呈现显著结晶特征峰（见图 2-7）。

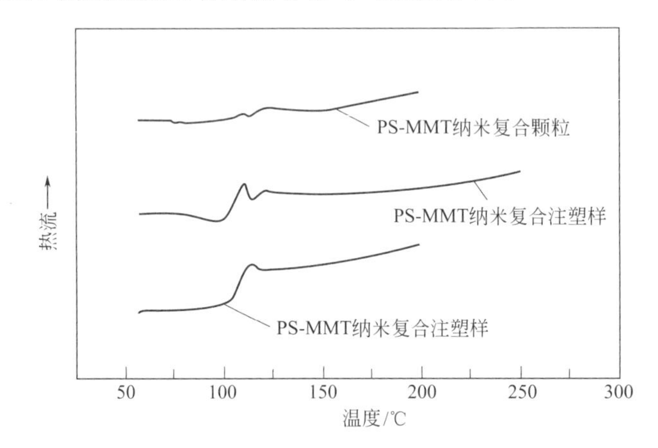

图 2-7 PS-MMT 纳米复合材料原始颗粒样品（曲线 1）及注塑样品（曲线 2、3 中的 MMT 为 2%～3%）DSC 热扫描形态

PS-MMT 纳米复合材料样品中，出现取向织构形态 POM 形态见图 2-8。

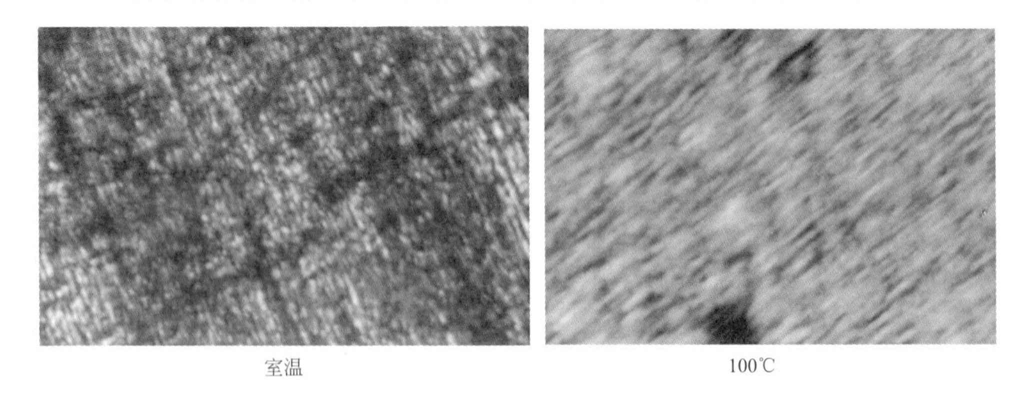

图 2-8 温度场下剪切 PS-MMT 纳米复合材料的 POM 织构形态

该现象解释为层状硅酸盐的无规剥离片层，在外力作用下重新沿外力方向取向[13]，诱导吸附的 PS 分子链在微区取向，产生结晶或类似液晶形态。

2.1.4 聚合物纳米复合成核效应原理

2.1.4.1 纳米复合成核效应内涵

（1）广义纳米成核效应 泛指纳米粒子在自然界的一切过程中，尤其是气、液、固及其混相态体系中，产生吸附、凝聚、凝结、取向、结晶、液晶态和相分离的新颖形态及其过程等。

（2）狭义纳米成核效应 指纳米粒子在液、固相态体系中，产生吸附、凝聚、取向、结晶、液晶态和相分离的新颖形态及其过程。

据此定义，建立结晶、无定形、液晶和溶液纳米复合效应设计及控制方法。

2.1.4.2 纳米复合成核原理与方法

（1）纳米复合成核原理 优选纳米单元、纳米结构与纳米材料体系，设计纳米体系向其他介质分散方法，形成定向模板，通过吸附诱导连续相体系分子，形成聚并、凝聚复合体系，从而显著改变连续相特性并产生异常效应的现象、性能和过程，即是纳米复合成核过程原理。

（2）纳米复合成核原理模型 高分子链吸附于纳米粒子表面形成吸附和包裹形态，因此形成纳米吸附成核和纳米包裹成核形态。基于这种纳米粒子吸附高分子链过程，提出了纳米复合原理模型，见图 2-9。

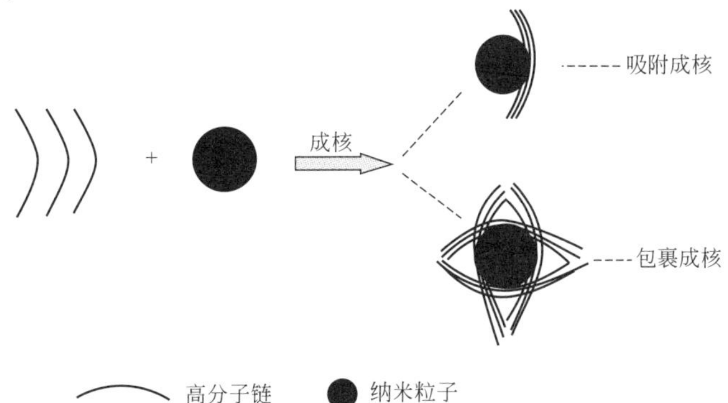

图 2-9 纳米粒子在高分子聚合物基体成核原理示意图

显然，相对于基体和自由态分子链，吸附于纳米粒子表面的高分子链极化度、电荷密度最大，因此高分子链-纳米粒子复合体成为其余高分子链再结晶的模板，纳米粒子粒径越小分散越均匀的体系，诱导产生的高分子链晶粒尺寸也越小和越细密，这就是纳米成核效应引起球晶细化并形成均匀体系的机理。

纳米粒子浓度高时，出现纳米粒子吸附形态的概率更大，更多纳米粒子向能量相对更低的表面迁移（见图 2-10）。

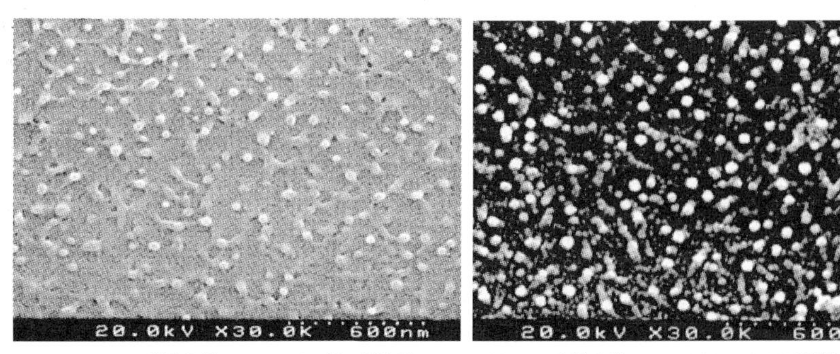

(a) 3.0%(质量分数) 35nm SiO_2核-壳粒子聚酯纳米复合样品断面

(b) 2%(质量分数)38nm SiO_2、0.5%(质量分数)丙三醇共聚酯纳米复合样品表面

图 2-10 PS-SiO_2 核-壳颗粒分散于聚酯基体表面的形态

（3）合成纳米复合样品用于表征

【实施例 2-1】 共聚酯纳米复合膜 首先，向聚合釜中加入乙二醇 1.5L，按照羟基羧基比为 1.4∶1，在搅拌态下加入精对苯二甲酸 3.15kg。140r/min 搅拌打浆 15min，加热升温。当物料温度达 200℃，降低搅拌速度至 120r/min。酯化温度 230～250℃，压力 0.25MPa，保证压力不超过 0.30MPa。酯化反应过程保持釜顶冷凝器顶部温度≤50℃，以保证水和乙二醇分离。待 250℃ 压力不再上升时，提高温度至 260℃，放空出料，得对苯二甲酸二羟乙酯（BHET）中间体。

其次，将 BHET（粉碎）、催化剂三氧化二锑（Sb_2O_3）及乙二醇约 200mL 加入釜中，加热至物料熔融后，打开搅拌装置，搅拌速度为 100r/min。温度达 270℃以上，打开真空系统抽真空。低真空阶段调节缓冲罐底阀一定开度，保证真空压力小于 200Pa，约 30～60min 后关上底阀，保证压力在 1Pa 以下。聚合温度为 280℃。待转速下降到 20r/min 以下且基本不变时，关闭真空系统，放空，充入氮气将 PET 熔体压出。经牵引、水冷成条。

最后，丙三醇代替部分乙二醇（丙三醇加量基于 PTA 质量），使羟基羧基摩尔比为 1.4∶1，直接酯化合成。熔体条带在 LQ-300 切粒机上切粒得切粒，真空干燥箱 130℃ 干燥 4h。用万能粉碎机再粉碎为粒径约 80 目，干燥储存备用，其组成见表 2-2。

表 2-2 PET 和 G-NPET 样品组成体系

样品	PET	G-NPET-1	G-NPET-2	G-NPET-3	G-NPET-5
GC(质量分数)/%	0.0	0.1	0.2	0.3	0.5
39～50nm SiO_2(质量分数)/%	0.0	2.0	2.0	2.0	2.0

2.1.4.3 聚合物纳米复合成核因素与成核方法

（1）聚合物纳米复合成核原理 采用聚合物分子为连续相，通过控制纳米分散，形成纳米吸附、凝聚和复合体系，显著改变高分子特性现象、性能和过程。

（2）聚合物表面纳米复合成核方法 纳米粒子分散于聚合物基体作为成核中心产生成核效应，引发聚合物材料表面性质如润湿性等的显著变化。在聚酯-纳米 SiO_2 复合材料薄膜样品（NPET）中，表面润湿性受纳米粒子分散与组装结构控制，其水滴接触角润湿性和核-壳粒子加量曲线，见图 2-11。

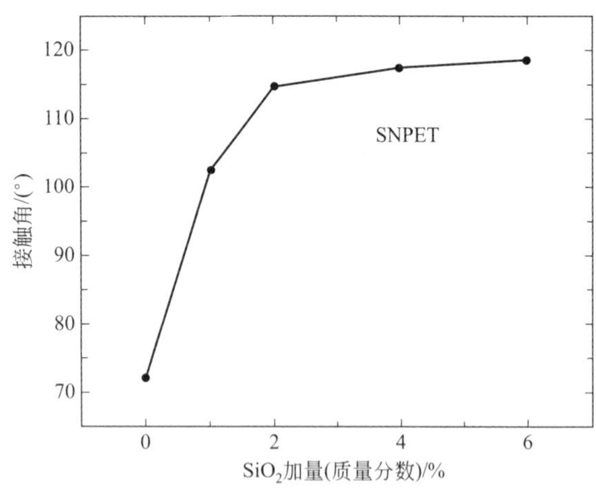

图 2-11 NPET 薄膜的接触角与核-壳颗粒加量关系图（SiO_2 尺寸 35.0nm）

显然，增加核-壳颗粒载入量，聚酯纳米复合膜的接触角由原始 72.0°，线性增加到 118.5°（6.0%）。核-壳粒子加量为 2.0%时，薄膜憎水性达到最大，而在＜1.0%或＞6.0%范围的核-壳粒子加量，对体系润湿性影响较小。过量加入核-壳颗粒，PET 的透明性或透光率下降。

（3）纳米分散影响纳米成核效应 显著、稳定和高效纳米成核效应，取决于纳米分散效果。纳米粒子分散主要产生两种情形：其一，纳米分散粒子连接极难被隔离开；其二，已经分散的纳米粒子会再团聚。这两种情形都会减少成核粒子中心的绝对数目，降低成核效率。

利用纳米成核效应设计高性能多功能聚合物纳米复合材料，应使纳米粒子均匀分散于聚合物基体中，控制纳米均匀分散是纳米复合效应的关键因素。

（4）纳米可控分散调控纳米成核效应 控制纳米粒子分散过程及纳米粒子间的吸附、引力作用，形成可控隔离纳米单元的纳米结构、阵列和图案形态，这一纳米分散过程定义为纳米可控分散。纳米可控分散主要是控制纳米单元、纳米结构及其组装过程。纳米可控分散体系技术，用于设计高效纳米成核及其系列高性能多功能纳米复合新型材料。

2.1.4.4　纳米复合成核过程和效应表征

（1）*主要表征方法*　针对聚合物纳米复合体系，从纳米粒子分散于聚合物基体一定时间后所形成纳米复合均匀体系开始，可原位表征其纳米复合成核过程和成核效应。

实际采用电镜法表征纳米成核中心浓度，POM 法表征成核晶粒数目及晶体长大速率；采用电镜表征纳米粒子分散结构及纳米复合晶粒与分散分布形态。采用 XPS 表征晶体表面及纳米粒子-高分子界面元素原子分布与特性等。

（2）*球晶生长速率表征方法*　以交联聚酯 G-NPET 样品[14]为例，采用等温结晶球晶生长速率表征成核效率。

G-NPET-2 样品在 103s、302s、495s、688s、881s 和 1074s 时间点跟踪记录球晶生长过程形貌。球晶结晶生长前期，所测区域的左侧有足够空间满足球晶生长，其中选定 6 个不同球晶成核点，可清晰观测到球晶不同时间生长情况，而右侧在 103s 时间点球晶布满整个空间，因而无足够空间供其生长，球晶基本无变化［图 2-12(a)］。依次记录选定的 6 个晶核成核点间隔 2s 的生长情况，计算样品 G-NPET-2 的球晶生长速率［图 2-12(b)～(f)］。

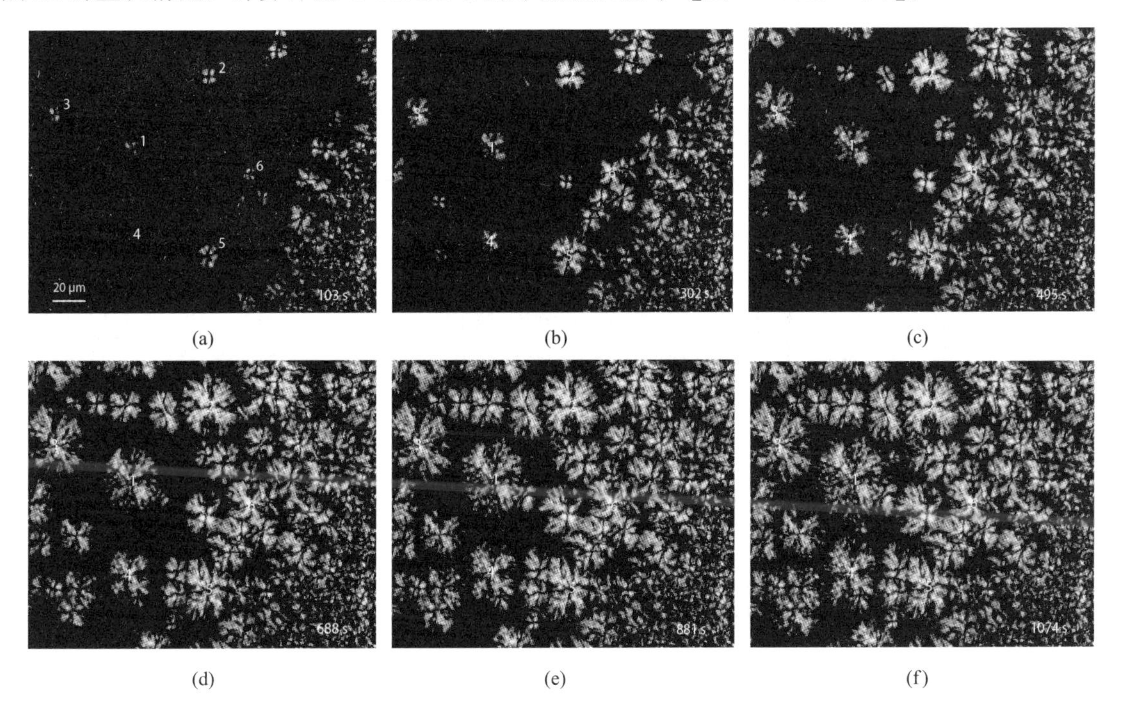

图 2-12　G-NPET-2 样品在 220℃等温结晶不同时间的球晶生长形貌 POM 图

采用这种分析表征方法计算 G-NPET 样品 220℃时的等温结晶速率，作出球晶半径-生长时间曲线，见图 2-13。

（3）*等温结晶表征方法*　在多种研究纳米成核效应的理论方法中，普遍采用等温和非等温结晶方法，模拟纳米复合结晶过程，采用 Avrami 方程[15]定量计算。

通常采用热分析仪（如差示扫描量热仪、热重分析仪）研究等温结晶过程，设计一系列等温结晶温度条件，记录并计算样品的对应结晶度变化。Avrami 方程研究方法采用其对数变换方程，$\ln[-\ln(1-X_t)]=\ln K+n\ln t$，$\ln[-\ln(1-X_t)]$ 对 $\ln t$ 作图得到直线（见图 2-14），斜率为 n，截距为 $\ln K$，求出总结晶速率常数 K 和 Avrami 指数 n。

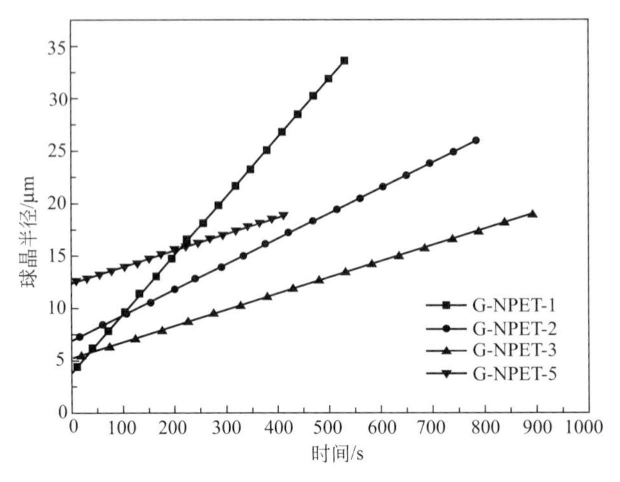

图 2-13　G-NPET 样品在 220℃等温结晶的球晶生长半径和生长时间曲线

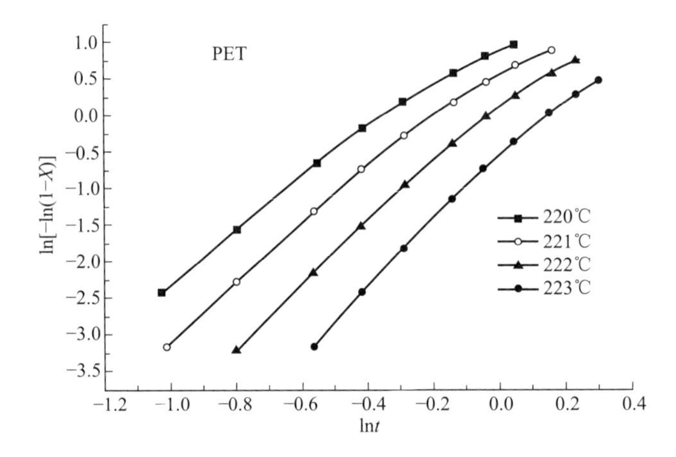

图 2-14　聚酯 PET 树脂样品在几种恒温温度下的等温结晶曲线

利用所得 Avrami 指数 n，结晶速率常数 K，计算结晶半衰期和结晶速率参数（见本章后续内容）。

（4）非等温结晶研究方法　利用热分析仪器（如差示扫描量热仪、热重分析仪）研究非等温结晶过程，包括设计一系列模仿环境温度的不同热扫描速度，记录并计算样品对应结晶度的变化。仍然采用 Avrami 方程研究方法，通过对数变换形式建立方程和计算参数。然而采用 Avrami 方程时，需对该方程进行校正（参见后文 Ozawa、Jeziorney 等校正方法）。

2.1.4.5　过冷度与过热度表征成核效应

（1）DSC 热分析与特征峰温　DSC 是 differential scanning calorimeter（微分或差示扫描量热仪）的缩写。以 DSC 热性能参数表征聚合物及其复合材料熔融和结晶行为。现代 DSC 仪可同时进行多种模式热扫描试验，例如可进行升温熔融、完全熔融后降温 DSC 曲线，获得聚合物熔体降温结晶峰温 T_{mc} 和结晶热焓 ΔH_{mc}，对应于热结晶峰面积。

DSC 升温曲线研究 PET 热性能，其玻璃转变温度 T_g，冷结晶峰温 T_{cc}，冷结晶热焓 ΔH_{cc}，对应于冷结晶峰面积；熔融峰温 T_m 及熔融热焓 ΔH_m，对应于熔融峰面积，见图 2-15。

DSC 表征纳米复合材料熔融和结晶性能。T_g 表征高分子链段柔顺性及其结晶下限温度。样品升温过程结晶温度 T_{cc} 表征低温结晶成核性，T_{cc} 越低成核越容易。

（2）过热度与过冷度　过热度定义为，样品从玻璃态逐步升温结晶，能够产生有效结晶的

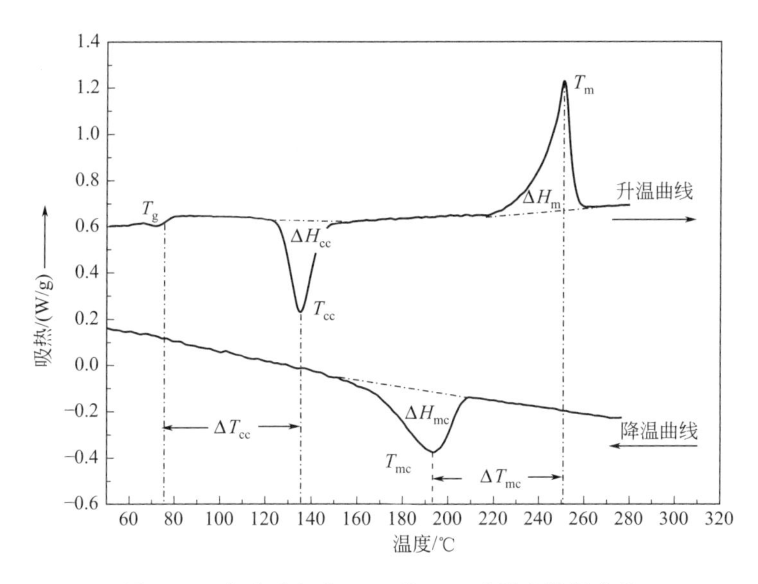

图 2-15 典型无定形 PET 的 DSC 升温和降温曲线

温度 T_{cc} 和玻璃化温度的差值，即过热度为 ΔT_{cc}。

$$\Delta T_{cc}=T_{cc}-T_g \tag{2-2}$$

过热度用于表征高聚物加热升温时相对结晶成核的难易，ΔT_{cc} 越小，冷结晶越快，ΔT_{cc} 越大，表明结晶越慢。

过冷度定义为，样品从熔融态逐步降温结晶，能够产生有效结晶的温度 T_{mc} 和熔点温度的差值，即过冷度为 ΔT_{mc}。

$$\Delta T_{mc}=T_m-T_{mc} \tag{2-3}$$

过冷度用于表征高聚物高温熔融态下相对结晶成核的难易程度，ΔT_{mc} 越小，表明从熔体到结晶的过程越快，即相对结晶成核速度快；ΔT_{mc} 越大，表明从熔体到结晶的过程越慢。熔体降温过程中的结晶温度 T_{mc} 表征高聚物结晶成核的难易，它反映材料成核速度的快慢，T_{mc} 越高，表明越容易成核结晶。

2.2 有机-无机纳米复合材料设计

2.2.1 纳米复合材料的功能性

2.2.1.1 纳米复合材料的一次功能性

合成有机高分子-无机纳米复合材料的重要目的之一是得到功能材料。复合材料的功能性是材料传输或转换能量的一种作用形式，该作用不包括力学性能。

当向某种材料输入的能量和从该材料输出的能量形式相同，即材料仅起能量转送作用时，称该材料的这种功能为一次功能。一次功能包括如下几个方面。

(1) 声学功能　如隔声性、震声性、消声性、吸声性、混声性等；

(2) 光学功能　如透光性、反光性、折光性、遮光性、聚光性、散光性等；

(3) 电磁学功能　如导电性、电流动性、磁阻性等；

(4) 热学功能　如传热性、吸热性、隔热性、阻燃性等；

(5) 阻隔功能　如阻隔液体、阻隔固体、阻隔气体等；

(6) 化学功能　如催化作用、配位载负作用、吸附作用、生化作用等。

聚合物材料如通用高分子工程用高分子聚合物材料等，所形成的纳米复合材料，经过设计优化而显著增强一次功能性。

2.2.1.2 纳米复合材料的二次功能性

当向某种材料输入的能量和从该材料输出的能量形式不一样时，即材料产生了能量转换作用，材料的这种功能称为二次功能。二次功能包括如下几个方面。

(1) 机械转换 如压电效应、发压电效应、形状记忆效应、摩擦发热效应、摩擦发光、机械化学反应等；

(2) 电能转换 如电磁效应、电阻发热效应、电化学反应等；

(3) 磁能转换 如磁致冷效应、磁致热效应、磁致光等；

(4) 热能转换 如热致发光、热致电、热化学反应等；

(5) 光能转换 如光化学反应、光致抗蚀、光致导电、光致发光、电致发光等。

以上述功能性为目的设计聚合物纳米复合材料，赋予纳米复合材料显著的二次功能性。

2.2.1.3 纳米复合材料的多功能性

当向某种材料输入一种能量时，从该材料输出的能量形式为多样化，即材料产生了多种能量转换作用，材料的这种功能称为多功能性。

多功能包括如下方面。

(1) 热致多功能转换 如聚丙烯酰胺纳米复合材料的热致膨胀、增黏、吸附、润湿、抑制功能等；

(2) 力致多功能转换 如聚酯纳米复合材料的力致发光、发电、磁感应、隔声、阻隔功能等。

2.2.2 纳米复合材料多功能高性能及合成设计

2.2.2.1 纳米复合材料的多功能高性能体系设计

(1) 纳米复合材料功能设计 聚合物纳米复合材料的功能或多功能设计内容包括，其一，纳米材料选择依据和功能设计目标，由此选用合适的纳米材料。设计赋予复合材料超顺磁性，可选择铁或铁系氧化物等单一或复合型纳米材料。设计发光、抗紫外线体系，可选择稀有金属铕或钛系氧化物等纳米材料。其二，基体聚合物材料选择设计和功能设计目标。依据纳米复合材料适用环境，选择合适的有机聚合物基体，如高温、强酸环境，应选择聚醚酮或聚酰亚胺耐高温聚合物树脂基体。最后，复合材料的复合方法和加工方法也是获得高效体系的重要因素。如选择原位聚合、原位插层或原位溶胶-凝胶方法，选择挤出或注塑成型工艺等，都需依据纳米复合界面设计，提高无机-有机界面作用，充分发挥两种或多种不同组分间的协同效应。

(2) 纳米复合材料功能最大化设计 聚合物纳米复合材料功能设计中，纳米材料的选择和复合界面的设计是关键因素。前者主要贡献复合材料基体及性能，后者有效发挥功能效应，这两者高度融合协调，才能取得最大功效。

选择纳米材料主要考虑表面处理、多尺度组成、可控分散与加工[16]等因素。复合界面特性优化考虑聚合物分子结构、分子量和黏度等因素。充分优化有机-无机相界面作用，选择合适的加工工艺和参数实现纳米复合材料功能最大化。

2.2.2.2 纳米复合材料的合成设计

(1) 聚合物纳米复合材料合成设计内容 聚合物纳米复合材料合成设计，是基于高分子聚合物合成原理以及纳米均匀分散方法，以最简单、最快捷、最有效和最大化功能性为目标，设计合适有效的方法途径实现高性能多功能复合材料的科学方法论。

无论是功能还是高性能化设计，其关键内容都是纳米材料粒度组成、表面性质和分散程度及其可控性。

(2) 聚合物纳米复合材料合成设计方法 目前，纳米复合材料合成设计主要采用4种方法，即溶胶-凝胶法、插层法、共混法和填充法。这些方法细节在前后章节介绍。

溶胶-凝胶法具有纳米微粒粒度较小和分散较均匀的特点，但合成步骤较复杂，纳米材料与有机聚合物材料选择空间不大；插层聚合或复合方法能够获得趋于均匀分散的纳米片层及其组装复合材料，容易实现工业化生产，但可供选择的纳米前驱体材料不多，仅限于蒙脱土、黏土等几种层状硅酸盐；共混法是纳米粉体和聚合物粉体混合的最简单、方便的操作方法，但难以保证纳米单元和纳米结构的可控均匀分散，蒙脱土插层聚合得到的纳米复合母料与聚合物基体共混是较好的纳米分散方法；填充方法的优点是，纳米粒子和高聚物材料基体选择空间很大，可任意组合或分散纳米相，可采用聚合物粉体、液体、熔体等，或聚合物前驱体小分子溶液，实现纳米复合，满足不同的使用要求。

2.2.2.3 纳米复合材料的稳定化设计

聚合物无机纳米复合材料稳定化设计的关键内容之一是纳米颗粒表面处理。目前，经典微米颗粒表面处理技术分为沉淀反应改性、表面化学改性、机械力化学改性、高能处理改性、胶囊化改性及插层改性等。聚合物纳米复合稳定化技术以材料使用要求为目的，解决纳米颗粒在聚合物基体中均匀分散及防止纳米颗粒聚并、团聚和无效相分离的问题。

纳米复合材料稳定化设计的总体思路是，依据聚合物的化学结构与带断键残键纳米粒子的表面电荷，在二者间形成共价键、离子键、配位键或具有亲和作用的基团，形成匹配相互作用。

(1) 形成共价键 利用聚合物链的官能团与纳米颗粒极性基团产生化学反应形成共价键，如，聚合物链的羧基、卤素磺酸基等与纳米颗粒表面的羟基等在一定条件下能够形成稳定结合的共价键；也可采用含双键的硅氧烷参与聚合物前驱体聚合，形成硅氧烷支链的聚合物。硅氧烷部分水解或与正硅酸共水解形成与聚合物主链以共价键结合的硅胶纳米颗粒，这种共价键能大幅提高复合体系的稳定性。

(2) 形成离子键 离子键是通过正负电荷的静电引力作用而形成的化学键。如果聚合物链和纳米颗粒离子带异性电荷，则形成的离子键可以稳定纳米复合材料体系。例如，在酸性条件下，苯胺更容易插层到钠基蒙脱土中，形成PAN/MMT复合材料，其中形成的聚苯胺盐类与MMT硅酸盐片层上的反粒子以离子键方式存在于片层之间，这种离子键的结合稳定了复合材料体系。

(3) 形成配位键 有机体与纳米颗粒以电子对和空电子轨道相互配位形式产生化学作用，形成纳米复合材料。例如，以溶液法和熔融法制备聚氧化乙烯（PEO）/MMT纳米复合材料，PEO分子与MMT晶层中的Na^+以配位键形式产生PEO-Na^+络合物，使PEO分子以单层螺旋构象排列于MMT的片层之中。

(4) 形成亲和作用 大多数情况下，利用聚合物链结构中的基团与纳米颗粒的相互作用，纳米颗粒由于表面具有很强的亲和力，可与很多聚合物材料产生很强的相互作用，形成稳定的复合体系。以纳米作用能（亲和力）进行复合的关键，就是保证纳米粒子能够在纳米尺度上均匀分散于聚合物基体中。

2.2.3 设计功能聚合物纳米复合材料体系

2.2.3.1 聚丙烯酰胺纳米复合功能体系

(1) 设计优选层状结构原材料方法 纳米原材料决定了所合成纳米复合材料的规模和应用领域。层状结构材料是迄今最重要的合成纳米材料及其复合材料的原材料，设计优选天然层状结构硅酸盐原材料是最先考虑的方法，其要素是设计提纯出高纯度、高活性和高反应性的层状硅酸盐，以及赋予其逐步分散性的纳米中间体。

【实施例 2-2】 制备 MMT 中间体和 PAMs 纳米复合材料 取工业提纯的 Ca-MMT 粉末产品，加入水中自然浸没并搅拌形成悬浮液，在其中加入硫酸。在适当温度下进行插层反应 4～8h 将 Ca-MMT 转化为 H-MMT。类似地，原位地在 H-MMT 悬浮液中加入 NaOH 或 Na_2CO_3 试剂组成悬浮液，适当温度启动反应，使 H-MMT 转化为 Na-MMT 体系，调控 Na-MMT 阳离子交换容量为 1.0mmol/g，经后处理的加热烘干工艺收集 Na-MMT 粉末，得到聚合级蒙脱土。

然后，称取一定量 Na-MMT 粉末，加入蒸馏水形成 5.0%～10.0%（质量分数）悬浮液。在其中加入 10.0%～15.0%（质量分数）插层剂 2-甲基-2-丙烯酰氨基磺酸（AMPS）（相对于 MMT 质量）和一定量的胺类试剂。该反应性悬浮液在 50～85℃温度下进行插层反应 8～24h。最终悬浮液经过离心、干燥和研磨程序，收集 AMPS-MMT 复合粉末产品，该产品是一种可用于进一步聚合反应的纳米中间体或 MMT 中间体。

将 1.0%～3.0%（质量分数）的 AMPS-MMT 粉末产品中间体，用作“共单体”或“第三单体”，与丙烯酰胺（AM）单体、引发剂和添加剂一起混合组成反应体系。在低温（5℃到室温）下引发反应，控制反应温度在 100℃以内聚合反应 2～5h。调控反应工艺可使所得样品的分子量达 1×10^7 级。

MMT 中间体用于制备 PAMs/MMT 纳米复合材料样品（记为 PAMNC）。用 X 射线检测该复合材料样品的 MMT 层间空间，其从原始 1.18nm 膨胀扩大为 1.42nm（可达 4.0nm）。MMT 层间距在 2.0nm 内就能提供适当空间使 AM 单体顺利插入层间并原位产生聚合。若层间距过大（大于 4.0nm），MMT 片层在有机单体插入之前就被剥离，这种情况下，纳米片层会聚集产生非均匀分散。

(2) 调控聚丙烯酰胺纳米复合体系膨胀和抑制性方法 控制层状硅酸盐中间体加入量、层间距大小及插层剂结构，可调控所得聚丙烯酰胺纳米复合体系的膨胀性，包括最大膨胀度、最大吸水及润湿性。同样，控制层状硅酸盐中间体加入量、层间距大小、插层剂链长及其电性与极性程度，可调控聚丙烯酰胺纳米复合体系的抑制性，如该体系用于油气工程工作液处理剂，通过在油气层岩石孔道的吸附、组装，产生阻止水渗透的抑制功能。

2.2.3.2 聚酯纳米复合耐热功能体系

(1) 设计合成方法 聚对苯二甲酸乙二醇酯（PET）和聚对苯二甲酸丁二醇酯（PBT）是最主要的聚酯品种。采用工业纯或化学纯的乙二醇和对苯二甲酸作原料，纳-微米尺度二氧化锗为催化剂，参照工业生产的单体摩尔比（或质量比）及催化剂与单体的质量比，设计原位聚合复合聚酯纳米复合材料工艺路线。

【实施例 2-3】 合成核-壳结构 PS-SiO_2 复合粒子 0.6mol/L 苯乙烯单体、6.10mmol 引发剂 AIBN 和 0.30mol 分散剂 PVP，加入乙醇和水混合溶剂（乙醇为 94.5mL，水 5.5mL），分别加入 0.10mol/L、0.05mol/L 和 0.23mol/L 的 380nm SiO_2 粒子粉末。

该反应低温至室温下进行，聚合反应 6～12h 得到产品（S-7、S-8 和 S-9）。从样品 TEM 形貌图可观察到，得到核-壳粒子粒径分别为 993nm（尺寸偏差 5.1%）、1094nm（尺寸偏差 6.1%）和大于 1094nm 的游离 SiO_2 颗粒和团块。

(2) PS-SiO_2 核-壳结构颗粒包覆形态 控制 SiO_2 浓度为 0.05mol/L（S-8），合成表面光滑复合颗粒，每个核-壳颗粒内 PS 平均包覆 1 个 SiO_2 颗粒。随着 SiO_2 浓度增加，复合粒子单分散性较好，PS 包覆 SiO_2 颗粒数增加。SiO_2 浓度再增加，基本得不到 PS 包覆 SiO_2 颗粒体系，只得到团块和游离 SiO_2 颗粒。过量加入 SiO_2 颗粒使每个 SiO_2 颗粒表面都不能获得足够量的苯乙烯。因此，SiO_2 颗粒浓度应控制在一定范围内，才能形成表面较光滑和单分散性的复合颗粒。PS-SiO_2 核-壳结构复合颗粒形态，见图 2-16。

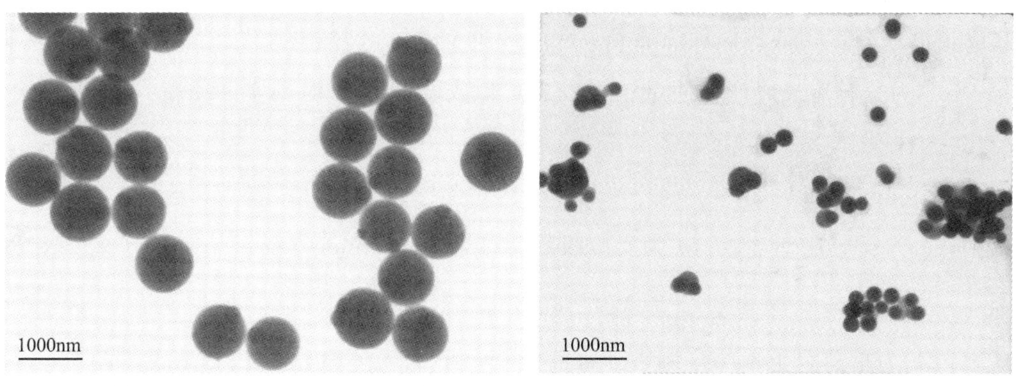

(a) 样品S-8加入0.05mol/L的380nm SiO_2粒子　(b) 样品S-9加入0.23mol/L的380nm SiO_2粒子

图 2-16　PS-SiO_2 核-壳复合颗粒的 TEM 形态图

（3）热性能　聚合物纳米复合材料具有显著提高的耐热性，聚合物纳米复合材料的耐热性是进行结构与加工应用关联的重要依据。首先研究高聚物受热时发生的物理变化，如变形、软化和熔融等。随温度提高，高聚物发生化学变化如大分子链环化、交联、氧化、降解及水解等，最后分解成小分子。

采用热失重法（TGA）研究 PET 及 PET/PS-SiO_2 纳米复合材料（SNPET）的热稳定性，以热分解动力学理论解释 SNPET 的热稳定性行为。以一定升温速率确定聚酯质量损失与温度的关系。PET 和 SNPET 的热学数据，归纳于表 2-3。

表 2-3　纯 PET 与 SNPET 不同升温速率下的热稳定性数据比较

样品	5℃/min			15℃/min			25℃/min			40℃/min		
	T_{onset}	T_d	T_{end}	T_{onset}	T_d	T_{end}	T_{onset}	T_d	T_{end}	T_{onset}	T_d	T_{end}
PET	393.2①	428.3	445.7	417.4	455.7	470.7	427.4	468.1	483.6	441.8	482.9	495.6
SNPET	409.2	436.7	452.4	426.8	458.6	475.3	434.7	470.4	488.5	471.0	508.7	529.2

① 表中所有数据单位均为℃。

注：表中数据为聚酯纳米复合材料 TGA 的分析结果；SNPET 样品中加入 2.0%（质量分数）PS-SiO_2 粒子，SiO_2 颗粒粒径为 35nm。

随着升温速率提高，PET 和 SNPET 两者的起始分解温度 T_{onset}、最大分解速率时的温度 T_d 及最终分解温度 T_{end} 都相应增加。PET 的 T_{onset} 从 393.2℃增加到 441.8℃，T_d 从 428.3℃增加到 482.9℃，T_{end} 从 445.7℃增加到 495.6℃；SNPET 的 T_{onset} 从 409.2℃增加到 471.0℃，T_d 从 436.7℃增加到 508.7℃，T_{end} 从 452.4℃增加到 529.2℃，这表明在相同升温速率下，SNPET 的 T_{onset}、T_d 和 T_{end} 都比相应的 PET 高，即加热升温时 SNPET 比 PET 更稳定而不易分解。

SNPET 中含 2%（质量分数）均匀分散的纳米 SiO_2 颗粒，SiO_2 表面被 PS 包覆可促进其均匀分散，提高 PET 大分子链加热过程中断裂所需能量，使高分子链不易热分解。均匀分散在 PET 中的纳米 SiO_2 颗粒对氧气产生阻隔性，一定程度上阻止氧气接触 PET，降低空气中 PET 的高温燃烧，具有阻燃材料的潜在应用价值。

2.2.3.3　聚合物纳米复合热分解动力学

（1）聚合物热分解动力学　由热失重曲线研究热分解动力学，计算高聚物分解活化能。根据活化能的大小判断反应速率快慢，活化能越低，反应越易进行，分解反应速率越快；反之，活化能越高的反应越不易进行，反应速率越慢。分解活化能越高的高聚物热稳定性越强，而分解活化能越低的高聚物其热稳定性越差。样品失重率 α 定义为 $\alpha=\frac{m_0-m}{m_0-m_\infty}$（式中，$m_0$ 为起始物质量；m_∞ 为分解后最终产物质量；m 为 t 时刻或温度为 T 时的实际质量）。由质量作用定律得到，

$$\frac{d\alpha}{dt}=k(1-\alpha)^n \tag{2-4}$$

式中，k 为反应速率常数；n 为反应级数。结合 Arrhenius 方程 $k=A\exp(-\Delta E_a/RT)$，

$$\frac{d\alpha}{dt}=A(1-\alpha)^n\exp(-\Delta E_a/RT) \tag{2-5}$$

式中，A 为指前因子；ΔE_a 为热分解活化能；R 为气体常数；T 为热力学温度。令样品的升温速率为 $\Phi=\frac{dT}{dt}$，代入式(2-5) 得到

$$\frac{d\alpha}{dT}=\frac{A}{\Phi}(1-\alpha)^n\exp(-\Delta E_a/RT) \tag{2-6}$$

TGA 热分解曲线微分可求得最大分解速率时的温度 T_d，然后根据 Kissinger 方法将式(2-6) 对温度求导，令 $\frac{d^2\alpha}{dT^2}=0$，整理得到，

$$\frac{\ln(\Phi/T_d^2)}{d(1/T_d)}=\frac{-\Delta E_a}{R} \tag{2-7}$$

对该式积分得到：

$$\ln(\Phi/T_d^2)=\ln C-\frac{\Delta E_a}{RT_d} \tag{2-8}$$

式中，C 为常数；Φ 为升温速率；T_d 为最大分解速率时的温度；ΔE_a 为分解活化能。以 $\ln(\Phi/T_d^2)$ 对 $1/T_d$ 作图，得到一直线，根据直线斜率求得分解活化能 ΔE_a。

(2) 聚酯及其复合材料热分解动力学　在不同升温速率下，PET 和 SNPET 样品在 N_2 气氛下热扫描得到 DSC 热曲线，然后由式(2-8) 计算得到 Kissinger 曲线及对应回归直线，见图 2-17。

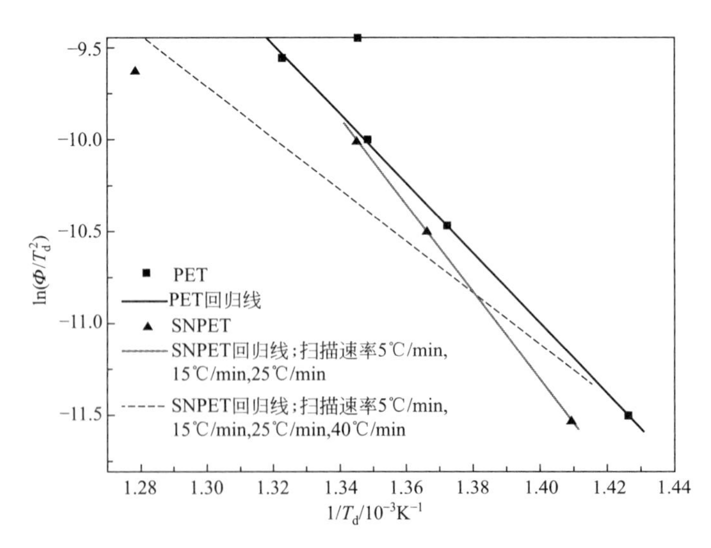

图 2-17　PET 和 SNPET 的 $\ln(\Phi/T_d^2)$ 与 $1/T_d$ 的关系曲线

由曲线回归直线斜率求得分解活化能 ΔE_a。PET 回归曲线斜率为－18953.3K，PET 分解活化能为 157.6kJ/mol，活化能为正值表明 PET 加热分解需吸收热量。

SNPET 样品在 5℃/min、15℃/min 和 25℃/min 热扫描速度下数据线性回归，得到直线斜率为－23845.5K，分解活化能 198.3kJ/mol，其值大于 PET 分解活化能，这与其热稳定性高一致，这是 SNPET 中纳米 SiO_2 成核效应所致。

SNPET 样品在升温速率为 40℃/min 时，最大分解速率的温度显著增加，实验点偏离回归直线，将其四点线性回归得到回归直线斜率为－14055.5K，分解活化能为 116.9kJ/mol，其值小于 PET 分解活化能，偏离 Kissinger 方程，即 Kissinger 方程不适用。应特别注意高扫描速率对活化能曲线的影响（奇异点应从回归曲线中移除），才能正确分析纳米 SiO_2 颗粒对 SNPET 热稳定性的影响。

由热分解动力学方程得到 PET 和 SNPET 分解活化能分别为 157.6kJ/mol 和 198.3kJ/mol。即 SNPET 变成活化分子需吸收的能量高于 PET，或 SNPET 比 PET 更加稳定而不易分解。可见，PS 包覆纳米 SiO_2 颗粒与 PET 较强相互作用，会在高温作用下对 PET 产生一定稳定作用。

2.3 聚合物纳米分散与复合方法

2.3.1 聚合物和纳米材料改性方法

2.3.1.1 聚合物共聚改性

（1）共聚概念　共聚是指聚合物的共聚合，是两种相同或不同的单体反应，经过同一种聚合反应形成二元或多元共聚物的方法。即一种聚合物 A 具有重复单元 $[A]_n$，和另外一种聚合物具有重复单元 $[B]_m$，经过同一种聚合反应过程形成一种新的聚合物具有重复单元 $[A\text{-}B]_p$，这一过程即共聚反应，得到的聚合物称为共聚物。

通过聚合物共聚合使产物兼有几种均聚物的优点或更高性能。例如，聚甲基丙烯酸甲酯（PMMA）的性能与聚乙烯类似，PMMA 分子中带极性酯基，与聚乙烯分子间作用力比聚苯乙烯（PS）大，因此其高温时流动性差，不宜采取注塑成型。若将 PMMA 与少量苯乙烯共聚，则可改善树脂的高温流动性并可注塑成型。ABS 树脂是丙烯腈-丁二烯-苯乙烯接枝共聚物，耐冲击强度、耐热性、耐化学腐蚀性都比 PS 显著提高。共聚物基体经纳米复合改性，进一步提高综合性能。大庆工业生产 ABS 树脂采用纳米级丁二烯胶乳与层状硅酸盐剥离片层复合，再参与丙烯腈-苯乙烯共聚物接枝反应，可提高产品玻璃化温度与抗油性。共聚物是由两种或两种以上的结构单元所组成的聚合物。

（2）聚合物接枝与复合改性　接枝反应是指大分子链通过化学键结合其他的支链或功能性侧基的过程，聚合物接枝复合改性也可称聚合物接枝共聚改性。接枝反应首先要形成活性接枝点，各聚合引发剂或催化剂都能为接枝提供活性种、接枝点。活性点处于链末端时，接枝聚合后形成嵌段共聚物；活性点处于链段中间，接枝聚合后形成接枝共聚物。接枝复合改性方法有化学接枝、辐射接枝和等离子体及其接枝改性法。

辐射引发聚合物接枝反应是聚合物接枝改性的主要方法之一。该接枝反应无需添加剂，保持聚合物材料本身的纯净。接枝反应在较低温度、较黏稠的介质等条件下进行，反应可发生于不同厚度、表面层或特定厚度的聚合物内，也可在固态进行。辐射接枝法可供选择的接枝单体种类多，能赋予聚合物材料表面不同的官能团及理想表面性能。研究辐射接枝反应因素，如单体气相和液相接枝反应表明，辐射接枝反应受动力学控制或受扩散控制。有效解决接枝链分布和接枝链长短等问题，将真正实现分子水平的接枝结构设计，赋予聚合物性能拓展更大的空间。

接枝聚合物法是纳米颗粒表面处理，改变纳米颗粒表面亲-憎性质使其与聚合物界面高度相容的最主要方法。纳米颗粒表面处理将改进分散性、多功能性和高性能，不仅能改进高聚物的结构特性，而且能产生多功能性。

2.3.1.2 表面改性

（1）*聚合物表面改性* 聚合物表面改性是指在不影响聚合物材料本体性能条件下，通过其表面纳米量级范围内的物理化学改性，使材料表面亲-憎性改变。

聚合物表面改性方法很多，主要分为化学改性和物理改性。化学改性主要有溶液处理法、低温等离子体处理法、表面接枝法，如紫外光接枝法、离子注入法等。物理改性包括机械改性和表面涂覆改性等，改性过程不发生化学反应。采用原子力显微探针振荡方法，提供了一种物理改性方法。

低温等离子体处理法、离子注入法等表面改性法在极短时间内完成，紫外光接枝法使用便利，都具有较高工业应用价值。

（2）*纳米粒子表面改性* 针对纳米粒子在不同特性基体的应用要求，纳米粒子表面改性提供与目标基体匹配的表面活性及化学与物理作用。

纳米 SiO_2、纳米碳粉或碳纳米管在不同环境产生不同的表面极性基团，这些纳米粒子表面极性的调整或改性，可采用化学、物理与机械等多种方法。采用气相蒸镀涂敷碳、金属纳米粒子于高聚物薄膜表面，产生表面光泽。表面改性的纳米粒子与聚合物基体结合能阻隔气体或水，形成一类高性能包装材料。

2.3.1.3 机械加工与复合改性

（1）*聚合物纳米复合加工工艺* 高聚物原料经加工单元操作与成型工艺形成规模化产品。聚合物受热熔融或软化并在外力场下变形、流动与混合，在成型模具中被赋予一定外形。当温度降到高聚物玻璃化温度（T_g）以下时被固化定型。加工成型方法主要有挤塑、注塑、模压、吹塑、压延成型工艺等。在高聚物复杂的加工工艺过程中，内部各层次结构经历物理与化学变化。这些变化与成型时所获得的宏观外形将决定最终材料或制品的性能[15]。

（2）*挤出成型工艺* 在连续挤出成型过程中，高聚物颗粒被压缩、熔化、混合、输送到口模中，成型固化得到所需截面形状的产品，如管材、板材、异型材、棒材、纤维、电线电缆以及其他共混复合材料产品。挤出成型主要用于热塑性塑料成型，但也适于热固性塑料。热塑性塑料挤塑成型过程中常用单/双螺杆挤出机，见图 2-18。

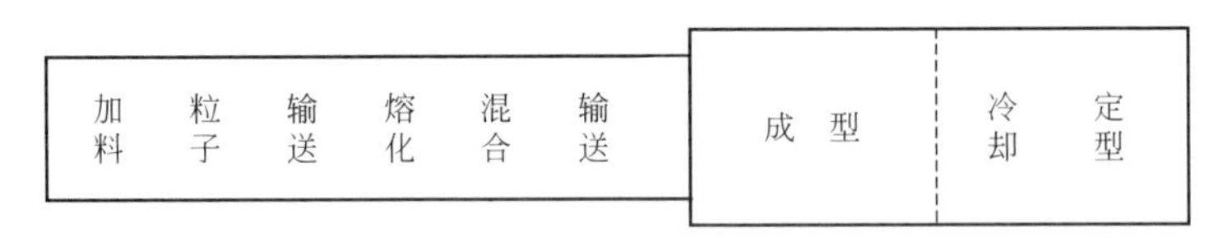

图 2-18 挤塑成型过程示意图

此外，还有行星式螺杆挤出机、柱塞式挤出机、法向应力挤出机等。单螺杆挤出机按作用原理分为加料输送、熔化和计量三段。加料段的螺槽较深，便于固体粒子加入、压缩与输送。熔化段的螺槽逐渐变浅，但对于结晶聚合物，可采用突变结构。计量段螺槽较深，具有熔体混合与输送作用。

纳米材料常用熔融挤出过程分散于高聚物熔体中形成纳米复合材料，实际加工中，要对螺杆的几何结构（如螺杆齿啮合）进行匹配性设计或者改造。

（3）*注塑成型工艺* 注塑成型过程包括加料、塑化、充模、保压、冷却和脱模步骤。注射单元通常由单螺杆挤出机组成。注射时螺杆向前推进把物料注压进模具中，然后冷却成型。在塑化阶段，螺杆在旋转进料塑化的同时不断后退，熔体被推向螺杆的顶部以备下次注射之用。合模系统执行开模与合模动作。注塑成型机组成框图见图 2-19。

高聚物纳米复合材料的注塑参数基本参考纯高聚物的参数，但当纳米复合降低高聚物熔点时，需要仔细调整优化加工参数。

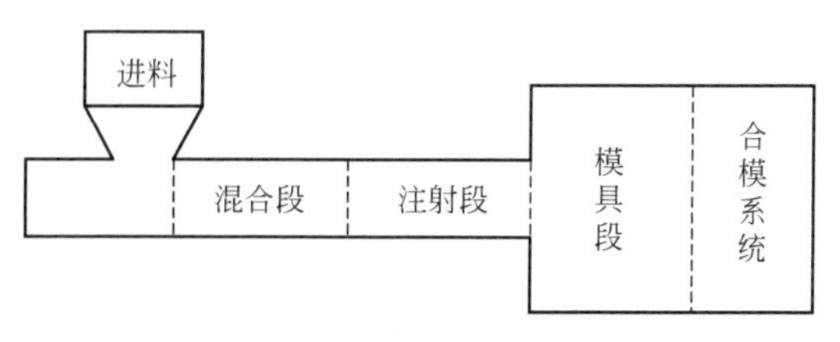

图 2-19　注塑机组成框图示意

2.3.2　聚合物多相体系纳米分散方法

2.3.2.1　多相体系定义

（1）*相和相界面*　相是指那些物质的物理性质和化学性质都完全相同的均匀部分。相和相间或相-相的接触面称相界面。

纳米粒子之间具有无数相界面，可认为其相界面消失而成均相体系。无机纳米粒子分散于有机聚合物基体中形成有机-无机相界面，然而这种相界面的稳定性及其稳定结构随体系相态（气、液、固）变化而产生变化。

（2）*分散相和分散介质*　在多相分散体系中，被分散的物质称为分散相；包围分散相的另一相称为分散介质。

纳米粒子和纳米材料等作为分散相，分散于液体如水、溶剂中形成悬浮液，成为各种功能流体，如水基钻井液、乳液等。

2.3.2.2　分散和分散度的定义

（1）*分散的定义*　分散是指在制备混合物或多相复合体系时，其中一种或多种组分的物理或化学特性发生内部变化的过程，如颗粒尺寸减小或溶于其他组分中，同时增加相界面和提高混合物组分均匀性的混合过程。

剪切应力、拉伸应力及热作用是实现分散的主要方式。

（2）*分散度的定义*　如前所述，纳米分散度定义为分散颗粒平均直径或长度的倒数，即 $D=1/a$。而纳米粒子形成分散体系后，通常形成多尺度多分散体系，采用统计方法如下。

$$D=1/a=1/\sum_{i=1}^{\infty}r \tag{2-9}$$

式中，D 为分散度；a 为颗粒平均直径或长度；r 为待统计粒子的半径。

（3）*比表面表征分散度*　物质分散度的另一种量度，是采用全部分散相颗粒的总面积与其总质量或总体积之比。表示式如下。

$$S_{比}=S/V(\mathrm{m}^{-1})\text{或}S_{比}=S/m(\mathrm{m}^2/\mathrm{kg}) \tag{2-10}$$

2.3.2.3　宏观分散方法

分散混合理论基于概率论和统计学而建立。高聚物分散的目的是使原来两种或两种以上各自均匀的物料，按照可接受的概率分布到另一种物料中，得到组成均匀的混合物。物料分散的关键是形变、重新分布机制及克服颗粒凝聚所加的外部作用力。

高聚物的分散方法包括拉伸剪切、流延挤压、分流、合并及置换与聚集等。

（1）*拉伸剪切*　拉伸作用使物料产生变形，减少料层厚度增加界面面积，有利于分散。刀具切割物料的过程称为分割剪切。切割和剪切集成就是石磨磨碎物料的磨碎剪切。

介于两块平行板间的物料剪切作用，在板平行运动下使物料内部产生永久变形或称黏性剪切。对高黏分散相体系采用混炼剪切尤其重要，该剪切使高黏分散相粒子或凝聚体稀释并分散于其他分散介质中。平行板混合器黏性剪切见图 2-20。

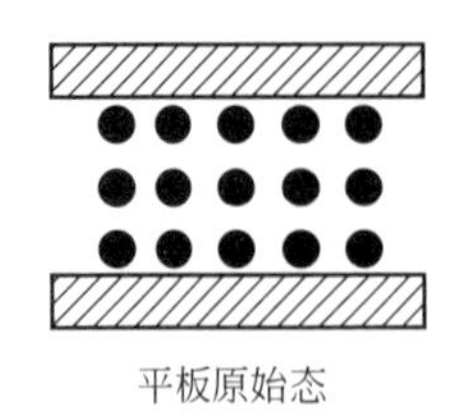

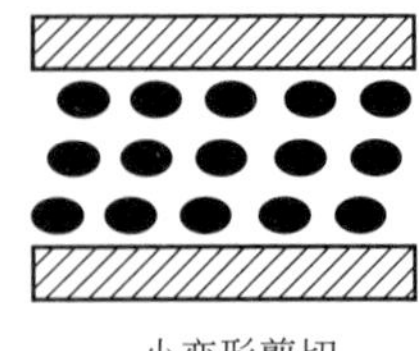

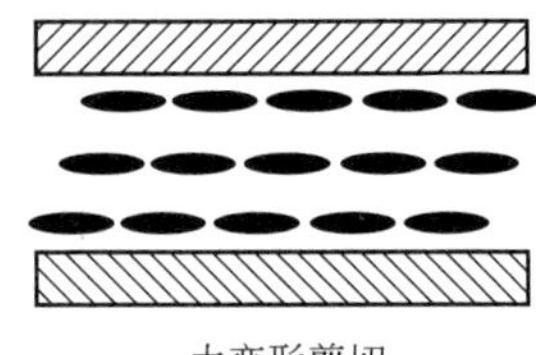

图 2-20 在两个无限长平行板间的流体-粒子剪切混合变形示意图
（黑色圆是粒子态物料）

两种等黏度的流体被封闭在两块平行平板之间，开始仅少量组分作为离散的立方体物料块存在，在上平面移动而引起剪切作用下变形被拉长，此过程中体积未变化只是截面变细，向倾斜方向伸长表面积增大，分布区域扩大而进入另外的物料块中，因而达到混合均匀的目的[16]。

高分子材料在挤出机内混合主要靠剪切作用。螺杆旋转时螺槽和料筒间受剪切作用，认为是两个无限长平行板之间剪切。剪切分散效果与剪切力大小及其作用距离有关，剪切力越大和剪切时作用力距离越小，分散效果越好。受剪切作用的物料被拉得越长，其变形也越大，越有利于与其他物料混合。剪切力的混合作用，特别适用于塑性物料，因为塑性物料黏度大、流动性差而不能通过粉碎增加分散程度。发生剪切作用时，两个剪切力距离一般总是很小，因此物料变形过程中均匀分散于整个物料体系中。

（2）流延挤压 若物料承受剪切前先经受压缩，密度提高，则剪切时大剪切力提高剪切效率。物料被压缩时，物料在内部流动产生压缩作用，引起流动剪切如图 2-21 所示。

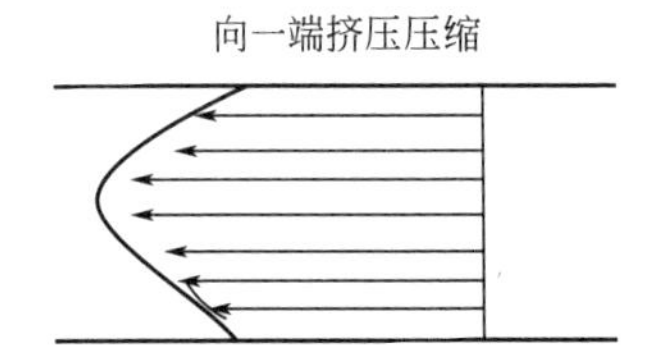

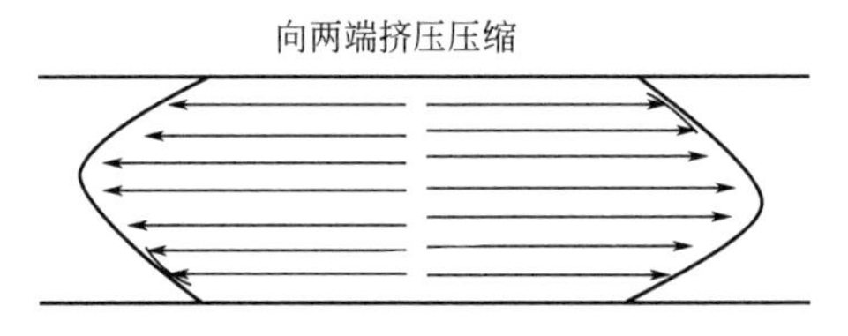

图 2-21 物料在平板间受挤压/压缩变形及剪切示意图

这种压缩作用发生于密炼机的两个辊隙之间。在挤出机中，由于螺槽从加料段到均化段，其深度由深变浅，因而松散固体物料被压缩，该压缩有利于固体输送，有利于传热熔融，也有利于物料的剪切。

（3）分流、合并与气泡 利用器壁使流体分流，即在流体流道中设置突起状或隔板状的剪切片进行分流。分流后，经过流动再合并为原状态、各分流束内引起循环流动再合并，或者各分流束进行相对位置交换后再合并，这几种过程可一起产生作用。

采用分流剪切片分流时，若分流剪切片数为 1，分流数为 2，剪切数为 n，分流数为 $(n+1)$。若用于分流的剪切片为串联，串联阶数为 m，则分流数 N 为：

$$N=(n+1)^m \tag{2-11}$$

分流后经置换再合并时，应在分流后相邻流束合并时尽可能离远一些，而分流后相距较远的流束合并时尽可能近些，即分流时任取两股流束的相对距离与合并时同样的两股流束的相对距离，其差别应尽可能大。

此外，若将纳米材料置于超临界气泡（如 CO_2）环境下，形成产品后超临界流体发生相变而自然溢出，产生均匀分散的纳米材料。

（4）分散相聚集 已破碎的分散相在热运动和微粒间相互吸引力的作用下，重新聚集在一起。对分散的粒度和均布来说，这是分散的逆过程。

2.3.2.4 纳米分散稳定性

（1）纳米粒子悬浮稳定性 包括动力沉降稳定性和聚结稳定性。

重力作用下纳米分散相粒子的下沉性质，采用分散相下沉速度衡量动力稳定性。此外，分散相纳米粒子悬浮体自动聚结变大的性质，称为聚结稳定性。聚结稳定性是决定纳米分散体系最根本的因素。

动力稳定性与聚结稳定性是两种不同概念，又有必然联系。若分散相粒子自动聚结倾向变大，重量加大必下沉；失去聚结稳定性，最终必失去动力稳定性。

(2) 纳米悬浮分散稳定性表征　采用电动电位或 ζ 电位表征纳米分散稳定性。ζ 值取决于吸附层滑动面上的净电荷数，扩散层电位 φ 较微弱，随距固体表面的距离 χ 而变化，服从指数关系，即扩散层电位按指数关系下降。

$$\varphi=\varphi_0\exp[-K\chi] \tag{2-12}$$

式中，φ_0 是热力学电位/表面电位；K 是德拜参数；χ 为离开表面的距离。当 $\chi=1/K$，$\varphi=\varphi_0/\mathrm{e}$，距离 $\chi=1/K$，$1/K$ 是离子氛即扩散双电层厚度；电位下降为 φ_0 的 $1/\mathrm{e}$ 倍；$\chi\to\infty$，$\varphi\to0$；$\chi=0$，$\varphi=\varphi_0$。

(3) 纳米粒子熔体分散稳定性　特指纳米粒子在有机高分子熔体中分散结构与分布体系的稳定性。纳米粒子熔体分散稳定性因素复杂众多，应根据具体聚合物优化控制关键因素，如纳米分散单元或纳米结构表面活性、控制软团聚或硬团聚体数量、内外力系统均匀作用等。

2.3.3　纳米可控分散复合方法

2.3.3.1　纳米可控分散

(1) 定义　纳米可控分散是指，纳米粒子作为分散相在其他介质中的分散过程、分散单元连接和组装结构形态，都处于有效控制过程中或可控条件下的分散技术。

(2) 纳米可控分散的重要意义　纳米可控分散是为了更好地、有效地分散纳米粒子到其他介质中而提出的方法。1～100nm 的纳米颗粒具有显著尺寸、表界面与体积效应，能产生优异物理化学特性。然而，直接将这类纳米颗粒分散到聚合物基体中，难以得到期望的具有优异理想性能的产品。设计纳米可控分散技术，调控纳米单元和结构在聚合物基体中的分散过程与效应。

(3) 纳米可控分散过程设计　纳米粒子分散到其他介质的过程，可认为是体系亲-憎性匹配、极性相容、电性相吸或相互作用的过程，这种匹配性设计需基于实验优化。

其次，羟基、氨基、环氧基、羧酸酐及羧基等是纳米粒子或纳米中间体的有效极性处理剂。采用这类基团处理黏土得到的纳米中间体，可用于纳米可控分散。

再次，加工工艺和过程的纳米分散可控性。对含偶联剂、纳米中间体（如有机化黏土）和高聚物材料的混合物而言，可通过控制双螺杆挤出机挤出造粒或成型工艺，调控纳米可控分散性。XRD 检测该纳米复合材料黏土片层呈可控分散与取向形态。

有机化黏土的纳米可控分散性不仅具有理论研究意义，还具有创制新材料及其产品的实际意义。利用可控纳米结构蒙脱土和聚烯烃及其共聚体系复合，加入相容剂和偶联剂采用熔融混合工艺，或经原位聚合得到纳米片层分散复合体系[17]。

有机化黏土纳米可控分散机理和原理，将在本章和以后各章反复阐述。

2.3.3.2　纳米中间体可控分散技术

(1) 定义　纳米中间体或称纳-微米中间体，是一种具有特殊纳米或纳-微米结构的材料，可以在化学或物理作用下进一步分散于其他基体中。纳米中间体主要为固体材料，如有机化黏土或插层处理的蒙脱土等。而类似的纳米前驱体则是固态或液态化合物材料，如 TEOS 是纳米 SiO_2 前驱体，TEOT 是纳米 TiO_2 前驱体等。

（2）微米原材料的纳米中间体设计原理　微米原材料的纳米中间体称纳-微米中间体或纳米中间体，其设计原理要素包括，确保临界纳米结构，纳米单元剥离或分散，不产生团聚，可稳定储存，维持高活性，资源丰富及适宜大规模化生产等。

纳米中间体的设计目标，主要聚焦于调控纳米分散，减少或避免团聚以及产生高效纳米效应的聚合物纳米复合材料[18]。

实际纳米中间体常采用微米尺度无机原料，其具有特殊或临界纳米结构。这种微米尺度材料设计具有临界纳-微米尺度，可分散为纳米或纳-微米复合体系。一种微米材料调制产生纳米空心结构，即形成纳-微米中间体（A2）。

纳米中间体和微米粒子分散过程模型，见图 2-22。

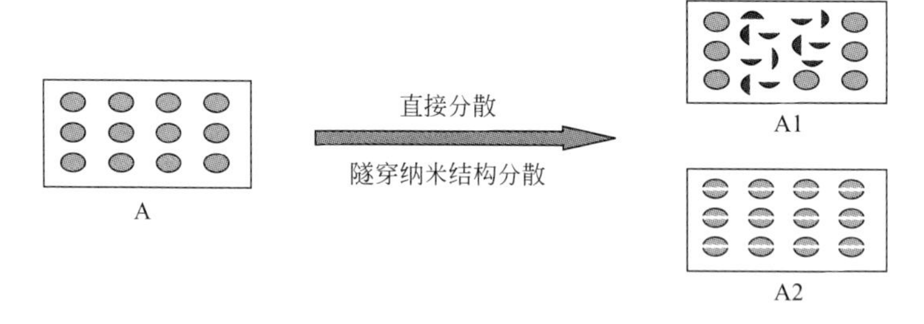

图 2-22　设计用于纳米分散的纳-微米中间体结构形态模型

A—微米原材料；A1—纳-微米尺度共存；A2—纳-微米中间体

（3）纳米原材料的纳米中间体设计原理　纳米粒子具有很高的表面活性和吸附性，而易于团聚。这些团聚体难以用机械剪切、拉伸或研磨方法分散开。因此，采用偶联剂修饰其表面形成核-壳结构纳米中间体（见图 2-23）。

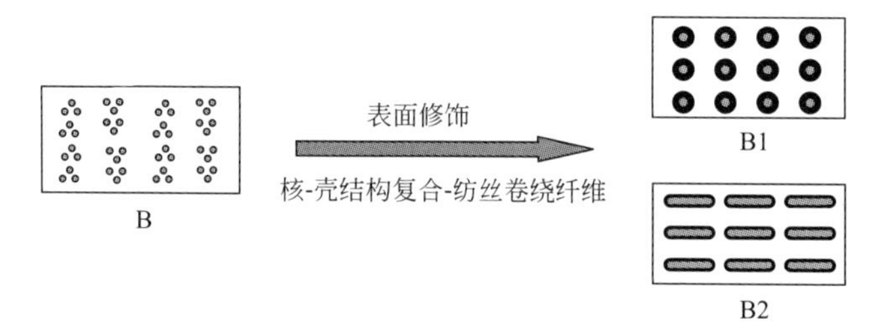

图 2-23　设计纳米尺度粒子的纳米复合中间体

B—纳米原材料；B1—纳-微米尺度核壳结构粒子；B2—纳-微米尺度核壳结构纤维

纳米粒子表面修饰后（B），转化为核-壳结构复合粒子（B1）或超短纤维（B2）。

（4）纳-微米层状硅酸盐中间体　采用层状硅酸盐如蒙脱土（MMT）、云母、高岭石、煅烧高岭土、megadiite、层状双氢氧化物、海泡石、水滑石和蛭石等，设计纳-微米层状硅酸盐中间体，优化其过渡态和临界层间距结构。MMT 中间体纳米和微米结构，见图 2-24。

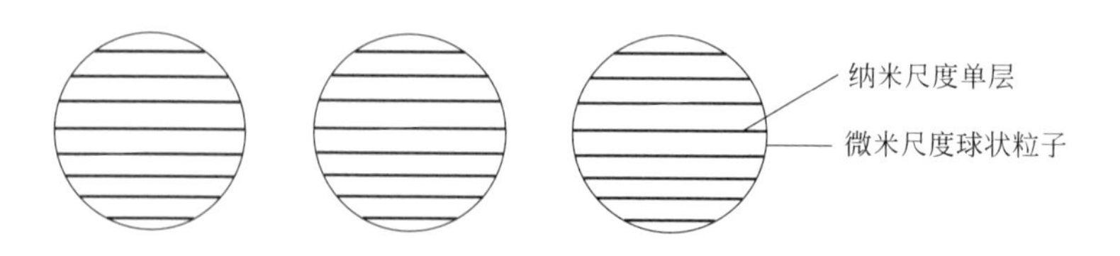

图 2-24　具有纳米尺度片层结构的纳-微米中间体粒子模型

纳米结构层状化合物原料用作制备纳米粒子和复合材料的中间体，这些层状结构化合物如表 2-4 所示。

表 2-4 层状化合物家族及其主要应用

层状化合物	典型化合物	主要应用
硫化物	MoS_2	润滑
金属氧化物	V_2O_5	催化剂
硫酸盐	$Zr(SO_4)_2 \cdot 4H_2O$	催化剂 B 酸
磷酸盐	$Zr_3(PO_4)_4$	催化剂,光学
膦酸酯	$Pb_3(HL)_2 \cdot 2H_2O$	电极
	$[HL=C_6H_{11}N(CH_2PO_3H_2)_2]$	
碳化物	石墨,石墨烯	电池
尖晶石型结构	α-$NaFeO_2$,$LiCoO_2$	电场
	$LiNiO_2$,$LiMnO_2$,$LiMn_2O_4$	阳极电极

层状化合物广泛用于制备结构性纳米复合材料、超级电容器、电极、成像和传感领域。石墨烯、层状磷酸锆和硫酸盐等用于光学、电子、电器剂催化剂等。

2.3.4 调制纳米中间体及其分散复合体系

2.3.4.1 调控 MMT 中间体层间距离

(1) 调控层间距的插层剂分子结构 表面活性剂分子经离子交换与插层过程进入 MMT 层间，扩大其层间距，扩大幅度常小于 3nm。通常插层剂分子链长度、季铵盐离子交换性是影响 MMT 层间距最重要的因素。短链季铵盐分子如乙醇铵盐氯代盐分子，阳离子交换性强但分子链短、分子链蠕动性小而致插入效果差及层间距小。

用于调控层状结构物质的插层剂，如适度长链季铵盐分子，应使之同时满足有机阳离子可交换性和适当长度分子链插入性，以显著提高层间距[2,14,18,19]。

(2) 插层剂结构长度和外部条件协同机制 在优化插层剂分子结构及阳离子交换与插层特性时，还利用热与剪切等外在条件，产生协同作用效果。例如，胺-酸类氯代季铵盐的长、短链分子插层剂，在 25～100℃下在层间协同作用下形成多层分子吸附体系。X 射线衍射表征的该分子链长度-层间距的曲线，见图 2-25。

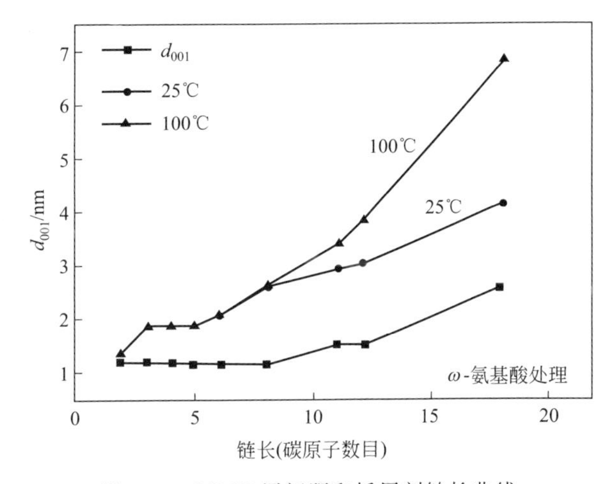

图 2-25 MMT 层间距和插层剂链长曲线

同一类插层剂，其分子链长度越大插入层状结构物质所导致层间距越大；而外加温度协同作用，进一步促进层间距扩大。

(3) 设计层状结构物质中间体 采用层状结构物质制备层状结构中间体工艺，采用纯化黏土矿物原料。例如采用 Ca-MMT 转化为 Na-MMT 工艺，提高 Na-MMT 的阳离子交换容量。类似地，采用季铵盐分子的离子交换与插层反应，设计合成 MMT 纳米中间体，其过程见图 2-26。

【实施例 2-4】 纯化和制备 MMT 中间体原料工艺 采用工业提纯工艺纯化制备黏土矿如 Ca-MMT 粉体产品。采用中浓度硫酸，按照 Ca-MMT/硫酸质量比为 1∶(2～5)，制成硫酸溶液插层处理体系。调控酸插层反应条件，经过插层反应将 Ca-MMT 转化为 H-MMT 黏土。类似地，H-MMT 和 NaOH 悬浮液，经溶液插层反应，转化为 Na-MMT 悬浮液，调控并收集 Na-MMT，经处理得 MMT 中间体原料。

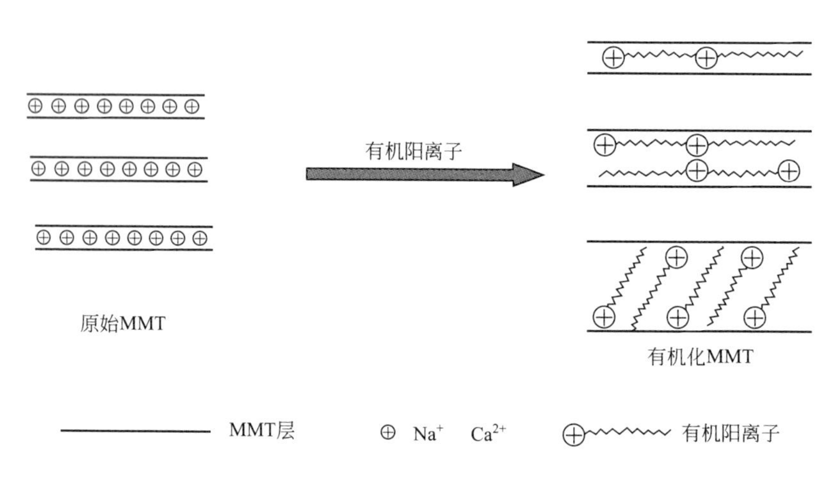

图 2-26 有机插层剂形成 MMT 中间体形态模型

(4) *层状结构中间体阳离子容量* 阳离子交换容量（CEC）是决定层状中间体剥离分散的关键因素，用于制备纳米可控分散复合材料体系的层状结构体系 CEC 如表 2-5 所示。

表 2-5 层状结构中间体分类

中间体	级别	CEC/(mmol/g)	层间距/nm	应用目标
改性 MMT	常规级	1.0	1～2	共混物
MMT	聚合级	1.0	1～4	纳米复合
LDHs 中间体	聚合级	—	约 0.5	纳米复合

这些层状中间体在可控温度、压力和剪切条件下，直接混合于聚合物基体中。

(5) *层状结构中间体原位合成*

【实施例 2-5】 制备 MMT 纳米中间体 一个四口瓶置于水浴中，其中加入一定质量的 Na-MMT（CEC＝0.1mmol/g）。Na-MMT 与去离子水质量比为 1∶15。Na-MMT 没入水中自然浸湿 30min。然后，十六烷基三甲基氯化铵（AR）和乙醇胺（AR）按照质量比 1∶2 混合，再加入几滴稀盐酸反应形成复合插层剂。Na-MMT 悬浮液逐步搅拌下加入上述插层剂并使体系温度半小时内升至 80℃，该插层反应持续 16h，制得有机化 MMT 浆体，经过后处理得到有机化 MMT 固体。

此外，可在最后阶段加入一定量丙烯酰胺单体原位保持 65℃反应 4h。该反应产物混合物冷却到 30℃，加入过硫酸铵（AR）引发剂，氮气氛下再聚合反应 4h 得到聚丙烯酰胺插层和包覆的 MMT 中间体浆液及其后处理的 MMT 中间体粉末。

2.3.4.2 MMT 中间体在不同形态聚合物中的结构调控

(1) *无定形水溶性高聚物中层状结构中间体结构表征* 以 XRD 衍射同步检测上述插层交换反应 MMT 层间距变化，d_{001} 特征峰表征 MMT 层间距变化及其后续纳米分散效应。以 (001) 特征峰位置，Bragg 方程 [$2d\sin\theta=n\lambda$（d 是层间距，θ 是衍射峰半高宽度，λ 是 X 射线衍射波长）]。计算平均层间空间[51] MMT 中间体特征峰相比原始 MMT 向低角度方向移动（见图 2-27）。

(2) *结晶高分子中 MMT 中间体结构表征* 聚合级 MMT 中间体（长链插层剂十六烷基三甲基氯化铵）具有 1.9nm 层间距。MMT 中间体及马来酸酐和聚丙烯材料混合体系，熔融加工工艺制得纳米复合材料。MMT 中间体粉末熔融过程中片层剥离分散，有部分片层分散聚集态产生，X 射线 d_{001} 消失表征了一种平均片层粒子分布，可与 TEM 表征片层剥离结构协同，见图 2-28。

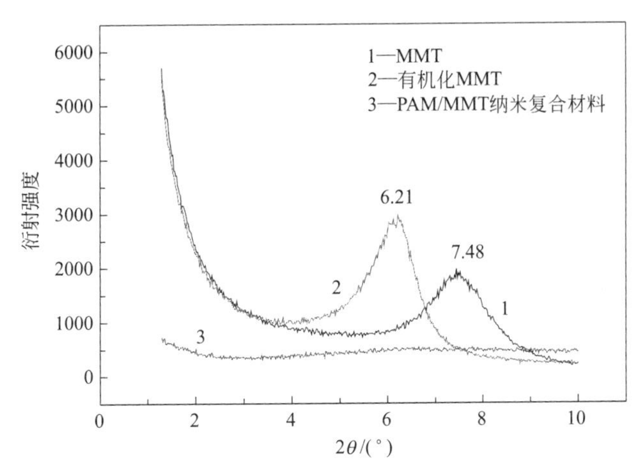

图 2-27　原始 MMT（曲线 1）、有机化 MMT 即 MMT 中间体（曲线 2）和聚丙烯酰胺纳米复合材料（曲线 3）XRD 衍射曲线

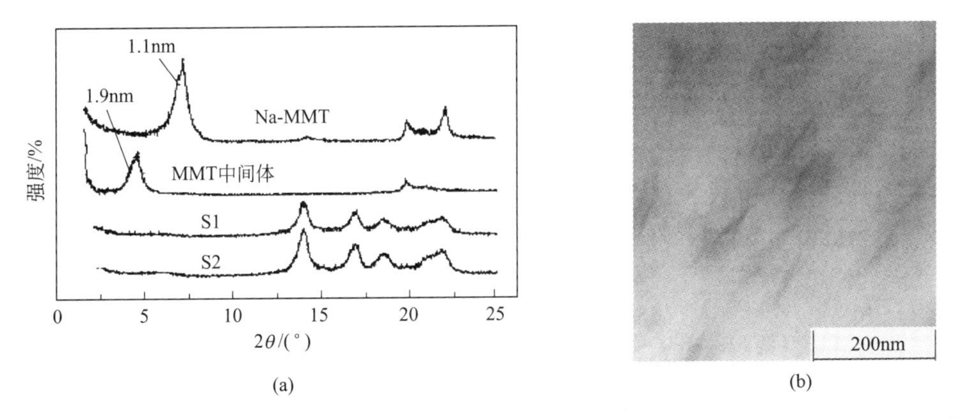

图 2-28　(a) X 射线曲线表征 MMT 中间体及其 PP 纳米复合材料（S1 是 PP 和 2%MMT 中间体；S2 是 PP 和 3%MMT 中间体）；(b) MMT 中间体在 PP 中熔体分散 TEM 形态

MMT 中间体具有可控层间结构，可均匀分散于聚合物基体中而避免团聚。

2.4　纳米核-壳颗粒分散方法

2.4.1　单分散核-壳结构粒子设计

2.4.1.1　单分散核-壳结构设计要素

(1) 核-壳结构颗粒定义　核-壳结构颗粒是指，以一种粒子为核，另一种物质包覆在核的周围，形成完全或全部覆盖核心粒子的复合粒子。核-壳结构粒子的壳层，决定其膨胀、分散、渗透、吸附、吸收、保护等功能，而核层物质，产生成核、生长、释放、交换、转移等功能。壳层的厚度、极性、功能等是设计核-壳粒子的要素。

单分散核-壳结构颗粒是指，以单分散粒子为核心模板，经过物理化学过程所形成的单分散性的核-壳结构粒子。

(2) 核-壳结构颗粒分类　核-壳结构粒子按照包覆层性质分为：有机-无机核-壳结构粒子、有机-有机核-壳结构粒子和无机-无机核-壳结构粒子。

(3) 核-壳结构颗粒设计　设计核-壳结构粒子，包括核层、壳层物质、合成工艺及反应方法等。采用纳米 SiO_2 为核心，设计单层或多层分子结构包覆层的核-壳结构粒子，如图 2-29 所示。

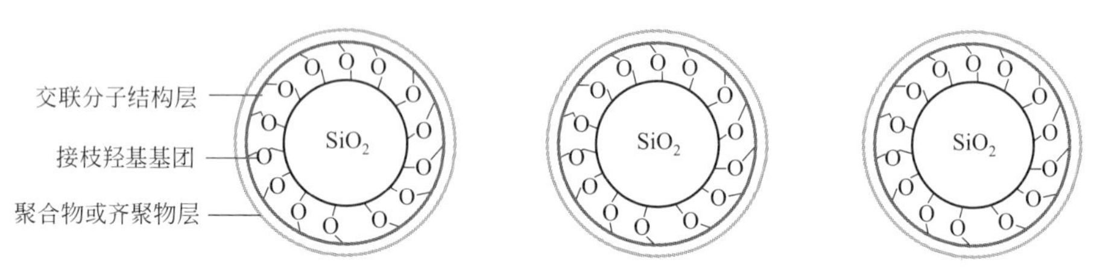

图 2-29 纳米 SiO_2 核-壳结构及其多层包覆层结构的复合粒子设计

多层纳米核-壳结构粒子不能通过一步反应形成，一般需经多次连续吸附、喷涂或蒸镀的物理过程以及原位聚合化学反应过程，才能形成具有完整表面的核-壳结构复合粒子。

设计单分散核-壳结构颗粒主要以单分散粒子为核心模板物质。

2.4.1.2 单分散 SiO_2 颗粒制备改性方法

（1）*溶胶-凝胶法* 溶胶-凝胶方法，尤其是 Stöber[19] 法和改性 Stöber 法最常用于单分散颗粒合成。采用正硅酸酯前驱物和氨水催化剂，经乙醇溶液水解和硅酸缩合反应，制备出尺寸可控、均一的 SiO_2 球形单分散颗粒。由此合成直径 0.05～2.0μm 的单分散 SiO_2 颗粒体系。

如前所述，sol-gel 法和种子法或种子成核法等耦合，用于制备单分散性好、尺度可控的 SiO_2 表面功能体系。通过设计原位硅羟基接枝、酯交换反应、原位合成多功能化及适于可控分散与组装的纳-微米结构体系，提供多功能广泛研究与应用体系。

（2）*种子成核生长法* 采用已有纳米、微米粒子为种子或成核种子，然后将其与待反应物体系一起混合，则反应物在该种子周围经过溶胶-凝胶反应，逐步吸附长大为所需粒子。通常先合成单分散粒子，再以单分散粒子为种子，经反应成核形成单分散粒子体系。

我们采用硅溶胶种子[21]，在氨、水和乙醇混合溶液中，通过水解正硅酸乙酯（TEOS）生产单分散 SiO_2 颗粒。该方法仅在初始种子悬浮液中滴加 TEOS 即可使种子正常生长，无须补充氨水来修正体系浓度变化，可制得 30～1000nm 的单分散 SiO_2 溶胶，分散相浓度达 10%（质量分数）。所得颗粒粒径分布偏差优于 Stöber 法。要制备的颗粒粒径越小，该方法优势越明显，所得 SiO_2 颗粒的形态，见图 2-30。

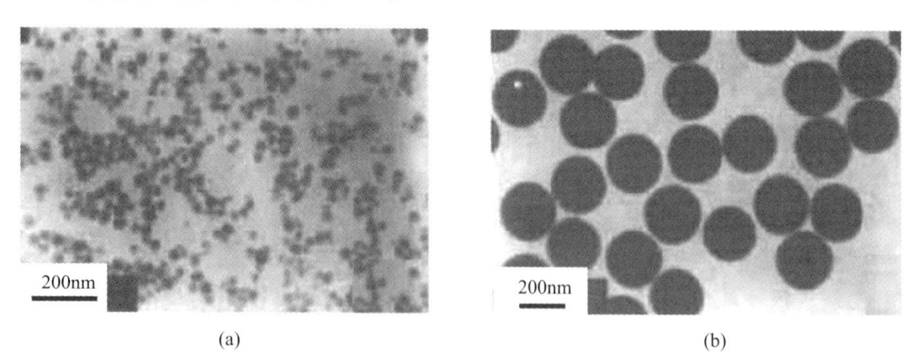

图 2-30 （a）SiO_2 种子 TEM 形态；（b）生长后的单分散 SiO_2 颗粒 TEM 形态（253nm）

（3）*模板法* 共聚物分子链或其凝聚结构体可以作为模板，在该模板导向下，纳米粒子及其结构可定向生长长大，由此制得单分散纳米、微米粒子。亲水和亲油链段嵌段共聚物，具有自组装特性，常用于催化剂载体多孔体系合成。

设计利用离子嵌段共聚物[20]作为模板，制成粒径范围为 10～50nm 的球形 SiO_2 颗粒。设计控制共聚物嵌段链的长度以及混合体系中盐的浓度，制备嵌段共聚物纳米 SiO_2 复合粒子，然后将其高温煅烧除去有机共聚物模板，可以得到形貌规整的球形单分散纳米 SiO_2 颗粒。这种方法常用于合成多孔粒子载体。

(4) *微乳液法* 微乳液法指加入表面活性剂，配成液相微乳液体系，然后加入反应物，通过胶束表面渗透扩散进入乳液内，再引发反应生长得到粒子的方法。它包括正相微乳液和反相微乳液。

反相微乳液是油、水两相，加入表面活性剂的体系，依据所选择油相的性质，调制形成纳、微米尺度微胶束，形成稳定体系。

通常微乳液体系，经过调制过程优化，可由动力学稳定体系向热力学稳定体系转化，具有液滴、粒径分布窄和异相集成的特征，用于分子水平上控制合成粒子性质、粒度均一性。司盘 80 或吐温 80 类非离子表面活性剂调制的纳米复合微乳液具有高度稳定性。采用非离子表面活性剂的微乳液[19]，用于制备纳米粒子，所制备的 SiO_2 的形貌及单分散性优于离子表面活性剂。

(5) *单分散 SiO_2 颗粒合成与原位处理程序*

【实施例 2-6】 合成单分散 SiO_2 颗粒 在 500mL 锥形瓶中加入定容的浓氨水和水（二次蒸馏水）的乙醇溶液以及定容的正硅酸乙酯（TEOS）的乙醇溶液，开启磁力搅拌器，密封瓶口，室温反应 24h 后离心分离，制得 SiO_2 粒子的乙醇悬浮液备用。

其次，进行 SiO_2 颗粒表面原位改性，在装有冷凝器的 250mL 四口瓶中加入 SiO_2 粒子乙醇溶液 50mL，水 5mL 并滴加 5 滴氨水以及一定量偶联剂 γ-甲基丙烯酰氧丙基三甲氧基硅烷（MPS，SiO_2 与 MPS 摩尔比为 1∶18）。然后，将四口瓶移入恒温油浴中，在 N_2 保护下加热至 50℃ 并搅拌反应 24h 后，离心分离及后处理，制得接枝 SiO_2 粒子。

2.4.1.3 单分散 SiO_2 颗粒表面改性

(1) *纳米粒子与高分子基体界面相容性* 纳米粒子用于高分子材料的关键主要是解决纳米分散性问题[21~23]。一方面，由于无机纳米粒子表面活性高、粒径小、表面积大，粒子极易聚集团聚；另一方面，聚合物熔体通常是高黏度体系，无机相与有机相间的界面能很大，导致纳米颗粒无法在聚合物中均匀分散。通过纳米颗粒表面修饰处理，改善纳米粒子与高分子基体界面相容性以使纳米均匀分散，获得高性能纳米复合材料。

表面改性是提高 SiO_2 颗粒在复合材料中分散性的有效方法，改性纳米粒子分散于高分子基体中形成纳米复合材料，产生高性能、多功能纳米效应[20,23,24]。利用 SiO_2 表面羟基及易吸附阴离子的特点，采用热处理和化学处理使 SiO_2 颗粒表面改性及表面亲憎性转化，与聚合物分子产生极性相容性，改善其凝聚态和加工性能。

(2) *热处理表面改性* 表面热处理方法是在一定高温下加热处理纳米粒子。表面热处理机理是高温加热条件下原来以氢键缔合的相邻羟基发生脱水而形成稳定键合，而导致吸水量降低，产生一定憎水性分散特性。如对 SiO_2 加热处理使 SiO_2 表面吸湿量降低，且填充制品的吸湿量也显著下降。热处理方法简便经济，但仅采用热处理不能很好改善填充时界面的黏合效果。实际使用含锌化合物处理 SiO_2 粒子及 200～400℃ 条件热处理，或者使用硅烷和过渡金属离子处理 SiO_2 粒子，然后进行热处理。

(3) *表面化学改性* 通过 SiO_2 表面羟基化学反应，消除或减少表面硅醇基数量，接枝或包覆其他化学物质，达到改变表面性质目的。

常用化学改性方法[25]有：醇酯法、有机硅化合物反应、粒子表面聚合接枝、重氮甲烷反应、卤素反应、格利雅试剂反应。目前，最普遍使用前三种方法。

有机硅改性剂主要为硅烷偶联剂，如 γ-甲基丙烯酰氧丙基三甲氧基硅烷。硅烷偶联剂分子中同时具有非极性和极性两种功能团，改变无机和有机材料性质差异大的界面，对界面产生偶联。硅烷偶联剂有多种作用机理，如化学键、表面浸润、变形层、拘束层、可逆水解键等。化学键机理可解释较多实验事实和现象。化学键理论解释[26]硅烷偶联剂与 SiO_2 反应。首先，偶联剂 MPS 水解如下：

$$R-SiX_3+3H_2O \longrightarrow R-Si(OH)_3+3HX$$

$$X-\ -OCH_3,\ R-CH_2=\overset{\overset{\displaystyle CH_3}{|}}{C}-\overset{\overset{\displaystyle O}{\|}}{C}-O-CH_2-CH_2-CH_2- \tag{2-13}$$

然后，偶联剂水解后产生的羟基与 SiO_2 颗粒表面上的不饱和羟基之间发生氢键作用，使得偶联剂与纳米 SiO_2 紧密连接起来。

如果控制反应温度使其继续反应，偶联剂与 SiO_2 将进一步反应生成更加稳定的 Si—O—Si 共价键结构，同时在加热过程中偶联剂与 SiO_2 之间的氢键也会断裂。

$$R-\underset{\underset{\displaystyle OH}{|}}{\overset{\overset{\displaystyle OH}{|}}{Si}}-OH+HO-\boxed{SiO_2}\xrightarrow{\text{加热}}R-\underset{\underset{\displaystyle OH}{|}}{\overset{\overset{\displaystyle OH}{|}}{Si}}-O-\boxed{SiO_2}+H_2O \tag{2-14}$$

将 SiO_2 粒子乙醇悬浮液在碱性介质中分别与 MPS 进行偶联反应，得到接枝改性 SiO_2 颗粒。表面未改性与改性 250nm SiO_2 颗粒 MPS 体系分析见图 2-31。

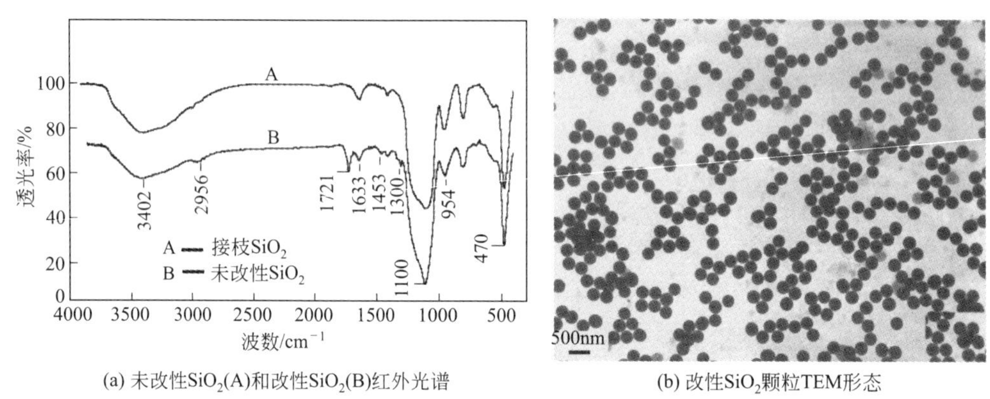

(a) 未改性SiO_2(A)和改性SiO_2(B)红外光谱　　(b) 改性SiO_2颗粒TEM形态

图 2-31　未改性和改性 SiO_2 单分散微粒红外光谱和 TEM 形态

在红外谱中 $1100cm^{-1}$ 和 $954cm^{-1}$ 吸收峰是 SiO_2 的 Si—O 不对称和对称伸缩振动峰，$470cm^{-1}$ 是 Si—O—Si 弯曲振动峰，$1633cm^{-1}$ 和 $3402cm^{-1}$ 是 SiO_2 表面羟基特征峰；$1721cm^{-1}$ 是 C ═O 基团的伸缩特征峰，$1300cm^{-1}$ 是 C—O—C 伸缩振动峰，这两个峰证实 SiO_2 改性酯基。$2956cm^{-1}$ 和 $1453cm^{-1}$ 分别是—CH_3 伸缩和弯曲振动峰，可表征 SiO_2 颗粒改性后偶联剂 MPS 接枝到 SiO_2 颗粒表面，SiO_2 颗粒表面性质由原来亲水性变成疏水性，为 PS 包覆 SiO_2 颗粒提供反应活性基团。

250nm SiO_2 颗粒经过 MPS 改性后 SiO_2 颗粒粒径约为 253nm，相对标准偏差为 3.50%，SiO_2 颗粒表面与 MPS 发生接枝反应，表面吸附膜层使粒径增加，SiO_2 颗粒表面仍保持较好球形度。煅烧前接枝 SiO_2 质量 $W_0=0.1059g$，煅烧后 SiO_2 质量 $W_{end}=0.0911g$，其 MPS 接枝率为 13.98%。

其他粒径 SiO_2 颗粒的改性采取同样方法可将 MPS 接枝到 SiO_2 颗粒表面。

2.4.2 多分散核-壳结构体系设计方法

2.4.2.1 核-壳结构体系主要合成方法

(1) *乳液聚合方法*　设计核-壳结构体系，仍基于微纳米颗粒在聚合物中均匀分散性目标。

乳液聚合法采用乳液介质设计聚合物单体原位聚合方法，制备有机-无机复合核-壳结构粒子。该方法包括选择乳化剂、调制乳液及其胶束结构形态，通过自由基引发聚合或缩合聚合反应原位聚合形成复合体系。

采用乳液聚合法，设计原位聚合复合工艺，可制备稳定的 PS-$CaCO_3$ 复合粒子体系[27]。采用种子聚合法和乳液聚合法耦合的种子乳液聚合法，经过原位聚合复合工艺，已合成出聚苯乙烯/甲基丙烯酸二氧化钛复合纳米微球。这些核-壳结构体系都是纳米分散性好、性能如抗磨性好的复合体系。

优化油-水相体系及胶束纳米尺度与分布，可设计微乳液体系聚合复合工艺，如通过微乳液原位聚合复合方法，可制备苯乙烯包覆纳米 TiO_2 粒子即 TiO_2-PS 核-壳纳米复合粒子[28~30]。此外，利用原位乳液聚合法工艺，先用油酸表面接枝处理 SiO_2 颗粒，再与苯乙烯原位乳液聚合，制备出单分散核-壳结构 SiO_2-PS 复合粒子[31]，该复合粒子粒径及包覆层厚度可通过苯乙烯和 SiO_2 加入量调节。乳液聚合法制备的核-壳 SiO_2-PS 复合颗粒，其单分散性及粒径大小取决于乳化剂浓度和接枝 SiO_2 粒径[32]。

尽管乳液聚合制备粒径可控、单分散核-壳结构复合颗粒方便快捷，但乳化剂需要清除、污染环境，以及去乳化剂制备的复合颗粒表面光滑性和形貌变差。因此，需要发展更简洁方便的制备核-壳复合颗粒的分散聚合法[33~38]。

(2) 分散聚合方法 分散聚合方法是一种特殊沉淀聚合工艺，包括在混合溶液体系中加入特殊分散剂取代原先乳液聚合法的乳化剂，使反应物和引发剂均匀分散并引发聚合反应，制备大粒径、单分散性较好的聚合物纳米复合微球。

分散聚合法制备聚合物微球，作为包覆手段逐步改进后，用于制备无机-有机复合粒子[33~42]。分散聚合法制备纳米 TiO_2-PS 核-壳结构复合粒子，在乙醇和水混合介质中，制备 SiO_2-PS 核-壳结构复合粒子等。然而，聚合体系未优化、核-壳复合粒子球形度及单分散性较差问题时有发生。

在分散聚合 SiO_2-PS 核-壳结构复合粒子的探索中，当 SiO_2 粒径接近 450nm 时，大多数核-壳复合颗粒中只包含一个 SiO_2 颗粒。当 SiO_2 粒径逐步减小，所制备的 SiO_2-PS 复合粒子球形度和单分散性会逐步下降。当 SiO_2 粒径小于 120nm 时，PS 包覆 SiO_2 粒子数目很多，形成多个核中心的葡萄状核壳结构复合颗粒，颗粒表面呈现不规整而球形度变差特性。

我们系统地采用分散聚合法，在醇和水介质中制备单分散性 SiO_2-PS 复合颗粒。SiO_2 颗粒粒径及浓度、苯乙烯加入量、引发剂浓度、稳定剂与水加入量等反应条件，影响 SiO_2-PS 复合粒子单分散性和形态。

【实施例 2-7】 SiO_2-PS 复合颗粒制备 在四口烧瓶中依次加入一定量 PVP、SiO_2 乙醇分散液、二次蒸馏水、无水乙醇（AR），然后在通氮气条件下缓慢滴加溶有引发剂（AIBN）的减压蒸馏苯乙烯，搅拌 2h 左右开始加热到 75℃，反应 12h 后离心分离，制备的 SiO_2-PS 复合颗粒保存于乙醇中。AFM 实验在室温和常压下完成。将 SiO_2-PS 颗粒的乙醇稀分散液滴在石英片上。AFM 实验应用 NanoⅢaSPM（Digital Instruments Ins. USA）系统，采用 AFM 轻敲式及 Phase（相位成像）模式。实验使用同一硅探针以避免系统误差（长度 125μm，共振频率 330kHz），形貌图数据采集均采用 Height 模式。

2.4.2.2 核-壳颗粒演化

(1) SiO_2-PS 复合颗粒形态演化模型 根据已有知识及我们的试验证明[43~45]，无论是乳液聚合还是分散聚合制备的 SiO_2-PS 复合颗粒，SiO_2 颗粒在 PS 中主要有以下五种形态存在，见图 2-32。

Ⅰ表示 SiO_2 颗粒全被 PS 包覆，但 SiO_2-PS 复合颗粒通过 PS 壳层相互连接形成网状结构的复合粒子。Ⅱ形态表示，PS 包覆 SiO_2 颗粒，但内部 SiO_2 粒子数目较多，形成多个核的 SiO_2-PS 复合颗粒。Ⅲ复合颗粒形态表示，PS 完全包覆 SiO_2 颗粒，而且每个复合颗粒中 SiO_2 粒子数目接近一个，真正形成单个核中心且表面较光滑的 SiO_2-PS 复合颗粒。Ⅳ表示 SiO_2 颗粒不能全被 PS 所包覆，有的是两个 PS 颗粒共用一个 SiO_2 颗粒。Ⅴ颗粒形态表示游

离 SiO_2 和 PS 颗粒的产生，仅有少量 SiO_2 颗粒被 PS 包覆。我们应根据实际要求，通过设计并控制反应条件，得到图 2-32 中不同形态的 SiO_2-PS 复合颗粒。

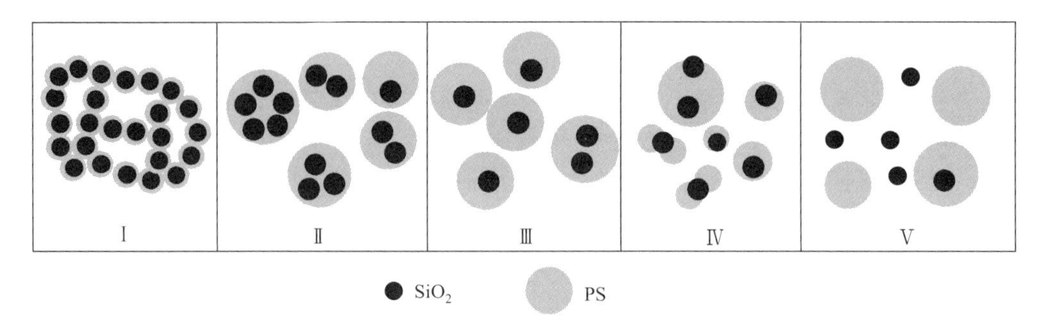

图 2-32　SiO_2-PS 复合颗粒的形态

（2）SiO_2 颗粒改性形成 SiO_2-PS 复合颗粒形态演化　MPS 改性 SiO_2 颗粒后，通过表面接枝、沉积逐步形成核-壳粒子形态，如图 2-33 所示。

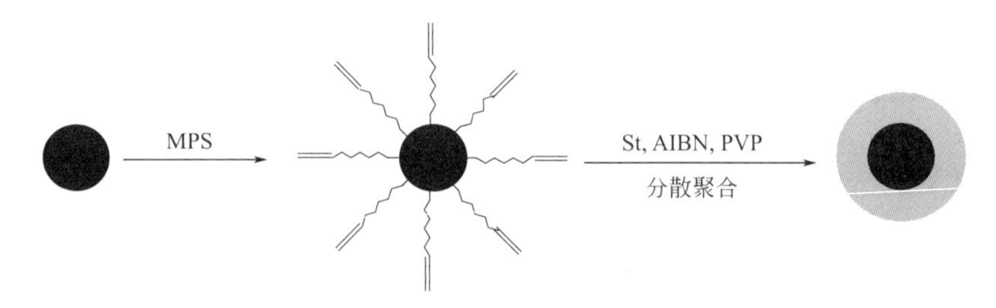

图 2-33　核-壳 SiO_2-PS 复合颗粒的示意图

未经 MPS 改性 SiO_2 颗粒，分散体系明显有许多游离 SiO_2 颗粒，而 PS 粒子中基本无 SiO_2 颗粒，难以得到 SiO_2-PS 复合颗粒包覆体。MPS 改性 SiO_2 颗粒分散体系中几乎无游离 SiO_2 颗粒，SiO_2 基本全被 PS 包覆。改性 SiO_2 颗粒表面含丙烯基，在引发剂作用下与苯乙烯发生接枝反应，实现 PS 包覆 SiO_2 颗粒。SiO_2-PS 复合颗粒粒径分布较均匀，复合颗粒中 SiO_2 数目较多，有的甚至达到 6 个。

采用能谱分析 PS 包覆 SiO_2 颗粒的 Si 和 O 原子峰。SiO_2-PS 复合颗粒的红外光谱分析表明，波数 $1602cm^{-1}$、$1494cm^{-1}$ 和 $1452cm^{-1}$ 吸收峰是苯环骨架振动峰，$1103cm^{-1}$ 和 $954cm^{-1}$ 吸收峰是 SiO_2 的 Si—O 键不对称和对称伸缩振动峰，证实改性后 SiO_2 粒子表面存在 PS。

通过 TEM 能谱及红外光谱分析可证实偶联剂 MPS 改性 SiO_2 颗粒，及其被 PS 包覆情形。SiO_2 颗粒经 MPS 改性，是实现 PS 对 SiO_2 完全包覆的基本条件。

2.4.3　核-壳颗粒聚合物分散方法

2.4.3.1　聚合物纳米分散复合意义

（1）纳米分散调控聚酯成核效应　纳米粒子均匀分散是影响产物如聚合物产物性能的关键。无机纳米粒子表面自由能大，极易造成粒子间相互团聚，一般机械共混法难以获得纳米尺度均匀分散和纳米粒子与高聚物材料间良好界面粘接，纳米粒子不均匀分散反过来会降低聚合物性能。

针对纳米粒子在聚合物基体中的均匀分散性，需进行纳米粒子修饰改性以提高其与聚合物基体间界面相容性[45~47]。聚对苯二甲酸乙二醇酯（PET）具有优良的耐磨、耐热、耐化学、电绝缘性和高强度力学性能等，应用于纤维、薄膜及中空容器等[48~50]。PET 分子主链刚性苯环构象变化大，易吸水降解，结晶缓慢、注塑模温达 130℃、加工成型周期长、经济性差及操作难度大。与结晶聚合物聚乙烯（PE）、聚丙烯（PP）和聚对苯二甲酸丁二醇酯（PBT）相比，PET 结晶速率很低。与 PE 最大球晶生长速率 5000μm/min 相比，PET 结晶速率仅 10μm/min[51]。提高 PET 结晶速率、缩短加工时间及降低注塑加工温度是重要目标。

通常采用成核剂改变 PET 性能。成核剂是提高结晶型聚合物结晶度、加快其结晶速率的助剂。根据成核剂成核效应可分为均相成核和异相成核。纳米粒子为异相成核体系，适于开发高性能特殊功能 PET 复合材料[20～22,52,53]。

（2）纳米分散调控结晶效应　通过纳米分散方法改变聚合物综合性能，尤其是结晶性能。聚合物共混法涉及其他聚合物如 PBT、PC 和 PA 等共混体系，改进待改性聚合物结晶性能。基于均聚合物的共聚物，改变原聚合物主链支化和交联结构，如 PET 分子主链引入少量柔性链段乙二醇等，能有效调控其结晶性能。

然而，采用 PS 包覆单分散、多分散 SiO_2 微粒，与 PET 熔融复合形成 PET/SiO_2-PS 纳米复合材料，优化 SiO_2 微粒和 PET 基体分散工艺，调控纳米复合成核及结晶生长与熔融行为。采用等温结晶和非等温结晶动力学，研究纳米复合材料的加速结晶性、热分解动力学、热降解及热稳定性。

2.4.3.2　单分散 SiO_2-PS 复合颗粒形态及可控分散性

（1）单分散 SiO_2 粒子及其复合粒子形态　SiO_2 粒径是影响 SiO_2-PS 复合颗粒形态的重要因素之一。优化 SiO_2 粒径范围及其分散聚合法，调控 SiO_2-PS 复合颗粒形态、球形度、单分散性及其分布。

（2）调控复合粒子形态　不同粒径的改性 SiO_2 颗粒通过分散聚合制备的 SiO_2-PS 复合颗粒的 TEM 图见图 2-34（复合颗粒的粒径及粒径相对标准偏差列于表 2-6）。

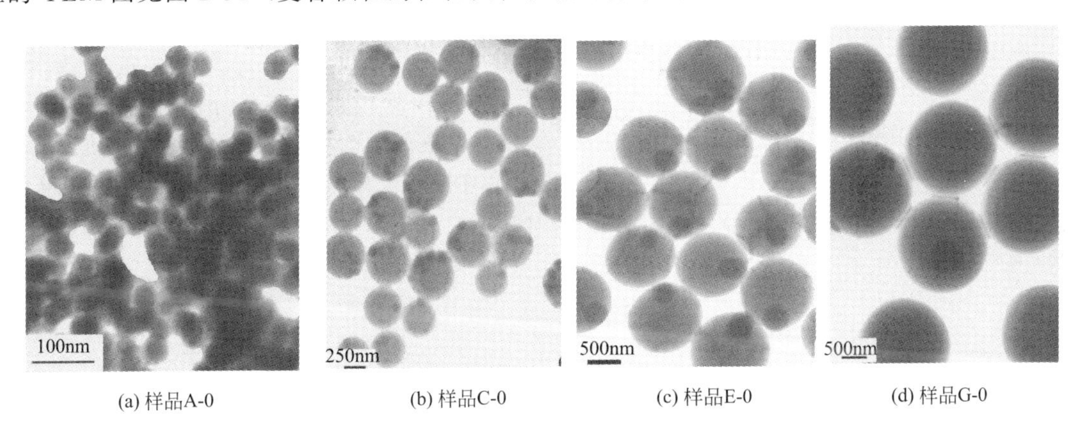

(a) 样品A-0　(b) 样品C-0　(c) 样品E-0　(d) 样品G-0

图 2-34　改性 SiO_2 颗粒制备 SiO_2-PS 复合颗粒 TEM 图

表 2-6　改性 SiO_2 颗粒粒径对 SiO_2-PS 复合颗粒粒径及粒径相对标准偏差的影响

样品	SiO_2		SiO_2-PS		
	d_n①/nm	C_v②/%	d_n①/nm	C_v②/%	形态
A-0	35	13.5	—	—	Ⅰ
B-0	50	11.5	80	20.0	Ⅰ
C-0	110	8.7	870	6.8	Ⅱ
D-0	250	2.7	1030	4.5	Ⅱ
E-0	380	2.5	1020	5.3	Ⅲ
F-0	410	2.2	860	12.0	Ⅱ或Ⅲ
G-0	600	1.5	—	—	Ⅴ

①d_n 为颗粒的粒径；②C_v 为颗粒的粒径相对标准偏差。

注：改性 SiO_2、苯乙烯、AIBN 和 PVP 摩尔浓度分别为 0.10mol/L、0.60mol/L、6.10mmol/L 和 0.23mmol/L。乙醇和水加入量分别为 94.5mL 和 5.5mL。

在 SiO_2 颗粒粒径不同而其他反应条件相同时，几乎每个 PS 粒子中都包覆 SiO_2 颗粒，无游离 SiO_2 颗粒存在。当 SiO_2 粒径从纳米尺寸（d_n<100nm）到亚微米尺寸（100nm<d_n<1000nm）时，SiO_2-PS 复合颗粒形态、平均粒径及 SiO_2 在复合颗粒中的数目都发生较大变化。SiO_2 粒径 35nm，其 SiO_2-PS 复合颗粒为网状结构，纳米 SiO_2 颗粒全被 PS 包覆，未发现游离纳米 SiO_2 颗粒存在，而包覆层 PS 厚度小于 30nm。这缘于改性 SiO_2 颗粒表面丙烯基与苯乙烯单体发生交联反应，导致 SiO_2-PS 复合颗粒通过包覆层 PS 连接在一起。当 SiO_2 粒径从纳米增加到亚微米尺寸，SiO_2-PS 复合颗粒单分散性明显改善。改性 SiO_2 粒径为 110nm，其 SiO_2-PS 复合颗粒基本呈球形，每个复合粒子中包含两个以上 SiO_2 颗粒；当 SiO_2 粒径达 380nm 时，SiO_2-PS 复合颗粒单分散性显著提高，相对标准偏差降低，每个 SiO_2-PS 复合颗粒只包覆一个 SiO_2 颗粒。SiO_2 粒径再增加时，SiO_2-PS 复合颗粒粒径相对标准偏差增加，单分散性下降；当 SiO_2 粒径达 600nm 时，仅少数 PS 粒子包有 SiO_2 颗粒，大多数 PS 粒子中无 SiO_2 颗粒。SiO_2 粒径增加到一定尺寸时，得不到 SiO_2-PS 复合颗粒包覆体。

（3）复合粒子粒径偏差规律　粒径偏差是指粒子与粒子之间尺度相对大小的量度，用百分数（%）表示。一般采取数均、重均和体均统计方法表征，可参见这些方法的详细信息[54]。

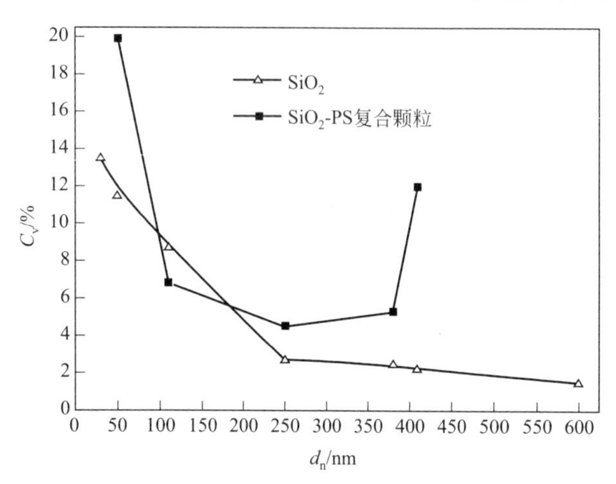

图 2-35　SiO_2 的粒径对 SiO_2 和 SiO_2-PS 的相对标准偏差的影响

合成纳微米粒子大小和其粒子偏差关系规律是，随着 SiO_2 粒径增加，SiO_2 粒径相对标准偏差缓慢减小，而 SiO_2-PS 复合颗粒相对标准偏差开始迅速降低而后又升高。SiO_2 粒径为 250nm 和 380nm 时，SiO_2-PS 复合颗粒相对标准偏差分别为 4.5% 和 5.3%，该偏差很小。380nm SiO_2 颗粒是获得单分散性较好和包覆效果最好复合颗粒的临界尺寸。统计 SiO_2-PS 复合颗粒相对标准偏差，得到 SiO_2 粒径对 SiO_2-PS 复合颗粒单分散性关系，见图 2-35。

（4）纳米复合粒子表面形态　将单分散、多分散核-壳结构粒子可控分散于聚酯中得到聚酯纳米复合材料，在混合溶剂中溶液成膜。然后，采用 AFM 表征膜样品网状结构形态。采用载负样品云母基片，表面粗糙度均方根（RMS）为 0.085nm，即云母表面很平整。将 SiO_2-PS 纳米复合颗粒滴在云母基片上观察复合颗粒形貌，见图 2-36。

SiO_2-PS 纳米复合颗粒表面形貌（或高度图），复合颗粒相互连接在一起形成紧密堆积形态，RMS 约 15.8nm，表明云母片上复合颗粒分布不均匀。

SiO_2-PS 纳米复合颗粒相位图中，亮暗区域可判断表面形貌图高低情况，亮区对应高位，暗区对应低位。

SiO_2-PS 纳米复合颗粒剖面图，是在表面形貌图中取一高度线，然后通过软件转化得到的曲线，通过曲线上两个红色箭头得到复合颗粒粒径约为 32nm，这与透射电镜测得的纳米 SiO_2 颗粒粒径 35nm 相近，表征样品包覆层 PS 厚度及厚度比较。在相同量单体苯乙烯下，纳米 SiO_2 颗粒粒径越小，每个 SiO_2 颗粒所分担的单体苯乙烯越少，包覆层 PS 越小。

SiO_2-PS 纳米复合颗粒三维图从立体角度表征复合颗粒的整体特征。

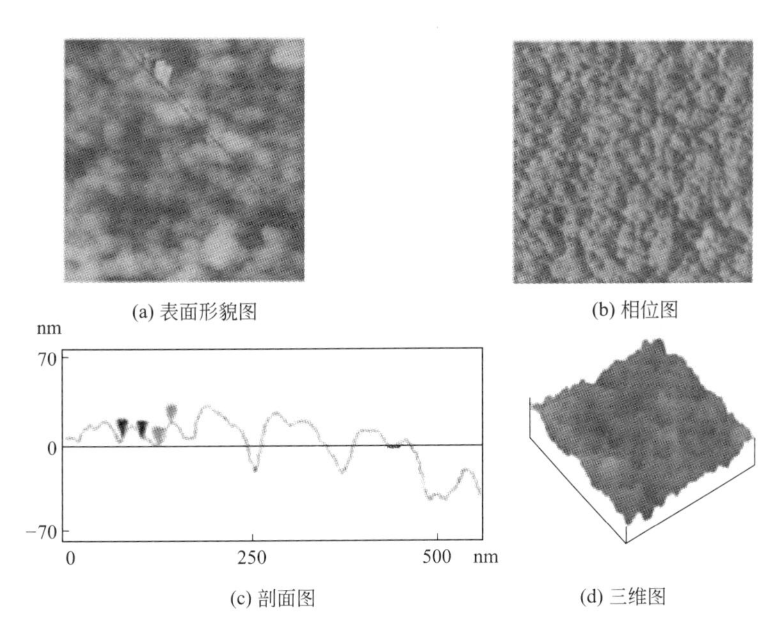

图 2-36 SiO_2-PS纳米复合颗粒（A-0）滴在云母基片上AFM照片

（扫描面积500nm×500nm，RMS 15.786nm）

2.4.3.3 如何控制单分散微纳米颗粒的粒径偏差

（1）选择合成微纳米粒子的原材料 选择正硅酸乙酯、钛酸四丁酯、苯乙烯、甲基丙烯酸甲酯等原料，合成得到的粒子，其单分散性或尺寸偏差会有很大差异，这是无数实践所证明的。基于经验和事实，正硅酸乙酯和苯乙烯原料，是目前已知的能够合成单分散度最高的两种原材料，应作为合成单分散粒子的首选。

（2）优化合成条件控制粒径大小 合成单分散性好粒径偏差小的微纳米粒子，需确保该粒子粒径既不能小于某个临界值1，也不能大于另一临界值2。合成纳微米 SiO_2 粒子的过程和结果都表明，临界值1应为30nm，临界值2应为389nm。

对于合成其他单分散微纳米粒子而言，需要通过实验条件优化，确定各自的临界值1和临界值2。这样优选的粒子粒径适于合成微纳米核-壳结构粒子。

2.4.3.4 合成可控形态 SiO_2-PS复合颗粒的反应条件

（1）多因素优化合成单分散核-壳颗粒 选定380nm SiO_2 颗粒，在多种因素（如PVP、AIBN、苯乙烯、SiO_2 的质量、水和乙醇）下，优化 SiO_2-PS复合颗粒形态及单分散性，见表2-7。

表2-7 粒径380nm SiO_2 在不同反应条件对 SiO_2-PS复合颗粒粒径及相对标准偏差的影响

样品	St /(mol/L)	AIBN /(mmol/L)	PVP /(mmol/L)	SiO_2 /(mol/L)	EtOH /mL	H_2O /mL	d_n① /nm	C_v② /%	形态
E-1	0.40	4.30	0.10	0.10	94.5	5.5	780	16.2	Ⅱ
E-2	0.40	4.30	0.23	0.10	94.5	5.5	760	5.9	Ⅲ
E-3	0.40	3.00	0.23	0.10	94.5	5.5	—	—	Ⅳ
E-4	0.40	6.10	0.23	0.10	94.5	5.5	670	7.7	Ⅱ或Ⅲ
E-5	0.40	6.10	0.23	0.10	94.5	9.5	—	—	Ⅳ
E-6	0.40	6.10	0.30	0.10	94.5	5.5	640	11.3	Ⅲ或Ⅴ
E-7	0.60	6.10	0.30	0.10	94.5	5.5	993	5.1	Ⅱ或Ⅲ
E-8	0.60	6.10	0.30	0.05	94.5	5.5	1094	6.1	Ⅱ
E-9	0.60	6.10	0.30	0.23	94.5	5.5	—	—	Ⅴ

① d_n 为 SiO_2-PS复合颗粒的粒径；② C_v 为 SiO_2-PS复合颗粒的粒径相对标准偏差。

(2) 复合粒子的分散剂及引发剂因素　系列样品与前面样品制备条件相比较，除引发剂PVP浓度不同外，其他反应条件都一样。PVP浓度较低时，SiO_2-PS复合颗粒彼此易粘连，复合颗粒粒径大小不均匀，复合物粒子包覆样品E-1和E-2的TEM形态照片，如图2-37所示。

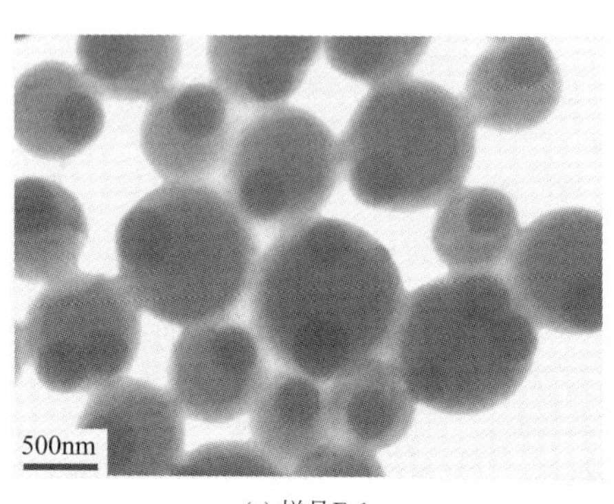

(a) 样品E-1

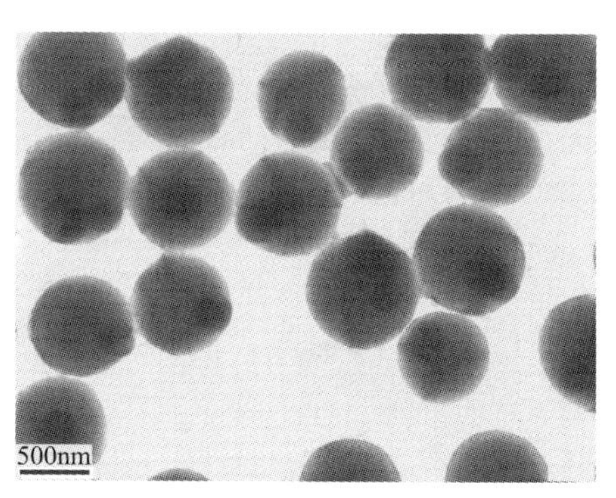

(b) 样品E-2

图2-37　PVP浓度变化时SiO_2-PS复合颗粒的TEM图

随着PVP浓度升高，成核速度加快，缩短成核时间，因此复合颗粒粒径分布较均匀，相对标准偏差为5.9%。PVP的增加使复合粒子周围分散稳定剂浓度增大，稳定作用增大而消除颗粒间的粘连。稳定剂PVP用量增加有利于PS对SiO_2颗粒的包覆，形成粒度较均匀的SiO_2-PS复合颗粒。实验证实引发剂浓度也是重要因素，AIBN浓度为6.10mmol/L，能形成较好形态的SiO_2-PS复合颗粒，且复合颗粒表面较光滑、粒径较均匀、无游离SiO_2颗粒，SiO_2颗粒全被PS包覆。

(3) 复合粒子的反应介质水量因素　水量增加对SiO_2-PS复合颗粒形态影响的TEM形态如图2-38所示。经比较发现，SiO_2-PS复合颗粒（E-4）单分散性和表面形态明显优于E-5。

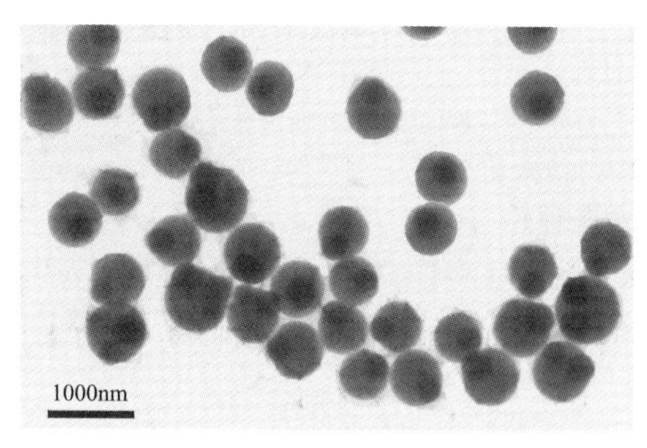

(a) 样品E-4

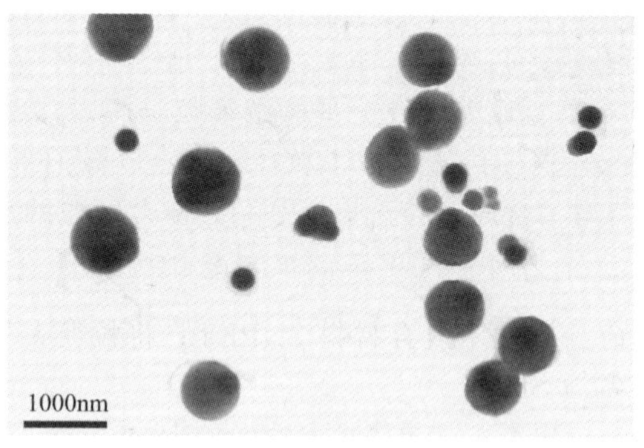

(b) 样品E-5

图2-38　反应介质水量增加时SiO_2-PS复合颗粒TEM形态

分散聚合体系反应介质是水和乙醇混合溶液，水量增加增大反应介质极性，溶剂极性可用溶解度参数表征。对非晶、非极性PS，溶解度参数值$\delta_{PS}=18.6\ (J/cm^3)^{1/2}$。而混合溶剂溶解度参数$\delta_{混}$用下式计算：

$$\delta_{混}=\phi_{水}\delta_{水}+\phi_{乙醇}\delta_{乙醇} \tag{2-15}$$

式中，$\delta_{水}$和$\delta_{乙醇}$分别为水和乙醇的溶解度参数；$\phi_{水}$和$\phi_{乙醇}$分别为水和乙醇的体积分数。水的溶解度参数为$\delta_{水}=47.1\ (J/cm^3)^{1/2}$，乙醇的溶解度参数为$\delta_{乙醇}=26.0\ (J/cm^3)^{1/2}$。据式(2-15)计算图2-38中两种样品反应介质的溶解度参数$\delta_{混}$分别为$27.1\ (J/cm^3)^{1/2}$和28.0

$(J/cm^3)^{1/2}$，PS溶解度参数与反应介质溶解度参数相差较大，PS不能溶于醇和水混合介质中。对分散稳定剂PVP，水是良溶剂，水不影响PVP溶解性。另外，水使溶解度参数值增大，降低反应介质对起始形成的PS的溶解性，导致成核临界链长降低，聚合物颗粒数增多粒径减小。当H_2O加量为5.5mL时，SiO_2颗粒全被PS包覆，未发现游离SiO_2粒子，SiO_2-PS复合颗粒单分散性较好。但水量增加，反应体系极性增强，导致改性SiO_2颗粒在反应介质中分散性变差，易聚在一起，可见三个SiO_2颗粒同时存在于一个复合粒子中，甚至有游离SiO_2颗粒及PS小颗粒存在。即水量增加不利于形成SiO_2-PS复合颗粒，须严控水加量。

(4) 复合粒子的接枝单体影响因素 研究限定其他条件不变时，接枝单体苯乙烯浓度对SiO_2-PS复合颗粒形态的影响，TEM表征形态如图2-39所示。

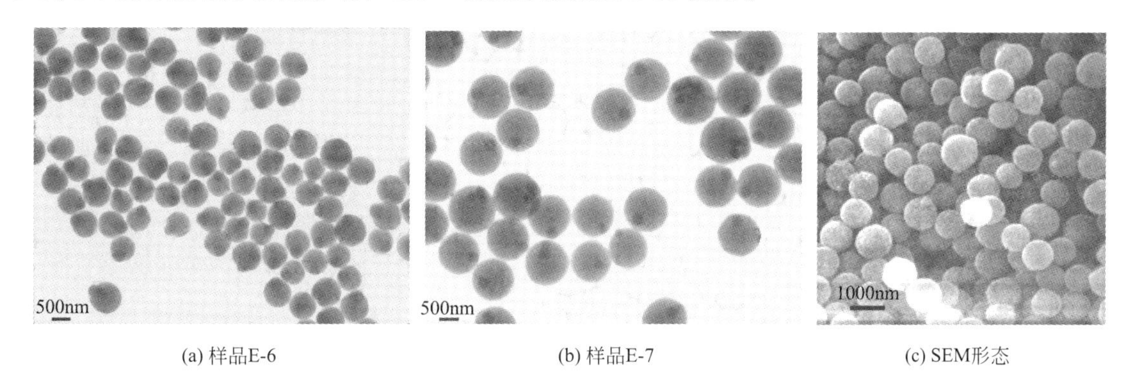

(a) 样品E-6　　(b) 样品E-7　　(c) SEM形态

图2-39 苯乙烯影响SiO_2-PS复合颗粒形态的TEM形态

苯乙烯浓度较低（样品E-6）达0.4mol/L时，由图2-39(a)可见复合颗粒表面不很光滑，有些SiO_2颗粒从PS粒子凸出来，即苯乙烯量过低易造成SiO_2表面不足以全覆盖包覆，但无游离SiO_2颗粒；苯乙烯浓度达0.6mol/L（样品E-7），SiO_2-PS复合颗粒表面较光滑，粒径也较均匀[图2-39(b)]。E-7的SEM形态表示，复合颗粒表面较光滑，粒径较均匀，未发现游离SiO_2颗粒。苯乙烯浓度增加有利于PS包覆SiO_2颗粒，SiO_2颗粒在复合颗粒中的数目有增加趋势。

2.4.4 单分散颗粒在其他介质中分散复合

2.4.4.1 单分散纳微米SiO_2颗粒分散于PET基体

(1) 纳微米SiO_2结构控制 本书将粒径小于100nm SiO_2粒子制备的PET/SiO_2-PS复合材料命名为纳米复合材料SNPET；将粒径大于100nm SiO_2粒子制备的PET/SiO_2-PS复合材料命名为SPET。

纳米SiO_2具有高度表面活性和成键倾向，表面硅醇基和活性硅烷键能形成强弱不等的氢键，粒子彼此以氢键连接成支链结构，支链结构彼此又以氢键相互作用，形成三维链状结构，导致二次粒子及团聚体，将减弱其优异特性。因此，制备PET/SiO_2纳米复合材料的纳米SiO_2有效分散于PET中至关重要。核-壳结构SiO_2-PS复合颗粒的重要作用就是使纳米SiO_2颗粒在PET基体中均匀分散。

(2) 熔融分散制备PET/SiO_2-PS复合材料 核-壳结构纳-微米粒子能够以熔体聚合方式，按一定规模分散于聚合物中。核-壳SiO_2-PS粒子是典型可规模分散的复合粒子，为此制定熔融分散制备纳米复合材料步骤如下。

① 将PET大颗粒在万能粉碎机中粉碎，过80目（约0.2mm）分子筛。

② 将核-壳SiO_2-PS复合颗粒（SiO_2粒径35～380nm）用甲苯洗涤2次以上，高速离心（转速10000r/min）除去游离PS及其他杂质，然后保存在乙醇中，超声振荡以保证核-壳

SiO_2-PS复合颗粒充分分散在乙醇中。

③ 将粉碎过的PET颗粒分散在离心洗涤后的核-壳SiO_2-PS复合颗粒的乙醇分散液中，搅拌下缓慢加热直至乙醇蒸发干，然后将混合物放在130℃真空烘箱中真空干燥一定时间。

④ 将真空干燥过的混合物放模具（如0.1mm厚）中，移到压片机（如769YP-60E型压片机）上275℃压片，压力大于5MPa，一定时间后迅速取出在冰水中淬火冷却，得到膜厚0.1mm左右的无定形复合材料，室温真空干燥。

(3) 熔体分散与压制工艺制备PET/SiO_2纳米复合薄膜　采用熔融与高压工艺，在熔融与高压条件下，将各种改性纳米SiO_2颗粒分散于聚合物如PET熔体中，通过压机高压熔融成膜。调控压力、膜厚度及压制时间，可得到多种表面微粒迁移分散的膜材料体系。

这种熔融压制工艺的纳微米分散性，适于较大规模制备纳米复合膜材料。

2.4.4.2　单分散微纳米SiO_2颗粒在流体中分散

(1) 高分子溶液分散行为　单分散微纳米SiO_2颗粒分散于高分子溶液中，开辟了制备薄膜或超薄膜的方法。将一定量充分干燥的PET/SiO_2-PS复合粒子缓慢溶解于卤代烷和卤代乙酸混合溶剂（如体积比6∶1）中，稍微加热，超声振荡5min后观察单分散微纳米SiO_2颗粒在高分子溶液中的分散情况（PET在有机溶剂中的质量浓度要优化调整）。若单分散SiO_2颗粒粒径不同，得到的高分子分散体系差别很大。SiO_2颗粒粒径为380nm，高分子分散液出现凝聚物，体系很不均匀，因大部分颗粒沉在容器底部。颗粒粒径减小到110nm，高分子分散液中凝聚物减少，布朗运动增强。当SiO_2颗粒粒径减少到35nm时，高分子分散液基本透明，几乎无凝聚物产生。显然，纳米SiO_2颗粒粒径小、相对密度小，运动能力增强，表面包覆层PS与PET产生相互作用，增强与有机溶剂的相容性，能以纳米尺度分散于有机溶剂中形成均匀稳定的高分子溶液体系。但是，粒径为35nm的SiO_2颗粒未经偶联剂MPS改性，直接与PET混合后在卤代烷和卤代乙酸混合溶剂中形成的高分子分散体系很不稳定，凝聚物多。核-壳颗粒含量达6.0%（质量分数）时，分散体系均匀性很差，明显有絮状沉淀物，当该颗粒含量减少到2.0%（质量分数）时，可形成均匀稳定的高分子分散液。

纳米颗粒分散于有机溶剂中形成均匀稳定高分子分散液后，可开始制备薄膜。

(2) 纳米SiO_2颗粒在PET熔体中的分散行为　纳微米PS-SiO_2颗粒通过原位聚合或熔体分散工艺分散于PET基体中，只要控制该微粒加量可使其均匀分散，即使有团聚粒子，其尺寸也不超过100nm。该核-壳粒子在PET基体中的亲和性与分散行为，适于所有高聚物基体分散性调控。适量添加该核-壳颗粒，可诱导PET基体形成网络状纤维结构，增加PET基体韧性，而加入过量纳米粒子或纳微米PS-SiO_2颗粒，不仅造成难以再分散的团聚粒子，而且使聚合物产生脆性、透光率下降及其他力学性能下降的问题。纳米粒子及其聚合物包覆核-壳粒子的加入量最高应控制在1%～5%。

2.5　纳米复合材料结晶熔融行为与表征

2.5.1　纳米粒子表面基团与结晶熔融特性

2.5.1.1　合成纳米粒子的光谱分析

合成纳米粒子表面光谱分析，从分子结构层次建立纳米粒子表面改性设计方法。可采用光谱分析方法，包括红外、电子显微镜及原子力显微镜等。

(1) 红外光谱分析　纳米SiO_2硅烷偶联剂、γ-甲基丙烯酰氧丙基三甲氧基硅烷（MPS）处理，分别用乙醇充分洗涤并离心及干燥后同KBr粉末一起研磨压片，在Maganar 560红外光谱仪上测试红外谱（如图2-31所示）。$1100cm^{-1}$和$954cm^{-1}$吸收峰是纳米SiO_2 Si—O不对称和对称伸缩振动峰，470cm^{-1}是 Si—O—Si 的弯曲振动峰，1633cm^{-1}和 3402cm^{-1}是纳米 SiO_2 表面羟基特征峰。1721cm^{-1}是 C═O 基团的伸缩特征峰，1300cm^{-1}是 C—O—C 的伸缩振动峰，证实纳米 SiO_2 改性酯基。2956cm^{-1}和 1453cm^{-1}分别是—CH_3 伸缩和弯曲振动峰，证实纳米 SiO_2 颗粒处理后 MPS 接枝到颗粒表面，纳米颗粒表面性质由亲水性变成疏水性，更利于颗粒在 EG 及聚酯基体上分散。

（2）*表面接枝率* 表面接枝率采用 TGA 热分解曲线的特征热降解峰位及最终失重量计算。或采用溶剂洗涤与热煅烧的热重差计算。具体是，采用接枝后纳米 SiO_2 颗粒经乙醇洗涤及离心分离，真空干燥后在马弗炉中 600℃ 煅烧 6h。设煅烧前接枝纳米 SiO_2 质量 $W_0=0.1059g$，煅烧后其质量 $W_{end}=0.0943g$，计算 MPS 接枝率η：

$$\eta=\frac{W_0-W_{end}}{W_0}\times 100\% \tag{2-16}$$

MPS 接枝率η为 10.95%。

2.5.1.2 SiO_2 粒子及其分散调控聚合物结晶熔融行为

（1）*SiO_2 粒子尺度影响 PET 结晶熔融特性* PS 包覆不同粒径 SiO_2 颗粒的核-壳结构粒子，与 PET 数值熔融复合得到 PET/SiO_2-PS 复合材料（SNPET）样品。采用 DSC 热分析研究 SiO_2 粒径-复合材料结晶与熔融性关系。DSC 热扫描曲线，见图 2-40，分析数据见表 2-8。

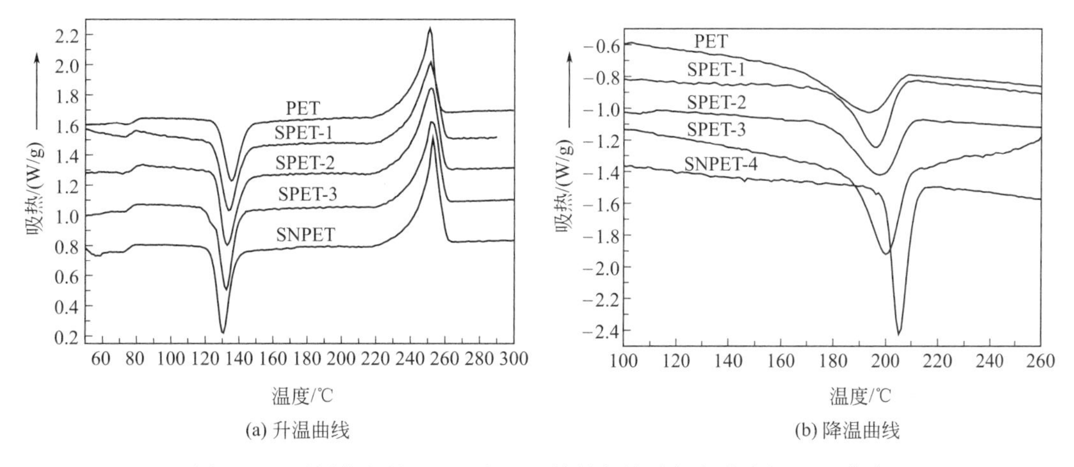

图 2-40 不同粒径的 SiO_2 对 PET 结晶与熔融行为影响的 DSC 曲线

表 2-8 纯 PET 和加入核-壳 SiO_2-PS 的 PET 复合材料的结晶与熔融参数

样品	SiO_2加量/%	SiO_2粒径/nm	T_g/℃	T_{cc}/℃	T_m/℃	T_{mc}/℃	ΔT_{cc}/℃	ΔT_{mc}/℃	ΔH_m/(J/g)	ΔH_{mc}/(J/g)
PET	0	—	77.8	135.2	251.7	193.5	57.4	58.2	47.3	34.7
SPET-1①	2.0	380	77.1	133.5	251.9	196.5	56.4	55.4	47.9	36.3
SPET-2②	2.0	250	76.8	132.7	252.1	197.3	55.9	54.8	48.1	38.4
SPET-3③	2.0	110	76.0	132.3	252.2	199.9	56.3	52.3	48.9	41.1
SNPET④	2.0	35	75.4	130.4	252.5	205.1	55.0	47.4	49.4	41.9

① SPET-1 为 PET/SiO_2-PS 复合材料，SiO_2 的粒径为 380nm；② SPET-2 为 PET/SiO_2-PS 复合材料，SiO_2 的粒径为 250nm；③ SPET-3 为 PET/SiO_2-PS 复合材料，SiO_2 的粒径为 110nm；④ SNPET 为 PET/SiO_2-PS 复合材料，SiO_2 的粒径为 35nm。

这些样品 SiO_2 粒径从 380nm 到 35nm，其对应复合材料的 T_g 和 T_{cc}逐渐向低温移动，过热度 ΔT_{cc}总体趋势减少，表明不同粒径 SiO_2 颗粒在 PET 中成核效应不同，粒径越大，成核效应越低。反之，粒径越小所起成核作用越大，PET 结晶速度越快。图 2-40(b) 熔体降温曲线中，T_{mc}逐渐向高温方向移动，在 35nm SiO_2 粒径时过冷度 ΔT_{mc}最小，该纳米 SiO_2 更加速 PET 结晶，异相成核作用显著增大复合材料晶核密度。表 2-7 可见各种 SNPET 样品 T_g 和 T_{cc}。PET 的 T_g 和 T_{cc} 较高，分别为 77.8℃ 和 135.2℃。亚微米 SiO_2 颗粒对 PET 成核效应低，粒径太大和表面较光滑，成核作用不明显。

随着 SiO_2 粒径减小，T_m 和 ΔH_m 逐渐增大。粒径减小增大复合材料成核密度，提高晶粒完善程度，熔融热焓和熔点都增加。因此，无论是低温还是高温区结晶，粒径为 35nm 的 SiO_2 都能明显加速 PET 结晶过程，使结晶更完善。

（2）*表面处理 SiO_2 粒子影响 PET 结晶熔融行为*　纳米 SiO_2 颗粒表面用不同方法处理后与 PET 熔融复合材料样品的 DSC 升温和降温曲线，见图 2-41。

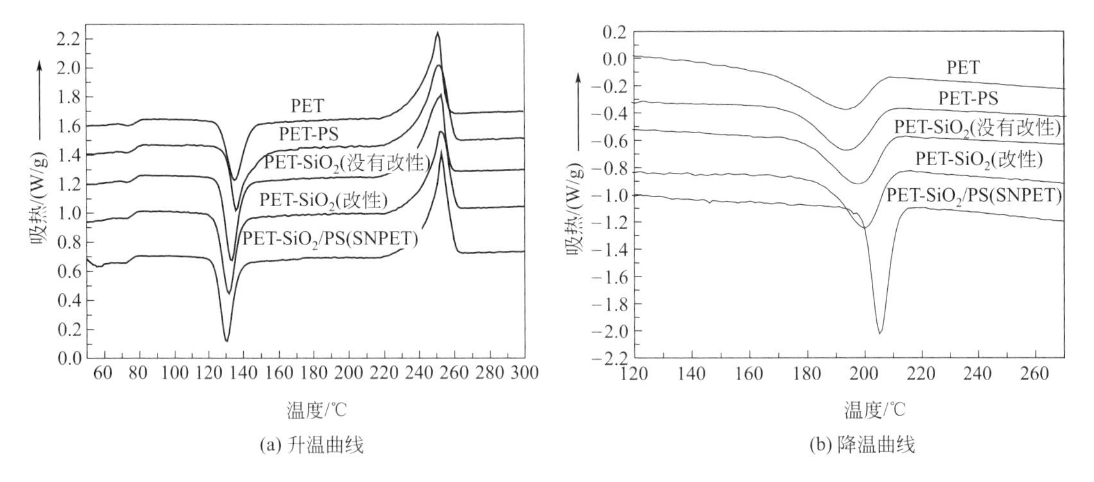

图 2-41　表面处理 35nmSiO_2 颗粒对 PET 熔融和结晶行为影响的 DSC 曲线

当 PET 中加入少量 PS，PET 的 T_g 有所下降，即 PS 能增加 PET 分子链段的运动能力。在靠近 PET 聚合物 T_g 的温度区间结晶，其结晶过程主要受链段扩散速度控制，T_g 降低使 PET 链段扩散活化能减小，聚合物分子链的运动活性增大，分子链从熔体向结晶界面的运动迁移容易，起加速 PET 结晶的作用[55]。当在 PET 中加入纳米 SiO_2 后，PET 的 T_m 和 ΔH_m 有一定程度提高，这种纳米颗粒异相成核作用使 PET 结晶更完善，使其熔点和热焓升高。当加入未改性 SiO_2 时，T_{mc} 比 PET 提高 4.2℃。当在 PET 中加入经偶联剂 MPS 改性的纳米 SiO_2 颗粒时，复合材料的 T_{mc} 比 PET 提高 6.5℃，成核作用显著增强，是因为改性后的 SiO_2 与 PET 的相容性增加；当加入核-壳 SiO_2-PS 纳米复合颗粒时，T_{mc} 达到最大，比 PET 提高 11.6℃，纳米 SiO_2 通过核-壳颗粒形式均匀分散于 PET 熔体中，形成成核中心。分散均匀体系减小无机相与有机相间的界面张力，促使 PET 分子和纳米 SiO_2 颗粒间的“桥联”加快 PET 的表面结晶。纳米 SiO_2 经不同表面处理后，T_{mc} 都向高温方向移动，加入核-壳 SiO_2-PS 纳米复合颗粒后的 T_{mc} 最大。同时，SNPET 样品曲线峰形最尖，结晶半峰宽 $T_{b,1/2}$ 最窄，只有 6.8℃，说明 PET 中加入核-壳 SiO_2-PS 纳米复合颗粒，成核效应最明显，结晶速度最快。

（3）*SiO_2 颗粒加量影响 PET 结晶熔融行为*　经 PS 包覆 35nmSiO_2 形成核-壳 SiO_2-PS 纳米复合粒子加速 PET 结晶。不同 SiO_2 含量的核-壳 SiO_2-PS 纳米复合粒子聚酯熔融复合样品，其 DSC 升温和降温曲线见图 2-42。

随着纳米 SiO_2 含量增加，T_g 和 T_{cc} 逐渐降低，体系 PS 量的增加使 PET 链段运动能力增强，导致 T_g 降低；ΔT_{cc} 也随纳米 SiO_2 含量增加而降低，即在玻璃态升温结晶过程中，纳米 SiO_2 颗粒的异相成核作用促进低温区结晶。

但当 SiO_2 含量达到 5%（质量分数）时，冷结晶峰出现肩峰，可能是 SiO_2 含量过高造成纳米颗粒分散不均匀即颗粒团聚。纳米 SiO_2 含量对 SNPET 的熔融温度 T_m 和熔融焓 ΔH_m 也有影响，随着纳米 SiO_2 颗粒的含量增加，T_m 和 ΔH_m 先增加后又降低，适量纳米 SiO_2 能提高 PET 晶体完善程度。当 SiO_2 含量超过 2.0%（质量分数）时，易造成颗粒团聚，降低结晶的完善程度，使 T_m 和 ΔH_m 降低。

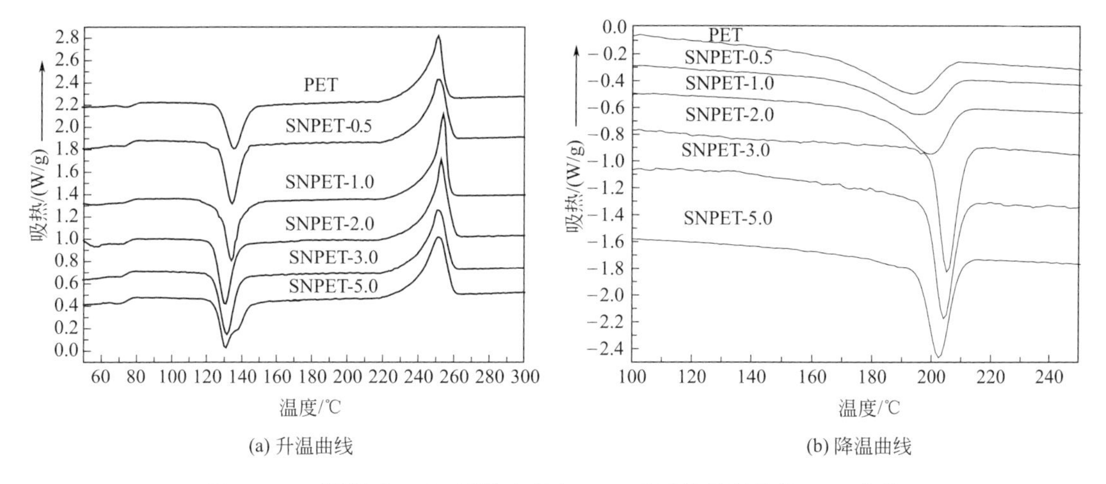

图 2-42 不同纳米 SiO_2 颗粒含量和 PET 熔融结晶行为的 DSC 曲线

纳米 SiO_2 含量过多或过少都不利于结晶，SiO_2 含量为 2.0%（质量分数）时 T_{mc} 达最大值 205.1℃，此时结晶速度最快。从晶核总面积考虑，单位质量内晶核总面积越大，结晶生长面越大，结晶速度越快。纳米 SiO_2 加量过低，成核晶核密度较低；SiO_2 含量为 2.0%（质量分数）时，纳米 SiO_2 颗粒均匀分散异相成核，形成的晶粒大小趋于一致，成核密度增大，成核速度与结晶速度提高。过多纳米 SiO_2 造成团聚不能很好地起异相成核作用，影响 PET 分子链段在晶核周围重排。

2.5.2 聚酯交联共聚物纳米分散复合结构的固定效应

2.5.2.1 共聚交联结构固定纳米原位分散结构原理

（1）*纳米分散结构的无序和有序特性* 纳米粒子分散于聚合物熔体中是熵增过程，需要克服熔体黏度、黏滞阻力以及范德华力等，因此纳米粒子分散过程原则上是不可控的无规无序过程。然而，熔体降温冷却过程中自发组装的有序分子链和多尺度晶体，必然限制或排斥纳米粒子的无序运移，会使纳米粒子产生有序化结构。

在后面内容中，我们完全可将 MPS 处理的纳米 SiO_2 分散于聚酯熔体中，经过可控冷却过程产生有序相分离结构。可以认为，纳米粒子在聚合物熔体中分散的过程中产生了有序-无序混合结构。一切纳米分散过程都是试图找出有序-无序结构间的过渡态或临界条件。对于需要大规模化的聚合物纳米复合材料体系及其纳米复合流体体系而言，如何将那些已经形成的有序或者无序纳米结构固定下来，显然是获得实用化体系必须解决的问题。

（2）*纳米分散结构为何需要固定* 通过纳米分散形成的聚合物纳米复合材料及其纳米复合流体体系，无论采取何种分散技术或途径，基本都形成有序或无序纳米结构，这种纳米分散结构是动力学不稳定体系，不仅会产生有序-无序纳米结构和过渡态，还会在外界条件如高温、高压、高浓度盐离子和强酸碱强烈作用下，变成不可控、难控制甚至团聚结构体系。因此，设计研究固定已分散纳米结构，实际上就是控制所获得纳米复合材料性能的稳定性，使之满足纳米复合材料功能、稳定和高效应用的要求。

2.5.2.2 共聚交联结构固定已分散纳米结构的原理

（1）*纳米软团聚结构与软团聚体系* 通常以团聚体存在的纳米粒子体系分散于聚合物熔体或其浓溶液中，使纳米粒子团聚体逐步稀释、扩散直至产生纳米结构；同样条件下，纳米粒子分散的初级阶段仍然呈团聚体形态，而在后续过程中逐步分散，我们将这类主要以物理作用聚集团聚体系，可在后续过程中逐步分散的纳米粒子体系定义为纳米软团聚体，纳米软团聚体分散形成纳米软团聚结构。

（2）高分子网络固定纳米分散结构　纳米分散过程起始于初级分散的软团聚体，然后经过纳米粒子在聚合物熔体或其浓溶液中逐步稀释、扩散，产生纳米结构和纳米复合结构。然而，通常的高分子链是无规线团，也可能会吸附捕获软团聚体而阻止其进一步扩散或分散。

为此，若设计交联剂事先或事后将高分子链适度交联，将可能将已分散的纳米结构固定下来，从而产生稳定性能。

这种通过适度交联高分子链形成网络隔离和网格结点方式，使纳米分散结构固定的方法，称为高分子网络固定纳米分散结构。通常可设计高分子链交联网络固定纳米分散结构，该固定过程的设计原理，见图 2-43。

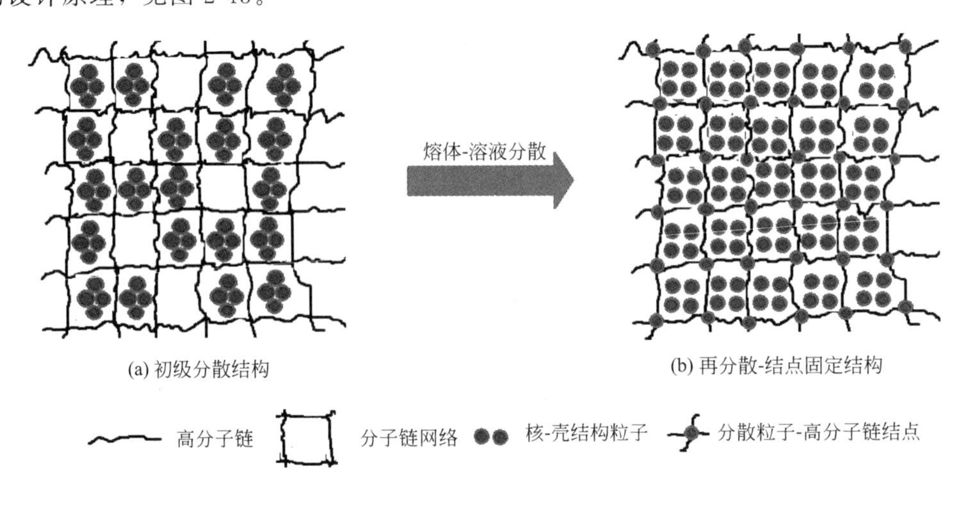

图 2-43　高分子链交联网络固定纳米分散结构的原理示意图

因此，使所得高分子纳米复合材料的纳米结构稳定的设计原理，主要是优选交联剂分子及其可控原位聚合分散方法。由于聚酯高分子材料是特大品种体系，我们设计其丙三醇共聚及其化学与纳米粒子物理交联体系，用于有效固化已分散的纳米结构，创制大规模化聚酯纳米复合材料专用体系。

（3）纳米 SiO_2 和聚苯乙烯核-壳结构粒子可控分散于聚酯基体　PS-SiO_2 核-壳结构粒子可通过熔融、压制工艺分散于 PET 分子基体中，并经可控冷却和压制工艺使纳米 SiO_2 颗粒均匀分布结构固定化。该分散结构与固化形态参见 SEM 形态图（图 2-44，图中亮点）。

可见，PET 原始基体无定形体系存在网络状柔性纤维形态，而纳米 SiO_2 颗粒与 PET 复合材料无定形样品中几乎无团聚粒子。纳米粒子分散和 PET 大分子柔性纤维形成网络节点，提高分子间作用力。SiO_2 含量大于 2.0%（质量分数），纳米 SiO_2 颗粒在聚酯基体中的分散均匀性开始下降，有些纳米 SiO_2 颗粒与 PET 基体发生明显相分离，出现少量团聚粒子。纳米 SiO_2 加量为 6%（质量分数）时，通过增加熔体压力可形成均匀分散，但实际仍残存少量团聚粒子[54,56]。

研究和实践表明，PET 基体中 1%～5%纳米 SiO_2 加量可保持可控分散性、可控规模分散性及可固化纳米分散结构形态。而纳米 SiO_2 加量高于 5%时，虽然可以通过优化熔体温度、融化时间和压力而得到均匀分散结构与固化形态，但不利于纳米 SiO_2 颗粒在 PET 基体中均匀分散，而降低复合材料综合性能。

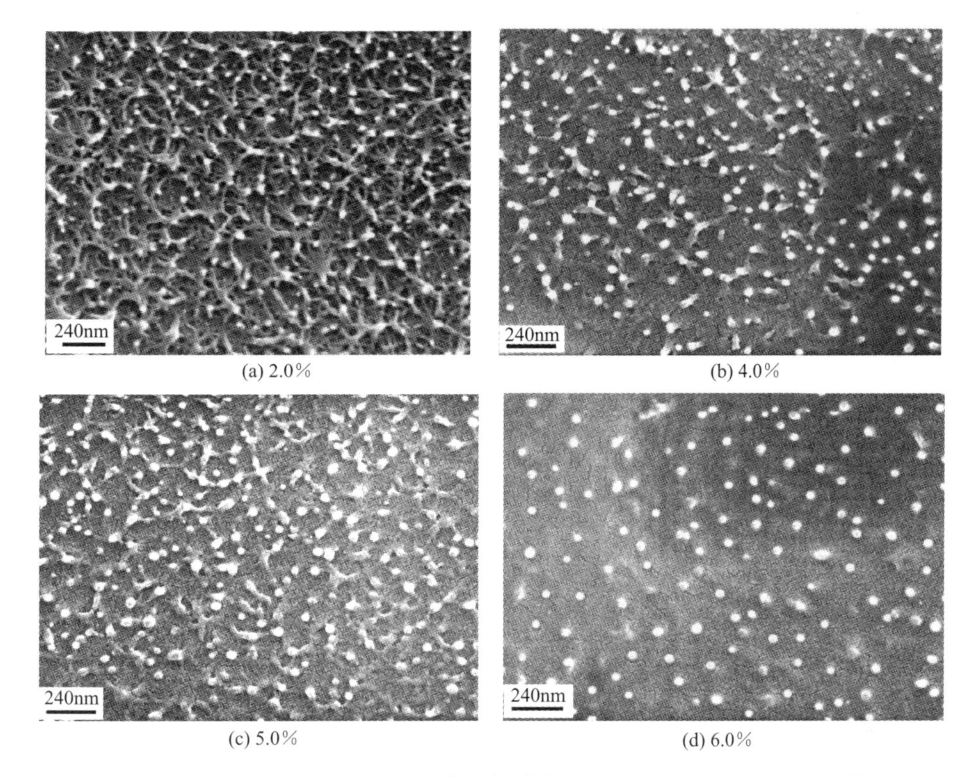

(a) 2.0%　(b) 4.0%　(c) 5.0%　(d) 6.0%

图 2-44　无定形 SNPET 纳米复合材料膜在不同 SiO_2 含量时的 SEM 形态

2.5.2.3　共聚交联结构固定已分散纳米结构设计

（1）纳米 SiO_2 的乙二醇分散悬浮行为　合成聚酯交联共聚纳米复合材料，仍然需要控制纳米均匀分散行为。为此，制备不同浓度的纳米 SiO_2 处理前后的乙二醇分散悬浮液。采用二次蒸馏水稀释到约 0.02%（质量分数）浓度，然后将稀释的悬浮液滴在镀碳膜的铜网上，35℃左右干燥后观察颗粒的 TEM 形貌，如图 2-45 所示。

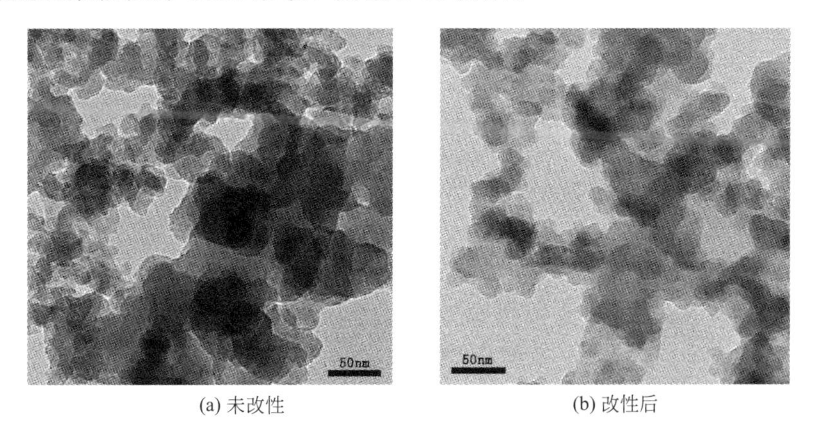

(a) 未改性　(b) 改性后

图 2-45　纳米 SiO_2 粒子表面处理前后的乙二醇体系分散形态

（MPS 表面改性；FEI TECNAI 20 透射电镜，加速电压为 120kV）

未改性纳米 SiO_2 颗粒在乙二醇悬浮液中产生严重团聚现象，而采用 MPS 改性的纳米 SiO_2 颗粒团聚现象减少且均匀分散性显著改善，分散粒径约 30nm，只存在少量软团聚体系。此外，纳米 SiO_2 颗粒表面接枝 MPS 后，由亲水性变成亲油性，这能有效改善纳米颗粒在单体 EG 及后续聚酯交联共聚物中的良好分散。

（2）聚酯交联共聚物纳米复合材料（G-NPET） 采用丙三醇与PET单体经交联共聚形成交联结构聚酯共聚物（G-PET），G-PET与纳米SiO_2颗粒原位聚合复合形成交联聚酯共聚纳米复合材料（G-NPET）。将0.2%交联单体在PET酯化阶段加入纳米SiO_2乙二醇分散悬浮液中，使羟基/羧基摩尔比为1.4∶1。在酯化反应前期，在120℃蒸出体系中的乙醇后，再继续升温进行深度酯化反应，得到纳米SiO_2复合材料样品[55～57]，该样品体系组成与物性见表2-9。

表2-9 G-NPET样品

样品名称	丙三醇加量(质量分数)/%	纳米SiO_2含量(质量分数)/%
G-NPET-1	0.2	1
G-NPET-2	0.2	2
G-NPET-3	0.2	3

2.5.2.4 交联共聚聚酯纳米复合材料中纳米SiO_2的分散性

（1）纳米SiO_2在G-NPET中的分散行为 纳米SiO_2颗粒在聚酯基体中均匀分散，产生吸附阻隔气体效应，是提高聚酯阻隔效应的重要因素[58]。采用透射电镜研究纳米SiO_2颗粒在G-NPET基体中的分散行为，见图2-46。

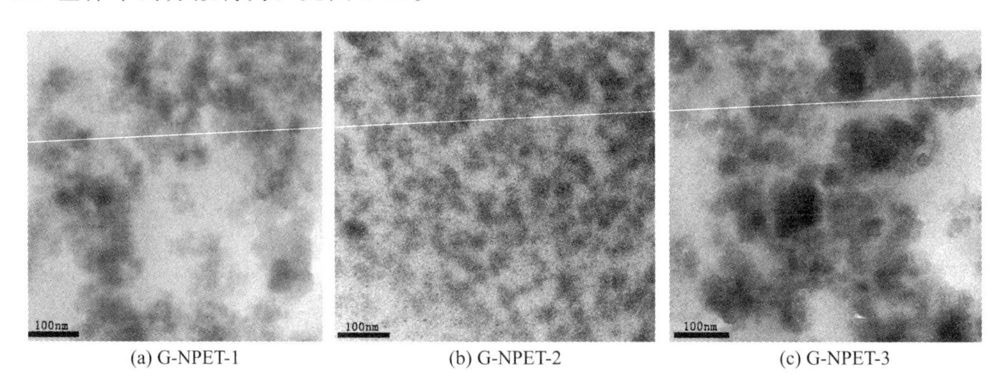

(a) G-NPET-1 (b) G-NPET-2 (c) G-NPET-3

图2-46 不同纳米SiO_2含量G-PET纳米复合材料中的纳米SiO_2分散形态
（样品厚度约100nm切片负载于直径约3mm镀碳膜铜网上，FEI TECNAI 20电镜观察，加速电压120kV；G-NPET非定形样条在LKB NOVA切片机上切片，DIATOME钻石刀片）

（2）纳米SiO_2在G-NPET中的软团聚分散性 纳米颗粒因表面活性高及分子间通过氢键、范德华力作用，形成纳米结构松散的聚集体，该聚集体在熔融挤出加工过程中的热作用和流体分子链作用下，被进一步破坏而均匀分散，这种纳米聚集体称为软团聚体。在G-NPET纳米复合材料体系中，当纳米SiO_2含量不高于2%时，50nm的SiO_2粒子基本均匀分散于PET基体中，仅有少量不均一团聚体是颗粒间纳米结构的软团聚体。

调控熔融挤出加工温度与工艺，通过剪切过程破坏纳米SiO_2软团聚体。然而，当纳米SiO_2添加量达3%时，纳米颗粒团聚现象变得较严重。

（3）纳米SiO_2在PET基体中的可控分散结构固定 设计采用纳米SiO_2表面亲水、憎水处理，通过在PET原位聚合反应形成可控分散纳米结构。然后通过反应工艺如温度、压力和时间参数控制，调控所形成纳米结构的稳定性[55～57]。设计单分散纳微米SiO_2表面憎水体系，设计优化其在聚酯基体中的熔体分散，可以形成一定规模化的纳微米分散组装结构。

2.5.3 聚合物纳米复合材料特殊结晶熔融行为

2.5.3.1 聚合物纳米复合材料多重结晶熔融行为

（1）现有聚合物的多重结晶熔融行为 聚合物分子是多种同系物的混合物，具有多分散性，这是聚合物产生多重结晶行为的根源之一。聚合物材料无定形体系在等温结晶过程中，受退火温度诱导多种链段有序聚集，产生多重结晶体系，由此产生多重熔融行为。在 DSC 曲线上，在设定温度等温结晶的无定形聚合物材料产生多于一个熔点的熔融峰，是高分子聚合物的典型多重结晶熔融行为。

(2) 聚酯纳米复合材料退火条件的多重结晶熔融行为 PET 熔体经快速淬火得到无定形样品。在 T_g 与 T_m 间退火能形成一定结晶度晶体。无定形聚酯纳米复合材料样品 SNPET 在不同退火温度下结晶 2h，DSC 升温和降温曲线如图 2-47 所示。

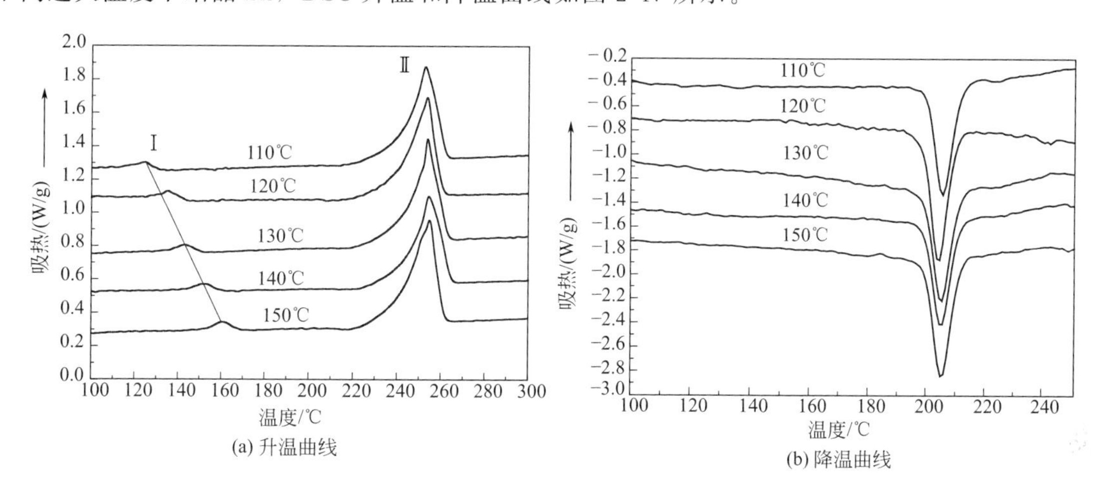

图 2-47 退火温度和无定形 SNPET 样品结晶熔融 DSC 曲线（SiO_2 粒径 35nm，质量分数 2%）

SNPET 升温的所有曲线，都无玻璃化转变区和冷结晶峰，即无定形 SNPET 在一定温度退火后不经结晶过程而直接熔融。特别是，所有 SNPET 都产生双熔融峰现象，即小熔融峰Ⅰ在低温处，真熔融峰Ⅱ在高温处。熔融起始阶段出现的小熔融峰Ⅰ相对强度较小，均比相应等温结晶退火温度约高 10℃。尽管小熔融峰Ⅰ形成机理有很多争论[15~20,59]。我们前期研究认为 DCS 曲线小熔融峰出现，是由于 SNPET 在等温结晶退火过程中，在主要晶体间形成了一些小晶粒，其熔融时熔点略高于等温结晶退火温度。随着等温结晶退火温度升高，小熔融峰温Ⅰ逐渐向高温方向移动且小熔融峰热焓 ΔH_{ml} 也有所增加，这是因为小晶粒熔点 T_m 与晶粒体积 V 之间关系为[57,60]：

$$T_{ml}=T_m^0\left[1-\frac{6}{\Delta H_f}\left(\frac{\sigma^2\sigma_e}{V}\right)^{\frac{1}{3}}\right] \tag{2-17}$$

式中，T_{ml} 为小晶粒的熔点；T_m^0 为晶体平衡熔点；σ 为片晶的侧表面自由能；σ_e 为片晶端表面自由能；V 为小晶粒体积；ΔH_f 为熔融热焓。

由式(2-17) 可见小晶粒体积越大，熔点 T_{ml} 越高；相反体积越小，熔点就越低，小晶粒熔化对应温度为小熔融峰温，大晶粒融化温度为真熔融峰温。

退火温度升高有助于小晶粒尺寸长大和晶粒完善，即小熔融峰在较高温度才熔融，熔融峰Ⅰ熔点及 ΔH_{ml} 升高。对于真熔融峰Ⅱ，等温结晶退火温度增加，熔融峰温 T_m 和 ΔH_m 稍增加，这源于退火温度增加有助于 SNPET 结晶完善。

熔融降温曲线中结晶峰形状及结晶峰温 T_{mc} 变化不大，结晶热焓 ΔH_{mc} 稍有增加，在相同纳米 SiO_2 含量下 SNPET 结晶速度相近，提高退火温度并未影响 SNPET 结晶速度。

2.5.3.2 提出聚合物纳米复合材料多重结晶熔融行为模型

(1) 聚合物高分子平衡熔点 聚合物高分子的平衡熔点（T_m^0）是指，具有完善晶体结构的高聚物的熔融温度。在平衡熔点下熔融的晶体对应的是该高聚物最完善的结晶体，具有最小自由能。一般地，测得的聚合物高分子熔点低于平衡熔点，是由于其晶粒小且不同程度不完善性所造成。平衡熔点（T_m^0）与熔融峰温（T_m）采用 Hoffman-Weeks 方程[61]表示：

$$T_m = T_m^0(1-1/\beta)+T_c/\beta \tag{2-18}$$

式中，β 为形态因子，$\beta=l^*/l$，即样品结晶终了时的片晶厚度 l^* 与动力学确定的折叠链片晶厚度 l 的比值；T_c 为样品的结晶温度。

通常，聚合物高分子体系处于非平衡态，同一种高分子因制备方法不同而有不同结晶态而其熔点也不同。因此，评价聚合物高分子熔融特性需用平衡熔点（T_m^0）表征，它不受制备方法和测定条件影响。

在不同结晶温度 T_c 下等温结晶所得到 SNPET 的 T_m，以 T_m 对 T_c 作图，并将 T_m 对 T_c 的关系图外推到与 $T_c=T_m$ 直线相交，其交点为 SNPET 的平衡熔点 T_m^0，只有在平衡条件下 T_m 才等于 T_c，见图 2-48。

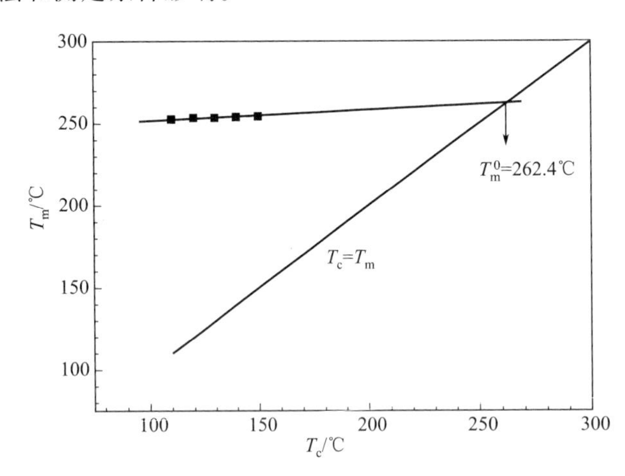

图 2-48 聚酯纳米复合样品不同结晶温度 T_c 和熔点 T_m 关系曲线

根据平衡熔点-结晶温度曲线，外推计算得到 SNPET 平衡熔点 T_m^0 = 262.4℃，可与 PET 平衡熔点（258.6℃）[61]比较。

（2）聚合物高分子纳米复合材料平衡熔点 依据聚合物晶体完善程度与结晶温度关系原理，在有效结晶温度范围内的结晶温度越高，生成的晶体越完善，其相应熔融温度也越高。纳米 SiO_2 粒子在 PET 基体中分散产生成核效应，应使 PET 熔点显著升高，而实际二者相差无几。迄今，这种现象是否普遍尚需更多证据。将同样纳米 SiO_2 粒子分散于聚丙烯基体中，可提高其熔点几度，但是可使聚丙烯热变形温度提高到 141℃。

（3）纳米成核诱导聚合物多重结晶及其不完整性模型 从聚合物纳米复合材料热熔融分散及其诱导结晶成核效应中，我们发现纳米熔体分散只能得到部分有序组装结构，主要形成多分散结构产生多重结晶形态。由此提出纳米成核及纳米粒子-聚合物链复合体系结晶不完整性模型，其内涵是，纳米粒子呈多分散性，诱导形成多分散性高分子晶体，这种复合晶体可以通过热熔融进一步完善，但是尚不能完全实现高度有序化和完善晶体形态。

采用以下实验验证了这一模型，由此更希望得到有序化纳米分散结构。

（4）退火时间调控 SNPET 结晶熔融行为 无定形 PET 样品在高于玻璃转变化温度 T_g 以上退火，将从玻璃态向晶态结构转变。无定形 SNPET 纳米复合样品 120℃经过不同时间退火后得到的 DSC 升温和降温曲线如图 2-49 所示。

图 2-49 的相应测试数据列于表 2-10。

表 2-10 不同退火时间对 SNPET 熔融和结晶行为的影响

退火时间/min	T_{ml}/℃	T_{cc}/℃	T_{mc}/℃	T_m/℃	ΔH_{mc}/(J/g)	ΔH_m/(J/g)
0	—	130.4	205.1	252.5	−41.9	49.4
30	—	134.2	205.0	252.7	−40.2	50.0
60	130.6	—	204.4	253.0	−42.7	50.2
120	134.6	—	204.7	253.6	-42.9	50.6
300	136.8	—	205.5	253.5	−42.5	51.0

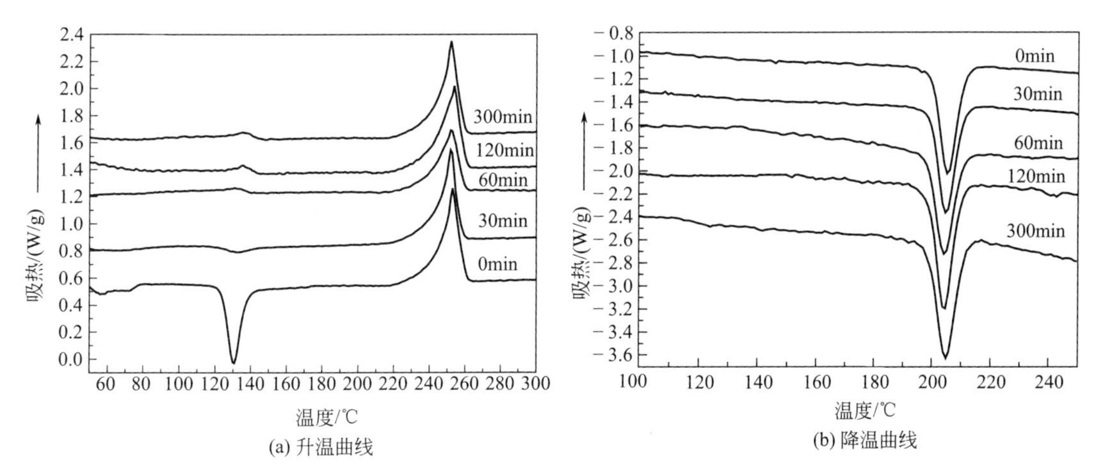

图 2-49 真空烘箱退火时间对 SNPET 熔融结晶行为影响 DSC 曲线
（SiO_2 粒径为 35nm，质量分数为 2%）

在升温曲线中，随着退火时间增加，无定形 SNPET 的玻璃化转变区逐渐消失，同时冷结晶峰逐渐减小，120℃退火时，2.0%（质量分数）纳米 SiO_2 颗粒促进 PET 结晶，玻璃化转变区及冷结晶峰逐渐减小直至消失。退火时间为 60min 时，在 130.6℃出现一个小熔融峰，随着退火时间进一步增加，小熔融峰向高温方向移动，退火结晶时高分子结构吸附成核重排，使小晶粒逐渐长大而引起小熔融峰向高温方向移动。升温曲线中，退火时间延长引起 T_m 和 ΔH_m（表 2-10）微增加，因为退火时间延长促进纳米成核及 SNPET 结晶完善，但是这种结晶完善化是动态的。在其熔融降温曲线中，所有结晶峰形类似，结晶峰温差不大，结晶热焓变化不大，即在相同纳米 SiO_2 含量下，SNPET 结晶峰温基本不受退火时间影响。

2.5.4 聚合物纳米复合材料结晶动力学

2.5.4.1 等温结晶动力学分析

（1）*基本原理* 聚合物样品在设定温度保持恒温过程中所产生的结晶行为，称为等温结晶，这也是高分子纳米复合材料最重要的结晶方式之一。

聚合物纳米复合材料等温结晶的方式和过程，采用普遍的程序和模型进行研究设计，并可推广至加工成型与应用特性优化。常用 DSC 热分析法及其附带软件，研究聚合物纳米复合材料的结晶行为。

（2）*研究方法* 我们可采用理论模型、仪器分析、定性定量分析、对比研究等方法，研究聚合物纳米复合材料的结构性能信息，建立结构性能定性和定量关系。

通常采用聚合物纳米复合材料和纯聚合物样品，在一种结晶模式（如等温结晶，或者非等温结晶条件）下，研究并对比其结构及其综合性能。

（3）*Avrami 方程与结晶参数* 研究金属结晶的 Avrami 方程[15]，已广泛应用于聚合物结晶动力学研究。对于三维生长球晶体，采用 Avrami 指数（n）表征结晶成核和生长方式，三维晶体均相成核时晶核由大分子链规整排列而成，n 的数值等于晶粒生长维数加 1，$n=3+1=4$；异相成核时，晶核由体系杂质形成，结晶自由度减小，n 值为 3。

在聚合物结晶的 t 时刻，聚合物的相对结晶度 X_t 表示为：

$$X_t=\frac{X_c(t)}{X_c(t=\infty)}=\frac{\int_0^t \frac{dH_c(t)}{dt}dt}{\int_0^{\infty} \frac{dH_c(t)}{dt}dt} \tag{2-19}$$

式中，$X_c(t)$ 及 $X_c(t=\infty)$ 分别为 t 时刻和结晶终了时的结晶度；$\frac{dH_c(t)}{dt}$ 为 t 时刻结晶热流率（放热）。

将 Avrami 方程取对数得到下式：

$$\lg[-\ln(1-X_t)]=\lg K+n\lg t \tag{2-20}$$

式中，X_t 为 t 时刻聚合物的相对结晶度；K 为动力学速率常数；n 为 Avrami 指数，与成核和生长方式有关，是结晶生长的空间维数和成核过程时间维数之和。

以 $\lg[-\ln(1-X_t)]$ 对 $\lg t$ 作图得到直线，其斜率为 n，截距为 $\lg K$，可求出总结晶速率常数 K 和 Avrami 指数 n。半结晶时间（$t_{1/2}$）定义为结晶完成 50%的时间，即有，

$$t_{1/2}=\left(\frac{\ln 2}{K}\right)^{\frac{1}{n}} \tag{2-21}$$

半结晶时间的倒数定义为聚合物结晶速率 G：

$$G=\tau_{0.5}=(t_{1/2})^{-1}=\left(\frac{\ln 2}{K}\right)^{\frac{-1}{n}} \tag{2-22}$$

在 Avrami 原式中，令 X_t 对时间二阶导数为 0，得最大结晶速率的时间 t_{max}：

$$t_{max}=\left[\frac{(n-1)}{nK}\right]^{\frac{1}{n}} \tag{2-23}$$

结晶生长过程是聚合物链段运动向晶核扩散而有序排列的过程，随着温度降低，链段运动性降低，结晶生长速度降低。温度接近熔点时，聚合物链段运动太强，不能形成稳定晶核；而在接近玻璃化温度时，聚合物熔体黏度很高，链段运动极慢。因此，设计在 $T_g \sim T_m$ 进行聚合物结晶化过程，需优选中间适当温度，使结晶成核和生长都具有较大速度，达到结晶速率最大化，对应结晶所需时间为最大结晶速率时间，即 t_{max}。

（4）纳米复合材料等温结晶曲线形状　DSC 常用于表征纳米复合材料等温结晶过程获得结晶曲线。常采用无定形样品进行定性定量研究。

以 PET 和 SNPET 膜样品为例，研究等温结晶过程为，设定 10℃/min 升温速率，将样品加热至 300℃ 熔融保温 10min，再以 165℃/min 急速降温至设定温度（如 200℃、203℃、206℃、209℃和 212℃），再进行等温结晶，记录等温结晶 DSC 降温曲线，采用各种结晶动力学软件分析。DSC 研究 PET 和 SNPET 样品在不同结晶温度下的降温或放热曲线，见图 2-50。

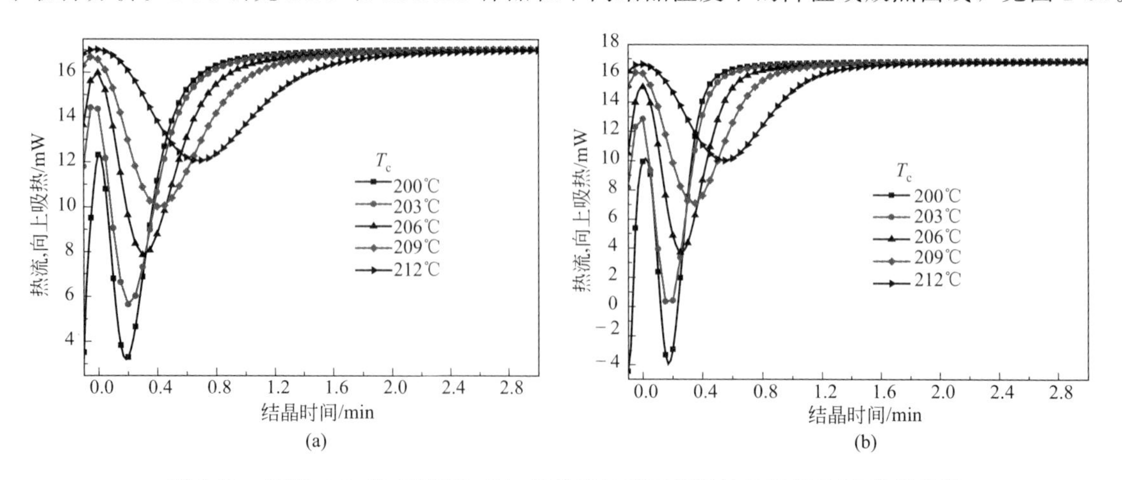

图 2-50　PET（a）和 SNPET（b）熔体样品不同等温结晶温度 DSC 放热曲线

［样品以 10℃/min 升温速率加热至 300℃熔融，保温 10min，然后以 165℃/min 急速降温至设定温度（200℃、203℃、206℃、209℃和 212℃）等温结晶（质量分数为 2.0%的 PS 包覆 35nm SiO_2 颗粒）］

随着结晶温度的提高，DSC 曲线的放热峰明显右移，峰形变宽，即随着结晶温度提高，结晶时间延长，结晶速率下降。聚酯纳米复合材料样品在熔融降温时，等温结晶温度越高，聚合物链段运动能力越强，形成稳定晶核数目越小。

总结晶速率等于成核速率与晶体生长速率之和。高温结晶区的结晶主要受成核项控制，成核数减少导致总结晶速率降低。SNPET 纳米复合材料 DSC 放热峰形比 PET 窄，完成结晶所需时间较少，显著提高 PET 结晶速率。

PET 和 SNPET 等温结晶的相对结晶度 X_t 与结晶时间关系曲线呈 S 形，结晶初期的相对结晶度提高速度较缓慢，随后结晶度呈线性迅速增长，到结晶后期结晶速度增长速度明显减慢，并逐渐达到最大值。

(5) 纳米复合材料等温结晶 Avrami 曲线形状　聚合物纳米复合材料等温结晶 Avrami 曲线也有特定形状。以 PET 和 SNPET 样品为例，其等温结晶 $\lg[-\ln(1-X_t)]$ 与 $\lg t$ 曲线，见图 2-51。

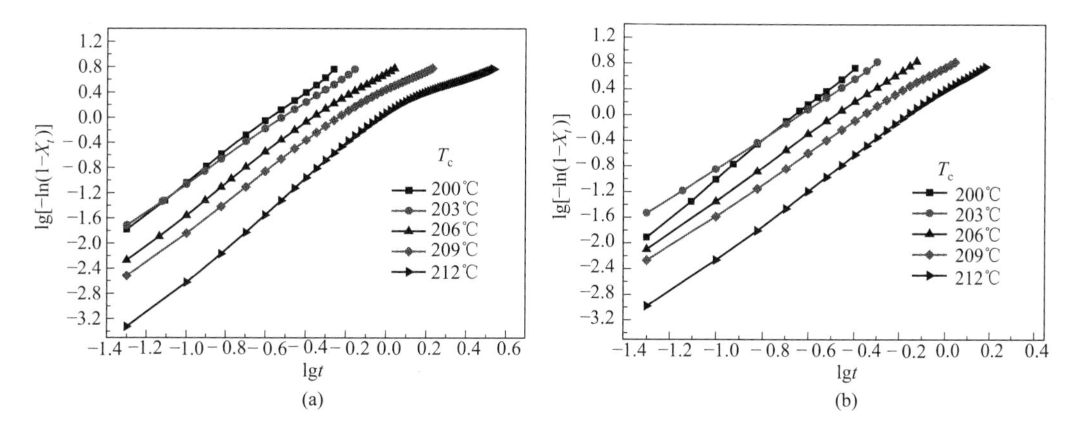

图 2-51　PET (a) 和 SNPET (b) 样品 $\lg[-\ln(1-X_t)]$ 与 $\lg t$ 关系曲线
[样品以 10℃/min 升温速率加热至 300℃熔融后，保温 10min，然后以 165℃/min 急速降温至设定温度 200℃、203℃、206℃、209℃和 212℃下等温结晶；采用 2.0%（质量分数）的 PS 包覆 35nm SiO_2 核-壳颗粒]

在较低结晶温度（如 200℃和 203℃），Avrami 曲线呈很好的线性关系，表明其等温结晶行为符合 Avrami 方程，基本无二次结晶行为发生。

对于较高结晶温度（如 206℃、209℃和 212℃），在结晶初始阶段，$\lg[-\ln(1-X_t)]$ 对 $\lg t$ 有很好的线性关系，但是结晶后期偏离线性关系，这种偏离是二次结晶（次级结晶）现象，是结晶后期球晶相互碰撞挤压造成的[62,63]。PET 和 SNPET 样品的 Avrami 曲线在 200℃和 203℃发生交叉，这由结晶温度较低，结晶速度太快，结晶放热峰不完善所致。SNPET 交叉角比 PET 大，SNPET 中纳米 SiO_2 颗粒加速 PET 结晶。由此得到的 PET 和 SNPET 的等温结晶动力学参数列于表 2-11。

PET 和 SNPET 的 Avrami 指数 n 在 2.2～2.9，即 PET 和 SNPET 晶体以三维球晶的形式生长。总结晶速率常数 K 是结晶温度的函数，随着结晶温度的升高，其值迅速降低，结晶温度升高不利于 PET 结晶。同时，等温结晶温度对半结晶时间（$t_{1/2}$）、达到最大结晶速率时所需要的时间（t_{max}）以及结晶速率 G 也有非常大的影响，随着结晶温度的升高，$t_{1/2}$ 和 t_{max} 依次增大，G 逐渐减小，结晶温度增加会增加 PET 的结晶时间，降低结晶速率。同时，在同一结晶温度下对比 PET 和 SNPET 的 $t_{1/2}$ 和 G 的值发现，SNPET 的 $t_{1/2}$ 小于 PET 的，G 比 PET 的大，纳米 SiO_2 颗粒在 PET 中显著的异相成核作用，加速 PET 结晶，缩短了结晶时间。

表 2-11 PET 和 SNPET 的等温结晶动力学参数

样品	T_c/℃	n	K/min^{-n}	t_{max}/min	$t_{1/2}$/min	G/min^{-1}
PET	200	2.4	24.3	0.211	0.227	4.405
	203	2.2	12.4	0.242	0.270	3.704
	206	2.4	7.72	0.341	0.366	2.732
	209	2.9	4.21	0.527	0.537	1.862
	212	2.7	1.27	0.771	0.799	1.252
SNPET	200	2.8	81.4	0.171	0.182	5.495
	203	2.3	30.3	0.177	0.193	5.181
	206	2.5	15.0	0.276	0.292	3.425
	209	2.4	6.60	0.364	0.391	2.557
	212	2.7	2.62	0.590	0.611	1.637

2.5.4.2 纳米复合材料结晶活化能及性能关联分析

(1) 研究纳米复合材料结晶活化能 由结晶活化能可判断结晶速率快慢，结晶活化能越小熔体降温越易结晶。假定等温结晶过程是热活化过程，用下式计算等温结晶过程表观活化能[64,65]。

$$K^{\frac{1}{n}}=K_0\exp[-\Delta E/(RT_c)] \tag{2-24}$$

式中，K 是结晶速率常数；T_c 是等温结晶温度；K_0 是与温度无关的常数；R 是普适气体常数；ΔE 是总的结晶表观活化能，由迁移活化能 ΔF 和成核活化能 $\Delta\phi$ 组成，其中 ΔF 为结晶单元穿过液固相界面的活化能，$\Delta\phi$ 为在结晶温度为 T_c 时形成临界尺寸晶核的活化能（即成核活化能）。在高温结晶时，即从熔体降温结晶，在非常低的过冷度情况下，成核速度很小，成核项对结晶速度起支配作用，此时迁移项 $\Delta F/(RT_c)$ 可以忽略，决定因素是成核活化能项 $\Delta\phi/(RT_c)$，可用 $\Delta\phi$ 近似代表总活化能 ΔE，则由式(2-24) 得到：

$$\frac{1}{n}\ln K=\ln K_0-\Delta E/(RT_c) \tag{2-25}$$

以 $\frac{1}{n}\ln K$ 对 $1/T_c$ 作图得到一直线，根据直线的斜率可求得 ΔE。由表 2-10 中不同结晶温度（T_c）下的结晶速率常数 K 可以得到纯 PET 和 SNPET 的 $\frac{1}{n}\ln K$ 与 $1/T_c$ 的关系曲线，见图 2-52。

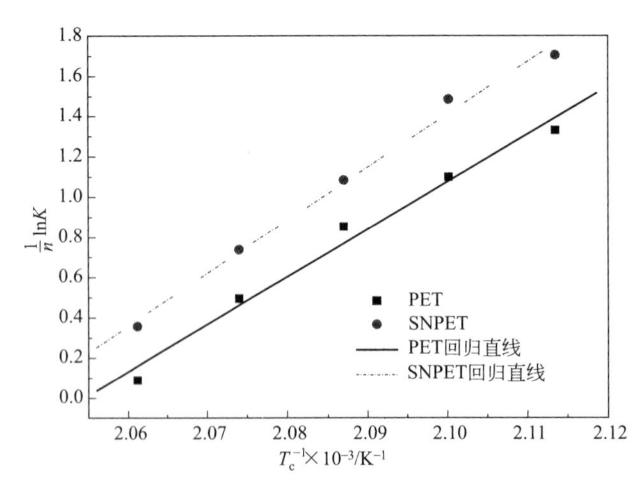

图 2-52 PET 和 SNPET 的 $\frac{1}{n}\ln K$ 与 $1/T_c$ 的关系曲线

由回归直线斜率求得 PET 和 SNPET 的结晶活化能分别为 −196.1kJ/mol 和 −218.7kJ/

mol。结晶活化能负值表明从熔体到有序结晶态为放热过程。显然，SNPET 结晶活化能小于 PET 结晶活化能，其结晶速率快缘于其中纳米 SiO_2 的成核效应。

（2）结晶性能关联性　对于聚合物纳米复合材料样品，其结晶结构性能，不但是加工性能而且是使用性能设计的重要参考。研究纳米复合材料等温或非等温结晶过程，建立其与机械强度、热稳定性、耐溶剂性及光学性能等的定性和定量关联性。

2.5.4.3　非等温结晶动力学分析

（1）非等温结晶动力学　等温结晶动力学具有一定局限性，所允许测定的温度范围很窄，曲线形状不完整等，高分子材料实际加工是非等温结晶过程，高分子在实际温度下结晶热呈波动式。非等温结晶过程是指在变化温度场下的结晶过程，它是模仿现实环境而设计的一种结晶方式，通过建立理论和实验方法，解释纳米颗粒促进聚合物如 PET 的结晶及提高结晶能力的行为。

非等温结晶更接近实际生产过程，试验较易实现，可获较多基础理论信息，非等温结晶动力学研究具有重要实用价值。但非等温结晶动力学过程较复杂，目前实验方法及数据处理精度也很有限。

以无定形 PET 和 SNPET 膜为例，在 Netzsch DSC 2004 Phoenix 仪器上进行非等温结晶动力学实验，设定样品以 10℃/min 速率升温，在 300℃ 熔融后保温 10min，再分别以不同降温速率降温，如 2.5℃/min、5.0℃/min、10.0℃/min、20.0℃/min 和 30℃/min，记录 DSC 降温曲线。采用 Jeziorny[66] 和 Ozawa[67] 法研究非恒定结晶速率下的结晶行为。

（2）Jeziorny 法研究非等温结晶过程　Jeziorny 方法实际是改进的 Avrami 方法，是直接把 Avrami 方程推广应用于解析等速变温 DSC 曲线的方法，即先把非等温 DSC 结晶曲线看作等温结晶过程来处理，然后对所得参数进行修正。Avrami 方程可写成如下线性形式：

$$\lg[-\ln(1-X_t)]=\lg Z_t+n\lg t \tag{2-26}$$

以 $\lg[-\ln(1-X_t)]$ 对 $\lg t$ 作图可以得到一直线，根据直线的斜率可求得 Avrami 指数 n，以及从直线的截距可得到结晶速率常数 Z_t。但 Jeziorny 指出，对于非等温结晶过程，应当对其速率常数 Z_t 进行修正，即：

$$\lg Z_c=\frac{\lg Z_t}{\phi} \tag{2-27}$$

式中，Z_c 为校正后的结晶速率常数；ϕ 为降温速率。所以半结晶时间（$t_{1/2}$）为：

$$t_{1/2}=\left(\frac{\ln 2}{Z_c}\right)^{\frac{1}{n}} \tag{2-28}$$

结晶速率（G）为：

$$G=\tau_{0.5}=(t_{1/2})^{-1}=\left(\frac{\ln 2}{Z_c}\right)^{\frac{-1}{n}} \tag{2-29}$$

对非等温结晶过程，相对结晶度（X_t）也是结晶温度的函数，式(2-19) 写成：

$$X_t=\frac{X_c(T)}{X_c(T=\infty)}=\frac{\displaystyle\int_{T_0}^{T}\frac{\mathrm{d}H_c(T)}{\mathrm{d}T}\mathrm{d}T}{\displaystyle\int_{T_0}^{T_\infty}\frac{\mathrm{d}H_c(T)}{\mathrm{d}T}\mathrm{d}T} \tag{2-30}$$

式中，T 为结晶温度；T_0 和 T_∞ 分别为结晶开始时和结晶终了时的温度。

式(2-31) 的结晶温度 T 和 T_0 根据降温速率可分别转化为各自的结晶时间 t 和 t_0，其关系公式表达如下：

$$t=\frac{T_0-T}{\phi} \tag{2-31}$$

式中，ϕ 为非等温结晶的降温速率。

不同降温速度下 PET 和 SNPET 的熔体降温记录 DSC 放热曲线如图 2-53 所示。

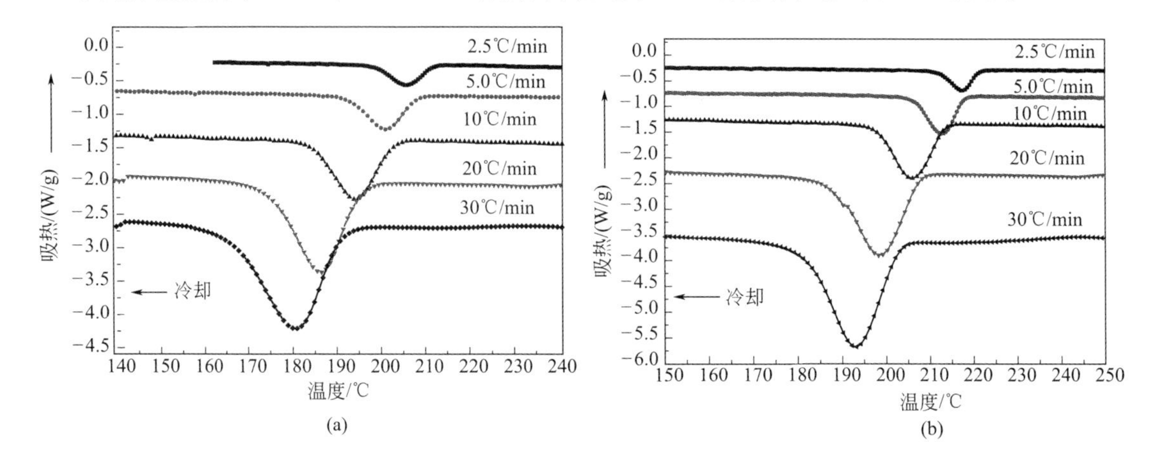

图 2-53 PET（a）和 SNPET（b）熔体在不同降温速度下的 DSC 降温曲线

（样品以 10℃/min 速率升温至 300℃熔融，保温 10min，然后分别以不同降温速率进行非等温结晶，采用质量分数为 2.0%的 PS 包覆 35nm SiO_2 颗粒）

随着降温速率增大，PET 及 SNPET 样品结晶峰都向低温方向移动，结晶过程主要受成核过程控制。在较慢降温速率下，相对有较充分的时间在较高温度下活化晶核，因而最大结晶速率出现在较高温区；而在较大降温速率下，不利于聚合物分子链折叠调整，结晶过程易受阻，聚合物链需要更大的过冷度才能结晶。

记录不同降温速率下 T_{mc}、ΔH_{mc}和结晶度（X_c），计算分析结果见表 2-12。

表 2-12 PET 和 SNPET 在不同降温速率下的结晶动力学参数

样品	ϕ/(℃/min)	T_{mc}/℃	ΔH_{mc}/(J/g)	X_c①/%
PET	2.5	205.7	59.9	50.9
	5.0	201.2	58.9	50.1
	10.0	194.0	58.5	49.7
	20.0	186.6	53.2	45.2
	30.0	180.9	49.4	42.0
SNPET	2.5	217.2	65.6	55.8
	5.0	212.8	65.1	55.3
	10.0	206.1	63.3	53.8
	20.0	198.3	59.4	50.5
	30.0	193.2	54.9	46.7

① X_c 为结晶热焓与 PET 完全结晶热焓（117.6J/g）的比值；T_{mc}为结晶峰温度；ΔH_{mc}为结晶热焓；X_c 为结晶度。

PET 样品结晶峰温 T_{mc}随降温速率增大而下降的幅度明显比 SNPET 大，PET 结晶能力小于 SNPET；在同一降温速率下，SNPET 的结晶峰温 T_{mc}和结晶度 X_c 高于相应的 PET 的值，纳米颗粒较显著的异相成核作用促进了 PET 结晶完善及加速其结晶过程。

比较 PET 和 SNPET 的相对结晶度（X_t）与结晶温度关系曲线（图 2-54）。可见所有曲线基本都呈 S 形，随着温度逐渐下降，相对结晶度呈指数增加，最后发生偏离。随着降温速率加快，X_t 与 T 的关系曲线逐步移向低温方向。

PET 和 SNPET 非等温结晶过程的 $\lg[-\ln(1-X_t)]$ 与 $\lg t$ 的关系曲线，在起始（初级）阶段为直线，基本相互平行；在后期（次级）阶段观察曲线也呈线性关系，PET 和 SNPET 非等温结晶过程表现出两阶段即初级和次级阶段，见图 2-55。

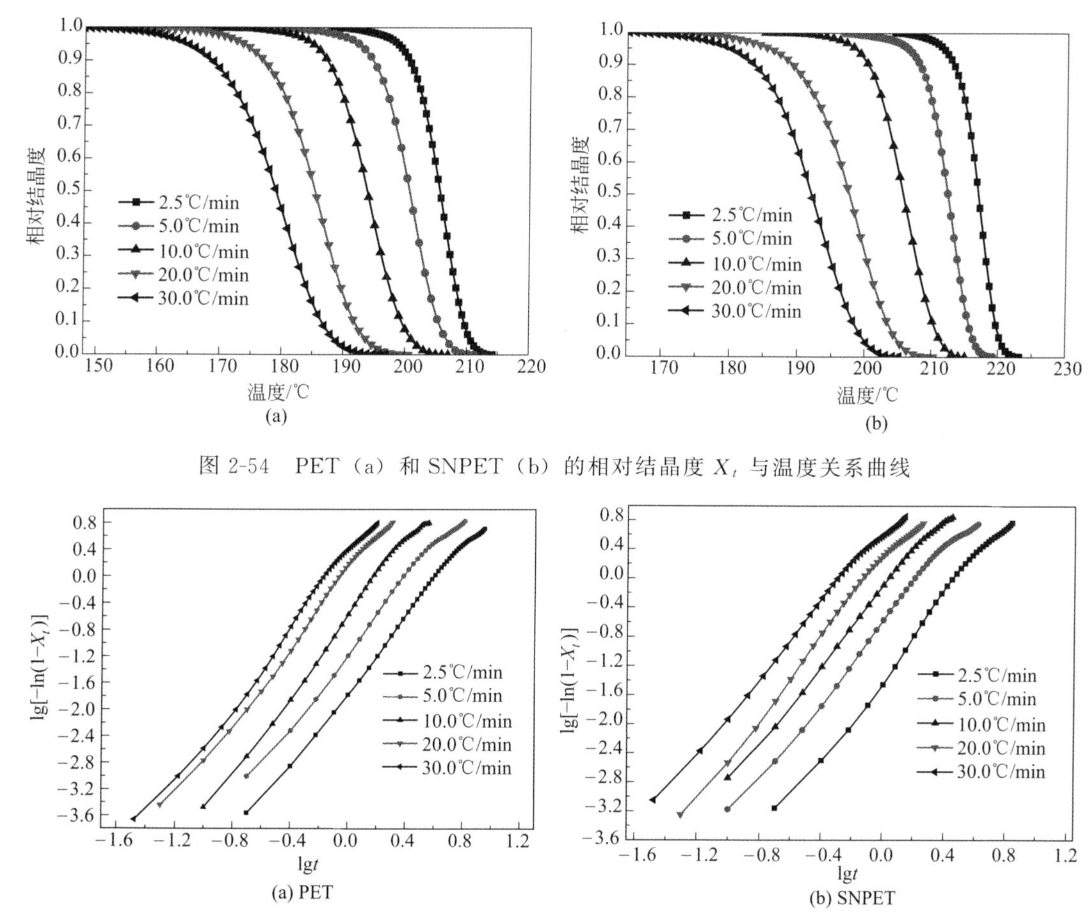

图 2-54　PET（a）和 SNPET（b）的相对结晶度 X_t 与温度关系曲线

图 2-55　lg[−ln(1−X_t)] 与 lg$t$ 的关系曲线

根据曲线斜率发现，不管降温速率大小如何，初级结晶阶段斜率比次级阶段斜率大，而且初级阶段持续的时间较长，表明初级阶段是结晶的主要阶段，次级阶段为附生阶段，即所谓的二次结晶。初级阶段中包括晶核的生成和晶体的生长，而次级阶段是由于在结晶后期球晶的相互碰撞形成的，是晶体进一步完善和初级阶段中结晶能力较差的高分子链重新再组织的结果，表明二次结晶有利于促进结晶完善。其实，二次结晶在实际生产过程中很重要，因为如果二次结晶没有完成，其产品将在使用过程中继续结晶，这将导致产品性能的连续变化，因此，为了能获得性能更加稳定的材料，加工前有必要对材料进行退火处理。

表 2-13　Jeziorny 法得到的 PET 和 SNPET 非等温结晶动力学参数

样品	初级阶段						次级阶段		
	ϕ /(℃/min)	n	Z_t /min^{-n}	Z_c /min^{-n}	$t_{1/2}$ /min	G /min^{-1}	n	Z_c /min^{-n}	G /min^{-1}
PET	2.5	2.8	0.019	0.205	1.545	0.647	1.5	0.513	0.818
	5.0	2.9	0.074	0.594	1.055	0.948	1.5	0.840	1.137
	10.0	3.1	0.275	0.879	0.926	1.080	1.8	0.990	1.219
	20.0	2.9	1.381	1.016	0.876	1.141	1.9	1.027	1.229
	30.0	3.0	2.800	1.035	0.875	1.143	1.9	1.030	1.232
SNPET	2.5	2.9	0.045	0.289	1.352	0.740	1.6	0.565	0.880
	5.0	2.7	0.263	0.766	0.964	1.038	1.4	0.871	1.248
	10.0	2.7	0.790	0.977	0.881	1.136	1.6	1.033	1.283
	20.0	2.9	2.412	1.045	0.868	1.152	1.6	1.039	1.288
	30.0	2.7	5.946	1.061	0.854	1.171	1.7	1.073	1.293

表 2-13 是由图 2-55 得到的 PET 和 SNPET 样品的非等温结晶动力学参数。在初级阶段，PET 的 Avrami 指数 n 介于 2.8～3.1，这与文献报道 PET 的 Avrami 指数（n=2.8～3.4）相近，PET 结晶在初级阶段是以三维球晶的形式生长，修正后的结晶速率常数 Z_c 以及结晶速率随着降温速率的提高而增大。SNPET 的 Avrami 指数 n 的平均值为 2.8，表明 SNPET 的结晶在初级阶段也是以三维球晶的形式生长，修正后的结晶速率常数 Z_c 以及结晶速率 G 同样随着降温速率的提高而增大，这说明了增大降温速率，有利于 PET 和 SNPET 的结晶。

在同一降温速率下，对 PET 和 SNPET 进行比较发现，SNPET 的结晶速率 G 始终大于 PET，主要原因在于 SNPET 中的纳米 SiO_2 颗粒能够加速 PET 的结晶。在次级阶段，PET 和 SNPET 的 Avrami 指数介于 1.5～2.2，表明次级阶段的晶体主要以二维盘状的形式生长，其结晶速率随着降温速率的增大而加快，晶体的生长速度同样取决于降温速率。在次级阶段，纳米 SiO_2 颗粒也能加速 PET 结晶，因为在同一降温速率下，SNPET 结晶速率比 PET 结晶速率大。对初级阶段和次级阶段的结晶速率进行对比发现，无论是 PET 还是 SNPET，次级结晶速率明显快于初级结晶速率，表明次级结晶很易完成，有利于促进晶体进一步完善。

在非等温结晶过程中，其结晶活化能可通过结晶峰温 T_{mc} 随降温速率的变化获得，它们之间的关系可表达如下：

$$\frac{d[\ln(\phi/T_{mc}^2)]}{d(1/T_{mc})}=-\frac{\Delta E_a}{R} \tag{2-32}$$

式中，ΔE_a 为结晶活化能；ϕ 为降温速率；T_{mc} 为结晶峰温；R 为普适气体常数。以 $\ln(\phi/T_{mc}^2)$ 对 $1/T_{mc}$ 作图得到一直线，根据直线的斜率可求得 ΔE_a。

由表 2-13 中不同降温速率（ϕ）下的结晶峰温（T_{mc}）得到纯 PET 和 SNPET 样品的 $\ln(\phi/T_{mc}^2)$ 与 $1/T_{mc}$ 关系曲线，见图 2-56。

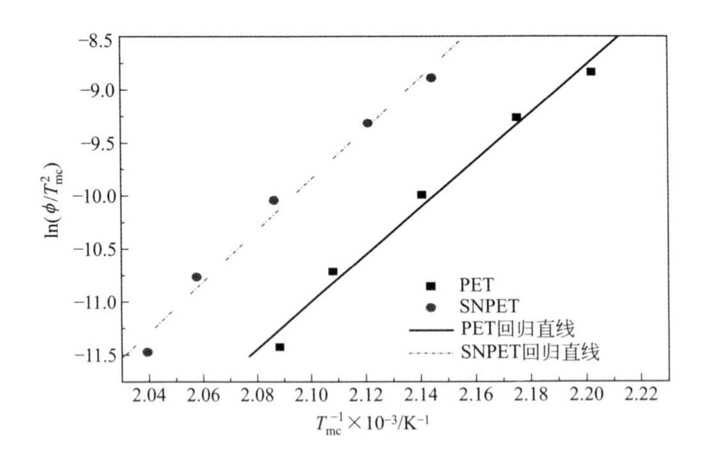

图 2-56　PET 和 SNPET 的 $\ln(\phi/T_{mc}^2)$ 与 $1/T_{mc}$ 的关系曲线

根据回归直线斜率求得 PET 和 SNPET 的结晶活化能分别为－185.5kJ/mol 和－199.8kJ/mol。因为该结晶过程是放热过程，所以结晶活化能为负值。比较 PET 和 SNPET 的结晶活化能数据可知，SNPET 的结晶活化能小于 PET 的结晶活化能，表明 SNPET 结晶速率快，纳米 SiO_2 颗粒在非等温结晶过程中同样起加速 PET 结晶的作用。

（3）Ozawa 处理非等温结晶过程方法　Avrami 方程可用于分析聚合物非等温结晶过程，但由于未考虑连续降温对结晶过程的影响，因此分析其非等温结晶过程往往得不到很好的线性关系。Ozawa 考虑了非等温结晶过程中的降温过程，从高聚物结晶成核生长出发，将 Avrami 方程修正推广，导出聚合物在某一降温速率与一定温度下相对结晶度关系为：

$$X(T)=1-\exp\frac{-K(T)}{\phi^m} \tag{2-33}$$

式中，$X(T)$ 为温度为 T 时的相对结晶度；ϕ 为升温或降温速率；m 是 Ozawa 指数，与 Avrami 指数 n 相似，取决于成核类型及生长方式；$K(T)$ 是温度的冷却函数，与聚合物成核方式、成核速率、晶体生长速率等因素有关。其双对数式为：

$$\lg\{-\ln[1-X(T)]\}=\lg K(T)-m\lg\phi \tag{2-34}$$

在一定温度下，$\lg\{-\ln[1-X(T)]\}$ 对 $\lg\phi$ 作图，得到直线斜率为 $-m$，截距为 $\lg K(T)$，由此判定一定温度下不同降温速率 ϕ 对 PET 相对结晶度 $X(T)$ 的影响。

参 考 文 献

[1] Wunderlich B. Macromolecular Physics. New York：San Francisco；London：Academic Press，1976.

[2] 柯扬船，皮特・斯壮. 聚合物-无机纳米复合材料. 北京：化学工业出版社，2003：1-15.

[3] 尚金山，郑菊英. 高分子化学及物理学. 北京：兵器工业出版社，1989：10.

[4] 何曼君，陈维孝，董西侠. 高分子物理. 上海：复旦大学出版社，1990：10.

[5] Samules R J. 结晶高聚物的性质-结构的识别、解释和应用. 徐振森，译. 北京：科学出版社，1984：30-55.

[6] Chen S X，Song W H，JinY Z，et al. Liquid Crystals，1993，15：247.

[7] 宋文辉，陈寿羲. 高分子学报，1996，2：72.

[8] Wood B A，Thomas E L. Nature，1986，324：655.

[9] (a) 柯扬船，何平笙. 高分子物理教程. 北京：化学工业出版社，2006；(b) Thomas E L，Wood B A. Faraday Discus Chem Soc，1985，79：299.

[10] Lenz R W，Jim J I，Feichtinger K A. Polymer，1983，24：327.

[11] Chen J，Yang D C. Macromolecular Rapid Commun，2004，25：1425.

[12] Bu H S，Chen E，Wunderlich B，et al. J Polym SCI，Polym Phys Ed，1994，32：1351.

[13] (a) 何平笙. 高分子材料科学与工程，1986，2 (1)：1；(b) 漆宗能，尚文宇. 聚合物层状硅酸盐纳米复合材料理论与实践. 北京：化学工业出版社，2002.

[14] (a) 王玉国. 北京：中国石油大学，2007；(b) Kabanov V Y，Aliev R E，Kudryavtsev V N. Radiat Phys Chem，1991，37 (2)：175.

[15] (a) Avrami M. J Chem Phys，1939，7：1103；(b) Avrami M. J Chem Phys，1940，8：212.

[16] (a) 周持兴. 聚合物加工理论. 北京：科学出版社，2004；(b) 周达飞. 高分子材料成型加工. 北京：中国轻工业出版社，2005.

[17] 王皓. 北京：中国石油大学，2003；(b) 肖海滨. 北京：中国石油大学，2009.

[18] 柯扬船. 一种纳-微米结构中间体微粒的可控分散方法及由其制备的复合材料：中国发明专利，201310606835. 7. 2013-11-27.

[19] (a) Ke Y C，Long C F，Qi Z N. J Appl Polym Sci，1999，71：1139；(b) Stöber W，Fink A，Bohn E. Controlled Growth of Monodisperse Silica Spheres in the Micro Size Range. J Colloid Interf Sci，1968，26：62-69；(c) 白云峰. 北京：中国石油大学，2016.

[20] (a) Kramer E，Forster S，Goltner C，et al. Langmuir，1998，14 (8)：2027-2031；(b) Vaia R A，Ishii H，Giannelis E P. Chem Mater，1993，5 (12)：1694.

[21] Kramer E，Forster S，Goltner C，et al. Langmuir，1998，14 (8)：2027.

[22] 黄锐，徐伟平，郑学晶，等. 塑料工业，1998，26 (3)：106.

[23] Zhuravlev L T. Colloid Surface A，2000，173：1.

[24] Espiard P，Guyot A. Polymer，1995，36 (23)：4391.

[25] 吴天斌，柯扬船，王月红，等. 高分子学报，2005，2：289.

[26] Ishida H，Koenig J L. J Colloid Interf Sci，1978，64 (3)：555.

[27] 孙长高，孟宪泽，孔祥正，等. 胶体与聚合物，1999，17 (1)：43.

[28] Erdem B，David E. J Polym Sci Part A，2000，38：4419.

[29] Erdem B，David E. J Polym Sci Part A，2000，38：4431.

[30] Erdem B，David E. J Polym Sci Part A，2000，38：4441.

[31] Ding X F，Zhao J Z，Liu Y H，et al. Mater Lett，2004，58：3126.

[32] Zhang K，Chen H T，Chen X，et al. Macromol Mater Eng，2003，288：380.

[33] Bourgeat-Lami E，Lang J. Macromol Symp，2000，151：377.
[34] Bourgeat-Lami E，Lang J. J Colloid Interf Sci，1998，197：293.
[35] Bourgeat-Lami E，Lang J. J Colloid Interf Sci，1999，210：281.
[36] Ke Yang-Chuan，Wei Guang-Yao，Wang Yi. European Polymer Journal，2008，44 (8)：2448.
[37] Wu T B，Ke Y C. Euro Polym J，2006，42 (2)：274.
[38] Ke Y C，Wu T B，Wang Y. Petro Sci，2005，2 (1)：70.
[39] (a) 魏光耀. 北京：中国石油大学，2008；(b) 吕睿，张洪涛. 功能高分子学报，2003，16 (1)：54.
[40] 曹同玉，戴兵，戴俊燕，等. 高分子学报，1997，2：158.
[41] 何曼君，陈维孝，董西侠，等. 高分子物理修订版. 上海：复旦大学出版社，1991：71.
[42] Wu T B，Ke Y C. Euro Polym J，2006，42 (2)：274.
[43] Ke Y C，Wu T B，Wang Y. Petro Sci，2005，2 (1)：70.
[44] Wu Tian Bin，Ke Yang-Chuan，Thin Solid Films，2007，515 (13)：5220-5226.
[45] Ke Y C，Yang Z B，Zhu C F. J Appl Polym Sci，2002，85：2677.
[46] Ke Y C，Long C F，Qi Z N. J Appl Polym Sci，1999，71：1139.
[47] Shirakura A，Nakaya M，Koga Y，et al. Thin Solid Films，2006，494：84.
[48] Lu X F，Hay J N. Polymer，2001，42：9423.
[49] Awaja F，Pavel D. Eur Polym J，2005，41：1453.
[50] Xanthos M，Baltzis B C，P P Hsu. J Appl Polym Sci，1997，64 (7)：1423.
[51] Zhu P P，Ma D Z. Eur Polym J，2000，36：2471.
[52] Masahiro K，Keishi N，Kazuo T. J Colloid Interf Sci，2004，279：509.
[53] (a) 吴天斌. 北京：中国石油大学，2006； (b) Kornmann X，Lindberg H，Berglund L A. Polymer，2001，42：1303.
[54] (a) 王玉国. 北京：中国石油大学，2010；(b) Ke Y C，Wang Y G，Yang L. Journal of Applied Polymer Science，2011，123 (3) ：1773-1783.
[55] (a) Ke Y C，Wu T B，Xia Y F. Polymer，2007，48：3324；(b) 容敏智，章明秋，潘顺龙，等. 高分子学报，2004，2：184.
[56] (a) Ke Y C，Wang Y G，Yang L. Polymer International，2010，59 (10)：1350-1359；(b) 夏岩峰. 北京：中国石油大学，2008；(c) Chen E，Bu H S，Hu X L. Macromol Theory Simul，1994，3：409.
[57] (a) Erdem B，David E. J Polym Sci Part A，2000，38：4419；(b) Erdem B，David E. J Polym Sci Part A，2000，38：4431；(c) Erdem B，David E. J Polym Sci Part A，2000，38：4441.
[58] Bourgeat-Lami E，Espiard P，Guyot A. Polymer，1995，36 (23)：4385.
[59] Ke Y C，Wu T B，Wang Y. Petro Sci & Engin，2005，2 (1)：70.
[60] Hoffman J D，Weeks J J. J Res Natl Bur Stand Sect A-Phys Chem，1962，66：13.
[61] Kong X H，Yang A N，Li G，et al. Eur Polym J，2001，37：1855.
[62] Liu T X，Mo Z S，Wang S G，et al. Eur Polym J，1997，33 (9)：1405.
[63] Cebe P，Hong S D. Polymer，1986，27 (8)：1183.
[64] (a) 李强，赵竹第，欧玉春，等. 高分子学报，1997，2：53；(b) Ke Y C，Yang Z B，Zhu C F. J Appl Polym Sci，2002，85：2677.
[65] Jeziorny A. Polymer，1978，19：1142.
[66] Ozawa T. Polymer，1971，12 (3)：150.

第3章

层状纳米结构插层化学及复合方法

层状纳米结构物质，目前已成为聚合物-无机纳米复合材料的最主要无机相。层状硅酸盐黏土、石墨矿物等无机相成为高性能多功能纳米复合材料的丰富原料来源，广泛用于合成及生产聚合物纳米复合材料。

黏土矿物主要为层状含水铝硅酸盐，含有不定量非黏土矿物如石英、长石等不稳定成分，还含有非晶质胶体矿物如蛋白质、氢氧化物等。黏土矿物中这些杂质或有害物及不稳定性成分，主要通过分离、纯化等工艺进行均质化，获得用于聚合物纳米复合材料的原料。

黏土矿物具有晶体有序层状结构、层间可交换阳离子、离子交换与电性，产生水化膨胀、强分散及吸附与复合特性。黏土矿物片层自然类质同象作用，主要产生负电性层板体系如蒙脱土，或正电性层板体系如水滑石。基于黏土的纳米结构和电性，优化层间水化、离子交换插层、分子插层及层间客体运移扩张过程，设计系列插层剂及插层处理反应。基于分子模拟模型，研究插层动力学及其控制方法，由此创建了聚合物纳米复合材料插层化学。

有效应用层状结构插层化学方法，包括优选层状结构物质及其高效分散方法。优选天然黏土矿物，调控其成分与纳米片层结构，设计合成可规模化、稳定、高性价比及多功能的聚合物纳米复合材料体系[1~3]。通常 2～40μm 粒径黏土团聚体粉末，不能直接分散于聚合物中合成纳米复合材料，而需设计悬浮液分级与插层反应工艺，形成多功能层状结构纳米中间体及可控纳米分散复合材料体系，在此基础上，率先创建了纳米中间体可控剥离分散工艺。

本章基于层状结构物质体系，创建了层状结构原料纯化方法、插层化学及聚合物纳米复合材料插层化学。论述了层状硅酸盐和层状化合物无机相及其表面处理与结构调控方法，创建了规模化可控插层反应原理、工艺及应用方法，创制了新颖高效的纳米可控分散复合材料体系。由此创建插层模型及设计方法原理与理论基础，在广泛层次上引导层状结构体系纳米结构性能的研究和应用。

3.1 黏土矿物晶体结构与结构模型

黏土矿物具有很复杂的分子及凝聚态结构，我们所论述的黏土矿物结构，仍然基于经典的、普遍认可的主要晶体结构模型，通过其结构性能测试和计算进展，研究人员提出更合理、更恰当的结构模型，这是不断深化及往复趋近自然的过程。

3.1.1 黏土矿物分类及组成

3.1.1.1 黏土矿物纳米结构及其分类

（1）*黏土矿物纳米结构* 指其具有的纳米尺度晶体重复单元及其有序组装结构。黏土矿物一般具有长程有序晶体结构，这种天然纳米结构具有膨胀、扩张和纳米分散特性。

（2）*黏土矿物晶体结构分类* 黏土矿物分类方法很多，根据其单元晶层构造特征分类见表 3-1。

表 3-1 黏土矿物的晶体构造分类

单元晶层构造特征	黏土矿物族	黏土矿物
1∶1	高岭石族	高岭石、地开石、珍珠陶土等
	埃洛族	埃洛石等
2∶1	蒙皂石族①	蒙脱石、拜来石、囊脱石、皂石、蛭石等
	水云母族	伊利石、海绿石等
2∶2	绿泥石族及其他	各种绿泥石等
层链状结构	海泡石族	海泡石、凹凸棒石、坡缕缟石等

① 以前称为蒙脱石族，1975 年国际黏土研究会命名委员会决定采用蒙皂石族来代替蒙脱石族的称呼。

黏土矿物按硅氧四面体和铝氧八面体两种晶片的配比，分为：

① 1∶1 型 即一层硅氧四面体晶片与一层铝氧八面体晶片相结合构成单元晶层。

② 2∶1 型 即两层硅氧四面体晶片中间夹一层铝氧八面体晶片构成单元晶层。

③ 2∶2 型 即硅氧四面体晶片与铝（镁）氧八面体晶片交替排列的四层晶片构成单元晶层以及层链状结构，即硅氧四面体组成的六角环依上下相反方向对列。

3.1.1.2 典型黏土矿物化学组成

黏土矿物化学组成主要是氧化物，如氧化硅、氧化铝等。黏土矿物不同类型具有不同的化学成分。将常见的高岭石、蒙脱石及伊利石（或水云母）这三种黏土矿物，按照其典型测试和普遍比较分析，列出其化学组成，见表 3-2。

表 3-2 几种主要黏土矿物的化学组成

黏土矿物名称	化学组成	SiO_2/Al_2O_3
高岭石	$Al_4[Si_4O_{10}](OH)_8$ 或 $2Al_2O_3 \cdot 4SiO_2 \cdot 4H_2O$	2∶1
蒙脱石	$(Al_2Mg_3)(Si_4O_{10})(OH)_2 \cdot nH_2O$	4∶1
伊利石	$(K,Na,Ca_2)_m(Al,Mg)_4(Si,Al)_8O_{20}(OH)_4 \cdot nH_2O$（式中 $m<1$）	4∶1

相对而言，高岭石的氧化铝含量较高，氧化硅含量较低；蒙脱石的氧化铝含量较低，氧化硅含量较高；伊利石则含较多的氧化钾。各类黏土矿物的化学成分及其组成特点，是鉴别黏土矿物类型的重要依据。

3.1.2 主要黏土矿物晶体与纳米结构

3.1.2.1 黏土矿物两种基本构造单元

（1）*硅氧四面体与硅氧四面体晶片* 硅氧四面体中有一个硅原子与四个氧原子，硅原子在四面体的中心，氧原子（或氢氧原子团）在四面体的顶点，硅原子与各氧原子之间的距离相等，见图 3-1(a)。在大多数黏土矿物中，从俯视示意图方向观察，硅氧四面体是氧原子连接及排列形态为六角环形的硅氧四面体网络，见图 3-1(b)。硅氧四面体片连成的网络，实际上具有空间立体结构，见图 3-1(c)。

硅氧四面体累加的个数越多，硅氧四面体网络尺寸越大。硅氧四面体网络又称硅氧四面体晶片。

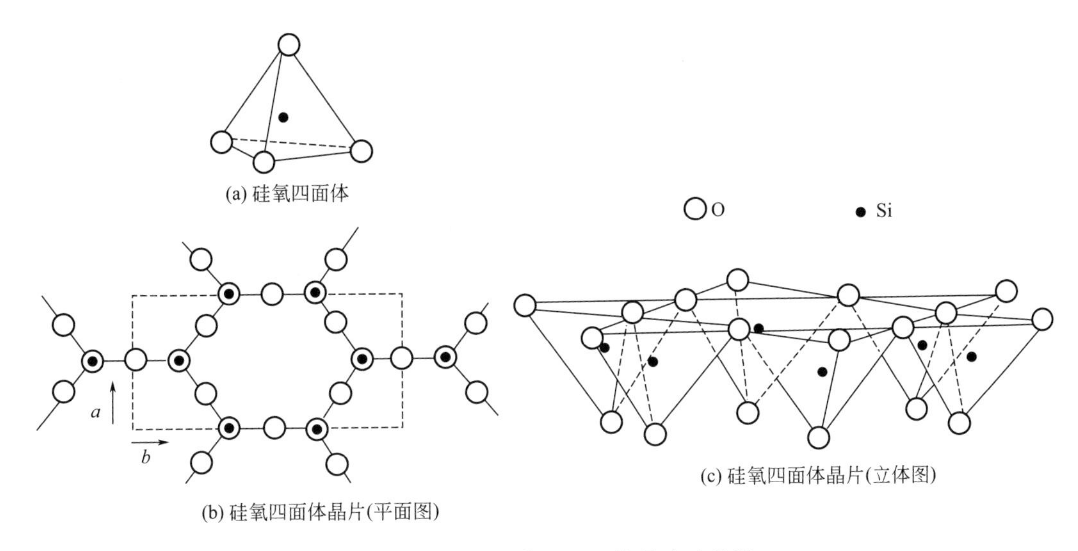

图 3-1 硅氧四面体及四面体晶片示意图

然而，采用最典型、最常用的硅氧四面体模型，描述不同黏土的元素组成时，其差别性是普遍存在的，这是由形成黏土的自然过程所决定的。

(2) 铝氧八面体与铝氧八面体晶片　铝氧八面体的六个顶点为氢氧原子团，铝、铁或镁原子居于八面体中央［如图 3-2(a)所示］。在这种八面体晶片内，铝本应占据的中央位置，仅有 2/3 被铝原子所占据，有 1/3 空位，用星号标记，见图 3-2(b)。

若八面体晶片的中央位置由 Al^{3+}、Fe^{3+} 等三价离子占据 2/3，留下 1/3 的空位，这种晶片特别称之为二八面体晶片。

当八面体晶片的中央位置全部由 Mg^{2+}、Fe^{2+} 等二价离子占据时，这种晶片特别称之为三八面体晶片，其立体结构见图 3-2(c)。

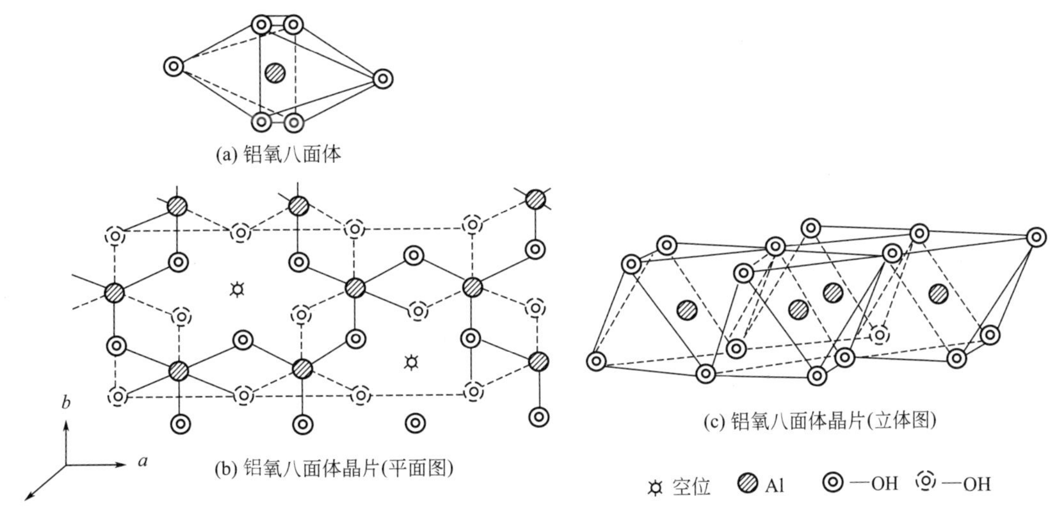

图 3-2 铝氧八面体及铝氧八面体晶片构造示意图

(3) 八面体结构模型的应用　八面体晶片中央位置被不同阳离子占据，产生二八面体晶片和三八面体晶片，这类晶片在其组成片层中产生正、负电荷变化及各种活性效应。

依据八面体模型，建立层状硅酸盐测试、分子模拟和量子化学计算模型时，首先应建立其分析组成，然后再决定中心原子类别及其占位与实际量级。具体说，就是选择采用一种模型的多种优化方法，确定中心金属原子的电荷数、占位数，或者采用多种模型的多种优化方法，确定中心金属原子的平均电荷数及其平均占位数。

（4）硅氧四面体-铝氧八面体晶片结合及晶层间距　硅氧四面体片与铝氧八面体片通过共用的氧原子连接，并通过共价键形式连接在一起构成单元晶层。各种单元晶层面-面堆叠在一起而形成晶体。四面体晶片与八面体晶片以最适当和自然的方式结合[4,5]，构成了晶层连接方式不同的层状硅酸盐体系。

将一个单元晶层到相邻的单元晶层之间的垂直距离 C 定义为晶层间距。采用 X 射线使用晶体衍射特征峰（如 d_{001}）测定该晶层间距。对于高岭石晶层构造，C 等于 0.72nm，见图 3-3。

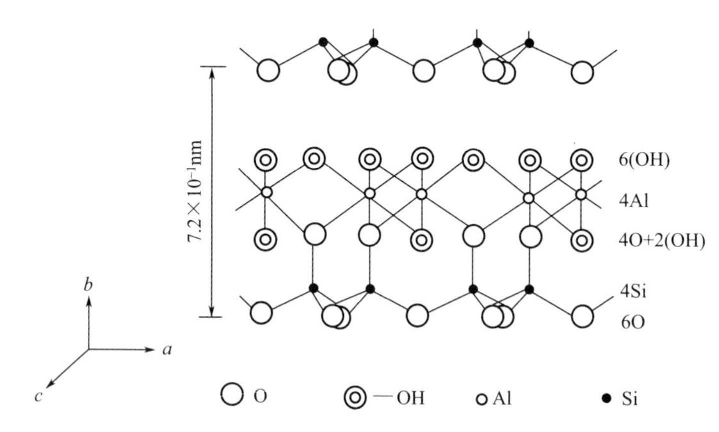

图 3-3　高岭石晶体结构和晶层间距示意图

若只有一片四面体晶片与一片八面体晶片构造（如高岭石晶体），则四面体以相同方式联结到八面体上。在此情况下，由氧原子连接的六角环网络，只暴露在一个层面上。

当有两个硅氧四面体晶片与一个八面体晶片构造结构时，八面体晶片夹在四面体晶片中间（如蒙脱石晶体）。四面体顶点朝内，其顶尖氧原子与八面体晶片共用，八面体原来的氢氧根中有两个被共用氧原子取代。在此情况下，氧原子连接的六角环网络暴露在晶层的上、下表面上。提出的这种晶片结合的氧原子排布形态，用于分子模拟的模型图[6]，见图 3-4。

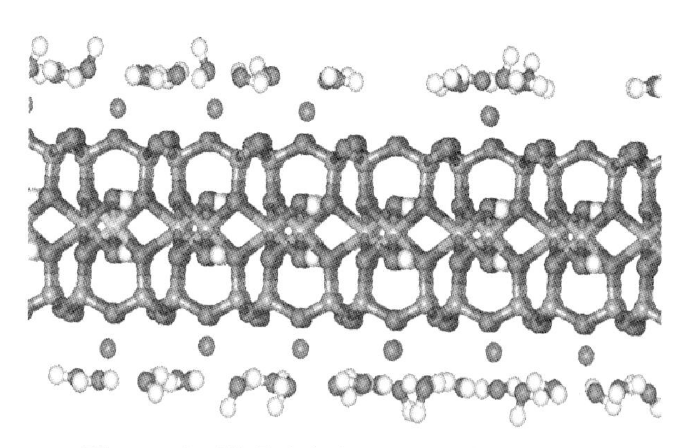

图 3-4　八面体晶片夹在两个四面体晶片中间时的表面六角环与氧原子排布模型

3.1.2.2　黏土矿物层状晶体结构的分子模拟

（1）硅氧四面体与铝氧八面体晶片的分子模拟　依据 X 射线等多种测试方法所得到的晶体结构与结构参数数据，构建硅氧四面体与铝氧八面体晶片分子模型。依据该结构模型，设计层间分子插入和离子交换反应。

采用分子模拟软件（如 Cerius2）和晶体单胞模型，构建模拟计算模型。

对于蒙脱石，采用单胞典型分子式如 $Na_6[Si_{62}Al_{12}][Al_{128}Mg_4]O_{168}[OH]_{32}$，构建理想的四面体和八面体连接的单胞模型，构建优化的分子插入或离子交换反应模型，得到优化参数和层间距线性变化参数。

蒙特卡洛分子模拟方法，也适用于黏土矿物分子模拟，如设计采用蒙脱石单胞分子结构与计算模拟模型。类似计算模拟方法可推广到主要黏土矿物体系。

（2）*层间反应模拟* 利用分子模拟方法研究黏土矿物晶体的层间反应的方法是，选择表面活性剂分子，构建分子插入单元晶层的模型，模拟计算分子插入过程的电荷分布，建立电荷分布曲线。电荷分布应在模型片层内表面集中分布。

3.1.2.3 几种主要黏土矿物晶体构造

（1）*高岭石* 显微镜观察高岭石体系呈六角形鳞片状结构，高岭石构造单元原子电荷是平衡的，化学分子式为 $Al_4[Si_4O_{10}](OH)_8$，或 $2Al_2O_3 \cdot 4SiO_2 \cdot 4H_2O$。

如前所述，高岭石的单元晶层，由一片硅氧四面体晶片和一片铝氧八面体晶片组成，所有硅氧四面体的顶尖都朝着同一方向，指向铝氧八面体。硅氧四面体晶片和铝氧八面体晶片由共用的氧原子联结在一起。高岭石的这种晶片组成，可称为 1∶1 型黏土矿物，其晶层在 c 轴方向上一层一层地重叠，而在 a 轴和 b 轴方向上连续延伸。

高岭石单元晶层的一面为 OH 层，另一面为 O 层。强极性 O—H 键在晶层-晶层间形成氢键。晶层间连接紧密，层间距仅为 0.72nm，几乎无晶格取代现象。

高岭石这种晶体构造使阳离子交换容量小、水分不易进入晶层间、分散度低而性能较稳定，因此为非膨胀型黏土矿物，其水化和造浆性差。因此，高岭石不能像蒙脱石那样经阳离子交换合成纳米复合材料，而是采用极性有机分子嵌合复合方法制备纳米复合材料，该方法在以后内容中叙述。

（2）*蒙脱石* 蒙脱石是叶蜡石衍生物。叶蜡石化学式为 $Al_2[Si_4O_{10}](OH)_2$，其每一晶层单元由两片硅氧四面体晶片和夹在它们中间的一片铝氧八面体晶片组成，见图 3-5。

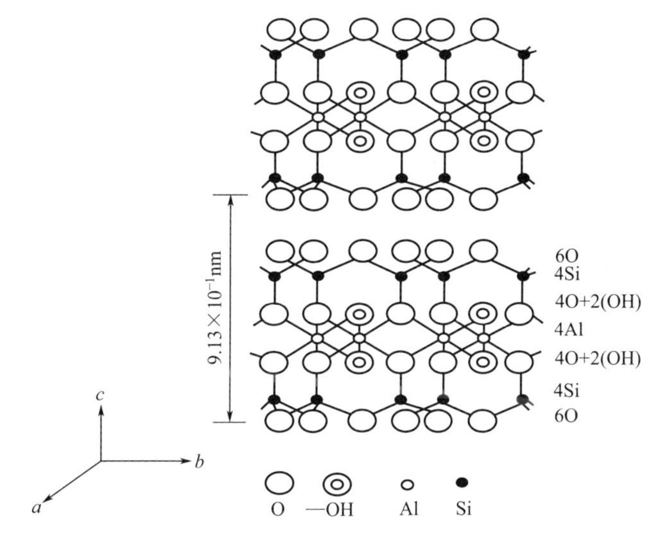

图 3-5 叶蜡石的晶体构造示意图

每个四面体顶点的氧都指向晶层的中央，而与八面体晶片共用。此种构造单元晶层沿晶胞的 a 轴和 b 轴方向无限铺展开来，同时沿 c 轴方向以一定间距（约 0.96nm）重叠而构成晶体。

蒙脱石晶体构造与叶蜡石的区别是，叶蜡石晶体构造是电平衡的，即电中性，而蒙脱石由于晶格取代作用而带电荷。所谓晶格取代作用是结构中某些离子被其他化合价不同的离子取代而晶体骨架保持不变的作用。例如，若蒙脱石晶体中一个 Al^{3+} 被一个 Mg^{2+} 取代，就会产生一个负电荷，该负电荷由吸附周围溶液中的阳离子来平衡。这种取代作用可以出现在八面体中，也可以出现在四面体中。即四面体晶片中部分 Si^{4+} 被 Al^{3+} 取代，八面体晶片中也有部分 Al^{3+} 被 Mg^{2+}、Fe^{2+}、Zn^{2+} 等取代。若八面体晶片的四个铝原子中有一个铝原子被镁原子取代，在四面体晶片的八个硅原子中有一个硅原子被铝原子取代，该蒙脱石化学式为：$(Al_{3.34}Mg_{0.66})(Si_{7.0}Al_{1.0})O_{20}(OH)_4$。蒙脱石的晶体构造如图 3-6 所示。

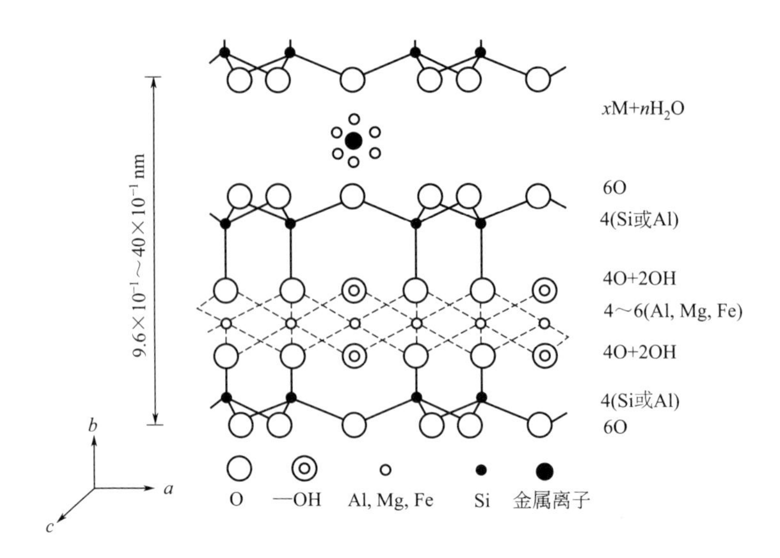

图 3-6 蒙脱石晶体构造示意图

蒙脱石晶层上下面皆为氧原子，各晶层之间以分子间作用力联结，联结力弱，水分子易进入晶层之间引起晶格膨胀。而晶格取代作用使蒙脱石带较多负电荷，能吸附等电量阳离子。水化阳离子进入晶层间，使 c 轴方向的间距增加。蒙脱石膨胀型黏土矿物大大增加其胶体活性。蒙脱石晶层包括内表面和外表面的所有表面，都可进行水化及阳离子交换。蒙脱石比表面积很大，达 $800m^2/g$。蒙脱石的膨胀度很大程度取决于交换性阳离子种类。吸附阳离子以钠离子为主的蒙脱石称钠蒙脱石，膨胀压很大，晶体可分散为细小颗粒，甚至可以变为单个的单元晶层。钠蒙脱石颗粒的片层很薄，形状不规则使颗粒大小变化范围很大。用超离心机和近代光学仪器测定（Kahn）钠蒙脱石颗粒大小，数据如表 3-3 所示。

表 3-3 在水溶液悬浮体中钠蒙脱石颗粒粒级组分与分布大小

粒级组分	质量分数/%	等效球形半径/m	最大宽度/m		厚度/10^{-1}nm	每个颗粒的平均晶层数
			电子光学双折射	电子显微镜		
1	27.3	>0.14	2.5	1.4	146	7.7
2	15.4	0.14～0.08	2.1	1.1	88	4.6
3	17.0	0.08～0.04	0.76	0.68	28	1.5
4	17.9	0.04～0.023	0.51	0.32	22	1.1
5	22.4	0.023～0.007	0.49	0.28	18	1.0

超离心机分离出的粗钠蒙脱石边缘的电子显微镜照片表明，每 3～4 个单元层堆叠在一起组成薄片。若交换性阳离子主要为钙、镁、铵等（称钙土、镁土、铵土），则分散程度较低，颗粒较粗。Kahn 运用"等效球"概念，假设一个球体的体积和不规则形状黏土颗粒的体积相等，则该球体谓之黏土颗粒的等效球。黏土颗粒宽度和厚度均随等效球半径的降低而减小，X 射线衍射和光散射同样可以证明此内容。推算等效球大小的方法是，假定黏土颗粒为一扁方体，扁方体的体积按照下式计算：

$$V_{粒}=L^2B \tag{3-1}$$

式中，$V_{粒}$ 是黏土颗粒体积，m^3；L 是测得的黏土颗粒最大宽度值，m；B 是测得的黏土颗粒厚度，m。

等效球大小统计方法，也是统计黏土剥离分散纳米片层尺寸的有效方法。

(3) *伊利石* 伊利石也称水云母，理论化学式为 $(K，Na，Ca_2)_m(Al，Fe，Mg)_4$ (Si，

$Al)_8O_{20}(OH)_4 \cdot nH_2O$，式中 $m<1$。它的原生矿物是白云母和黑云母。在云母演变为伊利石过程中，由于云母颗粒逐渐变细，比表面积增大，裸露在表面的钾离子比晶层内部的钾离子易于水化，也易和别的阳离子交换；晶层间的 K^+ 也有一部分换成 Ca^{2+}、Mg^{2+}、$(H_3O)^+$。化学分析表明，伊利石比它的原生矿物云母少钾多水。伊利石是三层型黏土矿物，其晶体构造和蒙脱石类似，主要区别是其晶格取代作用多发生在四面体中，铝原子取代四面体的硅。在许多情况下，最多时，四个硅中可以有一个硅被铝取代。晶格取代作用也可发生在八面体中，典型的是 Mg^{2+} 和 Fe^{2+} 取代 Al^{3+}。其晶胞平均负电荷比蒙脱石高，蒙脱石晶胞的平均负电荷为 0.25～0.6，而伊利石平均负电荷为 0.6～0.10，负电荷主要由 K^+ 平衡，见图 3-7。

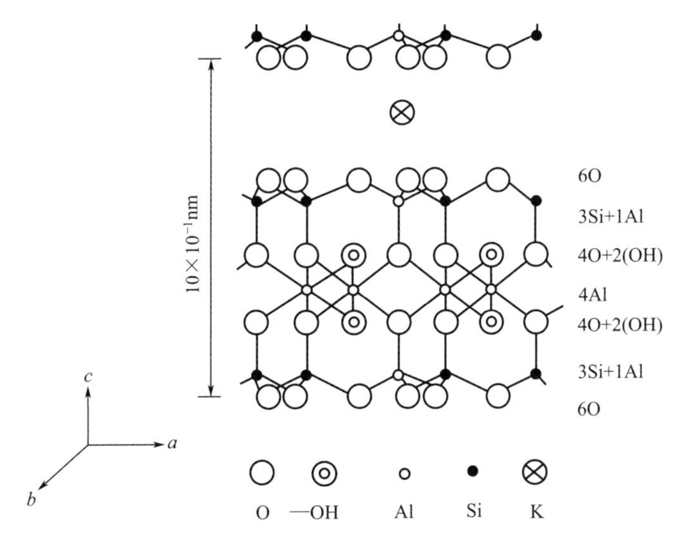

图 3-7　白云母的晶体构造示意图

伊利石晶格不易膨胀，这是因为伊利石的负电荷主要产生在四面体晶片上，离晶层表面近，K^+ 与晶层的负电荷之间的静电引力比氢键强，水不易进入晶层间。另外，K^+ 大小刚好嵌入相邻晶层间的氧原子网格形成的空穴中，起连接作用，周围有十二个氧与它配位。因此，K^+ 通常连接非常牢固而不能交换。然而，在其每个黏土颗粒的外表面却能发生离子交换。因此，其水化作用仅限于外表面，水化膨胀时，它的体积增加程度比蒙脱石小得多。伊利石在水中可分散为等效球形直径为 0.15μm 的颗粒，宽约为 0.7μm。有些伊利石以降解形式出现，是由于钾从晶层间浸出来，使某些晶层间水化和晶格膨胀，但是绝不会达到蒙脱石水化膨胀的程度。伊利石矿物存在于所有沉积年代中，在古生代沉积物中占优势。其分散膨胀性也利于制备纳米材料。三种黏土矿物的比较见图 3-8 和表 3-4。

（4）*绿泥石*　绿泥石晶层是由与叶蜡石相似的三层型晶片与一层水镁石晶片交替组成的，如图 3-9 所示。硅氧四面体中的部分硅被铝取代产生负电荷，但是其净电荷数很低。水镁石层有些 Mg^{2+} 被 Al^{3+} 取代，因此带正电荷，该正电荷与上述负电荷平衡，其化学式为：$2[(Si,Al)_4(Mg,Fe)_3O_{10}(OH)]^+(Mg,Al)_6(OH)_{12}$。通常绿泥石无层间水，而降解绿泥石时一部分水镁石晶片被除去。因此，它有层间水和晶格膨胀。绿泥石在古生代沉积物中含量丰富。

（5）*海泡石族*　海泡石族矿物俗称抗盐黏土，属链状构造的含水铝镁硅酸盐，包括坡缕缟石（或山软木）、海泡石、凹凸棒石。目前，这种黏土矿物的研究资料尚不丰富。它是含水的铝镁硅酸盐，晶体构造常为纤维状，其特点是硅氧四面体所组成的六角环都依上下相反的方向对列，并且相互间被其他的八面体氧和氢氧群所联结，铝或镁居八面体的中央。同时，构造中保留一系列晶体通道，具有极大的内部表面，水分子可进入内部孔道。图 3-10 是坡缕缟石的晶体构造。

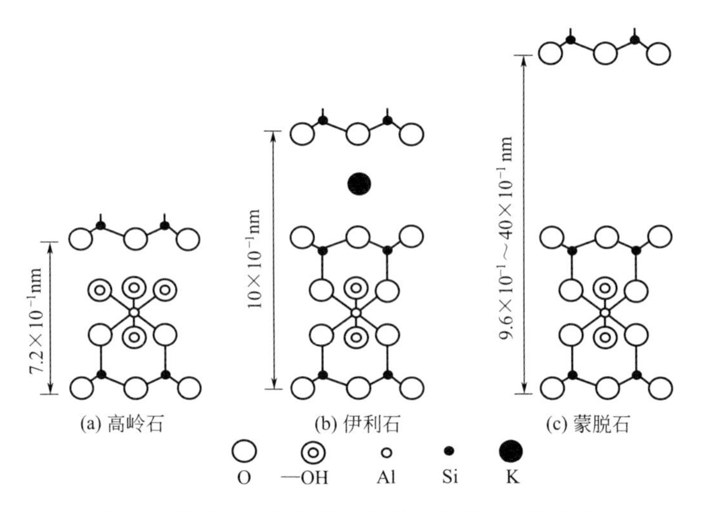

图 3-8 高岭石、伊利石、蒙脱石的晶体构造特点

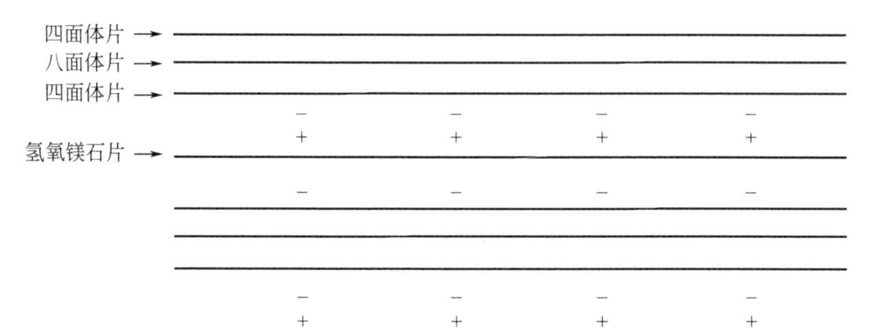

图 3-9 绿泥石的晶体构造示意图

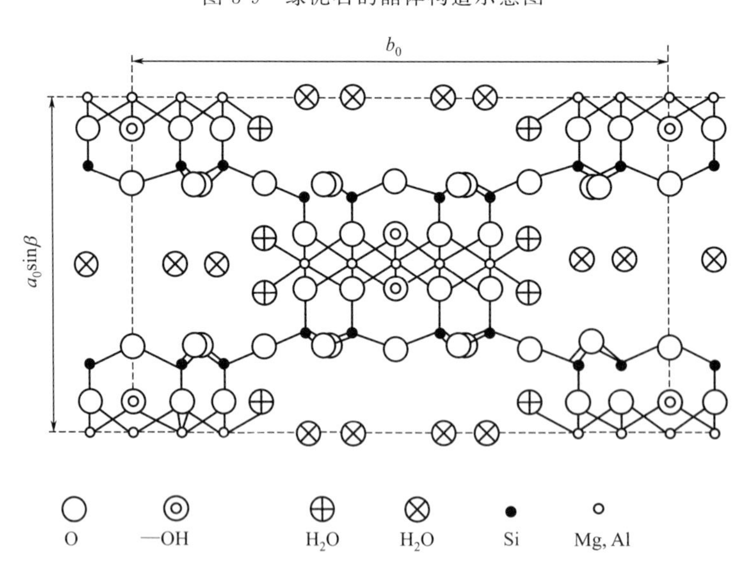

图 3-10 坡缕缟石的晶体构造示意图

海泡石为含水硅酸镁，SiO_2/MgO 分子比约等于 1.5。由于各地海泡石化学成分差别显著，化学式尚未最后确定，常表示为 $4MgO \cdot 6SiO_2 \cdot 2H_2O$。海泡石族具有独特晶体构造、外形呈纤维状，由它配制的悬浮液经搅拌后，纤维互相交叉形成乱稻草堆状网络结构，保持悬浮体稳定性。海泡石族黏土悬浮体的流变性取决于纤维结构与机械参数，而不取决于颗粒静电引力。其特殊晶体构造及其物理化学性质和其他黏土矿物有显著差异，表现为含较多吸附水

（见表 3-4）及热稳定性好。它在淡水与饱和盐水中造浆情况几乎一样，具有良好抗盐稳定性。用它配制钻井液用于海洋钻井和钻高压盐水层或岩盐层，具有优良悬浮性。

表 3-4　几种黏土矿物的吸附水含量

矿物名称	层间引力	CEC /(mmol/100g 土)	吸附水含量(质量分数) /%
山软木/坡缕缟石	引力弱	—	24.3
蒙脱石	分子间力,引力弱	70～130	20.2
单热水白云母	引力强	—	5.4
高岭石	氢键,引力强	3～15	2.0
伊利石	引力较强	20～40	—

注：晶层间距，蒙脱石 0.96～4.0nm；高岭石 0.72nm；伊利石 1.0nm；CEC 是阳离子交换容量。

（6）*混合晶层黏土矿物*　多种不同类型的黏土矿物晶层有时可堆叠在同一矿物晶体中，这类矿物称为混合晶层黏土矿物。不同晶层互相重叠称为混层结构。最常见的混层结构有伊利石和蒙脱石混合层（简称伊蒙混层）及绿泥石和蛭石混合层结构。一般地，各晶层的排列次序是无规则的，也有地方是以同样的次序有规则地重复排列。通常混合晶层黏土矿物晶体在水中比单一黏土矿物晶体更易分散与膨胀，特别是当其中一种成分有膨胀性时，更是如此。各种黏土矿物连同水滑石都是钻井液的重要悬浮剂，起增黏、增重和悬浮岩屑作用[7~9]。

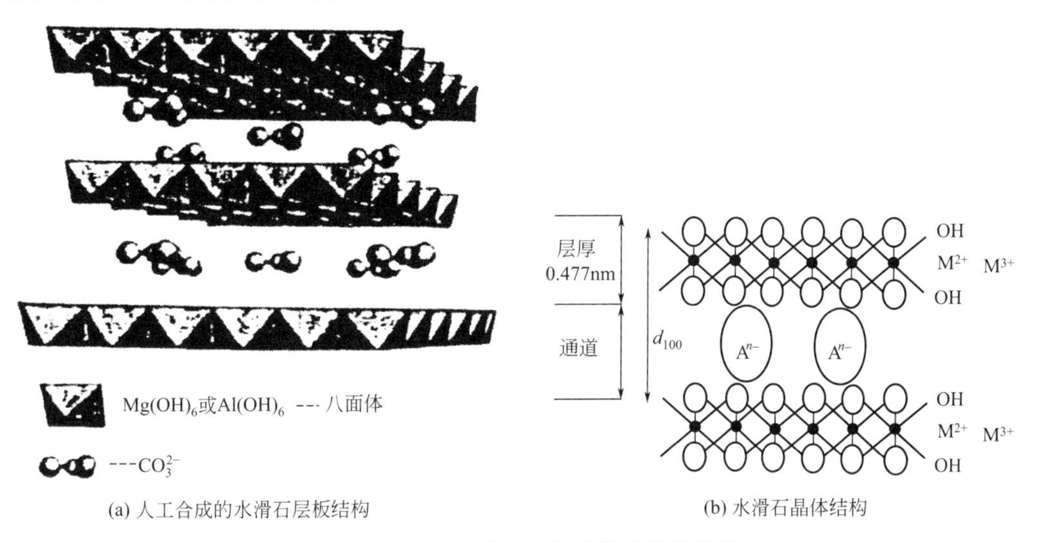

(a) 人工合成的水滑石层板结构　　(b) 水滑石晶体结构

图 3-11　水滑石阳离子层板结构及晶体结构

（7）*阳离子层板结构的黏土*　滑石材料具有层状结构，层板主要是 Mg、Al 的氧化物，层板为阳离子电性，但层间电荷太高，因此层间不易打开。为了利用滑石，常对之进行改性，如通过通入 CO_2 等惰性气体烧结等方法，使其层间结构发生变化。其中一种人工合成的水滑石结构如图 3-11 所示。

常用的层状水滑石（LDHs)，阳离子层板吸附阴离子，也可由阴离子化合物进行插层反应，该插层反应使部分片层解离成数百至数十纳米的颗粒。水滑石可采用镁、铝混合硝酸盐的溶胶-凝胶反应制备，也可从相应的氢氧化物、卤化物等的混合与水解反应得到。镁、铝等氢氧化物的晶格水结构（OH）可用于阻燃材料[10]，大幅度降低极限氧指数（LOI)。复合材料的 TEM 形态如图 3-12 所示。

图 3-12　复合材料的 TEM 形态

水滑石本身具有类似的阻燃性，通过层间插入辅助阻燃剂提高阻燃性能。

（8）*纳米结构黏土矿物的层间距* 以上各种黏土矿物都具有天然纳米结构，是制备纳米复合材料的天然无机相。利用黏土膨胀、层间交换与剥离特性制备纳米复合材料。各种黏土的层间距是设计插层反应的关键基础。主要黏土的矿物用 X 射线测定的层间距如表 3-5 所示。

表 3-5 X 衍射测定各种黏土晶体的片层间距

矿　物	d_{001}/nm	d_{002}/nm	d_{003}/nm	d_{004}/nm	d_{005}/nm
蒙皂石	1.2～1.5	—	0.45	—	0.24
蒙脱石	0.96～1.0	0.71	—	—	—
绿泥石	1.42	0.71	0.47	0.35	0.28
蛭石	1.42	0.71	0.47	0.35	0.28
伊利石	1.00	0.50	0.33	0.25	—
高岭石	0.72	0.36	0.24	—	—

3.2 黏土电性与胶体化学

3.2.1 黏土矿物电性

3.2.1.1 黏土片层电性

（1）*黏土电性概述* 利用电泳实验，已证明了黏土颗粒水悬浮液中片层带负电。这种黏土电荷是其产生一系列电化学特性和效应的本质原因，并直接影响黏土分散、吸附和复合等各种性质。

黏土吸附阳离子的多少取决于其所带负电荷的数量，黏土晶体结构中阳离子交换与环境变化，导致其所带电性或电荷发生相应变化。

黏土晶体电荷不是固定的而是变化的，可将其电荷分为永久负电荷、可变负电荷和正电荷三种形式。

（2）*永久负电荷* 永久负电荷是由于黏土在自然界形成时发生晶格取代作用所产生的。黏土的硅氧四面体中四价的硅被三价的铝取代，或铝氧八面体中三价的铝被二价的镁、铁等取代，黏土就产生过剩的负电荷。这种负电荷的数量取决于晶格取代作用的多少，而不受 pH 值的影响。这种电荷被称为永久负电荷。不同的黏土矿物晶格取代情况是不相同的。蒙脱石的永久负电荷主要来源于铝氧八面体中的一部分铝离子被镁、铁等二价离子所取代，仅有少部分永久负电荷是由于硅氧四面体中的硅离子被铝离子取代所造成的，一般不超过 15%。蒙脱石每个晶胞有 0.25～0.6 个永久负电荷。伊利石和蒙脱石不同，它的永久负电荷主要来源于硅氧四面体晶片中的硅离子被铝离子取代，大约有 1/6 的硅离子被铝离子取代，每个晶胞中约有 0.6～1 个永久负电荷。高岭石的晶格取代很微弱，由此而产生的永久负电荷少到难以用化学分析来证明。由此看出，伊利石的永久负电荷最多，高岭石的永久负电荷最少，蒙脱石居中。黏土的永久负电荷大部分分布在黏土晶层的层面上。

（3）*可变负电荷* 黏土所带电荷的数量随介质 pH 值改变而改变，这种电荷叫作可变负电荷。产生可变负电荷的原因较复杂，可能有以下几种原因：在黏土晶体端面上与铝连接的—OH中的 H 在碱性或中性条件下解离；黏土晶体的端面吸附 OH^-、SiO_3^{2-} 无机阴离子或吸附了有机阴离子聚电解质等。黏土永久负电荷与可变负电荷的比例与黏土矿物种类有关，蒙脱石永久负电荷占总负电荷比例最高，达到 95%，伊利石永久负荷约占总负电荷的 60%，高岭石则只占 25%。

（4）*正电荷* 当黏土介质的 pH 值低于 9 时，黏土晶体端面带正电荷。电子显微镜观察高岭石边角可吸附负电性金溶胶，证明黏土端面带正电荷。黏土端面带正电荷被认为是由于裸露在边缘上的铝氧八面体，在酸性条件下从介质中解离出 OH^-，即 $\rangle Al—O—H—H^+ \longrightarrow \rangle Al^+ + OH^-$。黏土正电荷与负电荷的代数和即为黏土晶体的净电荷数。黏土负电荷一般多于正电荷，因此黏土一般都带负电荷。

3.2.1.2 黏土交换性阳离子CEC测定

（1）阳离子交换容量　黏土层间从分散介质中吸附阳离子，被分散介质中其他阳离子交换的总量，称为阳离子交换容量（CEC）。在试验中，黏土阳离子交换容量（CEC）是在分散介质pH=7条件下，黏土所能交换的阳离子总量，包括交换性碱式基和交换性氢。阳离子交换容量以100g黏土所能交换的阳离子毫摩尔数表示，单位为mmol/100g。黏土矿物因种类不同，CEC差别很大。蒙脱石的CEC一般为0.70～1.3mmol/g样品，伊利石的CEC为0.20～0.40mmol/g样品。这两种矿物阳离子交换现象80%以上发生在晶层面上。而高岭石的CEC仅为0.03～0.15mmol/g样品，阳离子交换反应主要发生于晶体端面。

（2）阳离子交换容量测定　黏土矿物的CEC测定方法很多，因此所得到的CEC数值都存在差异。综合这些测定黏土CEC的方法，给出CEC数值及其范围，见表3-6。

表3-6　各种黏土矿物的阳离子交换容量

矿物名称	CEC/(mmol/100g黏土)	矿物名称	CEC/(mmol/100g黏土)
蒙脱石	70.0～130.0	凹凸棒石，海泡石	10.0～35.0
蛭石	100.0～200.0	钠膨润土(夏子街)	82.3
伊利石	20.0～40.0	钙膨润土(高阳)	103.7
高岭石	3.0～15.0	钙膨润土(潍坊小李家)	74.03
绿泥石	10.0～40.0	钙膨润土(四川渠县李渡)	100.0

（3）测定CEC的醋酸盐分解方法　醋酸铵淋洗是化学测试方法，其基本原理是，采用淋洗剂醋酸铵（NH_4Ac），NH_4^+ 交换出黏土矿物样品中的 Ca^{2+} 和 Mg^{2+} 等阳离子。淋洗过程完成后，将滤液蒸干焙烧，各种醋酸盐经过焙烧均分解为无机化合物，醋酸铵及多余醋酸热分解为水、NH_3 和 CO_2 挥发物。焙烧反应如下：

$$CH_3COONH_4 + 2O_2 \longrightarrow NH_3 + 2H_2O + 2CO_2$$

$$CH_3COOH + 2O_2 \longrightarrow 2CO_2 + 2H_2O$$

$$Ca(CH_3COO)_2 + 4O_2 \longrightarrow CaCO_3 + 3CO_2 + 3H_2O$$

$$2CH_3COOK + 4O_2 \longrightarrow K_2CO_3 + 3CO_2 + 3H_2O$$

$$2Al(CH_3COO)_3 + 12O_2 \longrightarrow Al_2O_3 + 12CO_2 + 9H_2O$$

所得残余物为碱土金属与碱金属碳酸盐及其氧化物，俗称残渣。残渣采用盐酸处理后测定其Ca、Mg等元素的含量。采用过量标准酸溶解残渣，剩余酸采用标准碱溶液滴定，然后再求出 Ca^{2+}、Mg^{2+}、K^+、Na^+ 等的含量。

醋酸铵淋洗后的黏土样品，采用乙醇洗去过剩醋酸铵，再向黏土中加浓NaOH溶液，这时黏土晶体的交换性 NH_4^+ 又被 Na^+ 交换出来，生成氢氧化铵，经直接蒸煮后得到 NH_4OH，采用标准酸吸收并滴定便可换算出每100g土的交换性阳离子的毫摩尔数，即CEC。

显然，该化学法测试过程烦琐且误差大，然而却是现有光谱法测试黏土矿等样品阳离子交换容量时最好的制样方法。

3.2.1.3 经典化学法和光谱仪器法的结合

（1）铵离子交换提取液测定CEC　适当的化学法和现代光谱仪器结合，更好、更准确地测试样品的阳离子交换容量。

采用含指示阳离子NH_4^+的提取剂处理蒙脱土样品，将试样可交换性阳离子全部置换而进入提取液中，将试样饱和吸附指示阳离子，转化为铵基化黏土。然后将铵基化黏土和提取液分离，测定该提取液中的钾、钠、钙及镁等离子的含量，得到相应的交换性阳离子总量。

该方法适于钠基蒙脱土、活性白土、锂蒙脱土、有机蒙脱土、柱撑蒙脱石等。

（2）铵离子交换提取液测定程序示例　铵离子交换提取液测定程序示例如下。

① 准备仪器、试剂和材料

a. 调试离心机及磁力搅拌器。

b. 配制混合标准溶液（0.01mol/L Na^+、0.005mol/L Ca^{2+}、0.005mol/L Mg^{2+}、0.002mol/L K^+）　称取基准试剂0.5004g碳酸钙与0.2015g氧化镁；高纯试剂0.5844g氯化钠和0.1491g氯化钾置于250mL烧杯中，加水及少量稀盐酸溶解，加热煮沸赶尽CO_2、冷却。将溶液移入1000mL容量瓶中，用水稀释至刻度、摇匀、干燥塑料瓶保存。

c. 配制交换溶液　称取28.6g氯化铵置于250mL水中，加入600mL无水乙醇摇匀，用1+1氨水调节至pH值为8.2，用水稀释至1L，即为0.5mol/L氯化铵60%乙醇溶液。

d. 配制EDTA标准溶液（0.01mol/L EDTA）　取3.72g乙二胺四乙酸二钠（$C_{10}H_{14}N_2O_8Na_2 \cdot 2H_2O$），溶解于1000mL水中。

e. 配制洗涤液　50%乙醇，95%乙醇。

② 测试液体系标定　吸取10mL 0.01mol/L氯化钙基准溶液于100mL烧杯中，用水稀释至40～50mL。加入5mL 4mol/L氢氧化钠溶液，使pH=12～13，加少许酸性铬蓝K-萘酚绿B混合指示剂，用EDTA溶液滴至纯蓝色。

$$c_1 = c_2 V_3 / V_4 \tag{3-2}$$

式中，c_1为EDTA标准溶液的实际浓度，mol/L；c_2为氯化钙标准溶液的浓度，mol/L；V_3为氯化钙标准溶液的体积，mL；V_4为滴定时消耗EDTA标准溶液的体积，mL。

③ 测试试验步骤　称取110～115℃下烘干的试样1.000g，置于100mL离心管中。加入20mL 50%乙醇，磁力搅拌3～5min，300r/min离心后弃去管内清液，再在离心管内加入50mL交换液，磁力搅拌器搅拌30min后离心，离心后清液收集于100mL容量瓶中。将残渣和离心管内壁用95%乙醇洗涤，经搅拌离心后清液合并于上述100mL容量瓶中，用水稀释至刻度，摇匀待测。

④ 交换性钙、镁测定　取上述母液25mL，置于150mL烧杯中，加水稀释至约50mL，加1mL 1+1三乙醇胺和3～4mL 4mol/L氢氧化钠，再加少许酸性铬蓝K-萘酚绿B混合指示剂，用0.01mol/L EDTA标准溶液滴定至纯蓝色，记下读数V_5，再用1+1盐酸中和至pH=7，再加氨水-氯化铵缓冲溶液至pH=10，用0.01mol/L EDTA标准溶液滴至纯蓝色，记下读数V_6。

⑤ 交换性钾、钠离子测定　取25mL母液于100mL烧杯中，加入2～3滴1+1盐酸，低温蒸干。加入1mL 1+1盐酸及15～20mL水，微热溶解可溶性盐，冷却后溶液移入100mL容量瓶中，以水稀释至刻度、摇匀，用火焰光度计测定钾、钠。

⑥ 绘制标准曲线　分别取0mL、3mL、6mL、9mL、12mL、15mL钾、钠、钙、镁混合标准溶液于100mL容量瓶中，加入2mL 1+1盐酸，水稀释至刻度、摇匀。在与试样同一条件下测量钾、钠含量并绘制标准曲线。该标准系列分别相当于每100g样品含0mg、170mg、345mg、520mg、690mg、860mg交换性钠及0mg、60mg、120mg、175mg、240mg、295mg交换性钾。

⑦ 计算与分析　钙、镁含量按式(3-3)和式(3-4)计算。

$$\text{交换性钙(g/100g)} = [c_5 V_5 / (2.5 m^3)] \times 40 \tag{3-3}$$

$$\text{交换性镁(g/100g)} = [c_5 (V_6 - V_5) / (2.5 m^3)] \times 24 \tag{3-4}$$

式中，c_5 为 EDTA 标准溶液的实际浓度，mol/L；V_5、V_6 为滴定时耗用 EDTA 标准溶液的体积，mL；m 为试样质量，g。

钾、钠的含量按式(3-5) 和式(3-6) 计算。

$$交换性钾(g/100g)=m_K/(2.5m^3) \tag{3-5}$$

$$交换性钠(g/100g)=m_{Na}/(2.5m^3) \tag{3-6}$$

式中，m_K、m_{Na}为由标准曲线上查得的钾、钠的质量，mg；m 为试样质量，g。

此外，还有氯化钡-硫酸法和定氮蒸馏法等许多化学物理测试 CEC 的方法，这些化学方法，可以用来准备或制备适于现代仪器法测量的样品。

(3) 现代仪器分析法测定 CEC　现在常将化学分析法与现代分析法结合。采用氮元素分析、等离子发射光谱（ICP）和原子吸收法等，测定交换后固定的氮元素量，计算出固定于黏土上的 NH_4^+ 总量，然后按照等量交换原理，计算黏土阳离子交换总量（CEC)。

ICP 方法的突出优点是，利用标定元素样品的 ICP 发射光谱，直接测定样品中任意元素吸收的相对强度，换算成这种元素的相对含量，也就是 CEC 值。

采用化学法制得黏土等中间体样品后，采用 ICP 法测量元素总量表征阳离子总量，将克服纯粹化学法的影响因素，因而是更加准确、可靠的方法。

3.2.1.4　CEC 的影响因素

影响黏土 CEC 的因素有：黏土矿物本性、黏土分散度、分散介质酸碱度。

(1) 黏土矿物本性　黏土矿物化学组成、晶体构造和晶格取代因素，使 CEC 产生显著差异。晶格取代度和氢氧根的氢解离产生负电荷数，直接影响 CEC 数值。如蒙脱石的晶格取代度和氢氧根氢解离负电荷数高；CEC 很高；高岭石晶格取代弱，CEC 很低。

(2) 黏土的分散度　当黏土矿物化学组成相同时，随分散度（或比表面积）的增加，裸露电荷或阳离子交换容量变大。

以高岭石为例，其阳离子交换主要是由于裸露的氢氧根中的氢解离产生电荷所致。因此，其颗粒度越小，裸露的氢氧根越多，颗粒分散到 100nm 以下时 CEC 显著增加，见表 3-7。

表 3-7　高岭石阳离子交换容量与颗粒大小的关系

颗粒大小/μm	40～20	10～5	4～2	1～0.5	0.5～0.25	250～100nm	100～50nm
CEC/(mmol/100g 土)	2.4	2.6	3.6	3.8	3.9	5.4	9.5

蒙脱石阳离子交换主要源于晶格取代产生的电荷，由于裸露的氢氧根中氢解离产生的负电荷所占比例很小，因而受分散度影响较小。

(3) 溶液的酸碱度　在黏土矿物化学组成和分散度相同情况下及碱性环境中，CEC 变大，见表 3-8。随介质 pH 值增高，黏土 CEC 增加的原因是：铝氧八面体中 Al—O—H 键是两性的，在强酸性环境中 OH^- 易解离，层板表面带正电荷；在碱性环境中 H 易解离，层板表面负电荷增加；此外，溶液中 OH^- 增多，它以氢键吸附于黏土表面，使表面负电荷增多，从而增加黏土的 CEC。

表 3-8　酸碱条件对阳离子交换容量的影响

矿物名称	CEC	
	pH=2.5～6	pH>7
高岭石	4	10
蒙脱石	95	100

黏土 CEC 大小及吸附阳离子种类直接影响黏土胶体活性、水化膨胀性等。

3.2.2 主要黏土矿物水化作用

3.2.2.1 黏土矿物中的水分

黏土矿物中的水分按其存在状态可分为结晶水、吸附水、自由水等三种类型。

(1) 结晶水 结晶水即铝氧八面体中 OH^- 层，它是黏土矿物晶体构造的一部分。温度高于 300℃时，黏土结晶受到破坏，结晶水才被释放出来。

(2) 吸附水 由于分子间引力和静电引力，具有极性的水分子可吸附到带电的黏土表面上，在黏土颗粒周围形成一层水化膜，这部分水随黏土颗粒一起运动，也称为束缚水。

(3) 自由水 这部分水存在于黏土颗粒孔穴或孔道中，不受黏土的束缚，可自由运动。

3.2.2.2 黏土水化膨胀作用机理

各种黏土会吸水膨胀，而水化膨胀程度因种类而异。黏土水化膨胀受三种力制约：表面水化力、渗透水化力和毛细管力。

(1) 表面水化 膨胀性黏土表面包括外表面和内表面，表面水化是由黏土晶体表面吸附水分子与交换性阳离子水化而引起的。表面水呈多层结构，第一层水是水分子与黏土表面六角形网格的氧原子间氢键而产生的，水分子通过氢键结合为六角环。第二层水类似于第一层水也以氢键连接，以后的水分子层照此继续。氢键强度随离开表面的距离增加而降低。

表面水化水结构具有晶体性质，如黏土表面 1nm 内水的比热容比自由水小 3%，其黏度也比自由水大。

交换性阳离子以两种方式影响黏土表面水化。第一，许多阳离子本身是水化的有水分子外壳。第二，它们与水分子竞争，键接到黏土晶体表面，且倾向于破坏水的结构。但是 Na^+ 和 Li^+ 例外，它们与黏土键接很松弛，倾向于向外扩散。当干蒙脱石暴露在水蒸气中时，水在晶层间凝结引起晶格膨胀，第一层水的吸附能很高，除去第一层水所需压力估计达 4000MPa，而相继的水层吸附能迅速降低。

利用 X 射线衍射法测定蒙脱石在单一的某阳离子饱和溶液中的晶格间距大小，然后观察它在逐步稀释溶液中和纯水中的晶格间距，其数据见表 3-9。

表 3-9 单一阳离子的蒙脱石在纯水中的晶层间距

黏土上吸附的阳离子	最大晶层间距/nm	黏土上吸附的阳离子	最大晶层间距/nm
Cs^+	1.38	Mg^{2+}	1.92
NH_4^+,K^+	1.50	Al^{3+}	1.94
Ca^{2+},Ba^{2+}	1.89		

观察到的数值表明，吸附水不多于四层。

(2) 渗透水化 由于晶层间的阳离子浓度大于溶液内部的浓度，水分子因浓差扩散进入层间，增加晶层间距而形成扩散双电层。渗透膨胀引起的体积增加比晶格膨胀大得多。在晶格膨胀范围内，每克干黏土约可吸收 0.5g 水，体积可增加 1 倍。但是在渗透膨胀范围内，每克干黏土约可吸收 10g 水，体积可增加 20～25 倍。

黏土的渗透水化由杜南（Donnan）平衡理论解释。杜南指出，当一个容器中有一个半透膜，膜的一边为胶体溶液，另一边为电解质溶液时，若电解质的离子能够自由地透过此膜，而胶粒不能透过，则在达到平衡后，离子在膜两边的分布将不均等。膜两边称作两个“相”，含胶体的一边称为“内相”，仅含自由溶液的一边称为“外相”。在半透膜中，胶粒不能透过膜是由于孔径较小的半透膜对粒径较大胶粒的机械阻力。后来发现，形成杜南体系并不一定需要一个半透膜的存在，只要设法使胶体相与自由溶液相分开即可。当黏土表面吸附的阳离子浓度高于介质中浓度时，便产生渗透压，从而引起水分向黏土晶层间扩散，水的这种扩散程度受电解质浓度差的控制，这就是渗透水化膨胀的机理。

3.2.2.3 影响黏土水化膨胀的因素

（1）黏土晶体部位　黏土晶体的不同部位，产生不同的水化膜厚度。黏土晶体所带负电荷大部分都集于层面，吸附阳离子也多。黏土表面水化膜主要由阳离子水化产生。黏土晶体端面带电量较少，故水化膜薄。因此，黏土晶体表面的水化膜厚度不均匀。

（2）黏土矿物类型　黏土矿物类型决定水化作用的强弱。蒙脱石阳离子交换容量高，水化性最好，分散度最高。而高岭石阳离子交换容量低，水化差、分散度低且颗粒粗，是非膨胀性矿物。伊利石由于晶层间 K^+ 的特殊作用也是非膨胀性矿物。

（3）交换性阳离子类型　黏土吸附的交换性阳离子不同，水化程度差别很大。钙蒙脱石水化后其晶层间距最大仅为 1.7nm，而钠蒙脱石水化后晶层间距可达 1.7～4.0nm。为了提高蒙脱土的水化性能，一般都需将其预水化，使钙蒙脱土转变为钠蒙脱土。

不同交换性阳离子引起水化程度不同的原因是，黏土单元晶层间存在两种力，一种是层间阳离子水化产生的膨胀力和带负电荷晶层间的斥力；另一种是黏土单元晶层—层间阳离子之间的静电斥力。黏土的膨胀分散程度取决于这两种力的作用关系。若黏土单元晶层-层间阳离子之间的静电引力大于晶层间的斥力，黏土就只能发生晶格膨胀（如钙土）；与此相反，若晶层间产生的斥力大到足以破坏单元晶层-层间阳离子之间的静电引力，黏土便发生渗透膨胀，形成扩散双电层，双电层斥力使单元晶层分离开。

3.2.3 黏土矿物的吸附性

3.2.3.1 吸附过程

（1）物质吸附定义　吸附是固体物质重要的自然过程之一。物质在两相界面上自动浓集，即界面浓度大于内部浓度的现象，称为吸附。被吸附的物质称为吸附质，吸附吸附质的物质称为吸附剂。按吸附作用力性质不同，将吸附分为物理吸附和化学吸附两类。根据纳米粒子和纳米复合结构特征，纳米材料吸附同时包含物理和化学吸附这两个过程。

（2）黏土矿物的吸附性　黏土矿物的吸附性，泛指其截留或吸附固体、气体、液体及溶于液体物质的能力，是黏土矿物的重要特性之一。黏土矿物通过物理吸附、化学吸附过程，产生多功能应用。黏土吸附效应广泛应用于炼油催化剂与油气工程，如黏土载负活性物、黏土载体催化剂、黏土吸附剂、黏土膨胀与分散抑制剂及其防治油气层损害等。

3.2.3.2 物理吸附

（1）物理吸附的定义　物理吸附是指由吸附剂与吸附质之间的分子间引力而产生的吸附。通常将那些仅由范德华引力引起的吸附归为物理吸附，而由氢键产生的吸附也属于物理吸附。这类吸附一般无选择性，吸附热较小，容易脱附。物理吸附是可逆的、多层的、不稳定的，吸附速度和解吸速度在一定的温度、浓度条件下呈动态平衡状态。

（2）物理吸附的原因　产生物理吸附的原因是黏土矿物表面分子具有高表面能。高度分散的固体比表面积很大，分散度越高，固体表面活性分子数越多，吸附现象越显著。黏土悬浮体的分散度很高，如钻井液比表面可达每平方米几十至几百万克，吸附现象很明显。

3.2.3.3 化学吸附

（1）化学吸附的定义　化学吸附是指由吸附剂和吸附质之间的化学键力而产生的吸附，具有不可逆、单层、相对稳定特性。化学吸附具有选择性，吸附热较大，不易脱附。黏土矿物吸附还可分为离子交换性吸附。

阴离子聚合物可以靠化学键吸附于黏土矿物表面，具有两种吸附方式。

（2）黏土矿物晶体边缘带正电荷　阴离子基团靠静电引力吸附在黏土矿物表面。

（3）介质中存在中性电解质　无机阳离子可在黏土矿物与阴离子型聚合物之间起“桥接”作用，使高聚物吸附在黏土矿物表面。阴离子两种吸附方式表示为：RCOO-黏土矿物或黏土胶体，或 RSO_3Ca^{2+}-黏土矿物或黏土胶体。

3.2.3.4 阳离子交换吸附分类与规律

（1）阳离子交换性吸附的分类　离子交换性吸附分为阳离子交换性吸附和阴离子交换性吸附两类。根据电中性原理，黏土矿物带不饱和电荷，必然会有等量的异号离子吸附在黏土矿物表面以达到电性平衡。常见的黏土矿物交换性离子是 Ca^{2+}、Mg^{2+}、H^+、K^+、NH_4^+、Na^+ 和 Al^{3+} 等阳离子以及 SO_4^{2-}、Cl^-、PO_3^{3-} 和 NO_3^- 等阴离子。

（2）阳离子交换性吸附的特点　阳离子交换容量表征黏土矿物所带负电荷数量。黏土矿物晶格取代产生的负电荷称为永久负电荷，该电荷与 pH 值和离子活度等条件无关；成因于边缘或外表面破键及伴生羟基组分的分解而产生的负电荷则为可变负电荷，该电荷与 pH 值和离子活度等外部条件密切相关。阳离子交换性吸附有以下两个主要特点：

a. 等电量相互交换　由黏土矿物表面交换出来的阳离子与被黏土矿物吸附的阳离子电量是相等的，例如，一个 Ca^{2+} 与两个 Na^+ 交换。

b. 吸附过程具有可逆性　阳离子交换性吸附过程一般是可逆的，吸附和解吸的速度受离子浓度的影响。例如，若黏土悬浮体中的黏土已吸附 Na^+，再加入钙盐时，Ca^{2+} 便与黏土表面吸附的 Na^+ 进行等电量交换，使悬浮体性能变差。这时若加入纯碱，即增加溶液中的 Na^+ 的浓度，而纯碱生成碳酸钙沉淀，可大大减小 Ca^{2+} 的浓度。在这种情况下，Na^+ 又能把被黏土表面吸附的 Ca^{2+} 交换下来，从而使悬浮体性能又得到改善。

（3）阳离子交换吸附的一般规律

a. 离子价数影响吸附　一般地，溶液中的离子浓度相差不大时，离子价数越高，与黏土表面吸附力越强，即交换到黏土表面上的能力越强；反之，如果已经吸附到黏土表面上，则价数越高的离子越难以从黏土表面被交换下来。

b. 离子半径影响吸附　当相同价数的不同离子在溶液中的浓度相近时，离子半径较小的，一般水化半径较大，离子中心离黏土表面较远，因此吸附趋势较弱；反之，离子半径较大的，一般水化半径较小，离子中心离黏土表面较近，因此吸附趋势较强。

c. 离子浓度影响吸附　离子浓度对吸附强弱的影响符合质量作用定律，即离子交换受各种离子相对浓度的制约。例如，两种一价离子，其离子交换吸附平衡方程可写为：

$$[A]_s/[B]_s = K[A]_c/[B]_c$$

式中，$[A]_c$ 和 $[B]_c$ 分别为溶液中两种离子的物质的量浓度；$[A]_s$ 和 $[B]_s$ 分别为黏土被吸附的离子浓度；K 为离子交换平衡常数。当 $K>1$ 时，离子 A 被优先吸附。

3.2.3.5 阴离子交换性吸附规律

（1）层状 LDHs 的电性　采用硝酸镁与硝酸铝经溶胶-凝胶反应得到双氢氧化物，再经过晶化过程合成层状氢氧镁石化合物（LDHs），其结构如图 3-13 所示。

LDHs 分子通式为$[M_{1-x}^{2+}M_x^{3+}(OH)_2]^{x+}(A_{x/n}^{n-})\cdot mH_2O$[11]，晶体片层呈阳离子特性，层间有等量阴离子平衡电荷存在。其中，M^{2+} 为金属离子如 Mg^{2+}、Zn^{2+}、Ni^{2+}、Cu^{2+}、Co^{2+} 等；M^{3+} 如 Al^{3+}、Cr^{3+}、V^{3+}、Fe^{3+} 等。

（2）阴离子交换容量的定义　阴离子交换容量，即阴离子吸附容量，定义为 pH＝7 条件下，黏土矿物所能吸附的交换性阴离子总量。同阳离子交换容量一样，阴离子交换容量的单位也是 mmol/100g。阴离子交换容量可看作是黏土矿物所带正电荷数量的量度。

（3）阴离子交换性吸附　同阳离子交换性吸附一样，阴离子交换性吸附的特点也是等电量交换。综合来看（Parfitt，1978），黏土矿物阴离子交换具有如下规律：

a. 与表面羟基结合的 Al^{3+}、Fe^{3+}，将吸附阴离子。

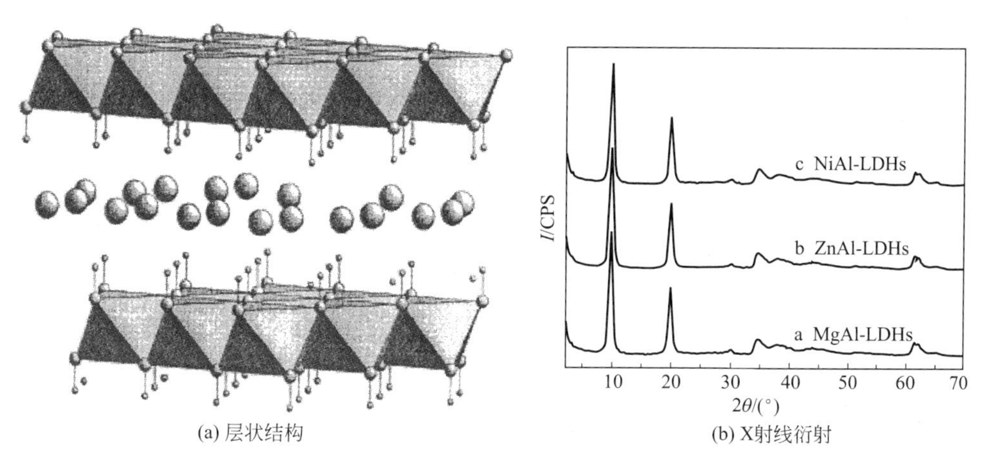

(a) 层状结构　　(b) X射线衍射

图 3-13 合成 LDHs 的氢氧镁石层状结构

b. 阴离子吸附受溶液 pH 值的影响，低 pH 值时有较强的吸附能力。

c. 按阴离子吸附性的强弱，一般的排列顺序为：

$$PO_4^{3-} > AsO_4^{3-} > SeO_3^{2-} > MO_4^{2-} > SO_4^{2-} = F^- > Cl^- > NO_3^-$$

d. 有其他类型阴离子存在时，将引起吸附位置的竞争。如 Ca^{2+}、Al^{3+} 这样的交换性阳离子的存在可导致不溶产物生成。

阴离子交换容量的测定方法主要有磷酸盐法和氯化物法等。黏土矿物的阴离子交换容量与其表面积成正比，并随着结晶度的变化而变化。由于表面羟基转换过程中，会导致部分晶格被破坏，而使测量结果不精确。常见黏土矿物如蛭石、伊利石、绿泥石、高岭石和蒙脱石的阴离子交换容量范围分别是：4mmol/100g、4～17mmol/100g、5～20mmol/100g、7～20mmol/100g 和 20～30mmol/100g（Grim，1968）。

3.2.4 纳米胶体化学基本原理

3.2.4.1 纳米胶体的化学概念

（1）纳米胶体化学　基于黏土胶体化学的内容和规范，纳米胶体化学是关于纳米尺度胶体的形成、改性和应用的一门科学。

（2）相和相界面　相是指那些物质的物理性质和化学性质都完全相同的均匀部分。体系中有两个或两个以上的相，称为多相体系。相与相之间的接触面称为相界面。

（3）分散相与分散介质　在多相分散体系中，被分散的物质为分散相。包围分散相的另一相，称为分散介质。如水基钻井液中，黏土颗粒分散在水中，黏土为分散相，水为分散介质。

（4）分散体系比表面积　比表面积是物质分散度的另一种量度，它等于全部分散相颗粒的总面积与总质量（或总体积）之比。比表面积表示为：

$$S_{比}=S/V(m^{-1})\text{或}S_{比}=S/m\ (m^2/kg) \tag{3-7}$$

式中，S 为总表面积；V 为总体积；m 为总质量。

可见，物质的颗粒越小，分散度越高，比表面积越大，界面能与界面性质会发生惊人的变化[12]。颗粒分散体系的共性是具有极大比表（界）面积。按分散度不同，将分散体系分为细分散体系与粗分散体系。胶体实际上是细分散体系，其分散相的比表面积≥$10^4 m^2/kg$，颗粒至少有一维长度在 1～100nm。悬浮体则属于粗分散体系，比表面积不超过 $10^4 m^2/kg$，分散相颗粒直径在 1～40nm。

3.2.4.2 沉降与沉降平衡

（1）纳米胶体的沉降与平衡　纳米胶体的沉降与平衡也是基于黏土悬浮分散体系颗粒在重

力场作用下的沉降与平衡规律。

（2）纳米胶体的沉降与平衡表达　由于粒子沉降，下部的粒子浓度增加，上部浓度低，破坏了体系均匀性。这又引起了扩散作用，即下部较浓的粒子向上运动，使体系浓度趋于均匀。因此，沉降作用与扩散作用是矛盾的两个方面。若胶体粒子为球形，则下沉重力 F_1 为：$F_1=(4/3)\pi r^3(\rho-\rho_0)g$（式中，$r$ 为粒子半径，ρ 为粒子密度，ρ_0 为分散介质密度，g 为重力加速度）。若粒子以速度 v 下沉，按斯托克斯（Stokes）定律，粒子下沉时所受阻力 F_2 为：$F_2=6\pi\eta rv$（式中，η 为介质黏度）。

当 $F_1=F_2$ 时，粒子匀速下沉，则：

$$v=2r^2(\rho-\rho_0)g/9\eta \tag{3-8}$$

这就是球形质点在介质中的沉降速度公式。

3.2.4.3 纳米胶体分散体系电动现象与胶团结构

（1）纳米胶体分散体系电动现象内涵　通常胶体的电动现象包括电泳、电渗、流动电位与沉降电位的产生。纳米胶体也存在类似电动现象。

电泳是在外加电场作用下，带电的胶体粒子在分散介质中，向与其本身电性相反的电极移动的现象。电渗是在外加电场作用下，液体对固定的带电荷的固体表面做相对运动的现象。流动电位是不加外电场而用机械力促使两相间发生相对移动时，由于正负电荷分布不均，两相间产生的电位。沉降电位是胶粒由于重力而在介质中下沉所产生的电位。

电动现象说明胶粒表面总带电荷，其电荷主要来源有：电离作用、晶格取代作用、离子吸附作用以及未饱和键等。

（2）纳米胶团结构　溶胶粒子大小在 1～100nm，每个溶胶粒子是由许多分子或原子聚集而成的。用稀 $AgNO_3$ 溶液与 KI 溶液制备 AgI 溶胶时，首先形成不溶于水的 AgI 粒子，它是胶团的核心。AgI 也具有晶体结构，比表面很大。按法扬斯（Fajans）法则，若 $AgNO_3$ 过量，AgI 易从溶液中选择吸附 Ag^+ 而构成胶核，被吸附的 Ag^+ 称为定势离子。留在溶液中的 NO_3^-，受胶核吸引围绕于其周围，称为反离子。反离子本身热运动仅使部分 NO_3^- 靠近胶核，并与被吸附的 Ag^+ 组成吸附层，而另一部分 NO_3^- 则扩散到较远介质中形成扩散层。胶核与吸附层中的 NO_3^- 组成胶粒，胶粒与扩散层中的反离子 NO_3^- 组成胶团。胶团分散于液体介质中形成溶胶。AgI 胶团经验结构为：$\{[(AgI)_m \cdot nAg^+ \cdot (n-x)NO_3^-]^{x+} \cdot xNO_3^-\}$。若 KI 过量，$I^-$ 优先被吸附，则胶团结构为：$\{[(AgI)_m \cdot nI^- \cdot (n-x)K^+]^{x-} \cdot xK^+\}$。

胶团结构表明，构成胶粒的核心物质决定定势离子和反离子。钠蒙脱石胶团结构表示为：$\{m[(Al_{3.34}Mg_{0.06})(Si_8O_{20})(OH)_4]_{0.66} \cdot (0.66m-x)Na^+\}^{x-} \cdot Na^+$。

虽然组成胶核的分子或原子达几百至几千个，由于反离子电荷数等于定势离子的电荷数，胶团呈电中性。胶粒产生布朗运动时，扩散层的反离子由于与定势离子的静电引力减弱，不跟随胶粒一起运动，使胶粒在介质中运动时显出电性。这就是电泳与电渗现象产生的原因。

3.2.4.4 纳米胶体的扩散双电层与电动电位

（1）扩散双电层的形成与结构　纳米粒子及其团簇是最典型的胶体，扩散双电层与电动电位是其主要表征参数。经典胶团结构就是带电胶体粒子，它周围分布着电荷数相等的反离子，在固液界面形成双电层。

经典胶团的扩散双电层理论（Stern，1924 年）仍被用于描述纳米微粒表面吸附和扩散产生的电性层，但需要必要的修正。经典胶团双电层理论，即指双电层中的反离子，一方面受固体表面电荷吸引而靠近固体表面；另一方面，反离子的热运动，又会向液相内部扩散。这两种相反作用的结果，使反离子扩散地分布在胶粒周围，构成扩散双电层。在扩散双电层中反离子分布不均匀，靠固体表面密度高，形成紧密层或吸附层，见图 3-14。

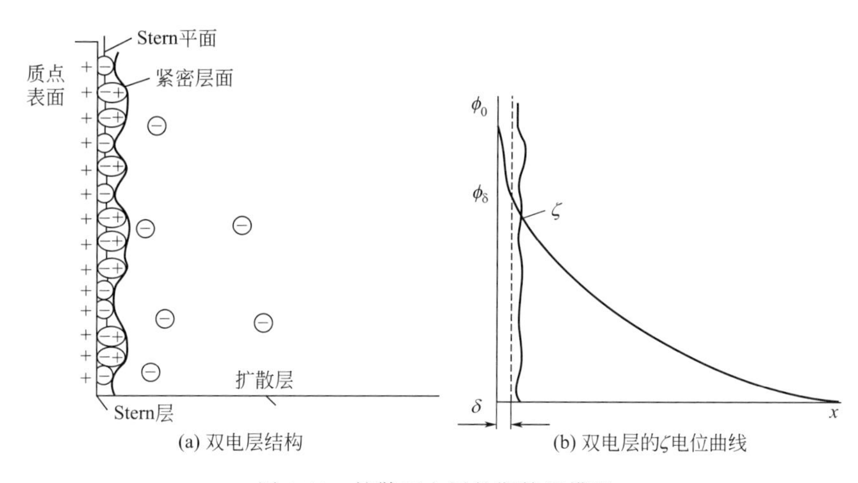

图 3-14　扩散双电层的斯特恩模型

在固体表面吸附的反离子为负离子时，随着它与界面的距离增大，负离子分布由多到少，到达正电荷电力线所不及的距离处时，反离子负电荷等于零。从固体表面到反离子为零处的这一层称为扩散双电层。反离子是溶剂化的，固体表面上紧密地连接着部分反离子，构成图中的吸附溶剂化层即紧密层。其余离子带着溶剂化壳，扩散分布到液相中，构成扩散层。

当胶粒运动时，界面的吸附溶剂化层随着一起运动，与外层错开。吸附溶剂化层与外层错开的界面称为滑动面。从吸附溶剂化层界面（滑动面）到均匀液相内的电位，称为电动电位（ζ 电位）；从固体表面到均匀液相内部的电位，称为热力学电位（φ_0）。热力学电位取决于固体表面所带的总电荷，而 ζ 电位则取决于固体表面电荷与吸附溶剂化层内反离子电荷之差。

（2）*黏土溶胶和悬浮体双电层特点*　由于黏土矿物晶体层面与端面结构不同，因此可形成两种不同的双电层，这就是所谓的黏土胶体双电层的两重性。这一点显著地区别于其他胶体。

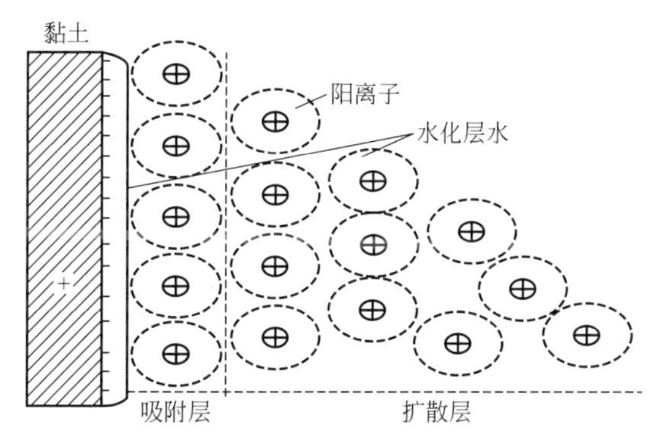

图 3-15　黏土层面的双电层示意图

a. 黏土层面的双电层结构　由于蒙脱石和伊利石产生晶格取代，即硅氧四面体晶片中部分 Si^{4+} 可被 Al^{3+} 取代，铝氧八面体晶片中部分 Al^{3+} 可被 Mg^{2+} 或 Fe^{2+} 等取代，这种晶格取代造成黏土表面带永久负电荷，它们吸附等电量阳离子（Na^+、Ca^{2+}、Mg^{2+} 等）。在水中，这些黏土吸附阳离子解离扩散，形成胶粒带负电的扩散双电层。黏土表面紧密地连接一部分水分子和部分带水化壳的阳离子，构成吸附溶剂化层；其余阳离子带着溶剂化水扩散分布于液相中，组成扩散层，如图 3-15 所示。

b. 黏土端面双电层结构　黏土矿物晶体端面裸露的原子结构与层面结构不同。端面黏土晶格中的铝氧八面体与硅氧四面体原来的键被断开。八面体端面相当于铝矾土［$Al(OH)_3$］颗粒表面。当介质 pH 值低于 9 时，该表面上 OH^- 解离后会露出带正电铝离子，形成正溶胶双电层；在碱性介质中，该表面上的氢解离，裸露出带负电表面（表示为 | Al—O^-）。这种情况下所形成的双电层，其电性与层面上相同。

黏土端面的正溶胶双电层，与电泳实验中黏土颗粒带负电不矛盾，端面所带正电荷与黏土层面带负电荷数量相比很少，即黏土颗粒整体所带净电荷仍是负的，故在电场作用下向正极运移。黏土硅氧四面体端面由于 H 解离而带负电，但黏土悬浮体中常存在少量 Al^{3+}，它被吸附在硅氧四面体断键处，而使之带正电。

(3) 纳米胶体双电层 纳米胶体吸附的水化膜厚度更大，而纳米胶体悬浮体双电层厚度取决于自身的电性或电荷大小以及纳米尺度与表面效应。纳米胶体双电层处理方法，参考黏土表面双电层结构。

(4) 双电层中的电位

a. 电动电位（ζ 电位） 电动电位是扩散双电层的重要特征参数。从图 3-14 看出，ζ 的数值取决于吸附层滑动面上的净电荷数。

b. 扩散层电位 扩散层电位 φ 比较微弱，随距固体表面的距离 x 而变化，服从指数关系，即扩散层电位（φ）按指数关系下降，如下式：

$$\varphi=\varphi_0\exp[-K\chi] \tag{3-9}$$

式中，φ 为扩散层中任一点的电位；φ_0 为热力学电位或表面电位；K 为德拜参数；χ 为离开表面的距离。

当 $\chi=1/K$ 时，$\varphi=\varphi_0/\mathrm{e}$，$1/K$ 为离子氛即扩散双电层的厚度；即在距离 χ 等于 $1/K$ 处，电位下降为 φ_0 的 $1/\mathrm{e}$ 倍。当 $\chi\rightarrow\infty$时，$\varphi\rightarrow0$。χ 等于零时，$\varphi=\varphi_0$。

(5) 影响双电层厚度与 ζ 电位的因素 胶体聚结稳定性与双电层厚度、ζ 电位大小有密切关系。双电层越厚，ζ 越大，胶体越稳定。根据强电解质的德拜-休格理论，双电层厚度主要取决于溶液中电解质的反离子价数与电解质浓度。随着加入的电解质浓度的增加，特别是离子价数升高，离子氛（即扩散双电层）厚度下降。加入电解质后扩散双电层厚度下降，源于更多反离子进入吸附层，使扩散层离子数相对下降，双电层厚度下降，ζ 电位就下降，即电解质压缩双电层作用。

当所加电解质把双电层压缩到吸附溶剂化层的厚度时，胶粒即不带电，此时电动电位降至零。这种状态称为等电态。在等电态，胶体易聚结。

黏土、水、多种处理剂组成钻井液混合体系，其 ζ 电位影响因素多，除电解质外，pH 值、交换性阳离子与吸附阴离子等因素也影响 ζ 电位。

3.3 黏土矿物纳米复合溶胶-凝胶体系

3.3.1 黏土水胶体分散与聚结稳定体系

3.3.1.1 黏土悬浮稳定体系

(1) 传统和纳米胶体稳定体系 传统上，黏土胶体的悬浮稳定性与电解质、多种阳离子及高聚物分子密切相关。除此之外，黏土矿物形成的聚合物级硅酸盐或纳米中间体的悬浮稳定性，还与纳米尺度和表面电荷相关。

(2) 溶胶-凝胶体系 科技史表明，1846 年 J. Ebelmen 采用 $SiCl_4$ 与乙醇混合体系，发现其在空气中发生水解后形成一种冻胶，这是溶胶-凝胶的雏形。迄今，经过 100 多年的发展，溶胶-凝胶法已成为制备无机颗粒、纳米颗粒及其复合材料的主要方法，并形成湿化学[10~12]的重要分支。

溶胶-凝胶（sol-gel）工艺已用于合成黏土聚合物级硅酸盐或纳米中间体，并成为合成纳米粉体的主要方法。该方法生成溶胶悬浮体与形成凝胶过程密不可分，两种过程常连续使用。以蒙脱石为例，其颗粒悬浮于水中，经溶剂化作用得到颗粒度相对较小的溶剂化层悬浮体系，该颗粒可自由布朗运动，称为溶胶。这种溶胶经后续设定条件如压力、温度及进一步水化反应，得到一种类似“冻胶”形态，这时颗粒不运动即相对静止，这种溶胶形态称为凝胶。利用 sol-gel 反应过程制备高聚物-黏土纳米复合材料过程中，必然经历这一凝胶过程才表示高分子的分子量得到提高。例如，当蒙脱土颗粒在聚丙烯酰胺溶液中，在 140℃ 的高压釜内保持 16h 后，可得到一种冻胶即“凝胶”。

sol-gel方法也极广泛地应用于常温常压合成无机陶瓷、玻璃材料等。因此，湿化学方法和插层化学方法，成为制备纳米材料与纳米复合材料的主要基础。

3.3.1.2 黏土胶体分散与聚结稳定性

(1) 常规胶体和纳米胶体化学 胶体是热力学不稳定体系，其不稳定性是绝对的而稳定性是相对的、有条件的。如金溶胶可稳定几年或几十年，$Fe(OH)_3$ 可稳定几个月或一年，但终究会失去稳定性。在胶体中加入处理剂如表面活性剂可调整其稳定性。

根据表面能自发下降原理，胶体质点有自发聚结变大的趋势[6~9]，以降低表面能。常规胶体和纳米胶体是高度分散多相分散体系，具有很大的比表面和表面能，胶体稳定与破坏特性贯穿胶体化学核心。

我们需要知道影响胶体相对稳定性的因素及其稳定与破坏规律是什么。

(2) 胶体稳定性概念 胶体稳定性有两种不同的概念：动力（沉降）稳定性和聚结稳定性。

a. 动力稳定性 是指在重力作用下分散相粒子是否容易下沉的性质。一般用分散相下沉速率的快慢来衡量动力稳定性的好坏。例如，在一个玻璃容器中注满黏土悬浮体，静置24h后，分别测定上部与下部的悬浮体系密度。其差值越小，则动力稳定性越高，说明粒子沉降速率很慢。

b. 聚结稳定性 是指分散相粒子是否容易自动地聚结变大的性质。分散相粒子，不管其沉降速率如何，只要它们不自动降低分散度，聚结度变大，该胶体就是聚结稳定性好的体系。

动力稳定性与聚结稳定性是两种不同的概念，但是它们之间又有联系。若分散相粒子自动聚结变大，由于重量加大必然引起下沉。因此，失去聚结稳定性，最终必然失去动力稳定性。上述两种稳定性中，聚结稳定性是最根本的。

(3) 影响动力稳定性的因素

a. 重力 重力是动力稳定性的决定因素，固体颗粒在液体介质中所受净重力按照式(3-8)表示。分散相质点在胶态体系中所受的净重力，主要决定于固体颗粒半径的大小、分散相与分散介质的密度差。

b. 布朗运动 理论与实践均证明，颗粒半径愈小，布朗运动愈剧烈。布朗运动对溶胶的动力稳定性起重要作用。当颗粒直径大于5nm时，几乎没有布朗运动。因此，悬浮体是动力学不稳定体系。

c. 介质黏度 根据Stokes定律，液体介质中固体颗粒下沉速率按式(3-8)计算。可见，固体颗粒下沉速率与介质黏度成反比，提高介质黏度可提高动力稳定性。钻井液要求有适当的黏度，这是其悬浮性的重要要求。

(4) 胶粒相互作用与动力稳定性

a. 静电稳定理论 Derjaguin-Landau和Verwey-Overbeek等四人分别提出静电稳定理论，该理论称为DLVO理论，是目前对胶体稳定性及电解质对胶体稳定性影响进行解释得较完善的理论。该理论的基本点是，溶胶粒子之间存在两种相反的作用力：吸力与斥力。若胶体颗粒在布朗运动中相互碰撞时，吸力大于斥力，溶胶就聚结；反之，当斥力大于吸力时，粒子碰撞后又分开，保持分散状态。

b. 两个溶胶粒子间的吸力 溶胶粒子间的吸力本质上是范德华引力，但它和单个分子不同。溶胶粒子是许多分子的聚集体，溶胶粒子间的引力是胶体粒子中所有分子引力的总和。一般分子间的引力与分子间距离的6次方成反比，而溶胶粒子间的吸引力与距离的3次方成反比。这说明溶胶粒子间有“远程”范德华引力。有文献报道，该力在距离颗粒表面100nm，甚至更远时仍起作用。

对同一物质，当半径为 a 时，两个球形胶粒间的引力位能数学式为：

$$V_A=-Aa/12H$$

或者，
$$V_A=-A/12\pi D^2 \tag{3-10}$$

式中，H 为两球之间的最短距离；A 为哈马克（Hamaker）常数（$10^{-20}\sim10^{-19}$J）；D 为平板间距离。

引力位能通常可表征真空中物质的两个胶粒或分子在近距离时的相互作用。对于分散在介质如水中的胶粒体系，应使用有效 Hamaker 常数，即若考虑颗粒 1 浸没在介质 2 中，则有，

$$A_{121}=A_{11}+A_{22}-2A_{12} \tag{3-11}$$

$$A_{12}=(A_{11}A_{22})^{1/2} \tag{3-12}$$

$$A_{121}=(A_{11}-A_{22}{}^{0.5})^2 \tag{3-13}$$

式中，A_{121} 为胶粒在介质中的有效哈马克常数；A_{11} 为胶粒本身的哈马克常数；A_{22} 为介质本身的哈马克常数。

从式(3-13) 看出，A_{121} 总是正值，这说明一种分散颗粒在另外介质中总是相互吸引的，所以胶体不稳定。因此，A_{121} 总小于 A_{11}，这说明浸没在介质中的颗粒之间的吸引力总是减弱。

c. 胶粒间的相互排斥力　胶粒间的排斥力来源于两方面：一方面是静电斥力；另一方面是溶剂化膜（水化膜）斥力。

胶粒间的静电斥力是由扩散双电层引起的。布朗运动会造成胶体粒子沿着滑动面错开，使胶粒带电，于是胶粒间产生静电斥力。胶粒间静电斥力的大小决定于电动电位的大小，两个胶粒之间的静电斥力与电动电位的平方成正比。电动电位的大小与扩散层中反离子的多少、离子水化膜的厚薄有密切关系。

扩散层离子水化膜变薄时，会导致扩散层变薄，即扩散层中部分反离子进入吸附层，从而使电动电位降低，胶体会发生聚结。反之，当扩散层离子水化膜变厚时，扩散层也变厚，这时扩散层中反离子浓度较低，吸附层中的反离子因热运动进入扩散层的机会增多，结果使电动电位升高。

在胶粒周围形成的溶剂化膜或水化膜中，水分子定向排列。当胶粒相互接近时，水化膜被挤压变形，但引起定向排列的引力，将力图使水分子恢复原来的定向排列。水化膜表现出弹性，成为胶粒接近的机械阻力。另外，水化膜中的水和本体自由水相比，有更高黏度，会增加胶粒间的机械阻力，这些阻力统称为水化膜斥力。水化膜的厚度和扩散层厚度相当，它受体系电解质浓度影响。当电解质浓度增大时，扩散双电层厚度减小，水化膜变薄。两平板形胶粒间的斥力位能为：

$$V_R=64n_0\kappa Tr_0^2\mathrm{e}^{-2Kd}/K \tag{3-14}$$

式中，n_0 为均匀溶液的离子浓度；κ 为玻尔兹曼常数；T 为热力学温度；r_0 为与 φ_0 有关的参数；d 为粒子间距离；K 为德拜参数。

式(3-14) 表明，胶体粒子间的斥力是其距离的指数函数，即随距离 d 的增加，胶粒间的斥力 V_R 按指数下降；当 $d=0$ 时，V_R 为常数。

d. 胶粒间吸引能与排斥能的总和　两个带相同电荷的胶粒相互靠近时，系统总位能随距离的变化曲线见图 3-16。横坐标表示两个粒子的间距，纵坐标表示斥力能（正值）与吸引能（负值）。

吸力能 V_A 只在很短距离内起作用，斥力能 V_R 的作用距离稍远。当 $d\rightarrow0$，$V_A\rightarrow\infty$，引力随着粒子接近而迅速增加。两个胶粒相距较远时，离子氛尚未重叠，粒子间“远程”吸力或吸力能占优势，曲线在横轴下方，总位能为负值；作用距离逐步趋近则离子氛重叠，斥力能开始起作用，总位能逐渐上升为正值。当两个胶粒靠近到一定距离处，总位能达到最大，出现斥能峰 E_0，粒子动能只有超过该点时才能聚沉，所以该斥能峰的高低表征溶胶稳定性的强弱。

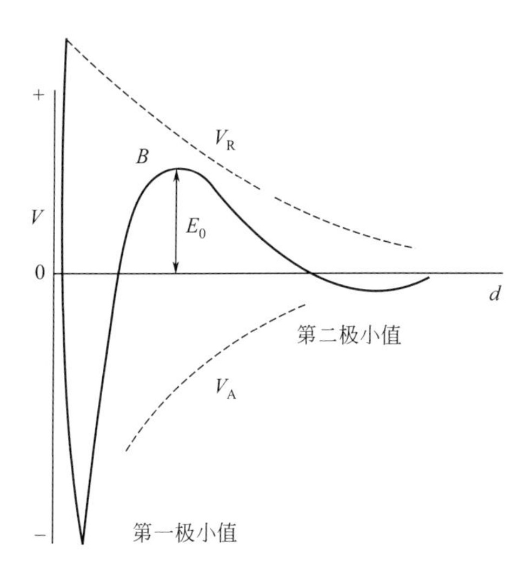

图 3-16 胶体粒子间的作用位能与其距离的关系
（溶胶粒子间总位能为 V，V_R 为斥力能曲线；V_A 为吸力能曲线，$V=V_A+V_R$；B 为总位能曲线）

（5）絮凝与聚结 分析胶粒间总位能曲线，絮凝与聚结是两个不同的概念。当胶粒处于第二位能极小值时，表现为絮凝态，这时颗粒间的联结力较弱，絮凝是可逆的。而当胶粒处于第一位能极小值范围内时，则表现为聚结状态，聚结是不可逆的。

（6）影响聚结稳定性的因素 胶体粒子之间的吸力能是永恒存在的。只是当胶体处于相对稳定状态时，吸力能被斥力能所抵消而已。一般地，外界因素很难改变吸引力大小，而改变分散介质中电解质浓度与价态，可显著影响胶粒之间的斥力位能。

a. 电解质浓度低、中、高三种电解质浓度条件下胶体粒子间作用位能与其距离关系，在低和中等电解质浓度时，总位能有一个最大值，但随着电解质浓度升高，斥能峰降低；而高电解质浓度时，除了胶粒非常靠近的距离外，在任何距离上吸引能都占优势，在此情况下聚结速度最快；在中等电解质浓度下，“远程”斥力能作用延缓聚结过程；在低电解质浓度下，由于明显的“远程”斥力作用，聚结过程很慢，几周或几个月后才发生明显聚结。

b. 反离子价数 常用聚沉值和聚沉率两个指标定量表示电解质对溶胶聚结稳定性的影响。能使溶胶聚沉的电解质最低浓度称为聚沉值。各种电解质有不同的聚沉值。该值仅是相对值，它与溶胶的性质、含量、介质性质及温度等因素有关。若各种条件确定，那么电解质对某一溶胶的聚沉值也是一定的。即聚沉值（或临界聚沉浓度）是在指定条件下，使胶体明显聚沉所需的最低浓度，单位为 mmol/L。聚沉值越低，说明电解质的聚沉能力越强。

聚沉率是聚沉值的倒数。聚沉率越高，电解质的聚沉能力越强。杰略金和郎台根据胶体粒子间的吸力和斥力导出了电解质对溶胶的聚沉值（v_c）：

$$v_c=[cD^3(kT)^5]/(A^2e^6Z^6) \tag{3-15}$$

式中，A 是哈马克常数或范德华引力常数；e 是电荷值；Z 是反离子价数；c 是与电解质阴阳离子对称性有关的常数；D 是介质的介电常数。

研究电解质对不同溶胶的聚沉值表明，电解质中起聚沉作用的主要是与胶粒带相反电荷的反离子，反离子价数越高，聚沉值越低，聚沉率越高。由此提出电解质的聚沉值与反离子价数的 6 次方成反比即 Schulze-Hardy 规则。v_c 与反离子价数的 6 次方成反比，$v_c=K/Z^6$（式中，K 为常数）。

c. 反离子大小 同价离子的聚沉率虽然相近，但仍有差别，特别是一价离子的差别较明显，若将各离子按其聚沉能力的顺序排列，则一价阳离子排序为：

$$H^+>Cs^+>Rb^+>NH_4^+>K^+>Na^+>Li^+$$

一价阴离子的排序为：

$$F^->IO_3^->H_2PO_4^->BrO_3^->Cl^->ClO_3^->Br^->I^->CNS^-$$

同价离子聚沉能力的次序称为感胶离子序，与水化离子半径从小到大的次序大致相同，这可能是由于水化离子半径越小，越容易靠近胶体粒子的缘故。对高价离子，影响其聚沉能力的因素中，价数是主要的，离子大小的影响相对不显著。

d. 同号离子 与胶粒所带电荷相同的离子称同号离子。一般地，同号离子对胶体有一定的稳定作用，可降低反离子的聚沉能力。但有机高聚物离子即聚电解质例外，即使与胶粒带电相同，也能被胶粒吸附。

e. 相互聚沉现象　通常带相同电荷的两种溶胶混合后应无变化，却有例外情况。而两种带相反电荷的溶胶相互混合发生聚沉现象，这种现象称为相互聚沉现象。

3.3.2 金属和稀土纳米溶胶-凝胶体系

3.3.2.1 金属纳米溶胶-凝胶体系

(1) 金属纳米溶胶-凝胶方法的适用性　制备金属纳米颗粒及其薄膜，都可利用溶胶-凝胶法，该体系遵循胶体稳定性理论，具有广泛适用性，如该法用于制备金属氧化锌粉、铁粉和铜粉等。设计金属醇盐水解反应和胶凝工艺，可制备氧化物薄膜。

(2) 金属纳米溶胶-凝胶方法的步骤　溶胶-凝胶法制备金属纳米材料的步骤为：

① 选择金属化合物使其在合适溶剂中溶解[12]，得到纳米前驱体材料；

② 选择纳米前驱体材料，通过溶胶、凝胶及固化过程，再经低温或高温热处理，制得纳米材料。

天然气转化、加氢催化反应等中的许多催化剂，其活性物质如铁、钴、镍和铑等都可用金属醇盐，经过严格控制溶胶-凝胶过程条件与洁净环境制备颗粒或薄膜催化剂。

(3) 金属纳米溶胶-凝胶法的优越性　溶胶-凝胶法制备金属纳米催化材料具有成本低廉、技术路线和工艺成熟的优点。与其他方法相比，该法还具有反应物种多、各组分混合均匀性好、起始物质反应活性高、合成温度低及过程易控制等特点。

该方法的不足是，需经后处理才能得到纳米粒子。后处理条件差异性、烧结温度及纯度都具有不确定性，所得颗粒材料不可避免地聚结。同样，溶胶-凝胶法不适于对水敏感的起始原料，如Ⅲ-Ⅴ族半导体纳米材料 GaAs、InP、GaP 等。

3.3.2.2 稀土纳米溶胶-凝胶体系

(1) 稀土纳米溶胶-凝胶体系的合成　溶胶-凝胶法用于制备稀土纳米材料。由此合成的纳米发光材料尺度介于宏观和微观之间，它与常规发光材料相比有许多新颖发光特性，具有可见光、红外光或紫外光等激发形成光致发光材料特性，还具有涂料、陶瓷、塑料、装饰、建材等广泛应用性。

光致发光的荧光和磷光材料，也称夜光材料，它们受可见光、紫外光等光源激发后都发出可见光，但荧光材料在激发光源消失后很快停止发光，余辉时间很短，磷光材料却能在激发光源消失后持续发光。

现已发现永久性和临时性两种磷光材料。永久性磷光材料是在荧光类物质中掺入放射性元素镭等，易造成放射性污染，对人体有危害。

(2) 新型稀土纳米发光材料的合成　新型稀土化合物的发光原理是在发光基体中掺入微量稀土激活剂，用溶胶-凝胶法掺入稀土，然后高温烧结，使激活剂原子进入基质晶格造成“缺陷”，改变相关原子的能级，从而改变其激活与发射过程。若使新型发光材料在光激发后，原子轨道上的电子跃迁时间变长，就可使发光材料受光激发后在黑暗中长时间发出可见光，成为新型长效发光粉。

与金属纳米颗粒制备相比，溶胶-凝胶法制备纳米发光材料的条件更加苛刻。稀土元素掺杂的溶胶-凝胶-高温法制备的稀土发光材料，稀土元素掺杂分布均匀、合成产物颗粒细小、性能稳定。稀土纳米发光材料以不含放射性元素及对人体无放射性危害等为新技术指标，但该材料要克服临时性磷光粉发光时间短的缺点，将发光时间延长到 12h 以上。

溶胶-凝胶法与高温、熔融、蒸压法等结合，可用于大规模合成发光功能材料。在合成过程中掺入稀土元素如 Eu、Gd、Ce、Dy、Sm、Nd、Er 等，可规模制备稀土纳米发光材料，关键是控制物料配比、颗粒大小、压力、温度等对合成产物有影响的生产工艺条件和环境因素。

新型稀土发光材料，包括稀土激活铝酸盐或硫化物、稀土激活的硅灰石、硅锌矿等矿物及稀土激活的有机化合物等。

（3）新型稀土纳米发光材料合成实例

【实施例 3-1】 掺杂稀土的发光材料 Yu1 产品是在硅灰石中掺入稀土发光材料，激光下呈红色，紫外线下呈粉红色；Yu2 产品是硅灰石中掺入稀土的发光材料，激光下呈红色，紫外线呈砖红色；Yu3 是在硅灰石中掺入稀土的发光材料，激光下呈红色，紫外线下呈黄色；Yu4 是在硅灰石中掺入稀土的发光材料，激光下呈红色，紫外线下呈蓝色；Yu5 是在硅锌矿中掺入稀土的发光材料，激光下呈红色，紫外线下呈绿色。在硅锌矿中掺入稀土得到激光照射下呈红色而紫外线照射下呈砖红色的材料；在铝酸盐中掺入稀土得到激光下呈红色，紫外线照射下呈蓝色的产品。在硫化物中掺入稀土得到激光照射下为红色，紫外线照射下为红色的材料。

当前奇缺红色磷光和蓝色磷光材料，绿色磷光材料不含放射性元素，但发光时间仅为 1～2h，性能很不稳定，应用范围受限。红色磷光与蓝色磷光材料几乎空白。

3.3.3 有机-无机纳米复合溶胶-凝胶体系设计

（1）纳米复合溶胶-凝胶反应单元 以溶胶-凝胶法制备纳米复合材料的反应，包括无机纳米材料反应单元及高分子反应单元。纳米材料单元按成分可以是金属、陶瓷、高分子等；按几何形貌可以是球状、片状、柱状纳米粒子，甚至纳米丝、纳米管、纳米膜等；按相结构可以是单相、多相等。纳米材料粒子在高分子基体中呈多种分散形态，包括均匀分散、非均匀分散、团聚态、有序排布、无序排布及颗粒聚集体分形结构。

高分子纳米复合体系，包括高分子纳米复合多层膜、高分子复合介孔固体与异质纳米粒子组装复合材料等[13]。高聚物纳米复合材料的制备方法[14,15]分为四类。

① 纳米材料单元与高分子直接共混，包括纳米单元制备、表面改性方法。

② 高分子基体中原位生成纳米单元。

③ 在纳米单元存在下单体分子原位聚合生成高分子。

④ 纳米单元和高分子同时生成。

纳米复合材料按 Kubo[16]提出的量子尺寸效应、超微粒子电中性理论分析及现代技术进行表征。纳米相单元比表面积大，表面原子数、表面能和表面张力随粒径下降急剧增大，产生小尺寸效应、表面效应、量子尺寸效应和宏观量子隧道效应等。在纳米复合材料中产生并保持这些特性是长期探索的内容[17～23]。

（2）纳米单元与高分子直接共混 将纳米单元、纳米前驱物或纳米结构中间体与聚合物高分子在溶液、乳液、熔融或超临界 CO_2 条件下共混合，经过物理化学过程制得纳米复合材料。为了形成均相悬浮体系，需设计体系的溶胶-凝胶化反应工艺。

例如，设计利用反相胶乳介质制备纳米 TiO_2 粒子[24]，在 *N*-甲基吡咯烷酮（NMP）中与聚酰亚胺溶液共混时，通过形成稳定悬浮体及乳液内的水解溶胶化过程形成纳米 TiO_2 溶胶，原位制备 TiO_2/PI 纳米复合材料。表面处理的 3.5%（质量分数）粒径约为 10nm 的 TiO_2 粒子与 PP 熔融共混，形成复合凝胶制出半透明性、机械性比 PP 更高的复合材料[25]。

共混方法虽然简单但是极其实用，采用纳米中间体时设计溶胶-凝胶过程参数，提供独特纳米形态控制方法。

（3）反相胶束微反应器法 油包水微乳液中反相胶束的微液滴是一种特殊纳米空间，使不同胶束中的反应物进行传质互换与反应，制备纳米微粒。制备反应过程中，反相胶束起微小反应场功能，或称为智能微反应器[26]。对乳化剂、界面活化剂和纳米前驱物进行优选，微胶束浓度按照定量反应式进行控制，纳米前驱物在胶束内的水化过程按照溶胶-凝胶过程进行控制。

该反应在反相胶束微反应器中进行时，采用直接加入法和共混法加入反应物。按照不同的加入方式，建立相应的反应机理与动力学。两种加入方式都能制备出高度分散、粒度均匀的纳米粒子。特别是，这种反应方法用于原位处理纳米颗粒或改变纳米粉体表面亲憎性，能提供多功能纳米材料体系。

3.4 插层过程模型模拟与插层化学

3.4.1 层状结构物质插层反应模型与模拟计算

3.4.1.1 层状结构物质的层间物质运移

(1) *层状结构体系的层间物质* 层状结构体系，主要包括层状结构硅酸盐、层状化合物固体物质。在这一大类层状结构体系中，层间包含物质主要是水分子、金属阳离子、阴离子、天然气和有机质等。

(2) *层状结构体系的层间结构变化特征* 层状结构体系（如层状硅酸盐、层状化合物等），层间结构是晶体片层之间经过物理吸附、化学键连接所形成的，层-层之间受外力插入作用，首先产生扩张、膨胀和运移过程。正是利用层状结构体系的这一特性，长期以来设计制备了大量层状纳米复合体系。

特别是，利用聚合物单体插入作用，设计层状结构体系的单体插层与原位反应体系，通过溶液插层反应、熔体插层反应和插层聚合反应工艺，合成制备了一系列聚合物纳米复合材料。

设计聚合物纳米复合体系时，层状结构体系需利用插层剂进行先行处理反应。这种层间的插层剂分子运移、片层表面分子覆盖与层叠堆砌结构形态，将直接影响聚合物纳米复合材料的综合性能[27~31]。如何优化所述的插层复合反应过程，是设计纳米复合高效体系的重要基础。

3.4.1.2 层状结构体系的计算软件与选择

(1) *计算软件* 用于模拟计算有机分子结构及其相互作用的软件是众多的（表 3-10），这些软件既可自我利用现有语言编辑，也可利用商用软件满足计算工作。

表 3-10 国家超级计算中心具有的有关计算软件列表

科学计算软件	工程仿真软件
材料科学分子模拟：Materials Studio	电磁学计算：Ansoft HFSS
高性能量子化学计算分析：Gaussian 量子化学计算：Turbomole 从头计算量子化学：Gamess-UK 分子建模、计算：Spartan	固体力学计算：Ansys、Nastran、Marc、Dytran、Lsdyna、Abaqus、Hyperworks、MSC SimDesigner、Adams、Fatigue、Patran、AnsysRigid Dynamics、Ansys Fatigues Module、MSC Mvision
专业级电子结构量化计算：Molpro	流体力学计算：Fluent、CFX、ICEMCFD、CFDPrePost、Easy5 等
求解复杂化学反应问题：Chemkin	土木建筑：Ansys、Abaqus、Fluent、CFX、Lsdyna

注：配置曙光 6000 超级计算机系统。

(2) *计算软件的选择* 大量计算实践表明，选择合适的计算软件是有效、高效解决问题的关键之一。就纳米复合材料而言，依据材料领域、材料力学、材料热学及材料构筑等，选择合适的科学计算软件；依据材料的工程过程与应用，选择合适的计算模拟软件。

(3) *计算模型的建立* 此外，建立合适的计算模型是正确解决问题的关键途径之一。为了解决纳米材料在油气工程中的应用，应当建立岩石力学模型。

3.4.1.3　层状化合物片层的插层剂运移模型

（1）构建层状化合物片层的插层剂运移模型　以层状硅酸盐蒙脱石的晶体片层单元模型为例（如图 3-17 所示），构造插层剂分子插层运移模型（如图 3-18 所示）。

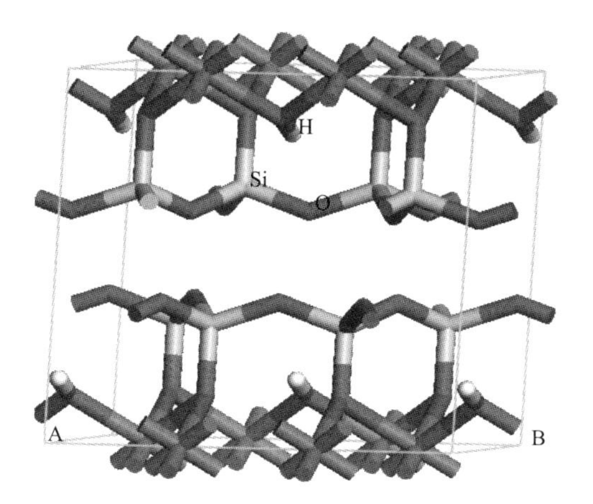

图 3-17　MMTs 单胞模型及分子式 $Na_6[Si_{62}Al_2](Al_{28}Mg_4)O_{160}(OH)_{32}$

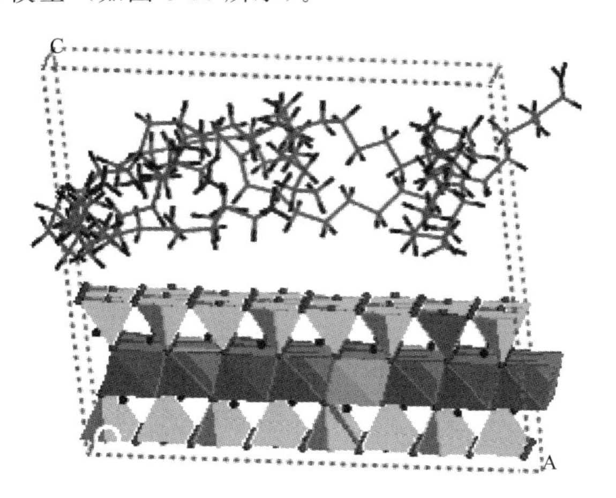

图 3-18　十六烷基氯化铵插层计算模型（SUR4）

建立上述模型后，可优选 compass 力场[6]，建立模型的单胞原子分数坐标，其极简单单胞分子分数坐标如表 3-11 所示。

表 3-11　MMTs 单胞的部分原子分数坐标

原子	x/a	y/b	c/z	原子	x/a	y/b	c/z
Al	0.0	0.3333	0.0	Si	0.18	0.1667	0.2184
O	0.18	0.1667	0.0848	O	0.18	0.0	0.2624
O	0.18	0.5	0.0848	O	0.43	0.25	0.2624
H	0.347	0.5	0.1147				

（2）模型计算　利用所建立模型及力场，首先计算水分子在层状化合物的层间分布，然后利用十六烷基氯化铵插层剂分子的插层模型及其碳原子密度与密度剖面，计算插层分子数密度的四种情形，如图 3-19 所示。

上述简单计算表明，插层分子倾向于向黏土片层表面运移，由此，聚合物如 PET 分子链借助 MMT 的刚度，通过纳米复合提高其力学和热性能。

3.4.2　层状物质插层化学

3.4.2.1　插层化学科学体系

（1）插层化学科学的定义　插层化学（intercalation chemistry）是 20 世纪 60 年代起源于美国的一门化学新科学分支。它是指以层状结构体系如层状硅酸盐、层状化合物为主体（host），以小分子、离子或者离聚合物为外来客体（guest），通过主-客体之间的插入作用形成复合体系的一门科学。

（2）现代插层化学科学的内涵与发展　现代插层化学，已发展成一门设计合成纳米复合材料体系及其应用方法的系统科学，插层化学已发展成内涵十分丰富、应用特别广泛的科学与技术体系。

具体说，现代插层化学内容，包括了层状结构物质科学、插层剂分子设计合成方法、层状结构插入过程与工艺科学、层状结构纳米复合材料科学、结构性能表征方法及纳米效应与应用工艺等。

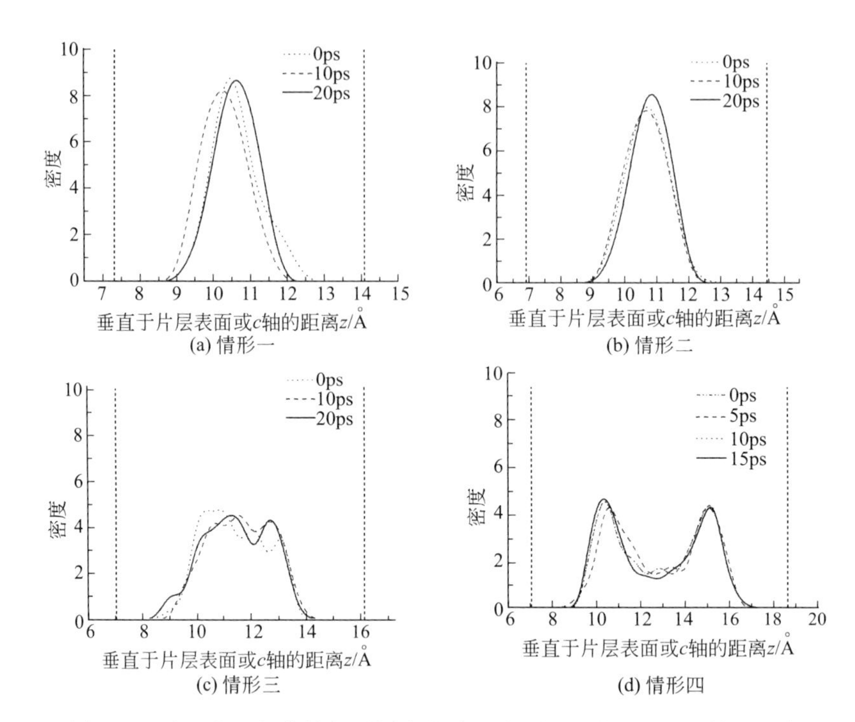

图 3-19 十六烷基氯化铵插层剂在蒙脱石片层间的碳密度沿 c 轴的分布

3.4.2.2 插层化学内涵说明

（1）插层剂分子结构 针对层状结构体系专门设计插层剂分子，它包括带活性官能团的有机分子、带电无机分子、带电原子团或团簇等。

有机插层剂分子结构体系，如路易斯酸、季铵盐、磷酸盐、卤酸盐、硫酸盐或磺酸盐等。

（2）插层剂合成与结构调控 插层剂分子结构，是影响层状结构体系插层反应及其效应的关键。对于最常用的有机插层剂而言，采用有机胺制备季铵阳离子插层剂的反应通式如下。

$$RNH_2 + HX \longrightarrow RN^+H_3 \cdot X \tag{3-16}$$

式中，R＝HOOCAr（Ar＝1,4-亚苯基，下同），$HOCH_2CH_2$，$CH_3(CH_2)_{15}N(CH_3)_2$，$CH_3(CH_2)_{11}$ 等；X＝Cl，H_2PO_4，ArCOO 或 H_2PO_3 等。

各类脂肪长链、短链季铵盐分子及其表面活性剂，原则上都可用作层状结构体系的插层剂。季氨盐分子常用于蒙脱土（Na-MMTs）离子交换反应，其反应如下。

$$HOOCArN^+H_3 \cdot X + Na\text{-}MMTs \longrightarrow \underset{\displaystyle MMTs}{HOOCArN^+H_3} \cdot X + Na^+ \tag{3-17}$$

季铵盐质子化剂可用卤酸（如 HX）、硫酸、磷酸、醋酸等。各种醋酸质子化剂及其物性参数，可参考表 3-12。

表 3-12 蒙脱土插层反应的醋酸质子化剂物性参数

醋酸系列分子	mp/℃	bp/℃	K_a(S)	pK_a
HCOOH	8.4	101	1.77×10^{-5}(∞)	4.77
CH_3COOH	17	118	1.75×10^{-5}(∞)	4.76
CH_3CH_2COOH	−22	141	1.32×10^{-5}(∞)	4.88
$CH_3CH_2CH_2COOH$	−5	163	1.52×10^{-5}(∞)	4.82
$CH_3CH_2CH_2CH_2COOH$	−35	187	(3.7)	
$CH_3(CH_2)_{14}COOH$	62.9	269(100mmHg)	(NS)	
$CH_3(CH_2)_{16}COOH$	69.9	287(100mmHg)	(NS)	

续表

醋酸系列分子	mp/℃	bp/℃	$K_a(S)$	pK_a
Ar—COOH	122	249	6.3×10^{-5}(0.34)	
o-CH_3—Ar—COOH	106	259	(0.12)	
m-CH_3—Ar—COOH	112	263	(0.10)	
p-CH_3—Ar—COOH	180	275	(0.03)	
HOOC—COOH	189		(8.6)	
HOOC—CH_2—COOH	136		(73.5)	
HOOC$(CH_2)_2$COOH	185		(5.8)	
HOOC$(CH_2)_3$COOH	98		(63.9)	
HOOC$(CH_2)_4$COOH	151		(1.50)	
o-HOOC—Ar—COOH	213		(0.7)	
m-HOOC—Ar—COOH	349		(0.01)	
p-HOOC—Ar—COOH	300		(0.002)	

注：1. Ar 为苯环；mp 为熔点；bp 为沸点；K_a 为离解常数；S 为在 100g 水中的溶解度，g；NS 为不溶解。

2. 1mmHg=133.322Pa。

（3）特殊插层剂结构设计与合成调控　合成特殊插层剂分子满足特殊插层反应要求。采用裂解-自由基转移方法，将含 N 杂环引入分子链，这是合成季铵盐的基础原料。该插层剂合成过程见图 3-20。

(a) 裂解-自由基转移法制备含硫的PS低聚物插层剂

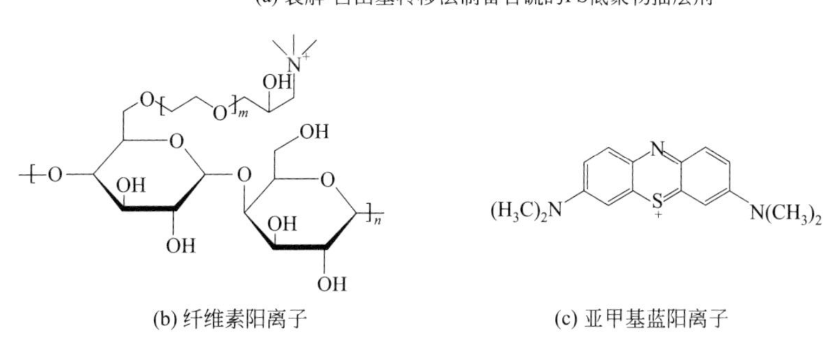

(b) 纤维素阳离子　　(c) 亚甲基蓝阳离子

图 3-20　特殊插层剂合成及分子结构调控

上述插层剂与蒙脱土反应，得到插层蒙脱土纳米前驱体或纳米结构中间体[10]。

3.4.2.3　插层体系组成及插层剂插层要素

（1）插层体系组成要素　对于层状结构体系而言，插层体系组成要素包括，特定层状结构物质、插层处理剂分子、插层介质、插层方法或工艺及插层复合体系结构性能表征等。

特定层状结构物质可选自黏土矿物、层状氧化物等，插层处理剂分子可采用现有产品或通过合成反应得到；插层介质主要包括溶液、熔体或者溶剂；插层方法包括插层反应原理、工艺等；插层复合体系结构性能表征，主要是评价纳米复合体系的纳米效应和实用性。

（2）插层剂插层反应因素　插层剂分子通过插层反应过程，逐步运移进入层状结构体系的层间空间，该插层过程伴随片层间作用力的逐步减小、层间距逐步扩大及片层逐步剥离与分散现象，最终形成高聚物层状纳米复合材料。

（3）插层剂分子结构-层间距关系　插层剂结构实际影响到层状结构体系的层间空间扩张程度及层间距扩大程度。插层剂分子自然插层时，可使层间距大幅扩大，但层间距一直在1～4nm范围内变化，很少有超出此范围者。

短链分子如乙醇铵盐氯代盐产物，只稍微增加层间距，而长链分子在插入层间后分子链的蠕动运移，可大幅度增加层状结构体系的层间距。

基于插层剂，辅助外界温度、压力和剪切等条件，也可大幅度增加层状结构体系的层间距。

许多季铵盐型长、短链分子，可通过插层过程在层状结构中间体的片层空间形成多层分子吸附体系，这在以前或以后实施例中将有涉及。

3.4.3 层状结构体系插层过程与插层复合体系

3.4.3.1 层状结构体系插层交换反应

（1）插层与交换反应耦合　对于最常用的带离子基团或带离子端基的链状分子插层剂，依据其分子量大小和链结构形态，而在层状结构体系中产生离子交换反应、分子插入及分子形态蠕动调整而插入层间。

层状结构体系的插层剂分子插入程度、层间距变化及插层剂运移组装控制等因素，影响纳米片层有效剥离、分散、表界面融合与复合体系性能。

（2）层状硅酸盐的层间作用力模型　黏土层间存在强烈的化学键和引力作用，而层间距增大后这种作用逐步降低，片层会在聚合物如聚烯烃基体中高效分散而产生高性能复合材料。

层状硅酸盐由片层重复单元组装而成，片层-片层间存在氢键、静电场力和范德华力。该层间作用力模型如图3-21所示。

设片层剥离需要克服片层间作用力的最大能垒为E_0。显然，E_0随片层原始间距在1nm后逐步增大而增大，表示为，

$$E_0=E_{se}+E_{hb}+E_{van\ der\ Waals} \tag{3-18}$$

式中，E_{se}是静电势能；E_{hb}是氢键力势能；$E_{van\ der\ Waals}$是van der Waals力势能。

当$dE_0/dx=0$，所给出的边界条件是$d_{001}=1nm$或4nm。采用有机化合物分子、试剂或单体插入片层空间时，片层-片层间吸引力将逐步减小直至消失，对应的片层间距逐步扩大，达到片层空间态Ⅱ。最终，片层间力趋近零，而片层结构和片层间力坍塌，并最终达到完全剥离态Ⅲ。经验上，状态Ⅰ属于插层态，$d_{001}>1nm$。状态Ⅱ属于有机分子、单体或试剂插入层间态，$d_{001}=2\sim4nm$。状态Ⅲ属于片层剥离态，$d_{001}>4nm$。

（3）膨胀石墨层状结构的作用力　聚合物石墨烯纳米复合材料成为功能、智能材料基础原材料，主要归因于石墨烯sp^2杂化碳原子构成二维层状碳单质，厚度为一个碳原子（见图3-22）。

采用氧化石墨烯无机相，其表面含大量环氧基团，可进行羟基取代反应，层间插入Na^+和Li^+等，形成聚合物石墨烯纳米复合材料。

（4）大层间距高膨胀倍率膨胀石墨常用制法　采用浓硫酸氧化催化法、浓硝酸氧化插入化学氧化法、空气氧化法、沥青或酚醛树脂有机前驱体包覆炭化法、石墨表面沉积金属非金属及其氧化物掺杂法，可提高层间距但幅度不大。机械研磨或球磨提高层间距法规模较人是提高层间距的有效途径，可改善石墨基本的倍率、放电性能。

天然石墨在浓硝酸/甲酸水浴锅中室温反应约1h后，酸化石墨水洗至中性、烘干制石墨嵌

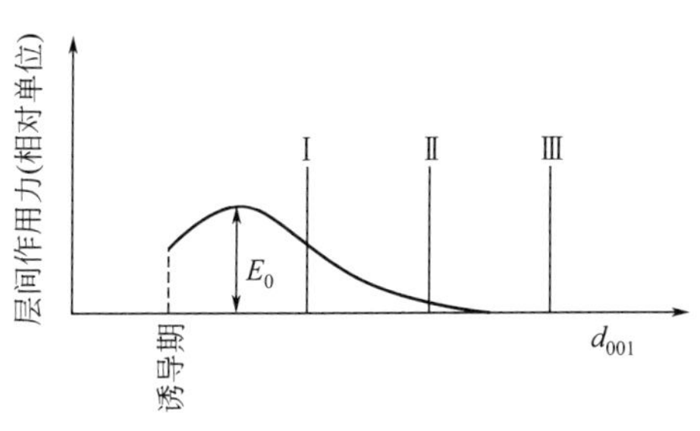

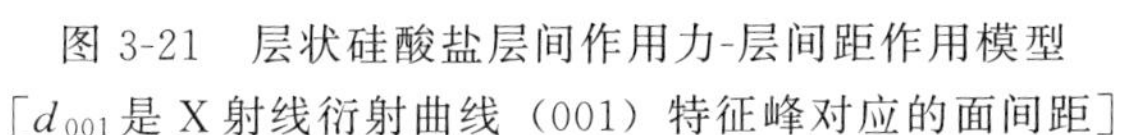
图 3-21　层状硅酸盐层间作用力-层间距作用模型
[d_{001}是 X 射线衍射曲线（001）特征峰对应的面间距]

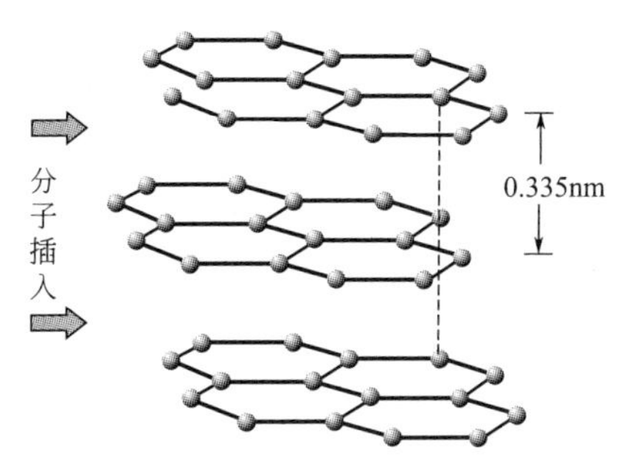

图 3-22　膨胀石墨层间距及其层间插入示意图

合物，将其置于管式炉氮气氛中升温至约 900℃，冷却过筛得微膨胀石墨样品。采用石油沥青煤油溶液滤去杂质。将天然石墨及石墨嵌合物与微膨胀样品分别加入沥青煤油溶液中搅拌均匀，蒸发得沥青包覆石墨。包覆样品氮气氛下升温至约 900℃保温 2h 冷却后过筛，得沥青包覆样品[32]。

总之，常采用天然石墨，经氧化、插层、水洗、干燥处理得到可膨胀石墨，高温受热迅速膨胀形成膨胀石墨，这是分步插层法。

具体过程如，采用硝酸/磷酸混酸、硝酸/乙酸混酸为插层剂，高锰酸钾为氧化剂制备高倍膨胀石墨，优化工艺条件使可膨胀石墨在 900℃电阻炉中加热约 1min 得膨胀石墨，膨胀后其体积显著增大（如 450mL/g 膨胀石墨[32]）。

我们总结膨胀石墨及其聚合物石墨烯纳米复合材料功用，包括优异传导、制导、力学、铁磁性、可见光区高透过、机械、导电、导热、耐热和阻隔等。

3.4.3.2　层状结构物质的离子交换与插层复合体系

（1）*X 射线表征层间距的方法*　本书分别在不同章节介绍了各类插层剂的设计、合成与制备方法，可供参考。特殊插层剂设计制备方法将根据基础和应用需求进行优选。X 射线衍射曲线及其特征峰 d_{001}是检测层状结构体系插层过程及其效果评价最重要的方法。

从现有结构性能表征评价，采用新颖的插层剂处理蒙脱土在聚合物体系原位聚合物必然产生层间距变化。如加量小于 5%（质量分数）插层蒙脱土，经过原位聚合剥离分散可使聚苯乙烯（PS）热分解温度提高 40～55℃。图 3-23 是 X 射线衍射曲线及其 PS 纳米复合材料形态。

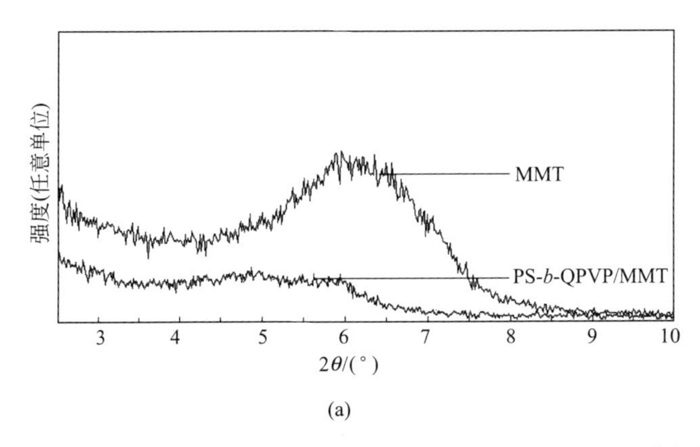

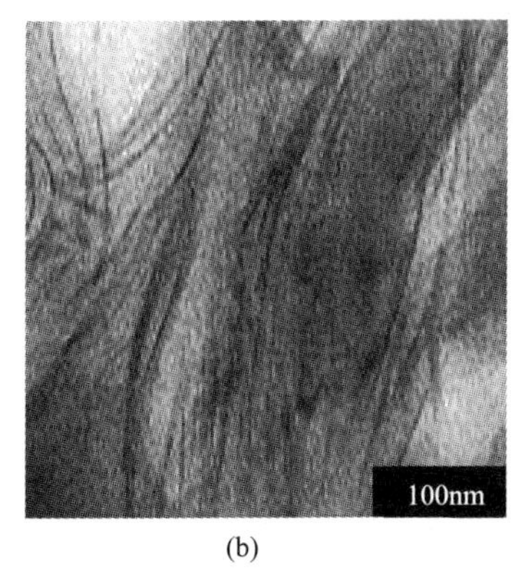

图 3-23　合成新型插层剂的 X 射线曲线（a）及其与蒙脱土纳米复合材料（b）

（2）*层状结构物质离子交换体系*　层状化合物层间的阳离子，可与外来阳离子产生交换，这种交换过程是原有阳离子腾出空间而外来阳离子占位的过程。采用金属阳离子、质子酸离子为外来阳离子，与层状结构体系中的阳离子交换反应后，层间距不产生显著变化。

(3) 层状结构物质多酸离子交换体系　Mo(Ⅵ)、W(Ⅵ)、P、V、Si 氧多酸体系，形成多酸离子，可以与层状结构体系进行离子交换反应，该交换反应顺利实施后，可使层状结构体系的层间距产生较显著变化，由此形成插层载负和复合体系，是实用、稳定催化剂。

多价阳离子几乎呈 Langmuir 型等温吸附，这是超 CEC 强吸附，吸附交换反应结果是使其电荷性质发生逆转。多价阴离子会吸附在层状结构物质颗粒边缘，如边-面结合，产生类似于提高 pH 值的效应。

采用腐殖酸与黏土相互作用，引起多价交换性阳离子吸附、铝离子聚合、表面形成氢氧化铁膜，还引起黏土粒子边缘的阴离子交换及形成表面强键。

(4) 层状结构物质的分子链状离子交换体系　采用长分子链、短分子链离子为插层剂试剂，经过离子交换和分子链插入过程，形成层状化合物离子交换或者离子交换复合体系，该体系中，层状化合物的层间距通常有很大变化，甚至导致片层结构完全破坏、剥离和分散。因此，采用这类插层剂是获得高分散片层及纳米复合材料体系的主要途径。

3.4.3.3 层状硅酸盐黏土阳离子复合体系

(1) 阳离子固定的定义与意义　在层状结构物质插层交换反应体系中，存在一种阳离子被永久地联结、固定的体系。通常阳离子被永久固定于层状硅酸盐黏土矿物表面的现象，称为阳离子固定黏土。

黏土矿物表面负电荷足够多直至永久吸附阳离子时，发生固定作用。在溶液可供固定阳离子时，被固定的是最易失去其水化水的阳离子，这使其具有能被固定于可供固定的构造位置上的水化半径。

在类蒙皂石矿物中，K^+ 是固定阳离子而固定于 Stern 层中，固定 K^+ 仍是反离子或抗衡离子，但它不再是扩散带中的离子，也不再是离子可膨胀组成部分。

伊利石层间阳离子主要是 K^+，伊利石的水化作用比蒙脱石弱得多，CEC 比蒙脱石小得多。

阳离子固定效应，是最有效抑制层状结构体系如黏土水化分散的方法。

(2) 阳离子固定体系成键　性质与水相似的一些有机化合物分子，很容易被黏土矿物表面吸附。对于黏土-有机质相互作用力较弱的体系，非极性分子只能产生物理吸附及不稳定体系。

而极性有机分子或离子有机分子，能与黏土矿物发生化学吸附，形成化学键连接的黏土-有机复合体。是否能形成该化学键不仅要表征阳离子固定特性，还需用测试方法如核磁共振、X 射线光电子能谱等表征确定。

3.4.3.4 层状硅酸盐黏土-极性分子复合体系

(1) 层状结构物质嵌合复合体系　某些层状结构物质如蒙皂石族、蛭石和高岭石族矿物，可采用特定极性有机分子插入其单元层之间，产生膨胀性并形成嵌合复合体。

依据有机分子性质，黏土-有机嵌合复合体产生成键作用，主要有：氢键、离子偶极力（包括形成与交换性阳离子配位的复合体）、有机分子-水化阳离子间的水桥成键、阳离子交换、阴离子交换。

层状硅酸盐黏土，还可与极性有机分子形成复合体系。

(2) 高岭石-极性有机分子嵌合复合体　对高岭石矿物而言，极性有机分子如甲酰胺（$HCONH_2$）、乙酰胺（CH_3CONH_2）、联氨（$NH_2—NH_2$）、尿素（NH_2CONH_2）、二甲亚砜[$(CH_3)_2SO$] 和有机盐如醋酸钾（$KC_2H_3O_2$）等，能够破坏邻近硅氧烷[$H_3Si(OSiH_2)_nOSiH_3$] 和氢氧化铝 [$Al(OH)_3$] 表面之间的层间键，并进入层间域以氢键与两表面形成复合体。

高岭石矿物的层面间距一般较小如 0.7nm，其大小决定于嵌入分子的密度。测定高岭石-$(CH_3)_2SO$ 复合体三维结晶结构表明，$(CH_3)_2SO$ 中的氧原子与八面体空位上的三水铝石片呈三氢键连接，两个甲基中的一个与硅氧烷表面相接（Thompson，Cuff，1985）。

（3）*蒙脱石极性有机分子嵌合体*　易溶于水的中性、极性有机分子，取代蒙脱石层间的水分子，与其交换性阳离子配位或被松弛地固定于溶剂隔膜间。这种有机嵌合复合体通过蒙脱石与液体或气体中的有机分子反应形成。该复合体有序结构可用X射线或中子衍射表征。

采用乙二醇取代蒙脱石层间水，可形成层间距为1.7nm的双层有机分子复合体。采用脂肪族链状化合物形成层间复合体，其阳离子位置可以是中心表面（如乙二醇复合体）或邻近表面。这主要决定于离子-吸附相互作用强度。

采用甘油取代蒙脱石层间水亦可形成类似的复合体。该复合体既是X射线衍射分析区分蒙脱石和其他黏土矿物的方法，也是测定黏土表面积的手段。

（4）*离子型有机化合物*　类似于烷基铵的有机阳离子，可替代蒙皂石矿物中的无机交换性阳离子，并与黏土牢固结合，形成亲有机物质的层间域。这种离子型有机物在水中膨胀很弱，在极性有机溶剂中强烈膨胀。中性胺也可以被同样地吸附，在层间产生质子化作用并形成烷基铵离子，原因在于蒙皂石矿物层间水的强酸性质。Weiss及其合作者（Weiss，1970；MacEvan和Wilson，1980）广泛研究了蒙皂石层间的长链脂肪胺和烷基铵离子的结构形态。链超过一定长度时，吸附分子倾向于从平卧式变为斜卧式，临界链长度值取决于黏土矿物的层电荷。因此，这可以作为一种灵敏的层电荷测定方法。

与有机阳离子相反，像鞣酸根一样的有机阴离子是吸附在颗粒边缘，当其逆转电荷时，便成为一种非常有效的胶溶剂。

（5）*黏土聚合物复合体*　具有伸展链、水溶性与功能高分子高聚物体系，趋向于吸附于层状硅酸盐如黏土粒子外表面，并作为连接黏土粒子的桥体。

被黏土吸附的中性聚合物产生絮凝作用。在土壤中的黏土与天然阴离子有机残余体相互作用，明显影响及有效控制土壤结构、渗透性及水保持效应。

3.4.3.5　插层复合体系评价与技术标准

插层复合体系评价是制定其质量和应用标准的依据，也是设计应用及其技术标准的依据。以层状硅酸盐如蒙脱石的插层复合体系来对此进行说明。

（1）*层状硅酸盐评价标准*　以层状硅酸盐为例，说明其评价标准与过程。

① 选择层状硅酸盐矿物　根据X射线粉晶衍射、差热分析、红外光谱及电镜分析等鉴定蒙脱石类型，确定层间阳离子及CEC值。层间交换阳离子为Na^+、K^+、Ca^{2+}、Mg^{2+}、Al^{3+}、H^+、Li^+、Cs^+、Rb^+和NH_4^+时，可被选择为纳米前驱体。

② 胶质价和膨胀性评价方法　钠基蒙脱土胶质价为100%，钙基土为50%，前者膨胀倍数远大于钙基蒙脱土。制备蒙脱土纳米材料或其石油开采介质材料时，应参考蒙脱土理化性能并遵循有关标准以控制蒙脱土质量。

③ 石油工业参考标准　参考石油工业有关层状硅酸盐如蒙脱土有关标准，见表3-13。

表3-13　石油工业用蒙脱土矿标准

项目		数　值
造浆率	≥	$16m^3$
失水FL/30M	≤	15mL/30min
动切力/塑性黏度	≤	$15dyn/cm^3$（$1dyn=10^{-5}N$）

该标准对纳米材料的参考意义，是指导控制蒙脱土凝胶分散性能。在六速旋转流变仪上测试体系黏土，在较高切力下，预测体系具有良好的分散状态。

此外，参考美国石油协会API标准，见表3-14。

制备的纳米级层状硅酸盐蒙脱土的凝胶指标，采用黏度法表征，根据原土与处理土黏度差值评价（黏度用 NDZ 六速旋转黏度计的 ϕ600 读值）。

表 3-14 美国 API 标准

项 目		数 值	项 目		数 值
黏度 ϕ600	≥	30.0cP（1cP=10^{-3}Pa·s）	造浆率	≥	$16m^3/t$
YP/PV	≤	3.0	湿度	≤	10%
FL(mL)/30(min)	≤	15.0mL/30min	湿筛分析（200 目）	≤	4%

注：测试标样制备以 350mL 蒸馏水与 22.5g 蒙脱土配制悬浮体系，陈化 16h，六速黏度计测量体系流变性。

（2）*制备层状硅酸盐蒙脱土纳米前驱体指标* 根据制备纳米材料及纳米复合材料的实践，提出层状硅酸盐蒙脱土纳米前驱体指标，满足制备纳米材料技术要求。见表 3-15。

表 3-15 层状硅酸盐蒙脱土纳米前驱体技术指标

指标项目	蒙脱土原料	处理的蒙脱土
阳离子交换容量(mmol/100g)①	70.0～110.0	100.0～130.0
游离砂含量/%(质量分数)②	<0.1	0.05
白度(分光光度计)	>80.0	>70.0
Fe_2O_3+FeO/%(质量分数)③	<0.5	<0.1
凝胶固相含量/%(质量分数)	5.0	5.0～15.0
黏度(ϕ600)④	>20.0	>200.0
对所使用水的要求		
水的硬度[Ca^{2+}或 Mg^{2+}]		$<100\times10^{-6}$
水中的 Cl^-	$<20\times10^{-6}$	

① 等离子体发射光谱（ICP-AES）；②沉降法；③等离子体吸收光谱元素分析；④六速旋转黏度计。

3.4.4 插层反应工艺比较及分类体系

3.4.4.1 插层反应工艺比较

（1）*液相插层反应是特殊 sol-gel 过程* 在液相反应体系中，插层反应实际上是一种特殊的溶胶-凝胶反应，首先，其设计原理与方法，可参考溶胶-凝胶反应工艺。尤其是制备聚合物层状硅酸盐纳米复合材料时，可采用无机和有机相插层的溶胶反应，形成凝胶产物体系。

该特殊过程设计核心包括复合体系纳米单元几何参数、空间分布参数和体积分数优化控制。其次，通过对制备条件如空间限制条件、反应动力学因素、热力学因素等进行控制，保证复合体系组成相中至少有一维尺寸在纳米尺度范围内，即控制纳米单元的初级结构。

最后，需要考虑控制纳米单元聚集体的次级结构或分散结构，获得所需的高性能多功能纳米复合材料。

（2）*插层反应方法比较* 插层反应通过溶胶-凝胶过程形成悬浮体系，插层聚合反应方法的聚合条件与纯聚合物相同。制备 PET-黏土纳米复合材料时，聚合条件采用 PET 直接酯化法的条件。在所有插层反应中，因纳米颗粒表面积巨大，表面处理都特别重要。几种插层聚合反应的层间插入法要点比较如表 3-16 所示。无论是单体插入后的聚合法还是聚合物插入法，都将层状化合物进行有机改性，增加与单体或聚合物的亲和性。在有机改性黏土与聚合物熔体插层中，还辅助双螺杆挤出、混炼或注塑熔融混炼技术，促进黏土逐层剥离分散。

表 3-16 插层反应制备聚合物纳米复合材料的比较

方 法	方法要点	方 法	方法要点
层间插入法	①单体插入原位聚合 ②聚合物链插入	分子复合法	形成液晶聚合物合金
		超细粒子直接分散法	核-壳颗粒
原位复合法	①原位形成填充物、溶胶-凝胶法 ②原位聚合法	其他方法	喷涂、接枝反应

3.4.4.2　插层反应问题的解决方案

（1）插层复合体系性能不均衡性　利用插层技术合成聚合物纳米复合材料，可以实现纳米可控分散过程。然而，纳米片层产生无规分散形态。因此，纳米相加量超过临界值时，会产生纳米团聚及纳米相-有机高分子相不相容等问题，常影响高分子材料的力学性能，尤其是复合材料拉伸、弯曲或冲击强度降低等。

尤其是，若不能调节纳米分散相-聚合物分子界面粘接性，则聚合物纳米复合材料冲击强度会显著下降，甚至抗高温、热变形性也会降低。迄今，这类纳米分散相不均匀性及其性能不均衡问题，仍是纳米分散复合的难点和重点。

（2）抑制纳米团聚体实现纳米均匀分散性　总体上，聚合物插层复合体系性能相比显著提高，然而聚合物纳米复合材料性能不足的问题一直存在。我们认识到该问题源于层状结构物质在聚合物基体中的插层过程不充分、不彻底、不均匀及剥离体系再团聚。解决这些问题已成为深化聚合物层状纳米复合材料研究发展的动力。

设计多种不同单体及其长度的嵌段链，通过层状硅酸盐的纳米结构中间体原位悬浮聚合复合工艺，可得到共聚嵌段链包覆的层状结构物质体系，即核-壳结构粒子，见图 3-24。

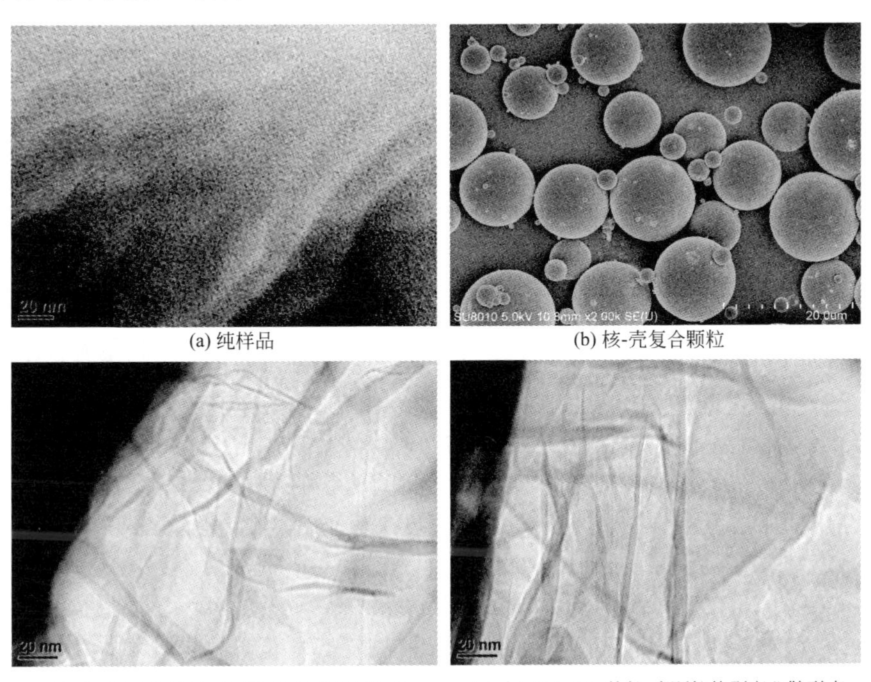

(a) 纯样品　(b) 核-壳复合颗粒

(c) 含1%MMT的核-壳颗粒的剥离分散形态　(d) 含1.5%MMT的核-壳颗粒的剥离分散形态

图 3-24　三嵌段共聚物（AM-AA-AMPS）包覆的层状硅酸盐蒙脱土的核-壳结构粒子形态及其片层分散形态

在这个共聚纳米复合材料中，三种不同单体及不同长度的嵌段链[32]，在包覆层状结构中间体中，产生不同的吸附、蠕动和包覆作用效应，产生相当于力学剪切的效应，使层状结构中间体片层剥离分散。

除此之外，优化设计不同的插层工艺，可促使纳米片层剥离并均匀分散。

3.4.4.3　插层反应体系作用力优化

（1）离子交换化学插层体系优化　设计利用元素离子、元素簇合物离子，通过离子交换化学插层过程，调控层状结构体系的层间作用力及片层分散行为。优化分子链的端基、侧基和主链离子基团分布，利用不同离子交换作用，多方向促进层状结构体系的片层结构剥离。

(2) 分子插层物理作用力 如前所述，采用长链、短链高分子为插层剂，利用高分子黏弹性作为插入层状中间体作用力，促进片层结构破坏、剥离和分散。

采用嵌段链高分子包覆层状结构物质，形成核-壳结构颗粒体系，也是获得可控剥离分散纳米片层的重要方法（见图 3-24）。

3.4.4.4 插层反应体系插层工艺优化

此外，采用优化插层反应体系插层工艺，利用内外力协同作用机制，促进纳米片层可控分散。层状结构物质的主要插层工艺及其优化方法如下。

(1) 大分子溶液插层工艺 大分子溶液插层工艺是指在溶液介质中实施层状结构物质插层反应获得大分子复合材料的过程。大分子溶液插层工艺，包括溶剂分子插层和高分子对插层溶剂分子的置换过程。

在溶剂分子插层中，部分溶剂分子从自由态向层间约束态转化，熵变 $\Delta S<0$，溶剂化热 ΔH_1 是决定溶剂分子插层行为的关键因素之一。$\Delta H_1<T\Delta S<0$，则溶剂分子自发插层。高分子链置换插层溶剂分子过程中，受限于片层间的高分子链损失构象熵，小于溶剂分子解约束获得的熵，则熵变 $\Delta S_2>0$。只有满足放热过程 $\Delta H_2<0$ 或吸热过程 $0<\Delta H_2<T\Delta S_2$ 二者之一，高分子才会自发进行插层。

选择高分子溶剂应考虑有机阳离子溶剂化作用，溶剂化太弱不利于溶剂分子插层，溶剂化太强则得不到高分子插层产物。升高温度有利于溶液中的高分子插层而不利于溶剂分子插层，溶剂插层阶段应选择较低温度，而高分子插层阶段选择较高温度并同时蒸发溶剂。

例如，采用氯仿溶剂将聚二甲基硅氧烷插入十六烷基铵盐处理过的蒙脱土片层间，在60℃边蒸发回收氯仿边进行高分子插层，得到高性能纳米复合材料[28]。

(2) 大分子熔融、熔体插层工艺 有机化层状结构物质与高分子聚合物，通过加热熔融复合，而使高分子链插入黏土片层间，使片层剥离并分散于高聚物基体中形成纳米复合材料的过程，称为熔体插层工艺。

在熔体插层中，部分高分子链从自由态的无规线团构象，转化为层间准二维空间的受限链构象，熵变 $\Delta S<0$。选取高分子链的柔顺性越大，则 $\Delta S<0$ 越负。按照自由能公式：$\Delta G=\Delta H-T\Delta S$，要使此过程自发进行，则 $\Delta H<T\Delta S<0$，即按照放热方向进行，大分子熔融插层是焓变控制的。高分子链与表面处理蒙脱土之间的匹配关系是熔体插层成功与否的关键因素之一。为了补偿插层过程中熵变减少，需控制温度不宜过高，以利于插层反应。尽量选择略高于聚合物软化点的温度经插层复合制备纳米复合材料。

例如，熔体插层工艺制备聚苯乙烯黏土纳米复合材料，选择 120℃熔融插层最合适[29]。

(3) 单体熔融原位插层聚合工艺 将单体加热熔融并与层状结构物质混合，在熔融下使单体和层状结构物质进行原位插层及聚合复合工艺，称为单体熔融原位插层聚合工艺。

单体熔融原位插层聚合工艺过程分为单体熔融插层和原位本体聚合两步。单体熔融插层热力学分析与上述溶剂分子插层热力学类似。对于原位本体聚合反应，$\Delta S<0$，$\Delta H<0$，则 $\Delta H<T\Delta S<0$。

在等温等压下，该聚合反应释放的自由能以有用功形式反作用于片层间的吸引力而做功，使层间距大幅度增加而形成剥离纳米复合材料。升高温度既不利于单体插层又不利于聚合反应。我们设计己内酰胺单体对质子化己内酰胺处理黏土插层工艺，经熔融缩聚成功制备剥离型强极性尼龙 6/黏土纳米复合材料[30,31]。

单体熔体插层合成的尼龙，又称铸型尼龙，已成为工业产品（参考第 7 章）。

(4) 单体溶液插层原位聚合工艺 单体溶液体系和层状结构体系形成悬浮液，在溶液条件下引发单体原位聚合形成聚合物纳米复合材料的工艺，称为单体溶液插层原位聚合工艺。单体溶液插层原位聚合工艺分为溶剂分子和单体分子插层，及其原位溶液聚合过程。

溶剂和单体分子插层过程热力学已分别进行分析。选择适当溶剂使层间阳离子和单体溶剂化，引导单体插入层间空间。选择溶剂至关重要，不仅自身能插层而且与单体的溶剂化作用应大于与有机阳离子的溶剂化作用，并成为聚合生成的高分子的溶剂。原位溶液聚合反应热力学分析表明，它与原位本体聚合类似，但溶剂的存在使聚合反应放出的热量迅速散失，而起不到促进层间膨胀的作用，一般难以得到剥离型纳米复合材料。

3.5　层状结构物质规模化纳米分散复合的原理方法

3.5.1　层状结构物质规模化可控纳米分散复合的原理

3.5.1.1　可控纳米分散复合的定义

(1) *可控纳米分散的原理方法*　可控纳米分散是指，纳米相分散于其他介质中的过程及其每一阶段都置于可观察、可控制条件之下，得到预先设计所期望的分散结构或分散状态。

可控纳米分散体系有严格要求。通常层状结构物质具有天然纳米结构，却不具有天然可控分散性。因此，已提出了设计层状结构物质的纳米中间体可控分散技术。控制层状中间体的层间距、包覆层厚度、加入量及外力作用因素，实现可控纳米分散的目的。

(2) *可控纳米分散复合的原理方法*　利用可控分散纳米中间体为“活性物质”或“第三单体”，使之在分散于其他活性体系（如活性单体）的同时，参加活性物质反应并原位形成纳米复合材料的过程，称为可控纳米分散复合方法。

可控纳米分散复合原理的关键是，设计可控分散纳米中间体，参加活性物质如单体的聚合反应过程，由此生成聚合物纳米复合材料。

实际采用层状硅酸盐矿物为插层主体，经客体分子插层反应形成纳米层状结构中间体，再经过多种分散工艺——热加工、剪切过程，形成两相或多相纳米复合材料体系。

3.5.1.2　可控规模化纳米分散复合体系

(1) *可控纳米分散或纳米分散复合原理的应用*　利用可控纳米分散或纳米分散复合原理，设计层状结构物质如层状硅酸盐的可控层间距和层间作用力体系，可提高纳米片层的剥离率与剥离效果，制得高性能多功能纳米复合材料体系。

该可控纳米分散原理，适于推广到更大规模制备聚合物无机纳米复合材料的情形，最适于大规模合成聚合物层状硅酸盐纳米复合材料的情形。

(2) *跨尺度纳米分散复合体系*　在大尺度、大规模或工业生产规模上，设计创制一种纳米材料或纳米中间体，使之在跨越式的微米、毫米甚至米级以上尺度基体体系中，仍保持可控纳米分散性，称为跨尺度纳米分散体系。

设计优化工业反应器，使纳米中间体跨尺度分散性置于可控条件下，称为跨尺度纳米可控分散体系，在纳米中间体跨尺度分散过程中，可原位形成纳米分散复合体系。跨尺度纳米分散复合工艺过程，是实现可控规模化纳米分散复合材料体系的关键基础。

(3) *规模化纳米分散复合工艺的适用性*　规模化制备聚合物纳米复合材料，主要针对通用高分子材料如PP、PS和PET等工业材料。只有采用可规模化的纳米分散体系才能规模化制备纳米复合材料，因此需设计可控规模化纳米分散中间体，研究聚合物高分子链极性、表面润湿与粘接性，得到高性能多功能实用性纳米复合材料体系。

3.5.1.3　层状结构物质规模化插层复合的要素

(1) *规模化插层复合的内外条件要素*　采用层状结构物质纳米中间体合成聚合物纳米复合材料的要素主要包括外部条件、无机相内部结构及二者之间的耦合要素。

通常外部条件要素是指，强加入纳米复合体系的外部因素，如加热熔融、剪切、挤压及机械磨屑过程。无机相内部结构要素，包括纳米单元剥离、分散、界面粘接及二次凝聚态控制等。

实际上，纳米结构单元经过分散过程形成分散结构或组装体系时，同时产生表面吸附、成核及界面粘接效应，这就是无机相和有机相的耦合作用过程。这种耦合作用不恰当，是导致纳米复合材料某些性能如冲击强度降低的内因。

（2）*层状结构物质的插入条件与要素比较* 层状结构物质插层反应方法，适用于合成系列聚合物纳米复合材料。这类层状结构体系规模化插层反应的条件和要素，主要包括原料组成、有机分子插入反应及片层剥离分散过程与优化。层状结构物质的插入条件与要素比较，见表 3-17。

表 3-17 层状结构物质的层间插入条件与要素比较

体系的组成		影响层间插入反应的要素
Ⅰ原料选择	1)单体/聚合物	低极性聚合物难获得片层剥离纳米复合材料(聚烯烃,PS 等)低极性聚合物剥离片层的有效方法： ①与少量适当极性单体共聚 ②添加极性共聚单体 ③接枝与表面改性(如等离子体)
	(2)无机层状物	形状、大小、形态比对纳米复合材料物性影响大 CEC 70～100mmol/100g 时最好 关注无机相纯度(Fc 含量、石英杂质、有机质等)
	(3)有机物(改性剂)	选择烷基胺盐和极性物质是关键 选择烷基胺盐的碳数最好＞12 烷基胺盐的氨残基最好选择伯胺 选择极性改性剂,须与原料①的单体/聚合物极性匹配
Ⅱ有机插入反应		充分进行离子交换(残留 Na^+ 浓度＜40×10^{-6}) 测层间距离,校验层间插入状态
Ⅲ剥离/分散处理		原位聚合复合后应彻底脱除残留单体 采用混炼法制备纳米复合材料,包括： ①采用同向咬合双螺杆挤出混炼机,带螺杆元件、捏合轮 ②组分混合时需反复加压/减压;需检验片层剥离状态,校验无机相、有机相浓度等因素

3.5.2 聚合物纳米复合材料的相容剂

（1）*相容剂的定义* 聚合物纳米复合材料是多相分散体系，通常采用相容剂使其各相均匀分布，形成高性能多功能复合材料。所谓相容剂是指，能在有机和无机两相之间，产生相容和链接特性的功能分子，这类分子通常是有机功能分子，见图 3-25。

（2）*相容剂分子结构与功能性* 相容剂分子常包含两种或两种以上不同极性官能团，能同时与多相体系产生极性、电性和润湿相容性等。

优化不饱和键柔性链分子，与多核芳烃刚性链大单体共聚反应，调控反应体系流变与流动性可制备均匀共聚物膜层。此外，设计刚柔链共聚物互穿网络结构及多相体系相界面与键合性，调控柔性链-多核芳烃共聚物界面及其热变形性。

（3）*相容剂分子增韧性* 以层间插入法制聚苯乙烯（PS）均聚物和黏土层间插层材料，难产生层间剥离态。采用含 5%甲基乙烯基噁唑啉的聚苯乙烯共聚物，将其与 5%有机（十八烷基三甲铵盐阳离子）改性黏土，在双螺杆挤出机中 180℃混炼，制成片层剥离纳米复合材料。该纳米复合材料拉伸弹性模量仅是原聚合物的 1.4 倍，玻璃化转变温度基本不变，是非理想复合材料。

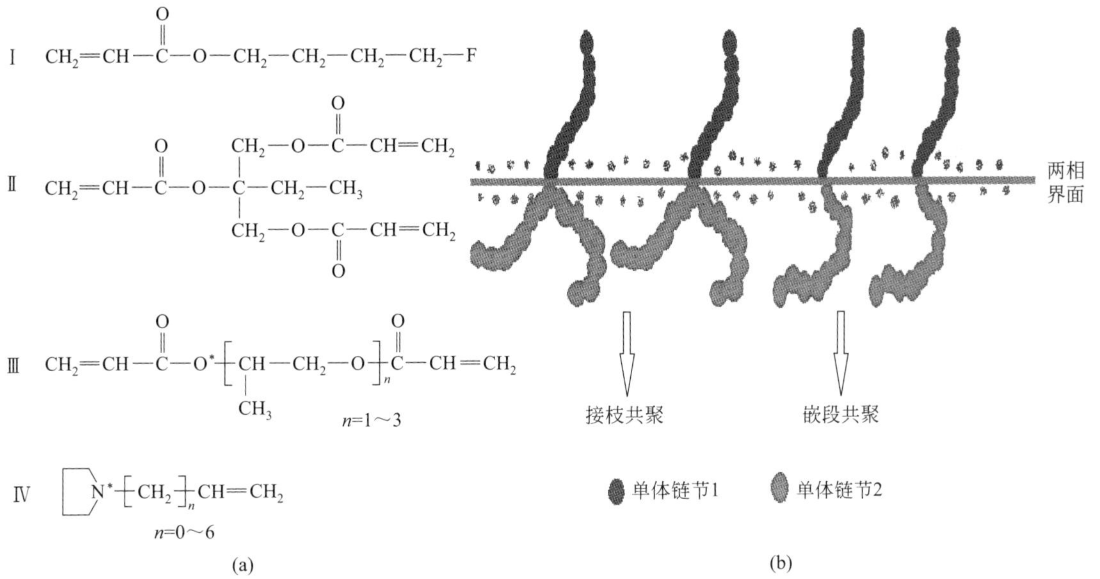

Ⅰ　$CH_2{=}CH{-}C(=O){-}O{-}CH_2{-}CH_2{-}CH_2{-}CH_2{-}F$

Ⅱ　$CH_2{=}CH{-}C(=O){-}O{-}C(CH_2{-}O{-}C(=O){-}CH{=}CH_2)_2{-}CH_2{-}CH_3$

Ⅲ　$CH_2{=}CH{-}C(=O){-}O^*{-}[CH(CH_3){-}CH_2{-}O]_n{-}C(=O){-}CH{=}CH_2$　n=1～3

Ⅳ　$N^*{-}[CH_2]_n{-}CH{=}CH_2$　n=0～6

(a)

两相界面

接枝共聚　嵌段共聚

单体链节1　单体链节2

(b)

图 3-25　柔性链分子（a）及其与多核芳烃嵌段/接枝共聚调控界面的相容性（b）

然而，采用聚甲基丙烯酸甲酯单体，有机改性蒙脱土悬浮于该单体上，并和1%～3% N,N-二甲基氨丙基甲基丙烯酰胺或N,N-二甲基乙基丙烯酸酯，组成混合反应体系进行本体聚合。在4%体积有机黏土时，形成近似于完全层剥离纳米复合材料，其刚性模量为原聚合物的4倍。

（4）采用相容剂制备纳米复合材料方法　设计共聚物极性分布体系，优化各链段长度及其与有机改性黏土的亲和性，多种链段对片层结构产生不同作用，原位形成剥离高性能纳米复合材料。类似地，利用该原理，可设计嵌段共聚物作为纳米复合体系的相容剂。

利用非极性聚丙烯（PP）和无机相表面改性体系，制备剥离型PP纳米复合材料，设计采用PP马来酸酐接枝物为相容剂（MAH-PP），与有机层状硅酸盐黏土制备高性能纳米复合材料。采用十六烷基季铵盐与含氟锂蒙脱石（CEC 0.7～0.8mmol/g）进行阳离子交换反应，得到有机改性体系，它与MAH-PP在190～230℃熔融混炼形成片层剥离纳米复合材料。

20%MAH-PP［4.2%（质量分数）MAH］+80%PP混合体系的纳米复合材料，其性能与纯PP之比为：杨氏模量（2590MPa/1490MPa）、屈服强度（38.8MPa/33.3MPa）、断裂伸长（4.0%/321.0%）和缺口冲击强度［(1.7kJ/m^2)/(1.7kJ/m^2)］。相容剂合成纳米复合材料的主要力学性能大幅提高，而冲击强度略有下降。

采用MAH-PP样品（MA-g-PP）相容剂，总性能包括冲击强度显著改善，见表3-18。

表 3-18　几种无机相-聚丙烯纳-微米复合材料的性能对比

样品属性	拉伸模量/MPa	屈服强度/MPa	冲击强度/(kJ/m^2)
PP	1747±103	31.8±0.5	1.81±0.09
PP/$CaCO_3$(4%,质量分数)	1966±62	31.1±0.5	2.80±0.09
PP/黏土(4%,质量分数)	1916±85	32.6±0.3	2.54±0.19
PP/黏土/MA-*g*-PP(91%/4%/5%,质量分数)	2166±156	35.8±0.2	1.66±0.07
PP/黏土/MA-*g*-PP(86%/4%/10%,质量分数)	2326±32	34.3±0.2	1.72±0.10

3.5.3　纳米复合材料热机械分散与热加工成型

3.5.3.1　热机械挤出分散工艺

（1）热机械挤出分散定义　利用聚合物的热塑性和黏弹性，采用加热熔融机械加工工艺，可使纳米粒子在热熔体及机械力与剪切力下均匀分散，形成高性能纳米复合材料。这一过程称为热机械分散。

（2）*热机械分散工艺* 制备聚合物纳米复合材料仍然采用单/双螺杆挤出机，设计优化螺杆元件组合，使捏合/啮合齿之间精密配合，提高聚合物纳米复合熔体在双螺杆齿槽内剪切充分。特别优化对熔体反复高强度机械剪切程度，强制纳米粒子在有限空间均匀分散与组装。

3.5.3.2 热机械纳米分散的原理与适用性

（1）*热机械纳米分散的原理* 热机械纳米分散是指，纳米材料通过加热熔融和机械剪切或机械挤出过程，强制纳米分散的工艺过程。显然，热机械纳米分散是经过设计而加于纳米材料混合体系的外部条件因素，如前所述它包括加热熔融、剪切、挤压及机械磨屑过程。

热机械纳米分散的原理是，在优化加热熔融、流体流动和机械剪切物理化学作用条件下，使无机相逐步剥离、分散及形成均匀界面等。

（2）*热机械纳米分散技术适用性* 热机械纳米分散技术是为了适应大规模制备和生产需求，而建立的工业化技术。在建立从小量级到大量级和跨尺度纳米可控分散技术基础上，才可转移到热机械纳米分散工业化流程中。通常，该技术适于通用高分子聚合物纳米复合改性、聚合物纳米复合工程塑料和专用材料大规模化加工工艺，所得聚合物纳米复合材料中，大多数形成局部均匀、短程有序的纳米结构。

目前，制备聚合物高分子和层状结构物质纳米复合体系中，热机械加工的热熔融和剪切作用，能使片层结构高效解体和剥离，产生具有纳米均匀分散性的聚合物纳米复合材料，因此，这是最适用于热机械加工的纳米复合体系。

3.5.3.3 纳米复合体系热注塑成型样品

（1）*热熔体中纳米粒子迁移* 热熔体纳米粒子受机械力剪切和热熔体拉伸产生迁移。该聚合物纳米复合熔体在注塑成型的降温阶段，其表面已分散纳米相（因样品收缩而析出）。若纳米粒子分散不均匀，聚合物纳米复合材料注塑样品析出粒子组装结构不均匀，表面粗糙。

（2）*纳米粒子渗透钻穿效应* 纳米复合材料熔体中纳米粒子的渗透钻穿效应是指，纳米粒子在热膨胀所造成的分子链空隙之间穿行，形成纳米分散分布体系。在热熔体加工中，采用控温、剪切、搓动、拉伸和捏合等多重复合作用，可使分子链空隙空间增大，用于改进注塑制品表面光洁度，该注塑工艺不仅使制品产生光洁表面，也使制品表面产生功能性。

（3）*熔体插层体系热注塑成型工艺* 采用单体插层原位聚合、大分子链溶剂插层及有机阳离子[33~36]熔体插层工艺，可制得聚合物纳米复合材料。

利用熔体插层分散复合工艺方法，可使大分子在熔融态下插入层状化合物层间，该工艺适于规模化生产聚合物纳米复合材料。采用十六烷基季铵盐插层处理蒙脱土，可与聚苯乙烯在熔融态形成大分子插层纳米复合材料。

通过熔体工艺规模化制备聚合物纳米复合材料，其中，调控注塑熔体挤出工艺，就是在聚合物熔融温度附近，设计熔融加工温度和注塑成型工艺，制备纳米复合材料制品。而实际的熔体熔融纳米分散复合工艺既简便又实用。

熔体熔融成型制备工艺可分为压制成型、固化成型、挤出成型和注塑成型。但是，利用注塑工艺改善纳米分散和制品表面特性，是重要科学与工艺课题。

3.5.3.4 热机械挤出工艺设计

（1）*设计优化啮合齿分布螺杆* 可通过设计螺杆元件及元件重新组合强制纳米粒子在熔体中均匀分散。图 3-26 是尝试这种分散方法的螺杆组合[26]。

（2）*优化螺杆元件组合形成纳米分散复合材料* 采用原位聚合分散复合工艺，已研制出聚合物-MMT 纳米复合材料原料。类似地，MMT 纳米中间体通过熔体热机械分散复合方式可得到聚合物纳米复合材料。

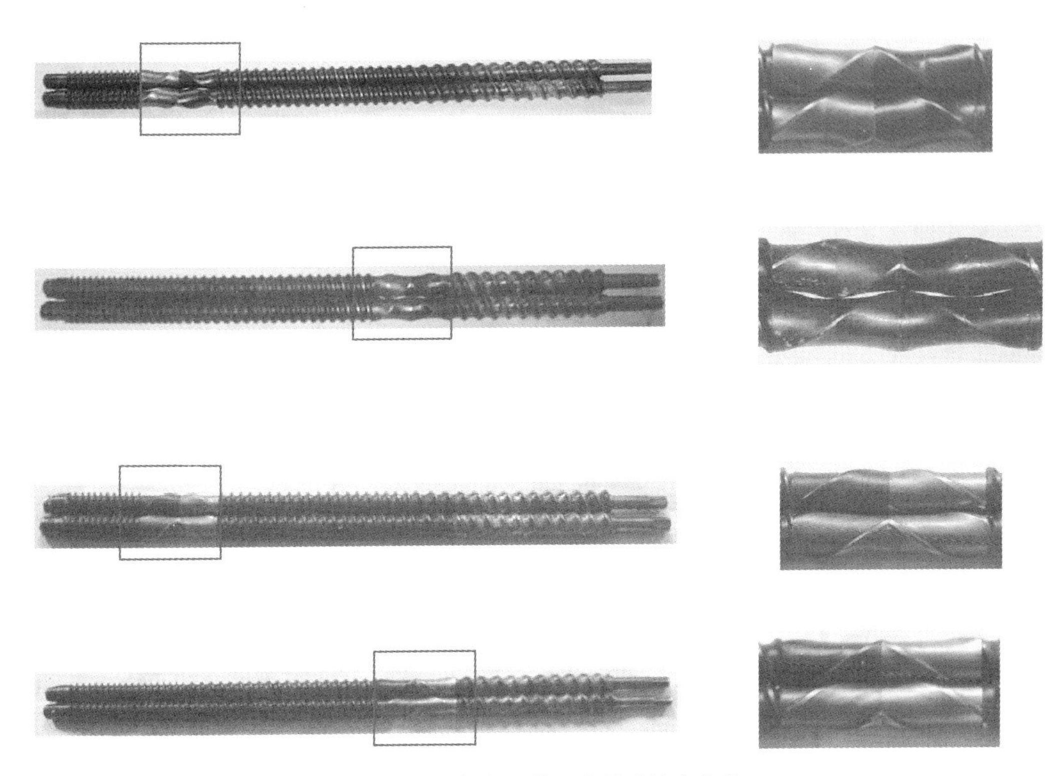

图 3-26 双螺杆元件组合促进纳米分散

通过设计正向捏合盘、中性捏合盘和 VCR 元件，并将它们布置于熔融段。将反向捏合盘、NI-MPE 元件及 S 形元件布置在熔体输送段，即将高剪切和高拉伸元件布置在熔融段，将能产生回流的元件布置在熔体输送段，可促进纳米分散和产物性能提高。当然这种纯粹机械分散方法，必须与所述纳米前驱物分散相结合才能产生理想效果。纳米 $Mg(OH)_2$ 在 HDPE (5000S) 通过螺杆组合的熔体分散形态见图 3-27。

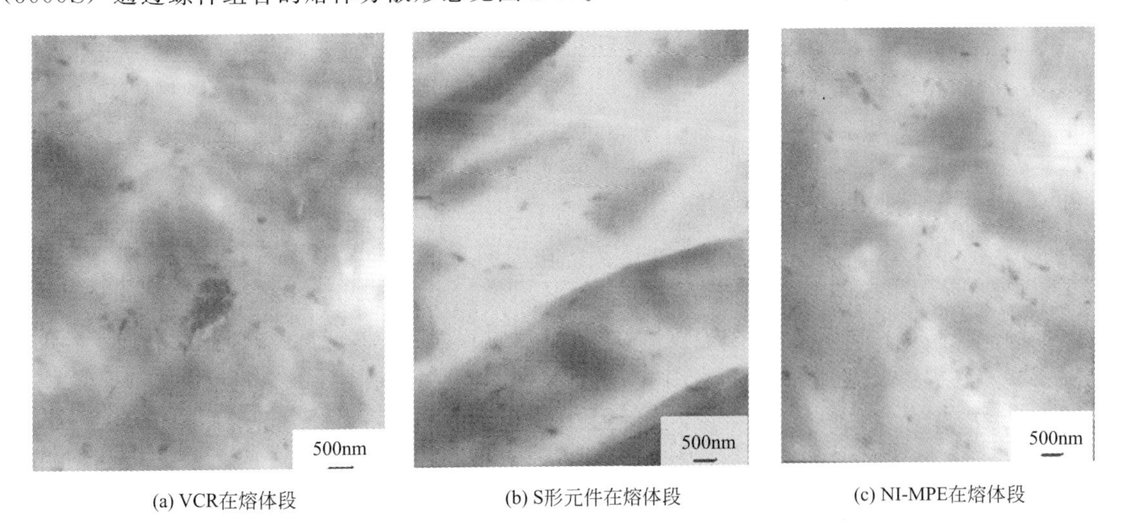

(a) VCR在熔体段 (b) S形元件在熔体段 (c) NI-MPE在熔体段

图 3-27 纳米 $Mg(OH)_2$ 在 HDPE (5000S) 通过螺杆组合的熔体分散形态

3.5.3.5 纳米复合材料热注塑成型工艺

(1) 纳米复合材料热注塑成型模具 纳米复合熔体呈高黏度、高密度流体流动，因此可以充满预设的空间，这种预设空间通常是一种空腔，复印了待制备样品、产品或成品的外观和整体模样，称之为模具。实际制品众多，因而相应的模具众多。

(2) *纳米复合材料热注塑成型工艺* 聚合物纳米复合材料在注塑机中受热为熔体，经机械力剪切、热熔体拉伸和捏合作用形成均匀熔体，在机械压力下运移到磨具内并经过脱模得到制品，该工艺过程称为注塑成型工艺。注塑成型中，剪切、拉伸和捏合作用力促进熔体中纳米粒子的迁移和分布，提供平整、光洁和色泽鲜亮的表面。

(3) *气体辅助成型* 聚合物纳米复合材料熔体黏度可高达十万毫帕・秒，其在常规流道中流动可控，而在非常规复杂流道中流动则难以直接控制。为促进熔体向非常规和复杂流道流动，采用注入高压气体的方法促进熔体流动，该熔体注塑工艺称为气体辅助成型工艺，它实际是针对复杂模具而采用的辅助成型工艺。常见的电视机外壳、车内仪表盘整体、打印机外壳整体等模具，都具有内孔、空间和销钉等较复杂的结构。

(4) *振动剪切成型* 热机械成型系统通常具有路径长、物料运移出现降解和变质问题。缩短热机械历程，最大限度提高传热传质效率及加工节能降耗，可通过成型设备革新实现。国内20世纪90年代提出电磁动态加工成型技术[37,38]，将振动力场引入聚合物塑化加工成型全过程，一定程度缩短了物料热机械历程、降低能耗及提高混合效果，这种类似冲击的“动态”剪切，证明是一种较有效加工聚合物熔体的方法。

其中，拉伸形变支配塑化输运设备由叶片塑化输运单元（VPCU）构成，类似螺杆挤压系统（SES），VPCU采用叶片挤压系统（VES），由转子、定子、若干叶片及挡板构成一组特定几何形状空间，转子与定子内腔偏心，其容积依次由小到大再由大到小周期性变化，分别纳入物料和排出物料。这类微米级物料在拉压应力作用下被研磨和压实，同时在机械耗散热和定子外加热的作用下熔融塑化排出，完成体积拉伸形变塑化输运的周期过程。利用模型研究注射成型中模腔内聚合物熔体振动剪切流动的振动剪切应力，其振幅随着聚合物熔体黏度、振动频率和应变振幅增加而增加，随着熔体温度的增加而减小。

然而，有效利用振动剪切塑化实现纳米复合材料的注塑成型，还需深入研究控制研磨和压实的机械实体的啮合精度，以提高纳米尺度分散和分散结构固定。

3.5.4 几类层状化合物插层分散与复合方法

3.5.4.1 层状化合物插层复合

与层状硅酸盐结构类似，许多小分子无机层状化合物具有层状结构，既可由自然界提取，也可由合成方法得到。

(1) *层状纳米结构化合物抗磨剂* 层状化合物的纳米结构可经适当条件剥离形成纳米结构和纳米复合结构。MoS_2层状化合物是常用抗磨添加剂，常规摩擦磨损未关注其纳米片层剥离分散所造成的抗磨和修复特性。然而，针对硫属簇合物$Co_6Q_8(PR_3)_6$（Q＝S，Se，Te；R＝酯基）特性，可设计MoS_2插层反应[33]，使之产生剥离和抗磨性。

(2) *硫属簇合物插层MoS_2合成及其性能调控*

【实施例 3-2】 硫属簇合物插层MoS_2 采用前驱物$LiMoS_2$合成MoS_2材料。先将$Co_6Q_8(PR_3)_6$簇合物CH_2Cl_2溶液，加入$LiMoS_2$分散悬浮液中生成絮凝物，其中MoS_2层包裹住$Co_6Q_8(PR_3)_6$簇合物形成新的插层相复合体，制备反应如下：

$$LiMoS_2+H_2O \longrightarrow (MoS_2)(\text{单层})+LiOH+\frac{1}{2}H_2 \longrightarrow \text{中间产物}+x[Co_6Q_8(PR_3)_6]$$
$$\longrightarrow [Co_6Q_8(PR_3)_y]_x MoS_2(Q=S,Se,Te;R=\text{脂肪基}) \quad (3\text{-}19)$$

由此合成的插层化合物体系的物性为：室温导电性达$9\times10^{-3}\sim3\times10^{-2}$S/cm、磁感应性服从居里-韦斯定律、载流子为空洞。

采用类似层状化合物如 TaS_2、TiS_2、NbS_2 和 MoSe 等，可合成多功能纳米结构层状化合物及其可控片层剥离分散体系。

(3) BiI_3 插层复合络合物导电功能体系　BiI_3 半导体材料本体空间结构为链状，链与链之间为层状结构。由于其存在卤素桥结构，以 Bi 原子为中心的共配位数可为 3、4、5 或 6。其作为 Lewis 酸极易与 Lewis 碱形成络合物。Lewis 碱主要提供孤对电子与 Bi 原子配位。BiI_3 为八面体或二八面体结构，与六甲基磷酰胺（hexamethyl phosphoramide，HMPA）形成复杂络合物（见图 3-28）。

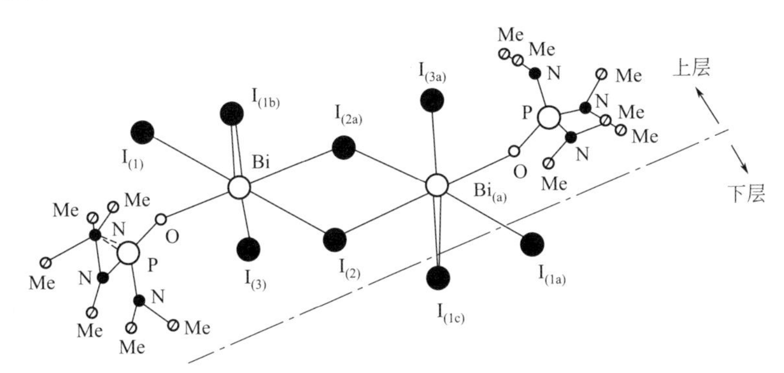

图 3-28　BiI_3 与 HMPA 的络合物晶体结构

当 BiI_3 与 1.0 当量 HMPA 在甲苯溶液中反应时，生成淡黄色晶体[39]，该晶体的结构特点是：$Bi\text{-}I_{(2a)}\text{-}Bi_{(a)}\text{-}I_{(2)}$ 组成一个桥键平面；$I_{(2a)}$ 与 $I_{(2)}$ 为桥键，并与 Bi，$Bi_{(a)}$ 构成很对称桥键；$I_{(1)}$，$I_{(1a)}$ 位于上述桥键平面内，并分别与 $I_{(2a)}$ 组成反式构象；$I_{(3)}$ 与 $I_{(3a)}$ 则与桥键平面垂直，且相互呈反式构象；两个配位体在桥键平面内，且相互呈反式构象；唯有 $I_{(1b)}$ 和 $I_{(1c)}$ 端位键是与下一个 $Bi_{(1b)}$ 构成桥键，如此接续而成链式结构，配位在键的两侧对称分布。因此，每个 Bi 原子实际上与 5 个 I 配位。当 HMPA 的当量变化时，形成黑色深黄色晶体，可能是二配位体或一个大阳离子。若将上述整个链状结构作为上层，则聚集体中的下层与上层形成空隙，形成分子插入通道口。

BiI_3 与尼龙插层复合络合物具有 X 射线光导电性能，BiI_3 或尼龙各自都不具备该导电性。BiI_3 片层剥离为纳米颗粒的插层反应，伴随配位络合过程。配体是氨基化合物、酰胺、醚类和 S 类化合物配体等。提出 X 射线光导电体系标准[40]：

① 复合材料应是纳米复合体，即区域尺度非常小。机械共混物或无机微米颗粒-聚合物压制样品都毫无电效应，也不能支撑强大电场，却通常含大量深色载流子陷阱。

② 须保证无机相达到一定体积分数。由于聚合物稀释效应，无机相体积分数须足以高到能确保整个 X 射线吸收强劲。如 BiI_3-聚合物复合需 65%（质量分数）BiI_3 才可在 62keV 得到与 Se 可比拟的 X 射线吸收强度。

③ 复合材料必须为良好的电或孔洞传输材料。使用载流-传输聚合物如 N-PVC 或聚硅烷。无机纳米颗粒通过淤渗（percolate）在高浓度一起形成导电通路。

聚合物尼龙 6、尼龙 66、尼龙 11 和尼龙 12，与 BiI_3 组成聚合物纳米复合材料，Bi 原子与酰胺键化合物强配位，导致聚合物氢键网络破坏，这用于解释复合过程中复合物黏度大幅度下降现象。

【实施例 3-3】 BiI_3-尼龙 11 插层纳米复合材料　首先制备纯度达 99.999%的 BiI_3 粉体，将 BiI_3 在 THF 中 N_2 气氛下重结晶得到复合材料。尼龙 11（mp 198℃）预先在 150℃真空干燥 2～4h 除去水分。将 BiI_3 与尼龙 11 一起在 190～200℃ N_2 气氛下熔融复合 5～15min 后，得到一种透亮橘黄色溶液。准备好 Al 基板或 In-Tin 氧化物板（ITO），在 N_2 气氛下将纳米复合材料压在基板上，控制厚度为几百微米至几毫米，冷却形成红黄色到黑色的材料。

在50%（质量分数）BiI_3-尼龙样品中只观察到宽的背景散射而无任何与BiI_3有关的信号。BiI_3晶粒大于1.5nm而浓度大于1%体积时，X射线易表征BiI_3晶体衍射。50%（质量分数）BiI_3-尼龙11样品缺少X射线衍射峰表明得到真正纳米复合材料。黑色BiI_3在50%（质量分数）BiI_3-尼龙11膜中转化为橘黄色并透明，从颜色和透明度判断BiI_3细微粒子分散均匀。BiI_3加量达75%，X射线衍射峰又出现。此时，熔融态样品虽然透明均相，但冷却后用光学显微镜可观察到微米级BiI_3晶体。X射线诱导50%（质量分数）BiI_3-尼龙11样品（550μm）放电曲线，可与Se薄膜（300μm）放电曲线比较。

BiI_3-尼龙11样品负荷达10^5V/cm，表明其具有很好的介电强度。在无X射线下，黑色衰减在这样高电场下会放慢。该高介电性不只通过BiI_3获得，可通过聚合物复合达到。X射线辐照后，BiI_3-尼龙11样品显示出快速与完整放电。放电曲线主要部分是线性的，在低电场下放电速率与Se可比拟，在高场下纳米复合材料放电速率低于Se。

3.5.4.2 层状结构纳米复合光化学体系

（1）V_2O_5纳米复合光电体系　五氧化二钒（V_2O_5）是一种常见氧化物，常用于催化领域，是固体超强酸的重要组成成分之一。在催化或制备纳米材料工艺中，V_2O_5都采用化学法制备。一般采用钒盐类，如偏矾酸钠。有关制备V_2O_5的实例如下：

【实施例3-4】 V_2O_5干凝胶制备方法　首先，将偏矾酸钠32.8mmol（4.0g）溶于250mL蒸馏水中，所得到的溶液通过液柱洗脱（液柱里充填H^+交换树脂），得到苍黄色的HVO_3溶液，放置数天后HVO_3聚合成为红色V_2O_5，而后蒸去过量水，就会形成一层V_2O_5薄膜[41]。

V_2O_5层状化合物的插层复合物制备，采用其干凝胶片层结构层间距为1.15nm，主要有Livage和Oka两种结构，其片层自身厚度达0.28nm。用V_2O_5制备PEO/V_2O_5插层纳米复合物的方法是，简单地将PEO溶液与V_2O_5水溶液共混后采用缓慢蒸馏速度就可得到[42]。这种插层复合物分子式为$(PEO)_x V_2O_5 \cdot nH_2O$，其特性是水膨胀且光敏。因此，通过辐照可使其电性能增加而溶解性下降。锂离子氧化还原的插层反应也可以在PEO/V_2O_5复合物中经过与LiI反应而得到。

（2）阳离子偶氮苯衍生物插层复合光化学体系　通过层状硅酸盐表面静电作用，可控制偶氮苯生色基团在片层表面定向排列。由于插层阳离子密堆积于蒙脱土的片层之间，其取向可由层间电荷密度及阳离子大小确定[43]。这种插层化合物的制备过程如下。

【实施例3-5】 阳离子偶氮苯衍生物（$C_{12}AzoC_5N^+Br^-$）/蒙脱土插层复合物制备首先制备蒙脱土水悬浮体系，然后将其与$C_{12}AzoC_5N^+Br^-$溶液混合，将此混合溶液在70℃反应1d，然后经过离心沉降，乙醇洗涤后可以得到样品（$C_{12}AzoC_5N^+Br^-$-MMT），将之干燥可用于测试表征。$C_{12}AzoC_5N^+Br^-$的分子结构为$C_{12}H_{25}O-Ar-N=NArOC_5H_{10}N(CH_3)_3$。其顺反异构化是导致光致变色反应的原因。$C_{12}AzoC_5N^+Br^-$-MMT在甲苯中溶胀，得到的悬浮液倒入载玻片上制得薄膜。这种薄膜可以嵌入聚乙烯醇的薄膜中测试其光化学反应[44]。

比较插层化合物$C_{12}AzoC_5N^+Br^-$-MMT与$C_{12}AzoC_5N^+Br^-$乙醇溶液的UV光谱，可看出前者相对于后者发生红移，据此判断生色基团在片层间呈“J”形排列。

上述的插层复合物以UV（Hg灯）辐照15min之后，反式异构体（395nm）明显减少，但是加热后反式异构体又可以恢复。如此反复可逆变化，现象很奇特。

3.5.4.3 纳米前驱体负载催化剂

（1）柱型孔径催化载体制备　水热合成法[45]中的水热一词出现于140年前，是地质学中用来描述水在温度和压力共同作用下的自然过程，以后许多化学过程逐步应用该词。水热法制备纳米材料是高温高压下在水溶液中合成，再经分离和后续处理而得到纳米粒子。与溶胶-凝胶法等方法相比，水热法制备纳米粉末的最大优点是不需要高温烧结，产物为晶态，颗粒团聚减少，粒度均匀，形状较规则。反应条件改变可得到不同结晶形态和不同晶体构造的产物。水热法可制备包括金属、氧化物和复合氧化物的纳米材料，主要集中在陶瓷氧化物材料制备。对于对水敏感的原料，水热合成法也无能为力。有机液相合成和最近发展起来的苯热合成等有机溶剂反应介质的制备方法异军突起，成为制备纳米材料特别是半导体纳米材料的重要方法。

水热合成是制备 ZSM-5、SAPO、MCM-41 等纳米载体的重要方法之一。它也可制备硅酸铝钙盐催化剂载体，控制孔径为柱形、提高油脂脱色与重油裂解效果。孔径大部分在 10nm 以下。

硅胶载体适宜载负 Z/N 催化剂及茂金属催化剂。钙基蒙脱石硅酸盐经后处理得到不同形态载体，分子筛、多孔 ZSM-5 和 MCM-41 等载体，都可以钙基蒙脱石硅酸盐为起始原材料经后处理得到。这些载体可与硅胶载体[46]相媲美。

采用各种硅酸盐包括人工合成的和天然硅酸盐、硅铝酸盐与硅镁酸盐等[47]（CN1217354A，CN1187506A）制备载体，通过改变表面活性基团进行载负。烯烃聚合载体文献[43]叙述的一种新颖方法，是采用硅酸盐或 SiO_2 包裹氧化铝作为载体，但是孔径形状难以控制。一种直径为 5nm 的 SiO_2 载体颗粒，用于载负 MAO，与铝氧烷[48]制备茂金属催化剂用于 PP 聚合，得到粒子分布、粒型与体密度可控的复合体系。这些层状结构硅酸盐一类非金属矿物的化学元素组成如表 3-19 所示。

表 3-19　一些重要的层状硅酸盐物质

名称	分子式
Magadiite	$x Al_2O_3 \cdot m SiO_2(OH)y \cdot n H_2O$
MCM-41	$Al_x Mg_y \cdot m SiO_2(OH)_n \cdot z H_2O$
MMT(蒙脱石)	$Na_x(Al_{3-x}Mg_x)(Si_4O_{10})(OH) \cdot m H_2O$
Talc(滑石)	$Ca_{x/2}Mg_2(AlSi_{4-x}O_{10})(OH)_2 \cdot m H_2O$
Li-MMT(锂蒙脱石)	$Na_x(Mg_{2-x}Li_x)(Si_4O_{10})(OH)_2 \cdot m H_2O$
Zeolite(沸石)	$(Na,Ca)_{x/2}(Mg_{2-x}Li_x(Si_4O_{10})(OH,F) \cdot m H_2O$
Vermiculite	$(Na,Ca)_{x/2}(Mg)(Al_xSi_{4-x})(OH)_{10} \cdot m H_2O$

蒙脱土高度有序的晶格排列，每层厚度约 1nm，具有很高的刚度，层间不易滑移。蒙脱石的同晶置换使层内表面带负电荷，每个负电荷占据面积 25～200Å^2，单位晶胞表面积 2×5.15Å×8.9Å，晶胞重 7.34g/mol。

蒙脱土与不同客体进行交换反应，得到层柱状材料，它作为催化载体的性能取决于其自身的几何结构效应。控制制备条件可得到层状介孔结构（0～10nm 孔）。作为催化剂体系时，表现出对反应物、中间产物和产物优异择形性。由于结构记忆效应和界面效应，采用有机分子对这类层状结构材料进行交换反应后，纳米粒子表面可根据需要进行改性，得到不同界面极性体系。这类层状结构可设计、调整、控制，在反应后形成二维纳米结构：长 20～40nm，宽 30～60nm 片层。

凹凸棒黏土的硅氧四面体有双链［Si_4O_{10}］，分上下两条，每一条由四个 Si-O 四面体组成硅氧四面体带，其活性氧相向而指。在［100］方向可观察到由 Si-O 四面体组成的六角环，它们依上下相向的方向排列，且相互间被其他八面体氧和 OH^- 所联结。Mg^{2+} 等阳离子充填在由氧及 OH^- 构成的配位八面体中，在［Si_4O_{10}］带间存在平行于 c 轴的孔道，孔道横断面半径为 0.37～0.64nm，比沸石孔径（0.29～0.35nm）大，孔道内由沸石水充填。晶体结构由 8 个 Si—O 四面体以 2∶1 型层状排列。

（2）载体与催化剂制备实例

【实施例 3-6】 制备柱型载体及表征 制备的柱型黏土 BET 的测试数据见表 3-20。采用不同浓度硫酸处理样品。一般地，样品表面积、孔容及孔总容积，随着酸的加量而下降，而孔径则相应增加。

表 3-20 酸加入量对孔尺寸与孔容的影响

硫酸/%	表面积(BET)/(m^2/g)	总孔容/(mL/g)	平均直径/nm
0.0	134.0	0.489	14.6
1.0	135.6	0.497	14.2
3.0	126.3	0.457	14.5
5.0	104.1	0.415	15.9
10.0	68.0	0.351	20.7

【实施例 3-7】 层间模板合成多孔异相结构黏土 以层状 MMT 为无机物主要组分，采用有机处理剂插层剂，中性胺及无机物前驱体（TEOS）用于模板剂和/或共模板剂，以此制备系列可控无机催化剂。以 2：1 型层状硅酸盐制备多孔黏土异质结构，是将无机氧化物、中性胺与表面活性剂季铵盐，一起与层状硅酸盐反应，阳离子：胺：前驱体的摩尔比为 1：20：150，得到的混合产物经烧结、除去模板表面活性剂形成多孔异质结构载体，用于裂解催化剂、分子筛及吸附剂。载体孔径为 1.2～4.0nm，以 H-K N_2 气吸附法测定产物表面积达 400～900m^2/g 载体。

【实施例 3-8】 柱型载体的载负，柱型化黏土催化剂用于加氢转化。

金属氧化物或者其前驱体用于撑开层间距从 1.2nm 到 3nm 以上不等。这里的实例表示柱型化的硅酸盐作为石蜡烯烃裂解的载体。

用于制备柱型化硅酸盐的是天然的或人工合成的膨胀黏土，天然的层状硅酸盐如膨润土、蒙脱土、白云岩、海泡石及绿泥石等；合成硅酸盐黏土为氟化绿泥石与氟化云母（NaTSM）。本例用 2：1 型层状硅酸盐黏土制备柱型载体，孔径 2～10nm。合成的催化剂 X1、X2、X3 组成分别为：X1 是 0.5%（质量分数）Pd 载于固体载体，即 70%无定形氧化硅-氧化铝载体，12%氧化铝和 30%氧化铝凝固剂；X2 是 0.5%（质量分数）Pd 载于颗粒状固体载体，即 80%超稳 Y 沸石和 20%（质量分数）氧化铝；X3 是本书制备的载体经 Zr 处理，与含水的四氨基氯化钯溶液复合，采用标准的初始润湿技术及后干燥与烧结技术制备的催化剂。该催化剂用于将固体高分子蜡转化为低级烯烃，反应条件及效果比较如表 3-21 所示。

表 3-21 柱型催化剂对烯烃转化反应的物性参数

组成	反应温度/℃	转化率/%
催化剂组成 X1	400.0	52.0
催化剂组成 X2	300.0	49.0
催化剂组成 X3	370.0	52.0

虽然 Y 沸石活性最高，但柱型黏土要比常用无定形硅胶有更高活性。该活性由达到 50%转化率时所需温度如进给料的 400℃所决定。

3.5.4.4 纳米前驱体负载聚烯烃催化剂

（1）聚烯烃催化剂 水热合成、溶剂热合成、纳米组装、溶胶-凝胶技术及纳米催化负载等方法，是制备聚烯烃催化剂新型载体的基础。釜内聚合聚丙烯纳米复合材料已开始商业化[47～49]。0.1～100nm 原子簇、纳米粉体或纳米相材料都已大量制备，以这些材料为载体也制备出纳米氧化物、碳及碳纳米管等催化剂如 Rh/Al_2O_3 或 Pt(Pd)/C 体系。聚烯烃催化载体有硅胶（比表面积 300m^2/g，孔容 1.65～3.1cm^3/g）、氯化镁（比表面积 45m^2/g）及 MCM-

41 等。硅胶载体[50]适宜载负 Z/N 及茂金属催化剂。氯化镁载体催化剂大多通过浸渍法[51]和醇反应制备[52,53]。浸渍法研磨制备氯化镁，颗粒大小不均，颗粒分布难控制。氯化镁载体在醇载负反应中，粒子会迅速长大直至毫米级。

采用单分散纳米颗粒研究表明，纳米颗粒载体具有比表面积高、表面孔道分布均匀的优点，可充分展露活性中心，控制活性中心及聚合物形态。纳米级载体，如铝硅酸盐、铝镁酸盐、氧化物与硅酸盐的互层、柱层硅酸盐、二维层状硅酸盐等复盐，其比表面积达 $600m^2/g$ 左右，表面孔道为 1～5nm。采用粒子交换法、层间爆破法、水热合成法等溶胶-凝胶过程都可制备该类材料[54]。

蒙脱土片层间靠—OH 或—O 的氢键以范德华力而相互连接。控制层间阳离子电荷交换得到前驱物，经烧结活化后在颗粒表面或内部形成 1～5nm 的均匀孔道，适宜活性中心金属的驻留与固定，制备均匀化活性中心催化剂。由于自身带—OH 基团，只要控制好水热合成，就可直接载负。这类纳米载体成本不像商品化纳米 TiO_2、Al_2O_3、SiO_2 那样昂贵，成本比氯化镁还低廉可用于聚烯烃聚合。

（2）纳米载体负载茂金属催化剂　茂金属化合物和助催化剂可负载于纳米载体上形成非均相体系。如二氧化硅载体（EP704461，1996）、氧化铝载体[54]、氧化镁载体（USP5106804，1992）、氧化物复盐载体 $Al(OH)_xO_y$（WO9513872，1995）、蒙脱土载体[55]、黏土载体等（PCT099.14247，1999；EP683180，1995）。

这些载体都须经预先处理或造粒，以便与催化剂活性成分相配伍。若不预先对载体进行预处理，则催化剂负载量不够高、催化剂有效成分在有机溶剂中洗脱率较高、实际负载量低而负载活性有效成分低；其次，助催化剂用量高（以烷基铝氧烷为例，铝/中心金属原子摩尔比为500）造成催化剂生产成本居高不下、负载型聚合物物性不好，烯烃聚合的聚合物物性未得到明显改善。为此，蒙脱土片层要预先剥离处理成为纳米前驱体材料，再作为载体负载茂金属催化剂，使催化剂负载率高、活性高，显然其成本相对较低。

蒙脱土纳米材料负载茂金属催化剂，包括层状结构物质载体、主催化剂和助催化剂。其中，蒙脱土选择锂蒙脱石、合成云母、海泡石等。主催化剂包括非桥链、桥链以及限定几何构型的茂金属化合物，如二氯二茂锆、二氯二芴钛、$(CH_3)_3C[Ind]_2ZrCl_2$ 等；助催化剂与主催化剂形成金属阳离子活性中心，如烷基铝氧烷、硼化物如 $B(C_6F_5)_3$ 等[56~58]。主催化剂金属原子重量占负载茂金属催化剂总重量的 0.1%～5%（质量分数），采用烷基铝氧烷为助催化剂时，铝/中心金属原子摩尔比为 50～200。

纳米材料载体负载茂金属催化剂用于乙烯聚合、乙烯与 α-烯烃共聚、间规聚丙烯等。聚合物粒形好，分子量较高而分子量分布窄。

制备茂金属负载型催化剂有两种方法：其一，将纳米材料载体置于用金属钠蒸馏处理过的甲苯溶剂中搅拌分散均匀，加入助催化剂，常温下搅拌 1～6h；同时，将主催化剂溶于干燥处理的甲苯中；然后将主催化剂溶液移至纳米材料分散液中，于 20～65℃继续搅拌 1～6h，抽干甲苯溶剂并洗涤制得负载茂金属催化剂，整个过程在氮气保护下无氧无水操作。其二，助催化剂先不加入纳米材料分散液中，而是于烯烃聚合时加入反应釜，其他工艺过程与第一种方法相同。

（3）制备聚烯烃催化剂实施例

【实施例 3-9】 硅酸盐前驱体载负茂金属催化剂　取 3.50g 十六烷基三甲基溴化铵处理蒙脱土载体，比表面积 $450m^2/g$，加入甲苯（金属钠蒸馏处理），40℃下搅拌 2h，然后再加入甲苯、MAO 溶液，常温下继续搅拌 2h；称取 0.22g 二氯二茂锆［购自 Aldrich 公司，未纯化，30.1%（质量分数）Zr］加入甲苯中制成溶液，然后将主催化剂溶液转移至纳米材料的甲苯分散液中，于 60℃下搅拌 4h，抽干甲苯溶剂，甲苯洗涤制得负载茂金属催化剂。助催化剂与主催化剂用量之比（铝锆比）为 200。整个过程在惰性气体保护下严格操作。用偶氮砷法通过分光光度计测定主催化剂金属原子锆占负载茂金属催化剂的总重量比（简称载锆量）为1.32%（质量分数）。用同样的方法制备二氧化硅载体催化剂做对比。

用该催化剂在聚合实验装置中经乙烯淤浆均聚（聚合压力为0.6kPa、聚合温度为60℃、聚合时间为4h）得到聚合物。该催化剂活性2.71×10^7g/(mol·h)。二氧化硅载体的催化剂，聚合活性6.60×10^6g/(mol·h)。聚合物物性见表3-22。

【实施例3-10】 硅酸盐前驱体载负茂金属催化剂3.50g锂蒙脱石用ε-氨基酸处理成纳米材料，比表面积390m^2/g，0.70g二丁基茂二氯锆[17.0%（质量分数）Zr]，助催化剂MAO，其余同上个实施例。测定催化剂载锆量2.70%（质量分数），铝锆比为100。

该催化剂进行乙烯与1-己烯淤浆共聚[15%（质量分数）己烯，聚合压力为0.6kPa、聚合温度为60℃、聚合时间为4h]，聚合活性3.11×10^7g/(mol·h)。二氧化硅载体催化剂聚合活性9.15×10^6g/(mol·h)。该反应得到的聚合物的物性如表3-22所示。

表3-22 纳米催化剂得到的聚合物的物性

聚合物 \ 聚合物物性	$M_w\times10^{-4}$	$M_n\times10^{-4}$	M_w/M_n	熔点/℃
以纳米材料为载体的催化剂	8.85	4.50	1.97	123
以二氧化硅为载体的催化剂	6.91	3.31	2.09	121
以纳米材料为载体的催化剂	8.04	3.91	2.06	119
以二氧化硅为载体的催化剂	6.65	3.14	2.12	117

3.5.4.5 特大品种聚酯纳米复合材料前景

通过纳米可控分散技术，尤其是采用层状结构物质合成聚烯烃通用高分子纳米复合材料，具有重大引领意义，由此，已经或正在形成系列化大规模化聚烯烃纳米复合材料及其专用料。除此之外，采用特大品种聚酯为基体，也是实施大规模化纳米复合材料工艺的重要方向[59~61]，实际正在形成聚酯纳米复合材料新品种和新领域。

参 考 文 献

[1] (a) Ke Y C, Stroeve P. Polymer-layered silicate and silica nanocomposites. Elsevier, Armsterdam, 2005, 6; (b) Heinemann J, Reichert P, Thomann R, et al. Macromol Rapid Comman, 1999, 20: 423.

[2] Solomon M J, Almusallam A S, Seefeldt K F, et al. Macromolecules, 2001, 34: 1864.

[3] Lim Y T, Park O O. Macromol Rapid Comman, 2000, 21: 231.

[4] Theng B K G. The chemistry of clay-orgamic reactions. London: Hilger, 1979.

[5] Theng B K G. Formation & properties of clay-polymercomplex. Amsterdam: Elsevier, 1979.

[6] (a) 阎存极. 聚酯-蒙脱土纳米复合材料分子模拟研究. 北京：中国石油大学，2003；(b) 鄢捷年. 泥浆工艺学. 北京：石油工业出版社，2002.

[7] (a) 崔迎春，苏长明，李家芬，等. 钻井液与完井液. 2006，23 (1)：69；(b) 柯扬船. 水溶性聚苯乙烯共聚物及其纳米复合材料. 高分子材料科学与工程，2008，4：18；(c) 张春光，徐同台，侯万国. 正电胶钻井液. 北京：石油工业出版社，2000.

[8] Bourgoyne A T, Millheim K K, Cheneevert M E, et al. Applied Drilling Engineering, SPE Textbook Series, Vol2, 1991.

[9] Chilingarian G V, Vorabutr P. Drilling & Drilling Fluids. Elsevier Scientific Publishing Co, 1981.

[10] (a) 汪谟贞. 聚合物无机纳米复合材料产业化研讨会，中国塑料加工协会主办. 北京，2004，4；(b) Wu D Z, Ge X W, Chu S N, et al. Chemistry Letters, 2003, 32 (12): 1134.

[11] (a) Sawyer D T. Chem Tech, 1988, 6: 369; (b) Koch C B. Hyperfine Interact, 1998, 117 (14): 131; (c) 徐向宇. 北京：北京化工大学，2006，4.

[12] 张立德. 纳米材料学. 沈阳：辽宁科技出版社，1997.

[13] 曾戎，章明秋，曾汉民. 宇航材料工艺，1999.

[14] Trchope A, Ying J Y. Nanostr Matr, 1994, 4: 617.

[15] Trchope A, Ying J Y. Matr Sci Eng, 1995, A204: 267.

[16] (a) R Kubo. J Phys Soc JPN, 1962, 17: 975; (b) 张立德, 牟季美. 纳米材料和纳米结构. 北京: 科学出版社, 1994.

[17] (a) Kawabata A, Kubo R. Phys J Soc Jpn, 1966, 21: 1765; (b) Kubo R, Kawabata A, Kobayashi S. Annu Rev Mater Sci, 1984, 14: 49.

[18] Beck D D, Siegel R W. Mater J Res, 1992, 7: 2840.

[19] Sellinger A, Weiss P M, Guyen A N, et al. Nature, 1998, 394: 256.

[20] Hudson S D. Polyolefin nanocomposites: US 5910523. 1999, 6; James J, Koenig H, Philip H. Phosphate ester coating on inorganic fillers for polyester resins: US 4183843, 1980.

[21] (a) Okada A, Kawasumi M. Composite material and process for producing the same: US 4894411A. 1990; (b) Yamamura, Masaaki, Inokoshi, et al. Concentrated softening agent for use in clothings: quaternary ammonium salt, mono-ol, di- or tri-ol, inorganic salt and polyester: US 4937008, 1990; (c) Ranck, Oliver R. Polyester film coated with an inorganic coating and with a vinylidene chloride copolymer containing a linear polyester resin: US 3975573. 1976.

[22] Usuki A, Kojima Y, Kawasumi M. J Mater Res, 1993, 8 (5): 1179.

[23] Greenland D J. Journal of Colloid Science, 1963, 18: 647.

[24] Yoshida M, Lal M, Kumar N D, et al. J Mater Sci, 1997, 32: 4047.

[25] 刘力, 姚斌, 赵旭东, 等. 高等学校化学学报, 2002, 23 (1): 6-9.

[26] (a) 柯扬船. 油田化学, 2003, 20: 99; (b) 成国祥, 沈锋, 张仁柏, 等. 化学通报, 1997, 3: 14.

[27] Ke Y C, Yang Z B, Zhu C F. J Appl Polym Sci, 2002, 85: 2677.

[28] Chen G, Qi Z, Shen D. J Mater Res, 2000, 15 (2): 351.

[29] Weimer M W, Giannelis E P. J Am Chem Soc, 1999, 121: 1615.

[30] 李强. 博士后出站报告. 尼龙 6/粘土纳米复合材料制备与性能研究. 北京: 中国科学院化学所, 1996.

[31] Usuki A, Mizutani T, Fukushima Y, et al. Composite material containing a layered silicate: USP, 4889885. 1989.

[32] (a) 杨绍斌, 费晓飞, 蒋娜. 化学学报, 2009, 67 (17): 1995 -2000; (b) 赵纪金, 李晓霞, 郭宇翔, 等. 光学精密工程, 2014, 22 (5): 1267 -1273.

[33] (a) Bissessur R, Heising J, Hirpo W, et al. Chem Mater, 1996, 8: 318; (b) Murphy D W, Disalvo F J, Hull G W, et al. Inorg Chem, 1976, 15: 17.

[34] 漆宗能, 王胜杰, 李强, 等. 硅橡胶/蒙脱土插层复合材料及其制备方法: 中国专利, 97103917. 8. 1997.

[35] Vaia R A. PhD Thesis. Polymer melt intercalation in mica-type layered silicates. USA: Cornell University, 1995.

[36] (a) 马秀清. 全国聚合物-无机纳米复合材料产业化会议, 中国塑料加工协会, 2004 年 4 月, 北京, 铁道大厦; (b) 柯扬船. 全国聚合物-无机纳米复合材料产业化会议, 中国塑料加工协会, 2004 年 4 月, 北京, 铁道大厦.

[37] (a) Qu Jin-ping. Method and equipment for electromagnetic dynamic plasticating extrusion of polymer materials: EP044306B1 [P]. 1995-03-29; (b) Qu Jin-ping. Polymer's electromagnetic dynamic injection molding method and the apparatus: US5951928 [P]. 1999-09-14.

[38] 瞿金平, 张桂珍, 殷小春, 等. 华南理工大学学报 (自然科学版), 2012, 40 (10): 32-42.

[39] Clegg W, Farrugia L J, McCamley A. Chem J Soc Dalton Trans, 1993: 2579.

[40] Wang Y, Herron N. Science, 1996, 273: 632.

[41] Lemerle J, Nejem L J, Inorg Nucl Chem, 1980.

[42] Liu Y J, Schindler J L, DeGroot D C, et al. Chem Mater, 1996, 8: 525.

[43] Lagaly G. Clay Miner, 1981, 16: 1.

[44] (a) Ogawa M. Chem Mater, 1996, 8 (7): 1347; (b) Ogawa M, Fujii K, Kuroda K, et al. Mater Res Soc Symp Proc, 1991, 233: 89.

[45] 施尔畏, 栾怀顺, 仇海波, 等. 人工晶体学报, 1993, 1 (2): 365.

[46] 陈建华, 张惠, 陈鸿博, 等. 石油化工, 2006, 35 (4): 359.

[47] (a) 胡友良, 董金勇, 漆宗能. 聚乙烯/无机填料复合材料及其制备方法: 中国专利, 97120157. 9. 1999; (b) 漆宗能, 柯扬船, 丁幼康, 等. 一种聚对苯二甲酸丁二酯/层状硅酸盐纳米复合材料及其制备方法: 中国专利, 97104194. 6 . 1998.

[48] (a) Butler J H, Burkhardt T J. Alumoxanes, catalysts utilizing alumoxanes and polymers therefrom: US 5902766 A. 1999, 05; 5902766 C1. 2002, 09; (b) Mcdaniel M P, Smith P D. Olefin polymers prepared by polymerization with treated alumina supported chromium: US 5401820 A. 1995, 03.

[49] (a) 师唯吗 J S. 柱形化的页硅酸盐粘土的制备方法: CN 92112755. 3. 1993, 6; (b) Sanderson J R, Knifton J F. Process for oligomerizing olefins using halogenated phosphorous-containing acid on montmorillonite clay: US 5191130. 1993.

[50] (a) Yang X M, Reichle W T, Karol F J. Catalyst composition for the polymerization of olefins: US 6232256. 2001, 5; (b) Kurek P R, Holmgren J S. Alkylation of diarylamines with olefins using rare earth modified pillared clays, US 5214211. 1993, 5.
[51] Main Chang. Polymerization catalyst systems, their production and use: US patent, 5529965. 1996, 06.
[52] 董金勇,胡友良，漆宗能. 聚乙烯/无机填料复合材料及其制备方法：中国 97120157. 1999, 5.
[53] Kissin Y V, Mink R I, Nowlin T E. Preparation of supported catalyst using trialkylaluminum-metallocene contact products: European Patent, 1019189. 2000, 7; US patent, 6153551. 2000, 11.
[54] (a) Tsutusi ToshiYuki, Ueda Takashi. Olefin polymerization catalyst and process for the polymerization of olefins: US patent, 5266544. 1993; (b) Kaminaka M, Soga K. Polymer, 1992, 33: 1105.
[55] 柳忠阳，徐德民，王军，等. 科学通报，2001, 46 (15): 1261-1263.
[56] 漆宗能，尚文宇. 聚合物/层状硅酸盐纳米复合材料理论与实践. 北京：化学工业出版社，2002.
[57] Pinnavaia T J. Chem Mater, 1994, 6: 2216.
[58] Kawasumi M. Macromolecules, 1997, 30: 6333.
[59] Xu J S, Ke Y C, Zhou Q, et al. Journal of polymer research, 2013, 20 (8): 195-207.
[60] Ke Y C, Wang Y G, Yang L, Polymer International, 2010, 59 (10): 1350 -1359.
[61] Ke Y C, Wu T B, Xia Y F. Polymer, 2007, 48: 3324-3336.

第4章

聚合物无机纳米复合材料设计制备与性能

研究设计聚合物无机纳米复合材料，既要考虑结构与功能性，更需充分设计可规模化实用性的纳米复合体系。研究人员采用丰富资源纳米材料如天然纳米结构层状硅酸盐、石墨等，作为高性能多功能聚合物纳米复合体系无机相原料。自1987年尼龙6-黏土杂化材料被发明后，其热变形温度同比大幅提高近100℃成为震惊事件，此后对这类材料力学与功能阻隔性等的探索层出不穷[1,2]。直到1993年后人们开始意识到这是纳米复合效应所致。1995年在国家自然基金委基金资助下，尼龙-黏土杂化材料项目首次被批准研究，本书作者参加了该项目研究过程，进而开辟了聚酯新型纳米复合材料崭新领域，提出聚酯-黏土纳米复合材料反应与复合方法，首次创建了聚酯黏土插层技术及其衍生纳米复合材料体系，表明该纳米复合材料热变形和结晶速率同比大幅提高，获原创性专利（ZL97104194.6；ZL97104055.9）授权。我们还建立了熔体插层复合方法，制备聚合物黏土纳米复合材料体系，取得多项国家发明专利授权。综合表明，纳米复合材料的热学、力学、光学和阻隔性能等已产生重要突破。而美国科学家T. J. Pinnavia、E. P. Ginnalis等开展黏土物理化学插层方法，在黏土纳米多孔催化材料及聚烯烃纳米复合材料方面取得进展。

本章采用几种无机纳米中间体，以水溶性、结晶和非晶聚合物高分子为有机相，论述了原位纳米复合方法，重点阐述层状结构物质的溶剂插层、原位聚合插层和熔体插层方法，设计制备理想高性能功能性聚合物纳米复合材料。研究人员建立了聚合物层状化合物复合体系的纳米结构、纳米分散与复合工艺方法，建立了热学、耐候、力学的多功能高性能聚合物纳米复合理论与技术创新体系，阐述了纳米复合材料结构性能的合成和加工工艺调控方法，提出了设计聚合物纳米复合高效和大规模化原则，创制了一系列新型高效聚合物纳米复合材料，展示了其在汽车、飞机、航空、电子、纺织、家电、建筑与包装等领域[2]应用的远大前景。

4.1 聚合物中规模化纳米分散原则

4.1.1 聚合物多尺度纳米分散

4.1.1.1 纳米分散连续与非连续性结构

（1）纳米分散连续性结构　纳米单元在溶剂、熔体和固体颗粒中的分散有很大差异性。一种纳米粒子在另外一种纳米粒子中，受连续机械力剪切等作用而向任意方向连续运移，得到连续分布、均匀或者自由散落的分布，这称为纳米粒子分散的连续性结构。

（2）纳米分散非连续性结构　然而，同样的纳米粒子，在熔体或溶剂中受同样的机械力等作用而产生运移时，会受到流体不同的流态变化（如涡流、湍流态）、粒子-介质相互作用、范德华力或布朗运动等的较大影响，因此会产生聚集、团聚、组装等不连续作用体系，这种现象称为纳米粒子形成了不连续分散结构。

4.1.1.2　聚合物多尺度与大尺度纳米分散

（1）聚合物多尺度纳米分散性　纳米粒子在聚合物基体中分散时，因多种力如电性、吸附、黏滞和流态变化作用，导致粒子产生连续分布结构和非连续分布结构，由此必然形成多种纳米粒子分布结构，或纳米粒子多尺度分布体系。这种现象称为多尺度纳米分散性。

（2）聚合物大尺度纳米分散性　指纳米粒子在聚合物基体中的分散结构形态、分散规律及其关键性能，可以在更大尺度空间完整地复制的特性。例如，纳米中间体样品在实验室烧杯中的分散结构和性能，经过优化设计可以在工业反应釜中产生同样或类似分散结构和性能。此类工业反应釜相比烧杯具有大尺度差异性。

4.1.2　聚合物规模化和大跨度纳米分散性

4.1.2.1　聚合物规模化纳米分散性

（1）定义　聚合物分子中纳米粒子分散性，按照规模依次分为实验室反应器、中试反应器和工业反应器，这类分散规模逐步相对放大的体系，称为规模化纳米分散性。聚合物规模化纳米分散性，是纳米复合材料由试验转向工业化生产的必经途径。

（2）多重介质中规模化纳米分散性　聚合物高分子聚合反应和生产工艺，可分别在溶剂、熔体和固体介质中进行，此类多重介质中实施规模化纳米分散性工艺，为聚合物纳米复合材料工业化提供了多种选择性。通常，设计优化纳米中间体及其分散介质，并与工业装置流程和工艺结合，提供有效纳米复合材料生产工艺。

4.1.2.2　聚合物大跨度纳米分散性

（1）定义　相对于聚合物大尺度纳米分散性，聚合物纳米分散性规律及其规模化合成方法，可以在更大、超大尺度上重现，这种纳米分散性称为聚合物大跨度纳米分散性。聚合物大跨度纳米分散性，利用了纳米多尺度分散和规模化分散规律，同时还包括了此类纳米分散性在更大尺度领域，如油气储层的大尺度应用特性。

（2）多重介质大跨度纳米分散性　在聚合物反应的溶剂、熔体和固体介质的多重介质中，设计实施多尺度和规模化纳米分散性工艺，制备生产聚合物纳米复合材料体系。溶剂和熔体介质是最常用于实施大跨度纳米分散性工艺的介质体系。

为此，研究溶剂和熔体中纳米分散规律，设计聚合物体系原位聚合分散复合，以及聚合物熔体纳米分散复合工艺，都已实现聚合物纳米复合材料工业规模生产，提供了系列化新品种。以下详细叙述各种规模化纳米复合材料体系。

4.1.3　聚合复合纳米效应原则

4.1.3.1　原位聚合复合纳米效应

（1）设计原位聚合复合体系原则　设计制备聚合物纳米复合体系，最主要动力和重要目的是提高原聚合物的综合性能，实现最广泛应用方式和应用领域。在此前提下，设计采用聚合物原位聚合纳米复合体系原则，可实现聚合物纳米复合体系纳米效应最大化。

本章所论述的聚合物纳米复合体系，通过纳米复合技术产生了显著热稳定、力学及催化与电学等的纳米效应。

（2）热稳定效应　本章所涉及聚合物纳米复合材料中，由于纳米复合所导致基体聚合物热性能不同程度提高，这种热稳性的纳米效应，具有普遍性。

（3）力学效应　在本章聚合物纳米复合材料中，纳米复合还导致力学性能不同程度提高。所有聚合物纳米复合材料的模量同比显著提高，具有普遍性。而复合材料的韧性、拉伸强度则取决于纳米相种类及其界面粘接特性。

（4）功能性及其他纳米效应　本章聚合物纳米复合材料都产生不同程度的电、光、磁等功能性，这取决于功能聚合物体系及其纳米复合耦合或匹配性质，在各部分详细论述。

4.1.3.2　原位聚合复合纳米效应设计原则

（1）纳米复合体系耐热性能显著提高　需要优选聚合物体系，设计其纳米复合体系，确保所得聚合物纳米复合体系产生大幅度或显著提高的特性，实现纳米复合效应。

（2）纳米复合体系功能性不同程度提高　需要优选功能聚合物基体结构与复合特性，设计其纳米复合体系，产生光、电、声和磁等不同的功能性。

4.2　聚酰胺-黏土纳米复合材料

4.2.1　聚酰胺高分子及其原料与纳米复合体系

4.2.1.1　聚酰胺高分子

聚酰胺商品名为尼龙，是最早发现的能承受负载的热塑性工程塑料。聚酰胺品种很多，如PA6、PA66、PA610、PA612、PA1010、PA11、PA12、PA1414 等。尼龙 6 和尼龙 66 约占聚酰胺总量的 90%。特殊聚酰胺树脂有尼龙 46、尼龙 69、尼龙 610、尼龙 612、无定形尼龙以及由对苯二甲酸、间苯二甲酸、己二酸与己二胺的共聚物品种等。聚酰胺具有极高的韧性、抗磨与耐磨性，应用领域十分广泛，却几乎都存在易吸水、热稳定性差及生产量低等问题，这正是聚酰胺纳米复合改性的重要切入点，也为这类高分子产品多样化与广泛应用，提供了坚强背景和广阔应用前景。

4.2.1.2　聚酰胺高分子的单体

制备聚酰胺的单体[3]有内酰胺、氨基酸、烷（苯）基脂肪族二胺及烷（苯）基脂肪族二酸等。这些单体原料通常既可由石油烯烃原料合成而得，也可从自然植物中提取纯化得到，可参考相关书籍和文献。

（1）内酰胺单体　常用内酰胺分子的结构通式为，

$$\underbrace{NH\text{———}CO}_{(CH_2)_n}$$

由此类单体合成的聚酰胺列于表 4-1。

表 4-1　各种内酰胺单体及其制备的聚酰胺尼龙的物性

聚酰胺单元的碳原子数(PAm)①	内酰胺单体		聚酰胺聚合物物性			
	名称	T_m/℃	T_m/℃	密度/(g/cm^3)	吸湿率/%②	吸湿率/%③
PA4	丁内酰胺	24.5	260	1.22～1.24	9.1	28.0
PA5	戊内酰胺④	39～40				
PA6	己内酰胺	69	223	1.14～1.16	4.3～4.7	9.5～11
PA7	庚内酰胺	25	233	1.10	2.6～2.8	5.0
PA8	辛内酰胺	71～72	200	1.08	1.7～1.8	3.9～4.2
PA9	壬内酰胺	—	209	1.06	1.45～1.5	2.5～3.3

续表

聚酰胺单元的碳原子数(PA*m*)①	内酰胺单体		聚酰胺聚合物物性			
	名称	T_m/℃	T_m/℃	密度/(g/cm³)	吸湿率/%②	吸湿率/%③
PA10	癸内酰胺	128～135	188		1.25～1.4	1.9
PA11	十一内酰胺	155.6	190	1.04	1.2～1.3	1.8～2.8
PA12	十二内酰胺	153～154	179	1.03	1.3	1.5～2.7

①$m=n$（内酰胺碳原子数）；②相对湿度为65%（20℃）；③相对湿度为100%（20℃）；④戊内酰胺环稳定不易聚合。

（2）氨基酸及二胺和二酸单体　氨基酸也是一类制备聚酰胺的重要单体，通式为：[$NH_2(CH_2)_nCOH$] 二胺与二酸单体是另一类制备聚酰胺的重要单体，这类单体通式如下：

$$[NH_2(CH_2)_nNH_2] 和 [HOOC(CH_2)_nCOOH]$$

由这类单体制备的聚酰胺的物性如表4-2所示。

表4-2　脂肪族二胺与脂肪族二酸制备的聚酰胺的物性

PA*mn*	聚合单体	T_m/℃	PA*mn*	聚合单体	T_m/℃
PA210	乙二胺/癸二酸	254	PA520	戊二胺/二十碳二酸	167
PA46	丁二胺/己二酸	278	PA610	己二胺/癸二酸	209
PA48	丁二胺/辛二酸	250	PA66	己二胺/己二酸	251
PA49	丁二胺/壬二酸	223	—	己二胺/β-甲基己二酸	216
PA410	丁二胺/癸二酸	239	—	己二胺/1,2-环己烷二乙酸	255
PA411	丁二胺/十一碳二酸	208	PA86	辛二胺/己二酸	235
PA53	戊二胺/丙二酸	191	PA810	辛二胺/癸二酸	197
PA55	戊二胺/戊二酸	198	P102	癸二胺/乙二酸	229
PA56	戊二胺/己二酸	223	PA1010	癸二胺/癸二酸	194
PA57	戊二胺/庚二酸	183	—	癸二胺/对亚苯基二乙酸	242
PA58	戊二胺/辛二酸	202	—	对苯二亚甲基二胺/癸二酸	268
PA59	戊二胺/壬二酸	178	—	3-甲基己二胺/己二酸	180
PA511	戊二胺/十一碳二酸	173	—	对二氮己环/癸二酸	153
PA513	戊二胺/十三碳二酸	176	—	己二胺/联苯二羧酸	157
PA516	戊二胺/十六碳二酸	170			

注：PA*mn* 中的 *m*、*n* 表示聚酰胺单元碳原子数，*m* 为二胺单体的碳原子数；*n* 为二酸单体的碳原子数；参见文献[3]。

以上这些单体来源广泛，主要源于石油工业衍生产品，还有就是植物油脂如蓖麻油、动物油脂等，一些单体可参见H.霍蒲夫的著作[3]及铸型尼龙著作[4]。这些单体已实现不同规模工业化生产。

4.2.1.3　聚酰胺高分子纳米复合体系

（1）聚酰胺高分子纳米复合方法设计　聚酰胺高分子纳米复合方法，主要设计采用两种途径，其一，单体原料和纳米前驱体或中间体原位聚合方法；其二，单体或聚合物原料在熔融态下和纳米前驱体或中间体进行熔体复合。

（2）聚酰胺高分子纳米复合效应　由聚酰胺高分子纳米复合的两种途径，合成所得的聚合物纳米复合材料体系，都具有很优异的综合性能，而单体原位聚合复合方法产生的纳米复合效应，显著高于由熔体复合工艺所得到的聚合物复合体系。

4.2.2　聚酰胺及其纳米复合催化剂

4.2.2.1　催化活性中心机理

内酰胺开环聚合制备聚酰胺或纳米复合材料，采用碱催化或酸催化体系。

（1）碱催化活性中心机理　采用碱催化工艺时，先制备内酰胺阴离子化合物形成催化剂活性中心。制备阴离子化合物催化剂的试剂有：金属钠或其氢化物、醇钠、氢氧化钠、碳酸钠等。

（2）酸催化活性中心机理　采用酸催化工艺时，质子进攻酰胺单体的羰基碳，形成正碳离子过渡态及酰胺键断裂和聚合反应官能基团。主要的酸催化剂有，6-氨基己酸、十二氨基酸或碳原子数为4～19的氨基酸等。

4.2.2.2　助催化剂

聚酰胺的催化剂还需要与助剂配合使用，助剂分为两类。第一类助催化剂如：

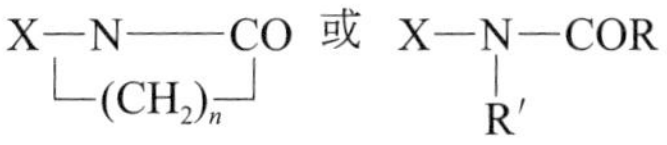

X—N——CO（环：$(CH_2)_n$）　或　X—N—COR（N上连 R′）

上式中，X是极性基团，如—C═O，—COCl等。第二类助催化剂见表4-3。

表4-3　聚酰胺聚合反应的助催化剂及其结构

名称	分子量	摩尔当量	表观	PA冲击强度/(J/980m)
乙酰基己内酰胺	155	155	无色透明油状液体	200
己二异氰酸酯(HDI)	168	84	无色油状液体	610
甲苯二异氰酸酯	174	87	淡黄色液体	570
二苯甲烷二异氰酸酯	250	125	褐黄色液体	630
多亚甲基多苯基多异氰酸酯(PAPI)	350～400	—	黑褐色黏稠液体	540
三苯甲烷三异氰酸酯	367	122	深蓝色液体	900

4.2.2.3　助催化剂的分子结构

一些常用助催化剂的分子结构如下。

乙酰基己内酰胺：$CH_3CON(CH_2)_5CO$（N与CO成环）

己二异氰酸酯（HDI）：$OCN(CH_2)_6NCO$

甲苯二异氰酸酯（2,4-TDI/2,6-TDI）：（结构式：苯环上1-CH_3、2-NCO、4-NCO；苯环上2-CH_3、1-OCN、3-NCO）

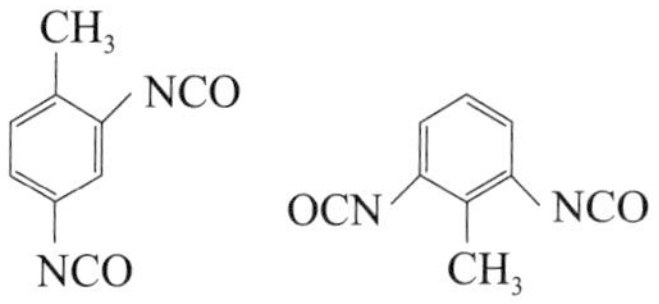

二苯甲烷二异氰酸酯（MDI）：OCN—C_6H_4—CH_2—C_6H_4—NCO

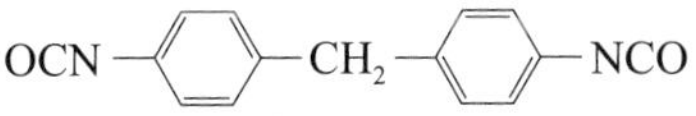

多亚甲基多苯基多异氰酸酯（PAPI）：（结构式：NCO-苯基—CH_2—[NCO-苯基—CH_2]$_n$—NCO-苯基）

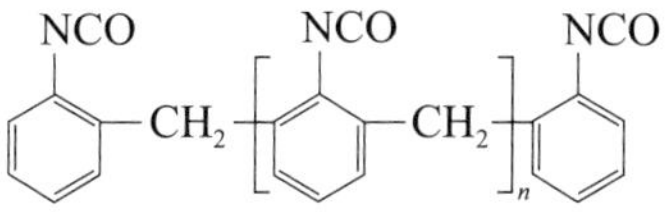

三苯甲烷三异氰酸酯（列克纳胶）：（结构式：OCN—C_6H_4—CH(—C_6H_4—NCO)—C_6H_4—NCO）

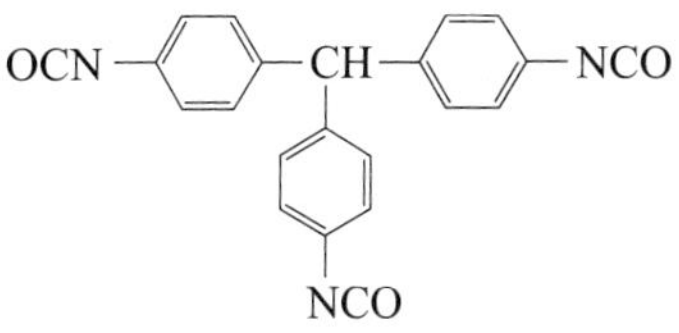

4.2.3　聚酰胺的聚合

4.2.3.1　聚合机理方法

（1）聚酰胺的主要聚合机理方法　聚酰胺缩合聚合中产生小分子水或小分子盐类。尼龙6的聚合方法主要有：碱催化法、氨基酸单体法（酸催化法）或己内酯法。

（2）碱催化聚合方法　聚酰胺单体的碱催化法主要采用强碱（如 NaOH）及金属钠等，碱催化机理聚合方法如下：

$$\begin{array}{c}NH\text{———}CO\\ \lfloor(CH_2)_5\rfloor\end{array} + \begin{array}{c}N^-\text{———}CO\\ \lfloor(CH_2)_5\rfloor\end{array} \xrightarrow[\text{助催化剂}]{\text{催化剂}} \text{—}[NH(CH_2)_5CO]_n\text{—} \qquad (4\text{-}1)$$

在上式聚合反应开始前，利用强碱制得内酰胺单体的盐，该盐才是真正的催化剂，它与金属 Na 与己内酰胺反应后形成阴离子。

（3）碱催化聚合方法　利用酸催化反应过程，采用强酸如盐酸、硫酸等，聚合物反应机理是高温缩合去水过程：

$$H_2N(CH_2)COOH + \begin{array}{c}NH\text{———}CO\\ \lfloor(CH_2)_5\rfloor\end{array} \xrightarrow{250\sim260℃}$$

$$H_2N(CH_2)CONH\text{—}(CH_2)_5\text{—}COOH \xrightarrow{\begin{array}{c}NH\text{———}CO\\ \lfloor(CH_2)_5\rfloor\end{array}}$$

$$H_2N(CH_2)CONH(CH_2)_5CONH\text{—}(CH_2)_5COOH \longrightarrow \text{—}[NH(CH_2)_5CO]_n\text{—} \qquad (4\text{-}2)$$

4.2.3.2　尼龙 6-蒙脱土纳米复合材料合成

（1）反应体系组成与要求　合成尼龙 6-黏土纳米复合材料，蒙脱土的处理、加入方式与助剂是关键工艺参数。聚酰胺-蒙脱土纳米复合材料的原料组分和含量，可参考表 4-4。

表 4-4　酸/碱催化法制备聚酰胺-蒙脱土纳米复合材料的原料组成

组成成分	酸催化法（质量份）	碱催化法（质量份）
聚酰胺单体	100.0	100.0
黏土	0.05～60（0.5～10）	0.05～60
催化剂	0.01～20（0.1～2）	0.01～20
分散介质	1～1200（10～15）	1～1200
质子化剂	0.001～1.0（0.1～0.5）	—
添加剂	0.05～5.0	0.05～5.0
有机阳离子	—	0.001～1.0
无机碱	—	0.01～10.0

注：括号中的数据为优选的方案。

用于酸/碱催化的蒙脱土质量必须达到聚合级要求。含铁量与含砂量都低于 500×10^{-6}，蒙脱土原材料的蒙脱石硅铝酸盐含量≥85%～93%，聚合级蒙脱土白度≥80（比色），蒙脱土的 CEC 总量应为 50～120mmol/100g。

聚酰胺单体可选择己内酰胺、辛内酰胺、十二内酰胺或丁内酰胺等。插层剂的质子化试剂，如磷酸、盐酸、硫酸或醋酸等，用于制备插层处理蒙脱土。采用添加扩链剂，如己二胺或十二烷基二胺等，以提高产物分子量；添加成核剂，如磷酸或磷酸盐等，改性聚酰胺。

（2）聚合反应实施　合成尼龙 6 纳米复合材料，可采用酸催化或碱催化工艺和反应方法。

【实施例 4-1】 制备尼龙 6-蒙脱土纳米复合材料　先将阳离子交换总容量为 50～200meq/100g 黏土 0.05～60 份，在 1～1000 份分散介质中高速搅拌，形成稳定悬浮体系，将己内酰胺单体 100 份，在分散介质 5～200 份和质子化剂 0.001～1 份中形成质子化单体溶液，再与黏土悬浮液混合，在高速搅拌下得到的稳定的胶体分散体系中，进行阳离交换反应和单体插层，最后将 0.01～20 份的 6-氨基己酸及 0.05～5 份的己二胺溶于上述胶体溶液中，真空脱水直至水分含量<0.5%，再升温至 250～260℃，聚合 6～10h，即得到产品。

尼龙 6 原位插层聚合复合反应中，蒙脱土片层扩大使尼龙 6 单体进入层间并原位引发聚合，这称为一步法工艺，即蒙脱土阳离子交换、聚酰胺单体插层及插层蒙脱土与聚酰胺单体共聚合反应，在同一反应器内一次完成，得到100%产品。

采用6-氨基己酸催化剂时，层内外聚酰胺单体通过阳离子开环聚合形成大分子链，同时分子链经过插层工艺撑开蒙脱土片层，形成尼龙纳米复合材料。

【实施例 4-2】 酸催化法制备尼龙6-蒙脱土纳米复合材料　将3g CEC为1.0mmol/g的黏土加入100g水中。分散均匀后高速搅拌0.5h，陈化24h得到黏土分散液A。在100g己内酰胺和0.3g磷酸中加水20g，升温至80℃并搅拌，直至形成均匀质子化溶液B。在搅拌下将B液滴加到A液中，温度维持在80℃，保温0.5h，减压脱水至135℃，此时含水量小于0.5%，搅拌下加入6-氨基己酸13g和己二胺0.18g，升温至250℃，聚合6h，加压出料，机械破碎，热水洗，真空干燥得到复合材料。

(3) 比较与评价　尼龙6-黏土纳米复合工艺中，曾采用有机化蒙脱土干粉末，加入尼龙6单体聚合，这称为两步法。相比较，一步法具有操作简单、生产效率高、成本低及复合材料性能更优越等显著优点。

尼龙插层复合工艺合成的纳米复合材料中，层状硅酸盐黏土纳米片层均匀分散并与聚酰胺基体以库仑力结合。己内酰胺单体既是质子化阳离子插层剂，参与层间阳离子交换反应形成正负离子对库仑结合体系，也产生聚合反应和插层复合作用，扩大片层间距，使更多单体在层间原位聚合。

层状硅酸盐片层以10～30nm较均匀分散于尼龙6基体中，无机相表面积巨大能产生理想界面粘接，消除无机物-聚合物基体热膨胀系数不匹配等问题，充分发挥无机相优异的力学性能与耐高温性，尼龙复合材料无需预制成型，可选择多种加工方式。

4.2.4 聚酰胺-黏土纳米复合材料的物化性能

4.2.4.1 聚酰胺-黏土纳米复合材料的分子量

(1) 纳米单元的阻聚性　纳米单元在原位聚合反应逐步分散中，与反应活性中心结合，会影响反应进程或产生一定阻聚性。尼龙6原位聚合复合反应中黏土产生阻聚性，影响产物分子量。

然而，难以从聚酰胺-黏土纳米复合材料中分离纳米单元。采用GPC测定其分子量，或采用乌氏黏度计测定其黏度，都未分离纳米单元使结果产生偏差。因此，需采用相对比较分析法测定其分子量。采用端基滴定法测定的样品的数均分子量如表4-5所示。

表 4-5　有机黏土-己内酰胺组分与尼龙分子量的关系

十二烷基胺酸蒙脱土含量/g	ε-己内酰胺含量/g	黏土含量/g	c_{NH_2}/(10^{-5}mol/g)	c_{COOH}/(10^{-5}mol/g)	M_n
0	100	0	5.69	5.41	18500
2	98	1.5	3.58	5.69	17200
5	95	3.9	4.68	9.49	10000
8	92	6.8	6.70	14.4	6340
15	85	13.0	8.04	22.9	3800
30	70	26.2	12.6	44.3	1660
50	50	42.8	12.1	70.6	810
70	30	59.6	6.64	86.7	466
100	0	78.7	—	—	216

注：c_{NH_2}、c_{COOH}分别为按照端基滴定法测得的氨基和羧基的摩尔当量。

十二氨基酸改性蒙脱土，与己内酰胺聚合得到尼龙6纳米复合材料中，蒙脱土组分含量与尼龙分子量密切相关。蒙脱土含量增加，数均分子量呈下降趋势。蒙脱土加量低于5%（质量分数）时，分子量下降很小，但加量超过5%分子量迅速下降，总趋势是十二氨基酸处理蒙脱土使尼龙6分子量降低。该阻聚规律在两步法合成聚酰胺-蒙脱土纳米复合材料中较显著，在一步法合成工艺中阻聚作用较小。

（2）黏土加量调节聚酰胺分子量　采用氨基己酸铵盐处理蒙脱土的一步法制备聚酰胺-蒙脱土纳米复合材料（NPA），黏土加量可有效调节聚酰胺分子量。NPA样品氯仿溶液，采用GPC法测得的系列样品的分子量，如图4-1所示。

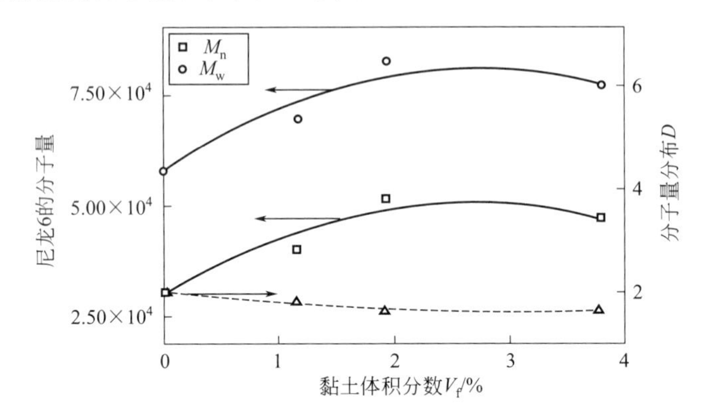

图4-1　尼龙6-蒙脱土纳米复合材料分子量与蒙脱土含量的关系

蒙脱土加量总体低于3%时，尼龙6的分子量随蒙脱土含量增加而提高，达到最大分子量后趋于平缓。整个系列样品分子量分布变窄（图4-1中虚线曲线）。

与两步法合成尼龙纳米复合材料相似，较高蒙脱土加量降低尼龙6分子量。

4.2.4.2　影响尼龙6-黏土纳米复合材料结构性能的因素

（1）助剂改性纳米复合材料性能　助剂对尼龙6纳米复合材料（NPA）性能产生显著影响。采用酸类，如磷酸、硫酸、盐酸、醋酸或其混合物为插层剂的质子化剂。优化质子化剂，将直接影响所得尼龙纳米复合材料的分子量及力学性能，表明磷酸是尼龙纳米复合体系最优质子化剂[5]。

此外，扩链助剂也影响尼龙6聚合反应和纳米复合过程。氨基己酸和不同量己二胺混合，有效调控复合材料的分子量和分子量分布，见表4-6。

表4-6　NPA经己二胺扩链后的力学性能

己二胺量①	抗张强度/MPa	断裂伸长率/%	拉伸模量/GPa	拉伸冲击强度/(kJ/m²)	热变形温度②/℃
0.0	79.0	29.0	1.0	63.0	148.0
0.30	80.0	34.0	1.1	90.0	148.0
0.44	80.0	35.0	1.1	113.0	150.0
0.58	82.0	23.0	1.1	68.0	146.0

①己二胺含量相对己内酰胺100计算，黏土含量为5%（质量分数）；②条件：18.6kgf/cm²，1kgf/cm²=98.07kPa。

随着助剂己二胺含量增加，纳米复合材料冲击强度明显提高，而后又有所降低；其抗张强度、拉伸模量和热变形温度，则基本保持不变。

采用一步法/二步法工艺，合成的聚酰胺-蒙脱土纳米复合材料具有较高分子量和较窄分子量分布。蒙脱土含量能有效调节其强度、弹性模量和热变形温度。

（2）改性尼龙6纳米复合材料的力学性能　NPA材料的增强效应显著超过黏土熔体共混制备的复合材料，这源于黏土晶片在聚酰胺基体中的纳米分散及良好界面相容性与强相互作用。

在蒙脱上加量限度内，其含量增加，则纳米复合材料的韧性或拉伸冲击强度下降，而热变形温度逐步上升。见表4-7。

表4-7　聚酰胺-黏土纳米复合材料的力学性能

蒙脱土量/g	己内酰胺量/g	抗张强度/MPa	断裂伸长率/%	拉伸模量/GPa	拉伸冲击强度/(kJ/m²)	热变形温度①/℃
0	100	73	110	0.8	90	65
3	100	78	30	0.9	67	140
5	100	79	29	1.0	63	148
7	100	88	13	1.1	57	151
10	100	89	12	1.2	51	154
20	100	98	6	1.4	34	156

① 条件：18.6kgf/cm^2。

(3) *黏土矿物种类影响NPA性能*　黏土矿物种类影响NPA力学性能，取决于各自的CEC。合成云母、锂蒙脱石、滑石、海泡石等经改性后的CEC值差异很大，而蒙脱石CEC值达0.5～1.2mmol/g黏土。CEC高于2.0mmol/g的云母，经氟化合成改性处理云母，可使层间阳离子电荷达到合适水平。黏土矿物CEC太低或层间产生阴离子如水滑石，需另行设计反应。几种矿物制备的尼龙6纳米复合材料的性能对比，见表4-8。

表4-8　尼龙6-黏土纳米复合材料的力学性能对照①

黏土	蒙脱石	合成云母	锂蒙脱石	滑石	海泡石	
标记	NCH	NCHM	NCHH	NCHP	NCHS	尼龙6
拉伸强度/MPa	972	931	89.5	84.7	90.6	68.6
拉伸模量/GPa	1.87	2.02	1.65	1.59	1.26	1.11
断裂伸长率/%	7.3	7.2	>100	>100	10.2	>100
缺口冲击强度②/(kJ/m²)	6.1	—	—	—	—	6.2
HDT/℃	152	145	93	107	101	65

① 黏土含量5%（质量分数）；②缺口冲击Izod强度。

(4) *尼龙6-纳米复合材料的综合性能*　尼龙6-蒙脱石纳米复合材料有较高冲击强度，其他矿物插层复合材料效果相对不佳。这些尼龙复合材料与纯尼龙6相比，HDT温度提高近100℃，显然蒙脱石对HDT贡献最大，通过插层效果即纳米效应实现（见表4-9）。此外，熔体复合插层将有机化黏土与聚合物切粒料，在挤出机里共混复合熔融挤出直接制成产品，纳米相以100nm以下尺度均匀分散于尼龙聚合物基体中。

表4-9　不同插层方法制备的尼龙-黏土纳米复合材料工业品的性能

插层方法	公司技术	聚酰胺-黏土	阻隔性能比值(NPA/PA)①	热变形性比值(NPA/PA)/(℃/℃)
熔体插层	美国RTP	PA6-黏土	1/3	160/65
	Honeywell	PA6-黏土	1/4～1/3	160/65
	尤尼奇卡	PA6-黏土	1/3	152/70
聚合插层	TOYOTA	PA6-黏土	1/3	155/65

① 相对阻隔性。

(5) *表征层状硅酸盐片层剥离特性*　X射线晶体衍射可检测层间距变化及评价片层剥离度。原始态蒙脱土X射线衍射角$2\theta=7°$位置均出现强衍射峰。由Bragg方程：$2d\sin\theta=\lambda$（d是硅酸盐片层间平均距离，θ是半衍射角，λ是入射X射线波长），计算蒙脱土片层距离为1.26nm。

当蒙脱土含量为45%时，蒙脱土衍射峰向小角方向移动，衍射峰位由未填充前的7°减少到4.5°，片层间距由1.26nm增加到1.96nm。蒙脱土与己内酰胺插层聚合后，纳米复合材料衍射峰位降至 1.3°，片层间距增加到 6.2nm[6]。蒙脱土含量越少，硅酸盐片层在尼龙 6 中撑开距离越大。图 4-2 是尼龙 6 复合材料 X 射线衍射曲线及其片层插层与剥离形态。

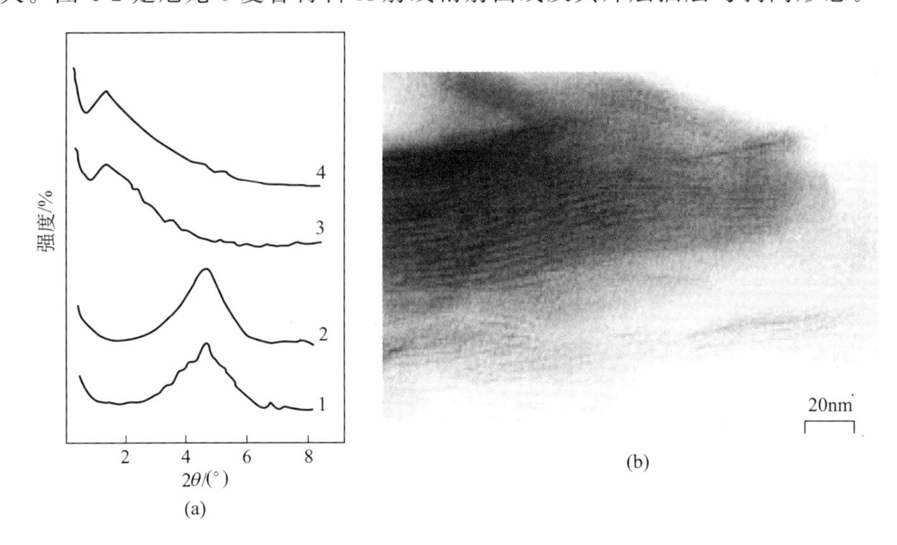

图 4-2　尼龙 6 蒙脱土复合材料 X 射线衍射曲线（a）及其插层纳米分散 TEM 形态（b）
[图（a）中，1 是 45%（质量分数）未插层处理蒙脱土；2 是 45%（质量分数）插层处理蒙脱土；
3 是 15%（质量分数）未插层处理蒙脱土；4 是 15%（质量分数）插层处理蒙脱土]

蒙脱土含量小于 10%（质量分数）的复合材料小角度区衍射峰不能被检测到，硅酸盐片层被撑开很大，可能被解离成纳米尺寸硅酸盐层分散于尼龙 6 基体中。

（6）*插层剂改性层状硅酸盐片层剥离特性*　插层剂分子链长、支化结构和极性，是决定层状硅酸盐片层剥离重要因素。插层剂种类及其分子链长短对尼龙 6-黏土纳米复合材料性能产生实质影响。

【实施例 4-3】 长链插层剂处理蒙脱土及制备尼龙 6-蒙脱土纳米复合材料　将含量为 5%（质量分数）钠基蒙脱土的水溶液于 80℃搅拌，再滴加过量十六烷基三甲基溴化铵的盐酸溶液（十六烷基三甲基溴化铵与氯化氢摩尔比为 1∶1）。插层交换反应 1h 后，反应体系抽滤，用水洗至无 Cl^-（0.1mol/L $AgNO_3$ 溶液检测无白色沉淀），真空干燥至恒重，并磨碎成 500 目的粉末，即插层蒙脱土纳米中间体。

插层剂链长与蒙脱土片层剥离程度存在确定关系，采用 ω-氨基酸插层剂 [$H_2N(CH_2)_nCOOH$]，已得到插层剂链长度和层状结构物质的片层间距关系（参见第 3 章）。当 ω-氨基酸中的碳链数 $n<7$，插层剂分子与蒙脱土片层方向呈平行排列形态，当 $n>10$，则其与蒙脱土片层方向呈倾斜角度排列形态，即分子链形态影响片层剥离形态。

插层剂分子链碳原子数固定时，提高温度可进一步改性片层剥离度。如温度从 25℃升到 100℃后，采用同一插层剂使片层间距相应大幅度提高。层间距扩大预示片层剥离越来越完全。

4.2.5　一步法合成碱催化及铸型尼龙黏土纳米复合材料

4.2.5.1　尼龙 6 连续碱催化工业聚合工艺

（1）*连续碱催化工艺定义*　己内酰胺连续碱催化工业聚合工艺，称一步法合成工艺，该工艺很成熟。合成尼龙 6 纳米复合材料仍采用连续碱催化工业聚合工艺，具体细节参见文献 [3，4]。

（2）*连续碱催化工艺过程*　采用连续碱催化工业聚合装置与工艺，合成尼龙 6 纳米复合材料的工艺过程为，首先制备尼龙 6、有机化黏土、催化剂和助剂反应体系，经过匀化工艺得到均匀化反应体系，然后升温引发缩聚反应，形成反应中间体。将反应中间体流体注入模具，通过真空去除副产物，得到类似模具形成的产品。

4.2.5.2 铸型尼龙工艺及其纳米复合材料

(1) 连续碱催化合成铸型尼龙工艺 连续碱催化合成铸型尼龙工艺，是一种典型一步法合成尼龙产品工艺，该工艺是在常压下，将尼龙混合反应溶液体系直接注入模具内，在模具内升温引发聚合反应并成型，得到最终产品。该工艺流程见图 4-3。

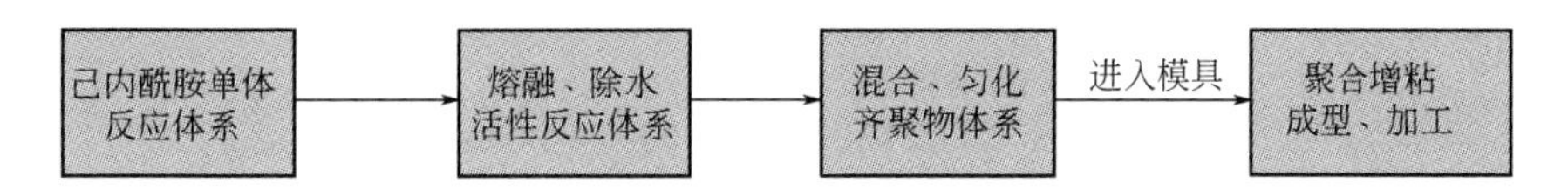

图 4-3 己内酰胺单体浇注成型的流程简图

己内酰胺与其钠盐聚合反应后，除去水分，添加助剂的尼龙聚合形成熔体，注入预先设计好的模具内再反应，制得尼龙成品。己内酰胺单体浇注成型设备与流程如图 4-4 所示。

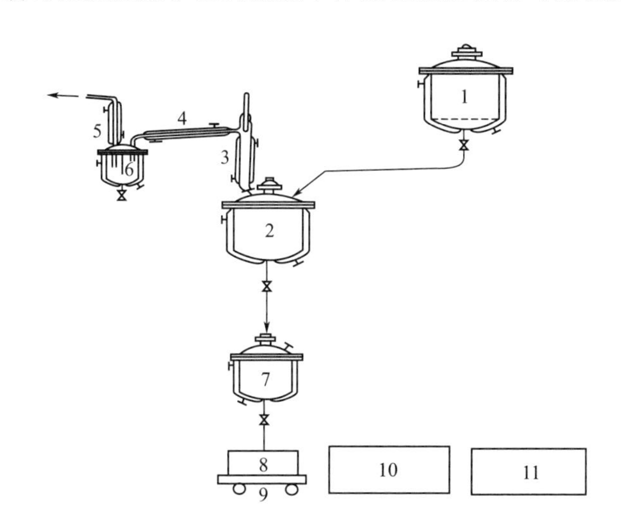

图 4-4 己内酰胺单体浇注成型设备与流程

1—熔料釜；2—除水釜；3—回流保温管；4—加热保温管；5—冷凝管；6—冷凝接收器；
7—加助催化剂混料釜；8—模具；9—四轮转向小车；10—加热炉；11—保单室

己内酰胺单体浇注成型工艺中，聚合己内酰胺低聚物熔体，直接流入设计好的模具 8 中，模具 8 装置是活动可更替的，制备出所需各种形状产品，经铣、刨、锯等后加工成制品，如汽车平衡轴齿轮。

(2) 连续碱催化合成铸型尼龙纳米复合材料工艺 采用浇注法制备铸型尼龙 6-黏土纳米复合材料，也是一步法缩聚工艺。将黏土有机化处理，与己内酰胺单体混合聚合反应及浇注后缩聚，形成成型产品。我们合成的 MC 尼龙纳米复合材料制品，已用于近百万辆汽车的齿轮与零部件中。

4.2.5.3 熔体插层法合成尼龙 6-黏土纳米复合材料

(1) 一步法熔体插层工艺 采用有机化黏土与尼龙材料混合，通过熔融熔体作用的一步法插层工艺，促进黏土片层原位剥离分散，得到层状硅酸盐片层均匀复合的尼龙纳米复合材料。

(2) 一步法熔体插层法合成尼龙纳米复合材料性能比较 1998 年，我们才有熔体插层一步法合成加工的尼龙 6 纳米复合材料及其玻纤增强产品。采用 NPA6 基体及玻纤增强改性得到高性能牌号见表 4-10。

表 4-10 黏土熔体插层尼龙 6 纳米复合材料玻纤增强后的性能比较

测试内容	参考标准	牌号		
		NPA6-G10	NPA6-G20	NPA6-G30
拉伸强度/ MPa	GB/T 1040	123	164	190
拉伸模量/GPa	GB/T 1040	6.5	9.2	11.9
断裂延伸率/%	GB/T 1040	3.6	4	3.7
弯曲强度/MPa	GB 9341	206	225	247
弯曲模量/GPa	GB 9341	5.1	7.5	10.2
缺口冲击强度(Izod 23℃)/(J/m)	GB 1843	104	169	191
热变形温度/ ℃(1.82MPa)	GB 1634	190	206	210
熔点/ ℃		220～230	220～230	220～230
热分解温度/ ℃		469	453	448

注：NPA6，黏土含量 5%（质量分数）；NPA6-G10，玻璃纤维含量 10%（质量分数），其他样品类似。

熔体插层法制备的尼龙 6-黏土纳米复合材料片层剥离分散形态中，可见片层剥离效果很好，有部分凝聚颗粒存在，见图 4-5。

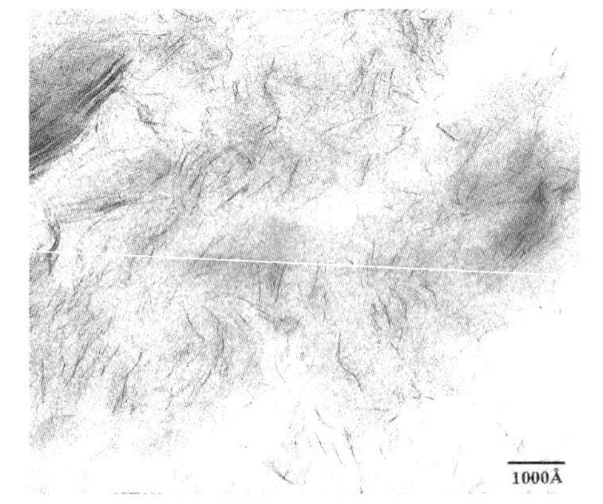

图 4-5 熔体插层尼龙 6-黏土纳米复合材料［5%（质量分数）黏土］片层剥离 TEM 形态

这种一步法合成尼龙纳米复合材料具有显著优点，如密度低、耐磨及综合性能优异等，尼龙纳米复合产品已推向市场，用于汽车、管道和精细部件等领域。

类似地，2000 年，工业熔体插层制备的聚酰胺 3%～5%有机化黏土纳米复合材料的阻隔性是 PA6 的 3 倍（美国 RTP 公司）。熔体插层技术工业制备尼龙 6 纳米复合化[7]材料（日本尤尼奇卡公司），所得尼龙黏土纳米复合材料性能比较见表 4-11。

表现出许多优点，如吸水或高温环境物性与尺寸变化均小；低剪切速度下熔体黏度高，溢料性低；结晶速度快可高循环成型。M1030D 尼龙 6-黏土纳米复合材料（NPA6）适于后续改性，加入 20%玻纤的 M1030DG20 性能比 NPA6 提高较多。

表 4-11 日本尤尼奇卡纳米复合尼龙 6 改性商品性能

性能参数	量纲	M1030D	M1030B 高伸长率	M2350 改进成型	M1030DG20	M1030DT20 抗冲型
相对密度		1.15	1.14	1.14	1.29	1.09
拉伸强度	MPa	93	85	88	113	56
断裂伸长	%	4	20	5	4	10
弯曲弹性模量	GPa	4.5	3.7	4.0	8.2	2.8
Izod 冲击强度	J/m	45	40	44	49	154
负荷变形	℃/1.8MPa	152	120	147	195	153
	℃/0.45MPa	193	190	193	212	186

4.2.5.4 尼龙纳米复合材料的纳米复合效应

（1）蒙脱土片层诱导不稳定晶型 X 射线研究纳米片层分散诱导晶型变化。采用小角 X 散射（SALS）和原子力显微镜（AFM）研究尼龙纳米复合材料蒙脱土片层抑制球晶生长及细化球晶尺寸等[5]。尼龙基体片层分布尺寸很宽，最大达 500nm，说明片层剥离体系不稳定。尼龙 6 自身是多晶型聚合物，其多晶型包括 α、β 和 γ 晶型。在一定条件和环境下，可出现 α（单斜晶系）或 γ（六方晶系）两种不同晶体结构[8]。尼龙 6 的 α 晶型特征是晶区分子链完全伸展，分子链之间由氢键形成平面片层。而γ晶型不稳定，分子链间氢键方向接近垂直碳架平面，形成打褶片层。蒙脱土片层分散并与尼龙6分子链相互作用有效诱导不稳定γ晶型[9,10]。如图4-6(a)、(b) 所示。

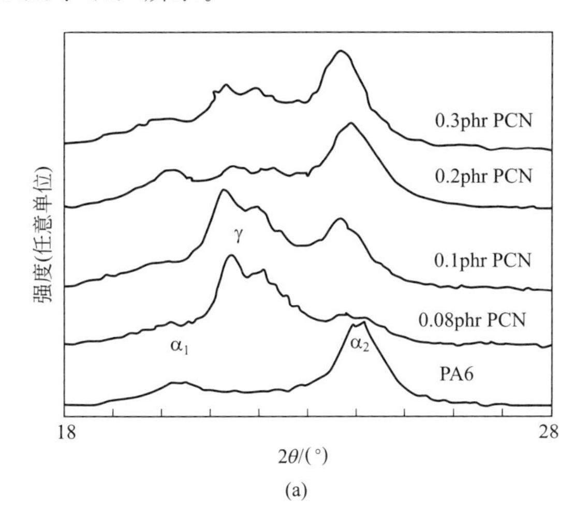

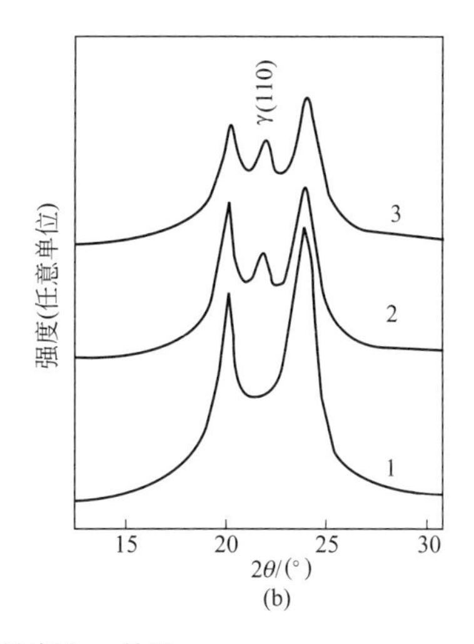

图4-6 NPA6中蒙脱土片层诱导产生γ晶型

[(a) 0.3phr PCN表示该纳米复合样品中，黏土体积分数为0.3%；(b) 1、2、3分别为纯尼龙6、尼龙6与5%黏土纳米复合材料、尼龙6与7%黏土纳米复合材料]

尼龙6-黏土纳米复合材料中，在$2\theta=21.7°$处出现明显γ晶型（110）特征衍射峰。这是蒙脱土片层诱导的尼龙6γ晶型，蒙脱土片层起异相成核作用。

（2）*尼龙纳米复合材料纳米分散和结晶熔融* 采用透射电镜研究NPA6片层分散及其影响结晶形态和性能特性。在NPA6片层剥离分布形态中，黏土量超过5%（质量分数）后团聚粒子很显著，见图4-7。

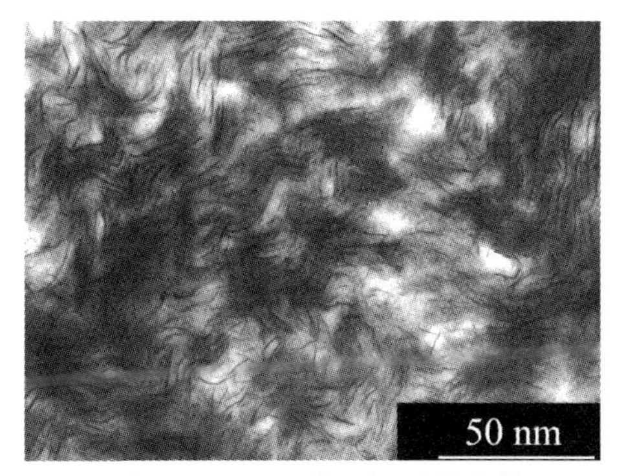

图4-7 NPA6 [5%（质量分数）MMT] 的TEM形态

采用DSC法研究NPA6样品的结晶熔融行为，以10℃/min速率冷却至室温，WAXD曲线表明只有两个α相而无γ相结晶衍射峰，热历史对结晶结构影响较大。

DSC热扫描表明，蒙脱土使尼龙6结晶温度向高温方向移动，尼龙6纳米复合材料结晶温度低于尼龙6-未处理蒙脱土复合材料。

可认为，一方面片层异相成核作用提高尼龙结晶转变温度，另一方面使尼龙分子链段运动受到不同程度限制。尼龙6分子与片层表面有很强的界面偶联作用，限制尼龙6分子链段运动而阻碍球晶生长，生成尺寸分布较均一但不完整的晶体。

采用Avrami方程[10]，得到$\ln\{-\ln[1-X(t)]\}$-$\ln t$直线，曲线斜率给出Avrami指数n，曲线截距为动力学速率常数$\ln K$，再按下式计算结晶速率：

$$t_{1/2}=(\ln 2/K)^{1/n} \tag{4-3}$$

其中，结晶度达50%的时间为$t_{1/2}$，其倒数就是结晶速率。

设结晶过程是热活化过程，利用Arrenius方程计算活化能[11]为，

$$K^{1/n}=K_0\exp[-\Delta E/(RT)] \tag{4-4}$$

式中，K_0为与温度无关的常数；R为普适气体常数；$-\Delta E$为结晶的表观活化能。计算

出尼龙 6、尼龙 6-未处理蒙脱土和尼龙 6-插层处理蒙脱土结晶活化能分别为 166kJ/mol、92kJ/mol 和 20kJ/mol。尼龙 6 活化能最高而不易结晶。

4.2.6 尼龙 66-黏土纳米复合材料合成

4.2.6.1 尼龙 66 合成

（1）合成反应原理 尼龙 66 由己二胺与己二酸缩合聚合而成，反应分为成盐与缩聚过程：

$$NH_2(CH_2)_6NH_2 + HOOC(CH_2)_4COOH \xrightarrow{\text{成盐}} H_3N^+(CH_2)_6NH_3{}^{+}\,{}^{-}OOC(CH_2)_4COO^-$$

$$\xrightarrow{\text{缩聚}} \left[NH-(CH_2)_6-NHCO-(CH_2)_4-CO\right]_n \tag{4-5}$$

二胺与二羧酸缩合物在 180～300℃溶解各组分，不断除去反应生成的水。但该方法所得产物色泽差。而二胺与二羧酸间初级反应生成等分子盐（尼龙盐），这种盐析出精制再进行缩合聚合，生成尼龙盐可除去原始单体中的杂质。

（2）合成尼龙 66 的工艺和影响因素

① 制备己二胺与己二酸的盐 制备尼龙 66 盐，必须严格控制 pH＝6.7～7.2；

② 尼龙 66 盐 尼龙 66 盐在水（乙醇、甲醇）内析出，控制反应不至于成盐时产生剧烈沸腾及损失，离心过滤得到尼龙 66 盐（不必干燥）；

③ 缩聚并将熔融物挤压成条带并切粒 缩聚中加入相当于尼龙 66 盐质量 0.9%的己二酸（或乙酸）作封端剂；控制反应压力，即前期加压后期减压除水；

④ 干燥控制 200℃干燥 3h，干燥中必须注意降解泛黄。

间歇法制备尼龙 66 的步骤[12]为，将尼龙 66 盐、分子量调节剂及稳定剂（磷酸三苯酯）等加入高压釜中，反应器系统用高纯氮排除空气。开始缩聚并在密闭下加热，三小时内使温度达到 260～265℃，釜内压力达到 1.6～1.7MPa。保持压力恒定同时除去釜内蒸汽，继续升温至 270～275℃。此阶段反应物的熔点与分子量都开始增加，己二胺也趋于稳定，然后在 270～275℃温度下，在 1h 内使反应压力降至常压，然后抽真空除水以提高分子量，除水过程持续 3～4h，出料切粒。

尼龙 66 聚合反应为二级反应[13]，相应活化能为 22kcal/mol。尼龙 66 反应速率常数随反应温度升高而增大，但随水浓度增大而减小，见表 4-12。

表 4-12 水介质下的水浓度对尼龙 66 盐缩聚反应速率常数的影响

水浓度/(mol/mol)	反应速率常数/[g/(mol·h)]		水浓度/(mol/mol)	反应速率常数/[g/(mol·h)]	
	200℃	220℃		200℃	220℃
0.5	1000	2620	6.25	195	510
1.0	825	2200	10.0	135	395
3.8	390	1020			

尼龙 66 连续法缩聚工艺流程[12]如图 4-8 所示。尼龙 66 聚合需要高压过程，可参考本节实施例的合成细节。

4.2.6.2 尼龙 66 纳米复合材料合成

制备尼龙 66-黏土纳米复合材料，采用的工艺与纯尼龙 66 的工艺完全一致，甚至不需要添加任何新的设备。

【实施例 4-4】 尼龙 66 合成工艺 配制 50%～60%水溶液的尼龙 66 盐加入溶解锅 1 中，并加入 0.5%的己二酸和 2%的己内酰胺（以尼龙 66 质量计），加热至 80～90℃，使之完全溶解，经过滤后压入储存桶中。通过 4 将储存桶内的物料压入管 6 中，物料温度保持在 210～215℃。物料从管 6 不断被送入管 7、8 之中，温度不断升高，而水分则由管 9 的排气孔排出，

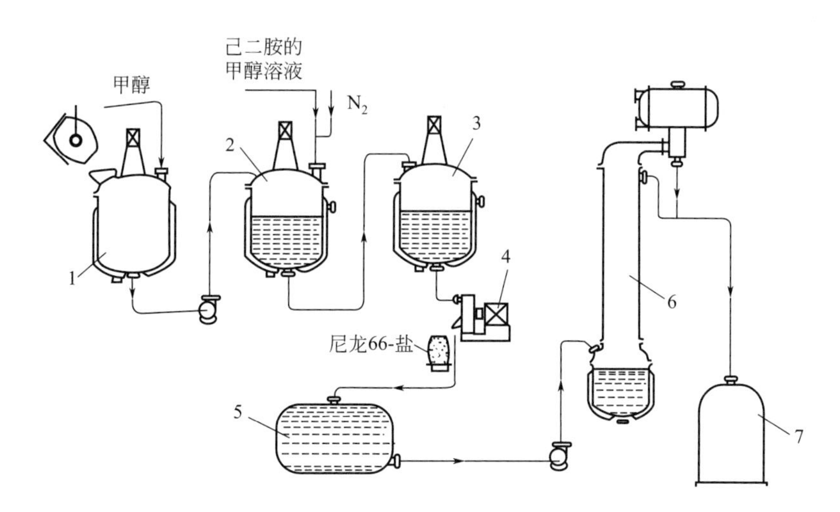

图 4-8　尼龙 66 的连续法缩聚流程图

1—己二酸储罐；2—沉淀器罐；3—中间容器；4—离心机；5—母液收集器；
6—甲醇蒸出塔-缩聚系统；7—纯甲醇收集器

尼龙 66 盐的浓度也升高，并初步缩聚，压力为 1.8MPa 左右。物料从横管进入管 9，中心温度可达 225℃左右，然后由减压泵 10 定量输送到闪蒸器 11 中。物料在闪蒸器中停留约 3～5s，并且压力由 1.8MPa 降到常压。闪蒸器温度要控制在 285℃左右，并继续分离出水分。进入脱泡器 12 后，水分被排除，聚合物成薄膜状流入后缩聚釜 13 中，后缩聚釜温度控制在 275～280℃，并在真空状态下反应。在此期间，水被大量排除，反应迅速进行，约 30min 后可达平衡，聚合物熔体从出料装置 14 中排出，送去铸带切片或者直接纺丝。

整个反应控制预缩聚时间为 2～3h，后缩聚时间为 30～40min。在不锈钢反应釜中进行合成试验，要解决许多因为引入黏土而产生的问题：釜内聚合物凝结，排水管道堵塞，底阀（出料阀）放不出料，分子量上不去，产品色泽差等一系列工艺工程问题。针对这些问题，确定最佳工艺条件和工艺配方，才能成功地合成出分子量符合要求的尼龙 66-黏土硅酸盐纳米复合材料。结果表明，复合材料的物理机械性能除断裂伸长有所下降外，主要性能指标均有不同程度的改善，和预期结果有差距。设备为 101 不锈钢压力反应釜，附抽真空和冷凝系统。原材料用尼龙 66 盐（如辽阳石油化纤公司化工四厂产尼龙 66 干盐）。采用提纯黏土纳米前驱体粉末和凝胶乳液，所用辅料均为市售产品。合成工艺路线为，纳米粒子和凝胶乳液在调配过程中加入，分别试验粉末和凝胶乳液硅酸盐纳米前驱体，筛选纳米材料加量 1%～4%（相对于聚合物的质量分数），得到高分子量尼龙 66-黏土纳米复合材料。

4.2.6.3　尼龙 66 纳米复合材料的物性

（1）*尼龙 66 纳米复合材料物性测试*　采用纳米前驱体合成尼龙 66-硅酸盐复合材料，进行物理机械性能测试研究。采用测试标准（拉伸强度：ASTM D-638；初始模量：ASTM D-638；延伸率：ASTM D-638；弯曲强度：ASTM D-790；弯曲模量：ASTM D-790；冲击强度：ASTM D-256；硬度：ASTM D-65；热变形温度：ASTM D-648），测试尼龙 66 综合性能。尼龙 66-硅酸盐纳米复合材料的物性测试总结，见表 4-13。

（2）*尼龙纳米复合材料工业试验评价*　采用原位插层聚合及纳米前驱体制备尼龙 66-蒙脱土纳米复合材料，硅酸盐纳米前驱体在聚合物基体中有效地形成纳米级分散。试验发现，硅酸盐纳米前驱体原始粒子粒度大而粒径分布宽时，对复合材料性能影响较大。采用粉末硅酸盐纳米前驱体和乳液硅酸盐纳米前驱体制备的复合材料，在溶剂中溶解情况不同。粉末硅酸盐纳米前驱体复合材料的纳米相能均匀溶解于溶剂中，无纳米材料沉淀现象，而硅酸盐纳米前驱体乳液合成的复合材料，在溶剂中溶解后有明显沉淀现象，聚合物分子量较难控制，尼龙 66 硅酸盐纳米复合材料在设备出料阀中有积料。

表 4-13 尼龙 66-层状硅酸复盐纳米复合材料的物性

硅酸盐纳米前驱体形态	无	粉粒	粉粒	粉粒	团粒
硅酸盐纳米前驱体含量	0	1%	2%	3%	4%
拉伸强度/MPa	80.00	121.0	141.1	129.0	109.0
延伸率/%	29.0	12.1	18.4	13.5	11.2
弯曲模量/MPa	2810.0	3106.0	3810.0	3257.3	3005.0
冲击强度/(kgf·cm/cm)	8.4	9.7	12.5	10.2	9.4
硬度/ D	105.8	127.1	138.4	136.2	123.4
分子量	14600	14400	14530	14540	14450
熔点/ ℃	251	261	264	262	258
外观	透明	半透明	半透明	不透明	半透明

注：1kgf=9.80665N。

（3）尼龙纳米复合功能材料 尼龙纳米复合材料经历试制、试用，转入精细化、功能化应用研究。NPA6 具有更好加工性，其玻纤增强产品已用于汽车、发动机耐热与电子零部件及管道等。NPA6 的蒙脱土完全剥离品，具有比纯尼龙 6 更高的阻隔气体的能力，用于高阻隔型汽车油箱、高阻隔气体多层复合体夹层。Honeywell 公司[7]报道一种 PA6-黏土纳米复合材料薄膜，其阻隔性是纯尼龙 6 的 3～4 倍。熔体挤出成型工艺是制备尼龙纳米复合材料的优选加工工艺，这种熔体复合工艺制备的尼龙 11-SiO_2 纳米复合功能材料[14]，将取代 SiO_2 表面喷涂的高阻隔材料。

4.2.7 尼龙纳米复合材料的应用与发展

（1）纳米技术推动尼龙产品多样化 聚酰胺或尼龙产品品种众多，我国生产绝大多数聚酰胺品种，其尼龙 1010 品种具有独特优势。尼龙纳米复合技术的巨大成功，已经影响世界有关品种多样化和产业快速发展。

尼龙产品产量几乎都为百吨和千吨级（上海赛璐珞厂 PA1010；上海赛璐珞厂 PA66、PA6；黑龙江尼龙厂 PA66、PA6；吉林石井沟联合化工厂、合肥化工厂 PA1010；镇江塑料厂 PA6；海安尼龙厂 PA66；天津中和化工厂 PA1010；武汉有机化工厂 PA1010；仪征工程塑料厂 PA6；淮阴大众塑料厂 PA1010 等）。

尼龙 6 和尼龙 66 是两个单产近万吨的体系，由中国石化集团等单位生产，采用固相缩聚或高压-常压聚合法生产工程塑料用产品。尼龙 6 和尼龙 66 纳米复合材料工艺简单，成本低，已成为改性尼龙工程塑料的重要组成部分，促进了尼龙合金及其工程塑料合金快速发展而使用性能良好，满足多元、高性能功能化要求。纳米尼龙新产品及其改性工程塑料新品种，通过注塑和挤出加工，实现大规模化和工程塑料化。

（2）物化性能及改性 尼龙 66 材料有较高熔点，能在较高温度保持较强强度和刚度。在不同材料组成、壁厚及环境条件成型后吸湿性差异大。提高其机械性时，常加入改性剂如玻璃纤维、合成橡胶如 EPDM 和 SBR 等提高抗冲击性。

尼龙 66 黏性较低，黏度对温度变化很敏感，流动性很好但不如尼龙 6。利用尼龙 66 加工薄元件，其收缩率为 1%～2%，加入玻璃纤维将收缩率降到 0.2%～1%，收缩率在流程方向和与流程方向相垂直方向差异较大。尼龙 66 对许多溶剂产生抗性，但对酸和一些氯化物溶剂的抗性较弱。尼龙 66 有更高拉伸强度、更高硬度和刚性但冲击强度较低，其阻燃性和热挠曲温度也很高。

尼龙 6 有更好的外观和流动性，比尼龙 66 易着色，吸湿性与尼龙 66 类似。对于电器和导线涂被等对吸水性要求严格的部位，常用酰氨基含量较低的聚酰胺如尼龙 612、尼龙 69、尼龙 610、尼龙 11 和尼龙 12 等。

尼龙 6 和尼龙 66 纳米复合材料技术，在各自基体性能基础上，确保提高一个档次，这实际成为尼龙 6 和尼龙 66 新品种，而加工应用方式却保持原始态。

(3) 应用领域与发展 聚酰胺具有高拉伸强度、良好的抗蠕变性、耐磨损、耐化学品与耐热性及低摩擦系数。与聚烯烃相比，聚酰胺树脂有更高的硬度、很好的延伸性及显著低的脆性，其零部件具有与金属部件类似的功能，在汽车业消费比例最大，其次是电子电气业。

聚酰胺纳米复合材料除保持原有优良性能外，其重量比常规粒子填充复合物轻、成本较低、热性能更高，已应用于发动机零部件，估计 80%的汽车进气管将用其制造。尼龙 6-蒙脱土纳米复合材料用于制造汽车配件、薄膜包装或纺丝等。其应用已扩展到油箱、电池、车刷、轮胎及飞机零配件。基于尼龙 66 的纳米复合材料，将应用于汽车、仪器壳体及高抗冲击高强度产品，逐步扩大到舰船、飞机等广阔领域。

4.3 环氧树脂-黏土纳米复合材料

4.3.1 环氧树脂的合成反应与制备方法

(1) 环氧树脂分子 环氧树脂 (PEO) 是环氧乙烷或环氧氯丙烷开环聚合形成的最常用的热固性聚合物材料之一，其分子链结构由氧与亚甲基重复单元构成。低分子量环氧树脂呈液态，当环氧树脂分子量很高时 (如 10000 以上)，呈粉末状。

环氧树脂常由环氧基化合物与多元羟基化合物如多元醇或多元酚缩聚反应生成，工业双酚 A 与环氧氯丙烷单体在强碱催化剂下，合成环氧树脂低聚物，将其中一种单体如环氧氯丙烷过量，环氧氯丙烷易蒸馏回收循环使用。

制备低聚物环氧氯丙烷与双酚 A 摩尔比可达 10/1，见表 4-14。

表 4-14 环氧树脂低聚物性能

性能 \ 环氧氯丙烷与双酚 A 的摩尔比	10/1	1.48/1	1.22/1
平均分子量	370	900	1400
环氧值/(当量/100g)	0.5	0.2	0.1
软化点/℃	9	69	98
环氧基团数/分子	1.85/1	1/2	1.44/3.7

随着 PEO 分子量增大，分子链环氧基团数相对于环氧分子链数迅速下降，这是确定固化剂含量的因素，是合成高性能环氧树脂-蒙脱土纳米复合材料的因素。

(2) 环氧树脂与有机黏土的三种混合方法 第一种方法，液态低分子环氧树脂可直接与有机黏土或其纳米中间体混合，然后热固化得到纳米复合材料。第二种方法，对于高分子环氧树脂粉末，可先将其溶于溶剂，再与有机黏土充分机械混合均匀，然后除去溶剂后再经热固化得到纳米复合材料环氧树脂-黏土纳米复合材料。

第三种方法，将环氧树脂单体如双酚 A 与有机化黏土或纳米中间体先混合均匀，然后再引发聚合反应，原位聚合直接得到纳米复合材料，再加入固化剂，最后加热过程固化得到环氧树脂-黏土纳米复合材料。

4.3.1.1 低分子环氧树脂固化剂

(1) 环氧树脂的平均反应官能度　常用环氧树脂是液态低分子中间体，可将其作为大单体用于各种场合，因此，工业将其分子链中可参与反应的活性基团的平均值，定义为平均官能度，依据平均官能度进行化学反应计量。环氧树脂很稳定，如双酚A环氧树脂200℃加热也不会固化，但其分子链环氧基团在固化剂作用下活性很大。

(2) 环氧树脂固化剂　固化剂是影响环氧树脂制品性能的关键因素。固化剂种类很多，根据化学结构可分为碱性和酸性固化剂。胺类固化剂属于碱性固化剂，而酸酐类固化剂属于酸性固化剂。按照固化机理又可将固化剂分为加成型和催化型。如咪唑类、双氰双胺和三氟化硼络合物等属于催化型固化剂。有机酸、酸酐及一级胺等属于加成型固化剂。有的固化剂在低温或室温固化，有的则需高温固化。

究竟哪种固化剂更适于制备剥离型环氧树脂-黏土纳米复合材料，应根据在固化过程中黏土的剥离机制及其影响因素来确定。研究环氧树脂-黏土纳米复合材料，需考虑固化过程中黏土剥离与固化机理以及相同现象不同机理[15~21]。环氧树脂纳米复合材料的固化剂选择、固化条件及工艺，见表4-15。

表4-15　几种常用固化剂的固化条件

固化剂种类	用量	固化条件		适用助剂
		温度/℃	时间/h	
三乙胺，二甲基苄胺	5%～15%	100～140	4～6	酚类、醇类
二乙烯三胺、三乙烯四胺	8%～15%	100～140	4～6	
间苯二胺	14%～16%	约150		
二氨基二苯(甲烷)砜	30%～35%	120～200	2～6	咪唑、三氟化硼、甲基咪唑
顺丁烯二酸酐	30%～40%	160～200		叔胺(1%～3%)
邻苯二甲酸酐	30%～45%	2～4		咪唑、吡啶
聚壬二酸酐、均苯四甲酸二酐	20%～25%	100～12		(0.5%～1.5%)
桐油酸酐(树脂)	100%～200%	80～100	20～5	
2-乙基-4-甲基咪唑(咪唑)	2%～5%	60～80	6～8	
酚醛、脲醛、三聚氰胺甲醛树脂、PA与双马来酰亚胺低聚物	30%～200%			叔胺(0.5%～1.5%)

环氧树脂固化常见气泡、多孔、裂纹、脆断等缺陷。为了解决这些问题而加入填料或增韧剂又产生新问题，如增加体系黏度、流变性变差而影响制品性能，又需采用稀释剂。

4.3.1.2 环氧复合材料助剂

环氧树脂及环氧树脂-蒙脱土纳米复合材料，采用起助催化作用的助剂，如填充增强或改进流变性剂等。该纳米复合材料可取代白炭黑等环境不友好材料。

表面处理剂如偶联剂。

KH-550分子式：$H_2N—CH_2CH_2CH_2—Si(OC_2H_5)_n$

KH-560分子式：$\underbrace{CH_2—CH}_{O}—CH_2—OCH_2CH_2CH_2—Si(OCH_3)_n$

以上两式中，$n=3$。另一种处理剂硅氮烷通式为：

$$H_3Si{-\!\!\!\{}NHSiH_2{\}\!\!\!-}_nNHSiH_3$$

制备环氧树脂-蒙脱土纳米复合材料时，固化促进剂引入片层间，在层间催化环氧树脂分子反应，使层间反应速率高于层外，避免层外环氧树脂先硬化而阻止黏土片层剥离。固化促进剂可参见表4-16。

表 4-16 环氧树脂材料用助剂/配合剂

序号	名　称	应用与应用方法	用量
1	催化剂：HCl、NaOH、$SiCl_4$-甲苯、锍基离子交换树脂	环氧树脂单体制备与聚合反应	双酚 A：环氧氯丙烷：NaOH ＝1：n_1：n_2
2	分子量调节剂，反应单体（环氧氯丙烷等）	控制分子量	n_1
3	填充剂：活性 SiO_2、蒙脱土、云母粉、金属粉	降低制品收缩率	树脂质量分数 30%
4	表面处理剂：硅氮烷、六甲基硅氮烷、KH-550、KH-560	处理填料表面	填料量 0.5%～2%
5	固化促进剂：叔胺、苄胺、季铵盐、咪唑醇（酚）小分子、乙酰丙酮金属盐	降低固化温度，提高固化速度	树脂质量分数 0.5%～1.5%
6	稀释剂：环氧丙烷衍生物（甘油环氧树脂）、环氧丙烷苯（丁）基醚、二甲苯、丙酮	降低黏度，便于添加	视填料量确定
7	增韧剂、增塑剂：磷酸酯、邻苯二甲酸酯、聚酰胺、聚硫橡胶、聚乙烯醇缩醛、端羧基丁腈橡胶、聚酯、硅橡胶	增加韧性，改进脆性	树脂质量分数 5%～20%

注：按照摩尔比，环氧氯丙烷用量 n_1，NaOH 用量 n_2 根据分子量大小调节，低分子量环氧树脂 $n_1=2.75$，$n_2=2.42$（NaOH 浓度 30%）；中等分子量环氧树脂 $n_1=1.437$，$n_2=1.598$（NaOH 浓度 10%）；高分子量树脂 $n_1=1.218$，$n_2=1.185$（NaOH 浓度 10%）。

4.3.1.3 合成环氧树脂体系实施例

【实施例 4-5】 低分子量环氧树脂

① 反应体系准备　NaOH 配成质量分数为 30%的溶液；双酚 A、环氧氯丙烷与碱按照摩尔比 1：2.75：2.42 依次加入，70℃加热溶解 30min。

② 碱分两次加入　第一次加碱在 50～55℃溶解持续 4h，在 55～60℃下反应 4h，减压回收环氧氯丙烷，温度低于 85℃，真空度大于 600mmHg（1mmHg=133.322Pa），持续 2h，在 70℃左右加苯溶解，持续 30min。

③ 第二次加碱　温度 55～70℃持续 1h。此温度下维持 3h，冷却后出水，使苯溶液透明再静置 4h。然后先常压脱苯至溶液温度达 110℃，再减压脱苯至 140～143℃。

按照表 4-16 序号 1 配方，调整 n_1、n_2 得到中等分子量与高分子量的环氧树脂（参见下例）。

【实施例 4-6】 中等分子量与高分子量环氧树脂的制备　双酚 A、环氧氯丙烷与碱的摩尔比为 1：n_1（=1.473）：n_2（=1.598），用浓度为 10%的碱进行溶解，其余步骤参考上述实施例 4-5。溶解温度调整为：在 70℃溶解 30min，然后在 47℃时，一次加入环氧氯丙烷。在 80～85℃反应 1h，85～90℃反应 2～3h。水洗至中性，常压脱水至 115℃，减压脱水至 135～140℃。

【实施例 4-7】 高分子量环氧树脂的制备　调整双酚 A、环氧氯丙烷与碱的摩尔比为 1：n_1（=1.218）：n_2（=1.185），用浓度为 10%的碱进行溶解，其余步骤参考上述实施例 4-5。溶解温度调整为：在 70℃溶解 30min，然后在 47℃时，一次加入环氧氯丙烷。在 80～85℃反应 1h，95℃反应 2～3h。水洗至中性，常压脱水至 115℃，减压脱水至 135～140℃。

4.3.1.4 环氧树脂的反应与固化剂机理

以双酚 A 与环氧氯丙烷的反应为例叙述反应过程与工业过程。

（1）双酚 A 单体　双酚 A 单体熔点在 150℃以上，经甲苯重结晶得到精品用作聚合反应单体。

$$HO-C_6H_4-C(CH_3)_2-C_6H_4-OH$$

另一单体为环氧氯丙烷，其工业制备采用甘油法，即将甘油与冰醋酸均匀混合，通入氯化氢气体制备二氯丙醇，再与氢氧化钠反应得到环氧氯丙烷。

（2）聚合反应　上述单体在强碱的催化作用下进行聚合反应制备不同分子量的环氧树脂：

$$HO-C_6H_4-C(CH_3)_2-C_6H_4-OH + \underset{\backslash\,O\,/}{CH_2-CH}-CH_2-Cl \xrightarrow{NaOH}$$

$$\underset{\backslash\,O\,/}{CH_2-CH}-CH_2\left[O-C_6H_4-C(CH_3)_2-C_6H_4-O-CH_2-\underset{OH}{CH}-CH_2\right]_n-O-C_6H_4-C(CH_3)_2-C_6H_4-O-CH_2-\underset{\backslash\,O\,/}{CH-CH_2} \quad (4\text{-}6)$$

工业制备环氧树脂要提高过量环氧氯丙烷回收率，高浓度强碱分两次加入，第二次加入强碱是使氯醇基团闭环。通过加料顺序控制分子量大小，例如先将双酚 A 溶于碱液中，再加入环氧氯丙烷得到高分子量环氧树脂；而将双酚 A 碱液加入环氧氯丙烷中，得到中等分子量环氧树脂；将双酚 A 与环氧氯丙烷溶解混合再加入碱液得到低分子量环氧树脂。工业装置可参考文献 [22]。

（3）固化机理　环氧固化剂机理主要是环氧树脂分子大量活性基团如环氧基、羟基等反应。固化剂分子含杂原子，如叔胺、咪唑、复合季铵盐、端氨基或氨基树脂等，可与环氧基团和羟基等反应。伯铵盐处理蒙脱土填充环氧树脂时，静电相互作用的伯铵盐起促进剂或固化助剂作用。含氮原子杂环化合物如咪唑、取代咪唑、取代吡啶都是重要固化剂，通过 N 分子中间体反应机理实施固化。然而实际固化机理很复杂，尚无定论，需在具体反应中加以阐述。

4.3.2 环氧树脂层状硅酸盐纳米复合材料工艺

传统玻璃纤维、碳纤维和无机材料等填充剂，需硅烷或钛酸酯类偶联剂进行界面改性后加入环氧树脂形成复合材料，填充剂加量超过 15%（质量分数），就加重复合体系。插层聚合复合 PEO-黏土纳米复合材料，使 1～100nm 硅酸盐薄片均匀分散于环氧树脂中，使环氧树脂力学、热及耐热性能同时不同程度提高而几乎不增重。

蒙脱土 2∶1 型层状硅酸盐（单位晶胞表面积 2×0.515nm×0.89nm，晶胞重 700～800g/mol）。蒙脱土晶片带负电，层间表面吸附的阳离子（Na^+、Ca^{2+}、Mg^{2+}等）易被其他有机或无机阳离子交换。黏土阳离子交换容量（CEC）常为 0.80～0.12mmol/g 土[23]。有机阳离子交换蒙脱土层间 Na^+、Ca^{2+} 等离子得到有机化蒙脱土。最常用的有机处理剂是带烷基链的有机铵盐如十八烷基三甲基季铵盐，其有机化反应式为：

$$CH_3(CH_2)_nNR_3X + M\text{-}MMTs \longrightarrow CH_3(CH_2)_nNR_3\text{-}MMTs + MX$$

$$(R=—H,—CH_3;X=—Cl,—Br,—I;M=Na^+,Ca^{2+},Mg^{2+}) \quad (4\text{-}7)$$

黏土经有机化处理后层间距增大，面间距 d_{00} 比原始 1.0nm 增加数倍，这取决于有机离子链长度及其层间排布与方位。片层表面被烷基长链覆盖，黏土由亲水性转化为亲油性，与有机溶剂及高分子产生亲和性。根据黏土 CEC 大小、有机处理剂及有机化处理方法，有机阳离子在黏土层间采取三种排布方式[23]，即单层排列、双层排列和斜立排列，如图 4-9 所示。

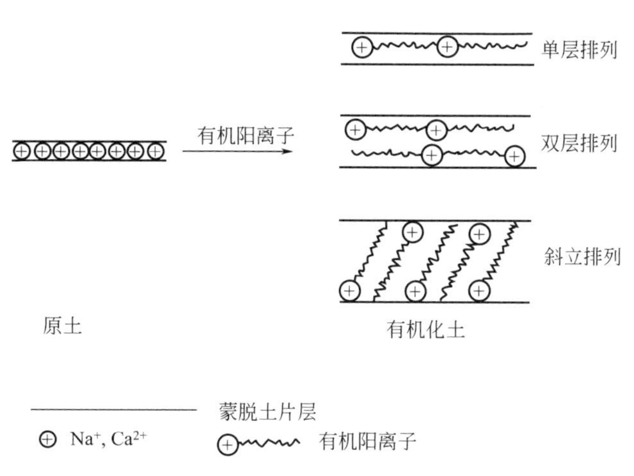

图 4-9　蒙脱土有机化及有机分子在片层间排布的形态示意图

当烷基阳离子完全伸展分子链取反式-反式构象并垂直于黏土层表面时，按下式计算出层间距（nm）：

$$d_{001}=0.126(n-1)+d_c+d_m \tag{4-8}$$

式中，n 为分子链碳原子数；0.126 为链方向上每一个 C—C 键的贡献长度；d_c 和 d_m 分别为干土底面间距和甲基末端基的范德华直径（0.4nm）。若 X 光衍射测出层间距 d_{001} 与有机离子长度相当，表明有机分子是竖直排列。若层间距为甲基范德华直径（0.4nm）或其两倍，则有机插层分子呈单层或双层排列。若在层间排布为斜立排列，其层间距要比上式计算尺寸小，由此间距与有机分子长度比值的反正弦函数推算出有机分子与层面夹角。蒙脱土黏土片层在 PEO 分子链中具有三种分散形态，即插层、剥离和插层剥离混合态。

4.3.3　PEO-黏土纳米复合材料制备与剥离行为

高性能环氧树脂-黏土纳米复合材料关键是黏土片层剥离及均匀分散。将单体或低聚物插层到黏土硅酸盐片层内部，通过原位聚合放热反应，将硅酸盐片层剥离并分散，即原位插层复合。环氧树脂热固性复合材料成型过程无法像热塑性树脂那样通过引入剪切力来促进混合分散，所以黏土在环氧树脂中达到均匀分散相对较困难，固化前黏土与环氧树脂充分混合尤为重要。黏土和环氧树脂混合采用两种混合方法，一是黏土与环氧树脂直接混合，二是选择适当溶剂混合，使环氧树脂溶于该溶剂并作为溶胀剂将环氧渗进黏土片层内部，实现均匀混合。直接混合法较实用，但若环氧分子量较高或其固化剂室温呈固状，可采用溶剂混合法。PEO-蒙脱土纳米复合材料形成插层型、剥离型或两者的混杂型，剥离型可获最佳性能纳米复合材料。该方法推广到聚酰亚胺纳米复合材料制备[24~27]。

4.3.3.1　环氧树脂在黏土层间插层行为

（1）环氧树脂-黏土复合体系制备

【实施例 4-8】 直接混合法制备 PEO-有机土混合物　取适量有机土（制备参考本章第 4.1 节）和环氧树脂 E-51（市售工业级，平均分子量 390）及双酚 A 型缩水甘油醚（市售，工业级），加入 250mL 圆底三口瓶中，在混合温度 70～260℃内，搅拌不同时间（1～200min）。通过这种混合法得到的混合物仍保持液态。取少量这种混合物涂在载玻片上即可进行 XRD 的衍射测定。

【实施例 4-9】 直接混合法制备低分子量环氧树脂-有机土复合材料　取适量的上述混合物，加入酸酐固化剂甲基四氢化邻苯二甲酸酐（MeTHPA）和促进剂二甲基苄基胺（DMBA）置于烧杯中，在 50℃下充分搅拌，然后抽真空除去气泡（此时取样用于 XRD 测定），然后浇入聚四氟乙烯模具中固化成样品，进行力学性能测定。其中，环氧树脂：固化剂：促进剂的质量配比为 100∶80∶2。有机土含量占整个体系质量为 1%～10%。固化可直接进行，也可分阶段进行。如在 80℃固化 2h 或 80℃预固化 2h，而后 160℃固化 3h。

【实施例 4-10】 共溶剂混合法制备高分子量环氧树脂-有机土复合材料 取 10g 干燥 PEO（$M_W=2\times10^5$ g/mol）粉末溶于 200mL 氯仿中两天；分别称取 0.2g、0.5g、1g 和 2g 粉末状有机黏土 OMMTs（采用二甲基-羟基，2-乙基己基牛脂季铵盐甲基硫酸盐处理）溶于 200mL 氯仿两天，用超声分散；将有机土悬浮体与 PEO 溶液混合两天，然后放入玻璃盘中加热蒸去氯仿得到纳米复合材料粉末，这种粉末可以在热压机上 120℃压成厚度为 170μm 的薄膜，供性能直接研究测试。

(2) 环氧树脂-有机土均匀混合 环氧树脂与有机土均匀相溶[20～26]，直接混合和溶液混合法都得到表观均匀、稳定半透明混合物，环氧树脂分子插入黏土层间。10 份 $CH_3(CH_2)_{17}NH_3^+$-MMT 有机土与 PEO 经不同时间混合，产物 XRD 曲线表明，混合黏土面间距 d_{001} 由 2.4nm 增大到 3.7nm，表示 PEO 分子插入黏土层间并产生剥离。具体如下。

首先，在 70～80℃搅拌混合 20min，环氧树脂分子插入黏土层间；其次，在一定混合温度条件下，该黏土层间容纳 PEO 量达到一个饱和值，真正达到该饱和值需很长时间，低温条件混合时更是如此。在 70～80℃延长混合时间至 60min，或使用能保证混合均匀的溶剂，黏土层间距无明显增大而达表观饱和状态。PEO 分子在黏土层间很稳定，经 2 个月存放后层间距未变或 PEO 分子未析出。

(3) 插层剂分子结构和链长-层间距关系 研究系列有机土在环氧树脂中的插层情况[15,28]，发现黏土经环氧树脂插层后的层间距与黏土中的有机阳离子链长有关，与有机黏土原始层间距无关。

有机土原层间距和环氧树脂分子插层后层间距见表 4-17。

表 4-17 插层剂对环氧树脂插层效果的影响

有机阳离子	层间阳离子①排布	初始层间距/nm	环氧插层后层间距/nm	计算层间距/nm
$CH_3(CH_2)_3NH_3^+$	单层	1.35	1.65	1.96
$CH_3(CH_2)_7NH_3^+$	单层	1.38	2.72	2.47
$CH_3(CH_2)_9NH_3^+$	单层	1.38	3.00	2.72
$CH_3(CH_2)_{11}NH_3^+$	双层	1.56	3.19	2.98
$CH_3(CH_2)_{15}NH_3^+$	双层	1.76	3.41	3.49
$CH_3(CH_2)_{17}NH_3^+$	双层	1.80	3.67	3.74
$CH_3(CH_2)_{17}N(CH_3)H_2^+$	双层	1.81	3.62	3.74
$CH_3(CH_2)_{17}N(CH_3)_2H^+$	双层	1.87	3.67	3.74
$CH_3(CH_2)_{17}N(CH_3)_3^+$	双层	2.21	3.69	3.74

① 插层黏土在干态下的插层剂阳离子的排布。

随有机铵离子烷基链长增大，PEO 插层后黏土层间距均增大。带 $CH_3(CH_2)_{17}$—链的四种铵处理有机黏土，尽管初始层间距不同，环氧树脂分子插层后的层间距却基本相同。有机阳离子在黏土层间不同排布方式，产生不同层间距。环氧树脂分子与有机胺亲和性好，有机阳离子烷基链尽可能伸展，以最大程度接纳环氧树脂分子，有机阳离子在片层垂直形成插层型“刷子”取向结构，PEO 插层黏土层间距推算等于有机铵离子长度，这与插层体系测试层间距很一致，可证实烷基链取向垂直于片层。黏土环氧树脂分子插层物结构形态模型，见图 4-10。

层间排列烷基链因局域空间保持熵稳定性，分子链间相互排斥。黏附在黏土表面伯铵阳离子的酸性质子，在高温混合时，催化环氧自聚反应，释放热量推动层间进一步膨胀，层间距胀大到烷基链长 2 倍以上[26]。

16-烷基伯胺处理的黏土与环氧树脂在不同温度混合一定时间 XRD 见图 4-11。

混合温度从 80℃增加至 225℃，或有机土含量从 1%增加至 9%都易得到插层复合体。黏土层间距从有机土的 1.9nm 增大到 3.5nm（计算值 3.2nm）。1%（质量分数）和 3%（质量分数）有机土在高温混合时层间距 4.9nm，与 2 倍烷基胺链长 5nm 相当[26]。

4.3.3.2 PEO-黏土纳米复合材料剥离行为及影响因素

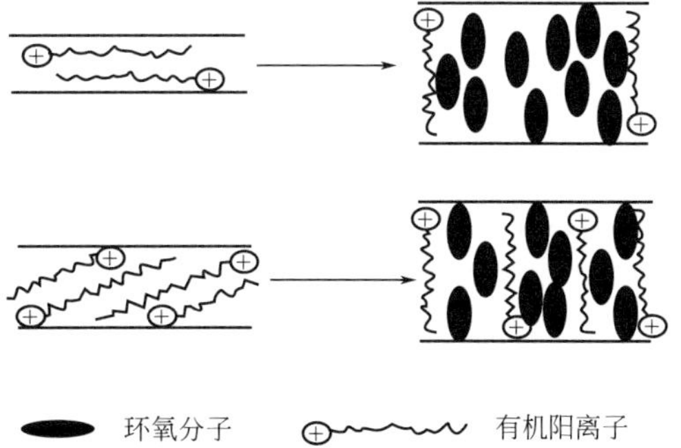

图 4-10 环氧树脂-黏土插层混合物的结构示意图

X 射线衍射 XRD 研究黏土在 PEO 固化时的剥离行为、黏土层间距，TEM 观察黏土片层剥离。形成剥离型纳米复合材料，须在层间有足够环氧分子参与反应，且层间反应速率要快于层外速率以便层间内部放出更多热量，足以克服层间范德华力，剥离成单片结构并均匀分散于树脂基体中。此外，需考虑以下影响因素。

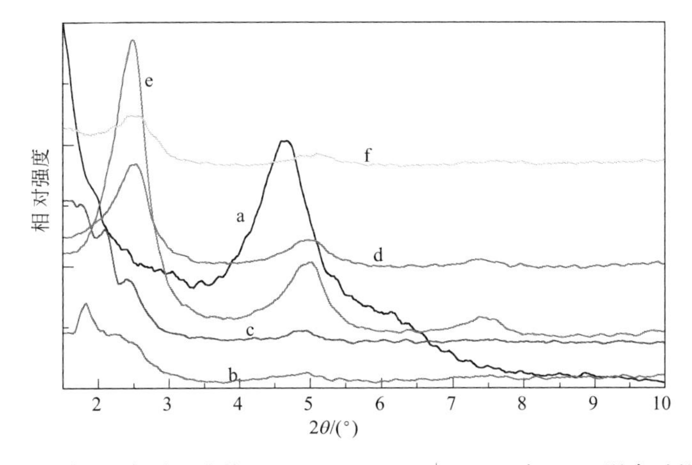

图 4-11 含 1%～9%(质量分数)$CH_3(CH_2)_{15}NH_3^+$-MMT 与 PEO 混合时的 XRD 图
[a 为 $CH_3(CH_2)_{17}NH_3^+$-MMT；b、c、d 和 e 分别表示 1%、3%、5%和 7%有机土在 225℃混合 1min 的混合物；f 为 9%有机土含量 80℃混合 2h 的混合物]

(1) 有机阳离子链长短 Pinnavaia 等[15,16]认为，环氧树脂中黏土的剥离程度主要取决于有机阳离子链的长短，有机阳离子的烷基链长大于 11 个碳原子，有机阳离子在层间呈双层排列时，有机土才有可能剥离。表 4-17 表明，烷基链越长层间距越大，插入到层间内部的 PEO 越多。在 PEO 充分混合后，长链阳离子在层间的直立排列和接纳足够多的 PEO 分子，有利于大量 PEO 分子在层间参加聚合反应并放出更多热量，引起层间剥离。

(2) 固化剂及含量对纳米复合材料黏土片层剥离的影响 在 PEO 纳米复合材料中加入固化剂时，若固化中纳米片层剥离并均匀分散于 PEO 基体中，得到剥离型纳米复合材料，此时，固化剂性能起决定作用。究竟何种固化剂更适于制备剥离型 PEO-黏土纳米复合材料，有不同答案[15～21]。用十八烷基二羟乙基甲基蒙脱土[$CH_3(CH_2)_{17}N^+(CH_3)(HOCH_2CH_2)_2$-MMT]与 PEO 混合加入固化剂固化[17]，发现酸酐（甲基纳迪克酸酐）或二甲基苄胺（DMBA）固化后黏土被剥离；但使用反应型胺类固化剂 4,4′-二氨基二苯甲烷（DDM）时黏土不能剥离。我们发现[19]$CH_3(CH_2)_{15}NH_3^+$-MMT 与环氧树脂混合后，用 DDM 固化剂不能形成剥离型纳米复合材料。采用甲基四氢化邻苯二甲酸酐（MeTHPA）固化剂并加入 *N*,*N*-二甲基苄胺（DMBA）则能剥离。推测 DDM 固化剂不能使黏土剥离的原因为：其一，胺两端活性基团分别与相邻黏土片层表面相互作用形成桥联，阻止黏土片层进一步剥开；其二，胺极性太强，使剥离片层又团聚在一起。

黏土剥离与有机阳离子酸性和固化时的固化温度有关。如 $CH_3(CH_2)_{17}NH_3^+$-MMT 和 $CH_3(CH_2)_{17}N(CH_3)_3^+$-MMT 这两种有机黏土，尽管两者有机阳离子链长度相等，而且纳米复合中被 PEO 分子插层后的层间距也相等，但是当这两种有机土与 PEO 混合并用间苯二胺固化时，前一种有机土能够剥离，而后一种的剥离则与固化温度有关，温度低于 120℃的慢速固化或高温 140℃快速固化时均不能使黏土剥离，只有在 100～125℃中速固化才能较好剥离。

（3）DDM 固化剂在不同体系促进剥离行为　对比黏土剥离行为，DDM 固化剂不能使 $CH_3(CH_2)_{17}N(CH_3)_3^+$-MMT 黏土片层剥离，而相同条件下，$CH_3(CH_2)_{17}NH_3^+$-MMT 有机黏土片层很易剥离如图 4-12 所示。

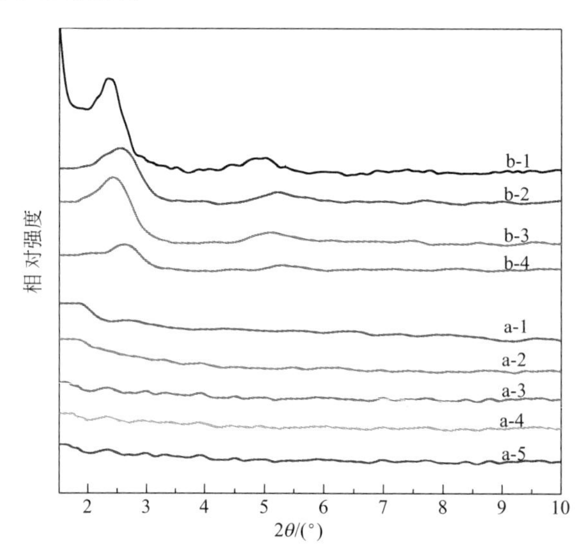

图 4-12　DDM 固化剂在不同温度下固化 2h 的环氧/$CH_3(CH_2)_{17}NH_3^+$-MMT

[DDM 是 4,4′-二氨基二苯甲烷；a 为 PEO/$CH_3(CH_2)_{17}N(CH_3)_3^+$-MMT；b 为纳米复合材料 XRD；a-1 80℃；a-2 100℃；a-3 120℃；a-4 140℃；a-5 160℃；b-1 80℃；b-2 120℃；b-3 160℃；b-4 200℃]

在 80～160℃范围固化时，$CH_3(CH_2)_{17}NH_3^+$-MMT 有机黏土片层均完全剥离，XRD 衍射峰均消失。DDM 固化剂不能使有机土完全剥离的两个假设对此无法解释（Giannelis），何原因造成 PEO 固化过程中剥离行为差异呢？将 $CH_3(CH_2)_{17}NH_3^+$ 看作一种 Brønsted 酸，对 PEO 固化剂产生催化作用[15]，提高黏土层间 PEO 分子固化速度而剥离片层。而有机土 $CH_3(CH_2)_{17}N(CH_3)_3^+$ 无酸性不具备催化能力，在固化中不能剥离。DSC 结果对此进行了证实[21]，见图 4-13。

含质子酸的有机阳离子对 PEO 胺固化有催化作用，层间有机阳离子酸性促进环氧胺固化，该机理不具普遍性。

（4）几类胺固化剂的固化性能比较　固化剂 4,4′-二氨基二苯甲烷（DDM），甲基四氢化邻苯二甲酸酐（MeTHPA）和 *N*,*N*-二甲基苄胺（DMBA），产生不同片层剥离和固化效应。DDM 固化剂熔点为 89℃，室温下呈固态，需高温熔融才能渗透到黏土层间，温度过高或时间过长层外树脂过早固化又限制该固化剂进入层间，使层间 DDM 浓度相对较低、固化速度比层外低。酸酐固化剂 MeTHPA 是极性较高低黏液体，与有机土相容性较好，很易在混合时进入层间，因此固化时易形成剥离型纳米复合材料。

有机土 $CH_3(CH_2)_{15}NH_3^+$-MMT 本身氢质子酸性很强，但用 DDM 固化剂产生插层而非剥离片层体系，使用 MeTHPA 固化很易得到片层剥离体系。这与两种固化剂与黏土相容性差别及固化剂黏度有关[19,21]。

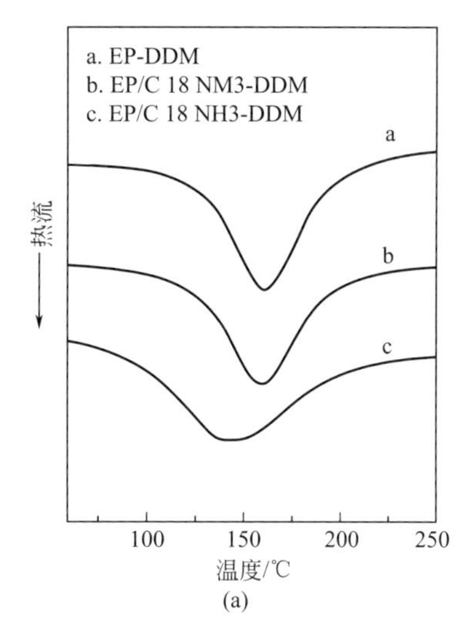

(a)

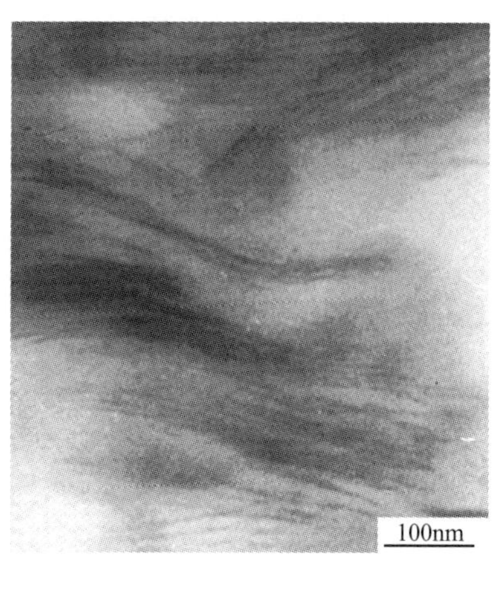

(b)

图 4-13 DDM 固化剂固化三种混合物体系 DSC 取向（a）及 TEM 形态（b）
[EP 为 PEO；$C_{18}NM_3$ 为 $CH_3(CH_2)_{17}N(CH_3)_3^+$-MMT；$C_{18}NH_3$ 为 $CH_3(CH_2)_{17}NH_3^+$-MMT]

MeTHPA 固化剂在 PEO/$CH_3(CH_2)_{17}NH_3^+$-MMT 和 PEO/$CH_3(CH_2)_{17}N(CH_3)_3^+$-MMT 两种混合物不同温度固化时，很易得到剥离型纳米复合材料。红外分析发现层间内部酸酐浓度比层外高[21]，易使黏土剥离。层外 PEO 固化速度过快，黏土无法剥离[29]。固化剂用量较低时层间固化速度比层外快，黏土易剥离。

（5）有机阳离子酸性及促进剂催化作用　环氧树脂中有机土剥离程度还取决于有机阳离子酸性程度。有机阳离子酸性催化胺类固化剂，使层间环氧固化速度较快，在层外环氧树脂固化未达凝胶点之前，层间固化放出热量使层间距胀大，层外未固化树脂能流动且不断迁移和补充到层间，使黏土层间距不断胀大而剥离。研究 H^+ 和 NH_4^+ 蒙脱土及酸性有机阳离子 $[H_3N(CH_2)_nNH_2]^+$、$[H_3N(CH_2)_nNH_3]^{2+}$、$[H_3N(CH_2)_{n-1}COOH]^+$、$[H_3N(CH_2)_{n-1}CH_3]^+$（$n=6$ 和 12）处理 MMT 与 PEO 混合后，在无固化剂下进行高温固化观察到，酸质子催化环氧树脂自发聚合并形成剥离型复合粉末[30]。从 DSC 热扫描结果看出，未加促进剂体系的最大反应速率峰温在 186℃，这比加 BDMA 的体系高 30℃左右，相比之下前者难于在所用固化条件下和时间内释放大量热量。倘若将它置于峰温附近（185℃）固化 1h 则可改善剥离效果。

有机阳离子酸性质子催化性必须在一定温度条件下，才能加速层间反应使黏土剥离。加促进剂 BDMA 固化后，除 7%（质量分数）加量 PEO 纳米复合样品外，其他 1%（质量分数）～5%（质量分数）有机土加量的样品，其衍射峰完全消失即完全剥离。有机土层间距至少在 6nm 以上。5%（质量分数）样品的 TEM 照片检测层间距为 8.0nm，甚至可达 15.0nm。BDMA 促进剂是一种亲核试剂，它与质子化有机阳离子产生亲和性并被黏土层间吸附，其催化作用可降低最大反应速率的峰温，加速反应热的释放使层间剥离。

4.3.3.3 环氧树脂纳米复合材料插层剥离的混合条件及 3-T 图

（1）环氧树脂纳米复合材料插层剥离的混合条件　除 BDMA 外，偶联剂环氧丙基醚丙基三甲基硅烷（KH560）吸附于黏土表面，降低最大反应速率的峰温，促进酸酐开环和固化反应，也有利黏土剥离。

研究环氧树脂-黏土复合材料从插层到剥离行为区域转变，存在特定混合条件，优化插层-剥离转变行为。在不同温度混合下，混合物加入固化剂和促进剂，经 80℃固化和 160℃后固化，产生插层-剥离转变所需混合时间作图，得到其混合温度（Temperature）-时间（Time）-插层剥离转变（Transition）曲线即 3-T 图。

(2) 环氧树脂纳米复合材料插层剥离 3-T 图　环氧树脂-$CH_3(CH_2)_{15}NH_3^+$-MMT 的 3-T 图见图 4-14。

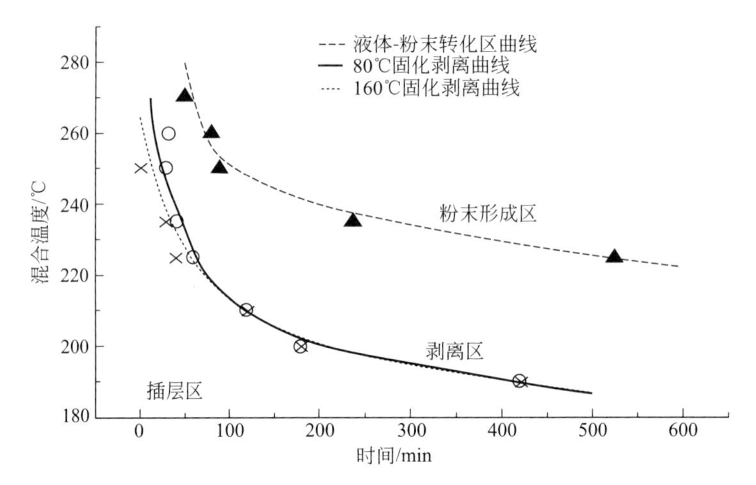

图 4-14　环氧树脂-有机黏土纳米复合材料的 3-T 图

实线代表不同温度、时间混合得到的混合物经过 80℃ 固化 2h 发生插层-剥离转变曲线，此曲线右边区域的混合物经固化后黏土片层可完全剥离，除此之外只能产生插层。图中虚点线代表不同温度、时间混合的混合物经过 80℃ 固化 2h 后，再经过 160℃ 后固化 3h 所发生的插层-剥离转变曲线。在此曲线右边区域的混合物经过固化后可完全剥离，否则只能产生插层。

图中还画出未加固化剂和促进剂液体混合物，在不同温度混合的层间酸性阳离子对环氧催化自聚合作用，出现从液体向固体转变的曲线（破折线）。此曲线左边区域混合物仍为液态，右边区域混合物变成剥离型的不可加工固体粉末。即高温后固化基本不会改变插层-剥离转变区域的大小，在 235℃ 以上混合的转变曲线稍左移，即发生插层-剥离转变所需的混合时间稍微缩短，但不明显。而在此温度以下混合的样品不论是否后固化，其临界混合时间都无差别。

为了得到剥离型纳米复合材料，环氧树脂混合物的混合温度和混合时间必须处于 3-T 曲线中剥离曲线和混合物“液-固转变”线之间或在剥离区内。混合温度不宜太高而使混合液过于黏稠，混合物温度也不宜太低而使混合时间太长。一般地，在 200～235℃ 混合环氧树脂有机黏土复合材料为最佳条件。但是，改变有机胺阳离子时，需要另外作出相应的 3-T 工作曲线，上述 3-T 曲线适用于 16-烷基伯胺蒙脱土的环氧树脂体系，但对其他体系需修正或重新制作 3-T 曲线。

(3) 凝胶化时间　X 射线跟踪测定系列 PEO-黏土纳米复合材料 100℃ 固化时黏土完全剥离所需时间，得到该时间为 15min，与体系在此温度固化的凝胶时间对应[18~21]。若固化过程中黏土完全剥离，则该剥离必定发生在体系凝胶点处或凝胶前的阶段。

形成凝胶后黏土层外的树脂交联，将限制环氧分子运动而无法大量迁移到层间参加反应，层间距无法再增大。说明该种黏土在固化过程中达到剥离程度其实质不取决于固化温度，而决定于固化程度（时间）。DSC 和红外光谱跟踪分析表明环氧树脂固化程度达 20%～30%时，层间距可膨胀到完全剥离程度[18]。

(4) 影响片层剥离的因素　影响片层剥离的因素可归结为：

① 层间所释放反应热足以克服层间范德华引力，这是剥离的必要条件。要求层间尽可能容纳较多环氧树脂和固化剂，要控制有机阳离子尺寸、阳离子与环氧树脂、固化剂等的相容性和黏土有机化处理等。

② 层间反应速率大于层外的固化速度，这是剥离的充分条件。这取决于有机黏土阳离子性质，包括催化能力、促进剂等，在层外树脂未固化凝胶前，层间发生反应并膨胀到与释放的

热量（用于克服层间范德华力）相对应的层间距，同时层外环氧继续迁移和补充到层间，并进一步反应放热使层间距逐步再扩大，最终导致黏土片层 XRD 衍射峰消失完全剥离。

③ 体系凝胶时间和固化程度等都会对黏土完全剥离有影响。

④ 插层剂链长度或碳原子数越大，相对越可促进片层剥离。

（5）*有机阳离子链碳原子数-力学性能关系* 在有机胺阳离子制备插层型或剥离型复合材料中，有机阳离子链长即碳原子数和最终纳米复合材料的性能关系见图 4-15。

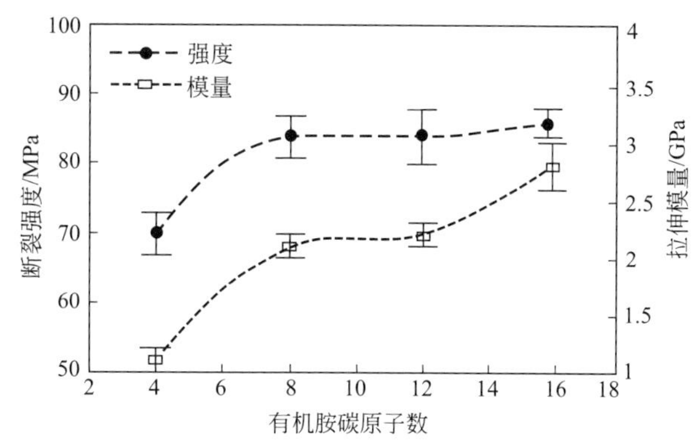

图 4-15 环氧树脂-黏土纳米复合材料拉伸强度和模量-有机胺阳离子碳原子的关系数曲线
［*m*-PDA 插层处理的黏土，黏土含量 2%（质量分数）］

随插层剂有机阳离子链长增加，黏土很易被剥离，形成剥离型纳米复合材料的模量增加较大，而断裂强度则不然。

4.3.3.4 PEO-黏土纳米复合材料剥离的判据

研究热固性纳米复合材料的黏土片层完全剥离行为，存在两个基本判据[26]。其一，热力学判据，即黏土完全剥离须满足其自由能变化小于或等于零，剥离才能自发进行。自由能变化（ΔG）是由相互独立焓变（ΔH）和熵变（ΔS）两项组成，且由高聚物和黏土二者贡献的加和得到。对高聚物基体有下式：

$$\Delta G_{m}=\Delta H_{m}-T\Delta S_{m} \tag{4-9}$$

对黏土层片的判据式为：

$$\Delta G_{c}=\Delta H_{c}-T\Delta S_{c} \tag{4-10}$$

总的自由能的变化 ΔG_{t} 如下式：

$$\Delta G_{t}=(\Delta H_{m}+\Delta H_{c})-T(\Delta S_{m}+\Delta S_{c})=\Delta H_{t}-T\Delta S_{t} \tag{4-11}$$

当环氧树脂或高分子插入到层间空间内受到约束时，其熵变项 ΔS_{m} 为负即熵减少，插层受阻。然而这些分子的进入又使黏土层间膨胀，片层熵变项 ΔS_{c} 为正，即熵增加，它抵消前一项熵的减少。若熵增大于或等于熵减（一般固化剥离过程中体系总熵变 ΔS_{t} 较小），那么层间的剥离将取决于体系总的焓变 ΔH_{t}。

其二，反应速率判据。层间环氧体系反应所释放的热量 ΔH_{m}（等压条件）超过为使层间距扩大到衍射峰消失时的范德华吸引能 ΔH_{c}（吸热），黏土片层剥离将自发进行，这是完全剥离的必要条件。当层间内外的反应速率相当，体系凝胶时间大大缩短，一旦达到凝胶点（t_{g}）时，体系黏度很快增加，阻止大量的环氧和固化剂迁入层间，释放的热量不够大以至于某些黏土片层无法剥离，自然得不到剥离型纳米复合材料。这是完全剥离的充分条件。

总之，层间完全剥离的条件是，树脂在凝胶之前释放大量足以克服层间范德华力的热量，即 $\Delta H_{m}(t\leqslant t_{g})>\Delta H_{c}$。

4.3.4 PEO-黏土纳米复合材料的性能

4.3.4.1 插层-剥离转变与复合材料性能关系

（1）*判定插层-剥离转变* PEO 混合物经固化后出现插层-剥离转变区域。在插层区只能得到插层型纳米复合材料，在剥离区得到剥离型纳米复合材料。相对于纯环氧树脂，插层型纳米复合材料性能会有较大提高，而剥离型纳米复合材料的性能比插层型纳米复合材料更好。实际上，根据纯环氧树脂、插层型环氧树脂复合和剥离型环氧树脂复合体系固化性能[31]，作出3-T曲线进行判定。

（2）插层-剥离型纳米复合材料性能比较　纳米复合材料在固化条件（固化剂、促进剂类型和配比）下的性能对比见表4-18。

表4-18　环氧树脂-7%有机黏土复合材料与纯粹环氧树脂的性能比较

混合条件		纳米复合材料类型	σ_B/MPa	E_T/GPa	σ_f/MPa	E_f/GPa	冲击强度/(kJ/m²)	HDT/℃
温度/℃	时间/min							
225	1	插层	32±2	1.25±0.05	100±3	3.01±0.06	5.0±0.5	113
225	60	剥离	40±2	1.30±0.02	113±7	3.21±0.06	5.5±0.3	108
235	1	插层	30±1	0.95±0.03	115±3	3.25±0.07	4.4±0.1	107
235	40	剥离	47±3	1.24±0.01	109±5	3.41±0.06	5.7±0.5	107
250	1	剥离	40±2	1.27±0.05	105±1	3.24±0.05	6.4±0.1	105
纯环氧树脂①				1.09±0.03	120±10	2.34±0.05	4.5±0.4	103

① 纯环氧固化体系的混合在室温下进行。

注：固化条件为80℃固化2h，再经160℃后固化3h。

可见，剥离型和插层型环氧树脂复合材料性能，比纯环氧树脂有较大幅度提高，但抗弯强度 σ_f 和热畸变温度（HDT）变化不大甚至下降。

4.3.4.2　黏土含量对环氧树脂纳米复合材料性能的影响

（1）黏土含量-力学性能关系　在环氧树脂中添加有机黏土提高其性能幅度，不如其他热塑性树脂大，要添加较多有机黏土才能达到所需性能。黏土加量太多时，必影响片层剥离和性能。环氧树脂黏土复合材料弯曲强度和弯曲模量与黏土含量的关系曲线见图4-16。

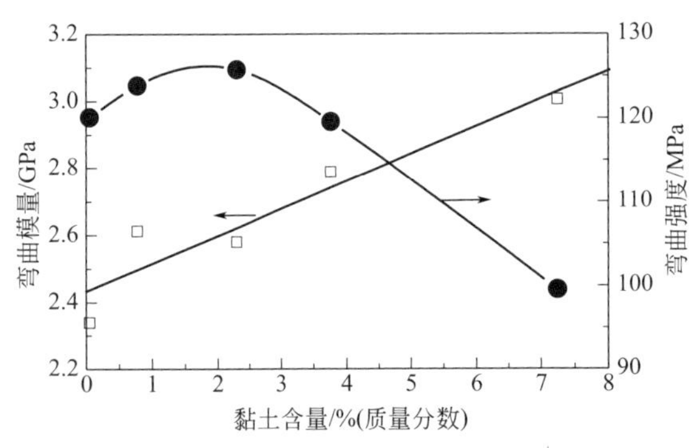

图4-16　PEO/$CH_3(CH_2)_{17}N(CH_3)_3^+$-MMT/DDM纳米复合材料弯曲性能-黏土含量关系

该复合材料模量随黏土含量增加呈线性提高，而强度则随黏土含量增加先略有提高继而减小。黏土含量为2%（质量分数）时，抗弯强度产生极大值。此时抗弯强度提高约10%。黏土含量超过3.5%（质量分数）后抗弯强度开始下降到低于纯树脂[20]。黏土含量较低时，冲击强度随黏土含量增加而升高，黏土含量达1.0%～2.0%（质量分数）时出现最大值，酸酐固化剂冲击强度比纯PEO提高57%，而胺类固化体系只提高32%。环氧树脂无法插层入非有机黏土层间[19]，其冲击性能比纳米复合材料低。

PEO/$CH_3(CH_2)_{15}NH_3^+$-MMT/DDM纳米复合材料动态力学性能（DMA）谱[20]见图4-17。其模量随黏土含量增加而增加，在高弹态区域提高幅度更大。但黏土加入使这种复合材料玻璃化转变温度降低，黏土含量越高 T_g 温度降低越大。

基体/填料界面附近链段运动冻结受阻[31]，填料或纳米材料使复合材料 T_g 温度提高[32]。纳米复合材料 T_g 下降的可能原因：①长碳链十八烷基胺在环氧固化过程中未与环氧发生交联反应，在界面起润滑作用降低玻璃化温度；②酸性质子催化作用使层间环氧树脂线性聚合成含醚键聚醚型环氧树脂[30]，它与网络环氧链结构润滑作用降低 T_g。动态力学损耗峰随黏土含量增加而变宽的程度没有常规复合材料大，基体界面与黏土内摩擦对损耗贡献因软层链段润滑作

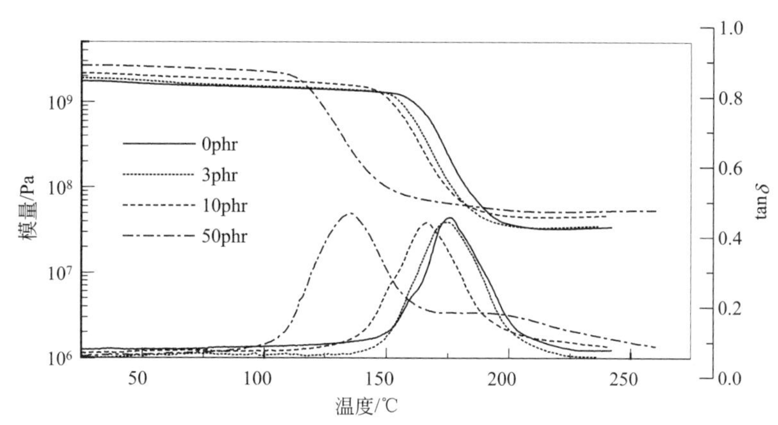

图 4-17 环氧树脂/$CH_3(CH_2)_{17}N(CH_3)_3^+$-MMT/DDM 纳米复合材料动态力学性能
（tanδ，损耗角正切）

用相对降低。

玻璃态环氧树脂-黏土纳米复合材料[33]的力学性能与纯环氧树脂相比提高幅度不大，但高弹态区的力学性能提高相当大。当黏土含量达 15%时，高弹区纳米复合材料拉伸强度和模量提高 10～20 倍，非常惊人！该纳米复合材料在高弹态的断裂延伸率不降低，其高性能弹性材料潜力较大。

（2）环氧树脂-黏土纳米复合材料的热性能　环氧树脂纳米复合材料的热性能与黏土剥离程度关系密切[19,20]。PEO/$CH_3(CH_2)_{15}NH_3^+$-MMT 用 DDM 和 MeTHPA 固化，其纳米复合热膨胀系数与黏土含量的关系如图 4-18 所示。

无论在玻璃态还是高弹态，纳米复合材料热膨胀系数均比原树脂体系有所下降，尺寸稳定性更好。在玻璃态中其下降程度比在高弹态中大，在剥离程度较大的酸酐体系中尤为明显，黏土含量为 1%时其热膨胀系数比原树脂体系下降 26%左右。而胺类固化体系只有插层效应，膨胀系数下降 10%左右。

热变形温度是衡量纳米复合体系热性能的重要参数。采用酸酐和胺类固化环氧树脂/$CH_3(CH_2)_{15}NH_3^+$-MMT纳米复合材料的热形变温度（HDT）。其 HDT 与黏土含量关系表明，黏土含量为 2%～3%，HDT 出现最大值。由于剥离程度不同，黏土含量为 3%时酸酐体系 HDT 提高 22℃，而胺类体系才提高 13℃。而采用原土制备常规复合材料，比相应的纳米复合材料 HDT 低。

（3）黏土含量-流变性能关系　PEO 易溶于有机溶剂，高分子量环氧树脂-有机土纳米复合材料流变性对制品质量控制有实际意义。利用旋转流变仪和平板流变仪，样品厚度在毫米级以上可采用平板流变仪，更薄的样品可采用旋转流变仪。样品的流变性差异见图 4-19。

PEOX 系列样品[34]［X 是有机黏土含量，PEO5 表示 $X=5\%$，黏土含量 5%（质量分数）］。XRD 衍射峰计算黏土层间距为 2.18nm，PEO2 为 3.12nm，PEO5 为 3.54nm，PEO9 为 3.21nm，PEO17 为 3.12nm。即黏土加量超过 5%（质量分数）后层间距几乎不再扩大。采用卡若模型（Carreau Model[35]）描述该流变行为。

$$\eta=\eta_0(1+\gamma' t_1)^{(n-1)/2} \tag{4-12}$$

式中，γ'为剪切速率；η、η_0 分别为样品在时间 t_1 的剪切黏度与零剪切黏度，零剪切黏度（η_0）可从很低剪切速率区平台曲线直接获得；t_1 为特征时间；n 为无量纲参数。利用此式拟合图中实验点（连线是拟合结果）。与常规聚合物在低剪切速率区出现牛顿平台不同，插层纳米复合材料在低剪切速率下出现剪切-变稀行为，而高剪切速率下，纳米复合材料出现快速剪切-变稀行为，这都与纯聚合物有很大差异。纳米复合材料高剪切速率曲线，在剪切速率

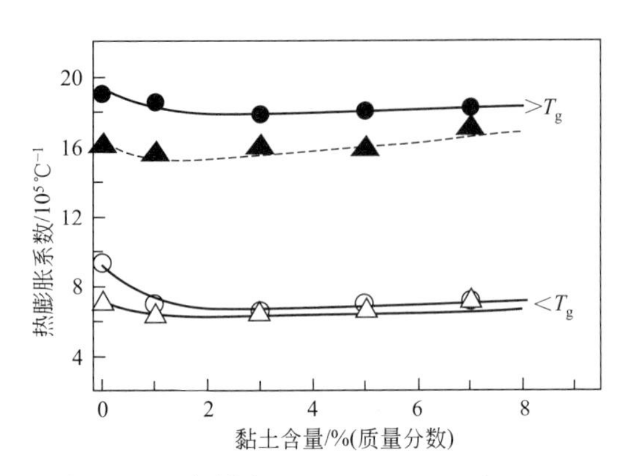

图 4-18 环氧树脂/$CH_3(CH_2)_{15}NH_3^+$-MMT 纳米复合材料热膨胀系数和黏土含量关系曲线
(圈点，酸酐固化；三角点，胺类固化)

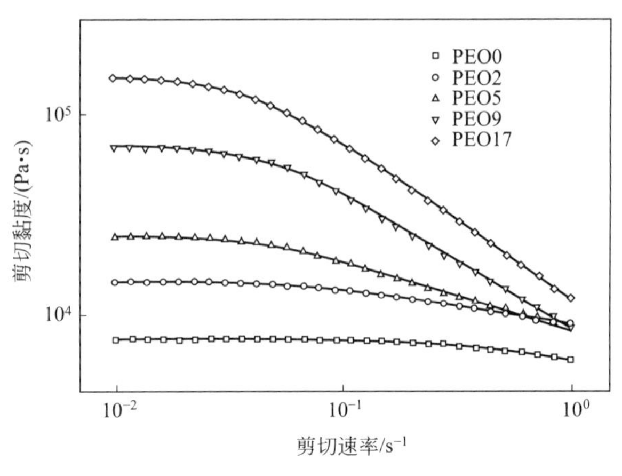

图 4-19 PEO-黏土稳态剪切黏度-剪切速率关系曲线

$1s^{-1}$处相交于一点。拟合结果见表 4-19。

表 4-19 PEO-黏土按照 Carreau 模型拟合实验数据（图 4-19）的结果

样品	$\eta_0/10^{-4}$Pa · s	t_1/s	n
PEO0	0.75	4.37	0.84
PEO2	1.48	16.11	0.81
PEO5	2.50	18.86	0.64
PEO9	7.01	21.88	0.27
PEO17	15.6	23.45	0.19

黏土含量增加，体系剪切-变稀程度、零剪切黏度与特征时间都会增加。而剪切-变稀起点即临界剪切速率 γ'_C 随黏土含量增加而减小。PEO-黏土纳米复合材料，临界剪切速率 γ'_C 近似等于特征时间 t_1 的倒数，给实际处理数据带来方便。

$$\gamma'_C \approx 1/t_1 \approx \lambda \tag{4-13}$$

式中，体系特征时间 t_1 的倒数与使纳米复合材料弹性结构松弛所需的最长弛豫时间 λ 相等[36]。

计算上述样品最长弛豫时间 λ 分别为：PEO0 0.228，PEO2 0.060，PEO5 0.050，PEO9 0.040，PEO17 0.035。可见，黏土含量增加，体系零剪切黏度增加很快，而在低剪切速率区，零剪切黏度几乎是常数。实际加工应适当增加剪切速率，避免因过多加入黏土而导致体系黏度上升带来一系列问题。

(4) 提高环氧树脂复合物的韧性　尽管 PEO-黏土纳米复合材料的性能相对显著提高，但是，由于黏土添加量相对很大，复合材料的韧性相对较差。为此，采用各种改性剂改性黏土或核-壳结构颗粒改性环氧树脂，提高韧性。采用硅橡胶接枝 PMMA 或者以聚硅氧烷接枝双酚 A (BPA) 增韧 PEO，已取得一定效果[36]，TEM 形态见图 4-20。

采用改性黏土或核-壳结构颗粒增韧环氧树脂，相对韧性有显著提高如表 4-20 所示。

表 4-20 环氧树脂接枝改性增韧效果比较

样品	组　成	摩尔比	弹性体份数	相对挠曲强度/%	相对挠曲模量/%	相对伸长率/%
CS	—	—	8	69	92	76
E-BPA	BPA	1∶3	8	96	80	120

注：CS，对比样，即聚硅氧烷用环氧树脂封端；E-BPA，聚硅氧烷用双酚 A 封端；摩尔比，聚硅氧烷与改性剂的摩尔比；弹性体份数，弹性体占环氧树脂的份数；相对搖屈强度，相对弯曲强度只相对某一个标准值。

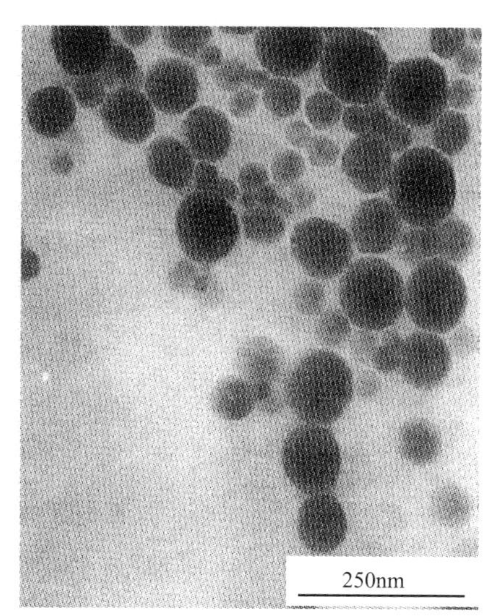

(a) 硅橡胶接枝PMMA

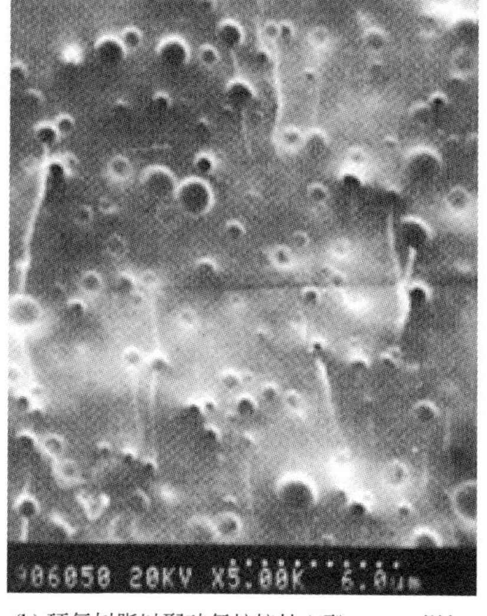

(b) 环氧树脂以聚硅氧烷接枝双酚A(BPA)增韧

图 4-20 环氧树脂用核-壳聚合物颗粒或接枝改性剂增韧材料的 TEM 形态

4.3.4.3 不同黏土-环氧树脂复合材料的性能关系

制备不同类型黏土-环氧树脂纳米复合材料，采用环氧甘油醚与双酚 A 共聚物 EPON-828 为环氧基体（Shell Co.），以下述示例方法制备：

【实施例 4-11】 EPON-828/*m*-PDA 环氧树脂纳米复合材料 将插层黏土与 EPON-828（初始分子量 380）在 75℃混合，然后加入 1mol *m*-PDA（*m*-间苯二胺）及 5%（质量分数）EPON-82814。将此混合物在真空炉内脱气（25Torr，1Torr＝133.322Pa）1h 左右，然后用不同插层黏土重复制备得到系列样品。样品倒入硅橡胶模具内 75℃固化 2h，紧接着 125℃再固化 2h，所制备样品的力学性能测试结果如表 4-21 所示。

表 4-21 环氧树脂-黏土纳米复合材料的机械性能对比①

黏土	CEC/(mmol/100g)	d_{001}/nm	阳离子取向②	环氧插层③/nm	断裂强度/MPa	拉伸模量/GPa
无	—	—	—	—	90±3	1.10±0.03
锂蒙脱石	67	1.80	双层	3.53	94±2	1.65±0.03
蒙脱土	90	1.75	双层	3.41	92±5	1.49±0.03
氟化锂蒙脱石	122	2.80	斜立	3.37	73±3	1.55±0.06
蛭石	200	2.86	斜立	3.49		

① 加入 1.0% $CH_3(CH_2)_{15}NH_3^+$-插层土；CEC，阳离子交换容量；d_{001}，干态插层黏土的（001）面间距。

② 指干态下插层剂分子取向。

③ 指环氧插层非干态黏土的层间距。

4.3.5 其他黏土纳米复合材料及其应用展望

（1）高岭土结构 高岭土晶体结构是 1∶1 型二八面体矿物粉晶体，该晶体矿物分子式：$Al_2Si_2O_5(OH)_4$。高岭土硅酸盐片层间距为 0.716nm，比蒙脱土低，层间电荷也比蒙脱土低，这决定了高岭土插层方式与蒙脱土有很大不同。高岭土插层方式用所谓的“驱替方法”逐步进行，采用极性分子如 DMSO（二甲基亚砜）、NMF（*N*-甲基甲酰胺）或肼（NH_2NH_2）先进行分子插层而非离子交换插层，这种插层复合物再与相应有机体进行驱替反应，得到复合物或者纳米复合材料。

（2）高岭土插层复合体系合成与表征

【实施例 4-12】 制备 DMSO-高岭土插层复合物 9g 高岭土（例如，PP-0559）与 60mL

DMSO 和 55mL 纯水混合，搅拌下在 60℃形成均相悬浮体，存放 10d 后得到复合材料用离心分离，50℃烘箱干燥 24h 除去过量 DMSO 得到 DMSO-高岭土插层复合物（K-DMSO）。

【实施例 4-13】 制备 PEO-高岭土插层复合物 取 2.5gPEO（分子量 10000），与上述 0.5g K-DMSO 进行混合并在振动磨中研磨 30min 得到细分散粉末。将该粉末转移到 50mL 烧杯中并在 130℃空气中熔化 4d，所得材料用水反复洗涤，离心干燥并最后在烘箱中 50℃空气干燥 48h 得到白色粉末成品，样品为 K-PEO。制备聚-3-羟基丁酸酯-高岭土插层物（K-PHB）的步骤与 PEO 完全相同。在此例中，DMSO 被 PEO（或 PHB）取代，在后处理中可以被逐步除去。X 射线表征高岭土及其插层复合物结构，见图 4-21。

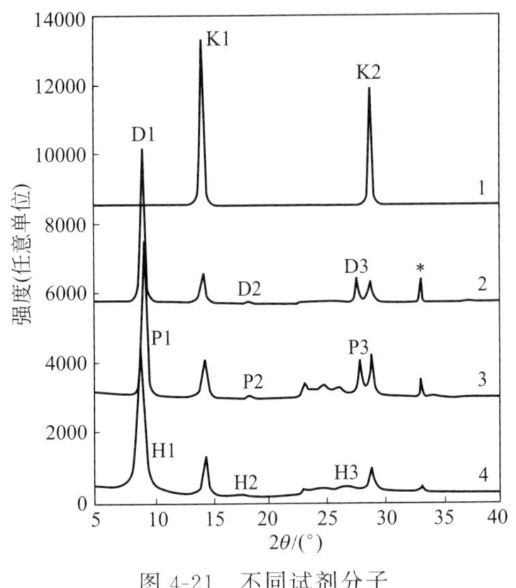

图 4-21 不同试剂分子插层高岭土 XRD 曲线形态

纯高岭土有两个特征衍射峰：$2\theta=14.22°$峰很强，对应（001）面衍射，层间距 0.716nm；$2\theta=28.85°$峰很强。高岭土插层后 K1 峰向低角度方向移动，即片层胀大致间距扩大，图中 D1、P1、H1 低角度衍射峰是插层所致。高岭土片层间距（d）和层间扩大（Δd）结果列于表 4-22。*IR* 插层率（Intercalation Rate）用百分数[34]表示：

$$IR=[I_{i(001)}/(I_{k(001)}+I_{i(001)})]\times 100\% \tag{4-14}$$

式中，$I_{i(001)}$为插层物的（001）衍射峰强度；$I_{k(001)}$为高岭土（001）衍射峰强度。

表 4-22 高岭土及其插层物 IR 结果及片层间距变化

样 品	IR 结果/%	d/nm	Δd/nm
K	—	0.716	—
K-DMSO	83.5	1.121	0.404
K-PEO	78.9	1.116	0.399
K-PHB	77.3	1.170	0.453

注：Δd 为片层间距改变值。

可见，K-DMSO 前驱体中的 DMSO 可被 PEO 及 PHB 完全取代，可制备出不含 DMSO 的插层物。而驱替程度从 K-DMSO 到 K-PHB 逐步减小。

（3）应用前景 环氧树脂-黏土纳米复合体系有很好的流动和浸润性，而黏度仅比纯环氧树脂稍提高，易进行涂覆或成膜，用于抗热变性涂料、胶黏剂材料。同样，常温固化即可得到剥离型纳米复合材料，黏土片层分散增大比表面积，低加量可达很好效果，而环氧树脂复合材料重量保持不变。该纳米复合技术将用于改善树脂力学、韧性、阻水、湿热老化及涂层光学与功能性。环氧树脂纳米复合材料将在聚电解质固态电池、传感器、集成电路与塑封密封等领域广泛应用，前景广阔。

4.4 聚酯-蒙脱土纳米复合材料

4.4.1 聚酯 PET-蒙脱土纳米复合材料

4.4.1.1 序言

聚对苯二甲酸乙二醇酯（PET）是一种综合性能优良、价格低廉的高分子材料，我国

2007～2011年间聚酯产能曾达近4000万吨/年，产量达世界75%，并用于纤维、薄膜、瓶包装和工程塑料等广泛领域。

(1) 聚酯新品种　无定形PET（APET）、高结晶高耐热PET（CPET）使用温度达240℃，是Eastman发明的新品种。此外，日本三菱重工首先规模生产共聚酯（PETG）、双向拉伸聚酯（BOPET），Amoco公司首次合成2,6-萘二甲酸二甲酯（NDC），Shell公司首次开发高性能PEN非纤工业品种。PEN纤维具有更高强度、刚性、尺寸稳定性、耐热性及耐化学腐蚀性，主要用于轮胎帘子线及输送带。PEN树脂模量、阻氧和抗水解性分别是PET的1.5、5和4倍。NDC与1,4-丁二醇酯的均聚物PBN，绝热抗化学药品和拉伸强度等性能均优于PBT。玻纤增强PBN工程塑料性能超过玻纤增强PET，价格低于PPS。NDC共聚酯的热充装温度高达86℃，高于PET的57℃，对水蒸气、氧、CO_2与紫外线阻隔性好而收缩率小，用于制造充装热食品和饮料的双向拉伸容器及高酸性食品，用于碳酸饮料、果汁、儿童食品、瓶装水和药品包装。PEN/PET共混物在较高温度加工，渗透率小且可热充装。PEN/PET容器用于热充装温度在85～100℃变化。

(2) 聚酯复合材料　PET复合改性[37～41]常用无机填料，如玻纤、滑石粉及高岭土与硅灰石等，改善PET尺寸稳定性与刚度（见JP06049344，RU2052473）。玻纤增强PET加工能耗高、易降解、设备磨损大，复合材料的结晶速率低（见JP06049344），氟云母也能制出优良的PET复合材料（JP09199048）。有机核-壳结构颗粒改性PET复合材料有较好机械性，但*HDT*大幅度降低。

一般采用直接酯化法制备聚酯纳米复合材料[42～46]。二元酸单体为对苯二甲酸（PTA）、间苯二甲酸或芳环取代对苯二甲酸。二元醇单体为乙二醇、1,4-丁二醇、1,3-丙二醇、1,6-丙二醇或1,6-己二醇等。选择二元单体与黏土原位聚合已制出聚酯纳米复合材料[47～51]。

4.4.1.2　非纤维用PET

聚酯非纤应用是除纤维之外的其他应用，如薄膜、瓶子、工程塑料等。

(1) PET薄膜

a. 阻隔型PET膜　在PET表面沉积10～300nm SiO_2涂层，阻隔蒸气用于食品、果汁等敏感产品的包装。金属粘接PET膜（12μm），表面真空沉积50nm铝层起阻挡作用，采用添加剂配方为：0.08%SiO_2和0.42%水对PET膜电晕处理，真空镀铝化层50～80nm，使薄膜滑动平整，可用于包装压花和磁带。

b. 金属化PET　可代替铝箔作包装材料，用于奶制品瓶盖、刚性层压纸层压板基材、高档聚酯薄膜与特种薄膜。

(2) 高档PET薄膜　高档聚酯薄膜要求技术指标也很高。高档薄膜重要指标表面粗糙度见表4-23。

表4-23　高档聚酯薄膜的表面粗糙度

高档PET薄膜种类	薄膜表面粗糙度	高档PET薄膜种类	薄膜表面粗糙度
高质量盒式录音带	0.05～0.12μm	录音带	20nm(磁层7nm)
感应转EP色带	3～5μm	金属磁带	≤4nm
数码录音带	5nm	抗静电薄膜表面电阻	$<10^8\Omega$

控制表面粗糙度采用涂覆薄膜以保持尺寸稳定。

a. 抗静电型薄膜　PET薄膜纵拉后，在薄膜一面或两面涂覆烷基磺酸树脂和PU溶液，然后横拉制成原4.1μm薄膜，产生易滑性。

b. 易粘接型薄膜　涂布水溶性含硫聚酯和聚氨酯及有机钛混合物如钛酸酯于PET薄膜表面。

c. 制版感应用膜与感应转EP色带　这类PET膜厚3～5μm，薄膜一面涂油墨，另一面涂耐热滑移层。EP用PET薄膜，含2.0%（质量分数）SiO_2（1.0μm）和0.4%（质量分数）$CaCO_3$（1～3μm）。PET薄膜感光片材本身有静电易吸尘报废，特种PET膜需抗静电处理，如AS-1（烷基磺酸钠）、AS-2抗静电剂、碱金属盐催泡剂（SO硅酸油）。超薄涂布式录像带原料包括带基、磁粉和胶黏剂，要求带基尺寸稳定、表面粗糙度低、无缺陷、杨氏模量高、超薄（<12nm）。磁带PET膜采用电子束固化，高速涂布。

（3）聚酯薄膜添加剂　食品包装膜、胶片、金属镀膜、轻盘用薄膜，使用中常会变形。在后加工中，加入微细粒子、细惰性粒子，使薄膜表面形成不连续凸凹微粗糙形态。增加薄膜耐磨、耐刮与耐热收缩并改善膜的耐磨性，可加入超微碳酸钙和氧化铝颗粒；球状硅胶、氧化铈、三氧化钨、TiO_2及层状硅酸盐等，用于阻隔性、功能性高模量膜；交联有机微粒、SiO_2颗粒，用于功能膜涂层。

SiO_2与聚酯原位杂化聚合法，是将硅醇化物与聚酯单体进行聚合。硅醇原位水解成SiO_2并分散于聚酯基体中得到杂化复合材料，该反应如下。

$$Si(OC_2H_5)_n + HOCH_2CH_2OH + HOOC-\langle p\text{-}C_6H_4\rangle-COOH + HOOC-\langle m\text{-}C_6H_4\rangle-COOH$$

$$\longrightarrow HOCH_2CH_2O\left[OC-\langle p\text{-}C_6H_4\rangle-CO\right]_m O-(CH_2CH_2)_p-O\left[OC-\langle m\text{-}C_6H_4\rangle-CO\right]_x/SiO_2 \tag{4-15}$$

式中，硅醇合物$n=4$；醇合物在反应中由酯化生成的水自身产生水解，水解产生SiO_2无机相尺度在亚微米级到纳米级尺度之间。

【实施例4-14】 透明赤铁矿制备方法　氯化亚铁水溶液加KOH、K_2CO_3及氨水之一，使pH＝6～10，沉淀（胶体），干燥之，即得制品。

4.4.1.3 PET结晶与热行为评价

（1）结晶速率表征　PET结晶快慢可以采用DSC热分析方法进行表征。

$$\Delta T_{过冷}=T_m-T_{mc} \tag{4-16}$$

$$\Delta T_{过热}=T_{cc}-T_g \tag{4-17}$$

式中，T_m为熔点；T_g为玻璃化温度；T_{cc}为冷结晶峰温度；T_{mc}为熔体结晶峰温度。一般地，薄膜加工要求较大的过冷度和过热度。PET快速结晶本质上是使它在较低模温和较短模塑周期下结晶完全，不会出现应用中结晶而收缩变形。

（2）薄膜挺度　薄膜挺度与模量紧密相关，如下式。

$$S \propto Ed^3 \text{ 及 } E=d\sigma/d\varepsilon \approx F_2/0.02 \tag{4-18}$$

式中，E为模量；d为膜厚；F_2为变形2%的应力。

对S产生贡献的因素：拉伸取向、薄膜添加剂与厚度（专门测试系统）。

（3）阻燃性　阻燃PET材料通过在PET或PET纳米复合材料中添加阻燃剂得到。阻燃机理包括膨胀机理和覆盖机理。磷化合物阻燃剂属于覆盖阻燃机理，磷化物在燃烧时产生覆盖层覆盖在材料表面，以隔绝氧气与燃烧表面接触，并促使纤维碳化分解，减少可燃性气体生成以达阻燃目的；磷生成磷酸或磷酸酯，起促进聚酯急剧无规则分解、加速分解产物的熔融滴落及起使着火部分离开火源的作用。常用阻燃剂有反应型与添加型，如四溴（卤）-双酚A、四溴（卤）邻苯二甲酸酐、二（聚氧乙撑）羟甲基膦酸酯、锑白、$Al(OH)_3$、十溴二苯醚、磷酸或磷酸酯、八溴-双酚A等。

阻燃性表征方法采用：a.垂直纺织品易燃性测试法；b.45°燃烧箱法；c.纤维燃烧次数测定法；d.纤维燃烧气烟浓度测定法；e.织物燃烧速度测试等。推荐采用“极限氧指数法（GB/T 2406）”即LOI。

（4）PET成核剂　采用共混、共聚、增塑等方法降低聚酯T_g提高结晶速率。主要采用成核剂羰酸及盐如对氯苯酸盐。水增塑剂使 PET 的 T_g 降低 7～9℃，T_c 降低约 20℃；丙酮使 PET 的 T_g 降到室温下，但溶剂沸点低。$Al(OH)_3$ 加速 PET 结晶，分解出微量水增塑和加速其结晶。

(5) *提高 PET 瓶阻隔性的方法* 提高 PET 瓶阻隔性的方法除喷镀外，还有合成具有相同化学结构的新型树脂、共挤出或共注射技术、在 PET 瓶壁间夹入其他阻隔性材料等。用高阻隔性塑料乳液涂敷于 PET 表面，如 PVDC（偏氯乙烯-氯乙烯共聚物）乳胶涂复，可采用瓶坯涂敷干燥后再拉伸吹塑成型及拉伸吹塑成型后再涂敷两种方法得到高阻隔材料。利用阻隔材料 EVOH（乙烯-乙烯醇共聚物）、PA6 和 PAN 等，将 20%EVOH 与 PET 共混得到高阻隔材料。采用高阻隔性填料与 PET 共混再进行 PET 瓶成型加工得到高阻隔容器。高阻隔聚合物共混改性也是提高 PET 阻隔性的方法。95%PET 和氧化 MXD6（间苯二甲酸-己二胺共聚物阻隔尼龙）及钴盐（50×10^{-6}～20×10^{-6}）氧化催化剂共混材料，经挤出吹塑制成瓶子，其内部氧气含量为零并可保持两年之久。提高 PET 瓶耐热的方法有：①提高拉伸吹塑温度，将罐装温度提高到 70℃；②吹塑同时进行热定型，并在模具中冷却，热定型温度越高，PET 瓶收缩率越小，但成型周期越长；③将吹塑后的瓶在其他装置上进行热定型，虽然增加成本，但采取特殊热定型法消除材料内应力，可将使用温度提高至 85℃。

(6) *瓶用 PET 共聚改性* PET 常与其他阻隔性好的单体、低聚物共聚或共混以达到增进阻隔性的目的，如 1,4-二甲基环己二醇（CHDM）/PTA 共聚物；EG/2,6-萘二甲酸（PEN）共聚物；EVOH/乙烯/乙烯醇共聚物。共聚料如 EG/PTA/PIA；EG/NDC/PTA；EG/NDC/PIA；EG/EVOH/PIA 组合物，常配合纳米原位聚合技术得到高性能瓶用料。

瓶用聚酯切片质量控制因素有黏度、色质、水分、熔点、乙醛含量与结晶温度等。瓶用聚酯聚合工艺要求苛刻，缩聚要求真空度高，BHET 酯化度接近 100%，黏度 0.7～0.8dL/g 为宜。过高黏度使瓶加工中产生乙醛，使饮料口味产生变化。瓶用切片需有效干燥，如 160～180℃，露点−40℃热空气干燥 6h，以去湿带走残留乙醛（切片含量$<5\times10^{-5}$），或降低螺杆挤出温度降低树脂热降解。瓶用切片熔点低至 245～255℃，常加入第三单体共聚降熔点，第三单体及其质量分数为 DEG 1.5%～2.5%；CHDM（DEG）1.0%～2.5%（0.5%～1.0%）；IPA（DEG）0.5%～3.0%（0.5%～2.0%）。

瓶用切片色质受四个因素影响：原料、聚合、添加剂和添加工艺。钴盐如醋酸钴对改善瓶用切片色质减黄效果明显，过量会发灰，L 值下降，b 值增加（黄，红）。氧化锗与氧化锑复配作催化剂也可改进颜色。

4.4.1.4 釜内聚合聚酯复合材料

(1) *反应原料* 单体如 1,4-乙二醇、1,4-丁二醇、1,4-环己二醇、1,6-己二醇等与 1,4-对苯二甲酸二甲酯（DMT）、间苯二甲酸、1,4-对苯二甲酸、1,6-萘二甲酸等聚合。采用无机蒙脱土 CEC 为 0.7～1.2mmol/g，比表面积为 200～800m^2/g。选择插层剂如月桂酸胺或十六烷基酸胺质子化产物。直接酯化法常用催化剂为醋酸锑、三氧化二锑、二丁基二月桂酸、二氧化锡、二氧化锗、锗酸钠或锡酸钠等，为亚微米至纳米级。扩链剂采用三乙胺、己二胺、十二胺等，稳定剂采用磷酸、磷酸盐等。

(2) *黏土纳米中间体* 参考已有方法[52～57]先制成插层黏土凝胶体或 400 目干粉。插层剂如 $CH_3(CH_3)_2N(CH_2)_{13}$（CN-16）；$HOOC(CH_2)_5NH_2$（M-6A）；$HO(CH_2)_2NH_2$（M-2H）；$CH_3(CH_2)_{11}NH_2$(CN-12)等。工业 PET 树脂灰分含量参照 GB 9345.1—2008 标准，切粒料灰分包含各种助剂，需剖析或确定，合格品指标见表 4-24。

4.4.1.5 聚酯纳米复合材料合成工艺

聚酯工业合成方法包括间接酯化法和直接酯化法。

表 4-24 工业 PET 树脂性能指标

项 目	单 位	指 标
1. 特性黏度：可调范围	dL/g	0.6～0.7
均方根偏差		±0.01
绝对偏差		0.015
2. 熔点(光学切片)	℃	≥259
3. TiO_2 含量：可调范围	%	0～1.0
误差		±10
4. 凝聚粒子：平均粒径大于 10μm	个/mg	≤0.4
大于 20μm		无
5. 端羧基	mol/t	≤30
6. 二甘醇	%	≤1.3
7. 灰分(不包括 TiO_2)	%	≤0.025
8. 铁含量	10^{-6}	≤300
9. 色相：L 值		>80
b 值		<7
10. 285～295℃熔体停留 15min 的特性黏度降		<0.01
11. 切片内凝胶及黄色或黑色的固体		无
12. 切片尺寸	mm	ϕ3×4 或 4×4×2.5
13. 切片含水率	%	<0.04

(1) 间接酯化法　间接酯化法已逐步被直接酯化法取代，但作为特殊用途在此仍然介绍。它是 DMT 与 EG 反应制备 PET 的方法，反应产生的小分子甲醇可回收再利用，反应式：

$$CH_3OOC-C_6H_4-COOCH_3+HOCH_2CH_2OH \longrightarrow CH_3OOC-C_6H_4-COOCH_2CH_2OH+CH_3OH$$

$$\xrightarrow{CH_3OOC-C_6H_4-COOCH_3} \left[OOC-C_6H_4-COOCH_2CH_2\right]_n + nCH_3OH \tag{4-19}$$

这种方法将经过有机插层处理的蒙脱土作为添加剂，在聚合反应开始阶段、酯化阶段、预缩聚阶段或缩聚到聚合的任意阶段加入釜内聚合。间接酯化法制备聚酯/蒙脱土层状硅酸盐纳米复合材料。采用间接酯化法制备聚酯-蒙脱土纳米复合材料的聚合过程可参考实施例。

【实施例 4-15】 间接酯化法制备 PET-蒙脱土层状硅酸盐纳米复合材料　先将 24.9g CEC 总容量为 1.0mmol/g 的蒙脱土，在 500g 分散介质（水）中高速搅拌，形成稳定的悬浮体 A；将插层剂磷酸乙醇胺季铵盐 5.181g，溶于 80g 水中，得到溶液 B；将溶液 B 加入上述悬浮体 A 中再进行搅拌充分膨化后，加入 573g 的 PTA 与 220g 的 EG 单体，催化剂钛酸四丁酯 0.11g，与上述悬浮体充分混合，开始升温至 90℃，真空脱水至水含量小于 1.0%时，在140～220℃进行酯化反应 2～4h，得到一清亮溶液后，加入 0.11g 催化剂钛酸四丁酯及 0.001g 添加剂己二胺，在 240～270℃抽真空至真空度达 60Pa 以下时，聚合反应 1.5～2h，得聚对苯二甲酸乙二醇酯/层状硅酸盐纳米复合材料。

层状硅酸盐分散相以 30～100nm 均匀分散于 PET 基体中。NPET 具有较高分子量而分子量分布窄。在本节后续部分，对复合材料的结晶动力学研究结果表明：层状硅酸盐纳米粒子对聚酯有很强的成核作用。纳米尺度层状硅酸盐片层约束聚酯分子链段运动，使聚酯球晶生长速率减慢且细化球晶，PET 纳米复合材料总结晶速率提高，层状硅酸盐含量小于 5.0%（质量分数）的膜材料有较高透明度。

（2）直接酯化法　聚酯直接酯化法是单体 PTA 与 EG 直接酯化反应制备 PET 的方法，反应如下：

$$\text{HOOC}-\langle\bigcirc\rangle-\text{COOH}+\text{HOCH}_2\text{CH}_2\text{OH}\longrightarrow\text{HOOC}-\langle\bigcirc\rangle-\text{COOCH}_2\text{CH}_2\text{OH}+\text{H}_2\text{O}$$

$$\xrightarrow{\text{HOOC}-\langle\bigcirc\rangle-\text{COOH}}\left[\text{OOC}-\langle\bigcirc\rangle-\text{COOCH}_2\text{CH}_2\right]_n+n\text{H}_2\text{O} \quad (4\text{-}20)$$

将经过插层反应处理的蒙脱土作为第三单体加入，处理蒙脱土的有机胺季铵盐的一端带有可与聚酯单体反应的基团，如下式中的 MMTs-G，G 就是与聚酯单体反应的基团（或称接枝基团）：

$$\text{HOOC}-\langle\bigcirc\rangle-\text{COOH}+\text{HOCH}_2\text{CH}_2\text{OH}\longrightarrow\text{HOOC}-\langle\bigcirc\rangle-\text{COOCH}_2\text{CH}_2\text{OH}+\text{H}_2\text{O}$$

$$\xrightarrow[\text{MMTs-G}]{\text{HOOC}-\langle\bigcirc\rangle-\text{COOH}}\left[\text{OOC}-\langle\bigcirc\rangle-\text{COOCH}_2\text{CH}_2\right]_n\text{G-MMTs} \quad (4\text{-}21)$$

用于插层反应的有机胺分子不必都要具有上述接枝基团。插层剂接枝基团是否影响聚合反应过程尚不清楚。工业直接酯化法合成 NPET 的原料如表 4-25 所示。

表 4-25　直接酯化法制备 PET-蒙脱土层状硅酸盐的组分

组分	加量(份数)	组分	加量(份数)
二元酸	69～74	催化剂	0.001～0.5(0.001～0.1)
二元醇	26～31	分散介质	10～1000
蒙脱土	0.5～50(0.5～10)	质子化剂	0.005～50(0.001～1.0)
插层剂	0.001～50(0.001～1.0)	添加剂	0.001～1.0

注：括号内为优选数值。

【实施例 4-16】 直接酯化法制备 PET-蒙脱土层状硅酸盐纳米复合材料　将 4.15g CEC 为 0.70mmol/g 的蒙脱土加入 88g 水中，待分散均匀后，高速搅拌 0.5h，形成稳定悬浮体 A；再将 0.058g 质子化剂磷酸及 0.022g 乙醇胺加入 10.0g 水中溶解，得到质子化剂 B；在搅拌下将质子化剂 B 加入上述悬浮体 A 中充分膨化后，加入 573g 的 PTA 与 257g 的 EG 单体。将 0.27g 催化剂醋酸锑溶于乙二醇中，加入上述悬浮体充分混合，开始升温至 90℃，真空脱水至水含量小于 1.0%时，在 220～250℃进行酯交换反应 2～4h（加压 2kgf/cm^2）或 5～7h（不加压），再加入添加剂己二胺 0.010g，并在 250～270℃抽真空至真空度达 80Pa 以下时，聚合反应 1.5～2h，即得聚对苯二甲酸乙二醇酯/层状硅酸盐纳米复合材料。表征结果表明其层状硅酸盐分散相以 30～100nm 尺度均匀分散于聚对苯二甲酸乙二醇酯基体中。

【实施例 4-17】 直接酯化法制备 NPET　由上例，改变蒙脱土加量制备 NPET，合成工艺不变。在 24.90g CEC 为 1.0mmol/g 的蒙脱土中加水 460g，分散均匀后高速搅拌 0.5h，形成稳定悬浮体 A；再将 2.68g 质子化剂磷酸，2.50g 对氨基苯甲酸加入 60g 水中溶解得到质子化剂 B；在搅拌下将质子化剂 B 加入上述悬浮体 A 中充分膨化后，加入 573g PTA 与 257g EG 单体。将 0.27g 催化剂醋酸锑溶于乙二醇中，然后加入上述悬浮体中充分混合。升温至 90℃，真空脱水至水含量小于 1.0%时，在 220～250℃酯交换反应 2～4h（加压 2kgf/cm^2）或 5～7h（不加压），再加入添加剂己二胺 0.010g，250～270℃抽真空至真空度达 80Pa 以下，聚合反应 1.5～2h 得 NPET 样品。

4.4.1.6　NPET 纳米复合材料的性能

通过聚酯复合中间体优化 PET-蒙脱土纳米复合材料工艺，采用原位聚合法釜内一步法合成样品。聚酯中间体中蒙脱土量不同时，X 射线衍射峰见图 4-22。

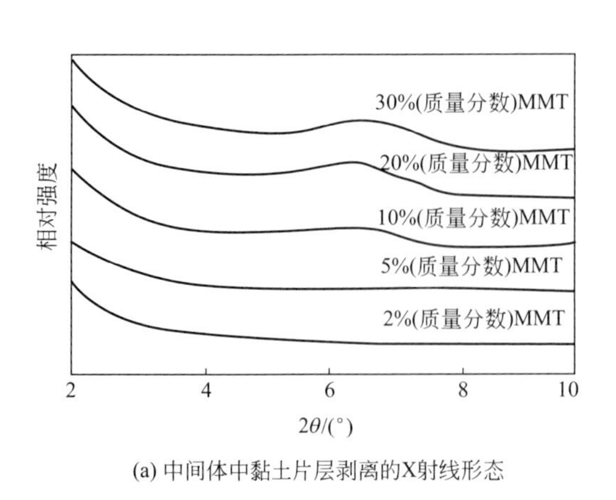

(a) 中间体中黏土片层剥离的X射线形态

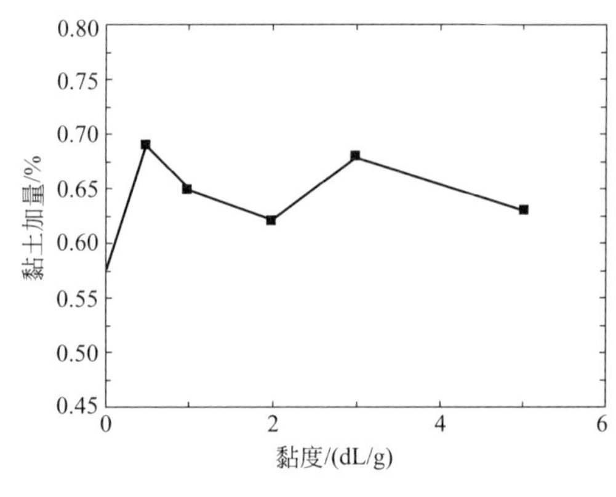

(b) 黏土加量与纳米复合材料黏度的关系

图 4-22 聚酯-黏土纳米复合中间体及纳米材料黏度与黏土加量的关系

5%（质量分数）以下黏土加量得到片层完全剥离中间体，所得聚酯纳米复合材料的黏度随黏土加量增加呈总体下降趋势。直接酯化法和部分间接酯化法制备的 NPET 材料的数据，见表 4-26。

表 4-26 直接酯化法制备的纳米复合材料 NPET 的分子量及其分布

层状硅酸盐/g	PTA＋EG 单体/g	d_{001} 面间距/nm	$M_W/10^4$	$M_n/10^4$	M_W/M_n
0.0	100	—	3.7	1.8	2.0
0.5	100	—	4.7	2.4	2.0
1.0	100	3.0	4.0	2.1	2.0
2.0	100	＞3.0	4.1	2.3	1.8
3.0	100	＞3.0	4.5	2.3	1.9
5.0	100	＞3.0	4.2	2.5	1.7

注：d_{001}，X 射线衍射峰计算的面间距。

NPET 分子量和黏度较高而分子量分布窄。利用 TEM 法统计粒子分布，层状硅酸盐的分散相（平均粒径 30～100nm）均匀分散于 PET 基体中（见第 6 章）。

NPET 材料冲击强度和弯曲强度随黏土加量增加而呈微下降趋势，见图 4-23。

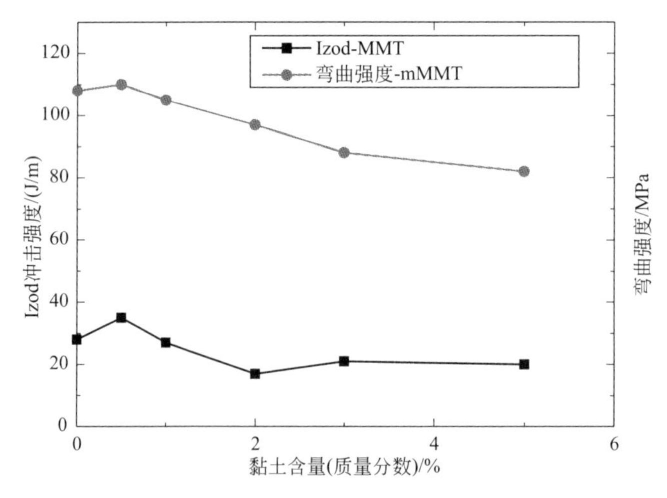

图 4-23 纳米复合材料性能与黏土含量的关系（IZOD，缺口冲击强度）

聚酯纳米复合材料力学性能不同程度改善结构，参见表 4-27。

表 4-27 直接酯化法制备的 NPET 的力学性能

层状硅酸盐/g	PTA+EG 单体/g	拉伸强度/MPa	断裂强度/%	弯曲模量/MPa
0.0	100	58	7	1400
0.5	100	45	11	2070
1.0	100	54	6	2120
2.0	100	49	5	2700
3.0	100	55	7	3620
5.0	100	27	5	4120

NPET 弯曲模量随层状硅酸盐含量升高而显著增加，硅酸盐含量为 5.0%（质量分数）时模量提高近 2 倍，该显著特点是宏观复合材料无法比拟的。综合而言，黏土含量为 3.0%（质量分数）为宜，这可在提高所需性能同时，保持其他各项基本性能可控。

材料热分解温度取自 TGA 曲线上热重损失 5%质量时所对应的温度，图 4-24(a) 是 NPET 的 TGA 热分解曲线，NPET 与 PET 有类似热分解行为，但前者热分解温度明显提高，说明纳米粒子对分子链不仅有限制作用也有屏蔽热作用，剥离分散片层可能使分子链交联度增加，如图 4-24(b) 所示。

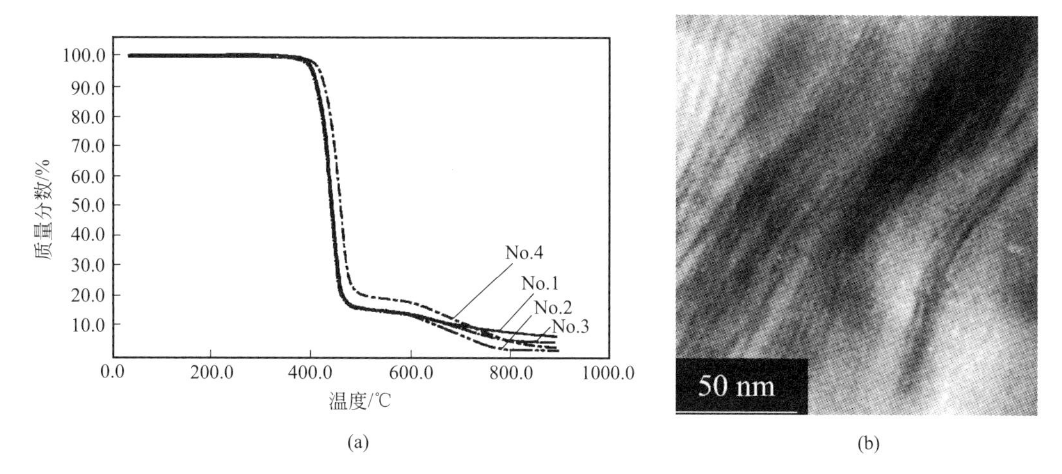

(a) (b)

图 4-24 NPET 与 PET 样品的热分解行为

NPET 热性能强烈地表示，黏土加量很少情况下，NPET 热解性能明显提高，如图 4-25 所示。NPET 的 HDT 显著提高了 30℃左右。HDT 提高使原材料提高耐热档次。

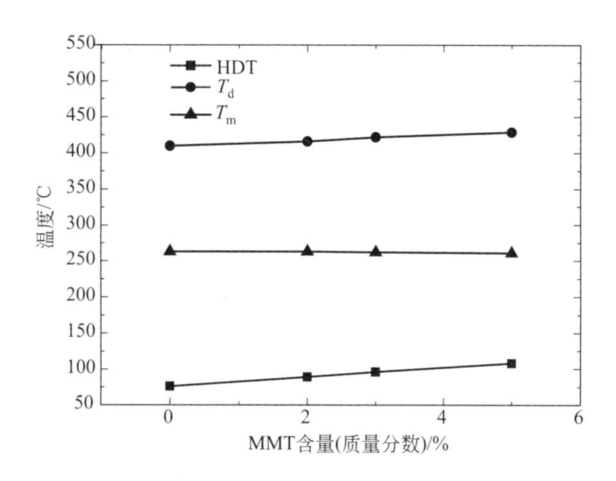

图 4-25 直接酯化法制备的 NPET 的热性能

（热变形温度 HDT，1.84MPa 测定；热分解温度 T_d，熔点 T_m）

DSC研究纳米复合材料等温结晶动力学，等温结晶 T-$X(t)$（结晶度）关系，或结晶时间 t-$X(t)$ 关系或Avrami方程 $\ln t$ 与 $\ln\{-\ln[1-X(t)]\}$ 曲线，可得结晶参数。参见第2、6章。纳米复合材料的热学与结晶性能参数如表4-28所示。

表4-28 直接酯化法合成的NPET的结晶性能

层状硅酸盐/g	PTA+EG单体/g	V_n 205℃/s	V_i			膜透明性
			216℃/s	215℃/s	201℃/s	
0.0	100	108	234	192	132	好
0.5	100	56	122	101	97	好
2.0	100	42	114	90	78	好
3.0	100	48	102	42	66	好
5.0	100	36	98	36	60	较差

注：V_n—非等温结晶速率；V_i—等温结晶速率。

在一定范围内，硅酸盐含量增加结晶速率增加。蒙脱土量为2%～3%（质量分数）时，结晶速率增幅最大，这是纳米蒙脱土的临界加量。由临界加量调控膜透明性，硅酸盐含量在3.0%（质量分数）以下膜综合性能良好（参见表4-29）。

表4-29 直接酯化法制备的NPET的加工性能

层状硅酸盐/g	PTA+EG单体/g	$T_{cc}-T_{ch}$/℃	注射模温/℃	粒子平均粒径①/nm	表面光洁度②
0.0	100	75	110	—	好
0.5	100	87	70	10～50	好
2.0	100	90	70	10～70	好
3.0	100	101	65	10～100	好/不好
5.0	100	107	60	10～100	不好

① 注模制品的无机粒子平均粒径；② 模制品表面光洁度。

注：T_{cc}为热结晶峰温；T_{ch}为冷结晶峰温。

显然，NPET注射模温下降30～50℃制品表面仍很光洁，加工性能明显变好。表4-30是间接酯化法制备的NPET的性能，临界硅酸盐加量 $C=3.0\%$。

表4-30 酯交换法（间接酯化法）制备的NPET的力学机械性能

层状硅酸盐含量/g	PTA+EG单体/g	Izod强度/(J/m)	拉伸强度/MPa	断裂强度/%	弯曲强度/MPa	弯曲模量/MPa
0	100	28	58	7	108	1400
3	100	24.5	49	9	79	3540

注：Izod强度为Izod缺口冲击强度。

4.4.1.7 NPET纳米复合材料结构-性能关系

(1) *凝聚粒子与相分离* NPET样品中，存在分散开的蒙脱土片层重新聚集，或部分片层根本未打开的形态。这两种情况将形成凝聚粒子。TEM表征的NPET形态见图4-26。

纳米复合材料NPET形成很均匀的剥离形态，图4-26(a)粒子片层解离非常好，有丝状片层存在，片层与基体间界面不明晰，具有强相互作用特征；NPET的凝聚粒子几乎不可避免如图4-26(b)所示，有一些块体和少量层状结构存在。这些块体层状结构条纹平行，约占整个粒子的3%～4%，粒径为1～10μm的正是凝聚粒子。

有机插层剂影响凝聚粒子的产生。无机相与高聚物共价键亲和型作用及电荷极性相互作用都对片层分散有直接影响。A. Uusuki[58]等指出，同一链状脂肪链系列插层剂，脂肪链长度对黏土层间距有重要影响。11-氨基酸插层蒙脱土层间距，随层间氨基酸碳原子数增

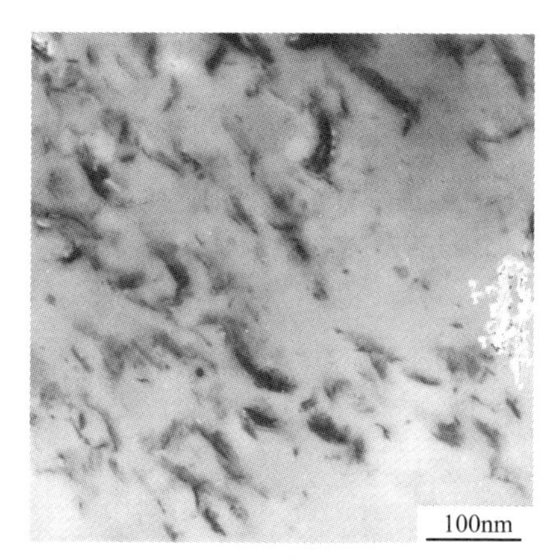

(a) 剥离形态

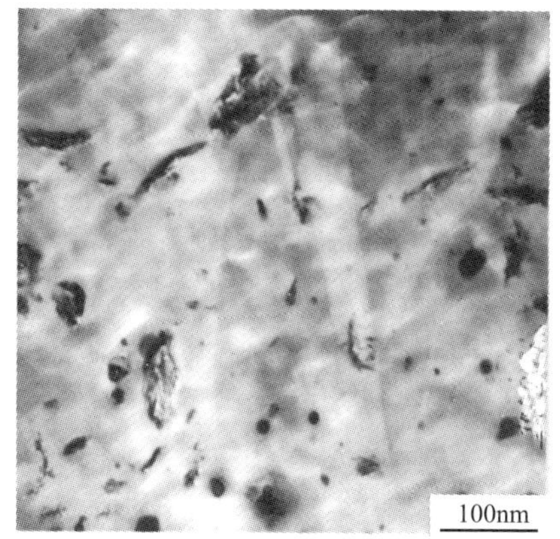

(b) 凝聚团聚颗粒

图 4-26 NPET［1.0%（质量分数）蒙脱土］中的剥离和凝聚团聚颗粒形态

加而增加。当碳原子数 $n<8$ 时，插层剂进入层间的形态与黏土片层方向平行排列，而 $n>11$ 时，插层剂则与黏土片层方向以一定角度倾斜排列。若插层剂链长度不够长，即使产生强相互作用也仍有凝聚粒子。选择长短链插层剂工业化产品的制品[59~64]表面性能光洁度有差距。

(2) 纳米效应与热变形温度　热变形温度（HDT）是制品在外力（1.82MPa）作用下产生5%左右变形的温度，与应用条件密切相关。蒙脱土的处理方式、加量与加入方式都影响NPET 的 HDT。NPET 的 HDT 及其影响因素见表 4-31。

表 4-31　不同插层剂处理蒙脱土-HDT-光学性能

插层剂	HDT/℃	聚酯薄膜透明性	插层剂	HDT/℃	聚酯薄膜透明性
EA(1%,质量分数)	84	好	LLM(3.0%,质量分数)	105	好
EA(3.0%,质量分数)	89	好	CPL(5.0%,质量分数)	74～102	不好
EA(5.0%,质量分数)	95	好或不好	PET(纯净的)	76	好
OT(3.0%,质量分数)	92	好			

注：括号中数据为蒙脱土加量；EA 为乙醇胺；OT 为十六烷基三甲基铵盐；LLM 为月桂胺或十二胺；CPL 为 1,6-己二胺。

处理剂分子链很短，即使加很多蒙脱土，复合材料 HDT 提高幅度也不明显。优化处理剂分子结构（链长、极性）以得到具有较高 HDT 的产品。

4.4.2 聚酯 PBT-蒙脱土纳米复合材料

4.4.2.1 序言

聚对苯二甲酸丁二醇酯（PBT）具有高硬度、高强度、高结晶速度及优良的耐化学药品与电性能，主要用于工程塑料。其电子产品如开关、连接器、计算机零部件、光缆护套和汽车，占市场相当大份额。PBT 的缺点是热变形性大、易吸水而耐热性不及 PET，但有较好的加工性能。PBT 改性的焦点是改善热变形温度与热变形性。未取向 PBT 热变形大，取向 PBT 在拉伸方向热变形相对减小，而在与取向垂直方向热膨胀更大。玻纤增强或阻燃增强 PBT 复合材料，用于汽车保险杠和抗潮湿与尺寸稳定性要求高的场合，部分替代尼龙。由于 PBT 多晶型转变现象，即沿拉伸方向结晶的自伸长，T_g 温度低。PBT 电性能良好，击穿电压为 23kV/mm，体电阻率为 $10^{16}\Omega\cdot m$，特别适于电子电器行业。PBT 共混物 PBT/PC[62]、PBT/PET（表 4-32）改善 PET 注塑加工性能。

表 4-32 玻璃增强 PBT/PET 共混物的电性能

项　目	PBT(G30)	PBT/PET	项　目	PBT(G30)	PBT/PET
体积电阻率/Ω·cm	≥ 5×10^{15}	≥ 5×10^{15}	介电损耗角正切	≤ 0.025	≤ 0.025
介电常数	≤ 4.2	3.0±0.3	热变形温度/℃	≥ 205	190～200

4.4.2.2 NPBT 原材料及其反应方法

(1) NPBT 原材料　制备黏土纳米复合材料（NPBT）的单体有 1,4-对苯二甲酸（PTA）和 1,4-丁二醇（BG 工业品，国产东北制药总厂或 BASF 进口），BG 为淡黄色油状体，纯度≥95%。这两种单体适于直接酯化法制备 PBT；1,4-对苯二甲酸二甲酯（DMT）和 1,4-丁二醇（BD）适于间接酯化法制备 PBT。催化剂为钛酸四丁酯、二氧化锗、锗酸钠或硫酸钛水解物。采用钠基蒙脱土，其 CEC 为 0.70～1.2mmol/g 土。制备 NPBT 的设备与 PBT 一样，如 15L 反应釜、麦氏水银真空计及真空与加热系统。

(2) 合成制备 NPBT 的主反应　合成 PBT 的反应：1,4-丁二醇与对苯二甲酸（PTA）直接缩合反应即直接酯化法；DMT（对苯二甲酸二甲酯）酯交换或间接酯化法。酯交换法包括酯交换脱甲醇和缩聚扩链的过程。酯交换脱甲醇反应：

$$CH_3OOC-C_6H_4-COOCH_3 + HOC_4H_8OH \longrightarrow CH_3OOC-C_6H_4-COOC_4H_8OH + CH_3OH$$

$$\xrightarrow{CH_3OOC-C_6H_4-COOCH_3} CH_3OOC-C_6H_4-COOC_4H_8OOC-C_6H_4-COOCH_3 + CH_3OH \tag{4-22}$$

缩合聚合与链增长：

$$2CH_3OOC-C_6H_4-COOC_4H_8OH \longrightarrow CH_3OOC-C_6H_4-COOC_4H_8OOC-C_6H_4-COOCH_3$$

$$+HOCH_2CH_2CH_2CH_2OH \longrightarrow \tag{4-23}$$

$$\left[OC-C_6H_4-COOC_4H_8O\right]_n + nCH_3OH$$

(3) NPBT 的副反应　不论是直接酯化法还是酯交换的间接酯化法，都还存在如下副反应[64,65]。

$$CH_3OOC-C_6H_4-COOC_4H_8OH \longrightarrow CH_3OOC-C_6H_4-COOH + \underset{CH_2-CH_2}{\overset{CH_2-CH_2}{|}}\!\!>O$$

$$HOCH_2CH_2CH_2CH_2OH \longrightarrow \underset{CH_2-CH_2}{\overset{CH_2-CH_2}{|}}\!\!>O + H_2O \tag{4-24}$$

或者副反应[65～67]：

$$CH_3OOC-C_6H_4-COOC_4H_8OH \xrightarrow{HOC_4H_8OH} CH_3OOC-C_6H_4-COOC_4H_8OH$$

$$+ \underset{CH_2-CH_2}{\overset{CH_2-CH_2}{|}}\!\!>O + H_2O \tag{4-25}$$

四氢呋喃（THF）是合成 PBT 的主要副产物，THF 生成量较多直接影响真空度。PBT 热裂解时也产生 THF 但生成量小。工业酯交换反应在保证主反应一定速率的条件下，适当控制反应温度抑制副产物 THF 生成。钛系化合物，如钛酸四丁酯的催化活性可满足该需要，该催化剂的缺点是对水异常敏感，遇水即分解为二氧化钛沉淀，污染成品及不宜长期储存。该催化剂与单体质量比为 Ti/DMT=$(7\sim14)\times10^{-5}$。

酯交换反应温度与回收甲醇中的 THF 含量关系表明，温度从 170℃ 到 230℃，THF 含量

(mg/mL)呈线性至指数规律急速上升。这些工艺参数参考表4-33。

表4-33 NPBT工艺参考参数

反应类型	反应组成	反应类型	反应组成
A 酯交换反应		反应总时间	120～180min
原料摩尔配比	DMT/BG=1∶1.35	酯交换率	>95%
催化剂类别及用量	有机钛(钛系),Ti/DMT=(7～14)×10^{-5}	B 缩聚反应	
		催化剂及用量	有机钛(钛系),Ti/DMT=(7～14)×10^{-5}
酯交换釜投料系数	0.6～0.8kg/L		
反应压力	常压	反应压力	<100Pa
反应温度	140～200℃	反应温度	235～250℃
回流冷凝器出口温度	<70℃	反应时间	180～240min

注:出料时间为30～40min。

4.4.2.3 聚对苯二甲酸丁二酯黏土纳米复合材料工艺

制备聚对苯二甲酸丁二酯黏土纳米复合材料(NPBT)采用原位插层反应工艺,层状硅酸盐与单体在反应器内进行酯化共聚反应,产生片层剥离分散于PBT基体中。

制备NPBT主要采用间接酯化法,其反应式如下:

$$CH_3OOCArCOOCH_3 + HOCH_2CH_2CH_2CH_2OH + MMTs\text{-}G \longrightarrow NPBT \qquad (4\text{-}26)$$

式中,Ar为苯环;MMTs-G是插层处理黏土。合成聚对苯二甲酸丁二酯-层状硅酸盐纳米复合材料(NPBT)的间接酯化法的组分和含量参照表4-34。

表4-34 间接酯化法合成制备NPBT的组分

组分名称	用量/%(质量分数)	组分名称	用量/%(质量分数)
二元酸二甲酯	30～100	催化剂	0.001～0.1(0.01～0.1)
二元醇	30～100	分散介质	10～1000(10～300)
层状硅酸盐	0.5～50(0.5～15)	质子化剂	0.01～5.0(0.01～1.0)
插层剂	0.01～5.0(0.01～1.0)	添加剂	0.001～0.1

采用二元酸酯单体为对苯二甲酸二甲酯或间苯二甲酸二甲酯。二元醇单体为乙二醇、1,4-丁二醇、1,3-丙二醇、1,6-己二醇、1,4-环己二醇或1,4-环己烷二甲醇等。有机化处理蒙脱土特性参见上述章节,蒙脱土的CEC为0.90～1.1mmol/g。催化剂采用钛酸四丁酯。

【实施例4-18】 间接酯化法制备NPBT 先将20.0g CEC为1.0mmol/g的蒙脱土,在400g分散介质(水)中高速搅拌,形成稳定悬浮体,再将插层剂乙醇胺1.2414g,质子化剂磷酸1.96g,加入上述悬浮体中进行搅拌充分膨化后,加入2426.25g的DMT与1573.75g的BD单体。催化剂钛酸四丁酯0.58525g,与上述悬浮体充分混合,开始升温至90℃,真空脱水至水含量小于1.0%时,在140～220℃进行酯交换反应2～4h,再加入添加剂己二胺0.05g,并在240～270℃抽真空至真空度达80Pa以下时,聚合反应1～3h,得到NPBT纳米复合材料。层状硅酸盐分散相以30～100nm尺度均匀分散于聚对苯二甲酸丁二酯基体中。

【实施例4-19】 间接酯化法制备NPBT 先将40.0g CEC为0.80mmol/g的麦加石,在700g水中高速搅拌形成稳定悬浮体,将插层剂乙醇胺1.9862g,质子化剂磷酸3.136g,加入上述悬浮体再进行搅拌充分膨化后,加入2426.25g DMT与1573.75g BD单体。催化剂钛酸四丁酯0.50525g,与上述悬浮体充分混合,开始升温至90℃,真空脱水至水含量小于1.0%时,在140～220℃进行酯交换反应2～4h,再加入添加剂己内酰胺0.09g,并在240～270℃抽真空至真空度达80Pa以下,聚合反应1～3h得到NPBT材料。层状硅酸盐分散相以30～100nm尺度均匀分散于NPBT基体中。纳米复合材料中结晶速率明显提高,注模温度下降,表面光洁。

4.4.2.4 PBT-蒙脱土纳米复合材料的性能

（1）NPBT 材料的基本性能 纳米复合 NPBT 材料可作为基体进一步加工改性，如表 4-35所示。

表 4-35 NPBT 的物性参数

层状硅酸盐/g	DMT+BD 单体/g	d_{001} 面间距/nm	片层平均粒径/nm	表观黏度/(dL/g)
0.0	100	—		0.90
0.5	100	—	10 ～100	
1.0	100	3.0	10～100	0.92
2.0	100	>3.5	30～100	
5.0	100	>2.5	30～100	0.87

注：d_{001} 为 X 射线 d_{001} 面间距。

NPBT 分子量及分子量分布测定表明，分子量分布相对变窄，NPBT 黏度达 0.92dL/g，比 PBT 高。NPBT 中包括不能被除去的纳米粒子，可能造成最后数据偏高。

（2）NPBT 热分解性能 NPBT 热分解 TGA 曲线如图 4-27 所示。在热分解每一个阶段，NPBT 热分解温度都比 PBT 高，足见纳米粒子的加入提高了 PBT 的热稳定性，产生热屏蔽性。

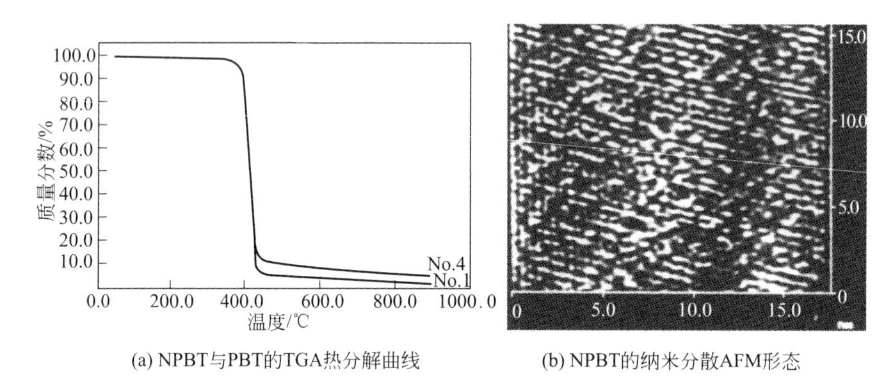

(a) NPBT与PBT的TGA热分解曲线 (b) NPBT的纳米分散AFM形态

图 4-27 NPBT［5.0%（质量分数）蒙脱土］热分解及纳米分散行为

（3）NPBT 的力学性能 PBT 的模量与韧性如冲击强度是关键应用参数。按参考例制备的 NPBT 的性能参见表 4-36。

表 4-36 NPBT 的力学机械性能

层状硅酸盐/g	DMT+BD 单体/g	Izod 冲击/(J/m)	拉伸强度/MPa	断裂伸长率/%	弯曲强度/MPa	弯曲模量/MPa
0.0	100	44.3	50.0	89.0	105.0	1700
0.5	100	47.8	52.4	71.0	114.0	2400
2.0	100	41.2	47.2	47.2	106.8	2900
5.0	100	37.4	45.0	45.0	104.0	3700
2.0	100	28.9	34.9	34.9	95.2	4500

注：Izod 冲击为缺口冲击强度。

所得 NPBT 材料模量比纯 PBT 树脂显著提高 1.1～2.5 倍。层状硅酸盐含量小于 5.0%（质量分数）时，NPBT 的力学性能如抗冲强度和弯曲强度等都保持较高水平或至少与 PBT 持平。蒙脱土加量大于 5%（质量分数）时，NPBT 的强度下降较多，是其中的凝聚粒子和相分离所致。

（4）NPBT 的热变形行为 与制备 NPET 纳米复合材料类似，采用不同有机插层剂处理蒙脱土达到最大限度提高 PBT 树脂的热变形温度的目的，结果见表 4-37。

表 4-37　NPBT 的热变形温度与插层剂的关系

插层剂类型	蒙脱土加量/%(质量分数)	HDT①/℃	插层剂类型	蒙脱土加量/%(质量分数)	HDT①/℃
MA-6	5.0	120	CN-12	5.0	120
MA-6	3.0	112	CN-16	3.0	118
CN-12	3.0	116			

① 实验误差±2℃。

注：MA、CN-12、CN-16 分别为氨基己酸、月桂胺和十六烷基胺。

NPBT 是纳米尺寸效应很明显的一个例子，其 HDT 比纯 PBT 高出 30～50℃，达 120℃左右（PBT 为 70～80℃），这是很了不起的成就。纳米结构对热力学性能产生很大作用，插层剂链长对 NPBT 的 HDT 也有显著贡献。此外，蒙脱土加量对 PBT 热变形的影响参见表 4-38。

很明显，季铵盐离子脂肪链长度对于颗粒片层解离起重要作用，这种脂肪链的有规-无规运动过程，使解离过程持续进行，直到层间剥离充分。

（5）*热加工性能*　NPBT 材料另一特点是能够容纳很多蒙脱土，表 4-38 的 NPBT 热加工性能中，蒙脱土加量达 10%而加工性能仍然很好。注射模温下降几乎一半有余，显然加工性能已关键性改善。这种纳米复合材料的热变形温度在蒙脱土加量较大时可提高 40℃左右，在注模温度大幅度下降的同时，注模制品表面很光洁，成为 PBT 新品种。纳米效应还使 NPBT 的熔点比 PBT 低。

表 4-38　NPBT 的热学与加工性能

层状硅酸盐/g	DMT+BD 单体/g	HDT/℃	T_d/℃	熔点/℃	注射模温/℃	光洁度
	100	74	390	226	110	好
5.0	100	116	391	224	55	好
10.0	100	121	395	223	58	较好
7.0	100	118	401	221	—	好

注：HDT 为 1.84MPa 条件下的热变形温度；T_d 为热分解温度；光洁度为注模制品的光洁度。

4.4.3 聚酯无机纳米复合材料的纳米效应与应用前景

4.4.3.1 聚酯纳米复合材料的主要纳米效应

（1）*热学纳米效应*　聚合物材料经纳米复合改性后，热熔融温度、热稳定性和热结晶性相比提高的程度，称为聚合物纳米复合体系的热学纳米效应。

聚酯纳米复合材料热学性能相比都显著提高，如加入 3%层状硅酸盐的聚酯纳米复合材料，其热变形温度相比纯聚酯提高 30～50℃，等温和非等温热结晶速率同比提高 3～5 倍，这些效应都很显著。

（2）*力学纳米效应*　聚合物材料经纳米复合改性后，弹性模量、压缩强度和拉伸强度等力学性能相比提高的程度，称为聚合物纳米复合体系的力学纳米效应。这些效应同比可提高达 30%左右。

然而，聚合物纳米复合材料的韧性、拉伸强度等力学性能，则因体系不同会产生同比降低的现象，这源于聚合物纳米分散也存在界面相容和粘接问题，界面相容性差会导致某些性能下降。在一定层状硅酸盐加量范围内，聚酯纳米复合材料的韧性随其加量增加而降低，而尼龙纳米复合材料的韧性随其加量增加逐步增加。

（3）*多功能纳米效应*　通常聚合物经纳米复合改性后，相比纯基体而产生 1 个以上功能性的现象，称为聚合物纳米复合材料多功能效应。如聚酯纳米复合纤维产生远红外波长，热波反射率达 80%，这可称为聚酯纳米复合纤维远红外效应；聚酯薄膜、容器因纳米粒子阻隔性会产生阻止 CO_2 气体渗透效应。

然而，聚酯薄膜、容器加工中易吸收空气中的氧气而变黄色，聚酯纤维加工中仍然易吸水、断线及生产率低下。这些问题是纳米负效应，尚待解决。

4.4.3.2 聚酯纳米复合材料的主要应用前景

（1）NPET 的应用前景　聚对苯二甲酸乙二醇酯-纳米复合材料（NPET），不增加聚酯成本而得到高结晶速度、高耐热、高模量与加工性及新型聚酯纳米复合材料。NPET 工程塑料展现易加工、高力学及耐热性能等优点，它像常规聚酯那样经玻璃纤维或短纤维充填改性，得到高性能制品，用于家电、汽车、服装与仿真等。NPET 包装将透明性、阻隔性很好地结合起来，优于 PA6、PC 和 PP 等包装材料，用于薄膜、包装、功能纤维、信息传输等领域[68～74]。通过控制相分离、自组装及纳米形态有序化，NPET 薄膜可取代食品、药物、摄影与瓶用包装品。NPET 是真正革新的新品种。

（2）NPBT 的应用前景　聚对苯二甲酸丁二酯-黏土纳米复合材料（NPBT），具有显著纳米效应及高性能，这种高耐热、高模量且具有很好加工性的新型材料应用领域也很广阔。NPBT 主要用于电子信息与零部件领域，改进计算机键盘功能、线路板抗辐照、抗热变形性能等。NPBT 玻纤增强改性，为电子、信息与汽车领域提供更多高性能材料，改变传统长玻纤与阻燃增强技术加工难题[68～74]。PBT 电气与计算机精密接插件应用，改进其热变形温度低（70℃）的缺点，纳米技术发挥出很强的组合效应。

4.5 聚烯烃-黏土纳米复合材料

4.5.1 聚烯烃及其催化剂

4.5.1.1 聚烯烃材料概述

聚烯烃通用高分子材料产量已占高聚物总产量的 70%以上（我国占 80%以上），使用广泛，涉及家电、化工、冶金、汽车和电子等重要产业。聚烯烃中聚丙烯和聚乙烯具有通用性，对其低温冲击强度差、刚性、透明性、易受紫外线或氧化降解、易带电、染色性不好及其与铜接触自身质量下降等[68]进行改性。聚烯烃无机黏土纳米复合材料自 1996 年以来被广泛研究，涉及聚烯烃助剂、催化剂、载体材料等。采用了原位聚合复合、熔体复合和反应性挤出工艺。纳米复合改性聚烯烃[70]技术，包括纳米材料加入聚烯烃产品后改性复合工艺，以及纳米材料与聚烯烃单体原位聚合复合工艺。聚烯烃纳米复合为满足不同需要设计，如聚乙烯纳米改性新品种与牌号、超高分子量聚乙烯及纳米复合新型管材料等。

4.5.1.2 聚烯烃催化剂

聚烯烃催化剂是聚烯烃材料及其工业技术的核心。

（1）聚丙烯催化剂　Ziegler 1953 年在德国 Max Plank 研究所从事有机碱金属化合物研究时，发现三乙基铝对乙烯聚合的奇特催化效果，德国 Hoechst 公司两年后实现 Ziegler 催化剂生产聚乙烯工业化。20 世纪 70 年代和 80 年代气相法聚乙烯工艺迅速工业化[75]。Unipol 流化床法使气态乙烯与共聚单体和催化剂在链转移剂下，低温（80～100℃）和低压（100～300psi，1psi＝6894.76Pa）反应生成颗粒状聚乙烯，产物从反应器中直接取出。Unipol 生产聚乙烯和聚丙烯的冷凝和超冷凝工艺大幅增加装置总能力[71,73,74]。

利用给电子体 Lewis 碱制备高活性 Ziegler-Natta 催化剂，提供了选择性控制聚丙烯立构规整性的方法。在 $MgCl_2/TiCl_4$ 催化剂中加入芳香族酯或二醚及硅烷，使用助剂三乙基铝制备聚丙烯催化剂，聚合活性都超过 20kg PP/g 催化剂，见表 4-39。这种高活性无需脱灰，其立构等规度之高足以免除脱无规物的需要。

非均相烯烃聚合催化剂可将其形态复制成聚合物颗粒的形态。催化剂颗粒成为聚合物颗粒成长的模板[76]。烯烃聚合用高活性催化剂，其聚合物平均颗粒大小约为催化剂颗粒大小的15～20倍。多孔聚合物颗粒是一种微反应器，有其固有物料与能量平衡。多孔反应器颗粒微型聚烯烃装置，在其中可形成聚烯烃合金或共混物。新催化剂技术成功工业化需满足一系列关键要求，包括催化剂生产效率、有吸引力的催化剂动力学特性及良好的工艺可行性。催化剂不仅能控制分子量及分子量分布与共聚单体的结合程度，更能控制聚合物的立构规整性。纳米复合聚烯烃催化剂制备应依托现有工艺、简洁、可重复[77~82]，以适应工业化需求。

单活性中心催化反应-配体茂金属化合物如二氯二茂锆与甲基铝氧烷反应生成具有高活性的乙烯聚合均相催化剂[76,77]。当催化剂具有单一活性中心时，可生成窄分子量分布的聚烯烃（$M_W/M_n<2$）。茂金属化合物技术运用配体设计裁制聚烯烃分子结构，这一类催化剂活化过程被认为形成高度亲电子阳离子中心。

$$CpZrCl_2+MAO \longrightarrow Cp_2Zr[CH_3]^+[MAO]^- \tag{4-27}$$

目前已开发几何结构受控催化剂用于高温低压溶液工艺[78]，如单环戊二烯基Ⅳ族络合物、含共价键连接给电子配体等。新配体无论与前或后过渡金属相结合，提供新的乙烯-极性共聚单体共聚物产品。中间或后过渡金属催化剂制备出许多极性共聚单体如醋酸乙烯高聚物。镍或钯典型地夹在两个α-二亚胺配体间，铁和钴则与亚氨基及吡啶基形成三齿配体[83]镍单阴离子催化剂，用于极性聚合。

表4-39 丙烯聚合催化剂活性

催化剂	活性/(g PP/g 催化剂)	等规指数/%	备注
δ-$TiCl_3$+0.33$AlCl_3$+DEAC	1500	90～94	脱灰及溶剂萃取
δ-$TiCl_3$+DEAC	4000	94～97	脱灰及溶剂萃取
$TiCl_4$/单酯/$MgCl_2$+AlR_3/酯	10000	90～95	无需脱灰
$TiCl_4$/双酯/$MgCl_2$+TEAL/硅烷	>25000	95～99	无需脱灰
$TiCl_4$/双醚/$MgCl_2$+TEAL/硅烷	>20000	95～99	无需脱灰
茂金属+MAO	2000000	>90	无需脱灰
载体化茂金属+助催化剂	1000～20000	>90	无需脱灰

（2）聚乙烯催化剂　Z-N催化剂体系仍然是聚乙烯工业的核心，它并没有因茂金属催化剂或后过渡催化剂而改变，它也是聚烯烃催化剂纳米化改进的动力。1963年荷兰Solvey公司开发Mg(OH)Cl载体催化剂，使Mg(OH)Cl与四氯化钛反应提高钛的负载率后，活性达3kg PE/(mmol Ti·h·atm)(1atm=101325Pa)或1.5kg PE/g催化剂，1975年又开发出活性达34kg PE/g催化剂的高活性催化剂。这类催化剂的活性和目前使用的催化剂相比毫不逊色。此后，各种$MgCl_2$载体催化剂相继出现。$TiCl_4$+醇/$MgCl_2$（1968年）催化剂PE聚合活性达26kg PE/g催化剂；而$Ti(OR)_2Cl_2+Mg(OR)_2+AlRCl_2$催化剂活性达60kg PE/g催化剂，还可用PSI聚硅氧烷为外给电子体。提高催化剂活性、控制分子量分布、改善乙烯共聚性能及改善粉体形状是聚乙烯复合新技术的内容。

4.5.1.3 镁化合物载体催化剂

（1）氯化镁载体催化剂　氯化镁活化负载活性四氯化钛，活化方法有粉碎法及与醇形成络合物方法。意大利Montedison公司使用球形磨把氯化镁和四氯化钛共同粉碎，提高Ti的负载率，得到高活性负载钛催化剂。三井东压化学（三井化学）开发球形磨把三氯化钛、氯化镁、氯化铝共同粉碎制备活性为10kg PE/g催化剂的催化剂。上述催化剂虽活性明显提高，但制备过程包含粉碎工艺，催化剂颗粒不规整，合成聚乙烯颗粒形状扁瘪，产生很多细颗粒粉，处理较困难。气相法几乎不使用上述催化剂，而使用醇溶解活化氯化镁技术。1968年三井石油化学利用氯化镁与醇混合形成络合物，然后与四氯化钛反应制备催化剂，其活性达1kg PE/(mmol Ti·h·atm)。后来利用氯化镁与醇形成络合物的技术发展成该公司催化剂主流技术。

该公司 1972 年开发氯化镁与醇混合物再和四氯化硅反应后负载四氯化钛技术，不仅催化剂活性高，而且提高聚乙烯产品堆积密度。在 1978 年又开展氯化镁、醇、癸烷混合物与一氯二烷基铝反应，再与烷氧基钛化合物反应制备催化剂的技术。

(2) *烷氧基镁化物载体催化剂* 1968 年 Hoechst 公司开发烷氧基镁技术，以烷氧基镁和二氯二烷氧基钛反应生成物与二氯一烷基铝反应，得到活性达 60kg PE/g 催化剂的催化剂。1971 年，Solvey 公司开发烷氧基镁溶解于四烷氧基钛，与烷基铝氯化物反应制备催化剂的技术。Solvey 公司的烷氧基镁和四氯化钛反应开发出同时进行烷氧基镁氯化和负载钛化合物的技术。此后，各公司相继开展烷氧基镁与四氯化钛反应前的氯化研究。

(3) *有机镁复合催化剂* 有机镁化合物可溶解于多种有机溶剂中，氯化后的固体易负载钛化物。利用此性质，1970 年 Shell 公司使用有机镁化合物与四氯化钛在－60℃低温反应，开发出活性达 26kg PE/g 催化剂的催化剂。但催化剂形状并不规整影响产品颗粒形状，而产品颗粒形状对工艺过程稳定和生产很重要。日产化学开发出在制备催化剂时添加甲基羟基硅氧烷控制催化剂形状的技术。旭化成工业开发二烷基镁化合物、三烷基铝化合物的混合物在低温与四氯化钛反应的技术。这些催化剂合成聚乙烯中，残留催化剂降低到每克数十毫克以下，几乎达到不影响聚乙烯性能的程度，20 世纪 60 年代后期聚乙烯制造过程逐渐省略脱灰过程，目前工艺中已经看不到这个过程了。

4.5.2 聚烯烃的聚合工艺

4.5.2.1 通用聚烯烃聚合工艺

(1) *液相本体聚合工艺* 聚丙烯聚合工艺目前发展最快的是液相本体聚合工艺，这正是纳米复合可结合的工艺。该工艺流程简图，见图 4-28。

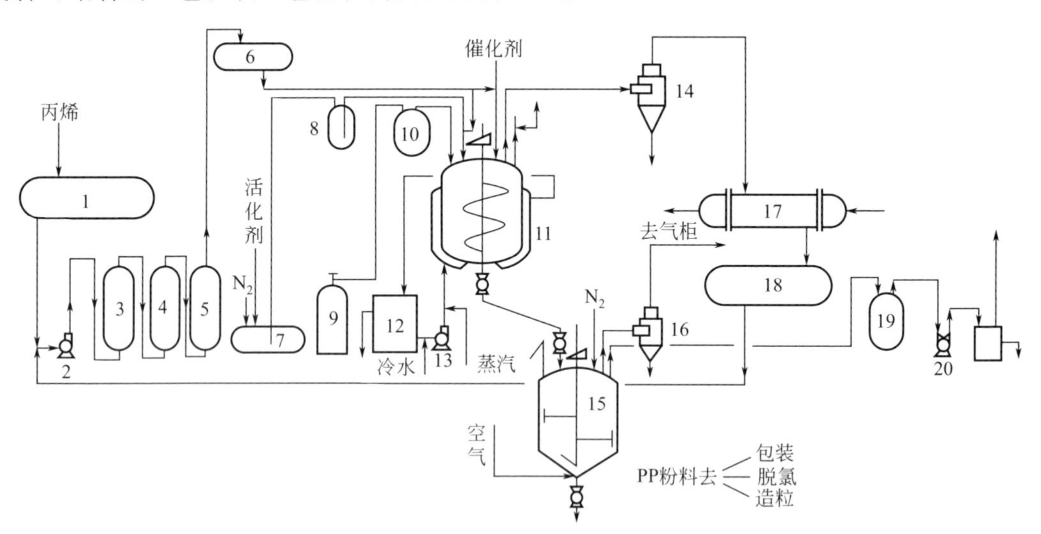

图 4-28 国内液相本体法聚丙烯工艺流程简图

1—丙烯罐；2—丙烯泵；3—干燥塔；4—脱氧塔；5—干燥塔；6—丙烯计量罐；7—活化剂罐；8—活化剂计量罐；9—氢气钢瓶；10—氢气计量罐；11—聚合釜；12—热水罐；13—热水泵；14—分离器；15—闪蒸去活釜；16—分离器；17—丙烯冷凝器；18—丙烯回收罐；19—真空缓冲罐；20—真空泵

(2) *工艺说明* 粗丙烯经过聚丙烯装置精制系统即干燥塔 3 的 Al_2O_3，脱氧塔 4 的 Ni 催化剂，干燥塔 5 的分子筛等脱水脱氧后送入计量罐 6。经计量进入聚合釜 11。工艺设计为络合Ⅱ型三氯化钛和一氯二乙基铝为活化剂，H_2 为分子量调节剂的反应。各物料加完后升温至 75℃，3.5MPa 液相本体聚合反应，生成聚丙烯颗粒悬浮在液相丙烯中。聚丙烯颗粒浓度逐渐增加，液相丙烯逐渐减少，釜内液相丙烯基本消失后，主要聚丙烯固体颗粒和未反应的气相丙烯，处于所谓的“干锅”状态。此时认为反应结束，持续反应时间为3～6h。

未反应高压丙烯气体用冷水或冷冻盐水作冷冻剂冷凝回收循环使用。釜内聚丙烯回收后的剩余压力向闪蒸去活釜15喷料。采用闪蒸法得到不含丙烯的聚丙烯粉料。聚丙烯后处理工艺中，脱氯得到含氯量低的聚丙烯。纳米粉体或前驱体加入上述工段“11”号聚合釜内。这类前驱体通过前处理或接枝反应，得到表面改性的可与丙烯相融合的体系。

聚丙烯常用环管工艺生产，Phillips公司1972年开发环管反应器，传热效果、好满釜操作、管内浆液流速高、单位容积产能高，用FT4S和N等高活性催化剂。

4.5.2.2 典型聚烯烃聚合复合工艺

(1) 双环管聚合工艺　我国茂名石化、北京燕山石化与上海石化等采用双环管工艺，制备分子量分布可控而等规度可调聚丙烯专用树脂。聚丙烯生产工艺对比见表4-40。

表4-40　聚丙烯聚合工艺特征及比较

聚合工艺	工艺特点	工艺条件
溶剂聚合法	1. 丙烯气溶解于己烷中聚合；聚合物固体颗粒悬浮于溶剂中；釜式搅拌反应器 2. 脱灰、脱无规物和溶剂回收流程长，能耗高而产品质量好 3. 离心分离聚丙烯颗粒，气流沸腾干燥	$T=70\sim75℃$ $p=1.0$MPa
溶液聚合	1. 聚合温度高于聚丙烯熔点，聚合物溶解于高沸点直链烃中，呈均相分布 2. 高温气提脱溶剂制熔融聚丙烯 3. Eastman Kodak 工艺	$T=160\sim250℃$
气相本体法	1. 丙烯直接气相本体聚合 2. 流程短，生产成本低 3. 反应器有流化床（UCC/Shell Unipol）；立式搅拌床（BASF Novolen）；卧式搅拌床（Amoco/Elpaso）	$T=40\sim70℃$ $p=2.0\sim3.5$MPa
液相本体法（含液气组合式）	1. 丙烯以液相本体聚合；乙烯丙烯在流化床中气相共聚 2. 流程短，生产成本低 3. 釜式搅拌反应器（Hypol）；环管反应器（Sheriopol）；搅拌式流化床，无规共聚和嵌段共聚	$T=65\sim75℃$ $p=3.0\sim4.0$MPa

(2) 聚丙烯纳米复合工艺　液相本体工艺较适于制备聚丙烯纳米复合材料，纳米复合可在如下几个工艺阶段与聚丙烯结合实施纳米复合工艺，即：

① 催化剂制备阶段

② 聚合阶段；

③ 聚合物造粒阶段。

前两个工艺阶段已实施纳米复合研究[84～86]及造粒工艺[87,88]。Phillips石油公司曾全面开展黏土聚烯烃复合材料研制[89]。

4.5.3 聚烯烃纳米复合材料工艺方法

4.5.3.1 纳米载体与原位聚合

(1) 纳米载体催化剂及原位聚合复合体系　乙烯聚合催化剂载体[90]体系主催化剂以无机矿物黏土载体负载金属活性中心，助催化剂组分组成包括：组分1烷基镁化合物或其与烷基铝化合物的络合物，组分2是烷基铝化合物。该催化剂体系乙烯聚合成本低廉、釜内一步完成[91]。催化剂负载于无机填料表面配以助催化剂，活性中心在无机黏土表面产生，聚乙烯树脂直接在无机填料表面聚合生成。

总之，采用无机黏土载体负载钛、铬金属活性中心而成聚乙烯主催化剂，然后采用溶液或气相聚合工艺，原位聚合复合形成聚乙烯纳米复合材料新品种。

(2) 纳米复合载负催化剂体系

【实施例 4-20】 聚乙烯-高岭土复合材料（表 4-41）制备　制备步骤如下。

① 高岭土经脱水（400℃，3～4h）和脱氧处理后，与 $TiCl_4$ 按照 10∶0.01～10∶1（g/mol）混合于庚烷溶剂中，并在 30～100℃反应 0.5～18h，得到固体催化剂粉末。

② 该固体粉末加入聚合反应釜中，按摩尔比 Mg/Al＝4∶1～1∶4 及 Al/Ti＝10∶1～100∶1加入双助催化剂二苯基镁和一氯二乙基铝，升温至 40～100℃（可优选 60℃）通入乙烯气体，在 0.7～1.2MPa 下聚合反应 0.2～2h，得聚乙烯-高岭土复合材料。

后续测试表明该复合材料中高岭土难以剥离成 100nm 以下的片层，大部分片层呈堆积状，并以 300～2000nm 平均粒径分布于聚乙烯聚合物基体中。

表 4-41　聚乙烯-高岭土复合材料

高岭土量（质量分数）/%	聚乙烯分子量 $M_W/10^6$	聚合时间 /min	冲击强度 /(J/m)	拉伸模量 /MPa	屈服强度 /MPa	断裂强度 /MPa	断裂伸长 /%
0.0	1.80	—	970.8	334.8	23.0	25.5	224.0
5.0	1.28	120	838.0	302.0	20.0	21.1	241.0
10.5	1.20	60	1091.8	421.3	21.7	21.5	261.0
23.0	1.25	30	966.8	548.4	21.0	20.3	246.0
42.0	1.31	15	895	844.0	23.1	17.0	119.0
60.4	1.12	10	612.5	1131.0	21.5	14.2	33.0

该气相乙烯聚合法合成聚乙烯及其复合材料的过程同步进行（不同于聚乙烯-无机填料复合材料熔融混合），合成的聚乙烯-高岭土复合产物直接用于注塑成型，生产效率高，成本低，污染小，产品具有优越的物理机械性能。

高岭土分散难达 100nm 水平，可称为聚乙烯纳-微米复合材料。类似地，采用蒙脱土载体催化剂，先用接枝聚丙烯处理蒙脱土前驱体，再进行原位聚合复合反应，制备聚丙烯蒙脱土纳米复合材料[92]，各组分组成参照表 4-42。

表 4-42　聚丙烯-蒙脱土纳米复合材料的组分与定额范围

组分	定额/g	组分	定额/g
蒙脱土	0.5～20	接枝聚丙烯	15～20
质子化剂	0.1～5	引发剂	0.1～5
有机阳离子	0.01～15	反应时间	2～3h
聚丙烯	50～99		

【实施例 4-21】 聚丙烯-蒙脱土纳米复合材料制备　3g CEC 为 0.90mmol/g 的蒙脱土加入 100g 水中分散。加入 1.5mL 6mol/L 磷酸搅拌 0.5h 得到悬浮液 A。将 1.3g 十六烷基三甲基氯化铵溶于 20g 水中，缓慢加入悬浮液 A 中，搅拌下将此混合液升温至 80℃并保持 0.5h，除去上层清液，并用蒸馏水清洗过滤物，再将滤物倒入 1000g 甲苯中搅拌升温到 130℃，常压下脱水后加入 97g 聚丙烯。聚丙烯溶解完全后加入 24.25g 马来酸酐、9.7g 苯乙烯和 3.9g 过氧化苯甲酰在反应釜中反应 3h 后，将溶液倒入 2000mL 丙酮中洗涤得到絮凝状沉淀物。真空干燥得到纳米复合材料，X 衍射及力学性能结果列于表 4-43。

可见，纳米复合材料性能明确提高。聚丙烯接枝、蒙脱土表面处理、聚丙烯复合一步完成，工艺和经济可行。但是蒙脱土加量限于 10%（质量分数）以下。增加蒙脱土含量时，纳米复合材料性能提高幅度很小，在工业应用中需考虑该情况。

表 4-43　聚丙烯-蒙脱土纳米复合材料的性能①

蒙脱土量/g	缺口冲击强度/(J/m)	拉伸强度/MPa	断裂伸长/%	弯曲模量/MPa	d_{001}面间距②/nm
0	26.5	33.0	400	1650	—
3	34.5	36.7	480	2100	4.0
5	32.5	36.2	460	2850	3.8
10	32.1	42.5	420	3800	3.4
10	31.0	41.2	430	3500	3.2
15	30.8	44.6	400	4100	3.1

① 表中所有样品，蒙脱土与聚丙烯的总量为 100g。

② X 射线衍射。

4.5.3.2　无机纳米载负催化剂与原位聚合

(1) 纳米载负实用性聚烯烃催化剂　采用黏土载负聚烯烃催化剂曾经历艰难尝试过程，因为黏土成分复杂、元素、质量和结构都具有不稳定性，然而其丰富资源和层状结构与离子交换性质，很快被确认为具有工业化前景体系。Phillips 石油公司（Bartlesville，OK）较早尝试用黏土制备聚烯烃催化剂，采用海泡石等黏土制备铬载负催化剂，用于聚乙烯聚合形成专用牌号。

(2)【实施例 4-22】　制备海泡石铬催化剂

① 制备 Cr 溶液　1333g（3.33mol）$Cr(NO_3)_3 \cdot 9H_2O$ 溶于 13.3L 去离子水中，搅拌下慢慢加入溶解 353g Na_2CO_3（3.33mol）的 6.7L 去离子水。同时不断搅拌混合物，加热到 90～95℃共 15～24h，其间不断补充因蒸发损失的水分，混合物冷却后室温储存。

② 制备柱状黏土　向上述 Cr 溶液中加入 2.0L 去离子水，加热到 90～95℃，持续搅拌 15min 后，加入 454g 海泡石黏土。加入黏土后溶液再搅拌加热 3h，补充因蒸发而失去的水分。黏土液态混合物分装 4～8L 离心瓶中。每一批都进行离心并用 600mL 水洗 6 次，再接着用 600mL 甲醇洗 4 次。每一批次重新整合并在真空 50～100℃下用 N_2 气净化过夜。干燥柱状黏土用维利磨研磨过 50 目筛，记为 P5。

③ 活化　将 20～25g P5 活化制备实验室规模流化床聚合催化剂（流化床石英管 60cm×5cm）。后续用 N_2 气流在 500℃处理 1h，再用干空气流在 600℃处理 3h 活化得催化剂 A5，它在 N_2 气流下冷却到室温，收集催化剂并储存在干的 N_2 气中备用。

另一催化剂 A8 用与 A5 类似的方法制备，不同之处在于，催化剂 A8 在空气中氧化后在 350℃处理，通入干燥 CO 气到流化床 30～45min。然后 CO 气用干燥 N_2 气进行置换干燥直至室温。再将催化剂按照上述方法收集，室温储存。

④ 聚合　乙烯单独聚合或与己烯-1 单体共聚合。聚合使用 2.6L 不锈钢管护套反应器。用干净 N_2 气和干燥异丁烷蒸气冲洗置换反应器后，加入 1.0L 液态异丁烷为稀释剂，催化剂 0.03～1.0g。若用共催化剂时，称量 1.0～2.0mL 0.5%有机金属化合物如三乙基铝（TEA）、三乙基硼及二乙基硅烷及其混合物，然后将反应器加热到指定温度。此反应器再用乙烯加压到 550psi，通过调节乙烯聚合速率维持该压力进行聚合反应，聚合时间为 1h。产率计算用干燥反应产物质量除以 1h 内用的催化剂量，表示为 g（聚合物）/[g(催化剂)・h]。聚合时间偏离 1h 的要归一化到 1h。根据观察黏土-烯烃催化剂在不同聚合条件下恒定聚合速率而计算。催化剂、聚合条件及产物性能如表 4-44 所示。

表 4-44　PE 聚合产物与性能

催化剂	温度/℃	己烯-1/%(质量分数)	助催化剂/10^{-6}	产率/[g/(g・h)]	高载荷熔融指数 HLMI/(g/10min)	密度/(g/cm^3)
A5	88	—	TEA (5)	2020	—	—
A5	88	—	TEA (5)	1560	—	—
A5	95	—	—	3170	—	—

续表

催化剂	温度/℃	己烯-1/%(质量分数)	助催化剂/10^{-6}	产率/[g/(g·h)]	高载荷熔融指数HLMI/(g/10min)	密度/(g/cm³)
A5	105	1.1	—	2070	0.7	0.944
A5	105	—	TEA (5)	2480①	2.8	0.951
A5	105	1.1	—	1100	0.7	0.946
A5	105	—	TEA (5)	3560①	2.9	0.953
A8	105	—	TEA (3)	2300①	6.1	0.948
A8	95	—	—	1600	—	—
A8	95	1.1	TEA(5)	1500①	8.0	—

① 反应器内含有5%(摩尔分数)的H_2。

(3) 实施例

【实施例4-23】 制备柱状坡镂石黏土

① 将160mL Cr溶液加热到90～95℃,不断搅拌,再加入6.5g黏土(ATT)加热1h。冷却到室温后,将混合物转移到离心瓶中。混合物进行离心,600mL去离子水洗6次,再接着用600mL甲醇洗4次。柱状黏土在真空炉内100℃下用N_2气干燥24h,得到的样品研磨后经50号筛,得到柱状黏土P11。

② 制备柱状坡镂石黏土 向18mL上述Cr溶液中加入52mL去离子水,再将该溶液持续加热到90～95℃。不断搅拌加入7.0g坡镂石黏土,该混合物再加热1h。将Cr柱状坡镂石黏土分离、洗涤、干燥及研磨得到柱状黏土记为P12。

参考原Phillips公司制备类似柱状坡镂石黏土载负Cr活性中心体系。

③ 黏土活化 柱状黏土P11和P12按照上述活化法得到催化剂A11和A12。该催化剂进行聚乙烯聚合。采用A11催化剂,TEA助剂5×10^{-6},温度95℃,产率3600g PE/(g催化剂·h),采用A12催化剂,TEA助剂5×10^{-6},温度95℃,产率2450g PE/(g催化剂·h)。

4.5.3.3 原位聚合复合纳米聚烯烃

(1) 原位聚合复合纳米聚丙烯

【实施例4-24】 烷基氯化铵处理黏土载体及其纳米复合材料 取十六烷基氯化铵或十八烷基氯化铵处理黏土15g,真空干燥,与5g $MgCl_2$混合球磨48h后,加入溶剂甲苯50mL形成均匀混合浆体。此浆体中加入50mL $TiCl_4$,在砂芯反应器中100℃反应2h,再用正庚烷洗涤5次,真空干燥得活性土载体催化剂(0.01～0.04g Ti/g活性黏土)。

丙烯聚合按通常PP聚合条件与方法。反应器反复抽提后加入溶剂(甲苯)500mL和助催化剂($AlEt_3$)1.0g,充入一定压力丙烯单体,N_2气保护下加入2g活性黏土催化剂于上述混合物中。在70～80℃下反应一定时间,用乙醇终止反应,经后处理得到粉状PP纳米复合材料。得到的PP黏土纳米复合材料的性能如表4-45所示。

表4-45 黏土含量对PP-黏土纳米复合材料热机械性能的影响

纳米复合材料	E'/GPa				T_g/K	HDT/K
	233K	293K	353K	393K		
PP(0.0%)	1.42	0.38	0.21	0.12	279.2	383
PP/MMT(2.5%)	2.08	0.76	0.36	0.24	285.1	411
PP/MMT(4.6%)	2.22	0.82	0.46	0.28	282.0	417
PP/MMT(8.1%)	2.43	0.98	0.54	0.36	281.0	424

(2) 原位聚合复合法合成聚乙烯纳米复合材料

【实施例4-25】 原位聚合复合合成聚乙烯纳米复合材料工艺

① 凹凸棒土活化 凹凸棒土或坡缕石在马弗炉中100～1000℃ N_2气保护下高温处理6h,

得到粉体，在此气氛下与 $TiCl_4$/己烷反应 0.5～3h。产物在 N_2 气流下用己烷洗涤并保护。

② 凹凸棒土原位聚合复合　在一个 500mL 玻璃反应器内装入搅拌装置、通入 N_2、配置油浴，然后依次加入 200mL 己烷、催化助剂 AlR_3、乙烯及上述活化的凹凸棒土。乙烯以 1atm 压力加入并聚合 0.5～3h，加入乙醇终止反应。通过以上实例得到复合材料，其性能参见表 4-46。

表 4-46　凹凸棒土载负 Z-N 催化剂合成的聚乙烯复合材料的性能

烧结温度/℃	催化剂 Ti 含量(质量分数)/%	催化剂聚合活性/[g PE/(g Ti·h)]
100	8.97	32
200	7.14	75
300	2.03	256
500	1.06	966
800	0.54	904

(3) MMT/SiO_2 复合载体催化剂的聚乙烯聚合　采用类似载体方法，我们用 TEOS 前驱物与 MMT 制成复合载体。该复合载体的 MMT 层间距如图 4-29(a) 所示，片层间的纳米 SiO_2 颗粒形态见图 4-29(b)。

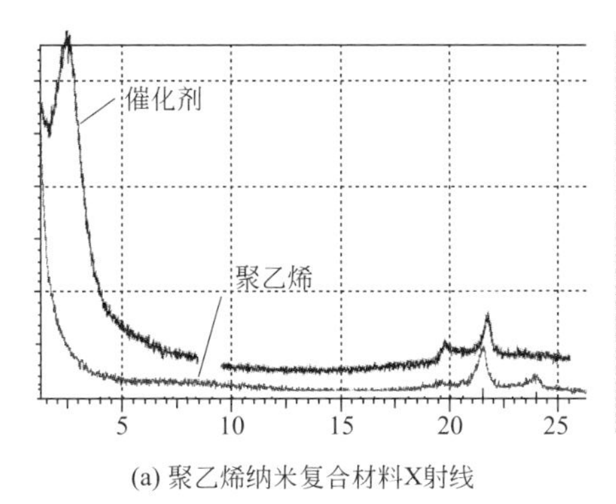

(a) 聚乙烯纳米复合材料X射线

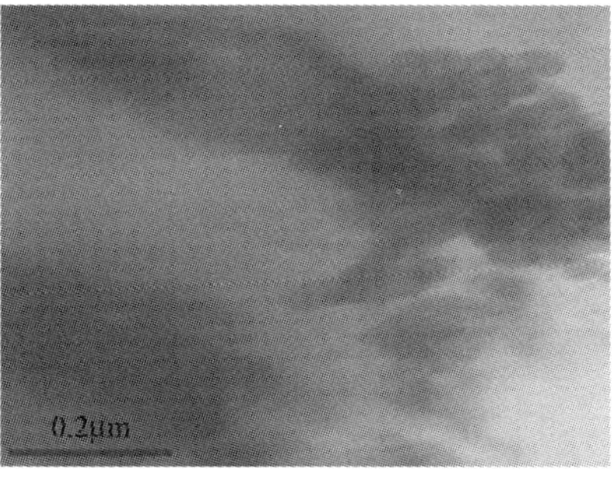

(b) 纳米SiO_2撑开的MMT片层的形态

图 4-29　聚乙烯纳米复合材料中 MMT 片层的间距及 SiO_2 撑开的片层与分散形态

该复合载体制备聚乙烯纳米复合材料，片层剥离程度在整个聚合物体系并不均匀，即有的区域剥离充分，有的区域片层更多处于堆积状态。如图 4-30 所示。

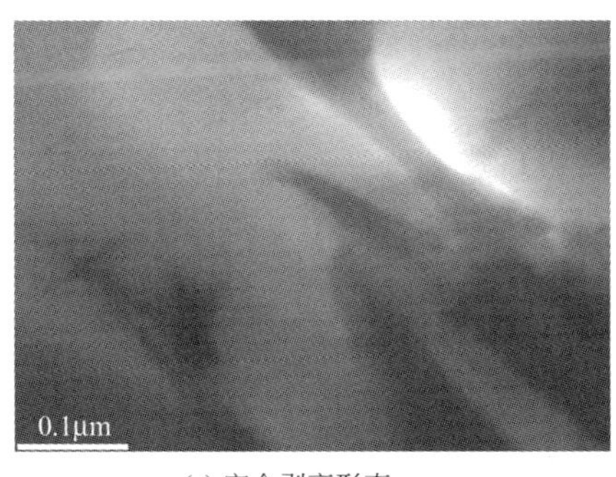

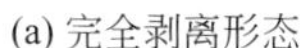

(a) 完全剥离形态

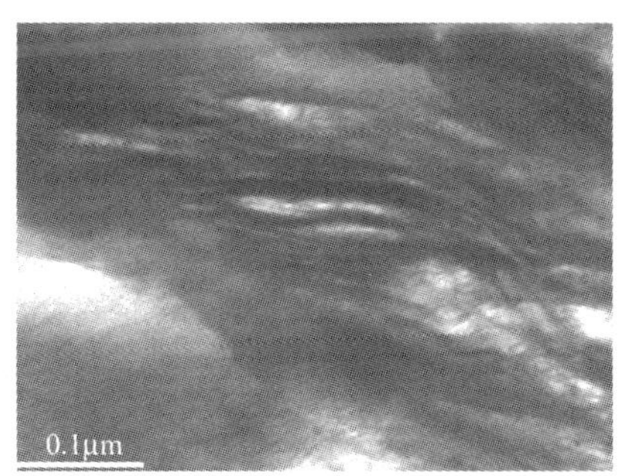

(b) 部分剥离和堆积共存形态

图 4-30　聚乙烯纳米复合材料中的蒙脱土片层剥离与分散形态

4.5.3.4　熔体复合纳米复合材料

经过有机化处理黏土与聚丙烯在熔体态复合成纳米复合材料[93,94]。聚丙烯熔体、接枝聚丙烯低聚物及表面处理有机化硅酸盐复合物可直接利用基础机熔融挤出制备纳米复合材料。若先将乙酰丙酮丙烯酰胺与接枝马来酸酐聚丙烯进行共聚合，再与聚丙烯基体及表面处理有机化硅酸盐复合材料进行熔体复合，得到的材料相容性更好，粒子分散均匀。S. D. Hudson 等在接枝聚丙烯基础上，以十六烷基氯化铵或十八烷基氯化铵处理黏土为无机相，先与接枝聚丙烯熔体复合，再与聚丙烯树脂在挤出机经过熔体复合挤出产品，产品性能如表 4-47 所示。

表 4-47 硅烷处理黏土与马来酸酐接枝聚丙烯增强复合材料的性能

物性指标	黏土含量(质量分数)/%						
	0	1	2	5	10	20	30
i-PP 含量(质量分数)/%	100	99	98	95	90	80	70
拉伸模量/GPa	1.9	13	14	16	16	17	18
拉伸强度/MPa	31	32	32	33	43	50	53
冲击强度/(J/m)	33	31	31	30	31	29	28

注：10%硅烷处理黏土，90%马来酸酐接枝聚丙烯（2%质量硅烷相对黏土），Izod 缺口冲击。

4.5.4 纳米前驱体载负茂金属聚乙烯催化剂

4.5.4.1 载负茂金属蒙脱土纳米前驱体

（1）处理蒙脱土的处理剂　蒙脱土为纳米前驱体载负茂金属，需进行表面处理。可用于制备茂金属催化剂有机黏土载体的有机处理剂见表 4-48。

表 4-48 可用于制备茂金属催化剂有机黏土载体的有机处理剂

季铵盐名称	分子式
十二烷基三甲基氯化铵	$C_{12}H_{25}N^+(CH_3)_3Cl^-$
十二烷基二甲基苄基氯化铵	$C_{12}H_{25}ArCH_2N^+(CH_3)_2Cl^-$
十六烷基三甲基溴(氯)化铵	$C_{16}H_{33}N^+(CH_3)_3X^-(X=Cl,Br)$
十八烷基三甲基氯化铵	$C_{18}H_{37}N^+(CH_3)_3Cl^-$
12-氨基十二酸	$H_2N—C_{12}H_{25}—COOH$
16-氨基十六酸	$H_2N—C_{16}H_{25}—COOH$
十八烷基氨基酸	$H_2N—C_{18}H_{37}—COOH$
十八烷基二甲基苄基氯化铵	$C_{18}H_{37}ArCH_2N^+(CH_3)_2Cl^-$
二甲基苄基苯基氯化铵	$ArCH_2—N^+(CH_3)_2(Ar)Cl^-$

（2）实施例

【实施例 4-26】 有机黏土茂金属催化剂载体　具体为 10g 黏土（CEC 为 0.95mmol/g）与 490mL 水在 60℃混合，搅拌形成 2%（质量分数）水浆。将 1g 处理剂双(2-羟乙基)甲基牛脂氯化铵加入上述混合液中强力搅拌 1min 后滤掉残渣。再搅拌后在 60℃循环气流中干燥 16h 得有机黏土。该黏土经造粒用于制备茂金属催化剂载体。在载体基础上，选择主催化剂成分或结构形态应包括非桥链、桥链及限定几何构型的茂金属化合物：二氯二茂锆、二氯二茐钛、$(CH_3)_3C[Ind]_2ZrCl_2$、$(CH_3)_2C[Cp,Ind]ZrCl_2$、$(CH_3)_2C[Cp,Ind]TiCl_2$、rac-$Et(Ind)_2ZrCl_2$ 或 $CpSi(Me)_2N(t\text{-}Bu)ZrCl_2$ 等。

主催化剂金属原子质量占负载茂金属催化剂总质量的 0.1%～5%。负载率高可降低助催化剂烷基铝氧烷用量，铝/中心金属原子摩尔比为 50～200，最低降到 50 而保持活性；又如硼化物用量：硼/中心金属原子摩尔比为 0.5～1。

助催化剂与主催化剂能形成金属阳离子活性中心化合物烷基铝氧烷和硼化物。烷基铝氧烷，如甲基铝氧烷、乙基铝氧烷、丁基铝氧烷等；硼化物包括 $B(C_6F_5)_3$、$[Ph_3C]B(C_6F_5)_4$、$HNR_3B(C_6F_5)_4$ 等。

【实施例 4-27】 纳米前驱体材料载体负载茂金属催化剂

① 将纳米材料载体置于用金属钠蒸馏处理过的甲苯溶剂中搅拌分散均匀，加入助催化剂，常温下搅拌1～6h；同时，将主催化剂溶于干燥处理的甲苯中；将主催化剂溶液移至纳米材料分散液中，于20～65℃下继续搅拌1～6h，抽干甲苯溶剂、洗涤，制得负载茂金属催化剂，整个过程氮气保护，无氧无水操作。

② 助催化剂先不加入纳米材料分散液中，而是于烯烃聚合时加入反应釜中，其他工艺过程与第一种方法相同。

4.5.4.2 原位聚合复合工艺

【实施例4-28】 原位聚合复合工艺 取3.50g经十六烷基三甲基溴化铵处理的蒙脱土纳米载体，比表面积为450m^2/g，加入甲苯（甲苯均为金属钠蒸馏处理），40℃搅拌2h，然后再加入甲苯、MAO溶液，常温下继续搅拌2h；称取0.22g二氯二茂锆（购自Aldrich公司，直接使用，Zr含量为30.1%）加入甲苯中制成溶液，然后将主催化剂溶液转移至纳米材料的甲苯分散液中，于60℃下搅拌4h，抽干甲苯溶剂，甲苯洗涤制得负载茂金属催化剂。助催化剂与主催化剂用量之比（铝/锆比）为200。整个过程须在惰性气体保护下严格操作。用偶氮砷法通过分光光度计测定其主催化剂的金属原子锆占负载成金属催化剂总质量的比例（简称载锆量）为1.32%。用同样方法制备二氧化硅载体催化剂做对比实验。

用该催化剂在小聚合实验装置上做乙烯淤浆均聚（压力0.6kPa、温度60℃、时间4h），得到的聚合物形态好。该催化剂活性为2.71×10^7g/(mol·h)。以二氧化硅为载体的催化剂的聚合活性为6.60×10^6g/(mol·h)。

【实施例4-29】 锂蒙脱石载负催化剂 ε-氨基酸处理3.50g锂蒙脱石，比表面积为390m^2/g，0.70g二丁基茂二氯锆（Zr含量为17.0%），助催化剂为MAO，其余同实施例4-28。测定催化剂载锆量为2.70%，铝/锆比为100。

该催化剂用于乙烯与己烯-1淤浆共聚（己烯含量为15%，聚合压力0.6kPa、温度60℃、时间4h），聚合反应活性为3.11×10^7g/(mol·h)，采用二氧化硅载体催化剂，聚合活性为9.15×10^6g/(mol·h)。

该催化剂用于乙烯与辛烯-1淤浆共聚（辛烯含量为15%，聚合压力0.6kPa、温度60℃、时间4h），聚合反应活性为3.19×10^7g/(mol·h)，采用二氧化硅载体催化剂聚合活性9.03×10^6g/(mol·h)。聚合物物性如表4-49所示。

表4-49 纳米材料载体催化剂聚合物性能比较

聚合物物性1	$M_W\times10^{-4}$	$M_n\times10^{-4}$	M_W/M_n	熔点/℃
蒙脱土纳米材料载体催化剂	8.04	3.91	2.06	119
二氧化硅载体催化剂	6.65	3.14	2.12	117
聚合物物性2				
蒙脱土纳米材料载体催化剂	8.04	3.93	2.05	120
二氧化硅载体催化剂	6.93	3.03	2.29	117

4.6 功能高聚物纳米复合材料

4.6.1 水溶性高分子纳米复合材料

4.6.1.1 聚丙烯酰胺及其共聚物纳米复合材料

（1）体系和反应设计原则 采用聚丙烯酰胺、聚苯乙烯和聚氨酯等为功能高分子基体，可设计其单体与层状硅酸盐纳米中间体、纳米SiO_2或纳米量子点经过聚合反应得到纳米复合材料。实际设计原位聚合复合、溶液插层复合工艺或核-壳颗粒分散复合工艺方法，制成纳米复合材料。

(2) 聚丙烯酰胺共聚物设计　提高丙烯酰胺聚合物耐温抗盐性，是通过聚合物改性或共聚引入其他功能单元，如大侧基或刚性侧基，提高聚合物分子主链热稳定性。如在高分子主链中引入亲水和亲油基团、与天然高分子共聚或引入优良表面活性功能基团等[95]。

丙烯酰胺与一种或几种耐温耐盐单体（如含苯环、环状结构刚性基团的乙烯类单体，如苯乙烯磺酸、*N*-烷基马来酰亚胺、3-丙烯酰亚氨基-3-甲基丁酸等）共聚得到共聚物，可控制高温高盐水解及不与钙、镁离子反应沉淀。大侧基或刚性侧基的位阻效应使分子运动阻力增大，保护分子链不断裂，降低高温黏度降幅。

自由基聚合法制备丙烯酰胺-*N*-乙烯基吡咯烷酮-甲基丙烯酸-*N*,*N*-二甲氨基乙酯三元共聚物P（AM-NVP-DMDA），其溶液存在相分离微区、黏度增大及抗盐抗剪切性能。丙烯酰胺分子中引入对盐不敏感的磺酸基，采用反相微乳液聚合法合成AM/AMPS/甲基丙烯酸十八酯驱油共聚物，其表现出良好的耐温耐盐性能。

(3) 聚丙烯酰胺共聚物纳米复合材料设计制备　聚丙烯酰胺共聚物纳米复合材料设计，包括选择无机纳米中间相、原位聚合工艺及调控与后处理工艺。

① 设计有机化无机中间相　通常采用有机分子表面处理及离子交换与插层方法，得到表面活化基团或层间距优化的无机纳米中间体。

【实施例 4-30】 有机化无机层状硅酸盐中间体　将一定量层状硅酸盐蒙脱土粉末（CEC为1.0mmol/g的MMT），按其与水1∶15质量比分散于去离子水中，自然溶胀30min形成悬浮液。然后十六烷基三甲基氯化铵和乙醇胺按1∶2质量比配成复合插层剂溶液，加入几滴稀释浓盐酸溶液使插层剂溶液澄清。开动搅拌器反应，反应水浴升温至80℃，将插层剂溶液缓慢滴入蒙脱土悬浮液中反应16h，制得有机蒙脱土浆液，根据需要优化处理该浆液。该浆液降温至65℃并加入一定量AM单体反应4h，降温至30℃加入少量过硫酸铵，氮气氛下反应4h，制得有机蒙脱土无机中间相浆液。

② 设计不同分子量聚丙烯酰胺纳米复合材料　利用上述有机化处理反应，控制无机相加量和反应时间，可调制不同分子量聚丙烯酰胺纳米复合体系。

③ 设计共聚纳米复合材料　采用AMPS、磺化苯乙烯单体、苯乙烯等参与上述丙烯酰胺共聚，得到共聚纳米复合材料。

4.6.1.2 共聚物纳米复合材料的结构性能

采用原位聚合复合法的样品，建立分子量-无机相关系曲线，见图4-31。

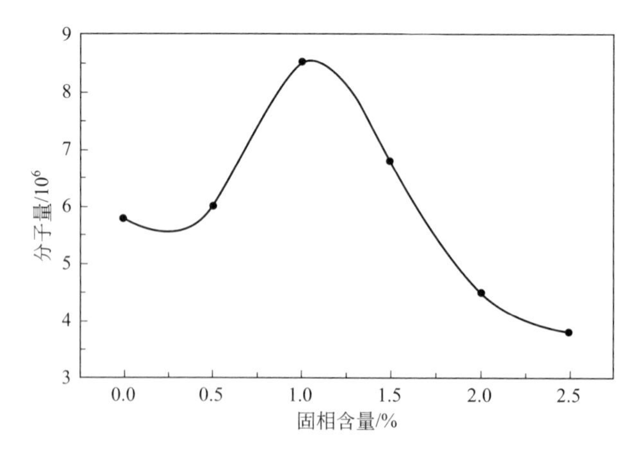

图4-31　纳米复合样品（PAMMMT）分子量-无机固相关系曲线

高活性剥离纳米片层吸附—NH_2、—OH 等极性基团及聚集聚合物分子链，产生部分交联，增大聚合物分子尺寸及流体力学体积，提高体系黏度。无机中间体增大到一定量时，交联程度、物理吸附作用增大，聚合物分子链团聚使总体流体力学体积减小，黏度降低。

4.6.1.3 疏水缔合共聚物纳米复合材料

(1) 疏水缔合共聚物　疏水缔合水溶性聚合物[43]，是指亲水性大分子主链带少量疏水基团（摩尔分数 2%～5%）的水溶性聚合物，具有特殊溶解性。水溶液疏水基憎水聚集，大分子链产生分子内与分子间缔合。在临界缔合浓度以上，分子间缔合增大流体力学体积，具有较好增黏性。疏水缔合空间网状结构具有抗盐耐高温性。

常用油溶性疏水单体有 *N*,*N*-二丁基丙烯酰胺（DBA）、*N*-烷基丙烯酰胺（*N*-AAM）、苯乙烯及其衍生物（STD）等。此外，阴离子表面活性疏水大单体有 2-丙烯酰氨基十六烷磺酸（$AMC_{16}S$）、2-丙烯酰氨基十二烷磺酸（$AMC_{12}S$）、2-丙烯酰氨基十四烷磺酸（$AMC_{14}S$）等。AM/AMPS/*N*-烷基丙烯酰胺三元共聚物水溶液均方旋转半径较大，具有耐温抗盐和水溶性，用于高温和矿化度油藏三次采油。

多元组合共聚物综合考虑疏水缔合、两性、耐温耐盐共聚特性，将阳离子、阴离子、耐温耐盐和疏水单体优化组合共聚。如 AM/NVP/丙烯酸（AA）三元共聚物，抗温耐盐性较 PAM 改进很大。引入乙烯基吡咯烷酮单元共聚物，当盐浓度低于 1%时，盐浓度几乎不影响产品黏度及优异抗钙性，适于高矿化度油田驱油。

(2) 疏水缔合共聚纳米复合材料　疏水缔合共聚纳米复合材料，是指在疏水缔合共聚物体系中加入纳米相，经过原位聚合、共混复合工艺等所形成的纳米复合材料体系。相比较而言，疏水缔合共聚纳米复合材料应设计产生更高的抗高温、抗盐及综合特性。

4.6.2 水溶性高分子纳米复合纳米效应

4.6.2.1 黏温效应

水溶性共聚物纳米复合材料同比其原始共聚物，产生显著抗温性和应用效应[96,97]。共聚纳米复合流体作为油气工程压裂液时，参见其黏-温曲线，图 4-32。

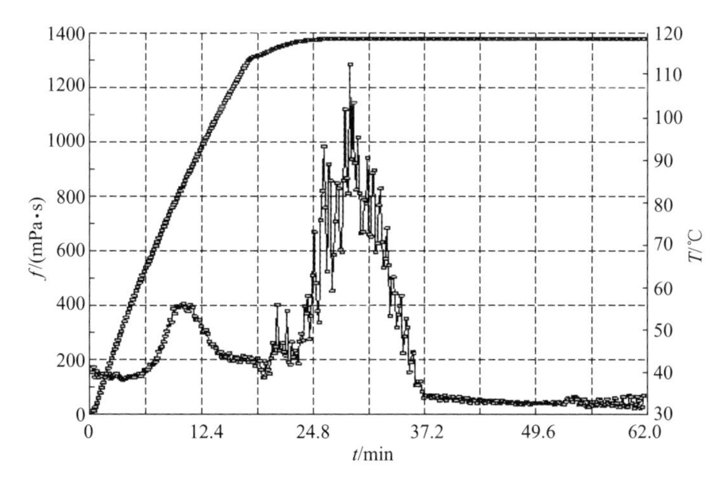

图 4-32 聚丙烯酰胺纳米复合压裂液高温流变性实验

剪切速率 $170s^{-1}$，时间 1h，纳米复合压裂液随温度上升，黏度呈下降趋势，中间有两个升温峰，是交联剂二次交联现象，温度为 120℃时最后保留黏度为 67.55mPa·s，高于评价标准 50mPa·s 的要求。

4.6.2.2 流变和携带效应

采用旋转黏度计测定压裂液基液流变性，交联冻胶流变性曲线如图 4-33 所示。计算压裂液基液流变性参数，具有可控流变、交联和携沙性。

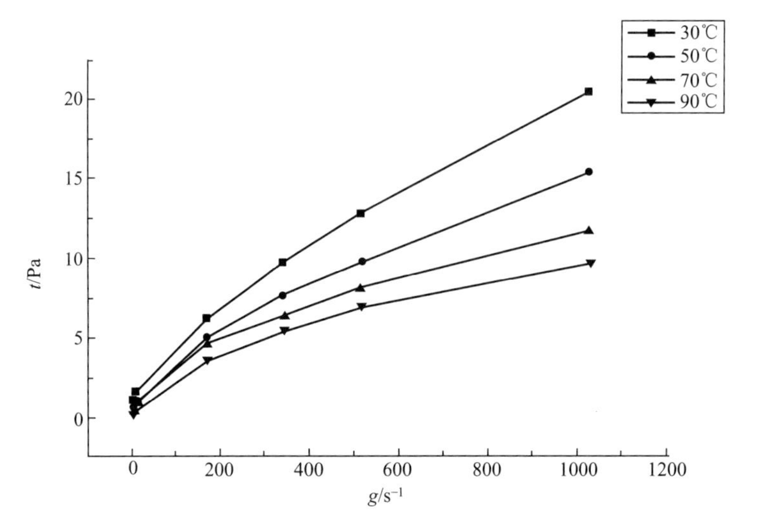

图 4-33 共聚物纳米复合基液组合物流变性（稠化剂溶度 0.5%）

参 考 文 献

[1] Yano K, Usuki A, Okada A, et al. Polymer Preprint, 1991, 32: 65.

[2] Zhu Z K, Yang Y, Ke Y C, et al. J Appl Polym Sci, 1999, 73: 2063.

[3] 霍蒲夫 H，缪勒 A，文格尔 F. 聚酰胺. 沈阳市新生企业公司科技资料室译. 北京：中国工业出版社，1965：45-60.

[4] 王有怀. 铸型尼龙. 北京：科学出版社，1973.

[5] 李强. 博士后出站报告. 尼龙 6/黏土纳米复合材料制备与性能研究. 北京：中国科学院化学所，1996.

[6] Usuki A, Kojima Y, Kawasumi M. J Mater Res, 1993, 8: 1179.

[7] (a) Eur. Plast. News, 2000, 27 (11): 27; (b) 李蕴玲. 国外石油化工快报，2001，31（8）：1.

[8] Bradhury E W, Brown L, Elliot A. Polymer, 1965, 6: 465.

[9] Kojoma Y, Usuki A, Kawasumi M, et al. J Appl Polym Sci, 1995, 55: 119。

[10] (a) 柯扬船. 聚酯层状硅酸盐纳米复合材料及其工业化研制 [D]. 北京：中国科学院化学所，1998；(b) 柯扬船，孙明卓. 高分子材料科学与工程. 2006，22：146.

[11] (a) Peggy C, Su Don H. Polymer, 1986, 27: 1183; (b) Jiang T, Wang Y H, Yeh J T. European Polymer Journal, 2005, 41: 459.

[12] 李克友，张菊华，向福如. 高分子合成原理及工艺学. 北京：科学出版社，2001.

[13] 林尚安，陆耘. 高分子化学. 北京：科学出版社，1982.

[14] Twardowski T E. Chem Innovation, 2000, 30 (11): 14.

[15] Lan T, Kaviratna P D, Pinnavaia T J. Chem Mater, 1995, 7: 2144.

[16] Lan T, Pinnavaia T J. Chem Mater, 1994, 6: 2216.

[17] Messersmith P B, Giannelis E P. Chem Mater, 1994, 6: 1719.

[18] 吕建坤，柯毓才. 漆宗能，等. 高分子学报，2000，1：85.

[19] 柯扬船，柯毓才，蒙脱土纳米复合材料在油田开发中的应用探索（Ⅱ. 双酚 A 型 PEO-NPP 复合材料制备与性能）. 石油天然气化工，2004，1（33）：50.

[20] 吕建坤，柯毓才，漆宗能，等. 高分子通报，2000，2：18.

[21] Lv J K, Ke Y C, Yi X S, et al. J Polym Sci, Part B: Polym Phys, 2001, 39: 115.

[22] (a) Theng B K G. Formation and Properties of clay-polymer complexes. New York: Elsevier, 1979; (b) Choi H J, Kim S G, Hyun Y H, et al. Macromol Rapid Commun, 2001, 22: 320.

[23] 陈济美. 地质实验室，1991，2：185.

[24] Usuki A, Mizutani T, Fukushima Y. Composite material containing a layered silicate: US Patent, 4889885. 1989.

[25] Kakimoto M，Iyoku Y，Morikawa A，et al. Polym Prepr，1994，35（1）：393.
[26] Ke Y C，Lu J K，Yi X S，et al. J Appl Polym Sci，2000，18（4）：808.
[27] Shi H Z，Lan T，Pinnavaia T J. Chem Mater，1996，8：1584.
[28] Pinnavaia T J，Lan T，Wang Z，et al. Nanotechnology，Molecularly Designed Materials，ACS Symposium Series 622；G M Chow，G K E Ed onsalves. D C Washington：ACS，1996，250.
[29] Chin I J，Thomas T A，Kim H C，et al. Polymer，2001，42（13）：5947.
[30] Wang M S，Pinnavaia T J. Chem Mater，1994，6：468.
[31] 柯毓才，王玲，漆宗能. 高分子学报，2000，6：768.
[32] 柯毓才，苏炳辉，王建平，等. 复合材料学报，1984，1：16.
[33] Lan T. Proc ACS Div Polym Mater：Sci Eng（PMSE），1994，71：527.
[34] Uwins P J R，Mackinnon I D R，Thompson J G，et al. Clays Clay Min. 1993，41：707.
[35] Carreau P J，De D C R，Chhabra R P. Rheology of Polymeric System- Principles and Applications. New York：Hanser Publishers，1997：38-39.
[36] (a) Larson R G. The Structure and Rheology of Complex Fluids. New York：Oxford University Press，1999：14；(b) Tong J D，Bai R K，Zou Y F，et al. J Appl Polym Sci，1994，52：1373.
[37] Theng B K G. The Chemistry of Clay-Organic Reactions. London：Hilger，1974.
[38] 杨始坤，陈向明，陈玉君. 高分子通讯，1985，(3)：207.
[39] Komarneni S. J Mater Chem，1992，2：1219.
[40] 柯扬船，龙程奋，漆宗能，等. 全国高分子学术年会论文集. 合肥，1997.
[41] Abu-Isa I A，Eusebi E，Jaynes C B. High impact polyethylene terephthalate polyblends：US Patent，4661546. 1987.
[42] Ke Y C，Long C F，Qi Z N. J Appl Polym Sci，1999，71：1139.
[43] 柯扬船. 高分子材料科学与工程，2004，20：88.
[44] Ke Y C，Yang Z B，Zhu C F. J Appl Polym Sci，2002，85：2677.
[45] (a) Ke Y C. Chinese Journal of Chemical Engineering，2003，11：701；(b) Ke Y C，Wu T B，Yan C J，et al. Particuology，2003，1（6）：247.
[46] 柯扬船. BASF 公司研究报告. 北京：中科院化学所，1997.
[47] 柯扬船，朱传风，漆宗能，等. 全国高分子学术年会. 合肥，1997.
[48] 柯扬船，漆宗能. 桂林高分子物理国际会议. 桂林，1997.
[49] 柯扬船. 全国高分子学术年会. 合肥，1997.
[50] 柯扬船. 全国高分子物理青年高级研讨会. 上海，1999.
[51] 漆宗能，柯扬船，丁佑康，等. 一种聚对苯二甲酸丁二酯/层状硅酸盐纳米复合材料及其制备方法：中国专利，97104194. 6. 1998.
[52] Usuki A，Koiwai A，Kojima Y，et al. J Appl Polym Sci，1995（55）：118.
[53] 漆宗能，李强，赵竹第，等. 一种聚酰胺/黏土纳米复合材料及其制备方法：96105362. 3. 1996，12.
[54] 李健英. 胶体化学. 北京：石油工业出版社，1982.
[55] 赵竹弟，高宗明，漆宗能. 高分子学报，1996，26：228.
[56] Okada A，Kawasumi M，Kohzaki M L，et al. Composite material and process for producing the same：US Patent，4894411. 1990.
[57] 须腾俊男. 黏土矿物学. 严寿鹤译. 北京：地质出版社，1981.
[58] Usuki A，Mizutani T，Fukushima Y. Compasite material containing a layered silicate：US Patent，4889885. 1989.
[59] 柯扬船，漆宗能. 聚酯-无机纳米复合材料研制报告. 北京：中国石化集团燕山石化公司，1996.
[60] 乔放，李强，漆宗能. 高分子通报，1997，(3)：135.
[61] (a) Usuki A，Koiwai A，Kojima Y，et al. J Appl Polym Sci，1995，55（31）：119；(b) Usuki A，Kawasumi M，KojimaY，et al. J Mater Res，1993，8：1174.
[62] (a) 柯扬船. 材料研究学报，2003，17：554；(b) 杨始坤，游飞越. 聚酯工业，1995，1：1.
[63] 漆宗能，柯扬船，丁佑康. 一种聚对苯二甲酸丁二酯/层状硅酸盐纳米复合材料及其制备方法：中国专利，97104194. 6. 1998，3.
[64] 张金德. 聚酯工业，1955（2）：15.
[65] 赵庆章. 合成纤维工业，1988（2）：266.
[66] 于同隐. 合成纤维工业，1982（5）：14.
[67] 潘曼娟，凌雅君. 化工进展，1990（3）：14.
[68] 高木谦行，佐佐木平三. 聚丙烯树脂. 向阳译. 北京：科学出版社，1972.

[69] (a) S P Tang. Catalytic Polymerization of Olefins. Tokyo：Elsevier-Kodansa，1986；(b) 林尚安，于同隐，杨士林. 配位聚合. 上海：上海科技出版社，1988.

[70] (a) Glgali G，Ramash C，Lele A. Macromolecules，2001，34 (4)：852； (b) Solomon M J，Almusallam A S，Seefeldt K F，et al. Macromolecules，2001，34：1864；(c) 甄建. 塑料加工应用，2001，23 (1)：5.

[71] Boor J Jr. Ziegler-Natta Catalysts and Polymerizations. New York：Academic Press，1979.

[72] Seymour R B，Cheng T. History of Polyolefins. Holland：Reidel Publ Co，1986.

[73] Fink G，Mulhaupt R，Brintzinger H H. Ziegler Catalysts. New York：Springer-Verlag，1995.

[74] McMillian F M. The Chain Straighteners. London：Macmillan Press Ltd，1979.

[75] Kissin Y V. Isospecific Polymerization of Olefins. New York：Springer-Verlag，1985.

[76] Galli P. Macromol Symp，1995，89：13.

[77] Sinn H，Kaminsky W. Adv Organomet Chem，1980，18：99.

[78] Welborn Jr，Howard C，Ewen，et al. Process and catalyst for polyolefin density and molecular weight control：US Patent ，5324800. 1994.

[79] Stevens J C. // Soga K，Terano M. Catalyst Design for Tailor-Made Polyolefins. Eds. New York：Elsevier，1994：277-284.

[80] Johnson L K，Killian C M，Brookhardt M. J Am Chem Soc，1995，117：6414.

[81] Xie Tuyu. Control of olefin polymerization using hydrogen：US 6303710. 2000.

[82] (a) Lenges Geraldine Marie. Polymerization of ethylene：USP6365690. 2000；(b) Bennett Alison Margaret Anne. Iron catalyst for the polymerization of olefins：USP6214761. 2001.

[83] (a) Johnson L K，Citron J D. Polymerization of olefins：European Patent 1068243. 2001；(b) Johnson L K，Bennett A M A，Ittel S D，et al. Polymerization of olefins：Worldwide Patent，1998/030609. 1998.

[84] Zechlin J，Hauschild K，Fink G. Macromol Chem Phys，2000，201：597.

[85] Rong J F，Jing Z H，Li H Q，et al. Macromol Rapid Commun，2001，22：329.

[86] Choi H J，Kim S G，Hun Y H，et al. Macromol Rapid Commun，2001，22：320.

[87] Xu R J，Manias E，Snyder A J，et al. Macromolecules，2001，34：337.

[88] Lu X，Manners I，Winnik M A. Macromolecules，2001，34：1917.

[89] Shveima S J. Chromium ribbon-like silicate clay. alpha. -olefin catalysts：USP5502265. 1996.

[90] 董金勇，胡友良. 一种乙烯聚合载体催化剂体系：中国专利 97120297. 1997.

[91] 董金勇，胡友良，漆宗能. 聚乙烯/无机填料复合材料的制备方法：中国专利 97120157，1997.

[92] 王德平，梁滔，朱博超，等. 一种聚丙烯/蒙脱土纳米复合材料及制备方法：中国专利 00104624. 2000.

[93] Usuki A，Kato M，Okada A，et al. J Appl Polym Sci，1997，63 (1)：137.

[94] (a) Kojima Y，Usuki A，Kawasumi M，et al. J Polym Sci，Part B：Polym Phys，1995，33：1039 ；(b) Usuki A，Kojima Y，Kawasumi M，et al. J Mater Res，1993 (8)：1179 ； (c) 赵竹第，李强，欧玉春，等. 高分子学报，1997，5：519-523.

[95] Evani S，Midland M. Water-dispersible hydrophobic thickening agent：USP，4432881. 1984.

[96] 杨莉. 聚丙烯酰胺纳米复合材料弱凝胶制备及驱替行为研究 [D]. 北京：中国石油大学，2007.

[97] 袁翠翠. 水溶性高聚物纳米复合压裂液流体特性研究 [D]. 北京：中国石油大学，2016.

第5章 纳米结构可控分散及组装复合体系

纳米结构和纳米材料是纳米科学的重要内涵与分支学科。

纳米结构是深入探究纳米材料基本物理化学效应的主要途径。纳米单元无序分布与堆积形成大尺度块体结构，但是纳米单元间复杂化界面结构、凝聚态难以调控，由此形成的量子和表面等纳米效应及其机理实难澄清。将纳米材料基本单元如纳米微粒、纳米丝、纳米棒等纳米结构分离、组合与组装，可建立纳米单元及其组装结构与耦合调控纳米材料特性方法，设计并创造新颖纳米效应。

创造新颖的纳米单元，通过纳米孔、纳米有序阵列、高分子复合阵列产生可控纳米效应[1~11]，设计结构功能载体、刻印和模板，可重现、实现规模化纳米结构体系。纳米复合乳液与胶束、多孔物质、高分子复合膜、单层膜、金属膜[12,13]等，也是重现规模化纳米结构的实用方法。

纳米可控分散与组装是构筑大尺度、跨尺度纳米结构的主要方法，是设计实用性纳米材料的主要基础与途径，由此探索创制纳米材料和纳米复合材料体系，建立多功能、高性能、低成本、实用化纳米结构与材料技术，创建新型材料、器件设计与应用基础。

本章重点阐述创制可控纳米单元与纳米结构体系，形成多样化与可控纳米复合效应。论述了可控纳米结构分散、复合及其重现性组装技艺，创建了纳米复合功能处理剂体系设计与关键技术基础及调控纳米结构复合多功能效应的方法。

5.1 纳米结构与组装体系

5.1.1 纳米结构体系

5.1.1.1 纳米结构、纳米单元

（1）纳米结构定义　纳米结构就是纳米尺度的物质结构。纳米结构是以纳米尺度物质单元为基础，按照一定规律构筑的一种新体系，它包括一维、二维、三维体系。

（2）纳米单元定义　所述的物质单元包括原子、人造原子、稳定团簇、纳米微粒、纳米管、纳米棒、纳米丝及纳米孔洞等。采用原子单元构筑的有序排列、凝聚和团簇体系，就是纳米单元，它和相关科学技术融合，形成了有自身特点的新分支学科。

采用原子稳定团簇、纳米微粒、纳米管、纳米棒、纳米丝及纳米孔洞等为纳米单元，可以

构筑多种纳米结构。

(3) 创造物质纳米单元　由不同物质材料如层状硅酸盐、金属或非金属氧化物及半导体等，设计创造纳米单元，如纳米粒子、纳米丝、纳米线、纳米棒及纳米异质结等纳米结构，通过分离、组合与组装工艺过程，建立纳米结构合成、制备甚至规模化路线。

(4) 调制多功能纳米单元　选择所述物质材料，建立了调制物质纳米单元的众多技术方法。其中，核-壳结构纳米复合粒子、纳米复合超短纤维、纳米孔、纳米凹凸结构、纳米复合胶束、高分子及有关材料表面模板等，已成为普适性和规模化重建大尺度纳米结构材料的实用性基本纳米单元。

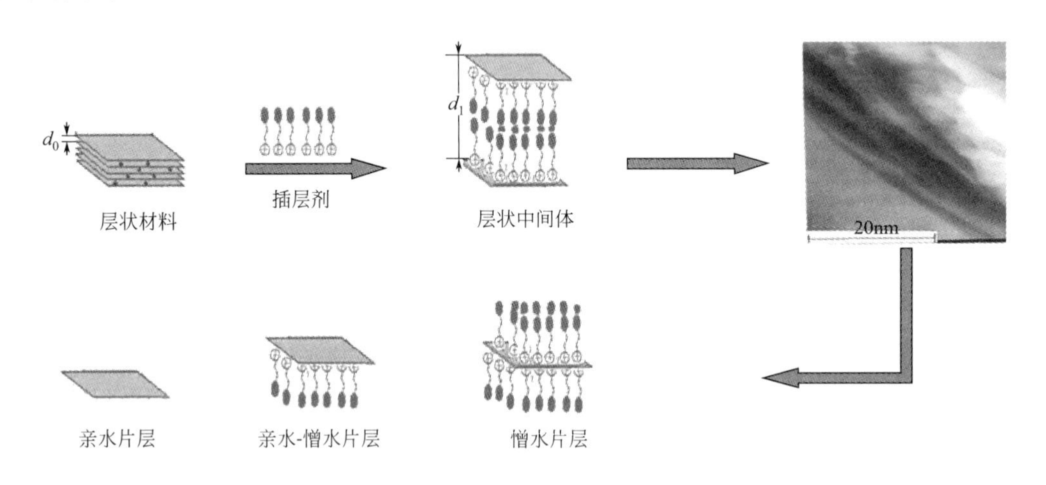

图 5-1　由层状材料合成层状硅酸盐中间体及其调制润湿性片层纳米单元

采用层状硅酸盐材料，通过插层和离子交换反应过程，合成层状硅酸盐中间体，调控该中间体层间距和层间作用力[3,8]，可使之进一步分散为亲水、亲油和亲水-亲油润湿性片层纳米单元（见图 5-1）。该功能纳米单元依据需要从合成系统中分离。

5.1.1.2　纳米结构自组装体系

(1) 纳米结构自组装结构体系　指通过弱的和较小方向性的作用，如氢键、范德华力和弱离子键协同作用，把原子、离子或分子连接在一起构筑成一个纳米结构图案。本书中自组装和自组织意思相同。

形成纳米结构自组装体系有两个重要条件。其一，存在足够数量非共价键或氢键。非共价键一般很弱（0.5～1.0kcal/mol），只有存在足够量弱键，才能通过协同作用构筑稳定纳米结构体系，如橡胶链分子体系及其形成丙烯腈-丁二烯-苯乙烯橡胶，需由足够长链之间的弱相互作用形成纳米结构。其二，自组装体系能量较低，否则很难形成稳定自组装体系，如纳米颗粒悬浮体系具有热动力学稳定性，高分子链在颗粒表面吸附形成位阻稳定体系等。

自组装过程包括了大量原子、离子之间弱作用与多种叠加，以及形成分子及其纳米结构的整体的、复杂的协同作用过程。

(2) 分子自组织或自组装　指分子与分子在平衡条件下，依赖分子间非共价键力自发地结合成稳定的分子聚集体的过程。构造分子自组装体系主要有 3 个层次：第一，通过有序共价键，首先结合成结构复杂、完整的中间体分子；第二，由中间体分子通过弱氢键、范德华力及其他非共价键协同作用形成结构稳定的大分子聚集体；第三，由一个或几个分子聚集体作为结构单元，多次重复自组织形成纳米结构体系。

DNA、蛋白质及其复制、遗传规律，是最典型的分子自组装过程。

5.1.2 纳米结构自组装与规模化重现技术

5.1.2.1 纳米结构自组织技术

纳米结构采用多种载体重现，实现规模化制造，这包括如下技术体系。

（1）*表面活性剂稳定乳液体系*　优选表面活性剂结构与功能基团，优化辅助表面活性剂组分及其纳米胶束结构形态，以纳米胶束为模板剂合成纳米单元和纳米结构组装体系。如二（2-乙基己基）磺化琥珀酸钠（AOT）、烷氧基壬基醚（NPx）等为常用乳化剂。

（2）*多孔物质体系*　通过溶剂热、共聚物造孔、反应刻蚀、激光或等离子体刻蚀等技术，可在某些物质材料表面形成多孔阵列结构，该模板用于合成纳米结构与组装体系。例如，分子筛 MCM-41 为常用多孔模板，电镀氧化铝薄膜表面阵列孔结构。

（3）*金表面自组织单层膜（SAMs）*　利用表面活性剂分子与某些金属表面原子独特相互作用效应，在金属表面形成纳米结构单层膜，用于研究薄膜多种组装结构特性。例如，十二烷基硫酸钠（SDS）胶束吸附于金表面，形成自组织单层膜（SAMs）[1,2]。

（4）*金属膜表面结构体系*　采用表面刻印、反应刻蚀和电镀技术，在金属薄膜表面形成凹凸阵列结构，该模板通过反刻印在另一种材料表面形成纳米粗糙结构，改性表面润湿性。例如，电镀氧化铝薄膜表面纳米阵列结构是形成纳米结构的常用体系。

5.1.2.2 纳米结构自组织效应

（1）*金表面纳米组装结构*　金薄膜和金纳米粒子表面的纳米结构组装具有典型性。十二烷基硫酸钠（sodium dodecyl sulfate，SDS）或月桂基磺酸钠（sodium lauryl sulfate，SLS）很适宜在金表面形成 SAMs 自组织结构，采用胶体晶体自组织合成 CdSe 纳米晶三维量子点超点阵[1,2]。制备程序是，1.5～10nm CdSe 量子点表面包覆三烷基膦硅族化合物，在 90%辛烷和 10%辛醇混合溶液中和 80℃常压下形成悬浮液，然后降压使低沸点辛烷优先挥发增加辛醇比例，这使包有极性表面活性剂的 CdSe 量子点与这种极性溶剂通过协同作用形成自组装纳米结构平面胶体晶体。该自组织纳米结构体系最重要的特点是，可通过胶体晶体参数调制 CdSe 量子点尺寸和其间距，改变光吸收带和发光带位置。AFM 表征金表面 SDS 组装结构，并经 Wavelet 软件计算解析金表面半柱状 SDS 表面胶束图案，见图 5-2。

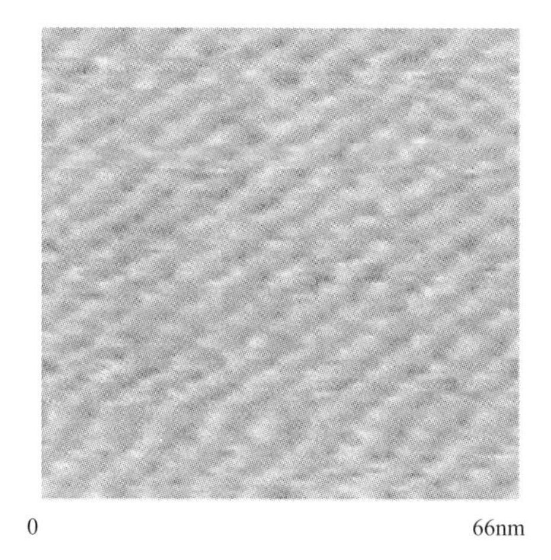

图 5-2　SAMs 金表面半柱状 SAS 胶束 AFM 形态（SDS 水溶液浓度 100mmol/L）

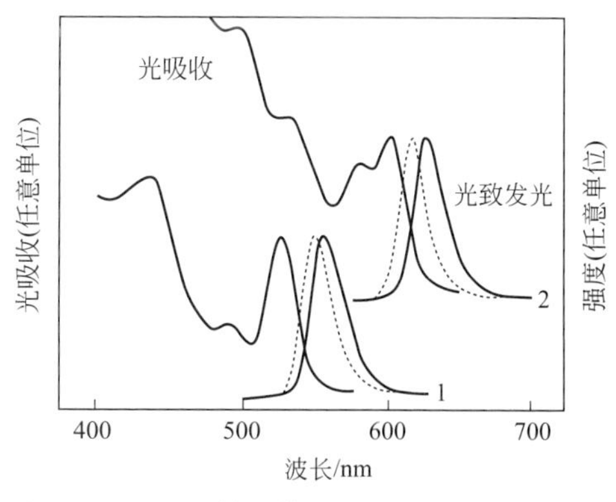

图 5-3　CdSe 胶体晶体 10K 温度下的吸收光谱

1，2—直径为 3.85nm 和 6.2nm 的 CdSe 量子点；

—— 高浓度量子点胶体晶体；

······ 低浓度量子点胶体晶体

而合成纳米 CdSe 量子点胶体晶体，取得光吸收和光发射谱，随着量子点粒径由 6.2nm 减小到 3.85nm，光吸收带和发光带明显蓝移，胶体晶体量子点浓度增加，量子点间距离缩短耦合效应增强，导致光发射带红移，见图 5-3 的实线。

另外，表面处理金胶体嫁接官能团，可在有机环境下形成自组装纳米结构[2]。表面包有硫醇的纳米金微粒悬浮液，在高度取向的热解石墨、MoS_2 或 SiO_2 衬底上构筑密排的自组织长程有序单层阵列结构，金颗粒之间通过有机分子链连接。采用十二烷基硫醇包覆金团簇的有机试剂滴在一光滑衬底上，待试剂蒸发后金团簇形成密排堆垛的自组装体系，金纳米粒子尺寸和悬浮液浓度控制其物性。Au 粒子连成网络在不同温度下的电流-电压曲线如图 5-4 所示。

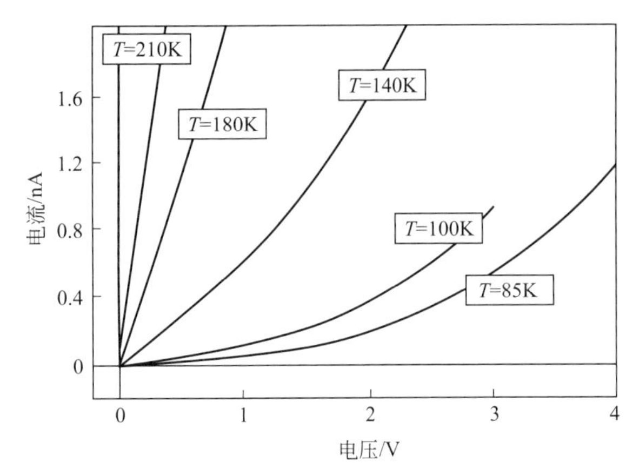

图 5-4　Au 胶体自组装体体系中 Au 连接网络的电流-电压曲线

由该图求出低偏置电导的库仑充电行为，低偏置电导满足下列关系式。

$$G_o = G_\infty e - E_A / k_b T \qquad (5\text{-}1)$$

式中，G_∞ 为 T_∞ 时的电导；E_A 为激活能；图中最佳拟合参数是 $G_\infty = 1.12 \times 10^{-6}$S 和 $E_A = 97$meV。

(2) 金纳米结构形态与自组织效应　金纳米粒子及其组装结构形态是研究纳米结构、创制纳米材料及纳米催化材料的重要样板之一。

金纳米粒子呈现多种和多变化堆积形态，利用该形态产生多功能表面自组织效应。优选含有官能团（—CN、—NH_2 或—SH）的有机薄膜覆盖衬底（衬底是导体和绝缘体，如 Pt、氧化铟锡、玻璃、石英及等离子处理尼龙等），用于沉积 Au 或 Ag 胶体稀悬浮液，通过纳米粒子与有机膜中官能团的协同作用，构成多重键合纳米单层膜结构[3]。所述有机膜是水解甲氧基硅烷、二甲氧基硅烷及三甲氧基硅烷等。这种胶体 Au 自组装体系具有表面高度增强拉曼散射活性和效应，具有十分重要的表面检测和研究功能。

采用硅烷（如 3-氨基丙基三甲基硅烷）涂覆处理玻璃膜片衬底，形成粒径 12nm Au 粒子表面单层自组装体系，这种带官能团的衬底在 Au 胶体悬浮液中浸泡时间增加，则 Au 粒子之间的距离变短，实际测试其在 570nm 处的紫外-可见光吸收带不断增强，该吸收带由单个 Au 粒子的米氏共振引起。

当金粒子间距减小到一定程度，光吸收谱在约 650nm 处出现一个新吸收带，该吸收带也随粒间距减小而增强，它由集合粒子表面等离子振荡所致，该振荡间有耦合效应，可使 $1610cm^{-1}$ 波数处的表面拉曼增强散射活性增加。

该 650nm 吸收带强度与 $1610cm^{-1}$ 表面拉曼增强散射强度呈很明显的正比关系，见图 5-5。

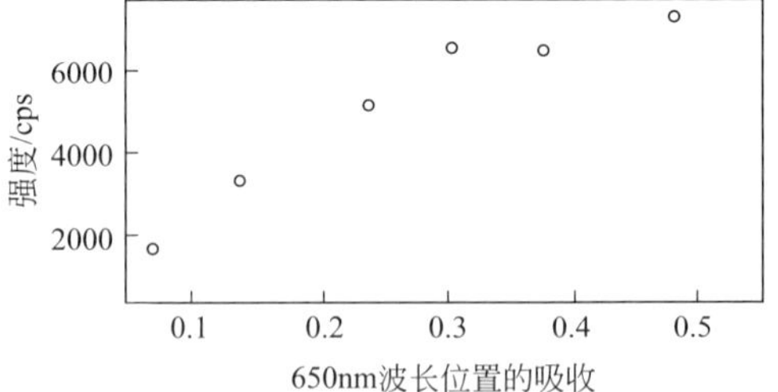

图 5-5　12nm Au 胶体自组装单层膜 $1610cm^{-1}$ 处表面拉曼增强散射强度和 650nm 光吸收带强度曲线

利用自组织生长技术在共聚物衬底合成 Au 纳米颗粒阵列[4]，将对称聚苯乙烯-聚甲基丙烯酸甲酯（PS-PMMA）嵌段共聚物或非对称聚苯乙烯-聚乙烯基吡啶（PS-PVP）溶于 1%（质量分数）甲苯中，用旋转喷涂法在速度 1000r/min 时在 NaCl 晶体上形成 50nm 厚的共聚薄膜，经 145℃ 退火 8h 后在 6.65×10^{-4} Pa 压力下将 Au 纳米粒子蒸发到共聚物膜上，在 145℃ 真空退火 24h 后，Au 颗粒定向沉积到高聚物膜上形成 Au 颗粒介观自组装体。用水将 NaCl 溶掉获得 Au 颗粒镶嵌的共聚物纳米结构膜。

5.1.3 纳米结构规模化技术

5.1.3.1 创建纳米结构规模化重现技术体系

(1) 纳米结构规模化重现技术定义 纳米结构规模化重现技术，是指以小尺度纳米单元结构为模块，通过物理、化学作用将其有序连接、聚集组装的技术。实际上，将这种纳米结构模块进行有序、有效组装的过程，是一种可控分散过程。

(2) 纳米结构规模化重现技术设计 设计纳米结构规模化重现技术，综合路线主要有两条，其一，创制纳米单元和纳米结构的模块，再进行模块逐步组装形成大规模化纳米结构，这是 bottom-up 路线，如采用纳米 SiO_2 粒子单元组装光子晶体结构体系；其二，创制纳米结构可控分散的中间体物质形态，使之在特定基体、条件和环境下逐步分散为纳米结构和纳米复合体系，如常用原位聚合分散法合成高分子纳米复合材料。之所以采用纳米可控分散中间体合成高分子纳米复合材料，就是考虑了纳米大规模分散中纳米粒子聚集、团聚的重大现实难题。

5.1.3.2 关键纳米结构规模化重现技术体系

(1) 高分子共聚复合膜体系 利用高分子复合膜机械强度高、易加工成型和易控制形态等特点，以高分子为载体，通过纳米单元结构及其模块可控分散方法，大规模制造纳米结构可控分散纳米结构复合膜体系。将高分子纳米复合膜进行牵伸、取向，控制并强制纳米单元结构与取向方向一致，可创制所需阵列、有序结构体系。再通过热定型、结晶控制方法，得到稳定、固定纳米结构体系，这是满足使用性能的材料或制品。纳米复合膜的可控纳米取向分散与分布形态，见图 5-6。

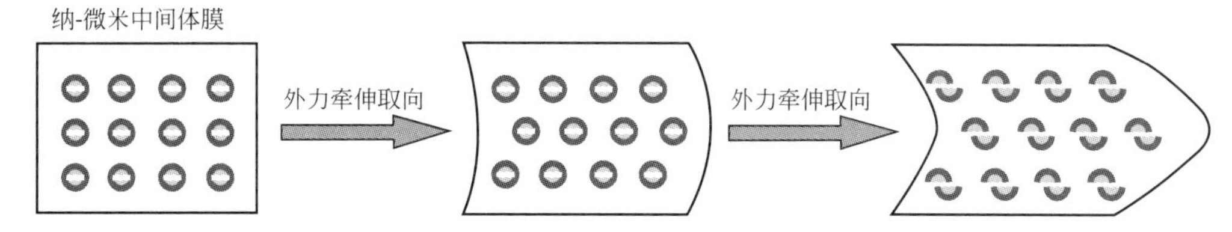

图 5-6 高分子纳米复合膜牵伸、取向控制纳米单元结构取向分散与分布示意图

高分子共聚复合膜技术，满足工业双向拉伸、单向拉伸和纤维纳米复合体系工艺，详细内容参考本书相应章节。

(2) 纳米复合短纤维体系 将纳米单元分散于聚合物基体中，通过纺丝和切断工艺形成纳米复合短纤维，这使得纳米结构固定化，形成独创的纳米可控分散技术。

调控纳米复合短纤维表面的纳米单元迁移富集特性，产生不同纳米结构和粗糙度的润湿结构。而通过化学处理剂方法去除短纤维表面的纳米结构，可改变纤维表面的吸附和润湿特性。

采用纳米中间体粒子体系，经过功能化形成功能纳米中间体，如核-壳结构纳米中间体、核-壳结构纳米复合短纤维等，用于工业规模纳米可控分散，形成大规模化纳米复合材料体系。该纳米中间体可控分散及其大规模重现工艺路线见图 5-7。

这种纳米中间体可控分散方法合成的核-壳结构颗粒中间体和短纤维中间体，其物质形态见图 5-8。

(3) 聚酯纳米复合膜纳米分散结构的阻隔性 采用层状硅酸盐蒙脱土中间体与聚酯单体原位聚合复合工艺，合成聚酯黏土纳米复合材料及其膜体系。对聚酯纳米复合膜进行外力拉伸，使其取向而使纳米片层分散结构取向分布并在薄膜内形成阻隔气体透过的屏障，延长气体透过薄膜的路径，显著提高聚酯膜的气体阻隔性，如图 5-9 所示。

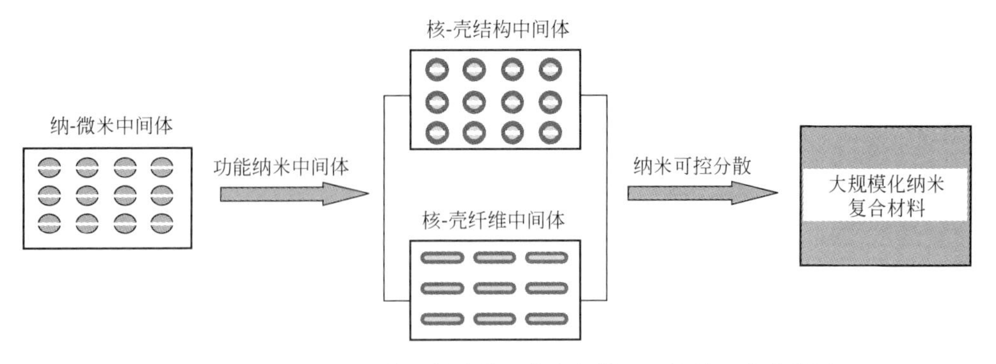

图 5-7 采用纳米中间体可控分散及其大规模重现性的工艺路线图

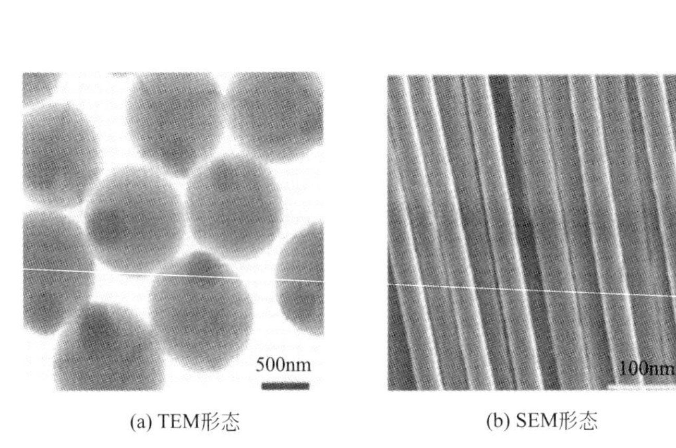

图 5-8 纳米中间体可控分散方法合成的核-壳结构颗粒中间体 TEM 形态（a）和短纤维中间体（b）

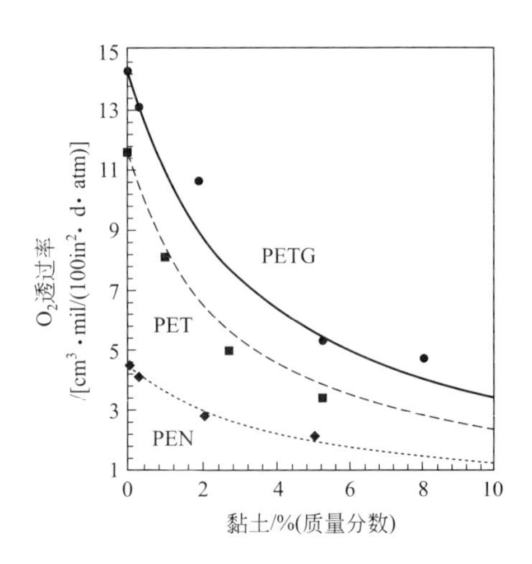

图 5-9 聚酯-MMT 纳米复合膜阻隔性与黏土中间体加量的关系曲线

（PETG，高结晶 PET；PEN，萘二甲酸酯）

注：1mil＝1/1000in＝0.0254mm（厚度）；1in＝25.4mm

5.2 宏观尺度模板合成纳米阵列结构

5.2.1 模板法合成纳米结构特性

5.2.1.1 宏观厚模板方法

（1）*厚模板定义* 指含有高密度的纳米柱形孔洞，厚度为几十至几百微米厚的膜。常用的模板有两种[11]，一种是有序孔洞阵列氧化铝模板，另一种是含有孔洞无序分布的高分子模板。其他材料的模板还有纳米孔洞玻璃、介孔沸石、蛋白、MCM-41、多孔模板及金属模板。

（2）*厚模板合成纳米阵列体系* 指采用纳米阵列孔洞厚膜模板，通过化学、电化学法在高温高压下将熔化的金属压入孔洞，采用溶胶-凝胶法、化学聚合法、化学气相沉积法来获得模板，获得模板是合成纳米结构阵列的前提。

5.2.1.2 厚模板合成纳米结构的功用性

（1）*厚模板合成的纳米单元的功用* 厚模板合成的纳米结构单元包括零维纳米粒子、准一维纳米棒、丝和管及纳米结构阵列体系，该技术在纳米结构制备科学上占有极其重要的地位，人们根据需要设计、组装多种纳米结构的阵列，得到常规体系不具备的新物性。模板合成纳米结构提供更多自由度来控制体系性质，是设计下一代纳米结构元器件的基础。

（2）厚模板合成的纳米结构的优点　与同类方法比较，厚模板法合成的组装纳米结构的主要优点如下。

① 利用模板制备各种材料，如金属、合金、半导体、导电高分子、氧化物、碳及其他材料纳米结构。

② 合成高分散性纳米丝、管及其复合体系，如 P-N 结、多层管和丝等。

③ 获得平板印刷术等难以得到的直径极小的纳米管和丝（3nm），可改变模板柱形孔径大小来调节纳米丝和管直径。

④ 根据模板内被组装物质成分及纳米管、丝的纵横比的改变，调控纳米结构的性能。

5.2.2　主要模板分类和合成方法

实际各种模板种类众多，然而常采用的模板类别有氧化铝、高分子和金属材料模板，其重要特征和合成方法的详细研究和叙述如下。

（1）氧化铝模板　经适当温度退火的高纯金属铝片（纯度 99.999%），在低温草酸或硫酸溶液中经阳极电化学腐蚀反应，获得氧化铝多孔模板，该模板结构的特点[14~17]是孔洞为六角柱形垂直膜面，呈有序平行排列（见图 5-10）。

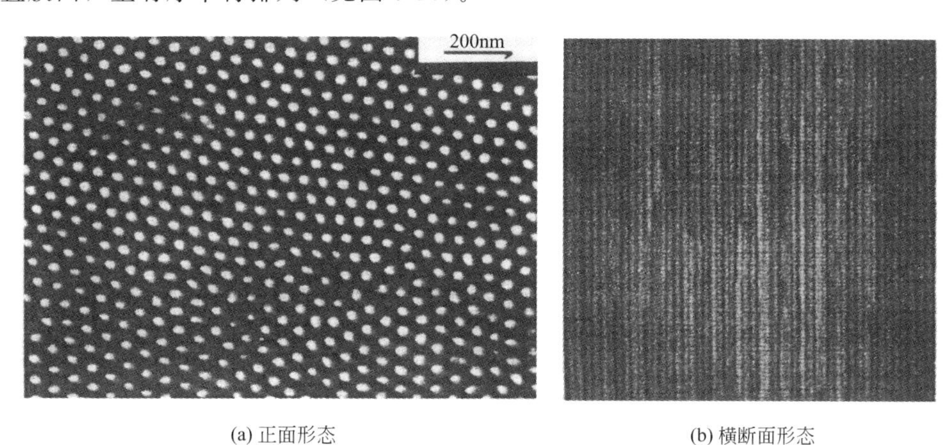

(a) 正面形态　　(b) 横断面形态

图 5-10　纳米孔洞氧化铝模板照片

阳极电化学法氧化铝多孔模板孔径在 5～200nm 范围内调节，孔密度高达 10^{11} 个/cm^2。长期研究表明，通过改变电解液（如酸液）种类、浓度、温度、电压、电解时间、最后开孔工序和工艺等，调节铝薄片表面孔结构和孔密度。

（2）金属模板　完全采用一种或几种金属材料合成的模板膜片称为金属模板。采用两步法或两步复型法，可制备 Pt 和 Au 纳米孔洞阵列模板。基于阳极氧化铝模板合成金属纳米孔洞模板的过程[18]如图 5-11 所示。

在纳米阵列孔洞氧化铝模板的一面，采用真空沉积法蒸镀上一层金属膜，该金属膜与要制备的金属模板材料相同，这层金属膜在以后电镀过程中起催化剂和电极作用。加入 5%（质量分数）过氧化苯甲酰引发剂的甲基丙烯酸甲酯单体反应体系，在真空下注入模板孔洞，然后在紫外线辐照和一定温度加热引发单体聚合反应，形成聚甲基丙烯酸甲酯圆柱体阵列，再采用 10%（质量分数）NaOH 水溶液浸泡移去氧化铝模板，获得聚甲基丙烯酸甲酯负复型，在此负复型孔底存在一薄层的金属薄膜，它起催化作用，将此负复型孔结构体系放入无电镀液中，在孔底金属薄膜催化剂作用下，金属逐渐填满负复型孔洞，最后采用丙酮溶去聚甲基丙烯酸甲酯，获得金属孔洞阵列模板，通常得到的模板的厚度为 1～3μm，孔洞直径约 70nm。

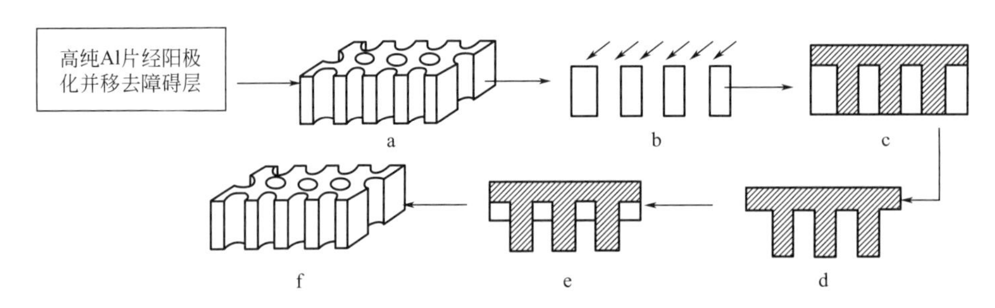

图 5-11 金属纳米孔洞阵列模板制备过程

a—具有贯穿纳米孔洞的 Al_2O_3 模板；b—真空蒸发镀金属；c—甲基丙烯酸甲酯单体注入和聚合；d—聚甲基丙烯酸甲酯负复型；e—无电镀液金属沉积；f—金属纳米孔洞体系

(3) 高分子材料模板 聚酯高分子材料具有原料来源丰富、透明，力学、加工和成纤性能优良的显著特点。其中，聚碳酸酯和相关高分子材料常用于合成厚模板。常用其厚度为 6μm 的模板，通过核裂变碎片轰击使其出现许多损伤痕迹，再用化学腐蚀法使这些痕迹变成孔洞。

聚合物厚模板的显著特点是表面孔洞呈圆柱形，其很多孔洞与膜面斜交，而与膜面法线的夹角最大可达 34°[19]。因此，聚合物厚膜内存在孔通道交叉现象，总体孔分布是无序的，而孔密度大致为 10^9 个/cm^2。其次，聚合物厚膜内孔道还存在变形、塌缩现象，这些是使用聚合物厚膜模板制备孔道需考虑的问题。

(4) 高分子纳米复合纤维模板 将特定纳米尺度粒子分散于高分子基体中，形成纳米复合材料，然后经熔融纺丝、后整理及切断工艺形成超短纤维。通过熔体纺丝冷却速度控制，可使纳米粒子运移到纤维表面形成具有一定粗糙度的结构，然后采用化学溶剂去除表面具有一定纳米粗糙度的结构[20]，形成纳米孔洞模板，此孔洞内注入反应溶液，经聚合得到纳米丝、线和管体系。

(5) 组装模板 当一种模板不足以完成纳米结构组装制备任务时，可采用多种模板法组装体系，即根据不同模板种类差异，选择合成组装方法，这需注意以下方面：

① 化学前驱溶液对孔壁是否产生浸润？亲水或疏水性质是合成组装体系能否成功的关键要素；

② 控制孔洞内沉积速率，沉积速度过快会造成孔洞通道堵塞，组装过程难以成功；

③ 控制反应条件，避免被组装介质与模板发生化学反应，组装过程中保持模板稳定性十分重要，这是通过合成过程反复实践证明的。

5.2.3 模板合成纳米结构的方法

5.2.3.1 模板合成纳米结构概述

通用模板法充分考虑所述技术的实用性、可规模化和重现性。在模板孔洞进行纳米结构基元组装的通用方法有电化学沉积、无电镀合成、化学聚合、溶胶-凝胶和化学气相沉积法。

5.2.3.2 模板合成方法

(1) 电化学沉积法 即采用类似电池电解反应过程合成模板的方法。该方法[15,21,22]通常适合于氧化铝和高分子模板孔内组装金属和导电高分子丝和管的制备过程，尤其用于制备 Cu、Pt、Au、Ag、Ni、聚吡咯、聚苯胺和聚三甲基噻吩等的纳米丝和纳米管阵列结构体系。

电化学沉积法的步骤是，首先在模板的一面采用溅射或蒸发方法，涂上一层金属薄膜作为电镀阴极，而选择被组装的金属盐溶液作为电解液，在一定电解条件下进行组装。采用这种方法的优点是，通过控制沉积量可调节金属丝长短，即纵横比，在该氧化铝模板孔洞中可组装 Au 丝。也可以此制备金属纳米管，即在电解液中加入氰硅烷，它与氧化铝孔壁上—OH 基形成分子锚，使金属优先在管壁上形成膜，可形成 Au 纳米管阵列。电化学沉积法获得的 Au 纳米丝的直径为 70nm。

该方法还可在模板内组装导电高分子纳米管和纳米丝，如合成聚苯胺、聚吡咯和聚三甲基噻吩，通过聚合时间长短控制纳米管壁厚，高分子单体优先在孔洞壁聚合，短时间可形成薄壁纳米管，随着聚合时间增加，管壁增厚形成厚壁管。

（2）无电镀沉积法　无电镀沉积法是通过设计化学反应试剂的反应，控制模板孔内组装的方法。这种方法的主要控制因素是敏化剂和还原剂[23,24]，借助这些试剂及其反应才能把金属组装到模板孔内并制成纳米金属管、丝阵列体系，通常可采用 Sn^{2+} 离子化合物敏化剂。实施无电镀沉积法时，采用将模板浸入含敏化剂的溶液中，使模板孔壁上的胺（$—NH_2$）羰基和—OH基团与敏化剂形成复合反应体系，设计敏化的模板被放入含 Ag^+ 的溶液中，使孔壁表面被不连续的纳米 Ag 粒子所覆盖，再放入含有还原剂的金属无电镀性溶液体系中，在孔内形成金属管，管壁厚度通过浸泡时间控制。这种方法只能调节纳米管内径尺寸，而不能调节管长度。

（3）化学聚合法　通过化学或电化学法使模板孔洞内的单体聚合成高聚物管或丝，称为化学聚合法。化学聚合法[25~27]是常用的方法，其过程为：将模板浸入目标单体和聚合反应引发剂的混合溶液中，在一定温度或紫外光照射下，进入模孔内的溶液经引发聚合反应，形成聚合物管或丝阵列体系。

此外，电化学法是在模板的一面涂上金属作为阳极，通电后引发模板孔洞内的单体聚合反应形成管或丝阵列，这种管或丝成形将取决于聚合时间长短，聚合时间短则形成纳米管，聚合时间增加，管壁厚度不断增加可形成大尺度丝。

采用化学合成法已成功制备多种导电高分子阵列结构，如导电高分子聚三甲基噻吩、聚吡咯和聚苯胺管或丝阵列体系，该阵列体系呈现明显电导增强特性。聚苯胺丝越细，电导率越高，聚吡咯丝比其块体的电导率高 1 个数量级。电导增强源于丝外层高分子链有序排列，随着丝直径减小，有序排列高分子链所占相对比例增大，电导增强效应更显著。导电高聚物纳米丝和管阵列体系可用作微电子元件。

（4）实施例

【实施例 5-1】 化学聚合法合成纳米管或丝阵列将　氧化铝模板浸入丙烯腈饱和水溶液中，加 25mL 的 15mmol/L 过二硫酸铵［$(NH_4)S_2O_8$］和 25mL 20mmol/L $NaHSO_3$ 引发剂水溶液，40℃聚合反应 1～2h，持续通 N_2 气净化及引发聚合形成聚丙烯腈纳米管阵列，此组装体系在 750℃空气中加热 1h 及 N_2 气氛中加热 1h，使聚丙烯腈石墨化，形成碳纳米管阵列体系。

若将氧化铝溶去获得碳管，可在碳管中组装丙烯腈管，并继续在其中组装 Au 丝及复合丝。若将模板浸入 8mL 丙烯腈中，再加入 1mg 环己腈，通 N_2 经 60℃加热引发丙烯腈聚合反应形成聚丙烯腈纳米丝。经过上述同样热处理，使聚丙烯腈纳米丝石墨化，形成纳米碳丝阵列，电镜可观察每根管内组装丙烯腈阵列体系的表面形态及去氧化铝模板形成的纳米管组装 Au 丝的碳/丙烯腈/Au 复合管形态。

（5）溶胶-凝胶法　溶胶-凝胶法是最普遍用于合成纳米粒子及其组装结构的方法，这已在前面反复叙述。溶胶-凝胶法也可用于合成模板或模板材料。例如，可采用纳米粒子溶胶浸泡多孔氧化铝模板，制备多种无机半导体纳米管和丝阵列体系[28,29]。这种方法成功用于制备 TiO_2、ZnO 和 WO_3 等纳米阵列体系。具体是，首先将氧化铝模板浸入氧化物前驱物溶胶中，使匀化溶胶沉积在模板孔洞壁上，经热后处理工艺在模板孔内形成半导体管或丝，浸泡时间短可形成管，浸泡时间长则形成丝。碳纳米管/氧化铝阵列体系表面扫描电镜像和溶去氧化铝模板后的碳纳米管形态见图 5-12。

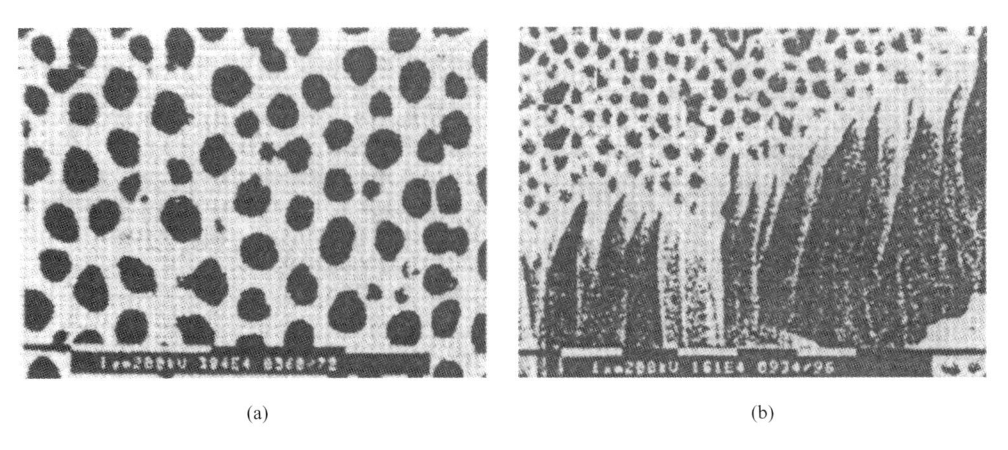

(a) (b)

图 5-12 碳纳米管/氧化铝阵列体系表面扫描电镜像（a）和溶去氧化铝模板后的碳纳米管形态（b）

（6）化学气相沉积 通常地，化学气相沉积法（CVD 法）沉积速度太快，往往将模板孔洞口堵塞，使蒸气无法进入整个柱形孔洞，因此无法形成丝和管。可采用 CVD 法制备碳纳米管阵列体系[23]，具体是将 Al_2O_3 模板放入 700℃高温炉中，通入乙烯或丙烯气体并在模板孔洞运移时发生热降解，在孔洞壁上形成碳膜、碳管，碳管壁厚取决于总反应时间和气体压力。采用无电镀模板合成法先制出 Au 管和丝，然后将模板溶去，再用 CVD 法在 Au 丝和管表面涂上 TiS_2，获得 Au/TiS_2 复合丝和管[30]。

采用高温气相反应法[30,31]合成 GaN 纳米丝阵列体系。张立德提供图 5-13 阵列扫描电镜像——纳米阵列体系断面和低倍俯视图像。

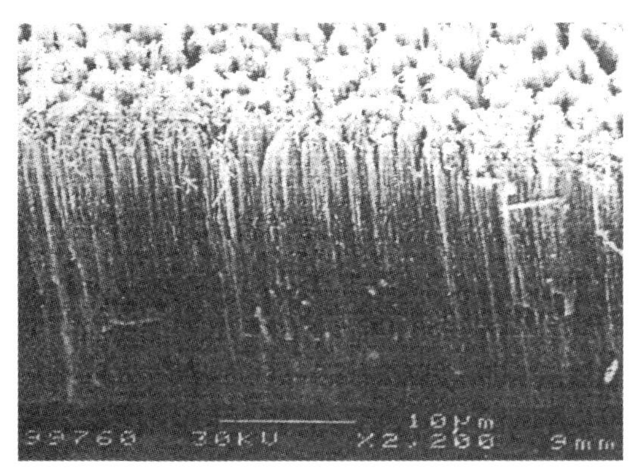

(a) 横断面(标尺10μm)

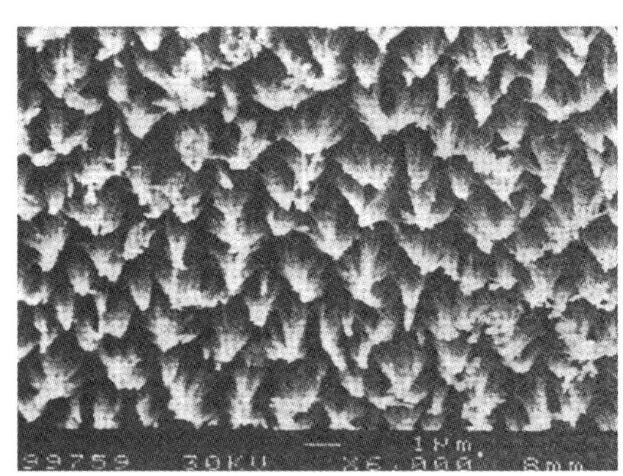

(b) 正面俯视(标尺1μm)

图 5-13 GaN 纳米丝有序阵列的扫描电镜像

该气相化学法的典型实施例如下。

【实施例 5-2】 制备 GaN 阵列 制备装置是采用在管式炉中部放置一个刚玉坩埚，在坩埚底部均匀放置摩尔比为 4∶1 的金属 Ga 细块体与 Ga_2O_3 粉末，在其上平放孔洞贯通的 Al_2O_3 有序孔洞模板，在模板底部有一层 In 膜，用机械泵排除炉中的空气，然后通入 NH_3 气体，经几次抽排 NH_3 气体，使炉内保持纯净的 NH_3 气体，NH_3 气流量保持在 300mL/min，炉温升至 1000℃，经 2h 后冷至室温，由此获得 GaN 纳米丝阵列体系。

5.2.3.3 超短纤维特殊模板的合成方法

（1）合成纳米复合超短纤维模板 纳米复合超短纤维制备采用纳米材料和聚合物材料混合并熔融纺丝工艺。具体过程以聚酯和聚丙烯材料熔融复合体系为例。采用表面有机化处理的纳米 SiO_2 和层状硅酸盐蒙脱土为无机相，将其与聚酯、聚丙烯或者二者的共混体系熔融复合，挤出造粒成为纺丝原材料。将此原材料在纺丝机上，通过调整熔融挤出温度、纺丝机拉伸比（牵伸比），熔融纺出长丝，再连接切断机经切断得到 3～12mm 长的超短纤维[20]。聚酯超短纤维表面不太光滑，纤维表面纳米粒子分散呈聚集分布结构，见图 5-14。

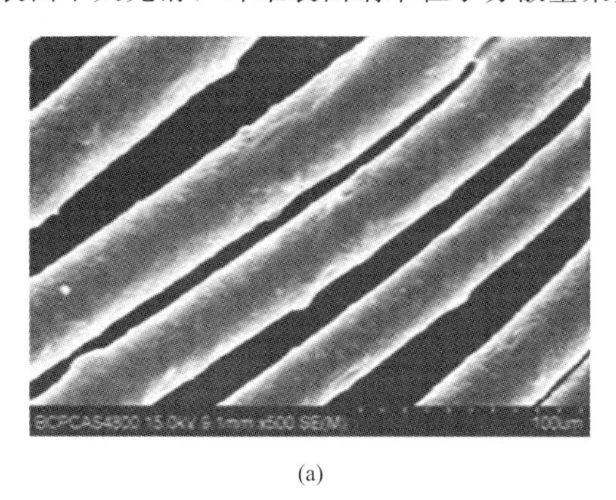

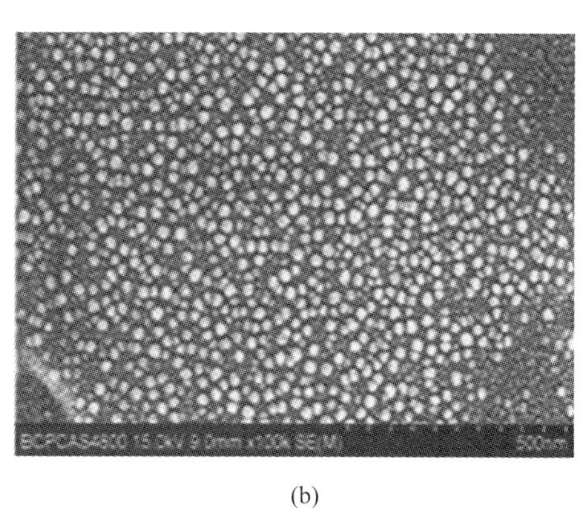

(a) (b)

图 5-14 聚酯 SiO_2 纳米复合超短纤维（a）及其表面纳米分散结构（b）

（2）纳米复合超短纤维模板的两种特性 除了聚酯纳米复合外，采用聚丙烯基体制备纳米分散复合体系，经纺丝得到聚丙烯纳米复合短纤维模板。纳米 SiO_2、层状硅酸盐中间体于聚丙烯粒子熔体中分散并在 180～190℃熔融纺丝及牵伸得到长丝，再经切断得到超短纤维。然后将超短纤维溶于强酸或者强碱溶液中，经过反应去除表面纳米粒子，由此形成孔洞结构形态，或者设计短纤维表面的酸液、碱液反应体系，控制反应形成丝状沉淀结构。

这两种反应过程得到的短纤维，再浸入低表面能溶液如氟硅烷溶液中，使其表面均匀吸附氟硅烷分子而产生超疏水性表面，这两种短纤维表面形态设计[32]，参考图 5-15 所示形态。

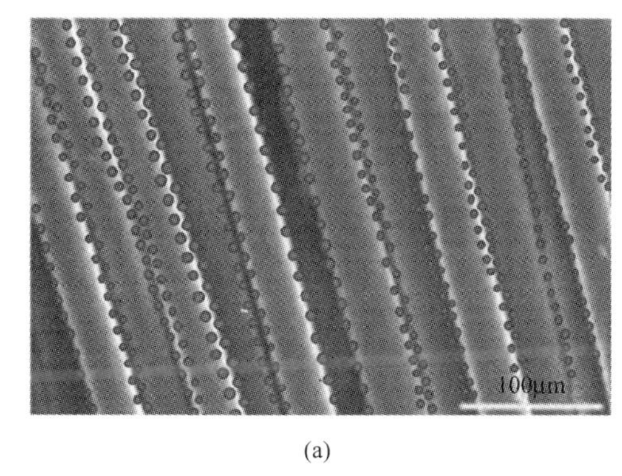

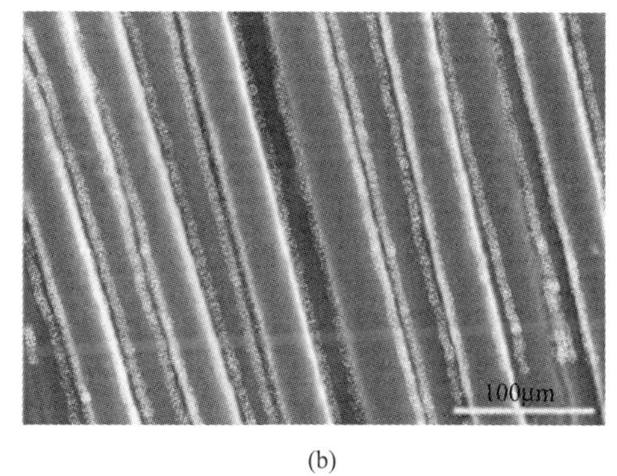

(a) (b)

图 5-15 设计超短纤维溶于强酸或强碱溶液中去除表面纳米粒子后的孔洞结构（a）和设计表面酸液、碱液反应形成的丝状沉淀结构（b）

综上，模板法是一种简洁合成纳米结构阵列的方法，它既可合成阵列结构，又可通过腐蚀移去模板获得纳米丝和管，包括单组分和复合纳米材料[33]的丝和管。

5.3 分子自组装介孔与纳米复合结构及性能

5.3.1 分子自组装体系

5.3.1.1 分子自组装体系功能性

（1）分子自组装体系定义 分子自组装是在一定的平衡条件下，分子之间通过非共价键相互作用或自发组合形成一类具有稳定结构且具有某种特定功能性的分子聚集体或超分子结构[34]。

在研究蛋白质、DNA 大分子链及有机分子运动识别规律基础上，我们逐渐认识到分子识别和组织或自组织现象，用以解释生物、生命过程。

分子自组织规律逐步发展并扩展应用于设计分子器件，通过分子自组织调控信息与材料科学及其应用。

(2) 分子自组装体系效应　分子自组装体系主要是由较弱的、可逆的非共价键相互作用产生功能与驱动效应，分子氢键、π-π 相互作用等是形成分子自组织的普遍适用机制。

因此，分子自组装体系的结构稳定性、完整性和功能性依赖其非共价键相互作用，设计自组装体系的关键是准确调控分子间非共价连接，并克服自组装过程中热力学不利因素。

设计分子自组装体系的目的包括：其一，模仿生物活性与运动过程，如合成活性超分子自组装体系，其多组分结构的次级单元生物分子应具有与其最临近基因或分子发生精确非共价作用的能力；其二，合成功能纳米结构与材料，设计优化分子基纳米单元，经过分子组装形成聚集体及功能纳米结构与材料体系；其三，合成模板材料，多种嵌段长度共存与优化分布的共聚物高分子，一直是合成介孔固体、多孔材料和纳米材料的最重要模板之一，共聚高分子模板设计与研制工作层出不穷。

5.3.1.2 分子自组装体系的分子识别

(1) 分子识别定义　指某给定的受体（receptor）会对作用物（substrate）或给体（donor）产生选择性结合，并产生某种特定功能性的过程。

分子识别常包含两方面内容：其一是分子间存在几何尺寸、形状上的相互识别或互动；其二是分子对氢键、π-π 键等非共价键相互作用的识别。

有机分子结晶过程就是分子识别最为准确和典型的实例之一。有机分子晶体就是上百万个分子，通过极其准确的相互识别、互动并自我有序排列及自我构造的组装体。分子识别超分子自组装体系表现出特定功能，而分子自组装是分子识别的核心。

(2) 自然的自组装体系分类　可以认为分子自组装过程就是自然界自组装过程的反映或者复制。按照自然界自组装特性，将自组装体系分成两类，第一类为热力学自组装体系，它呈现最大能量的稳定性形式；另一类是由生命生物体系（如 DNA、RNA 等）所体现的自组装体系，这在遗传学上叫编码自组装体系，这就是由有机分子自组装形成一定功能性组织器官的过程，该组装过程中控制组装次序的指令信息包含于组分之中，信息传递靠分子间的识别进行，错误的信息传递则形成自组装体系的功能缺陷。

5.3.1.3 自组装体系组分与构造块

在自组装体系中，包含优化组分，采用多种分子构造块[56～60]，其类型如下。

① 类固醇骨架、线型和支化的碳氢链、高分子、芳香族类、金刚烷；

② 金属酞菁、双（亚水杨基）乙二胺配合物；

③ 过渡金属配合物。

组分的结构对自组装超分子聚集体的结构有很大的影响，组分结构的微小变化可能导致其参与形成的自组装体结构上的重大变化[56～60]。巴比士酸/三聚氰酸衍生物与三聚氰胺可自组装形成一系列不同结构模板［N,N'-双(4-X-苯基)三聚氰胺与化合物；5,5-二乙基巴比士酸］自组装体系，其结构依赖于空间位阻相互作用。当对位取代基 X 是叔丁基时，形成环形六聚物。若对位取代基 X 的空间位阻小于叔丁基时（如—CH_3、—F 基团），则形成线型或卷曲带状长链结构。

溶剂环境对纳米体系自组装的影响十分明显。通过溶剂复合形成旋节线相分离过程，得到组装或自组装结构。溶剂性质及结构微小变化会导致自组装体系结构重大改变。若氢键为自组装主要驱动力，任何破坏氢键作用的溶剂同样会破坏组分自组装能力[50～60]。在氢键驱动力自组装过程中，若一组分只带有质子供体，另一组分只带有质子受体，则二者形成的自组装体系结构最稳定。这种氢键自组装结构与纳米颗粒复合，得到纳米自组装复合材料，如前述尼龙-BiI_3熔融纳米复合体系，就利用了这种氢键作用机理。

采用甲醇为质子活性溶剂，化合物如二吡啶酮乙炔在甲醇中仅以单体形式存在，而在氯仿中则以二聚体形式存在，并靠氢键作用形成高分子长链，见图5-16。

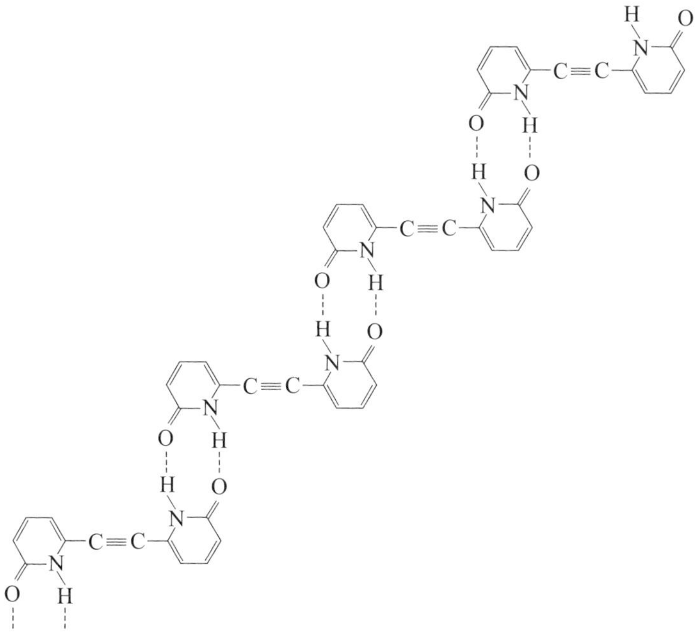

图5-16　溶剂对超分子结构的影响（反对称二吡啶酮乙炔与对称二吡啶酮乙炔）

自组装体系溶剂环境热力学平衡研究表明，非共价相互作用比共价相互作用小得多，因而其自组装体系多数情况下很不稳定。对生物分子自组装体系而言，其稳定性源于其内部热力学平衡能量分散结构。基于此，采用人工分子自组装，促进较小自组装超分子体系稳定化方法，依靠大量非共价作用稳定超分子结构。

5.3.1.4　创制稳定自组装体系的方法

（1）提高非共价相互作用强度　选择合适溶剂，若组分间主要是憎水相互作用，那么自组装过程最好在水溶液中进行。反之，氢键和静电相互作用在非极性非质子溶剂中最强，如CH_3Cl，但特定相互作用大小并不仅仅依赖于溶剂等环境条件，如氢键强度还直接与质子供体及受体的结构及其空间相对取向有关。

（2）把自组装形成的超分子聚集体从溶剂中分离出来　避免它在溶剂中解离为单独的组分。

（3）使某一组分过量促使自组装过程进行到底　过量组分不能扰乱或破坏体系的功能活性。通过自组装合成方法，可研制具有非线性光学性质、液晶特性等性质的新型高聚物纳米复合材料。

5.3.1.5　薄膜内组装体系

（1）膜内组装体系定义与分类　纳米粒子在有机分子体系或薄膜基体内部形成的自组装结构体系称为膜内组装体系。薄膜内组装体系分为有机薄膜-无机纳米粒子组装体系、金属-金属膜内纳米组装材料体系及金属-非金属膜内组装材料体系。

（2）仿生膜体系　仿生膜或制膜体系就是模拟生物矿化过程，通过选择、设计表面功能团调节表面成核生长，制备无机薄膜材料体系的过程。自组装单层分子膜可提供高稳定、紧密排列的二维有序分子功能膜，自组装单层分子膜作为异相成核界面膜，有效控制薄膜生长与其结构。

(3) *膜内组装功能体系* 针对膜内组装功能体系，采用淀积 TiO_2 薄膜为自组装单分子膜、界面膜及成核生长转化无机膜，优化组分相互作用因素，提高自组装膜成核效率及膜结构特性控制。设计采用氧化短链硅烷分子（MPTS）自组装膜，得到不同端基比例的混合自组装膜，其混合端基不仅可诱导不同晶型 TiO_2 薄膜生长，还可引发形成其他价态钛氧化物。混合组装膜中磺酸基比例越大，越易形成均匀、致密、稳定的 TiO_2 薄膜。界面自由能及成核理论用于解释自组装单层膜 TiO_2 成核生长过程，用微米氧化硅微球修饰 AFM 针尖，测定自组装膜作用力、表面自由能及其成核诱导过程，实验应得到 TiO_2 薄膜成核界面自由能约为 $30mJ/m^2$。

5.3.2 纳米孔结构自组织体系

5.3.2.1 高分子基体纳米孔自组织结构形成的原理

(1) *高分子嵌段链相分离自组织体系* 指针对高分子材料的熔融、溶液的均相平衡态体系，通过控制外在条件（如温度、压力、加入相转移剂等），诱导其体系向非平衡态、非均相体系转化并自发形成有序结构。

物理学家将高分子体系作为复杂流体或软物质，其特点如下。

① 高分子熔体是黏弹体，其对形成图样及其动力学影响复杂；

② 高分子黏弹体系弛豫时间谱可跨越十几个数量级，其熔体在很小应变下会出现强烈非线性并导致独特图样选择特征；

③ 高分子多种嵌段结构形成复杂拓扑结构，导致十分复杂的形态。

设计优化高分子链结构如嵌段链长度与分布，调控高分子复杂流体相变图样如相分离结构、形态或形态组装，这种调控过程遵循旋节线相分离过程（spinodal phase decomposition）。

(2) *高分子纳米复合相分离自组织体系* 高分子嵌段链相分离自组织体系，已成为可重复、可规模化创制纳米结构的重要方法。

首先，基于高分子嵌段链及其复杂流体与相分离方法，采用可控纳米分散与复合体系，形成高分子基体的纳米组装阵列结构，创制稳定、低廉、实用而规模化有序阵列复合材料体系，成为高分子大规模功能化的物质基础。

其次，基于聚合物纤维工艺创制复合纤维模板，如创建聚酯纳米复合超短纤维工艺，设计嵌段链高分子纳米复合体系及调控相分离结构，通过熔融纺丝工艺产生超短纤维及其自组装纳米模板体系。

这种嵌段链纳米复合短纤维模板，可经化学反应去除纳米粒子，形成纳米结构孔洞模板，显然其具有稳固性、定向性及可大规模化和广泛应用前景。

(3) *模拟天然矿石孔结构* 研究碳酸氢钙、碳酸钙溶液的晶粒成核、长大与组装过程，部分揭示了粒间孔及其分布规律，借鉴这一自组装结构和过程，设计碱式碳酸钙溶液水解、水化和粒子组装体系［$Ca(OH)_2$ 悬浮液通入 CO_2 气体，温度约为 50℃ 反应生成 Ca/碳酸盐摩尔比＝3∶2/6∶5 部分结晶的碱式碳酸钙，分子式为 $Ca_3(OH)_2(CO_3)_2$ 或 $Ca_6(OH)_2(CO_3)_5$］。

典型实验设计，采用表面活性剂二甲基二十二烷基溴化铵（DDAB）、十四烷和饱和碱式碳酸钙水溶液组成微乳化剂。将双连续微乳化剂喷洒于 Cu 金属衬底上，然后将含微乳液滴的衬底水平地浸泡于 55℃氯仿和 65℃己烷溶剂中停留 1～3s，取出放在空气中蒸发掉残余热溶剂，获得白色纳米结构空心介孔文石。这种纳米孔结构自组织技术提供的纳米孔文石（aragomte）结构[5]形态见图 5-17。

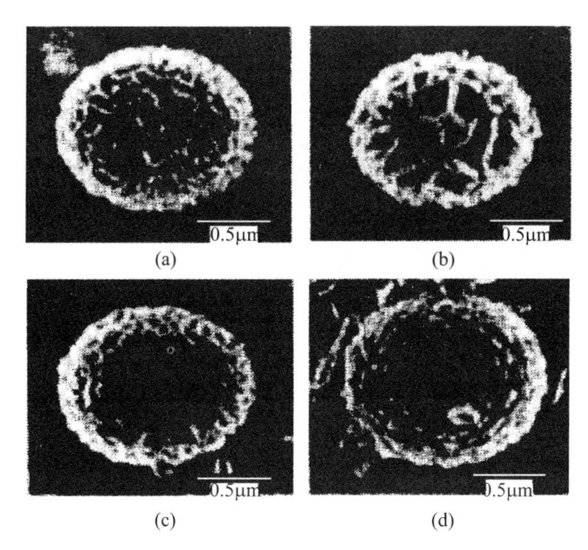

图 5-17 介孔文石的完整空心壳体由蘑菇状高分子聚集体自组织
（同一体系不同颗粒形态）

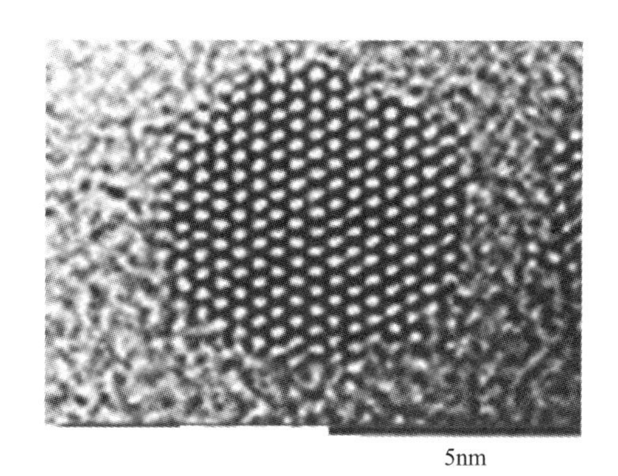

图 5-18 5nm CdSe 量子点原子晶体排列的 TEM 形态（Andreas. Kadasanich）
（形成两种纳米结构的构型示意）

5.3.2.2 分子自组织结构及其可控技术应用

（1）分子自组织技术合成孔洞结构和半导体量子点阵列 采用 4 个配体和六个金属 Pd(Ⅱ) 离子，通过分子自组织技术合成自然界不存在的介孔超分子，这种介孔超分子称“容器分子”，是中空的近似球体分子，或称孔洞结构材料[6]。通过调控实验条件，将半导体 CdSe 掺入上述自组织结构空间，合成得到原子晶体排列形态，见图 5-18。该自组织技术合成半导体量子点阵列膜工艺简单、价格便宜，无需昂贵仪器设备。分子束外延和电子束刻蚀合成半导体量子点阵列技术虽然较成熟，但设备昂贵。

（2）分子自组织技术合成纳米棒结构 采用刚性棒状嵌段共价键合高分子链，连在一个分子柔性线圈状嵌段链上，形成二元聚合物分子（称“棒状螺线”）。该二元结构体系在非共价键力（氢键、范德华力等）作用下，自组织形成长条形聚集体[7,8]，可调控该长条形聚集体长度达 1μm 或 1μm 以上，其他方向尺寸仅几纳米尺度。

（3）分子自组装技术合成多层膜 采用三嵌段共聚物高分子，优化自组织过程，形成纳米结构超分子共聚物。以蘑菇状高分子聚集体单元，优化自组织工艺形成纳米超分子多层膜体系[9]。例如分子自组织合成直径为 30nm 的蛋白质聚集体，其丙酮酸脱氢酶配合物由 8 个三聚单元硫辛酰胺、12 个分子硫辛酰胺脱氢酶和 24 个分子丙酮酸脱羧酶聚合而成。

（4）分子自组装技术合成纳米管 设计合成 D-氨基酸和 L-氨基酸交替组成环八肽结构，在氢键作用下自组装管长数百至数千纳米而内径仅为 0.8nm 的纳米管[10]；采用 β-环糊精和 γ-环糊精（CD）分子，通过二苯基乙三烯连接，合成长 20～35nm 而直径仅为 2nm 的纳米管[8]，创建分子自组织纳米管技术。

（5）分子自组装技术合成纳米器件 纳米结构自组装和分子自组装体系本身是微尺度器件。分子自组织合成多花样双股螺旋纳米结构。2,5-联吡啶低聚物与 Cu(Ⅱ) 通过分子自组织合成双螺旋纳米聚集体[11~13]；自组织合成具有电荷传递和开关功能配合物“分子梭”（molecular shuttle)[12]。多学科交叉科技是下一代纳米电子及纳米结构器件的基础。此外，采用阴离子、非离子或阳离子表面活性剂形成自组织乳液，阳离子双链表面活性剂，如正双十二烷基二甲基溴化铵 $\{(H_3C)_2N^+[(CH_2)_{11}CH_3]_2Br^-\}$，见图 5-19。

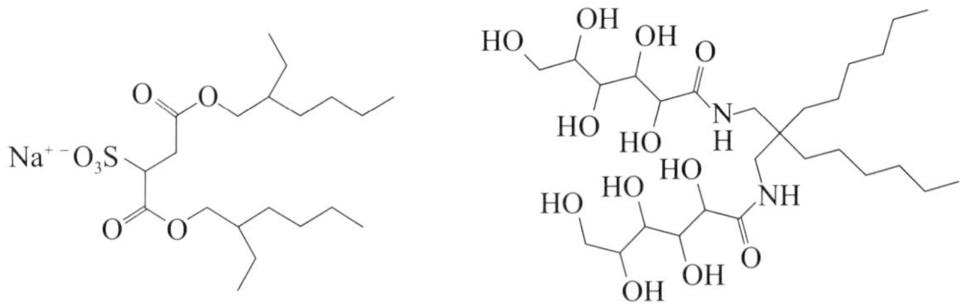

(a) 阴离子型表面活性剂AOT　　(b) 非离子型二己基葡萄糖胺[二-C6-Glu]

图 5-19　典型双链阴离子和非离子表面活性剂结构

5.3.3 介孔固体及复合体体系结构与荧光增强效应

5.3.3.1 介孔固体

（1）*介孔固体体系发展*　自 20 世纪 90 年代初开始，介孔固体和纳米粒子/介孔固体复合体系逐步发展为纳米科技重要前沿领域。发展至今，已可从原子尺度，设计合成原子团簇、准一维纳米材料、多层异质结构及颗粒膜等。这些材料最主要的特征是维数低、对称性差、几何特征显著及材料性质对尺度十分敏感等，这类材料的小尺寸效应、界面效应及量子尺寸效应也十分敏感，导致产生许多奇异物理、化学特性。

进一步发展是，纳米粒子与介孔固体组装不但充分发挥纳米微粒许多特性，而且产生纳米微粒和介孔固体本身不具备的特殊性质，如介孔荧光增强效应[35~37]、光学非线性增强效应[38,39]、磁性异常[40]等。由此人们按照自己的意愿设计实现对某些性质调制，如通过控制纳米尺度、表面状态、介孔固体孔径和孔隙率对光吸收边和吸收带位置进行大幅度调制，由此已形成全新研究领域。近年来，我们在介孔固体及纳米微粒与介孔复合组装体系物性与表征研究方面已取得进展。

（2）*介孔固体定义*　我们定义表面原子数与总原子数之比为 Σ，将孔径大于 2nm 且有显著表面效应的多孔固体定义为介孔固体。特别是，当 $\Sigma > \Sigma_0$ 时，多孔固体被认为具有显著表面效应，Σ_0 是一临界值，其大小取决于所研究对象的性能和比表面积[41,42]。介孔固体不能单纯用平均孔径尺寸表征，孔隙率也作为评价介孔固体的重要参数，此外，介孔固体的孔径分布同样作为评价介孔固体的参数。

5.3.3.2 基于介孔 SiO_2 固体的组装体系

（1）*纳米 ZnO 与介孔 SiO_2 固体组装体系*　纳米 ZnO 是重要半导体，优选其硫酸盐前驱物溶液，与介孔 SiO_2 固体进行原位溶胶-凝胶反应，合成介孔固体复合体。

【实施例 5-3】 溶胶-凝胶和超临界干燥法合成介孔固体复合体　首先，合成孔隙率为 93%、孔径为 2～30nm 的介孔 SiO_2 气凝胶，然后将 $ZnSO_4$ 水溶液浸泡入孔洞内，再加入稀氨水，在 SiO_2 介孔中生成 $Zn(OH)_2$ 沉淀物，在 437～837K 下退火，获得纳米 ZnO/SiO_2 介孔复合体，选择适当退火温度调控孔隙内纳米 ZnO 的粒径。

该介孔复合固体紫外-可见光范围荧光测试结果表明，在可见光范围出现了一个强绿光带，其峰位约 500nm。与纯纳米 ZnO 块体比较，由饱和 $ZnSO_4$ 水溶液制原介孔复合体发光强度增强 50 倍，如图 5-20 所示。

有趣的是 $ZnSO_4$ 浓度控制介孔固体荧光增强效应。纳米微粒在孔洞中的量越大，增强效应越显著。利用退火温度和 $ZnSO_4$ 水溶液浓度实现荧光带峰位调制。图 5-20(a) 中，经 473K＋773K＋837K 4h 退火样品的峰位，由 473K 或 437K＋773K 退火 4h 样品的 500nm，红移到 580nm。当 $ZnSO_4$ 饱和水溶液稀释到 50%浓度，其荧光增强由 50 倍下降到 10 倍，荧光

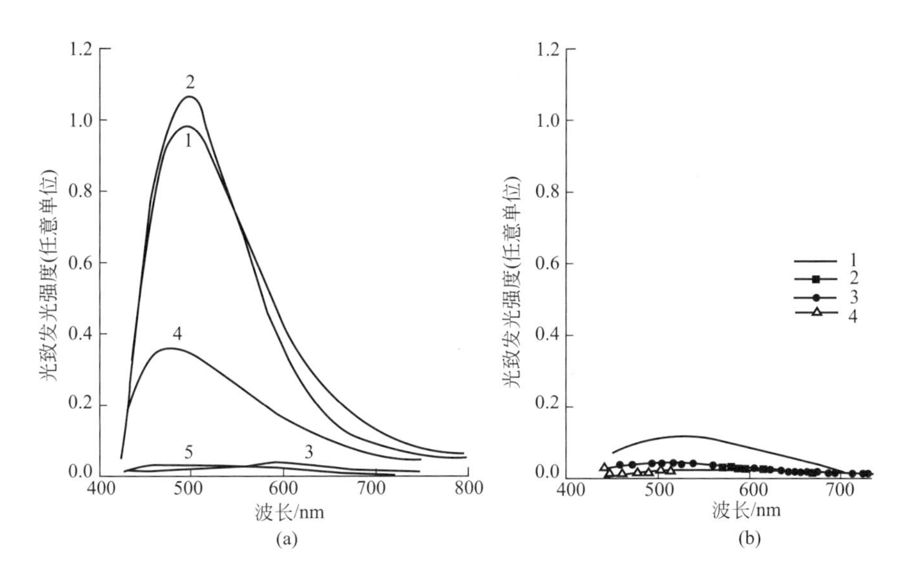

图 5-20 纳米 ZnO/SiO_2 气凝胶介孔复合体和孔结构 ZnO 块体的光致光谱

带峰位由 500nm 蓝移到 480nm。

(2) 稀土掺杂介孔 SiO_2 固体体系 前驱体掺杂介孔 SiO_2 固体，得到掺杂多功能元素原子复合介孔固体体系。采用适当比例稀土离子和铝离子前驱物，加入介孔 SiO_2 基体形成掺杂介孔 SiO_2 固体干凝胶，得到系列荧光增强效应体系。

在 SiO_2 前驱体中加入 $Ce(SO_4)_2$ 或 $Ce(NO_3)_3$ 及 $AlCl_3$ 溶液，优化摩尔比 Si：Ce＝100：1 和摩尔比 Al：Ce＝10：1。通过水解溶胶-胶凝工艺过程，分别得到 Ce^{4+} 掺杂和 Ce^{3+} 掺杂介孔 SiO_2 固体体系。采用荧光技术表征表明，掺 Ce^{4+} 的介孔 SiO_2 固体复合体系具有两个荧光带，一个荧光带位于紫外区 340nm 处，另一个位于红光范围 650nm 处。而掺 Ce^{4+} 的 SiO_2 介孔固体，在同样测试条件下在紫外-可见光范围都未观察到荧光现象。Al^{3+} 的掺杂体系能明显增强 Ce^{4+}/SiO_2 的荧光强度。

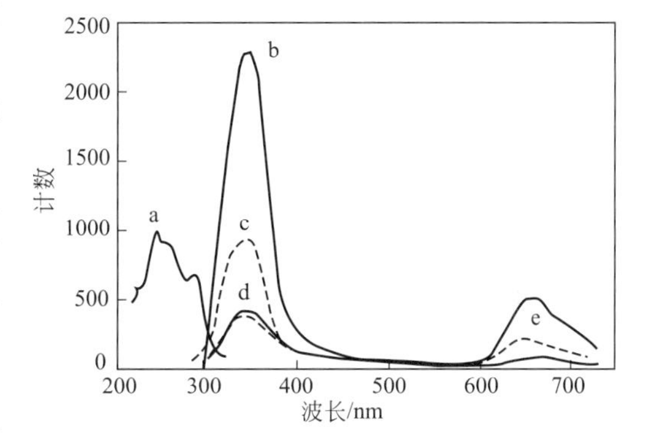

图 5-21 Ce/SiO_2 复合材料（Ce^{4+}）发射谱（E_x＝250nm）和激发谱（a，E_m＝345nm）［b，d 分别为掺杂 Al 和未掺杂 Al 试样的发射谱；c，e（虚线）分别对应于 b 和 d 试样，经 773K 退火后的发射谱；图中 340nm 处荧光峰自上至下分别为曲线 b～e］

比较图 5-21 中曲线 b 和曲线 d 可见，Al^{3+} 的掺杂使体系发光强度提高 5 倍以上。若该体系在 773K 下退火，则明显降低 Al^{3+} 掺杂试样的荧光强度，而对未掺杂 Al^{3+} 的试样，其退火条件影响不大（见图 5-21 曲线 c 和 e）。

掺杂 Al^{3+} 和未掺杂 Al^{3+} 介孔固体试样的激发谱基本一致［图 5-21 曲线 a］，表明这两种情形试样的发光机理一样。

Tb^{3+} 和 Al^{3+} 共掺杂 SiO_2 介孔固体也表现出极强的荧光增强现象，在绿光波段 564nm 处出现一尖锐的荧光峰，这是 Tb^{3+} 的 4f 电子跃迁所引起的（见图 5-22）。

荧光峰的强度通过 Al^{3+} 加入量控制。当 Al：Tb＝10：1（摩尔比）时，有最佳绿光强效果，强度增加 10 倍，Al：Tb 为 50：1 时发光强度最强。还有报道在 Sm 掺杂的 SiO_2 介孔固体干凝胶中，Al：Sm＝10：1 时为最佳荧光增强，实验结果表明，Al：Tb＝50：1 的荧光增强是 10：1 的 1.5 倍。

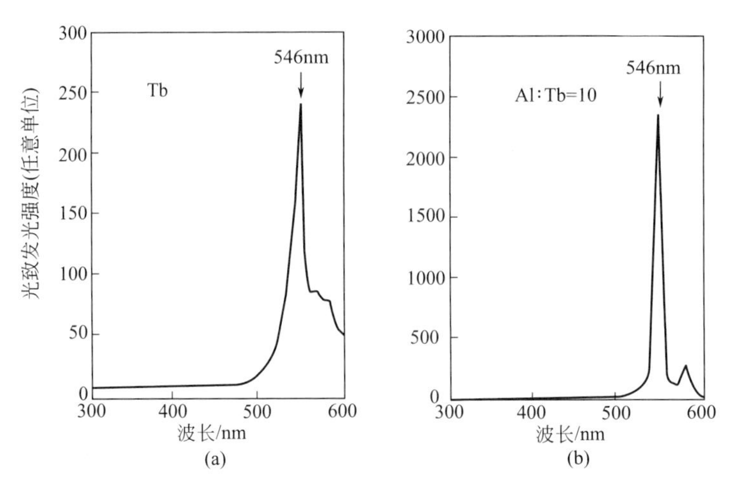

图 5-22　Tb/SiO_2 的荧光谱（已扣除 SiO_2 的荧光底，E_x＝245nm）

（a）没加 Al；（b）Al：Tb＝10（由于测试的倍频效应，在 490nm 处的荧光峰被掩盖故未画出，各试样的 Si：Tb＝100：1）

可以改变介孔孔隙率调制掺杂 SiO_2 介孔固体荧光增强幅度，可经退火处理调控荧光位置移动，为实现人工控制介孔固体荧光强度和荧光带位置提供可能。

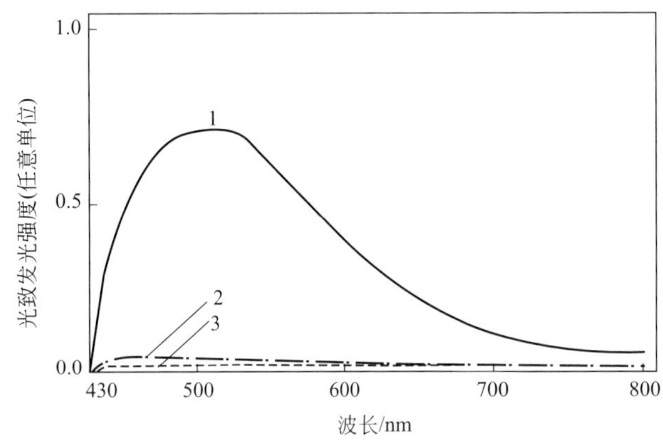

图 5-23　未热处理掺杂 Al^{3+} 的 SiO_2 气凝胶（曲线 1）、SiO_2 干凝胶（曲线 2）和经 300℃退火 4h 的掺 Al^{3+} 的 SiO_2 干凝胶（曲线 3）的可见光光致发光谱

（3）掺杂 SiO_2 气凝胶体系　采用溶胶-凝胶和超临界干燥法制备的掺杂 Al^{3+}、孔隙率超过 93％的 SiO_2 气凝胶，具有极强荧光增强效应[37]。研究未经退火处理的 Al^{3+} 掺杂 SiO_2 气凝胶荧光效应，未掺杂 Al^{3+} 的原始 SiO_2 气凝胶和经 300℃退火掺杂 Al^{3+} 的孔隙率为 50％的 SiO_2 干凝胶荧光谱，见图 5-23。

高孔隙率气凝胶有利于荧光增强。在 400～700nm 波长范围均出现一个宽的荧光带，曲线 1 峰位为 520nm。掺 Al^{3+} 的 SiO_2 气凝胶比掺 Al^{3+} 干凝胶和未掺 Al^{3+} 气凝胶的荧光增强 10 多倍。退火处理大大提高了 Al^{3+} 掺杂 SiO_2 气凝胶的荧光幅度。经 773K 退火，掺 Al^{3+} 气凝胶的荧光效应明显，宽荧光带分列成两个峰，荧光强度比未处理试样增强 2～3 倍，是未掺 Al^{3+} 的 SiO_2 气凝胶的 40 倍，是掺 Al^{3+} 的 SiO_2 干凝胶的 32 倍，明显高于多孔硅发光强度。

此外，纯 SiO_2 气凝胶及多孔硅的可见光致发光谱，其荧光双峰峰位与未处理试样 2 和 3 相比较，明显发生红移（实验曲线略）。

5.3.4　多孔纳米复合材料的功能效应

5.3.4.1　聚合物多孔纳米复合材料的阻隔效应

（1）阻隔性及其表征　多孔（包括介孔）固体粒子，可与聚合物复合形成聚合物复合材料，这种材料表现出对气体、液体的高效阻隔效应。高分子材料的阻隔性实际表征了这种材料的渗透性（permeability）和透过量（permance），前者是高分子材料的固有性质，后者是定量表征不同厚度、特性高分子材料渗透性的参数，即实验测定表征参数。

高分子透过性经常指其透过氧气、二氧化碳、氮气和水蒸气的现象和能力，材料阻隔性则定义为阻止这些常用气体通过其基体渗透运移的能力。对气体而言，采用气体在某材料基体中的渗透性或气体渗透系数，以及气体的透过量表征阻隔性。气体透过高分子材料还伴随溶解（S）和扩散（D）过程，因此，定义气体透过系数 P，即气体在恒温、单位压差与稳定透过条件下，单位时间透过单位厚度、单位面积试样的气体体积［$cm^3 \cdot cm/(cm^2 \cdot s \cdot Pa)$］。定义气体透过或渗透系数计算式为 $P=DS$。对于水渗透情形，P 表征样品阻水性。

气体透过量 Q 定义为，气体在恒温、单位压差与稳定透过条件下，单位时间透过单位面积试样的气体体积［$cm^3/(m^2 \cdot 24h \cdot Pa)$］，定义计算式为

$$P=Qd \tag{5-2}$$

式中，d 是待测试样品的厚度。

实际测试材料阻隔性需考虑所采用单位的换算（参考 GN1038、ISO 2556、ISO 15105-1）。

(2) 水蒸气渗透过程表征　为了处理水蒸气吸附试验数据，确定其阻隔能力，采用多种测试方法。其中，主要采用水蒸气透过系数（P_{wc}）、水蒸气渗透量（P_w）方法。前者单位为$g \cdot cm/(cm^2 \cdot s \cdot Pa)$，后者单位为 $g/(m^2 \cdot 24h)$。按标准（ISO 2528，ASTM F1249）定义公式：

$$P_w=P_{wc}/d=\mathrm{WVTR}/\Delta p \tag{5-3}$$

式中，WVTR（water vapor transmission rate）是水蒸气透过率，$g \cdot /(m^2 \cdot d \cdot mmHg)$；$d$ 是样品的厚度，mm；Δp 是样品两侧的压差，mmHg；水蒸气透过系数 $P_{wc}=P_w d$。

需注意 P_{wc}、P_w 表征吸水试验数据的单位在不同表达式中有很大差异。

(3) 吸水渗透过程表征　根据 Fick 第一及第二定律，吸附量 w 是 $t^{1/2}$ 的函数，对 w 和 $t^{1/2}$ 作图得到 Fickian 曲线。由于 Fickian 曲线的初始阶段近似一条直线，高聚物膜片在吸水过程中存在吸附和解吸平衡，因此可根据初始阶段斜率得到准扩散系数[32,41]（D）：

$$D=\frac{\pi}{16}\left(\frac{Sl}{C_\infty}\right)^2 \tag{5-4}$$

式中，l 为膜片厚度；C_∞ 为平衡时的最大吸水量（质量分数）；S 为准溶解系数或水在膜中的溶解度，即 Fickian 曲线初始阶段的斜率；D 为水在膜中的扩散速度。

(4) 聚酯多孔纳米复合材料的阻隔性　根据吸水试验程序[41]得到图 5-24 所示的吸水-时间关系曲线。

得到曲线直线部分的斜率为 S，计算出不同样品的准扩散系数 D 和准渗透系数 P，结果如表 5-1 所示。

表 5-1　不同二氧化硅含量的聚酯复合材料样品的吸水与阻隔系数

样品	纳米 SiO_2 含量 /%(质量分数)	S /10^{-4} $min^{1/2}$	C_∞ /%	D /(10^{-14} m^2/s)	P /(10^{-16} $m^2/s^{1/2}$)
0.2-G-PET	0	5.276	1.28	1.390	0.947
G-NPET-1	1	3.471	0.90	1.217	0.545
G-NPET-2	2	3.073	0.91	0.933	0.370
G-NPET-3	3	3.581	0.95	1.162	0.537

加入多孔纳米 SiO_2 改性粒子，使 G-PET 共聚物的 P 减小 42.4%～61.9%，这种复合改性提高了 G-PET 材料的阻水渗透性。纳米 SiO_2 主要影响材料准扩散系数 D，而对准溶解系数影响较小。

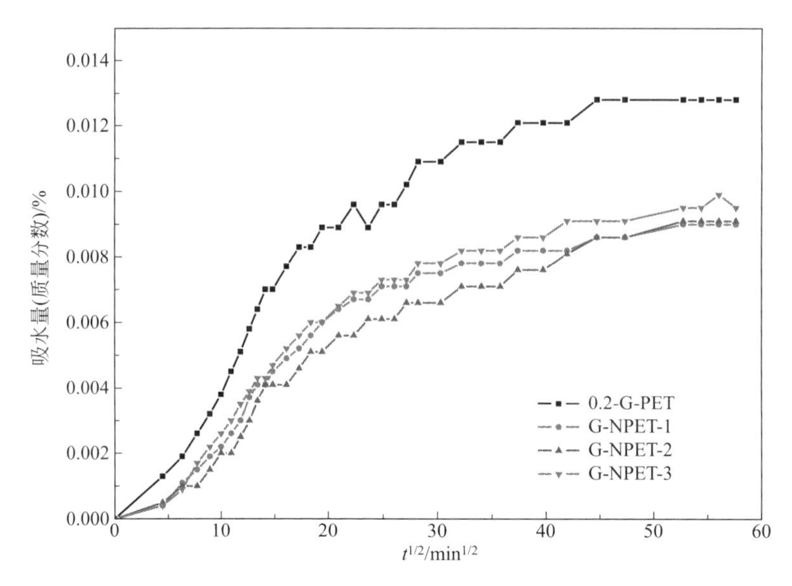

图 5-24　不同二氧化硅含量样品的吸水曲线

[0.2-G-PET，丙三醇加量为 0.2%（质量分数），纳米 SiO_2 含量为 0；G-NPET-1，0.2%（质量分数）丙三醇+1%（质量分数）纳米 SiO_2；G-NPET-2，0.2%（质量分数）丙三醇+2%（质量分数）纳米 SiO_2；G-NPET-3，0.2%（质量分数）丙三醇+3%（质量分数）纳米 SiO_2]

纳米 SiO_2 加量小于 2%时，在 G-NPET 中分散均匀，可延长 G-NPET 中水分子的扩散通道，阻碍 H_2O 小分子扩散，提高 G-NPET 膜的阻水性。但随着纳米 SiO_2 含量增大到 3%，纳米 SiO_2 在基体中团聚现象严重，分散不均造成 G-NPET 样品局部缺陷，导致材料阻水性下降。然而，调控多孔体系及介孔结构本身吸附性，通过优化复合工艺将提高其阻隔性。

5.3.4.2　合成吸水膨胀性聚合物-层状硅酸盐微球

采用层状硅酸盐层间距为 1.0nm，层间距可扩大为 4.0nm，这是由微孔向中孔转化，同时层间离子交换过程和负电性片层分散，形成抗盐性。

（1）层状硅酸盐中间体制备　采用层状硅酸盐蒙脱土合成层间距可控的中间体（I-MMT)，提高其在有机单体或高分子基体中的相容性与可控分散性。

【实施例 5-4】 合成蒙脱土纳米中间体（I-MMT）称取适量粒度小于 40μm 的 Na-MMT 粉末分散在 1000mL 盛有适量去离子水的三口烧瓶中，静置 30min，然后置于 80℃超级恒温水浴锅中以 400r/min 的速度连续搅拌 30min，再静置 2.5h。此外，另称取适量季铵盐改性剂溶解在盛有去离子水的 100mL 烧瓶中，充分溶解后缓慢滴加入蒙脱土悬浮液的三口烧瓶中，80℃超级恒温水浴和通入 N_2 条件下，进行离子交换反应直至形成悬浮液。最后，采用分离方法分离出上部悬浮液，经过真空泵抽滤获得无机颗粒，然后多次用去离子水清洗直到 $AgNO_3$ 未能检出 Cl^- 存在。这样制备出的中间体可控制其层间距约为 2.0nm。将湿样品置于 80℃真空中干燥 24h 后，经研钵研磨、过筛得到 200 目粒子聚集体备用。

（2）制备共聚物纳米复合微球

【实施例 5-5】 悬浮法制备共聚物（甲基丙烯酸甲酯-共聚-丙烯酸丁酯)/蒙脱土微球　反应过程采用一个 500mL 玻璃夹套反应器，带一个回流冷凝装置、N_2 入口、采样装置和一个不锈钢搅拌器。

典型反应过程为，称取适量聚乙烯醇（PVA）溶解在盛有一定量去离子水的 500mL 烧瓶中，室温下连续搅拌 30min，形成反应用的分散相。制备有机单体混合反应体系，称取适量甲基丙烯酸甲酯（MMA）、丙烯酸丁酯（BA）、交联剂 EGDMA 及适量 I-MMT 于 100mL 烧瓶中室温下连续搅拌 30min；然后把这两相缓慢滴加在一起于室温下超声 30min，再倒入反应容器三口烧瓶中，反应器在设定水浴温度下滴加引发剂 AIBN（偶氮二异丁腈，溶解在适量甲苯溶液中），通入 N_2 后反应一段时间，最后制成共聚物（甲基丙烯酸甲酯-丙烯酸丁酯）/蒙脱土纳米复合微球（PMBT），通过过滤、洗涤真空干燥后获取样品。

【实施例 5-6】 悬浮法制备共聚物（甲基丙烯酸甲酯-苯乙烯）/蒙脱土微球　采用 $Mg(OH)_2$ 分散相溶液，其制备采用 20mL 浓度为 1.0mol/L 的 NaOH 溶液和 10mL 浓度为 1.0mol/L 的 $MgCl_2$ 溶液，在 500mL 三口烧瓶中另加入 240mL 去离子水常温搅拌 30min，得到反应分散相；其次，制备反应油相，将适量 St、MMA、过氧化二苯甲酰（BPO）及适量 I-MMT 加入 100mL 烧杯中，常温下搅拌 30min 充分混合形成混合物；最后，把制备好的油相缓慢滴加到盛有分散相的三口烧瓶中直至有机单体溶解充分，将反应温度保持为某一特定值。通入 N_2 后，悬浮体系聚合反应一段时间，经过滤、洗涤、真空干燥 24h，得到最终共聚物（甲基丙烯酸甲酯-苯乙烯）/蒙脱土纳米复合微球（PMST）粉末样品。

【实施例 5-7】 悬浮法制备共聚物（甲基丙烯酸甲酯-醋酸乙烯酯）/蒙脱土微球　设计反应在一个 500mL 玻璃夹套反应器中进行，该反应器带一个回流冷凝装置、N_2 入口、采样装置和一个不锈钢搅拌器。

典型反应过程为，制备分散相，即称取适量 PVA 溶解在盛有适量去离子水的 500mL 烧瓶中于室温下连续搅拌 30min；制备有机相，即称取适量 MMA、醋酸乙烯酯（VAc）、交联剂 EGDMA 及 I-MMT 加入 100mL 烧瓶中于室温下连续搅拌 30min；然后，把这两相缓慢滴加混合及室温下超声 30min，再倒入三口烧瓶反应容器中，在设定水浴温度下加入引发剂 AIBN（溶解在适量甲苯溶液中），通入 N_2 后反应一段时间；最后，制备出共聚物（甲基丙烯酸甲酯-醋酸乙烯酯）/蒙脱土纳米复合微球（PMVT）经过滤、洗涤真空干燥后获取粉末样品。

【实施例 5-8】 悬浮法制备共聚物（甲基丙烯酸甲酯-2-丙烯酰氨基-2-甲基丙磺酸）/蒙脱土微球　设计聚合反应在一 500mL 夹套反应器中进行，该反应器带一不锈钢搅拌器。首先，制备反应分散相，称取一定量 PVA，将其溶解在盛有适量去离子水的 500mL 夹套反应器中，水浴加热至 75℃，以 350r/min 的速度持续搅拌形成均匀溶液；其次，制备有机相，称取一定量 MMA、EGDMA 及 I-MMT，将其于室温下充分混合；同时，称取一定量 AMPS，先将其溶解于一定量去离子水中；然后将其缓慢滴加到有机相溶液中，室温下继续搅拌一段时间，使单体间充分混合均一；再次，将制备好的有机相混合溶液缓慢滴加到已制备的分散相中，搅拌速度控制在 350r/min，连续搅拌一定时间后通入 N_2 排出反应器中的 O_2；最后，取一定量引发剂 AIBN，溶解于少量甲苯溶液中，再将其缓慢滴加至反应器中，保持水浴温度为 75℃，以 350r/min 的速度连续搅拌 5～6h，直至反应完成；经过过滤、去离子水多次洗涤及 80℃ 真空干燥 24h，得到共聚物（甲基丙烯酸甲酯-2-丙烯酰氨基-2-甲基丙磺酸）/蒙脱土纳米复合微球（PMAT）样品。

5.3.4.3 吸水膨胀性聚合物-层状硅酸盐微球溶胀行为表征

（1）*矿化度影响纳米复合微球溶胀性*　采用不同 NaCl 溶液浓度模拟矿化度情形，则经过试验得到系列共聚物微球在不同矿化度下的膨胀或溶胀行为取向。

采用共聚物（甲基丙烯酸甲酯-丙烯酸丁酯）/蒙脱土纳米复合微球、共聚物（甲基丙烯酸甲酯-苯乙烯）/蒙脱土纳米复合微球、共聚物（甲基丙烯酸甲酯-醋酸乙烯酯）/蒙脱土纳米复合微球和共聚物（甲基丙烯酸甲酯-2-丙烯酰氨基-2-甲基丙磺酸）/蒙脱土纳米复合微球进行实验。将微球浸泡在温度 75℃、时间 5d 及改变矿化度浓度条件，得到共聚物纳米复合微球水动力学粒径变化，矿化度显著影响纳米复合微球的膨胀性，曲线见图 5-25～图 5-28。

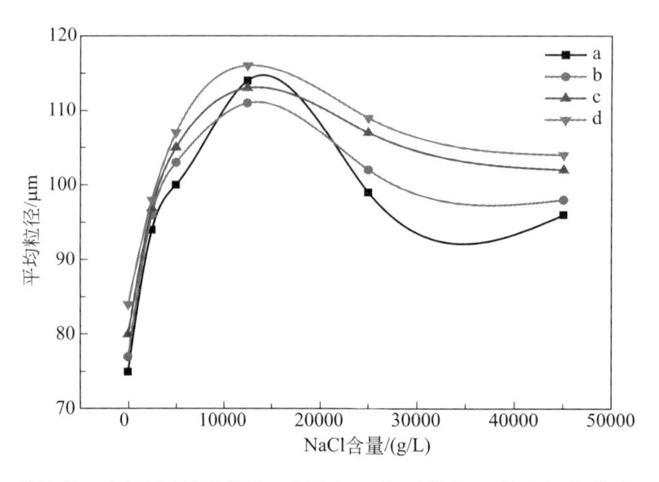

图 5-25 共聚物（甲基丙烯酸甲酯-丙烯酸丁酯)/蒙脱土纳米复合微球（PMBT）水动力学粒径-矿化度曲线

［a，1.0%（质量分数）I-MMT；b，3.0%（质量分数）I-MMT；c，5.0%（质量分数）I-MMT；d，7.0%（质量分数）I-MMT］

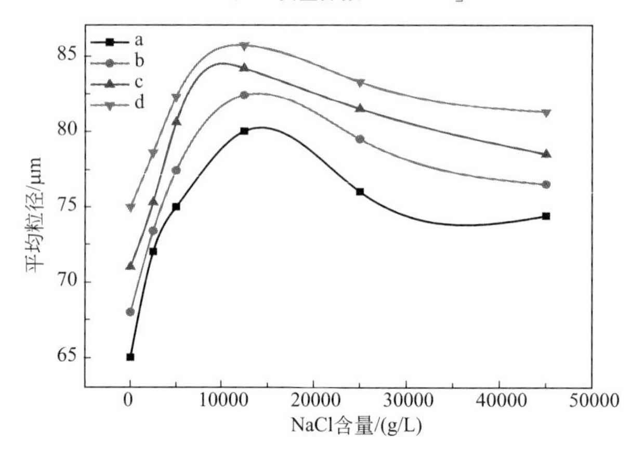

图 5-26 共聚物（甲基丙烯酸甲酯-苯乙烯）/蒙脱土纳米复合微球(PMST）水动力学粒径-矿化度曲线

［a，1.0%（质量分数）I-MMT；b，3.0%（质量分数）I-MMT；c，5.0%（质量分数）I-MMT；d，7.0%（质量分数）I-MMT］

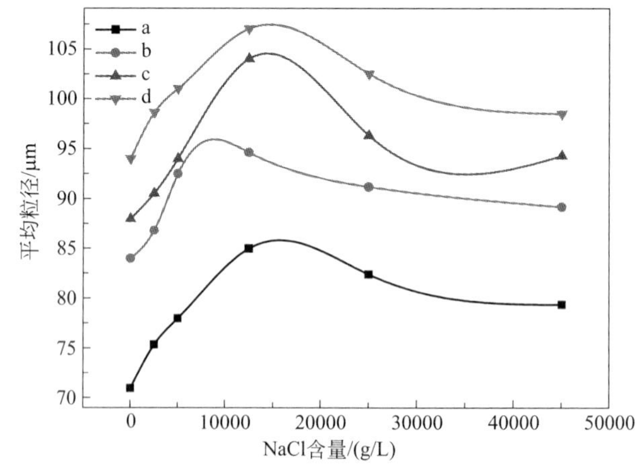

图 5-27 共聚物（甲基丙烯酸甲酯-醋酸乙烯酯)/蒙脱土纳米复合微球（PMVT）水动力学粒径-矿化度曲线

［a，1.0%（质量分数）I-MMT；b，3.0%（质量分数）I-MMT；c，5.0%（质量分数）I-MMT；d，7.0%（质量分数）I-MMT］

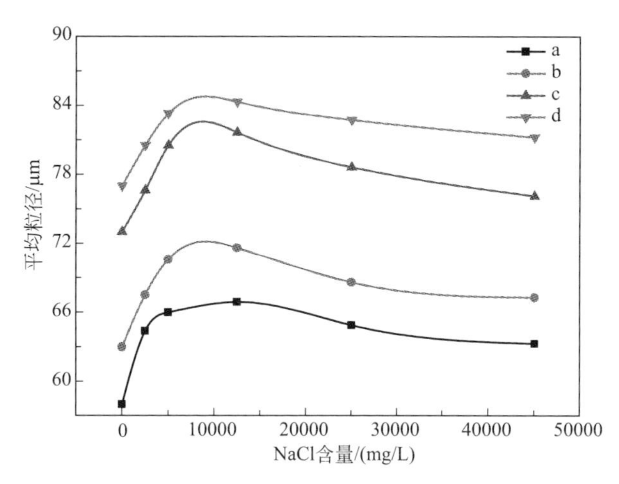

图 5-28 共聚物（甲基丙烯酸甲酯-2-丙烯酰氨基-2-甲基丙磺酸）/蒙脱土纳米复合微球（PMAT）水动力学粒径-矿化度曲线

[a，1.0%（质量分数）I-MMT；b，3.0%（质量分数）I-MMT；c，5.0%（质量分数）I-MMT；d，7.0%（质量分数）I-MMT]

（2）*无机中间相含量决定膨胀度* 纳米无机 MMT 中间相在共聚物中加量为 1%～7%时，其纳米复合微球粒径在盐水中都呈现一致性升高趋势，这种趋势几乎不受矿化度大小的影响，这就是说其中无机相粒子及其展布电荷，足以排斥外界离子（Na^{+}、Cl^{-}）向其微孔渗透和干扰倾向。

（3）*矿化度阻碍复合微球持续膨胀性* 矿化度升高会阻碍复合微球持续膨胀趋势。在矿化度为 0mg/L 时，共聚物（甲基丙烯酸甲酯-丙烯酸丁酯）/蒙脱土纳米复合微球（含 1.0%～7.0% I-MMT）水动力学平均粒径分别为 75μm、78μm、80μm 和 84μm。在矿化度为 12500mg/L 时，同样共聚物（甲基丙烯酸甲酯-丙烯酸丁酯）/蒙脱土纳米复合微球水动力学平均粒径分别为 114μm、111μm、114μm 和 116μm。矿化度为 45000mg/L 时，共聚物（甲基丙烯酸甲酯-丙烯酸丁酯）/蒙脱土纳米复合微球（含 1.0%～7.0% I-MMT）水动力学平均粒径分别为 96μm、98μm、102μm 和 104μm。

在矿化度为 0mg/L 时，共聚物（甲基丙烯酸甲酯-苯乙烯）/蒙脱土纳米复合微球（含 1.0%～7.0% I-MMT）水动力学平均粒径分别为 65μm、67μm、71μm 和 74μm。在矿化度为 12500mg/L 时，共聚物（甲基丙烯酸甲酯-苯乙烯）/蒙脱土纳米复合微球-MMT）水动力学平均粒径约分别为 80μm、83μm、84μm 和 86μm。矿化度为 45000mg/L 时，共聚物（甲基丙烯酸甲酯-苯乙烯）/蒙脱土纳米复合微球（含 1.0%～7.0% I-MMT）水动力学平均粒径分别为 76μm、79μm、81μm 和 83μm。

在矿化度为 0mg/L 时，共聚物（甲基丙烯酸甲酯-醋酸乙烯酯）/蒙脱土纳米复合微球（含 1.0%～7.0% I-MMT）水动力学平均粒径分别为 72μm、84μm、86μm 和 92μm。在矿化度为 12500mg/L 时，共聚物（甲基丙烯酸甲酯-醋酸乙烯酯）/蒙脱土纳米复合微球（含有 1.0% I-MMT、3.0% I-MMT、5.0% I-MMT 和 7.0% I-MMT）水动力学平均粒径约分别为 85μm、95μm、104μm 和 107μm。矿化度为 45000mg/L 时，共聚物（甲基丙烯酸甲酯-醋酸乙烯酯）/蒙脱土纳米复合微球（含 1.0%～7.0% I-MMT）水动力学平均粒径为 70～88μm。

在矿化度为 0mg/L 时，共聚物（甲基丙烯酸甲酯-2-丙烯酰氨基-2-甲基丙磺酸）/蒙脱土纳米复合微球（含 1.0%～7.0% I-MMT）水动力学平均粒径分别为 58μm、63μm、73μm 和 77μm。在矿化度为 12500mg/L 时，共聚物（甲基丙烯酸甲酯-2-丙烯酰氨基-2-甲基丙磺酸）/

蒙脱土纳米复合微球（含 1.0%～7.0% I-MMT）水动力学平均粒径分别为 67μm、71μm、82μm 和 84μm。矿化度为 45000mg/L 时，共聚物（甲基丙烯酸甲酯-2-丙烯酰氨基-2-甲基丙磺酸）/蒙脱土纳米复合微球（含 1.0%～7.0% I-MMT）水动力学平均粒径分别为 64μm、68μm、78μm 和 82μm。

共聚物纳米复合微球在不同矿化度下具有膨胀性，粒径变化小，稳定性较好。

5.3.4.4 介孔及层板纳米复合材料环境敏感效应

（1）*主要环境敏感效应* 环境湿度、温度、压力和变色效应是介孔固体及其复合体系设计十分关注的效应。很多介孔复合体结构特征会对环境温度十分敏感。设计纳米 Ag/SiO_2 介孔复合体系，可对环境湿度产生高度敏感性，室温较低湿度（如小于 30%），该复合体十分稳定，而湿度大于 60%则出现一系列常规 Ag 与 SiO_2 复合材料所不具有的新现象。

设计优化多种氢氧化物组成的 LDHs 正电层板复合体系，可调控其产生对环境变化的色效应。以下，我们列举翔实实例说明上述环境敏感效应。

（2）*透明与不透明可逆转变光开关效应* 可设计合成纳米介孔复合体系，在室温和相对湿度大于 60%环境中暴露，产生透明和不透明及颜色由浅黄变成黑色转化过程[45～48]。同样的样品体系，在大于 500K 退火处理，又会产生变黑和透明浅黄色转变，并可交替重复变化，见图 5-29。

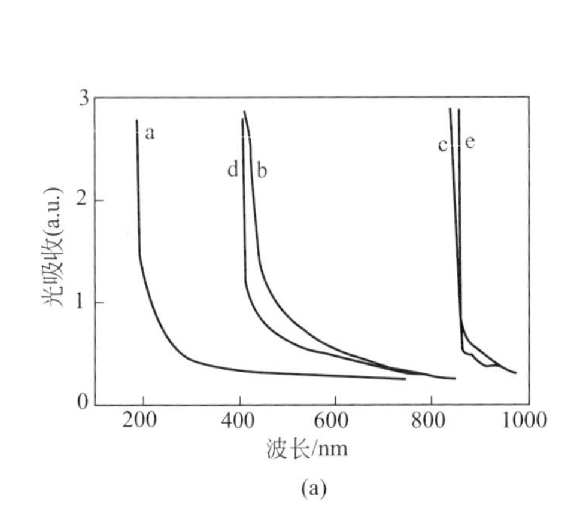

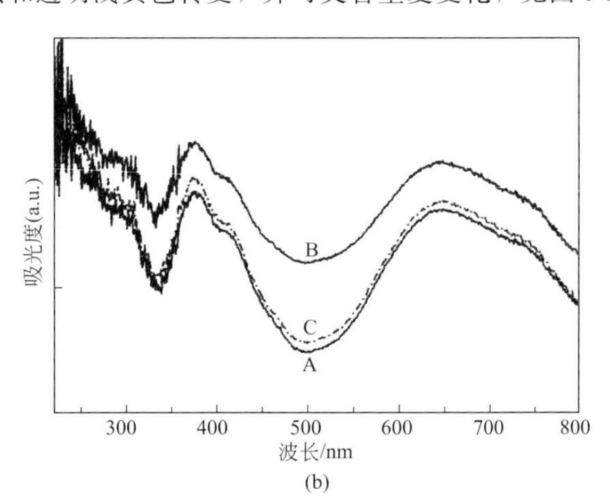

图 5-29 介孔固体的荧光光吸收谱及高压氙灯吸收谱的比较

（a）a，参考样 SiO_2 介孔固体；b，复合体试样（623K，2h）；c，试样 b 在相对湿度 60%～65%、室温大气下暴露 12h；d，试样 c 经 580K 10min 处理；e，直径约为 50nm 的 Ag_2O 粉。

（b）：$NiAl-NO_3-LDHs$ 在 500W 高压氙灯下照射 30min 的光致变色效应，变色后再在 70℃下加热 10h，颜色复原。A. 变色前；B. 变色后；C. 复原

光吸收边移动现象的唯象描述，揭示其源于孔内 Ag 颗粒表面结构变化所致。在高相对湿度下，Ag 表面氧化成 Ag_2O；在 500K 下，颗粒表面 Ag_2O 又分解成 Ag，而纳米尺度促进 Ag 颗粒表面氧化和氧化物分解，使该交替可逆变化更容易。

有趣的是，在 LDHs 水滑石体系高压氙灯下的照射现象，$NiAl-NO_3-LDHs$ 在 500W 高压氙灯下照射 30min 的光致变色效应[49]，变色后再在 70℃加热 10h，颜色复原。产生该现象的原因是 Ni^{2+} 位于八面体中心，可见光区 380nm 和 650nm 吸收峰是由于 Ni^{2+} 的晶体场分裂引起的，200～300nm 吸收峰归因于电荷转移。这很可能与存在不同的 Ni—O 键长变化，及其衍生的规则八面体与不规则八面体的两种八面体结构单元之间的构型转化有关。

（3）*吸附和氧化过程的环境敏感性* 介孔复合体内金属纳米粒子表面的吸附和表面氧化比常规材料有更敏感的环境依赖性[50～55]，例如，纳米介孔复合体在中等相对湿度的室温环境中，空气中的氧首先在孔内纳米 Ag 颗粒表面上产生物理吸附，然后转变为化学吸附，最后，

在表面产生氧化，而在干燥的空气中只产生物理吸附，进而转化为化学吸附，不发生氧化。随着相对湿度的增加，氧化过程加快。通过热效应实验，光吸收和热力学分析，获得孔内金属Ag纳米颗粒物理吸附和化学吸附的 O_2 与 Ag 之间的结合能及 Ag_2O 中 Ag—O 键的结合能，这是首次在纳米 Ag/SiO_2 介孔复合体系中给出了上述定量数据。这些工作的意义还在于利用Ag颗粒表面的氧化可以增大该复合体系的带间宽度，为人们控制该体系带间宽度提供一个新的方法。同时，可将光吸收边的蓝移与孔内纳米金属颗粒表面的氧化过程联系起来。

（4）*环境诱导的界面耦合效应* 在室温高相对湿度（大于80%）下，颗粒/孔壁间有硅酸银相形成，也可导致试样由透明向不透明转变[50]，界面相形成量满足室温高湿度下时间的幂函数规律。这种界面相在大于573K时开始分解，至973K完全分解，从而可使试样完全恢复原态，即由不透明转变为透明。在界面相完全分解之前，加热不会引起孔内颗粒明显粗化，只有在分解完毕后，进一步加热才导致颗粒显著粗化[56,57]。若交替地暴露继之在573～973K范围内加热，界面相的交替形成和分解，同样表现出可逆光学现象。

5.4 表面纳米组装及光电转化效应

5.4.1 表面造孔及功能涂膜与光电转化体系

5.4.1.1 表面界面功能及造孔设计

（1）*表面界面功能体系设计理念* 基于各种物质表面和界面，设计有序结构，通过表面界面诱导原子、分子组装体系。原子或分子组装聚集成纳米结构和纳米粒子，通过外力、温度成核与取向生长方式，创制形态可控的纳米结构组装与复合体系。

纳米粒子自组装技术，提供了纳米电解质及其光学非线性、纳米晶太阳能电池、有机聚合物掺杂的有机电致发光、蓝色和蓝绿可变有机发光二极管、自组装有机分子界面膜及其诱导生长的无机功能纳米体系。

（2）*表面微孔设计制造技术* 激光技术是表面微孔设计的主要技术。然而，激光技术在芯片上造孔尺度达到极限情况下，创造性突破该极限过程中，提出了纳米致孔技术。现在采用光刻技术制备特定分子模板，在光刻模板上进行粒子选择性组装，粒子从几百纳米到100nm尺度以下进行组装，而最新芯片存储单元线性尺度则接近22nm。

5.4.1.2 功能微器件组装设计与检测

（1）*功能微器件及组装设计* 采用纳米单元和纳米结构及其功能体系，设计纳米传感、成像、异质结和太阳能电池。这些纳米微器件组装性能功能器件，用于水力、油气工程及深海、深层探测等。

（2）*微型器件功能检测* 检测表面界面造孔、自组装纳米结构及其微型器件体系，采用超瑞利散射检测分析系统、简并四波混频和单光束纵向扫描系统、密集波分复用系统及其滤波变频器、大面积扫描探针显微镜（LS-SPM）、原子力显微镜（AFM）等表征方法。

多种商业化探针材料提供多功能多模式AFM检测技术，控制表面微孔、多功能器件质量与功能结构。

5.4.2 多晶硅纳米涂膜光伏电池

5.4.2.1 硅片纳米掺杂涂膜结构与性能

（1）*太阳能电池基片* 硅是太阳能电池、半导体工业等最重要的基础材料。单晶硅、多晶硅一直是太阳能电池最主要的基板材料，各种薄膜尤其是纳米薄膜太阳能电池材料发展很快，但是远未达到晶硅那样的量级水平。

综合考虑成本、后处理和环保因素，多晶硅成为最受关注的太阳能电池基板。利用多晶硅进行改性尤其是表面改性，提高其综合性能并接近或赶超单晶硅是研究和产业领域的主要目标。

(2) *硅 P-N 结与涂膜掺杂* 硅表面物理、化学改性，通过形成掺杂 P-N 结薄膜体系，修复表面缺陷、匀化表面晶粒及调控晶体温度等影响因素，实现少子寿命均匀化及大幅延长。

硅表面涂膜可在成型硅片、硅锭冶炼中原位实施。利用 Si_3N_4 自扩散系数低，耐高温和耐化学腐蚀，在熔炼中，采用含氮化硅粉脱模剂［如 8%（质量分数）PVP 乙醇溶液与 60%（质量分数）Si_3N_4］，经过高温使 N 扩散入硅熔体中形成 Si_3N_4 晶核并长大。该涂层阻止杂质（C、O、P、Fe、Ca）。纳米级 Fe 和 Ca 沉积物在不均匀分布涂层 SiC 缺陷内。氮化硅细化硅晶粒，氮化硅涂层提高少子寿命[58]。

5.4.2.2 硅表面纳米 SiO_2 涂膜太阳能电池设计

(1) *设计原理方法* 采用工业硅片及其切割的多尺度硅片，配制反应性溶液体系，设计溶胶-凝胶反应及原位处理工艺，这就是本技术的液相物理原位沉积原理方法（LPD）。通过硅表面溶液吸附与化学反应，逐步沉积为 100nm 以下厚度的涂层。具体是，在 P-N 结硅片的一面（P 面），配制含硅化合物溶液，控制硅片在该溶液中的停留时间，使硅片表面进行溶胶沉积反应形成沉积膜。

(2) *硅表面沉积纳米氧化硅膜的方法* 根据硅表面溶液溶胶-凝胶反应的 LPD 原理，设计配制含硅化合物溶液如氟硅溶液，控制该反应前驱物溶液在硅片表面吸附和反应的时间，调控硅片表面溶胶沉积膜厚度（沉积膜厚度控制在 100nm 以下）。

我们设计的该 LPD 处理系统包括加热系统、磁力搅系统、温度控制系统。采用 P 型多晶硅基片（厚度为 200μm±20μm，表面积为 156cm×156cm，电阻率为 1～3Ω·cm）。

【实施例 5-9】 表面沉积氧化硅实验程序 先采用 10% NaOH 溶液在 80℃ 预处理，然后用 10%HF 溶液再处理，以清除表面损伤部位及氧化物。其次，该硅片加入氧氯化磷溶液中进行磷掺杂（掺杂温度为 825℃）。然后，所有硅片用稀释 HF（10%，体积分数）进行边缘刻蚀去除硅磷玻璃化层。进行沉积实验前，这种硅片需用稀 HF（4%，体积分数）处理 1min，去除自身所含氧化物并生成表面 Si—H 键，将该硅片放入去离子水中按照不同间隔时间使其表面形成富集 O—H 键。如此得到的硅片没入 LPD 溶液中并恒温 40℃ 沉积处理，SiO_2 薄膜在多晶硅表面生长一段时间。

LPD 法沉积 SiO_2 纳米结构膜流程图见图 5-30。

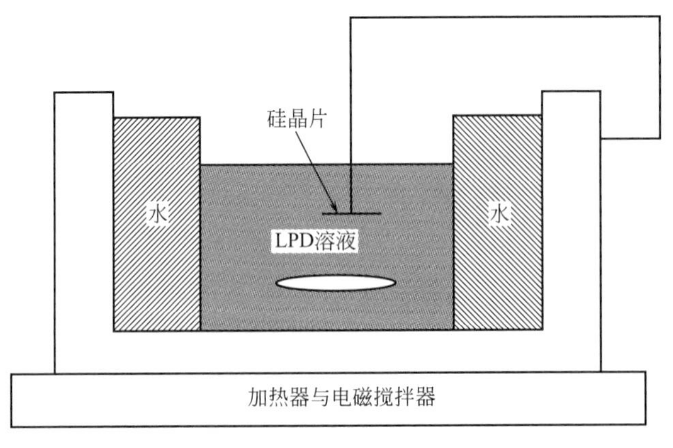

图 5-30 多晶硅表面沉积氧化硅纳米薄膜涂层液相物理沉积（LPD）工艺

(3) *多晶硅纳米 SiO_2 膜太阳能电池* 采用 LPD 法得到的硅基片表面氧化硅膜，可以调控检测其结构性能。可采用场发射扫描电镜（FE-SEM）表征表面膜的形态。采用光谱法如FTIR、XPS、NMR等检测表面薄膜的官能团和化学成键特性。采用XRD、TEM研究表面薄膜晶体粒径尺寸及分布。表面反射率采用UV-Vis-NIR光谱附带集成探头进行检测（400～1100nm波长）。

5.4.2.3　多晶硅纳米涂膜的结构及光伏特性

（1）*多晶硅涂膜的结构形态调控*　采用浓度为35%的氢氟硅酸起始液，其溶液附带氧化硅粉末，搅拌形成SiO_2饱和氢氟硅酸溶液。此后，该溶液用水稀释并用硼酸溶液调节H_2SiF_6的临界浓度（0.5～5.0mol/L），用于沉积实验，采用0.0～50.0mmol/L的硼酸溶液调节沉积膜形态。硼酸浓度适当，能有效调节氧化硅晶核形成、形态及生长速率。

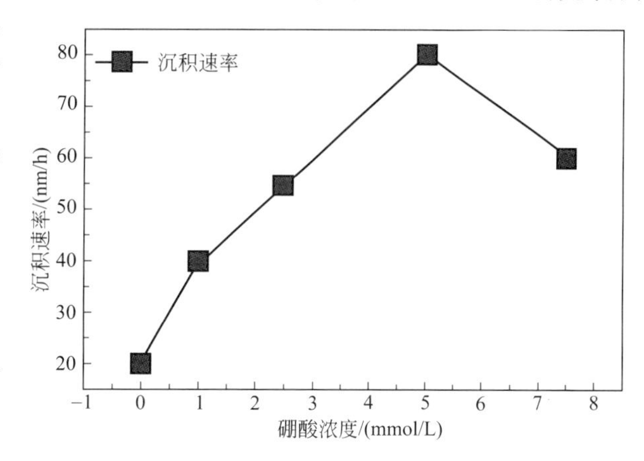

图5-31　硼酸溶液浓度调节氧化硅膜沉积速率（40℃，1.25mol/L H_2SiF_6溶液）

在硅基片上，这种调节沉积膜速率的工作曲线见图5-31。

使硼酸溶液浓度逐步增大，调节沉积膜的氧化硅生长速率由低到高逐步增长，这种硅基片上的沉积膜SEM形态，见图5-32。

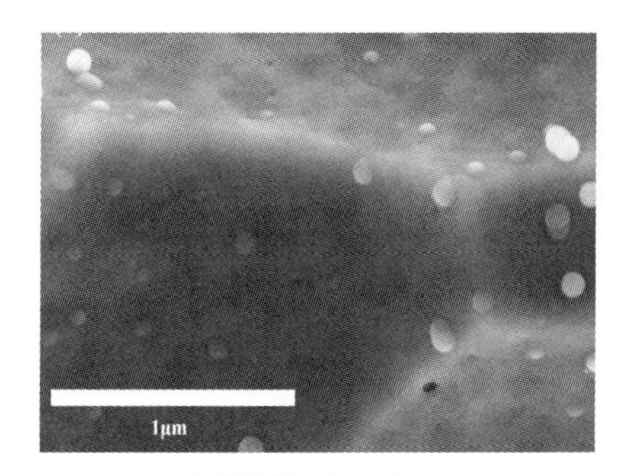

(a) 硼酸浓度0mmol/L

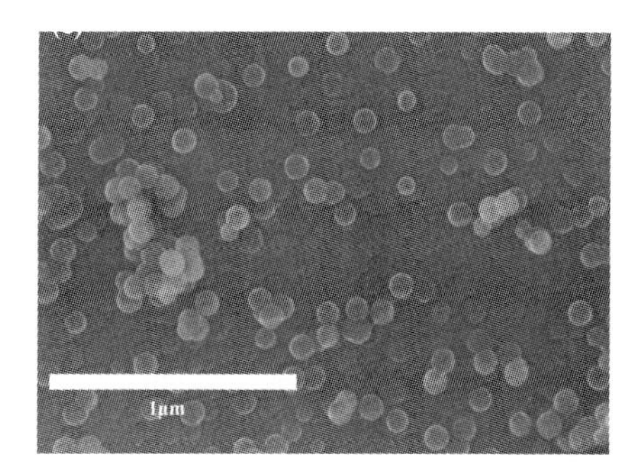

(b) 硼酸浓度1.0～10.0mmol/L

图5-32　硼酸调节LPD-SiO_2沉积膜的SEM形态（40℃，1.25mol/L H_2SiF_6溶液）

（2）*多晶硅涂膜结构形态表征*　如上所述，可采用多种电镜、原子力显微镜及光谱等多种方法表征硅薄膜表面结构形态。

采用FTIR表面光谱可表征沉积膜在不同氟硅酸浓度和固定硼酸浓度（5mmol/L）下硼酸的主要特征键和基团结构。如$1103cm^{-1}$、$815cm^{-1}$和$463cm^{-1}$强峰对应Si—O—Si键拉伸振动及其非对称振动与摇摆振动。氟硅酸溶液浓度增大，使Si—O—Si键吸收峰位产生变化（从$1088cm^{-1}$、$1090cm^{-1}$、$1093cm^{-1}$、$1091\sim1103cm^{-1}$）。不同的沉积和各种溶液生长条件，都影响LPD-SiO_2沉积膜的化学组成（参见图5-33）。

酸处理织构化硅片及LPD-SiO_2薄膜处理硅片（氟硅酸浓度为1.25mol/L，硼酸浓度为5mmol/L及膜厚度为80nm条件下）得到的Si基LPD-SiO_2薄膜在测试波长（400～1100nm）范围内的反射率显著低于未处理硅基片。平均反射率R_a定义为，

$$R_a=\int_{400}^{1100}R(\lambda)N(\lambda)d(\lambda)\int_{400}^{1100}N(\lambda)d(\lambda) \tag{5-5}$$

式中，$R(\lambda)$是依赖于波长的反射率；$N(\lambda)$是AM1.5标准条件下的太阳光流量。酸处

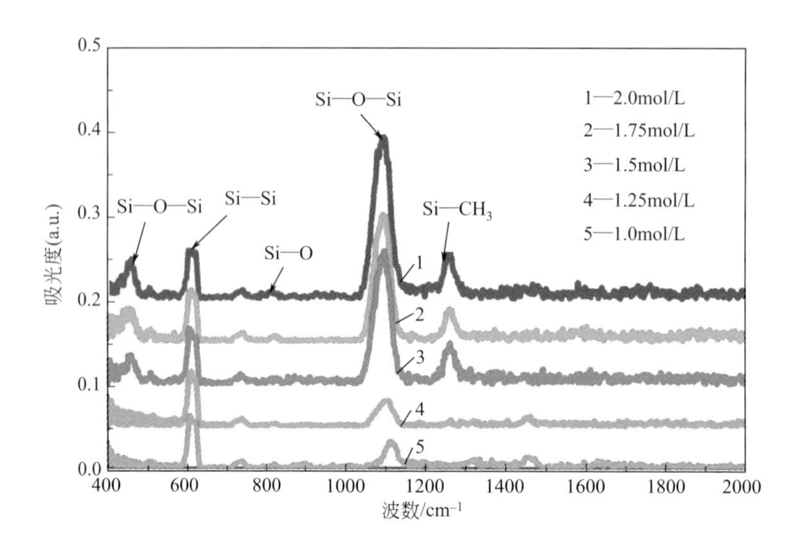

图 5-33 LPD-SiO_2 沉积薄膜的 FTIR 光谱峰（40℃，氟硅酸浓度区间 1.0～2.0mol/L，固定硼酸浓度为 5mmol/L）

理绒面硅片 R_a 和 SiO_2 涂膜硅基片 R_a 分别为 28.1%和 14.1%，该抗反射率性质可以与其他真空沉积法（PECVD 和溅射法比拟，这是本技术更有益于硅基太阳能电池之处。酸处理绒面硅片和 LPD 涂覆氧化硅薄膜硅片光反射率光谱曲线比较见图 5-34。

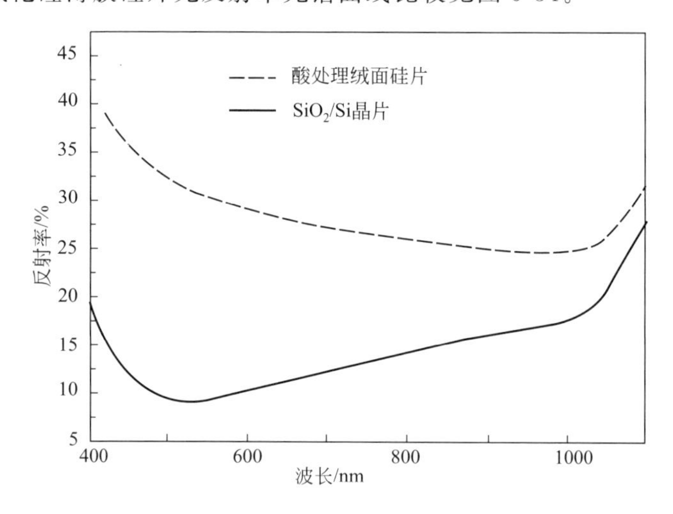

图 5-34 酸处理绒面硅片和 LPD 涂覆氧化硅薄膜硅片光反射率光谱曲线比较

（3）多晶硅表面氧化硅涂膜的光伏特性 研究和计算均得到基本数据为，多晶硅的禁带宽度为 1.03eV，单晶硅的禁带宽度为 1.13eV。多晶硅表面热氧化镀 SiO_2 膜后，禁带宽度大幅度增加到 7～8eV，这显然是多晶硅片氧化硅沉积膜的掺杂效应，这实际是一种新颖的纳米效应。

当涂膜厚度太薄时，表面掺杂不够充分、表面形态不够完整，则光伏效果不高。采用氟硅酸为硅基片表面处理溶液，经过 LPD 法形成表面厚度、形态和特性可控氧化硅处理的硅片（如氟硅酸和硼酸浓度分别为 1.25mol/L 和 5mmol/L），得到反射率 14.1%，其太阳能开路电压达到 0.64V，SiO_2 薄膜钝化和抗反射效果很优越，大幅度提高 Ag—Si 异质结接触体系光反射性能。

（4）纳米 Ag/SiO_2 介孔复合体系光吸收特性 纳米 Ag/SiO_2 介孔复合体系光吸收特征，

既不同于纳米 Ag 颗粒，也不同于介孔 SiO_2 固体，它在一定合成和处理条件下，直接产生带隙半导体光特性，而且光吸收边位置可通过纳米 Ag 复合量调控，实现吸收边从紫外到红光波段移动[43,44]。纳米 Ag 颗粒在约 400nm 波段存在表面等离子体振荡吸收峰，小于 3nm 的 Ag 组装到介孔 SiO_2 固体孔中，原来 Ag 表面的等离子共振吸收峰消失，介孔载负复合体的光吸收谱仅呈现一个吸收边，对应于孔内 Ag 的带间吸收。当载负复合量为 0～5.0%（质量分数）时，带边的位置在近紫外至整个可见光范围移动。随着载负复合量增加，其红移幅度增加。发现这一重要规律的启示是，可通过介孔复合体内纳米载负复合量来控制吸收边的位置。

进一步研究发现，不同 Ag 含量的介孔复合体带边处的光吸收值与光波长之间均符合直接带隙半导体光吸收边公式[40]：

$$\alpha h\nu = A(h\nu - E_g)^{1/2} \tag{5-6}$$

式中，A 为光吸收值；$h\nu$ 为入射光能；A 和 E_g 为常数，不同复合量试样的 $(\alpha h\nu)^2$ 对 $h\nu$ 作图可得一系列平行直线。

特别是，纳米 Ag/SiO_2 多孔复合半导体光吸收特性与常规半导体不同，其带隙还可通过纳米 Ag 颗粒含水量调制，调制幅度之大也是常规半导体很难做到的。

5.4.3 纳米晶太阳能电池

5.4.3.1 纳米晶太阳能电池的原理与设计

（1）*染料敏化纳米晶太阳能电池的原理* 染料敏化太阳能电池（DSSC），被认为是 1991 年 Grätzel 首次报道的体系。采用纳米晶 TiO_2 多孔膜载负形成染料敏化电池，尝试提高该太阳能电池光阳极及其转化效率的工作持续至今。其工作原理是，染料光敏分子吸收透过导电玻璃和 TiO_2 的光照射能量，从基态跃迁到激发态。激发态电子注入 TiO_2 导带中使电荷产生分离。导带中的电子瞬间可达导电玻璃，再流向外接电路而输出电能[61]。

总体上，吸附染料分子的 TiO_2 纳米晶半导体为电子受体，接受来自染料分子的电子，而染料分子自身失去电子成为激发态。电解质溶液中 I^-/I_3^- 电对中的 I^- 为电子供体，向氧化态染料分子提供电子，并将其还原再生，I_3^- 扩散到对电极，得到电子并被还原，从而完成一个光电化学反应循环。该 DSSC 能量产生机制为：

$$\text{染料}+\text{光}\longrightarrow \text{染料}^* + TiO_2 \longrightarrow e^-(TiO_2) + \text{氧化态染料}$$

$$\text{氧化态染料} + \frac{3}{2}I^- \longrightarrow \text{染料} + \frac{1}{2}I_3^- + e^-(\text{对电极}) \longrightarrow \frac{3}{2}I^- \tag{5-7}$$

DSSC 染料敏化 TiO_2 纳米晶太阳能电池由透明导电玻璃、吸附染料分子多孔纳米膜、电解质溶液以及镀铂镜对电极构成，吸附染料分子的多孔纳米膜为电池光阳极，其结构见图 5-35与图 5-36。

（2）*设计纳米 TiO_2 太阳能电池及光电转换* 电极材料 TiO_2、ZnO、Nb_2O_5、SnO_2 等半导体材料中，TiO_2 具有合适的禁带宽度（E_g=3.12eV），优越的光电、介电效应和光电化学稳定性，一直是染料敏化太阳电池中光阳极核心。TiO_2 光阳极由直径为 10～30nm 的 TiO_2 纳米粒子烧结而成，具有纳米多孔结构，有效面积可增大 1000 倍，吸收更多染料分子，同时薄膜内部晶粒间互相多次反射，加强太阳光吸收。

由 $Ti[OCH(CH_3)_2]_4$ 水解制备 20～100nm 的 TiO_2 颗粒。20nm 和 100nm 颗粒按 7∶3 质量比组成复合颗粒水浆体（水取代乙醇溶剂）。该纳米颗粒浆体在 ITO-PEN 薄膜上涂覆并压制成 8μm 薄膜光电极，得到光电转换效率 η=7.1%，光电流密度 J_{sc}=12.4mA/cm^2，填充系数 FF=0.76。水浆体制备塑料基体 DSC 比有机溶剂浆体更好。采用 UV-O_3 处理 ITO-PEN 塑料薄膜，η 达 7.4%（1 个模拟太阳光强）。

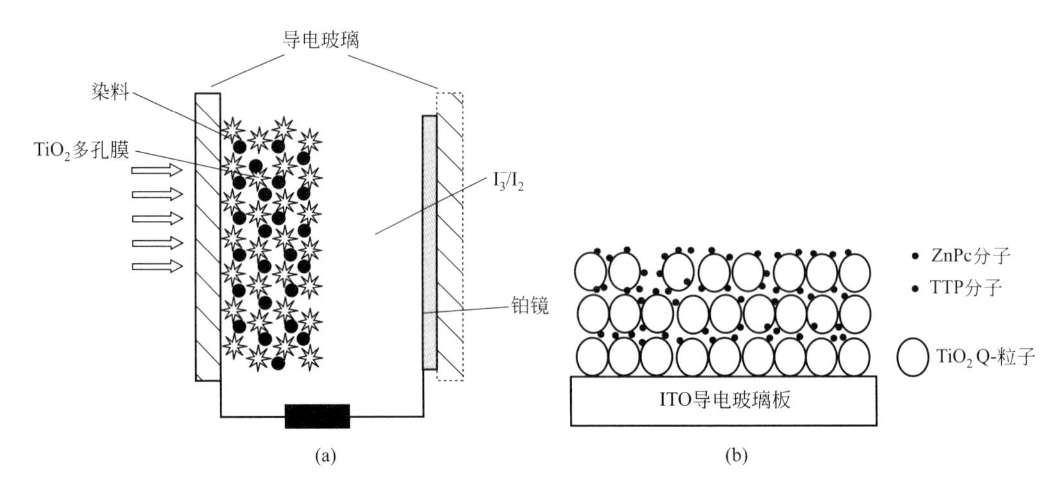

图 5-35 DSSC 染料敏化 TiO_2 纳米晶太阳电池结构（a）及介孔 TiO_2 电极与金属卟啉（ZnPc）和酞菁（TTP）衍生物分子共敏化太阳能电池（b）

这种电池光电转换效率曲线表明，在 0.2～2 个太阳范围，J_{sc}与光强度呈线性关系，表明这种方法压制薄膜与导电基体间具有足够电导率，见图 5-36 曲线。

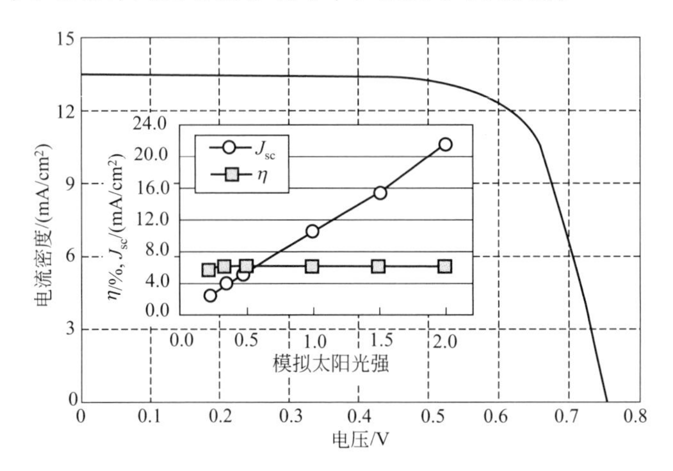

图 5-36 优化塑料基 DSC 太阳能光转化效率的光电流-电压曲线

[光电流密度 J_{sc}=13.4mA/cm²，填充系数 FF=0.75，电池面积=0.256cm²，η=7.4%，光强度=100mW/cm²（1 个太阳），图中插图表明 0.2～2 个太阳范围，J_{sc}及 η 与光强度呈线性关系]

这种较高光电转换效率的电池，使用水制备纳米 TiO_2 浆体压制到塑料基体中，无需热处理而产生高效光局域效应[61]。提高染料敏化纳米晶光阳极的光捕获率、电荷传输效率及抑制电荷复合，是提高太阳能电池光电转换效率的关键所在。

DSSC 电池模拟植物光合作用原理，光吸收与电子激发传递分别进行。固态或准固态 DSSC 光电转化效率为 6%～7%，液态 DSSC 光电转换效率可达 11%。DSSC 稳定性和转换效率是该电池实用性的重大问题，该电池的研究意义大于实用意义。

5.4.3.2 纳米晶太阳能电池体系

（1）*无机-有机复合纳米晶太阳能电池体系* 除了单晶、多晶和非晶硅太阳能电池外，还有化合物半导体、有机和染料敏化纳米晶太阳能电池（dye-sensitized solar cell，DSSC）。硅系太阳能电池较成熟但生产成本较高，化合物半导体太阳能电池原料昂贵、毒性大。DSSC 是 20 世纪 90 年代发展起来的新型太阳能电池，采用 TiO_2 纳米多孔膜半导体电极，载负各种敏化剂制成染料敏化电池。采用 Ru 及 Os 等有机金属化合物光敏材料，优选氧化-还原电解质介质，组装染料敏化 TiO_2 纳米晶太阳能电池，具有价格低廉和工艺简单的特点，但光电转化率有待提高。采用二氧化钛粒子多孔薄膜，在薄膜微孔中修饰有机染料分子或无机半导体粒子光敏剂。光敏剂吸收入射光后产生电子-空穴对，通过半导体颗粒分离电荷，提高太阳能-电能转化效率。

（2）全有机太阳能电池光电转换 有机太阳能电池具有柔顺性和成本低廉优势，高聚物/高聚物或全高聚物太阳能电池双组分均能吸收光[61]。通过调节高聚物分子结构如替代配体，可吸收更宽光线范围直至 IR。如聚（亚苯基亚乙烯基）衍生物（MEH-PPV）与相应的氰基取代物（CN-PPV）共混物，或 p-和 n-型富勒烯衍生物（PCBM）混合物。优化聚合物构造及全聚合物太阳能电池体系条件，采用 3-己基噻吩（P3HT）和富勒烯衍生物（PCBM）作为有机活性层的给体和受体材料，这种电池光能转化效率仍很低（未见大于 6.0%的报道）。

高聚物/PCBM 光活性层太阳能电池的主要缺陷是需大量 PCBM 作为电荷载体。PCBM 分子非对称结构仅对光吸收有贡献，其微分散形态如图 5-37 所示。

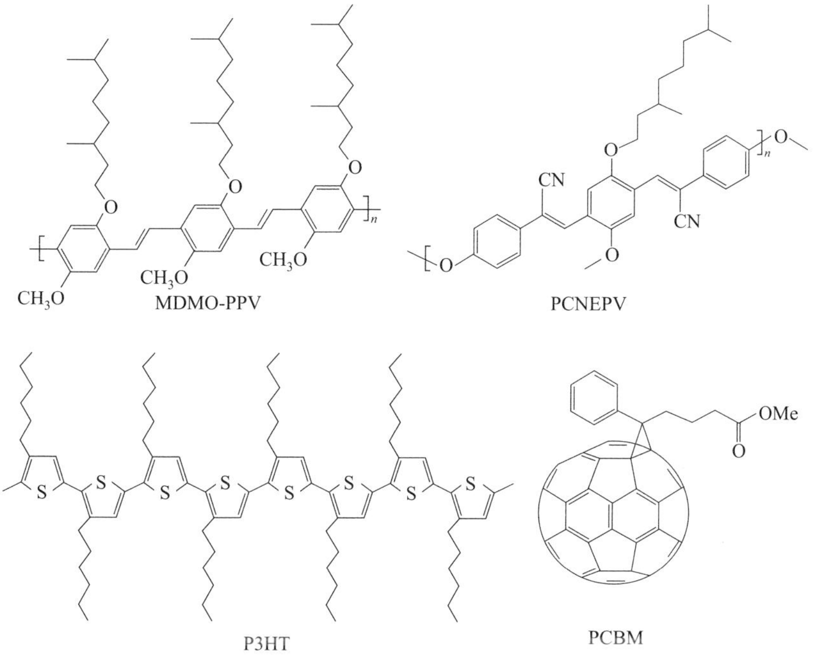

MDMO-PPV　PCNEPV

P3HT　PCBM

图 5-37 用于制造太阳能电池的有机分子及取代富勒烯结构

5.4.3.3 荧光染料复合光电效应薄膜

（1）制造实施例

【实施例 5-10】 制备含荧光染料有机聚合物-纳米 SiO_2 复合膜将 0.5g 聚合物（PDMS 密度为 0.972g/cm^3，VENDOR 分子量为 500000，$n_D=1.4050$ 或 C_4PATP 分子量 $M_W=1.6\times10^5$）及 0.05mg 的 PtOEP 溶解于 10mL 甲基异丁酮（MIBK）中。在上述溶液中，室温下加入含量为 30%（质量分数）的 SiO_2（密度 2.2g/cm^3）/MIBK 悬浮体。将此混合物搅拌 0.5h 后，将一部分试样倒在玻璃切片（尺寸：2.0cm×1.3cm×0.1cm）上切片，然后放入一个带小孔的容器内挥发溶剂，此容器室温暗处放置。一天后，将薄膜取出放入烘箱内加热到 60℃，常压保持 24h，然后再在真空（<10Torr，1Torr=133.322Pa）箱体内 60℃等温结晶，48h 后取出冷却到室温。用于测试的该薄膜厚度为 50～250μm，进行荧光光谱分析。

（2）调节薄膜硬度 纯 PDMS 薄膜是无色的软透明体，引入 SiO_2 纳米粒子薄膜变硬，硬度随着 SiO_2 含量增加而增加。SiO_2 含量超过 10%（质量分数）时，薄膜变雾状但仍透明。

PtOEP/PDMS/SiO_2 荧光光谱见图 5-38(a)、(b)。可见，随着 SiO_2 含量增加，381nm 处的峰红移现象显著即随 SiO_2 含量增加而增加，最大峰出现在 383nm 及 30%（质量分数）SiO_2 含量处。类似现象出现在低能带中如 534nm 处。图 5-38(c) 是有机分子 SiO_2 复合材料 UV 发射光谱，SiO_2 使峰位从 640nm 红移到 645nm 处，峰带宽加宽。

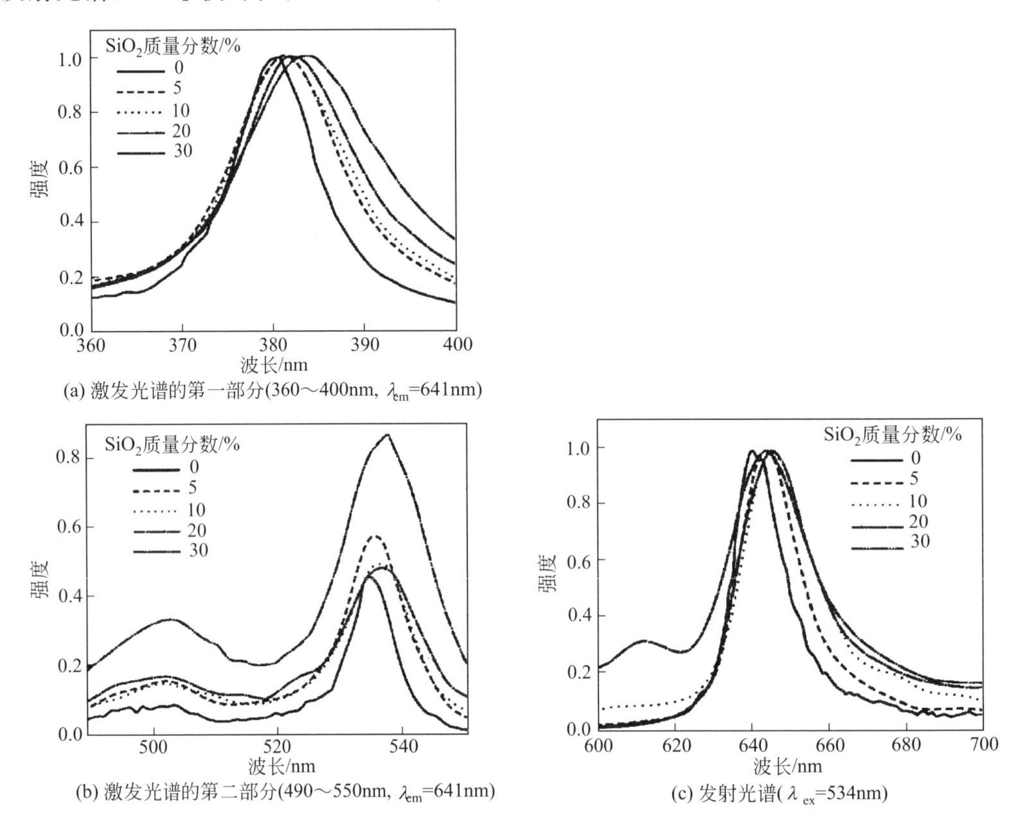

图 5-38 无 SiO_2 和 SiO_2 填充 PDMS 薄膜在 N_2 气氛环境中正交化的 PtOEP 荧光光谱

(3) C_4PATP/SiO_2 体系 C_4PATP 本身可形成浅黄色黏性薄膜，当 SiO_2 添加量＞20%（质量分数）时，这种黏性消失，而薄膜对所有 SiO_2 添加量水平都是透明的。PtOEP/C_4PATP/SiO_2 薄膜体系激发态光谱类似，最大 SORET 带峰出现于 383nm 处，而 SiO_2 明显使峰加宽，SiO_2 却几乎对低能带（535nm）无影响。发射光谱图在无 SiO_2 时，在 643nm 处的峰红移约 3nm；而有 SiO_2 时，发射谱带几乎无变化，仅最大峰有微小蓝移。

5.4.4 单分散粒子及光子晶体半导体效应

5.4.4.1 单分散二氧化硅及自组装

(1) 单分散二氧化硅颗粒设计合成 单分散粒子具有尺度均匀、易于表面修饰改性及自组装与聚合物复合组装特点。中国石油大学董鹏研究小组开展了创造性引领性工作，在此基础上，逐步发展单分散粒子标准物质、光子晶体、自组装、粒度表征及其色谱、催化、光物理和智能材料等不同领域应用。

基于 Stöber 等提出的醇介质中氨催化水解正硅酸乙酯（TEOS）合成单分散二氧化硅方法[112]。采用修正 Stöber 法、种子法等合成单分散二氧化硅粒子，不仅单分散性好、尺寸可控且二氧化硅表面硅羟基很适于功能化。

播种或种子法生长单分散颗粒技术，先选用商业硅溶胶或自行合成的溶胶粒子为种子颗粒，然后经过 sol-gel 工艺过程，通过连续补充原料使颗粒生长直到形成单分散体系。该法可较精确控制和预计生长粒子的尺寸及分布。

（2）单分散二氧化硅颗粒连续生长法　我们深入研究考察单分散体系的形成条件、机理和动力学，据此发展完善连续法生长单分散颗粒技术[113]。目前，可选择合成粒径范围，已经从数十纳米扩大到 2.5μm，不仅扩大了单分散颗粒物标准物的尺度范围、应用领域，还提供了探测各种组装结构与光子晶体结构的效应。氧化硅合成生长法，已达到粒径≥150nm 颗粒体系，粒径分布标准偏差控制在 5%以内，反应体系最终分散相浓度达 10%。图 5-39 为几种单分散二氧化硅颗粒形态。

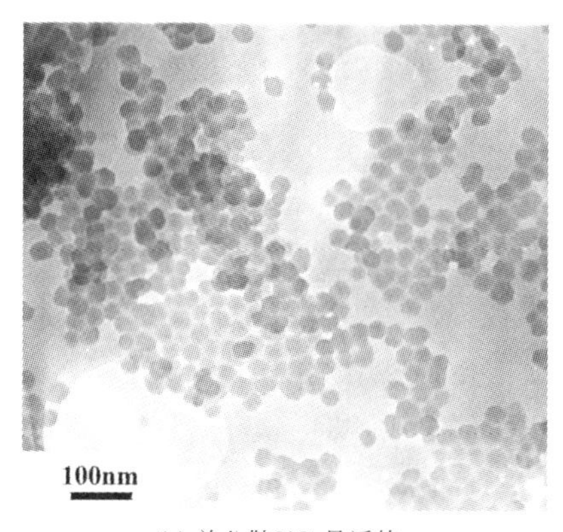

(a) 单分散SiO_2悬浮体

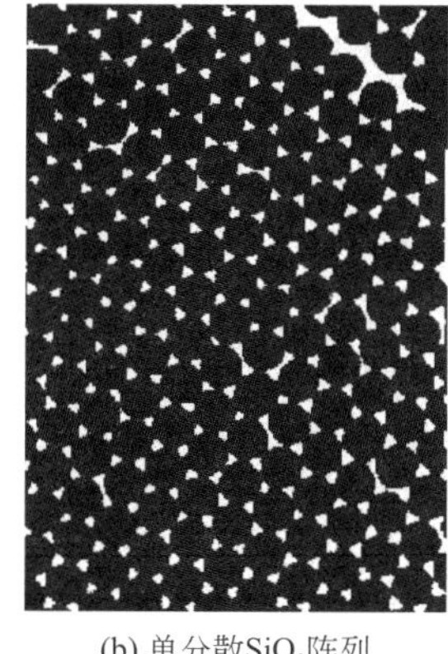
(b) 单分散SiO_2阵列

(c) PS-SiO_2核-壳颗粒

图 5-39　几种单分散二氧化硅及其阵列 TEM 形态

5.4.4.2　单分散颗粒制备过程优化控制方法

（1）单分散体系形成过程条件　单分散体系经历形成条件十分敏感而受多种复杂因素制约的多维动态过程。包括合成氧化硅的 Stöber 方法在内的重要机制至今尚未澄清。单分散颗粒制备仍然被视为一种实验技艺，尚难达到大批量规模化合成。我们建立单分散二氧化硅制备关键性基础，包括正硅酸乙酯水解、硅酸缩合动力学方程、单分散颗粒生长机制和新核产生的边界条件等。

（2）正硅酸乙酯水解和硅酸缩合单分散溶胶动力学　形成单分散二氧化硅的化学反应是硅酸酯水解和硅酸聚合，反应式如下。

$$Si(OR)_4 + 4H_2O \longrightarrow Si(OH)_4 + 4ROH$$
$$nSi(OH)_4 \longrightarrow nSiO_2 + 2nH_2O \tag{5-8}$$

正硅酸乙酯水解是反应控制步骤，一旦反应体系中的正硅酸乙酯供应量超过其水解能力，将导致体系单分散性被破坏。为了有效地控制单分散体系的形成过程，优化掌握其水解和缩合速度是首要条件。

采用萃取冷冻分离-气相色谱法和电导检测法，建立正硅酸乙酯水解和硅酸缩合反应速率常数 K_H 和 K_C，由此，优化计算任何常用制备单分散体系条件下，正硅酸乙酯和单硅酸的消失速度，建立水解和硅酸缩合反应及单分散二氧化硅生长速度间关系的基础。

5.4.4.3　颗粒生长机制和新核产生规律

硅酸聚合过程可分为成核与核心生长两个阶段，单分散颗粒被认为是核心生长的结果[113]。然而，颗粒生长机制是一个颇具争议的问题，这包括提出扩散控制生长，或表面反应控制生长机理等。我们研究颗粒生长速率与其粒径的相关性。对于扩散控制生长，从 Fick 定律推导出颗粒生长速率公式：

$$\frac{dL}{dt}=4DV\frac{C_\infty-C_S}{L} \tag{5-9}$$

$$\frac{dL}{dt}=2K_SV(C_m-C_S) \tag{5-10}$$

式中，L 为颗粒直径；V 为沉积在颗粒上的生长组分摩尔体积；D 为扩散系数；C_∞ 为体相浓度；C_S 为颗粒表面的饱和浓度。

由表面反应控制生长，颗粒体积生长速率与其外表面积成正比，可见表面反应控制生长速率与颗粒粒径无关，而扩散控制生长速率与颗粒粒径成反比。

利用同一环境中生长两种大小不同，但各自均一的种子颗粒尺寸变化规律考察颗粒生长机制。发现在无新核生成情况下，生长的大小两种颗粒粒径之差基本是常数。即大小颗粒生长速率相同，具有表面反应控制生长特征，但在有新核生成情况下，新核产生期附近，大小种子颗粒粒径之差及种子颗粒与新核粒径之差均变小，此时小颗粒生长速率快于大颗粒，反映生长的扩散控制特征。而在新核产生前及其后，大小颗粒仍保持同速生长，即生长受表面反应控制，见图 5-40。

新核产生的关键因素是种子颗粒表面积不足，致使低缩合度中间物分子浓度增高。低缩合度中间物进一步缩合成更高缩合度大分子或微晶核。该大分子部分彼此聚集产生独立于种子颗粒的新核；另一因素是其扩散系数大大降低，则以扩散控制方式生长种子颗粒。

为获得高度单分散性颗粒体系，须避免种子颗粒在生长过程中产生新核。通过实验优化不同粒径种子产生新核的边界条件即临界比表面积（S_{pc}），S_{pc}与种子粒径成正比而非常数，该结果与前述新核产生时是扩散控制生长的结论一致，见图 5-41。

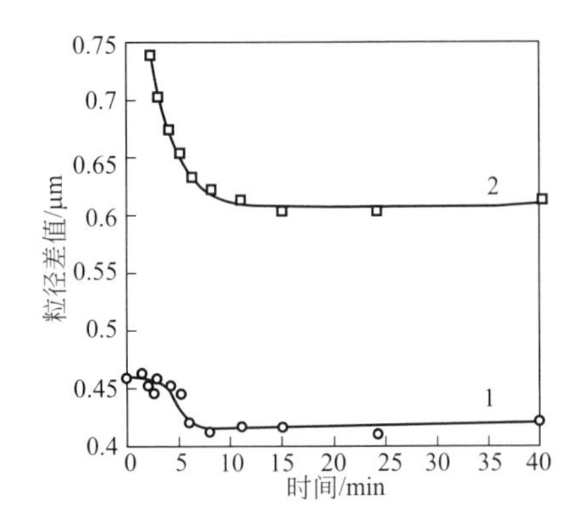

图 5-40 生长颗粒粒径差随时间的变化曲线
1—种子与新核粒径差；2—大小种子粒径差

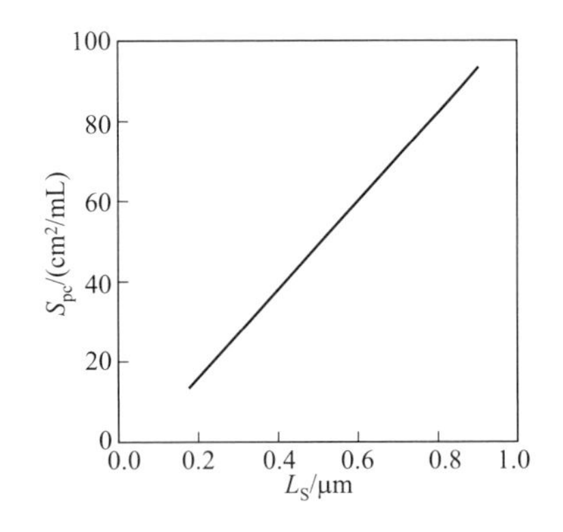

图 5-41 新核产生的临界比表面积（S_{pc}）与种子颗粒粒径（L_S）的关系

5.4.4.4 单分散粒子组装光子晶体与效应

（1）单分散胶体光子晶体光学效应 已发现粒径与光波波长可比的单分散二氧化硅和聚苯乙烯微球悬浮液可自发排列成胶体晶体。光子晶体是指具有光子能带及能隙的一类新材料，其典型结构为一个折射率周期变化的三维物体，周期为光波长量级，光子在这类材料中运移的光学效应[114～116]类似于电子在凝聚态物质中的作用。胶体晶体也是一种具有折射率周期变化的三维物体。用亚微米单分散二氧化硅微球制作可见光及近红外波段范围的一系列胶体晶体，是光物理和固体物理研究的热点。

采用 Kossel 环方法确定胶体晶体为面心立方结构（FCC），测量各晶面晶格间距，确定晶体结构中布里渊区的各个对称点位置。用测量可见光-近红外吸收峰的方法检测到在 L 点上，(111) 晶面方向存在一个很深的吸收峰，其中心波数在 11600cm^{-1}，见图 5-42。

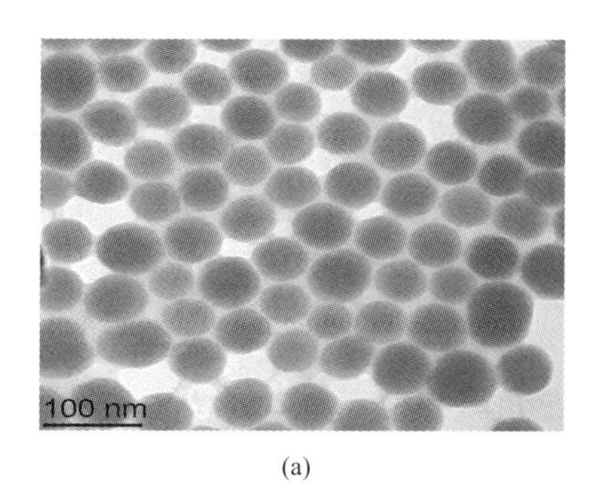

(a)

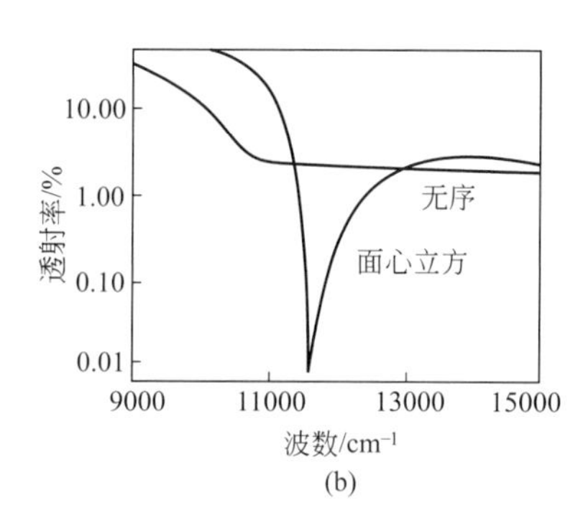

(b)

图 5-42 面心立方二氧化硅胶体晶体和模型载体 TEM 像（a）及
单分散二氧化硅颗粒聚集无序悬浮液的可见及近红外光波段透射谱（b）

由于二氧化硅折射率偏低（$n=1.45$），未发现完全能隙结构的存在。因此，可用高折射率二氧化钛包封单分散二氧化硅的方法提高复合微粒折射率。

二氧化钛包封层厚可达 40nm，SiO_2/TiO_2 复合粒子中二氧化钛体积分数达 50%。由于这类胶体阵列力学性能的缺陷，可设计合成高性能基体以形成复合阵列的完全能隙结构。

（2）光子晶体禁带结构光学吸收性 介电常数不同的介质材料在空间周期性排列结构，改变在该结构间传播的光性质，所传播光波的色散曲线形成的带状能带结构，称为光子能带。光子能带间可能出现带隙，称为光子带隙或光子禁带。频率落在光子禁带中的光子，在某些方向被严格禁止传播。具有光子带隙的周期性介电结构叫光子晶体或光子带隙材料。光子晶体（Yablonvitch 和 John 于 1987 年各自提出）半导体材料，其原子排布的晶格结构产生周期性电势场，对在其中运动的电子产生影响，如电子形成能带结构等。光子禁带和光子局域为人类操控光提供了新途径。

光子晶体的基本特征是具有光子禁带，它可抑制自发辐射；其另一特征是光子局域，当光子晶体中原有周期性或对称性被破坏时，其光子禁带中就可能出现频率极窄的缺陷态，与缺陷态频率吻合的光子会被局域在出现缺陷的位置，一旦偏离缺陷位置，光就将迅速衰减。

（3）光子晶体掺杂效应 光子晶体中加入杂质，光子禁带中会出现品质因子非常高的杂质态，具有很大的态密度。光子晶体中引入点、线或面缺陷时，光子会被局域于缺陷位置，处于缺陷态的光子具有很高的态密度和很慢的群速度。若缺陷处有光吸收物质，光与物质作用时间大大增加，有利于提高物质的光吸收率。利用光子晶体的光局域性质可提高染料敏化 TiO_2 纳米晶光阳极光捕获率。在电介质薄膜和光子晶体界面处，确实存在光子局域，处于缺陷态的光波在界面附近不仅有更高的电场强度，而且群速度减小即慢光效应，这意味着光通过电介质薄层的时间增加了。

染料敏化 TiO_2 纳米晶太阳能电池中，光阳极导电玻璃与 TiO_2 纳米晶薄膜间组装一层反 Opal 的 TiO_2 光子晶体。由染料敏化后光阳极的光吸收谱曲线和太阳能电池短路电流光谱响应曲线发现，当光从对电极一侧入射时，在可见光光谱范围（400～750nm），与没有反 Opal 的 TiO_2 光子晶体层 DSSC 相比，有反 Opal 的 TiO_2 光子晶体光阳极的光吸收率显著增强，在选择高效率光捕获染料时，相应染料敏化 TiO_2 纳米晶太阳能电池的短路电流提高 26%，光阳极的光捕获效率明显提高。而光电转化效率显著增强的光谱范围（600～750nm），位于反 Opal 的 TiO_2 光子晶体禁带区域内。与反 Opal 的 TiO_2 光子晶体相比，TiO_2 纳米薄膜实际在光子晶体中引入一层表面缺陷。当光从 TiO_2 纳米薄膜一侧入射这一复合结构时，TiO_2 纳米薄膜表面缺陷层产生“光子局域”现象，在 TiO_2 纳米薄膜中激发多重表面共振模，产生比周围光波更高的电场强度和更低的群速度。由此，光通过 TiO_2 纳米薄膜的时间大大增加，染料分子吸收光的效率提高。

利用光子晶体控制原子的自发辐射，制作宽频带、低损耗的光反射镜，或制作高效率发光二极管、光滤波器、光开关、光混频器、光倍频器和光存储器等。

5.4.4.5　单分散纳微米粒子组装复合效应

(1) 均一孔径模型催化剂及重油转化　设计研制单分散胶体粒子大孔径催化剂，用于重油轻质体系转化过程。研制一系列孔结构均一，可在很宽孔径范围（6～1000nm）内任意选择的模型催化剂，提供新型重油裂化和加氢催化剂设计依据。

表面修饰技术变换催化活性表面性质，利用模型催化剂实验研究阐述，①重油催化反应历程；②催化剂孔结构对反应物分子扩散的影响及与反应活性和选择性的相关性；③载体孔结构与重油原料分子的匹配；④排除宽孔径分布的干扰。特别是，在消除微孔扩散影响情况下，单纯考察表面活性物种催化行为。采用表面无孔单分散二氧化硅颗粒聚集而成均匀间隙孔载体。

模型催化剂的特征是，其最概然孔径为颗粒粒径函数，孔分布 0.14～0.50 倍粒径范围内，孔隙率范围为 26%～35%。活性组分可在颗粒聚集之前或之后修饰到颗粒或载体表面，其量可控。表面用 Al_2O_3、TiO_2、NiO、MoO_3 等修饰，考察 110℃大庆减压渣油（计算分子等效球径为 1.79nm）在最概然孔径 6.6～85.8nm 的几种模型载体上的吸附扩散行为，在最概然孔径 20nm 模型载体上，渣油分子仍存在受限扩散。担载 NiO 和 MoO_3 模型催化剂的活性组分分散良好。在连续式微型反应系统上，精制直馏柴油脱硫率达 85.9%而脱氮率达 71.8%。

(2) 拓展单分散粒子应用　开拓单分散二氧化硅的应用，采用 $Al(OH)_3$、Al_2O_3、NiO、MoO_3、TiO_2、C_8 和 C_{18} 脂链、氨丙基和磺化酞菁铜等，对单分散颗粒或其聚集体进行表面改性。采用水热法将胶粒表面微孔封闭。

5.4.4.6　单分散粒子与聚合物分子复合体系效应

(1) 聚合物单分散粒子核-壳结构体系设计　采用单分散粒子和聚合物原位聚合复合制备“核-壳”结构粒子。如合成 PS/SiO_2 复合颗粒，经过自由基反应原位聚合复合合成高聚物单分散氧化硅复合材料。纳米颗粒表面处理形成纳米核-壳结构中，壳层厚度与稳定性是所得纳米复合粒子产品后续分散和大规模应用的关键。设计的核-壳结构颗粒，黑色圆环部分为过渡层，壳层可以是单层、多层、复合层体系，如图 5-43 所示。

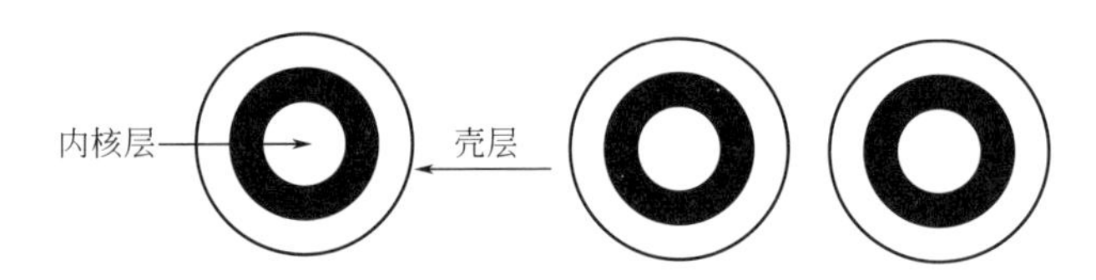

图 5-43　单分散纳米核-壳结构设计

(2) 聚合物单分散粒子核-壳结构体系制备及效应　采用单分散纳米颗粒制备核-壳结构复合颗粒，使纳米颗粒均匀分散于高聚物中制备纳米复合材料。适当分散工艺使纳米颗粒进入高聚物自由体积空间，产生阻隔气体效应。纳米颗粒与聚苯乙烯原位聚合复合方法，在聚乙烯吡咯烷酮（PVP）分散及作用下，通过分散聚合得到核-壳结构颗粒。该核-壳颗粒与聚对苯二甲酸乙二酸酯在 260～280℃温度下，经熔融复合得到纳米复合材料[53]，见图 5-44。

在上述新颖的形态中，纳米颗粒分散形态呈规律性变化，即随加量增加，纤维形态密度依次降低，直到 5%加量时，纤维形态几乎消失，而纳米颗粒从基体中分离出来，该形态异常显著。

纳米 SiO_2 在不同聚合物体系中产生显著不同的光谱形态，这与 SiO_2 含量尚不能完全关联，而可能与分散形态关联。SiO_2 形态实际对发射或激发态光谱产生影响。由于纳米颗粒表面电荷状况不明确，表面基团性质也不清楚，这将导致不可预测的团聚等后果。

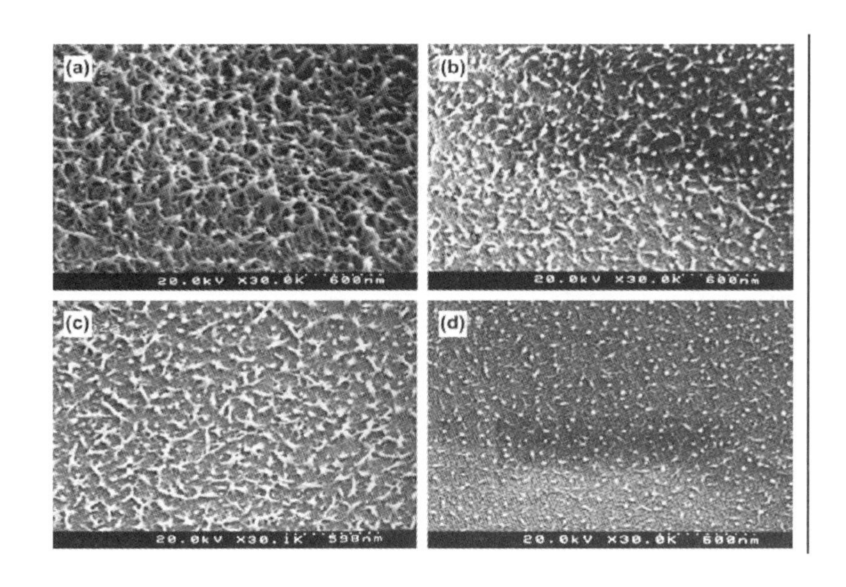

图 5-44 PET 与 PS-SiO_2 核-壳结构颗粒形成纳米复合材料的 SEM 形态

5.5 金属纳米粒子及其胶束自组装复合材料

5.5.1 小尺度金属纳米粒子乳液合成方法

5.5.1.1 小尺度金属纳米粒子合成方法分类

（1）小尺度催化剂金属纳米粒子 合成小尺度催化剂金属纳米粒子，缘于贵金属催化剂的稀有资源特性，提出合成这种小尺度贵金属催化剂为催化活性中心，就是为节约这类稀有资源。为此，本书将那些粒子尺度为10nm以下的金属纳米粒子定义为小尺度金属纳米粒子。根据很多过渡金属、稀土金属、镧系或锕系金属的纳米粒子实际具有高活性和高催化活性的现实，一般采用这些小尺度金属纳米粒子替代常规贵金属，作为催化剂活性中心。

（2）小尺度金属纳米粒子体系 由于纳米粒子合成技术迅猛发展，原来源于催化剂小尺度金属纳米粒子技术及其功能性的调控方法，扩大到极为广阔的情形。我们可采用羰基金属合成纳米 Ni、Fe 和 Co 等，采用金属化合物还原法合成纳米 Ag、Cu、Au 等，它们都属于小尺度金属纳米粒子。通过原位合成及其沉积技术，使这些系列功能、高活性纳米粒子原位附着于载体上或形成复合体系，其大都具有很强的反应活性、催化活性、成像活性和传感活性，因此可满足相应的应用设计。

5.5.1.2 小尺度金属纳米粒子乳液的合成方法

（1）合成原理 一种或几种表面活性剂在溶剂中，通过分子间作用力产生聚集、组装和团簇状胶束，其可作为含金属元素有机化合物的微反应器，生成金属中间体并还原生成小尺度金属粒子。

（2）主要合成方法 合成制备金属纳米粒子的方法众多，总体上主要分为化学法、物理法和化学物理法。

化学法是指经过化学或生物化学反应及其工艺过程，合成金属纳米粒子的方法，如氮气和碳原子反应、蛋白粒子接枝反应、溶胶-凝胶反应及其后处理工艺。

物理法指经过力学、热学和机械等物理过程，制备金属纳米粒子的方法。

（3）合成金属银纳米粒子及其纳米复合材料 金属银纳米粒子在表面工程、拉曼光谱测试、抗菌和杀菌工程材料等中有重要而广泛的应用。

金属银或类似金属纳米颗粒制备方法中，采用化学法居多。采用化学法时，选择在反应体系中添加稳定剂[62]或不添加稳定剂[63,64]的金属还原方法、辐射化学还原方法[65~67]，有机溶剂的热降解方法[68]、LB膜组装方法[69,70]和反相微胶束方法，以及采用微乳液为纳米粒子微反应器[71~75]的方法、采用向列相（lyotropic）液晶[76~78]相作为纳米粒子模板法等。

考虑到制备的Ag纳米颗粒材料的各种用途，应选择采用可规模化、可重现纳米效应以及经济环保的合成或制备工艺方法。

5.5.1.3 合成小尺度金属银纳米粒子的方法

在金属银纳米粒子的许多制备方法中，优化选择可规模化、经济性和环保性的工艺方法。根据实验主要选择了金属银纳米颗粒制备方法中的化学或化学还原法、微乳液纳米粒子微反应器[71~75]法等。采用这些制备Ag纳米颗粒及其沉积与组装体系方法中，该体系的反应或者操作温度几乎都控制在常温水平。我们综合了这几种金属银合成体系，见表5-2。

表5-2 多种前驱体乳液胶束法制备纳米银及其簇合物体系

实施例	前驱体	还原剂	稳定剂	溶剂	制备技术	文献
1	$AgNO_3$	$NaBH_4$	油酸钠	水/油酸	化学还原	[61]
2	$AgNO_3$			乙醇	化学还原	[76]
3	$AgNO_3$	EDTA		水	化学还原	[77]
4	$AgNO_3$	$NaBH_4$	W/O	己醇 CTAB	反相微胶乳	
5	$AgNO_3$		己醇			
6	Ag(AOT)	$NaBH_4$	Na(AOT)	异辛烯	反相微胶乳	[79]
7	$AgNO_3$	$NaBH_4$	月桂醇聚醚4	环己烯	反相微胶乳	[80]
8	$AgNO_3$		无	DMF	自发沉降	[81]

注：表中各实施例的反应温度为室温；CTAB是十六烷基三甲基溴化铵；AOT是双（2-乙基己基）磺基琥珀酸；实施例7中，各组分含水量相同，反相微胶束技术采用30%Ag(AOT)和70%Na(AOT)与$NaBH_4$在室温下的混合体系。

表5-2中，实施例4、5、6和7反相微胶乳体系，采用控制水/表面活性剂比例的方法，控制纳米簇合物粒子大小，实施例5体系采用不同的水/表面活性剂比例时，得到3～9nm的Ag粒子。实施例6采用不同溶剂得到不同尺度的纳米粒子，使用异辛烯（isooctane）得到5.5nm的Ag粒子，采用环己烷得到3.0nm的Ag粒子。

【实施例5-11】 表5-2例7制备过程很有代表意义，详细制备过程如下。

① 制备W/O反相微乳液 先将8%（质量分数）的水与92%（质量分数）的月桂醇聚醚4在高速搅拌下制备成微乳液，得到W/O体系。

② 混合反应 制备5.4×10^{-3}mol/L的$AgNO_3$水溶液及2.7×10^{-2}mol/L的$NaBH_4$水溶液，并将两者在室温及磁力搅拌下混合，然后与上述微胶乳混合制备纳米Ag。

改变上述各溶液体系的混合次序，所得到的纳米粒子簇合物组成一样，如可以先将$AgNO_3$水溶液与微乳液混合，及$NaBH_4$与微乳液混合，然后再混合这两种溶液。或者分别将无机溶液（$AgNO_3$或$NaBH_4$）加入到另一种与微乳液混合的溶液中。这些次序改变，对得到的纳米粒子簇合物组成没有影响。

若改变银离子溶液浓度，银离子簇合物组成则变化。如上述银离子浓度变低时，簇合物组成为$(Ag_4)^{2+}$～$(Ag_9)^{+}$。实验证明，所得银离子颗粒对空气不敏感。

5.5.2 银金属纳米粒子与有机体组装

银组装选择一些报道的有关方法介绍。银金属通过物理化学或电场、磁场、力场的作用进行组装，得到2D或3D阵列材料。但是为了得到稳定的组装图样，需要一种合适的具有力学性能的纳米与有机膜的复合材料。与单分散二氧化硅相似，控制纳米银的尺寸或粒径分布使之达到单分散水平，对于后组装图案有直接影响。采用1-壬基硫醇为表面活性剂及二相液-液方法制备银纳米粒子溶胶。

【实施例 5-12】 纳米银的阵列组装，将所用的容器超声处理1h，然后依次用自来水、蒸馏水和纯水冲洗后，放入105℃的烘箱中烘干待用。用分析天平分别称量 $AgNO_3$、$NaBH_4$ 和 $N(C_8H_{17})_4Br$，并配制成所需浓度的溶液。将浓度为0.20mol/L，体积为20mL的相转移试剂 $N(C_8H_{17})_4Br$ 的 $CHCl_3$ 溶液，一边搅拌一边慢慢倒入浓度为0.03mol/L、体积为30mL的 $AgNO_3$ 水溶液中并剧烈搅拌1h，用分液漏斗分离出溶有银离子的浅灰蓝色有机相，然后滴入75mL的 $C_9H_{19}SH$，搅拌15min后，此时溶液颜色为浅蓝灰色。用分液漏斗逐滴加入新配制的浓度为0.43mol/L、体积为24mL的还原剂 $NaBH_4$ 水溶液。随着 $NaBH_4$ 水溶液的加入，溶液变为深褐色，搅拌4h，分离得到橙黄色的银纳米离子溶胶，然后用无水乙醇洗涤3次除去相转移试剂、多余的1-壬基硫醇和反应产物。

5.5.3 聚电解质金属纳米复合的成核与组装

利用表面模板诱导单层膜或超薄膜的纳米成核，在自组织（组装）的薄膜中的纳米粒子可应用于纳米制造技术、信息存储和显示介质。利用外场控制分子膜的组装，得到的薄膜组装材料可用于阻隔涂层、微传感器、集成电路和分离膜装置领域。在系列分子薄膜-金属纳米粒子复合材料中，可控制纳米尺寸、尺寸分布、纯度和纳米粒子在膜表面或膜内部的密度[82~86]。所制备的这类超薄膜与基体材料相比，其性能有许多独特变化。在制备这些纳米复合膜材料中，聚电解质是制备单层膜（SAM）或者多层膜的基本材料。一些聚合物离子列于表5-3。

表 5-3 用于制备纳米颗粒的聚合物离子（电解质）

缩写	名 称	分子示意式
PDDA	poly(diallyl dimethylammonium chloride) （聚二丙烯基环戊二甲氯化铵）	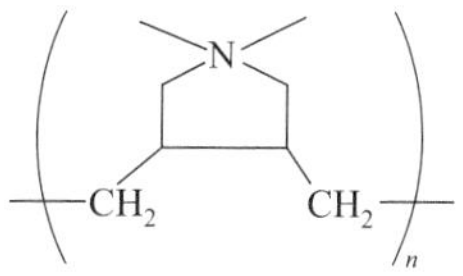 N; CH_2; CH_2; n
PEI	poly(ethylenimine) ［聚二(2-乙基己基)癸二酸酯］	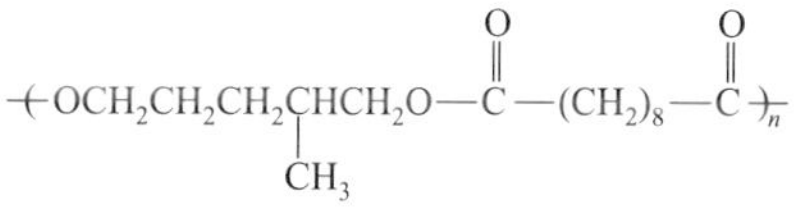 $-\!\!(OCH_2CH_2CH_2\underset{\mid\atop CH_3}{C}HCH_2O-\overset{O}{\overset{\Vert}{C}}-(CH_2)_8-\overset{O}{\overset{\Vert}{C}}-\!\!)_n$
PSS	polystyrenesulfonate sodium salt （聚苯乙烯磺酸钠盐）	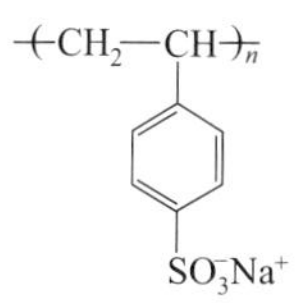 $-\!\!(CH_2-CH-\!\!)_n$; $SO_3^-Na^+$
POMA	poly(octadecane-co-maleicanhydride) （聚十六烷基-共聚马来酸酐）	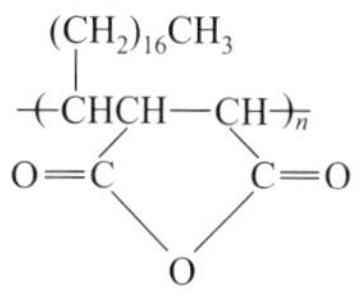 $(CH_2)_{16}CH_3$; $-\!\!(CHCH-CH-\!\!)_n$; $O=C$; $C=O$; O
LA	lauric acid(月桂酸)	$C_{11}H_{23}COOH$

5.5.3.1 在水/气界面制备磁性纳米-聚合物复合材料

磁流体一般包括磁性纳米颗粒悬浮体，用于铁磁性材料及磁制冰箱。Fendler 等[74]利用表5-3中的LA作为表面剂，得到 Fe_3O_4 纳米粒子，尺寸为13nm左右。可以观察到在这一体系中，纳米颗粒填充在 LA 基体中形成二维区域。

利用聚合物制备纳米磁性粒子复合材料用于水/气界面，如将 1mg 的 POMA 溶于 1.0mL 氯仿中，此溶液在环形 NIMALB 钵槽中进行铺展，钵槽中所用水相为蒸馏水（pH=6）或者加盐酸的蒸馏水（pH=3.5）或者含有磁性纳米粒子的水凝胶，整个制备过程的温度控制在 25℃。

含磁性纳米粒子的水凝胶的制备是将 Fe_3O_4 磁性纳米粒子分散到水溶液里（pH=3.5），磁性粒子浓度为 0.38×10^{-4}mol/L，纳米粒子尺度为 8.5nm×1.3nm。研究表明在荷正电的磁性粒子 Fe_3O_4 与荷负电的 POMA 之间存在强相互作用，这种相互作用随着表面压力增加而增加。制备氧化铁类的纳米颗粒，可采用的硫醇表面活性剂如表 5-4 所示，在成核中铁的前驱体可以控制转化为 Fe_3O_4。

表 5-4 硫醇的名称与分子式

名称	硫醇分子式
巯基丙基磺酸钠(MPS)	$HS—(CH_2)_3—SO_3^- Na^+$
巯基十一烷基磺酸钠(MDS)	$HS—(CH_2)_{11}—SO_3^- Na^+$
巯基十一烷醇(MUDO)	$HS—(CH_2)_{11}—OH$
巯基十六烷(MHD)	$HS—(CH_2)_{15}—CH_3$
巯基十六烷酸(MHA)	$HS—(CH_2)_{15}—COOH$

5.5.3.2 自组装单层膜中铁氧化物成核生长

自组装单层膜（SAM）在金表面可控生长，自组装单层膜的结构由—CH_2 基链连接—S 基及—SO_3^- 基所构成。这种自组装单层膜在 Au 表面生长起始于酸性表面。

通过设计多种前驱体[8,86]，如 $Fe(NO_3)_3\cdot9H_2O$ 前驱物，利用其溶液 pH 值控制 SAM 膜生长过程，例如，在 20℃，2mmol/L $Fe(NO_3)_3\cdot9H_2O$ 溶液的 pH 值为 2.86。在表面呈酸性条件下，磺酸基团完全解离，且能不受束缚（自由结合）地从溶液中结合 $Fe(OH)^{2+}$。这一正电离子形成表面诱导 FeO(OH) 非均相成核体系，经过该初始阶段后，水解过程中形成临界 FeO(OH) 内核。

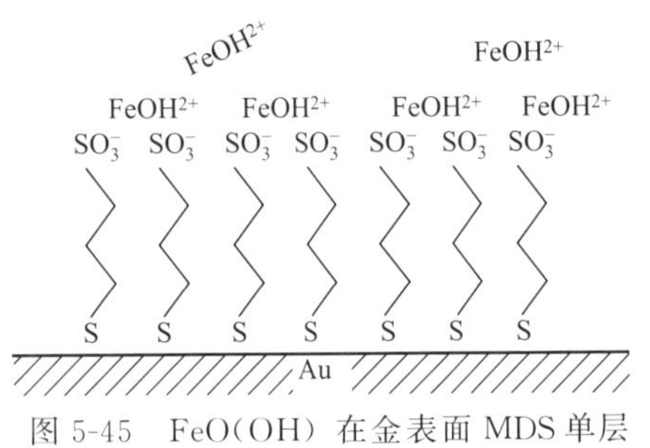

图 5-45 FeO(OH) 在金表面 MDS 单层膜中成核的可能机理

FeO(OH) 非均相生长可用 SPS 测量，基板表面显著影响其生长量，如图 5-45 所示。

我们在裸露金表面已获得最大晶体沉积，其后在金表面覆盖一层磺酸端基硫醇分子，如 $HS—(CH_2)_{11}SO_3^- Na^+$(MDS)及 $HS—(CH_2)_3SO_3^-—Na^+$(MPS)。实际上，$HS—(CH_2)_{11}—OH$(MUDO)，憎水 $HS—(CH_2)_{15}—CH_3$(MHD)及 $HS—(CH_2)_{15}—COOH$(MHA) 处理的表面，不会产生 FeO(OH) 晶体的成核生长。

【实施例 5-13】 自组装模板及自组装膜制备 取玻璃片 B270 或 LaSFN9 用纯异丙醇及 Hellmaex 溶液（2%）在 30℃于超声浴中清洗。其间，基底用大量微孔滤水漂洗。在将洗净的玻璃片置于蒸发器之前，再用乙醇漂洗并用氩气吹干。金（Au）蒸镀在 5×10^{-6} mbar (1mbar=100Pa) 压力下于 Balzer BAE250 蒸发器中进行。对 Cr 使用 0.05nm/s 沉积速率，对金采用 0.1nm/s 沉积速率，共沉积 3nm Cr、49nmAu 于玻璃切片上。在使用 LaSFN9 切片时，仅需沉积 50nm 厚的金。在蒸镀之后，切片立即浸入特制的 1mmol/L 硫醇溶液中 15h（见表 5-4）。在自组装之后，基板用乙醇清洗除去未结合的硫醇分子并用氩气干燥。

此后，将一个样品切片装到特氟龙试管上，试管装有热电偶及温度控制器。在表面等离子共振光谱（surface plasmon resonance spectroscopy，SPS）仪器中，玻璃切片基板表面垂直安装，图 5-46 是俯瞰样品保持器件。表面的非均相结晶起始于注入一部分新鲜制备的 2mmol/L 的 $Fe(NO_3)_3 \cdot 9H_2O$（pH = 2.86）水溶液中，并在 20℃ 注入试管室中。SPS 测量在 Kretschmann 模式进行。硫醇在金表面组装的时间依赖过程以及 FeO(OH) 在自组装层上的动力学，用固定入射角下监控折射率随时间的变化说明。

入射角度选择特定的比产生共振角度稍小的角度，最终将薄膜沉积与反射强度变化关联起来，即随沉积膜厚度增加反射强度增加[85]。实时表征这种 SAM 表面与纳米粒子组装过程，合作者[82~86]设计了将 LaSFN9 表面涂 Au，然后再生长 SAM 膜层。将纳米颗粒由载体携带入薄膜表面，观察该表面运动及其组装信息。由此集成 Kretschmann 系统，见图 5-46。

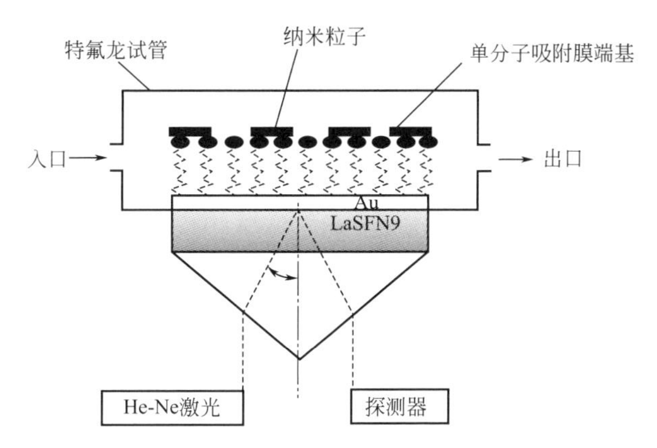

图 5-46 SPS 表面测量装置（样品安装在 Kretschmann 特氟龙试管里）

利用 $Fe(NO_3)_3 \cdot 9H_2O$ 溶液作为纳米前驱体，组装过程的实时结果见图 5-47。

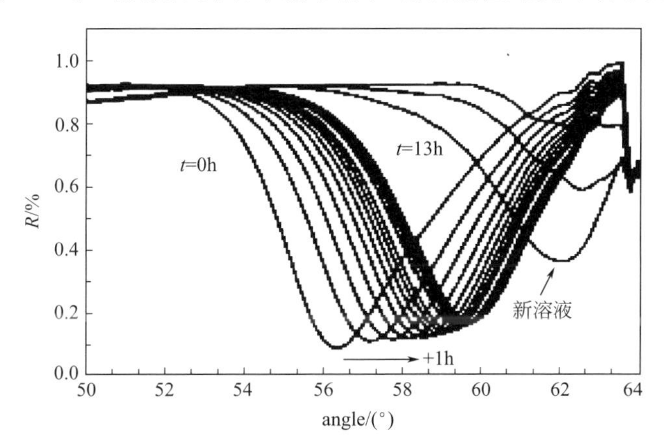

图 5-47 在金的表面，铁前驱体形成纳米粒子的表面 Plasmon（等离子体）-t（时间）曲线

将所制备的纳米 FeO(OH) 晶体置于三维单分子沉积膜的模板上，然后利用 AFM 研究其成核过程，如图 5-48 所示。其中，岛状结构是金属纳米粒子与基体的相分离，纳米粒子呈无规分布，成核密度较大，粒子间的空隙也较大。

SPS 测量结果通过 AFM 验证，裸露的金与硫醇处理的金表面的结晶 FeO(OH) 产物在磺酸端基硫醇中的形态无任何差异。晶体产物具有扁平形状，平均长度为 100nm，宽度为 30nm，高度为 20nm。在结晶开始阶段（20min），扁平状的晶体可以产生并平躺在基板表面。

5.5.3.3 PDDA-PSS 多层吸附膜金属纳米粒子成核体系

（1）PDDA-PSS 大分子结构及其多层膜成核效应　采用聚电解质与表面活性剂多层膜方法，制备稳定成核与可控纳米结构的粒子。聚二烯丙基二甲基氯化铵（polydiallyldimethylam-

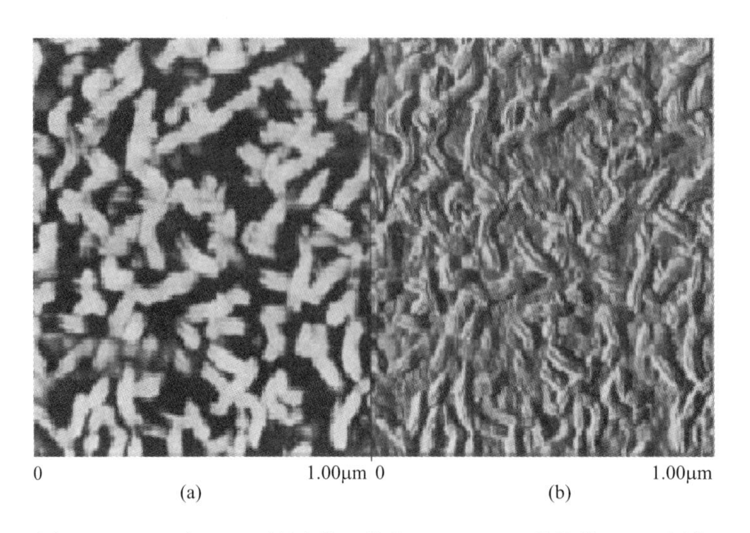

图 5-48　20℃在 MDS 单层膜上形成 FeO(OH) 晶体的 AFM 图像

monium chloride，PDDA）与聚苯乙烯磺酸钠盐（polystyrenesulfonate sodium salt，PSS）是同一类聚电解质大分子结构，见图 5-49。

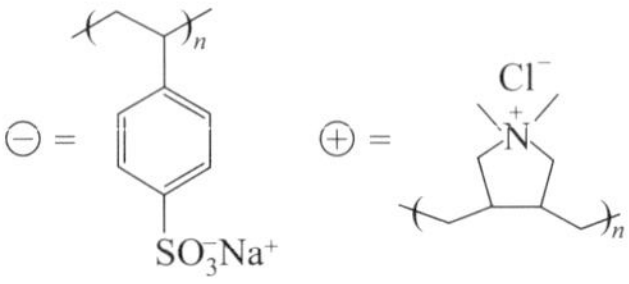

图 5-49　PDDA 和 PSS 分子结构及其吸附多层膜（石英吸附）

将这两种聚电解质在石英模板上交替吸附，得到多层吸附膜。这种循环或交替吸附中，将金属纳米前驱体与膜组装，可得到不同形态的薄膜及其成核形态。图 5-50 是 PDDA-PSS 多层沉积膜（3.5 层）吸附 Co^{2+} 的 TEM 形态。

(a) 交替吸附循环2次　(b) 吸附循环4次　(c) 吸附循环8次

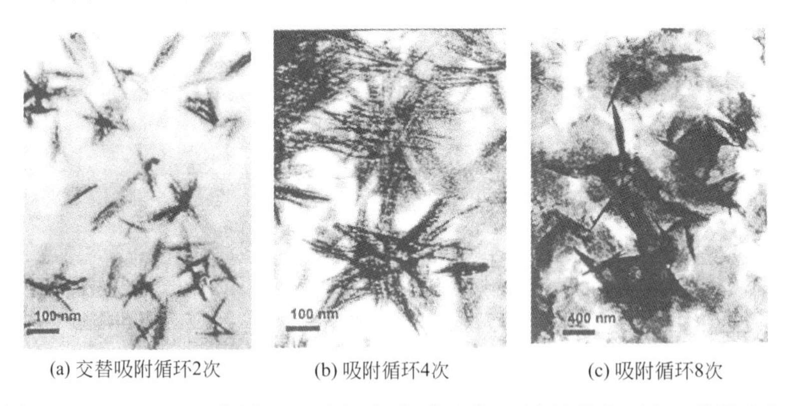

图 5-50　PDDA-PSS 多层（3.5 层）沉积膜吸附 Co^{2+} 的纳米颗粒及分散成核

将 PDDA-PSS 多层沉积膜（3.5 层）吸附 Co^{2+} 在不同气氛下成核结晶得到形态如图 5-51 所示的物质。若控制好条件，可得到粒子连接形态很好的膜材料。

（2）*PDDA-PSS 多层膜内成核组装形态*　采用同样多层膜体系，采用硝酸铁前驱体形成复合膜体系，得到纳米粒子成核形态，纳米颗粒形态很相似，尺寸偏差小，SEM 形态接近于单分散颗粒，颗粒间已经形成自然组装有序形态。见图 5-52。

可见，纳米粒子在多次循环成膜吸附过程中，在成核驱动力下形成有序形态。这种多次循环成膜及纳米颗粒成核组装方法，称为膜内成核组装技术。

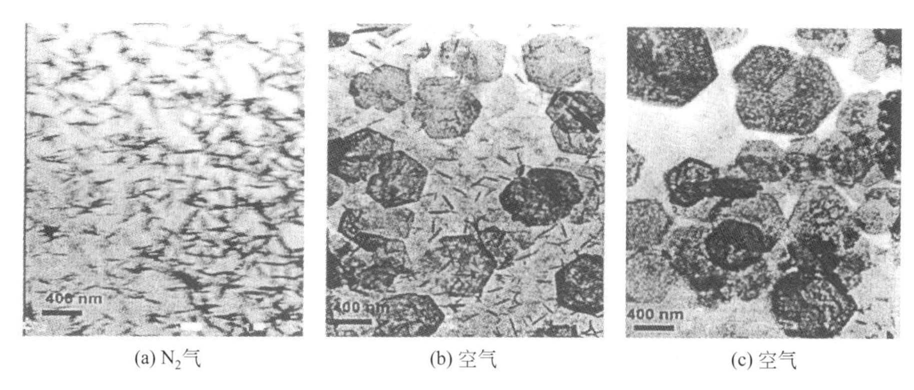

(a) N_2气　　(b) 空气　　(c) 空气

图 5-51　PDDA-PSS 多层（3.5 层）沉积膜吸附 Co^{2+} 在不同的气氛下成核结晶

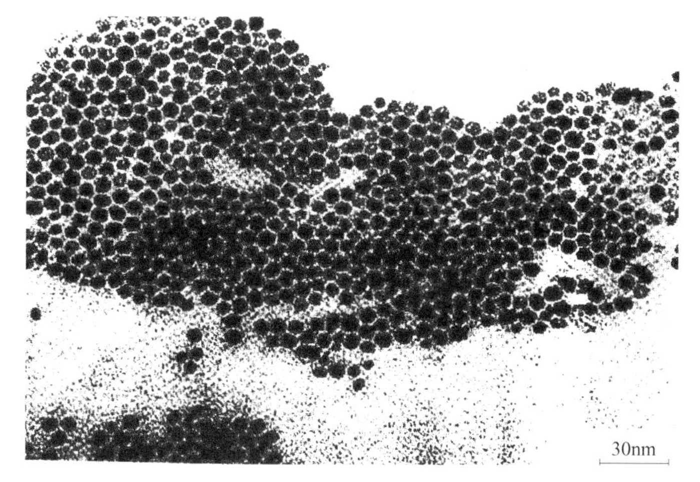

图 5-52　SEM 表征多层膜 PDDA-PSS-$Fe(NO_3)_3$ 纳米颗粒成核形态

（3）反向微胶束法制单分散 ZnSe 纳米粒子　反向微胶束法是利用反向微胶束体系和环境制备纳米粒子。常见体系 AOT-Heptane（AOT 是 dioctyl sulfosuccinate sodium salt 即硫代二辛基琥珀磺酸盐）。利用反向微胶束和 ZnSe 前驱体制备纳米粒子。

$$Zn(ClO_4)_2 \cdot 6H_2O + Na_2Se \longrightarrow ZnSe\downarrow \tag{5-11}$$

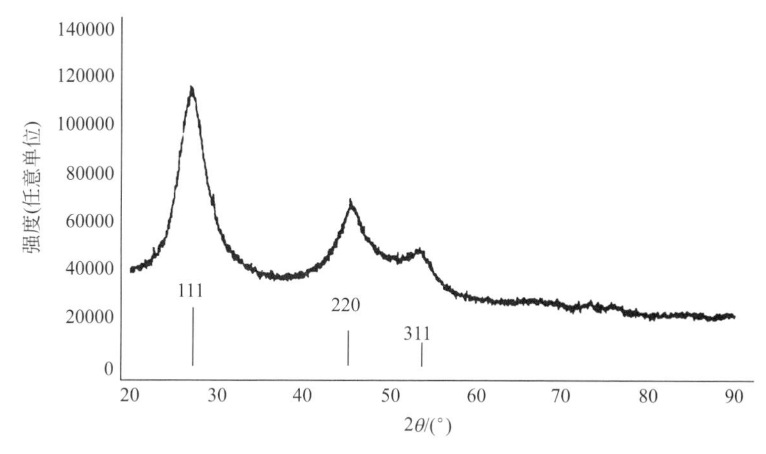

图 5-53　反相微胶束制备单分散 ZnSe 纳米粒子

[本图是 ZnS 纳米 X 射线衍射曲线，(111)、(220)、(311) 线是立方 ZnSe 模拟结果，量子区域效应半径小于 Bohr 激子半径 5.7nm]

沉淀 ZnSe 即为纳米粒子，纳米粒子分布均匀。该纳米粒子在反向微胶束下可形成单分散形态，这种单分散粒子与单分散二氧化硅形态类似，即该纳米粒子制备方法也适于组装图案结构。X 射线特征峰见图 5-53。

5.6 高聚物纳米复合材料相分离体系

5.6.1 高聚物有序相分离结构

高分子体系作为复杂流体被物理学家 de Gennes P. G. 等[90,91]称为软物质。依据高分子熔体黏弹体、大跨度黏弹弛豫时间谱及其熔体很小应变的强烈非线性与独特图样选择特征，设计优化嵌段共聚物及其复杂流体图样或图样选择。

高分子复杂流体图样及其纳米复合调控体系，提供稳定、低廉、实用而规模化的有序阵列复合材料，建立规模化功能化高分子材料的物质技术基础。

5.6.1.1 高分子共混体系相分离结构

高分子共混体系是产生相分离结构的基体之一，影响相分离形成的因素包括形成相分离结构的控制条件，如体积分数、共混工艺、淬火温度与淬火速率等。我们沿用 Flory-Huggins 格子理论处理相分离问题，用分子动力学 MSI 模拟描述这类结构的形成过程与驱动力。描述混合自由能时，前者有如下方程形式：

$$f=\varphi_A \ln\varphi_A/N_A+(1-\varphi_A)\ln(1-\varphi_A)/N_B+\chi\varphi_A(1-\varphi_A) \tag{5-12}$$

式中，N_A、N_B 分别为高分子 A 和 B 的链长；φ_A 为高分子 A 相的体积分数；χ 为组分 A 和 B 高分子链的相互作用参数。

由该理论计算的典型高分子共混体系相图见图 5-54。

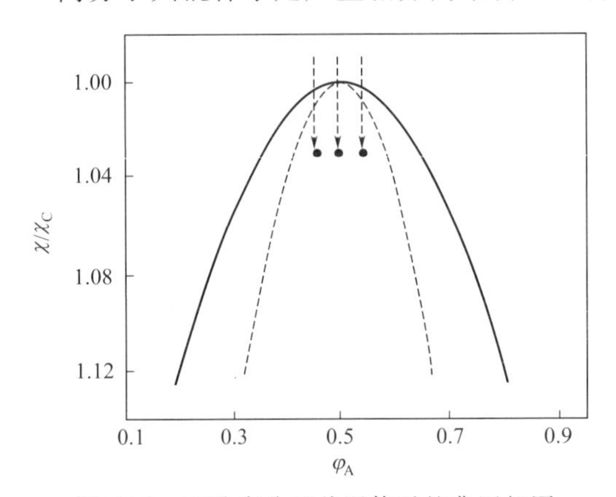

图 5-54 对称高分子共混体系的典型相图

图 5-54 的实线为相平衡线（bimodal），虚线为旋节线相分离线（spinodal），与其中箭头对应的是临界淬冷。对临界单分散共混体系，导出相图临界点为：

$$\varphi_A=(\sqrt{N_A/N_B}+1)^{-1} \quad 及 \quad \chi_C=1/2(1/\sqrt{N_A}+1/\sqrt{N_B})^2 \tag{5-13}$$

当 $\varphi_A \neq \varphi_C$ 时，体系称为非临界混合物，否则称为临界混合物。对于对称体系，有：

$$\varphi_A=1/2 \quad 及 \quad \chi_C=2/N \tag{5-14}$$

在各种相分离结构中，非临界体系（即高分子的 $\varphi \neq \varphi_C$）一般不易形成常见的双连续相分离体系。因此要形成有序相分离必须先形成双连续体系。

5.6.1.2 高分子溶液相分离自组装体系

（1）高分子溶液相分离自组装体系设计 聚合物嵌段共聚物需在后处理条件如温度、等温结晶等下形成相分离结构而得到自组装结构或超晶格。高分子自组装在溶剂作用下会变得更简单更稳定。

高分子分子间的特殊相互作用导致高分子相容或不相容体系，出现聚合物络合物、聚集体概念。研究不同水解程度、不同序列分布的醋酸乙烯酯-乙烯醇共聚物的氢键自组合与序列分布间的关系表明，嵌段共聚物有利于 OH---OH 氢键自组合，无规共聚物中 OH---OH 与 OH---CO 氢键自组合发生竞争。但 OH---CO 氢键自组合发生在相邻重复单元之间，这导致形成具有高度热稳定性的环形结构。研究苯乙烯-乙烯醇共聚物与聚（*N*-甲基-*N*-乙酰胺）形成分子间聚集体时发现，溶剂性质及所添加的共聚组分对自组装有决定作用。

（2）高分子溶液相分离自组装体系实施例

【实施例 5-14】 苯乙烯-乙烯醇共聚物与聚（*N*-甲基-*N*-乙酰胺）分子聚集体自组装　首先以甲乙酮为溶剂，将苯乙烯-乙烯醇共聚物溶解，再将聚（*N*-甲基-*N*-乙酰胺）溶解。这两种聚合物组分不同，在二者共聚组分内都能形成聚集体。然后通过控制蒸发得到自组装复合材料。以 THF 为溶剂，只有当苯乙烯-乙烯醇共聚物中的共聚组分较多时，二者才能形成聚集体和自组装结构。同样，聚乙烯基吡咯烷酮（PVP）与聚甲基衣康酸（PMMeI）之间也能形成聚集体（interpolymer complex）。

动态光散射分析表明，氢键及憎水相互作用是聚集体形成的驱动力。PVP 的 PMMeI 聚集体的形成依赖于溶剂及组分比例。以甲醇为溶剂，PVP 与 PMMeI 化学计量比为 1∶1 时，PVP 与 PMMeI 才能形成聚集体。

将 PEO 与 PMAA 水溶液混合后立即沉淀，得到白色聚合物聚集体。分析表明，醚键上的氧与羧酸基团间通过协同作用形成氢键，氢键数目及聚集体稳定性强烈依赖于链长、温度及介质。聚集体结构的焓变及熵变与憎水相互作用，对聚集体的稳定性是非常重要的影响因素。大分子组合的增加影响了聚合物混合物中网络的形成，在机械应力作用下或加入溶剂后，分子组合消失。

上述聚合物聚集体都是在溶剂作用下，在水溶液或有机溶剂中通过氢键、库仑力或憎水相互作用得到。这些相互作用对温度、浓度、溶剂及聚合物分子链长很敏感。与聚合物的融熔共混比较，聚合物分子在溶液中的相互作用更强。

5.6.1.3　嵌段共聚物共混相分离的超晶格有序结构

（1）设计原理　聚合物分子链 50～500nm 尺度有序性控制是重要问题，该尺度有序结构多相材料设计方法包括：其一，旋节线相分离法，即一种聚合物混合物体系经过相图上的均相区跃入不稳定区时产生相分离，获得两相材料，控制动力学参数及相分离过程开始后的时间，使两相结构优势尺度在纳米级；其二，两相结构可通过高分子互穿网络（IPN）实现，在 IPN 合成中产生相分离。由于动力学因素，相分离局限于介观尺度。不同聚合物之间的扩散阻力在其越来越支化的发展过程中直至最终停止前，会变得越来越大。

这两种相分离体系很大程度上取决于加工条件，微相分离嵌段共聚物本质上具有相分离的长度尺寸，但其相分离受聚合度及组分的影响。传统上，采用不同的不相容聚合物共混产生微相分离，获得组分间最小的界面区域，提高力学热学性能。

（2）合成嵌段共聚物及其共混相分离体系

【实施例 5-15】 等离子体预聚合体系

① 改性苯乙烯预聚体（PSt）合成　CO_2 等离子体在无声放电条件下引发苯乙烯聚合[92]。放电条件为 120W、4h，后聚合条件为 110℃。

② 表面改性聚丙烯（gPP）合成　CO_2 和苯乙烯蒸气等离子体，在辉光放电下处理 PP 粉末表面。实验采用放电条件：CO_2 流量 40mL/min；苯乙烯流量 21mg/min；放电功率 90W；电极间距 3.3cm；等离子体处理 35min。

（3）测定黏均分子量　采用一点法测样品的黏均分子量　PSt 样品分子量为 5.1×10^4；gPP/PSt 合金中 PSt 黏均分子量随共混温度增加而增加，如共混温度 187℃（黏均分子量 20.1×10^4）；207℃（黏均分子量 26.8×10^4）；227℃（黏均分子量 27.2×10^4）。

PP 表面的接枝效果用荧光光谱表征，如图 5-55 所示。

将经处理的粉末样品进行共混，然后在挤出机内及 PP 熔融温度下共混挤出，其相尺寸用 SEM 测定，并得到相尺寸-力学性能关系，如图 5-56 所示。

可见，界面处相分离的相尺寸随 PSt 加量增加而增加，并产生最大相尺寸峰值约 1.6μm。

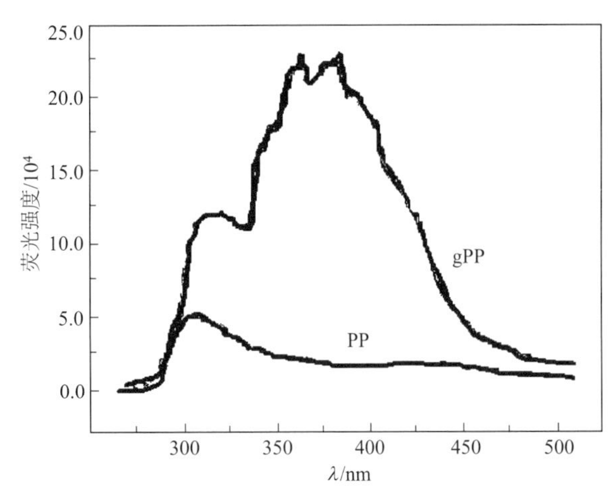

图 5-55 PP 表面接枝效果的荧光光谱表征

相尺寸越趋近 200nm，体系冲击强度越显著增加并趋向一个极值。这种传统微相分离获得的最小界面尺寸是十分有限的，其结果主要是解决实际使用问题。但是嵌段共聚物由于不同嵌段多连接点而不能产生宏观相分离如分层结构，而导致自组装精细有序微相形态。与纯无定形嵌段共聚物比较，嵌段共聚物间的共混及结晶、液晶或氢键作用，可进一步丰富有序微相形态或热动力学性质。

微相分离嵌段共聚物形态也可通过添加能选择性地溶胀不同微区的溶剂得到。溶胀剂为低分子量溶剂或其他聚合物。若溶胀剂是另一类嵌段共聚物，则嵌段共聚物之间的嵌段配对可能应相互融合。这类共混物在适当条件下形成规则的晶格并产生软物质及有序层状结构。

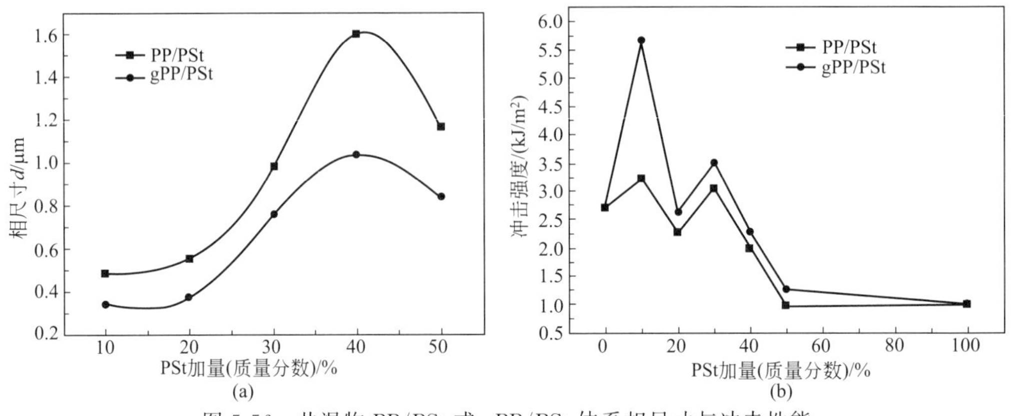

图 5-56 共混物 PP/PSt 或 gPP/PSt 体系相尺寸与冲击性能

5.6.1.4 高分子相分离结构调制

（1）二元嵌段共聚物的形态　不同单体 AB 型二嵌段共聚物，具有四种形态——球状[92]、柱状、双螺旋状及层状[93,94]。Matsen 等[95,96]对二嵌段共聚物整个相分离的一般性描述，考虑在中间相隔离区域内，界面曲率对自由能的影响。

（2）三元三嵌段共聚物的形态（三种不同单体的三嵌段共聚物）　引入一种不同的第三嵌段增加了产生各种可能形态的数量，这缘于引入大量独立系统变量。这些变量包括：三个二元段的相互作用参数 χ，两种独立的组分变量及三种线性 ABC 的三嵌段共聚物的不同的可能的排列（相对于二嵌段中的一个二元相互作用参数及一个组分变量）。Mogi 等[97,98]研究聚异丁烯-嵌段-聚苯乙烯-嵌段-聚（2-乙烯-吡啶）（ISVP）三嵌段共聚物，具有与末端位的嵌段相类似的体积分数。因为增加了末端嵌段链 I 及 VP，就会组装成不同的球、柱及共连续相网络。当全部组分都具有类似体积分数时，就会得到层状相结构。将嵌段序列转变为 SIVP 时，Gido 等[98]发现在一个全部组分都具有类似体积分数时，会产生核-壳（core-shell）柱状结构。在这一系统中，VP 和 I 段的相互作用远大于 I 和 S 间的相互作用。因此，VP 形成核心柱。

大部分三嵌段及共聚体包含 PS-block-PB-PMMA 即聚苯乙烯-嵌段-聚丁二烯-聚烷基甲基丙烯酸酯这种序列组成，烷基为甲基（如 SBM）或叔丁基（如 SBT）。此处，S 为聚苯乙烯，B 为聚丁二烯，M 为聚甲基丙烯酸酯，T 为聚叔丁基甲基内烯酸酯[99,100]。

(3) 二嵌段共聚物与均聚物或无规共聚物共混

① 柱状相-层状相之间的有序双连续相的稳定范围 Winey 研究 SI/SB 二嵌段共聚物，该共聚物与各自对应的均聚物共混，从它们共连续相的稳定性窗口发现，二嵌段共聚物与一个对应的全组分共聚物相分离特征类似。当嵌段共聚物与一种均聚物相容时，均聚物的链长要短于嵌段共聚物中的对应嵌段，如果是含有均聚物的共混物，其均聚物聚合度要大于嵌段共聚物中的宏观相分离所对应的嵌段。第一种情况对应于“湿刷子”情形，而第二种情况对应于“干刷子”情形，其中一种自由链不能扩散到接枝于表面的短链上，因为损失的构象熵大于构象转换或混合获得的熵。

当对应于短嵌段的加入量很大时，可观察到宏观相分离。Lee 等[101]研究短链聚乙烯-丁烯(EB)，B 具有不同的氘代度，然后膨胀进入 SEBS 三嵌段共聚物。无规共聚物 EB 在中间嵌段区的中心，而三嵌段最可能具有圈状链并在中间嵌段部位均匀分布。中间嵌段最可能形成带状链（邻近 PS 区域）。均聚 PS 富集在层状 SI 二嵌段共聚物-均聚物中的 S 片层的中心。

② 不同二元嵌段共聚物的共混物 形态取决于整个化学组分，而分子链的构造不对形态产生任何影响。Vilesov 等[102]将两种反对称的柱状 SB 二嵌段相互共聚获得一种层状相。Schulz 等将柱状及一层状的 PS-(2-乙烯基吡啶) 二嵌段共聚物（SVP）共混获得一种双螺旋形态。Sukurai 等发现，总能获得混合物超晶格结构（层状相与螺旋相间的有序-有序转变)[103,104]。他们还发现一种非对称组成的嵌段共聚物的存在会影响界面曲率，导致其形态不同于混合体系的层状相。在宏观分层的层状相中，具有较大和较小长周期片层的相界面，可能产生宏观相分离，它由微观相分离引起[105]。

③ 三元三嵌段共聚物与均聚物或者无规共聚物的共混物（SEBM） 聚苯乙烯-聚（乙烯-丁烯)-聚（甲基丙烯酸酯）体系与聚苯醚（PPE）共聚及与聚苯乙烯-丙烯腈（SAN）共混物中。PPE/SAN 共混物具有商业价值，为使 20%PPE 在 80%SAN 中形成高度分散形态，使用 SEBM 三嵌段共聚物。采用焓驱动力使三嵌段共聚物在两种共混物界面上自组装。

在 M/SAN 的一面与 S/PPE 的另一面之间存在吸引作用。虽然这些共混物未显示出长程有序性形态。在原位形成的 SAN/PPE 界面形态中，当所有三组分的 SEBM 形成纯层状相时，它能原位显示形成球状形态。这是由于 S 相区受 PPE 溶胀，M 区被 SAN 溶胀，导致端位嵌段相对于 EB 中部嵌段体积分数的增加。因此，使形态从（Ⅱ）转化到层状 SEBM。

④ 三元三嵌段共聚物与其他嵌段共聚物共混 合成的这类三嵌段共聚物及其在氯仿中成膜后的形态特征参见文献［106，107］。该嵌段共聚物共混物制备：首先将各组分溶于氯仿，然后经几周时间蒸发出溶剂。为了进一步平衡，干膜在 180℃真空干燥 6h（当膜中含 T 段时，等温结晶温度保持在 150℃，时间为 6h)。样品切片后用 OsO_4 染色，TEM 观察 B 区颜色为黑色，S 区仅稍微染成浅灰色，M 区或 T 区几乎是白色的。用 RuO_4 染色，S 区和其他成分的界面几乎是黑色的。

不同组分间的界面张力 γ 对于嵌段共聚物及其共混物的形态起重要的作用，这一点与溶解性参数 δ_i 和 δ_j 关联起来——$\gamma \propto |\delta_i - \delta_j|$[108,109]。根据各种实验结果，在不同嵌段共聚物界面，界面张力 γ 有下列经验关系：

$$\gamma_{SM} < \gamma_{SB} < \gamma_{BM}, \gamma_{SM} < \gamma_{ST}$$

⑤ ABC 三嵌段共聚物与 AB 或 BC 二嵌段共聚物的共混物 设定各嵌段具有相同分子量时，两种嵌段共聚物间除产生宏观相分离外，在中心对称的双层二嵌段和三嵌段共聚物（如 ABC、CB、BC、CBA）中，也产生宏观相分离。对于 BC 和 ABC 嵌段共聚物之间的 B 段，若不表现出任何与 B 嵌段中的任一嵌段物的混合倾向，也可产生宏观相分离。同样，二嵌段体积分数较小时，会产生层状超晶格。二嵌段共聚物链含量较高时，形成一种超结构驱动材料各相表面作用会更有益于产生相分离，如核-壳双螺旋层或核-壳柱状层形态等，不同排列如图 5-57 所示。

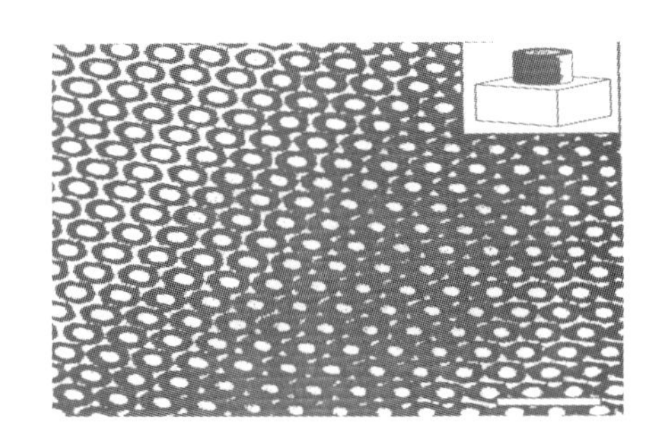

图 5-57 50%$S_{33}B_{34}M_{33}{}^{153}$与 50%$B_{34}M_{33}{}^{153}$ 共混物的 TEM 图（OsO_4 染色，标尺为 250nm）

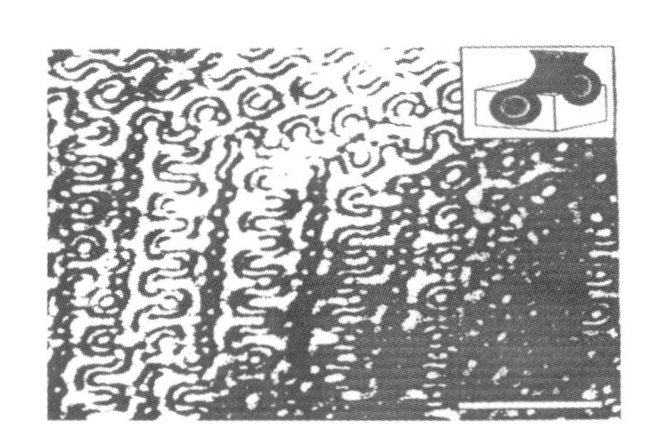

图 5-58 80%$S_{33}B_{34}M_{33}{}^{153}$与 20%$B_{34}M_{33}{}^{153}$ 共混物的 TEM 图（OsO_4 染色，标尺为 250nm，左下角沿［110］方向）

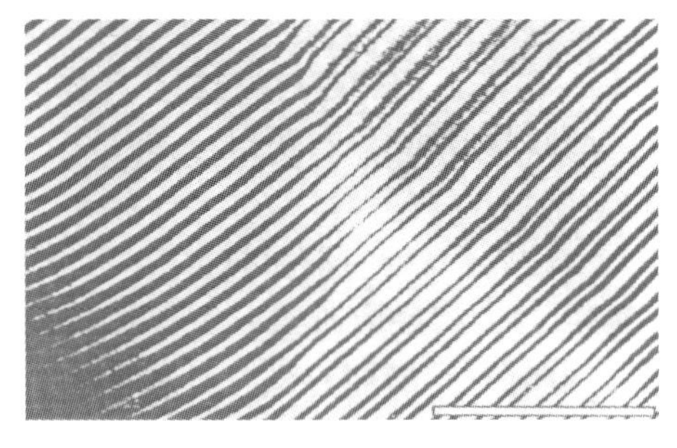

图 5-59 $S_{33}B_{34}M_{33}{}^{153}$（右）与 $S_{49}B_{51}{}^{87}$（左）的颗粒边界 TEM 图（OsO_4 染色，标尺为 500nm）

层状 SBM/层状 BM 及层状 SBT/层状 BT 都表明，核-壳双螺旋或核-壳柱状形态，取决于相对组分。核-壳的柱状形态在 ATEM 下非常明显，参见图 5-58。在核-壳双螺旋形态下，完成计算机模拟以重复 TEM 图像。SBM 或 SBT 三嵌段共聚物和 SB 二嵌段的共混物在所有嵌段长度相等时，基本都会产生宏观相分离。

图 5-59 是颗粒边界，层状纯 $S_{33}B_{34}M_{33}{}^{153}$ 和 $S_{49}B_{51}{}^{87}$［S，Styrene（苯乙烯）链段，下角标数字表示链段所占百分数；B，Butyldiene（丁二烯）链段；M，Methyl methyl acrylate（甲基丙烯酸甲酯）链段；最后的角标 153 表示分子量乘以 1000。以下各式意义与此说明相同］。所有三嵌段共聚物中的 S 层和 B 层都连续地通过颗粒边界，而每一个 S 层在二嵌段区都与三嵌段共聚物的 M 片层接触。

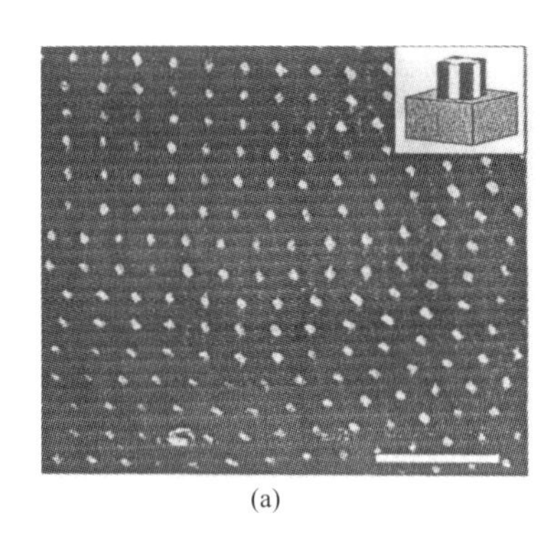

(a)

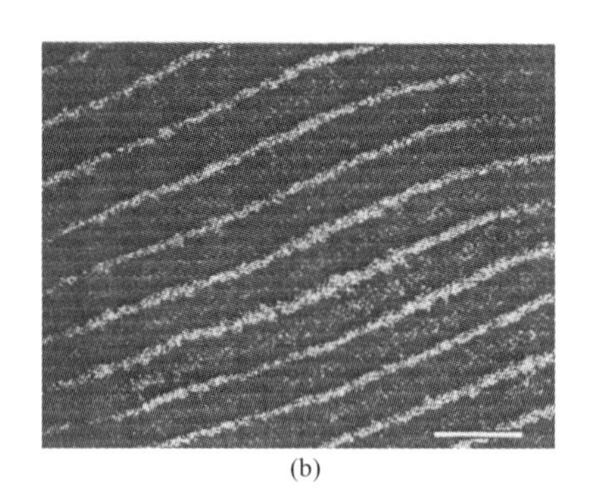

(b)

图 5-60 共混物 TEM 形态

(a) 50%$S_{33}B_{34}M_{33}{}^{153}$与 50%$S_{69}B_{31}{}^{71}$共混物的 TEM 图（$OsO_4$ 染色，标尺为 250nm）

(b) 80%$S_{33}B_{34}M_{33}{}^{153}$与 20%$S_{69}B_{31}{}^{71}$共混物的 TEM 图（$OsO_4$ 染色，标尺为 100nm）

图 5-60 是 $S_{33}B_{34}M_{33}{}^{153}/S_{69}B_{31}{}^{71}$ 的共混物，其中，后者表示双螺旋结构形态。这种形态中，两种嵌段共聚物质量比为 1∶1，包括 M 柱状体被四个连接的 B 柱体所包围。这种形态类似于图 5-57 中的“柱中之柱”（CaC）形态[110,111]，增加三嵌段共聚物中相对于二嵌段共聚物的质量比直到 4∶1，会导致混合的超晶格产生，其中 B 柱位于 S 和 M 片层的共同界面之上，这种“柱形层状界面”（1C）形态也在纯 SBM 三嵌段共聚物中观察到（图 5-57）。

5.6.2 聚酯纳米复合相分离体系

5.6.2.1 聚合物纳米复合材料层状相分离

(1) 纳米中间体可控分散的导向作用 聚合物无机非金属组装体系中，水溶性高分子溶液纳米复合体系控制蒸发过程实现组装，但体系稳定性不好，而通过高分子熔体与无机纳米相复合成膜体系非常稳定。聚合物熔体复合中，选择纳米前驱体或中间体及高分子组成关键因素，采用可控片层间距纳米中间体，经过适当混合形成亚稳态片层结构，可以调控片层剥离形成纳米片层分散体系。外界条件如高温、熔融、溶剂等作用，使该中间体在高分子链作用下产生剥离形态，高分子链序列结构（无序、嵌段、全同立构）对将形成的相应纳米序列结构起导向作用。若选择可控嵌段链结构的高分子链为组装基体，则纳米复合相分离结构与纯嵌段结构类似。当采用高分子共混体系为基体时，高分子各相体积分数为序列结构的重要参数，也是形成有序相结构的控制条件。

(2) 无机相与大分子共混或嵌段链共聚物复合体系相分离 近年来，较多关于大分子共混或嵌段体系相分离结构的报道，如高聚物的旋节线分解（Spinodal Decomposition）[87~91]等报道，为高聚物无机物纳米复合材料有序化组装提供极为重要的模式。通过嵌段、交联反应、复合、共混、硫化与淬火等技术，已实现不少高分子体系层状相有序相分离形态，这类聚合物非常规的层状相结构，类似蒙脱石片层的组装方式，其过程如图 5-61 所示。

图 5-61 聚合物分子和层状硅酸盐可控剥离分散及组装结构过程示意

有机大分子相分离还形成球状相或双连续相结构，产生非常有序的层状相纳米尺度结构。聚酯-蒙脱土纳米复合膜材料，经优选成膜过程、淬火条件及控制样品搓动力度与退火处理，在膜中形成剥离硅酸盐片层与高聚物链吸附片层的纳米结构，实现体系的有序组装，如图 5-62所示。

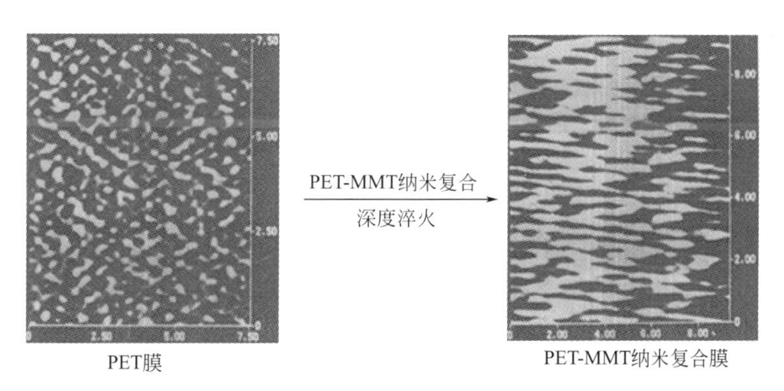

图 5-62 PET 高分子层硅酸盐复合膜退火结晶条件下的 AFM 相分离结构形态

加入的层状硅酸盐的浓度是后续相分离的微扰因子。5%（质量分数）蒙脱土在聚酯基体中剥离分散后，产生显著成核效应，片层表面吸附分子链结晶。优选结晶条件即退火后续处理条件，实现体系有序相分离结构。

自然界中的高度有序结构蕴含有序规律性，是模仿的最佳对象。通过人工组装或“复制”自然结构，达到多功能高性能目的。高分子相分离结构与类似尺度蒙脱石等天然“纳米结构”组装，用于构建功能化材料，为高阻隔性、量子点、量子导线材料等提供强大理论技术支持。

从科学上，这对理解自然过程、揭示新现象，具有重要意义。

5.6.2.2 聚酯纳米 SiO_2 复合膜相分离结构

（1）聚酯纳米复合薄膜及其表征　利用高聚物原位聚合复合方法制备聚酯纳米复合材料成为可靠工艺。聚酯纳米复合材料分子量和黏度完全达到工业产品水平。采用混合溶剂溶解聚酯纳米复合材料成膜、熔体压制成膜及复合成膜等方式，制成多样化薄膜，由此设计结晶与后处理条件，得到有序相分离结构，选择 AFM 模式测试方法表征样品。

【实施例 5-16】 PET 复合薄膜 AFM 表征　纳米复合膜的纳米相组成参见图 5-67～图 5-70。将不同组分的 PET/(1.0%～6.0%，质量分数) PS-SiO_2 样品稀溶液滴加在清洁玻璃表面上旋涂成膜。应用 NanoⅢa SPM（Digita Iinstruments Ins. USA）系统 AFM，在室温、大气下采用 AFM 轻敲式及 Phase（相位成像技术）模式实验，系统研究该系列纳米复合薄膜。实验使用同一硅探针以避免系统误差，其长度为 125μm，共振频率为 330Hz，形貌图数据采集均用 Height 模式。

（2）薄膜厚度及载体优选　PET 和 2.0%（质量分数）PS-SiO_2 复合材料通过溶液成膜，膜厚度 SEM 如图 5-63 所示。

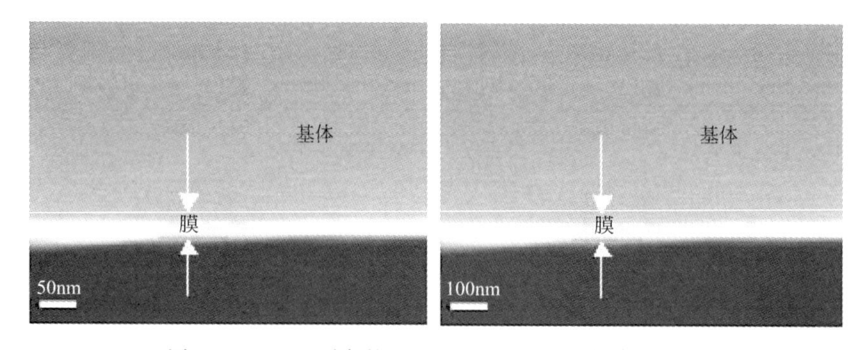

图 5-63　SEM 测定的 PET/PS-SiO_2 纳米复合膜厚度

通过控制成膜浓度、温度、时间，得到膜厚度为 30～90nm 的厚薄膜。采用云母为参考表面，得到的聚酯纳米复合膜样品清晰 AFM 像见图 5-64。参考该云母形态，纯 PET 膜因淬火条件所限，会残存部分微晶体，见图 5-65。

图 5-64　云母表面的表面形貌（RMS：0.085nm）

PS-SiO_2 核-壳结构颗粒用 AFM 敲击模式获得的颗粒表面清晰形貌如图 5-66 所示。

以下研究中采用 PET 与 2.0%（质量分数）PS-SiO_2 复合颗粒，在 PET 熔点温度下熔融复合形成纳米复合材料，这些纳米复合材料在混合溶剂中成膜。当样品在混合溶剂（1,1,2,2-四氯乙烷与酚的 1∶1 溶剂）中的浓度为 0.1%～0.6%时，所得 AFM 形貌如图 5-67～图 5-70 所示。

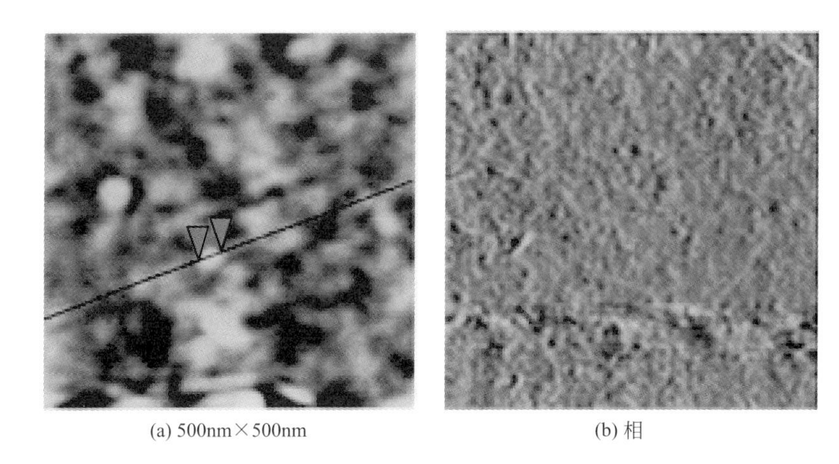

(a) 500nm×500nm (b) 相

图 5-65 PET 薄膜的微区结构信息
（*RMS*：1.358nm，*d*：25.22nm±0.15nm，*z*：2.91nm±0.30nm）

(a) 500nm×500nm (b) 相

图 5-66 PET 与 PS-SiO_2 核-壳颗粒表面的表面形貌
（*RMS*：15.786nm，*d*：28.19nm±0.17nm，*z*：17.32nm±0.26nm）

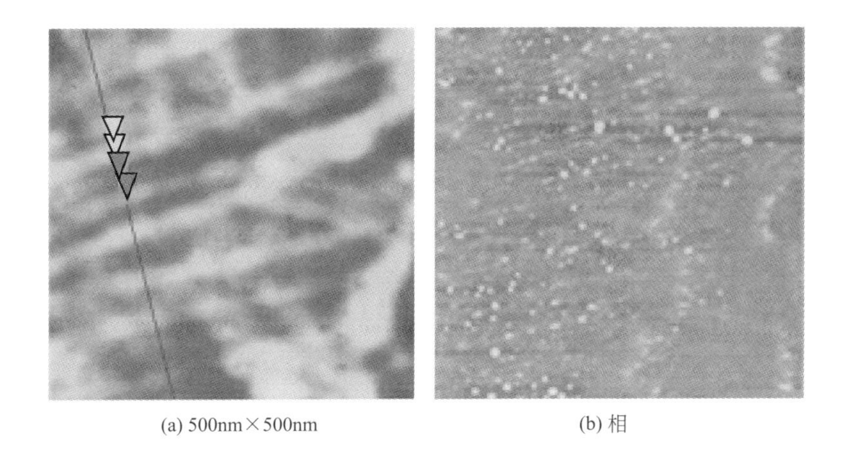

(a) 500nm×500nm (b) 相

图 5-67 PET 与 PS-2.0%（质量分数）SiO_2 复合膜的表面形貌
[*d*：28.45nm±0.15nm；*z*：1.71nm±0.30nm，复合膜成膜浓度 0.1%（质量分数）]

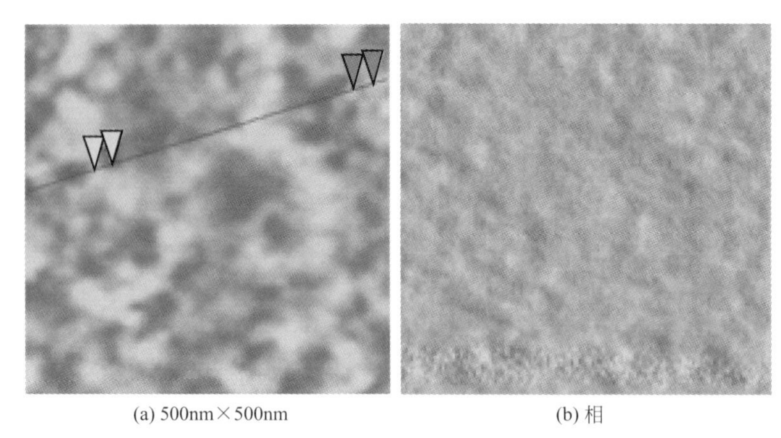

(a) 500nm×500nm　　(b) 相

图 5-68　PET 与 PS-2.0%（质量分数）SiO_2 复合膜的表面形貌

［*RMS*：1.252nm，*d*：46.19nm±0.14nm，*w*：26.97nm±0.16nm，*z*：1.56nm±0.38nm，复合膜成膜浓度 0.2%（质量分数）］

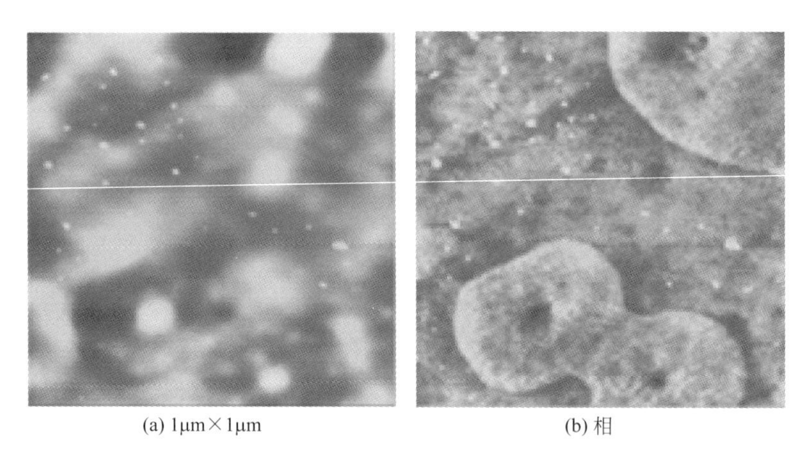

(a) 1μm×1μm　　(b) 相

图 5-69　PET 与 PS-2.0%SiO_2 复合膜的表面形貌

［*RMS*：2.817nm，复合膜成膜浓度 0.4%（质量分数）］

(a) 1μm×1μm　　(b) 相

图 5-70　PET 与 PS-2.0%（质量分数）SiO_2 复合膜表面形貌

［*RMS*：2.0322nm，复合膜成膜浓度 0.6%（质量分数）］

从上述 AFM 敲击模式与相位成像技术模式图形清晰地看到，PS-SiO_2 核-壳颗粒分布形态中有堆积现象。在此情形下，该核-壳颗粒与 PET 复合材料溶液中，溶液浓度增加会产生复合颗粒堆积，由此引发相图中产生“圆环”堆积结构。

参　考　文　献

[1] (a) Ke Y C, Wu T B, Xia Y F. Polymer, 2007, 48: 3324-3334; (b) Freenam R G, Grabar K C, Alison K J, et al. Science, 1995, 237: 1629.

[2] Morkved T L, Wiltzirx P, Jaeger H M, et al. Applied Physics Letter, 1994, 64 (4): 422.

[3] (a) Walsh D, Mann S. Nature, 1995, 377: 320; (b) Ke Y C, Stroeve P. Polymer-layered silicate and silica nanocomposites. Elsevier, Amsterdam, 2005, 5.

[4] Fujita M, Oguro D, Miyazawa M, et al. Nature, 1995, 387: 469.

[5] Radzilowski L H, Stupp S I. Macromolecules, 1994, 27: 7747.

[6] Stupp S I, LeBonheur V, Walker K, et al. Science, 1997, 276: 384.

[7] Li G, MeGown L B. Science, 1994, 264: 249.

[8] 柯扬船. 皮特·斯状. 聚合物-无机纳米复合材料. 北京：化学工业出版社，2003.

[9] Koert U, Harding M M, Lehn J M. Nature, 1990, 346: 339.

[10] Wagher R W, Lindsey J S. Journal American Chemical Society, 1994, 116: 975.

[11] Hulteen J C, Martin C R. Charptre 10: Template Synthesis of Nanoparticles in Nanoporous Menbranes// Fendler J H. Nanoparticles and Nanostructured Films. Weinheim, New York, Chchester, Brisbane, Singapore, Toronto: WILEY-VCH, 1998. 235.

[12] (a) Levchenko A A, Argo B P, Vidu R, et al. Langmuir, 2002, 18: 8464; (b) Carmichael M, Vidu R, Maksumov A, et al. Langmuir, 2004, 20: 11557-11568; (c) Murray C B, Kagan C R, Bawendi M G. Science, 1995, 270: 1335.

[13] Andres R P, Bielefeld J D, Henderson J I, et al. Science, 1996, 273: 1690.

[14] Espic A, Parkhutik V P. Charpter 6 // J O Bockris, R E White, B E Conway. Mode Aspects of Electrochemistry. New York: Plenum Press, 1989.

[15] (a) Foss Jr C A, Homyak G L, Stockert J A, et al. J Phys Chem, 1994, 98: 2963; (b) Foss Jr C A, Homyak G L, Stockert J A, et al. J Phys Chem, 1992, 96: 7497.

[16] 白云峰. 北京：中国石油大学，2016.

[17] Mawiawi D A, Coombs N. J Appl Phys, 1991, 70: 4421.

[18] Masuda H, Fukuda K. Science, 1995, 268 (9): 1446.

[19] (a) Fleisher R L, Price P B, Walker R M. Nuclear Tracks in Solids. Berkelay: Univ California Press, 1975; (b) Brumilk C J, Menon V P, Martin C R. J Mater Res, 1994, 9: 1174.

[20] 王玉国. 北京：中国石油大学，2007.

[21] Chakarvarti S K, Vetter J, Micromech J. Microeng, 1993, 3: 57.

[22] Chakarvarti S K, Vetter J, Micromech J J. Nucl Instrum Methods, Phys Res, 1991, B62: 109.

[23] Menon V P, Martin C R. Anal Chem, 1995, 67: 1920.

[24] Nishizawa M, Mewon V P, Martin C R. Science, 1995, 268: 700.

[25] Parthasarathy R V, Martin C R. Nature, 1994, 369: 298.

[26] Parthasarath R V, Phani K L N, Martin C R. Adv Mater, 1995, 7896.

[27] Parthasarathy R V, Martin C R. Chem Mater, 1994, 6: 1627.

[28] Lakshmi B B, Dorhont P K, Martin C R. Chem Mater, 1997, 9: 857.

[29] Kotani T, Tsai L, Tomita A. Chem Mater, 1997, 8: 2109.

[30] Xie C Y, Zhang L D, Mo C M, et al. J Appl Phys, 1992, 7 (8): 3447.

[31] Chen G S, Zhang L D, Zu Y, et al. Appl Phys Lett, 1999, 75: 2455.

[32] (a) Wu T B, Ke Y C. Thin Solid Films, 2007, 515: 5220; (b) Wu T B, Ke Y C. European Polymer Journal, 2006, 42: 274.

[33] (a) Wu T B, Ke Y C, Xia Y F, Polymer, 2007, 48: 3324; (b) Ke Y C, Wei G Y Wang Y. European Polymer Journal, 2008, 44 (8): 2448.

[34] Monnier A, Schuth F, Huo Q. Science, 1993, 261: 1299.

[35] Yan F, Bao M, Wu W, et al. Appl. Phys. Lett. 1995, 67 (23): 3471.

[36] Mo C M, Li Y H, Liu Y S, et al. J Appl Phys, 1998, 83 (8): 4389.

[37] Li Y H, Mo C M, Yao L, et al. J Phys Condens Matt, 1998, 10 (7): 1655.

[38] Dvorak M D, Justus B L, Gaskill D K, et al. Appl Phys Lett, 1998, 66 (7): 804.
[39] Shirinitt R S. Phys Rev, 1987, B35: 8113.
[40] Vendange V, Colomban P. Mater Sci and Eng, 1993, A168: 199.
[41] (a) 复旦大学编. 概率论: 第一册. 北京: 人民教育出版社, 1981, 173; (b) Wu T B, Ke Y C. Polymer Degradation and Stability, 2006, 91 (9): 2205-2212.
[42] Zaspalis V T, Pragg W V, Keiaer K, et al. J Mater Sci, 1992, 27: 1023.
[43] 尾崎义沿. 超微粒子技术入门. 赵修建, 张联盟译. 武汉: 武汉工业大学出版社, 1991.
[44] Morino R, Mizshina T, Volagawa Y, et al. J Electrochem Soc, 1990, 137 (7): 2340.
[45] Arai K, Namikawa H, Kumata K, et al. J Appl Phys, 1986, 59 (10): 3430.
[46] Mo C M, Cai W L, Chen G, et al. J Phys: Conclens Matt, 1997, 9: 6103.
[47] Zhang L D, Mo C M, Cai W L. Nanostrncturde Mater, 1997, 9 (1-8): 563.
[48] Cai W P, Zhang L D. Chin Sci Bull, 1998, 15: 614.
[49] 徐向宇. 层状 a-$(NiOH)_2$ 和镍铝水滑石的光敏性能研究. 北京: 北京化工大学, 2006.
[50] (a) Cai W P, Zhang L D. J Phys: Condens Matt, 1997, 9 (34): 7257; (b) El-Hady S A, Mansour B A, Monstafa S H. Phys Stat Sol (a), 1995, 149: 601.
[51] Cai W P, Tan M, Wang G Z, et al. Appl Phys Letl, 1996, 69 (20): 2980.
[52] Cai W P, Zhang L D. J Phys: Condens Matt, 1996, 8L: 591.
[53] Ke Y C, Wu T B, Xia Y F. Polymer, 2007, 48: 3324.
[54] Cai W P, Zhang L D. Chin Phys Lett, 1997, 14 (2): 138.
[55] (a) Cai W P, Tan M, Zhang L D. J Phys: Condens Matt, 1997, 9 (9): 1995; (b) Cai W P, Zhong H C, Zhang L D. J Appl Phys, 1998, 83 (3): 8979.
[56] (a) Cai W P, Zhang L D, Zhang H C, et al. J Mater Res, 1998, 13: 2888; (b) Cai W P, Zhan L D. Appl Phys, 1998, A66: 419.
[57] He Jing, Ke Yangchuan Ke, Zhang Guoliang. Microstructure developments and anti-reflection properties of SiO_2 films by liquid-phase deposition, 2016, submitted.
[58] 刘美. 大连: 大连理工大学, 2009.
[59] Fouquey C, Lehn J M, Levett M. Adv Mater, 1990, 5: 254.
[60] (a) 吴迪, 沈珍, 薛兆历, 等. 无机化学学报, 2007, 23 (1): 1; (b) Takeshi Yamaguchi, Nobuyuki Tobe, Daisuke Matsumoto. Hironori Arakawa Chem Commun, 2007, 4767; (c) Yang X N. Loos Joachim Macromolecules, 2007, 40 (5): 1353.
[61] (a) Ducharme Y, Wuest J D. Org Chem J, 1988, 53: 5787; (b) Wang W, Efrima S, Regev O. Langmuir, 1998, 14: 602.
[62] Aihara N, Totigoe K, Esumi K. Langmuir, 1998, 14: 4945.
[63] Duff D G, Baiker A. Langmuir, 1993, 9: 2301.
[64] Creighton J A, Blatvhford C G, Albrecht M G. J Chem Soc Farady Tran2, 1979, 75: 790.
[65] Mulvaney P, Henglein A. J Phys Chem, 1990, 94: 4182.
[66] Mulvaney P, Henglein A. Chem Pyhs Lett, 1990, 168: 391.
[67] Henglein A J. J Phys Chem, 1993, 97: 5457.
[68] Esumi K, Tano T, Torigoe K. Chem Mater, 1990, 2: 564.
[69] Fendler J H, Meldrum F. Adv Mater, 1995, 7: 607.
[70] Fendler J H. Chem Mater, 1996, 8: 1616.
[71] Etit C P, Lixon P, Pileni M P. J Phys Chem, 1993, 97: 12974.
[72] Pileni M P. Langmuir, 1997, 13: 3266.
[73] Pileni M P, Taleb A J. Dispersion Sci Technol, 1998, 19: 185.
[74] Pileni M P, et al. Reactivity in reverse micelles. New York: Elsevier, 1989.
[75] Pileni M P. J Phys Chem, 1993, 97: 6961.
[76] Liz-Marzan L M, Lado-Tourino I. Langmuir, 1996, 12: 3585.
[77] Bright R B, Musick M D, Natan M J. Langmuir, 1998, 14: 5695.
[78] Ward A J I. Mater Res Bull, 1989, 14: 41.
[79] (a) Barnickel P, Wokam A. Mol Phys, 1990, 69: 1; (b) Collosid J. Interface Sci, 1992, 148: 80.
[80] Zhang Z Q, Patel R C, Kothari R, et al. J Phys Chem B, 2000, 104: 1176.
[81] Pastoriza-Santos I, Serra-Rodriguez C, Liz-Marzan L M. J Colloid Interface Sci, 2000, 221 (2): 236.

[82] Nagtgaal M, Stroeve P. Thin Solid Films, 1998, 327: 571.
[83] Kang Y S, Risbud A R, Rabolt J, et al. Langmuir, 1996, 12: 4345.
[84] Meldrum, Kotov N A, Fendler J H. J Phys Chem, 1994, 98: 4506.
[85] Spinke J, Liley M, Schmitt F J, et al. J Chem Phys, 1993, 99: 7012.
[86] (a) Levchenko A A, Argo B P, Vidu R, et al. Langmuir, 2002, 18: 8464; (b) Huang S C J, Artyukhin A B, Martinez J A, et al. Nanoletters, 2007, 7 (11): 3355.
[87] Ramanujam A, Kim K J, Kyu T. Polymer, 2000, 41: 5375.
[88] Okada M, Masunaga H, H Furukawa. Macromolecules, 2000, 33: 7238.
[89] Abertz V, Goldacker T. Macroml Rapid Commun, 2000, 21 (5): 16.
[90] (a) Flory P J. Principles of Polymer Chemistry. Ithaca, New York: Cornell University Press, 1953; (b) Chaikin P M, Lubensky T C. Principles of Condensed Matter Physics. Cambridge: Cambridge Univ Press, 1995.
[91] Gennes de P G. Rev Mod Phys, 1992, 64: 645.
[92] (a) 盛京. 聚合物无机纳米复合材料产业化研讨会（大会报告），中国塑料加工协会，2004，5，北京；(b) Hajduk D A, Harper P E, Gruner S M, et al. Macromolecules, 1994, 27: 4063.
[93] Bated F S, Fredrichson G H. Phys Today, 1999, 52: 33.
[94] Khanhpur A K, Forster S, Bates F S, et al. Macromolecules, 1995, 28: 8796.
[95] Matsen M W, Bates F S. Macromolecules, 1996, 29: 7641.
[96] Matsen M W, Bates F S. J Chem Phys, 1997, 106: 2436.
[97] Mogi Y, Nomura M, Kotsuji H, et al. Macromolecules, 1994, 27, 6755.
[98] Gido S P, Schwark D W, Thomas E L. Macromolecules, 1993, 26, 2636.
[99] Goldacker T, Abetz V, Stadler R, et al. Nature, 1999, 398: 137.
[100] Goldacker T, Abets A. Macromolecules, 1999, 32: 5165.
[101] Dai J, Goh S H, Lee S Y, et al. Polymer, 1993, 34 (20): 4314.
[102] (a) Vilesov A D, Floudas G, Pakula T, et al. Macromol. Chem Phys, 1994, 195: 2132; (b) Thorsten Goldacker, Volker Abetz. Macromolecules, 1999, 32 (15): 5165.
[103] Sakurai S, Irie H, Umeda H, et al. Macromolecules, 1998, 31: 36.
[104] (a) Sakurai S, Umeda H, Furukawa C, et al. J Chem Phys, 1998, 108: 4333; (b) Jeong U, Lee H H, Yang H, et al. Macromolecules, 2003, 36: 1685.
[105] Hashimoto T, Yamasaki K, Koizumi S, et al. Macromolecules, 1993, 26 (11): 2895.
[106] Breiner U, Krappe U, Abetz V, et al. Macromol Chem Phys, 1997, 198: 1051.
[107] Goldacker T, Abetz V, Stadler R, et al. Nature, 1999, 398: 137.
[108] Helfand E, Wasserman Z R. Macromolecules, 1976, 9: 879.
[109] Barton A F M. CRC Handbook of polymer-Liquid Interaction Parameters and Solubility Parameters. Boston: CRC Press, 1990.
[110] Austra C, Stadler R. Polym Bull, 1993, 30: 257.
[111] Abetz V, Goldacker T. Macromol Rapid Commun, 2000, 21: 16.
[112] Stöber W, Fink A, Bohn E. J Colloid Interface Sci, 1968, 26: 62.
[113] 吴天斌. 单分散微纳米 SiO_2 成核及其聚酯复合材料结构性能研究. 北京：中国石油大学，2006.
[114] 陈诵英，孙予罕，郑小明. 催化剂制备技术基础. 杭州：杭州大学出版社，1997.
[115] Mei D B, Liu H G, Zhang D Z, et al. Physical Review B, 1998, PRB 58: 35.
[116] 张道中. 物理. 光子晶体，1994，23 (3)：141.

第6章 纳米复合材料的结构性能及效应表征方法

纳米复合材料结构-性能关系研究、表征和技术，是设计纳米复合体系、调控纳米效应、满足实际应用要求、质量检测的出发点，是纳米复合材料质量控制及标准与规范制定的根本依据。

纳米粒子表面能高、表面断键多、表面电荷分布复杂以及不稳定与难以预见性特性变化等特点，是其高效、有效应用的主要障碍性难题。深入系统地研究纳米材料长期使用的纳米分散结构稳定性、性能变化与有效性是特别的需求。通过优化研究，创建纳米材料分散形成中间态结构、纳米相形态、多相分布、成核及诱导多晶型等原理，设计形成多彩的、独特的和新颖的纳米效应和纳米复合体系。研究揭示和表征这些现象，推动了现代仪器及其表征技术的实质性飞跃发展，促进了一个又一个高聚物纳米复合体系有效和高效应用。

基于上述思路，本章涵盖了聚合物-无机纳米复合材料的纳米分散、纳米可控分散、成核结晶、纳米结构形态变化的科学内容，深入系统地阐述研究与表征方法。研究超微粒子分散、纳米粒子与基体界面效应及其重要理论基础，提出了系统新颖的纳米效应机理、定量或定性表征方法，提出了纳米粒子聚集条件与过程模型及其多层次研究方法，提出了控制凝聚粒子及纳米可控分散与表征检测方法，创建了纳米结构表征新理论、标准及应用规范体系的重要基础。

6.1 纳米微粒与纳米复合效应理论

6.1.1 聚合物纳米复合增强增刚增韧效应与方法

6.1.1.1 聚合物材料微粒增强增韧机理

（1）*刚性粒子的增强增韧机理* 提高有机聚合物分子表面耐刮擦、耐划痕、耐摩擦磨损等表面特性[1]，可采用相对高硬度或刚度、高强度粒子，通过适当的分散方式使其填充到相对柔性、软性高分子基体中制得复合材料，提高所谓高分子软物质基体材料的硬度、刚度和强度。如果使这类无机相粒子均匀展布于高分子基体中，形成均匀的有机连接体，则受到外力作用时，外力由柔性基体变形逐步传递到刚性粒子内部，这就是刚性粒子的增韧机理。

通常采用相对软性的橡胶等包覆刚性粒子，形成有包覆层的刚性粒子，然后分散于塑料高分子基体中，经过热熔融分散产生增强和增刚的显著效果。刚性粒子的分散度 ϕ 和分散结构形态，是决定其增强增刚的同时产生增韧性的关键因素，为此，吴守恒提出了刚性粒子脆-韧转化判据[1](ID),$ID=d[(\pi/6\phi_r)^{1/3}-1]$。

(2) 增强增韧刚性粒子种类 用于增强增韧的刚性粒子中,微米和纳米尺度粒子成为常用无机相。大多数无机微米粒子表面呈极性亲水性,而无机纳米粒子几乎都呈极性亲水性。

将这些无机微粒均匀分散到有机聚合物基体中,必须对其进行表面改性,包括表面接枝、原位聚合复合、偶联剂、等离子体等处理,目的都是调节无机微粒表面的亲-憎性,使之适于高效分散于聚合物基体中产生相容和高性能体系。

基于纳米蒙脱土中间体、纳米碳酸钙已属大规模化的工业合成与生产,可采用这类无机纳米粒子为增强相,制备系列化聚合物纳米复合材料增韧和增强材料及其产品体系。

(3) 增强增韧刚性粒子实例

【实施例 6-1】 合成聚环氧树脂-双马来酰亚胺 [Poly(EP-BMI)]/SiO_2 纳米复合材料 采用环氧树脂(E51,二环或二缩水氧甘油醚和双酚 A 聚合物),环氧基团当量质量 178~200g/eq。采用 N,N'-4,4'-二苯基甲基双马来酰亚胺(BMI,95%),采用 4,4-二酰胺基二苯基甲烷(DDM,98.5%)为固化剂,氨水($NH_3 \cdot H_2O$,25%)。采用四乙氧基硅烷 [$Si(OC_2H_5)_4$ 及 TEOS] 为纳米前驱体。偶联剂为甲基丙烯酸丙基三甲氧基硅烷(MPS)。

纳米 SiO_2 粒子合成采用修正的 Stöber 法[2]。具体是,0.2mol/L 的水、6.8mol/L 的乙醇、0.2mol/L 的 TEOS 和 0.4~0.6mol/L 的氨水,混合于 500mL 反应瓶中,室温下机械搅拌 24h,得到单分散纳米 SiO_2 粒子,收集其 110~250nm 尺寸的聚集体。在该纳米 SiO_2(2.0g)中,按照摩尔比 MPS∶SiO_2=1∶18 加入 MPS 及几滴氨水,然后在乙醇-水介质的 250mL 四口瓶(带冷凝器,氮气气氛)中机械搅拌反应 12h(50℃)。所得产品用离心过滤和去离子水洗涤至中性,再用乙醇洗三次得到最终产品。

合成 EP-BMI/SiO_2 纳米复合材料及其固化体系。取 15g 的 DDM 在 120~130°C 加入烧杯溶液中。取 30g 的 BMI 和 55g 的 EP 树脂加入溶液中,在 130℃搅拌 5min,然后将 SiO_2 纳米粒子处理剂体系缓慢加入溶液中并以 450r/min 恒速搅拌形成悬浮液。经反应得到的产品熔体倒入钢制模具中并加入固化剂。所有样条通过后固化工艺过程得到(固化工艺,熔体保持在 160°C 下 2h,180℃下 2h 及 200℃下 2h)。

(4) EP-BMI/SiO_2 纳米复合材料体系刚性粒子增强增韧 采用系统力学、热学测试表征方法,研究 EP-BMI/SiO_2 纳米复合材料体系刚性粒子的增强增韧特性。测试样品的力学性能、硬度(邵尔 D),列于表 6-1。

表 6-1 EP-BMI 共聚物/SiO_2 纳米复合材料的力学性能参数

样品	拉伸强度/MPa	弯曲强度/MPa	冲击强度/MPa	硬度(邵尔 D)
EP-BMI 共聚物	32.1	124.1	12.5	48.1
EP-BMI/0.5%(质量分数)SiO_2	44.3	139.3	13.4	62.3
EP-BMI/1%(质量分数)SiO_2	48.4	145.4	15.9	73.4
EP-BMI/2%(质量分数)SiO_2	61.5	158.9	18.2	84.3
EP-BMI/3%(质量分数)SiO_2	50.2	140.6	16.1	89.8

可见,所得到的共聚物纳米复合材料样品的拉伸强度、弯曲强度和冲击强度都有较大幅度提高,特别是纳米复合材料的冲击强度提高 15%,其硬度随纳米 SiO_2 含量增加而线性增大。在 3%(质量分数)SiO_2 加量下,纳米复合材料样品的硬度为 89.8,约是纯 EP/BMI 共聚物基体硬度数值(48.1)的 1.87 倍。

显然,EP-BMI 纳米复合材料样品的拉伸强度、弯曲强度和冲击强度都可通过加入纳米 SiO_2(加量 2%,质量分数)并有效分散而得到显著提高。

由于 SiO_2 纳米粒子内禀弹性模量显著高于有机聚合物基体,由此造成纳米复合样品的弹性模量大幅度提高，这是导致其硬度提高的关键因素。纳米 SiO_2 粒子均匀分散将产生阻止高分子链段受外力下的运动性。

尤其是，该纳米复合材料样品的增韧机理是十分引人注目的，这是因为，能够实现单纯纳米粒子聚合物增韧性的实例确实太少。以下将用提出的纳米复合材料中形成的微空穴模型，解释或理解纳米增韧机理。

(5) EP-BMI/SiO_2 纳米复合材料体系刚性粒子的增强增韧机理　聚环氧树脂-双马来酰亚胺［poly(EP-BMI)］和 SiO_2 纳米复合材料采用硅烷偶联剂处理纳米 SiO_2 及调控纳米粒子和EP-BMI 共聚物基体的界面作用。

采用 SiO_2 加量调控 EP-BMI 纳米复合材料的力学性能、热学、硬度或刚度以及抗摩擦磨损特性。2.0%（质量分数）纳米 SiO_2 复合材料，具有显著提高的拉伸、弯曲和冲击韧性(摩擦系数 0.15，磨损率 $0.181\times10^{-6}\,mm^3/m$)。该纳米复合材料 TGA 最大热降解速率处温度为 452℃［3%（质量分数）SiO_2］，比基体高出 52℃。

针对这种纳米粒子的增韧、增强和抗磨机理，提出存在可控微空穴模型。

也就是，纳米 SiO_2 分散于聚合物基体中产生的微空穴结构及其韧性变形性，可能会使裂隙扩大及断裂能增大。

为了验证该模型机理，采用 SEM 电镜技术研究了 EP-BMI 共聚纳米复合材料受力学作用的形貌，SEM 同时检测纯粹共聚物基体及其纳米复合材料的表面形貌，可见纯粹基体存在微小空洞，而加入纳米粒子形成可控大空穴，见图 6-1。

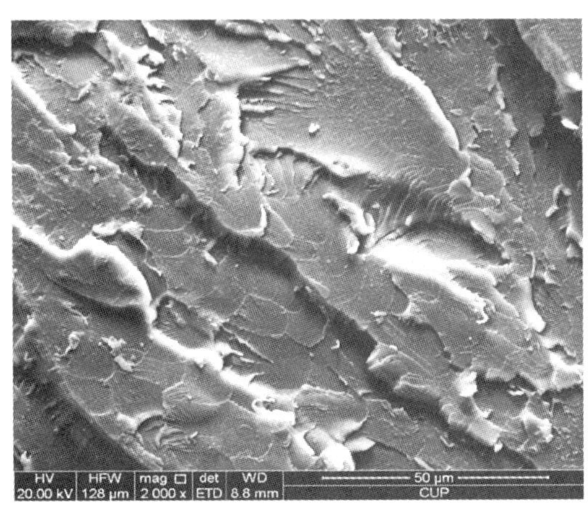

(a) 纯EP-BMI共聚物样品

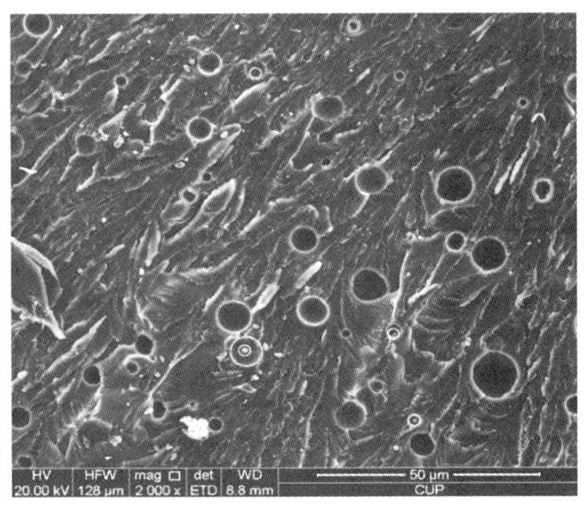

(b) EP-BMI/2%(质量分数)SiO_2样品

图 6-1　样品的 SEM 形貌图

这些空穴反映了纳米粒子和聚合物基体的变形性，使引起裂隙尖端显著变形的环氧树脂基体的局部剪切屈服成为核心。由于存在空穴，裂隙增长受到共聚物基体中纳米 SiO_2 的有效阻滞。在此空穴中，能量耗散并发生于裂隙尖端附近。在纳米 SiO_2/共聚物基体界面的局域空穴协同效应，加上塑性剪切屈服作用，可以贡献于样品能量耗散过程。最终，纳米复合样品的断裂韧性改善。

当 EP-BMI 共聚物样品中纳米 SiO_2 粒子加量达到 3%（质量分数）以上时，该样品力学拉伸样条产生应力发白区。见图 6-2。

这种应力发白空穴和无应力发白空穴共同阻止外力作用。应力发白区实际是纳米粒子加量高而产生团聚现象，是应力集中点，应设法清除以提高聚合物韧性。

实际上，过量纳米 SiO_2 产生团聚体和非规则空穴，会破坏纳米粒子-聚合物界面黏附和界面作用力，从而降低样品的韧性，并降低其拉伸、弯曲和冲击强度。

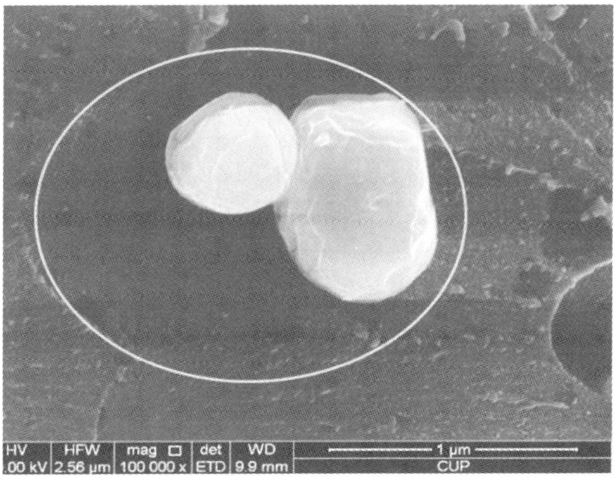

图 6-2　共聚纳米复合样品拉伸应力发白的 SEM 形貌
[EP-BMI/3%（质量分数）SiO_2 样品]

总之，在外加力下，这些空穴产生膨胀性变形承受并消化外力，而其拉伸裂隙增长趋势受到纳米 SiO_2 粒子-共聚物界面的强烈阻止。

该纳米复合材料各性能都提高的事实，用刚性粒子增强增韧模型以及橡胶粒子空洞增韧模型进行联合解释；查刚性粒子脆韧转化模型公式发现，纳米粒子分散后的聚集态分布结构是抗拒或者吸收外部作用力的关键结构。

6.1.1.2　经典刚性粒子的增强增刚方法

（1）*Halpin-Tsai 方程定量表达刚性粒子的增强增刚特性*　Halpin-Tsai 基于自洽微力学方法（self-consistent micromechanics method）建立了预测刚性粒子-聚合物复合体系模量的方程及模量预测方法[3]。

$$p/p_{m}=(1+\zeta\eta\phi)/(1-\eta\phi) \tag{6-1}$$

$$\eta=(p_{f}/p_{m}-1)/(p_{f}/p_{m}+1)=(M_{R}-1)/(M_{R}+\zeta) \tag{6-2}$$

式中，p 是复合材料模量；p_{f}是无机纤维模量；p_{m}是复合基体模量；ζ 为增强增刚无机相的几何因子，它取决于复合条件。

对于刚性强的填充物，$\eta=1(M_{R}\to\infty)$，则，

$$p/p_{m}=(1+\zeta\phi)/(1-\phi) \tag{6-3}$$

对于刚性均相材料，$\eta=0$，$M_{R}=1$，$p/p_{m}=1$。

对于刚性空洞粒子材料，$\eta=-1/\zeta$，$M_{R}=0$，$\zeta=0$ 及 $\zeta=\infty$

当 $\zeta=0$，则，

$$(1/p)=(1/p_{m})-\phi/pf \tag{6-4}$$

当 $\zeta=\infty$，$\eta=0$，则，

$$p=p_{f}\phi+p_{m}(1-\phi) \tag{6-5}$$

（2）*以 Halpin-Tsai 方程原理设计聚合物增强增刚方法*　Halpin-Tsai 方程，建立了预测短纤维、超细超微粒等聚合物复合体系力学性能（如模量）的预测方法，考虑了刚性粒子表面形态（如空穴、孔洞、纤维）以及表面特性（如极性、粘接性）因素。

6.1.1.3　聚合物超微粒的增强增刚方法

（1）*纳米粒子的增强增韧效应*　通过纳米粒子多相表面强相互作用，可实现聚合物增强增韧效应。需优选表面处理剂包覆纳米刚性粒子多层结构与功能性，设计多相界面强相互作用性。利用包覆层分子或其交联体系，在高分子基体中形成纳米刚性粒子相容、均匀分散及表面

分子成键与界面键合，产生增强增韧效应。

优选纳-微米粒子组合体系及其表面处理剂有效处理体系，控制纳-微米粒子加量、分散结构和临界脆-韧转化条件，可获得增强增刚的高分子纳米复合材料。该纳-微米粒子表面处理和分散工艺，确保获得增强增刚的复合材料体系。

(2) *聚酯纳米复合材料增刚效应* 聚对苯二甲酸乙二醇酯（PET）特大品种高分子材料，已形成系列聚酯材料体系，分为低分子量或低聚物、中分子量及高分子量（物理固相后增黏，或化学扩链增黏）产品品种。

PET 单体和无机纳米中间体经原位聚合复合方法，合成新型 PET 纳米复合材料体系，其具有和 PET 基体类似的耐高温、可加工及可纺性等特性。为了评价 PET 纳米复合材料的力学性能如弯曲强度、弯曲模量等参数，建立了聚酯纳米复合材料力学性能-黏土加量关系曲线。聚酯纳米复合材料弯曲模量-黏土加量曲线，完全符合 Halpin-Tsai 方程的预测结果。见图 6-3。

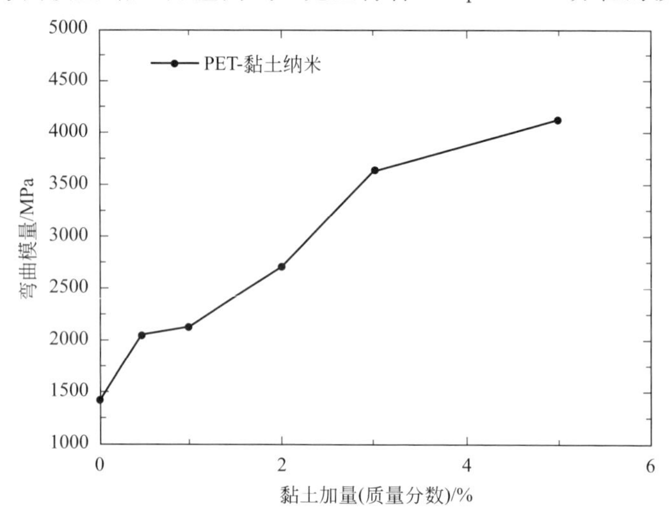

图 6-3 PET 层状硅酸盐纳米复合材料的弯曲模量-黏土加量关系曲线
（直接酯化法聚酯原位聚合形成纳米复合材料样品）

聚合物纳米复合材料的增刚、增韧性实际是一对矛盾，现有许多聚酯纳米复合材料中，能达到既增刚又增韧的复合体系很少见。设计增刚、增韧聚合物纳米复合材料，必须反复优化体系增刚和增韧之间的平衡点，才可能产生突破。

6.1.1.4 橡胶纳米复合粒子的增韧效应与方法

(1) *橡胶共聚增韧聚合物方法* 聚苯乙烯是主要透明材料之一，其各种改性以解决脆性提高韧性为目标。采用本体聚合工艺使苯乙烯单体在 6%溶解聚丁二烯（PB）橡胶中，通过少量引发剂引发橡胶接枝反应，加适当溶剂稀释及低分子量改性剂增加体系相容性等。聚苯乙烯均匀聚合至 2%转化率，产生非均相体系，橡胶相逐步成连续相，而聚苯乙烯变为分散相。聚苯乙烯转化率为 10%～20%时产生相反转，此后玻璃质基体一直为连续相。接枝共聚物聚集于界面经相转变形成腊肠结构。

以 HIPS 合成反应增韧过程为模板，研发 ABS 橡胶增韧改性及 PVC 增韧改性体系。以 Amos 本体聚合工艺（1974 年）为例，聚苯乙烯预聚合阶段 30%转化率时形成腊肠结构，此时加入化学引发剂。聚合终止阶段通过热引发进行，混合需柔和以保持腊肠结构，脱气阶段清除溶剂和残余单体，总转化率应达 75%以上。HIPS 合成中间体的 TEM 形态和相变形态见图 6-4，Amos 本体聚合工艺流程图见图 6-5。

(2) *橡胶粒子增韧高分子材料的脆-韧转化机理* 橡胶材料是典型高弹形变黏弹性材料，受外力作用橡胶材料经历普弹形变（符合虎克定律）、高弹形变（非线性的很大形变）及黏流

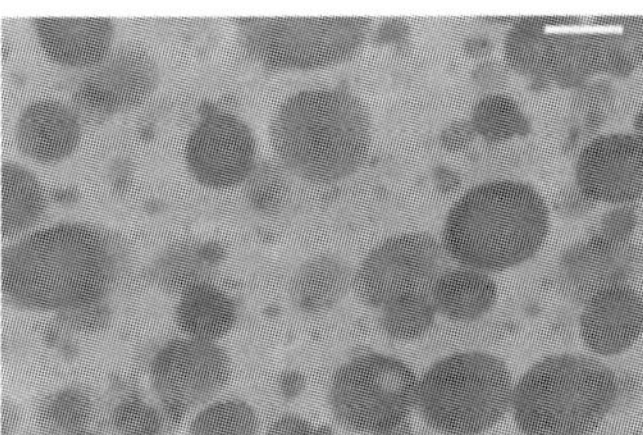
(a) 熟化工艺制超高韧HIPS

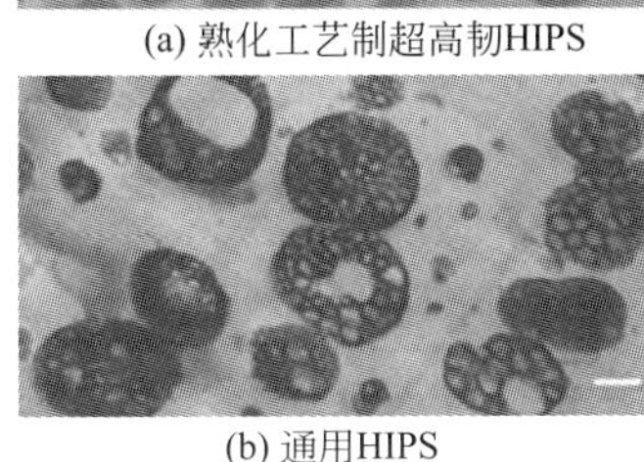
(b) 通用HIPS

(c) 熟化HIPS/通用HIPS共混体系

图 6-4　HIPS 合成中间体的 TEM 相形态和相变形态

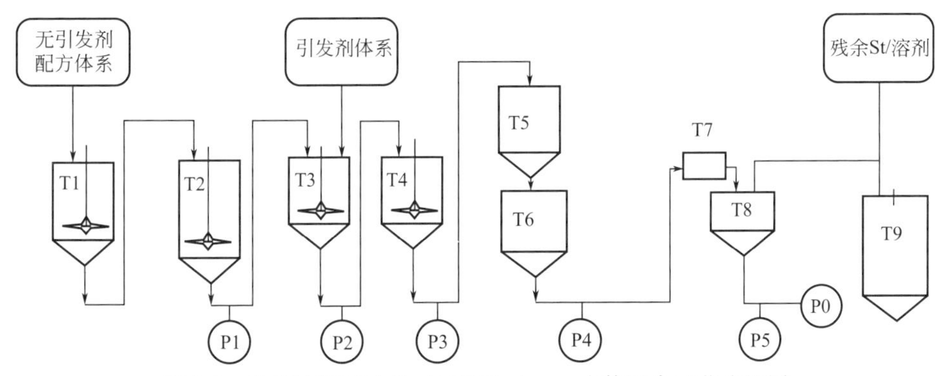

图 6-5　高抗冲聚苯乙烯（HIPS）Amos 本体聚合工艺流程图

[全混节能型 CSTR（连续搅拌反应器 continuous stirred tank reactor）包括刚性顶拼装罐体、搅拌、正负压保护器、控温系统、溢流槽、带刮板视镜、透光孔、取样口、顶入搅拌或侧搅拌]

T1—溶解罐；T2 —进料罐；T3——级 CSTR；T4—二级 CSTR；T5—非搅拌反应罐；T6—非搅拌反应罐；T7—预热器；T8—脱气；T9—回收循环罐；P1，P2，P3，P4，P5—HIPS 各反应阶段取样点；P0—HIPS 反应成品

态形变（像流体一样流动），变形过程伴随放热现象[4]。

利用橡胶的特殊形变和韧性，进行塑性高分子增韧改性。橡胶粒子分散填充并分布于塑性粒子中，其分子链共价键取代原先塑性粒子间的范德华力，橡胶粒子黏弹性和高弹性抵御并分散外力，产生增韧效果。

橡胶粒子增韧易实现复合体系的脆-韧转变，其增韧机理包括橡胶形变过程所经历的大形变、银纹和孔洞效应。只要将介于纳微米尺度的橡胶粒子经过分散形成特定的、所需的分散结构，就可对基体材料产生增韧性。

（3）橡胶-纳米粒子核壳复合粒子增韧体系　现今采用橡胶包覆纳米粒子形成核-壳结构复合粒子，实际成为较稳妥、较可靠的增韧聚合物的重要方法。基于橡胶粒子的增韧机理，设计橡胶粒子和无机纳米粒子的接枝反应或原位聚合反应，形成橡胶分子包覆无机纳米粒子的核-壳结构复合粒子，这是另一种“纳米中间体”。利于这种橡胶-无机纳米粒子形成纳米中间体，实际进行了很多高效体系探索。进行的这类成功探索如下。

纳米碳酸钙表面功能化和粉末橡胶接枝复合粒子，或者纳米碳酸钙填充粉末橡胶复合粒子中间体，成功用于增韧聚氯乙烯材料。

纳米碳酸钙表面功能化接枝改性体系，通过共混熔融方式提高 PVC 韧性。

聚丙烯酸酯包覆纳米碳酸钙增韧剂，成功应用于 PVC 增韧改性。

橡胶弹性体包覆无机刚性粒子，通过共混和熔融分散工艺增韧聚丙烯。

不同 EP 弹性体包覆纳米 SiO_2 或纳米 $CaCO_3$，增韧聚丙烯材料。

改性 EPDM-M 包覆纳米 $CaCO_3$ 增韧 PA6 形成高韧性沙包袋材料等。

此外，采用乳液聚合及沉淀聚合方法，将预处理的纳米 $CaCO_3$ 表面包覆聚合物 P（BA-*co*-MMA），用于增韧 PVC。

6.1.1.5 纳米增强增韧高分子材料的现实问题

（1）纳米粒子增强不增韧问题　基于纳米单元、纳米粒子自身特性，使之均匀分散于高分子材料基体中实际是长期的关键问题。由此导致纳米多相分散体系界面问题是必然的，需要优化设计纳米粒子表面与高分子基体相容性和可控分散性，得到界面高度融合的高分子纳米复合结构及纳米粒子-高分子链节点连接的网络体系，从而提高高分子基体韧性，得到高韧性聚合物纳米复合材料。

也就是，均匀融合的多相“界面”和均匀节点连接的有机-无机网络结构，将成为调控高分子纳米复合材料韧性的关键因素。因此，优化高分子共聚分子链段与结构设计、多相界面设计，是得到高性能高韧性纳米复合体系的关键。

（2）纳米粒子增韧和增刚性能平衡问题　纳米粒子增韧和增刚性能平衡问题，是指纳米粒子增韧和增刚高分子材料的性能不能同时兼顾的普遍问题。实际设计高分子纳米复合增强增韧体系过程中，采用过多橡胶相包覆纳米粒子，或者无机纳米相加量不足以调控有机-无机复合网络结构伸缩特性时，导致高分子纳米复合材料体系增韧不增刚问题。而纳米粒子分散过程中的纳米团聚体、应力集中与极化性低，导致高分子材料的韧性或刚性之一会降低，使二者不能兼顾。

实践充分说明，纳米材料加量过大［如超过 5%（质量分数）］必然导致纳米团聚及其复合材料难以兼顾韧性和刚性问题，采用纳米结构中间体（或者纳米粒子母粒中间体）材料，是解决规模化聚合物纳米复合体系刚性、韧性平衡问题的关键方法，应成为各种设计制备的重要原则和方法。

6.1.2 超微粒和胶体稳定理论

6.1.2.1 超微粒子费米能级与电中性

（1）费米能级　量子力学中所述的费米子包括自旋半整数的粒子如电子、质子、中子等。具有自旋量子数半整数（1/2）的费米子，遵循泡利不相容原理，其每一个量子态只能被一个粒子所占据，构成费米能。系统的费米能就是最高占据分子轨道的能量。在绝对零度下，金属材料电子所占据的最高能级，称为费米能级。

费米能级的意义是，该能级上的某一态被电子占据的概率是 1/2。费米能级是半导体和电子学很重要的物理参数，用于表征其电子或空穴化学势半导体中大量电子集体形成一个热力学系统，处于热平衡态的电子系统就是统一费米能级。利用费米能级数值，确定一定温度下电子在各量子态上的统计分布。

费米能级的影响因素有温度、半导体导电类型、杂质含量及能量零点。

（2）费米面　金属自由电子满足泡利不相容原理，其能级分布概率遵循费米-狄拉克分布（Fermi-Dirac）函数或简称 Fermi 分布函数，是热平衡体系粒子能量分布规律，表示一个电子占据能量 E 的本征态概率，其值为 0～1，分布函数为 $f(E)=1/[\exp(E-E_f)/(kT)+1]$（其中，$E_f$ 是费米能级或系统中电子化学势，k 是玻耳兹曼常数，T 是温度）。当 $T=0K$ 时，$f(E)=1$。表示热力学零度下，电子占据 $E \leqslant E_f$ 的全部能级，而大于 E_f 的能级将全部空着，自由电子的能量表示为 $E(k)=\hbar^2k^2/2m$（$\hbar$ 是普朗克常数，m 是自由电子质量，k 是等能面即球面空间），$E=E_f$ 等能面即称费米面。

Fermi-Dirac 分布函数是热平衡态的一种统计量子分布函数，该分布函数及其相应费米能级，只能适用于热平衡状态，不适用于非平衡态。

（3）*纳米单元和纳米结构的费米面* 层状化合物的二维层间结构，经嵌入过渡金属如 Ni、Rh、Hf 掺杂产生可能的能带。石墨烯单原子层二维材料晶格结构，其价带与导带交于狄拉克点，是无带隙非金属或半金属，是石墨烯光电效应差、纳电子学器件应用受限的重要原因。因此，应采用掺杂和对称性破缺扩大石墨烯带隙的方法，使电子受限于一维石墨烯纳米带，提高光电效率。

在 n/p 型纳-微米尺度半导体中，可引入电子准费米能级与空穴准费米能级及其差值，作为表征电压等外界作用效应的方法。石墨烯 n/p 型掺杂及其双层垂直方向施加外场的对称性破缺方法，可资参考[4]。

（4）*超微粒子电中性的 Kubo 假设* 金属超微粒子许多理论中，Kubo（久保）理论是较重要的理论[2]之一，它包括两个著名假设：其一，假设金属超微粒子能级在费米面 E_f 附近具有不连续性，即当颗粒尺度进入纳米量级时，原先连续能级变成离散能级；其二，假设超微粒子呈电中性，即对于一个超微粒子，从其中取走或放入一个电子是十分困难的，由此，提出如下估算超微粒子能量的公式。

$$k_BT \ll W \approx e^2/d = 1.5\times10^5 k_B/\mathrm{d}K \quad (\text{Å}) \tag{6-6}$$

式中，W 为从一个超微粒子中取走或放入一个电子克服库仑力所做的功；d 为超微粒子直径；e 为电子电荷；k_B 为玻耳兹曼常数。

超微粒子直径 d 值下降，W 增加，则低温下热涨落很难改变超微粒子电中性。当微粒尺寸很小如 1nm 时，则 $k_BT \ll \delta$（能级间隔增大），低温下超微粒子尺寸效应很明显。

针对低温下电子能级离散性及其显著影响材料如超微粒材料热力学性质（比热、磁化率、熔点等）明显不同于大块体材料，久保及其合作者提出相邻电子能级间距和颗粒直径关系的著名公式：

$$\delta=\frac{4}{3}\frac{E_F}{N}\propto V^{-1} \tag{6-7}$$

式中，E_F 为费米能级，$E_F=\frac{h^2}{2m}(3\pi^2 n_1)^{2/3}$；$N$ 为一超微粒总导电电子数；V 为超微粒体积。费米能级式中，n_1 是电子密度；m 是电子质量；当粒子为球形时，粒子粒径减小则能级间距增大，$\delta\propto 1/d^3$。

一般情况下，纳米颗粒尺寸≤德布罗意波长（电子波长）时，颗粒周期边界条件被破坏，使其物性（磁、热阻、催化及熔点等）发生很大变化。在这些情况下，利用 Kubo 理论与宏观量子隧道效应（微观粒子贯穿势垒的能力）结合进行综合分析，理解和解释所观察到的微粒物性及奇异现象。

6.1.2.2 胶体微粒吸附稳定方法

（1）*胶体微粒吸附* 胶体微粒分散体系的表面需吸附足够量“物质”，才可达到动态稳定。表面吸附“物质”具有多层结构，包括吸附层厚度、吸附层压缩或重叠、吸附层电位高低等。研究聚合物在微粒表面吸附，采用无孔微粒并消除孔隙率影响满足如下模型。

$$A_s = KM^{\alpha} \tag{6-8}$$

式中，A_s 为饱和吸附量；M 为吸附质的分子量；K、α 为常数；α 为溶剂-吸附剂界面上聚合物吸附质分子构型函数。

目前，通过设计实验研究了很多无机粒子从溶液吸附物质的过程，由此已经报道了利用上述公式的计算结果，给出了很多体系的 α 值[5,6]可供参考，部分微粒表面吸附实验结果，列于表 6-2。

表 6-2 溶剂-吸附剂界面聚合物分子构型函数 α 参数值综合

胶体体系	温度/℃	α	胶体体系	温度/℃	α
聚酯/苯/SiO_2	20	0.11	聚乙烯-乙烯乙酸酯/苯/玻璃	30	0.41
聚酯/甲醇/SiO_2	20	0.31	聚甲基丙烯酸甲酯/苯/SiO_2	25	约 0
聚酯/水/SiO_2	20	0.0	聚甲基丙烯酸甲酯-苯乙烯/苯/SiO_2	25	约 0
聚酯/氯仿/SiO_2	20	0.08	聚甲基丙烯酸甲酯/甲苯/SiO_2	25	0.08
聚酰胺/正丙烷/金红石 TiO_2	25	0.42	聚苯乙烯/环己烷/金属	34	−0.81
聚酰胺/正丁烷/金红石 TiO_2	25	0.51	聚苯乙烯/环己烷/铬	42.5	0.13
聚酰胺/环己烷/氧化铁	25	0.0	聚乙二醇/苯/铝	25	0.50
三甲基硅烷基聚二甲基硅氧烷/玻璃	20	0.70	聚二甲基硅氧烷/二甲苯/氧化铁	30	0.50
三甲基硅烷基聚二甲基硅氧烷/正己烷/玻璃	20	0.91	聚二甲基硅氧烷/庚烷/铁	30	1.00
聚二甲基硅氧烷/苯/玻璃	20	0.6			

(2) Fick 吸附模型及纳米复合体系吸附　Fick 吸附模型用于建立超微粒子，尤其是纳米复合材料如薄膜表面吸附。该吸附模型建立了聚酯 SiO_2（或黏土）纳米复合薄膜表面吸附特性规律[7]。

(3) 经典胶体微粒吸附理论的更新　超微粒如纳米粒子吸附规律服从经典胶体吸附理论。超微粒吸附本质源于其丰富的断键结构，这种高能态表面结构体系吸附外界物质如水、汽和气体而稳定。

纳米粒子吸附理论和方法依据经典胶体微粒吸附理论而建立，既服从经典吸附理论又必须以更新理论描述。必须考虑纳米粒子自身结构、分散状态如均匀性、稳定性和固定性的密切关联因素，这些因素对建立最终符合实际的吸附规律，有很重要的参考意义。

根据纳米粒子吸附规律和吸附结果，指导调控纳米颗粒分散方法、分散工艺及其团聚体分布特性。

长期采用经典胶体吸附理论方法，研究黏土颗粒表面带电性及其吸附水化层的稳定机理，提出了黏土表面吸附高分子及其他无机颗粒产生有效悬浮体稳定特性，由此发展了空间位阻理论或体积排除理论。修正这些经典胶体理论，建立考虑了黏土片层插层和剥离过程因素的纳米粒子吸附理论，用于描述纳米单元、组装与复合体系吸附规律，已经丰富了长期普遍采用的胶体化学 DLVO 稳定理论，发展了 Schultz-Hardy 胶体体系的稳定规则。

6.1.2.3 高分子对胶体的位阻稳定作用

(1) 高分子位阻稳定的定义与表达　当两个具有聚合物吸附层的无机粒子彼此接近，粒子表面间距小于吸附层厚度的 2 倍时，这两个粒子吸附层产生相互作用与阻挡隔离而产生稳定性的现象，称为聚合物位阻稳定。

采用粒子吸附层之间相互作用的能量变化来定量表征其稳定性的程度。采用 Gibbs 自由能变化（ΔG）描述粒子吸附层重叠部分的相互作用，如下式所示。

$$\Delta G = \Delta H - T\Delta S \tag{6-9}$$

式中，ΔH 和 ΔS 分别是相互作用粒子的焓变和熵变；T 是体系温度。

若粒子吸附层重叠，ΔG 为负值，将发生絮凝或凝结作用；若 ΔG 是正值，则产生稳定作用。在等温吸附条件下，吸附稳定性是热焓变（ΔH）和熵变（ΔS）的函数。

(2) 位阻稳定效应理论　目前，很多位阻稳定理论（steric theory）[8~27]都涉及计算吸附层重叠及其能量变化内容，所有这些理论从总体上可分为两类：其一，基于严格统计学的熵稳定理论；其二，基于聚合物统计热力学的渗透斥力或混合热斥力稳定理论。

熵稳定作用理论表示，接近吸附层的另一表面是不能渗入的，因而吸附层被压缩，压缩的重叠区内聚合物链段构型熵减小，即压缩态下聚合物链段的可能构型数比未压缩状态中的少［见图 6-6(a)、(b)］。

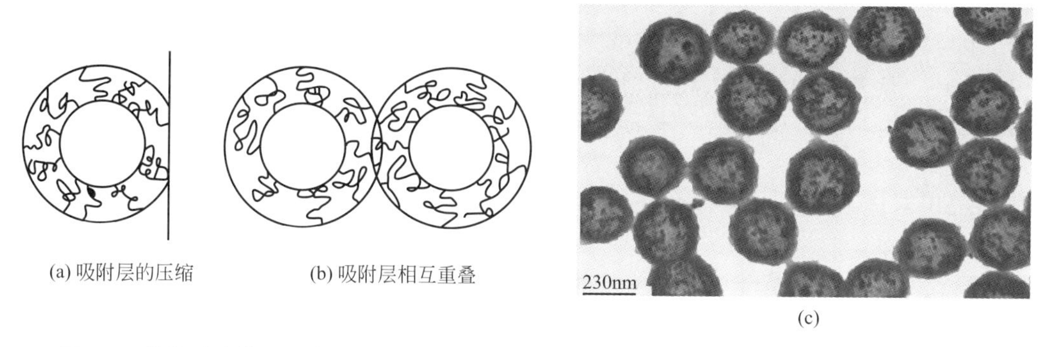

图 6-6 位阻稳定作用示意图（a、b）及 γ-Fe_2O_3/PS 核-壳纳米结构颗粒位阻稳定体系（c）

聚合物吸附构象熵减小使 ΔG 增加，质点之间产生净排斥力效应即质点不致絮凝。若不考虑吸附层分子与分散介质间的焓作用，则吸附自由能为，

$$\Delta G = -T\Delta S \tag{6-10}$$

上式表明，聚合物分子链吸附熵减小（$\Delta S<0$），$\Delta G>0$。该理论式首先由 Mackor 和 van der Waals[28,29] 提出，经研究修正将该熵变描述为体积限制效应[30,33]。

（3）渗透斥力稳定理论　渗透排斥力稳定性，与位阻稳定理论相反，它表示两个粒子或质点碰撞时，吸附层彼此重叠。在渗透力模型中，聚合物链段与分散介质分子保持接触，重叠区链段间的接触使其和分散介质分子接触减少，产生混合焓变（ΔH_M）。由于重叠区中分子链段浓度增加，吸附分子的构型熵（ΔS_M）减少，吸附层重叠引起的总自由能变化（ΔG_M）式为 $\Delta G_M = \Delta H_M - T\Delta S_M$（下标 M 表示混合）。渗透排斥力稳定理论[34]，已得到进一步发展[35~39]，并有效用于指导纳米粒子稳定体系设计。

6.1.2.4 位阻稳定性设计和实证

对于纳米粒子而言，设计纳米核-壳颗粒，产生粒子间重叠[34]使彼此稳定存在，其重叠区分子链吸附紧密不易松弛，即使后续高温熔体分散也可保持稳定结构。创建纳米粒子紧密吸附分子链体系，包括分子结构体系设计和优化工艺过程。

（1）位阻稳定性的分子结构因素　最有效的位阻稳定作用是，由两种类型聚合物 A 和 B 组成嵌段共聚物或接枝共聚物作为超微粒子吸附层，如图 6-7 所示。

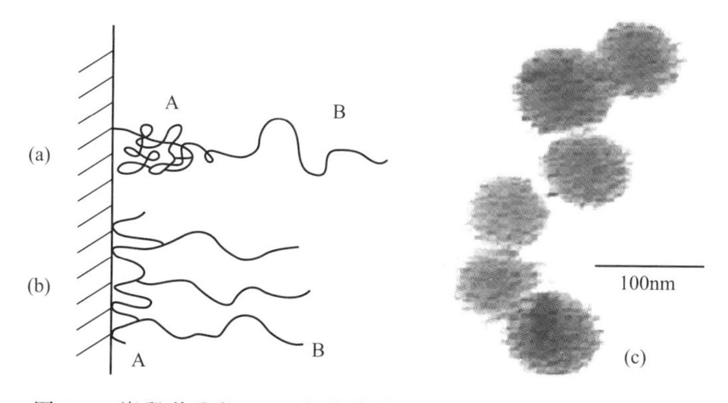

图 6-7 嵌段共聚物（a）与接枝共聚物（b）作为稳定剂图例及交联的纳米 SiO_2/PS 核-壳颗粒稳定结构（c）
（A 为固着基团；B 为提供位阻障碍的可溶基团）

设计聚合物 A 对超微粒子吸附剂具有强烈亲和性，可将共聚物固着于颗粒表面。设计聚合物 B 和分散介质非常相容，对表面具有很小亲和力，其分子链伸张到分散介质中形成位阻障碍效应。采用将聚合物核-壳颗粒交联的方法[34]得到更稳定、更易分散的高聚物体系[见图 6-7(c)]。

(2) 长分子链结构稳定体系 研究炭黑-烃分散体系稳定性，其稳定程度随着烷基芳香族化合物中苯环上烷基链的长度和数目增加而增强（van der Waarden，1950[40]）。金的水溶胶中加入乙二醇聚合物或低聚物稳定体系[41]，稳定作用随其分子量和浓度增加而增强［称位阻保护（steric protection）］。在 $\xi=-12.7\text{mV}$，TiO_2 颗粒与丁胺形成不稳定分散体系[41]。在三聚氰胺-二甲苯体系，或亚麻子油-二甲苯体系，其聚合物添加剂在更低 ξ 电位时形成 TiO_2 颗粒分散稳定体系。

丙烯酰氧丙基三甲氧基硅烷处理单分散 SiO_2 纳米颗粒体系，红外光谱分析表面接枝基团 C═O 基伸缩特征峰（1721cm^{-1}处）和 1297cm^{-1}的 C—O—C 伸缩振动峰（证实改性 SiO_2 表面酯基及偶联剂接枝），产生亲水-疏水性转化[42,43]，见图 6-8。

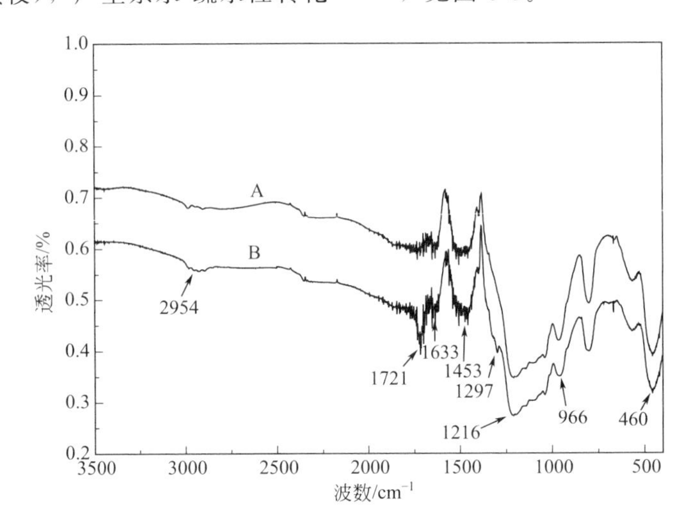

图 6-8 偶联剂接枝纳米 SiO_2 红外光谱

（A 为 SiO_2；B 为偶联剂处理的纳米 SiO_2）

高聚物分子量对超微粒子稳定性影响与其浓度有关[44,45]。聚合物吸附膜厚度随分子量增加而增加，聚合物稳定效应随分子量增加而增强。PEO 存在一个临界分子量（如 $M=4000\sim9000$），在临界分子量条件下，吸附层厚度可超过稳定作用所需的临界厚度。PEO 稳定胶乳分散体系[46]临界浓度，表征其可控稳定性。

(3) 位阻稳定性的长分子链结构因素 采用己二酸和新戊二醇聚酯处理 TiO_2 和 Fe_2O_3 在苯中的分散体系[43]，末端羟基聚合物是很差的稳定剂，末端羧基聚合物是很好的稳定剂，端羧基聚合物强烈附于固体表面。该吸附聚合物数量和组成对全氯乙烯中二氧化硅稳定与絮凝也产生稳定影响[47]。苯乙烯-丁二烯共聚物组成和分子量可变，硅胶颗粒上被吸附共聚物中苯乙烯含量最高。在稳定硅胶颗粒上，被吸附共聚物所含苯乙烯的量比原始共聚物配料中的低，而未吸附共聚物中苯乙烯含量最低。要得到最佳稳定作用，固着单元（聚苯乙烯）和伸展单元之间适当平衡分布很重要。

聚酰胺稳定 TiO_2 和 Fe_2O_3 非水介质分散体系，随着聚酰胺的胺值即附着链段数目增加体系稳定性增强。Al_2O_3 颗粒沉降速度随着吸附聚酯膜厚度增加而增加[48]。

介电测量方法研究有机蒙脱土-聚丁烯分散体系絮凝过程[49]，发现长链 $C_6\sim C_{16}$ 偶数碳原子的线型烷基胺覆盖黏土表面，其介电损耗最大值和沉降体积几乎完全相同，这一现象归因于熵排斥阻碍颗粒的接近。C_{12}～C_{16}链长的复合体表面覆盖度大于50%。

（4）分散介质混溶性的影响 一般地，当两个粒子吸附层相互穿透时，排斥能变化（ΔG_R）由下式得到：

$$\Delta G_R=\Delta H_R-T\Delta S_R \tag{6-11}$$

若ΔG_R为适当正值，就可以达到稳定。若一个位阻稳定分散体系加热时发生絮凝，则随温度升高，ΔG_R从正值（稳定）变到负值（不稳定），因而在临界絮凝温度附近，曲线斜率$\partial \Delta G_R/\partial T$必定为负值[50]。已证明[51]，聚乙烯醇从Ca-伊利石黏土脱附是温度升高造成胶态分散体系不稳定的原因，而不是由于体系达到θ温度的缘故。聚丙烯酰胺黏土纳米复合体系，在高温时产生不稳定性、聚并及沉降，是由于其分子链降解及脱附使粒子间通过穿透而凝聚[52～55]。

（5）电容法测量复合粒子排斥力 采用电容法测量[56]位阻排斥力大小是，在两个饱和氯化钠水溶液之间放置不同链长甘油-油酸溶液，加入烃类形成非水黑膜体系，在膜的两边施加一直流电压，测量膜厚度-施加电压变化，应用如下方程计算位阻排斥力。

$$F_s=A/(6\pi H^3)+CV^2/(2H_h) \tag{6-12}$$

式中，A为体系Hamaker常数；V为施加的电压；C为比电容；H为相隔距离；H_h为烃分子芯的厚度。正癸烷分散介质中F_s-H曲线的总能量变化为：

$$\Delta G_T=-A/(12\pi H^2)-\int_{\infty}^{H}F_s\mathrm{d}H \tag{6-13}$$

在两个饱和氯化钠水溶液体相之间的甘油-油酸溶液中加入癸烷，得到平衡膜厚度δ与总相互作用能ΔG-F_s的关系（$A=3.48\times10^{-21}$J）。将F_s实验值和Fischer渗透排斥力稳定模型的计算值比较，则在相重叠区域内的链段密度必定比膜中的平均链段密度小得多。这表明仅小部分吸附聚合物分子链处于完全伸展状态。

然而，纳米分散体系稳定性很大程度上取决于分散技术[57]。对实际超微粒体系和纳米分散体系而言，经典位组排斥理论的许多假设是不正确的，必须注意这点。

6.1.3 超微粒子光散射理论与方法

6.1.3.1 光吸收和浊度定义

（1）光吸收和Lambert-Beer方程 在光学领域，采用光散射光度计来测量透射光强度与入射光强度之比I_t/I_0，采用该比值（I_t/I_0）定义单位光程的吸收ε。

$$\varepsilon=-\ln(I_t/I_0) \tag{6-14}$$

光散射光度计等测量体系质点如纳米颗粒大小，采用Lambert-Beer计算式。

$$(I_t/I_0)_{吸收}=\exp(-\varepsilon\Delta x) \tag{6-15}$$

式中，ε为物质的吸光度。本式用于处理吸收而无散射的体系。

采用Maxwell方程求解物质质点的折射率时，得到光强与振幅的平方成正比关系，由此得到光强之比。

$$I_n/I_{n=1}=\exp[4\pi i(n-1)\Delta x/\lambda] \tag{6-16}$$

当折射率为复数情形时，式(6-16)写成如下式子。

$$I_n/I_{n=1}=\exp[4\pi i(n+i\kappa-1)\Delta x/\lambda]=\exp[4\pi i(n-1)\Delta x/\lambda]\exp[-4\pi\kappa\Delta x/\lambda] \tag{6-17}$$

上述二式描述因吸收引起的衰减作用，都是以相同函数形式描述同一件事，那么这两个比例应该相等。因此复数折射率的虚数部分和吸光度之间有关系式，$\varepsilon=4\pi\kappa/\lambda$。

（2）光吸收和浊度及其分解形式 浊度（τ）是溶剂或水中的悬浮物对光线透过所发生阻碍程度的表征。我国规定1L蒸馏水中含有1mg二氧化硅定义为一个浊度单位，NTU。水的浊度不仅与水中悬浮物质的含量有关，还与其大小、形状及折射率等有关。

浊度测定常用比浊法和光散射法。简单方法是采集溶剂或水样品，将其和高岭土配制的浊度标准溶液进行比较，得到浊度，采用不同标准物，得到不同的浊度测定值。采用光散射法测定浊度（τ），则按照下式定义计算浊度。

$$(I_t/I_0)_{散射}=\exp(-\tau\Delta x) \tag{6-18}$$

式(6-18）用于处理散射而无吸收的体系，对于既有吸收也有散射的情形，应采用既考虑吸收又考虑散射二者合并的情形：

$$I_t/I_0=\exp[-(\tau+\varepsilon)\Delta x] \tag{6-19}$$

胶体散射的 ε 和 τ 参数主要分解式是，$\varepsilon=N\pi R^2Q_{吸收}$，$\tau=N\pi R^2Q_{散射}$（式中，$N$ 是单位体积中分散质点的数目，R 是质点半径，Q 是吸收与散射效率因子）。采用 πR^2 代表分散球体的几何截面积，它与效率因子相乘，定义为吸收与散射的截面 C，即 $C_{吸收}=\pi R^2Q_{吸收}$，$C_{散身}=\pi R^2Q_{散射}$（从量纲看，ε 与 τ 代表单位光程上光的衰减，cm^{-1}。面积 πR^2 的单位为 cm^2/质点，N 的单位是质点数/cm^3）。

效率因子是无量纲量，因此吸收或散射截面的单位和每个质点面积单位相同。就入射光的透射来说，上述吸收或散射截面不应从字面上将其理解为截面积，而是代表质点对光的“阻拦能力”。

对任意大小、任意折射率的球形质点，Maxwell 方程已得到解，并且折射率可以是复数，故此理论对不吸光和吸光质点都能应用。效率因子的大小取决于光波长、质点大小、折射率实数值和虚数值及观察角等因素。

6.1.3.2 Mie 理论

（1）*Mie 散射原理* 在计算分散体的光学性质时，对质点大小和折射率未加严格限制会引起一些复杂情况。Mie（1908）将光散射与质点吸收截面写成其尺寸参数 α 的幂级数加和形式，根据散射光吸收的逐步递减事实，有限地写出加和式前几项如下。

$$Q_{吸收}=A\alpha+B\alpha^3+C\alpha^4+\cdots \tag{6-20}$$

$$Q_{散射}=D\alpha^4+\cdots \tag{6-21}$$

采用这种有限缩减级数式做法，使 Mie 理论只适用于尺寸比波长小的质点，这不同于 Rayleigh 及 Debye 近似处理光散射方式（它对吸收光与非吸收光质点都适用）。所涉及系数 A、B、C、D 参照实验测定近似处理，该方程级数限制各项方次最大不超过 α 的四次方，$Q_{散射}$只包含第一项，$Q_{吸收}$包含前三项。高次方项即 α^5 或更高次项的贡献可忽略不计，使其对于相当小的质点严格成立。

我们发现仅保留光散射前几项时，由 $Q_{吸收}$和 $Q_{散射}$式得出几点有用结论。

a. 光吸收效率和光散射效率对目标质点尺寸参数 α 的依赖性不一样；

b. 复数折射率中的 n 与 κ 值均出现在 $Q_{吸收}$及 $Q_{散射}$式子中；

c. 如 $\kappa=0$，则系数 A、B、C 等于零，D 还原为 Rayleigh 定律中的常数；

d. 光吸收与光散射效率只是无量纲变量 α 的函数；

e. 对大小均一的球状分散体而言，消光的全部波长依赖性采用式(6-20）和式(6-21）表示；

f.“消光的波长依赖性”即分散体的光谱。

多分散性使胶体的光谱复杂化。Mie 专门研究和阐明了金和其他金属溶胶的鲜艳颜色。金胶体的小质点产生红色分散体，较大质点分散体具有蓝色。计算吸收与散射效率因子时，折射率实数和虚数部分的波长依赖性都须考虑。

（2）*Mie 散射应用方法* 当质点尺度增大时，最大散射的波长位置向长波长方向移动。这时散射效率取决于 α，而不是单个的 R 或 λ 值的必然结果。对 $R=20nm$、50nm 和 70nm 的质点而言，总消光值达最大时的波长分别位于光谱的绿、黄和红区。根据补色原理，质点外观将分别呈红、紫和蓝色。因此，Mie 理论不仅解释了分散体的颜色，而且指明了如何根据呈现的颜色来确定分散质点的大小。分析证明：当 R 增大时，单位体积中的质点数目并无明显变化，从而证实硫溶胶单分散性的机理。

若折射率值处于合适范围内，那么对很小的质点，光散射的全面理论还原为 Rayleigh 近似处理；质点再大一些时，其还原为 Debye 近似处理。这两种近似被当代应用的实例更多。

Mie 理论的解定量说明散射和吸收效率因子，依赖于散射角（θ）与入射光波长（λ）。大小均一球的折射率和球尺寸在某一范围内时，在不同方向上散射出不同颜色的光。一束白光照射在分散体硫溶胶样品上时，在不同散射角（θ 值）处可看到不同的颜色，并由此得到一组颜色，称之为高级 Tyndall 光谱。硫溶胶的红色带与绿色带最为明显。因此，色带的数目和角度位置可明白无误地表征质点大小。例如单分散硫溶胶半径为 0.30μm 的质点，在 $\theta=60°$、100°和 140°处预期呈现红色带，该溶胶半径为 0.40μm 的质点，在 $\theta=42°$、66°、105°、132°和 160°处出现红色带。

基于这类观察测定的质点大小，与电子显微镜测定结果很相符。

6.1.4 纳米效应和纳米复合效应分类

6.1.4.1 聚合物纳米效应及其分类

（1）*聚合物纳米效应定义* 纳米材料的反常特性，源于其颗粒尺寸小、比表面积大、表面能高、表面原子所占比例大等特点，由此产生特有的表面效应、小尺寸效应和宏观量子隧道效应这三大基本效应。

如前所述，纳米效应是指纳米材料仅因尺度变化，产生传统材料所不具备的奇异或反常物理、化学特性及其变化过程。如铜导体在某一纳米级界限不导电，绝缘体二氧化硅、晶体等在某一纳米级界限开始导电等，都属纳米效应。

聚合物纳米效应包含两层含义：其一是纳米尺度聚合物分子链经过相互作用（缠结、交联、吸附、组装等）过程所产生的纳米效应；其二是由于外加纳米材料，引发、诱导、吸附、组装与复合过程所导致的纳米效应。

在创造高效聚合物纳米效应的各种过程中，优化设计方法是关键途径。

（2）*聚合物纳米效应分类* 基于纳米科学与技术（简称纳米技术），研究 1～100nm 尺度范围内材料的性质和应用特性以及前述的纳米效应，对聚合物纳米效应根据其相互作用体系进行分类，可将其分为聚合物表面纳米效应、界面纳米效应、分散吸附效应、力学热学效应、功能效应等。以下详细说明这些纳米效应。

6.1.4.2 聚合物表面纳米效应

（1）*表面效应* 球形颗粒表面积与直径的平方成正比，而其比表面积（表面积/体积）与直径成反比。颗粒直径变小比表面积显著增加，表面原子数相对增多并具有很高活性且极不稳定，即表面效应。表面效应源于表面原子周围缺少相邻原子配位产生许多不饱和与悬空键，易与其他原子结合而稳定，表现出很高化学活性。

通常直径大于 0.1μm 的颗粒表面效应可忽略不计，尺寸小于 0.1μm 时，表面原子百分数急剧增长，1g 超微粒总表面积可高达 $100m^2$，则表面效应不容忽略。例如，当颗粒粒径为 10nm 时，表面原子数为完整晶粒原子总数的 20%，粒径为 1nm 时，表面原子百分数增大到 99%。此时组成该纳米晶粒的所有约 30 个原子几乎全部分布在表面。随着粒径减小，纳米材料的表面能及表面结合能都迅速增大。

（2）*纳米高活性表面不稳定性* 超微颗粒表面具有很高活性造成其表面形态的多变和不稳定性。采用高倍率电子显微镜和电视摄像可（实时）观察超微或纳米粒子表面形态变化。

例如，2nm 金超微颗粒表面形态，随着时间变化自动形成立方八面体、十面体、二十面体晶等各种形状，它既不同于一般固体，又不同于液体，是一种准固体。在电镜电子束照射下，表面原子仿佛进入“沸腾”状态，尺寸大于10nm后才看不到这种颗粒结构的不稳定性。

很高活性的金属超微颗粒或纳米粒子，在空气中吸附高浓度氧迅速氧化和燃烧，即高活性自燃现象。设计水热反应、机械球磨和溶胶-凝胶反应方法，合成的高表面活性金属超微颗粒，可通过溶液、溶剂冷却方式，降低超微粒自燃的风险。金属铁、钴、镍超微粒逐步成为新一代高效催化剂、储气及低熔点材料。

(3) 创造聚合物表面纳米效应　通过表面包覆、钝化方法，控制金属超微粒子表面氧化速率，如缓慢生成一层极薄致密的氧化层，确保表面稳定。

与此类似，通过设计聚合物表面涂覆、喷涂、电镀纳米粒子和薄层技术，以及通过设计纳米粒子在聚合物基体中分散和迁移及其向表面迁移的特性，可有效调控聚合物表面纳米效应，创造具有多彩多姿表面特性的聚合物新材料。

该表面技术细节在有关章节详细叙述。

6.1.4.3 纳米功能效应

(1) 纳米功能效应　在一定条件下超微颗粒尺寸逐步减小引起性质改变，如宏观物理性质、功能性突变，可称之为超微粒尺寸变化引起的纳米功能效应。

纳米功能效应形式极其多样化，一些重要纳米功能效应叙述如下。

(2) 纳米粒子光吸收效应　当宏观尺度材料被分割成小于100nm尺度的材料，入射光被强烈吸收或透射，所得纳米材料与原始材料的光学外观、物性产生巨大差异，即纳米粒子光吸收效应。

宏观金属材料被分割到小于光波波长的纳米尺寸即尺寸变得越小时，越易吸收光（越少反射光），其超微粒外表颜色越黑，金属超微粒的该性质称为金属黑，它与金属真空镀膜形成的高反射率光泽表面形成强烈对比。金属超微粒子的光反射率很低（$<1\%$），几微米厚的超微粒子能完全消光，很大吸收率产生延迟光散射等现象。

黄金块体被分割到100nm以下，失去原有富贵光泽而呈黑色；银白色铂金分割为纳米微粒变成铂黑颗粒，金属铬块体分割为纳米尺度变成铬黑颗粒等。

利用金属纳米粒子的光吸收效应，设计延迟光散射、反射体系，制造高效率光热、光电等转换材料，提高太阳能向热能或电能转化的效率，制造红外敏感和高效热转化元件及红外隐身材料体系等。

(3) 纳米粒子热学效应　具有固定熔点的宏观固态物质，被分割为超微粒子后，表面能显著增加而熔点显著降低，再经过热熔融加工工艺后产生相对更致密、力学和热学性质更高的宏观固态物质，将纳米粒子的这种现象定义为纳米粒子热学效应。

固体纳米颗粒产生热学效应源于其巨大的比表面积和高活性表面能。当超微粒小于10nm时熔点显著降低，如金的常规熔点为1064℃，10nm金粒的熔点降低27℃，2nm金粒的熔点仅为327℃。银的常规熔点为670℃，银超微粒的熔点低达100℃；银粉超微粒导电浆料可低温烧结，元件基片不必用耐高温陶瓷材料而可用塑料，银粉浆料涂膜厚度均匀、覆盖面积大，既节省原料又产生高质量表面。

超微粒熔点下降效应适于粉末冶金。在钨颗粒中加0.1%～0.5%（质量分数）超微镍颗粒后，其烧结温度从3000℃降到1200～1300℃，较低温度可烧制大功率半导体管基片。

(4) 纳米粒子磁学效应　固态块体磁性材料与其纳米超微粒材料的磁性相比较，产生矫顽力巨大增加、磁性反转现象，称为纳米粒子磁学效应。

通常纯铁块体的矫顽力约为80A/m，当该磁铁颗粒尺寸达到20nm以下时，其矫顽力相对可增加1000倍，该磁铁颗粒尺寸小于6nm时，其矫顽力反而降为零，呈现超顺磁特性，这是典型纳米粒子磁学效应。

实际上，研究自然界生物如鸽子、海豚、蝴蝶、蜜蜂以及水中生活的趋磁细菌等生物体，发现存在磁性超微粒子，在地磁场导航下可辨别方向，产生回归本领。磁性超微粒实质是一个生物磁罗盘，水中趋磁细菌体内含直径为20nm的磁性氧化物颗粒，依靠它游向营养丰富的水底。利用磁性超微粒高矫顽力特性，制备出高储存密度记录磁粉、高性能磁带、磁盘、磁卡及磁钥匙等。

利用超顺磁超微颗粒，制成磁性液体或磁流体。

（5）宏观量子隧道效应及其他效应　现有各种元素原子具有特定光谱线，如钠原子具有黄色光谱线，原子光谱源于量子力学能级。原子构成固体时，单个原子能级形成能带即能带理论，用于解释金属块体、半导体、绝缘体之间的联系与区别。

块体的电子数目很多，能带的能级间距很小可看作连续态。纳米微粒介于原子、分子与块体之间，其能带分裂为分立的能级；能级间距随颗粒尺寸减小而增大。当热能、电场能或磁场能比平均能级间距小时，将呈现一系列与宏观物体截然不同的反常特性，称为量子尺寸效应。如，导电金属超微颗粒变成绝缘体、磁矩大小和颗粒中电子奇偶数有关、比热反常变化及光谱线向短波长方向移动等，都是量子尺寸效应的宏观表现。因此，超微粒在低温条件下必须考虑量子效应。相对于电子的粒子性和波动性，即隧道效应，宏观物理量如微粒磁化强度、量子相干器件的磁通量等亦显示隧道效应，即宏观量子隧道效应。微电子器件进一步微型化时要考虑量子效应，制造半导体集成电路时，当电路尺寸接近电子波长时，电子就通过隧道效应而溢出器件，器件无法正常工作，经典电路的极限尺寸约为250nm。量子共振隧道晶体管就是利用量子效应制成的新一代器件。量子尺寸效应、宏观量子隧道效应将是微电子、光电子器件的基础及微型化极限。

6.1.4.4 纳米复合效应定义与分类

（1）纳米复合效应定义　在纳米材料体系中，一种纳米粒子和另外一种纳米粒子、聚合物或材料混合，形成的新材料体系，称为纳米复合体系，在这种基于纳米材料的多种组分混合体系中，因纳米材料的作用产生的力学、热学、光学等的显著变化，称为纳米复合效应。

（2）纳米复合效应分类　纳米复合效应的形式众多，通常可根据复合体系相态、物态的显著变化特征进行纳米复合效应分类。

按照复合体系相态，将纳米复合效应分为有机-无机纳米复合效应、有机-有机纳米复合效应、无机-无机纳米复合效应等。

按照纳米复合体系物态，将纳米复合效应分为溶液纳米复合效应、乳液纳米复合效应、悬浮液纳米复合效应、熔体纳米复合效应、粉末纳米复合效应、固化（固态化）纳米复合效应等。

6.1.5 重要纳米复合效应原理与实例

6.1.5.1 纳米复合成核效应原理

（1）纳米成核效应原理　在纳米效应定义基础上，研究纳米粒子吸附外来物质，形成成核模板及产生纳米效应特性，可设计聚合物基体中的纳米可控分散过程，优化形成纳米分散组装结构及其吸附成核中心工艺，创造新型纳米复合材料。

基于纳米成核效应，创建纳米成核效应原理，由此利用纳米可控分散、组装及其相态和物态相应变化特性，创造有效和高效性的纳米复合材料体系。

（2）纳米成核速率与表征　纳米粒子可控分散于有机高分子基体中，产生吸附分子链及成核效应，降低分子链熵变及产生干扰抑制球晶生长与细化或匀化球晶尺寸分布效应。

在结晶高分子中，这种纳米成核速率采用差示扫描量热仪（DSC）、偏光显微镜（PM）技术进行表征。DSC 热分析技术在其他章节介绍。本节说明采用偏光显微镜技术表征纳米成核速率的方法。

采用偏光显微镜热台原位观察并测定丙三醇（G）共聚酯样品（GNPET-2）的等温结晶-时间延长球晶生长形貌，如图 6-9 所示。

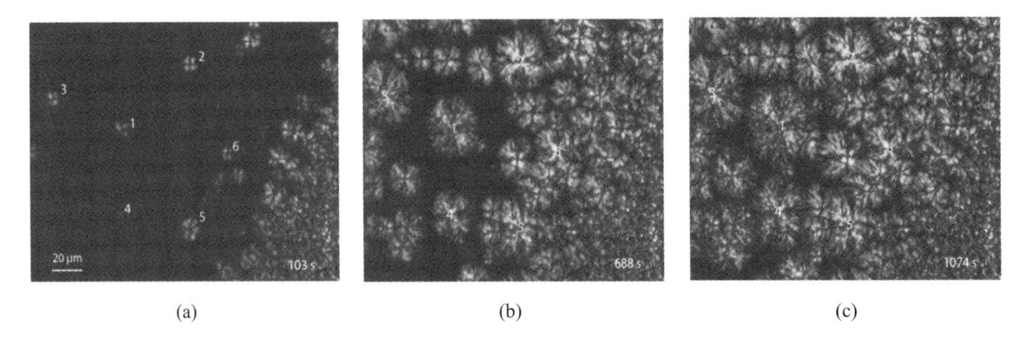

(a) (b) (c)

图 6-9 偏光显微镜热台原位观察测定丙三醇（G）共聚酯样品（GNPET-2，含 2% 35nm SiO_2）的等温结晶-时间延长球晶生长形貌（等温结晶温度为 220℃）

在偏光显微镜观察区域内，通过观察位置做出标记（如图中标记 1、2、3、4、5、6 点），然后记录时间延长时所标记的晶体长大尺寸。

在偏光显微镜测试下作出几种不同 G 含量 GNPET-2 样品的球晶生长速率-结晶时间曲线，即定量计算球晶生长速率（V_s），$V_s = R_s / t_s$（R_s、t_s 分别是球晶半径和对应的球晶生长时间）。

记录球晶生长速率及其计算值，定量判定球晶生长过程，作出球晶生长曲线如图 6-10 所示。

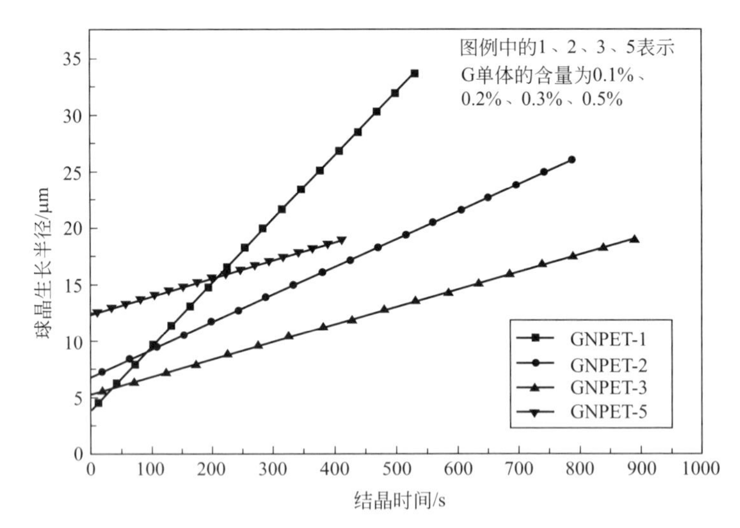

图 6-10 偏光显微镜热台原位观察测定丙三醇（G）共聚酯样品（GNPET-2，含 2% 35nm SiO_2）的等温结晶的球晶生长半径-结晶时间曲线（等温结晶温度为 220℃）

显然，根据球晶生长半径-对应球晶结晶时间曲线，从其斜率判定样品的结晶速率快慢。

(3) 聚酯纳米复合成核晶体形态表征 类似地，合成聚酯（PBT、PET）和层状硅酸盐蒙脱土纳米复合材料（NPBT、NPET），采用扫描电镜（SEM）、透射电镜（TEM）和原子力显微镜表征纳米复合成核效应。

PBT 样品在热熔后的可控冷却过程中逐步产生球晶，而同样情况下 NPBT 样品很容易观察到球晶消失的形态，这种纳米成核效应很强烈，见图 6-11。

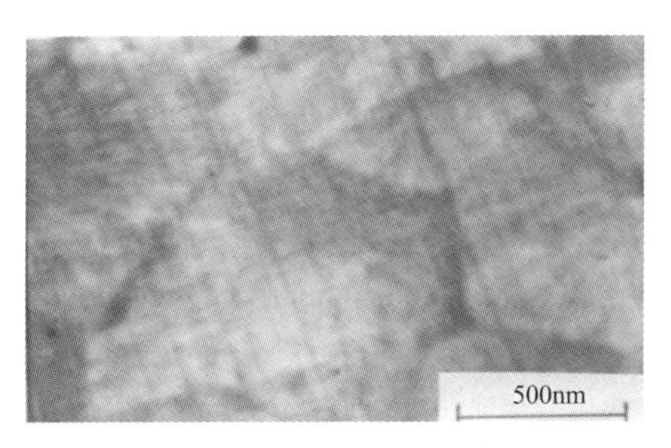

(a) PBT样品球晶形态

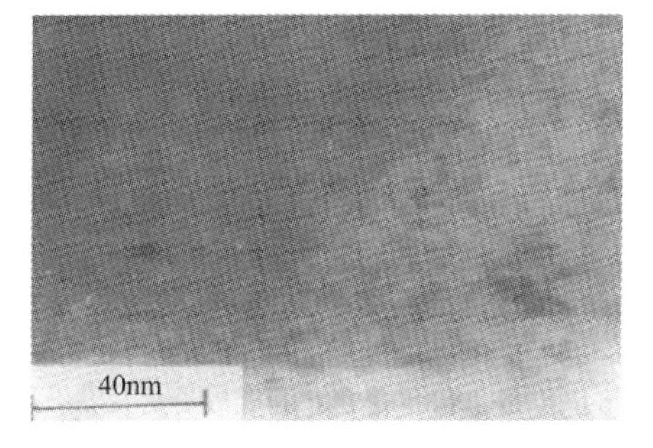

(b) NPBT样品的纳米片层与细小球晶形态

图 6-11　原位聚合复合法合成的 PBT-黏土（3%）纳米复合材料和 PBT 样品晶体的形态

同样的，纯 PET 样品结晶速率慢加工难题突出，而其 3%黏土原位聚合复合样品（NPET），就可产生很显著的纳米成核效应，使 PET 结晶速率提高 3～5 倍[53]。采用 AFM 技术测试分析聚酯纳米复合材料样品，观察 NPET 薄膜切片样品的有序纳米分散结构，如图 6-12所示。

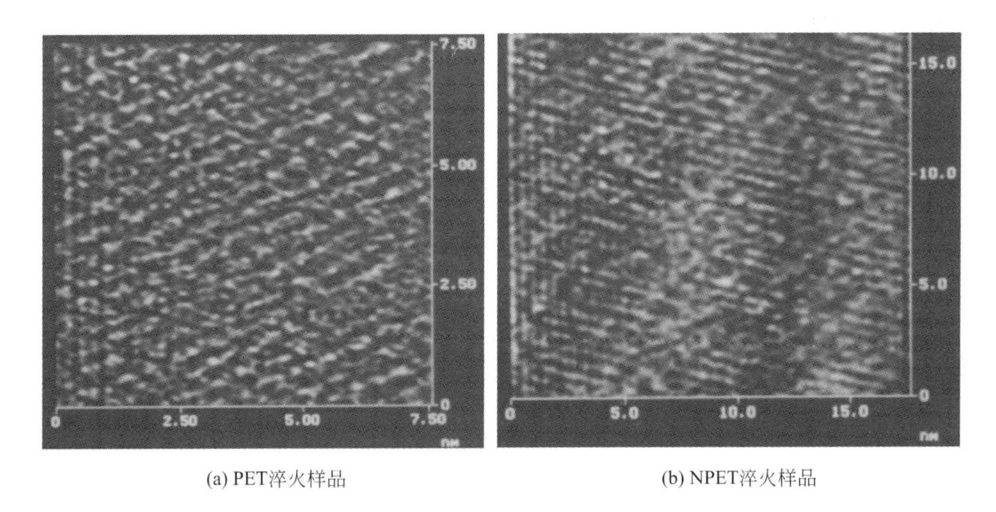

(a) PET淬火样品　　(b) NPET淬火样品

图 6-12　原位聚合复合法合成 PET-黏土（3%）纳米复合材料淬火样品分子链聚集体和片层诱导有序结构形态

利用 AFM 技术观察样品表面形态可见，纳米片层分散结构参与并促进形成有序化分子链形态，也可以说这些纳米片层诱导分子链排列和有序化生长，加速结晶过程。

（4）纳米成核导致力学和热学效应　纳米材料可控分散形成纳米成核复合体系，纳米成核效应降低复合材料体系高分子链熵变，提高其晶体致密度及极化有机分子链。优选无机纳米相刚度、形貌、粒子尺寸与分布及其表面特性，通过复合工艺提高复合材料模量（由 Halping-Tsai 方程计算）。此外，纳米成核效应提高复合材料体系拉伸、弯曲、冲击和压缩等性能，还可维持复合材料熔点不产生大的波动。

（5）纳米分散成核体系团聚效应　穿透力强的纳米粒子可在高聚物中产生分散和渗透性。然而，纳米材料浓度足够高及其分散于聚合物基体中时，由于高表面能、静电和吸附作用，分散的纳米粒子又可通过聚集和团聚产生团聚效应，这在第 1 章和其他章节中都已叙述。纳米粒子浓度达到临界值时，形成团聚体将不可避免。纳米团聚体中不能再分散的团聚体称为硬团聚，而可再分散的团聚体称软团聚。各种分散方法与技术要达到的最终目的是减少或合理利用纳米分散效应，避免不必要的硬团聚效应。

6.1.5.2 纳米复合流体成核效应原理

（1）纳米复合流体成核现象　纳米复合流体是指纳米复合溶液、悬浮液和乳液等体系。纳米复合流体中，纳米粒子吸附有机分子形成有效成核中心体系，包括纳米复合单元、分散复合结构或聚集结构体系。形成纳米成核中心体系，可调控纳米复合胶束及其胶团形态，调控悬浮剂体系悬浮分散相特性及溶液反应和应用活性。

（2）纳米复合乳液胶束润湿反转效应　根据以前所述方法，设计纳米粒子在流体中形成可控分散体系，经过纳米粒子原位剥离或扩散分散过程，形成亲水-憎水性质可控反转体系。

采用黏土纳米前驱物和纳米 SiO_2 可控分散于水乳液中，可形成纳米复合乳液润湿反转效应，见图 6-13。

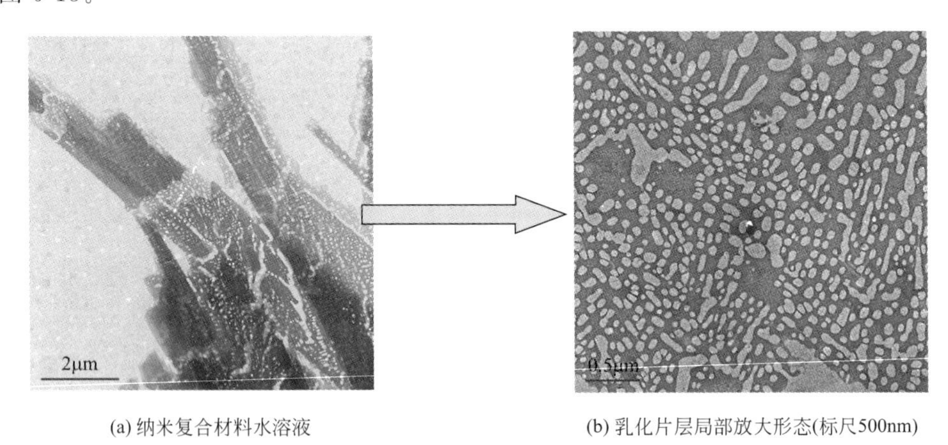

(a) 纳米复合材料水溶液　　(b) 乳化片层局部放大形态(标尺500nm)

图 6-13　聚丙烯酰胺-SiO_2 纳米复合材料及其乳液胶团结构与表面润湿形态

6.1.5.3 纳米效应的应用特性

（1）金属超微粒热加工特性　微米等粒径颗粒尺度改变 1000 倍时，从理论上换算成体积，将产生 10^9 倍之巨的体积变化和极显著的性能差异。由微米粒子转化为纳米粒子时，纳米材料组成中的原子数相对减少，而纳米粒子表面原子处于高活性状态、表面晶格振动的振幅增大及表面能增高。

利用这些纳米效应，提高纳米材料的热加工性、功能性等。例如，金属纳米粒子熔点相对大幅下降特性，可使金属粉末在相对较低温度下烧结加工；又如，纳米粒子尺寸小至形成单磁区的磁性物质时，调控磁性纳米粒子及其磁性薄膜特性。

（2）聚合物纳米复合热和热加工性　利用纳米粒子（纳米 SiO_2 和纳米 TiO_2 等）高表面活性与高表面能，通过在聚合物基体中复合使其分子链极化，降低聚合物分子材料的熔点。

实际通过熔体分散加工工艺制备的聚酯（PET、PBT）纳米复合材料，其热熔点相比纯聚酯材料降低 2～5℃。

然而，利用高活性纳米粒子降低聚合物分子的熔点具有很大复杂性，这取决于纳米粒子的原子组成、原子簇特性、活性粒子接触面及其内在催化效应。

设计比较纳米 SiO_2 和 TiO_2 粒子极化有机高分子链特性，则纳米 TiO_2 粒子电子结构更加复杂、电子输运产生的催化活性显著高于纳米 SiO_2。同样，纳米层状硅酸盐中间体，与纳米 SiO_2 和 TiO_2 极化有机高分子链特性比较，前者常使有机高分子耐热性提高，这与大部分纳米氧化物有显著差异。

（3）纳米复合方式调控新颖纳米效应　纳米复合效应是两相及两相以上体系中，相与相相互作用产生显著不同于各自独立相的显著效应，其表现形式包括界面周期或非周期分布形态。在包括纳米相的两相体系中，其中一相界面上的浓度受另一相的诱导而产生涨落现象。

纳米复合理论、技术与方法，是用于创造各种最基本、最新颖的纳米效应[52,57,58]的重要利器与途径，这在下文详细叙述。

6.2 纳米复合表界面与表征

6.2.1 纳米材料界面结构特性

6.2.1.1 纳米材料界面模型

纳米材料的界面结构通常包括颗粒的尺寸形态分布、界面原子组态与形态、界面的微结构、中间相等。这些因素对纳米材料性能有很大影响。根据这些因素，近年来提出了界面有序模型和界面特征分布模型。

（1）*界面有序模型* 在纳米材料和纳米复合材料中，假设其中部分材料体系的界面原子呈有序化或局域有序化形态，这是纳米材料界面有序模型假设。

在纳米分散与复合体系各种溶液状态，通过纳米相组装、液晶诱导组装、旋节线相分离（spinnoadal phase decomposition）诱导组装等，都产生全面或局域有序化结构。可用HRTEM和EXAFS表征和证明纳米粒子表面有序性，界面原子间距及其和界面颗粒粒径比值是重要决定参数。

（2）*界面特征分布模型* 在纳米材料和纳米复合材料中，其界面并非完全相同的单一结构形态，而是多样化结构形态，将其中具有特殊有序化界面结构及能产生特殊纳米效应体系，称为界面特征分布。对于金属纳米材料，当金属粒子簇的界面原子间距不大于粒径一半时，该体系呈有序态或具有界面特征分布结构；反之，该体系是无序的。

除了粒子尺寸造成界面形态多样化外，界面粒子高能态也是造成多样化形态的重要原因。我们知道，纳米颗粒内部包含巨大畸变或内应力，必须通过各种不同途径得到释放，而该释放过程中，界面粒子会产生多种形态，若能正确调控导引这些表面粒子，可将多样化微粒界面转变为特定的、所需的有序化结构。

研究产生聚合物纳米复合材料高性能的因素，关键因素源于多相体系界面效应，由此提出纳米粒子在聚合物中均匀分散形成特征界面形态，是显著提高体系重要性能的关键要素，即需要优化纳米复合体系特征界面模型，设计优化纳米复合工艺，获得高效纳米复合效应的材料体系。

6.2.1.2 纳米复合界面效应

（1）*纳米复合界面定义* 如上所述，纳米材料通过分散产生有序化、特征分布界面形态。不仅如此，纳米材料在聚合物基体中可控分散时，通过纳米单元多层次组装还形成非均匀、不同粗糙度的界面结构和界面特性，这就是纳米复合界面，而纳米复合界面的多层次结构及其引发的独特性能，称为纳米复合界面效应。

纳米界面对材料性能有决定性影响[58]。纳米复合界面原子排列相对混乱度更大，原子在外力和聚合物基体变形条件下更易迁移，因此，这种界面呈现动态稳定性、韧性和延展性增加特性。例如，研究人的牙齿纳米复合结构发现其由有机质和磷酸钙复合构成，呈现高强、高韧与延展性。

（2）*聚合物-黏土剥离片层复合界面* 表征界面结构和界面行为及其界面能（尤其固相-固相界面能）关联性，需设计精确测量实验方法。近来，采用双向零蠕变技术测量纳米复合界面自由能，研究晶界能/层界能比值及其影响多层纳米结构稳定性，建立多层纳米材料微观结构稳定性模型，这是黏土纳米复合材料及其他固相材料界面设计的依据。

聚合物-黏土复合材料中黏土片层剥离分散并通过熔体运移组装，这必然形成纳米复合界面结构，这种复杂界面结构的形态和特性未能精确描述，但是，利用黏土片层的分散特性，可创建片层多重堆积、组装界面模型，经过模拟计算给出片层剥离度或分散度和表面特性及其综合性能关联性。

（3）多分散片层在自由空间中的渗透组装特性　在高聚物-黏土纳米复合材料中，纳米片层分散、堆积和团聚，造成多重界面结构，产生多种新颖纳米效应。

设计研究黏土片层剥离形成多尺度纳米单元及其在聚合物分子链中的渗透性，可建立片层进入聚合物分子链多尺度自由体积空间模型，基于该模型设计研究提高聚合物阻隔气体、水蒸气等的特性。

设计研究黏土剥离高活性片层及其表面极化与吸附分子链特性，建立纳米复合界面极化和吸附聚合物高分子链模型，设计纳米粒子对高分子材料热屏蔽或阻燃效应等，创制阻燃高分子复合材料。

6.2.1.3　纳米复合体系界面与双电层

（1）纳米复合界面双电层定义　大多数金属氧化物为电中性，形成纳米颗粒后的表面产生断键或不饱和键，失去电中性而带电，然后在溶液中通过库仑作用形成吸附和双电层，双电层电位分布按 Stern 模型描述，以粒子表面为原点，溶液中任意距离 x 处的电位 ψ 为：

$$\psi=\psi_0\exp(-kx) \tag{6-22}$$

式中，ψ_0 为粒子表面电位，即吸附溶液与未吸附溶液之间界面的电位，又称为 Zeta（ζ）电位；系数 $k=[2e^2N_ACZ^2/(\varepsilon k_BT)]^{1/2}$，$\varepsilon$ 为介电常数，e 为电子电荷，Z 为原子价，N_A 为阿伏伽德罗常数，C 为强电解质的物质的量浓度（mol/cm^3），k_B 为常数，T 为热力学温度。k 也称为双电层扩展的程度，$1/k$ 称为双电层厚度。

可见，双电层的厚度反比于原子价 Z 和浓度的平方根（$C^{1/2}$），即高价离子、高电解质浓度溶液颗粒的双电层厚度很薄。利用该原理可研究蒙脱土黏土水化过程中颗粒表面的双电层特性。

（2）纳米复合界面双电层特性测试　在蒙脱土溶液中制备高聚物纳米复合材料时，片层剥离成纤维状的同时，也在颗粒表面形成双电层，带负电的片层在溶液中主要通过物理吸附使相反电荷离子聚集于其表面。控制水相浓度及表面吸附单体过程获得稳定凝胶。凝胶尺度、表面亲-憎性、纳米复合分散结构与双电层物化性能，是建立测试方法的重要依据。

6.2.2　纳米粒子复合表界面结构表征

6.2.2.1　超微粒子等温吸附

（1）超微粒子表面活性　超微粒子尺度很小如达到亚微米、纳米尺度时，产生很多表面断键原子，亟待吸附其他物质原子以达到平衡态，这是超微粒子产生高表面能及表面强吸附的本质原因。表面断键包括断键自由基、正负电荷，其总量采用磁共振方法测定以定性或定量评估。

（2）超微粒子等温吸附　超微粒子等温吸附，是定量研究评价其表面断键的方法之一。通常所述的表面等温吸附是指在等温、等压等条件下，一种物质表面随时间延长逐步积累另一种或几种物质的现象。

长期研究黏土粒子表面各种处理剂的等温吸附现象和积累[2,3]，提出了普遍适用的理论假设与方法。

① 按照多层吸附模型（层数 $n=1\sim4$），建立超微粒子表面处理剂吸附模型。

② 根据最大吸附量或饱和吸附量及颗粒表面积，确定所用处理剂的平均面积，得到分子吸附层数或排列数。

6.2.2.2 超微粒子等温吸附理论方法

(1) 超微粒子吸附模型 超微粒子等温吸附起于各种无机矿物浮选工艺，在蒙脱土、金矿颗粒表面活性剂处理、吸附富集等过程中，逐步建立了定性、定量表达式，用于基础和实际操作，进而建立了经典半胶团吸附理论和各种吸附模型。

① 超微粒子半胶团理论模型 在表面活性剂与固相颗粒混合和相互作用的悬浮液中，表面活性剂分子以其极性基朝向固体表面，而以碳氢链指向水相（Gandin & Fuerstenau，1955），因而形成胶束、胶团结构体系。胶团既可包裹超微粒子如纳米粒子而形成微乳液，也可通过黏附、缔合方式附着于超微粒子表面成为半胶团。

② 超微粒子两步吸附数学模型 超微粒子吸附主要分为物理吸附和半胶团吸附两个过程，以表面活性剂为例阐述该吸附过程。第一步，物理吸附，表面活性剂以单个离子或分子通过静电力或范得华力吸附到超微粒子固体表面（包括层状片层内、外表面）；第二步，半胶团吸附，表面活性剂分子通过碳链之间的缔合或疏水基团相互作用，以半胶团形式吸附于超微颗粒表面。

(2) 超微粒子吸附等温式 普遍采用的吸附等温式如下所示。

$$\Gamma=\Gamma_{\infty}k_1C(1/n+k_2C^{n-1})/[1+k_1C(1+k_2C^{n-1})] \tag{6-23}$$

式中，Γ 为浓度为 C 时的吸附量；Γ_{∞} 为极限吸附量；n 为半胶团聚集数；k_1、k_2 分别为第一步与第二步吸附的平衡常数；C 为表面活性剂浓度。上式极限情形为：

$$\Gamma=\Gamma_{\infty}KC_n/(1+KC_n) \tag{6-24}$$

式中，$K=k_1k_2$。

该公式可以与 Langmuir 吸附等温式进行比较，Langmuir 吸附等温式为：

$$\Gamma=\Gamma_{\infty}k_1C_n/(1+k_1C_n) \tag{6-25}$$

式中，$n=1$。

(3) 多层吸附式 实际上，许多固体物质或超微粒子产生多层规整或不规整吸附。Brunauer-Emmett-Teller（BET）吸附等温式，就是依据多层吸附模型的吸附等温式。假设第一层吸附热 E_1 为常数，第二层、第三层吸附热 E_2、E_3 都等于气体液化热 E_1，则有，

$$\Gamma=\Gamma_m KX[1-(n+1)X_n+nX_{n+1}]/\{(1-X)[1+(K-1)KX_{n-1}]\} \tag{6-26}$$

式中，Γ、Γ_m 分别为表面活性剂吸附量和单分子层饱和吸附量；$X=C/C_m$；C、C_m 分别为表面活性剂平衡浓度和临界胶团浓度；K 为与吸附热关联的常数。

(4) 模型和吸附式的应用 超微粒子吸附模型和吸附等温式，可用于纳米颗粒等悬浮体。首先确定半胶团数 n 及其实际含义，再结合体系分子链形态与层间电荷，确定定量关系式。

6.2.2.3 BET 测试原理与测试方法

(1) BET 测试原理 在 Langmuir 吸附方程基础上 BET（Braunair-Emmet-Teller）创立了多层吸附理论方法，提出的 BET 方程如下式。

$$V/V_m=kp/\{(p_0-p)[1+(k-1)p/p_0]\} \tag{6-27}$$

式中，V 为被吸附的气体体积；V_m 为单分子层吸附气体的体积；p 为气体压力；p_0 为饱和蒸气压；$k=y/x$，对于第一层吸附，$y=a_1p/b_1$（a_1、b_1 为常数，角标“1”表示第一层吸附）；$x=a_ip/b_i$（a_i、b_i 为常数，角标“i”表示第 i 层吸附）。

为了实验可操作性，上式改写为：$p/[V(p_0-p)]=1/kV_m+[(k-1)/kV_m]p/p_0$。

设 $A=(k-1)/(kV_m)$；$B=1/(kV_m)$，则 $V_m=1/(A+B)$，有下式：

$$p/[V(p_0-p)]=B+Ap/p_0 \tag{6-28}$$

将 V_m 换算成吸附质的分子数（V_mN_A/V_0）再乘以一个吸附质分子的截面积 A_m，得到计算吸附剂表面积 S 的公式如下。

$$S=V_mN_AA_m/V_0 \tag{6-29}$$

式中，N_A 为阿伏伽德罗常数；V_0 为气体的摩尔体积。测定固体比表面积时，常用的吸附质为 N_2 气。一个 N_2 分子的截面积一般为 0.158nm^2。为便于计算，合并上式参数，令 $Z=N_AA_m/V_0$，则 $S=ZV_m$。对标准态气体，$Z=4.25$，$S=4.25V_m$。

显然，BET 测试法的关键是确定气体吸附量 V_m，主要采用容量法和重量法[59]。

(2) *BET 容量法* 容量法测定已知量气体在吸附前后的体积差，得到气体吸附量。测试前需预先将固体样品（如纳米粉末）在 373～673K 及真空（$<10^{-1}$Pa）条件下脱气处理，清除样品表面的吸附物及其他杂质。样品脱气处理后，连同样品管一起放入冷阱（测试条件，在吸附质沸点温度以下测试。采用 N_2 气保护时，冷阱温度保持在 78K 即液氮沸点），并经调控给定一个 p/p_0 值，达到吸附平衡后用恒温量热管测定吸附体积 V。

如此测试给出一系列 p/p_0 及 V 值，作出 $p/[V(p_0-p)]$-p/p_0 曲线，求出曲线截距和斜率，计算确定吸附量 V_m。BET 测试法具体在定容、定压条件下进行。

① *定容法* 即保持测试气体体积不变，测定吸附平衡前后压力的变化。

② *定压法* 即保持气体系统压力不变，测定吸附平衡前后气体的体积差。

(3) *BET 重量法* BET 重量法直接测定固体（如纳米粉末）吸附前后的重量或质量差，计算吸附气体的重量。

实施 BET 重量法测试的关键装置是高灵敏度的石英弹簧秤，该装置在测试中，通过预先校正好的弹簧伸长量与重量的关系[60]，实验测定样品吸附前后的重量差值。

重量法与体积法相比较，BET 重量法进行了高真空和预先严格脱气处理，因此测量结果要比容量法的准确，它还可以同时测定几个样品。重量法对大比表面积（>50m^2/g）和小比表面积（<10m^2/g）样品都适用。

BET 法测量数值如比表面积数据需严格校正，测试精度的主要影响因素包括超微粒子形状（片状、球状等）和缺陷（气孔、裂隙等），它们常使结果出现负偏差，此外，还与测试粒子物理参数关联。例如，测试超微粒子比表面积范围为 0.1～1000m^2/g，超微粒子尺寸范围为 1nm～10μm（如 ZrO_2）。

【实施例 6-2】 计算沉淀法制备的纳米 SiO_2 的比表面积

其一，已知 273K，分解甲酸镍镁制得催化剂颗粒上丁烷蒸气吸附平衡数据见表 6-3。

表 6-3 分解甲酸镍镁制得催化剂颗粒上丁烷蒸气吸附平衡原始数据

$p(10^{-2})$/Pa	75.18	119.28	163.54	208.29	234.48	249.35
V/cm^3	17.09	20.62	23.74	26.09	27.77	28.30

其二，已知 273K，丁烷饱和蒸气压 $p_0=103\times10^3$Pa，分解甲酸镍镁制颗粒催化剂总质量为 1.876g，丁烷分子截面积 $A_m=44.6\times10^{-2}$nm^2。计算催化剂比表面积。

① 首先按照 BET 方程，将已知原始数据处理为表 6-4 的形式。

表 6-4 分解甲酸镍镁制得催化剂颗粒上丁烷蒸气吸附平衡的计算数据

$(p/p_0)\times10^2$	7.283	11.5	16.17	20.00	22.77	24.21
$p/[V(p_0-p)]\times10^3$	4.597	6.333	8.128	9.714	10.61	11.29

② 将上述计算数据作图，如图 6-14 所示。

③ 测试计算与分析

求出 BET 法吸附曲线的斜率为 3.931×10^{-2}cm^{-3}，截距为 1.65×10^{-3}cm^{-3}。

按照单层吸附模型计算吸附体积为，$V_m=1/(1.65+39.31)\times10^{-3}$cm^{-3}。

计算颗粒催化剂总比表面积为，$S=n\times6.023\times10^{23}\times44.6\times10^{-20}=293.3$m^2。

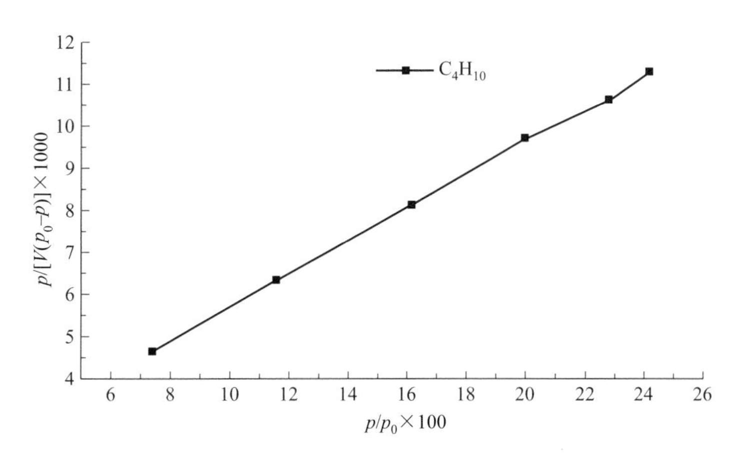

图 6-14 BET 法测定催化剂颗粒表面积

最后得到颗粒催化剂总比表面积为，$S_0=293.3/1.876=156.3m^2/g$。

此外，BET 法可测定超微粒子的比表面积、孔隙率、孔容及反推微粒形态。

6.2.3 纳米材料表界面调控表征

6.2.3.1 纳米材料表面界面调控

（1）*层状纳米中间体表面界面调控* 层状硅酸盐通过层间插层交换反应和片层剥离，可形成纳米片层堆积结构、体积膨胀结构、比表面积增大及多孔体系。插层剂及插层交换反应过程控制，可调控层状结构体系如组装、孔等。可用光谱（UV、H/C NMR、FTIR、XPS）、X 射线（XRD、XAFS）、电镜显微镜（TEM、SEM、AFM）及 BET 吸附、TG-DSC 与性能测试等，进行研究调控。

例如，用络合剂草酸铁和柠檬酸铁，经过离子交换反应途径载入 MgAl-LDHs 层间。LDHs 层间距从 0.771nm 分别增加到 1.216nm 和 1.226nm[59]。该插层材料亚甲基蓝吸附属 Langmuir 模型，在 pH=4.0～6.0 有较高脱色率。

经煅烧-重构法将纳米 TiO_2 固定于疏水性 LDHs 层板上，形成纳米 TiO_2-LDHs 复合及交联纳米片结构体系，XPS 表征纳米 TiO_2-疏水 LDHs 化学键。得到较大比表面积、有效吸附 DMP 等温线符合 Langmuir 模型，用于光催化降解 DMP。

（2）*表面 XPS 和穆斯堡尔谱表征* 层状黏土矿及层状化合物如膨胀石墨等，用于载负、柱撑体及复合时，表面吸附性物质表征是设计优化和合成的切入点。

利用 XPS 的元素结合能，可较准确判定元素之间的成键情形。例如水玻璃固化黏土，其片状结构转变为固化块状网状结构，衍射强度变小、晶层间距变小、颗粒变小，结晶构造有序性变差，但晶体主体依然是黏土矿物晶体。例如固化样中 $1.15g/cm^3$ 水玻璃固化蒙脱石的 Ca-2p 电子结合能减少了 0.6246eV。

采用穆斯堡尔谱分析凹凸棒土样品 Fe^{3+} 在边缘八面体和内部八面体中的占位，单峰说明内部八面体存在一空位，一对双峰对应内部的和边缘的两种八面体 Fe^{3+} 占位形势（郑自立等，1996），见图 6-15。

6.2.3.2 纳米复合表面界面调控与表征

（1）*纳米复合孔结构与孔壁面特性调控表征* 采用层状硅酸盐合成多孔、多功能孔载体材料时，采用强酸、强碱处理方法，调控孔结构、孔分布及孔壁面性质。酸、碱处理反应伴随金属离子的淋洗、流失或运移过程。该过程的监测、表征，攸关有效调控优化多孔体系、孔壁面活性、吸附性及润湿性。

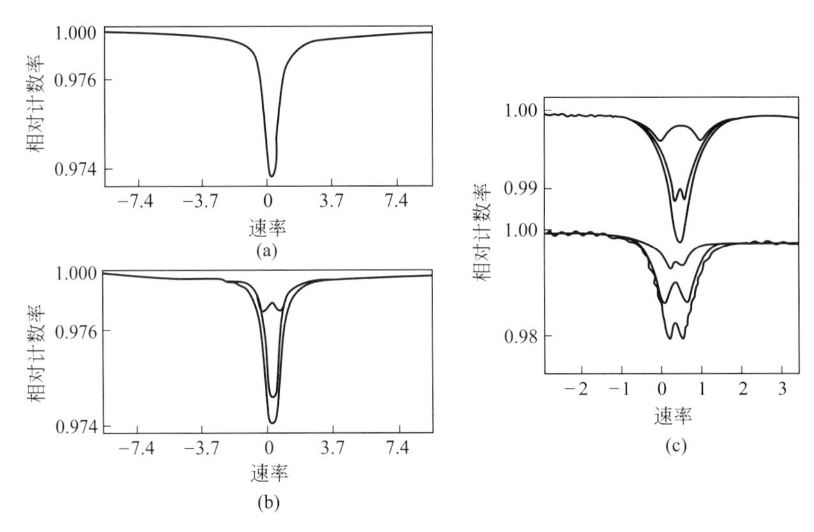

图 6-15 凹凸棒石的穆斯堡尔谱

采用酸反应处理蒙脱土、高岭土、凹凸棒土等样品时，样品八面体层中的 Mg、Al、Fe 阳离子将被 H^+ 逐步取代，八面体层内空穴缺位增多、微孔隙数量增大及活性显著增大。太强酸化会造成八面体层严重塌陷及微孔数剧烈减少。

可按照 IUPAC 孔分类，分析凹凸棒石 dv-dlg$d$ 孔径分布曲线的斜率变化（参见后续内容），可得到 5.0～50.0nm 和 2.0～5.0nm 孔分布；中孔 2.0～50.0nm 结构为主要分布，而 5.0～50.0nm 孔体积占全部孔的 70%，比表面积约占 60%。

表征分析纤维状凹凸棒石与土状凹凸棒石的孔体积和比表面积在 2.0～5.0nm 孔径范围相当；纤维状凹凸棒石 5.0～50.0nm 孔径占 50%，土状凹凸棒石占 70%；纤维状凹凸棒石 500.0nm 以上大孔占 40%，土状凹凸棒石占 20%。

强酸或强热活化可提高 5.0～50.0nm 尺寸范围的孔比例，但显著减小 2.0～5.0nm 孔径的孔及微孔比例。迄今，解决该问题尚需发现新型复合酸、碱处理剂。

(2) 纳米复合孔壁面润湿性调控 通常将多孔材料浸入有机表面活性剂体系，如氟硅烷处理剂溶液，使其吸附于孔内壁面并产生润湿性转化，由亲水性向亲油性转化。

基于这种孔壁面润湿性转化方法，可设计有机功能表面活性处理地下油气层岩心的孔道壁面，建立亲油性-亲水性转化及调控。由于微孔毛细管力很大，常压下难以将这类处理剂溶液浸入样品基质内的孔结构中，因此，不能指望简单液体浸入就能建立微孔润湿性转化。

实际可合成耐强酸、强碱的表面处理剂，按照同时、原位、有序化加入该表面活性剂方法，建立酸、碱处理样品微孔体系时，原位引入表面处理剂，由此建立所合成表面活性剂与强酸或强碱组合体系稳定性、活性、反应性与孔表面处理有效性评价方法。

6.2.3.3 聚合物纳米复合材料表面界面特性调控

(1) 纳米片层分散组装调控聚合物膜表面特性 采用共聚物多嵌段体系中不同的链段间的相互作用，促进纳米分散。具体采用多嵌段共聚物包覆纳米粒子形成核-壳结构微球粒子，该核-壳结构粒子在分散介质和外在因素作用下，通过嵌段链相互作用使内部纳米粒子分散。

在丙烯酰胺（AM）、丙烯酸（AA）和甲基磺化丙烯酰胺（AMPS）共聚体系中，加入层状硅酸盐蒙脱土中间体（I-MMT）原位聚合复合形成纳米复合微球，得到了三嵌段共聚物纳米复合体系中的片层剥离形态，见图 6-16。

图 6-16(b) 中，交叉杂乱分布的纤维形态就是纳米片层分布体系，该片层分布体系向聚合物分子材料表面迁移，调控其表面润湿性。当微球薄膜样品中 I-MMT 加量为 0.0～2.0%（质量分数）时，样品水滴接触角从 31.98°±0.38°大幅度增加到 81.98°±0.45°。只要提高插

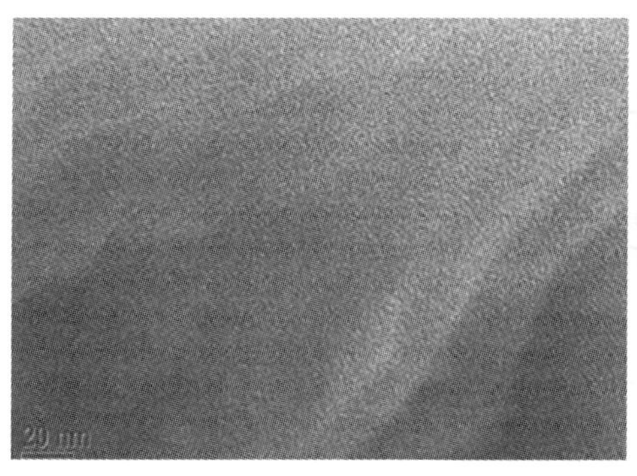

(a) (AM-AA-AMPS)共聚物微球

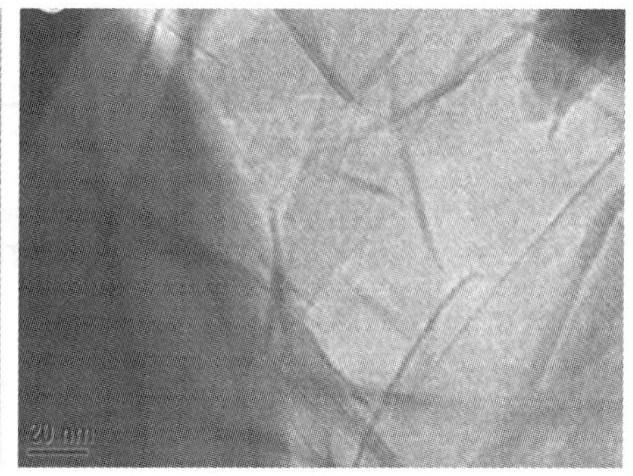

(b) 共聚物含0.5%(质量分数)I-MMT的纳米复合微球

图 6-16 聚合物纳米复合材料 TEM 形态
（合成三聚物的单体摩尔比 AM∶AA∶AMPS=1∶1∶0.07）

层剂分子的憎水性，该核-壳颗粒体系的疏水性将不断提高。例如，采用氟代硅烷分子处理该纳米片层，甚至可实现复合粒子的超疏性。

(2) 纳米分散组装调控聚合物膜表面粗糙度与润湿性 通过纳米分散使聚合物材料实现亲水性向亲油性转化的方法，具有普适性。可设计采用纳米 SiO_2 颗粒，加入聚苯乙烯（PS）进行原位聚合反应，形成 PS-SiO_2 核-壳颗粒亲油性体系。将这类核-壳颗粒通过熔体分散工艺过程，均匀分散于聚酯聚合物（PET）基体中，形成纳米复合膜材料，该聚合物纳米复合薄膜表面憎水性显著提高。相比于 PET 膜、未处理 SiO_2 及处理 SiO_2 共混膜，聚酯纳米复合膜（NPET）的表面憎水性更强，见图 6-17。

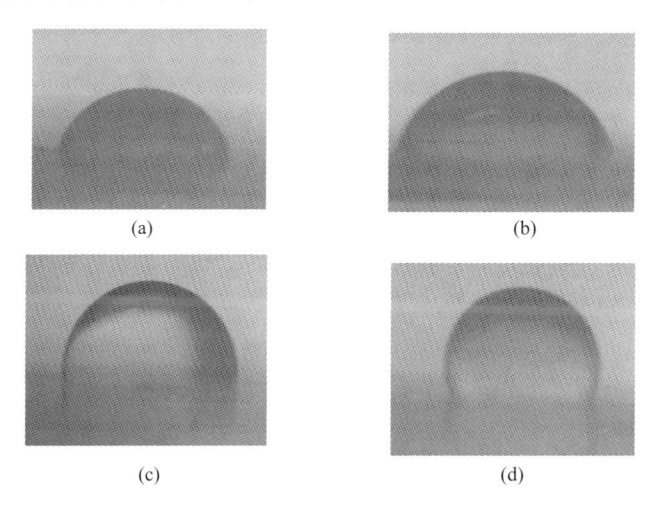

图 6-17 聚酯 PET 树脂和不同表面处理 35nm SiO_2 聚酯复合材料接触角液滴形态
（a）纯 PET 接触角 $\theta=72.0°$；（b）共混 PET/2.0%（质量分数）未表面改性纳米 SiO_2，接触角 $\theta=75.0°$；（c）共混 PET/2.0%（质量分数）MPS 表面改性纳米 SiO_2，接触角 $\theta=100.5°$；（d）2.0%（质量分数）改性纳米 SiO_2 原位聚合复合 SNPET-2，接触角 $\theta=115.0°$

(3) 聚酯纳米复合膜表面吸水阻水效应 采用水滴测试该 NPET 膜样品的接触角 θ 达 115.0°，比纯 PET 膜（$\theta=72.0°$）大幅度提高。研究这些薄膜样品的吸水性能，采用 Fichian 吸水模式[61,62]所获得的实验数据，得到试验曲线如图 6-18 所示。

显然，SNPET 吸附阶段的吸水能力比其他样品都小，这是所发现的样品显著阻水特性，这种纳米复合材料可用于高阻隔性领域。

聚酯纳米复合材料中纳米 SiO_2 粒径减小时，表面憎水性增强，见图 6-19。

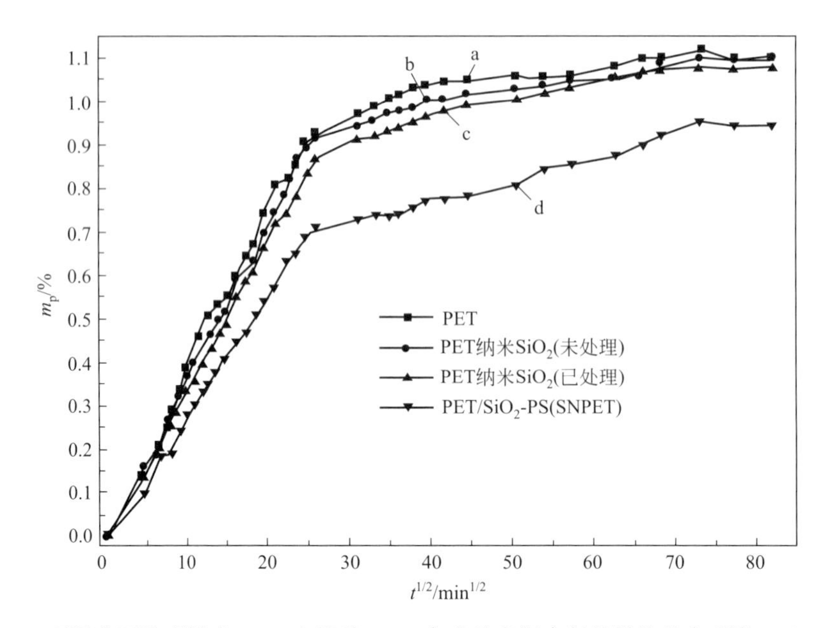

图 6-18 不同表面处理纳米 SiO_2 和聚酯 PET 合成纳米复合材料样品的水吸附 Fickian 曲线
[a. 纯 PET，接触角 $\theta=72.0°$；b. PET/2.0%（质量分数）未表面改性纳米 SiO_2 共混物，接触角 $\theta=75.0°$；c. PET/2.0%（质量分数）MPS 表面改性纳米 SiO_2 共混物，接触角 $\theta=100.5°$；d. 2.0%（质量分数）改性纳米 SiO_2 原位聚合复合 SNPET-2 样品，接触角 $\theta=115.0°$]

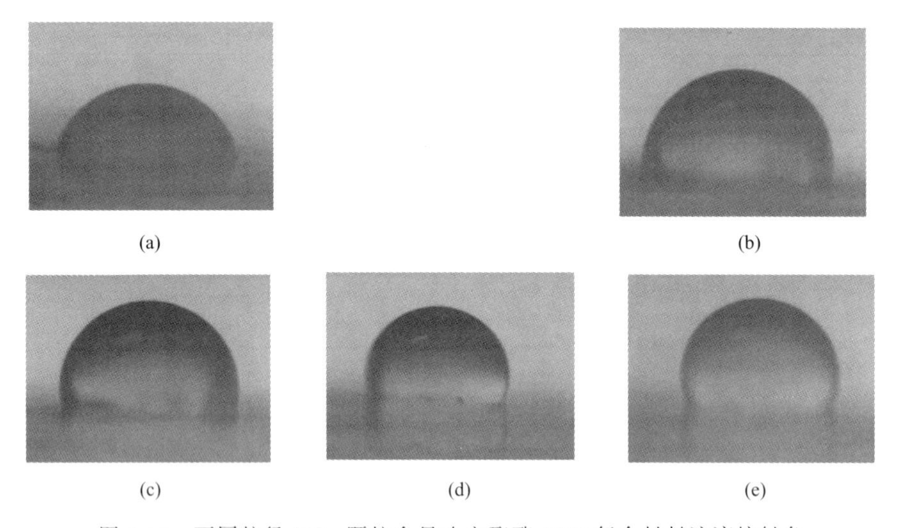

图 6-19 不同粒径 SiO_2 颗粒含量改变聚酯 PET 复合材料液滴接触角
(a) 纯 PET 膜，接触角 $\theta=72.0°$；(b) SPET-380 膜，含 2.0%（质量分数）380nm SiO_2，接触角 $\theta=97.0°$；
(c) SPET-250 膜，含 2.0%（质量分数）250nm SiO_2，接触角 $\theta=105.0°$；
(d) SPET-110 膜，含 2.0%（质量分数）110nm SiO_2，接触角 $\theta=107.0°$；
(e) SNPET-35 膜，含 2.0%（质量分数）35nm SiO_2，接触角 $\theta=115.0°$

纳米粒子粒径减小造成水滴接触角增加的现象，可认为是纳米粒子结构更致密而阻水分子铺展所致。

此外，当纳米 SiO_2 加量增加后，表面憎水性增强，与颗粒减小造成的表面性质类似。采用 35nm SiO_2 粒子在聚酯基体中构建纳米分散结构与粗糙度形态，得到含 1.0%（质量分数）SiO_2 的复合膜，其接触角 $\theta=102.5°$；含 2.0%（质量分数）SiO_2 的复合膜的接触角 $\theta=$

115.0°；含 4.0%（质量分数）SiO_2 的复合膜的接触角 $\theta=117.5°$；含 6.0%（质量分数）SiO_2 的复合膜的接触角 $\theta=118.5°$。

6.3 层状纳米结构与物性表征

6.3.1 层状硅酸盐黏土结构组成

6.3.1.1 层状硅酸盐复杂结构组成分析

（1）*层状硅酸盐黏土矿物复杂结构*　黏土矿物可以认为是多种矿物长期风化、淋洗、运移和多种交换所形成的，黏土矿物主要组成单元——硅氧四面体和铝氧八面体，存在大量金属交换而产生正电荷、负电荷。因此，黏土矿物复杂组成造成其种类繁多，如高岭石、滑石、蒙脱石、水云母、绿泥石、海泡石、凹凸棒石、水铝英石等。层状硅酸盐黏土矿物复杂成分是形成其复杂结构的根源，其复杂结构包括含水硅酸盐矿微粒、非晶物质、二维晶系晶体及伴生矿物与杂质等。由于黏土矿物很少有较大单晶体存在，且共生关系复杂及普遍存在过渡矿物，使其矿物定量测定成为长期难题。

层状硅酸盐黏土矿物大多数具有天然层状纳米结构，都是天然纳米材料前驱体，因此，基于层状硅酸盐形成聚合物纳米复合材料，需结合具体应用情况，采用多种现代测试技术组合方式，测试表征层状硅酸盐结构组成，建立纳米复合材料应用基础和应用方法。

现代测试技术中，电子顺磁共振波谱、核磁共振波谱、红外光谱、穆斯堡尔谱、X 射线光电子能谱、X 射线衍射、电子离子探针等，常用于表征和辨别黏土矿物种类。X 射线衍射、红外或拉曼光谱、热分析、电镜、原子力显微镜及物理化学结合方法，用于测试黏土样品结构性能。

（2）*黏土理论晶体和分子式测定*　迄今，依据黏土理论晶体模型，经 X 射线等测得黏土晶体衍射峰，经计算得到最优化晶体结构，这包括晶体空间群、层状片状结晶结构、孔隙结构、电性过渡结构。同样的，黏土矿物分子结构在晶体模型基础上，由目标矿物元素、氧化物测定，再经过计算或拟合得到分子式。

现已给出分子式如，高岭土 $Al_2[Si_2O_5](OH)_4$；滑石 $Mg_3(Si_4O_{10})(OH)_2$；海泡石 $Mg_8H_6[Si_{12}O_{30}](OH)_{10}\cdot 6H_2O$；蒙脱石$\{(Al_{(2-x)}Mg_x)_2[Si_4O_{10}]_2(OH)_2\}\cdot nH_2O$ 等。

显然，所得矿物晶体结构和分子式是依据特定模型给出的，因此，需说明其范围或条件。

6.3.1.2 高岭石层状硅酸盐矿结构性能测试分析

（1）*高岭石多功能性*　高岭石属层状硅铝酸盐矿物，含高岭石的高岭土具有良好的硬度、白度、吸附、可塑、分散、黏结、耐火、流变与化学稳定性。高岭土的多功能性广泛用于造纸、陶瓷、橡胶、塑料、医药、化工、耐火材料等领域。

高岭石属层状硅铝酸盐矿物，高岭石族矿物包括高岭石、迪开石、珍珠陶石。常伴生有石英、长石、云母、铝土矿等。含高岭石的高岭土定量溶解于 HF 溶液中，溶解 SiO_2 反应生成高度稳定氟硅酸盐络合物，不会发生 SiO_2 胶凝现象。HF 和其他强酸或盐的混合体系可提高 HF 溶解高岭土及高岭石的速度。

高岭土的白度取决于其铁、钛杂质和有机质含量，化学漂白可提高其白度。

（2）*高岭石和高岭土的亮度和白度*　采用光学性能定义的亮度和白度，定量表征高岭土和高岭石的外观，提供其涂料、日用品和造纸添加剂品质的评价依据。

高岭土亮度的定义是蓝光（波长 457nm）在物质表面的反射率。国际上采用 TAPPI 亮度和 ISO 亮度表征方法。TAPPI 为美国造纸与纸浆工业技术协会（The Technical Asociation of Pulp and Paper Industry），ISO 为国际标准化组织（International Standard Ization

Organization)。TAPPI 标准测试方法（T-646 om-94），采用 Technidyne 公司产 BrightimeterS4-M、S4-BL 及 MicroS-5 型号仪器。

高岭土的白度也是光反射率的亮度，高岭土白度的定义是，白光即可见光在物体上的总体反射率和各段波长反射的均匀程度。我们现在实际常用白度和黄度测试法表征，如 ASTM (American association of testing and materials，美国标准协会）方法；CIE（Commission Internationale de L′ Eclairage，国际照明委员会）方法。

ASTM 定义的白度和黄度如下式，

$$白度\ I=4B-3G \tag{6-30}$$

$$黄度\ YE=100[1-(B/G)] \tag{6-31}$$

式中，G 是绿光反射率；B 是蓝光反射率。绿光和蓝光的波长范围由 CIE 确定。真正纯白色物体蓝、绿光反射率均为 100%，所以白度指数也为 100%。

白度测试仪器主要是 ASTM 法仪器和 CIE 法仪器。ASTM 法采用各种反光光度计，如 Technidyne 和 Elrepho 等仪器；CIE 法采用各种自动色度计或分光光度计，如 Technidyne 和 Elrepho 等仪器。此外，CDM-L 法或 Stensby 法，采用各种具有 L、a、b 读数的光度计；还可采用 Judd 色度计、Hardy 分光光度计和 C429 多用反光光度计等。

黄度指数及其测试仪器 ASTM（E313）采用各种反光光度计，如 CDM-L 法采用各种具有 L、a、b 读数的光度计；Hardy 分光光度计；C429 多用反光光度计等。

美国标准协会、美国造纸与纸浆工业技术协会和中国国家非金属矿深加工工程研究中心，根据黏土矿物及其高岭土表观特性，制定更新测试标准[60]。

(3) *高岭石及其浸取成分测试*　高岭石浸取液是高岭石在沸水、酸、碱溶液所溶蚀成分的总称，测试该浸取液既可表征其成分反应性、稳定性，又可推测其结构组成和功能性。

【实施例 6-3】 三水铝石的浸取测试表征　实验装置为沸水浴，加入 HBr 溶液通过回流浸取三水铝石成分，调节时间和温度得到浸取率为 95%，高岭石浸取率为 4%及一水铝石为 0.5%。或者，采用 10g/L NaOH 溶液和 5g/L EDTA 溶液的混合液，浸取三水铝石成分。实验中应尽量避免高岭石溶解率偏高的问题，为此采用非水溶剂体系，抑制高岭石溶解反应程度。具体方法是，采用 1mol/L KOH 溶液和 3g/L 水杨酸以及无水乙醇溶液，作为三水铝石的选择性溶剂，在沸水浴上实施浸取过程，得到三水铝石浸取率达 99%以上，控制高岭石浸取率为 5%左右，使一水铝石溶解度甚微。该测定方法可参考文献 [63]。

【实施例 6-4】 高岭石及其三水铝石与一水铝石成分的分离测定　实验装置为沸水浴反应体系，采用 10g/L NaOH 溶液和 5g/L EDTA 溶液的混合液，浸取三水铝石（$Al_2O_3 \cdot 3H_2O$)，优化反应时间和温度，获得浸取率大于 99%，高岭石浸取率达到 8%～10%，一水铝石（$Al_2O_3 \cdot H_2O$）浸取率为 0.5%。

在沸水浴中，将上述浸取液残渣用 30mL 1.3mol/L 的 HF 溶液浸取 15min，得到高岭石的浸取率为 100%，一水铝石溶解率为 0.5%，最后残余的残渣为一水铝石。再采用 EDTA 滴定法测定各相中 Al 元素的含量，由此换算成各矿物含量，该结果应与岩矿鉴定对照数据十分吻合。该测定方法可参考文献 [60]。

6.3.1.3 滑石矿组成与性能测试分析

(1) *滑石矿结构组成与功能*　滑石矿床主要是在碱性介质条件下岩石风化变质形成的层状复合金属酸盐。自然变质成因形成的滑石矿的化学成分比较接近理论预测值，而自然沉积成因形成的滑石矿的化学成分中往往含有一定量 Al_2O_3，因此，滑石结构中具有少量 Al 取代 Mg 以及 Al 取代 Si 的成分。当 Al 取代 Mg 之后，形成的滑石矿一般称为水滑石，水滑石层板带正电荷，吸附负离子；而当 Al 取代 Si 后，滑石层板电荷变为负，吸附正电荷。此外，天然滑石常伴生石英、方解石、白云石、菱镁矿、透闪石、高岭石、绿泥石等。

根据滑石结构组成，可人工设计合成水滑石，得到多功能片层组装体系，产生记忆效应，即水滑石片层在外力或反应条件除去后，还可恢复原状。

滑石具有润滑性好，遮盖力强，绝缘性高，与强酸强碱一般都不起作用等特点，广泛应用于涂料、造纸、橡胶、医药、皮革、塑料、纺织等工业。滑石和叶蜡石是最简单的层状硅酸盐矿物。

（2）*滑石矿结构组成测试分析*

【实施例 6-5】 滑石的结构组成测定分析方法

① 采用 6mol/L HCl 溶液溶解伴生的含镁矿物如菱镁矿、白云石、磷灰石等，收集并测定酸不溶物及溶液中镁的含量，即可换算成滑石的含量。采用该酸溶法需要在 HCl 溶液中进行较长时间加热，这会使沉积型滑石样品的浸取率达较高水平，将会导致测定结果普遍偏低，应引入校正系数校正。

② 采用差减法测定滑石含量　采用该方法应同时备好两份样品，一份用于测定样品总 Ca 和 Mg 含量；另一份用于测定可溶性 Ca 和 Mg 含量，将两者之差数值换算成滑石含量。当含有透闪石时，由于它部分溶解于 HCl 溶液中，应测定酸不溶物中的 Ca 含量，再换算为透闪石中的 Mg 含量并校正。对透闪石样品，其中 MgO 与 CaO 质量比为 2.120∶4。

③ 采用保留滑石的溶解方法　具体配制 50g/L 的 NH_4Cl 溶液，煮沸溶液溶解伴生矿物，选择保留滑石方法，该测定法对含白云石、方解石、高岭石、石英、长石等沉积型滑石样品的效果良好，但对含绿泥石、菱镁矿、蛇纹石类样品的效果不佳。$HClO_4$/HCl 热重法较适于滑石-碳酸盐类样品，对滑石-硅酸盐类样品不适用。

④ 采用溶解速度差测定滑石成分　利用绿泥石、白云石、蛇纹石、菱镁矿与滑石在沸 HCl 溶液中溶解速度的差异，采用控温（650℃）焙烧样品 30min 后在沸水浴中以 6mol/L HCl 溶液快速（4min）溶解的方法，使滑石与上述矿物有效分离，然后测定残渣中 Mg 的含量，求滑石含量。实验条件下，干扰矿物完全溶解，滑石浸取率小于 1%，适于复杂矿石中滑石含量的测定。

滑石结构组成测定方法参见文献［63］，差减法测定滑石含量法参见文献［64］，保留滑石的溶解方法参见文献［65］。

6.3.1.4 海泡石矿组成与性能测试分析

（1）*海泡石结构组成与功能*　海泡石和坡缕石矿物一样，属含水的链层状镁硅酸盐矿物。海泡石矿常伴生高岭石、蒙脱石、滑石、石英及碳酸盐矿物等。海泡石矿物组成和结构分析常采用 X 射线衍射法、红外光谱法。海泡石具有独特的抗盐分散稳定性和强表面吸附性，是地热和海上钻井最理想的泥浆材料[66]。在石油、化工、医药等行业作为脱色剂和净化剂及催化剂载体。海泡石矿的质量主要取决于矿石中海泡石的含量。

（2）*海泡石结构组成测试方法*

【实施例 6-6】 浸取和滴定氧化镁测定海泡石结构组成　配制饱和 NaCl 溶液，在其中加入海泡石样品，溶液在高剪切力（15000r/min）作用下，海泡石形成网架结构分散的相对稳定胶体，然后采用分液法将海泡石与其他伴生矿物分离出来。分取悬浮液，加入 1.5～3.0mol/L HNO_3 溶液，加热该溶液并选择性地溶解海泡石，采用 EDTA 滴定法测定样品中 MgO 的含量，再换算成海泡石矿物的含量。在上述浸取测定条件下，得到海泡石浸取率达 99%，滑石浸取率为 3%～8%，蒙脱石浸取率为 95%。

在高速搅拌下，滑石和蒙脱石样品在杯底沉淀而与海泡石分离开来，不影响海泡石测定过程和结果。

此外，采用强酸分解样品法测定海泡石结构组成。

配制 H_2SO_4/HF 溶液用于分解滑石样品并测定其 Ca 和 Mg 总含量。此外，另取样品，采用 HAc 分解碳酸盐的方法，测定 Ca 的质量 m_{Ca}，则（$m_{总}-m_{Ca}$）质量差为海泡石中 Mg 的质量 m_{Mg}，由此计算海泡石的含量。

该测试方法仅适用于含碳酸盐共生矿中的海泡石含量测定，它不适用于含滑石、蒙脱石的样品的测定。

此外，采用室温下 2mol/L HCl 溶液分离样品中的碳酸盐矿物，分离残渣采用 60mL 的 2mol/L HCl 溶液及 1mL 乙醇溶液，在沸水浴中浸取 70min，测定该滤液中的 Ca、Mg 和 Al 的含量，计算海泡石矿的含量[67]。利用蒙脱石溶出 Mg 质量与溶出 Al 质量呈良好线性关系特征曲线，求出相关系数应大于 0.99。通过 Al 质量换算成 Mg 质量来校正海泡石含量结果，并消除蒙脱石含量的干扰。在实验测定条件下，海泡石浸取率应达 100%，滑石浸取率小于 1.2%，正长石成分应基本不溶解。

海泡石结构组成测定方法，可参考文献［68，69］。

6.3.2 层状硅酸盐结构性能表征

6.3.2.1 蒙脱石组成和性能

蒙脱石和凹凸棒石具有层状纳米片层结构，是合成纳米中间体及纳米复合材料的重要助剂，其组成、结构表征不仅重要，而且逐步趋于标准化。

（1）*蒙脱石含量与组成测定* 天然蒙脱土主要含蒙脱石、伴生矿物及其他杂质，优质蒙脱土中蒙脱石含量可达 70%以上，蒙脱石常伴生高岭石、石英、长石、云母、沸石、方解石、绿泥石和黄铁矿等。

一直采用蒙脱土在水中分散体系吸附亚甲基蓝的能力表征蒙脱石含量，这种吸蓝量测定法间接地给出蒙脱石含量。1961 年后，原西德亚亨铸造所首先采用比色法测定样品吸蓝量，此后，该方法逐步被滴定测定吸蓝量方法所取代[70]。

在改进滴定法指示观察终点不易判断、亚甲基蓝不易恒重等基础上，定量加入过量亚甲基蓝，并以 $SnCl_2$ 标准溶液还原剂测定澄清液中过剩的亚甲基蓝，这样能更准确求出吸蓝量[71]。吸蓝量换算成蒙脱石含量时，原西德派狄森等依据 58 种黏土测试结果总结出 100g 纯蒙脱石吸蓝量为 44.2g 的参考数据，据此，提出黏土蒙脱石含量（m）的计算公式，$m=$吸蓝量$/k$（$k=0.442$，m 的单位是 100g 样品吸附亚甲基蓝的克数或毫摩尔数）。

我国 20 世纪 70 年代以来计算蒙脱土矿储量一直引用 $k=0.442$，根据矿区实际情况，考虑蒙脱土矿伴生高岭石等黏土矿物对亚甲基蓝具有较低吸附能力，并经实验分别给出 $k=$ 0.46、0.50、0.53 等换算系数[71,72]。吸蓝量实际是一种以蒙脱石吸附为主的混合吸附值。$k=0.442$ 仅适于蒙脱石含量为 75%～80%的情形。

（2）*蒙脱石阳离子交换容量测定* 蒙脱石层间可交换性 Ca^{2+}、Mg^{2+}、K^{+} 和 Na^{+} 等离子总量即阳离子交换容量（CEC），有多种方法测试蒙脱石的 CEC 值。

① 化学法 蒙脱土 CEC 测定的国家建材标准是 NH_4Ac 法，存在碳酸盐时，其部分溶解会使该方法结果偏高[73]。可用 30g/L 的 NH_4Cl 溶液与 0.5mol/L 的 $NH_3 \cdot H_2O$ 溶液为交换液，抑制碳酸盐矿物溶解。CEC 测定的关键是将吸附在蒙脱土表面上的多余 NH_4Cl 洗净，并避免将已交换在蒙脱土中的 NH_4^+ 洗脱损失。

采用聚氯乙烯凝聚剂使交换后的蒙脱土成为凝聚体，然后过滤洗净 NH_4Cl，再采用甲醛缩合法测定。采用 NH_4Cl-乙醇作交换液[74]，可抑制石膏和方解石干扰。酸性漂白土及活性白土，宜用 $BaCl_2$ 溶液[75]作交换剂。

采用 X 射线衍射直接法和 K 值法，或采用热分析的热失重、差热法，应和物化性能测试如吸蓝量和 CEC 测试结果综合对比，提高蒙脱石含量测定的准确度。

② 电感耦合等离子体法　为了简化原子吸收光谱法或容量法的复杂测试过程，提出电感耦合等离子体发射光谱法测定阳离子容量。采用氯化铵-乙醇交换液交换试样中可交换性阳离子钙、镁、钾、钠，分取蒸至湿盐状，制成盐酸介质溶液用于测试。实验为每一次交换反应，加入 25mL 交换液，搅拌 30min，沉淀洗涤 2 次。按照实验情况选择 315.887nm、279.079nm、766.490nm、589.592nm 谱线作为对应的钙、镁、钾、钠分析谱线，绘制出标准曲线的钾、钠浓度为 0～0.6mmol/L，钙、镁浓度为 0～3.0mmol/L。采用国家标准物质验证测定值与标准值吻合度[72]。

③ 电感耦合等离子体发射光谱法（ICP-AES）测定膨润土阳离子交换容量　采用钡离子与膨润土试样中的交换性阳离子进行交换反应，以盐酸氢离子与钡离子交换，交换出钡离子用 ICP-AES 法测定，测得的钡离子量为膨润土阳离子交换容量[73]。

④ 电导法测定黏土阳离子交换容量　黏土矿物吸水产生膨胀及其片层剥离，若油气储层黏土吸水膨胀会导致储层失稳和坍塌，泥页岩也存在类似阳离子交换容量。先采用 NH_4Ac 淋洗黏土样品，NH_4^+ 交换出黏土中的 Ca^{2+} 和 Mg^{2+} 等阳离子，然后采用乙醇洗涤得到洗涤液，可用电导法测定溶液的电导率，得到阳离子交换容量。

（3）蒙脱石的热性能　采用热分析法测试蒙脱石的热性能。蒙脱石中不同形式和结构的水，产生自由水、吸附水、羟基水的特征差热峰。几种蒙脱石样品的差热（DTA）曲线见图 6-20。

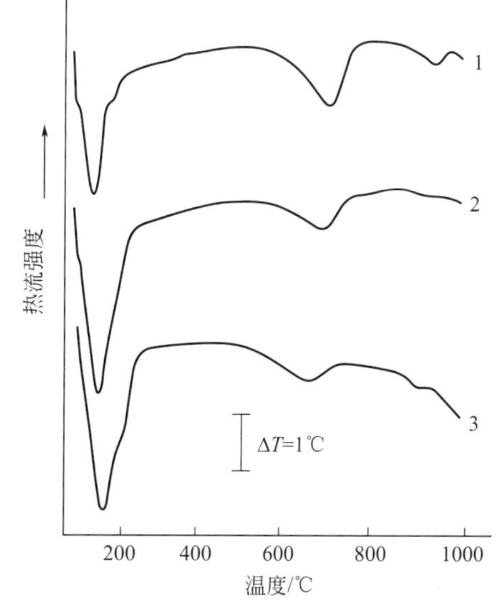

图 6-20　蒙脱石的差热（DTA）分析曲线（样品取自黏土矿物博物馆，相对湿度为 56%）

1—Wyoming 蒙脱石；2—Texas 蒙脱石；3—Arizona 蒙脱石

蒙脱土的蒙脱石包括三个特征热谷峰，分别说明如下。

① 第一特征吸热谷温度（126～139℃）　在这期间，样品表面吸附水和层间水被脱出（该热峰大小和形状表征层间吸附阳离子种类，峰面积大而宽表征钠基蒙脱石），图 6-20 中该峰窄而面积小表征钙基蒙脱石，层间水失重 17.1%。

② 第二特征吸热谷温度（650℃）　表征脱羟基吸热谷，特征是脱出结晶水但不发生明显非晶质化，仍保持层状结构，脱羟基失重率为 1.97%。该温度反映蒙脱石耐热稳定性行为，是评价其耐热性的尺度。影响蒙脱石脱羟基温度的因素包括其阳离子组成和结晶度。铁含量高的蒙脱石脱羟基温度低，铁含量低的蒙脱石脱羟基温度高。

③ 第三特征吸热谷温度（906℃）　使蒙脱石结构解体即蒙脱石高温降解呈非晶态。

（4）蒙脱石高温加热产物 X 射线衍射特征　采用 X 射线衍射法测定蒙脱石加热后的层间距、结构、相态及物质组成变化，可表征蒙脱石高温下向堇青石和石英转化的特性，特别是层间空间结构从较大纳米尺度向较小纳米尺度的变化过程。

根据蒙脱土样品 X 射线衍射峰变化及蒙脱石 d_{001} 特征峰 $2\theta=7.0°$，由 Bragg 方程计算各个加热温度处对应的层间距变化，列于表 6-5 中。

表 6-5　加热蒙脱石的 X 射线衍射峰变化

加热温度/℃	衍射峰 d_{001}/nm	物质组成
室温(未处理)	1.556(d_{001})	蒙脱石
500	0.996(d_{001})	蒙脱石
600	0.955(d_{001})	蒙脱石

续表

加热温度/℃	衍射峰 d_{001}/nm	物质组成
700	0.974(d_{001})	蒙脱石
900	0.343；0.426	μ-堇青石
1000	0335；0.182	α-石英
1200	0.4117；0.2514	弱 μ-堇青石,强方英石
1350	0.8566；0.315	Fe-堇青石

注：μ-堇青石，是堇青石的亚稳相，成分是 $MgAl_2O_4$-SiO_2。

蒙脱石在各温度处对应的主要结构变化如下。

① 热处理温度为 126～139℃　蒙脱石主要脱出吸附水和层间水，这一过程特征具有可逆性。

② 热处理温度为 659℃　蒙脱石八面体片中的羟基开始脱除，但其仍然保持层状结构。同样的样品用核磁共振谱表征，表明蒙脱石羟基脱除过程，对应八面体片中 $Al^{VI} \rightarrow Al^{IV}$ 转变。

③ 热处理温度为 900℃　蒙脱石原有的层状结构完全破坏，并伴生新矿物相 μ-堇青石；温度达到 1200℃时，μ-堇青石失稳分解为方石英相；温度达到 1350℃时，方石英及莫来石含量略有减少，并出现较多含铁的 μ-堇青石。这些变化类似于凹凸棒土。

6.3.2.2　蒙脱土工作液的纳米中间体特性

(1) 蒙脱土纳米复合工作液　合成的蒙脱土纳米中间体或前驱体材料，分散于溶剂中能形成高性能多功能纳米复合油气工程的工作液，如蒙脱土纳米复合钻井液、完井液、封堵液、修井液等。因此，根据实际工作液应用特性和需要，建立技术指标，这包括失水、抗盐性、抗高温性、污染或损害岩石渗透率等指标，有关这些测试指标配备有相应仪器，在后面详细介绍。

此外，根据实际工程情况，利用已有相关标准和现有的新标准，表征蒙脱土及其工作液体系结构性能，提供优化该体系的技术经济参考。

(2) 吸水性　采用吸水率和吸水比参数表征蒙脱土的吸水性。单位重量的蒙脱土样品所能吸附水的重量称为吸水率，以百分数表示。通常在吸水实验初始阶段，吸水率随吸水时间增长而增长，最后达到饱和或最大吸水率状态。测定吸水率的实验方法是基于吸水仪器，建立样品吸水量-吸水时间曲线，根据曲线计算各种吸水参数。

在吸水实验中，将实验初始阶段的前 10min 吸水量和 2h 吸水量的百分比，定义为吸水比。

(3) 膨胀性　蒙脱土具有很强吸水膨胀性，蒙脱土吸水后体积膨胀可增大几倍到十几倍，蒙脱土样品能吸附 8～15 倍于自身体积的水。

采用膨胀容表示蒙脱土样品的膨胀性。蒙脱土样品在稀盐酸溶液中膨胀后的总容积称为膨胀容，以 mL/g 样品表示。钠基蒙脱土比钙基、酸性蒙脱土的膨胀容高；同一类型的蒙脱土，含蒙脱石量愈多，膨胀容愈高。膨胀容是鉴定蒙脱土矿石类型和质量估价的技术指标之一。

膨胀性用于表征处理剂抑制蒙脱土膨胀的能力，一定量蒙脱土样品（如 2g）在一定体积管状容器中被溶液浸润 16h 的体积增加量，与其在 2h 的体积增加量的比值，作为评价某种处理剂抑制性的参数。

膨胀性指标不用于直接表征蒙脱土纳米中间体的膨胀性，而用于表征聚合物包覆蒙脱土纳米中间体微球的膨胀性，通常采用样品吸水实验，建立样品吸水量-吸水时间曲线，利用 Fick 模型计算曲线的各种吸水参数。

(4) 胶质价　蒙脱土样品在水介质中分散形成胶体状悬浮液，采用胶质价表征这种悬浮液的黏滞性、触变性和润滑性。

将蒙脱土样品（如 15g）与水（如 150～300mL）按比例混合后加入适量的氧化镁静置 24h，形成凝胶状堆积层的体积称为胶质价，单位为 mL（凝胶体体积）/15g 样品。

胶质价是评价蒙脱土形成胶体体系及其稳定性的指标，它综合表征了蒙脱土的分散性、亲水性和膨润性。

通常钠基蒙脱土的胶质价高于钙基、酸性蒙脱土；同一类型的蒙脱土，含蒙脱石愈多，其胶质价愈高。

（5）*造浆性* 造浆性参数指标用于评价石油工程所采用蒙脱土的膨胀性与增黏性。蒙脱土用作石油工程工作液（如钻井液、完井液）悬浮剂时，采用蒙脱土样品在水溶剂中的造浆性的效率称之为造浆率。

将单位质量蒙脱土样品配成表观黏度为15mPa·s悬浮液的体积数（单位 m^3/t），定义为造浆率。显然，蒙脱土的造浆性能也是其吸水膨胀性能的直接反映和表征，蒙脱土膨胀性越大，造浆性越好。

（6）*蒙脱土白度和吸附脱色* 蒙脱土白度的测试表征参考高岭土的有关标准。蒙脱土对气体、液体和有机物等具有强烈吸附能力，长期用于工业脱色。酸性蒙脱土和酸活化的活性白土对各种油类具有良好脱色性。

采用脱色率和脱色力表征蒙脱土样品的吸附脱色能力，还可采用脱色力和比表面积表征样品的脱色能力。在相同测试条件和脱色效果情况下，标准土样品质量与试样样品质量之比，乘以标准土的脱色力值即为试样脱色力，表示如下。

$$T=T_0W_1/W_2 \tag{6-32}$$

式中，T 为试样的脱色力；T_0 为标准土的脱色力；W_1 为与试样消光量相等时的标准土质量，g；W_2 为试样质量，g。

采用一定重量蒙脱土样品对煤油沥青溶液脱色，脱色前后的溶液消光值之差与脱色前溶液的消光值之比，称为脱色率，以百分数表示为：

$$A=(E_0-E_2)/E_0\times100 \tag{6-33}$$

式中，A 为脱色率，%；E_0 为煤油沥青标准溶液的消光值；E_2 为脱色后煤油沥青溶液的消光值。

（7）*蒙脱土综合测试表征指标* 还采用比表面积、孔隙度、电荷密度、游离酸、活性度、粒度、含砂量参数等表征蒙脱土综合性能，这些参数指标是催化剂、电极、水处理及涂料等的应用指标。

测定固体比表面积常用 BET（Brunauer-Emmett-Teller）、电子显微镜和气相色谱法。BET 吸-脱测试分析孔隙度、孔结构等。纳米材料性质、质量和应用表征评价是重要参考。结合蒙脱土的增稠、固定、稳定、触变、崩解、黏结、分散、吸附等性质，建立其催化剂、涂料、工程塑料、橡胶及石油开采规模应用基础。

6.3.2.3 凹凸棒土矿物结构性能

（1）*热分析特征* 类似于蒙脱土样品热分析，采用差示扫描量热仪 DTA 和热重分析仪 TGA 分析凹凸棒石中的不同结构的“水”的特征。在加热温度由较低温度向较高温度转变时，凹凸棒石呈现特征吸收或放热峰，同时，对应地产生重量减少（失重）现象，在加热条件下凹凸棒石的特征峰位置及其特性说明，参见表 6-6。

表 6-6 凹凸棒石在温度场下的特征吸收或放热峰

温度范围/℃	失重量/%	吸热放热特征	失水类型
70～230	＜10	110℃处强吸热谷	沸石水(空穴水)
230～440	＜5	中等吸热谷	配位结晶水
400～580	＜6	平缓吸热谷	配位结晶水＋结构羟基水
580～900	＜2	平缓非对称吸热谷	结构羟基水
＞900		微小放热峰	

(2) 凹凸棒土与蒙脱土的关系　SEM 技术观察凹凸棒土形态，呈絮状、云片状的蒙脱石集合体形貌，实质上是凹凸棒石构成的体系。凹凸棒土在常温、常压和碱性介质条件下，可与蒙脱石相互转化。

此外，在蒙脱石边缘或表面有许多细小的凹凸棒石晶出现。从晶体化学成分分析可知，蒙脱石以→凹凸棒石的转化过程，是增加 SiO_2、MgO 与 Al_2O_3 的过程，也是减少 Fe_2O_3 及 Na^+、Ca^{2+} 等阳离子的过程。

① 凹凸棒石与蒙脱石的热力学平衡关系　在凹凸棒石与蒙脱石的热力学平衡关系中，$[Mg^{2+}]$、pH 值和 $[H_4SiO_4]$ 三个参数中的一个或一个以上参数增大，都有利于生成链状结构的凹凸棒石，其定量式如下。

$$\lg[Mg^{2+}]+2pH+2\lg[H_4SiO_4]=5.75[\text{蒙脱石-凹凸棒石}] \tag{6-34}$$

当 $\lg[H_4SiO_4]\geqslant 4.25$ 时，蒙脱石将转化为凹凸棒石；若环境中 Al_2O_3 浓度较大时，将仅有蒙脱石稳定存在，而无凹凸棒石形成。

② 凹凸棒石与 SiO_2 的关系　凹凸棒石在富含 SiO_2、MgO 和 Al_2O_3 及 pH=8.5 的水体环境中生成。随着凹凸棒石结晶及大量 Mg^{2+} 消耗，pH 值下降。原先处于饱和态的 SiO_2 多以 $[H_4SiO_4]$ 形式存在。水溶液呈碱性时，胶体凝聚作用使 SiO_2 含量减少，溶液再次达到生成凹凸棒石的条件。

③ 酸淋洗特性　凹凸棒石经酸溶液淋洗后，其八面体阳离子析出顺序为：Mg>Fe>Al。据此可间接推测 Mg、Fe 占据边缘八面体的位置。大部分边缘八面体被 Mg^{2+} 占据，但没有被 Al^{3+} 占据的事实。

(3) 凹凸棒土矿物晶体结构

① 凹凸棒石晶体结构　凹凸棒土矿物中的理想凹凸棒石，其晶体结构中至少存在两种以上的八面体位，即边缘八面体和中间或内部八面体结构体系。

边缘八面体配位阴离子由两个配位结晶水及四个端氧原子组成，其中两个氧原子构成连接着四面体层的桥氧键；每个中间或内部八面体由四个氧原子和两个羟基配位阴离子组成。

② 晶体结构模型　凹凸棒石在不同氧化物、pH 值和水体环境中生成，产生较复杂的晶体结构。X 射线表征凹凸棒石平行的（100）面间距（d=0.645nm），存在连续的氧原子层面（Bradley，1940 年）。

现有凹凸棒石晶体结构模型中，硅氧四面体分上下两条双链 $[Si_4O_{10}]$，每一条由四个 Si—O 四面体组成硅氧四面体带，其活性氧相向而指，在（100）面方向可以观察到由 Si—O 四面体组成的六角环，它们依上下相向的方向排列，且相互间被其他八面体氧和 OH—所连接。该晶体结构由 8 个 Si—O 四面体以 2∶1 型层状排列而成，形成斜方晶系 Pnmb 和单斜晶系 A2/m，晶体模型见图 6-21。

③ 晶体晶系特性　凹凸棒石晶体结构模型中，Mg^{2+} 等阳离子充填于由氧及 OH^- 构成的配位八面体中，在其硅氧四面体 $[Si_4O_{10}]$ 带之间存在平行于 C 轴的孔道，沸石水充填该孔道内，孔道横断面半径为 0.37～0.64nm，比沸石孔径（沸石孔径 0.29～0.35nm）大。综合凹凸棒石结构至少有两个斜方晶系 Pnmb 和两个单斜晶系结构 A2/m。

在单斜晶系 A2/m 中，晶系晶胞参数：$a\sin\beta$=1.29nm，b=1.8nm，c=0.52nm。

④ 晶体 X 射线衍射峰特征　土状和纤维状凹凸棒石粉晶样品的 X 射线衍射，见图 6-22。

⑤ X 射线衍射区别土状凹凸棒石与纤维状凹凸棒石　X 射线衍射及其特征衍射峰能有效区别土状和纤维状凹凸棒石，区别特征如下。

a. d 值=0.40～0.45nm，纤维状凹凸棒石仅在 0.45nm 及 0.413nm 处有双衍射峰。

b. 土状凹凸棒石在 0.45nm、0.425nm 及 0.40nm 处出现三重衍射峰。

c. TEM 表征石英土状凹凸棒石共生矿，表明悬浮-沉淀法提纯土状凹凸棒石仍存在粒径小

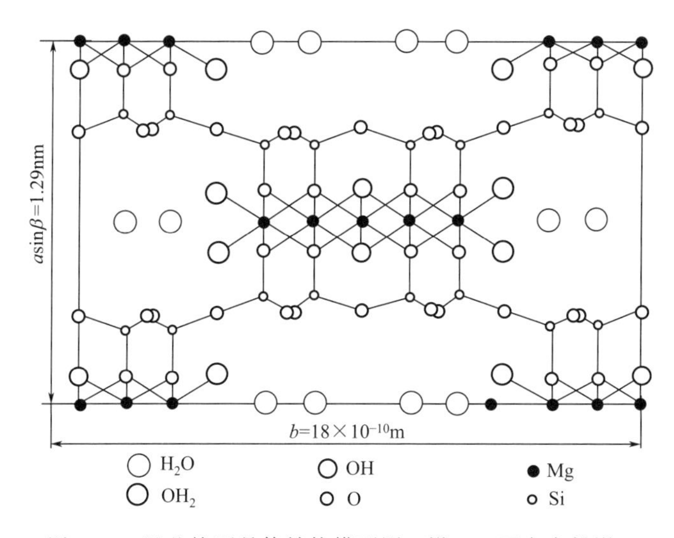

图 6-21 凹凸棒石晶体结构模型图（沿 001 面方向投影）

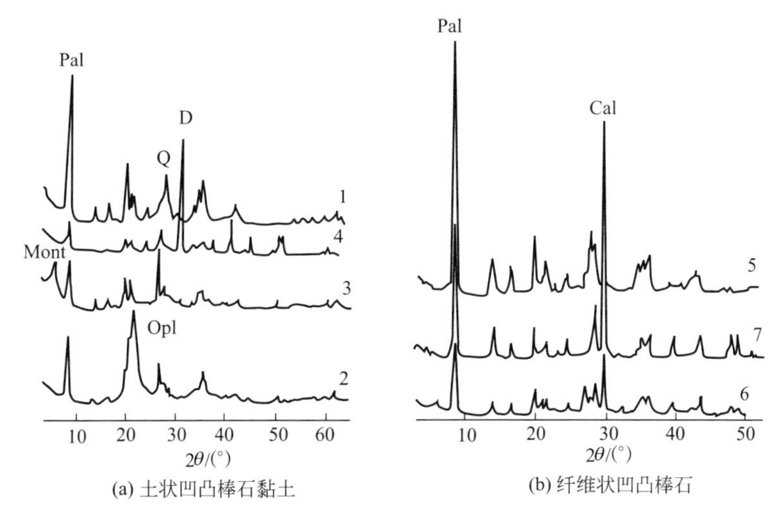

图 6-22 凹凸棒石和共生矿物的 X 射线衍射谱图（郑自立等，1996）

于 100nm 的石英颗粒；d＝0.334nm 为石英特征衍射峰。

d. 晶体衍射峰位 0.40～0.45nm 及 0.25～0.26nm 差异性可用于判定区分凹凸棒石的斜方晶系或单斜晶系，即判定（121）和（161）衍射峰是否各自分裂为两个峰。

6.3.3 层状硅酸盐孔结构性能表征

6.3.3.1 微粒聚集体形成的孔隙结构类型

（1）IUPAC 孔结构类型 孔隙是粒子间的空隙和间隙，包括空腔（与表面连通）、孔道、闭孔（与表面不连通）结构体系。不同形状孔类型有圆柱形、楔形、板形等。

基于岩石粒子每一个孔尺寸范围都与等温线上的特征吸附效应相对应，IUPAC 给出了岩石微粒孔结构的分类。前述 IUPAC，按孔径（d）尺寸大小，统一地将孔分为如下三类：

a. 微孔（d＜2nm）；

b. 中孔（d＝20～50nm）；

c. 大孔（d＞50nm）。

微孔特性，其孔壁相互之间最接近、相互作用势能比更宽尺度范围微孔中的势能高得多，而它在一定压力下吸附量相应提高；中孔发生毛细凝聚现象，其吸附等温线是具有滞后特征的回线，这种特征等温吸附效应被有效使用；大孔尺寸很宽，因为相对压力非常接近于1，而无等温效应。

此外，极微尺度的孔中的吸附会产生增强效应，超微孔的孔径范围在极微孔与中孔之间，这类极小尺度孔，在超深层、低渗透储层等复杂油气层中较普遍存在。

（2）吸附剂表征孔结构类型　采用固体等温吸附模式处理超微粒吸附气体行为，获得固体和固体超微粒表面积、孔结构等参数，常采用的吸附质气体为氮气（N_2，沸点为77K）。采用的固体吸附剂物理吸附等温线模型的类型见图6-23。

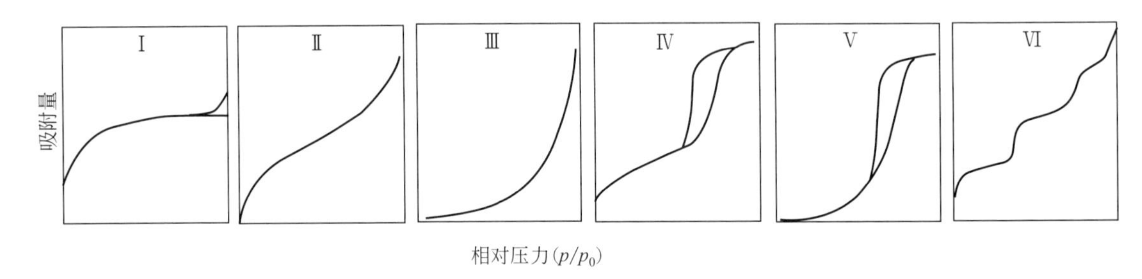

图6-23　固体吸附剂物理吸附等温线模式

在这六种吸附类型中，Ⅰ型等温线表征微孔吸附剂特性；Ⅱ型表征固体非孔特征；Ⅲ型和Ⅳ型表征吸附剂吸附质相互作用很弱的系统特征，Ⅲ型还表征非孔固体特征。由Ⅰ和Ⅳ型等温线可计算比表面积。Ⅴ和Ⅵ型等温线计算多级孔分布比表面积。

常用氮气（N_2）吸附测定固体比表面积，由Ⅳ型等温线计算孔径分布。例如，凹凸棒石晶体内部孔道大小为0.37nm×0.64nm，这主要是沸石水充填，且其边缘部位还占据与Mg^{2+}结合的四个配位结晶水；其次，其空隙孔尺寸分布广，存在>1μm和<0.5μm的孔，包含较多孔类型。

（3）吸附仪表征孔道结构的方法　采用多种吸附仪，选择惰性气体测试表征层状硅酸盐超微粒子表面积。采用毛细凝聚法测定吸附等温线，测定BET-N_2气吸附-解吸等温线，由曲线计算样品的比表面积和孔径分布。

实验得到的凹凸棒石吸附等温线与蒙脱石-氮气吸附等温线特征相似（按固体吸附剂物理吸附等温线模式Ⅱ处理），即曲线前半部分斜率较小上升缓慢，是相对压力较低时发生的多层吸附；曲线后半段急剧上升，随着相对压力增加，发生多层吸附同时也发生毛细凝聚现象。

在样品等温吸附线上$p/p_0=0$时，多种吸附等温曲线与表示吸附体积的纵坐标交于非零处而截距不等，就表征其都存在微孔及不等的微孔量，实验得到土状凹凸棒石微孔量大于纤维状凹凸棒石。

活化处理调控凹凸棒石比表面积及孔体积。热活化脱气温度由真空150℃升到370℃，土状凹凸棒石比表面积由44.91m^2/g增至51.24m^2/g。酸化浓度过高时，土状凹凸棒石比表面积由257.24m^2/g降至177.00m^2/g。表明热活化及酸活化过程，使凹凸棒石晶体结构发生变化。实验采用美国Micromiritics ASA P2400吸附仪。

6.3.3.2　凹凸棒石和蒙脱石微孔分布表征

（1）孔径分布分析　依据黏土粒子存在缝隙孔或板形孔表征孔径分布，作出样品的dv-$d\lg d$（v，d分别是孔容和孔径）曲线（略），分析凹凸棒黏土中的孔径分布。在实际dv-$d\lg d$曲线，有两个极大值点，它们分别是较大孔径对应最大值孔径（如32nm）；较小孔径对应极值孔径（如4.0nm）极大值点的数值随酸化浓度而变化。当酸浓度<2mol/L时，该极值几乎不变，当酸浓度达4mol/L时，不仅孔体积减小，孔径也有减小趋势。

采用热活化样品产生类似效果，150℃真空活化样品及脱气8h和4h，孔径分别为109.66nm和125.57nm；随后高温（370℃）真空脱气，孔径降为89.56nm。

总之，晶粒粒径越大，孔体积极大值对应的孔尺寸越大；热活化和酸活化过程改变晶体结构产生折叠形态，但这改变不完全，仍然存在初始微孔；低浓度酸化活化时，除了增加样品微孔区体积外，还溶蚀粒子间组分而增大最大孔径值。

（2）微孔吸附效应　天然凹凸棒石及活化凹凸棒石是优良吸附剂，其微孔分布体系具有很强吸附性，不仅能吸附 Cu^{2+} 及 Pb^{2+} 等阳离子或极性有机大分子，还能有效地吸附润滑油脂、醇、醛、芳香烃链等的大分子或微菌霉块等。活化凹凸棒石吸附剂，用于吸附环境中的阳离子及有机阳离子及其分子，吸附质粒径为0.1nm至几个微米。

6.4 聚合物纳米复合结构与效应表征

6.4.1 聚酯纳米复合等温结晶效应

6.4.1.1 聚酯及其纳米复合材料等温结晶效应

（1）聚对苯二甲酸乙二醇酯结晶　如前所述，聚对苯二甲酸乙二醇酯（PET）树脂作为单一品种产量最大的高分子材料产品，已衍生出数以万计的新品种、新牌号，用于纤维、非纤维的广泛领域。作为均聚物，PET树脂是半结晶型高分子材料，其结晶体属于三斜晶系[76]。实际上，PET的单体PTA晶体属于三斜晶系，PTA羧基平面与苯环平面呈二面角扭转构象形态[77~79]。晶体结构测定的参数与量化计算的结构基本一致[79,80]。根据高分子链拓扑规律，PTA的结构参数可用于PET高分子链计算。

PET高分子与其他许多半结晶性高分子一样，在其退火结晶样品的DSC热扫描曲线上，产生典型的一个以上的多重结晶熔融峰[81~83]。聚合物多重结晶熔融行为研究由来已久，虽并未有最终定论却也几乎接近真实。即使如此，从纳米科技原理方法上，可以更深入研究聚合物纳米片晶形态、多晶型、熔融重结晶机制，尤其是外加入纳米粒子诱导聚合物纳米晶形成和可控分布，将揭示更有趣的聚合物纳米复合结晶和多重熔融行为。

（2）聚酯纳米复合结晶效应　聚合物无机纳米复合材料的大量结构性能研究报道[84~87]，已经揭示插层聚合复合合成的聚合物纳米复合材料具有可控纳米分散结构、分布及高分子链刷子结构体系。外加于聚合物基体中的纳米粒子的分散、复合、隔离和界面作用，必然改变纯聚合物的结晶行为；而外加无机层状结构中间体，将产生可控纳米分散复合结构与界面作用，最为有效地加速聚合物结晶。我们将聚二烷基二甲氢化季铵盐用于模型层状硅酸盐插层反应处理，得到层状硅酸盐表面自组装的单层吸附结构，聚二烷基二甲氢化季铵盐在该模型层状硅酸盐表面吸附经历了吸附缺陷生成及缺陷修补过程，这种表面吸附可形成海岛结构，增加高分子链与基体的作用并极化高分子链[85~88]。

为了研究这类纳米复合材料的结晶效应，可制备系列对比样品。我们建议采用十六烷基三甲基铵盐处理黏土形成有化黏土干粉中间体，以此中间体与PET树脂粉末在Haake流变仪中热熔融、剪切及热共混挤出，制备PET黏土共混材料，用作进行对比性研究的样品。同时，PET与黏土原位聚合复合制备聚酯纳米复合材料样品（标记为NPET）。这些样品在高温高压膜专用机器上，优选温度和压力条件下经过压制得到薄膜样品（厚度100nm～1mm不等），再经过淬火过程，得到不同结晶热历史的薄膜样品，调节膜表面光洁明亮度。

（3）聚对苯二甲酸乙二醇酯等温结晶过程　聚对苯二甲酸乙二醇酯等温结晶过程像一般聚合物样品一样采用多种分析方法。采用热分析（如DSC）可研究该等温结晶过程（采用标样In和Zn校正基线）。聚合物纳米复合材料等温结晶动力学及结晶行为以Avrami方程描述。

$$\ln\{\ln[1-x(t)]\}=\ln k+n\ln t \tag{6-35}$$

图 6-24 与图 6-25 是聚酯纳米复合样品的等温结晶动力学曲线。

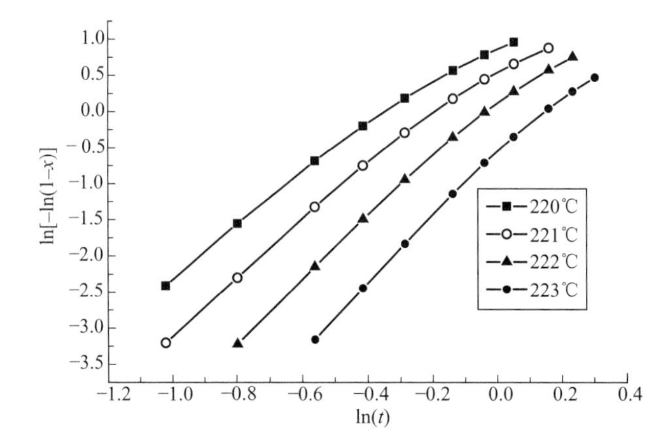

图 6-24 聚酯纳米复合材料［NPET，3.0%（质量分数）黏土中间体］样品等温结晶的 Avrami 曲线

研究 NPET 与 PET 样品的等温结晶过程及其对比性质，采用 Avrami 等温结晶曲线表征，见图 6-25。

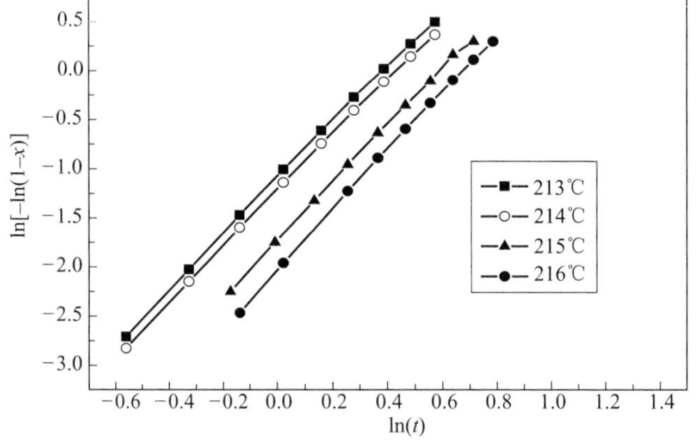

(a) 含1.0%(质量分数)黏土纳米中间体的聚酯纳米复合材料NPET样品

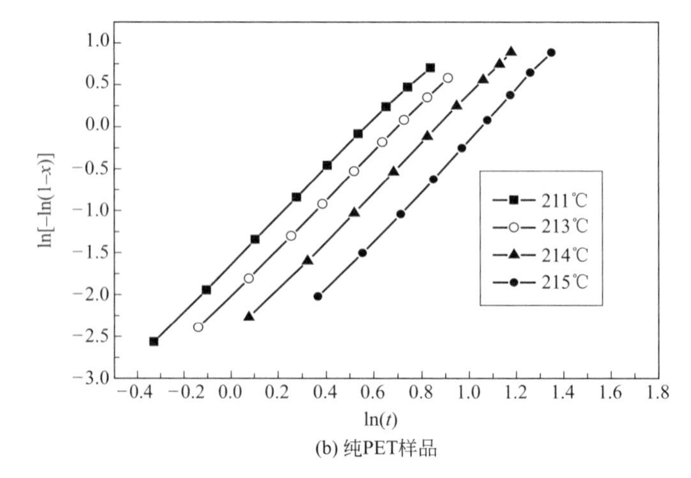

(b) 纯PET样品

图 6-25 聚酯纳米复合材料（NPET）与纯 PET 样品的等温结晶 Avrami 曲线比较

可见，NPET 与 PET 结晶方式不同。NPET 中黏土含量不同，结晶行为有差异，C＝

3.0%时，NPET 结晶的异相成核作用显著。

6.4.1.2 纳米复合材料成核结晶效应与模型

（1）球晶形态 针对聚合物纳米复合材料凝聚态结构，可采用透射电子显微镜（TEM）测试超薄样品（采用超薄切片技术，得到切片厚度为 50～100nm 的样品），测定其纳米粒子的分散尺寸和尺寸分布。

采用 NPET 样品研究其纳米层状片层的插层剥离与分散形态，原始黏土透射电镜形态是清晰的片层堆砌体及片层呈平行形态，NPET 样品中的黏土片层结构（a）及共混聚酯黏土共混样品的片层结构形态（b），见图 6-26。

(a) PET-黏土共混材料

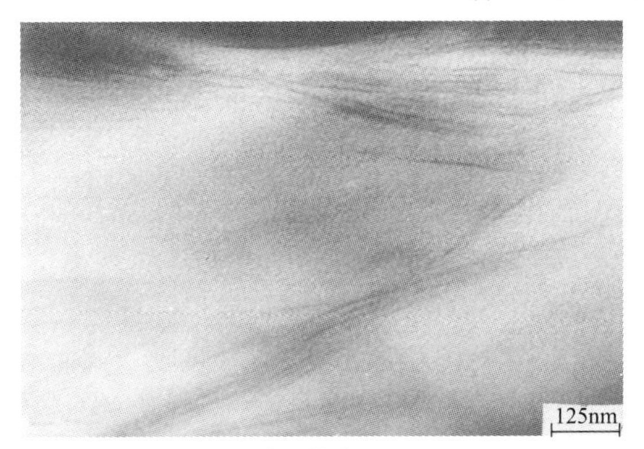

(b) NPET

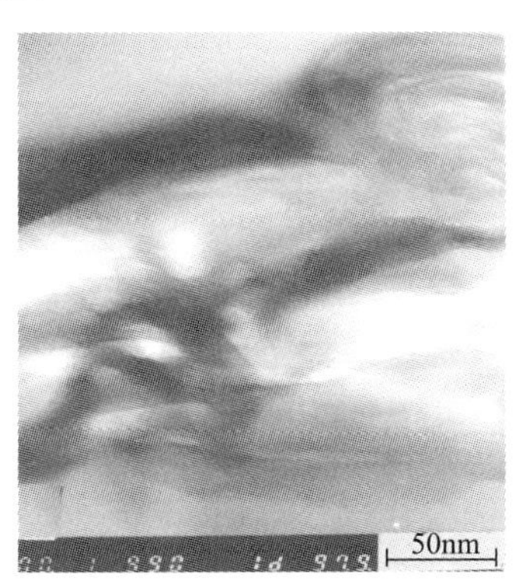

(c) NPET的高聚物刷子结构

图 6-26 聚酯纳米复合材料 NPET 样品的黏土片层 TEM 形态

原始的黏土片层纹理相互平行［见图 6-26(a)］，而片层受高分子链插层或剥离后呈不平行形态或无规则分散态［见图 6-26(b)、(c)］。无规则剥离分散的片层间距高达 30nm[16]，有的片层间距则仅 1.5nm 左右。显然，PET 分子链与黏土简单共混体系的高分子链网状结构不能有效进入黏土层间，片层未解离而保持天然平行结构。然而，剥离片层可呈堆积形态如毛刷状堆积形态，该片层堆积结构放大后（倍率 20 万倍），片层纹理变得模糊表示无规则剥离分散性。

（2）聚酯纳米复合材料组装和自组装结构 PET 树脂材料本身具有液晶结构基元，可产生微聚集态有序组装和自组装形态。PET-黏土纳米复合材料样品经过热熔和“熔融-淬火”后，得到的淬火纳米复合材料样品，仍然保持类似微聚集态有序组装和自装结构形态，而该结构形态具有离散分布特性，完全不同于无定形 PET 的聚集态或无序结构形态。

可以认为，采用类似黏土的纳米中间体与聚酯形成纳米复合材料，都会产生黏土片层剥离并导致类似的聚集体有序现象，这种有序体可以经过纳米分散复合、热、剪切加工过程，自发或自组装形成高效纳米效应体系。

（3）双重熔融峰现象 聚酯纳米复合材料（NPET）中，纳米片层可控剥离与无规分散性会呈现多尺度分布，这种纳米分散多尺度体系在 NPET 样品中会诱导不同分子链产生吸附特性，使其产生多重熔融行为，这与PET样品有显著不同。

NPET树脂的淬火样品经过130℃等温结晶过程，然后再将该退火样品进行DSC热扫描，就会很易得到150℃处的小熔融峰，它随结晶时间延长而逐步减弱直至消失，这就是强烈的多分散纳米片层效应。

实际上，NPET样品小熔融峰随时间延长，在高温处明显变弱（与PET同类小峰比较），黏土中间体多尺度分散片层对聚酯基体分子链具有导向性作用，抑制或阻碍小熔融峰及其对应晶体的产生或生长，只是双重熔融行为仍有残余。NPET样品经等温结晶后的DSC扫描曲线，见图6-27。

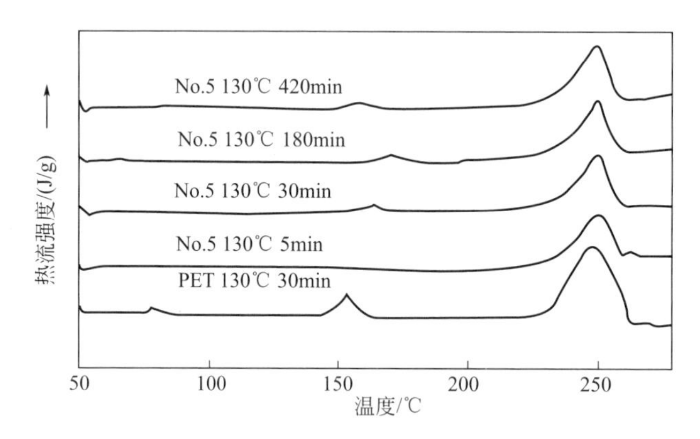

图6-27　NPET等温结晶样品DSC扫描特征（双熔融峰的小峰几乎消失）

对小熔融峰随等温结晶温度的变化，文献［81～83］解释归结为：

① 不同晶型或不同片层厚度；

② DSC扫描过程中的热作用；

③ 熔融重结晶过程。

我们综合分析小熔融峰形成机理，以及NPET比PET快速结晶的过程机理，提出了层状结构剥离多尺度纳米片层及其分散形态是导致聚酯纳米复合材料多尺度晶体及其双重熔融行为的机理。

6.4.2 纳米复合结晶成核与热效应

6.4.2.1 结晶与成核活化能

（1）*成核活化能垒*　我们定义聚合物（如聚酯）纳米复合材料样品的相对活化能E_r为：

$$E_r=\text{纳米复合样品的绝对活化能/纯聚合物样品的绝对活化能} \tag{6-36}$$

分析样品热结晶过程时，将表观活化能分为成核活化能与球晶生长活化能。

计算样品活化能时，采用计量单位kJ/mol。测量计算样品的活化能和相对活化能，发现当黏土加量由低到高增加时，初期纳米片层剥离分散趋势强烈，样品相对活化能降低，这表明样品体系成核效应更明显。黏土含量达2.5%时，结晶动力学为球晶生长机理所控制（Avrami指数$n=2.85$），而纳米片层通过聚酯限域分子链作用控制球晶生长，E_r随黏土含量增加而上升，见图6-28。

当黏土达到临界含量3.0%时，样品结晶动力学为成核机理所控制。在黏土临界含量处，样品等温结晶成核效应可达最大值并进入平台区[89]。此后，纳米硅酸盐片层成核作用，使E_r随黏土含量增加而下降。尼龙6-黏土等温结晶动力学体系与此类似[84,85]。

因此，在黏土（或其他纳米材料）临界加量下，聚合物分子成核和结晶生长的活化能达到最大值，将该值定义为该聚合物纳米复合材料结晶与成核的活化能垒。

(2) 纳米复合加速结晶效应 纳米分散粒子作为成核模板，通过吸附和组织分子链，提高分子链有序化的运动能力，加速结晶过程。

如前所述，基于 DSC 热扫描方法，采用样品从玻璃态结晶的峰温（T_{gc}）或从熔体结晶的峰温（T_{mc}）与玻璃化温度 T_g 的差值，即（$T_{mc}-T_g$）或（$T_{gc}-T_g$）表征结晶速率的快慢。

研究聚合物纳米复合材料结晶成核速率中，采用聚酯纳米复合材料样品已取得确切数据，即纳米复合大幅度提高聚酯结晶速率。

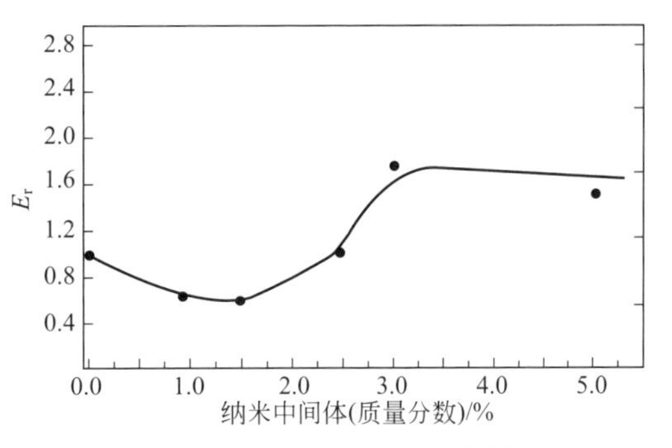

图 6-28 NPET 材料的相对活化能（E_r）与黏土加量的关系

采用无定形 NPET 样品，并经过 DSC 热扫描得到的热曲线表明，随聚酯纳米复合材料中黏土纳米中间体在一定范围加量增加，纳米复合材料样品的结晶速率相应提高，热扫描曲线见图 6-29。

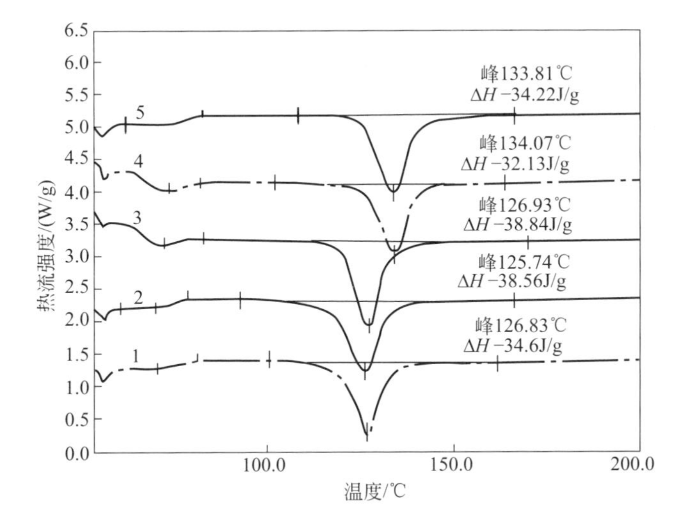

图 6-29 NPET 材料从玻璃态热扫描的 DSC 曲线

1—PET；2—0.5%（质量分数）黏土中间体；3—1.0%（质量分数）黏土中间体；4—3.0%（质量分数）黏土中间体；5—5.0%（质量分数）黏土中间体

NPET 无定形样品连续 DSC 扫描时，NPET 熔融后达到一种平衡态，第一次热扫描降温后再次上行扫描时，已平衡体系很快再次达到新的平衡而无须经过冷结晶过程如图 6-30(a) 所示，这说明其结晶速率很快。而 PET 结晶速率慢，每次热扫描都难以达到真正的平衡，都要经过一个冷结晶过程，见图 6-30(b)。

总之，促使 NPET 结晶速率提高的因素可能包括苯甲酸钠的成核、硅酸盐片层纳米粒子的成核中心及 PET 分子链在硅酸盐层间运动受限等。除插层剂因素外，片层剥离度对成核效果影响也很大，片层剥离后与高分子链形成交联网络，高分子链在受限区域运动，分子链形态趋于规整而结晶变易，可抑制球晶异向生长，如在大部分区域球晶细化。由于非均相成核作用增加，各种成核中心作用使总体结晶速率加快。但是，部分剥离纳米颗粒有再聚集的倾向，并与黏土中的 SiO_2（<0.5%，质量分数）等形成凝聚粒子，约占总数的 3%（质量分数）。

硅酸盐纳米效应表现为：增加基体交联度、提高热变形温度、细化晶粒、诱导结晶与多晶型转化及成核结晶。NPET 分子链与黏土纳米粒子的交联网络与 PET 基体分子链共存，在加工温度场作用下网络与基体分子相互滑动，改善加工流变性能或降低基体熔点等。

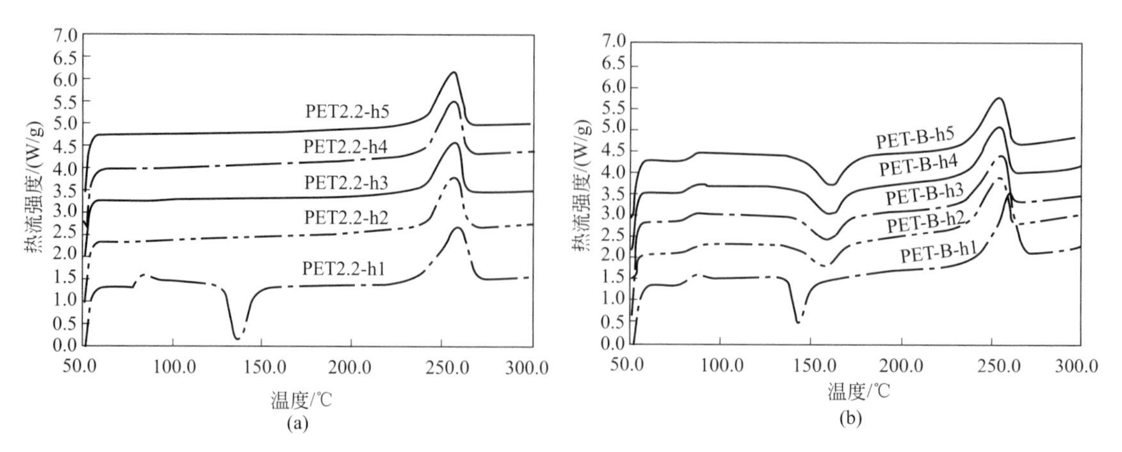

图 6-30 NPET（a）和 PET（b）从玻璃态开始 DSC 热扫描再反复扫描曲线

（样品先从玻璃态热扫描到样品熔点以上 40℃，然后迅速降温到室温，紧接着再热扫描到样品熔点以上 40℃，如此往复 5 次）

6.4.2.2 纳米复合结晶热效应

(1) 纳米复合热容效应　单位质量的某物体改变单位温度时所吸收或释放的内能，称为比热容（specific heat capacity）、比热容量或比热（specific heat）。比热容表示单位质量某物质的热容量，国际单位制单位是 J/(kg·K) 或 J/(kg·℃)，J 是焦耳，K 是指热力学温标，类似摄氏度（℃），我国也采用单位 J/(g·℃)。

令 1kg 物质温度上升或下降 1℃所需能量，表示为：

$$C=\Delta E/(m\Delta T) \tag{6-37}$$

式中，ΔE 为吸收或者放出的热量；ΔT 是吸热或者放热后所上升或下降的温度值；m 是样品的质量。

工程应用上，经常采用定压比热容 C_p、定容比热容 C_v 和饱和状态比热容。

对于聚酯纳米复合材料样品，采用 DSC 测量比热容数据的分析计算式如下。

$$C_p=\Delta H/[(m_1+m_2)\Delta T] \tag{6-38}$$

式中，C_p 是 DSC 测定的样品热容量；ΔH 是热焓；ΔT 是温度差；m_1 和 m_2 分别是聚酯基体和纳米中间体的质量。采用 DSC 热扫描的热容模式，测试聚酯黏土纳米复合材料样品（NPET）的比热容-黏土纳米中间体加量的关系曲线，见图 6-31。

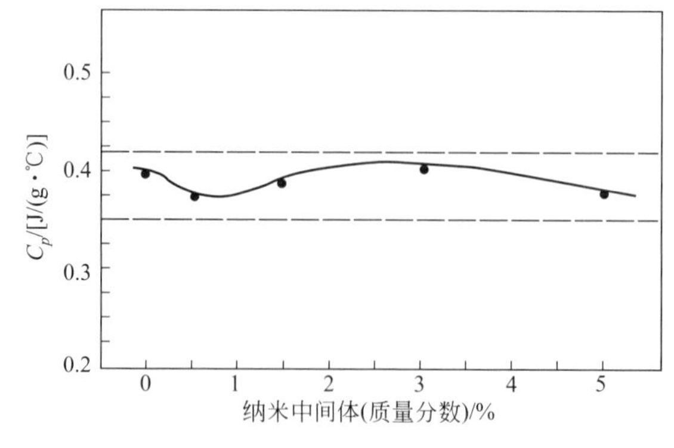

图 6-31 聚酯纳米复合材料（NPET）样品的比热容-黏土中间体加量的关系曲线

聚酯纳米复合材料受热后体系热焓或内能增加，其内能增加幅度呈线性时，C_p 为常数；若这种内能增加为非线性时，C_p 不是常数而是温度的函数，具有较小波动幅度。实际拟合 C_p-黏土中间体加量的关系曲线实验点数据，得到其比热容的波动值范围小于 0.05J/(g·℃)。

聚酯纳米复合材料的比热容效应，推广到聚合物黏土纳米复合材料一般情形，纳米复合材料样品的比热容波动性可控制在很低水平。纳米中间体均匀分散于聚合物基体中形成“复合均相体系”，则比热容总体是不变的常数。

(2) *纳米复合热阻传导效应* 合成和综合研究大量聚合物（聚酯、尼龙）黏土中间体纳米复合材料样品，已得到其热变形温度相对提高幅度很大的证据。

根据样品热变形测试原理，样品热变形性是在受热情况下的热变形性表征。因此，纳米复合材料的热阻传导效应，是纳米分散复合体系的分子链被片层高度吸附所产生的阻抗热冲击效应。

(3) *纳米复合热变形效应* 高分子基体纳米复合体系中，高表面能纳米粒子增加高分子链极化度，降低了聚合物链之间的相互作用和熔融温度，但是充分分散的纳米片层结构，可更有效地吸附高分子链。因此，这类极化高分子链与剥离片层的强界面作用，产生物理化学交联网络，使聚合物纳米复合材料样品在受热加压作用下，能抵抗更高热冲击和热变形性，从而提高体系热变形温度。

6.4.3 纳米粒子组装形态

6.4.3.1 聚合物纳米复合体系自组装界面

(1) *纳米复合材料界面研究* 聚合物分子链必然和纳米分散片层形成多重界面，可采用界面分析仪测量界面张力、黏附现象。而微观界面形态可采用超薄或具有光滑表面的样品，经过电镜和原子力显微镜分析得到界面的精细、深层结构信息。采用 AFM 技术可测试一般样品的表面形貌，根据 AFM 模式（如摩擦式、敲击式、刻画式、溶液、电解质模式等）等需要，可先采用光学显微镜观察来优选表面平整或完美的样品。

类似地，X 射线方法根据样品尤其是聚合物纳米复合材料样品的特征峰，经过测试膜样品或压膜样品（1cm×1cm 四方块体），采用扫描模式［速度 0.1～1(°)/min］等制样条件，采用适当测试工艺技术，实施样品的全面测试。

(2) *纳米复合材料界面的界定* 如上所述，层状硅酸盐自身具有天然“纳米自组装结构”，这种纳米结构剥离分散中仍然存在组装和自组装行为。

然而，高度膨胀性蒙脱土与高分子复合时，原始自组装结构易被剥离及破坏而难以形成组装或自组装结构。聚合物-黏土纳米复合材料组装或自组装可在很多条件下实现，这可借鉴两亲分子有序组合体-无机纳米粒子界面作用纳米效应方法。两亲分子排列成的各类有序组合体是生物膜的最佳模拟体系（免疫学、医学、药学变革内容）。此外，分子有序组合复杂流体也是我们设计组装或自组装产生表、界面效应的纳米效应可借鉴之处。

6.4.3.2 聚合物纳米复合材料组装形态

(1) *表面活性剂-黏土组装形态* 表面活性剂分子结构包含两亲基团，其具有亲水和亲油的双亲特性。因此，其分子运移易富集于物体表面，或者在溶液中形成多种分子有序组合体如胶束、胶团等。表面活性剂的这种组装结构，将产生润湿、乳化、分散、抗静电的多功能效应，并可形成有序组合的“软物质”形态。

表面活性剂-黏土组装结构中，以黏土剥离分散的多尺度片层为核心，可形成多尺度纳米胶束、胶团，这种胶团比单纯表面活性剂胶束、胶团的热稳定性高，而比聚合物-黏土纳米复合胶束、胶团的热稳定性低。

(2) *NPET 样品中片层分散干扰聚合物片晶有序化的现象* 采用 PET 和 NPET 粉末熔体压片后进行等温结晶处理的样品，进行 X 射线衍射分析，得到 $2\theta=1°\sim40°$衍射范围的衍射峰，从 $2\theta=10°\sim30°$范围衍射峰显然可见三斜晶系三个特征峰，即 NPET 样品呈现三斜晶系特征峰，见图 6-32。

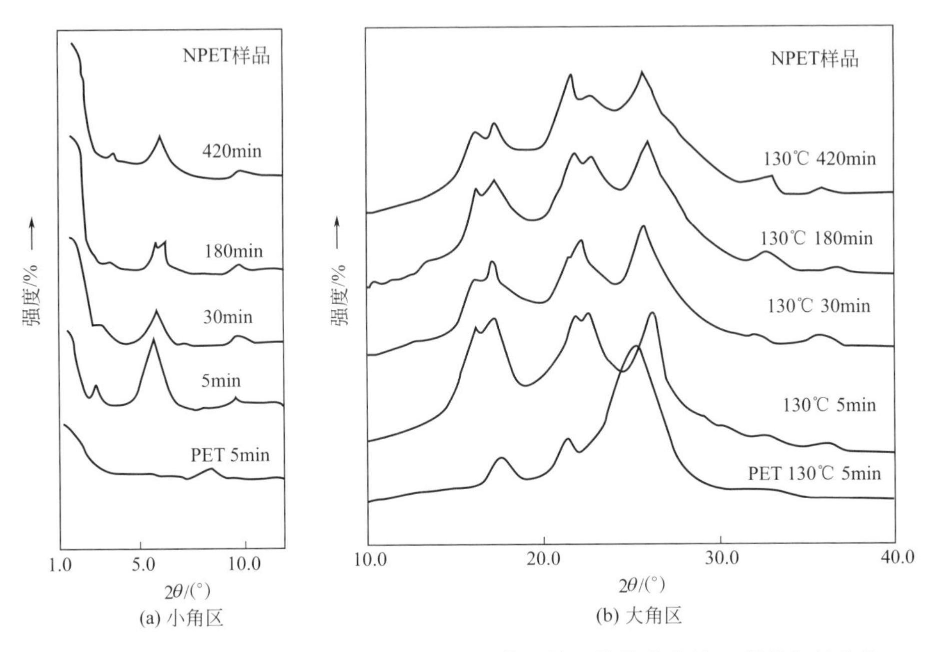

(a) 小角区　(b) 大角区

图 6-32　PET 和 NPET（3%黏土纳米中间体）等温结晶样品的 X 射线衍射曲线

在 X 射线衍射小角区曲线上，残余 d_{001} 峰表示样品仍有部分未剥离层状结构。NPET 样品在不同温度等温结晶时，X 射线峰几乎都发生部分分裂，这种分裂被认为是高分子链微区片晶受纳米分散影响发生形态变化，而保持三斜晶型。

因此，在 PET 纳米复合材料样品中，纳米片层分散可干扰聚合物片晶有序化。

采用原子力显微镜（AFM）表面敲击模式，研究 NPET 材料的纳米剥离片层组装有序结构。采用淬火无定形 NPET 样品研究纳米片层分散结构形态，得到聚酯高分子有序链段构成的微晶区形态，而淬火无定形 NPET 样品存在相对更有序化的微晶区，这种有序化凝聚态取向性很明显，见图 6-33(a)、(b) 和 (c)。

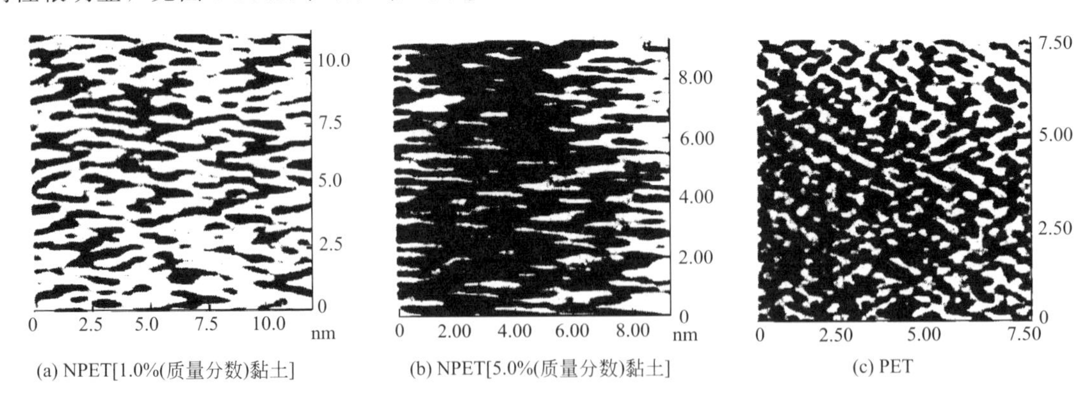

(a) NPET[1.0%(质量分数)黏土]　(b) NPET[5.0%(质量分数)黏土]　(c) PET

图 6-33　NPET 纳米复合材料无定形样品的 AFM 形态

PET 无定形样品中分子链聚集为无序分布结构体系，分子链间距很小仅约 0.4nm［见图 6-33(c)］。

而 NPET 无定形样品中纳米片层分散使其分子链间距扩大到 1.0nm，NPET 分子链之间的相互作用转变为分子链-纳米片层相互作用，分子链间范德华力和氢键作用，转化为分子链-纳米片层吸附和成核作用，产生更有序化、取向态聚集形态［见图 6-33(a)、(b)］。

因此认为聚酯高分子微晶区与黏土剥离片层共同作用产生自组装有序结构。

(3) NPET 样品中片层分散的聚酯分子链聚集态结构变化　基于 NPET 纳米复合材料中纳米片层-聚酯分子链相互作用自组织现象，可采用计算方法建立该有序化过程模型。采用将聚酯链单元的苯环平面投影至 AFM 的 A-axis 方法，测量 PET 两根分子链苯环面间距以及 NPET 分子链的间距，采用的 PET 聚合物分子链单元如下。

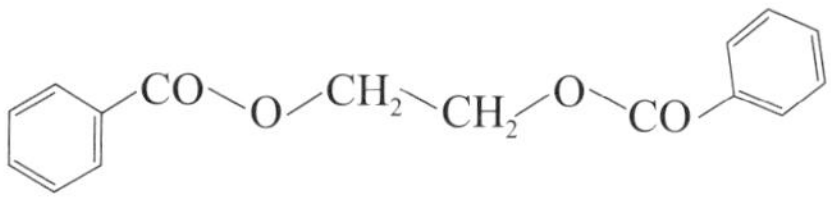

CO　O　CH_2　CH_2　O　CO

计算得到聚酯分子链平均间距为 0.43nm±0.006nm。量取 AFM 形态图中的苯环亮点平均间距为 0.28nm±0.02nm。

黏土片层作用使苯环构象发生变化，NPET 样品中苯环面扭曲 0.28nm，反而小于 PET 中苯环扭曲的 0.29nm，NPET 苯环面扭曲受纳米粒子阻碍作用，这种苯环面构象变化会影响苯环面的 X 射线衍射模式。

PET 分子链计算优化构型参数和 AFM 测试表征参数总结于表 6-7 中。

表 6-7　PET 与 NPET 分子链单元间距 AFM 测试值和计算值

测试值/计算值　样品 项目	0.0%(质量分数) MMT	1.0%(质量分数) MMT	3.0%(质量分数) MMT
Exp. M-d	0.43nm	1.88nm	1.11nm
Cal. Ben-d	0.546(0.686)nm	0.546(0.686)nm	0.546(0.686)nm
Exp. Ben-d	0.40nm	0.48nm	0.48nm

注：Exp. M-d 是分子链单元的实验测试值；Cal. Ben-d 是苯环间距的计算值；Exp. Ben-d 是苯环间距的实验测试值。

由表 6-7 可知，NPET 纳米材料黏土剥离片层插入聚酯分子链之间，其分子链间距变大。黏土量过高时，插入聚酯分子的分子链间距相对较小，推测片层剥离度较低，而只有控制黏土中间体在临界加量内，得到可控剥离分散体系，才能更有效插入聚酯分子链之间，引导分子链产生有序性。

6.4.3.3　片层剥离与组装结构及热滑移效应

(1) 聚合物纳米复合材料的热加工滑移现象　聚合物材料中加入某些纳米材料会降低其热熔体黏度和热加工流动性或流变性。实际超高分子量聚乙烯（UHMWPE）分子量大于 5×10^6 后，热加工难度和复杂性极大，采用加入润滑剂、低分子蜡或低聚物的方法，提供了解决其热加工工艺性能的方法，然而，低分子体系加量很大时却降低最终聚乙烯产品性能（如，热变形性、力学性能降低及制品或者产品表面析出低分子等）。

为此，可采用加入层状结构纳米中间体的加工工艺，优选纳米中间体及仅加入很少量纳米中间体改善 UHMWPE 材料的加工流变性及其产品与制品的性能。选用层状硅酸盐黏土中间体、膨胀石墨改性中间体，使这种加工改性实用化、高性能化和功能化。这类中间体实际在高熔体黏度体系中会产生滑移效应及“润滑”效果，而其纳米片层剥离分散自组装有序化结构会大幅度降低熔体黏度。

(2) 聚合物纳米复合材料剪切自组装效应　为了实现层状结构中间体充分剥离及形成原位纳米分散组装结构，设计具有不同分子结构和分子量及其端基的体系，通过热熔体加工和强制剪切过程，形成高分子链取向结构，这种取向过程引导层状结构的片层充分剥离并形成分散结构。

为此，设计铵基 PS 低聚物制备其插层黏土中间体，以此体系加入聚苯乙烯（PS）材料基体中，经过熔体加工剪切形成 PS 黏土纳米复合材料自组装结构。获得 PS 黏土纳米复合材料的自组装结构及其所需外部条件可参考文献报道[90]。

合成聚苯乙烯纳米复合材料样品后，经过后续有序化加工与剪切处理，可得到所需的样品，供研究滑移效应之用。

【实施例 6-7】 合成 PS 黏土纳米复合材料　采用工业聚合级蒙脱土及十六烷基三甲基溴化铵插层剂，进行溶液离子交换反应，后处理得到有机化黏土中间体体系。然后，将该有机化黏土中间体直接分散于苯乙烯单体水溶液之中，再加入适量过硫酸铵和十二烷基硫酸钠盐，启动引发反应以制备稳定的聚苯乙烯复合水基乳液。将此乳液在 70℃ 氮气气氛下原位聚合反应形成聚苯乙烯胶乳体系，经过洗涤干燥工艺，得到高分子量 PS 黏土纳米复合材料。

所制得聚苯乙烯纳米复合切粒样品，加入挤出机（如 Brabender Mixer，DADC 微混合仪或 CS-183 MMX Mini Max Molder）经热加工挤出，经模具工艺得到（5～20）mm×12mm×1.5mm 尺寸样品。

类似地，采用聚苯乙烯树脂与插层处理有机化黏土中间体，经挤出机混合和熔融挤出工艺得到熔体插层聚苯乙烯样品。采用聚苯乙烯纳米复合材料样品，调制系列有序化聚集结构体系。

(3) 制备聚苯乙烯纳米复合材料的有序化凝聚态结构样品　制备聚苯乙烯纳米复合材料的有序化凝聚态结构样品，采用以下步骤。

① 向样品熔体直接施加剪切　选择两块厚度为 3～6mm 的玻璃片，经过表面清洁化处理，升高温度至 200℃ 使这两块玻璃片之间的粉末样品熔融形成熔体，然后压紧玻璃片并迅速朝一个方向反复搓动，由此制成有序结构薄膜样品，样品尺寸为 40mm×20mm×10μm，最后，将该样品淬火到室温。

② 切粒样品熔融体系高压压片　采用水压机器，加入压片模具，在模具中加入聚合物纳米复合材料粉末，然后优化加工条件熔融压片。该压片样品在不同温度（室温～110℃）和不同时间（如 5～200min）下进行等温结晶，经过该加工和热处理程序得到初始有序结构样品。

采用聚苯乙烯基体树脂，与优选的有机插层剂分子处理的有机化黏土中间体，在挤出机中进行机械混合和热挤出，得到初始切粒样品，见表 6-8。

表 6-8　聚苯乙烯纳米复合材料用黏土处理剂及其物性

材料名称	简称	作用	分子量 M_n	M_w/M_n	T_g/℃
聚苯乙烯	PS100	基体	106000	1.07	100
聚苯乙烯	PS-CTAB	基体	77000	4.30	—
聚苯乙烯	PS-M6A	基体	130000	2.66	—
端氨基聚苯乙烯	AT-PS100	插层剂	5800	1.33	78
2-苯基乙胺	PEA-PS100	插层剂	121	1.0	—
十六烷基三甲基溴化铵	CTAB	插层剂	—	1.0	—
二甲基二羟基牛脂铵盐	M6A	插层剂	—	—	—
端氨基聚苯乙烯	AT-PS8	插层剂	5800	1.33	78
2-苯基乙胺	PEA	插层剂	121	1.0	—

6.4.3.4 纳米复合分散组装形态及热加工滑动模型

(1) 纳米片层充分剥离形态　采用尼龙-MMT、PS-MMT 纳米复合材料样品，辅以热剪切和取向工艺，得到不同初始、完全剥离分散片层结构与组装体系。采用端氨基聚苯乙烯（AT-PS8）处理蒙脱土，再与聚苯乙烯样品（如 PS100）共混合及熔融挤出，得到片层充分剥离的纳米复合材料体系。采用 PS100 与有机黏土/PS 复合物混合物（C-PS）混合，经熔体复合工艺得到聚苯乙烯纳米复合材料样品。采用 TEM 技术分析其薄片样品纳米分散形态，可得到片层剥离充分或更完全的样品，其 X 射线衍射线产生多重衍射峰（$2\theta=1.62°$，3.22°，4.85°和 6.48°），对应的分子有序结构面为（001），（002），（003）和（004）衍射，对应的聚苯乙烯纳米复合材料层状硅酸盐层间距 $d_{001}=5.45\text{nm}$。这类充分剥离片层可有效改进PS材料的流变性。

(2) 纳米片层充分剥离改进聚合物热熔体的加工流变性　纳米片层充分剥离后进入聚合物分子链之间，这种间隔作用可改进聚合物分子链的热流变性及热熔体加工流变性。采用流变仪测量聚苯乙烯纳米复合材料样品的流变性表明，聚苯乙烯和C-PS纳米复合样品在低剪切或零剪切附近的储能模量，显著高于PS100和C-PEA复合样品体系。

采用二甲基二羟基牛脂铵盐处理黏土 (M6A)，将其和聚苯乙烯基体 (PS-M6A) 进行熔体复合得到聚苯乙烯纳米复合材料。利用ARES (Advanced Rheometric Expansion System) 流变仪，测试表征该纳米复合样品的剪切结构演变过程，得到其储能模量 (复合黏度)-剪切速率关系曲线，以及体系损耗模量-剪切曲线，见图6-34。

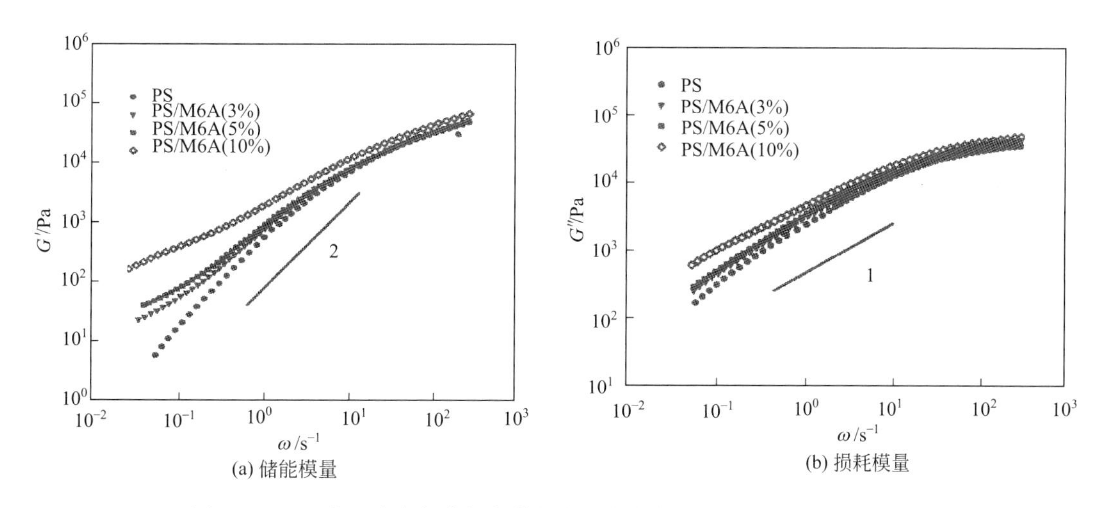

图6-34　PS-黏土纳米复合材料剪切自组装结构形态 (PS-M6A+M6A)

这些纳米复合样品剪切速率曲线对比，显见其纳米分散和有序结构形成，导致流变性异常。在低剪切速率区的这种异常差异更显著，而高剪切速率区，纳米片层趋于一致性取向。即优化纳米分散复合与组装体系，可提高流体起始流动性 (启动效应)。采用M6A处理纳米中间体的纳米复合材料储能模量和损耗模量都显著高于聚苯乙烯基体，其纳米复合有序结构介于插层体系和混合体系样品之间。

(3) 无法得到纳米片层完全剥离的形态　通过优选插层剂及优化热加工与剪切工艺，可促进纳米片层充分剥离，然而初始剥离层状结构体系在分散于聚合物基体后，保持了堆积结构和原始残余结构，这是难以再分散的结构。因此，实际上难以得到片层完全剥离的分散体系。

(4) 纳米复合热或热加工滑动效应模型　根据多例聚合物纳米复合材料体系热加工流变性得到显著改善的事实，提出纳米片层剥离分散与有序组装结构是提高聚合物分子链流动性，促使其滑动的模型。高分子基体纳米复合体系中，高表面能纳米粒子能增加高分子链极化度并更有效吸附高分子链，这降低了聚合物链的相互作用和熔融温度。然而，极化高分子链吸附剥离片层复合体系物理化学交联网络，受热加工与剪切作用时，只要克服初始阶段热变形性，就能在适当温度下促使分子链滑移使熔融体更易流动。

聚合物纳米复合材料体系中，纳米粒子吸附高分子链结构体系可产生更高性能的加工流变性，这是一种纳米粒子重要减阻机理[91]。

实际上，纳米粒子体积分数比高分子基体小得多，高分子纳米复合体系中纳米分散结构和高分子链活性位化学连接，共同形成物理化学交联网络体系，这种网络体系与游离高分子线团界面会产生减阻滑动作用，而一种纳米片层复合体和另一种纳米片层复合体之间也会产生滑动滑移作用。

由此，提出纳米复合材料热加工、剪切作用的纳米片层分子链网络体系-游离高分子线团滑动面模型（滑动面模型1）和纳米片层吸附分子链之间的滑动面模型（滑动面模型2），见图6-35。

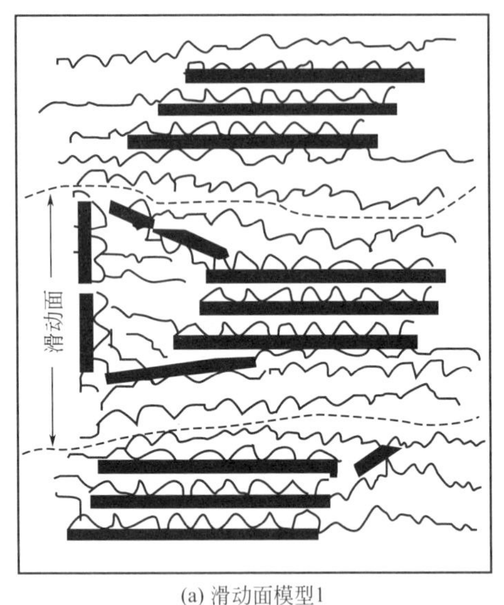

(a) 滑动面模型1

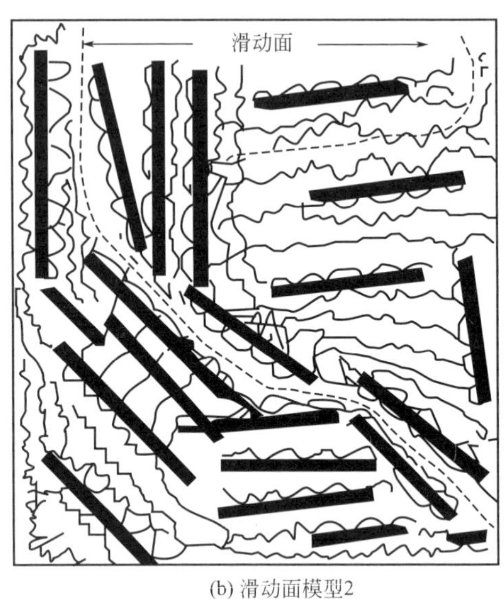

(b) 滑动面模型2

图 6-35 纳米复合材料受热作用的交联结构与滑动面模型

（a）纳米片层分子链网络体系-游离高分子线团滑动面；（b）纳米片层吸附分子链之间的滑动面

目前，直接测量此类滑动面的形态尚难分辨，然而，通过优化制备超薄膜样品技术，采用 TEM-SEM-AFM 联合探测方法，将可揭示聚合物纳米复合材料体系中所存在的滑动面形态及滑动面种类，为理解和有效设计这类纳米复合材料的结构和性能，提供直接依据。

6.4.3.5 聚合物纳米复合材料团聚体效应

（1）纳米粒子分散和再凝聚体系　纳米粒子分散后再聚集的现象称为团聚，纳米粒子聚集形成的团聚体分为软团聚和硬团聚。纳米团聚体在后续热加工、剪切等作用下能再分散为纳米结构，则称为软团聚体系；反之，纳米团聚体经热加工、剪切或其他任何现有条件也难以再分散为纳米结构，称为纳米硬团聚结构。

采用电镜或原子力显微镜直接观察纳米团聚体形态。利用透射电镜研究聚酯纳米复合材料样品的纳米粒子分散形态，可见纳米片层剥离、片层丝状形态，纳米片层-聚合物基体分子间界面模糊，而仍然存在未有效分散的小块体片层（观察分散体平行片层特征形态）及少量剥离片层凝聚体，见图 6-36(a) 和（b）。

（2）纳米团聚体影响高分子纳米复合材料性能　聚酯纳米复合材料样品（采用乙醇胺插层剂合成的黏土纳米中间体）中，纳米凝聚粒子粒径统计范围为 1～10μm，约占总体分散粒子的 3%～4%（质量分数）。采用的乙醇胺插层剂含有羟基，可与聚酯基体羟基产生氢键等作用，但是，其脂肪链长度很短，不足以充分解离纳米片层结构，这使 NPET 的 *HDT* 提高幅度不如长链插层剂分子的大。实际上，短链插层剂合成的黏土纳米中间体会在后续聚酯纳米复合材料中带来更多团聚粒子。

此外，纳米粒子团聚必然显著降低聚合物原有的透明度，而热加工中高温氧化还造成聚酯纳米复合材料表面发黄，影响产品和制品的透明度及外观。

最后，纳米团聚体还对聚合物加工流变性、韧性产生负效应。

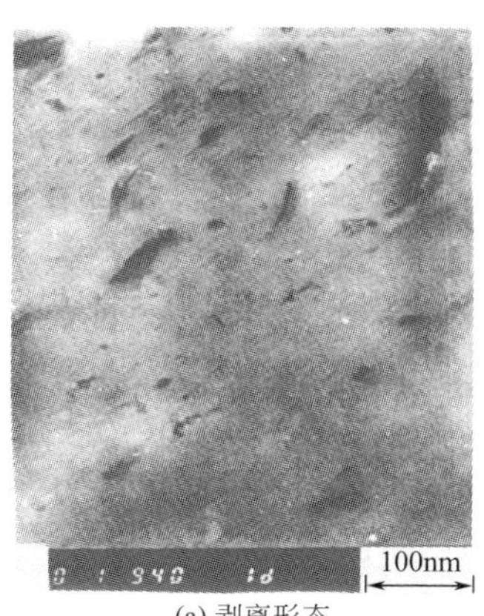

(a) 剥离形态

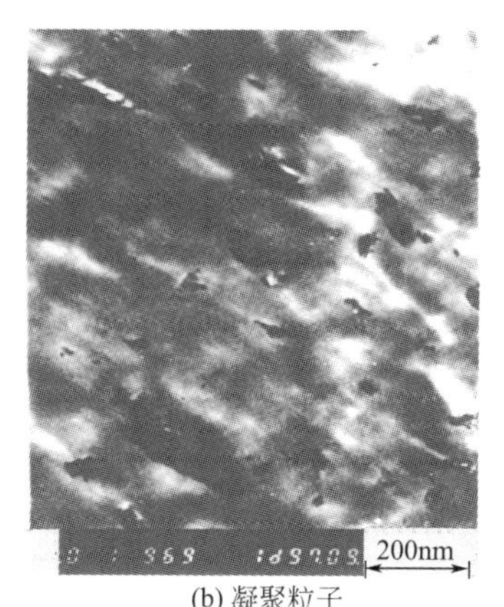

(b) 凝聚粒子

图 6-36 NPET［1.0%（质量分数）黏土］材料中纳米粒子的透射电镜形态

6.5 聚合物纳米复合多级结构性能及表征方法

6.5.1 聚合物纳米复合多级结构及分类

6.5.1.1 聚合物纳米复合多级结构

（1）纳米复合多级结构定义 泛指纳米单元、纳米结构及其衍生结构（如孔、空洞）与多相复合体系中存在的多级结构。例如层状硅酸盐纳米中间体和层状石墨中间体复合，二者都会产生片层剥离、分散和相互作用，这就产生出多种纳米复合多级结构。

（2）聚合物纳米复合多级结构定义 聚合物纳米复合多级结构，是聚合物分子多级结构和纳米材料多级结构相互作用所致的复杂结构。就是说，聚合物分子链、链构象及其凝聚态结构，在聚合物纳米复合过程中，将与纳米单元、纳米结构再产生相互作用，产生新的多级结构，该结构称为聚合物纳米复合多级结构。

6.5.1.2 聚合物纳米复合多级结构分类与表征

（1）纳米复合多级结构体系分类 按照有机、无机等多相形态，可将纳米复合多级结构体系分为，有机-无机纳米复合多级结构、有机-有机纳米复合多级结构及无机-无机纳米复合多级结构。

有机-无机纳米复合多级结构再细分为有机化合物无机纳米复合多级结构、有机高分子聚合物无机纳米复合多级结构或聚合物纳米复合多级结构。

（2）聚合物纳米复合多级结构分类 基于聚合物分子的一级、二级和三级结构，聚合物纳米复合多级结构包括纳米分散与分布结构、纳米吸附与复合高分子链结构、纳米复合诱导高分子链凝聚态结构等。这就是表征聚合物纳米复合材料多级结构的主要内容。

（3）聚合物纳米复合体系多级结构表征 聚合物纳米复合体系多级结构表征包括：纳米粒子表面、孔结构及形态；纳米分散与组装结构；纳米复合界面与组装结构表征。原则上，依次给出表征数据。

6.5.2 纳米复合多级结构调控与表征

6.5.2.1 纳米复合多级结构调控

（1）聚合物原位化学反应调控 采用原位化学合成反应，通过优化反应工艺条件，利用反应热、化学模板剂、分子缩合或连锁过程，可有效调控聚合物多级结构分布体系。

（2）聚合物物理方法调控　采用外力、机械、热和热加工等物理途径，通过优化混合与加工工艺条件，在吸热、放热或物理模板剂作用下，有效调控聚合物多级结构分布体系。

6.5.2.2 介孔结构合成表征

（1）介孔固体　孔径大于2nm且具有显著表面效应的多孔固体定义为介孔固体。固体的孔可分为有序和无序孔，介孔固体则分为有序和无序介孔固体。孔的传统定义仅涉及孔尺寸（如孔径2～50nm的介孔固体[92]或2～10nm的介孔固体）。介孔固体性能显著不同于微孔固体和无孔体相材料。只含少数介孔的固体，其性能与体相材料无任何差别时，不能称为介孔固体。我们认为仅定义孔尺寸大小是不全面的，介孔固体与介孔应是两种不同的概念，即介孔固体不但与孔尺寸有关，还与孔隙率有关。在一定孔径下，仅当孔隙率足够大时才产生特殊性能。因此，不能单纯用平均孔径尺寸表征介孔固体，孔隙率、孔径分布也是评价介孔固体的重要参数。

定义表面原子数与总原子数之比为表面原子分数即 Σ，采用多孔固体中表面原子分数（Σ）或比表面积（S）表征表面效应，当 $\Sigma>\Sigma_0$ 时，多孔固体具有显著表面效应（Σ_0 是一临界值，其大小取决于所研究性能）。

（2）介孔固体表征　介孔固体表征参数 S 或 Σ，及其与孔隙率、孔径及孔径分布的关系。

a. 比表面积的基本关系式　当多孔固体的孔径单一时，比表面积（S）满足[92]：

$$S=\frac{A}{\rho_0}\times\frac{P}{1-P}\times\frac{1}{D_P} \tag{6-39}$$

式中，ρ_0 为多孔固体的骨架密度；P 为孔隙率；D_P 为孔径；A 为常数或形状因子。球形或圆锥形孔的 $A=6$，柱形孔的 $A=4$。尽管氧化物（如 SiO_2、Al_2O_3、TiO_2 等多孔固体）孔形模型很多，但常采取柱形近似，如 $A=4$。若多孔固体中孔尺寸存在特定类型分布，则采用 $\overline{D_P}/\overline{D_P^2}$ 代替式(6-39) 中的 $1/\overline{D_P}$（其中，$\overline{D_P}$ 为孔径的平均值，$\overline{D_P^2}$ 为 D_P^2 的平均值）。

由统计理论[41]知 $\overline{D_P^2}$ 与 $\overline{D_P}$ 存在关联性，而与孔尺寸具体分布函数无关，即 $\overline{D_P^2}=\sigma^2+\overline{D_P}^2$，并得：

$$S=\frac{4}{\rho_0}\times\frac{1}{1+q^2}\times\frac{P}{1-P}\times\frac{1}{\overline{D_P}} \tag{6-40}$$

式中，$q=\sigma\sqrt{D_P}$；σ 为标准偏差。将平均孔径、尺寸偏差及孔隙率，与比表面积联系起来。

b. 表面原子分数（Σ）的基本关系式　介孔固体表面原子分数（Σ）可用于表征介孔固体，它与孔径尺寸和孔隙率也有密切关系。单位重量多孔固体中，总表面原子数 N_s 表示为 $N_s=\frac{S}{\delta^2}$，则单位重量多孔固体中总原子数 N_t 为，$N_s=\frac{1}{\rho_0\delta^3}$（式中，$\delta$ 为多孔固体中的原子间距），因此，表面原子分数（Σ）为

$$\Sigma=\frac{N_s}{N_t}=S\rho_0\delta \tag{6-41}$$

Σ 与 S 成正比，即 Σ 和 S 均可作为表面效应的量度，二者具有等效关系。

c. 孔径分布和孔隙率的影响　孔径分布对比表面积的影响可以忽略。由于比表面积（S）不但与平均孔径（$\overline{D_P}$）和孔隙率（P）有关，而且与孔径分布宽度标准差（σ）也有关。与 P 或 $\overline{D_P}$ 对 S 的影响相比，σ 的影响可忽略。σ 值改变1个数量级（如从 $0.1\overline{D_P}$ 到 $\overline{D_P}$），对应 S 改变1倍，如图6-37所示。

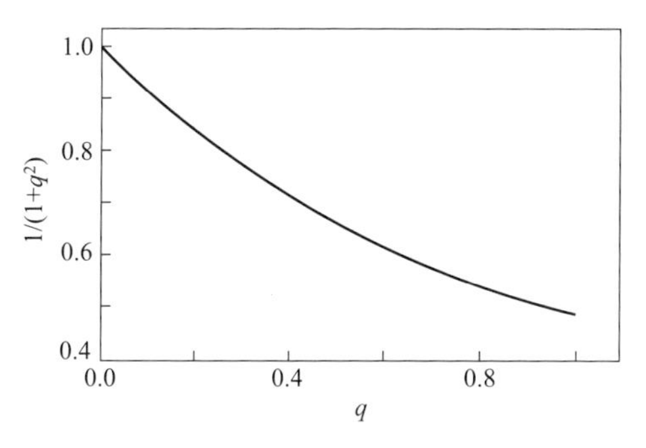

图 6-37 孔径分布-比表面积关系曲线

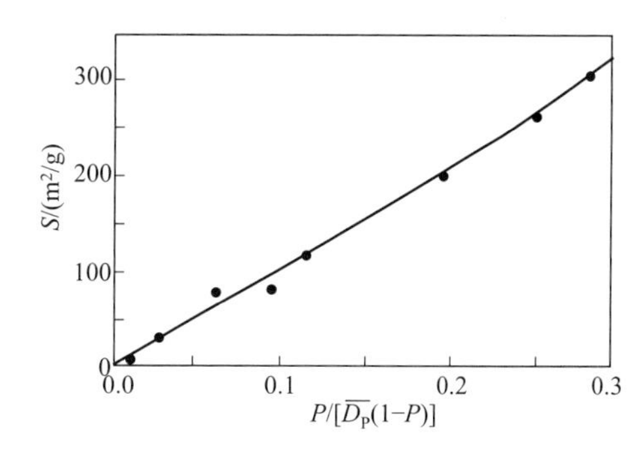

图 6-38 比表面积-孔压线性回归曲线

一般地，$\overline{D_P}>\sigma$，故 $\sigma\sqrt{D_P}$ 的变化很小，或者说孔径尺寸分布宽度大小对比表面积影响不大。因此，S 可表示为，

$$S=B\ \frac{P}{1-P}\times\frac{1}{\sqrt{D_P}} \tag{6-42}$$

式中，$B=4/\rho_0(1+q^2)$，若 σ 变化对 S 影响可忽略，则 B 应为常数，S 对 $\frac{P}{(1-P)\ \overline{D_P}}$ 作图应为直线，且直线延长应通过坐标原点，根据文献[41]所提供的多种多孔固体（TiO_2、Al_2O_3 等）P、$\overline{D_P}$、S 的测量值，作 S-$\frac{P}{(1-P)\ \overline{D_P}}$ 曲线见图 6-38。不同的数据对应不同处理条件，即对应不同 σ 值。该图存在很好的直线关系，并且直线通过原点，证实孔径分布宽度对比表面积影响很小。

总之，比表面积或与之有关的性质将决定平均孔径和孔隙率大小，而孔径分布宽度影响可忽略。由于 S 和 Σ 与 $\overline{D_P}$ 成反比，而孔隙率（P）的影响相对复杂，则：

$$\frac{\Sigma}{E}=\frac{1}{1-P}-1 \tag{6-43}$$

式中，E 为比表面积能。$\frac{\Sigma}{E}$-P 曲线（见图 6-39），在给定孔径下，当 $P<80\%$ 时，孔隙率对 Σ 或 S 贡献很小，而当 P 大于 80%尤其大于 90%时，P 增大将显著增加比表面积。

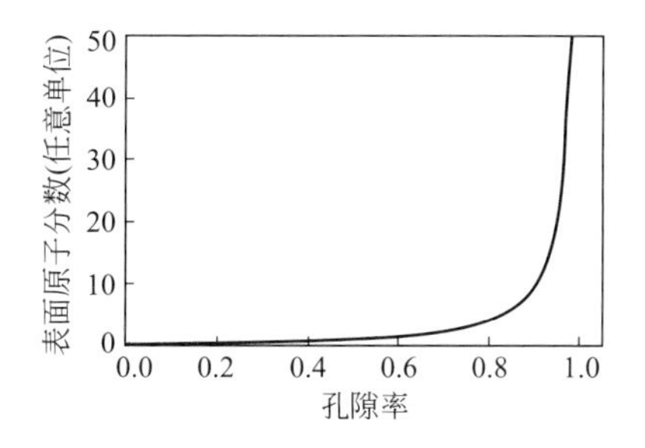

图 6-39 孔隙率对表面原子分数的影响

因此，孔径尺寸的分布变化对 Σ 影响不大，式(6-40) 中的 $\frac{1}{1+q^2}$ 数值在 $\left[\frac{1}{2},\ 2\right]$ 范围内，若取该范围中值 $\frac{3}{4}$ 为该项数值，则：

$$\Sigma=\frac{3P}{1-P}\times\frac{1}{D_E} \tag{6-44}$$

(3) 合成介孔固体的依据　采用$\overline{D_E}=\frac{\overline{D_P}}{\delta}$，即原子间距为长度单位的平均孔径，将$\Sigma>\Sigma_0$时的多孔固体定义为介孔固体。因此，对应的孔径和孔隙率为：

$$\overline{D_E}<\frac{3P}{1-P}\times\frac{1}{\Sigma_0} \tag{6-45}$$

若要获得显著表面效应，Σ_0应大于20%（相当于颗粒直径小于100nm）。$\Sigma_0=20\%$时，在$\overline{D_E}$-P关系曲线图（图6-40）中，Ⅱ区的多孔固体对应的Σ均大于Σ_0，表现显著表面效应。$\overline{D_E}$小于最小的$\overline{D_E}$（即$\frac{2\text{nm}}{\delta}$）的孔为微孔，若取$\delta=0.2\text{nm}$，则最小$\overline{D_E}=10$。

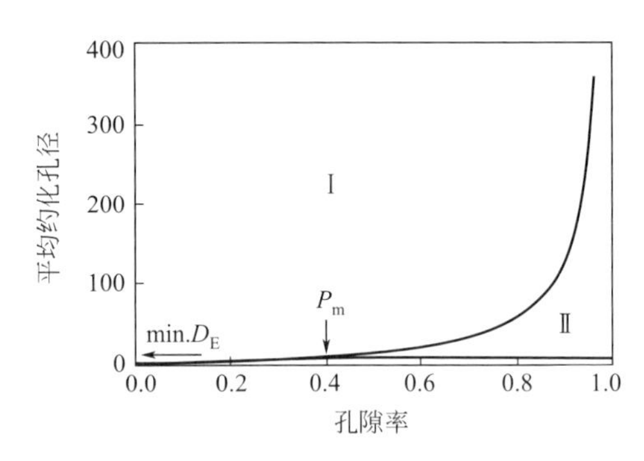

图6-40　介孔固体的最大孔径对孔隙率作图（$\Sigma_0=20\%$）

由图6-40的Ⅱ区得到，$P>P_m$（式中P_m为介孔固体的最小孔隙率），从而可得，

$$P_m=1-\frac{3}{3+(\overline{D_E})_{min}\Sigma_0}=1-\frac{3}{3+10\Sigma_0} \tag{6-46}$$

介孔固体最小孔隙率与临界表面原子分数（Σ_0）的关系是，Σ_0值不同则介孔固体孔隙率和平均孔径尺寸范围均不同。可见，只有在一定孔径下孔隙率超过一个临界值（如P_m）的固体才能称为介孔固体。即仅当（$\overline{D_E}$，P）点位于Ⅱ区的多孔固体才具有显著表面效应，可称介孔固体，这是制备介孔固体的基本理论依据。

(4) 介孔固体特性归纳　提出了介孔固体表面效应定义。介孔固体不仅与平均孔径有关，还与孔隙率有关，却与孔径尺寸分布关系不大。介孔固体的平均孔径和孔隙率可在较大范围内变化，这取决于表面有关性能。介观尺度孔径为2～50nm的介孔固体，对应的临界表面原子分数$\Sigma_0>20\%$，其最小孔隙率必>40%，平均孔径越大，最小孔隙率也应越大。

6.5.3 聚合物层状化合物纳米复合体系多级结构

6.5.3.1 聚酯纳米复合材料多级结构与表征

(1) 纳米粒子形态表征　纳米粒子呈球形和非球形形态，球形粒子尺寸称直径或粒径，如单分散纳米SiO_2粒径即颗粒直径。非球形粒子粒径采用代表性的球形颗粒表达，这称为当量直径[93]。二维片状纳米颗粒由于偏离球形度太远，可不用当量直径而采用TEM形态片状分布粒子长度的统计平均尺度，或其投影径[93,94]表示其颗粒尺寸。TEM粒子投影形态，经常用Feret径和Krumbein径表示[93,94]。Feret径，指与颗粒投影相切的两条平行线之间的距离；Krumbein径或称某确定方向的最大直径，即在一定方向上颗粒投影的最大长度。

(2) 聚合物分子与凝聚态多级结构　将聚合物微观结构分为三级结构：一级结构即链结构；二级结构即分子链的构象；三级结构即凝聚态结构。

聚合物纳米复合材料体系形成复杂多级结构，不能单纯采用聚合物微观多级结构表达，而采用多级纳米结构与聚合物多级结构的复合结构进行表征。

(3) 聚酯纳米复合材料多级结构　聚合物纳米复合材料复杂结构呈现多相界面、纳米分散与分布、多相交互与多晶结构的多级结构，这与其热学、力学及功能性能等密切关联。

球形颗粒和非球形颗粒形态只是相对的，不同的表征方法产生不同的颗粒形态。SEM 表征的球形形态如图 6-41 所示，同一个样品的 TEM 形态则是片状的。

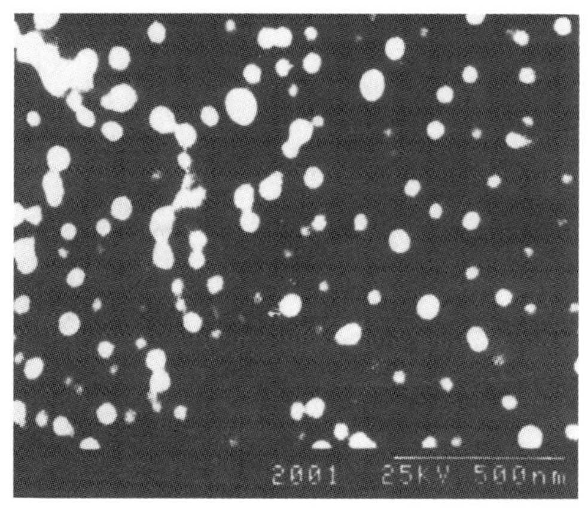

(a) SEM球形形态

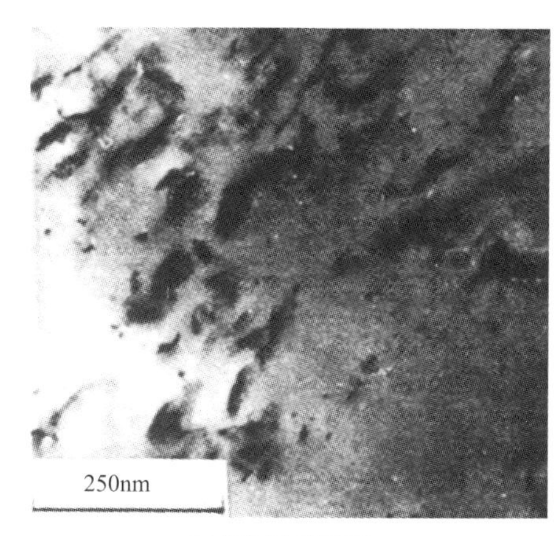

(b) TEM片状形态

图 6-41　纳米复合 NPET 中的 MMT 颗粒形态

6.5.3.2　尼龙黏土纳米复合材料多级纳米结构表征

(1) 尼龙黏土纳米复合材料多级结构　SEM 表征颗粒分散表面形貌是一级纳米结构，TEM 表征其内部特征或原子力显微镜 AFM 表征分子链-纳米结构属二级结构，光散射表征其相互作用属三级结构。尼龙 6 单体己内酰胺和黏土原位聚合复合的纳米复合样品与尼龙 6 熔体复合制备的含 4%（质量分数）黏土的尼龙 6 纳米复合材料（NLM4）样品，都显示多级纳米结构。

(2) 二级结构　常采用 TEM 表征颗粒分散或剥离后与高聚物基体结合的形态，这可称为二级形态。以 NCH5 和 NLM4 样品的 TEM 形态（图 6-42）为例，图中黑色线条表示蒙脱石片层垂直于样品表面。NCH5 的片层平均直径为 160nm±30nm，片层间距为 35～45nm，而 NLM4 片层粒径为 70nm±20nm，片层间距为 40～60nm。

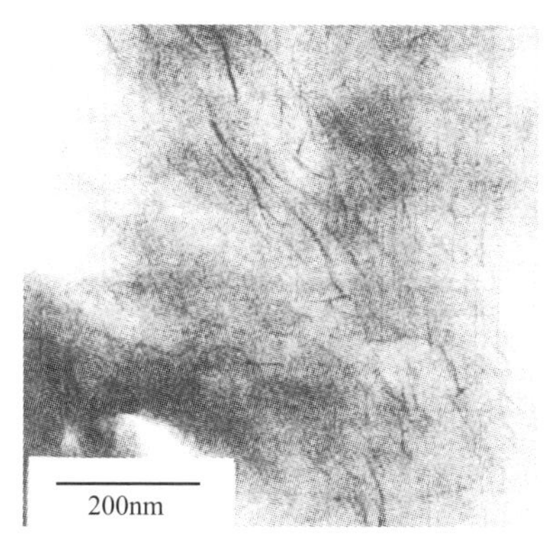

(a) NCH5[5%(质量分数)黏土],分子量19700

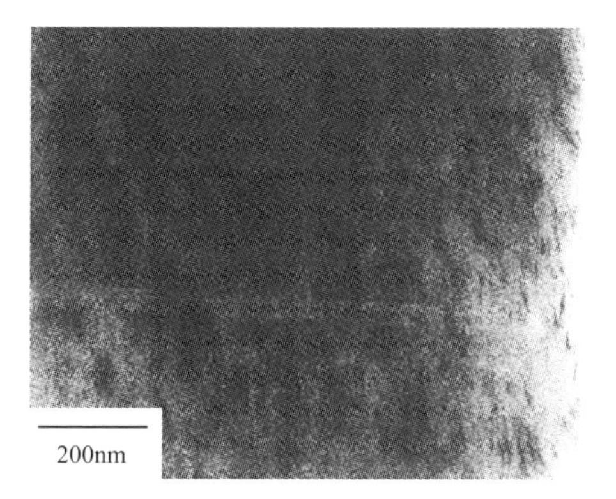

(b) NLM4[5%(质量分数)黏土,分子量未知]

图 6-42　纳米复合材料明场透射电镜图

这两种纳米复合材料片层分布不均匀，发现有少量含 2～3 个片层的聚集体。这种片层由球形颗粒剥离分散而来，该片层结构即黏土纳米复合材料一级结构。

（3）三级结构 通常三级结构是分散颗粒与高聚物基体等结合在一起的界面结构，如界面层、中间层等，该结构尚无确切定义。我们尝试用 SAXS 方法表征聚合物黏土纳米复合材料三级结构，如图 6-43 所示。在 250℃高温时，NCH5、NCH2 和 NLS4 样品 SAXS 散射中，X 射线在极小角度探测纳米复合材料短程和长程有序结构，得到硅酸盐片层的长程有序尺度分别为 NCH2，61nm；NCH5，41nm；NLM4，68nm。

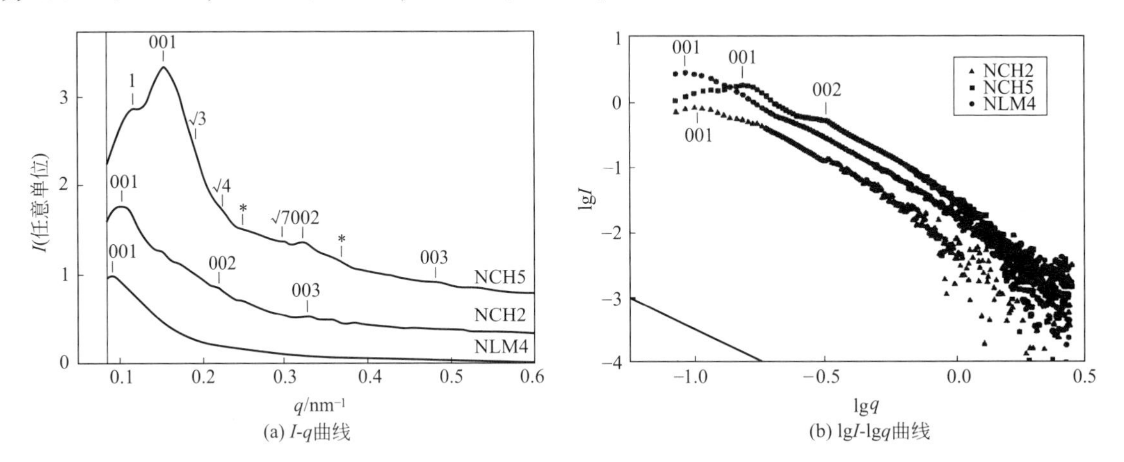

图 6-43 SAXS 散射表征 250℃下 NCH5、NCH2 和 NLM4 样品数据曲线

（NCH5，含 5.0%黏土，分子量 19700；NCH2，含 2.0%黏土，分子量 22200；NLM4，含 4%黏土，熔体复合）

纳米粒子及其分散剥离会与纳米尺度片晶相互作用，这种结构尚不能分辨，但其作用会诱导基体产生多晶型转化。X 射线探测样品多晶型，见图 6-44。

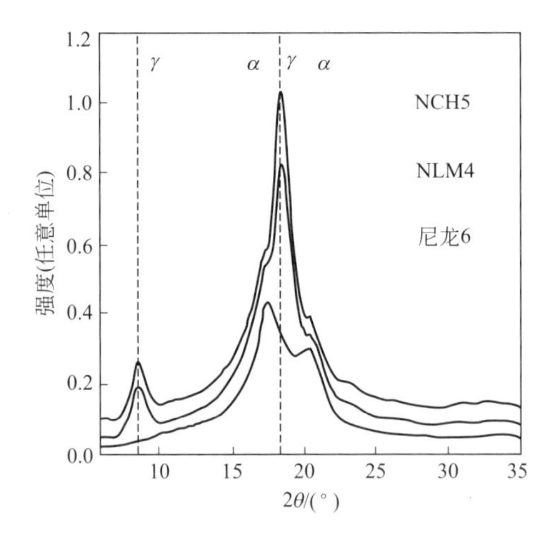

图 6-44 尼龙纳米复合材料 X 射线

纯尼龙 6 晶型以 α-晶相为主，NCH5 和 NLM4 样品出现 $2\theta=8.6°$位置 WAXS 衍射峰，是 γ-晶相特征峰，是蒙脱土片层诱导多晶型。尼龙 6 的 γ-晶相是一种中间态，由聚酰胺聚合物中的平行链无规氢键组成[95]。α-晶相在温度低于 T_g 时模量较高，但在温度高于 T_g 时，α-晶相模量下降速度比 γ-晶相快，表明 γ-晶相有较高的热变形温度。

6.5.4 纳米结构与形态表征方法

纳米结构与形态深入表征取决于现有技术手段及其发展水平。就微粒表征而言，微粒分布自动分析仪可测定 0.1～10μm 质点分布及平均粒径；动态激光光散射仪可测定 1～1000nm 质点分布及平均粒径，而显微电泳仪可测定 0.1～10μm 质点荷电及 Zeta 电位等重要微观参数。

SEM、TEM 和 AFM 是表征聚合物纳米复合材料多级结构的主要技术。此外，配合日新月异的表界面张力仪，推测界面分子微观结构及排列组装等；测定自组装体系 10^{-3} mN/m 以下超低界面张力；采用锥板流变仪测定流变性质等。

目前已发展出多通道多角度多层次表征技术与新方法。

6.5.4.1 激光光散射方法

(1) 激光光散射仪　依据激光光散射方法及密尔（Mie）光散射理论[96]进行粒子统计，计算密尔散射级数与精度。测定时，先将固体超细粉体分散在液体里，然后进行光散射测量得到两种分布图，一种是按照固体粉体颗粒体积分布的曲线，另一种是按照固体粉体颗粒数目分布的曲线。超细颗粒或纳米粒子分布曲线，见图 6-45。

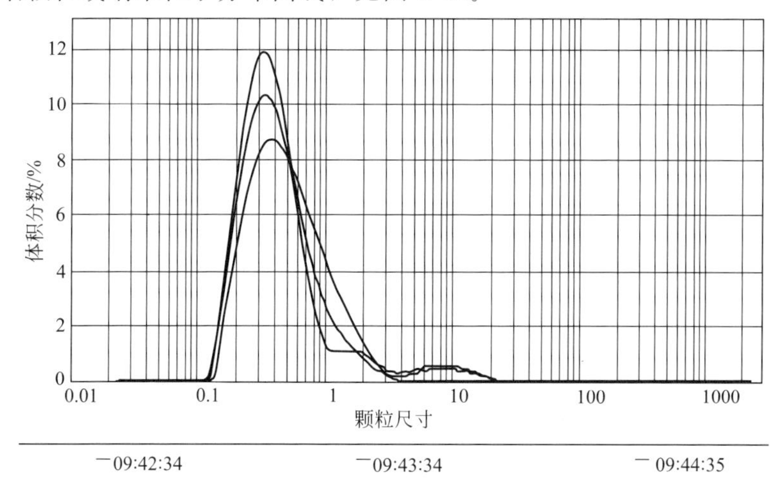

图 6-45　纳米 TiO_2 颗粒水溶液悬浮体粒径的体积分布曲线（三次重复测量结果）

选择合适的分散剂很重要，分散剂应使分散的超细颗粒均匀分散而不团聚，使超细颗粒产生更持久的布朗运动，其表面水化层厚度均匀，表面双电层厚度达到稳定化程度。吸附水化层的颗粒由于布朗运动，产生不同的分散形态。

(2) 光散射和消光法原理

① 光散射法　通过测量颗粒的散射光强度或者偏振情况、散射光通量或者通过光的强度来确定颗粒尺寸。英国 Malvern 激光测粒仪[97]，采用 He-Ne 激光源，利用散射角分布随着粒径而改变的原理，测颗粒度分布。激光经过透镜组扩束成直径约 8mm 的平行光，穿射颗粒群产生衍射。在接收透镜（Fourier 变换透镜）的后聚焦平面位置上放置一个多元电探测器。接收透镜有焦距不同的 6 组，对大颗粒范围选用长焦距透镜。光电探测器由 30 个同心的半圆及中间一个小孔组成，各环互相绝缘，小孔的后面为另一个光探测器。每个半圆环能将颗粒群在聚焦平面上的衍射图形在该环范围的光通量接收下来，信号经模数转换后用计算机处理，给出颗粒群的粒度分布。Malvern 激光测粒仪可测定范围在 0.002～2000μm 的颗粒。

② 消光法　消光法是通过测量经颗粒群散射和吸收后的光强度在入射方向上的衰减确定粒度。其简单光路图原理见图 6-46。

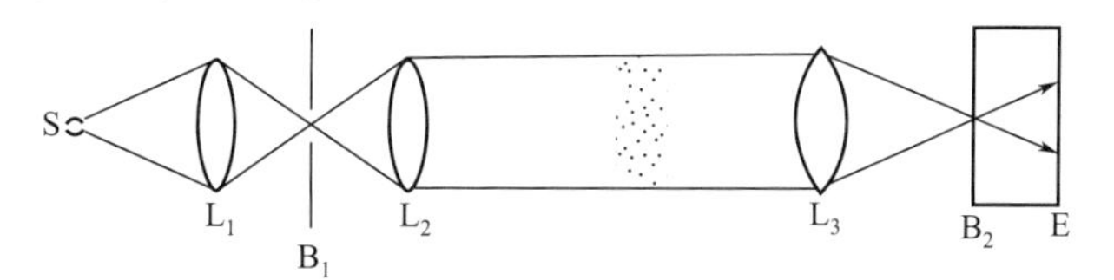

图 6-46　消光法的光路示意图

图中来自光源 S 的波长为 λ 强度为 I_0 的单色光，经聚光透镜 L_1、光栅 B_1 和准直透镜 L_2 成为一束平行光，穿过在气体或液体中分散的颗粒群，再经过透镜 L_3 和光栅 B_2，最后被光电探测器接收。

由 Lambert-Beer 定律：

$$\ln I_0/I = nKal \tag{6-47}$$

或消光度（光密度）：

$$G = \lg I_0/I = (\lg e)nKal \tag{6-48}$$

式中，I 为透光强度；I_0 为空白透光强度；l 为光束透过样品区域的厚度；n 为颗粒个数；a 为颗粒的迎光面积；K 为颗粒的消光系数，它与颗粒相对于介质的折射率 m 和尺寸参数有关。

对粒度相等直径为 D 的球形颗粒，若浓度即单位体积的颗粒总重量为 C，则，

$$G = (\lg e)3CKl/2D\rho \tag{6-49}$$

对于单分散颗粒群，测量消光度 G 后，利用在波长 λ 和所测颗粒的折射率 m 条件下的消光系数 K 与直径 D 的关系，求出颗粒直径。

纳米颗粒与粉末测定需用分散介质预先分散，如超声分散。此类非接触测量法用于在线或离线测定微粒参数，如纳米乳化燃料、喷射液滴、煤粉、大气粉尘。

光散射和消光法具有快速、光电转换易实现测量和数据处理自动化的优点。而激光具有强度高、单色性和方向性好的优点，是微粒测量的有效利器。

纳米多分散体系可采用光散射、TEM 等多种方法及其综合表征方法，见图 6-47。

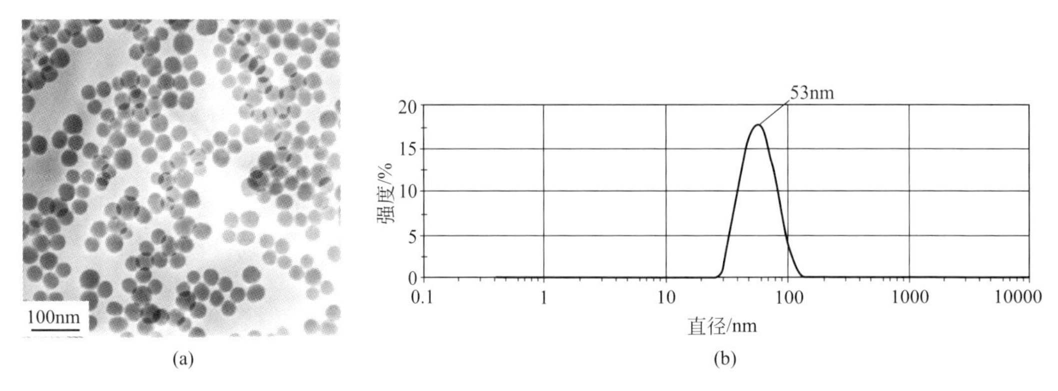

图 6-47 单分散纳米 SiO_2 颗粒 TEM 形态（a）及光散射法测定分布（b）

（3）*微粒粒度仪* 微粒粒度仪如库尔特粒度仪，也称库尔特计数器，用于测量悬浮液中颗粒的大小和个数。其原理是，悬浮于电解质中的颗粒通过小孔时，可以引起电导率变化，其变化峰值与颗粒大小关联。此方法适用于对颗粒计数的场合，如水中的悬浮颗粒。库尔特计数器测定的是颗粒体积，再换算成粒径，它可同时测出体积与直径[93]。但许多粒度仪测量的粒子下限为 0.3μm，要求粒子分布窄。因此，能够测量全尺度纳米颗粒的粒度仪尚需研制。

6.5.4.2 X 射线衍射方法

（1）*X 射线衍射表征方法* X 射线衍射法常采用 Cu 的 Kα 射线为 X 光源，在样品表面产生衍射线并被探测器记录行程 X 射线衍射曲线和衍射峰。

该方法已较成熟地用于测定物质晶粒度和层状化合物层间距。通过特征衍射峰的峰位与峰的半高宽度，经谢乐（Scherrer）公式或布拉格（Bragg）方程计算，得到晶粒度或层间距。谢乐公式为：

$$D = 0.89\lambda/(B\cos\theta) \tag{6-50}$$

式中，D 为待测的晶粒尺寸；λ 为 X 射线波长；θ 为 X 射线衍射峰位 2θ 的一半角度；B

为宽化的 X 射线衍射线半强度处的宽化度，$B^2=B_M^2-B_S^2$，其中，实测宽化因子 B_M 直接从衍射峰的半高宽度得到，仪器自身宽化度 B_S 通过测定标准物质得到其值为 0.1～0.15。B_S 测量峰位与 B_M 实际峰位尽可能接近。晶粒特别细小时，该方法适用于 100nm 尺度以下体系时，晶粒引起较大宽化。所有获得的宽化数值应取弧度。布拉格（Bragg）方程：$\lambda=2d\sin\theta$（d 为晶体晶胞单元面间距或层状化合物层间距 d_{001}；采用 Cu 的 Kα 射线为 X 射线光源，波长 $\lambda=1.542\text{Å}$）。制备粉末压片或平面样品用于测试。采用混入硅粉单晶压片法，校正样品衍射线峰位。

（2）实例

【实施例 6-8】 测量和计算蒙脱土晶体面间距 部分含水蒙脱土 X 射线衍射峰为 7.5°，采用 16-烷基三甲基氯化铵进行阳离子交换反应后，衍射峰位为 1.5°。计算层间距变化 $2\theta=7.5°$ 和 1.5°时，d_{001} 分别为 1.18nm 和 5.89nm。该层间距差即 $\Delta d=5.89-1.18=4.71\text{nm}$，反映蒙脱土交换反应前后层间距的变化程度。

6.5.4.3 电镜表征方法

纳米微粒高聚物熔体的分散结构分布，需采用电镜测试及统计计算方法加以表征。经统计获得粒径分布频率及频率分布曲线。

（1）透射电镜（TEM）表征微粒分布 TEM 测定颗粒度的方法是通过一系列典型选区的直接观察，并测量所得形态照片上的颗粒尺度，得到平均颗粒度。统计颗粒方法[60]可分为交叉法[96]和峰值平均粒径法[98]。交叉法要求测定任意 600 个颗粒的交叉长度，取其算术平均值乘上一个统计因子数 1.56，得到平均粒径大小。现代测试方法中附带统计粒子交叉长度的软件，可方便地在获取 TEM 形态像时，得到平均粒径大小及其分布图。

也可取 100 个颗粒，对每个颗粒的最大交叉长度取平均值，得到平均粒径。或用仪器获得晶粒直径-粒子数关系曲线，将分布曲线中峰值对应的颗粒尺寸作为平均粒径，该方法称为平均粒径法。

金刚石刀片切片厚度小于 100nm，TEM 测试样品小，测试结果差异大。一些颗粒堆积会造成误差，需通过染色区分各相区，OsO_4 蒸气染色法较普遍也易操作。对于软而不易切断的样品，采用环氧固化包埋法，在环氧化合物形态不影响纳米粒子真实分布的情形下，可得到纳米粒子分布的图像。为了增加纳米粒子反差效应，将切片放在铜网上，再置于真空镀膜机上进行表面蒸碳处理，切片表面碳有助于 TEM 电子透射样品，产生强反差效应，得到纳米粒子的真实立体形态。

（2）聚合物熔体纳米粒子分布 TEM 技术观察切片样品的纳米粒子分布形态，是表征纳米粒子熔体分布的主要方法。将观察的纳米粒子尺寸按照大小统计，得到频率分布曲线和粒径累积百分数分布曲线。PET 纳米复合材料[99]的粒子分布见图 6-48。

（3）扫描电镜与图像分析方法 扫描电子显微镜（SEM）测试技术，电子从样品表面掠射，得到分布于样品表面的纳米粒子投影分布，这不同于测定纳米颗粒度或颗粒立体形态分布。

由于不同制样方法会造成不同纳米粒子分布形态，需甄别制样方法。其一，液氮中脆断制样方法，即把样品在液氮中冷冻、变脆及断开得到新鲜断口，然后将断口喷镀金（Au），得到待测样品。其二，将样品进行切片，采用金刚石刀片，切片厚度以 100～500nm 为最佳，切片置于铜网上喷镀金。其三，薄膜样品端面粒子分布表征，该样品制样应先选择包埋树脂。该包埋树脂一定不能与待测样品形态有关联，如聚丙烯树脂用环氧树脂包埋，再切片镀金测试。

SEM 附带颗粒图像分布仪或图像分析系统，测量范围可达 0.001～10μm。所得图像具有一定灰度，需按照一定阈值转变为二值图像，经补洞运算、去噪声运算和自动分割等处理，将

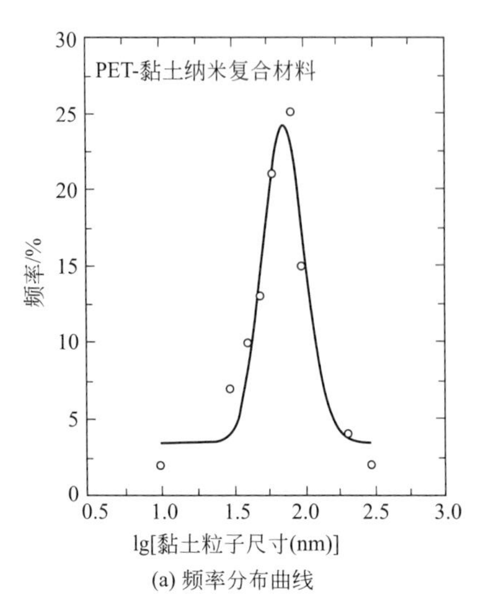

(a) 频率分布曲线

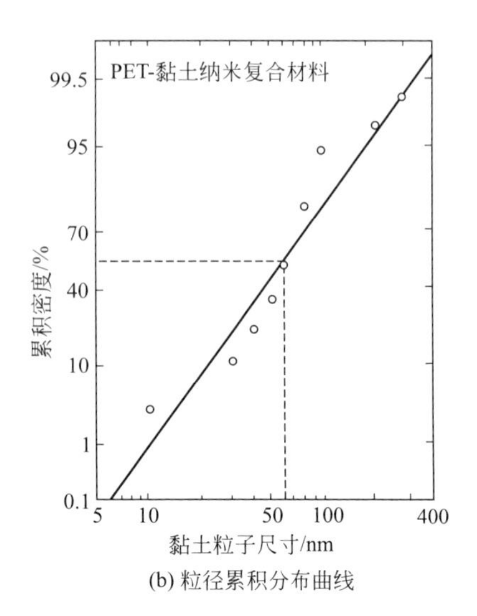

(b) 粒径累积分布曲线

图 6-48 PET-黏土纳米复合材料［3.0%（质量分数）黏土］TEM 粒径分布曲线

相互连接的颗粒分割为单颗粒。通过上述处理，再将每个颗粒单独提取出来，逐个测量其面积、周长及各形状参数。由面积周长得到相应的粒径和粒度分布。图像分析既是测量粒度的方法，也是测量形状的方法。

6.5.4.4 原子力显微镜表征方法

（1）AFM 原理 原子力显微镜（atomic force microstropy，AFM）是在原子水平上研究原子相互作用的一种仪器。其原理是基于两个相互接近的物质之间，一定有相互作用力发生。AFM 测试试样并无特殊限定，样品表面适当选择即可用于测试。依据探针-样品表面的相互作用力对 AFM 原理进行说明。探针-试样间的相互作用力与作用距离关系曲线是 AFM 实验特征曲线，称 F/S 曲线，见图 6-49。

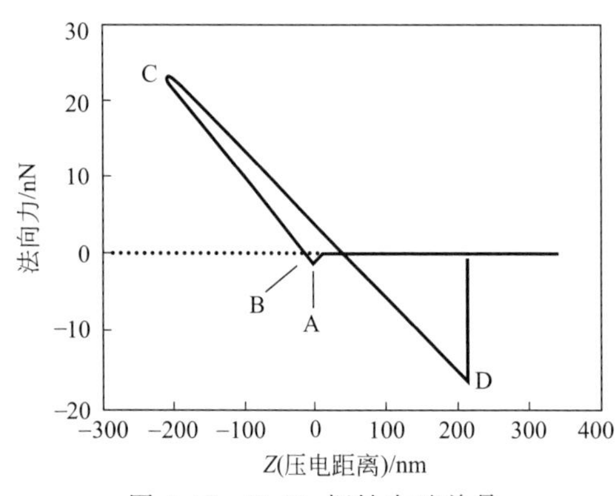

图 6-49 Si_3N_4 探针在硅单晶表面测得的典型的 F/S 曲线

当探针接近试样表面时，引力将首先被检测到（A 点），在接触点 B 以后斥力增加，其增加的速率与试样表面力学特性、表面相互作用力以及探针的几何形状等有关。当探针从斥力区域逐渐离开试样表面时，可以观察到最大的黏附力（adhesion force）。AFM 作用曲线可在斥力区域也可在引力区域记录。引力区域的 AFM 使面内分辨率降低，但可以减少探针损坏试样。对于表面结构较稳定的试样在斥力区域观察可以提高其分辨率。

（2）AFM 实验技术 AFM 实验的试样-探针间相互作用力可从 F/S 曲线得到，见图 6-50。

试样被固定在一个压电陶瓷（PZT）扫描器上，使用该扫描器使试样在 x、y、z 三个方向以高于 0.1nm 精度移动。选择好探针并固定于悬臂末端，使它充分地接近试样表面，并选择最优运动方式以准确检测试样-探针间相互作用力。

带动探针的微悬臂的背面有镀金薄膜，微悬臂的移动过程，可通过其背面反射的激光经由位置灵敏检出器（position sensitivity detector，PSD）检测、记录并进行曲线和图像后处理。实际 AFM 实验观察时，使用优选、适当的反馈电路，使试样-探针之间的作用力保持一定，即保持微悬臂的弯曲程度不变，通过记录 x、y 方向上的扫描信息时，保持微悬臂的 z 方向扫

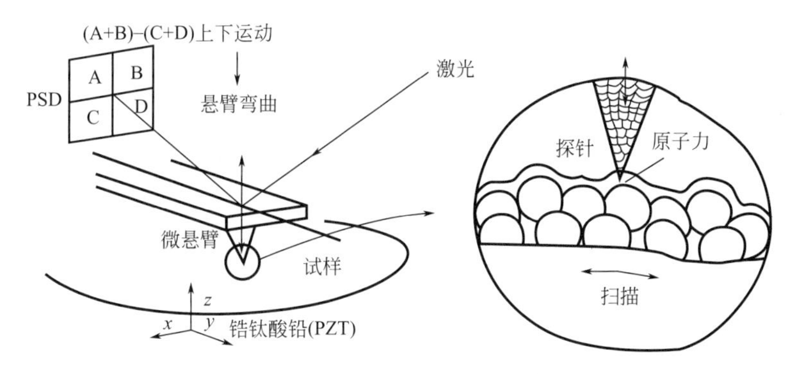

图 6-50 AFM 测试运行原理简图

描器移动获得试样表面形态像。

AFM 实验技术包括，样品制备选择及表面处理、探针制备和选择、表面观察实验及实验图像记录与处理。

(3) 探针体系选择 通常使用 Si、Si_3N_4 探针用于多种探测，如测量硅单晶表面典型 F/S 曲线。实际上，AFM 探针已发展到高度系列化、功能化和多模式化水平，提供了探针广泛选择和优化测试，见表 6-9。

表 6-9 网络综合的 AFM 探针材料、应用模式及其参数体系

探针种类	探针材料	弹性系数/(N/m)	频率/kHz	针尖半径/nm	应用模式
接触模式 金刚石涂层 电力/磁力/感应模式 高长径比 侧向力模式 STM 模式 无针尖探针模式	铂、硅 石英 氮化硅	0.01～85	4.5～3600	<1～1025	通常样品 功能针尖 纳米结构 大结构 力测量 STM/EFM 快成像
AC 模式(气/液) AM-FM	铂、硅、石英、氮化硅	0.01～85	4.5～3600	1～1025	真空成像 针尖降解生物样品

(4) 多种运行模式 IBM 科学家如 G. Binnig 等人 1986 年首先研制 AFM 技术，此后 AFM 技术飞速发展，形成系列超高分辨显微镜系统，如 FFM（摩擦力显微镜）、SVM（黏弹性显微镜）、MFM（磁力显微镜）、SEPM（表面电位显微镜）、EFM（静电力显微镜）及溶液和其他介质模式 AFM 等。

AFM 总体运行方式可分为：其一，力不变（恒量）模式（constant-force mode）；其二，AFM 成像按照高度不变模式（constant-height mode），要求在 x、y 方向扫描时保持 z 方向扫描器高度不变，通过记录悬臂 z 方向的运动量成像，用于观察原子、分子像；其三，AFM 共振方式（tapping mode）获得试样表面形态像。采用共振方式时，Contilever 在 z 方向被驱动而共振。在 x、y 方向扫描时，保持一定振幅或相位差，记录 z 方向扫描器移动得到试样表面形态。根据所控制振幅大小，探针与试样可周期性接触，也可非接触，这种方式可减少试样与探针之间的相互作用，被广泛用于比较柔软、易变形损坏的试样测试。

(5) AFM 探测 PBT 纳米复合膜和硅基片表面膜形态 选择 PBT-黏土纳米复合材料薄膜样品，其 AFM 相分离结构形态见图 6-51。

硅片、氧化硅片经表面处理后，用于制备硅烷/氟化硅烷混合单分子膜。

采用正十八烷基三氯硅烷［$CH_3(CH_2)_{17}SiCl_3$(OTS)］、（2-全氟辛烷）乙基三氯硅烷［$CF_3(CF_2)_7CH_2CH_2SiCl_3$(FOETS)］制备相分离结构，见图 6-52。

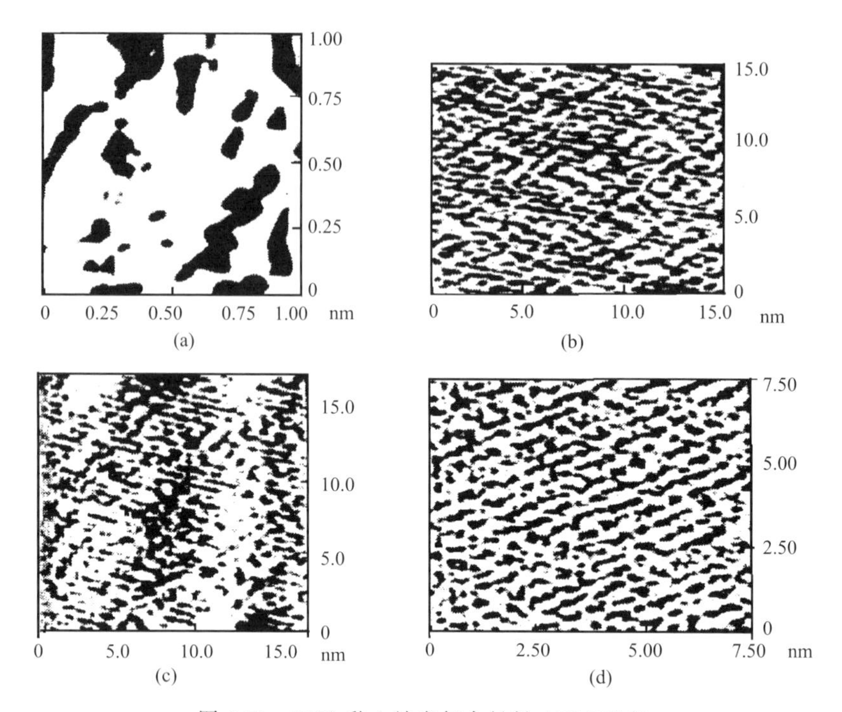

图 6-51 PBT-黏土纳米复合材料 AFM 形态

(a) 大尺度相分离形态；(b) 小尺度范纳米颗粒与聚合物微晶复合形态；

(c) 小尺度相分离形态（45°方向横纹为高分子结晶链）；(d) 小尺度范纳米颗粒与聚合物微晶复合形态

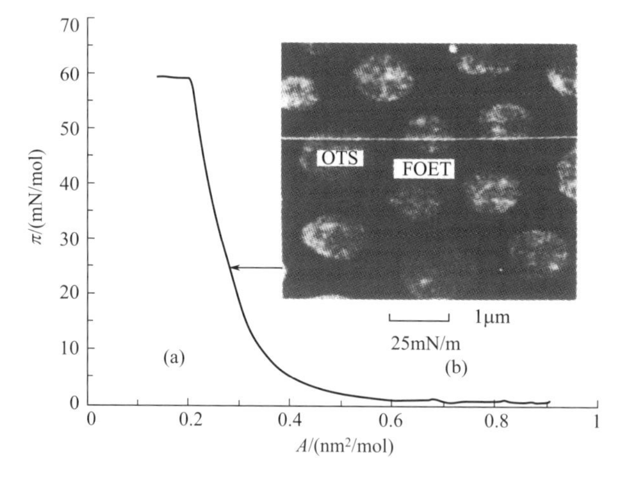

图 6-52 硅烷/氟化硅烷混合单分子膜的相分离结构

(a) OTS/FOETS (50/50) 混合单分子膜在温度为 295K 的 π-A 等温曲线；

(b) 在 25mN/m 表面压下制备的 OTS/FOETS (50/50) 混合单分子膜 AFM 像

参 考 文 献

[1] (1) Zhang G L, Ke Y C, He J, et al. Materials & Design, 2015, 86: 138-145; (b) Wu S. Polymer, 1985, 26 (12): 1855.

[2] (a) Stöber W, Fink A, Bohn E. J Colloid Interf Sci, 1968, 26: 62-69; (b) Kubo R. J Phys Soc JPN, 1962, 17: 975; (c) Kawabata A, Kubo R. J Phys Soc JPN, 1966, 21: 1765.

[3] (a) Halpin J C, Kados J C. Polym Eng & Sci, 1976, 16: 344; (b) Halpin J C, Pagano N J. J Comp Mat, 1969, 30: 720.

[4] (a) 柯扬船，何平笙. 高分子物理教程（研究生规划教材）. 北京：化学工业出版社，2006；(b) 蔡乐，王华平，于贵. 石墨烯带隙的调控及其研究进展. 物理学进展，2016，36（1）：21-33.
[5] (a) Pan J J. Beijing Insti Chem，CAS，Beijing，1996；(b) Ash S G. J Colloid Interfac Sci，1977，58：423.
[6] Howard G J，McConnell P. J Phys Chem，1967，71：2974.
[7] (a) 吴天斌. 单分散微纳米 SiO_2 成核及其聚酯复合材料结构性能研究. 北京：中国石油大学，2006；(b) Schiesser R H. Leigh Uni，1966.
[8] Parfitt G D. Chap 1//Dispersion of Powders in Liquids. 2nd ed. New York：John Wiley & Sons，1973.
[9] Ke Y C，Wu T B，Yan C J，et al. Particulogy，2003，1（6）：247.
[10] (a) Wu T B，Ke Y C. European Polymer Journal，2006，42：274；(b) Crowl V T. J Oil Colour Chem Ass，1967，50：1023.
[11] (a) 王毅，柯扬船，李京子. 过程工程学报，2006，6（增刊2）：290；(b) Crowl V T. J Oil Colour Chem Ass，1972，55：388.
[12] (a) Ke Y C，Wu T B，Wang Y. Petroleum Science，2005，2（1）：70；(b) Vincent B. Adv Colloid Interfac Sci，1974，4：193.
[13] 柯扬船，杨光福. 高分子材料科学与工程，2005，21（4）：193.
[14] (a) Ottewill R H. Chap 19//Schick M J. Nonionic Surfactants. New York：Marcel Dekker，Inc，1967；(b) Heller W，Pugh T L. J Polym Sci，1960，47：203.
[15] (a) Imamura Y. Shikizai Kyokaish，1965，38：516；(b) Imoto T. Kagaku to Kogyo，1963，16：442.
[16] (a) Kitahara A. Shikizai Kyokaishi，1966，39：465；(b) Kitahara A. Shikizai Kyokaishi. 1973，46：443；(c) Oyabu Y. Shikizai Kyokaishi，1967，40：263.
[17] Buttignol V，Gerhart H L. Ind Eng Chem，1968，60（8）：68.
[18] Marumo H. Surface Chmistry of Polymers：Chap 5. Japan：Sangyo Publishing Co，1968.
[19] (a) Becher P. Paint Technol J，1969，41：52 3；(b) Burrell H. Paint Technol J，1970，42（540）：3.
[20] (a) Sato T. Shikizai Kyokaishi，1974，47：465；(b) Sato T. Shikizai Kyokaishi，1975，48：341.
[21] Osmond D W J，VincentB，Waite F A. Colloid Polym Sci，1975，253：676.
[22] Shin H S，Yang H J，Kim S B，et al. J Colloid Interface Sci，2004，274：89.
[23] Mayer A B R. Mater Sci Eng，1998，6：155.
[24] Raveendran P，Fu J，Wallen S L. J Am Chem Soc，2003，125：13940.
[25] Sun Y，Xia Y. Science，2002，298：21761.
[26] 杨强，王立，向卫东，等. 化学进展，2006，18（2/3）：290.
[27] (a) 朱协彬，段学臣，陈海清. 中南大学学报（自然科学版），2007，38（4）：612；(b) 朱协彬，段学臣，陈海清. 中国有色金属学报，2007，17（1）：161.
[28] Sun J K，Velamakanni B V，Gerberich W W，et al. Journal of Colloid and Interface Science，2004，280（2）：387.
[29] (a) Mackor E L. J Colloid Interfac Sci，1951，6：492；(b) Mackor E L，van der Waals J H. J Colloid Interfac Sci，1952，7：535.
[30] Clayfield E J，Lumb E C，Mackey P H. J Colloid Interfac Sci，1971，37：382.
[31] Bagchi P，Vold R D. J Colloid Interfac Sci，1970，33：405.
[32] Th Hesselink F. Phys Chem J，1971，75：65.
[33] Th Hesselink F，Vrij A，Th G Overbeek J. J Phys Chem，1971，75：2094.
[34] (a) Ni Y H，Ge X W. Chem Mater，2002，14（3）：1048；(b) 吴天斌，柯扬船. 高分子学报，2005，2（2）：289；(c) Pischer E W. Kolloid-z，1958，160：120.
[35] Ottewill R H，Walker T. Kolloid Z Z Polym，1968，227：108.
[36] Doroszkowski A，Lambourne R. J Colloid Interfac Sci，1968，26：214.
[37] Doroszkowski A，Lambourne R. Am Chem Soc Div Org Coat. Plast Chem Pap，1970，30（2）：592.
[38] Meier D J. Phys Chem J，1967，71：1861.
[39] Th Hesselink F. J Phys Chem，1969，73：3488.
[40] van der Waarden M. J Colloid Interfac Sci，1950，5：317.
[41] (a) Heller W，Pugh T L. J Chem Phys，1954，22：1778；(b) Romo L A. J Phys Chem，1963，7：386.
[42] 王毅. 疏水缔合苯乙烯共聚物/SiO_2 纳米复合材料制备与性能表征［D］. 北京：中国石油大学，2008.
[43] (a) 夏岩峰. 阻隔性聚酯纳米复合材料的研究［D］. 北京：中国石油大学，2008；(b) Crowl V T，Malati M A. Discuss Faraday Soc，1966，42：301.
[44] Dunn V K，Vold R D. J Colloid Interfac Sci，1976，54：22.

[45] Ash S G, Findenegg G H. Trans Faraday Soc, 1971, 67: 2122.
[46] Li-In-On F K R, Vincent B, Waite F A. In: Colloidal dispersions and Micellar Behavior (Mittal K L), Washington D C: ACS Symposium Series 9, 1975: 165-172.
[47] Thies C. J Colloid Interfac Sci, 1976, 54: 13.
[48] Joppien G R, Hamann K. J Oil Colour Chem Ass, 1977, 60: 412.
[49] Asakura A, Oosawa F. J Polym Sci, 1958, 33: 183.
[50] (a) Napper D H. Trans Faraday Soc, 1968, 64: 1701; (b) Napper D H. J colloid Interfac Sci, 1969, 29: 168; (c) Napper D H. Ind Eng Chem Prod Res Depelop, 1970, 9: 467; (d) Napper D H. J colloid Interfac Sci, 1977, 58: 390; (e) Napper D H. J colloid Interfac Sci, 1970, 32: 106.
[51] Kavanagh B V, Greene R S B, Posner A M, et al. J colloid Interfac Sci, 1977, 62: 182.
[52] Ke Y C, Wei G Y, Wang Y. European Polymer Journal, 2008, 44 (8): 2448.
[53] 王玉国. 北京：中国石油大学，2007;(b) Youk J H. Polymer, 2003, 44: 5053.
[54] Esumi K, Suzuki A , Aihara N, et al. Langmuir, 1998, 14: 3157.
[55] Garcia M E, Baker L A, Crooks R M. Anal Chem, 1999, 71: 256.
[56] Garvey M J. J Colloid Interfac Sci, 1977, 61: 194.
[57] (a) Brearly H D, Smith F M. Chap 9//Parfitt G D. Dispersion of Powders in Liquids. New York: Elsevier Publishing Co, 1969; (b) 王毅. 疏水缔合苯乙烯共聚物/SiO_2 纳米复合材料制备与性能表征 [D]. 北京：中国石油大学，2007.
[58] (a) Ke Y C, Wu T B, Xia Y F. Polymer, 2007, 48: 3324; (b) 张同俊，安兵，王辉. 中国材料研讨会论文摘要集(上). 北京：中国材料研究学会，2000.
[59] (a) 张立德，牟季美. 纳米材料和纳米结构. 北京：科学出版社，2000; (b) 黄柱坚. 广州：华南理工大学，2014.
[60] (a) 蒋月瑾，康永莉. 全国岩矿分析经验交流会论文集. 北京：地质出版社，1980; (b) 段雪. 纳米技术在化工及塑料行业应用研讨会. 北京，2001.
[61] Wolf C J, Boramann J A, Grayson M A. J Polym Sci Phys Ed, 1992, 30: 113.
[62] 吴天斌. 单分散微纳米 SiO_2 成核及其聚酯复合材料结构性能研究 [D]. 北京：中国石油大学，2006.
[63] (a) 岩石矿物分析编写小组编. 岩石矿物分析 (1 分册). 北京：地质出版社，1974，106; (b) 李慎泽，张钦鹏. 非金属矿，1984，(1)：8.
[64] (a) 郑大中，顾锦元. 岩石矿物及测试，1984，3 (1)：89; (b) 郑大中. 地质实验室，1992，8 (1)：12.
[65] (a) 张映宿. 地质实验室，1988，4 (4)：220; (b) 袁军，马兰芳. 高岭土的白度和亮度及其测试方法. 非金属矿，1996，114 (6)：20-25.
[66] 鄢捷年. 钻井液完井液及保护油气层技术. 山东东营：中国石油大学出版社，1998.
[67] 王凤勋. 地质实验室，1996，12 (1)：21.
[68] 翁慧英，张泽邦. 岩矿测试，1988，7 (1)：49.
[69] 李伸后，王立世，李澎，等. 地质实验室，1991，7 (4)：217.
[70] 中国地质科学院实验管理处编. 膨润土矿测试暂行操作规程，1979.
[71] (a) 郭晓云. 二氯化锡容量法测定膨润土中蒙脱石的含量//膨润土实验测试研究论文集. 北京：原地矿部科技司，1984; (b) 叶南彦，卞素珍，蒋玉华. 膨润土实验测试研究论文集. 北京：原地矿部科技司，1984.
[72] (a) 段九存，和振云，李瑞仙，等. 电感耦合等离子体发射光谱法测定膨润土中的交换性阳离子钙镁钾钠. 岩矿测试，2013，2; (b) 柯扬船. 蒙脱土纳化改性及复合. 长春：吉林大学，1991.
[73] (a) 张文捷，阳国运. ICP-AES 法测定膨润土的阳离子交换量. 广西科学院学报，2010，3; (b) 徐又. 浙江地质科技情报，1979，(2)：242..
[74] 杨寿堂，杭显斌，杨志兴，等. 浙江地质实验，1979，(1)：11.
[75] 地矿部实验管理处编. 岩石和矿石分析规程 (第二分册). 西安：陕西科学技术出版社，1984.
[76] 董炎明. 高分子材料实用剖析技术. 北京：中国石油化工出版社，1997.
[77] Bailey M, Brown C J. Acta Cryst, 1967, 22: 378.
[78] Higgs M A, Sass R L. Acta Cryst, 1963, 16: 657.
[79] Brown C J. Acta Cryst, 1966, 21: 1.
[80] 柯扬船. 聚芳醚酮的分子设计结构与性能 [D]. 长春：吉林大学，1996.
[81] Aharoni S M. J Appl Polym Sci, 1984, 29: 853.
[82] Gary A, Gilbert M. Polymer, 1976, 17: 44.
[83] Berens A R, Hodge I M. Macromolecules, 1982, 15: 756.
[84] 赵竹第. 尼龙 6 粘土杂化材料结构性能研究 [D]. 北京：中国科学院化学所，1995.
[85] 李强. 尼龙 6 粘土纳米复合材料制备与性能研究 [D]. 北京：中国科学院化学所，1996.

［86］ Usuki A，Kojima Y，Kawasumi M，et al. J Mater Res，1993，8：1179.
［87］ Okada A，Fukushima Y，Kawasumi M，et al. Composite material and process for manufacturing same：US Patent，4739007. 1988.
［88］ Kleinfeld E R，Gregory S. Ferguson. Chem Mater，1996，8：1575.
［89］ 漆宗能，柯扬船，李强，等．一种聚酯/层状硅酸盐纳米复合材料及其制备方法：中国专利，97104055. 9. 1997，5.
［90］ （a）Lim Y T，Park O O. Macromol Rapid Commun，2000，21：231；（b）Hoffmann B，Dietrich C，Thomann R，et al. Macromol Rapid Commun，2000，21：57.
［91］ 柯扬船. 聚酯层状硅酸盐纳米复合材料及其工业化研制［D］．北京：中国科学院化学所，1998.
［92］ （a）Gregg S J，Sing K S. Adsorption，Surface Area and Porosity. New York：Academic Press，1982；（b）Monnier A，Schuth F，Huo Q. Science，1993，261：1299；（c）复旦大学编. 概率论（第一册）. 北京：人民教育出版社. 1981.
［93］ 卢寿慈. 粉体加工技术．北京：中国轻工业出版社，1999.
［94］ 柯扬船，漆宗能．燕山石化-中科院化学所研制报告，1998.
［95］ Murthy N S. Polym Comm，1991，32：301.
［96］ Mendelson M I. J Am Ceram Soc，1969，52（8）：443.
［97］ （a）项建胜，何俊华. 应用光学，2007，28（3）：363；（b）项建胜，何俊华，陈敏，等. 光子学报，2007，36（11）：2111；（c）See. Specifications to Zatasize 2000HS PCS V14，Malvern co，2000.
［98］ （a）牟季美，张立德，赵铁男. 物理学报，1994，43（6）：1000；（b）Ke Y C，Oi Z N. Reports on PET-Clay Nanocomposites Submitted to BASF Co，1997，5.
［99］ Ke Y C，Yang Z B，Zhu C F. J Appl Polym Sci，2002，85：2677.

第7章

聚合物无机纳米复合材料工艺与应用

目前，利用物理化学方法制备了大量纳米粉体，已有200余种纳米粉体被报道。纳米材料应用需经过表面处理和再分散过程，大量实践强烈表明大规模化生产单纯纳米粉体工艺必须综合多种因素严格考量。首先，设计纳米粉体合成和应用工艺之始，应考虑后续纳米粉体共混、复合工艺及其复合材料价值。其次，考虑纳米可控分散、力学、热学及环保性等问题，优化多功能高性能复合体系，从中凝练规模化、多功能化纳米材料及其应用一体化体系，提升纳米功能组装复合体系应用创新层次，推动纳米材料光学、太阳能、导电极、催化、超薄膜及生物等领域应用。

越来越多的功能化纳米材料体系应用与层出不穷的纳米效应，促进形成制备纳米粉体-分散-应用路线。现有纳米粉体工艺技术应逐步深化并与具体应用条件形成多种融合机制，建立广泛适应性纳米高效分散复合体系，应用于聚合物塑料、工程材料、石油工程处理剂、工业涂料、多功能乳液、日用品、催化剂与载体、纺织化纤及光电信息等广泛领域。

优化纳米复合体系应实现如下目标：

① 提高聚合物耐热性、结晶速率和加工性能；

② 提高材料阻隔与阻燃性能；

③ 提高材料耐老化及屏蔽紫外光等有害光线的性能；

④ 提高无机材料载负、催化及其消除污染性能；

⑤ 提高复合体系光、声、电、磁及信息存储性能；

⑥ 提高双向补强高聚物复合轻质、韧性、透明性等。

⑦ 纳米复合网络缔合结构及高效流变与稳定流体体系设计。

本章基于纳米可控分散复合技术[1,2]，论述了纳微米中间体大尺度、跨尺度与大规模化工艺新技术基础与技术体系，发展有较强技术和应用基础的纳米材料工业化技术，创建纳米材料多功能高性能体系[3~16]及其应用基础[17~21]，解决现有复合体系低效、单一功能及综合性能差等问题。重点阐述实用化纳米复合材料及其处理剂生产工艺，引导纳米复合技术在传统能源、新能源和材料领域应用发展。

7.1 无机纳米材料与工艺设计

7.1.1 甄选无机原材料

7.1.1.1 层状化合物和层状硅酸盐

（1）*层状化合物* 具有层状结构的固体化合物，统称为层状化合物。天然的和合成的层状结构化合物种类众多、功能各异，远远超出本书实际列入的种类体系。

为此，将那些具有层状纳米结构的固体化合物，优选为合成纳米材料和纳米复合材料的原料，通过优化合成层状结构中间体或前驱体，提供可控分散纳米复合材料体系。

(2) *层状硅酸盐* 硅酸盐矿物是自然界中由金属阳离子与硅酸根化合而形成的含氧酸盐矿物，据不同来源，硅酸盐矿物分布极广，可占整个地壳90%以上。硅酸盐矿物中云母、滑石、高岭石、蒙脱石、沸石等是重要的非金属矿原料和广泛应用的原料。

按照硅酸盐中［SiO_4］四面体及其组合，形成了链状、岛状、环状、架状和层状结构硅酸盐体系。

［ZO_4］四面体以角顶连成二维无限延伸的层状硅氧骨干的硅酸盐矿物，常见每个四面体三个角顶与周围三个四面体相连成六角网孔状单层，所有活性氧指向同一侧。四面体片活性氧再与金属阳离子如Mg^{2+}、Fe^{2+}、Al^{3+}等八面体配位和结合。这种四面体片与八面体片结合构成结构单元层（形成1∶1型结构单元层、2∶1型结构单元层、2∶2型结构单元层），这构成了层状结构硅酸盐。

(3) *层状硅酸盐纳米中间体* 1∶1型结构单元层如高岭石、蛇纹石，2∶1型结构单元层如云母、滑石、蒙脱石等，层间含有平衡电荷阳离子（如K^+、Na^+、Ca^{2+}、Mg^{2+}等）及水分子。根据平衡阳离子价态，将结构单元层划分为三八面体型、二八面体型。

层状结构硅酸盐矿物的矿物晶体形态呈两个方向延展的板状、片状形态，具有平行于硅氧骨干层方向的完全解离层。选择层状硅酸盐为纳米原材料，充分考察其性能、储量、聚合物匹配性、纳米效应及应用前景。见表7-1。

表7-1 层状结构化合物材料

无机类	层状化合物实例
层状化合物	MoS_2,V_2O_5,$MoSe_2$,WS_2,WSe_2,SnS_2,$ZrSe_2$,PbI_2,BN,BiI_3
层状硅酸盐	phosphate(磷酸盐),magadiite(麦加石),bentonite(膨润土),kaolinite(高岭土),montmorrilonite clay(蒙脱土),saponite(皂石) sepiolite(海泡石),vermiculite(蛭石),talc(OH)(滑石),hectorite(锂皂石),attapulgite(凹凸棒石),F-mica(氟云母),伊利石等
其他类	石墨,合成层状化合物等

在表7-1中，部分层状化合物规模化应用，实际价值在深入探索中。

就晶体光学性质而言，绝大多数矿物呈一轴晶或二轴晶负光性、具正延性及双折射率大。矿物化学组成含过渡元素离子，产生显著多色和吸收性。

7.1.1.2 氧化物和金属纳米原料

(1) *通用氧化物材料* 工业生产氧化物SiO_2、ZnO和TiO_2等粉体，具有广泛通用性。这类通用氧化物粉体的纳米化技术突破，显著提高了新型涂料、复合树脂、催化剂等工业应用效率。金属及非金属氧化物纳米材料，增强增效高聚物树脂并赋予其多功能性如抗辐射、阻隔及导电等，形成一系列新型、实用与高效的高聚物纳米复合材料。根据应用需求，选择那些重点氧化物进行工艺优化形成低成本高效应用体系。

(2) *金属材料* 金属是纳米粉体材料的另一主要原料，如Fe、Cu、Ag等原料制成纳米粉末或添加剂产品，提供高抗腐蚀性合金钢、功能高效复印与印刷粉体、多功能磁性和磁记录粉体、涂料添加剂及吸附环境毒害物与杀菌剂成分。Ag纳米涂层阵列结构印刷电路板具有低成本高效性。

Ni、W、Co等纳米粉体经渗透技术制成超硬金属材料、超强合金钢及耐强酸性介质钢材料，并成为高性能高活性催化剂的主要原料。金属纳米粒子强吸收光效应，设计出色泽牢固的黑色涂层。

而高活性金属纳米粉体合成和应用，都存在极易氧化、燃烧甚至爆炸危险性，苛刻设备要求限制了金属纳米粉体大规模化制备，带来实际应用难题。然而，很多金属纳米颗粒及其可控氧化粒子，已成功应用于炸药、爆炸和爆破领域。

7.1.1.3 陶瓷和稀土材料

（1）陶瓷纳米材料 陶瓷类材料属于特殊无机氧化物材料。陶瓷类氧化物如 CaO、ZrO_2 等在我国有极丰富的资源。纳米颗粒材料应用于陶瓷领域，是利用该添加剂提高陶瓷的韧性和加工性[2]。

（2）稀土纳米材料 我国稀土资源占世界首位，稀土纳米有机复合体、稀土高分子复合材料是发光材料或光致导电材料的主要原料，它们提供了新型、环保、功能和节约性光源，创制出系列新能源材料。

7.1.1.4 综合纳米材料用无机材料

综合纳米材料用无机材料体系类别，甄选优化那些可规模化纳米材料明确表明，迄今，仅几十种无机材料如层状硅酸盐、水滑石、SiO_2、TiO_2、$CaCO_3$ 适于大规模化生产。而实现氧化石墨烯、金属氧化物和半导体及其氧化物纳米材料规模化工艺，需很长时间探索。所有纳米粉体大规模化生产必须面对环境问题。

7.1.2 纳-微米中间体材料

7.1.2.1 工业化纳米中间体材料

（1）工业纳米中间体原料 迄今，用于合成纳米材料的前驱物原料，绝大部分只具有研究意义而不具备实用化意义，因为这类化合物存在原料来源、自身纯度、反应不确定性、纳米悬浮体难以收集及飞灰与环保等诸多问题，长期制约其规模化合成、制备与生产。

现有工业生产的产品金属醇化物、非金属醇化物如 $Ti(OC_4H_9)_4$、$Si(OC_2H_5)_4$ 等大类化合物，是制备纳米材料的主要前驱体或中间体原料，这类原料却几乎不能用于规模化生产纳米材料。从纳米粉体总体发展现状来看，仅有纳米 SiO_2 材料经 20 年发展形成工业化产品，而所用原料却是工业硅酸盐如硅酸钠。

迄今，除纳米 SiO_2 材料外的其他氧化物纳米材料，实际产量基本都在百吨级规模，这不仅是原料成本及投入产出比效果不理想问题，还有原料来源不丰富、使用领域严重受局限等问题。

（2）天然和合成层状化合物前驱体 黏土矿物具有纳米层状结构，是天然纳米前驱体材料，具有成本低廉、原料易得、应用广泛而应用技术成熟等特点，已应用扩展到许多领域[4~20]。这些材料与高聚物单体通过插层方法，在聚合、熔体及溶液等插层反应中形成高聚物纳米复合材料。这类无机纳米前驱物的质量监控、标准及使用方法都需新的规范。

7.1.2.2 蒙脱土纳米原料结构性能

（1）纳米中间体吸水膨胀性 蒙脱土已是合成纳米材料的主要原料。采用吸水率和吸水比表示蒙脱土纳米结构的吸水膨胀性，建立其吸水量-吸水时间曲线，计算吸水参数。在酸性反应介质和聚合反应条件下，采用膨胀容表征蒙脱土纳米中间体的膨胀性。

（2）纳米中间体胶质价 蒙脱土水介质分散悬浮液及其黏滞性，采用胶质价表征。氧化镁加入蒙脱土悬浮液中，碱性氧化镁水化物促进其蒙脱石溶蚀为凝胶，建立该凝胶层体积和蒙脱石含量关联，采用胶质价表征蒙脱石溶出程度、胶体质量和纳米可控分散性。

7.1.2.3 水滑石纳米前驱体特性

（1）结构记忆效应 水滑石天然与合成结构具有独特性，合称水滑石（LDHs）通过前驱物硝酸盐或卤化物混合溶胶-凝胶过程及晶化反应，形成“结构记忆效应”[21]，即经某途径改变其结构后，在一定条件下又可逆地恢复至原有结构。利用这一特点，在纳米 LDHs 层间插入满足设计要求的单体，组装得到所需功能性层柱纳米材料。可将组装的功能性层柱纳米材料置于某种有利于结构恢复的环境中，在外界条件下，使其定时、定量释放出层间客体。如层柱型除草剂可在富含水、空气（主要是 CO_2）条件下，按作物生长要求缓慢释放除草剂，避免除草剂流失所产生的污染及药害。

（2）*层板化学组成与层间离子可调控性*　LDHs 层板化学组成根据应用需要进行调整。在一定范围内调整所述原料配比，层板化学组成发生变化，导致层板化学性质、层板电荷密度等相应变化。

利用主体层板的分子识别能力，采用插层或离子交换进行超分子组装，改变层间离子种类及数量，改变纳米 LDHs 整体性能。

（3）*晶粒形态可控与多功能性*　控制纳米 LDHs 合成条件，可调整晶粒尺寸在 20～60nm，使晶粒尺寸分布窄化。

不同客体插入 LDHs 层间后，组装得到具有不同应用性能的纳米层柱材料，如纳米选择性红外吸收剂、选择性紫外阻隔剂、杀菌防霉剂、热稳定剂、环境友好的催化剂、阻燃剂、缓释型除草剂、红外和雷达双功能隐形材料等。典型层状化合物结构组成及其功能性见表 7-2。

表 7-2　典型层状化合物结构组成及其功能性

层状复合体系	层状结构组成	层间离子	反应性	关键应用
五氧化二钒插层化合物	典型正交晶系，层-层间由水分子隔开，层结构单元以 VO_5 四方锥共边共角交替排列连接	锂离子插入和排出速率低，锂电池能量值低和 V_2O_5 半导体材料电子导电性较差	优良电学活性，较好结构稳定性、良好导电性、高比表面积	光学、电化学、电子生物学、传感器、发光二极管、电致变色器 ECD、电磁屏蔽 EMI、锂电池电极
二氧化锰纳米复合材料	MnO_6 八面体间共棱或共角方式形成隧道/层状二氧化锰晶化合物	Na^+、K^+、Ca^{2+} 及其他碱金属或碱土金属离子	中性电解液表现良好电容性，电位窗口较宽	电池电极和催化剂材料、超级电容器、催化剂
层状硅酸钠-层硅	晶体结构带负电荷且规则排列硅氧四面体层，层与层间通过钠离子平衡电荷支撑	层间阳离子主要 Na^+ 可被不同无机、有机阳离子或聚合物等交换	离子交换吸附剂、层状插层组装体基材及新型多孔材料前驱体	无磷助洗剂/新碱性功能剂，离子吸附交换剂、质子传输、催化剂及载体、分离膜
MCM-41	M41S 高有序硅基介孔-二维六方 MCM-41，双连续孔道立方 MCM-48 及一维层状 MCM-50	MCM-41 介孔材料表面含大量—SiOH 基团、Na^+、K^+ 等	均一纳米尺度连续调变孔径、高比表面积/孔体积、丰富规则有序孔、可控形貌、功能修饰	药载体、催化、环保及纳米材料等；比传统沸石分子筛高度优越
层状沸石	MWW 拓扑结构层状沸石分子筛，FER 拓扑结构层状沸石分子筛，MFI 拓扑结构层状沸石分子筛	Na^+、K^+、Li^+、Ca^+、Mg^{2+} 等金属离子	比表面积大（达 $700m^2/g$）及较强酸性活性位。大分子参与优异催化及吸附性	催化剂、吸附剂和离子交换剂
水滑石	$Mg(OH)_2$ 八面体相互共边层状化合物，位于层上的 Mg^{2+} 可在一定范围内被 Al^{3+} 同晶取代为单元晶层	Mg^{2+}、Al^{3+} 正电荷被层间阴离子如 NO_3^- 平衡，唯一层状结构阴离子黏土；层间阴离子可交换性	具有酸和碱性，主层板阳离子多样性、吸附和催化性	新型催化材料，新型功能材料原料
锂基蒙脱石	蒙脱石层间可交换离子 Ca^{2+}、Na^+ 等，被锂离子取代成锂基蒙脱石	锂离子	除具钙基、钠基蒙脱石性质外，还具有机溶剂溶胀与功能性等	涂料、化妆品、医药；增稠、悬浮剂、载体、医药中间体、填料、导电复合材料

7.1.3 纳米材料微乳液合成工艺

7.1.3.1 设计微乳液模板体系

(1) *微乳液体系* 用于合成纳米材料的微乳液是由纳米胶束及其组装胶团所形成的，通常微乳液微观胶束尺度分布范围小于100nm（如10～30nm范围）。实际上，另一种微乳液即反向微乳液，加入几种表面活性剂使其胶束尺寸在10nm很窄范围分布。

(2) *微乳液模板合成纳米粒子材料* 微乳液提供了制备纳米粒子的重要模板。选择丰富原料的表面活性剂及其混合体系，优选表面活性剂组成体系，使互不相溶的溶剂转化为均相乳液，在其中加入纳米前驱物得到混相匀化体系，调控该匀化体系的微泡成核、聚结、生长及热处理增长工艺过程，使体系成核长大并调控纳米粒子粒径，然后经过破乳、清洗、收集和热处理过程，得到所需相态纳米材料。

微乳液体系成为纳米粒子分散相，形成纳米粒子保护膜及其形态控制方法，实际微乳液合成纳米粒子工艺中，加入助溶剂以提高乳化效果。它适于制备第Ⅱ～Ⅵ族元素半导体纳米粒子。

7.1.3.2 微乳液体系调制工艺

(1) *优化表面活性剂HLB值* Span 80和Tween 80是常用工业表面活性剂产品，按照不同质量分数复配形成Span 80和Tween 80混合表面活性剂体系，设计表面活性剂比例见表7-3。

表7-3 Span 80和Tween 80不同比例混合体系的*HLB*值

HLB	Tween 80/g	Span 80/g
6.44	1.0	4.0
7.51	1.5	3.5
8.58	2.0	3.0
9.65	2.5	2.5

注：HLB是表面活性剂亲（H）和憎（L）平衡值。

为了能够得到最稳定、最适合于聚合反应的反相微乳液，需按照所用表面活性剂的不同质量分数油剂比来调制表面活性剂溶液，由此尽可能提高聚合反应单体在微乳液中的质量分数。在此，将采取计量形成稳定透明反向微乳液时的水溶液最大或临界添加量，采用环己烷为油相时，环己烷/混合表面活性剂质量比＝4∶1，得到最适于聚合反应的微乳液体系。

在优化条件下，得到混合表面活性剂体系HLB＝8.58时，相对其他体系其加入水量达到最大值。选取优化条件HLB＝8.58，配制环己烷油相和混合表面活性剂反相微乳液组成体系（如油相＝60g，混合表面活性剂＝15g）。

(2) *优化调制反相微乳液体系* 对上述优化微乳液体系，可采用电导率仪测试其电导率，评价微乳液稳定性和反应性。例如，采用滴管缓慢将微乳液滴入混合均匀的油性溶液中，每滴加一定质量水溶液后，开启测试转子使乳液混合搅拌10～15min进行电导率测试（如DDS-11A电导率仪）。为了得到高稳定性微乳液，临界电导率应为0.1～0.3μS/cm。

在上述微乳液中加入适量DODAC-MMT纳米中间体，得到比较透明的微乳液体系（见图7-1）。

7.1.3.3 反相微乳液聚合反应

(1) *反相微乳液优化体系* 基于混合表面活性剂和油相环己烷所配制的反相微乳液优化体系，组分体系为Span 80和Tween 80混合表面活性剂，其HLB＝8.58，环己烷油相和混合表面活性剂反相微乳液组成体系按照质量比4∶1配制（如油相＝60g，混合表面活性剂＝15g）。利用该反相微乳液可进行高分子单体和MMT纳米中间体原位聚合复合，得到聚合物纳米复合材料。

（2）反相微乳液原位聚合复合反应工艺过程　反相微乳液原位聚合复合反应工艺过程如下实施例所示。

【实施例 7-1】 反相微乳液合成纳米复合微乳液体系及其纳米复合材料

① 按一定质量比，称量一定质量丙烯酰胺、烯丙基磺酸钠与苯乙烯磺酸钠，三者质量比为 4∶4∶1。然后称量相对于单体质量1%的 DODAC-MMT 材料，最后再称取微量 EDTA-Na 作为聚合反应保护剂。将所有固体加入反应器（如反应瓶、烧杯），加入一定质量去离子水，搅拌溶解，配制好单体水溶液，备用。

(a)　(b)

图 7-1　无 MMT 微乳液（a）和含 1%DODAC-MMT 纳米中间体微乳液外观（b）

② 使用锥形瓶，称量一定质量的环己烷，分别依次加入一定质量 Span 80 和 Tween 80 液体，密封，将锥形瓶放到 40℃恒温搅拌水浴中转子搅拌均匀。

③ 待锥形瓶内混合液搅拌 15min 后，使用滴管将事先已溶解单体水溶液倒入锥形瓶中，将搅拌充分的油溶液缓慢滴入装有水溶液的锥形瓶中，每次滴入油溶液需封闭锥形瓶，搅拌使其充分混合，将油溶液全部滴入后，密封搅拌约 30min 后取出，将微乳液进行超声分散 10min（水温事先调至 40℃）得到反相微乳液体系。

④ 将反相微乳液转移到干净的三口烧瓶中，调整水浴温度，称取相对单体质量 1%的引发剂（过硫酸铵和亚硫酸氢钠质量比为 1∶1）加入三口烧瓶密封，通氮气除氧，搅拌速度 600r/min，开始反应。

⑤ 反应进行一定时间后，关闭搅拌器和水浴，取出锥形瓶，用无水乙醇析出产物，离心机分离固体产物，烘箱温度 80℃烘干 24h，得到乳白色高分子聚合物。

（3）反相微乳液原位聚合复合胶束及纳米分散形态　反相微乳液原位聚合复合胶束形态及胶束内包裹或吸附纳米片层分散形态，采用透射电镜表征胶束及其纳米片层剥离形态，见图 7-2。

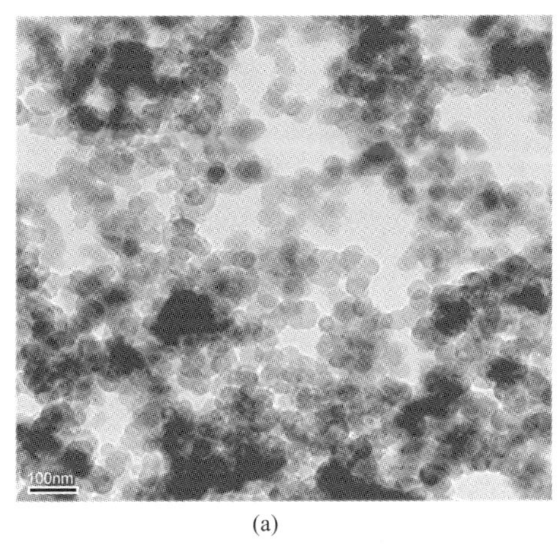

(a)

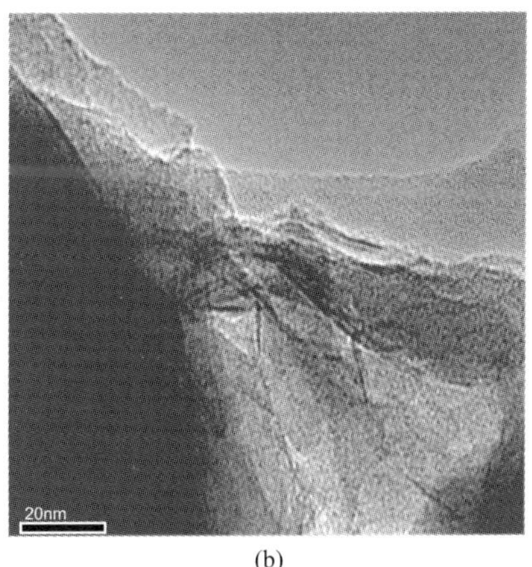

(b)

图 7-2　透射电镜表征的胶束和纳米片层剥离形态

（4）反相微乳液原位聚合复合材料耐温稳定性　利用上述反相微乳液原位聚合复合反应工艺，可以制得胶束尺寸为 10～45nm 的分散体系，反应后微乳液平均粒径分布发生变化，胶束尺寸转化为 20～400nm，胶束体系在反应前后保持一定稳定状态，反应后微乳液平均粒度增加说明反应中无机纳米片层剥离分散并联逐步长大。

采用热重分析仪表征反相微乳液所合成的纳米复合粒子体系的耐温性。相比现有乳液体系

（耐温性：170～200℃区间），反相微乳液聚合产物耐温性可大大提高，聚合物纳米复合材料在250℃后才开始分解，而改性MMT反相微乳液法制得的共聚（Am-SAS-SSS）MMT纳米复合材料，在270℃左右开始分解（热重损失5%的温度为287℃），完全满足深井或超深井工作液的抗高温性要求。

（5）*反相微乳液原位聚合复合材料反应工艺路线图*　反相微乳液法原位聚合复合材料反应工艺，可以逐步放大达到一定规模，总体合成反应和放大工艺路线，如图7-3所示。

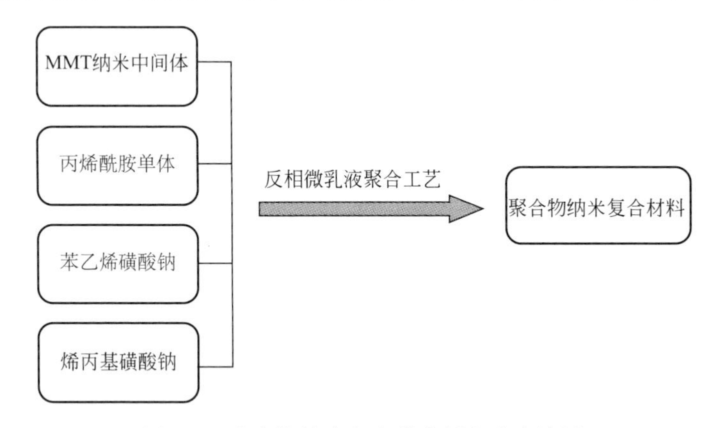

图7-3　聚合物纳米复合乳化剂合成路线图

此外，反相微乳液可作为聚合物（如PS）反应介质，经一步法原位合成纳米颗粒分散于聚合物基体（如PS）中的纳米复合材料，该方法可作为合成单分散和核-壳结构颗粒[7]的主要方法。

7.1.4　纳米材料工艺原理与设计

7.1.4.1　纳米材料规模化工艺原理

（1）*溶胶-凝胶工艺原理*　采用层状化合物原料及溶胶-凝胶与插层反应工艺，已形成规模化生产基础。所述的溶胶-凝胶（sol-gel）工艺原理包括，选择层状化合物原料、调制有机插层剂化合物、工业反应器插层反应生成溶胶、优化调节反应温度、时间及溶胶体均匀性，生成固态粒径可控凝胶体系。

sol-gel工艺方法很适于规模化生产纳米氧化物材料（主要指Ⅱ～Ⅵ族元素氧化物）及粉体体系。该工艺还适于合成无机纳米中间体和聚合物原位聚合复合合成聚合物纳米复合材料。

这类纳米材料sol-gel小试工艺原理适于其中试工艺设计，而其中试工艺适于工业规模生产工艺设计。而层状硅酸盐合成纳米中间体，可采用跨越式设计方法。

（2）*纳米悬浮体浓缩工艺及浓缩体系*　在重现小试工艺所得纳米材料结构性能的实践中，必须优化反应溶液浓度、微粒成核与聚并速率。通过优化设计工艺参数，将微粒均匀性、粒级分布、高纯度及其原位表面处理与原位复合工艺过程，集成一体统一设计。

浓缩纳米粒子悬浮液工艺是生产高质量纳米材料工艺关键，在设定反应物浓度、温度、压力下，优选助剂促进低浓度悬浮液中溶剂的快速蒸发、脱除。

7.1.4.2　纳-微米中间体浓缩工艺原理

（1）*纳-微米中间体悬浮液浓缩工艺原理*　固体层状化合物如层状硅酸盐、膨胀石墨具有纳米结构和微米粒子尺度，可称纳-微米结构材料，以纳-微米结构材料合成纳-微米中间体，适于大规模工业化生产，可不受通常溶胶-凝胶规模放大工艺条件限制。

纳-微米中间体浓缩工艺原理，是通过优化低浓度悬浮体溶剂蒸发工艺如温度、加速液体蒸发助剂、压力及原位功能化参数，达到悬浮液浓度逐步增大而形成浓缩体系的过程。

实际纳-微米中间体浓缩工艺要求不太苛刻，它和现有微米材料如水滑石工艺类似。

（2）纳米中间体悬浮液浓缩工艺原理　然而，与纳-微米中间体悬浮液浓缩工艺不同，纳米中间体浓缩工艺，将伴随纳米聚集、团聚和板结化现象。因此，纳米中间体过度、直接浓缩工艺，不能形成均匀化、功能化、高质量与规模化产品。

纳米中间体悬浮液浓缩工艺原理是，设计优化助浓缩试剂，调控纳米中间体悬浮液浓缩、沉积过程，实现其高质量高性能功能体系规模化生产工艺。

适于浓缩工艺的层状化合物纳米中间体与纳米复合体系见表7-4。

表7-4　适于浓缩工艺的层状化合物纳米中间体与纳米复合体系

层状复合体系	层状结构组成	层间离子	反应性	关键应用
MoO_2 纳米复合材料	单斜晶系，畸变金红石晶结构，氧离子密堆积八面体，Mo原子占半八面体空位，八面体共顶成其三维网络结构	八面体行列间具有隧道状空隙，空隙可嵌入锂离子，MoO_2 能被用于电化学领域	高电导率、高熔点、高化学稳定性，高效电荷传输特性	催化剂、传感器、ECD、记录材料、电化学超级电容器、锂离子电池及场发射材料等
聚合物二硫化钼纳米复合材料	MoS_2 晶体单元层由S-Mo-S三个平面层组成，单元层硫包围钼原子，共价键连接，弱范德华力结合	Li^+ 等阳离子、小分子或聚合物插入 MOS_2 层间制备优异综合性能复合材料	良好稳定性、催化、润滑、光学、光化学特性	固体润滑剂、加氢脱硫催化剂、超级电容器、光电子器件和锂电池等
蒙脱土聚合物纳米材料	两个SiO四面体晶片夹一个AlO八面体晶片。SiO四面体和AlO八面体共用氧原子连接高刚度晶片高度有序二维结构，晶胞平行叠置，晶片层叠堆积	Na^+、K^+、Ca^{2+} 等	强吸附、良好分散性能，高抗冲击、抗疲劳、尺寸稳定及气体阻隔性等；有较大层间距、较好热稳定性和可调变酸性	有毒物吸附剂、催化剂、涂层剂，聚合物-层状纳米复合材料，聚合物力学、阻燃、热稳定性能提高，应用广阔
石墨烯聚合物纳米复合材料	sp^2 杂化碳原子构成二维层状碳单质，厚度为一个碳原子	氧化石墨烯表面含大量环氧基团可羟基取代，层间插入 Na^+、Li^+ 等	优异传导、力学、铁磁性；理论比表面积高，石墨烯可见光区透过率高	机械、导电、导热、耐热和阻隔、航空航天、微电子、新能源、生物医学和传感器
蛭石复合材料	单元层由两个硅氧四面体层及其中间夹的一个八面体层组成，三层共形成约1nm厚的结构单元层	两层活性氧/OH最密堆积，上下层错位；$Al^{3+}/Mg^{2+}/Fe^{2+}$ 阳离子充填八面体层-连接硅氧四面体	良好阳离子交换、膨胀、吸附性	制备轻质建材、催化剂、载体、纳米复合材料、环境保护材料等的重要原料

7.1.4.3　层状硅酸盐纳米复合工艺设计

（1）插层聚合复合工艺　表面功能化处理的层状化合物和层状硅酸盐（guest），其层间距扩大而形成层间距扩大的纳米中间体，使聚合物单体（host）经过原位插层进入纳米中间体层间，再原位引发聚合复合反应，形成纳米复合材料，该工艺过程称插层聚合复合工艺。

插层聚合复合工艺实际是特殊溶胶-凝胶化工艺过程，该过程中无机相悬浮体溶胶与聚合物单体反应形成聚合物分子溶胶凝胶体系，形成纳米复合材料。

（2）聚合物层状硅酸盐纳米复合材料工艺过程　聚合物层状硅酸盐纳米复合材料工艺，主要依据生成乳液或悬浮液溶胶的途径进行设计，优化该工艺及其sol-gel工艺过程，设计纳米材料规模工艺如下：

形成溶胶→制备均相凝胶→收集干燥→后处理制纳米材料　　(7-1)

形成溶胶（乳液/悬浮液）→凝胶（gel）→聚合反应→原位形成纳米复合材料

（3）层状化合物纳米复合材料制备过程　设计层状化合物，经插层反应合成纳米中间体与

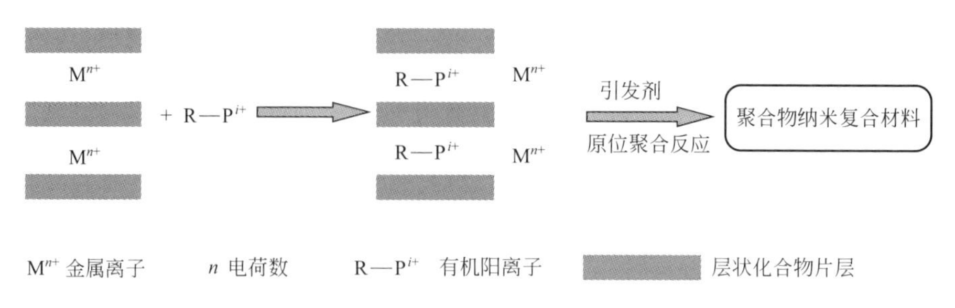

图 7-4 层状化合物插层反应形成纳米中间体和纳米复合材料工艺

复合材料，见图 7-4。

层状化合物制备结构功能纳米材料与复合材料，已发展为“插层化学”。

(4) 蒙脱土纳-微米中间体生产工艺参数 研究建立蒙脱土纳-微米中间体的吸水量-吸水时间曲线，建立水膨胀容、分散悬浮胶体黏滞性及胶质价指标，评价所制备纳米中间体可控分散性。

建立比表面积、孔隙度、电荷密度、游离酸、活性度、粒度等综合评价参数，参考现有技术标准，制定催化剂、电极、水处理等相关技术指标或标准。

7.1.5 纳米粉体材料工业化工艺

7.1.5.1 纳米材料原料技术指标

(1) 基于蒙脱土原矿粉的纳米原料物性 纳米材料高效合理应用[4~7]需结合现有工艺，优化工艺流程、节约成本及提高环保性。因未形成统一通用的纳米材料技术标准，常参考现行相关标准。

参考美国 API 标准或一级蒙脱土标准[17]等，制定蒙脱土纳米中间体凝胶及其粉体质量参考指标，见表 7-5。

表 7-5 蒙脱土原土与处理后蒙脱土的物性指标

参数指标	数 值	说明
水分	≤8%	纳米中间体原料
pH 值	7～10(5%水悬浮液)	
白度	≥80%	
铅含量	$\leqslant 20\times10^{-6}$	
砷含量	$\leqslant 2\times10^{-6}$	

实际制备的蒙脱土纳米中间体凝胶具有多尺度组成，由此制定考虑纳米尺度所占比例的质量指标，如表 7-6 所示。

表 7-6 蒙脱土原土与处理后蒙脱土的细化物性指标

指 标	原土	处理土	指 标	原土	处理土
阳离子交换容量/(mmol/100g)	70.0～110.0		Fe_2O_3+FeO(质量分数)/%	<0.5	<0.1
含砂量(质量分数)/%	<0.1	<0.05	凝胶固相含量(质量分数)/%	5.0	5.0～15.0
白度(分光光度计)	>80.0	>70.0	黏度(ϕ600)/mPa·s	>20.0	>200.0

注：对所使用的水的要求：水的硬度 (Ca^{2+}，Mg^{2+}) $<100\times10^{-6}$；水中的 Cl^- $<20\times10^{-6}$。

(2) 测定纳米中间体的蒙脱土原料特性 通常用黏度法测定和初步评价蒙脱土与处理蒙脱土纳米中间体系。纳米片层剥离度越大时体系黏度越高，黏度计敏感度完全可检测出该黏度差异性。选择合适黏度计或黏度法测量蒙脱土纳米中间体浓溶液体系。企业标准是采用黏度计 NDZ 的 ϕ600 读值或 NDG 第二单元测定器读值×10 指标，评价纳米凝胶性能。

7.1.5.2 黏土原料工业化提纯改性

(1) 黏土原料提纯改性方法 黏土矿物不仅存在于地表浅层，也形成于深部成岩作用及各类沉积岩层，常伴生长石、石英、有机质等。黏土是可塑性硅酸铝盐复合盐类，黏土矿物是硅酸盐岩石风化产物，包含除了硅、铝元素外的其他少量元素如镁、铁、钠、钾和钙等。黏土品位与成分因地理位置不同而差异很大，需对黏土矿进行浮选使其品位组成一致，黏土重要品种如蒙脱土、高岭土等在自然界呈整装形态存在，常出现大型矿床。

黏土提纯主要采用超速离心机、静水沉降、电泳方法等，以富集黏土矿物中颗粒粒径 2μm 左右尺度的微细粒子部分。蒙脱土、高岭土等需经沉降分离、浮选优选工艺，得到品质和质量均匀的原材料。同时，需要酸化、离子交换如挤压钠化处理。为获得钠基蒙脱土，选择矿物浮选、挤压钠化工艺，再经深化提纯制备凝胶原料。

主要有工业高岭土、膨润土（主要含蒙脱石）、活性白土（无固定组成）等黏土矿。高岭土最早由中国在江西高岭村开采，用于制造陶瓷产品。1888 年膨润土在美国怀俄明州开始开采，1906 年活性白土在美国得克萨斯州首次开采，其已成为广泛应用的纳米材料原料。

(2) 蒙脱土钠化和酸活化改性方法 蒙脱土矿改性主要采用有钠化反应和酸活化反应的方法，二者都基于蒙脱土层间阳离子交换反应原理。

蒙脱土钠化反应是采用金属钠碱性化合物（如 Na_2CO_3、NaOH）在悬浮液中与蒙脱土产生层间交换反应，使钠离子交换进入蒙脱土层间而交换出层间原有阳离子（如 Ca^{2+}、Mg^{2+}）。采用悬浮液、堆场钠化、挤压（轮碾挤压、双螺旋挤压、阻流挤压、对辊挤压等）工艺改性巨量矿藏钙基蒙脱土，得到钠蒙脱土产物。

酸活化法又分为干法活化工艺和湿法活化工艺。湿法活化工艺是将蒙脱土原料在水中悬浮剪切和打浆，然后加入酸（如硫酸、盐酸）进行酸插层交换反应得到浆体凝胶，经干燥后得到凝胶产品。干法活化工艺是将蒙脱土与少量水混合，然后经挤压剪切和粉碎工艺得到产品。

经蒙脱土原矿选矿、破碎、悬浮制浆、提纯分离得到初级品原料，然后经精改性活化、有机插层凝胶及后处理与干燥加工过程得到产品。其中，湿法生产蒙脱土工艺流程包括加料、分酸、漂洗、浓缩、干燥、磨粉和包装几个主要阶段。酸活化或钠化的蒙脱土可作为纳米级蒙脱土原料。纳米级蒙脱土或聚合级蒙脱土，经过下述有机蒙脱土制备工艺制备而得。

有机蒙脱土制备工艺分为湿法、干法和预凝胶法。湿法生产有机蒙脱土工艺流程，如图 7-5所示。

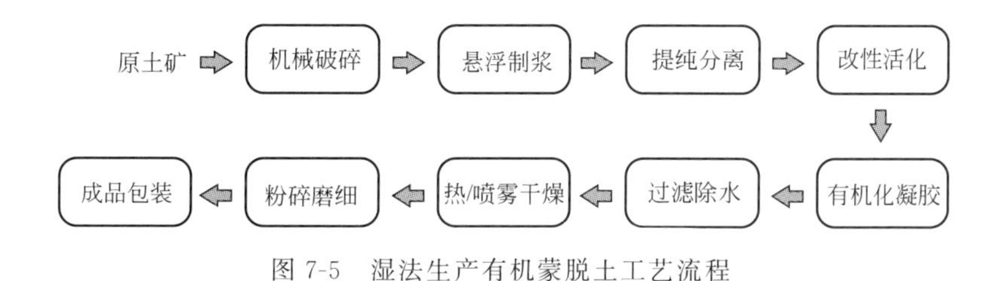

图 7-5 湿法生产有机蒙脱土工艺流程

干法生产有机蒙脱土工艺流程，如图 7-6 所示。

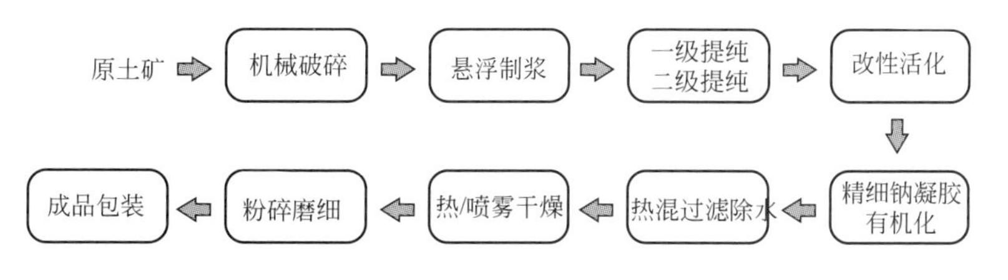

图 7-6 干法生产有机蒙脱土工艺流程

7.1.5.3 聚合级蒙脱土和精细有机蒙脱土中间体工业化工艺

（1）合成聚合级蒙脱土和有机蒙脱土中间体精细化工艺　合成聚合级蒙脱土和有机蒙脱土中间体，需优化精细化工艺并优选精细提纯反应罐，见图 7-7。

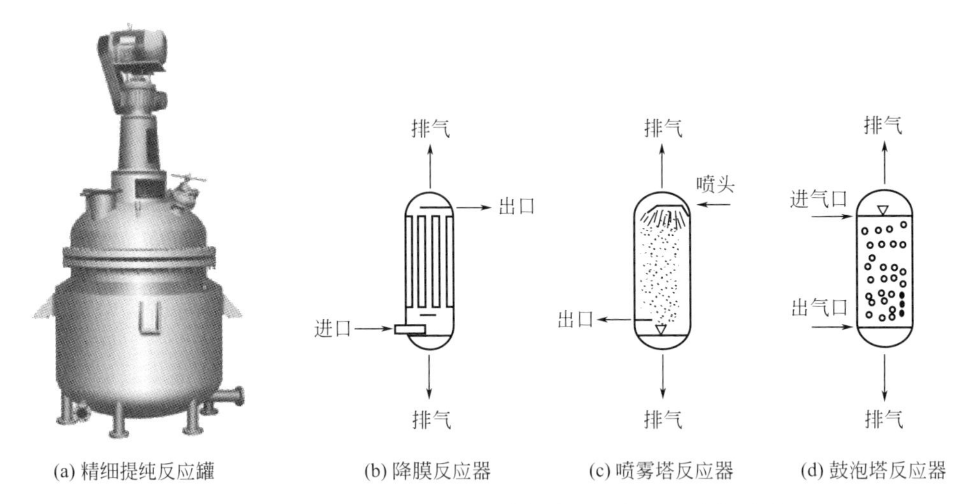

图 7-7　精细提纯反应罐及几种气液相反应器设计外形图

（2）合成聚合级蒙脱土和精细有机蒙脱土中间体工业工艺流程　在合成聚合级蒙脱土和精细有机蒙脱土中间体工艺中，工业化生产与后处理工艺设备集成体系，包括雷蒙磨粉机、反应釜、沉降槽、精细提纯反应器、后处理单元装置及干燥装置等。总体工艺路线装置图是在参考传统装置基础上，再优化精细反应器组成，如图 7-8 所示。

7.1.5.4 蒙脱土处理剂选择

（1）处理剂特性要求　基于蒙脱土分散或絮凝特性要求，钠基蒙脱土的处理剂根据其不同用途选择。在浮选工艺阶段开始进行处理剂与蒙脱土的阳离子交换反应，得到粗分散颗粒材料。若在凝胶阶段进行离子交换反应，则得到聚合级纳米前驱体。胺与酸反应制备季铵盐（$RNH_2+HX \longrightarrow RN^+H_3 \cdot X$），选择季铵盐也需与层状硅酸盐在高聚物中的功能性结合。

（2）处理剂种类　这些处理剂根据不同用途分为：a. 高分子阳离子聚合物，即大阳离子覆盖剂，及低分子或小阳离子聚合物稳定剂；b. 无机处理剂氧化剂、$Na_2Cr_2O_7$ 及稀释剂；c. 絮凝剂 MgO、ZnO、PHP、CMC、焦宁酸钠等；d. NaOH、Na_2CO_3 等为分散剂；e. H_3PO_4、H_2SO_4、HCl 等为酸洗剂。

这些添加剂一般用于适当破坏无机纳米颗粒双电层，产生静电中和反应等。

7.1.5.5 合成纳米结构蒙脱土凝胶集成工艺

工业生产纳米蒙脱土凝胶集成工艺，包括黏土选矿、重力絮凝沉降、原位插层反应及产品收集过程。这是将上述各段工艺集成的工艺路线（见图 7-5）。

（1）黏土选矿与酸化处理　选取黏土矿材料，设计纯化处理-酸溶处理-钠化凝胶化工艺，一部分凝胶经后处理、干燥制得钠基蒙脱土干粉，它是具有更高 CEC 的凝胶。

原始黏土矿的 CEC 为 0.50mmol/g，经过纯化、钠化后的凝胶 CEC 达 0.70mmol/g 以上。

（2）蒙脱土凝胶再絮凝沉降　钠化蒙脱土中的不可再分散的砂子应除去，可加入 0.2%（质量分数）焦宁酸钠，分散絮凝沉降 24～48h。为了提高沉降效果，加入一些稀释剂如磺化单宁等，加量为 0.5%（质量分数）。该实验在沉降槽和离心器内完成。

原始黏土矿的 CEC 为 0.50mmol/g，经过纯化、钠化和再絮凝处理后的凝胶的 CEC 可达 0.90～1.10mmol/g。

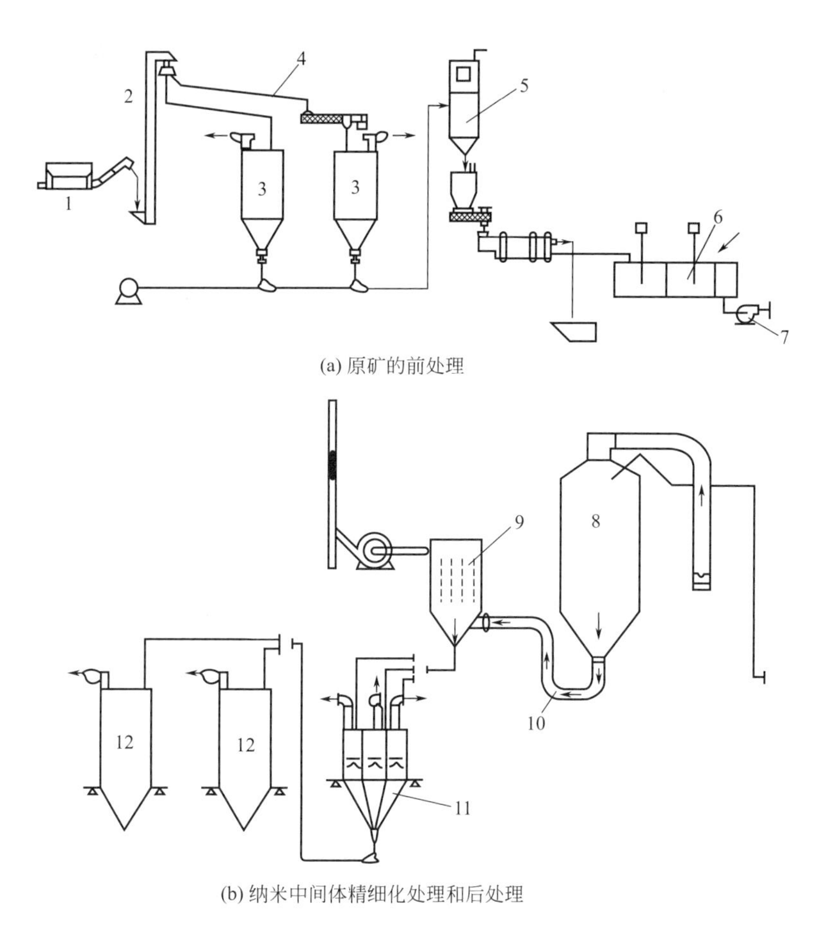

(a) 原矿的前处理

(b) 纳米中间体精细化处理和后处理

图 7-8 蒙脱土前处理、精细化处理与后处理集成化工艺流程图

1—破碎机；2—运输带；3—储罐；4—运输带；5—混合罐；6—沉降槽；
7—电动泵；8—凝胶罐；9—喷雾干燥室；10—凝胶管路；11—粉碎机；12—储罐

(3) 原位插层交换反应 在工业纯化和合成纳米结构蒙脱土凝胶及聚合级黏土工艺过程中，可设计优化插层处理剂加入悬浮体系，经原位插层交换反应得到系列化不同极性、分散性和润湿性的有机化黏土产品。

【实施例 7-2】 有机蒙脱土高纯凝胶中试制备 200g 蒙脱土（粒径 2～40μm，CEC 0.75mmol/g）溶于 3000mL 水中，升温到 70℃，快速搅拌 0.5h 得到均相悬浮体。优选己内酰胺插层剂，加入 0.15mol 或 24.31g 己内酰胺，溶于 500mL 水中形成溶液，再滴入上述悬浮体中，反应温度保持在 80～90℃，搅拌 4～6h 得到蒙脱土凝胶悬浮体。该凝胶体系部分未剥离片层结构体系是团聚体的来源。将凝胶体系经过一次或数次高压和低压连续压力搅拌，可将部分团聚体分散开，经过滤得到均匀凝胶体。该凝胶悬浮体系在蒙脱土集成化工艺装置流程中进行处理（见图 7-5），在此装置优化处理反应制备系列化纳米中间体以及相应的纳米复合材料。

【实施例 7-3】 中试和试生产蒙脱土纳米中间体 5.0kg 钠化蒙脱土粉体加入 50L 反应釜内溶剂中悬浮、搅拌与分散 0.5h，使水温保持在 80℃形成悬浮体。加入焦宁酸钠 0.01kg 于上述悬浮体系中，经分散稀释与沉降 24h 后分开上层凝胶和下层杂质。分离上层悬浮体固相含量 2.0kg，收集上层凝胶并在其中加入 243.1g 己内酰胺磷酸季铵盐 1000g 水溶液。搅拌 6～12h 后得到所需插层蒙脱土纳米中间体凝胶体系。

类似地，25kg 钠化蒙脱土加入第一个盛有 375mL 水的 1000L 釜内搅拌、分散 0.5h，使水温保持在80℃形成悬浮体，再加入焦宁酸钠0.05kg，经过分散、稀释过程泵入沉降槽内沉降24h后，分开上层凝胶和下层杂质。可收集上层悬浮体的固相体系约20kg。然后，将上层悬浮体泵入第二个1000L釜中，并加入2431.1g己内酰胺磷酸季铵盐10kg水溶液，搅拌6～12h后得到插层蒙脱土纳米中间体凝胶体系。与此同时，在第一个1000L釜内加入第二批25kg土，经过分散、悬浮、沉降和插层反应得到所需前驱物浆体，如此循环操作。

通常，实施插层复合技术将充分利用溶胶-凝胶化过程，其中，设计纳米材料生产和表面处理过程原位一体化工艺已变得很成熟，由此，制得系列功能纳米材料及其功能分散相与复合材料体系。

7.2 纳米载体催化剂与聚合物纳米复合材料

7.2.1 纳米催化剂和载体

7.2.1.1 聚烯烃纳米结构载体和催化剂

(1) 聚烯烃纳米结构载体　聚烯烃反应和聚合反应体系常采用的载体为$MgCl_2$、层状硅酸盐、SiO_2、MCM-41、沸石Zeolite VPI-5和ZSM-5。此外，采用的有机物载体有淀粉(starch)、环糊精（cyclodextrins)、聚苯乙烯、苯乙烯-二乙烯基苯共聚物及磺化二乙烯基苯共聚物等。

目前所用催化剂载体颗粒是纳米粒子及其聚集体，它们具有纳米尺度孔和孔结构，根据定义，这些催化剂载体应归类为纳米材料。纳米材料载体通过造粒、烧结及后处理工艺控制孔结构和纳米尺度。

(2) 纳米SiO_2载负催化剂　纳米SiO_2载体表面易吸水，表面羟基占总重的比例可达30%以上。纳米SiO_2载体需优化造粒、控制表面—OH量并与活性中心达到最佳作用效应。该载体的羟基形态影响茂金属催化剂的活性。纳米SiO_2表面载负茂金属催化剂及助催化剂(如甲基硅氧烷MAO)，严格控制载体表面羟基及后处理技术。具体载负过程见图7-9。

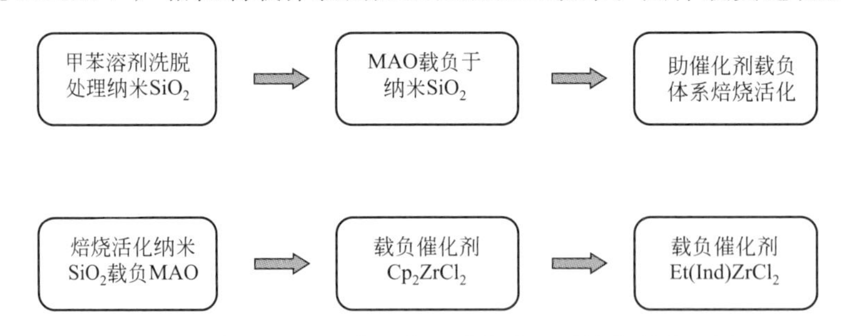

图7-9　纳米SiO_2载体活化及载负茂金属催化剂流程图

合成纳米SiO_2需经甲苯洗脱处理，调控表面羟基含量及预活化处理，再用于载负MAO，该载负体系在优化温度下焙烧处理，然后用于载负Cp_2ZrCl_2或$Et(Ind)ZrCl_2$催化剂（Et＝乙基桥联，Ind＝茚基)。

采用上述催化剂组合物活性成分，在200～400℃脱水处理，然后配以助催化剂（Al/Zr＝4000)，在6.0atm和60℃条件下进行聚合反应。该均相聚烯烃催化剂经处理后，其活性比常规载负催化剂高约10倍，能克服常规载负活性物脱离问题。催化剂载负机理以下式简要说明。采用无机层状结构纳米中间体载体，在聚合反应过程的热作用下进一步分散或剥离，原位形成聚烯烃纳米复合材料。

(3) 原位载负和水解方法　为了减少烷基铝氧烷（MAO）在茂金属催化剂体系中的用量，

采用原位载负烷基铝及原位水解形成 MAO 的方法。这种载负和原位水解过程如下：

① 采用黏土如锂基蒙脱土先进行喷雾干燥，然后实施团粒化造粒。

② 采用 AlR_3（R＝Et，Me）载负于团粒化黏土上并引发水解。即，

$$AlMe_3 + H_2O\text{-}MMT \longrightarrow \longrightarrow \longrightarrow [Al(Me)_2O]_n\text{-}MMT(MAO\text{-}MMT) \tag{7-2}$$

黏土层间微量水分可将 AlR_3 直接水解成 MAO 或 HMAO（MMAO），这种方法将载负催化剂与 MAO 生成一步完成，既减少工艺环节也减少 MAO 用量和损失。黏土团粒化结构利于形成分布均匀的聚合物体系，团粒结构与聚合物粒子形态呈线性关系。实际黏土干燥状态、层间距与纳米结构直接影响催化剂粒子形态。

7.2.1.2 MMT-SiO_2 复合载体制备

（1）MMT-SiO_2 复合载体设计　制备聚乙烯层状硅酸盐纳米复合材料，需减少载体表面高极性及复杂物理化学性质对催化剂活性的影响，为此制备出柱撑结构 MMT-SiO_2 复合催化剂载体[5~7]。

（2）MMT-SiO_2 复合载体制备工艺

① 载体制备　MMT 水溶液中加入有机插层剂如十六烷基三甲基氯化铵，进行插层反应，得到层间距扩大的有机 MMT；有机 MMT 与模板剂中性胺及无机前驱体（如 TEOS 等）共混反应，TEOS 在 MMT 层间水解形成柱撑结构，混合物洗涤干燥后，高温焙烧除去有机物制得 MMT-SiO_2 复合载体。

② 催化剂制备　将 $MgCl_2$、$TiCl_4$ 溶于 THF 溶液中，再将载体浸泡其中，经过滤、干燥等步骤得到负载型 $MgCl_2$-$TiCl_4$-THF 双金属催化剂。

③ 聚合反应　装有搅拌装置的高压反应釜保持 N_2 微正压条件并注入正庚烷，开动搅拌，计量助催化剂和催化剂注入反应釜，升高体系温度到预定值后，开启乙烯进气阀，将压力升到预定值开始反应 1h 后，将压力降至常压，注入酸化乙醇终止反应，产品形态如图 7-10 所示。造粒工艺装置见图 7-11。

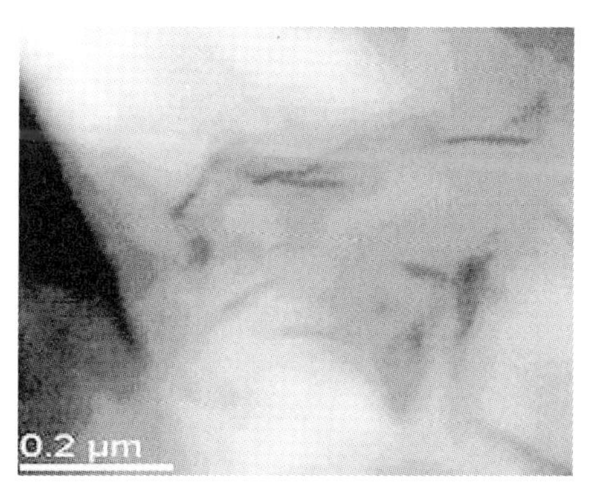

图 7-10　聚乙烯-MMT/SiO_2 纳米复合材料（$MgCl_2$-$TiCl_4$-THF 催化剂载负于 MMT/SiO_2 上）

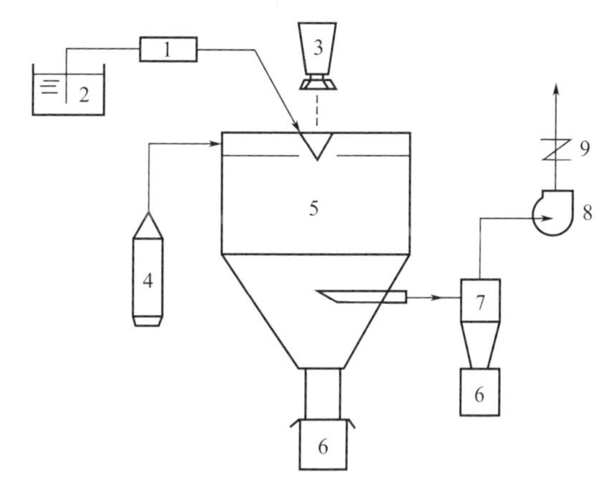

图 7-11　喷雾造粒装置

1—加料泵；2—料液槽；3—离心喷雾头；4—空气加热；5—干燥室；6—收集料桶；7—旋风分离器；8—离心机；9—风量调节阀

MMT-SiO_2 复合载体制备的聚乙烯复合材料获得较高力学性能，是实用性纳米复合材料体系[6]。

7.2.1.3 金属催化剂载负体系及加氢转化

（1）柱撑黏土定义　柱撑黏土（pillared clay hydrid，PCH）是指用有机化合物如小分子胺类或金属氧化物，通过柱撑试剂在黏土层间水解、膨胀撑开其片层空间而得到层间距扩大的

黏土混合体系。柱撑黏土 20 世纪 70 年代末发展为一类分子筛催化材料，具有可调节孔径和孔容特性、多孔结构比表面积很大。

柱撑或柱状黏土是可膨胀性黏土，包括天然和合成黏土。天然黏土包括蒙脱土、膨润土、贝得石（蒙脱石异构体）、囊脱石、滑石、锂蒙脱石、蒙皂石及蛭石等。合成黏土包括含氟锂蒙脱石、含氟云母、四硅钠云母（NaTSM）和合成带云母等。高电荷密度层状蒙脱石每个 O_{20} 单胞带 1～2 个电荷单元。

柱撑黏土共同的结构特点是，两个外层硅氧四面体和一层铝氧八面体内层构成 2∶1 层状结构。黏土通式为 $A_x[M_{2\sim3}T_4O_{10}(Y)_2]$（M 是八面体阳离子；T 是四面体阳离子；A 是可交换层间阳离子；$0.1 \leqslant x \leqslant 1$；Y 是—OH 基团或 F 原子）。八面体阳离子 M 最常见的为 Al^{3+}、Mg^{2+}、Fe^{3+}、Li^{+}；四面体阳离子 T 最常见的为 Si^{4+}、Al^{3+}、Fe^{3+} 或其组合。

（2）选择柱撑黏土柱撑剂　柱撑剂是有机化合物如小分子胺类或金属氧化物，用于增加致密黏土片层间距的一类试剂。柱撑剂选自有机化合物如胺类、金属氧化物或金属氧化物前驱体。长期采用氧化物如 Al_2O_3、SiO_2、SiO_2-Al_2O_3、ZrO_2、TiO_2、GaO_2 等的单独或复合柱撑剂，而最常用的为 ZrO_2 和 Al_2O_3。柱撑剂可使黏土片层空间增大高度达 5～15Å，空间高度是 X 射线计算距离减去黏土片层厚度（9.6Å）。

（3）柱撑黏土制备　首先，选择黏土如蒙脱石、累脱石等。采用膨胀黏土与含柱撑前驱体的溶液反应获得柱撑黏土或载体催化剂。

其次，选择柱撑前驱体金属化合物，如铝、锆、硅、镓、铁、铬等的化合物。膨胀黏土与柱撑前驱体溶液接触反应，首先形成小晶种而取代黏土层间可交换阳离子混合体系，该混合体系烧结后获得适当柱撑剂氧化物，使黏土片层撑开扩大并产生微孔通道，通道空间高度为 6～14Å。

采用的催化剂金属为Ⅷ族及ⅠB 族金属、贵金属或非贵金属等。这些金属为 Mo、Cr、Mn、Cu、Pt 和 Pa 贵金属；或者金属组合物如 Pt/Pd、Ni/W、Co/Mo、Cu/Co/Mo。金属载负量为 0.1%～20%（质量分数）足以产生催化反应活性，如加氢转化活性。

合成 PCH 时，鎓离子∶胺∶前驱体成分（摩尔比）为 1∶5∶37.5～1∶30∶250 或优化为 1∶20∶150。

（4）柱撑剂技术指标　柱撑黏土催化剂用于加氢转化时，催化剂比表面积至少应达 $100m^2/g$，可优选 $100\sim400m^2/g$，最好选择 $250\sim400m^2/g$；微孔体积 0.05mL/g，优选 0.05～2.0mL/g，最好选择 0.08～1.5mL/g。

（5）载负活性金属方法　金属化合物载负柱形黏土的方法有标准嵌入法、离子交换法、气相沉积法或其他适当技术。Ⅷ、ⅥB、ⅠB 族金属可单独或与其他金属一起用于载负。Ⅷ族金属如 Ni、Co、Fe、Pt、Pd、Os、Ru、Ir 和 Rh。ⅥB 族金属如 Cr、Mo 和 W 及ⅠB 族金属如 Cu。组合金属如 Pt/Pd、Ni/W、Co/Mo 和 Cu/Co/Mo。

7.2.1.4　柱状黏土载负活性金属催化剂及实施例

（1）柱状黏土载负活性金属催化剂　采用柱状黏土载负金属催化剂，载负第Ⅷ族或第ⅥB 族金属，可用于沸点 370℃以上 Fischer-Tropsch 蜡加氢转化，具有高活性。柱型黏土加氢转化工艺催化剂载体载负贵金属[7,8]，但 Al-柱状 MMT 表面酸度不够，难获双功能性[9]。柱形黏土[10]一般具有多孔结构，孔尺寸约 30%都小于 5nm。Pt 载负于柱状黏土用于辛烷加氢转化，反应伴随显著裂解，进料蜡时裂解更剧烈，比辛烷更易裂解。

（2）实施例

【实施例 7-4】　制备 Zr-蒙脱土催化剂　采用商用蒙脱土与乙酸锆溶液柱撑剂制备柱状黏土催化剂（PILC），将 500mL $Zr(CH_3COO)_2$ 溶液（22%ZrO_2）用 2.8L 蒸馏水稀释。向其中加入 50.0g 膨润土（American Colloid，Volclay HPM-20）。悬浮体在室温下搅拌 3h，其中固体采用离心分离并用 4L 的 H_2O 洗涤 8 次。固体产物经过鼓风烘箱在 120℃烘干 48h。然后将烘箱温度升高，按100℃/h速度升到200℃并保持2h，再以100℃/h速度升高温度到400℃并保持2h。所得到的Zr-膨润土产量为67.3g，XRD测得其层间距为20.5Å，BET法测定其表面积为372m^2/g，微孔体积为0.138mL/g。该样品元素分析（ICP-AES）为19.5% Zr，19.2% Si，7.25% Al，1.6% Fe，0.90% Mg 和 0.07% Na。该实例参考了专利 US-Pat. No. 5248644。

（3）氢化催化裂解催化剂　催化剂A为商业催化剂，含0.50%（质量分数）Pd分散在颗粒状载体上，载体含70%无定形SiO_2-Al_2O_3［12%（质量分数）Al_2O_3］及30%（质量分数）Al_2O_3粘接剂。催化剂B为商业氢化裂解催化剂，含0.5%（质量分数）Pd分散于颗粒状载体上，载体含80%（质量分数）超稳定Y沸石及20%（质量分数）Al_2O_3（催化剂B类似于辛烷加氢转化用Pt/Pd-C催化剂）。催化剂C的制备方法如例7-4。金属含水四氨基钯，利用初润湿技术进行干燥烧结。这些催化剂如表7-7所示。

表7-7　氢化催化裂解催化剂的组成

	催化剂组成	反应温度/℃	370℃转化率/%
A	0.5%(质量分数)Pd载于无定形 SiO_2-Al_2O_3;12%(质量分数)Al_2O_3 和 30%(质量分数)Al_2O_3 粘接剂	320	52
B	0.5%(质量分数)Pd载于组合载体 80%(质量分数)超稳定Y沸石	235	49
C	0.5%(质量分数)Pd载于ZrO_2 柱撑膨润土黏土	300	52

产物分布由模拟气相色谱和蒸馏器表征。用ASTM标准方法在蒸馏液的馏分中获得倾倒点、雾点、凝固点及预测十六烷碳数。表7-8是某种产品分布比较，即喷射凝固点、柴油倾倒点和十六烷在370℃的50%转化情况。在生产类似产品时，催化剂C比A活性高，而比B活性低。利用催化剂C可产出更多蒸馏燃料和较少气体和石脑油。C的黏土呈多孔纳米分布固定活性成分的能力高，可提高产品转化率。

表7-8　喷射凝固点与柴油倾倒点下十六烷的转化情况

催化剂	370℃转化率/%	产量/%				160～260℃凝固点/℃	260～370℃倾倒点/℃	260～370℃辛烷/%
		C_1～C_4	C_5～320℃	16～260℃	260～370℃			
A	52	1.50	5.29	17.61	38.30	−50.6	−12	66
B	49	3.50	13.60	18.03	25.06	−32.0	11	71
C	52	1.52	5.12	17.46	38.76	−38.5	3	69

注：50%转化率，370℃最高转化温度。

7.2.2　黏土柱撑多孔非均匀结构催化剂

7.2.2.1　非均匀结构黏土

（1）黏土柱撑模板　利用层状化合物空间结构，实施层间原位插层反应和溶胶-凝胶化反应，在层间原位形成纳米或纳微米结构，产生支撑层间扩大结构体系，并在高温高压下保持层间距离仍然处于可控及较高载负与活性水平。该过程称层状化合物柱撑。

（2）非均匀结构黏土定义　黏土粉晶通过柱撑剂制得柱撑黏土，其结构仍然具有原始黏土片层结构，原因是使用的柱撑剂为金属氧化物。当使用无机氧化物、中性胺表面活性剂与季铵离子化合物一起作为处理剂进入黏土层间空间时，将所得黏土柱撑结构用烧结法除去模板表面活性剂后，产生多孔黏土非均匀结构体系，这种非均匀结构黏土是不同于柱撑黏土结构的体系[22,23]。

（3）非均匀结构黏土制备　选择2∶1型结构即云母型层状硅酸盐黏土，利用其层状晶格结构设计合成纳米孔径固体，通过客体晶种的扩散改进表面活性片层结构。采用组合离子、中性胺表面活性剂为结构导向剂，选择中性金属氧化物前驱体如四乙基原硅酸盐为柱撑剂，经过层间的溶胶-凝胶反应过程，可在黏土片层主体中形成 SiO_2 介观结构。通过高温后烧结工艺，除去层间表面活性剂，形成介孔结构衍生物，其比表面积达 400～900m^2/g，孔宽度为 1.2～4.0nm。

这种黏土非均匀介孔用于合成非均匀催化剂、分子筛和吸附剂。

7.2.2.2 制备非均匀催化剂

(1) *插层反应设计* 采用孔状无机金属氧化物插层 2∶1 型层状硅酸盐黏土，无机金属氧化物片层间距为 2.5～7.5nm，片层架构限定孔为 1.2nm 和 4.0nm（Horvath-Kawazoe N_2 吸附法测试）。

黏土片层间引进无机聚合氧化物，形成多尺度纳米结构载体（聚羟基铝离子柱撑黏土 1100℃煅烧形成纳米结构，其中莫来石直径为 100～500nm，镁铝尖晶石直径小于 100nm）。将这类柱撑黏土加入陶瓷基体材料中，通过煅烧过程形成纳米结构，柱撑黏土煅烧中片层剥离分散可产生颗粒弥散增强作用。

无机聚合氧化物可作为多孔结构模板剂，中性胺为总模板剂，配合采用氧化硅、Al_2O_3、ZrO_2 和 TiO_2 等。无机聚合氧化物及季铵鎓离子可进入黏土层间。

(2) *选择胺处理剂* 制备黏土基非均匀催化剂，采用胺类插层处理剂可带一个烷基以及包含 6～22 个碳原子的伯、仲、叔胺，优选伯胺（RNH_2）。

选择芳香胺如苯基、苯甲基、萘基等取代基胺（胺类分子含 O、S、N 和 P），或者胺混合物。胺类季铵盐阳离子为 R^1-(R^3)X^+(R^4)-R^2（X＝P，N；R^1～R^4 是有机基团；R^1～R^4 是烷基，含至少六碳原子）。可经季铵化反应形成混合鎓离子或单纯仲叔胺鎓离子。但是，采用层间模板合成法制备多孔黏土非均匀结构时，伯胺鎓离子是无效的。

(3) *非均匀结构黏土性能* 合成的无机-有机层状氧化物中间体，具有至少两种可分辨 X 射线反射，对应于晶格空间 2.5～7.5nm，层状空间局限孔为 1.2～4.0nm，比表面积为 400～900m^2/g。以铵盐和胺为共模板剂，金属氧化物前驱体在 2∶1 型云母型晶格结构中进行水解交联，得到所需非均匀结构黏土。

合成结晶无机-有机层状氧化物中间体方法，包括制备如下混合物。

① 层状硅酸盐黏土（2∶1 云母晶格结构）产生纳米孔结构；

② 中性无机金属氧化物前驱体，至少一种元素选自二价、三价、四价、五价和六价元素混合物；

③ 季铵盐阳离子表面活性剂为模板剂，中性胺表面活性剂为共模板剂。

将各成分混合均匀制备至少一种金属氧化物和表面活性剂中间体，烧结此中间体得到黏土非均匀结构，或用溶剂醇/HCl 萃取出中间体，形成非均匀结构。

7.2.2.3 合成黏土衍生物体系

(1) *有机化黏土衍生物* 含氟蒙脱石、累脱石和蛭石保持层状结构，以其合成有机离子交换黏土（Q^+-黏土），采用季铵盐处理剂离子交换合成系列有机黏土衍生物［$C_{16}H_{33}N^+(CH_3)_3$、$C_{10}H_{21}N^+(CH_3)_3$ 及 $C_{12}H_{25}N^+(CH_3)_3$ 黏土记为 $HDTMA^+$、$DTMA^+$ 和 $DDTMA^+$］。

【实施例 7-5】 有机黏土衍生物制备 向 1%（质量分数）黏土悬浮液中加入 0.3mol/L 季铵盐，其加量是黏土 CEC 的 2 倍。将悬浮体 50℃搅拌 24h 得到黏土钠离子-季铵盐完全交换的有机蒙脱土（Q^+-黏土）。将 Q^+-黏土离心分离，并用乙醇反复洗涤除去过量离子，然后重新悬浮于水中，产物再用离心分离收集、室温干燥。

采用纯化烷基胺（$C_nH_{2n+1}NH_2$，$n=6$，8，10，12），按照胺：Q^+-黏土（摩尔比）＝20∶1混合反应体系，搅拌 30min，产物用于合成最终非均匀多孔结构黏土（PCHs）。

(2) 合成多孔黏土 PCHs　参考合成实施例，按摩尔比 Q^+-黏土：胺：TEOS＝1：20：150 组成混合体系，在室温密闭容器中剧烈搅拌 4h。最终得到插层体系，经离心分离、不洗涤及空气干燥，促进层间 TEOS 水解。所得产物干燥后，在 650℃烧结 4h 除去模板表面活性剂，得到结晶非均匀结构多孔黏土。

(3) 测定多孔黏土结构性能参数　建立 N_2 吸附-脱附等温线及多孔结构表征 [Coulter 360 CX 吸附仪，等温线通过标准连续吸附 70K 完成，测量样品在 323K 和 10^{-6} Torr (1Torr＝133.322Pa)] 条件下脱气一昼夜。按照 IUPAC 推荐方法[23]经实验测定吸附等温线，获得样品比表面积和总孔容 (V_t，mL/g)。本例样品热重分析加热速率为 5K/min，Horvath-Kawazoe 法测定[24]孔分布，测定共模板剂合成多孔黏土的理化参数，见表 7-9。

表 7-9　共模板多种条件下制备黏土载体的理化参数

序号	季铵盐交换阳离子	胺共模板	片层空间高度(空气干燥物)/mm	片层空间高度(烧结物)/nm (600～650℃)	比表面积 S_{BET} (烧结物) /(m^2/g)	烧结孔径(H&K)/nm
1	$HDTMA^+$	$C_6H_{13}NH_2$	2.22	1.49	550	1.5
2		$C_8H_{17}NH_2$	2.24	1.84	680	1.8
3		$C_{10}H_{21}NH_2$	2.84	2.24	800	2.1
4		$C_{12}H_{25}NH_2$	3.44	2.34	750	2.2
5	$DDTMA^+$	$C_8H_{17}NH_2$	2.90	1.70	600	1.6
6		$C_{10}H_{21}NH_2$	3.10	2.0	660	1.8
7	$DTMA^+$	$C_8H_{17}NH_2$	1.76	1.40	560	1.4
8		$C_{10}H_{21}NH_2$	2.39	1.43	600	1.4

注：H&K，Horvath-Kawazoe 法测定；片层空间高度＝黏土基底空间－黏土片层厚度 (0.96nm)。

【实施例 7-6】 利用类似方法制备多孔非均匀结构黏土——Q^+-黏土　按照摩尔比 Q^+-黏土：胺：TEOS＝(1：2：15)～(1：20：200)，得到混合体系，在室温密闭容器中剧烈搅拌 4h，得到插层复合黏土，经离心分离、不洗涤及干燥后再置于空气中进一步促进层间 TEOS 水解。然后，该空气干燥产物在 650℃烧结 4h，除去模板表面活性剂，得到结晶多孔黏土非均匀结构。所用表面活性剂与产品理化参数列于表 7-10。

表 7-10　表面活性剂处理载体的理化参数

序号	交换阳离子	片层空间高度(空气干燥)/nm	片层空间高度(烧结样品)/nm	TEOS：中性胺(摩尔比值)	S_{BET} /(m^2/g)	烧结孔径(H&K)/nm
0	$DTMA^+$	2.74	0.27	0.5	200	0.0
1		2.44	0.27	5.0	260	0.0
2		2.44	1.39	7.5	560	1.4
3		2.34	1.44	10.0	650	1.4
4	$DDTMA^+$	2.94	0.27	0.5	170	0.0
5		2.64	1.64	5.0	350	0.0
6		2.64	1.8	7.5	660	1.7
7		2.64	1.8	10.0	750	1.7
8	$HDTMA^+$	2.84	0.25	0.5	300	0.0
9		2.84	20.0	5.0	350	0.0
10		2.84	2.10	7.5	800	2.1
11		2.84	2.14	1.0	850	2.1

注：$DTMA^+$ 是 $C_{10}H_{21}N^+(CH_3)_3$，$DDTMA^+$ 是 $C_{12}H_{25}N^+(CH_3)_3$，$HDTMA^+$ 是 $C_{16}H_{33}N^+(CH_3)_3$。其他术语说明同表 7-9。

(4) 小基团离子型表面活性剂处理黏土　使用不同的较小头部基团的离子型表面活性剂处

理黏土。这与柱撑黏土技术相反，这种处理的黏土产物及物化性能参数表明，高温烧结样品无PCHs结构形成，所有产物都是SiO_2加上碳的插层物，片层空间高度小于1.0nm，片层仅有很小孔隙甚至无孔隙。

7.2.3 纳米材料载负催化剂

7.2.3.1 制备纳米催化剂的方法

纳米催化剂指催化剂的活性组分为纳米尺度的催化剂体系。制备纳米催化剂常用阳离子交换、模板、气相沉积（CVD、PVD）方法等。

（1）醇化和溶胶-凝胶法　20世纪60年代已报道纳米Rh载负于Al_2O_3载体催化剂。用溶胶-凝胶法制备Rh催化剂，先将Rh金属和载体经醇化反应，合成$Rh(OCH_2CH_2O)_x$和载体$Si(OC_2H_5)_4$醇化物，然后将二者溶剂复合制备溶胶，经凝胶与焙烧处理，得到n-Rh/SiO_2或类似5nm n-Ni/SiO_2催化体系。后者催化剂提高丙醛加氢制正丙醇的选择性。

（2）离子交换法　采用载体离子交换法进行表面处理。沸石、SiO_2或硅酸盐表面酸化及盐化处理，表面附着H^+、Na^+等离子，形成溶液金属离子复合阳离子。$Rh(NH_3)_5Cl^{2+}$交换反应得到纳米粒子附着载体表面的n-Rh/沸石、SiO_2或硅酸盐体系。

贵金属纳米粒子加氢、脱硫、裂解反应，具有高活性与选择性。Rh（Pd、Pt）载负Al_2O_3、C和SiO_2体系，用于有机合成、石油化工与环保汽车。

（3）模板法　水热法合成的孔径在1nm以下的硅酸盐载体ZSM-4(5)或SAPO，是贵金属纳米化极好的模板。将2nm Rh分散于溶剂中，硅酸盐浸入该溶剂使纳米金属均匀沉积于其上。

（4）沉积法　采用CVD、PVD及等离子体等方法，在绝氧惰性气氛中，将金属纳米粉如Fe、Co、Ni等直接沉积在载体上，制备许多可替代Pd贵金属的催化剂；采用含贵金属的溶液与载体进行电沉积，制备Ni-Fe、Ni-P、Ni-Zn等催化膜材料。

（5）金属羰基化法　金属先行羰基化制备纳米贵金属或其他金属催化剂是有效方法。$Co(CO)_8$、$Ni(CO)_4$及$Rh_6(CO)_{16}$与载体溶剂复合，经热分解和还原处理，可在载体上形成约1nm厚的金属纳米膜，如n-Co/SiO_2、n-Rh/SiO_2(Al_2O_3)等。

采用$Fe_3(CO)_{12}$制得2nm n-Fe/Al_2O_3催化剂，提高了CO与H_2合成丙烯的收率。

【实施例7-7】 制备纳米镍粉连续化工艺　配制一定浓度分散剂乙醇溶液，加入一定质量的表面活性剂，得到混合溶液经过超声波形成微乳液（溶液1）。称取一定量$Ni(NO)_3 \cdot 6H_2O$用无水乙醇配成饱和溶液，超声波快速溶解为溶液2。向溶液1增加一定量氨水，再倒入高位槽1中，溶液2倒入高位槽2中，同时打开真空泵，通过控制高位槽中两种液体滴速及超声波工艺参数，控制粒径大小及产物产量，用调节阀调节真空泵真空度及管路流速，所得$Ni(OH)_2$前驱体不断被抽入收集器中，此时装置开始启动运作。

此后，重复以上配液程序，使两个高位槽源源不断地进料，所得产物流入真空抽滤装置即得前驱体$Ni(OH)_2$浆状物（高雪琴等，2006）。然后将其冷冻干燥后放入马弗炉中煅烧得纳米镍粉。该连续化工艺一次生产几十到几百克纳米镍粉体，产物粒径为30～50nm，收率约为80%。试验设备还可产铜、铝、银、铁等纳米粉体及纳米氧化物粉体。

7.2.3.2 制备纳米催化剂的实施例

（1）流体成穴法合成纳米的催化剂　采用各型号石墨纳米纤维载体负载镍催化剂，用于甲基丙烯醛加氢反应。镍催化剂负载于γ-Al_2O_3载体进行实验比较[25]。

【实施例7-8】 流体成穴法合成纳米结构纯相催化剂　使用高剪切流体成穴工艺，利用Microfluidics公司M-110型混合器[26]，制备相纯度极高的超细固体粉末。合成纳米尺寸混合金属氧化物，采用氧化物组分共沉积及后高压（约 40000psi，1psi＝6894.76Pa）机械成穴处理法。利用该工艺制备 1～5nm 金属氧化物和氢氧化物，合成出纯相复合氧化物 $Bi_2MoO_3O_{12}$、$Bi_2Mo_2O_9$ 和 Bi_2MoO_6 等。

（2）氧化物混合法　合成催化剂载体沸石 Me-UTD。采用二氧化硅（第一氧化物）/氧化铝（第二氧化物）≤500（摩尔比），孔径＞7.5nm。该沸石第一氧化物和第二氧化物体系，第一氧化物为氧化硅、氧化锗或其混合物；第二氧化物为氧化铝、氧化镓、氧化硼、氧化铁、氧化铟、氧化钛和氧化钒或其任意组成的混合物。该沸石应用于烃类转化反应的催化剂中。美国专利 US6103215，2000 有类似报道。

（3）乳液法　乳液法是常用的合成纳米催化剂的方法。油包水型乳液制备催化剂与载体，采用喷雾和煅烧油包水（W/O）型乳液制备氧化物粉末。该 W/O 型乳液包括分散于有机溶剂中的水溶液，该水溶液含主要组分铝和除铝之外的共金属元素。该催化剂载体生产不使用昂贵醇盐、费用低。采用喷雾和煅烧工艺得到的氧化物粉末组合物，由多孔颗粒构成。该催化剂颗粒具有几十纳米厚的极薄壳壁，属非晶型，比表面积大，高温长时间试验后仍维持高比表面积，参见专利 EP 940176A3，2000。

7.2.3.3　交联黏土载体与纳米效应催化剂

（1）交联黏土定义　交联黏土称为层柱分子筛，是一类新型催化材料，具有均匀微孔分布，聚合羟基金属离子交联黏土孔径为 0.4～1.8nm，孔径可根据交联剂分子大小而调整，各结构层的横向距离可通过改变黏土电荷密度和交联程度调节。

交联黏土可作为纳米孔载体。沸石类分子筛“择形催化”，但孔径小难以满足石油如渣油深度加工需要，而大孔结构可满足催化需要。目前，孔径大于沸石分子筛的只有交联黏土。

铝交联黏土（Al-CLS）可对加氢后的煤炼油和多环环烷烃进行催化裂化，其比现有工业分子筛有更高裂化活性。FCC 试验 Sohio 重瓦斯油原料表明，交联黏土 Al-CLS 和 Zr-CLS 裂化催化剂及分子筛催化剂的活性，明显高于无定形硅铝催化剂，汽油产率相近而辛烷值比分子筛高，但结炭速率较快。离子交换法制备的 Pd 载负 Al-CLS 催化剂，加氢裂化率经济实用性较好，活性高于 Pd 载负氧化铝-氧化硅催化剂。不同原油原料下 Al-CLS 的裂化反应性能与含 20%～30%八面体沸石工业催化剂反应活性相当。Al-CLS 比表面积、热及水热稳定活性都需改进。

（2）纳米催化剂表面界面效应　纳米催化剂颗粒尺寸小，表面原子所占体积分数很大，产生很高表面能。纳米尺寸减小，比表面积急剧加大，表面原子所占比例迅速增大，如粒径为 5nm 的粒子比表面积为 $180m^2/g$，表面原子所占比例为 50%，粒径为 2nm 时，比表面积为 $450m^2/g$，表面原子所占比例为 80%。表面原子数增多，比表面积大原子配位数不足，不饱和键导致纳米颗粒表面缺陷大幅增加而活性很高，易吸附其他原子发生化学反应。表面原子活性不但引起纳米粒子表面输送和构型变化，同时也引起表面电子自旋、构象、电子能谱的变化。

（3）纳米光催化剂量子尺寸效应　颗粒尺寸在 1～10nm，电子能级由准连续变为离散能级，半导体纳米粒子存在不连续最高被占据分子轨道和最低未被占据分子轨道能级，能隙变宽，该现象称量子尺寸效应。量子尺寸效应导致能带蓝移及十分明显的禁带变宽现象，使电子/空穴具有更强氧化电位，提高纳米半导体催化剂光催化效率。在染料敏化电池中，纳米 TiO_2 尺度限制在 20nm，产生高效电子-空穴转化介质，提高敏化剂对太阳光的吸收及光电转化效率。

纳米粒子具有宏观量子隧道效应，从量子力学观点出发，解释粒子能穿越比总能量高势垒的微观现象。微颗粒磁化强度和量子相干器磁通量等一些宏观量也具有宏观量子隧道效应，这一特性对发展微电子学器件具有重要理论和实践意义。

7.2.3.4 纳米催化剂合成聚烯烃复合材料应用

(1) 高活性纳米催化剂应用　经过有机化处理的黏土及其活化处理体系，直接用于原位聚合复合制成聚合物纳米复合材料。采用蒙脱土载负齐格勒-纳塔催化剂活性不十分理想，却能提供实用化及较大规模化聚合物原位聚合复合材料，而高岭土载负齐格勒-纳塔催化剂活性相对较高，却尚难以提供较大规模化纳米复合材料产品。

此外，纳米金属薄膜催化剂及其天然气转化应用，用低廉 Ni、W 金属取代贵重金属催化剂。解决该纳米催化剂不稳定与较高成本后应可实现催化剂规模应用。

(2) 催化剂原位聚合复合材料应用　聚合物中，聚烯烃催化剂用蒙脱土前驱物载负，原位聚合复合制备大品种纳米复合塑料[27]。聚合物纳米复合材料熔点与纯聚合物基体无太大变化，但是通过成核作用却能显著提高熔体的结晶能力[28]，结晶速率相比可提高 3 倍，见表 7-11。

表 7-11 PET/SiO_2-PS 和 PET/MMT 纳米复合材料性能比较

样品	无机相含量(质量分数)/%	无机相尺寸/nm	T_m/℃	T_{mc}①/℃	$t_{1/2}$②/min	T_t③/%
PET	0.0	—	251.7	193.5	0.926	84.2
PET/SiO_2-PS	2.0	35.0	252.5	205.1	0.881	87.9
PET	0.0	—	259.0	174.0	1.800	90.0
PET/MMT[48]	2.5	30.0～70.0	254.0	209.0	0.800	<75.0

① 样品在 130℃ 等温退火后的熔融结晶温度。
② $t_{1/2}$ 为非等温结晶的半结晶时间。
③ T_t 为透光率。

7.3 纳米复合涂料

7.3.1 涂料及纳米复合涂料功能体系

7.3.1.1 通用涂料及其纳米复合功能体系

(1) 通用涂料　涂料产品品种及功能体系由通用型粉料向专用涂料发展；由环境污染型涂料向环境友好型涂料发展；由油溶型涂料向水溶型涂料发展。

目前，我国 100 多家涂料企业生产了醇酸树脂涂料、丙烯酸树脂涂料、建筑涂料、船舶涂料、汽车涂料、卷钢涂料、家用电器涂料和粉末涂料[12,13]。

(2) 纳米涂料　纳米涂料指纳米尺度粉末材料，通过热喷涂形成涂层的一类涂料，也是所有含纳米材料的涂料总称。纳米材料与聚合物如聚酯和聚醚酮复合粉末也属此类涂料。

纳米涂料限定纳米分散相尺度兼具多功能性，如隐形、吸波、隔声、阻隔、光纤和传导等。自 20 世纪 90 年代用于集成电路、印刷线路板、飞机、军工、发动机等，导致器件性能产生质的飞跃。

(3) 纳米复合涂料　通用涂料中加入纳米材料，产生物理化学作用并形成稳定悬浮体，该稳定悬浮体称为纳米复合涂料。醇酸树脂、丙烯酸树脂涂料，建筑、船舶、汽车及家电等涂料，存在颜料悬浮、稳定性差、触变性差和抗老化性差等问题，纳米复合涂料是利用纳米强相互作用产生物理化学特性，使涂料衍生抗辐射、隐形、抗老化与抗剥离特性。

7.3.1.2 纳米复合涂料功能

(1) 涂料纳米粒子物性　涂料用纳米粒子须具备表面可控活性、反应性和配伍性功能基团，由此获得优良悬浮流变性和稳定乳液效应。纳米粒子表面原子周围缺少相邻原子造就许多悬空键，具有很高活性即表面效应，易于与其他原子结合而稳定。

纳米 SiO_2 粉末呈无定形白色，表面有不饱和残键及不同键合态的羟基，分子呈三维链结构（或称三维网状结构、三维硅石结构等），见图 7-12。

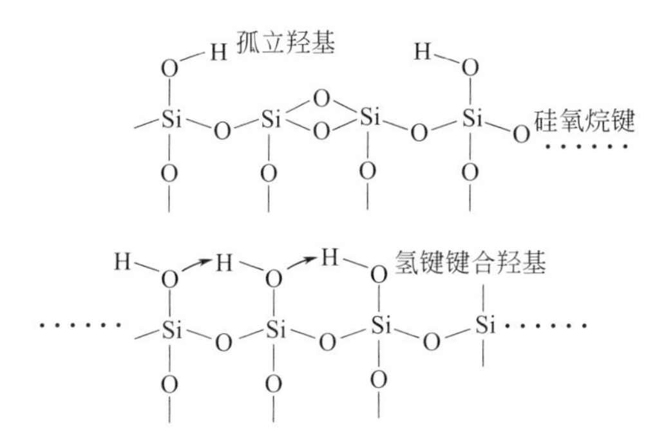

图 7-12　纳米 SiO_2 聚合链及其组成的三维网状结构模型

SiO_2 颗粒表面相互聚集的氢键之间的作用力不强，易被剪切力破坏。然而，这些氢键在外部剪切力消除后迅速复原，使其结构迅速重组。这种依赖时间与外力作用而回复原状的剪切力弱化反应，称为“触变性”或“剪切稀释特性”。

触变性反应效应，是纳米 SiO_2 使传统涂料各项性能提高的主要因素。纳米 SiO_2 的复合悬浮体系触变性，可以认为源于其聚合物链的黏弹性伸缩行为。

纳米 SiO_2 粒子的基本物性与技术指标列于表 7-12。

表 7-12　纳米 SiO_2 粒子的表面羟基物性

品名	比表面积 /(m^2/g)	表面羟基含量 /%	平均粒径 /nm
S-SiO_2	160±5	36.0	15.0
P-SiO_2	640±5	48.0	20.0

注：S-SiO_2，一种球状粒子；P-SiO_2，一种多孔状粒子；杂质总含量≤0.5%。

(2) 纳米复合乳化剂及稳定乳液体系　有机分子修饰的有机-无机纳米复合粒子是乳液油水界面高效稳定剂，称为纳米复合乳化剂。它通过化学键或弱作用形成纳米结构单元及乳液，它不仅起乳化剂和稳定剂作用，还直接影响乳液化学反应，它也是合成纳米结构材料的重要介质。

纳米粒子有利于形成致密、有序纳米组装及分散混合稳定乳液。二氧化硅纳米粒子对轻柴油-水体系的乳化效应，强于二氧化硅体相粉末体系，而使水包油型乳液稳定性更高。三辛基氧化膦改性硒化镉纳米粒子是重要乳液稳定剂。

四氧化三铁（Fe_3O_4）纳米粒子[29]稳定水包油型乳液，纳米粒子表面亚铁离子还原连续相银离子，可原位合成新颖的四氧化三铁/银纳米粒子异质双聚体。

此外，合成单壁碳纳米管乳化剂用于稳定甲苯-水乳液，层状双氢氧化物纳米粒子用于稳定液态石蜡-水乳液体系。

7.3.2　纳米复合环保仿磁与粉末涂料

环保仿磁涂料中可掺入环保性的纳米粉体，形成单组分和双组分环保磁性涂料。

7.3.2.1　单组分和双组分磁性涂料

(1) 单组分磁性涂料　单组分磁性涂料是磁粉和溶剂的混合体，纳米铁磁粉改性后，既可喷涂又可形成悬浮体，提供实用化涂料。

单组分涂料质量与评价标准包括：满足传统涂料质量标准（GB/T 1720—89；GB/T 1730～1734)；色彩坚牢（GB/T 6749；GB/T 6750；GB/T 1725)；耐候性（Florida 暴晒寿命）≥30

个月；环保性（重金属总量≤0.1%；有机溶剂痕量）；耐湿热（GB/T 1765—79）；耐微生物侵蚀。

（2）双组分磁性涂料　与单组分涂料相比，双组分涂料质量标准包括：满足传统涂料质量标准（GB/T 1720—89；GB/T 1730～1734）；色彩坚牢（G/T 6749；GB/T 6750；GB/T 1725）；耐候性（Florida 暴晒寿命）≥30 个月；环保性（重金属总量≤0.1%；有机溶剂痕量；耐射线老化）；远红外反射率（内壁）≥80%；耐微生物侵蚀。

（3）粉末磁性涂料　在粉末涂料中混合纳米磁性组分，形成粉末磁性涂料。粉末涂料不含溶剂，施工方式有别于液体涂料，采用热喷涂到物件表面的方法。

磁性粉末涂料质量与评价标准包括：满足传统涂料质量标准（GB/T 1720—89；GB/T 1730—1734）；颗粒物最大粒径≤20μm；耐盐雾性（ASTM B 1177）；耐射线（紫外线）；耐热（200℃≥1h），耐候性（Florida 暴晒寿命）≥50 个月；表面光泽的测定（GB/T 9754—2007）、自洁性。

涂料耐微生物性测试表征包括培养优选微生物菌种、毒性测试与评价等。

7.3.2.2 纳米 TiO_2 粉体及其耐光辐照涂料

（1）纳微米 TiO_2 粉体合成　采用硫酸或氯化法生产二氧化钛微粒颜料，控制反应物浓度及合成沉积与收集工艺，调控纳米粒子尺寸分布。涂料、油墨等氧化钛产品技术要求如表 7-13 所示。

表 7-13　二氧化钛颜料技术要求

项目	指标					
	锐钛型二氧化钛				金红石型二氧化钛	
	样品 1		样品 2		样品 3	
	一级品	合格品	一级品	合格品	一级品	合格品
外观	软质的干燥粉末，白色，用调刀在不加研磨下易于碾碎					
密度/(g/cm³)	3.7～4.2					
TiO_2 含量/%　≥	98	97	94	92	92	90
水可溶物/%　≤	0.4	0.6	0.2	0.5	0.5	0.6
水萃取液 pH 值	6.0～8.0	6.0～8.5	6.0～8.0	6.0～8.0	6.0～8.0	6.0～8.0
筛余物(45μm)/%　≤	0.1	0.3	0.1	0.3	0.1	0.3
吸油量/g　≤	26	30	26	30	26	30

纳米 TiO_2 涂料会形成二次粒子微米尺度假团聚体，这不影响其热喷涂施工后形成纳米结构。1～100nm 纳米 TiO_2 对入射可见光基本无散射作用，有很强的屏蔽紫外线特性和优异的透明性，又称透明二氧化钛。

（2）纳米 TiO_2 复合涂料　纳米 TiO_2 和云母珠光颜料混合并用，能产生十分迷人的精美双色效应及神秘色彩与独特光学性能，广泛用于汽车涂料。纳米 TiO_2 复合涂料的性能见表 7-14。

表 7-14　纳米 TiO_2 复合涂料的性能

性能	指标	备注
外观	白色粉末	根据需要
处理剂	月桂酸/硬脂酸/SiO_2/ZrO_2/$Al(OH)_3$/$Fe(OH)_3$	
pH 值	6～8	
晶型	金红石/锐钛/混晶	根据需要
水分含量/%	0.05	

续表

性能	指标	备注
灼烧减量/%	0.3	
表面性质	疏水/亲水	根据需要
平均粒径/nm	14/25/35/55	
比表面积/(m^2/g)	50.0～70.0	
处理前比表面积/(m^2/g)	90.0	
纯度/%	>98.5	根据需要

注：重金属含量，As<0.5×10^{-6}；Pb<0.5×10^{-6}；Hg<0.01×10^{-6}。

纳米 TiO_2 在光学、电学、催化等方面表现出独特性能，广泛应用于涂料、化妆品、耐久塑料薄膜、润滑剂、精细陶瓷、电子等领域。

(3) 氧化硅涂层的纳米 α-氧化铝颗粒　表面氧化硅涂层的纳米 α-氧化铝工艺，将氧化硅分散于 100nm 以下的勃姆石（Boehmite）凝胶中，凝胶固含量为 0.5%～5%（质量分数）；勃姆石转化成松散附聚体 α-氧化铝，转化率达 80%（质量分数），高温烧结得到凝胶体。α-氧化铝颗粒附聚体粉碎成粉末，粒度为 20～50nm，BET 的比表面积为 $50m^2/g$。该工艺参见专利 US 6048577,2000。

7.3.3　纳米复合功能涂料与标准

7.3.3.1　纳米复合功能涂料

(1) 纳米复合功能涂料　纳米材料与有机分子或有机高分子复合涂料体系产生附加功能特性，形成纳米复合功能涂料体系。

高交联密度丙烯酸类三元共聚物与 TEOS 前驱物杂化材料形成了良好成膜性、高模量和高耐刮伤性涂层。该杂化体系银离子复合形成杀菌功能涂料，具有抗紫外、耐化学腐蚀性[12]，用于家电抗菌和高品质管道运输安全。

抗菌剂与纳米粉体、高分子树脂、偶联剂、分散剂等助剂按比例混合，制备功能性纳米抗菌材料及高聚物纳米复合抗菌产品[30]。

(2) 纳米复合隐身涂料　大比表面积纳米粒子具有吸收电磁波等特性。纳米粒子粒径小于红外和雷达波长，微波辐射加剧纳米材料原子、电子运动，促使内部磁化及电子能转化为热能而增加磁波吸收，大大减弱红外和雷达探测信号，即信号难被捕捉而隐身。

将粘接剂和纳米填料（Co、Ni、SiC 纳米颗粒）制成宽频微波吸收涂层，对 50MHz～50GHz 范围内电磁波产生良好吸收。采用纳米粒子合成雷达波吸收剂吸收电磁波而隐身，如纳米 ZnO 隐身功效好，纳米 Fe_3O_4 在 1～1000MHz 频率范围电磁波吸收效能随着频率增加而增加，纳米粒径越小，吸收效能越高[31]。

(3) 纳米复合防辐射涂料　纳米材料制成耐核辐射涂料，具有抗辐射和吸收辐射性能，用于保护核反应堆、核电站、同位素实验室和其他易受放射性污染的建筑、装置和设备内外表面。原子能装置的电气设备用聚苯基硅氧烷、环氧、聚乙烯、聚酯、乙烯和含氟树脂涂料。核电站采用不燃环氧涂料（含 3%～24%不燃性 CH_2Cl_2 稀释剂），具有附着力好、耐辐射而不燃烧性，用于钢铁和水泥构件涂装保护。

70%～90%铅化合物（如 PbO），10%～20%钡化合物（如 $BaSO_4$）和 3%～10%铁化合物（如 Fe_2O_3）混合，再加入 2.4%～2.7%漆料，涂于灰泥墙表面，可吸收和消散 γ 射线。稀土金属灰泥化合物保护墙体具有防辐射作用。

7.3.3.2　纳米复合功能涂料标准与应用

(1) ASTM 标准　无机颗粒涂料标准繁多，ASTM 标准因使用环境而变化。部分标准，如涂料颜色（ASTM D718、D1208）；涂料水溶物（ASTM D2448，D422）；涂料油溶物（ASTM D1483）；涂料水膨胀率或吸水率（ASTM D6083）；涂料吸水重量变化率（ASTM D471）。防水涂料吸水率是重要指标，一般需要防水涂料的吸水率为零，实际上许多涂料达不到该指标。因此，ASTM D6083 规定吸水率≤20%。在防水卷材中，以 ASTM-D 471 标准评价涂层浸泡吸水率及吸水率时间，见表 7-15。

表 7-15 防水涂料耐水性浸泡时间参照标准（ASTM D471）

浸泡温度/℃		浸泡时间/h	浸泡温度/℃		浸泡时间/h
−75±2	85±2	22	−10±2	175±2	670
−55±2	100±2	46	0±2	200±2	1006
−40±2	125±2	70	23±2	225±2	2998
−25±2	150±2	166	50±2	250±2	4990

注：测试样品大小，25mm×50mm×2mm，样品厚度≥2mm。

测定样品吸水后质量的变化，可方便地得到吸水率，如下式：

$$\Delta W=[(W_2-W_1)/W_1]\times 100\% \tag{7-3}$$

式中，ΔW 为样品吸水率；W_2、W_1 分别为样品吸水后和吸水前的质量。

（2）纳米功能涂料应用　纳米粒子表面亲水和亲油可控性，是纳米涂料功能性的应用依据。纳米材料具有高效悬浮、耐老化及环保性，其在车辆、内外墙体、大众活动场所表面的抗噪声、抗老化和提高红外反射及保温性能等方面均有应用。而纳米颗粒的长期使用稳定性是必须深入研究的因素。

7.4 纳米复合膜工艺与应用

7.4.1 高聚物纳米复合膜设计原理及制备方法

7.4.1.1 高聚物纳米复合薄膜设计原理

（1）聚合物纳米复合膜的制备方法

采用多种纳米复合方法制备聚合物纳米复合膜。基于层状硅酸盐纳米中间体，采用插层原位聚合复合法，单体在蒙脱土层间聚合使纳米片层剥离分散；采用熔体插层复合法，有机化蒙脱土和聚合物熔体通过双螺杆剪切工艺，使片层剥离分散形成纳米复合材料；采用乳液聚合法，蒙脱土在水相分散并形成稳定乳液，通过调控乳液胶束尺寸分布，控制纳米复合粒子尺寸分布。

聚合物纳米复合功能膜，已用于探测环境化学和生物痕量制剂及其污染物。

（2）尼龙纳米复合膜　尼龙单体和层状硅酸盐纳米复合材料，用于制备尼龙纳米复合薄膜，纳米成核使尼龙球晶减小、透明度稍有增加而黄色指数稍有上升。尼龙纳米分散复合体系具有吸附阻止气体进一步透过的功能。因此，实际已经用于食品如香肠包衣、饮料、啤酒瓶等。

（3）尼龙纳米复合阻隔膜　层状硅酸盐经插层反应、分离和后处理工艺，形成系列纳米中间体。这种层状硅酸盐系列产品，已制备尼龙层状硅酸盐纳米复合材料与膜。有机层状硅酸盐改性的产品，见表 7-16。

表 7-16 纳米蒙脱土及其中间体产品

规格型号	主要应用特性	应用方法
KLMI0	水溶性聚乙烯醇、聚丙烯酸酯、聚多糖等 乳液体系	原位聚合
KLMI1	保持聚合物密度、改善强度、耐热性 阻隔性、阻燃性、吸收 UV	原位聚合或双螺杆共混熔体挤出

续表

规格型号	主要应用特性	应用方法
KLMI2	环氧树脂、尼龙、聚氨酯、聚酯和 MXD6 半透明、轻质、耐热、阻隔和阻燃	原位聚合或双螺杆 共混熔体挤出
KLMI3	尼龙、环氧、聚氨酯、聚酯和 MXD6 轻质、补强、耐热性、阻隔、阻燃	双螺杆共混熔体挤出
KLMI4	五大聚烯烃、超高分子量聚乙烯等 半透明	原位聚合 双螺杆共混熔体挤出

注：KLMI0～4 系列，对应于现有产品 NB900、NB901、NB902、NB904、NB908，应用体系加量为 1%～9%。

现有产品插层产物未经处理，其插层分离系列 KLMI 产物可熔融挤出产生剥离。

7.4.1.2 高聚物纳米复合涂膜设计

水溶性高分子纳米复合涂料，采用涂膜工艺施加于物体如钢管表面，然后采用紫外线照射交联方法，得到高聚物基体纳米复合薄膜保护层。其特殊性在于采用常温高温难裂解而紫外光易裂解的引发剂，提高后续紫外线引发自由基交联反应的效率。

7.4.2 纳米镀与纳米复合辐射防护膜

纳米镀工艺包括纳米粒子与黏合剂混合，在基体物件上热镀直接成膜。纳米热镀膜致密涂层经高温熔化，仍保持纳米结构。纳米镀膜技术应用于船体、飞机、气缸、家电及防辐射吸波等领域。

7.4.2.1 辐射防护及镀膜方法

镀膜法有化学镀膜法、真空镀膜法、溅射镀膜法和复合镀膜法。

（1）*化学镀膜法* 这是在水溶液中进行氧化还原反应，溶液中的金属离子被还原后沉积于工件上形成镀膜。

（2）*真空镀膜法* 这是置待镀材料和基板于真空室，加热待镀材料使之蒸发或升华，并飞溅到被镀基板表面上，凝聚成膜。

（3）*溅射镀膜法* 采用金属靶材料如金或合金，与样品台分别作为阴极和阳极。在真空下通过两电极之间的直流电压使气体分子电离并产生辉光放电。带正电气体离子在电场下轰击金属靶并将其原子撞出，该现象称为等离子溅射或二极溅射。溅射金属原子与残余气体分子不断碰撞而改变运动方向，最终部分金属原子以不同角度到达位于样品台上的样品表面，形成薄膜层。

（4）*复合镀膜法* 采用电沉积或化学液相沉积，将一种或多种不溶固体颗粒与基体金属一起均匀沉积于工件表面，形成复合镀膜。由锆类金属氧化物超微粒子与其他所选纳米粒子复合喷镀沉积于基板上成膜，可吸收有害光线和有害物质，将其中长波无害射线转化为可用成分。

7.4.2.2 辐射防护材料

辐射防护材料就是指抗高剂量辐射能量，在辐射环境下能长时期使用的复合材料。物体表面在使用环境下受各种辐射线（如紫外线、γ射线及中子流）不同程度能量照射等，可引起材料内部物理化学变化及影响其使用性能。高聚物树脂/纳米硫酸铅复合材料[32]，铅和硫酸铅纳米颗粒经 X 射线照射趋于更稳定状态，纳米尺寸效应不降低。铅或硫酸铅颗粒越小、分布越均匀，X 射线防辐射性能越好。

稀土高分子复合材料重量轻、密度大、含氢量大、屏蔽效果好、制备工艺简单，对 X 射线、γ射线和中子射线均有良好的屏蔽效果。优选稀土元素类型及配比，提高高分子复合材料防辐射与屏蔽性能。

7.4.3 纳米镀与防护膜应用工艺技术

(1) 纳米镀防护膜抗磨工艺技术　磁性纳米微粒具有单磁畴结构，矫顽力很高，制作磁膜材料可提高声噪比，改善图像质量。此类磁性粒子与其他纳米粒子或基体复合，既能用于辐射防护又能优化产品性能。必须控制这类磁粒子大小以满足使用要求。纳米磁粒子满足的指标包括：单磁畴针状微粒；在超顺磁性临界尺寸（10nm）范围；超微粒大小100～300nm（长）×10～20nm（短径）。金属氧化物如纳米TiO_2、ZrO_2随周围气氛气体组成的改变，电学性能发生变化，用于控制室内有害气体循环。

(2) 纳米镀防护膜应用工艺　在纳米镀应用工艺中，高速氧燃烧技术（HVOF）具有相对低温和冲击力，不依赖于熔滴温度，用于纳米结构可控温镀膜，如电脑、电视机外层镀膜。该技术优于等离子体，使物品表面辐射下降、表面光线柔和稳定、优化画质与显示。

7.5 聚合物纳米复合超短纤维工艺与应用

7.5.1 聚合物共混纳米复合短纤维工艺

7.5.1.1 聚合物材料及其可纺性

(1) 聚合物材料多功能高性能特性　聚合物材料具有优异的性能——易加工、易成型、质轻、无毒、多功能、可纺性、黏弹性、电绝缘、化学稳定性等，其广泛应用于工业、军事、建筑、油气工程及日常生活各领域。此外，聚合物材料自身存在透明、韧性、脆性、低耐温、低机械强度、低模量、低硬度及成型收缩率大等问题。针对这些问题，设计纳米材料技术，建立纳米复合改性技术，提高聚合物综合性能如加工纺丝性能。

(2) 聚合物可纺性　聚合物可纺性是化学纤维纺丝成形概念，是指聚合物流体挤出喷丝孔后，受单轴拉伸可承受的最大不可逆变形能力，常以成形丝的形变量度量。其他定义采用纺织纤维加工中，通过纤维制成纱线时的难易程度。

(3) 聚合物纺丝总体路线　聚合纺丝采用多种工艺，如熔体纺丝、溶液纺丝、特殊或新型纺丝方法。那些高温熔融不易降解或分解的聚合物材料成纤时，采用熔体纺丝工艺，该工艺简单、纺丝速度高。而那些易高温熔融降解、分解高分子材料成纤，宜采用溶液纺丝法，即该聚合物溶于溶剂制得黏稠纺丝液再实施纺丝工艺，该纺丝工艺速度低。

纺丝流体从喷丝孔挤出的纺丝液细流，采用喷湿或者干热凝固工艺，工业上分别称为溶液湿法纺丝和溶液干法纺丝。前者提高纺丝速度需采用孔数很多的喷丝头，后者纺速比溶液湿法纺丝的高，但远低于熔体纺丝的纺速。

将工业上聚合物熔体纺丝工艺集成，总体工艺路线见图7-13。

生产涤纶、高强力锦纶丝品，采用双区拉伸，头道拉伸发生在喂入辊和上拉伸盘（或热盘）之间，称常温拉伸；二道拉伸发生在上下拉伸盘间，称热拉伸。上下拉伸盘间有加热板或缝式加热器，拉伸后丝条穿过导丝钩、钢领圈而卷绕在钢领板双锥筒上。生产超短纤维，需再外接入切断机得到长度低于20mm的短纤维。

7.5.1.2 聚合物纺丝体系深度处理工艺

聚合物纺丝的初级纤维，需深度处理，得到稳定、功能和高性能纤维。

(1) 纺丝体后处理工艺　纺丝工序的初始纤维是未经拉伸的丝条（或称初生纤维），结构不完善、不稳定、物理和机械性能不稳定或较差，基本不直接用于纺织和后加工成品。为了得到稳定功效纤维，需采用后处理工序提高纤维性能。在纺织业中，主要采用拉伸和热定形调控

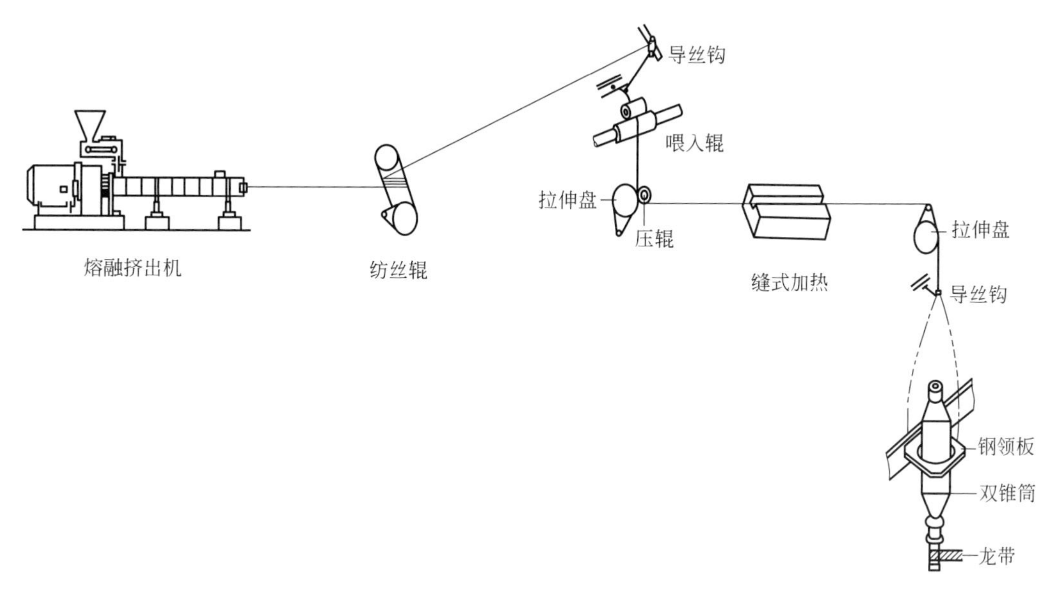

图 7-13 聚合物熔体纺丝、拉伸处理和加捻总体工艺集成图

成品纤维结构提高其综合性能。尤其是，生产聚合物短纤维或纳米复合短纤维，需设计卷曲和切断工艺（长纤维需加捻、络筒等工艺）以及特殊工艺（如抗皱、耐洗和耐热水、蓬松、回弹等）。

(2) 纺丝体拉伸处理　纺丝初始纤维呈卷绕丝或集束后大股丝束体系，将其在拉伸机上拉伸，大分子沿纤维轴向取向排列同时诱导结晶，提高初生纤维结晶度或改变晶型结构，形成具有超分子结构及纤维强度显著提高的体系。

特别是，设计短纤维生产工艺，使拉伸工艺在有速度差的拉伸机间实施，主要采用一道、多道、冷和热拉伸、湿热和干热拉伸工艺。采用空气、蒸汽、水浴、油浴为拉伸处理环境。调整拉伸温度、介质、速度和多级拉伸配比等工艺条件。

(3) 聚合物纺丝热定形工艺　合成纤维生产中对纺丝纤维进行热定型就是热处理，提高纤维结构、形状稳定性（采用沸水中纤维剩余收缩率表征）、提高纤维物理和力学机械性能及固定短纤维卷曲度或长丝的捻度，以及提高纤维染色和多功能性。

热定形还可使纤维热交联提高收缩性和高蓬松性，制造波纹、褶襞或高回弹性效果。在张力下热定形称紧张热定形，包括定张力热定形和定长热定形工艺。无张力热定形称松弛热定形。

7.5.1.3 聚合物及其纳米复合材料新型纺丝法

(1) 聚合物纺丝新方法　近年出现聚合物干喷湿、乳液或悬浮液及膜裂纺丝等新方法。干湿法纺丝，结合干法与湿法纺丝，纺丝液从喷丝头高压喷出并跨过特定空间，进入凝固浴槽，由此导出初生纤维。该纺丝法速度高，喷丝头孔径达 0.5mm，纺丝液浓度高、黏度大，适于聚丙烯腈、芳香族聚酰胺纤维的生产。

乳液纺丝法类似湿法纺丝工艺，将聚合物混于其他可纺性好的物质载体中并呈乳液态，按载体方法纺丝。粘胶或聚乙烯醇水溶液载体，得到初生纤维，经拉伸高温烧结及载体炭化，聚合物颗粒在接近黏流温度粘连成纤维。它适于特种聚合物如聚醚酮、聚四氟乙烯纤维等的生产。

膜裂纺丝法，聚合物薄膜经机械加工方式制成纤维。得到割裂纤维如扁丝和撕裂纤维。撕裂纤维加工将薄膜沿纵向高度拉伸，大分子轴向充分取向及结晶，再用化学物理法的结构松弛，机械撕裂成丝并加捻和卷曲成品，适于聚丙烯纤维。

(2) 聚合物纳米复合纺丝新方法　聚合物纳米复合材料相对耐高温、高熔点和高模量特点，适于采用干喷湿及膜裂纺丝等新方法。

7.5.2 聚合物熔融纺丝合成短纤维工艺

7.5.2.1 聚酯熔融纺丝制备超短纤维工艺

(1) 聚酯和聚酰胺熔融纺丝　聚酯和聚酰胺熔融纺丝工艺是生产有关大宗系列和差别化纤维的主要工艺，它也提供了超短纤维主要品种。这两种原料纺丝工艺的共同特点是，必须先行设计原料脱水工艺，尤其是，聚酯原料脱湿是必需工艺流程、工业流程的必备装置。

(2) 聚酯原材及其改性体系纺丝性　聚对苯二甲酸乙二醇酯（PET）材料具有耐磨、耐热、电绝缘性及耐化学药品等优良性能，主要用作合成纤维、双轴拉伸薄膜、中空容器等的原料。聚酯纤维是产量最大、品种最全和差别化率最大的体系。

PET 玻璃化温度和熔点较高，在热加工温度下结晶速度较慢、冲击韧性差，聚酯材料纺丝纤维工艺不仅需改进其吸湿性，还需采用共混、复合等技术提高聚酯原料的性能。通常采用共混方法提高聚酯纺丝的综合性能，例如采用另一种工业品种聚丙烯（PP）材料，设计 PET 和 PP 共混材料，将兼顾体系强度、模量、可纺丝性、耐热性、表面硬度、加工、冲击、耐环境应力开裂和阻隔性。

(3) 采用相容剂改性 PET/PP 共混体系性能　采用马来酸酐（MAH）接枝聚丙烯体系（PP-*g*-MAH）相容剂，通过熔融共混和挤出工艺可将 PP 和 PET 切粒材料形成共混体系。熔融共混工艺中，首先原位或共混合成 PET 纳米 SiO_2 复合体系，经原位熔融挤出工艺得到共混体系（PET 纳米 SiO_2 复合体系/PP-*g*-MAH/PP）切粒或母粒。

利用制得的聚合物共混物和纳米 SiO_2 的熔融共混切粒或母粒，实施熔融纺丝和后处理及切断工艺制得纳米复合超短纤维。选择 PP-*g*-MAH 相容剂，使共混体系中 PET 分子酯基与 PP 接枝 MAH 酸酐基团发生酯交换反应，使 PP 分子相与 PET 分子相的两相分散相相畴尺寸变小，两相产生更好相容性。试验原料见表 7-17。

表 7-17　相容剂技术所用原料组成及物化性质

项目	等级/规格	生产者
纳米 SiO_2 尺寸	30～50nm	江苏河海纳米科技股份有限公司
纳米 SiO_2 比表面积	200～450m^2/g	中国石油大学(北京)
PP-*g*-MAH	ST-9000	北京普利宏斌化工材料有限公司
聚丙烯	71735	中石油辽阳石化公司

注：纳米 SiO_2 加量 2%～3%；PET 为实验室合成，采用 15L 反应釜中试装置，原位合成 PET 纳米 SiO_2 复合材料。

7.5.2.2 PP/PET 共混复合纤维加工工艺

(1) PP/PET 共混纳米复合纤维合成制备总体工艺流程　PP/PET 共混纳米复合纤维合成制备总体工艺流程及所用设备，见图 7-14。

(2) 关键工艺设备与参数优化　在上述流程图中，原料熔融共混制备纳米复合材料切粒在关键设备熔融挤出机上进行，该机型根据实际生产需要选型，所选机型见图 7-15。

共混体系总体工艺流程根据所选熔融挤出机，设计优化工艺参数。混合物料包括 PP-g-MAH 相容剂在 200℃下经双螺杆熔融挤出机挤出制备 PP/PET 共混母粒，该工艺中加热温区的温度设置如表 7-18 所示。

制备超短纤维后处理工艺中，最关键的设备是纤维切断机，可选择多种刀盘排列的切断机，如丹母义刀片组合的切断机等。

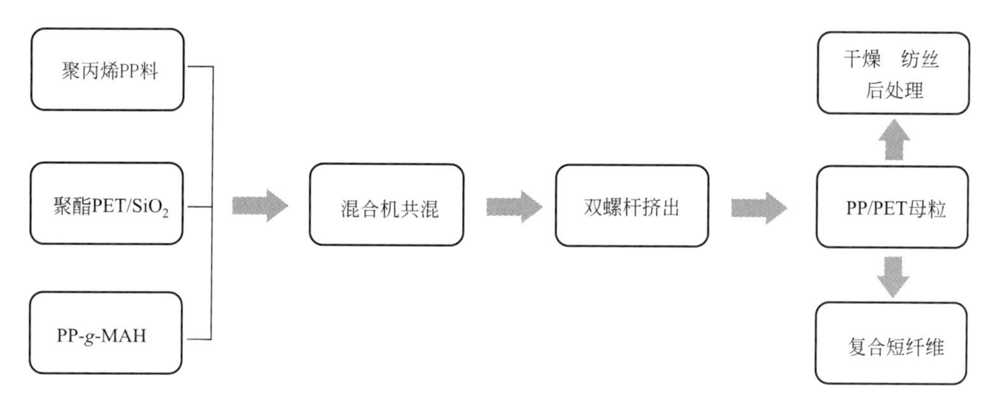

图 7-14　共混纳米复合纤维合成制备总体工艺路线流程图
（本技术采用双螺杆挤出机 SJSH-60E 石家庄星烁公司；
熔融纺丝机 CQ-A 上海第三纺织机械厂；纱线牵伸机 VC406 常州纺织机械厂）

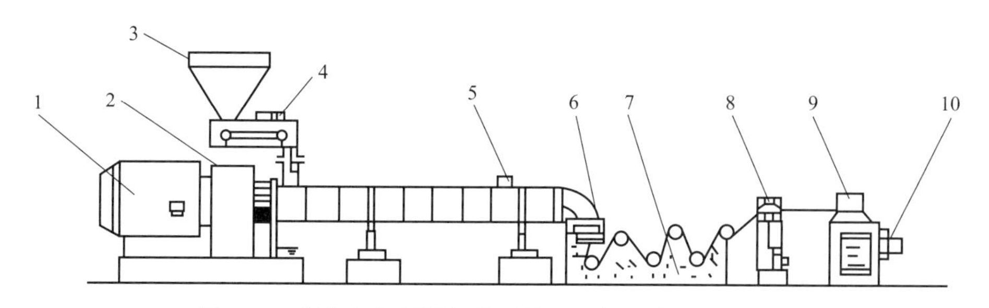

图 7-15　制备超短纤维切粒原料的双螺杆挤出机示意图
1—电动机；2—喂料螺杆；3—料斗；4—双螺杆挤出机；5—真空排气口；
6—机头；7—水浴；8—空气；9—水下切粒机；10—水下切粒出料口

表 7-18　采用双螺杆挤出机制备母粒的工艺条件参数设置

1 区温控/℃	2 区温控/℃	3～7 区温控/℃	8 区温控/℃	机头温控/℃
190	210	220	210	200

注：螺杆转速为 140r/min；加料转速为 60r/min。

（3）物料组成与选配　混合物料需经烘干后，才能送入挤出机造粒得到熔融纺丝原料。制备 PP/PET 共混体系的纳米复合超短纤维，需根据加入纳米 SiO_2 量的不同，优化所选原料的型号及配比，如表 7-19 所示。

表 7-19　PP/PET 共混材料样品的组成

样品体系	PP 含量(质量分数)/%	PET 含量(质量分数)/%	PP-g-MAH 加量(质量分数)/%	纳米 SiO_2 含量(质量分数)/%
PP/PET-0	90.0	10.0	3.0	0.0
PP/PET-1	90.0	10.0	3.0	1.0
PP/PET-2	90.0	10.0	3.0	2.0

注：纳米 SiO_2 加量以相对 PET 的总量计算。

7.5.2.3　PP/PET 共混纳米复合材料纺丝工艺优化

（1）双螺杆熔融挤出机温度设计　烘干 PP/PET 共混纳米复合材料切粒，放入纺丝机干切片储存桶中并密封。调整挤出机的螺杆各温区温度，见表 7-20。

表 7-20 PP/PET 共混纳米复合材料及其制备超短纤维工艺条件设置

样品体系	各区温度/℃				泵供量/(r/min)	卷绕速度/(m/min)
	1区	2区	3～6区	7区		
PP/PET-0	170	202	206	200	17.8	900
PP/PET-1	170	202	206	200	17.8	900
PP/PET-2	172	208	210	206	17.8	900

(2) *纺丝工艺设计* 双螺杆挤出机各段温度达到设定工艺温度约 15min 后，开启纺丝计量泵并开始排料，待纺丝流体呈稳定流线排出并且未见气泡产生时，再调整安装纺丝组件并调试纺丝工艺，通过优化纺丝各段温度、纺丝速度、纺丝辊调控牵伸比等工艺条件，尽量使共混复合材料的纺丝体系处于稳态，试验纺丝头经过设定牵伸工艺，然后在丝锭子上卷曲初成品，然后再采用专用的切断机，经过调整刀片间距制成超短纤维，可以制得直径为 35～110μm、长度为 3～12mm 的超短纤维，特殊刀片长度调控为 5mm。

7.5.3 聚合物纳米复合短纤维结构性能

7.5.3.1 纳米复合超短纤维质量评价

(1) *超短纤维结构性能研究及其质量评价* 纳米复合超短纤维将用于新型分散相和油气工程工作液。为此，需要研究其结构性能关系，提供质量评价的理论技术依据。

采用电镜、光谱等技术研究纳米复合短纤维结构性能，进而主要评价其热性能、纳米分散性能、悬浮性能及综合应用性能。热性能包括热熔融、热诱导结晶、热变形、热熔化和热交联性能等；纳米分散性包括纤维表面纳米迁移、表面粗糙度与润湿性；悬浮性能及综合应用性能主要包括纳米复合超短纤维在多种工作液中的功能性、应用性，尤其是在钻井液、压裂液等中的悬浮稳定性。

(2) *超短纤维结构形态表征* 可采用电镜表征超短纤维超微结构形态，揭示其结构性能关系。采用 PP/PET 共混纳米复合超短纤维样品测试其表面形态，见图 7-16。

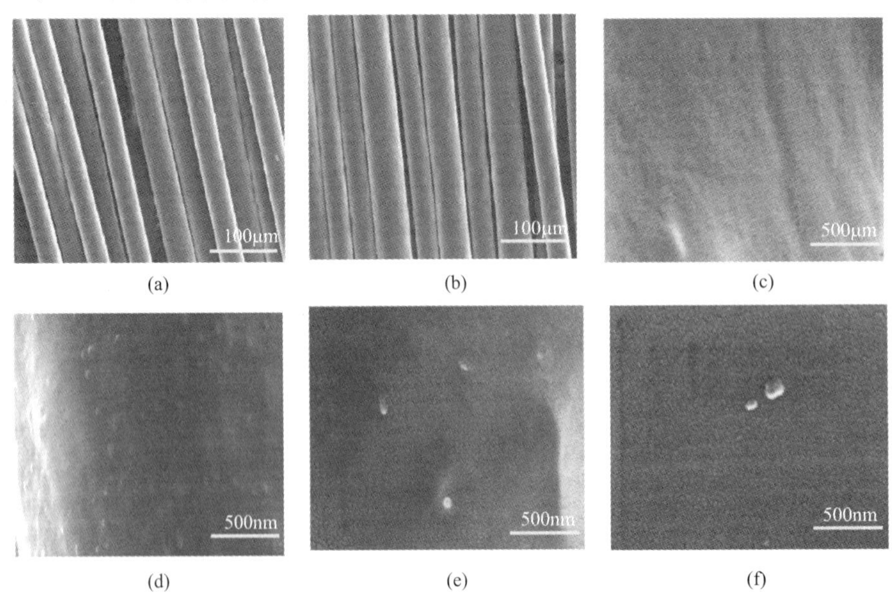

(a) (b) (c) (d) (e) (f)

图 7-16 不同纳米 SiO_2 加量的 PP/PET 共混复合纤维 SEM 形态

(干燥纤维样品断面喷金 15～90s 后置入日本 S-4200 型 SEM 观测内部结构形态，测试电压 20kV)

(a) 未添加纳米 SiO_2；(b) 添加 1%纳米 SiO_2 复合短纤维；(c) 和 (d) 分别为放大 4 万倍的 PP/PET-1 和 PP/PET-2 短纤维的表面形貌；(e) 和 (f) 分别为 PP/PET-1 和 PP/PET-2 短纤维的断面形貌；

纤维表面形貌图中，未添加纳米颗粒的共混 PP/PET 纤维表面较光滑，而添加纳米 SiO_2 颗粒的 PP/PET 纤维表面较粗糙，由于加入纳米 SiO_2 颗粒，PP/PET 纤维产生类似“气泡”形态即粗糙表面结构。加入的纳米 SiO_2 颗粒占整体比例比较小时纳米粒子可均匀分散，加入的纳米颗粒未经处理时，纳米 SiO_2 颗粒在共混材料基体内分散不均匀伴有较明显软团聚。超短纤维断面形貌形态与表面形态无明显区别，说明熔融纺丝加工后 PP/PET 材料内部形态具有较好稳定性。

7.5.3.2 纳米复合超短纤维热扫描与结晶行为

（1）超短纤维热结晶行为　PP/PET 纳米复合超短纤维热性能采用热分析仪（如 NETZSCHSTA 409PC/PG 热分析仪）表征。样品加热消除热历史后迅速投入液氮中淬火得到无定形样品。无定形样品的热分析曲线，见图 7-17。

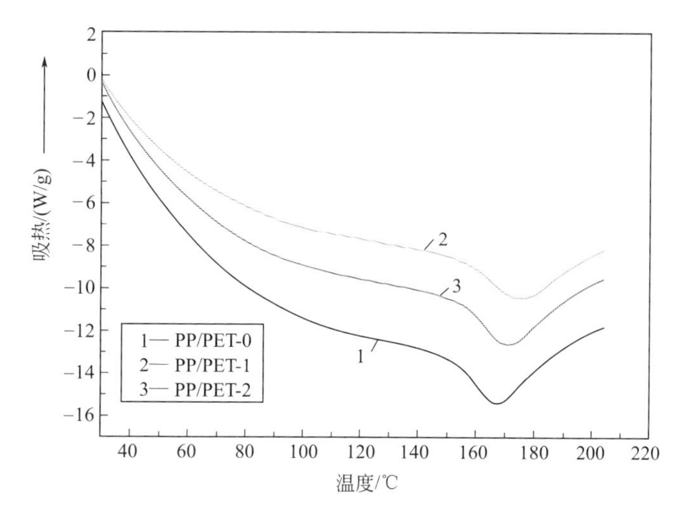

图 7-17　不同纳米 SiO_2 加量的 PP/PET 超短纤维 DSC 实验曲线（铝坩埚封制 4.0mg±0.1mg 样品，220℃马弗炉加热 5～6min 消除热历史，取出迅速投入液氮中淬火得无定形样品。无定形样品置于热分析仪上，氩气氛以 20℃/min 速率从 25℃升温至 220℃，记录升温曲线）

（2）纳米复合超短纤维结晶度与结晶行为　利用 DSC 热扫描曲线可计算试样结晶度，计算式如下。

$$X_c=\frac{\Delta H}{(1-\Phi)\Delta H_0}\times 100\% \tag{7-4}$$

式中，X_c 是结晶度；ΔH 是结晶时放出的热焓；Φ 是 PET 的质量分数；ΔH_0 是聚丙烯（PP）完全结晶时的热焓，其值为 187.7J/g。

通常采用分峰软件对 DSC 热扫描曲线围成的峰面积进行分峰，经分别积分得到各试样的热焓值（ΔH），求出结晶度，列于表 7-21。

表 7-21　PP/PET 纳米复合超短纤维样品的 DSC 数据

样品	ΔH/(J/g)	T_m/℃	X_t/%
PP/PET-0	34.1	167.1	20.2
PP/PET-1	46.2	175.0	27.4
PP/PET-2	47.5	170.7	28.1

共混 PP/PET 材料 DSC 熔融温度未出现分峰现象，说明 PP 和 PET 相容性较好。样品 PP/PET-0 中，PET/PP 分子链相容体系破坏原 PP 分子链规整性，阻碍 PP 分子在晶核周围重排即晶核生长，显著降低纯 PP 结晶度；加纳米颗粒的 PP/PET-1 和 PP/PET-2 材料的结晶度有所增加，纳米 SiO_2 颗粒具有异相成核作用。

7.5.4 聚合物纳米复合超短纤维应用特性

7.5.4.1 钻井液和完井液应用

（1）钻井液、完井液黏度和滤失性表征　钻井液、完井液黏度特性表征其悬浮、携带性能，而滤失量特性表征其在地层、储层钻进中的侵入性、膨胀性和损害储层渗透性。利用这些特征参数表征超短纤维改性钻井液、完井液效果，能深入揭示超短纤维作用的本质。

首先，按如下方法制备超短纤维改性钻井液、完井液体系，然后再测试表征其综合性能。

【实施例 7-9】 配制超短纤维改性钻井液及其性能表征　选择工业用蒙脱土原料，按蒙脱土：水＝22.5g：350mL 的配比配制基浆。然后，选择工业品纳米 SiO_2，设计其纳米复合 PP/PET 超短纤维，按照 0.2%（质量分数）纳米复合纤维加入基浆，采用高速搅拌机高速搅拌 10min，形成均匀分散体系，静置 12h 后再搅拌 15min。用于测试流变性能。

（2）纳米复合超短纤维钻井液、完井液流变性表征　在外力作用下，钻井液发生流动和变形性，其中，流动是主要方面，流变性通常用钻井液流变曲线和塑性黏度（PV）、动切力（YP）、表观黏度（AV）等流变参数描述。试验测试得到的不同复合短纤维钻井液的流变性数据列于表 7-22。

表 7-22　PP/PET 超短纤维改性钻井液的流变性

样品	$\Phi600$	$\Phi300$	$\Phi200$	$\Phi100$	$\Phi6$	$\Phi3$	AV	PV	YP	FL
基浆	15.0	10.3	8.5	6.9	4.4	4.2	7.5	4.7	2.9	14.2
PP/PET-0	23.5	18.5	14.0	12.0	8.5	7.0	11.75	5.0	6.9	13.0
PP/PET-1	24.0	23.0	19.0	16.0	11.0	10.5	12.5	2.0	10.7	12.5
PP/PET-2	42.0	37.0	33.5	29.0	12.0	11.0	21.0	5.0	16.4	10.5

注：1. 转速 Φ、表观黏度 AV、塑性黏度 PV 单位 mPa·s；动切力 YP 单位 Pa；滤失量 FL 单位 mL。

2. 六速旋转黏度计 ZNN-D6S 型，测量范围 0～300mPa·s；中压滤失仪 ZNS-2 型，测定压力 7MPa，计量时间 7.5min。

添加纳米 SiO_2 的 PP/PET 超短纤维钻井液，其剪切应力比纯 PP/PET 有较大提高，钻井液黏度增大；PP/PET 超短纤维钻井液滤失量明显降低，超短纤维对钻井液起增稠和降滤失作用。

7.5.4.2 压裂液应用

采用纳米复合与成核技术，可大幅度提高水溶性功能高分子的耐高温性、抗盐性和抗剪切

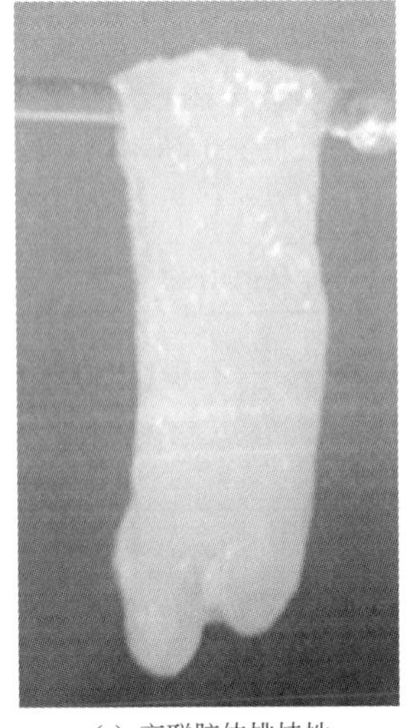

(a) 交联胶体挑挂性

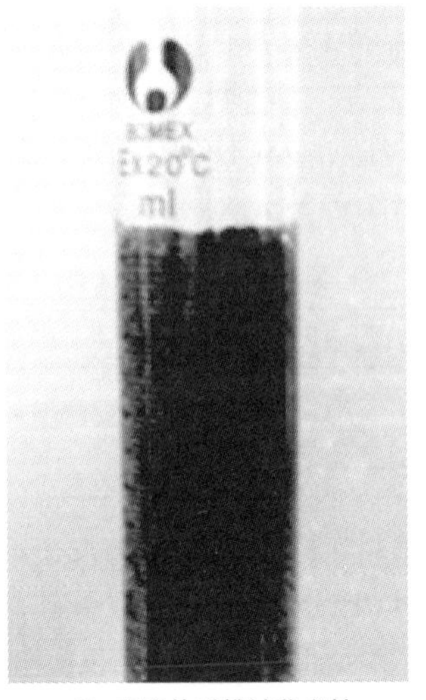

(b) 交联体系携沙稳定性

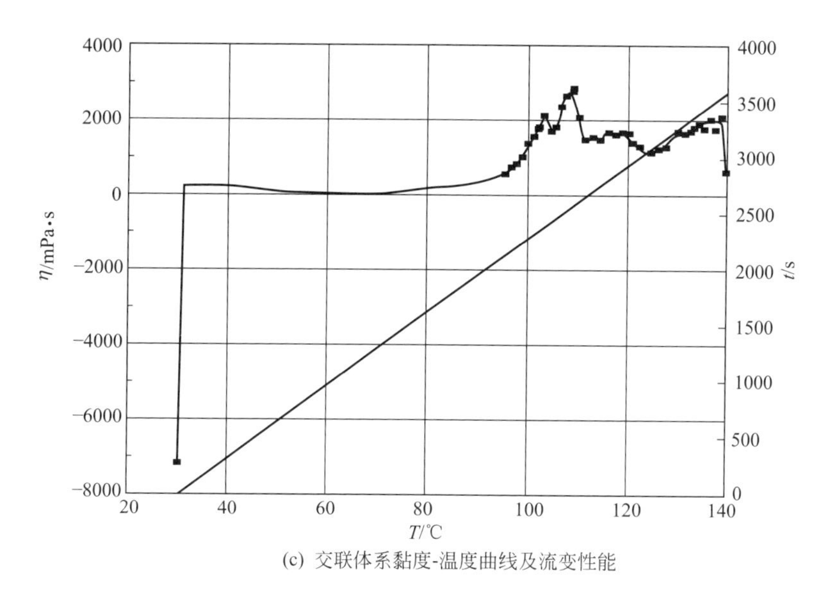

(c) 交联体系黏度-温度曲线及流变性能

图 7-18 共聚功能高分子-层状硅酸盐纳米复合交联冻胶性能

性。设计采用共聚丙烯酰胺、丙烯酸和磺化丙烯酰胺体系，经过原位聚合复合工艺合成共聚纳米复合稠化剂，用于配制油气工程压裂液及其交联与增黏体系。我们在该领域已建立重要而坚实的基础[33]。

优化水溶性共聚物-层状硅酸盐纳米复合体系结构与组成，可得到抗高温（90～150℃）的稠化剂，并且其具有相对更高的所有综合性能（携沙性、抗盐性、抗剪切性、破胶性及降滤失性等），如图 7-18 所示。

7.6 聚合物纳米复合材料功能应用

7.6.1 聚合物纳米复合光学功能性

7.6.1.1 聚合物纳米复合光学功能体系

（1）透明聚合物材料 聚合物材料中，主要透明材料有聚酯、聚碳酸酯、聚甲基丙烯酸甲酯、聚苯乙烯、聚乙烯和聚丙烯等，这些聚合物透明材料具有不同的聚集态结构和透明度。

制备这些聚合物纳米复合材料时，需要关注的焦点是纳米粒子分散如何影响最终复合材料的透明度。

我们制造的纳米颗粒可用于光快门、光调节器及控制透光率等。利用这些纳米颗粒材料吸收光线，可以达到对所有射线吸收率达 95%以上的效应。还可制备对可见红外光的整个范围吸收率达 95%的纳米颗粒材料。利用这些材料吸收的红外线可原位转变成热能形式，被有效用于发电、加热等。

那么，聚合物和这些纳米材料复合材料如何影响其光学性能呢？我们经过很多实验表明，纳米粒子表面经过功能化处理或未处理的体系，直接加入聚合物中经过热熔融共混，或者原位聚合复合，都会产生较强烈的光散射性，使聚合物纳米复合膜表面产生雾状表层，使原先透明的薄膜的品质和外观都显著降低。

（2）纳米复合影响透明聚合物的光学性能 我们采用层状硅酸盐中间体、纳米 SiO_2 和纳米 TiO_2 无机相，通过熔融共混、热压和原位聚合工艺，将其加入聚合物基体中形成纳米复合材料，如粒子、膜材料等。

原位聚合法合成聚酯纳米 SiO_2 复合材料（SNPET），比较 PET 和 SNPET 薄膜样品，在可见光区域，都具有很高透光率，但是在紫外光区域，同样样品随着纳米 SiO_2 颗粒含量增加，紫外光透过率明显降低，这表明纳米 SiO_2 颗粒具有吸收紫外光线的能力。纳米 SiO_2 含量-SNPET 纳米复合材料 UV-Vis 谱图，见图 7-19。

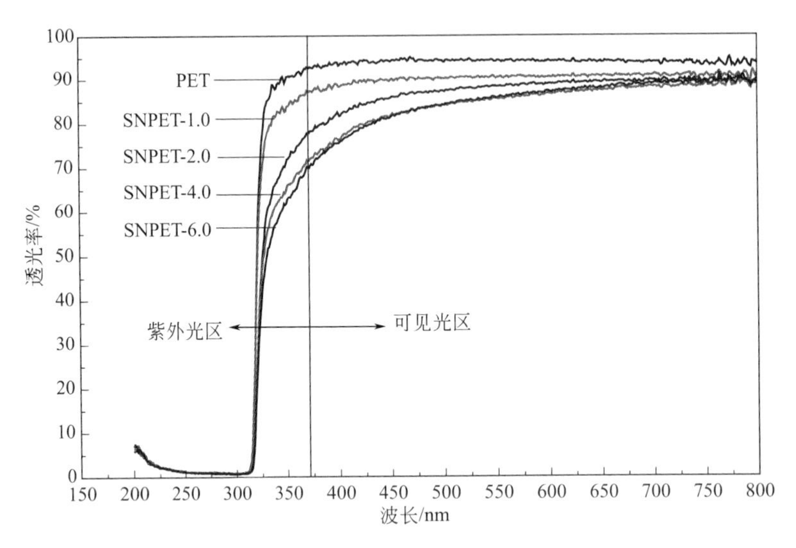

图 7-19 纳米 SiO_2 含量对 0.1mm 膜厚 SNPET 纳米复合材料 UV-Vis 谱的影响

纳米 SiO_2 颗粒的含量为 4.0%（质量分数）和 6.0%（质量分数）的 UV-Vis 光谱曲线几乎重叠在一起，即当纳米 SiO_2 含量增加到一定限度时，其紫外线吸收能力将不会明显增加。因此，在 PET 基体中加入适量纳米 SiO_2 颗粒，能增加紫外线吸收。这种复合材料应用于农用薄膜，能有效抑制紫外短波部分诱发的菌丝或菌核的生长，起到防治作物病虫害、提高农作物产量和质量的作用。

7.6.1.2 聚合物纳米复合体系光学功能稳定性

（1）样品退火结晶光学稳定性 通过原位聚合复合方法合成聚酯纳米 SiO_2 复合材料，然后经过热熔融体系淬火处理得到无定形 PET 和 SNPET 纳米复合膜材料样品。将这类样品按照等温结晶程序，置于 130℃ 真空烘箱环境中，经过不同时间的退火处理得到退火样品，测试表征该样品的透光率和雾度值，见表 7-23。

表 7-23 纯 PET 和 SNPET 纳米复合材料薄膜（0.1mm 厚）退火后的光学性能

样品	等温结晶时间/min	T_2	T_d	T_t/%	H/%
PET	0	84.2	23.7	84.2	28.1
	30	64.6	22.8	64.6	35.3
	60	57.4	22.2	57.4	38.6
	120	50.9	20.9	50.9	41.2
	240	45.3	19.7	45.3	43.5
SNPET①	0	87.9	36.3	87.9	41.3
	30	69.9	31.9	69.9	45.6
	60	61.4	29.1	61.4	47.4
	120	55.4	26.4	55.4	47.7
	240	51.4	24.7	51.4	48.1

① SNPET 纳米复合材料中 SiO_2 颗粒含量为 2.0%（质量分数），SiO_2 颗粒粒径为 35nm。

注：透光率 $T_t=T_2/T_1\times100\%$；T_2 为透过材料的光通量；T_1 为照射到材料的入射光通量，通常 T_1 取 100；H，雾度又称浊度，$H=T_d/T_2\times100\%$，T_d 为透过材料的散射光通量。透光率与雾度测试在 WGW 光电雾度仪上进行，常用标准“C”光源。

纳米复合膜的透光能力与纯 PET 相比没有显著下降，但是退火后则下降很显著，雾度也显著增加。

(2) 聚合物纳米复合薄膜应用设计 聚合物纳米复合材料是一种特殊光学或光学辅助材料。在太阳能电池中，聚合物膜层既是重要保护层，又是重要透光和光电转化载体，利用纳米半导体（如纳米 SiO_2）分散于聚合物（如聚酯）中形成纳米复合膜，可以调节光线投射、散射性，尤其是将光吸收和光电转化集成一体，形成可控光线通路，这将是聚酯太阳能薄膜的重要设计方向。

其次，利用纳米表面积大、表面高活性、高吸附与阻隔性等特点，将该纳米微粒加入包装材料中，产生吸收阻隔活性气体如 O_2、CO_2 等的阻隔效应，已大量可用层状硅酸盐中间体与聚合物复合，提供高性能多功能纳米复合阻隔材料，尼龙 6-蒙脱土膜、包装瓶和包装材料已成为重要商品。

再次，微粒呈黑色、吸收红外线及对周围环境敏感，研制纳米复合涂料与上光剂。纳米金属氧化物（CuO、NiO_2、TiO_2 等）和碳材料（如多种形态石墨烯）复合材料，可制成导电电极、涂层或传感器件，该复合涂料涂布于物件表面或用于产品包装，产生气敏、热敏、湿敏、光敏、压敏等效应。利用纳米材料敏感性制温（热）敏、气敏和湿敏材料，用于防伪包装。进一步制成高敏感性小型化、低能耗与多功能纳米复合器件，如气体、红外线、压电、温度和光传感器等。

最后，利用纳米复合材料电热差，创制室内装饰性多功能涂料，持续使屋内空气发生电离、释放氧负离子、吸收有害光线及产生抗菌保健作用。

7.6.2 纳米复合材料阻隔性

7.6.2.1 纳米复合阻隔材料特性

(1) 阻隔性定义 国际上通常将材料厚度为 25.4μm，在 22.8℃ 温度下氧气透过率小于 $1.53\times10^{-3}\,cm^3/(m^2\cdot 24h\cdot Pa)$ 的聚合物材料称为阻隔性材料[34]。对氧气透过率小于 $3.8cm^3\cdot mm/(m^2\cdot 24h\cdot MPa)$ 的材料称为高阻隔性材料[35,36]。阻隔材料、阻隔膜与包装以提高包装渗透性或延长制品货架周期为目的。

(2) 高聚物高阻隔材料制备技术 高聚物高阻隔材料主要采用以下制备技术。

① 表面处理技术 改变黏土表面亲油/亲水性，与高聚物基体相容。

② 扩展剂与增容性技术 研制这类助剂，具有与有机黏土亲憎性匹配特性。

③ 可溶性调控相容性 扩展剂溶于常温溶剂如二氯甲烷、二氯乙烷等，有利于规模化处理生产蒙脱土。

通过上述技术研发阻隔功能包装材料，用于食品、医药、影印件、精密仪器及精细化学品长期安全保存。

7.6.2.2 聚合物纳米复合阻隔膜与容器

(1) 聚丙烯包装膜及其阻隔改性 双向拉伸 PP 薄膜广泛用于电子、包装、机械、食品等领域，PP 膜系列产品如珠光膜、电工膜、烟膜、热封膜、胶片、镀铝膜、特种膜等。PP 自身缺点如熔体流变性差、形态缺陷、低温脆变等，导致其加工中出现制品尺寸波动大、表面析出物多及对氧气（CO_2、H_2O）阻隔性差等问题。

主要聚合物薄膜阻隔性大小顺序为：PVDC＞PET＞PP＞PE。它们包装物品货架寿命不够长、热焊接性差及成本高等。采用无机纳米复合改进，如层状硅酸盐[14~16]基聚合物纳米复合阻隔材料。马来酸酐接枝聚丙烯处理层状硅酸盐与硬脂酸铵盐及硅酸盐经熔体复合制备高阻隔性 PP 薄膜。纳-微米中间体加入聚丙烯熔体分散复合制成高阻隔材料。表面改性聚丙烯低聚物、有机硅酸盐及聚丙烯组合物经熔体加工分散生产气体阻隔膜[13]。

此外，采用两层PP间加入热键合层（如PP低分子蜡或高阻隔尼龙薄层）的方法，设计制备适于高速拉伸的高阻隔膜，采用在聚丙烯基体中添加0.15%纳米、亚微米迁移剂与成核剂、抗静电剂等熔体复合，经双向拉伸生产薄膜，其具有氧和水蒸气阻隔性、耐刮和光学均匀性（见德国Hoechst Ag Farh技术）。

优选有机化层状硅酸盐NB902，制备尼龙6-层状硅酸盐纳米复合材料，其具有高阻隔性。不同插层处理蒙脱土制备的高阻隔尼龙纳米复合材料的性能见表7-24。

表7-24 尼龙6-蒙脱土纳米复合材料的性能对比

项目	NB902(5.0%)	Nanometer1.24TC(5.5%)	Cloisite(5.0%)
热变形温度(18.5kgf/cm²)/℃	≥120.0	115.4	96.0
拉伸强度/MPa	≥90.0	87.0	93.0
弯曲强度/MPa	≥139.0	124.3	—
撕裂强度(纵/横)/(kN/m)	≥145.0/150.0	—	—
氧气透过系数①	≤0.65	—	0.67

① 测试条件：23℃，RH 60%；单位：cm（STP）·mm/(m·24h·atm)。

注：表中第1行括号中的数据为无机纳米质量分数。

（2）尼龙（聚酯）纳米复合膜渗透及高阻隔瓶　以尼龙或聚酯为基体，研制纳米复合膜渗透及高阻隔瓶产品，产生实用特性。乙醇溶剂中，试验尼龙6-MMT纳米复合材料渗透行为见图7-20(a)，类似地，研制聚酯层状硅酸盐阻隔瓶坯与阻隔瓶，见图7-20(b)。

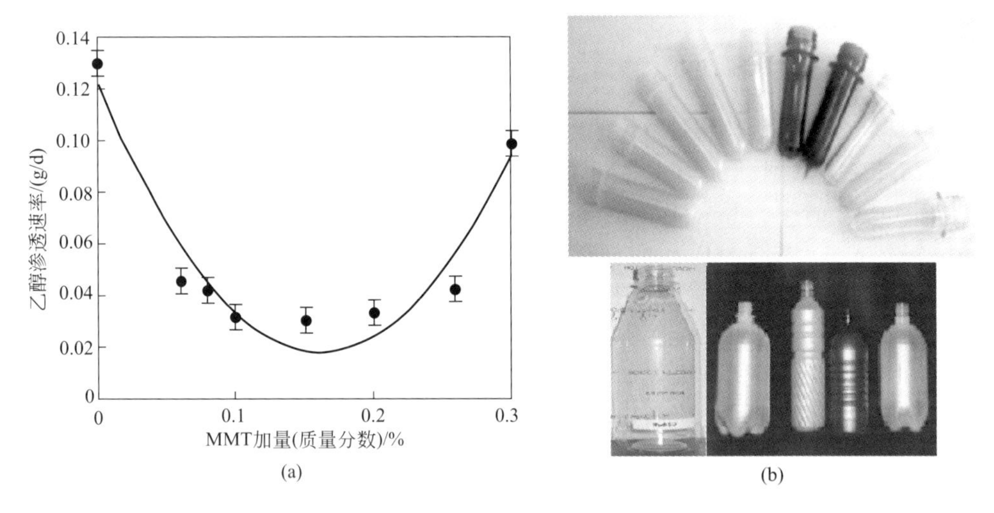

图7-20 尼龙6-MMT纳米复合材料乙醇溶剂渗透曲线（a）及聚酯阻隔瓶坯与阻隔瓶（b）

7.6.3 纳米复合阻隔包装功能

7.6.3.1 阻隔包装容器

（1）聚合物包装替代金属或玻璃容器包装　金属或玻璃容器一直是包装领域，尤其是饮料、酒类包装的主体容器，但是金属或玻璃容器对氧渗透率高，食品货架寿命低而且包装笨重，不便于长途运输。采用聚合物如聚酯阻隔包装容器就是为了解决这类问题，克服玻璃容器危害性和破损率高及金属容器透明性差等缺点。聚合物包装具有不损害与不损失产品品质、光泽好、环保等优点，它应会逐渐代替这类传统包装材料。

目前，已创制聚合物塑料啤酒瓶，其表现出质轻、美观、耐腐蚀、便于回收等特点[37]。聚合物中聚酯包装材料体量大，透气性是其替代传统包装的关键参数，而其保持包装物长期质量稳定性是另一个重要性能参数。

（2）聚合物纳米复合材料包装饮料和啤酒 饮料与啤酒等液体安全稳定包装是最普遍需求之一，然而创制聚合物纳米复合材料包装啤酒容器，需要解决许多复杂问题。

① 包装安全性（爆瓶） B瓶并没有让爆瓶绝迹。

② 包装质量轻 一般640mL啤酒瓶重460～540g，从安全角度出发提高瓶的耐压能力，将瓶重提高到600g而太重。

③ 包装卫生性 玻璃瓶卫生性好，新材料需要有说服力的认证。

④ 包装外观美观 消费者感官与时尚问题。传统一步法吹瓶较难保证容器几何尺寸、运输成本及二次污染。啤酒是不稳定胶体物，除了阻隔氧还有遮光问题。新型PET瓶灌装啤酒一次性使用，若容器用彩印商标方法无菌灌装，对现有灌装生产线影响大，但减少洗瓶机、杀菌机、贴标机等工艺装备，整个输瓶系统需改变。现在吹瓶机械生产能力已达20000～60000瓶/h，新瓶更需满足该条件。聚酯原位聚合复合纳米复合材料为上述使用打下基础，例如MMT含量为0.0%、1.0%、2.0%、3.0%（质量分数）时，PET纳米复合膜阻隔性分别为7.45cm^3·mm/(m^2·24h·0.1MPa)、5.52cm^3·mm/(m^2·24h·0.1MPa)、4.60cm^3·mm/(m^2·24h·0.1MPa)和3.75cm^3·mm/(m^2·24h·0.1MPa)。商品或试销PET塑料啤酒瓶阻隔性数据[38]如表7-25所示。

表7-25 试制或工业化生产啤酒瓶概况

啤酒商	规格	材料	有效期	现状
Anheuser Bush,U.S	160Z	100%PEN	2个月	1998年7月试产
Bass Breweries,U.K	0.33L	3层PET/EVOH	5个月	1997年12月工业化
Danone,France	0.33L	3层PET/EVOH	5个月	1998年夏季试产
Carlton united Breweries,Australia	0.5L	PET/环氧胺涂层	100d	1998年12月商品化
Heinekon,Netherlands	0.5L	5层PET/尼龙/02捕捉剂	6个月	1998年12月试产
Karlsberg,Germany	0.5L	PET及12%尼龙	9个月	1998年10月试产
Miller,U.S	16及200Z	PET/尼龙/02捕捉剂	4个月	1998年11月试产
Old Manor,U.K	3L	PET/PVDC	3个月	5年
Otchakovo,Russia	2L	PET	28d	3年

7.6.3.2 传统高阻隔包装

（1）传统包装 啤酒瓶O_2渗透性要求120d内最多不超过1×10^{-6}g，CO_2损失不超过5%[39]。纯PET瓶强度、耐热性、气阻达不到啤酒瓶要求，可加入5%～10%PEN[40]制出合格塑料啤酒瓶。克朗斯公司推出啤酒PET吹瓶-灌装一体生产线，年销售额达20亿马克。意大利生产吹瓶机的Sipa公司[41]用注吹法生产340g PEN均聚物瓶实验表明，PEN瓶和玻璃瓶装啤酒味道和香味基本无异，PET/MXD6尼龙系5层啤酒瓶也有高阻隔性，阻隔层比EVOH更成功，因其热加工条件更接近PET。英国和法国推出PET/EVOH/PET制成夹层结构的啤酒瓶，使瓶装啤酒的储存期延长到12周。Sidel公司推出PET啤酒瓶等离子内涂技术，瓶可回收利用，O_2阻透性比纯PET瓶提高30倍，CO_2阻透性提高7倍，包装味道保持不变。物理或化学沉积法制备阻隔渗透膜技术成功用于聚酯瓶内涂层，0.2μm氧化硅涂层即可达到与玻璃瓶几乎相当的阻隔效果，透明性和阻隔性完全符合啤酒和果汁包装要求。

采用等离子法内涂层、外涂层、PACVD技术特别是类金刚石碳素薄膜法制造出高阻隔产品，但外层镀纳米膜也存在脆性大，涂层易开裂脱落问题。传统塑料啤酒瓶内壁为复合膜结构，复合膜的层数及各单层膜性质决定其比单层薄膜有更高阻隔性。

（2）复层包装 在单层、多层、喷镀等阻隔容器及阻隔包装基础上，PET阻隔包装已形成单层共混、多层复合、表面涂覆及无机纳米复合包装方法。

① 共混法（单层） 在聚合物中混合其他聚合物，或在物理阻隔材料中增加添加剂，以综

合均衡各组分性能，克服单一组分弱点，获得综合性能理想的阻隔材料。采用共混活性金属可提高 PET 阻隔性近 3 倍[42]；双螺杆挤出机使 PET/PEN 熔融共混吹塑制瓶，PEN 含量为30%瓶的阻隔性比纯 PET 瓶高 2～3 倍[43]。

② 化学改性单层膜法 该方法包括通过添加功能单体进行共聚反应及生物技术。20 世纪80 年代末，英国开发的 OXBAR 化学合成阻隔材料，经挤压或吹塑加工成容器，在两年内可保持内部氧气为零的超阻隔水平。

③ 无机纳米复合改性单层膜法 实际已开发啤酒瓶用阻隔性纳米复合材料。美国 Eastman 公司和 Nanocor 公司联手开发 PET-黏土纳米复合材料膜，气体阻隔性比纯 PET 提高45 倍。

④ 表面涂覆法 给 PET 包装材料涂覆一层高阻隔涂层，有效改善其阻隔性。涂 EVOH、PVDC 和特殊尼龙可减少氧渗入瓶中和内部二氧化碳往外泄漏。表面涂覆 SiO_x 层作为 PET 瓶的阻隔层以提高 PET 瓶的阻隔性[44,45]。

⑤ 多层复合法 复合包装材料是塑料包装业最有活力、发展最快的包装材料。典型复合材料为受力层/阻隔层/热封层/可剥离层；相邻层之间如树脂相容性差，需加粘接层。

7.6.3.3 纳米复合材料阻隔性的改进

聚合物/纳米黏土复合材料高阻隔啤酒瓶材料处于开发阶段。纳米黏土聚合物与阻隔性的关系[42]，见表 7-26。塑料啤酒瓶开发进展迅速，市场前景看好。

表 7-26 纳米黏土聚合物与阻隔性的关系

黏土体积分数/%	黏土线形	氧气渗透率/[cm^3/(pack·24h·0.2atm)]	阻隔性提高的倍数
0	N/A	0.090	—
1	500	0.015	6
1	1000	0.008	11
3	500	0.005	18
5	1500	<0.002	>4.5

注：单位 cm^3/(pack·24h·0.2atm)，是指一个 255mL 标准包装瓶在所述条件下的氧气透过体积，

聚酯纳米 SiO_2 复合材料，可提高包装阻隔性，并比传统多层材料阻隔性、粘接性和后处理性更加优越。聚酯与纳米 SiO_2 复合 NPET 样品的氧气阻隔性见表 7-27。

表 7-27 聚酯与纳米 SiO_2 复合 NPET 样品的氧气阻隔性

样品	氧气透过量/[cm^3/(m^2·24h·Pa)]	氧气透过系数/[$10^{-15}cm^3$·cm/(cm^2·s·Pa)]
PET	9.81	10.05
NPET1	6.23	7.57
NPET2	5.82	7.08

注：NPET1，1.0%（质量分数）SiO_2；NPET2，2.0%（质量分数）。

除了上述纳米材料外，水滑石 LDHs 主体层板剥离后，以纳米尺寸分散于高聚物本体中制备薄膜复合产品，不仅力学性能大幅度提高，对小分子（如 PVC 增塑剂、农膜防雾滴剂等）迁移产生高阻隔性。

7.7 聚合物纳米复合工程材料

7.7.1 聚合物纳米复合工程塑料

7.7.1.1 聚烯烃纳米复合工程塑料

(1) 聚合物工程材料与工程塑料 基于自然资源的开采、人造结构设计及航空航天所涉及

的材料，称工程材料，用于所述工程的聚合物材料称为聚合物工程材料或工程塑料。

工程塑料主要制取路线包括直接合成高分子工艺和通用高分子材料物理化学改性工艺。通用高分子增强增韧与功能化改性中，优选无机相维数、分散与填充是获得有效聚合物纳米复合工程塑料的物质基础。

（2）聚烯烃高分子材料改性用无机纳米相　用于改性高分子材料的纳米增强相或功能相可为多维体系、原位生成的纳米相。多维体系包括一维纳米材料，如碳纳米管、金属氧化物与纳米纤维；二维层状纳米中间体材料，如层状硅酸盐纳米中间体、膨胀石墨中间体；零维纳米粒子，如金属氧化物纳米 TiO_2、Fe_3O_4，非金属氧化物如纳米 SiO_2、纳米 SiC 等，半导体如纳米 ZnO_2 等。

聚烯烃高分子材料称为通用高分子材料，使用量大，使用面广，采用各种无机纳米改性方法，主要是提高其模量、刚度、表面特性及加工性能。

7.7.1.2　聚烯烃纳米复合工程塑料

（1）聚烯烃高分子材料增强增韧工程塑料　聚乙烯材料本身都具有较高韧性，然而其强度、模量却较低，这成为聚乙烯改性最大目标之一。采用纳米改性时仍然经过表面处理及熔融挤出机挤出的工艺路线。为了提高纳米分散性，可先加工高含量（含量最高可到60%）纳米粒子和聚乙烯复合切粒中间体，然后将该纳米中间体再加入聚乙烯切粒共混，并经过熔融共混挤出机生产聚乙烯纳米复合材料。然而，聚丙烯材料本身具有一定脆性，还需要经过“脆-韧”转化方法，实现既增强又增刚的效果。

【实施例 7-10】 纳米 SiC/Si_3N_4 改性聚乙烯复合工程材料　采用工业中试产品纳米 SiC/Si_3N_4 粒子，经醋酸溶剂表面处理，然后用于工业线型低密度聚乙烯（LDPE，如中国石化燕山石化分公司产品）增强复合改性。将5%（质量分数）改性纳米粒子如 LDPE 切粒并在高混机中混合，再进入熔融挤出机挤出造粒得到聚乙烯纳米复合产品。将该切粒产品按照标准打样条并进行力学测试，样条的冲击强度最大值为 55.7kJ/m^2（大于纯 LDPE 样条韧性值的 2 倍），样条拉伸达 625%时仍不断裂（约为纯 LDPE 最大拉神值的 5 倍）。

类似地，可设计高密度聚乙烯（HDPE）纳米复合工程材料。25%（质量分数）纳米 $CaCO_3$ 经过表面工业偶联剂处理后，直接用于和 HDPE 共混，经熔融挤出造粒得到聚乙烯纳米复合材料，测试该切粒的样条，其冲击强度最大值可为纯 HDPE 材料冲击强度的 1.7 倍。为了提高 HDPE 的断裂伸长率，可采用16%（质量分数）$CaCO_3$ 和 HDPE 共混，使所得纳米复合材料断裂伸长率达到最大（660%），并超过纯 HDPE 的断裂伸产率。

最后，采用橡胶粒子包覆纳米粒子（如纳米 $CaCO_3$、纳微米滑石粉等）形成纳米中间体技术，将该复合粒子用于聚丙烯切粒共混和熔融挤出造粒，得到的聚丙烯纳米复合材料产品的韧性性能可达尼龙 6 指标，而综合成本却降低到尼龙 6 成本的 1/3。因此，这成为汽车保险杠产品的最重要技术，并得到广泛应用。

但是必须记住，添加超过 10%以上纳米粒子到聚烯烃基体中，会提高复合材料密度或质量，增加其应用的重量。

（2）多种无机纳米相改性聚烯烃高分子工程塑料　蒙脱土纳米中间体改性聚合物材料时，常经过基体再熔融插层反应，使原先保持有序插层的片层变成无序片层并分散于聚合物基体中。控制纳米片层剥离和分散程度，可产生纳米结晶成核、光洁表面和增加模量效应。纳米成核作用可加快结晶速度、细化球晶、改变结晶度等。通过原位共混复合等方法制成 MMT 复合母粒或核-壳结构中间体，原位复合产生逐级剥离分散，改善其均匀分散性。利用 MMT 中间体所得到的聚合物纳米复合材料的性能对比，见表 7-28。

表 7-28 纳米复合材料与其对应基体的物性对比①

聚合物基体	纳米相 [5%(质量分数)]	拉伸模量比 /(GPa/GPa)	弯曲模量比 /(GPa/GPa)	热变形温度提高 /℃
PP	Al_xSiO_4，SiO_2 MMT，ZnO	4.0 ～10.0	1.0 ～2.5	20 ～ 70
PE	SiO_2，$CaCO_3$	1.0 ～ 5.0	1.0 ～3.0	30 ～ 90
PET	Al_xSiO_4，MMT	1.0 ～ 8.0	1.5 ～ 3.0	30～140(30～ 60)
PBT	ZrO_2，MMT，ZnO	2.0 ～ 5.0	2.0 ～ 4.0	70～200(30～100)
PEO	SiO_2，ZrO_2，MMT	3.0 ～ 10.0	—	30 ～ 70
PA	Al_2O_3，MMT，ZnO	2.0 ～ 12.0	1.0 ～4.0	60 ～170(60～100)

① 资料来源：自 1980 年的相关专利、1990 年的文献报道；数据范围取自不同制备改性方法。

7.7.2 阻燃增强聚酯纳米复合材料

7.7.2.1 阻燃增强聚酯纳米复合方法

（1）阻燃增强定义 纯粹有机聚合物及其改性产品与专用料，都是易燃产品，若在其中加入可阻止其有氧下燃烧的阻燃剂，会降低聚合物原有的韧性等性能。为此，通过设计、优选程序形成某些特殊阻燃剂，将其预先分散或者涂覆于聚合物基体上，既能有效保护有机体不起明火，还能提高基体的性能，这种改性称为聚合物阻燃增强改性。

（2）阻燃增强体系分子设计与复合方法 从分子设计角度出发，通过改性层状结构化合物如蒙脱土、高岭土或水滑石等黏土，使其在聚合物基体中形成纳米复合结构，可使分子链置于受限环境中，得到热阻隔保护，形成新型、清洁、高效的阻燃聚合物纳米复合材料。可设计这类纳米复合材料的纳米相均匀分布产生良好界面作用，得到的复合材料比相应宏观复合材料或微米复合材料具有更高效阻燃、环保、循环和减量效应。合理设计分散方法使纳米结构与聚合物分子有效复合，克服现有阻燃材料的缺点。

对于聚酯阻燃增强纳米复合体系，采用将阻燃剂接枝和层状化合物插层复合途径，可获得高效纳米复合阻燃剂，这是阻燃增强中间体，将其加入聚酯切粒中混合并熔融挤出，得到聚酯纳米复合阻燃增强专用料。

7.7.2.2 阻燃增强聚酯纳米复合材料结构性能

（1）阻燃增强聚酯-蒙脱土纳米复合专用料 阻燃增强聚酯-蒙脱土纳米复合材料已经成为专用工程塑料。笔者研究团队通过设计原位插层聚合复合工艺和熔融插层复合工艺技术，已开发聚酯（PET、PBT）-蒙脱土纳米复合材料（NPET、NPBT）[46]及其增强型阻燃纳米复合工程塑料。与中国石化集团合作开发，在工业装置成功试生产出纳米复合材料产品。聚酯-蒙脱土纳米复合阻燃材料的性能，见表 7-29。

表 7-29 PET-黏土纳米阻燃材料用玻璃纤维增强性能

性能指标	玻纤增强 NPET	玻纤增强 国家攻关材料	性能指标	玻纤增强 NPET	玻纤增强 国家攻关材料
拉伸强度/MPa	120.0	104.0	热变形温度(1.82MPa)/℃	218.0	—
断裂强度/%	3.0	—	熔融结晶峰温/℃	196.7	196.0
杨氏模量/GPa	5.77	—	冷结晶峰温/℃	118.2	—
弯曲模量/MPa	107.0	173.0	模温 /℃	60.0～70.0	60.0～70.0
缺口冲击强度/(J/m)	58.0	65.0			

聚酯纳米复合阻燃增强材料已经过国家有关部门评价测试，该纳米复合材料各项性能指标稳定，达到或超过国内外聚酯工程塑料产品性能。

（2）阻燃增强聚酯-蒙脱土纳米复合材料新品种 阻燃增强聚酯-蒙脱土纳米复合材料实际

提供了一种新型蒙脱土增强改性复合材料产品，并由此形成系列化体系具有更广泛应用特性，见表 7-30。

表 7-30 蒙脱土纳米前驱体改性增强型聚酯（NPET）工程塑料性能

性 能	测试方法	NPETG10	NPETG20	NPETG30
拉伸强度/MPa	GB/T 1040	90.0	121.0	140.0
拉伸模量/GPa	GB/T 1040	5.5	7.2	8.1
断裂延伸率/%	GB/T 1040	5.6	3.0	1.7
弯曲强度/MPa	GB 9341	158.0	180.0	200.0
弯曲模量/GPa	GB 9341	5.1	7.5	10.2
Izod 冲击强度(23℃)/(J/m)	GB 1843	54.0	69.0	75.0
热变形温度(1.82MPa)/℃	GB 1634	190.0	210.0	218.0
熔点/℃		250.0～260.0	250.0～260.0	250.0～260.0
分解温度/℃		469.0	453.0	448.0
阻燃性 UL94		V-0	V-0	V-0

(3) 阻燃增强聚酯-蒙脱土纳米复合材料应用　聚酯纳米复合阻燃增强材料性能优异，纳米蒙脱土增强改性 PET 复合材料及其阻燃产品，具有更好的力学、阻燃、结晶性和综合性能，替代聚对苯二甲酸丁二醇酯（PBT）/玻璃纤维材料，广泛用于生产汽车、电子、电器、机械、通信、照明家电及相关领域零部件。

7.7.3 阻燃增强聚合物纳米复合专用材料

7.7.3.1 阻燃性水滑石纳米复合材料

(1) 阻燃性水滑石及阻燃机理　水滑石（LDHs）是一种层状金属复合盐，也称层状双金属氢氧化物。LDHs 纳米层状结构具有较低表面能，应用时易于均匀分散，不易聚集。LDHs 纳米层状结构中含有相当多的结构水，控制氢氧化物合成条件，可使所得 LDHs 层间驻留不同的负离子如 CO_3^{2-}、NO_3^- 等，它在受热时会放出水和二氧化碳。水和二氧化碳释放过程中，纳米片层结构 LDHs 体系逐步转化为具有较高比表面积的多孔性固体碱，这种转化的中间体对受热燃烧而产生的烟气及酸性气体具有极强的吸附性，LDHs 的这种受热转化特性会达到阻燃的效果。

纳米片层结构 LDHs 本身不含有任何有毒物质，属于安全型阻燃材料。

(2) 优化调制 LDHs 阻燃剂组合物　利用硝酸盐等的多种组合优化，可合成 LDHs 层状纳米材料可控结构与层状结构体系。根据需要调变 LDHs 结构参数，如层板化学组成、层板电荷密度、分子识别能力、层间离子种类及密度、层间距、层板二维尺、晶体尺寸及其分布等。可以设计调制层状结构二维尺寸长 20～40nm、宽 30～60nm 的 LDHs 粉末材料，根据其应用需要，在较大范围内精准调控层间插层物质及其形态，得到可控阻燃性与高分散及高性能复合材料体系。

实际应用 LDHs 阻燃剂时，可在其层间先引入自由基捕获剂并部分地扩大其层间距，形成 LDHs 复合型阻燃剂，可进一步增强其阻燃应用效果。迄今，如此优化设计的 LDHs 组合物，已用于创制环保型阻燃材料纳米前驱体。

7.7.3.2 聚合物纳米复合抗菌塑料

(1) 聚合物纳米复合抗菌塑料体系　聚合物塑料产品长期置于潮湿、阴暗、无光照环境中，会滋生各类细菌，包括吞噬塑料的各类微生物细菌等。这类聚合物基体中滋生的细菌可通过喷洒细菌抑制剂、杀菌剂、抗菌剂及后处理等加以解决。

在聚烯烃等通用聚合物纳米复合专用材料使用中，还会遇到细菌通过蚕食而进入其基体内部的现象。为此，建立了复合银抗菌材料的杀菌方法，具体是将银或银化合物载负于纳米粒子（如 SiO_2 粒子）表面形成纳米载负银杀菌剂组合物，将该杀菌组合物与聚合物如聚烯烃材料树脂经过熔融复合加工工艺，形成纳米复合抗菌专用材料。

（2）聚合物纳米复合抗菌塑料特性　通过对细菌繁殖体、芽孢及乙肝病毒等 36 种以上常见细菌和病毒的可靠抑制和灭杀作用进行比较，得到聚合物抗菌复合材料性能参数。纳米 SiO_2 载负银复合添加剂，还用于提高聚乙烯塑料制品强度（拉伸强度同比提高 2 倍）、韧性和抗老化性。典型的纳米粒子载负银复合抗菌剂及其性能指标，见表 7-31。

表 7-31　纳米复合银系抗菌（MF350）

纳米复合物性能参数	性能指标	纳米复合物性能参数	性能指标
平均粒径/nm	＜90	Al_2O_3 含量/%	4.5±0.5
表观密度/(g/cm^3)	2.6±0.3	Ag 含量/%	≥3.0
耐温性/℃	950	杂质含量/%	≤0.03
SiO_2 含量/%	＞90		

纳米复合银抗菌剂（如 MFS350 抗菌体系）具有高效抗菌性，广泛用于化纤、塑料用品、家电制品、涂料、医疗用品、化妆品等领域。

纳米抗菌组合材料具有高效、快速、持久抗菌特性。抗菌冰箱材料性能，见表 7-32。

表 7-32　纳米复合抗菌剂对聚合物材料的抗菌效果比较

细菌名称	样品名称	抑菌率	标　　准
大肠杆菌 金黄色葡萄球菌	冰箱门封条	92.7%　91.6%　93.6% 94.5%　93.8%　95.3%	AATCC100—1993
大肠杆菌 金黄色葡萄球菌	冰箱内衬 盘子与把手	91.3%　92.0%　92.4%92.8% 92.7%　92.8%　94.1%　94.8%	GB 15981—1995

注：数据来源于中国预防医学科学院环境卫生与卫生工程研究所检测报告与美菱股份有限公司纳米冰箱。

7.7.3.3　聚丙烯纳米复合管工程材料

（1）聚丙烯纳米复合管特性　聚丙烯（PP）材料具有耐高温（130～145℃）、加工和成型性好及力学性能高的特点。通常使用 PP 材料时需要考虑其固有缺点如热变形、耐老化与和耐环境性差的问题，因此设计纳米分散复合改性聚丙烯专用料，提高聚丙烯管产品的综合性能。

同样，设计加工聚丙烯-蒙脱土纳米复合管材料，形成综合性能更高的专用料。

（2）聚丙烯纳米复合管组合剂设计

【实施例 7-11】　PP 管材用有机黏土纳米前驱体制备

① 10g 黏土（0.95mmol/g）与 490mL 水在 60℃混合，搅拌形成 2%（质量分数）水浆。将 1g 处理剂双（2-羟乙基）甲基牛脂氯化铵加入上述混合液中强力搅拌 1min 后滤掉残渣。再搅拌后在 60℃循环气流中干燥 16h 得到有机黏土。

② 选择扩展剂，如 R—(C ═O)—O—[CH_2CH_2O]—O—(C ═O)—R（R 为硬脂酸酯基）、维生素-E、聚环氧乙烷、EPON-828、尼龙 6 或支化聚乙烯、聚丙烯蜡等。将 40%有机黏土与扩展剂一起溶于二氯甲烷中高速搅拌，使溶剂蒸发掉得到层间距扩大的处理黏土。处理剂可用十六烷基三甲基氯化铵或缩水甘油三甲基氯化铵。该黏土与 PP 制备纳米复合管材采用双螺杆挤出，工艺为 $L/D\geqslant38$，螺杆转速为 500r/min，各段温度为 160～190℃。

（3）聚丙烯纳米复合管综合性能　采用有机插层黏土与 PP 粉料共混，经熔融挤出形成 PP 管专用料 NPP-R。纳米复合管材料各项性能同比相应提高，热膨胀性能显著提高，见表 7-33。

7.7.3.4　聚合物增强阻燃材料应用

（1）阻燃增强聚合物纳米塑料的应用　聚合物阻燃材料是聚合物安全性应用的最重要途

表 7-33　聚丙烯-黏土纳米复合管材料性能①

测试项目	本项目 NPP-R	传统 PP-R 材料	测试方法
密度/(kg/m^3)	0.928	0.910～0.930	ISO 1138
熔点/℃	169	140～170	ISO 3146
熔融指数 230/2.16/(g/10min)　≤	0.33	0.8	ISO 1133
摆锤冲击强度/(kJ/m^2) +23℃ +23℃(缺口)　≤	不破裂 44	不破裂 25	ISO 179
拉伸屈服强度/(N/mm^2)　≤	30	25	ISO 527
拉伸断裂强度/(N/mm^2)　≤	33	28	ISO 527
弹性模量/(N/mm^2)　≤	1070	850	ISO 527
弯曲模量/(N/mm^2)　≤	1540	900	ASTM D790
维卡软化温度(10N)/℃　≤	155	130	ISO 30/A
线性膨胀系数/K^{-1}　≤	1.7×10^{-5}	1.6×10^{-4}	NIN53752
热导率/[W/(m·K)]　≤	0.24	0.20	DIN52615

① 与正光集团合作项目的结果。

径，聚合物阻燃增强复合材料阻燃能力提高的同时，力学、热学及综合性能也相应提高，因此应用十分广泛。聚合物纳米复合阻燃增强塑料大量用于空调和计算机外壳、汽车内饰、电扇、电话及各类家用品，纳米分散结构使其外表光洁而阻燃级别提高。采用纳米粉末喷涂技术对机械关键零部件金属表面进行涂层处理，提高机械设备耐磨性、硬度、阻燃性，延长其使用寿命。

（2）*阻燃性橡胶纳米复合材料的应用*　该纳米复合颗粒还被应用于彩色橡胶制品、外墙涂料、陶瓷、密封胶、黏结剂、玻璃钢、颜料、功能纤维、环保吸附、造纸等领域。采用现有有卤、无卤阻燃剂和层状硅酸盐组成纳米复合阻燃剂，用于聚乙烯、聚丙烯等阻燃改性，得到系列阻燃工程塑料。

7.7.4　纳米复合材料汽车和纺织应用

7.7.4.1　纳米复合工程材料汽车零部件

（1）*铸型尼龙纳米复合零部件*　采用有机化蒙脱土纳米中间体与 MC 尼龙熔融复合形成尼龙纳米复合材料，该体系可用碱（或金属钠）的催化反应制备纳米复合 MC 尼龙材料。所述的 MC 尼龙纳米复合材料，直接用于加工各种耐摩擦磨耗零部件。如该尼龙 6 纳米复合材料用于汽车平衡轴齿轮，按汽车工业有关测定标准得到的检测结果见表 7-34。

表 7-34　纳米 MC 尼龙汽车平衡轴齿轮的性能检测结果

平衡轴齿轮	减震/吸声	300h 全速全负荷耐磨性	技术水平
传统填充尼龙	极差	无	传统
纳米 MC 尼龙	减震/强吸声	通过	原创
45 钢	震动大/不减震	220h	常用

注：天津汽车研究所测定和检测结果；样品为江苏靖江尼龙厂合作产品。

纳米复合 MC 尼龙改进了汽车平衡轴的耐摩擦磨耗性能、减轻震动、增强吸声性。该汽车平衡轴齿轮性能完全通过国家标准，在 200 万辆左右轿车上使用未发现任何质量问题。

(2) 尼龙纳米复合齿轮、涡轮等零部件　这类产品零件还有各种耐摩擦磨耗的精密滑轮、高精度齿轮、涡轮、链轮、转子等，如图 7-21 所示。

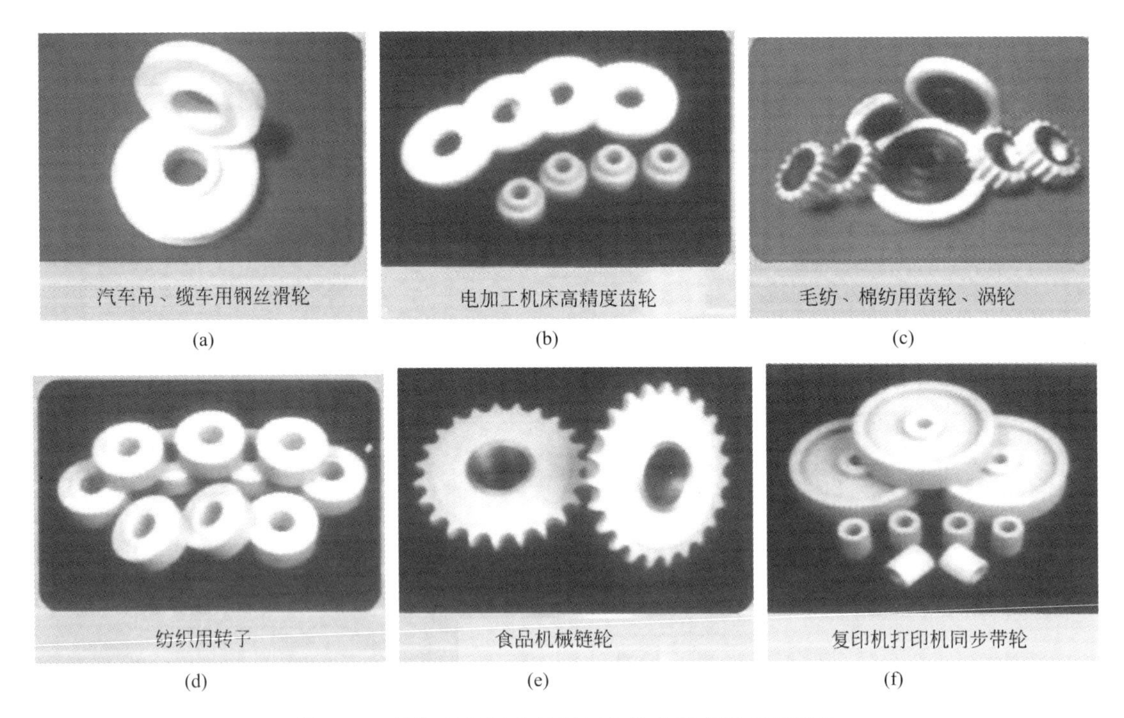

(a) (b) (c) (d) (e) (f)

图 7-21　纳米 MC 尼龙材料制备的各种高性能零部件

7.7.4.2　纳米复合工程材料纺织零部件和纤维应用

(1) 多维纳米相的聚合物纳米复合塑料　多维纳米相用于增强聚合物形成纳米复合工程材料。三维纳米材料，如纳米晶；二维纳米材料，如碳纳米管、层状硅酸盐；一维纳米材料，如纳米线、纤维等；都可用于改性高聚物形成工程塑料。纳米复合 MC 尼龙材料制备的纺织零部件见图 7-22。

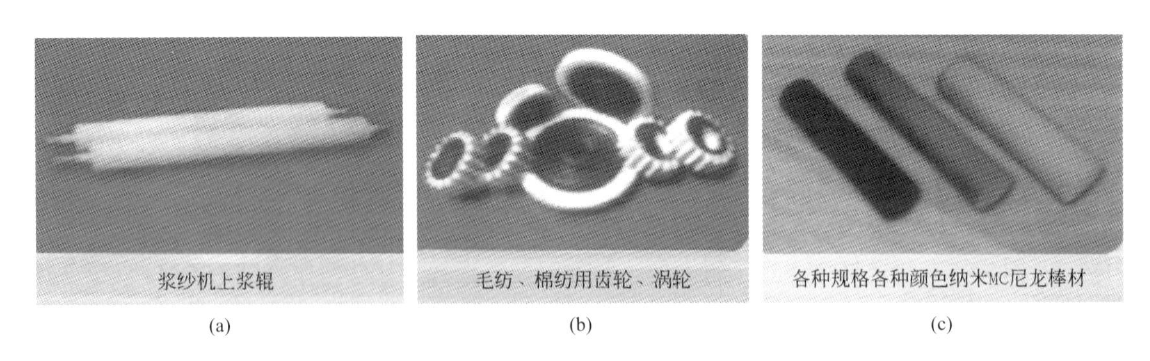

(a) (b) (c)

图 7-22　纳米复合 MC 尼龙材料制备的纺织零部件

(2) 聚合物纳米复合纤维　采用表面处理纳米粒子制成的聚合物纤维，如消光聚酯纤维，产生亲水性、远红外反射等多功能性。在纤维树脂中添加纳米 SiO_2、纳米 ZnO 或复配粉体，经纺丝、织布工艺，制成具有杀菌、防霉、除臭和抗紫外线辐射功能的服装。

将纳米 ZnO 和纳米 SiO_2 混入化学纤维中得到复合化学纤维，其具有除臭及净化空气的功能，广泛用于制造长期卧床病人和医院消臭敷料、绷带、睡衣等。纳米 ZnO 加入聚酯材料中经熔融加工挤出和纺丝工艺，制得具有防紫外线功能的纤维。该纤维具有抗菌、消毒、除臭功能（金属纳米复合纤维可抗静电，银纳米纤维可除臭、灭菌）。

7.7.5 纳米复合材料建材及应用

7.7.5.1 建材用纳米复合材料

（1）纳米复合橡胶复合材料制品 建筑用聚合物塑料包括屋顶面材料、墙体保护材料、室内管道、表面涂料、板材、棒材及塑料钉。针对这些建材塑料，使用纳米复合技术改变其性能。

建筑屋顶防水材料是房屋防水重要安全屏障，早期防水卷材采用油毡纸，后来改进为以合成橡胶为基材，利用橡胶体黏弹性和柔性密封性，在建筑物顶部外层建立防护屏障。这种高分子橡胶耐环境、抗老化降解性能要求高，尤其是高层建筑特别需要阻隔性和长周期防护，更需要提高防水卷材的性能和多功能化。常采用聚合物橡胶基体以及无机相经过填充复合，得到高性能多功能防水材料。

还可采用炭黑纳米粒子分散于改性橡胶基体中，利用炭黑纳米粒子增强效应显著提高橡胶复合体强度、耐磨和抗老化性。由此，创制系列纳米复合橡胶建材原料和防护品。

（2）彩色防水卷材及其纳米复合体系 现在可采用纳米粒子（如纳米 SiO_2、TiO_2 等）为载体，通过表面功能化处理用于载负颜料，这种纳米复合颜料再与橡胶基体混合复合密炼制造彩色橡胶。选择能吸收紫外线的助剂形成颜料组合物，可制备包括褐色纳米炭黑橡胶制品在内的多彩橡胶防水卷材系列产品。实用情形是采用纳米白炭黑为补强剂，经与纳米着色剂复合及密炼工艺，制成优异多功能性橡胶防水卷材制品。

工业纳米 SiO_2 粉末产品经改性后，与相对价廉的聚丁苯和氯化聚乙烯橡胶基材复合并辅以防老剂，生产系列彩色防水卷材与屋面保护材料。这类改性彩色防水卷材的很多性能，已经达到或超过被普遍认可的三元乙丙胶卷材体系。纳米 SiO_2 改性彩色防水卷材与三元乙丙胶防水片材的性能对比见表 7-35。

表 7-35 纳米 SiO_2 改性彩色防水卷材与三元乙丙胶防水片材性能对比

性能	纳米 SiO_2 改性彩色防水卷材	三元乙丙胶防水卷材
透水性(0.3MPa)	不透水	不透水
拉伸强度/MPa	≥10.1	≥7.35
扯断伸长率/%	≥661.0	≥450.0
300%定伸强度/MPa	≥6.1	≥2.9
撕裂强度(直角)/(kN/m)	≥42.5	≥24.5

7.7.5.2 建材用纳米复合材料质量

（1）纳米复合建材的通用性能 通用高分子塑料产量大、应用面广且价格低，而工程塑料性能优越价格高。通用塑料经纳米粒子改性可实现工程塑料化。建筑材料长期经受自然侵蚀、降解和淋洗，因此，其要求材料具有稳定性、韧性和功能性等。考虑到成本问题，一般采用蒙脱土、$CaCO_3$ 及滑石的初级产品，但是就耐久性而言，利用纳米材料改性高聚物将取得更高质量与稳定效果。

（2）纳米复合建材的功能性 建筑涂料更需多功能纳米粒子，如纳米载负抗菌剂使涂料或塑料板材产生抗菌杀菌功能。2维层状纳米材料剥离分散相与橡胶复合，提高复合材料的阻水性。功能建筑涂料中，磁性纳米 γ-Fe_2O_3 呈棒状时磁性更强，否则磁性大为减弱。添加纳米 ZnO 或纳米金属粒子可生产抗静电性塑料板材。

7.8 纳米复合处理剂及石油工业应用

7.8.1 纳米复合处理剂设计制备与应用标准

7.8.1.1 石油工程纳米复合处理剂体系

（1）*石油工程对处理剂的需求* 石油工程已经由早期浅层钻探开发，进入深层、超深层、复杂储层和非常规储层的钻探开发阶段，这是我们开发油气能源正面临的局面。这种石油工程情况下，需要处理剂更稳定、更高效、可循环利用及环保性。

尤其是，新发现油气资源主要处于低渗透储层，应力敏感性微裂缝和微孔道普遍存在，需要设计处理剂微尺度体系与这类低渗透导流通道产生匹配性、有效作用，这些现状就是纳米技术及纳米复合处理剂的重要切入点。

（2）*石油地质勘探工程及其纳米复合处理剂* 石油地质勘探工程是通过地震、仪器探测等方法，提供油气资源储层的储集区信息和预测的一项大规模工程。通常地质勘探实测辅助大规模计算或大数据运算，得到大量岩石及其内外空间数据信息汇聚。然而，在油气探测工程转向低渗透等复杂油气储层情形下，需要建立包括纳米微孔在内的多孔道介质储量计算模型和油气储量预测方法。就纳米技术已有初步探索成就而言，需要设计多功能渗透和扩散性微粒，达到地下难以抵达的空间。

设计纳米半导体成像悬浮液、纳米量子点微传感器和纳米渗透流变体系，导入地下微孔道、微裂缝空间，形成了适于石油勘探工程的纳米处理剂体系。

（3）*石油钻井、完井工程纳米复合处理剂* 石油工程中，为实施钻井、完井工程而配套的流体，分别称为钻井液、完井液，这种流体具有携带钻井切割的钻屑到地面、冷却和润滑钻具以及平衡地层压力系统的重要功效。我们将用于石油钻井、完井工程的钻井液、完井液的纳米复合处理剂定义为石油钻井、完井工程纳米复合处理剂。

（4）*石油采油工程纳米复合处理剂* 石油工程中的完井工程结束后，紧接着将所在储层油气采集出来的工程，称为采油工程。地下储层油气采收到一定程度后，自身自发流动能量不足时，就需要设计强化采油工艺，提高采收率。这就引发出二次、三次或四次采油工程。

当前，所谓石油采油工程纳米复合处理剂，就是指满足石油工程二次、三次采油的驱油流体的特殊处理剂。

（5）*油气储层改造纳米复合处理剂* 实际上，油气层长期开发效果很清楚地表明，即使设计实施石油二次、三次等驱替开发的采油工程，仍然残余60%～70%原油不能被采出。这时，就需要实施石油工程的储层改造工程，也就是储层压裂工程，通过对储层施加外力，强制形成导流性裂缝，增大储集区油气流出的概率，提高油气增产效应。

将用于油气储层改造流体（水力压裂液、酸化压裂液）的纳米复合处理剂，称为油气储层改造纳米复合处理剂。

（6）*油气工程其他纳米复合处理剂* 由于油气工程的极端复杂性，还建立了其他油气工程辅助措施，如修井作业、储层注水、调剖、调堵等工程，可设计适于这些相应工程所需的处理剂。由此，形成纳米复合修井液处理剂、纳米复合增注处理剂、纳米复合调剖剂、纳米复合调堵剂等。

7.8.1.2 纳米复合处理剂应用标准

（1）*纳米复合处理剂检测和质量控制* 纳米复合处理剂检测，主要包括结构表征和性能评价两个方面。使用适当仪器进行这两方面表征，以确认处理体系，或者根据标准指标，进行有关测定。

表征纳米复合处理剂结构的信息包括纳米相尺度、纳米分散尺度与分布形态、纳米复合体系分子量及其分布、纳米复合体系结晶态、纳米复合物理交联或化学交联结构等。

纳米复合处理剂性能测试表征包括结晶度、结晶能力、热学、力学和功能性、悬浮液黏度、稳定性、抗盐性等。

(2) *纳米复合处理剂应用技术标准* 通常基于有关技术标准，建立纳米复合处理剂应用技术。与油气工程有关的标准分为国际标准、国家标准、行业和企业标准，这些标准逐步涵盖纳米复合处理剂体系。

我国石油行业通行中华人民共和国石油天然气行业标准［如钻井液处理剂性能评价方法、《调剖剂性能评价方法》(SY/T 5590—2004)等］。

然而，纳米复合处理剂行业标准正在建立，因此，实际采用对应的现有标准加以改进，作为企业暂行标准使用。为此，所建立的纳米复合处理剂测试表征方法是，依据实际石油工程相关标准指标，测试纳米复合处理剂得到相应指标进行对比，然后给出其具体参数指标。

7.8.2 纳米复合悬浮液、微乳液及储层保护

7.8.2.1 纳米复合悬浮液体系与应用

(1) *纳米复合悬浮体系流变性* 描述钻井液、完井液悬浮体系流变性，采用经典流变模式，这包括宾汉、幂律、卡森等两参数模式和赫切尔-巴尔克莱、罗伯逊-斯蒂夫斯三参数模式。纳米复合悬浮体系流变性，可采用类似流变式而基本无需作参数修正。

然而，针对某种特定纳米复合流体（钻井液或完井液体系），采用何种模式描述其流变行为，取决于采用所选模式计算的理论数值（如切力值）与实测数值间的吻合程度，若要使这两者数值完全吻合是不可能的。因此，实际操作中必须对相关流变模式进行优选，以确定切合实际的流变模式。

优选流变模式包括曲线对比法、剪切应力误差比较法和相关系数法。此外，改进回归分析相关系数法，采用了灰色系统理论关联分析法，以灰色关联度的大小为标准，确定描述流体的最佳流变模式。

(2) *正电性纳米复合悬浮液流变性* 经典胶体理论对带同一电荷的胶体体系有很多研究描述，其胶体混合体系至多有一种粒子带永久电荷，且该电荷主要来自同晶置换而不受介质影响，混合体系中其他颗粒电荷多为可变电荷，且随介质 pH 值而变化。

而对异性电荷混合胶体的理论研究主要集中于稀溶液体系，由于浆体流变学对其工程应用性能影响很大，对颗粒聚集特性及胶体体系稳定性也产生重要影响，因此，研究浓溶液或浆体的实践实际尚需建立新的理论体系。

正电性纳米悬浮体的钻井液主要用于井壁稳定、保护油气层和提高油气产能，该体系主要采用水滑石正电纳米粒子产生悬浮稳定性，并通过与地层储层岩石反离子产生静电相互作用，就地形成纳米复合结构及阻隔层，这种致密保护层可阻止自由水分子侵入及进入地层黏土层间，达到保护储层的效果。

可选取典型蒙脱土（MMT）和水滑石（MMH）正电粒子复合悬浮液，研究认识纳米悬浮体系流变性。

采用 4%工业 MMT 制备水悬浮体系，加入不同质量的正电纳米粒子 MMH 进行混合，得到混合悬浮胶体体系，采用通用流变仪测试该混合悬浮液胶体，得到相应流变性曲线，见图 7-23。

可见，这种 MMT/MMH 纳米混合悬浮体系具有强剪切稀释效应特征，随剪切应力增加分散体系表观黏度急速下降，甚至会降低 6 个数量级。该悬浮分散体系具有强触变、低屈服值，MMH 含量高时，曲线尾端出现显著平台。

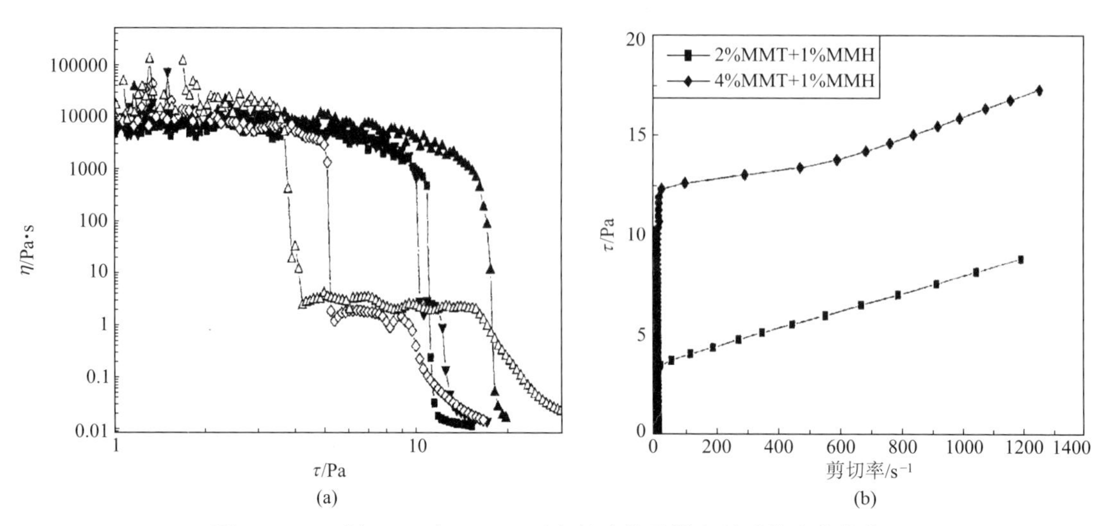

图 7-23　4.0%MMT 与 MMH 正电纳米粒子混合悬浮体流变曲线

［(a) 正电纳米材料加量=0 (■)、0.6% (▲)、1% (▼)、2% (◇)、3% (△)；(b) 混合悬浮体组成见图中标示］

在 4%MMT 基浆悬浮液中，加入不同浓度有机正电纳米材料（ONM）形成混合悬浮体，该混合悬浮体中加入有机高分子处理剂（WPS）形成聚合物纳米复合悬浮体系，该体系流变性变化曲线，见图 7-24。

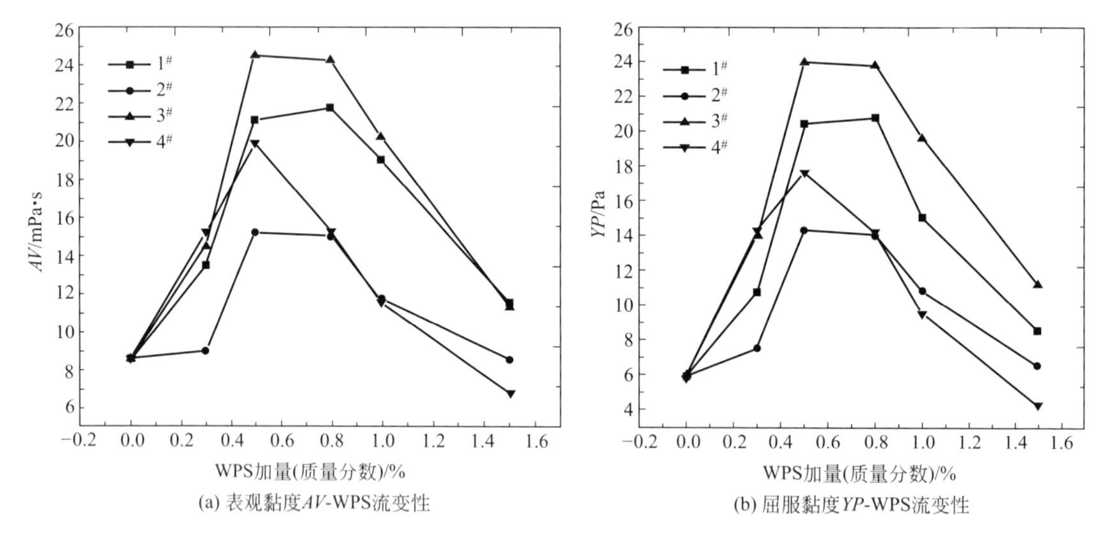

图 7-24　4%基浆/ONM/WPS 纳米复合钻井液流变性曲线（ONM：AEO 有机处理剂/盐酸/氯化钙助剂，处理 MMH 体系；ONM 相对基浆悬浮体浓度 1# ～4# 分别为 0、0.5%、0.75%和 1.0%）

可见，随 ONM 加量增加，钻井液表观黏度和动切力表现为先增加后降低趋势，ONM 提高黏度率最高达 400%，提高动切率最高达 500%。在 4%基浆中，ONM 最佳加量为 0.5%（质量分数），得到流变性优良的悬浮体系。

(3) MMT/MMH 混合胶体悬浮体系黏弹性　MMT/MMH 混合胶体的悬浮体系呈纳米多分散分布，在适当比例处该体系产生很强的电性作用、黏度突然变得很大并且产生奇特的弹性，优化 MMT/MMH 质量比，可以调控混合体系体系黏性、弹性、黏弹性法和悬浮稳定性。

采用多功能流变仪可表征 MMT/MMH 混合胶体的悬浮体系的黏弹性。不同浓度 MMH 加入 MMT 中形成混合悬浮体系，其模量-频率扫描曲线见图 7-25。

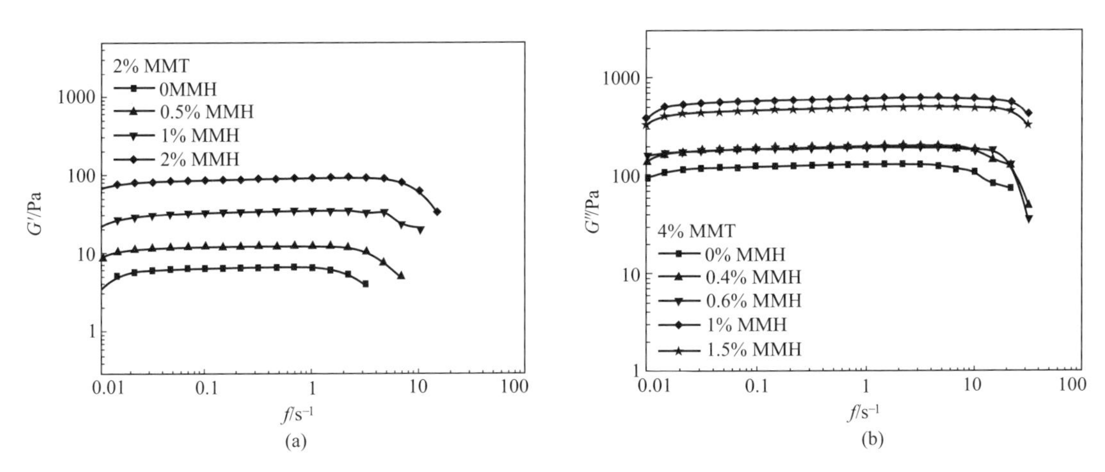

图 7-25 MMT 与不同浓度的 MMH 悬浮体混合物的黏弹性-频率曲线和模量-频率曲线

(4) 复合氢氧化物正电混合胶体分散体系黏弹性 采用不同质量比的硝酸盐(如硝酸镁、硝酸铝)合成正电性 MMH 混合胶体,流变仪器表征该分散体系主要呈弹性特征,弹性模量是 MMH 加量的函数,而与流变仪实验频率无关。调控正电 MMH 混合胶体结构强度逐渐增大,出现最大值后减小至最小值,若再增加浓度则该体系凝胶结构强度又开始增大。

不同 Mg/Al 摩尔比 MMH 混合悬浮体系调控钙-MMT 膨胀曲线见图 7-26。

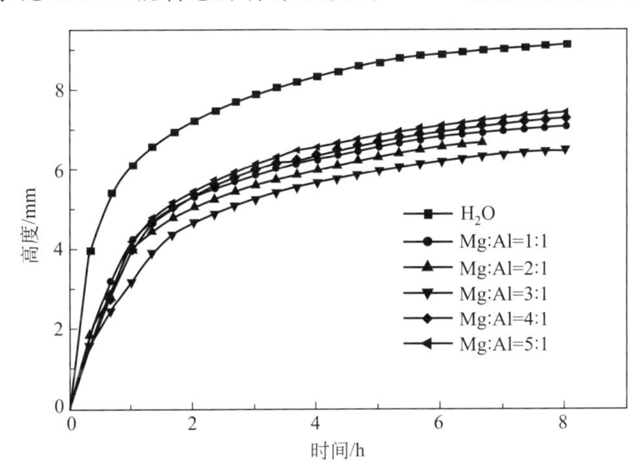

图 7-26 钙-MMT 与不同 Mg/Al 摩尔比的 MMH 混合悬浮体膨胀曲线

(Mg/Al 摩尔比是计算相应的硝酸镁和硝酸铝)

7.8.2.2 正电纳米混合胶体悬浮液体系应用

(1) 正电体系抗盐性 显然,正电胶体适于在负电岩石地层产生电性强吸附作用,在地层表面形成纳米组装结构产生稳定井壁、储层孔道保护效应。这种正电胶体的混合悬浮体系电性可以调控,而其在储层表面的吸附强度也可调控。

正电胶体的混合悬浮体系可用于钻井、完井储层保护井壁稳定性。为此,需按标准评价其抗盐性,即在盐离子压缩双电层作用下,评价该混合悬浮体系黏度降低特性,实际加入氯化钠可显著降低该混合悬浮体系黏度,即抗盐性差。

采用多功能流变仪测试评价该混合悬浮体系黏弹性,测试黏弹谱表明,NaCl 显著降低该悬浮体系在线性弹性区弹性模量,高浓度 Na^+ 削弱了混合悬浮体系凝胶结构强度。采用所研制正电胶体混合体形成实用钻井液配方,其抗温性试验结果见表 7-36。

表 7-36 正电钻井液抗温试验结果

钻井液情况	六速读数						Zeta/mV	FL/mL	pH 值
	600	300	200	100	6	3			
0.5%CPAM+2%DFD+2%MMH+3%$CaCO_3$	38	28	18	12	3	2	28.6	8	8
120℃滚动 16h	36	23	14	9	2	1	28.0	9.5	8
120℃滚动 24h	32	20	12	8	2	1	26.5	11.5	8
120℃滚动 48h	26	16	10	6	1.5	1	25.1	15	8
120℃滚动 72h	22	13	9	5	1.5	1	24.3	18	8

注：Zeta 是 Zeta 电位；FL 是失水量；正电钻井液配方：清水+0.5%CPAM（改性聚丙烯酰胺）+2%阳离子降失水剂+2%MMH+3%超细碳酸钙。

该钻井液体系是聚合物无固相正电体系，起提黏和降失水作用的是聚合物成分，聚合物在高温下分子链易断裂降解，其在水相的提黏效应降低。特别是，采用改性阳离子淀粉高分子中存在醚键—O—，抗温性更差，所以该正电钻井液在高温下老化时间过长后出现黏度降低、失水增加现象，但增长幅度不大，并不影响钻井液的综合性能。

(2) 综合抗污染试验　采用无固相钻井液配方进行钻屑、无机盐、氯化钙抗污染试验，结果见表 7-37。

表 7-37 正电钻井液抗盐、抗钙、抗钻屑污染试验结果比较

钻井液	六速读数						Zeta/mV	FL/mL	pH
	600	300	200	100	6	3			
1# +0.5%CPAM+2%DFD+2%MMH+3%$CaCO_3$	38	28	18	12	3	2	28.6	8	8
1# +0.5%纯膨润土粉	34	22	13	8	2	1	20.1	7.5	8
120℃滚动 16h	36	23	14	9	2	1	5	8	8
1# +0.5%NaCl	32	20	11	8	2	1	24.5	8	8
120℃滚动 16h	30	19	11	8	2	1	24	8	8
1# +0.5%$CaCl_2$	35	23	13	9	2	1	25	8	8
120℃滚动 16h	31	19	11	8	2	1	24.4	8	8

注：1# 为由 MMH 组成的基浆。

正电钻井液体系可形成绝对不分散体系，对带负电黏土、钻屑等产生强效絮凝。加入膨润土粉有助于改善钻井液颗粒粒度分布，降低其失水，高温老化后，膨润土在高温部分水化、膨胀形成负电胶粒，消耗掉正电钻井液正电材料使电位急剧下降而黏度升高。正电钻井液中加入 NaCl 和 $CaCl_2$ 后，无机盐强烈压缩正电胶粒扩散双电层，钻井液 Zeta 电位下降。无机盐使阳离子聚合物分子链卷曲，对聚合物水化基团有去水化作用，会降低钻井液黏度但其失水性保持不变。

(3) 正电钻井液体系保护油气层评价　选用岩心流动装置实验评价钻井液、完井液损害、污染油气层特性。选用油气田岩石岩心进行静态污染、动态污染评价实验，结果见表 7-38。

表 7-38 正电钻井液的静态污染评价试验

岩样号	渗透率恢复值/%	损害半径 RD/cm	产能比 PR	堵塞比 DR	表皮系数 S
聚合物	76.01	81.1	0.882	1.423	4.37
正电 1	87.12	71.5	0.954	1.022	0.46
正电 2	85.61	56.3	0.921	1.043	0.42
正电 3	88.33	68.5	0.964	1.019	0.51

注：以新疆塔河油田岩心进行静态污染评价及动态污染评价。

正电钻井液纳米颗粒的强烈渗透性使其与岩石表面充分作用，产生显著抑制岩心黏土（负电）膨胀性，平均渗透率恢复值达 90.5%，保护油气层效果明显。正电纳米钻井液胶体体系，已在胜利油田十多个区块成功应用，取得显著经济效益。

7.8.2.3 凹凸棒土纳米中间体与悬浮体及应用

(1) 凹凸棒土纳米中间体 根据凹凸棒土晶体模型，该晶体具有与其纤维轴平行的（110）良好解理，并产生层链状晶体结构和棒状-纤维状细小晶体外形。因此，凹凸棒石黏土在外力压力（如系统剪切力）作用下层理滑移而充分分散。在低剪切力作用下或剪切力消失后，其悬浮液产生凝胶化；而剪切力增加时，其悬浮体又恢复为如水一般的低黏度液体。

根据该特性，优化剪切力和剪切程度，辅以链状高分子护胶作用，可分离出凹凸棒土的纳米中间体，它可进一步分散为纳米悬浮体或纳米复合体系。

(2) 凹凸棒土胶体膨胀性 凹凸棒土因具有良好分散性而能形成高效造浆性悬浮体。将凹凸棒土的造浆性定义为，每吨土在 $1020s^{-1}$ 剪切速率下制成表观黏度 15cP（1cP＝1mPa·s）的泥浆的方数。

与活性白土相比，凹凸棒土更适于饱和盐水造浆，造浆率可达 $24m^3/t$。而纤维状凹凸棒石的造浆率可达 $50m^3/t$。影响凹凸棒石造浆率的因素有：a. 表面电负性，表面电位值高，水化能力就强；b. 表面完整性，其晶体表面越不完整，结晶度越低，则其断键位和电荷不平衡点越多，水化能力越强；c. 八面体占位阳离子类型，其中的三价阳离子（Al^{3+}）对二价阳离子（Mg^{2+}）的异价类质同象置换的广泛存在，有利于晶体表面产生活性位置，增强水化能力；d. 集合体解聚性，电镜观察表明纤维状凹凸棒石的共生矿物为晶质，分散态的方解石在充分搅拌的水溶液中，凹凸棒石的单体间和方解石间彼此易分离；土状凹凸棒石共生矿物为晶质、隐晶质二氧化硅和白云石微晶，在水溶液中解聚性差，难分散成单晶体状态；土状凹凸棒石经较强剪切力作用造浆率显著提高；e. 纤维长度，单晶体纤维长显然利于大孔隙纤维网的形成。

凹凸棒土高效造浆性用于合成其纳米前驱体或中间体，即该纳米前驱体的流变性与其造浆性关联。

(3) 凹凸棒土胶体吸附性 凹凸棒石吸附性取决于其较大比表面积、特殊表面物化结构及离子状态。通过物理吸附的范德华力将分子吸附于凹凸棒石内表面，表面孔和孔结构是吸附重要指标。晶体结构内部沸石通道赋予凹凸棒石巨大内比表面积。同时，由于单个晶体呈细小棒状、针状和纤维状，在分散时，棒状纤维可保持多方位及较高表面电荷，呈毡状物无规则地沉积干燥后，凝聚体之间形成大小不均一的次生孔隙。该特征使凹凸棒石比表面积高达 $215m^2/g$。此外，晶体内部沸石孔道尺寸大小一定，具有分子筛作用。凹凸棒土表面化学吸附作用发生于几种吸附中心，包括：

① 硅氧四面体内因类质同象置换产生的弱电子供给氧原子 它们与吸附核的作用可能很弱；

② 在纤维边缘与金属阳离子（Mg^{2+}）配位结合的负水分子（H_2O^-） 它可以与吸附核形成氢键；

③ 形成共价键 在四面体层的外表面，Si—O—Si 桥键断裂形成的 Si—OH 基不仅可以接受离子，而且能与晶体外表面的吸附分子相互结合，并与某些有机试剂形成共价键；

④ 不平衡位的电性吸附中心 晶体化学成分的非等价类质同象置换（Al^{3+}、Fe^{3+} 置换 Mg^{2+}）及加热造成失去配位水（H_2O^-、OH^-）而产生电荷不平衡位的电性吸附中心。

凹凸棒石因具有吸附性可用作除臭剂、助滤剂、净化剂、脱色剂、吸附剂和载体等。

(4) 凹凸棒土热稳定性与绝热材料 绝热耐热材料需考虑以下因素：

① 绝热材料最佳密度保证其具有良好绝热性能；

② 绝热材料设计以密闭孔代替连通气孔，降低气相导热和对流交换热；

③ 绝热材料在相同气孔率下，尽可能减小气孔直径；

④ 减小纤维直径以增大接触热阻。

凹凸棒土耐热性缘于其自身具有较低热导率及高分散性多孔结构。凹凸棒纳米前驱体含水量为12%，堆积密度为1.6g/cm^{3}时热导率较低为0.06W/(m·℃)。凹凸棒土具有高耐热稳定性，用作抗高温钻井液悬浮剂、绝热保温材料等（其他绝热保温材料如石棉、膨胀珍珠岩、蛭石、微孔硅酸钙、海泡石复合硅酸盐等）。

7.9 聚合物纳米复合材料应用与前景

7.9.1 纳米材料和纳米复合材料综合应用

7.9.1.1 纳米材料应用的冲击力

（1）纳米材料应用综合影响力 纳米材料在材料、能源、信息、化工、生物、航空、航天、医药、环保、国家安全、科教、贸易等领域应用，实际已带来重大变革，产生现实和可预见的重要影响力。

纳米材料技术逐步显现出长期影响力，纳米粉体材料技术逐步发展到“原位合成纳米材料，原位均匀分散及原位形成纳米复合材料”阶段。

层状纳米中间体如层状黏土、层状化合物、层状石墨及其中间体，已然成为最重要的纳米材料原料，逐步转向大规模化、多功能和高性能化，正向传统材料的深度和广度渗透并不断深化。各种金属和半导体纳米线以及半导体量子点材料，不仅基础研究层出不穷而且成像、传感和能源形式转化应用领域十分宽广。

（2）纳米材料特殊应用影响力 基于金属纳米薄膜、纳米催化剂、超分子纳米组装与复合体系、纳米气凝胶材料及生物纳米技术，由纳米材料创建的纳米机器人、纳米芯片、纳米传感器、纳米量子点传感器、纳米悬浮液成像体系、纳米药物及其抑制肿瘤试剂、原子力显微镜纳米功能针尖、纳米太阳能电池及航空航天等特殊应用，影响人类未来向外太空发展的步伐。

7.9.1.2 纳米材料通用性

（1）层状结构纳米中间体应用 层状结构纳米中间体包括层状硅酸盐黏土、层状化合物、层状石墨等原料，经过物理化学改性所形成的纳米中间体，可以直接用于其他介质的可控纳米分散。

层状硅酸盐层间交换方法，生产制备层间电性可控、片层结构有序分散体系，作为介孔固体、有序图案、纳米管（膜）材料无机分散相。

这类体系部分种类逐步转向大规模化、多功能和高性能化，正向传统材料的深度和广度渗透深化。

（2）纳米线及量子点材料应用 金属和半导体纳米线以及基于硅、锗半导体的量子点材料，已用于配制成像显影液、传感器件和能源转化微型装置。

利用片状硅酸盐纳米结构及天然二极板，充电制备电容器。云母矿处理后用于工业电容器，扩大层板间距的云母形成系列高性能电容器。层状硅酸盐纳米片层分散悬浮液，分离上部液体完全剥离片层作为载体，用于载负酶并固定电极，防止电极介质漏失，提供气体敏感电极。

（3）碳及其纳米材料体系应用 基于C_{60}、C_{70}基础发展出单壁碳纳米管、通信与传输用的纳米带与纳米丝，开发纳米检测装置与仪器。我国通过纳米技术创新，在插层复合纳米材料技术、碳纳米管及纳米材料石油开采应用方面处于世界前列。

（4）信息存储　层状硅酸盐规则纳米结构具有信息存储重要特征，调控有序化组装信息存储功能应用，如信息储能器、单晶生成器等。这类有序化片层结构层间是信息材料重要模板或重要反应器。

优化硝酸盐或卤化物前驱体混合体系和反应条件，得到水滑石主体二维层板结构及纳米尺度活性位，可产生光电、电光转化及电子信息存储。

（5）可控孔道与活性载体催化剂　金属离子六次配位八面体表面OH—基团，通过质子化作用及表面失去OH_2—基团使桥键断裂，形成晶体，内部和表面存在多个路易斯酸及碱催化中心。

可控晶体内部沸石通道与集合体的微细孔隙结构载体，非等价阳离子类质同象置换及加热调控晶体内构成变化规律，将用于设计可控孔道和活性载体。选择层状硅酸盐前驱体，经热处理形成高热稳定性体系。调控凹凸棒土满足异相催化反应所需微孔和表面性、影响反应活化能和级数，利于反应正碳离子化，同时产生酸碱协同催化及分子筛择形催化裂解，对低碳烯烃如丁烯解聚产生异构化。凹凸棒石表面和内部孔道均匀载负贵金属及金属离子催化剂如Pt、Ni、Cu等。水滑石层状结构可转化为规整（10～50nm）介孔结构，提供催化剂载体或催化剂，提高反应物与催化剂间传质及优异择形性。

7.9.2　纳米材料技术融合与变革传统产业

7.9.2.1　纳米材料改造传统产业方式

纳米材料结构与功能体系，由从大到小技术形成粉体，走向组装、阵列与结构裁剪可控制备；由直接制备纳米颗粒，形成各种纳米中间体技术。

纳米材料结构与性能可控体系已实质性冲击和改造传统产业。

（1）重构现有知识产权体系　许多传统材料将不断地被“纳米”概念替换，例如，传统催化剂载体改造成多孔和纳米结构孔结构可控体系。

（2）纳米复合特殊和专用材料系列化　纳米材料按照多种复合方式产生系列化纳米复合材料，如PP、PE纳米复合材料。

（3）节约能源和环保性　纳米材料本身具有节约减量、循环、再用和节约资源效应，由此废除环境不友好生产和应用模式。

（4）改变现有生产方式　纳米材料高新技术生产力，将建立与之相配套的生产方式。

7.9.2.2　纳米材料对传统产业升级换代

（1）纳米材料改进主要传统产业　纳米材料向许多传统行业渗透融合。聚合物材料是最大的传统有机材料产业之一，聚合物晶粒与晶体的纳米效应原理，提供纳米多级结构与设计新窗口。

黏土、$CaCO_3$自然矿物原料，设计纳米中间体技术原理，提供一大类矿物纳米中间体复合材料，是纳米材料原料来源的重大突破。

纳米铁磁粉比微米尺度磁粉有更高矫顽力，纳米磁粉可控组装结构，能更自如地加工永磁体材料，拓展其信息与通信等广泛应用领域。

（2）纳米催化剂与载体　探索Ni-Mo或Ni-W薄膜催化材料，载负于各种孔隙的纳米尺度硅酸盐载体催化剂适于天然气转化。为取得均匀分散、提高催化效率和节约成本，控制薄膜催化材料本身尺度小于几十纳米。载体还可采用天然纳米结构材料如沸石等。

贵金属纳米粒子在加氢、脱硫、裂解反应中，具有高活性与选择性，用于有机合成、石油化工与环保汽车，实现清洁与保护环境。纳米催化剂可取代贵重金属催化剂，缓解贵金属短缺。

纳米载体应用于解决载负脱离、不牢固、不均匀问题。采用水滑石层状硅酸盐，层间带正电荷，根据需要设计插层或离子交换方式，导入所需活性催化成分，制备固定活性中心金属的聚烯烃催化剂，或负载型固定化酶催化剂。纳米载体在反应后存在于聚合物基体中提高其性能。

Phillips、日本三菱、美国 Texaco 及 Amoco 等采用层状硅酸盐或页状硅酸盐为烯烃催化剂载体，经纯化及插层反应与焙烧等处理，载负活性金属 Cr、Ti、Zr 等，它在聚合反应中解离为纳米片层结构，形成纳米复合材料。纳米催化剂用于裂解 5 碳有机物和聚烯烃聚合工艺，将占有新知识产权。纳米载体规模生产成本可控。纳米载体使用中所得聚合物粉体粒形不好的问题一直存在。

(3) 纳米助剂体系　颜料、化妆品、涂料都依赖各种添加助剂。石油产品链及其衍生化工产品链与多种中间体既各种应用原料，也是系列助剂和添加剂。仅聚合物及其下游产品所需添加剂的年产量就近 200 万吨。

纳米强界面效应、成核与细化晶粒效应，纳米助剂与聚合物材料复合产生类“分子水平”复合效应，突破高分子基体介电阈值与黏弹性。由此创制纳米硅酸盐或氧化硅成核剂、稳定剂、阻断剂，显著提高聚合物性能和功能性，产生大量新牌号。

纳米 ZnO、Sb_2O_3 或硅酸盐纳米中间体改性聚酯，提高导电性、阻燃性和催化效率。纳米 Ag 和 ZnO 制备的抗菌性聚合物纳米复合材料，兼具自洁保鲜效果。

日用消费品、化妆品、食品的纳米处理剂，可提高其护肤、抗抗紫外线效应。纳米处理剂可提高磷酸盐玻璃、氧化硅玻璃、有机改性溶胶-凝胶玻璃的透明性和功能性。

(4) 纳米悬浮体涂料　纳米粉体经原位复合、共混和球磨等技术分散于涂料基体中，形成纳米悬浮、复合涂料体系。纳米表面包覆处理，创制“相容”或“键合”性功能纳米复合粒子。在不改变传统涂料工艺基础上，已研制出纳米 TiO_2、SiO_2 和 ZrO_2 及纳米 $CaCO_3$ 与层状硅酸盐纳米中间体处理剂及其复合涂料。

纳米悬浮涂料用于集成电路印刷线路板、隐形、吸波、隔声、阻隔、光纤等领域，产生特殊功能性如色彩坚牢、环保、重金属总量低、有机溶剂少、耐辐射和老化、远红外反射率高及耐微生物侵蚀等。

纳米悬浮涂料悬浮、粘接、功能、耐老化及环保功能性，显著优于传统涂料而拓宽应用领域。

(5) 纳米粉末涂料　纳米粉末涂料是可用于热喷镀或热喷涂的纳米粉末粒子体系，它兼具耐盐雾、耐紫外线、耐热、表面光洁及自洁性等特点。

纳米粉体涂料形成系列化体系，如纳米 TiO_2、Sb_2O_3、ZrO_2 等粉末，可用于热喷涂工艺，创建纳米高温熔化和热喷工艺，使涂层保持纳米结构高效性。

7.9.2.3 纳米材料改变传统材料与传统能源产业

(1) 纳米材料改变传统矿物材料价值链　层状硅酸盐作为原料最丰富、应用量最大、应用领域最广泛的非金属材料体系，早已形成重要传统产业，而基于层状硅酸盐矿物的纳米材料技术，正从根本上改变这类自然资源的利用方式、价值取向，并形成新兴产业集群。

(2) 纳米材料改变油气工程效率及方式　石油工业中每年使用近 5000 万吨层状硅酸盐矿物材料，分布于各种助剂、处理剂和催化剂等中，这种层状硅酸盐纳米中间体及其应用技术，形成了新兴纳米复合处理剂产业。油气工程每年消耗近百万吨级层状硅酸盐，用于纳米复合乳液体系；亲油性纳米分散稳定 W/O 或 O/W/O 乳液界面、亲水性纳米分散稳定 O/W 或 W/O/W乳液界面，用于钻井液、完井液和储层保护[47~49]。

纳米复合处理剂及其功能效应，将建立新型油气工程应用与评价体系。

(3) 新型通用高分子纳米复合材料　聚合物纳米复合工程塑料，已成为亿吨级聚合物材料的主要品种；橡塑工业纳米复合补强剂、抗老化剂和高红外反射性保温材料，已较广泛应用。纳米 SnO_2 和 SiO_2 橡胶复合材料，形成替代炭黑填料的环保、耐磨轮胎新技术。纳米改性防水卷材及密封材料，在防渗、防霉变、防细菌、防紫外线等方面的应用日益增多。

纳米 ZnO 与 SiO_2 聚酯复合纤维，具有消毒、抗紫外线功能。此外，聚合物纳米复合材料在冰箱、冷柜、洗衣机、空调及汽车等领域广泛高效应用。

(4) 多功能高性能高分子纳米复合材料　纳米助剂改性有机硅聚合物、共轭聚合物、导电聚合物、手性高分子塑料、聚合物波导材料、聚合物光纤及液晶聚合物，通过纳米组装调节加量与加入方式，调控纳米复合材料功能性，如 X 射线开关、蓝光传感、光导电、电致光等性能。纳米添加剂开关形成复合聚酰亚胺、聚碳酸酯、聚苯乙烯纸币和防伪标志等。

7.9.2.4　纳米材料技术创造新领域

(1) 纳米粉体功能化领域　纳米粉体新兴产业产生了必要作用。例如，层状硅酸盐纳米粉体成为“万能”粉末材料。纳米陶瓷 Si_3N_4 及 SiC 粉体，用于调控陶瓷裂纹生长、晶界脆性及其高温力学性能破坏行为，用于提高气流透平和航空发动机寿命。

然而，纳米粉体工业发展受多种因素影响而受抑制。纳米粉体存储失活、失效、高成本、效果不高、生产工艺及飞灰与环保问题由来已久，这使纳米粉体功能化成为必然途径。

纳米粉体功能化是指，选择特殊纳米原料和工艺，通过原位合成及原位处理与功能化途径，形成集合成与表面处理一体化的多功能纳米粉体体系。在“小型化”或“微型化”领域，纳米粉体功能化体系节约原料、降低成本。

稀土（铒、镨、钇、镱）等原料极珍贵，制造其纳米粉体功能体系是重要需求。稀土纳米功能粉末掺杂钡、钛、铬晶体，用于调试激光器。

(2) 纳米加工技术与应用　按照人的意愿在原子和纳米尺度进行剪裁与排布，实现纳米效应与应用的技术，称纳米加工技术。纳米加工技术涵盖纳米科技和效应。设计利用纳米孔或纳米线，通过孔壁碰撞调控原子扩散规律与过程。

纳米加工技术考虑原子尺寸层面规律，物体相互运动摩擦力主要源于其表面不平整性，物体表面越光滑摩擦力越小。纳米材料表面很小，相互间距离很近，需考虑两块材料表面原子产生化学键及相互运动阻力。

纳米加工技术设计异质材料集成器件如功能芯片，探测电磁波、可见光、红外线和紫外线等信号及大大减少卫星重量。纳米机械、纳米机器人从事人类所不及的工作。纳米芯片存储单元格子尺寸已连续突破 200nm、100nm、66nm、33nm、22nm 极限，正突破更高限度，大幅度扩展计算机芯片存储能力，改变图书馆资料压缩与储藏格局。STM 纳米加工技术突破，带来碳纳米管、石墨烯及其储氢与光电池应用的突破发展。

纳米技术集小尺寸、复杂构型与高集成度为一体，将量子力学效应工程化、技术化。人们期望科技发展对社会发展、生存环境改善及人类健康保障有更大贡献，希望纳米科技像信息科学、生命科学一样，成为造福人类的利器。

(3) 纳米激光器和高密度信息存储器　信息迅猛发展要求开发更高存储密度的存储材料和微功能器件。磁性材料信息存储技术和微型功能器件极具应用前景，磁性纳米微粒尺寸小、单磁畴结构、矫顽力高，可提高磁记录密度、声噪比及改善图像质量。发现 Fe/Cr 多层膜具有巨磁效应，后来发展出新兴磁电子学。巨磁材料后陆续成功研制了磁阻效应读出磁头，磁盘记录密度从当初提高 17 倍的 $5Gb/in^2$（$1in^2=6.4516\times10^{-4}m^2$），到 $11Gb/in^2$ 及每平方英寸几千吉比特。

常规制冷剂氟利昂对大气臭氧层的破坏及制冷效率低的突出问题，引发磁制冷技术。磁制冷工质材料是磁制冷技术关键，纳米固体理论发展促进了新型纳米磁性材料研究，正指导开发增强磁热效应的低磁场磁制冷工质材料。

按照量子力学规律，电子被看成是“波”而非一个粒子。电子可穿过“墙壁”逃逸出来，预示新一代芯片逻辑单元不用连线关联，设计使单电子器件变成集成电路；仍需解决芯片不可控性。囚禁于小尺寸内的电子使材料发出强光。量子点列激光器或级联激光器极小尺寸体系，发光强度很高，很低电压可驱动其发出蓝光或绿光，用来读写光盘使光盘存储密度大幅提高。用“囚禁”原子的量子点存储数据，制成量子磁盘，存储密度可提高成千上万倍，带来信息存储技术革命。

(4) 纳米药物及应用功效　纳米技术使药品生产过程越来越精细。纳米材料抗血栓中药，开辟了药物应用新领域。亲脂型二元纳米协同界面包覆中药使人类心脑血管疾病得到更有效治疗，纳米中药可畅通无阻地到达因脂肪堆积而造成血管栓塞和组织病变的部位，因亲和性其与脂肪融合，同时释放出治疗的有效成分，使药物靶向性提高数百万倍。

纳米药物膏药贴于患处，药物通过皮肤直接被吸收无须针管注射，避免注射可能造成的感染。利用纳米药物在人体外部导向下阻断毛细血管及恶性细胞，大大提高药物治疗效果。纳米药物粒子在人体内传输更方便，数层纳米粒子包裹的智能药物进入人体后主动搜索并攻击癌细胞或修补损伤组织。纳米技术诊断仪只需检测微量血液，就能以其蛋白质和 DNA 诊断各种疾病。纳米粒子用于人体细胞分离或细胞染色吸附功能，用于携带 DNA 进行基因缺陷治疗。

7.9.3 纳米材料技术新能源应用

7.9.3.1 新型纳米光源和太阳能转换器

(1) 太阳能电池　纳米技术用于大幅度提高太阳能电池光电转化和能量存储效率。半导体纳米材料发出各种颜色光，其超小型激光光源吸收太阳光能并转变成电能。目前，纳米 TiO_2 染料敏化电池的太阳光-电转化效率已达 11%的高水平，是汽车、住宅和办公建筑的重要能源补给。

然而，考虑到纳米太阳能电池存在持效性的局限，推荐其超薄膜和纳米薄膜产品应用，并设计纳米光电涂料，直接涂敷于建筑物外表面，通过吸收太阳光产生洁净、高效和低成本能源。

(2) 纳米传感器与氧化开关　设计制造的半导体纳米材料传感器，可灵敏地检测温度、湿度和大气成分变化，很适用于汽车尾气和大气环境监测、检测和保护，可用于早期诊断病症位置。

硅烷纳米前驱体，可作为电子受体-给体络合分子。开关特性的环-杆体（Rotaxane）电子受体-给体络合分子（Bissel，Cordova，Kaifer，Stoddart，1994）已被设计。设计了环状分子体（受体）与联苯胺核（给体）的氧化前作用，以及电子受体电化学氧化后，环状分子受体会运移到联苯醚端基的作用。

杂化-共聚开关材料得失电子过程图，见图 7-27。

利用氧化物功能纳米颗粒在电场或光照射下迅速改变颜色的特性，做成的变色镜的变色速度更快，用于士兵防护激光镜功能更强大。纳米氧化物材料广告板，在电、光作用下会变得更加绚丽多彩。

(3) 纳米器官与人工骨　人或动物骨骼及自然界某些矿物具有天然纳米结构，形成的纳米复合材料如羟基磷灰石纳米复合材料可替代天然骨骼。纳米材料可用于人体友好的耐用人工组织和器官、复明和复聪器件，提高伤残病人生活质量。

所述羟基磷灰石与人体组织有良好相容性，与人体骨组织的骨性结合获临床应用。有机化纳米 ZrO_2[50] 和羟基磷灰石复合系列产品，在持续技术攻坚和攻关下取得实质进展，超高分子量聚乙烯人工肌腱、关节和骨材料、聚乳酸材料（PLA）、聚合物甘醇酸（PGA）及聚酰胺等，都成为人体备选替代材料。

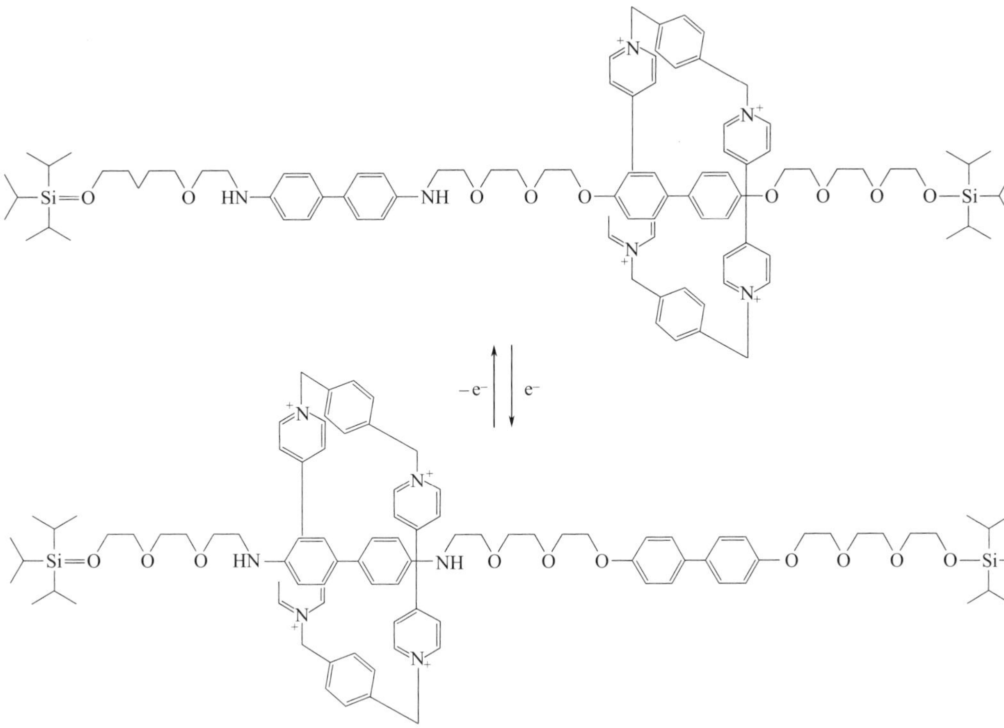

图 7-27 杂化-共聚开关材料得失电子过程图

（4）纳米自洁表面与修复 利用纳米组装原理，在纳米层次构筑具有特定性质或有别于自然界材料特性的材料，如人工生物、仿生材料或仿荷叶表面超双疏水材料。利用二元协同纳米界面技术平台制备纳米孔膜，彻底解决涂料潮解脱落问题，可规模生产具有呼吸作用的纳米防水涂料和反渗析性纳米超滤膜，给人类日常生活甚至海水淡化技术带来革命，从根本上解决日益严重的环境和水问题。

将透明、疏油、疏水纳米材料组合在大楼或瓷砖、玻璃表面，其表面就不会被空气中的油污弄脏而保持透明，由此制成的纳米复合纤维衣服不会沾灰尘。

（5）多功能纳米孔膜 纳米孔膜在催化、分选及纯化等领域广泛使用。嵌段共聚物模板造孔及其共混体系造孔，是制造可控多孔材料的重要技术。采用不饱和环氧（A）与硅烷改性处理陶瓷前驱物（B）原位杂化聚合，杂化物形成纳米分散结构（C）。该纳米结构陶瓷采用强酸溶去（C）形成阵列孔洞结构（D），见图 7-28。

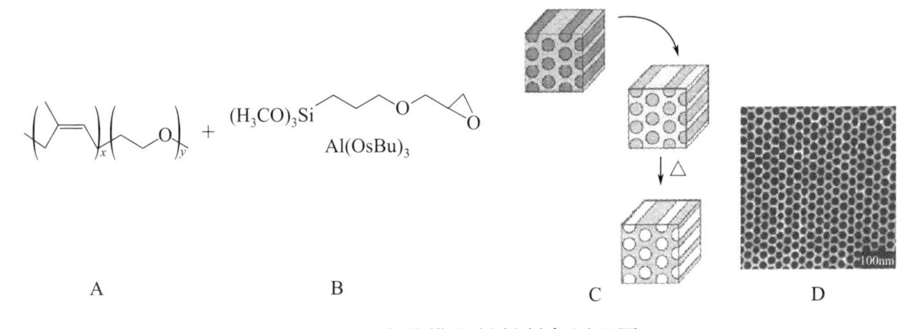

图 7-28 多孔模板材料制备原理图

设计许多杂化复合方法制备纳米复合材料及其多孔介孔模板体系[51]。

（6）纳米高强度材料与碳纳米管 金属纳米粉体制成的块状材料的强度比一般金属高十几

倍，同时产生类似橡胶的弹性。高强度纳米钢材和铝材用于制造汽车、飞机或轮船，大幅度减轻其重量。纳米陶瓷粉的陶瓷产生塑性，其发动机适于更高温度工况，陶瓷材料10000℃高温变形小，解决汽车发动机冷却难题。

碳纳米管是一层或若干层碳原子卷曲的笼状纤维，内部空心，外直径为几到几十纳米，质轻柔软而强度高，密度是钢的1/6而强度是钢的100倍。可形成一维碳纳米丝、半导体纳米线及纳米电缆等。纳米管极易发射电子，用于高性能电子枪、厘米厚壁挂式电视屏、高质量防弹背心及各类更轻更省油器件甚至航天运输器等。

7.9.3.2 纳米材料生产和应用风险启示

（1）新的发展与应用　纳米材料技术发展将充分利用纳米单元及其器件、纳米结构与纳米复合体系，向油气勘探开发[52~60]、高效太阳能电池、生命与生物、信息通信和环保领域应用发展。综合考虑多方面因素，不断规划布局这些领域纳米技术发展。

（2）纳米粉体产品　迄今，适于大规模生产的纳米粉体仍很少，可认为仅有蒙脱土纳米中间体、水滑石纳米中间体、纳米碳酸钙和纳米SiO_2。金属氧化物如氧化铁、氧化钛、氧化铝等仍属小规模生产和应用。纳米金属如W、Cu、Ni、Fe、Co、Mo、Ni、Al，产量低应用量也低。金属及其C复合体系SiC、SiC/Cu、Si_3N_4、TiN、BC、ZrO_2、ZnO、$BaTiO_3$等纳米粉体具有中试量级，未见大量应用报道。金属纳米材料如Al纳米粉注册商标Gigas；Nanophase Technology Co. 纳米ZrO_2商品产量很低。

本书作者1997年首次参与了我国纳米SiO_2工业生产及产品后处理与应用技术开发，推出了硅氮烷、硅烷等处理剂处理的纳米SiO_2产品，现在纳米SiO_2由多家公司生产，总体产能达千吨级规模。

综合来看，我国蒙脱土纳米原料产能达十万吨级规模，纳米碳酸钙产能达万吨级规模，纳米ZnO产能达300吨/年。而纳米粉体生产和市场总体规模仍较小。

预测纳米药物、纳米薄膜器件、纳米复合隐身及陶瓷材料将达很大规模。

（3）纳米粉体的风险启示　纳米粉体在生产中产生飞灰、$PM_{2.5}$、$PM_{0.25}$等，严重威胁环境和人的呼吸甚至生命安全，这是必须充分认识的问题。一些聚合物需要添加很大量（如10%）纳米粉体才能产生“纳米效应”，大幅度提高材料成本。如此大的添加量给混合机械及表面处理带来挑战，纳米粒子团聚严重降低纳米效应。实际3%（质量分数）团聚粒子足以造成材料重要性能丧失。纳米结构和纳米加工方面许多纳米效应仍不能被完全测量、复制或理解，需不断提高纳米分散复合技术开发新产品。

参 考 文 献

[1] (a) Ke Y C, Long C F, Qi Z N. J Appl Polym Sci, 1999 (71): 1139. (b) Hulteen J C, Martin C R, Fend J H. Nanoparticles and Nanostructured Films. New York, Chichester, Brisban, Singapore, Toronto: Wiley-Vch, Weinheim, 1998: 235.

[2] (a) 柯扬船. 纳米复合材料的产业链与产业化. 北京：全国纳米复合材料产业化研讨会（大会报告），2003；(b) 张立德. 材料新星——纳米材料科学. 长沙：湖南科学技术出版社，1997.

[3] (a) 须腾俊男. 粘土矿物学. 严寿鹤译. 北京：地质出版社，1981；(b) Hambir S, Bulakh N. J Appl Polym Sci, 2000, 35 (5): 446.

[4] 柯扬船. 聚酯层状硅酸盐纳米复合材料及其工业化研制. 北京：中国科学院化学所，1998 .

[5] (a) Giannelis E P. Advanced Materials, 1996, 8 (1): 29; (b) 赵竹第. 尼龙6粘土杂化材料结构性能研究. 北京：中国科学院化学所，1995.

[6] (a) 王皓. 北京：中国石油大学，2004；(b) 徐国财，张立德. 纳米复合材料. 北京：化学工业出版社，2001.

[7] (a) 吴天斌. 北京：中国石油大学，2006；(b) Wittenbrink Robert J, Johnson Jack W. Pillared clay catalyst for hydroconversion: US Patent, 6077419, 2000.

[8] 柯扬船，肖海滨. 一种聚丙烯超短纤维组合物及其制备方法：中国发明专利号，ZL 200910302864. 8. 2013-5-22.

[9] 柯扬船，魏光耀. 一种聚丙烯酰胺无机纳米复合材料钻井液助剂及其制备方法：中国发明专利号，ZL 2009，10300646.0.2013-5-22.
[10] (a) Doblin C，Matthews J，Turney T. Applied Catalysis，1991，70：197；(b) Molina R，Moreno S，Vieira-Coelho A，et al. J Catal，1994，148：304.
[11] (a) Burch R. Catalysis Today，1988，2：2；(b) Bhargawa R N. Physics Review Letter，1994，72 ：416.
[12] Lawandy N M. Nature，1994，368：436.
[13] (a) Usuki A. J Appl Polym Sci，1997，63：173；(b) Kurokawa Y. J Mater Sci Letters，1996，151：481.
[14] Pinnavaia T J. Chem Mater，1994，6：2216.
[15] Kawasumi M. Macromolecules，1997，30：6333.
[16] 柯博，黄志杰，左美群. 涂料工业，1998 (12)：29-30.
[17] 杨雅秀，张乃娴. 中国粘土矿物. 北京：地质出版社，1994.
[18] 黄志杰. 化学建材，2001 (1)：46.
[19] 郑自立. 坡镂石的结构. 北京：中国地质大学出版社，1996.
[20] Fakirov S，Samokovliyski O，Stribeck N，et al. Macromolecules，2001，34 (10)：3314.
[21] 段雪. 北京：纳米技术在化工及塑料行业应用研讨会，2001.
[22] (a) Pinnavaia T J，Galarneau A H. Porous clay heterostructures prepared by gallery templated synthesis：US Patent，5834391. 1998；(b) Yano A，Sato M. Olefin polymerization catalyst and olefin polymerization processing：US Patent，5830820. 1998.
[23] Sing K S W，Everett D H，Haul R A W，et al. Pure Appl Chem，1985，57：603.
[24] Horvath G，Kawazoe K J. J Chem Eng Jpn，1983，16：470.
[25] Salman F，Park C. Catalysis Today，1999，53 (3)：385.
[26] Moser W R，Marshik-Geurts B J，Sunstrom J E. ACS 209th National Meeting (Anaheim 4/2-7/95) ACS Division of Petroleum Chemistry. Inc Preprints，1995，40 (1)：100.
[27] 孙明卓，柯扬船，王皓. 高分子材料科学与工程，2006，22 (5)：249.
[28] Ke Y C，Yang Z B，Zhu C F. J Appl Polym Sci，2002，85：2677.
[29] Zhang G L，Ke Y C，He J，et al. Materials & Design，2015，86：138-145.
[30] 柯扬船. 渣油复合聚丙烯管道专用料. 中国石化燕山石化研制报告，2006.
[31] 刘国杰. 特种功能性涂料. 北京：化学工业出版社，2002.
[32] 郑德煜. 北京：中国石油大学，2005.
[33] (a) 柯扬船，袁翠翠，王霞. 一种聚丙烯酰胺纳米复合材料及其制备方法和应用：中国发明专利，201510136659.4. 2015-03-26；(b) 王霞：北京：中国石油大学，2015.
[34] Lee W M. Polymer Engineering and Science，2004，20 (1)：65.
[35] 夏岩峰. 阻隔性聚酯纳米复合材料的研究 [D]. 北京：中国石油大学，2007.
[36] 邱丽萍. 包装工程，1998，19：4.
[37] 柯扬船. 一种纳米前驱物复合材料及其制备方法. CN 02157993. 2004. 7.
[38] 方圣行，胡莹梅. 塑料，2001，30 (1)：24.
[39] 刘萍，王德禧. 塑料，2001，30 (1)：9.
[40] 明景熙. 中国包装，1999，19 (4)：90.
[41] 蔡亮珍，赵建青. 塑料，2001，30 (1)：20.
[42] Nilsson T，Sweden L，Mazzone R，et al. Oxygen barrier properties of pet containers：US Patent，5034252. 1991，7.
[43] 苗迎春，吉振坡. 工程塑料应用，2007，35 (5)：43.
[44] Leaversuch R. Plastics Technology，2003，49 (3)：48.
[45] Knights，Mikell. Plastics Technology，2002，48 (12)：32.
[46] (a) 漆宗能，柯扬船，李强，等. 一种聚酯/层状硅酸盐纳米复合材料及其制备方法：中国专利，97104055. 9. 1997，5；(b) 漆宗能，尚文宇. 聚合物/层状硅酸盐纳米复合材料理论与实践. 北京：化学工业出版社，2002.
[47] 崔迎春. 天然气工业，2002，22 (2)：45-47.
[48] 崔迎春，刘媛，陈玉林，等. 2003，25 (6)：10-13.
[49] 崔迎春，苏长明，李家芬，等. 钻井液与完井液，2006，23 (1)：69-71.
[50] Zhang G L，Ke Y C，Song Y Z，et al. High Performance Polymers，2015：0954008315587123，DOI：10.1177/0954008315587123.
[51] Towler M R，Gibson I R，Best S M. J Mater Sci Lett，2000，19：1689.
[52] Ke Y C，Liu Z D，Wang Z B，et al. Polymers Research Journal，2015，9 (2)：269-289.

[53] Xu J S, Chen D L, Ke Y C, et al. Journal of Applied Polymer Science, 2015, 132 (41): 42626.

[54] Xu J S, Chen D L, Hu X L, et al. Journal of Polymer Engineering, 2015, 35 (9): 847-857.

[55] 柯扬船，李硕娜. 一种油气储层保护的钻井完井液：中国发明专利，ZL 201010552940. 3. 2015-12-23.

[56] 柯扬船，李京子. 一种渣油复合阻燃材料及其阻燃聚烯烃复合材料制备方法：中国发明专利，2009103006460. 2009，6.

[57] 柯扬船，李京子. 渣油阻燃剂组合物与阻燃聚烯烃复合材料及其制备方法：中国发明专利，ZL200910300928. 0. 2013-6-12.

[58] 柯扬船，白云峰. 纳米微乳液及其制备方法和应用：中国发明专利，201510830870. 6. 2015-11-25.

[59] 王霞. 聚丙烯酰胺纳米复合压裂液交联与破胶性能的研究 [D]. 北京：中国石油大学，2015.

[60] 白云峰. 纳米复合乳液稳定效应及其抗高温钻井液应用特性 [D]. 北京：中国石油大学：2016.

致　谢

• 国家科学技术部、国家自然基金委员会资助，特别是国家自然基金（51674270，51274223，51490651）项目及自然基金创新群体项目（51521063，51221003）资助

• 中国石油大学（北京）图书馆及其出版基金支持

• 德国 BASF 公司资助研究的部分内容，在本书中公布

• 中国石油天然气集团公司、中国石油化工集团公司资助研究内容，在本书公布

• 有关合作公司及有关组织，提供的部分文献和成果介绍，已在书中标注

• 中国科学出版社允许使用有关原著中的部分图表，并在文中多处标注

• 采用本组部分研究生论文图表，高秋月、张国亮、袁翠翠、孟昭瑞等研究生，整理编辑校对文字图片工作

• 美国加州大学 P. Stroeve 教授提供的部分图表内容，已在书中标注

• 张立德、苏长明提供的部分文字、图表及其交流资料，在文中标注

• 其它的帮助以及未尽的事宜，也深表谢忱